TÉCNICAS
DE CONSTRUÇÃO
ILUSTRADAS

FRANCIS D.K. CHING é Professor Emérito de arquitetura na *University of Washington*, Seattle. É autor e coautor de inúmeros best-sellers sobre arquitetura e projeto, incluindo *Sistemas Estruturais Ilustrados, Arquitetura de Interiores Ilustrada, Representação Gráfica em Arquitetura* e *Arquitetura – Forma, Espaço e Ordem*. Suas obras foram traduzidas para mais de 16 línguas e são reconhecidas por suas explanações claras e apresentações gráficas de material complexo.

TRADUÇÃO:

Alexandre Salvaterra
Arquiteto e Urbanista pela Universidade Federal do Rio Grande do Sul

REVISÃO TÉCNICA DA 2ª EDIÇÃO:

Miguel Aloysio Sattler
PhD em Tecnologia da Arquitetura pela School of Architecture, Universidade de Sheffield, Inglaterra
Professor da Universidade Federal do Rio Grande do Sul

Luis Carlos Bonin
Mestre em Engenharia pela Ufrgs
Professor da Ufrgs

Márcia Roig Sperb
Mestre em Engenharia pela Ufrgs

Andrea Naguissa Yuba
Mestre em Engenharia pela Ufrgs
Doutoranda em Engenharia Civil na UFSCar

```
C539t    Ching, Francis D. K.
              Técnicas de construção ilustradas / Francis D. K. Ching ;
         [tradução: Alexandre Salvaterra ; revisão técnica da 2. ed.:
         Miguel Aloysio Sattler ... et al.]. – 5. ed. – Porto Alegre :
         Bookman, 2017.
              482 p. em várias paginações : il. ; 28 cm.

              ISBN 978-85-8260-422-9

              1. Arquitetura – Técnica. 2. Ilustrações. I. Título.

                                                          CDU 72.02
```

Catalogação na publicação: Poliana Sanchez de Araujo CRB-10/2094

FRANCIS D.K. CHING

TÉCNICAS DE CONSTRUÇÃO ILUSTRADAS

QUINTA EDIÇÃO

2017

Obra originalmente publicada sob o título Building Construction Illustrated, 5th Edition
ISBN 9781118458341 / 1118458346

Copyright © 2014, John Wiley & Sons. Inc. All Rights Reserved. This translation published under license with the original Publisher John Wiley & Sons, Inc.

Gerente editorial: *Arysinha Jacques Affonso*

Colaboraram nesta edição:

Editora: *Denise Weber Nowaczyk*

Capa: *Kaéle Finalizando Ideias (arte sobre capa original)*

Editoração: *Techbooks*

Reservados todos os direitos de publicação, em língua portuguesa, à
BOOKMAN EDITORA LTDA., uma empresa do GRUPO A EDUCAÇÃO S.A.
Av. Jerônimo de Ornelas, 670 – Santana
90040-340 Porto Alegre RS
Fone: (51) 3027-7000   Fax: (51) 3027-7070

Unidade São Paulo
Rua Doutor Cesário Mota Jr., 63 – Vila Buarque
01221-020 São Paulo SP
Fone: (11) 3221-9033

SAC 0800 703-3444 – www.grupoa.com.br

É proibida a duplicação ou reprodução deste volume, no todo ou em parte, sob quaisquer
formas ou por quaisquer meios (eletrônico, mecânico, gravação, fotocópia, distribuição na Web
e outros), sem permissão expressa da Editora.

IMPRESSO NO BRASIL
PRINTED IN BRAZIL

PREFÁCIO

A primeira edição deste guia ilustrado de técnicas de construção introduzia estudantes e construtores de arquitetura aos princípios fundamentais que determinam a forma como as edificações são construídas. Isso marcou o surgimento da abordagem visual para entender a relação entre projeto e construção.

A segunda edição fornecia uma análise de técnicas de construção mais ampla ao acrescentar cobertura de aço estrutural, concreto armado e sistemas de parede-cortina. A terceira edição permaneceu uma introdução abrangente aos princípios que embasam as técnicas de construção, ao mesmo tempo em que aprimorou o formato gráfico e a organização das duas primeiras edições, incorporando uma discussão ampliada de princípios, elementos e sistemas estruturais e cobertura de sistemas de fundações com estacas profundas e tubulões, com remissões ao Americans with Disabilities Act Accessibility Guidelines e ao sistema MasterFormat®, estabelecido pelo Constructions Specifications Institute (CSI) para organizar as informações de construção.

A quarta edição introduziu o LEED® Green Building Rating System no Capítulo 1, fazendo referência aos critérios específicos do LEED atualizou os números de seções para corresponder à edição de 2004 do sistema CSI MasterForma®, atendeu às exigências da edição de 2006 do Sistema Building Code® (o código de edificações norte-americano).

Um traço comum presente nas quatro edições e mantido nesta quinta edição é a postura de que as edificações e os sítios devem ser planejados e desenvolvidos de uma maneira sensível ao ambiente, respondendo ao contexto e ao clima para reduzir sua dependência do sistema de controle ambiental ativo e a energia consumida por eles. Esta edição continua a fazer referência aos critérios da última edição do LEED® Green Building Rating System™ e aos números de seções do sistema CSI MasterFormat® quando apropriado. Muitas das alterações e dos acréscimos desta edição, como atualização das tecnologias de iluminação e formas de redução de consumo de energia nas edificações, são pequenas e por vezes sutis, mas juntas elas fazem parte do compromisso continuado de se construir de forma sábia e sustentável.

Seria praticamente impossível abordar todos os materiais e as técnicas de construção, mas as informações aqui apresentadas deveriam ser aplicáveis à maioria das situações de construções residenciais e comerciais encontradas hoje. As técnicas de construção continuam a se adaptar ao desenvolvimento de novos materiais, produtos e padrões de construção. O que não muda são os princípios fundamentais que embasam os elementos construtivos e nos quais os sistemas são construídos. Este guia ilustrado se concentra nesses princípios, que podem servir como marcos na avaliação e aplicação de novos dados encontrados no planejamento, projeto e construção de uma edificação.

Cada elemento, componente ou sistema de edificação é descrito nos termos de sua finalidade. A forma, qualidade, capacidade e disponibilidade específica de um elemento ou componente irão variar conforme o fabricante e a localidade. Assim, é importante sempre seguir a recomendação do fabricante no uso de um material ou produto e prestar muita atenção às exigências do código de edificações em vigência para o uso e localização de uma edificação planejada. É responsabilidade do usuário se certificar da pertinência das informações contidas neste manual e julgar sua adequação para qualquer objetivo particular. Busque orientação especializada de um profissional quando necessário.

Equivalentes métricos

O Sistema Internacional de Unidades é um sistema de unidades físicas coerentes internacionalmente aceito que utiliza metro, quilograma, segundo, ampere, kelvin e candela como unidades básicas de distância, peso, tempo, eletricidade, temperatura e intensidade luminosa. Para familiarizar o leitor com o Sistema Internacional de Unidades, os equivalentes métricos são apresentados ao longo deste livro de acordo com as seguintes convenções:

- As dimensões de três ou mais polegadas são arredondadas para o múltiplo de cinco milímetros mais aproximado.
- As dimensões nominais são convertidas diretamente; por exemplo, uma nominal de 2 x 4 in é convertida para 51 x 100 mm, mesmo que suas dimensões reais de 1-$\frac{1}{2}$ x 3-$\frac{1}{2}$ in fossem convertidas para 38 x 90 mm.
- Observe que 3.487mm = 3,487 m, e que a abreviatura de polegada (25,4 mm) é in (do inglês *inch*).
- Todas as dimensões lineares são dadas no Sistema Internacional de Unidades — milímetros (mm), centímetros (cm) ou metros (m) —, mas muitas dimensões também são fornecidas em polegadas (in), uma vez que ambas são usuais no Brasil, como quando se fala de madeira ou aço, por exemplo.
- Consulte o Apêndice para as conversões de medidas.

SUMÁRIO

1. • O sítio
2. • A edificação
3. • Fundações
4. • Pisos
5. • Paredes
6. • Coberturas
7. • Impermeabilização e isolamento térmico
8. • Portas e janelas
9. • Construções especiais
10. • Acabamentos
11. • Instalações prediais
12. • Notas sobre materiais
A. Apêndice

Bibliografia

Índice

1
O SÍTIO

- 1.2 Edificações em contexto
- 1.3 A sustentabilidade
- 1.4 Edificações sustentáveis
- 1.5 O sistema LEED de certificação de edificações sustentáveis
- 1.6 O Desafio 2030
- 1.7 Análise do terreno e do entorno
- 1.8 Solos
- 1.9 Mecânica dos solos
- 1.10 A topografia
- 1.12 A vegetação
- 1.13 Árvores
- 1.14 A insolação
- 1.16 O projeto solar passivo
- 1.18 Elementos de proteção solar
- 1.19 A iluminação natural
- 1.20 Precipitações
- 1.21 A drenagem do sítio
- 1.22 O vento
- 1.23 O som e as vistas
- 1.24 Fatores reguladores
- 1.25 Posturas municipais
- 1.26 O acesso ao sítio e a circulação
- 1.27 A circulação de pedestres
- 1.28 A circulação de veículos
- 1.29 O estacionamento de veículos
- 1.30 A proteção de taludes
- 1.31 Muros de arrimo
- 1.34 A pavimentação
- 1.35 Pisos externos
- 1.36 A planta de localização
- 1.38 A descrição do terreno

1.2 EDIFICAÇÕES EM CONTEXTO

As edificações não existem isoladamente. Elas são concebidas para abrigar, sustentar e inspirar uma variedade de atividades humanas em resposta às necessidades socioculturais, econômicas e políticas, e são erguidas em ambientes construídos e naturais que condicionam ao mesmo tempo em que oferecem oportunidades de desenvolvimento. Portanto, devemos considerar cuidadosamente as forças contextuais que um sítio apresenta no planejamento do projeto e na construção de edificações.

O microclima, a topografia e o habitat natural de um sítio influenciam as decisões do projeto nas etapas iniciais do processo. Para aumentar o conforto humano e conservar a energia e os recursos materiais, o projeto responsivo e sustentável respeita os atributos naturais de um lugar, adapta a forma e o leiaute de uma edificação à paisagem e leva em consideração o percurso do sol, a velocidade do vento e o fluxo da água em um sítio.

Além das forças ambientais, existem as forças reguladoras das normas jurídicas de ocupação dos terrenos. Esses regulamentos consideram os padrões fundiários existentes e determinam os usos e atividades aceitáveis para um sítio, bem como limitam o tamanho e a forma do volume da edificação e onde a mesma pode ser localizada no terreno.

Assim como os fatores ambientais e legais influenciam onde e como o empreendimento ocorrerá, a construção, o uso e a manutenção de edificações inevitavelmente criam demandas nos sistemas de transporte, utilidades públicas e outros serviços. Uma questão fundamental com a qual nos deparamos é quanto de intervenção um sítio pode sustentar sem exceder a capacidade desses sistemas de serviços, sem consumir muita energia ou causar danos ambientais.

As considerações dessas forças contextuais no sítio e no projeto de edificação não podem prosseguir sem uma breve discussão sobre sustentabilidade.

A SUSTENTABILIDADE 1.3

Em 1987, a Comissão para o Meio Ambiente e Desenvolvimento das Nações Unidas, presidida por Gro Harlem Brundtland, ex-Primeiro Ministro da Noruega, publicou um relatório, *Nosso Futuro em Comum*. Entre suas constatações, o relatório definiu o desenvolvimento sustentável como "uma forma de desenvolvimento que atende as necessidades do presente sem comprometer a capacidade de gerações futuras satisfazerem suas próprias necessidades".

A crescente consciência dos desafios ambientais apresentados pelas mudanças climáticas e pelo exaurimento de recursos levou a sustentabilidade a se tornar uma questão significativa, moldando a forma como a indústria de projeto de edificações atua. A sustentabilidade tem uma abrangência necessariamente ampla, afetando o modo como administramos recursos e construímos comunidades, e a questão exige uma abordagem holística que considere os impactos sociais, econômicos e ambientais de desenvolvimento e exija a participação total de planejadores, arquitetos, investidores imobiliários, proprietários de edificações, construtoras, fabricantes, bem como agências governamentais e não governamentais.

Buscando minimizar o impacto ambiental negativo do desenvolvimento, a sustentabilidade enfatiza a eficiência e a moderação no uso de materiais, energia e recursos espaciais. Construir de uma maneira sustentável implica prestar atenção às consequências amplas e previsíveis de decisões, ações e eventos ao longo do ciclo de vida de uma edificação, desde a concepção à implantação, projeto, construção, uso, e manutenção de novas edificações, bem como ao processo de renovação de edificações preexistentes e à reformulação de comunidades e cidades.

Princípios
- Reduzir o consumo de recursos
- Reutilizar recursos
- Reciclar recursos para reutilização
- Proteger a natureza
- Eliminar os produtos tóxicos
- Aplicar a estimativa do ciclo de vida útil
- Enfocar a qualidade

Estrutura para o desenvolvimento sustentável
Em 1994, a Força-Tarefa 16 do Conselho Internacional para Pesquisa e Inovação em Edificação e Construção propôs um modelo tridimensional para o desenvolvimento sustentável.

Recursos
- Solo
- Materiais
- Água
- Energia
- Ecossistemas

Fases
- Planejamento
- Desenvolvimento
- Projeto
- Construção
- Uso e Operação
- Manutenção
- Reforma
- Desconstrução

1.4 EDIFICAÇÕES SUSTENTÁVEIS

Os termos "edificação sustentável" e "projeto sustentável" muitas vezes são usados alternadamente para descrever qualquer edificação projetada de uma maneira ambientalmente sensível. No entanto, a sustentabilidade implica em uma abordagem holística de desenvolvimento que encerra a noção de edificação sustentável, mas também trata de questões sociais, éticas e econômicas mais amplas, assim como o contexto das edificações nas comunidades. Como um componente essencial de sustentabilidade, as edificações sustentáveis buscam oferecer ambientes saudáveis de uma maneira eficiente, usando princípios fundamentados ecologicamente.

As edificações sustentáveis são cada vez mais determinadas por padrões, como os do Leadership in Energy and Environmental Design (LEED®) Green Building Rating System®, que oferece um conjunto de critérios de medidas que promovem a construção ambientalmente sustentável. O sistema de classificação foi desenvolvido pelo U.S. Green Building Council (USGBC) como um consenso entre seus membros – agências federais/estaduais/municipais, fornecedores, arquitetos, engenheiros, construtores e proprietários de edificações – e vem sendo continuamente avaliado e aperfeiçoado em resposta às novas informações e ao retorno oferecido pelos usuários do sistema. Em julho de 2003, o Canadá obteve uma licença do USGBC para adaptar o sistema de classificação LEED às circunstâncias canadenses.

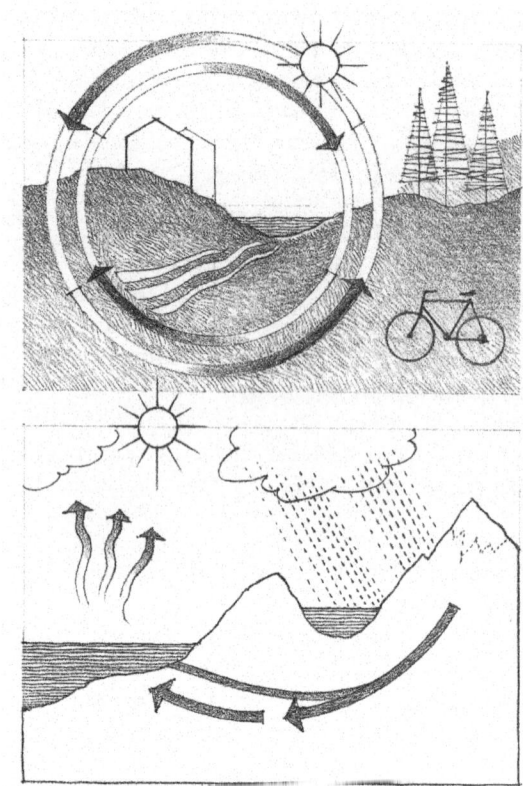

LEED®

Para auxiliar projetistas, construtores e proprietários a obter a certificação LEED para tipos específicos de edificação e fases do ciclo de vida de uma edificação, o USGBC desenvolveu inúmeras versões do sistema de classificação LEED:

- LEED-NC: New Construction and Major Renovations
- LEED for Existing Buildings: Operations Maintenance
- LEED-CS: Core/Shell
- LEED-EB: Existing Buildings
- LEED-Homes
- LEED-ND: Neighborhood Developments
- LEED for Schools
- LEED for Healthcare
- LEED for Labs
- LEED for Retail

O sistema de classificação LEED para as novas construções cobre seis grandes áreas de intervenção.

1. Sítios sustentáveis

Esta área trabalha com a redução da poluição associada à atividade de construção, selecionando sítios adequados ao desenvolvimento, com a proteção de áreas ambientalmente sensíveis e a recuperação de *habitats* danificados, estimulando modos alternativos de transporte para reduzir o impacto do uso de automóveis, respeitando a hidrologia natural de um sítio e reduzindo os efeitos das ilhas térmicas.

2. Uso eficiente da água

Promove a redução da demanda de água potável e de geração de esgoto sanitário através do uso de aparelhos sanitários com baixo consumo de água, da coleta de água da chuva ou águas servidas recicladas para reuso, e do tratamento de esgoto sanitário com sistemas *in loco*.

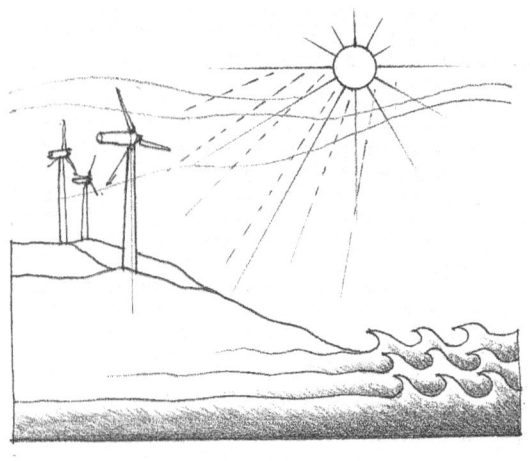

3. Energia e atmosfera

Encoraja o aumento na eficiência de obtenção e uso de energia por parte das edificações e seus sítios, bem como o aumento do uso de energias renováveis e não poluentes para a redução dos impactos ambientais e econômicos associados ao uso de energia oriunda de combustíveis fósseis e minimização das emissões que contribuem para a destruição da camada de ozônio e o aquecimento global.

4. Materiais e recursos

Busca aproveitar ao máximo o uso de materiais autóctones, recicláveis e de renovação rápida, reduzir dejetos e a demanda por matéria-prima virgem, preservar os recursos culturais e minimizar os impactos ambientais de novas edificações.

5. Qualidade do ambiente interno

Promove o aumento do conforto, produtividade e bem-estar dos usuários das edificações, aumentando a qualidade do ar de interiores, maximizando a iluminação natural dos espaços internos, permitindo que os usuários controlem os sistemas de conforto térmico e lumínico de acordo com suas preferências pessoais e as necessidades impostas por cada tarefa, e minimizando os particulados e poluentes químicos potencialmente prejudiciais à saúde humana, como compostos orgânicos voláteis (VOCs) existentes em adesivos, tintas e resinas com ureia-formaldeído empregadas em produtos compostos de madeira.

6. Inovação e processo de projeto

Gratifica a superação dos padrões mínimos estabelecidos pelo Sistema de Certificação LEED-NC Green Building e/ou a demonstração de desempenho inovador nas categorias de Edificações Sustentáveis (Green Building) que não tenham sido especificamente previstas por este sistema.

7. Prioridade regional

Incentiva as práticas que dão prioridades ambientais específicas a uma área geográfica.

1.6 O DESAFIO 2030

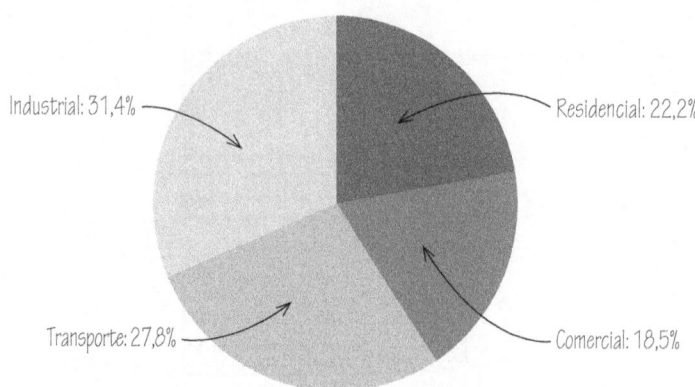

Consumo de energia nos Estados Unidos por setor
Fonte: 2012 DOE Annual Energy Review

O Architecture 2030 é um grupo de defesa do meio ambiente cuja missão é "fornecer informação e soluções inovadoras nos campos da arquitetura e planejamento, em um esforço para solucionar as mudanças climáticas globais". Seu fundador, o arquiteto Edward Mazria, do Novo México, aponta dados do U.S. Energy Information Administration que indicam que as edificações são responsáveis por quase metade do consumo de energia total e emissões de gases com efeito estufa (GEE) dos Estados Unidos anualmente; em termos globais, Mazria acredita que a porcentagem seja ainda maior.

O que é relevante em qualquer discussão sobre projeto sustentável é que a maior parte do consumo de energia da indústria da edificação não é atribuída à produção de materiais ou ao processo de construção, e sim aos processos operacionais — calefação, refrigeração e iluminação de edificações. Isso significa que, para reduzir o consumo de energia e as emissões de gases com efeito estufa geradas pelo uso e manutenção de edificações ao longo de sua vida útil, é necessário projetar, implantar e configurar edificações adequadamente, bem como incorporar aquecimento, refrigeração, ventilação e estratégias de iluminação naturais.

O Desafio 2030 proposto pelo Architecture 2030 exige que todas as novas edificações e intervenções sejam projetadas para utilizar metade da energia de combustíveis fósseis que elas normalmente utilizariam, e que uma quantidade igual de áreas de edificações existentes seja anualmente renovada para obter um padrão semelhante. O Architecture 2030 também defende que o padrão de redução de consumo de combustíveis fósseis seja aumentado 70% em 2015, 80% em 2020 e 90% em 2025, e que em 2030 todas as novas edificações sejam neutras em carbono (sem o uso de energia de combustíveis fósseis com emissão de gases com efeito estufa para construção e uso).

Há duas abordagens para a redução do consumo de combustíveis fósseis emissores de gases com efeito estufa. A abordagem passiva é trabalhar com o clima no projeto, implantação e orientação de uma edificação e do emprego de técnicas passivas de resfriamento e aquecimento para reduzir seu consumo de energia total. A abordagem ativa é aumentar a capacidade de uma edificação de coletar ou gerar sua própria energia a partir de fontes renováveis (solar, eólica, geotérmica, hidrelétrica de baixo impacto ambiental, biomassa e biogás) que estejam disponíveis no local e em abundância. Embora o objetivo seja a busca de um equilíbrio adequado e com a melhor relação custo/benefício entre conservação de energia e geração de energia renovável, a redução do uso de energia é um primeiro passo necessário, independentemente do fato de que a energia possa vir de recursos renováveis.

Mudanças climáticas e aquecimento global
Os gases com efeito estufa, como dióxido de carbono, metano e óxido nitroso, são emissões lançadas na atmosfera. O CO_2 é responsável pela maior parte das emissões de gases com efeito estufa nos Estados Unidos. A queima de combustíveis fósseis é a fonte principal de emissão de CO_2.

ANÁLISE DO TERRENO E DO ENTORNO   1.7

A análise do terreno ou sítio e seu entorno é o processo de estudo das forças contextuais que influenciam a maneira na qual iremos implantar uma edificação e orientar seus espaços, configurar e articular suas vedações externas e estabelecer suas relações com a paisagem. Todas as análises de terreno começam com a coleta de dados físicos do local.

- Desenhe a área e a forma do terreno de acordo com suas divisas legais.
- Indique os recuos obrigatórios, servidões e servidões de passagem existentes.
- Estime a área e o volume necessários para o programa de necessidades da edificação, as amenidades do terreno e futuras expansões, se for o caso.
- Analise a declividade do solo e as condições do subsolo, para identificar as áreas adequadas para a construção e as atividades externas.
- Identifique áreas muito íngremes ou relativamente acidentadas no terreno que talvez não sejam adequadas à ocupação.
- Mapeie os padrões de drenagem existentes. (LEED SS Credit 6: Stormwater Design)
- Determine a elevação do lençol freático.
- Identifique as áreas sujeitas a escoamento excessivo de águas pluviais, alagamento ou erosão.
- Localize as árvores existentes e a vegetação nativa que deve ser preservada.
- Registre corpos d'água e áreas alagadas existentes, como bacias de drenagem, planícies aluviais e áreas litorâneas que devam ser protegidas. (LEED SS Credit 5.1: Site Development, Protect or Restore Habitat)
- Mapeie as condições climáticas: o percurso aparente do sol, a direção dos ventos dominantes e a quantidade esperada de chuva.
- Considere o impacto dos acidentes geográficos e das edificações adjacentes quanto à insolação, aos ventos dominantes e aos riscos de ofuscamento.
- Avalie a radiação solar no local como fonte de energia potencial.
- Determine os pontos de acesso possíveis a partir das rodovias públicas e das paradas de transporte público. (LEED SS Credit 4.1: Alternative Transportation)
- Estude percursos possíveis de circulação para pedestres e veículos a partir desses pontos de acesso às entradas da edificação.
- Certifique-se da disponibilidade dos serviços públicos: adutoras públicas, redes de esgoto pluvial e cloacal, tubulação de gás, linhas de energia elétrica, telefonia e outros cabos, como os de fibra ótica, e hidrantes.
- Determine o acesso a outros equipamentos municipais, como delegacias de polícia e corpos de bombeiros.

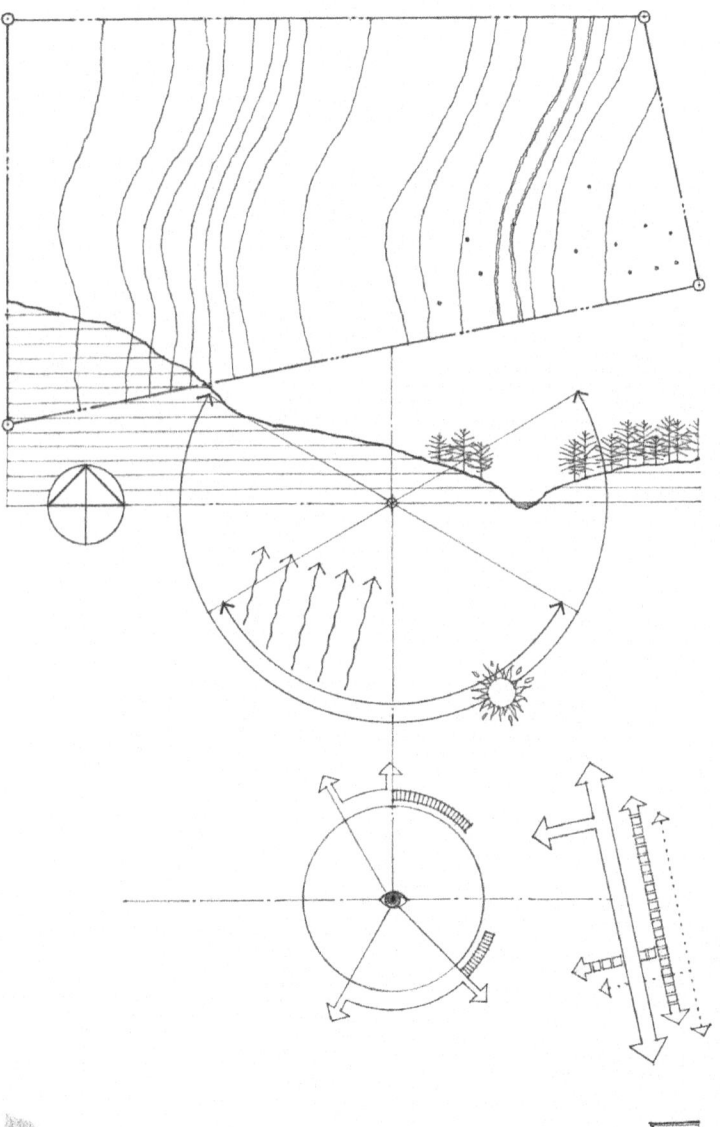

- Identifique onde estão as vistas desejáveis e as vistas a evitar.
- Liste fontes potenciais de congestionamento no trânsito e de ruídos.
- Avalie a compatibilidade do uso do solo proposto e o entorno.
- Mapeie os recursos culturais e históricos que devem ser protegidos.
- Considere como a escala e o caráter do bairro ou da área podem afetar o projeto da edificação.
- Mapeie a proximidade aos equipamentos públicos, comerciais, hospitalares e de lazer. (LEED SS Credit 2: Development Density & Community Connectivity)

1.8 SOLOS

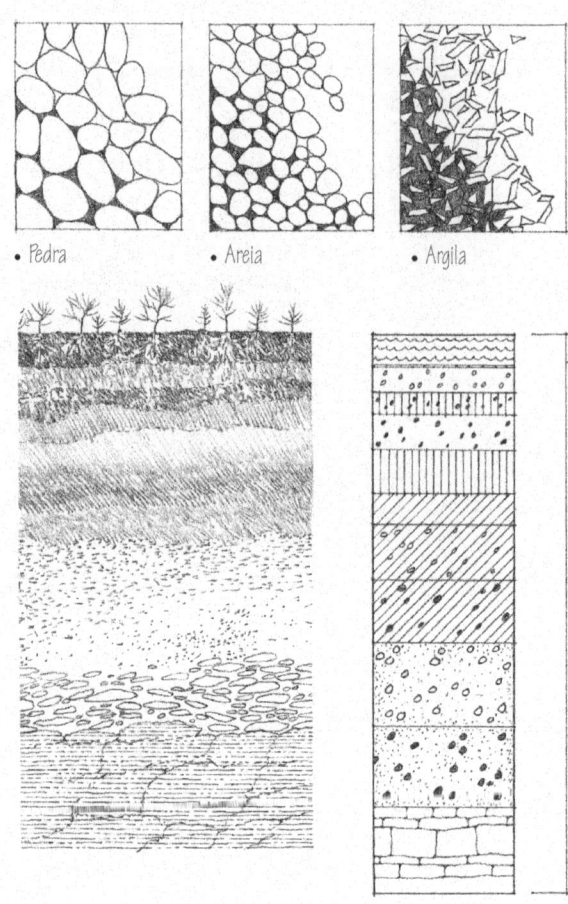

- Pedra
- Areia
- Argila

Há dois tipos básicos de solo: solos de granulometria grossa e solos de granulometria fina. Solos de granulometria grossa incluem solos com pedra e areia, que são partículas relativamente grandes visíveis a olho nu; solos de granulometria fina, como siltes e argilas, consistem de partículas muito menores. O Unified Soil Classification System da American Society for Testing and Materials (ASTM) subdivide os tipos de solo em pedras, areias, siltes e argilas com base em sua composição física e suas características. Veja a tabela abaixo.

Na verdade, o subsolo de um terreno pode ser formado de camadas superpostas, cada uma contendo uma mistura de tipos de solo que se desenvolveu por intemperismo ou por deposição. Para representar essa sucessão de camadas ou estratos denominados horizontes, os engenheiros geotécnicos desenham perfis geológicos, diagramas representando um corte vertical do solo que vai da superfície até um determinado nível investigado pela abertura de um poço de exploração ou uma sondagem geológica.

A integridade de uma estrutura de edificação depende, em última análise, da estabilidade e da resistência ao carregamento do solo ou da rocha que está abaixo das fundações. A estratificação, composição e densidade das camadas, as variações no tamanho das partículas e a presença ou ausência de um lençol freático são fatores essenciais para se determinar a adequação de um solo como material de sustentação. Ao se projetar qualquer edificação que não seja uma casa unifamiliar, é recomendável a contratação de uma análise subsuperficial feita por um engenheiro geotécnico.

A análise subsupeficial (CSI MasterFormat 02 30 00) envolve a análise e testagem do solo revelada pela escavação de um poço de exploração de até 3,0 m de profundidade ou de furos de sondagem mais profundos, para que se entenda a estrutura do solo, sua resistência ao cisalhamento e à compressão, seu conteúdo de água e sua permeabilidade, além da taxa e do nível de consolidação esperados sob carregamento. A partir dessas informações, o engenheiro geotécnico pode estimar o recalque diferencial e total esperado para um sistema de fundação proposto.

Classificação dos solos*		Símbolo	Descrição	Capacidade de carregamento presumida**		Suscetibilidade ao congelamento	Permeabilidade e drenagem
				lb/in² ***	kPa		
Pedras 6,4–76,2 mm	Pedras limpas	GW	Pedras uniformes	10.000	479	Nenhuma	Excelentes
		GP	Pedras não uniformes	10.000	479	Nenhuma	Excelentes
	Pedras com finos	GM	Pedras siltosas	5.000	239	Pequena	Baixas
		GC	Pedras argilosas	4.000	192	Pequena	Baixas
Areias 0,05–6,4 mm	Areias limpas	SW	Areia uniforme	7.500	359	Nenhuma	Excelentes
		SP	Areia não uniforme	6.000	287	Nenhuma	Excelentes
	Areais com finos	SM	Areia siltosa	4.000	192	Pequena	Razoáveis
		SC	Areia argilosa	4.000	192	Média	Baixas
Siltes 0,002–0,05 mm & Argilas <0,002 mm	LL>50 ****	ML	Silte inorgânico	2.000	96	Muito alta	Baixas
		CL	Argila inorgânica	2.000	96	Média	Impermeável
		OL	Argila siltosa orgânica		Muito baixa	Alta	Impermeável
	LL<50 ****	MH	Silte inorgânico elástico	2.000	96	Muito Alta	Baixas
		CH	Argila inorgânica plástica	2.000	96	Média	Impermeável
		OH	Argila orgânica e silte		Muito baixa	Média	Impermeável
Solos extremamente orgânicos	Pt	Turfa			Inadequada	Pequena	Baixas

* Com base no Unified Soil Classsification System da ASTM.

** Consulte um engenheiro geotécnico e o código de edificações quanto aos carregamentos admissíveis.

*** 1 lb/in² = 0,0479 kPa

**** LL = limite líquido: o conteúdo de água, expresso como um percentual do peso seco, no qual um solo passa do estado plástico para o líquido.

A capacidade de carregamento admissível de um solo é a pressão máxima por área que uma fundação pode impor vertical ou lateralmente a uma massa de solo. Na ausência de uma análise geotécnica e de testes, os códigos de edificações podem permitir o uso de valores de carregamento bastante conservadores para vários tipos de solo. Enquanto solos com alta capacidade de carregamento apresentam poucos problemas, solos com baixa resistência podem obrigar ao uso de um certo tipo de fundação e padrão de distribuição de carregamentos, o que afeta, em última análise, forma e leiaute do prédio.

A densidade é um fator determinante no cálculo da capacidade de carregamento dos solos granulares. A sondagem simples de reconhecimento a percussão (SPT) mede a densidade dos solos granulares e a consistência de algumas argilas no fundo de um furo de sondagem, registrando o número de golpes necessário para que um tubo crave no solo o amostrador Terzaghi. Em alguns casos, a compactação do solo, feita com rolo compressor, pilões ou encharcamento, pode aumentar a densidade de um subsolo.

Solos de granulometria grossa tem um percentual relativamente baixo de vazios e são mais estáveis como material para fundações do que solos siltosos ou argilosos. Os solos argilosos, em especial, tendem a ser instáveis por retraírem e incharem consideravelmente com mudanças no conteúdo de umidade. Solos instáveis podem inviabilizar a edificação em um terreno, a menos que seja usado um sistema de fundações muito bem calculado e caro.

A resistência ao cisalhamento de um solo é uma medida de sua capacidade de resistir ao deslocamento quando uma força externa é aplicada a ele, devido principalmente aos efeitos conjuntos da coesão e do atrito interno. Em terrenos íngremes, bem como durante a escavação de um terreno plano, um talude que não for contido corre o risco de desabar. Solos coesivos, como os argilosos, mantém sua resistência mesmo quando não contidos; solos colapsantes, como pedras, areias e alguns siltes, exigem uma força de retenção para que tenham alguma resistência ao cisalhamento, e têm um ângulo de repouso relativamente pequeno.

O lençol freático é o nível abaixo do qual o solo é saturado com água. Alguns terrenos são sujeitos a flutuações sazonais na altura do lençol freático. Qualquer água freática deve ser drenada para longe de um sistema de fundação, para evitar a redução da capacidade de carregamento do solo e minimizar os riscos de vazamento de água em pavimentos de subsolo. Solos de granulometria grossa são mais permeáveis e drenam melhor do que solos finos, e são menos suscetíveis ao congelamento.

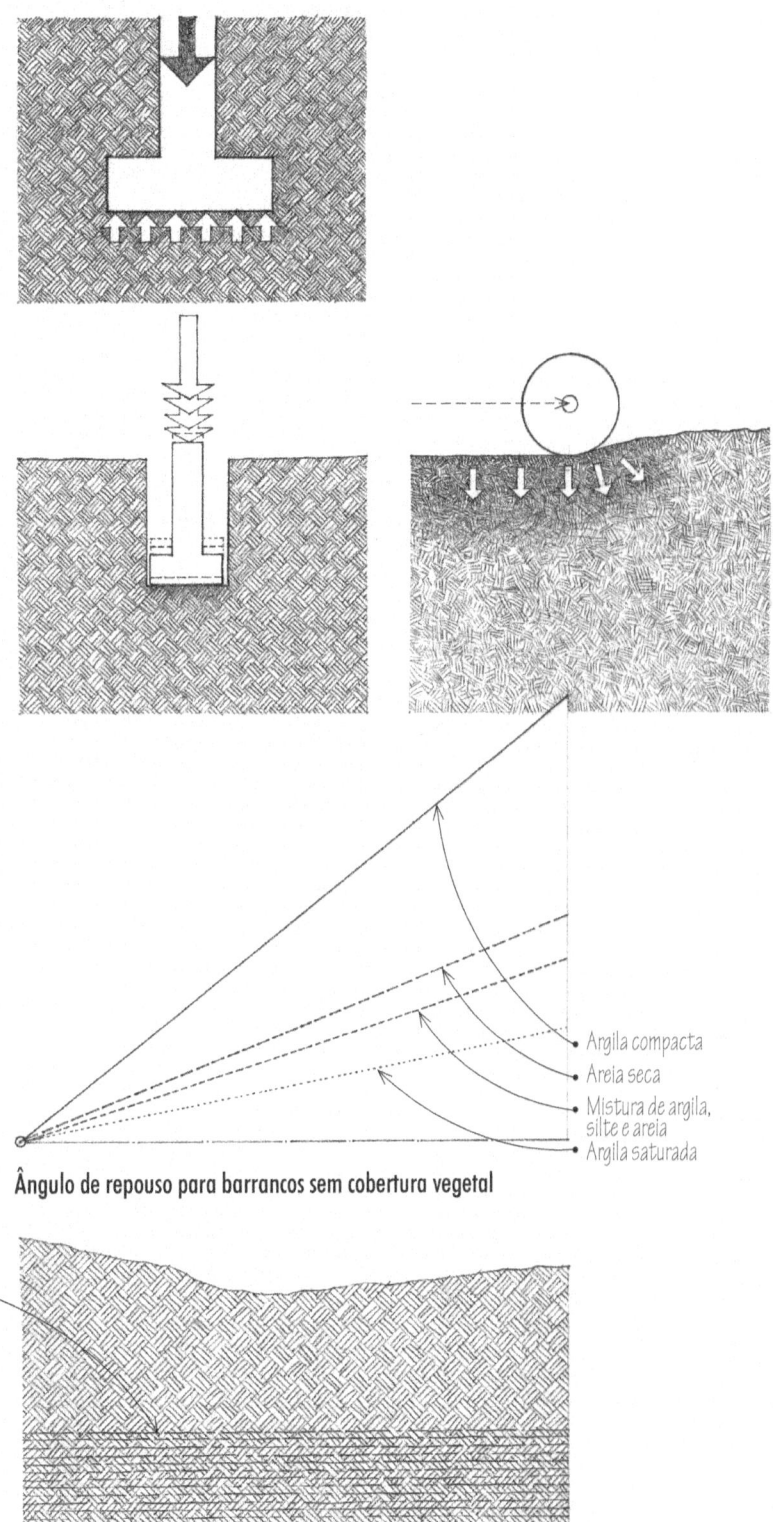

- Argila compacta
- Areia seca
- Mistura de argila, silte e areia
- Argila saturada

Ângulo de repouso para barrancos sem cobertura vegetal

1.10 A TOPOGRAFIA

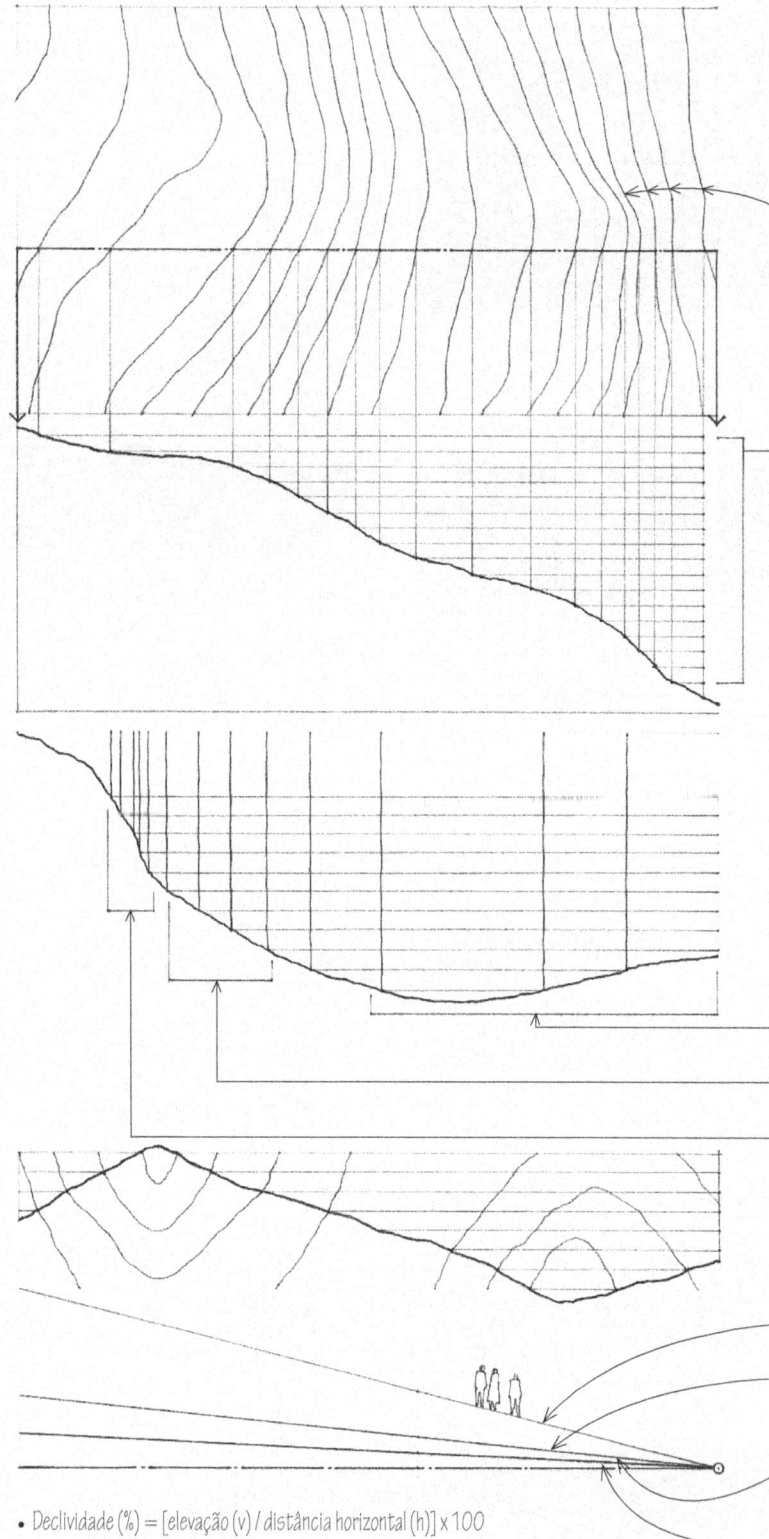

Topografia é a configuração das características superficiais de um terreno, influenciando onde e como se construir e ocupar o sítio. Para estudar a resposta de um projeto de edificação à topografia de um terreno, podemos utilizar uma série de cortes no terreno ou uma planta altimétrica com curvas de nível.

Curvas de nível são linhas imaginárias que unem pontos de elevação igual acima de um nível ou plano de referência. A trajetória de qualquer curva de nível indica a configuração do terreno naquela elevação. Observe que as curvas de nível sempre são contínuas e nunca se cruzam; elas coincidem em planta baixa apenas quando cruzam uma superfície vertical.

Intervalos de contorno vertical são a diferença em elevação representada por duas curvas de nível adjacentes de um mapa topográfico ou uma planta de situação. O intervalo utilizado é determinado pela escala do desenho, o tamanho do terreno e a natureza da topografia. Quanto maior for a área e mais íngremes forem os declives, maior será o intervalo usado entre as curvas de nível. Em terrenos grandes ou muito acidentados, às vezes se usam curvas de nível de 5,0 ou 10,0 metros; em terrenos pequenos e relativamente planos, podem ser necessárias curvas de nível de 0,5 ou 1,0 metro.

Podemos discernir as características topográficas de um terreno com a leitura do afastamento horizontal e o formato de suas curvas de nível.

- Curvas de nível bem espaçadas indicam uma área plana ou com pequenas declividades.
- Curvas de nível com afastamento regular denotam uma declividade constante.
- Curvas de nível muito próximas entre si revelam uma elevação brusca no perfil do terreno.
- As curvas de nível representam cumes quando apontam para os pontos mais baixos do terreno e vales quando voltadas para elevações maiores.

- As declividades de terreno superiores a 25% são sujeitas a erosão e são difíceis de edificar.
- Terrenos com declividade entre 10 e 25% são um desafio para atividades externas, e é mais caro se construir sobre elas.
- Terrenos com declividade entre 5 e 10% são adequados para atividades externas de lazer e podem ser edificados sem grandes problemas.
- Terrenos com declividade inferiores a 5% são apropriados para a maioria das atividades ao ar livre, e é relativamente fácil de se edificar sobre eles.

• Declividade (%) = [elevação (v) / distância horizontal (h)] x 100

A declividade do terreno entre duas curvas de nível é uma função da diferença total de elevação e da distância horizontal entre as duas curvas de nível.

A TOPOGRAFIA 1.11

Por razões estéticas e econômicas, bem como ecológicas, a intenção geral na ocupação de um sítio deve ser minimizar a perturbação de acidentes geográficos e características existentes, ao mesmo tempo em que se aproveitam os declives naturais do solo e o microclima do sítio.

- A ocupação e construção do terreno deve minimizar a interferência nos padrões de drenagem natural do sítio e imóveis adjacentes.
- Ao modificar os acidentes geográficos, incluir provisões para a drenagem de água superficial e do lençol freático.
- Tentar equilibrar a quantidade de cortes e aterros exigidos para a construção de uma fundação e desenvolvimento de um sítio.
- Evitar a construção em terrenos íngremes sujeitos à erosão ou a desmoronamentos.
- Os pântanos e outros habitats de vida selvagem podem exigir proteção e limitar a área de ocupação de um sítio.
- Prestar atenção especial às restrições de construção em sítios localizados em planícies de inundação ou próximos às mesmas.

- Erguer uma edificação sobre pilares ou palafitas diminui a perturbação do terreno natural e da vegetação existente.
- Construir em patamares ou degraus ao longo do declive exige escavação e o uso de muros de arrimo ou terraços.
- Encravar uma edificação no terreno ou localizá-la parcialmente no subsolo ameniza temperaturas extremas e minimiza a exposição aos ventos e ganhos ou perdas térmicas.

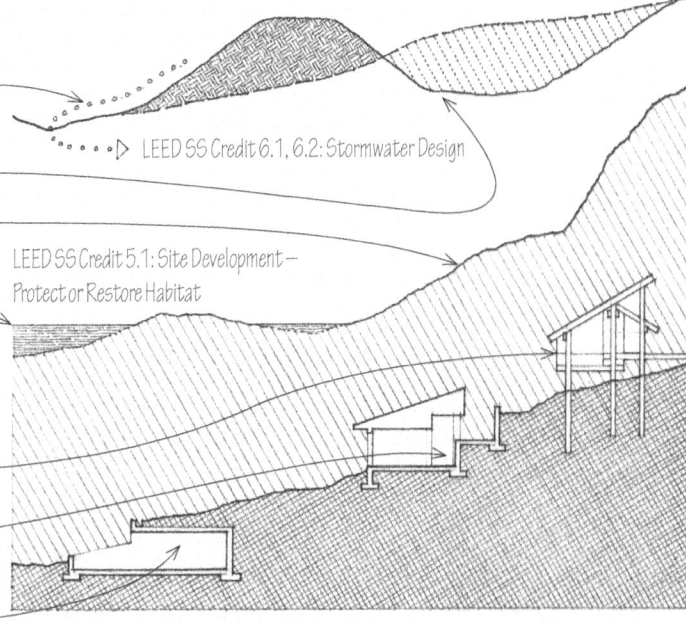

LEED SS Credit 6.1, 6.2: Stormwater Design

LEED SS Credit 5.1: Site Development – Protect or Restore Habitat

- O ar quente sobe.
- O ar frio, mais pesado, se acumula nas áreas mais baixas

- A temperatura na atmosfera diminui com a altitude — aproximadamente 0,56°C para cada 122,0 m de elevação.

O microclima de um sítio é influenciado pela altitude do sítio, a natureza e orientação de acidentes geográficos, e a presença de corpos d'água.

- A radiação solar aquece os desníveis a norte (hemisfério sul), criando uma zona temperada.
- As brisas diurnas, que substituem as correntes ascendentes de ar quente sobre a terra, podem ter um efeito de resfriamento de até 5,6°C.
- A grama e outras coberturas do solo tendem a baixar as temperaturas ao absorver a insolação e favorecer o resfriamento por evaporação.
- As superfícies pavimentadas tendem a elevar as temperaturas do solo.
- As superfícies claras refletem a radiação solar, enquanto as escuras absorvem e retêm a insolação.

Grandes corpos d'água:
- Atuam como reservatórios de calor e amenizam as variações de temperatura
- Geralmente são mais frios que a terra durante o dia e mais quentes à noite, gerando brisas
- Geralmente são mais quentes que a terra no inverno e mais frios no verão
- Em climas quentes e secos, até mesmo os pequenos corpos d'água são desejáveis, psicológica e fisicamente, por seu efeito de resfriamento por evaporação

LEED SS Credit 7.1, 7.2: Reduce Heat Island Effect

CSI MasterFormat 31 10 00: Site Cleaning
CSI MasterFormat 31 20 00: Earth Moving
CSI MasterFormat 31 70 00: Wetlands

1.12 A VEGETAÇÃO

A vegetação oferece benefícios estéticos e funcionais na conservação de energia, no enquadramento de vistas ou na criação de anteparos, no controle do barulho, no retardamento da erosão, e na conexão visual de uma edificação a seu sítio. Os fatores a serem considerados na seleção e no uso de vegetação no paisagismo incluem:

- Estrutura e forma das árvores
- Densidade, textura e cor sazonal da folhagem
- Velocidade ou taxa de crescimento
- Altura de crescimento potencial e dimensão da copa
- Exigências de solo, água, luz natural e faixa de temperatura aceitável
- Tamanho e profundidade das raízes

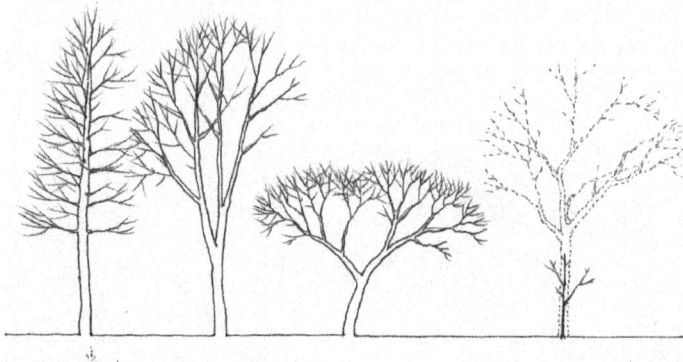

- As árvores e outras plantas adaptam suas formas ao clima.

LEED SS Credit 6.1, 6.2: Stormwater Design
LEED SS Credit 7.1: Heat Island Effect—Nonroot
LEED SS Credit 1: Water Efficient Landscaping

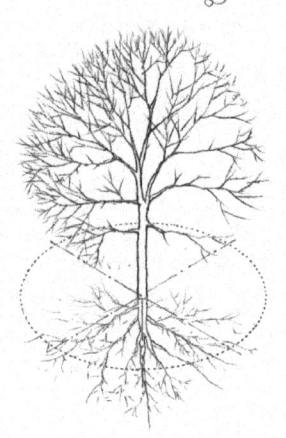

- As árvores saudáveis existentes e a vegetação nativa devem ser preservadas sempre que possível. Durante a construção e os trabalhos em terra de um terreno, a área de raízes das árvores deve ser protegida em uma área de diâmetro igual ao de suas copas. Os sistemas de raízes de árvores plantadas muito próximos a uma edificação podem afetar o sistema de fundações. As estruturas das raízes também podem interferir nas instalações subterrâneas.
- Para sustentar uma vegetação, um solo deve ser capaz de absorver a umidade, fornecer os nutrientes adequados, ser capaz de aeração e ser livre de sais concentrados.

A grama e outros elementos de cobertura do solo:

- podem reduzir a temperatura do ar ao absorver a insolação solar e favorecer o resfriamento por evaporação;
- ajudam a estabilizar os taludes do solo e a prevenir a erosão;
- aumentam a permeabilidade do solo ao ar e à água.

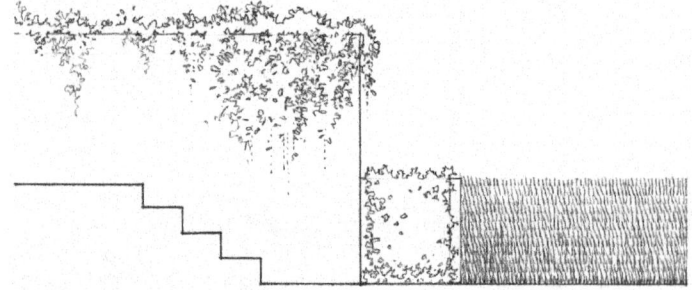

- As trepadeiras podem reduzir a transmissão de calor através de um muro ensolarado ao fornecer sombra e resfriar o ambiente adjacente por evaporação.

CSI MasterFormat 32 90 00 Planting

ÁRVORES 1.13

As árvores afetam o ambiente adjacente a uma edificação ao:

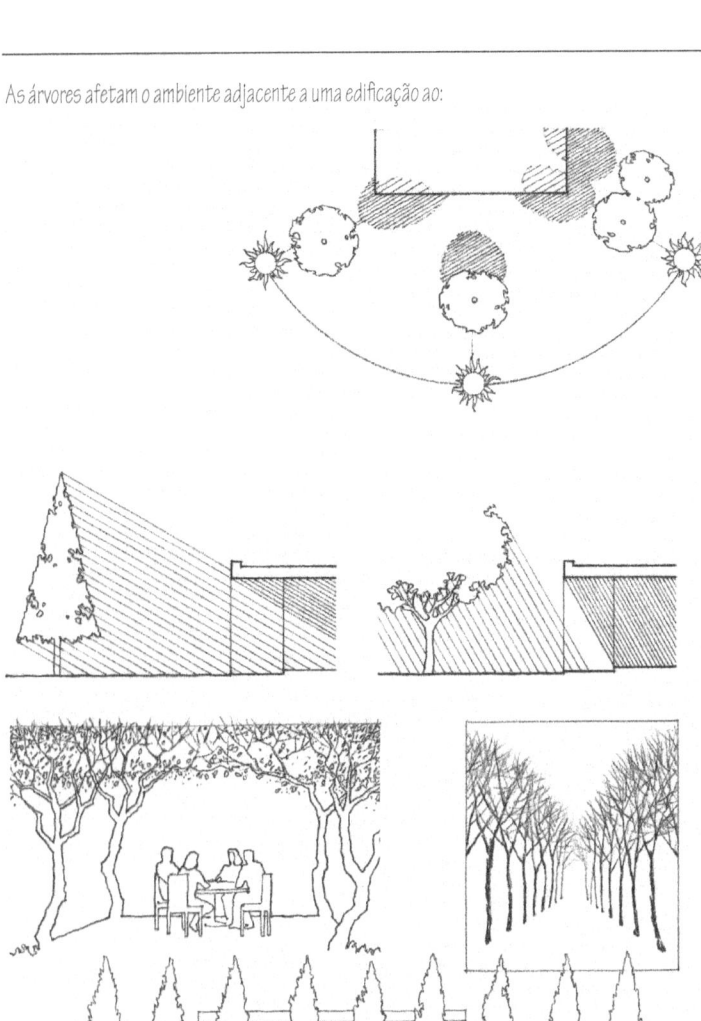

Fornecer sombra
A quantidade de insolação obstruída ou filtrada por uma árvore depende de sua:

- Orientação solar
- Proximidade a uma edificação ou espaço externo
- Forma, diâmetro da copa e altura
- Densidade da folhagem e estrutura de galhos

- As árvores fornecem sombra a uma edificação ou espaço externo de forma mais eficaz do nordeste pela manhã e do noroeste no final da tarde, quando o sol está baixo e projeta sombras longas (no hemisfério sul).
- Os beirais orientados para o norte oferecem sombra mais eficaz durante o período do meio-dia quando o sol está alto e projeta sombras curtas.
- As árvores decíduas fornecem sombra e proteção contra o ofuscamento durante o verão e permitem que a radiação solar penetre através dos galhos durante o inverno.
- A vegetação perene oferece sombra ao longo do ano e ajuda a reduzir o ofuscamento da neve durante o inverno.

Servir de para-ventos
- A vegetação perene pode formar para-ventos e reduzir as perdas térmicas de uma edificação durante o inverno.
- A folhagem da vegetação reduz a poeira trazida pelo vento.

Definir espaço
- As árvores podem configurar os espaços externos para atividades e deslocamentos.

Direcionar ou limitar vistas
- As árvores podem enquadrar vistas desejáveis.
- As árvores podem criar anteparos contra vistas indesejáveis e oferecer privacidade para os espaços externos.

Atenuar ruídos
- Uma combinação de árvores decíduas e perenes é muito eficaz na interceptação e atenuação da poluição sonora, especialmente quando também se usam barrancos.

Melhorar a qualidade do ar
- As árvores retêm particulados em suas folhas, que são então lavados durante as chuvas.
- As folhas também podem assimilar gases e outros poluentes.
- O processo fotossintético pode metabolizar gases e outros odores.

Estabilizar o solo
- As estruturas de raízes das árvores ajudam na estabilização do solo, aumentando a permeabilidade do solo à água e ao ar, e evitando a erosão.

1.14 A INSOLAÇÃO

A localização, a forma e a orientação de uma edificação e seus espaços devem aproveitar os benefícios térmicos, higiênicos e psicológicos da luz solar. Entretanto, a radiação solar pode nem sempre ser benéfica, dependendo da latitude e do clima do sítio. No planejamento do projeto de uma edificação, o objetivo deve ser manter um equilíbrio entre os períodos subaquecidos, quando a radiação é benéfica, e os períodos superaquecidos, quando a radiação deve ser evitada.

A trajetória do Sol pelo céu varia com as estações do ano e a latitude do sítio de uma edificação. Os diferentes ângulos solares para um sítio específico devem ser obtidos através de um almanaque do tempo ou de uma estação meteorológica antes de se calcular o ganho de aquecimento solar potencial e as necessidades de sombreamento para o projeto de uma edificação.

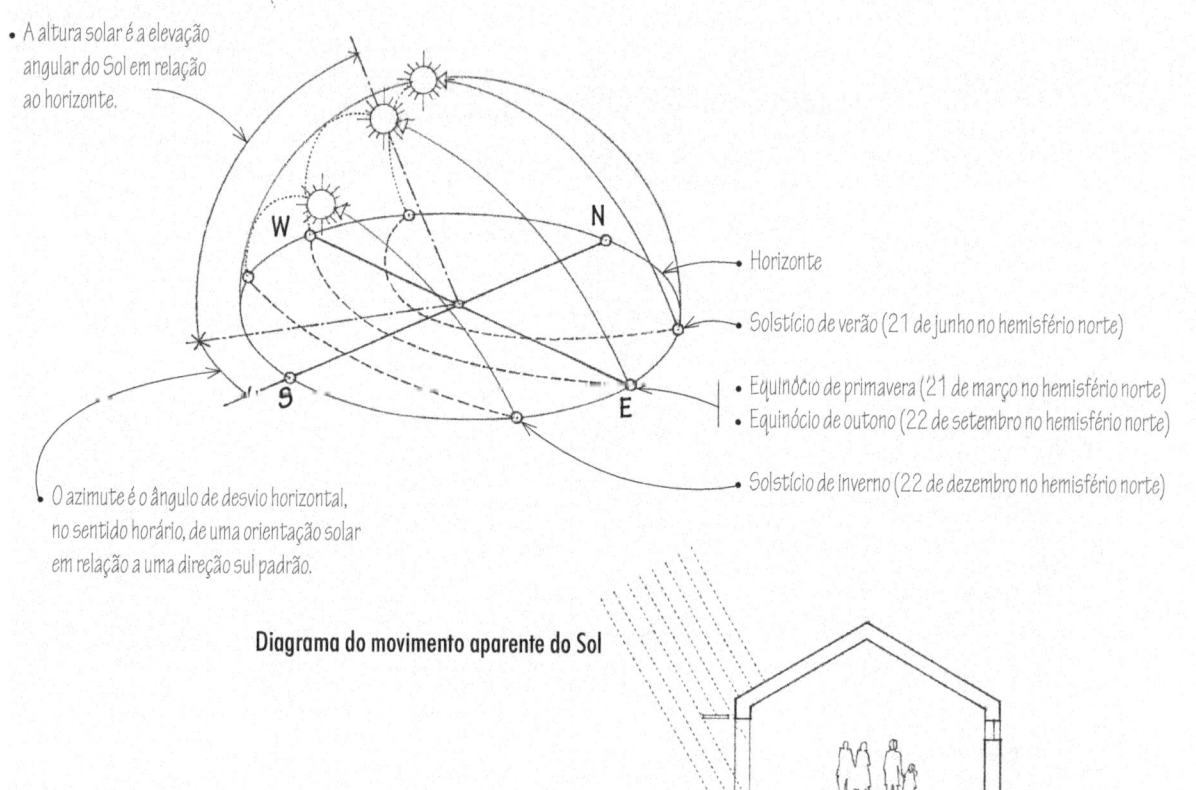

- A altura solar é a elevação angular do Sol em relação ao horizonte.
- Horizonte
- Solstício de verão (21 de junho no hemisfério norte)
- Equinócio de primavera (21 de março no hemisfério norte)
- Equinócio de outono (22 de setembro no hemisfério norte)
- Solstício de inverno (22 de dezembro no hemisfério norte)
- O azimute é o ângulo de desvio horizontal, no sentido horário, de uma orientação solar em relação a uma direção sul padrão.

Diagrama do movimento aparente do Sol

Ângulos solares representativos

Latitude norte	Cidade representativa	Altitude à noite		Azimute ao nascer do sol e ao pôr do sol*	
		Dez. 22	Mar.21/Set.22	Dez. 22	Jun. 21
48°	Seattle	18°	42°	54°	124°
44°	Toronto	22°	46°	56°	122°
40°	Denver	26°	50°	58°	120°
36°	Tulsa	30°	54°	60°	118°
32°	Phoenix	34°	58°	62°	116°

*O azimute está a sudeste ao nascer do sol e a sudoeste no pôr do sol (hemisfério norte).

A INSOLAÇÃO 1.15

As formas e orientações a seguir são recomendadas para edificações isoladas de outras e em diferentes regiões climáticas. As informações aqui apresentadas devem ser consideradas junto com outras exigências do programa e do contexto.

Regiões frias
A redução da área de superfície de uma edificação diminui a exposição a baixas temperaturas.

- Maximize a absorção da radiação solar.
- Reduza as perdas térmicas por radiação, condução e evaporação.
- Forneça proteção contra os ventos.

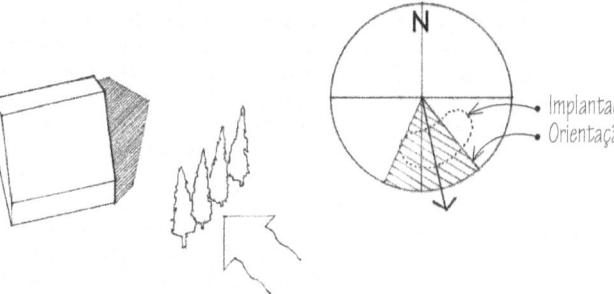

Regiões temperadas
O alongamento da forma de uma edificação ao longo do eixo leste-oeste maximiza as paredes com orientação norte.

- Minimize as laterais expostas para o leste e o oeste, que normalmente são mais quentes no verão e mais frias no inverno que as expostas para o norte (hemisfério sul).
- Equilibre os ganhos térmicos solares com proteções adequadas a cada estação.
- Favoreça o movimento do ar em climas quentes; proteja contra o vento em climas frios.

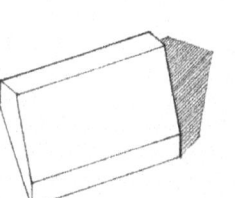 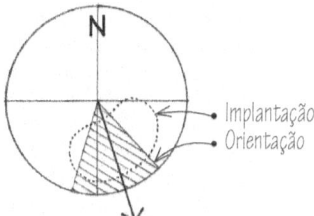

Regiões quentes e áridas
As formas das edificações devem incluir pátios internos.

- Reduza a radiação solar e os ganhos térmicos por condução.
- Favoreça o resfriamento por evaporação usando água e vegetação.
- Forneça proteção solar para janelas e espaços externos.

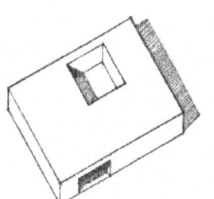 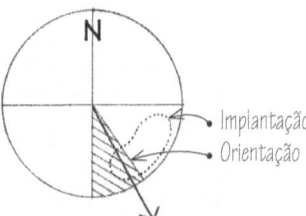

Regiões quentes e úmidas
As formas alongadas das edificações ao longo do eixo leste-oeste minimiza as exposições a leste e a oeste.

- Reduza ganhos de calor.
- Utilize o vento para promover o resfriamento por evaporação.
- Forneça proteção solar para janelas e espaços externos.

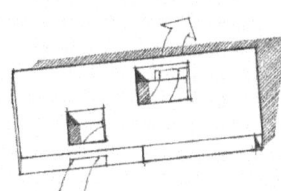 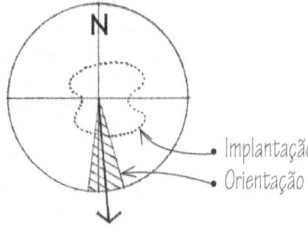

LEED EA Credit 1: Optimize Energy Performance

1.16 O PROJETO SOLAR PASSIVO

A calefação solar passiva se refere ao uso de energia solar para aquecer os espaços internos de uma edificação sem precisar de equipamentos mecânicos que exijam energia adicional. Os sistemas solares passivos são fundamentados nos processos naturais de transferência térmica por condução, convecção e radiação para a coleta, armazenagem, distribuição e controle de energia solar.

- A constante solar é a taxa média na qual a energia radiante do Sol é recebida pela Terra, igual a 1.353 W/m²/h, usada para calcular os efeitos da radiação solar nas edificações.

Há dois elementos essenciais em todo sistema solar passivo:

1. Vidro ou plástico transparente orientado para o norte para a captura de radiação solar (no hemisfério sul)
- As áreas de vidraças devem ser entre 30 e 50% da área de piso em climas frios, e entre 15 a 25% em climas temperados, dependendo da média de temperatura externa no inverno e da perda de calor projetada.
- Os materiais das vidraças devem ser resistentes à degradação causada pelos raios solares ultravioleta.
- Vidros duplos e isolamento térmico são necessários para minimizar as perdas noturnas de calor.

2. Uma massa termoacumuladora para a coleta, armazenagem e distribuição de calor, orientada para receber o máximo de exposição solar
- Os materiais de armazenamento térmico incluem concreto, tijolo, pedra, peças cerâmicas, taipa de pilão, areia e água ou outro líquido. Materiais de mudanças de fase, como sais eutéticos e parafinas, também são viáveis.
- Concreto: 30,5 a 45,5 cm
- Tijolo: 25,5 a 35,5 cm
- Adobe: 20,0 a 30,5 cm
- Água: 15,0 cm ou mais
- As superfícies escuras absorvem mais insolação que as superfícies claras.

- Entradas e saídas de ar, registros, painéis de isolamento móveis, brises e outros elementos de proteção solar podem ajudar a equilibrar a distribuição de calor.

Com base na relação entre Sol, espaço interno e sistema de coleta de calor, há três maneiras nas quais o aquecimento solar passivo pode ser obtido: ganho direto, ganho indireto e ganho isolado.

LEED EA Credit 2: On-Site Renewable Energy
LEED EA Credit 6: Green Power

CSI MasterFormat 23 56 00 Solar Energy Heating Equipment

O PROJETO SOLAR PASSIVO 1.17

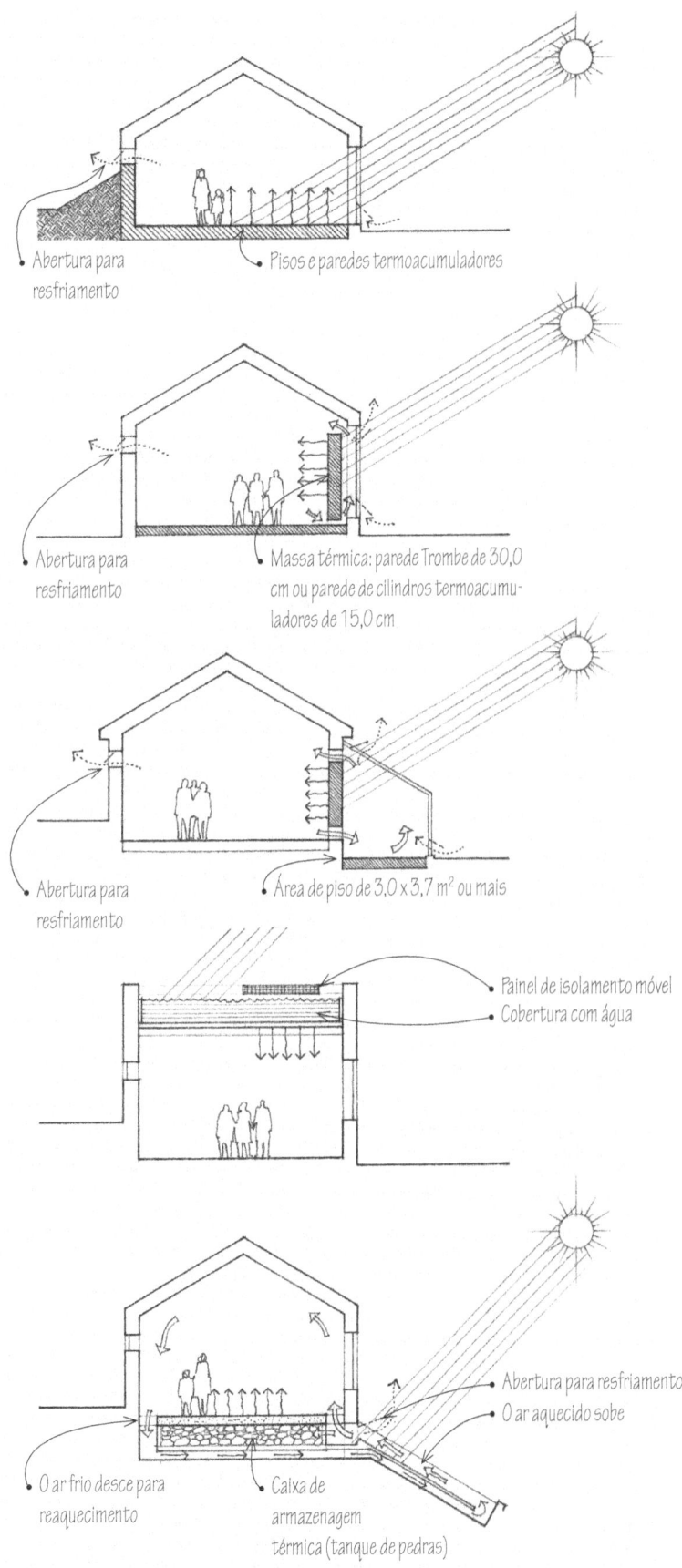

Ganho direto
Sistemas de ganho direto coletam calor diretamente dentro de um espaço interno. A área de superfície da massa termoacumuladora, que está incorporada dentro do espaço, deve ser de 50% a 60% do total da área de superfície do espaço. Durante a estação de resfriamento, janelas de abrir são usadas para ventilação natural ou mecânica.

- Abertura para resfriamento
- Pisos e paredes termoacumuladores

Ganho indireto
Sistemas de ganho indireto controlam os ganhos térmicos na pele exterior de uma edificação. A radiação solar primeiramente incide sobre a massa térmica, seja uma parede Trombe de alvenaria ou de concreto, seja uma parede de cilindros termoacumuladores ou tubos com água, que está localizada entre o Sol e a área social. A energia solar absorvida atravessa a parede por condução, e então vai para o espaço interno por radiação e convecção.

- Abertura para resfriamento
- Massa térmica: parede Trombe de 30,0 cm ou parede de cilindros termoacumuladores de 15,0 cm

Estufa anexa
Uma estufa ou solário é outro meio de ganho térmico indireto. A estufa anexa, com um piso de grande massa térmica, é separada do espaço de estar por uma parede termoacumuladora da qual o calor é retirado quando necessário. Para resfriamento, a estufa anexa pode ter aberturas de ventilação para o exterior.

- Abertura para resfriamento
- Área de piso de 3,0 x 3,7 m² ou mais

Coberturas com água (*roof ponds*)
Outro meio de ganho térmico indireto é uma cobertura com água que serve como uma massa líquida para absorção e armazenamento de energia solar. Um painel de isolamento cobre a cobertura de água à noite, permitindo que o calor armazenado seja irradiado no espaço. No verão, o processo é revertido para permitir que o calor interno absorvido durante o dia seja irradiado para o céu durante a noite.

- Painel de isolamento móvel
- Cobertura com água

Ganho isolado
Os sistemas de ganhos isolados capturam e armazenam a radiação solar fora do espaço a ser aquecido. À medida que o ar ou água do coletor é aquecido pelo Sol, ele circula até o espaço interno ou é armazenado na massa térmica enquanto necessário. Simultaneamente, o ar ou água mais frios são succionados do fundo da massa termoacumuladora, criando um circuito de convecção natural.

- O ar frio desce para reaquecimento
- Caixa de armazenagem térmica (tanque de pedras)
- Abertura para resfriamento
- O ar aquecido sobe

1.18 ELEMENTOS DE PROTEÇÃO SOLAR

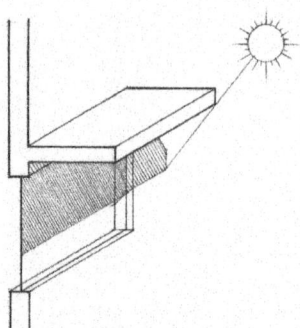
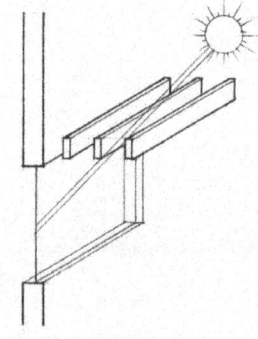
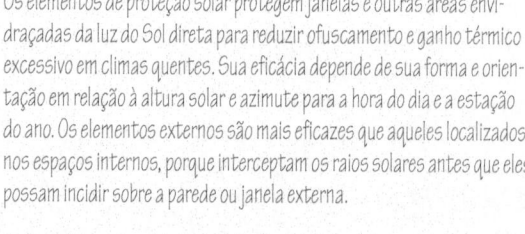

Os elementos de proteção solar protegem janelas e outras áreas envidraçadas da luz do Sol direta para reduzir ofuscamento e ganho térmico excessivo em climas quentes. Sua eficácia depende de sua forma e orientação em relação à altura solar e azimute para a hora do dia e a estação do ano. Os elementos externos são mais eficazes que aqueles localizados nos espaços internos, porque interceptam os raios solares antes que eles possam incidir sobre a parede ou janela externa.

Nesta página, são mostrados tipos de dispositivos de proteção solar. Sua forma, orientação, materiais e construção podem variar para se adequar a situações específicas. Suas qualidades visuais de padrão, textura e ritmo e as sombras que eles projetam devem ser consideradas ao se projetar as fachadas de uma edificação.

- Um grande brise horizontal é mais eficaz quando tem orientação norte (hemisfério sul).

- Pequenos brises horizontais paralelos à parede permitem a circulação do ar próximo à parede e reduzem ganhos térmicos por condução.
- Os brises podem ser operados manualmente ou controlados automaticamente com temporizadores ou controles fotoelétricos para se adaptarem à altura solar.

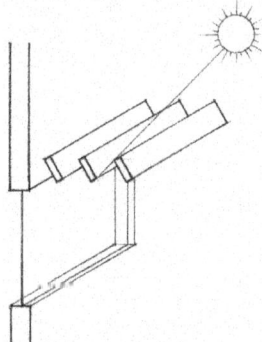
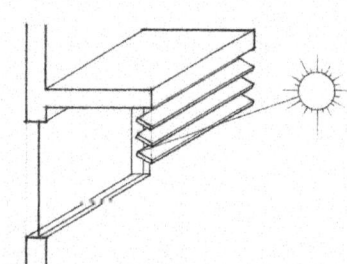
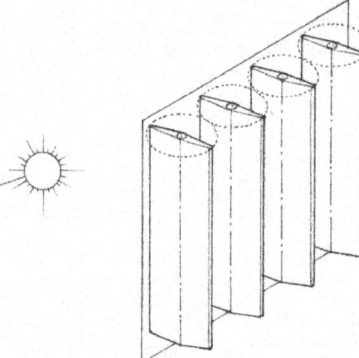

- Brises inclinados oferecem mais proteção que aqueles paralelos à parede.
- O ângulo de inclinação depende da altura solar.

- Pequenos brises pendurados em um grande brise protegem contra o sol baixo.
- Observe que os brises podem interferir na visibilidade dos exteriores.

- Brises verticais são mais eficazes para orientações leste ou oeste.
- Os brises podem ser ajustados manualmente ou controlados automaticamente com temporizadores ou controles fotoelétricos para se adaptarem à altura solar.
- A separação da parede reduz o ganho de calor por condução.

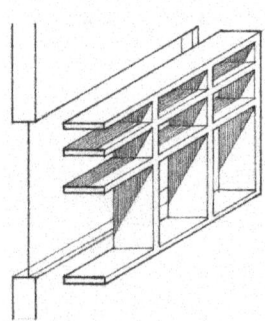
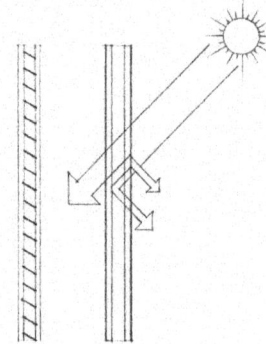
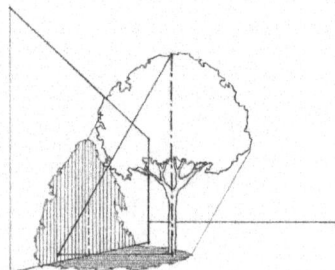

- Grelhas com brises horizontais e verticais combinam características de sombreamento de pequenos brises horizontais e verticais e têm uma alta capacidade de sombreamento.
- Grelhas com brises horizontais e verticais, às vezes chamadas de máscaras ou colmeias, são muito eficazes em climas quentes.

- Venezianas e cortinas podem fornecer uma redução de até 50% na insolação, dependendo de sua refletividade.
- Vidros absorventes de calor podem absorver até 40% da radiação incidente sobre a superfície.

- As árvores e edificações adjacentes podem oferecer proteção solar, dependendo de sua proximidade, altura e orientação.

CSI MasterFormat 10 71 13 Exterior Sun Control Devices

A ILUMINAÇÃO NATURAL 1.19

A radiação solar fornece não apenas calor, mas também luz para os espaços internos de uma edificação. Essa luz natural tem benefícios psicológicos, bem como utilidade prática na redução da quantidade de energia necessária para a iluminação artificial. Embora intensa, a luz do Sol direta varia com a hora do dia, de estação para estação e de lugar para lugar, podendo se tornar difusa devido a nebulosidade, névoa e precipitações, e ser refletida pelo solo e por outras superfícies do entorno.

- Luz solar direta
- Luz zenital refletida e difundida pelas moléculas do ar
- Refletância externa do piso e edificações adjacentes
- Refletância interna das superfícies dos compartimentos

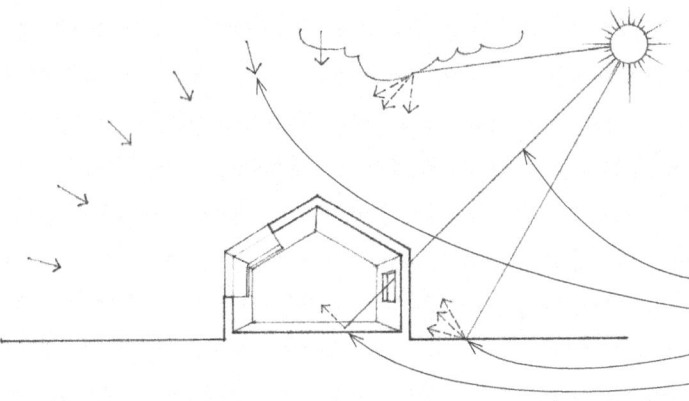

- No hemisfério sul, janelas com orientação sul admitem luz zenital suave e difusa.

A quantidade e qualidade da luz natural em um compartimento são determinadas pelo tamanho e orientação de suas janelas, transmitância das vidraças, refletância das superfícies internas e externas, e proteções de beirais e árvores adjacentes.

- Janelas orientadas para o leste e o oeste exigem elementos de sombreamento para evitar a claridade do Sol no início da manhã e no fim da tarde.
- Janelas orientadas para o norte (hemisfério sul) são fontes ideais de luz natural caso se utilizem dispositivos de proteção horizontal para controlar a radiação solar excessiva e o ofuscamento.

O nível de iluminação fornecido pela luz natural se reduz à medida que essa luz penetra em um espaço interno. Geralmente, quanto mais ampla e mais alta for uma janela, mais luz natural entrará em um compartimento.

- Prateleiras de luz protegem as vidraças da luz do Sol direta e, ao mesmo tempo, refletem a luz natural no teto de um compartimento. Uma série de brises paralelos brancos e opacos também pode oferecer sombreamento e refletir luz natural difusa no espaço interno.

LEED EQ Credit 8.1: Daylight & Views — Daylight

- Uma regra prática útil é que a luz natural pode ser eficaz para a iluminação do plano de trabalho até uma profundidade de duas vezes a altura da janela.
- O teto e a parede de fundo de um espaço são mais efetivos que as paredes laterais ou o piso na reflexão e distribuição de luz natural; as superfícies de cor clara refletem e distribuem a luz mais eficientemente, mas grandes áreas de superfícies brilhantes podem causar ofuscamento.
- Claraboias com vidraças translúcidas podem iluminar naturalmente um espaço por cima, sem ganhos térmicos excessivos.
- Lanternins são outro meio de distribuir luz natural refletida dentro de um espaço.

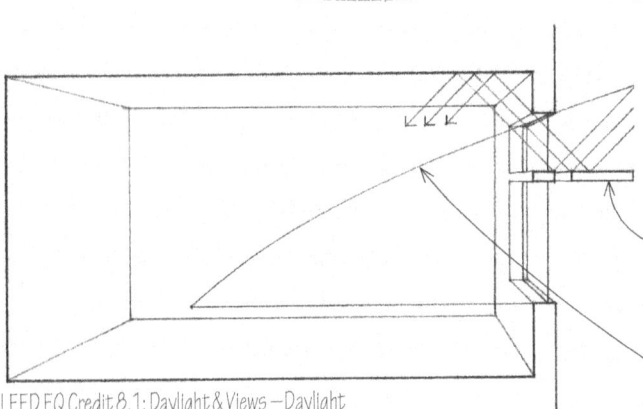

- Para uma iluminação natural mais equilibrada, permita que a luz natural entre em um espaço a partir de, no mínimo, duas direções.

Níveis de brilho excessivos podem levar a ofuscar e prejudicar o desempenho visual. O ofuscamento pode ser controlado pelo uso de elementos de sombreamento, orientação adequada de planos de trabalho, e permitindo-se que a luz natural entre em um espaço ao menos por duas direções.

- Posicione janelas adjacentes às paredes laterais para refletância e iluminação adicionais.

1.20 PRECIPITAÇÕES

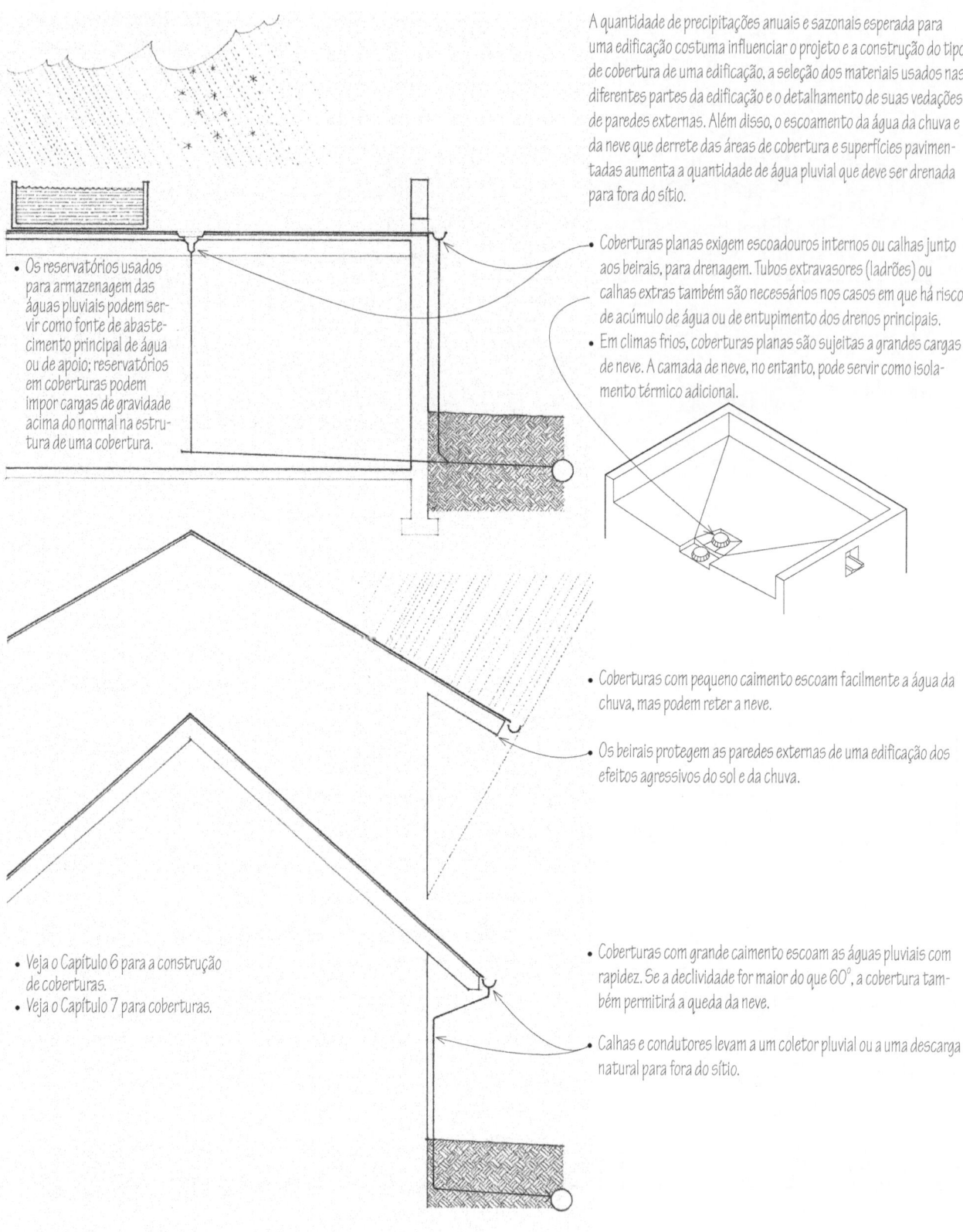

A quantidade de precipitações anuais e sazonais esperada para uma edificação costuma influenciar o projeto e a construção do tipo de cobertura de uma edificação, a seleção dos materiais usados nas diferentes partes da edificação e o detalhamento de suas vedações de paredes externas. Além disso, o escoamento da água da chuva e da neve que derrete das áreas de cobertura e superfícies pavimentadas aumenta a quantidade de água pluvial que deve ser drenada para fora do sítio.

- Os reservatórios usados para armazenagem das águas pluviais podem servir como fonte de abastecimento principal de água ou de apoio; reservatórios em coberturas podem impor cargas de gravidade acima do normal na estrutura de uma cobertura.

- Coberturas planas exigem escoadouros internos ou calhas junto aos beirais, para drenagem. Tubos extravasores (ladrões) ou calhas extras também são necessários nos casos em que há risco de acúmulo de água ou de entupimento dos drenos principais.
- Em climas frios, coberturas planas são sujeitas a grandes cargas de neve. A camada de neve, no entanto, pode servir como isolamento térmico adicional.

- Coberturas com pequeno caimento escoam facilmente a água da chuva, mas podem reter a neve.

- Os beirais protegem as paredes externas de uma edificação dos efeitos agressivos do sol e da chuva.

- Veja o Capítulo 6 para a construção de coberturas.
- Veja o Capítulo 7 para coberturas.

- Coberturas com grande caimento escoam as águas pluviais com rapidez. Se a declividade for maior do que 60°, a cobertura também permitirá a queda da neve.

- Calhas e condutores levam a um coletor pluvial ou a uma descarga natural para fora do sítio.

A DRENAGEM DO SÍTIO 1.21

A ocupação de um terreno pode romper o padrão de drenagem existente e criar fluxos de água adicionais de áreas de cobertura construídas e superfícies pavimentadas. É recomendável limitar a interrupção da hidrologia natural de um sítio e promover a infiltração através de meios como pisos permeáveis e coberturas com vegetação. A drenagem do sítio é necessária para evitar a erosão e a retenção de excesso de água superficial ou água subterrânea resultantes da nova construção.

Há dois tipos básicos de drenagem de sítio: sistemas de drenagem subsuperficiais e sistemas de drenagem de superfície. A drenagem subsuperficial consiste em uma rede subterrânea de tubulações para transportar a água subterrânea até um ponto de deposição, como um sistema de esgoto pluvial ou uma foz natural em uma elevação mais baixa no sítio. O excesso de água subterrânea pode reduzir a capacidade de carregamento de um solo de fundação e aumentar a pressão hidrostática da fundação de uma edificação. A impermeabilização é exigida para as estruturas subterrâneas situadas perto ou abaixo do lençol freático de um sítio.

A drenagem de superfície se refere ao tratamento das superfícies de um sítio e seus caimentos para desviar a chuva e outra água superficial para padrões de drenagem natural ou um sistema de esgoto pluvial municipal. Uma lagoa de estabilização pode ser necessária quando a quantidade do escoamento superficial excede a capacidade do sistema de esgoto pluvial.

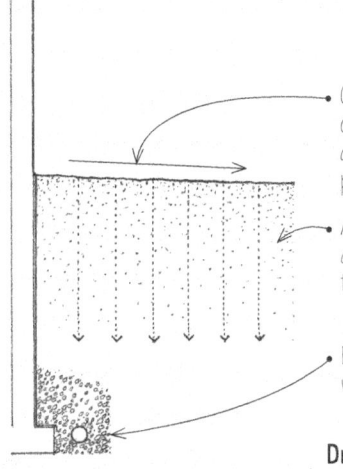

- Os pisos acabados devem apresentar caimento para drenar a água superficial de uma edificação: mínimo de 5%; para pisos impermeáveis, mínimo de 2%.
- A água subterrânea consiste em grande parte de água superficial que penetrou através do solo poroso.
- Fundação do sistema de drenagem; veja a p. 3.14.

Drenagem da superfície de desníveis
- Gramados e campos: recomenda-se de 1,5 a 10%
- Áreas de estacionamento pavimentadas: recomenda-se de 2 a 3%
- As valetas são depressões superficiais formadas pela interseção de dois desníveis de solo, projetadas para direcionar ou desviar o escoamento de água superficial. Os jardins de chuva podem aumentar a infiltração.
- Valetas de grama: recomenda-se de 1,5 a 2%
- Valetas de concreto: recomenda-se de 4 a 6%
- Os drenos de superfície capturam água superficial de um piso subterrâneo ou área pavimentada.
- Os poços secos são buracos de drenagem alinhados com seixo rolado ou pedra britada para receber água superficial e permitir que ela se infiltre para a terra absorvente do subsolo.
- Caixas de areia são receptores do escoamento da água superficial. Elas têm uma bacia ou caixa coletora que retém os sedimentos pesados antes que eles passem por um tubo de esgoto subterrâneo.
- Bueiros ou galerias de escoamento são drenos ou canais que passam sob uma rua ou passeio.
- Bacias de captação podem ser projetadas para parecerem e funcionarem como lagos ou pântanos artificiais.
- Pântanos construídos são calculados, projetados e construídos para utilizar processos naturais no tratamento de águas servidas e na melhoria da qualidade da água.

- Um dreno-cortina ou dreno de interceptação pode ser colocado entre uma fonte de água subterrânea e a área a ser protegida.
- Um tipo de dreno-cortina é um dreno francês, que consiste em uma vala preenchida até o nível do solo com pedras soltas ou pedra britada.

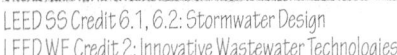

LEED SS Credit 6.1, 6.2: Stormwater Design
LEED WE Credit 2: Innovative Wastewater Technologies

CSI MasterFormat 32 70 00 Wetlands
CSI MasterFormat 33 40 00 Storm Drainage Utilities

1.22 O VENTO

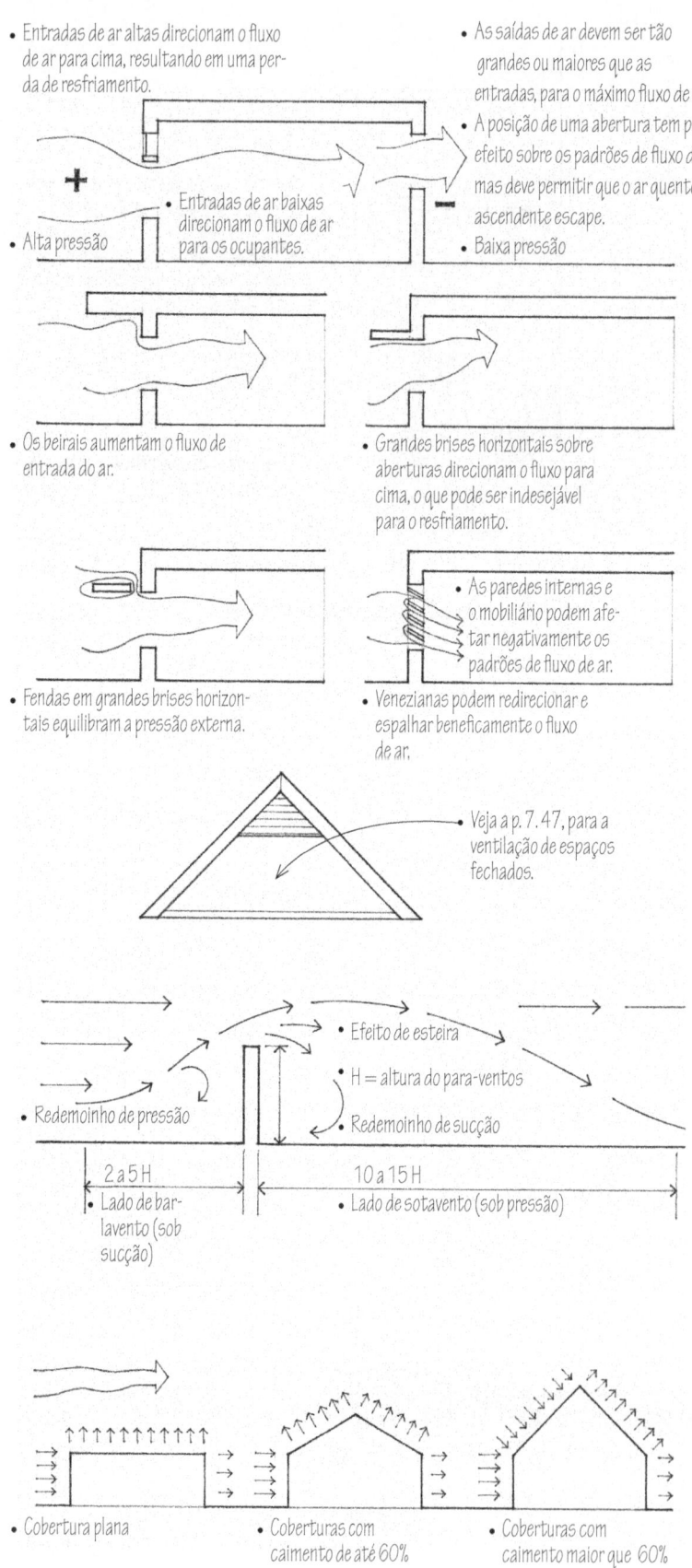

- Entradas de ar altas direcionam o fluxo de ar para cima, resultando em uma perda de resfriamento.
- Alta pressão
- Entradas de ar baixas direcionam o fluxo de ar para os ocupantes.
- As saídas de ar devem ser tão grandes ou maiores que as entradas, para o máximo fluxo de ar.
- A posição de uma abertura tem pouco efeito sobre os padrões de fluxo de ar, mas deve permitir que o ar quente ascendente escape.
- Baixa pressão
- Os beirais aumentam o fluxo de entrada do ar.
- Grandes brises horizontais sobre aberturas direcionam o fluxo para cima, o que pode ser indesejável para o resfriamento.
- Fendas em grandes brises horizontais equilibram a pressão externa.
- As paredes internas e o mobiliário podem afetar negativamente os padrões de fluxo de ar.
- Venezianas podem redirecionar e espalhar beneficamente o fluxo de ar.
- Veja a p. 7.47, para a ventilação de espaços fechados.
- Redemoinho de pressão
- Efeito de esteira
- H = altura do para-ventos
- Redemoinho de sucção
- 2 a 5 H
- 10 a 15 H
- Lado de barlavento (sob sucção)
- Lado de sotavento (sob pressão)
- Cobertura plana
- Coberturas com caimento de até 60%
- Coberturas com caimento maior que 60%

A direção e velocidade dos ventos dominantes são importantes considerações sobre um sítio em todas as regiões climáticas. As variações diárias e sazonais no vento devem ser cuidadosamente consideradas na avaliação de seu potencial para a ventilação de espaços internos e pátios em climas quentes, causando perdas térmicas em climas frios e impondo cargas laterais na estrutura de uma edificação.

A ventilação forçada dos espaços internos auxilia nas trocas de ar necessárias à saúde e à remoção de odores. Em climas quentes, e especialmente em climas úmidos, a ventilação beneficia o resfriamento por evaporação ou convecção. A ventilação natural também reduz a energia gasta por ventiladores e equipamentos mecânicos.
(LEED EQ Credit 2: Increased Ventilation)

A circulação de ar em uma edificação é gerada pelas diferenças nas pressões e temperaturas do ar. Os padrões de ar resultantes do fluxo de ar são afetados mais pela geometria e orientação da edificação do que pela velocidade do ar.

A ventilação de sótãos e subsolos baixos é necessária para a remoção da umidade e o controle da condensação. Em climas quentes, a ventilação de sótãos também pode reduzir o ganho de calor radiante através da cobertura.

Em climas frios, uma edificação deve ser protegida contra ventos frios para reduzir a infiltração nos espaços internos e diminuir a perda de calor. Um para-vento pode ter a forma de um talude, um muro no jardim ou um denso conjunto de árvores. O para-vento reduz a velocidade do vento e produz uma área de relativa calma no seu lado de sotavento. A extensão dessa zona protegida do vento depende da altura, profundidade e densidade do para-vento, sua orientação em relação ao vento e a própria velocidade do vento.

- Um anteparo parcialmente permeável cria um diferencial de pressão menor, resultando em uma sombra maior de vento no lado de sotavento do anteparo.

A estrutura, os componentes e as vedações externas de uma edificação devem estar ancorados para resistir ao tombamento, sucção e escorregamento forçados. O vento cria pressão positiva no lado de barlavento de uma edificação e no lado de barlavento de coberturas com um caimento maior que 30°. O vento exerce pressão negativa ou sucção sobre os lados e as superfícies de sotavento e pressões normais às superfícies de barlaventos de coberturas com um caimento menor que 30°. Veja a p. 2.9 para mais informação sobre as forças dos ventos.

O SOM E AS VISTAS 1.23

O som exige uma fonte e um caminho. Sons externos indesejáveis ou ruídos podem ser causados pelo tráfego de veículos, aeronaves e outras máquinas. A energia sonora gerada por essas fontes viaja através do ar se afastando da fonte em todas as direções, em uma onda contínua de expansão. No entanto, essa energia sonora reduz sua intensidade à medida que se dispersa sobre uma área ampla. Para reduzir o impacto do ruído externo, portanto, a primeira consideração deve ser a distância — localizar uma edificação o mais longe possível da fonte de ruído. Quando a implantação ou as dimensões de um sítio não possibilitam isso, os espaços internos de uma edificação podem ser protegidos das fontes de ruído das seguintes maneiras:

- Use zonas de edificação onde o ruído pode ser tolerado como um anteparo, por exemplo, áreas de instalações, áreas de serviço e áreas de equipamentos mecânicos.
- Utilize materiais de construção e sistemas construtivos projetados para reduzir a transmissão de sons externos e oriundos da própria edificação.
- Oriente portas e janelas para longe das fontes de ruídos indesejáveis.
- Distribua massas físicas, como taludes, entre a fonte de ruído e a edificação.
- Utilize plantações densas de árvores e arbustos, que podem ser eficazes na difusão ou dispersão do som.
- Utilize grama ou outra cobertura do solo, que são mais absorventes que as superfícies de pavimentação duras e refletoras.

Um aspecto importante do planejamento do sítio é orientar os espaços internos de uma edificação de acordo com os pontos fortes e características do terreno. Além da orientação adequada, as janelas nesses espaços devem ser posicionadas não apenas para satisfazer as necessidades de iluminação e ventilação natural, mas também para direcionar e enquadrar vistas desejáveis. Dependendo da localização do sítio, essas vistas podem ser próximas ou distantes na natureza. Mesmo quando as vistas desejáveis não existem, um cenário agradável muitas vezes pode ser criado no terreno de uma edificação através do paisagismo.

Uma janela pode ser criada de várias maneiras, dependendo da natureza da vista e da forma em que ela se insere na parede. É importante observar que o tamanho e a localização das janelas também afetam as características espaciais, a iluminação natural e o potencial de perdas ou ganhos térmicos de um ambiente.

- Janelas orientadas para o norte podem ser sombreadas de forma eficaz ao mesmo tempo em que admitem luz natural.
- Janelas orientadas para o sul estão expostas aos ventos do inverno em climas frios (no hemisfério sul).
- Janelas orientadas para o leste e oeste são fontes de superaquecimento e são difíceis de sombrear com eficácia.

LEED EQ Credit 8.2: Daylight & Views — Views

- Vista ampla
- Vista restrita
- Vista filtrada

1.24 FATORES REGULADORES

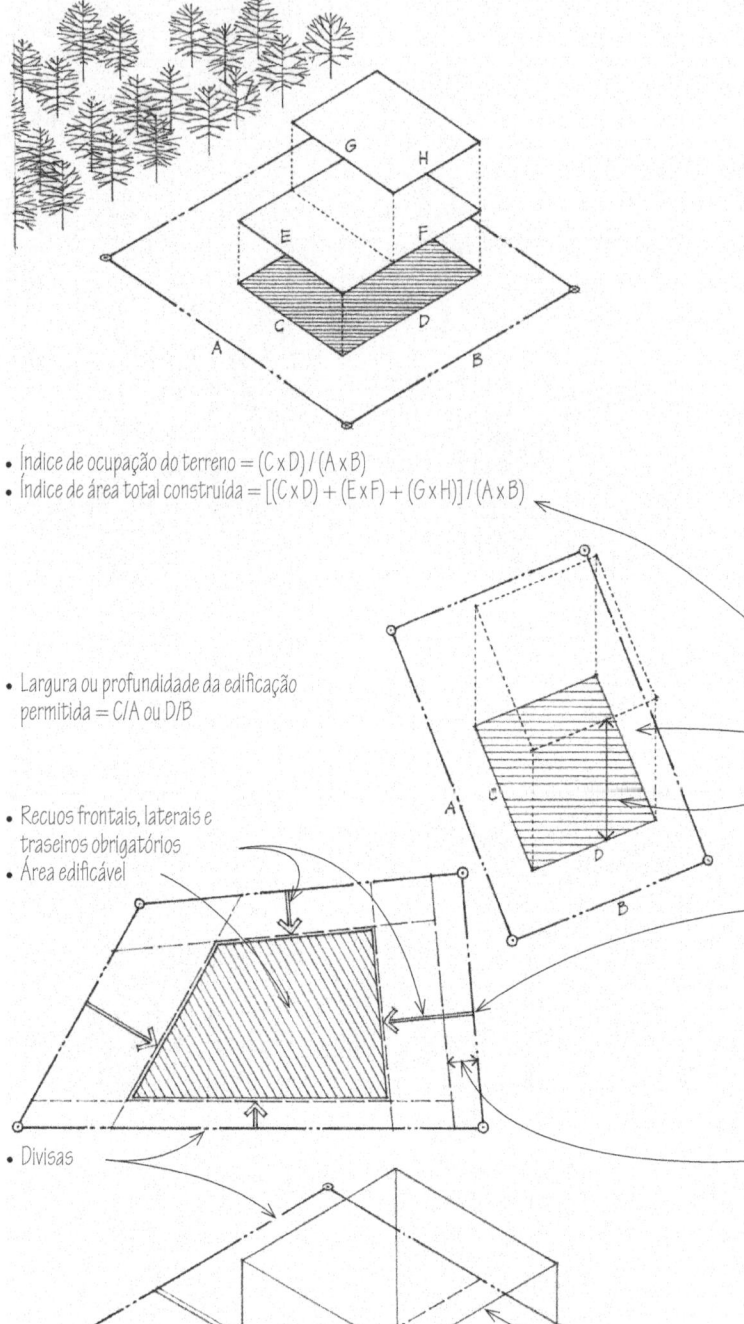

- Índice de ocupação do terreno = $(C \times D) / (A \times B)$
- Índice de área total construída = $[(C \times D) + (E \times F) + (G \times H)] / (A \times B)$

- Largura ou profundidade da edificação permitida = C/A ou D/B

- Recuos frontais, laterais e traseiros obrigatórios
- Área edificável

- Divisas

Os planos diretores são promulgados dentro de um município ou distrito para administrar o crescimento, regular os padrões fundiários, controlar a densidade de construção, direcionar o desenvolvimento para áreas com infraestrutura e amenidades adequadas, proteger áreas ambientalmente sensíveis e conservar o espaço aberto.

Em qualquer local específico de edificação, uma norma de ocupação dos terrenos regulamentará tanto os tipos de atividade que podem ocorrer nele quanto a localização e o volume principal das edificações construídas para abrigar tais atividades. Um tipo especial de norma de ocupação é a Unidade Planejada de Desenvolvimento, que permite que uma área bastante grande seja desenvolvida como uma única entidade para maior flexibilidade na implantação, agrupamento, tamanho e uso de edificações.

É importante compreender como uma norma de ocupação de terrenos pode limitar o tamanho e a forma de uma edificação. O volume de uma edificação é regulamentado diretamente pela especificação de vários aspectos de seu tamanho.

- A parcela do solo que pode ser ocupada por uma edificação e a área total que pode ser construída é expressa em porcentagens da área do lote.
- A largura e profundidade máximas que uma edificação pode ter são expressas em porcentagens das dimensões do terreno.
- As normas de ocupação dos lotes também especificam a altura da estrutura da edificação.

O tamanho e a forma de uma edificação também são controlados indiretamente pela especificação da distância mínima exigida entre a edificação e as divisas do terreno para fornecer ar, iluminação, acesso solar e privacidade.

Servidões e servidões de passagem preexistentes podem limitar ainda mais a área edificável de um sítio.

- Uma servidão é um direito legal assegurado por uma parte para fazer uso limitado da terra de outro proprietário, como servidões de passagem ou para garantir iluminação e ar.
- Uma servidão de passagem é um direito legal garantido a uma única parte ou ao público para atravessar o terreno de outra pessoa, como para acesso ou construção e manutenção de redes de serviços públicos.

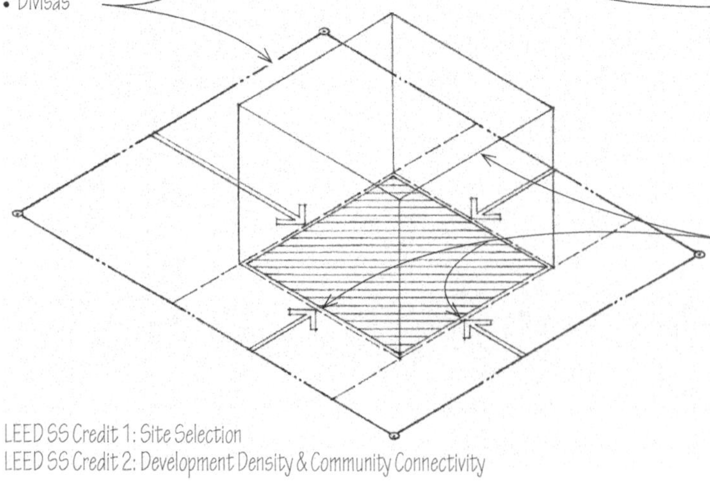

Todas as exigências acima, juntas com algumas restrições de tipo e densidade de uso, definem um prisma virtual tridimensional para além do qual o volume de uma edificação não pode se estender. Consulte as normas municipais de ocupação de terrenos relativas a exigências específicas.

LEED SS Credit 1: Site Selection
LEED SS Credit 2: Development Density & Community Connectivity

Em certos casos, há isenções às regras impostas pelas posturas municipais relativas à construção civil, previstas na forma de exceções ou de permissões especiais. Alguns exemplos comuns de isenções de recuos obrigatórios:

• Projeções de elementos da arquitetura, como beirais, cornijas, janelas salientes (*bay windows*) e sacadas
• Construções acessórias, como terraços, muros e abrigos descobertos para automóveis
• Alinhamentos estabelecidos por edificações contíguas preexistentes.

Também são frequentes exceções para terrenos muito íngremes ou adjacentes a espaços públicos abertos.

• Pode-se permitir que coberturas em vertente, chaminés e outras projeções de telhado excedam a altura normal permitida para uma edificação.
• O limite da altura também pode estar diretamente relacionado à declividade de um terreno.
• Às vezes se admitem recuos obrigatórios menores em terrenos íngremes ou voltados para espaços abertos.

Para que se garanta iluminação, aeração e espaços adequados à paisagem urbana e aos pedestres, podem haver exigências quanto a:

• Acessibilidade de espaços abertos para o público (LEED SS Credit 5.2: Site Development: Maximize Open Space)
• Recuos adicionais se uma edificação supera determinada altura
• Modulação da fachada de uma edificação voltada para um espaço público
• Acesso veicular e estacionamento dentro do próprio terreno (em áreas privadas)

As posturas municipais também podem fazer exigências que se aplicam somente a categorias de uso específicas, bem como estabelecer os procedimentos para flexibilização dos regulamentos.

• Acordos restritivos são cláusulas em um contrato que restringem a ação de qualquer uma das partes, como um contrato entre proprietários de imóveis que especifique o uso que pode ser dado a um imóvel. Restrições de cunho racial ou religioso não têm valor legal.

Existem outros instrumentos regulatórios que afetam a implantação e construção das edificações. Estes estatutos — geralmente chamados de códigos de edificações — estabelecem as relações entre:
• O tipo de ocupação admitido para uma edificação
• A classe de resistência ao fogo de sua estrutura e sistemas de vedação
• A altura máxima permitida e as áreas de piso da edificação, bem como afastamentos obrigatórios das edificações lindeiras

• Veja na p. 2.5 mais informações sobre códigos de edificações.

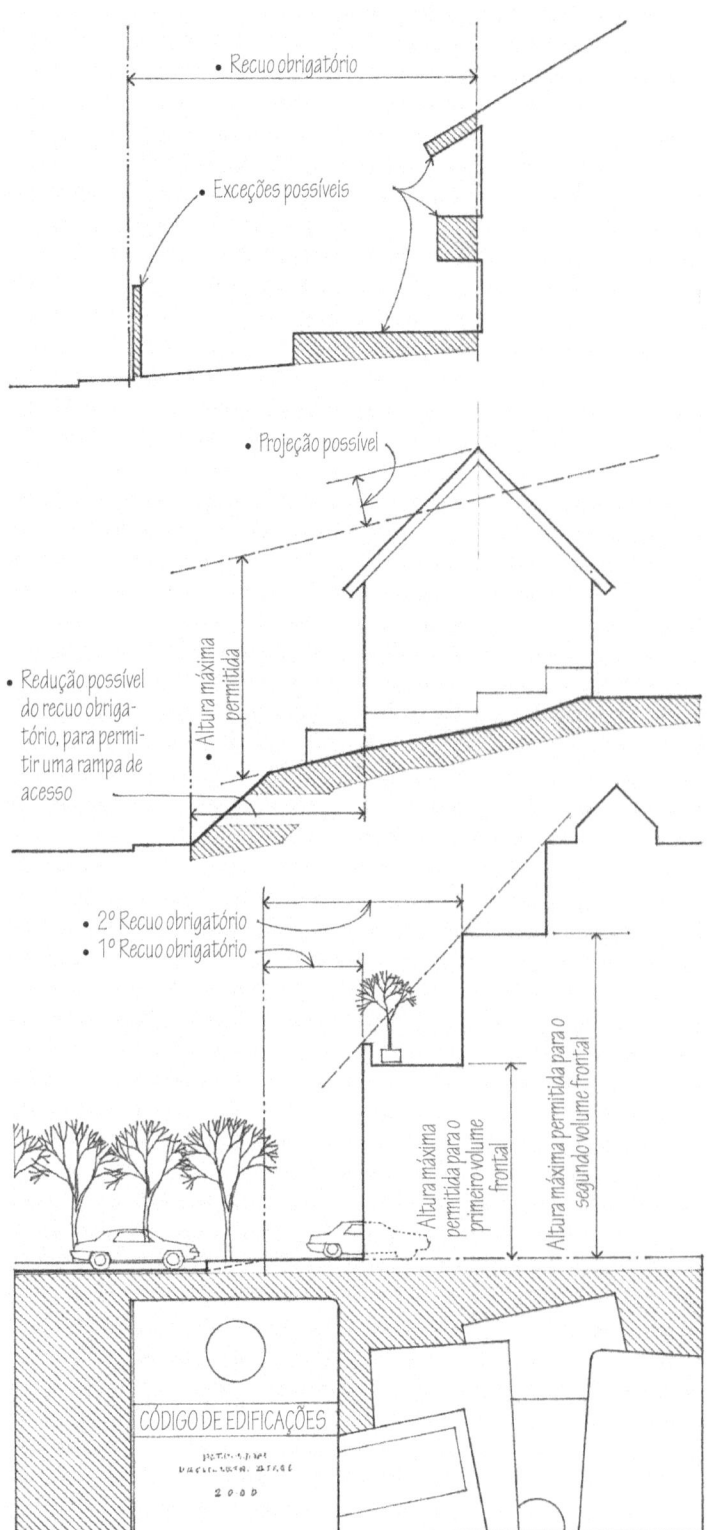

1.26 O ACESSO AO SÍTIO E A CIRCULAÇÃO

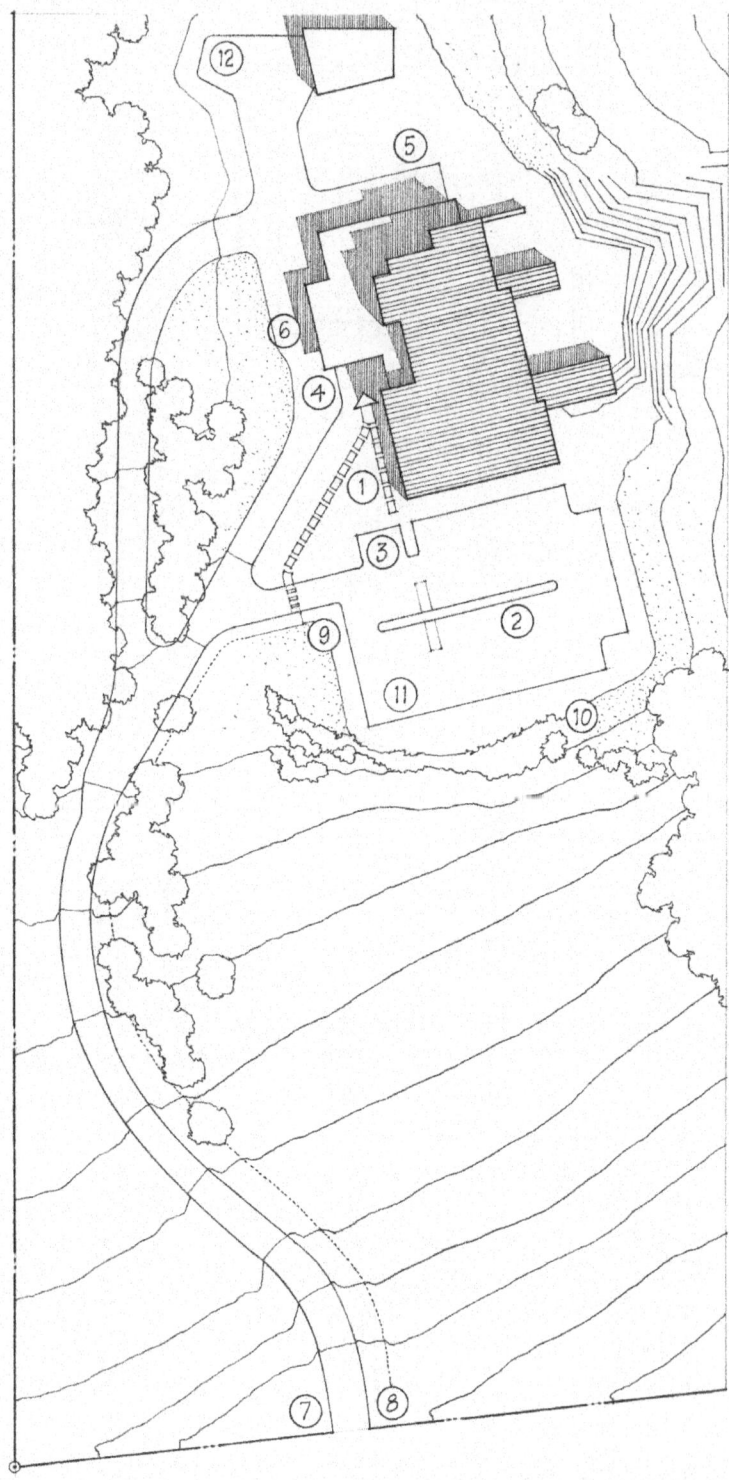

O fornecimento de acesso e circulação para pedestres, automóveis e veículos de serviço é um aspecto importante da implantação de uma edificação, o qual influencia tanto a localização de uma edificação no seu terreno quanto a orientação de suas entradas. Aqui e nas páginas seguintes estão delineados critérios fundamentais para estimar e demarcar o espaço necessário para passeios, pistas de rolamento e estacionamento ao ar livre.

1. Ofereça acesso e movimento de pedestres seguro e conveniente, desde as áreas de estacionamento até as entradas das edificações ou das paradas de transporte público, com o mínimo de cruzamento de ruas.
2. Determine o número de vagas de estacionamento exigidas pelo plano diretor para o tipo de ocupação e o número total de unidades na área construída da edificação.
3. Determine o número de vagas para deficientes físicos, com rebaixamentos de meio-fio, rampas e caminhos para as entradas de acesso à edificação, exigidas por leis municipais, estaduais ou federais.
4. Ofereça áreas de carga e descarga para ônibus e outros veículos de transporte público.
5. Separe áreas de carga e descarga e de serviços do tráfego de pedestres e automóveis.
6. Preveja acesso para veículos de emergência, como viaturas do corpo de bombeiros e ambulâncias.
7. Respeite a largura e localização obrigatórias para rebaixamento de meio-fio e a distância adequada dos cruzamentos das vias públicas.
8. Garanta linhas de visão claras para a entrada de veículos das vias públicas.
9. Planeje o controle de acesso às áreas de estacionamento.
10. Forneça espaço para paisagismo; a proteção visual de áreas de estacionamento pode ser exigida pelas normas de ocupação de terrenos.
11. Dê caimento aos passeios pavimentados e às áreas de estacionamento para drenagem.
12. Ofereça espaço para equipamentos de remoção de neve em climas frios.

• Ilustração adaptada da planta de localização da Casa Carré, projetada por Alvar Aalto.

CSI MasterFormat 32 10 00 Paving & Surfacing
CSI MasterFormat 32 30 00 Site Improvements

A CIRCULAÇÃO DE PEDESTRES   1.27

- Pé direito mínimo de 2,30 m
- Minimize conflitos entre vias públicas e áreas de estacionamento.
- Não utilize pisos escorregadios em áreas sujeitas a neve e geada.
- Inclinação mínima de 0,5% para drenagem; 1,5% preferível

Caminhos de pedestres

- Mínimo de 0,90 m para uma pessoa
- Mínimo de 1,20 m para duas pessoas caminharem lado a lado; 1,80 m a 2,40 m é preferível.
- Mínimo de 1,80 m quando houver área de estacionamento adjacente à calçada

- Mínimo de três degraus por lance de escada
- Corrimãos são exigidos para escadas com quatro ou mais degraus, ou em áreas sujeitas a geada ou neve.

Escadas externas

- Dimensão mínima do degrau: 28 cm
- Espelho mínimo de 10,0 cm; espelho máximo de 18,0 cm
- Veja a p. 9.3 para dimensões proporcionais de escadas.

- Ofereça amenidades como bancos, lixeiras e luminárias.

Caminhos de bicicletas

- Mínimo de 1,20 m para o tráfego de uma mão; 1,50 m é preferível
- Mínimo de 2,10 m para o tráfego de mão dupla; 2,40 m é preferível

- Evite superfícies irregulares que possam impedir o tráfego de cadeiras de roda.
- Ofereça faixas de avisos táteis para os deficientes visuais nas diferenças de nível e em áreas perigosas de circulação de veículos.
- Veja a p. A.3 para as Diretrizes de Acessibilidade da ADA.

Diretrizes de acessibilidade da ADAv

- Rampas junto ao meio-fio são exigidas sempre que uma via de acesso cruzar um meio-fio.
- A superfície da rampa deve ser estável, firme e antiescorregamento.
- As rampas perpendiculares ao passeio são permitidas onde pedestres normalmente não cruzariam a rampa.

- Mínimo de 1,20 m do início da rampa até a obstrução
- Largura mínima de 0,90 m
- Inclinação máxima da rampa de 8%
- Inclinação máxima para os lados com inclinação de 10%
- Rampa contrária de no máximo 5%

Rampas junto ao meio-fio

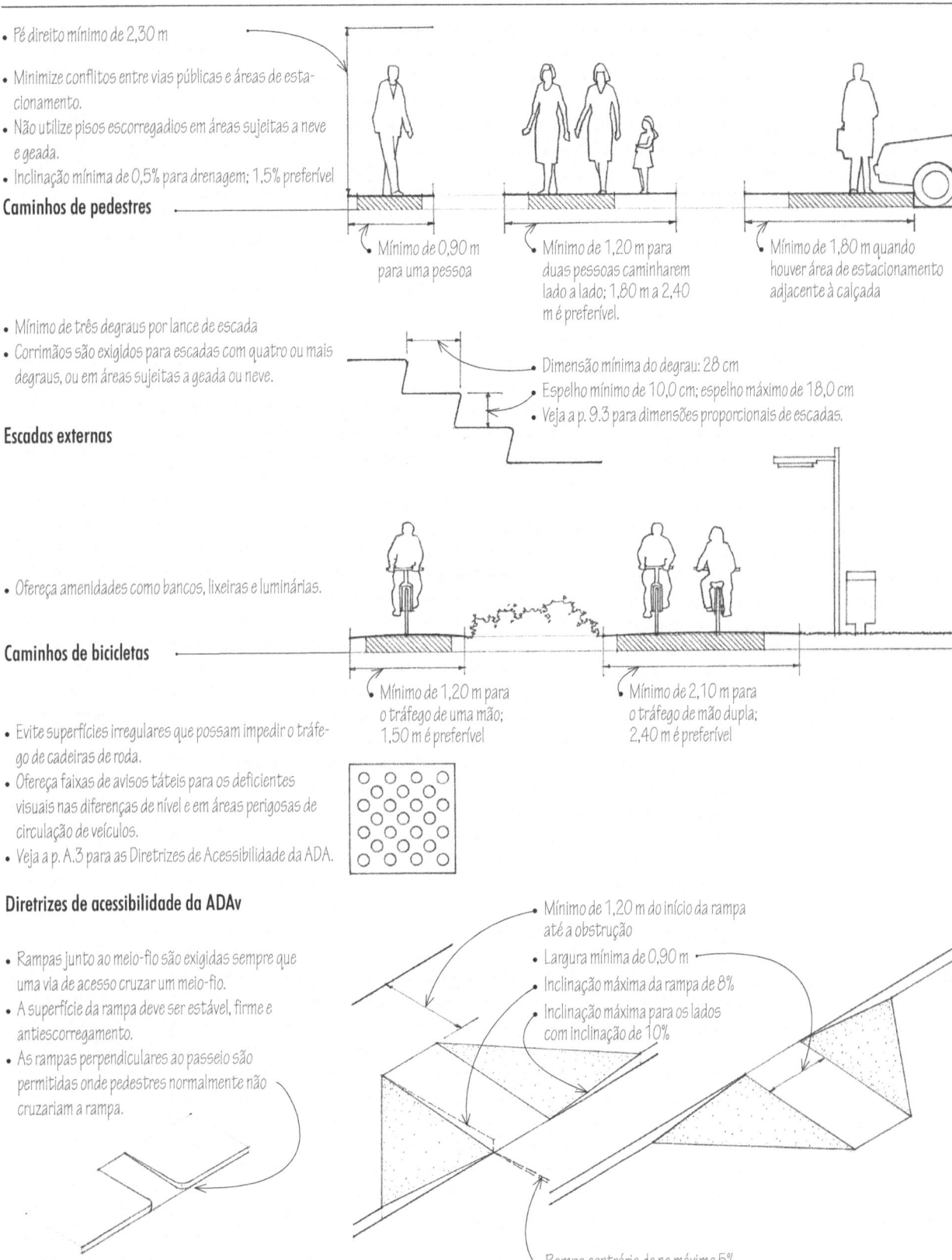

1.28 A CIRCULAÇÃO DE VEÍCULOS

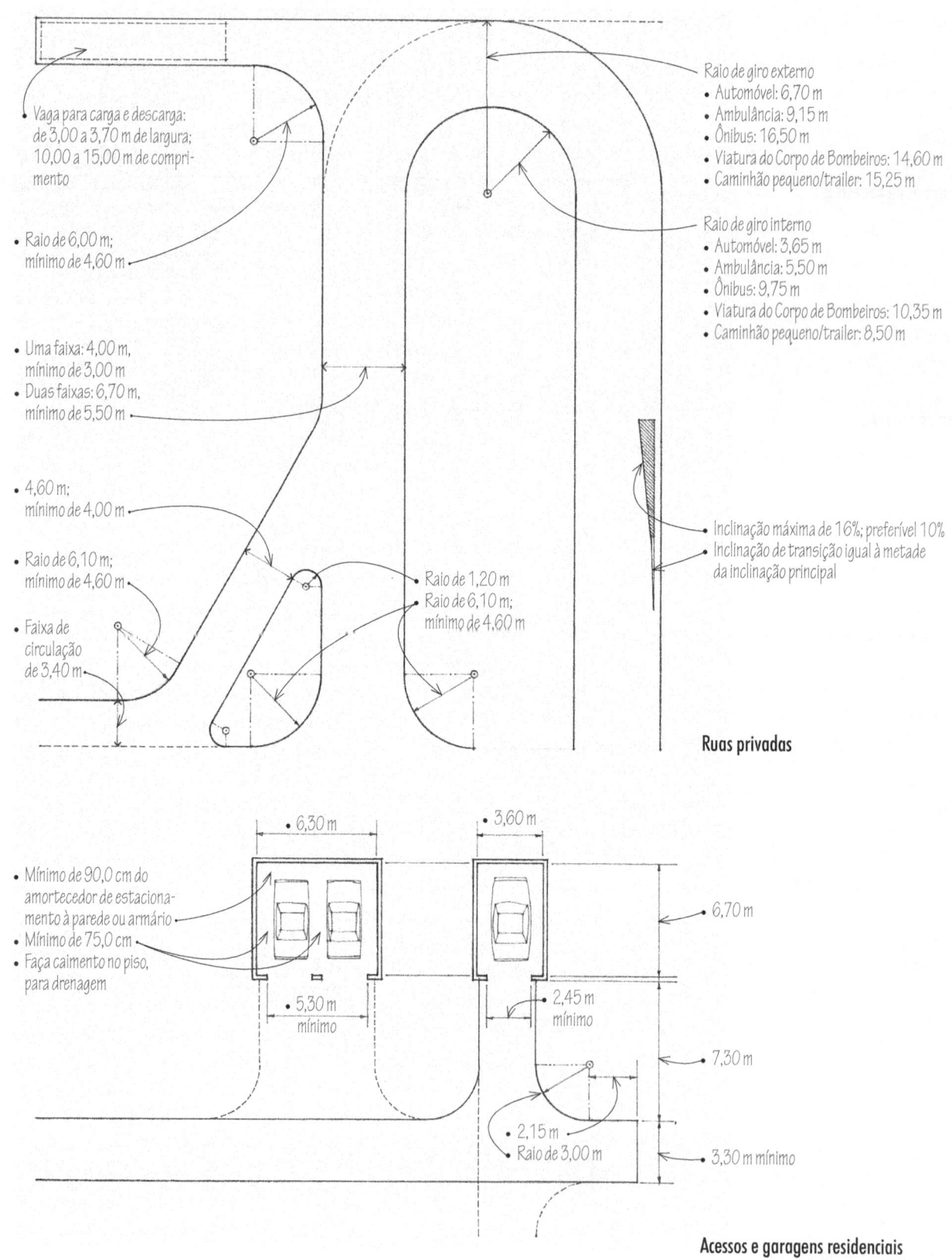

Ruas privadas

Acessos e garagens residenciais

O ESTACIONAMENTO DE VEÍCULOS 1.29

Dimensões do veículo
- Automóvel pequeno: 1,72 x 4,87 m
- Automóvel padrão: 1,98 x 5,48 m

Vagas
- Automóveis padrão: 2,60 a 2,75 m x 5,50 a 6,10 m
- Automóveis pequenos: 2,45 x 4,90 m
- Caimento para drenagem de 1% a 5%; recomendável de 2% a 3%

- Raio de 1,20 m
- Espaço livre para a circulação de pedestres
- 7,60 m para o meio-fio ou amortecedor de estacionamento
- Meio-fio ou amortecedor de estacionamento

Estacionamentos

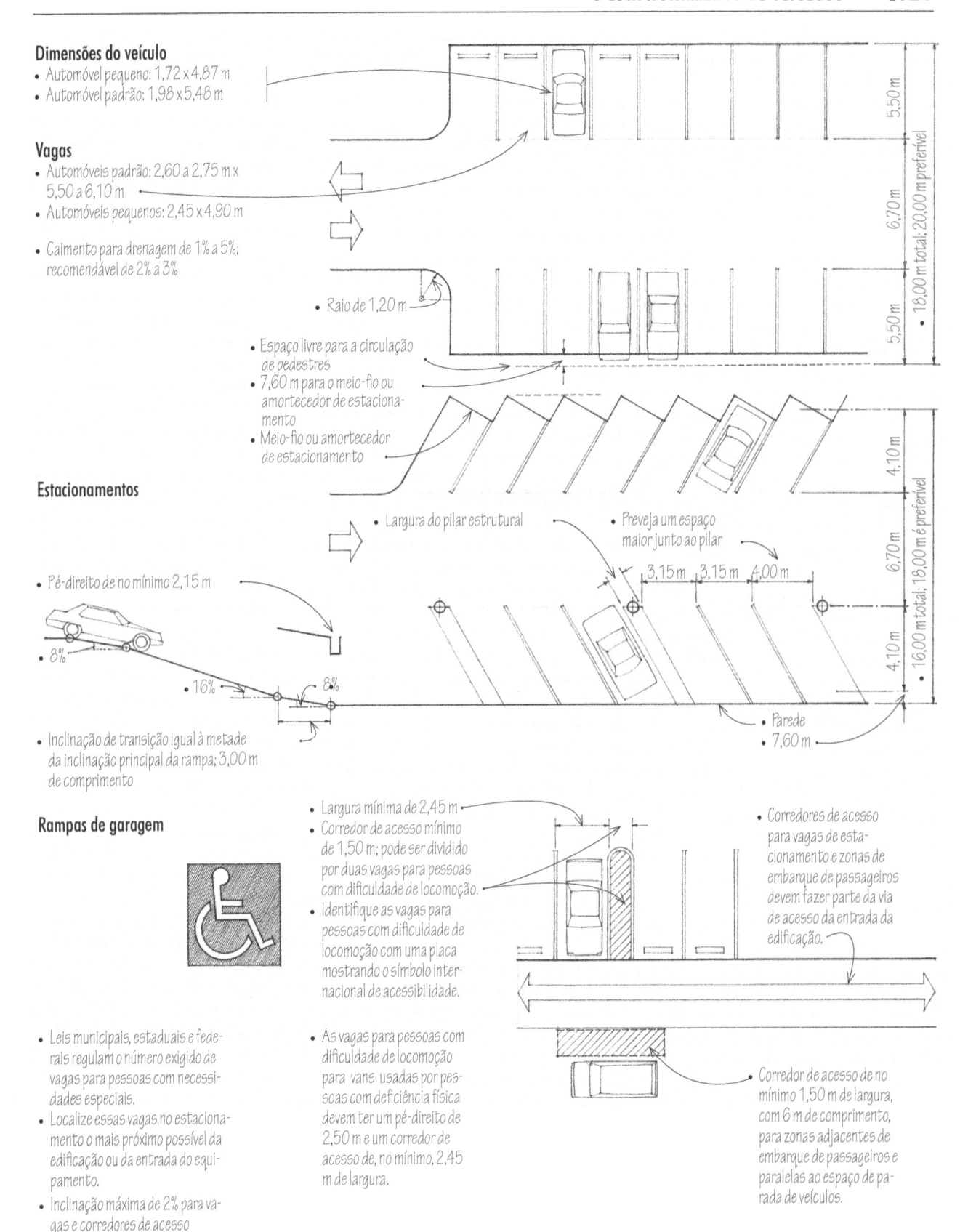

- Largura do pilar estrutural
- Preveja um espaço maior junto ao pilar

3,15 m   3,15 m   4,00 m

5,50 m
6,70 m   18,00 m total; 20,00 m preferível
5,50 m

4,10 m
6,70 m   16,00 m total; 18,00 m preferível
4,10 m

- Pé-direito de no mínimo 2,15 m
- 8%
- 16%
- 8%
- Inclinação de transição igual à metade da inclinação principal da rampa; 3,00 m de comprimento

- Parede
- 7,60 m

Rampas de garagem

- Largura mínima de 2,45 m
- Corredor de acesso mínimo de 1,50 m; pode ser dividido por duas vagas para pessoas com dificuldade de locomoção.
- Identifique as vagas para pessoas com dificuldade de locomoção com uma placa mostrando o símbolo internacional de acessibilidade.

- Corredores de acesso para vagas de estacionamento e zonas de embarque de passageiros devem fazer parte da via de acesso da entrada da edificação.

- Leis municipais, estaduais e federais regulam o número exigido de vagas para pessoas com necessidades especiais.
- Localize essas vagas no estacionamento o mais próximo possível da edificação ou da entrada do equipamento.
- Inclinação máxima de 2% para vagas e corredores de acesso

- As vagas para pessoas com dificuldade de locomoção para vans usadas por pessoas com deficiência física devem ter um pé-direito de 2,50 m e um corredor de acesso de, no mínimo, 2,45 m de largura.

- Corredor de acesso de no mínimo 1,50 m de largura, com 6 m de comprimento, para zonas adjacentes de embarque de passageiros e paralelas ao espaço de parada de veículos.

Diretrizes de acessibilidade da ADA

1.30 A PROTEÇÃO DE TALUDES

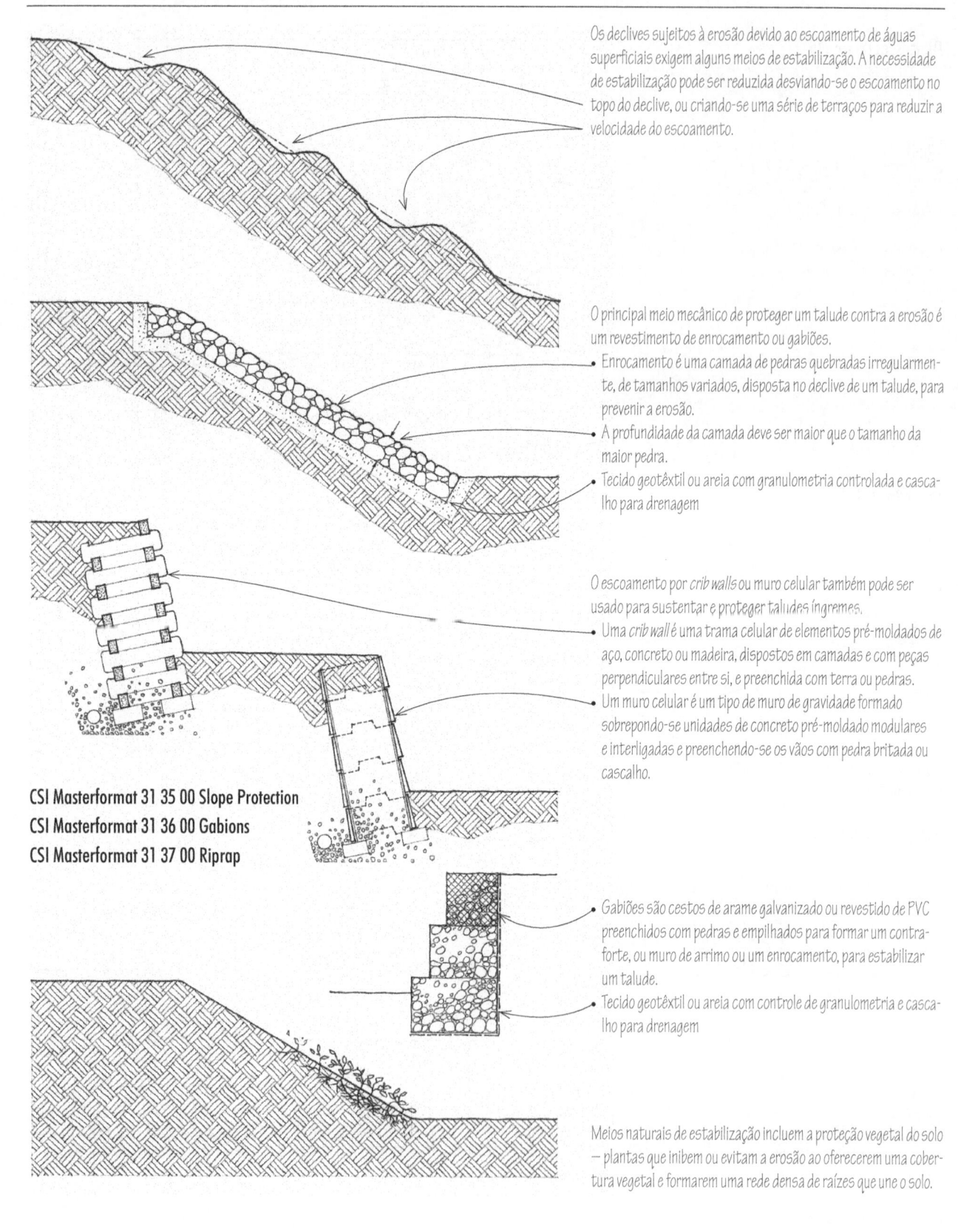

Os declives sujeitos à erosão devido ao escoamento de águas superficiais exigem alguns meios de estabilização. A necessidade de estabilização pode ser reduzida desviando-se o escoamento no topo do declive, ou criando-se uma série de terraços para reduzir a velocidade do escoamento.

O principal meio mecânico de proteger um talude contra a erosão é um revestimento de enrocamento ou gabiões.
- Enrocamento é uma camada de pedras quebradas irregularmente, de tamanhos variados, disposta no declive de um talude, para prevenir a erosão.
- A profundidade da camada deve ser maior que o tamanho da maior pedra.
- Tecido geotêxtil ou areia com granulometria controlada e cascalho para drenagem

O escoamento por *crib walls* ou muro celular também pode ser usado para sustentar e proteger taludes íngremes.
- Uma *crib wall* é uma trama celular de elementos pré-moldados de aço, concreto ou madeira, dispostos em camadas e com peças perpendiculares entre si, e preenchida com terra ou pedras.
- Um muro celular é um tipo de muro de gravidade formado sobrepondo-se unidades de concreto pré-moldado modulares e interligadas e preenchendo-se os vãos com pedra britada ou cascalho.

CSI Masterformat 31 35 00 Slope Protection
CSI Masterformat 31 36 00 Gabions
CSI Masterformat 31 37 00 Riprap

- Gabiões são cestos de arame galvanizado ou revestido de PVC preenchidos com pedras e empilhados para formar um contraforte, ou muro de arrimo ou um enrocamento, para estabilizar um talude.
- Tecido geotêxtil ou areia com controle de granulometria e cascalho para drenagem

Meios naturais de estabilização incluem a proteção vegetal do solo — plantas que inibem ou evitam a erosão ao oferecerem uma cobertura vegetal e formarem uma rede densa de raízes que une o solo.

MUROS DE ARRIMO 1.31

Quando uma mudança do nível desejada no terreno supera o ângulo de repouso do solo, é necessário um muro de arrimo para sustentar a massa de terra acima da mudança de nível.

Um muro de arrimo deve ser projetado e construído para resistir à pressão lateral do solo retido. Essa pressão ativa aumenta proporcionalmente de zero no topo do muro de arrimo até o valor máximo em seu ponto mais baixo. Deve-se pressupor que a pressão total ou empuxo atuará através do centroide do padrão de distribuição triangular, um terço acima da base da parede.

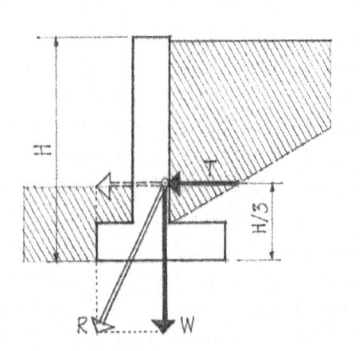

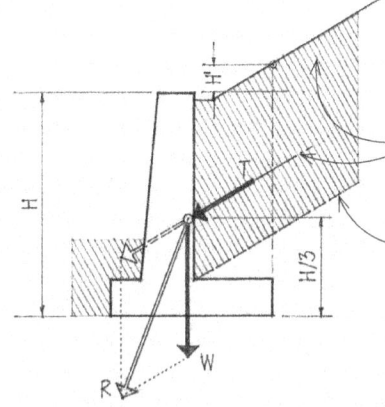

- Sobrecarga é uma carga adicional, como a da terra acima de um muro de arrimo. A linha de empuxo é paralela ao declive da sobrecarga.
- Pressuponha $33°$ para o ângulo de repouso da maioria dos solos. Veja a p. 1.9 para o ângulo de repouso de taludes sem cobertura vegetal.

- $T = 0,286 \times SH^2/2$

- T = pressão total ou empuxo

- S = peso do solo retido; 100 pcf (1.600 kg/m³), em geral
- W = peso composto de muro agindo através do centroide da seção
- R = resultante de T e W

- $T = 0,833 \times S(H + H^1)^2/2$ (para um muro de arrimo com sobrecarga)

Um muro de arrimo pode entrar em colapso por tombamento, escorregamento ou recalque diferencial excessivo.

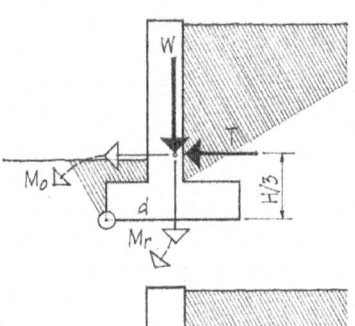

- O empuxo tende a tombar o muro junto à base.
- Para impedir o tombamento de um muro de arrimo, o momento de resistência (M^r) do peso composto do muro e qualquer suporte do solo sob a borda da base ($W \times d$) deve equivaler ao momento de tombamento (M^o) criado pela pressão do solo ($T \times H/3$). Utilizar um fator de segurança de 2, $M^r \geq 2 M^o$.

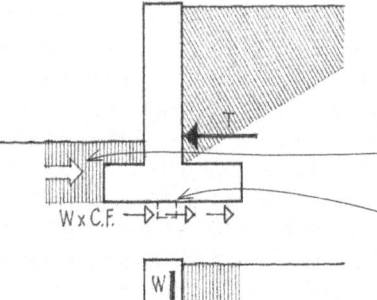

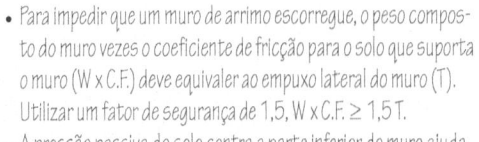

- Para impedir que um muro de arrimo escorregue, o peso composto do muro vezes o coeficiente de fricção para o solo que suporta o muro ($W \times C.F.$) deve equivaler ao empuxo lateral do muro (T). Utilizar um fator de segurança de 1,5, $W \times C.F. \geq 1,5 T$.
- A pressão passiva do solo contra a parte inferior do muro ajuda a resistir ao empuxo lateral (T).
- Uma chave também aumenta a resistência do muro ao escorregamento.
- Coeficientes médios de fricção: cascalho, 0,6; silte/argila seca, 0,5; areia, 0,4; argila úmida, 0,3

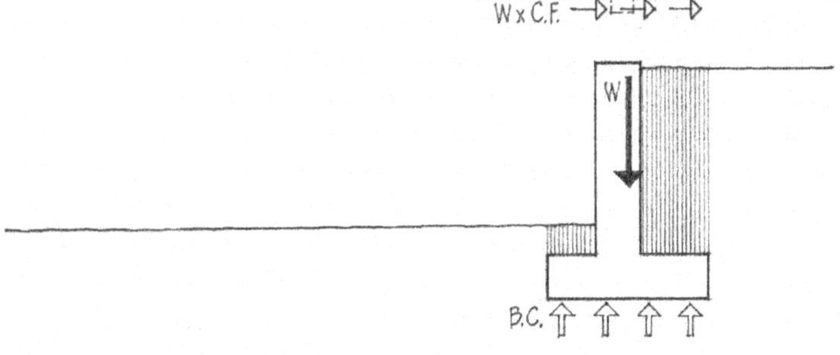

- Para impedir que um muro de arrimo recalque, a força vertical (W) não deve exceder a capacidade de carregamento do solo (B.C.), em que W = peso do muro e qualquer suporte do solo na base mais o componente vertical do empuxo do solo para um muro com sobrecarga. Utilizar um fator de segurança de 1,5, $B.C. \geq 1,5 W/A$.

CSI MasterFormat 32 32 00 Retaining Walls

1.32 MUROS DE ARRIMO

Muros de arrimo de concreto armado
As diretrizes de proporção abaixo são apenas para projetos preliminares. Consulte um engenheiro de estruturas para o projeto final, especialmente quando um muro de arrimo for construído em solo pobre ou estiver sujeito a sobrecarga ou cargas vivas.

Muro de gravidade
Um muro de gravidade resiste ao tombamento e ao escorregamento pelo próprio peso e volume de sua massa. O muro de gravidade pode ser usado para reter estruturas com menos de 3 m de altura.

20,5 cm
25,5 cm
• 0,6 H (0,9 H com sobrecarga)
• 0,5 H

Muro em balanço tipo T
Muros em balanço tipo T de concreto reforçado são usados para muros de arrimo com até 6 m de altura. Acima disso, contrafortes são utilizados.

Contrafortes
Um contraforte utiliza muros triangulares transversais para enrijecer a lâmina vertical e acrescentar peso à base. Os contrafortes são espaçados em intervalos regulares equivalentes à metade do peso do muro.

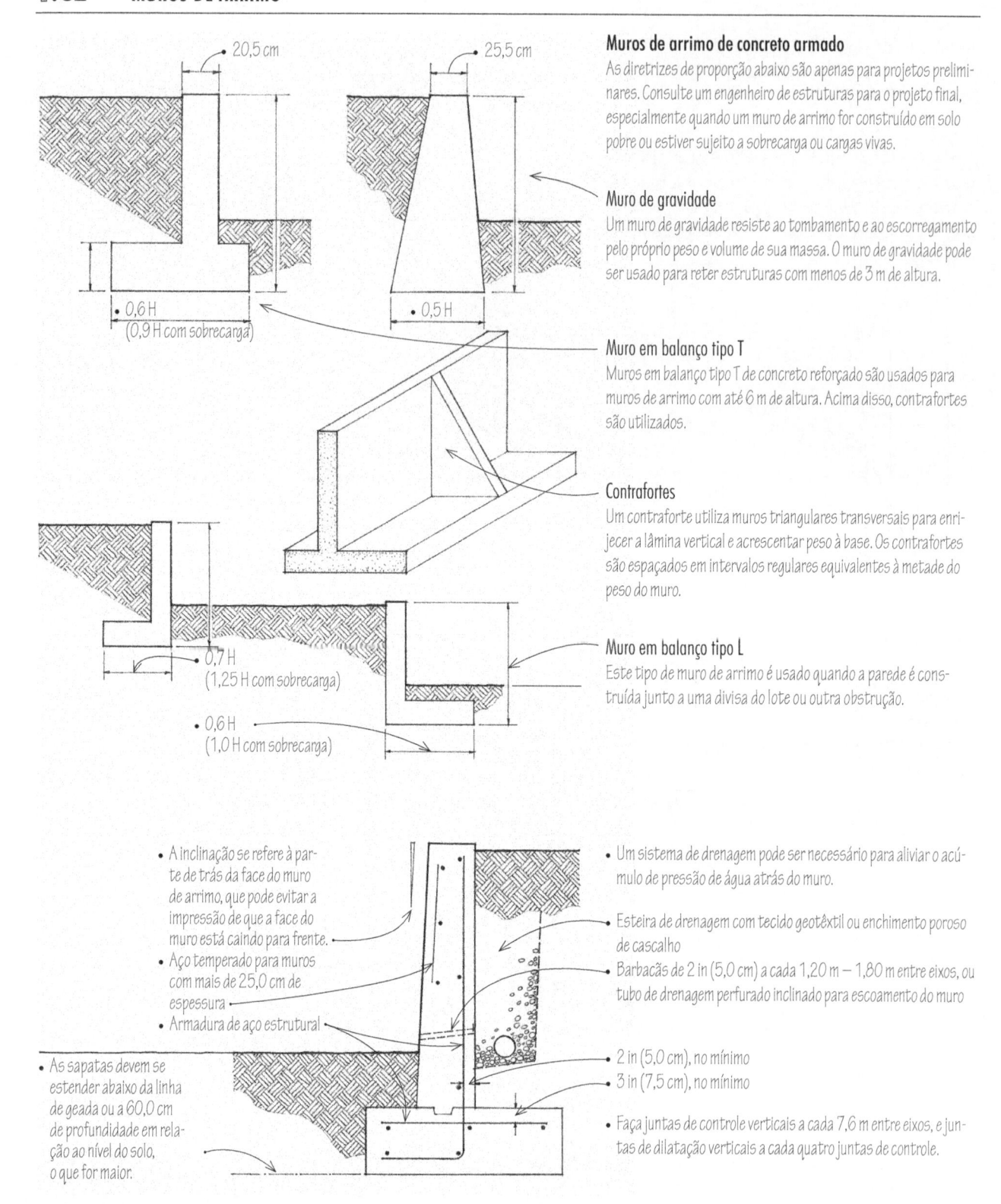

Muro em balanço tipo L
Este tipo de muro de arrimo é usado quando a parede é construída junto a uma divisa do lote ou outra obstrução.

• 0,7 H (1,25 H com sobrecarga)
• 0,6 H (1,0 H com sobrecarga)

- A inclinação se refere à parte de trás da face do muro de arrimo, que pode evitar a impressão de que a face do muro está caindo para frente.
- Aço temperado para muros com mais de 25,0 cm de espessura
- Armadura de aço estrutural

- As sapatas devem se estender abaixo da linha de geada ou a 60,0 cm de profundidade em relação ao nível do solo, o que for maior.

- Um sistema de drenagem pode ser necessário para aliviar o acúmulo de pressão de água atrás do muro.
- Esteira de drenagem com tecido geotêxtil ou enchimento poroso de cascalho
- Barbacãs de 2 in (5,0 cm) a cada 1,20 m – 1,80 m entre eixos, ou tubo de drenagem perfurado inclinado para escoamento do muro
- 2 in (5,0 cm), no mínimo
- 3 in (7,5 cm), no mínimo
- Faça juntas de controle verticais a cada 7,6 m entre eixos, e juntas de dilatação verticais a cada quatro juntas de controle.

CSI MasterFormat 32 32 13 Cast-in-Place Concrete Retaining Walls

MUROS DE ARRIMO 1.33

Madeira e concreto, tijolo ou alvenaria de pedra podem ser usados para muros de arrimo relativamente baixos.

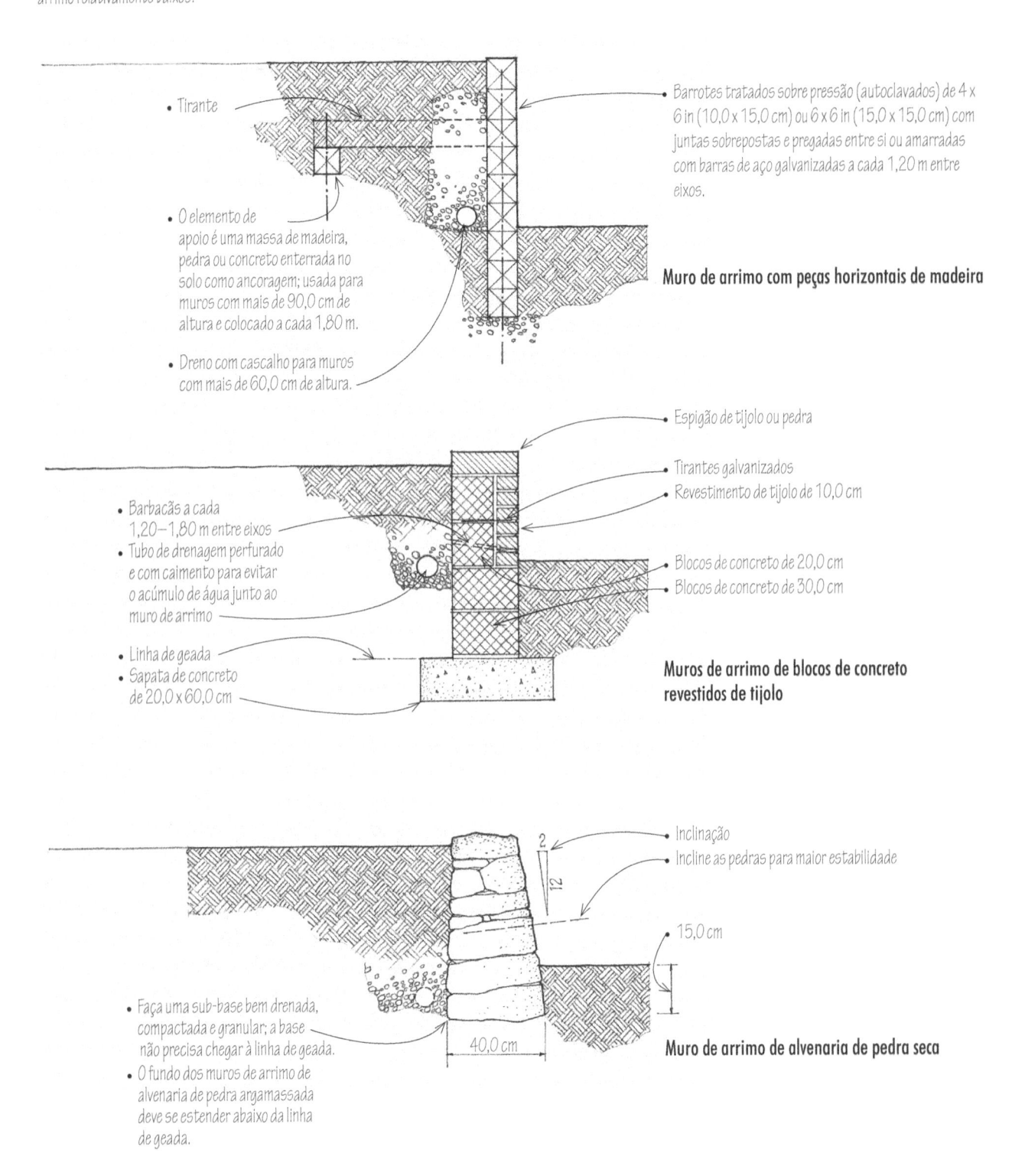

- Tirante
- O elemento de apoio é uma massa de madeira, pedra ou concreto enterrada no solo como ancoragem; usada para muros com mais de 90,0 cm de altura e colocado a cada 1,80 m.
- Dreno com cascalho para muros com mais de 60,0 cm de altura.

- Barrotes tratados sobre pressão (autoclavados) de 4 x 6 in (10,0 x 15,0 cm) ou 6 x 6 in (15,0 x 15,0 cm) com juntas sobrepostas e pregadas entre si ou amarradas com barras de aço galvanizadas a cada 1,20 m entre eixos.

Muro de arrimo com peças horizontais de madeira

- Barbacãs a cada 1,20–1,80 m entre eixos
- Tubo de drenagem perfurado e com caimento para evitar o acúmulo de água junto ao muro de arrimo
- Linha de geada
- Sapata de concreto de 20,0 x 60,0 cm

- Espigão de tijolo ou pedra
- Tirantes galvanizados
- Revestimento de tijolo de 10,0 cm
- Blocos de concreto de 20,0 cm
- Blocos de concreto de 30,0 cm

Muros de arrimo de blocos de concreto revestidos de tijolo

- Faça uma sub-base bem drenada, compactada e granular; a base não precisa chegar à linha de geada.
- O fundo dos muros de arrimo de alvenaria de pedra argamassada deve se estender abaixo da linha de geada.

- Inclinação
- Incline as pedras para maior estabilidade
- 15,0 cm
- 40,0 cm

Muro de arrimo de alvenaria de pedra seca

CSI MasterFormat 32 32 19 Unit Mansory Retaining Walls
CSI MasterFormat 32 32 29 Timber Retaining Walls

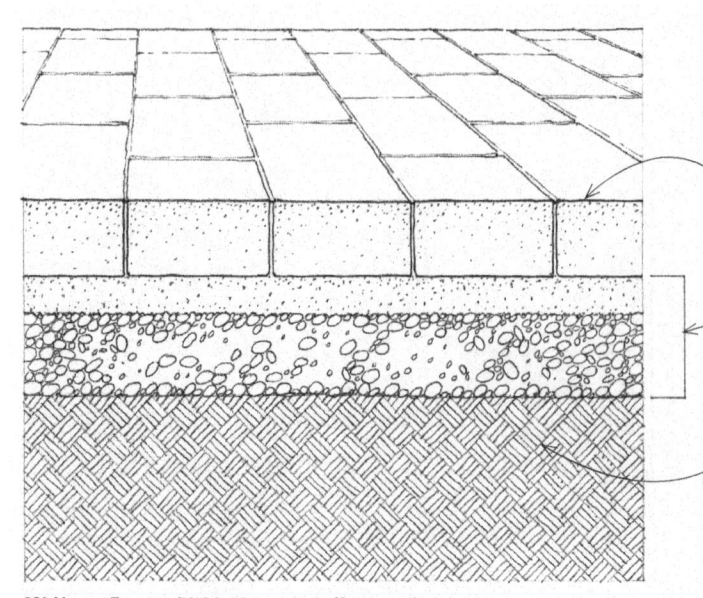

1.34 A PAVIMENTAÇÃO

O pavimento fornece uma superfície resistente ao tráfego de pedestres ou veículos em um sítio. Ele é uma estrutura composta, cuja espessura e construção estão diretamente relacionadas ao tipo e à intensidade de tráfego e às cargas a serem transportadas, bem como à capacidade de resistência e permeabilidade da base.

- O pavimento sofre o desgaste do trânsito, protege a base e transfere sua carga para a estrutura da base. Existem dois tipos de pavimentos: flexível e rígido.
- A base é uma fundação de agregado com granulometria controlada que transfere a carga do pavimento para a sub-base. Também impede a migração ascendente de água por capilaridade. Cargas pesadas podem exigir uma camada adicional — uma sub-base de agregados maiores, tal como pedra britada.
- A sub-base, que em última análise deve suportar toda a carga da pavimentação, deve ser composta por solo não alterado ou aterro compactado. Uma vez que ela também pode receber umidade de infiltração, deve ser inclinada, para drenagem.

Pavimentos flexíveis, que consistem em blocos de concreto, tijolo ou pedra dispostos em um leito de areia, são um tanto resilientes e distribuem a carga à sub-base de maneira radial. Eles requerem meio-fios de madeira, aço, pedra, alvenaria ou concreto, para restringir o movimento horizontal do material de pavimentação. Blocos de piso com formato especial podem ser classificados como permeáveis, se permitirem que a água da chuva percole a um reservatório logo abaixo da superfície do terreno e, dali, infiltre no solo ou seja removida por um dreno subsuperficial.

Pavimentos rígidos, como lajes de concreto armado ou blocos de piso argamassados sobre uma laje de concreto, distribuem suas cargas internamente e as transferem à sub-base sobre uma área extensa. Eles exigem reforço e uma extensão de material de base ao longo de seus meio-fios.

CSI MasterFormat 32 10 00 Bases, Ballasts, and Paving

(LEED SS Credits 6.1, 6.2: Stormwater Design)

- Inclinação mínima para drenagem de 1%; pavimentos muito texturizados podem exigir uma inclinação maior.

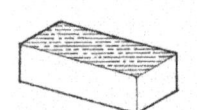

- Tijolo: 10,0 x 10,0, 20,0, 30,0 cm; 2,5 a 6,0 cm de espessura
- Lajota de concreto: 30,0, 45,0 ou 60,0 cm; 4,0 a 7,5 cm de espessura 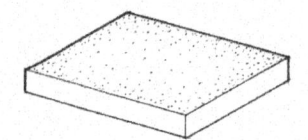
- Blocos de concreto articulados: 6,5 a 9,0 cm de espessura 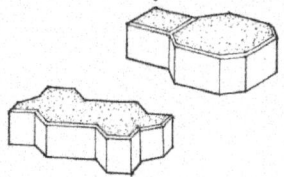
- Bloco ou grade com aberturas para vegetação: 9,0 cm de espessura 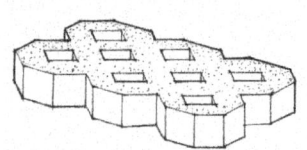
- Paralelepípedo de granito: 10,0 x 10,0 cm ou 15,0 x 15,0 cm; 15,0 cm de espessura 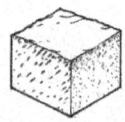
- Pedra afeiçoada: largura e comprimento variados; 2,5 a 5,0 cm de espessura. 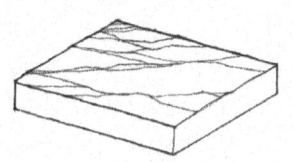

Materiais de pavimentação
- Consulte o fornecedor local para disponibilidade de formas, tamanhos, cores, texturas, características de absorção, resistência à compressão e recomendações de instalação.

PISOS EXTERNOS 1.35

- Aparelho ao comprido
- Aparelho com juntas a prumo
- Aparelho em entrelaçado de cesta
- Aparelho trançado
- Octógonos e pontos
- Paralelepípedos romanos

- Aparelho de cantaria irregular
- Aparelho em espinha de peixe
- Aparelho em espinha de peixe encaixada
- Aparelho trançado
- Blocos vazados
- Pedras aleatórias

Padrões de pavimentação

- Bloco assentado de lado ou de ponta no leito de argamassa
- Sapata de concreto; coloque cascalho sob a sapata se a linha de congelamento do solo ficar abaixo dela

- Paralelepípedo assentado de ponta sobre o leito de argamassa; o paralelepípedo pode ficar até $1/2$ unidade mais alto do que o meio-fio.
- Sapata de concreto

- Meio-fio de tábuas ou barrotes de madeira tratada de 2, 4 ou 6 in (5,0, 10,0 ou 15,0 cm) de espessura
- Camada de 5,0 cm de lascas de madeira, pedra britada ou pedregulho miúdo
- Leito de 5,0 cm de solo-cimento ou pedra britada
- Estacas de madeira tratada de 2 x 2 in (5,0 x 5,0 cm) ou 2 x 4 in (5,0 x 10,0 cm), com 60,0 cm de comprimento, a cada 90–120 cm entre eixos

Meio-fio de passeio

- Lajotas com juntas finas preenchidas com areia
- Leito de areia compactada de 2,5 a 5,0 cm
- Camada de agregado compactado entre 5,0 e 15,0 cm em áreas de tráfego intenso ou solo expansivo
- Subsolo compactado ou solo natural intocado

Base flexível

- Tijolos ou blocos de concreto
- Leito de betume de 2,0 cm
- Laje de concreto de 10,0 a 15,0 cm
- Agregado compactado, caso seja necessário

Base rígida

- Bloco com aberturas para grama
- Húmus para grama ou outra vegetação
- Leito de areia de 5,0 cm
- Agregado compactado de 5,0 a 15,0 cm

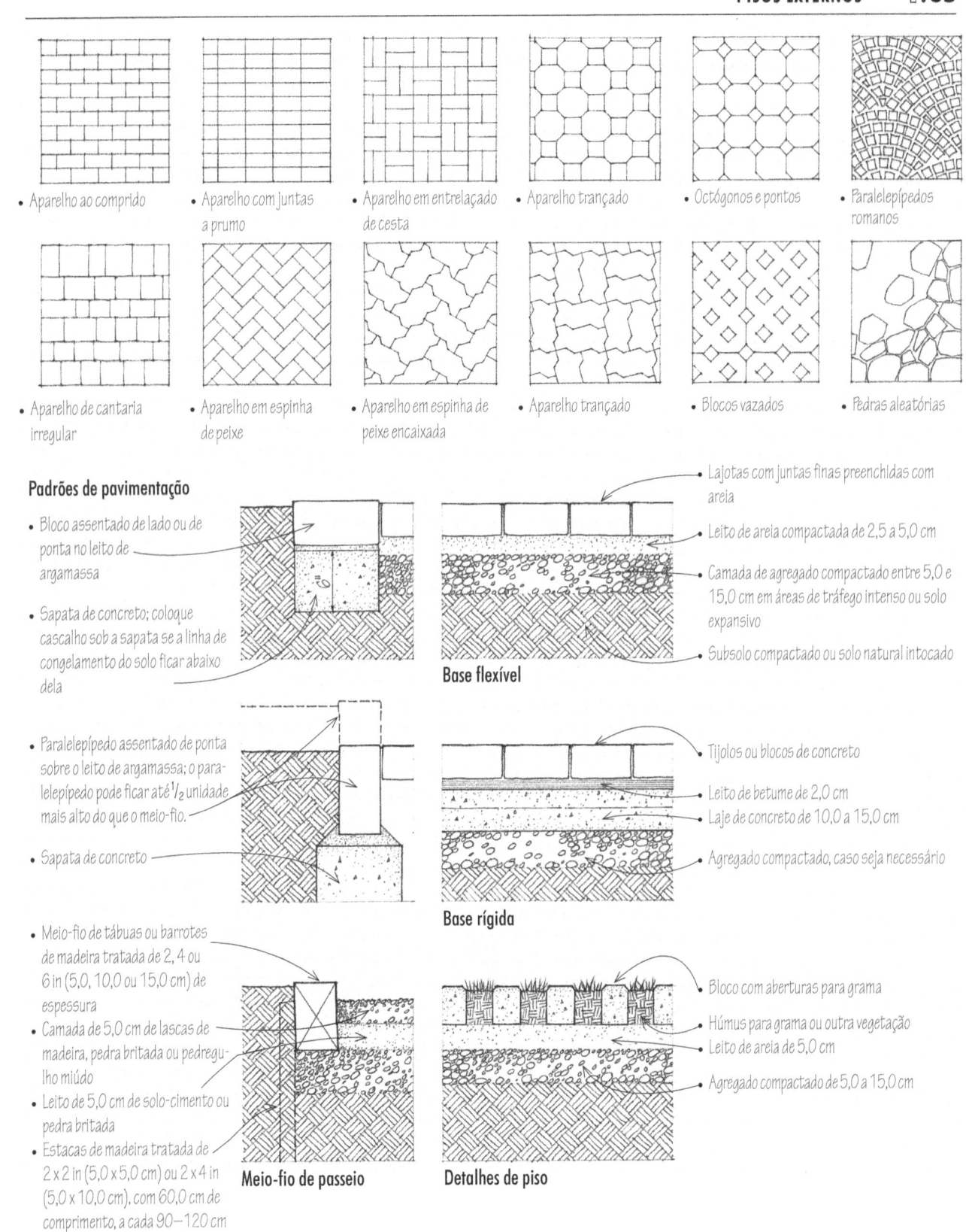

Detalhes de piso

1.36 A PLANTA DE LOCALIZAÇÃO

A planta de localização ilustra as características naturais e construídas de um terreno e descreve a construção proposta em relação a tais elementos. Geralmente baseada no levantamento topográfico feito por um engenheiro ou agrimensor, a planta de localização é um elemento essencial de um conjunto de documentos construtivos. Uma planta de localização completa deve incluir os seguintes itens:

1. Nome e endereço do proprietário do imóvel
2. Endereço do imóvel, caso seja diferente daquele do proprietário
3. Descrição legal do imóvel
4. Fonte e data do levantamento topográfico
5. Descrição das divisas do terreno: dimensões das linhas de divisa, suas orientações em relação ao norte, ângulos das quinas e raios de curvas
6. Limites do projeto ou do contrato, se diferentes daqueles do terreno
7. Seta de norte e escala do desenho
8. Localização e descrição dos marcos geodésicos que estabelecem os pontos de referência para a localização e as elevações da nova edificação
9. Identificação e dimensões das ruas adjacentes, bem como vielas e servidões de passagem
10. Localização e dimensões de qualquer servidão que cruze o terreno
11. Recuos obrigatórios estabelecidos pelas posturas municipais (plano diretor)
12. Localização e tamanho das construções existentes no terreno e descrição de qualquer obra de demolição necessária para a nova edificação
13. Localização, forma e tamanho das construções propostas, incluindo beirais e outras projeções
14. Localização e dimensões de passeios de pedestres propostos, acessos de veículos e áreas de estacionamento
15. Localização das redes de serviços públicos: adutora pública, esgotos pluvial e cloacal, redes de gás, energia elétrica, telefonia e outros tipos de cabos; hidrantes e pontos de conexão propostos
16. Curvas de nível do terreno antes da obra, novas curvas de nível e os níveis acabados após o término dos trabalhos em terra ou a construção
17. Vegetação existente que deverá ser mantida e que poderá ser removida
18. Corpos de água existentes, como valetas de drenagem, riachos, planícies aluviais, bacias de drenagem ou linhas de costa
19. Elementos de paisagismo propostos, como cercas, muros de arrimo e vegetação; se for bastante significativo, o projeto de paisagismo poderá ser apresentado em uma planta à parte.
20. Remissões a desenhos e detalhes relacionados em outras folhas do projeto.

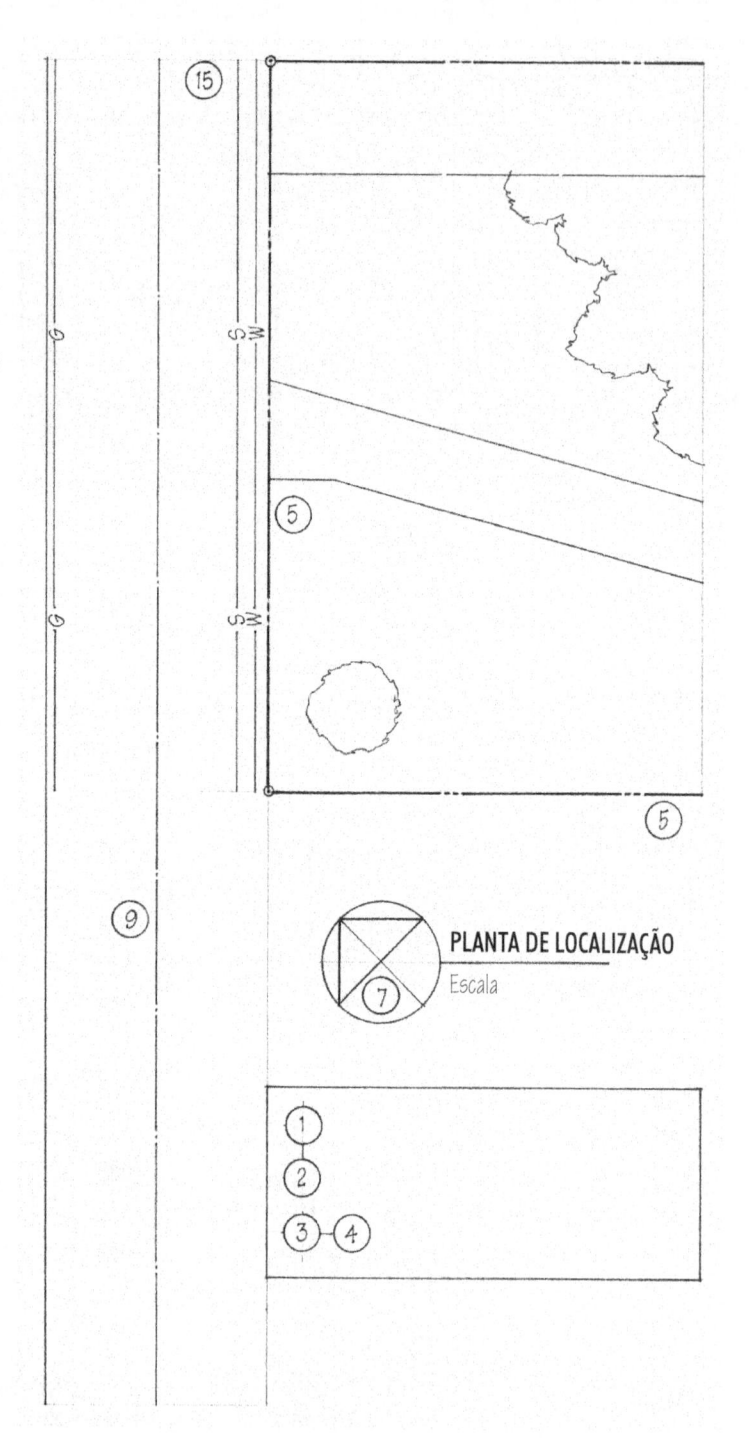

PLANTA DE LOCALIZAÇÃO
Escala

A PLANTA DE LOCALIZAÇÃO 1.37

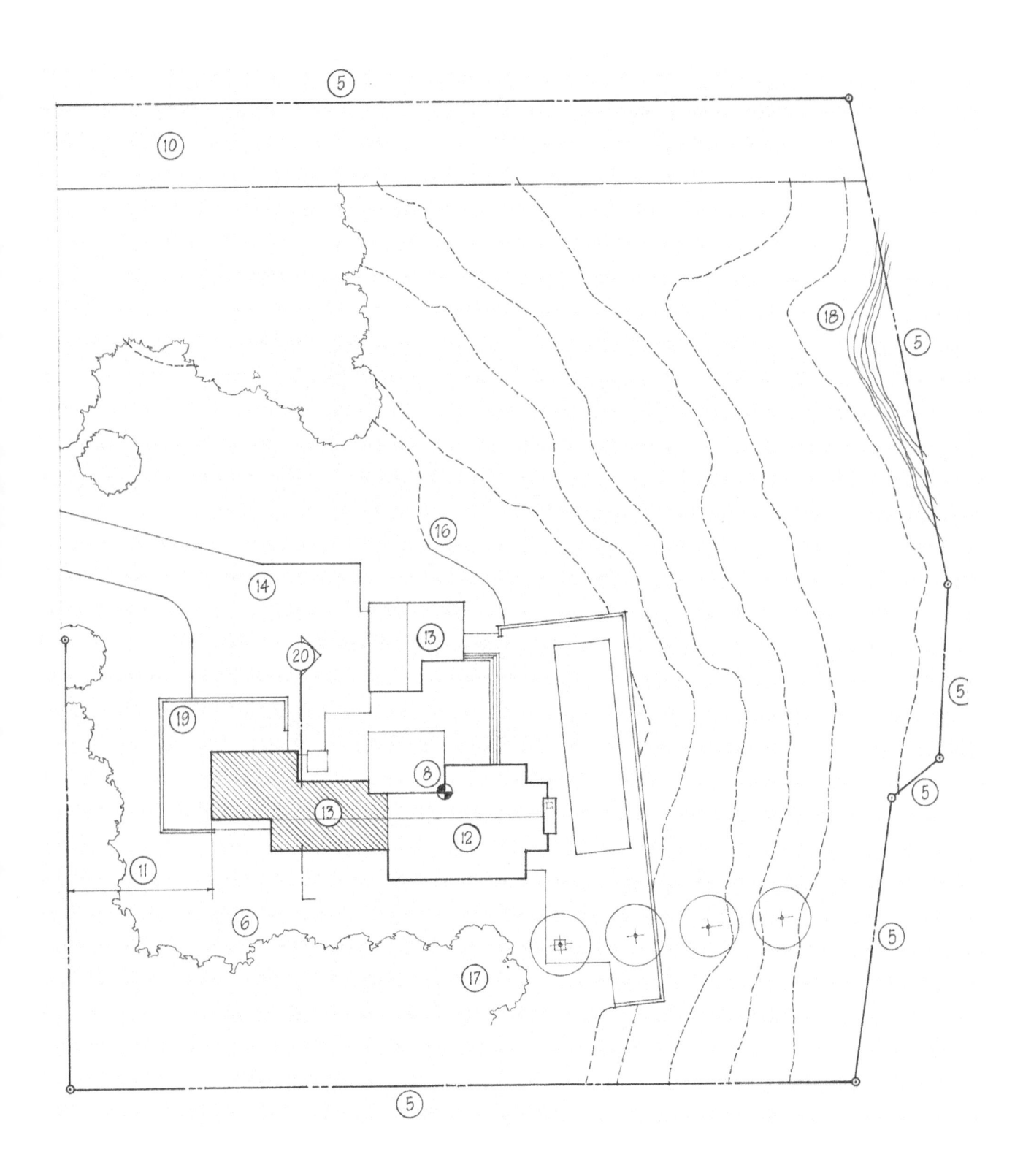

1.38 A DESCRIÇÃO DO TERRENO

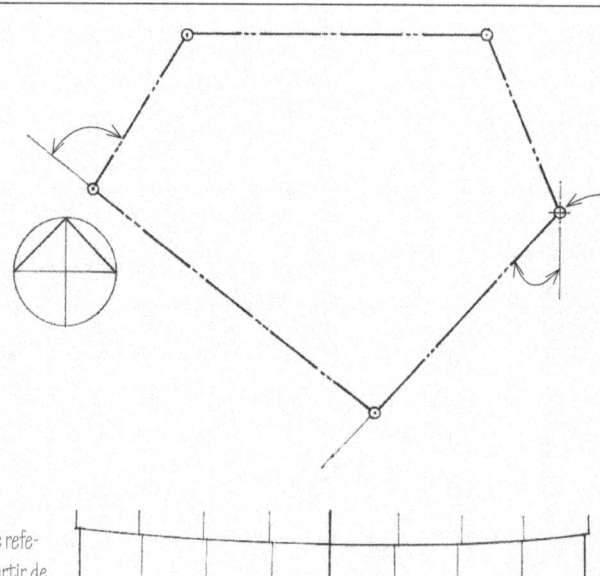

A descrição legal de um terreno consiste na localização e descrição das divisas de um lote específico a partir de um levantamento de divisas, topográfico ou a partir de uma planta registrada.

- Um levantamento de divisas exige a orientação e o comprimento de cada divisa do lote, começando pela periferia da planta e voltando ao ponto de início.
- A planta de situação é um documento legal que descreve a localização, as divisas, as dimensões de um terreno ou uma área, os zoneamentos e as licenças conferidas pelos órgãos públicos de planejamento do solo, as servidões, as linhas divisórias de vias, quadras e lotes, bem como a numeração e as dimensões de cada um dos lotes incluídos.

- Meridianos principais são linhas de referência norte-sul estabelecidas a partir de um ponto importante e utilizadas para o registro de áreas grandes.
- Meridianos de referência são linhas de referência norte-sul localizadas entre as linhas de correção e em intervalos de 24 milhas (38,62 km) a leste e oeste dos meridianos principais.
- Linhas norte-sul são linhas de referência norte-sul localizadas em intervalos de 6 milhas (9,66 km) entre os meridianos de referência.
- Linha-base leste-oeste.
- Linhas de correção são linhas de referência leste-oeste localizadas em intervalos de 24 milhas (38,62 km) a norte e sul de uma linha base, para corrigir a convergência de meridianos e equalizar as distâncias leste-oeste.

- O sistema retangular ou quadriculado se baseia em uma grelha norte-sul modificada dos meridianos principais e de referência e das linhas-base leste-oeste.

- Intervalo é uma dentre uma série de divisões de um meridiano de referência numeradas para leste ou oeste e que consistem em uma série de distritos numerados no sentido norte ou sul de uma linha-base.

- Distrito é uma unidade de área de terreno com cerca de 36 milhas quadradas (93,2 km^2) e que contém 36 seções.

- Seção é cada uma das 36 subdivisões numeradas de um distrito, com cerca de uma milha quadrada (2,59 km^2 ou 640 acres) e subdividida em metades, quartos e oitavos.

CSI MasterFormat 02 21 13 Site Surveys

2
A EDIFICAÇÃO

- 2.2 A edificação
- 2.3 Sistemas de edificações
- 2.5 Códigos de edificações
- 2.6 Tipos de construção
- 2.7 Classificação por ocupação
- 2.8 Cargas impostas às edificações
- 2.9 Cargas de vento
- 2.10 Cargas de terremoto
- 2.11 Forças estruturais
- 2.12 O equilíbrio estrutural
- 2.13 Pilares
- 2.14 Vigas
- 2.15 Vãos de vigas
- 2.16 Treliças
- 2.17 Pórticos e paredes
- 2.18 Placas
- 2.19 Módulos estruturais
- 2.20 Vãos estruturais
- 2.21 Padrões estruturais
- 2.22 A estabilidade lateral
- 2.24 Edificações altas
- 2.25 Arcos e abóbodas
- 2.26 Cúpulas
- 2.27 Cascas
- 2.28 Estruturas de cabos estaiados
- 2.29 Membranas
- 2.30 Juntas e conexões

2.2 A EDIFICAÇÃO

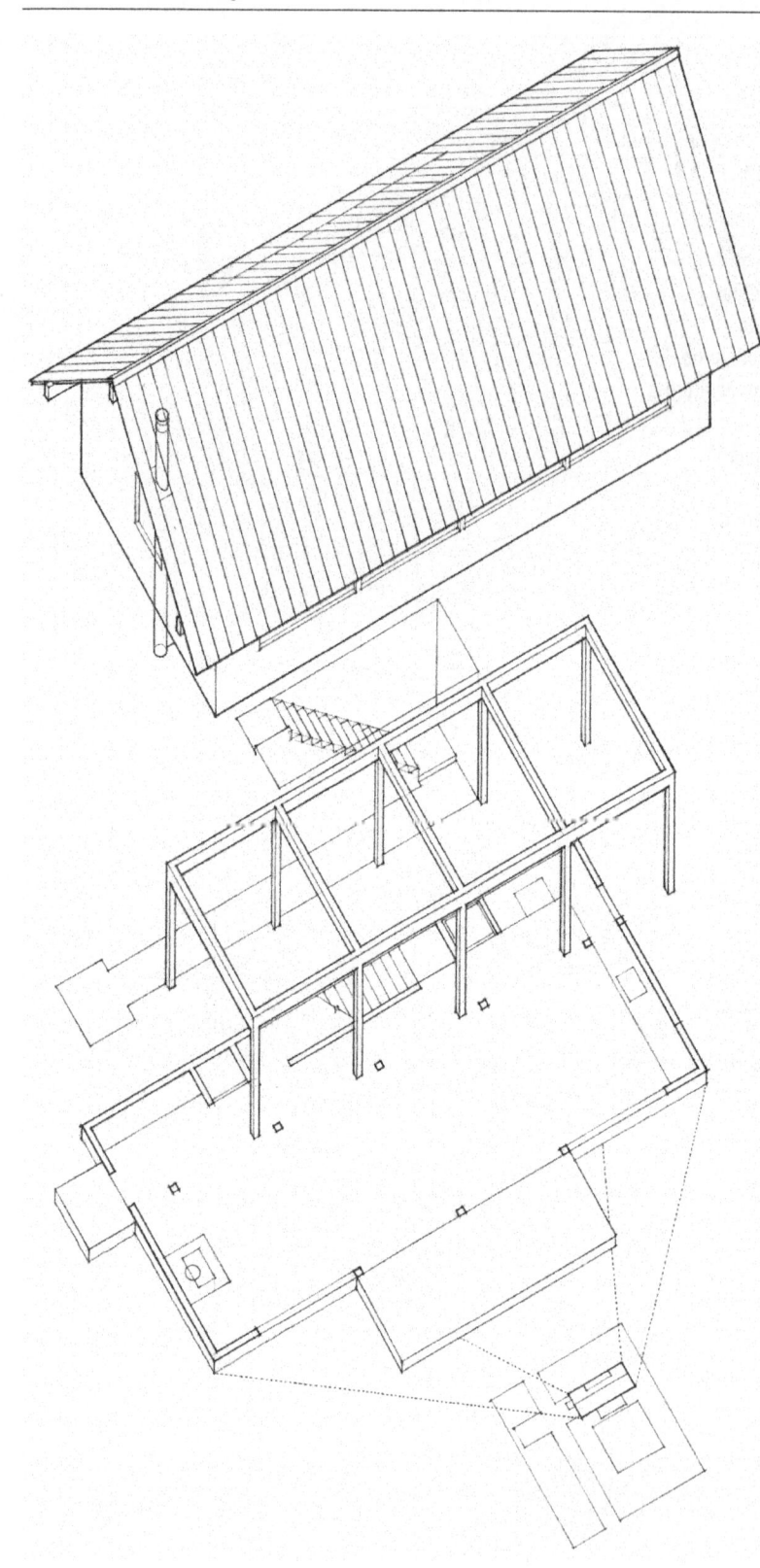

A arquitetura e a construção não são necessariamente a mesma coisa. Durante o projeto e a construção de uma edificação, é necessário um conhecimento dos métodos de montagem de vários materiais, elementos e componentes. Esse conhecimento, porém, embora habilite alguém a exercer a arquitetura, não o garante. O conhecimento prático suficiente de técnicas de construção é apenas um dentre diversos fatores essenciais na execução da arquitetura. Quando falamos de arquitetura como a arte de construir, devemos acrescentar os seguintes sistemas de ordem conceitual aos sistemas físicos de construção:

- A definição, escala, proporção e organização dos espaços internos de uma edificação
- A ordem de atividades humanas por sua escala e dimensão
- O zoneamento funcional dos espaços de uma edificação de acordo com objetivo e uso
- O acesso e os percursos horizontais e verticais de movimentação através do interior de uma edificação
- As qualidades sensíveis de uma edificação: forma, espaço, iluminação, cor, textura e padrão
- A edificação como um componente integrado dentro do ambiente natural e construído

Nosso principal interesse neste livro são os sistemas físicos que definem, organizam e reforçam o ordenamento perceptivo e conceitual de uma edificação.

Um sistema pode ser definido como uma linha de montagem de partes inter-relacionadas ou interdependentes que formam um todo mais complexo e unificado e servem a um interesse comum. Uma edificação pode ser entendida como a materialização de inúmeros sistemas e subsistemas que devem necessariamente estar relacionados, coordenados e integrados entre si, bem como com a forma tridimensional e a organização espacial da edificação como um todo.

SISTEMAS DE EDIFICAÇÕES 2.3

Sistema estrutural
O sistema estrutural de uma edificação é projetado e construído para sustentar e transferir ao solo com segurança as cargas laterais e de gravidade aplicadas, sem exceder os esforços admissíveis em seus elementos.

- A superestrutura é a extensão vertical de uma edificação acima da fundação.
- Pilares, vigas e paredes portantes sustentam as estruturas do piso e da cobertura.
- A subestrutura é a estrutura de sustentação que forma a fundação de uma edificação.

Sistema de vedação externa
O sistema de vedação externa é a pele ou o fechamento de uma edificação, consistindo em cobertura, paredes, janelas e portas externas.

- A cobertura e as paredes externas protegem os espaços internos do clima inclemente e controlam umidade, calor e fluxo de ar através das várias camadas de sistemas de construção.
- As paredes externas e as coberturas também amortecem os ruídos e oferecem segurança e privacidade para os ocupantes de uma edificação.
- As portas permitem o acesso de usuários.
- As janelas oferecem acesso à luz, ar e vistas.
- As paredes internas e as divisórias subdividem o interior de uma edificação em unidades espaciais.

Instalações
As instalações oferecem serviços essenciais a uma edificação.

- O sistema hidráulico fornece água potável para o consumo humano e higiene.
- O sistema de esgotos remove dejetos fluidos e matéria orgânica de uma edificação.
- Os sistemas de calefação e refrigeração, ventilação e condicionamento de ar fornecem conforto ambiental aos usuários dos espaços internos de uma edificação.
- O sistema elétrico controla, mede e protege o fornecimento de energia elétrica a uma edificação, e a distribui de forma segura para os sistemas de força, iluminação, segurança e comunicação.
- Os sistemas de transporte vertical levam pessoas e mercadorias de um nível a outro em prédios médios e altos.
- Os sistemas de proteção e combate a incêndio detectam e apagam fogo.
- As edificações também podem exigir sistemas de coleta e reciclagem de lixo.

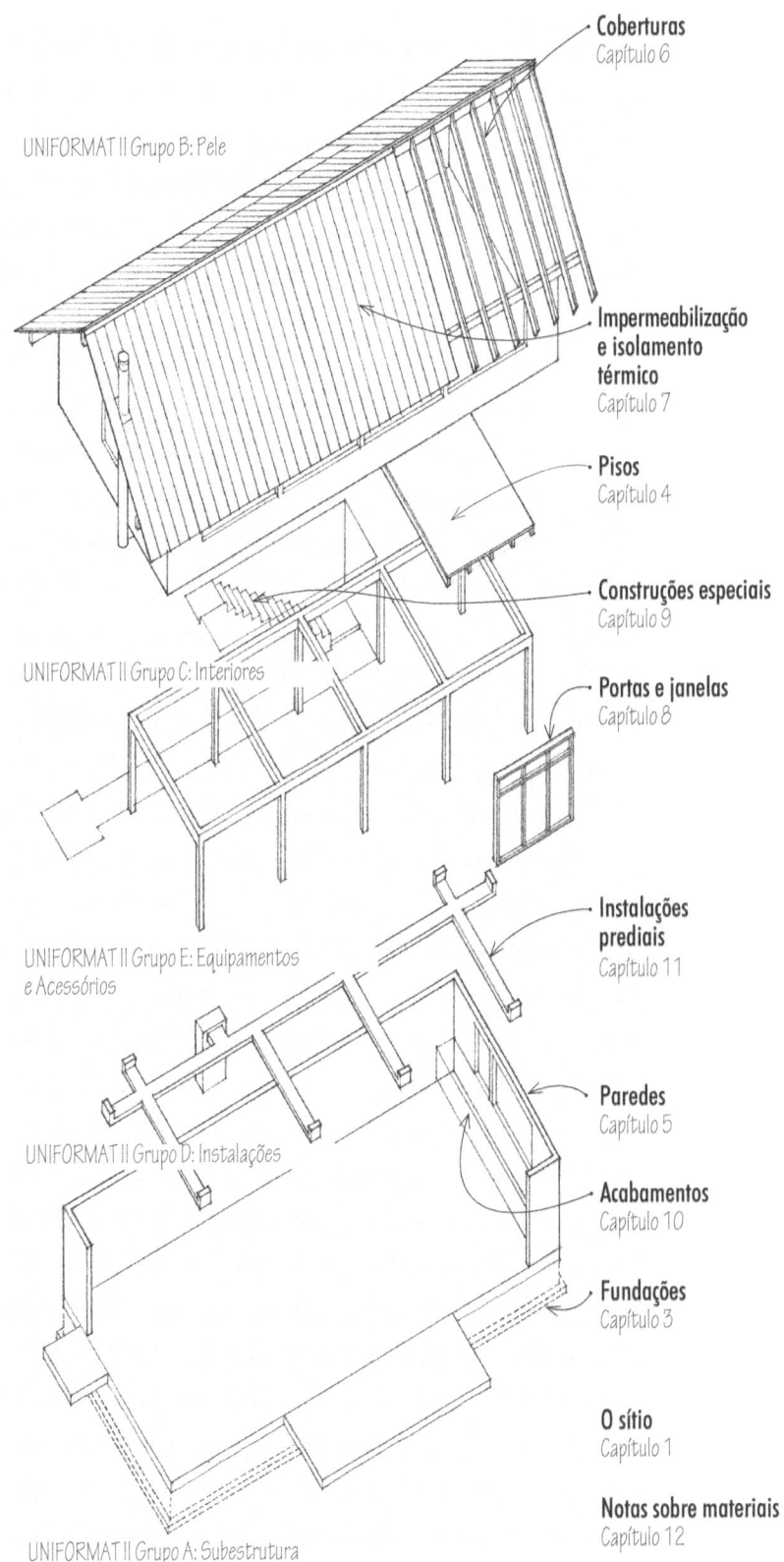

UNIFORMAT II Grupo B: Pele
UNIFORMAT II Grupo C: Interiores
UNIFORMAT II Grupo E: Equipamentos e Acessórios
UNIFORMAT II Grupo D: Instalações
UNIFORMAT II Grupo A: Subestrutura

Coberturas
Capítulo 6

Impermeabilização e isolamento térmico
Capítulo 7

Pisos
Capítulo 4

Construções especiais
Capítulo 9

Portas e janelas
Capítulo 8

Instalações prediais
Capítulo 11

Paredes
Capítulo 5

Acabamentos
Capítulo 10

Fundações
Capítulo 3

O sítio
Capítulo 1

Notas sobre materiais
Capítulo 12

2.4 SISTEMAS DE EDIFICAÇÕES

A maneira na qual selecionamos, montamos e integramos os vários sistemas de uma edificação deve considerar os seguintes fatores:

Exigências de desempenho
- Compatibilidade, integração e segurança estrutural
- Resistência, prevenção e segurança contra incêndio
- Espessura admissível ou desejável de sistemas de construção
- Controle de fluxo de ar e calor através dos sistemas da edificação
- Controle de migração e condensação de vapor de água
- Acomodação dos movimentos da edificação decorrentes de recalque, deflexão estrutural e dilatação ou retração com mudanças de temperatura e umidade
- Redução de ruído, isolamento acústico e privacidade acústica
- Resistência ao desgaste, à corrosão e à ação do clima
- Exigências de acabamento, limpeza e manutenção
- Segurança no uso

Aspectos estéticos
- A relação desejável da edificação com o terreno, os imóveis adjacentes e o entorno
- Forma, volume, cor, padrão, textura e detalhes desejados

Condicionantes legais
- Atendimento às posturas municipais e aos códigos de edificações

Considerações econômicas
- Custo inicial incluindo materiais, transporte, equipamentos e mão de obra
- Custo do ciclo de vida, que inclui não apenas os custos iniciais, mas também custos operacionais e de manutenção, consumo de energia, tempo de vida útil, custos de demolição e substituição e juros de dinheiro investido

Impactos ambientais
- Conservação de energia e recursos devido à implantação e ao projeto de edificação
- Eficiência de energia das instalações
- Uso de materiais atóxicos e eficientes em recursos
- Veja a p. 1.3 – 1.6

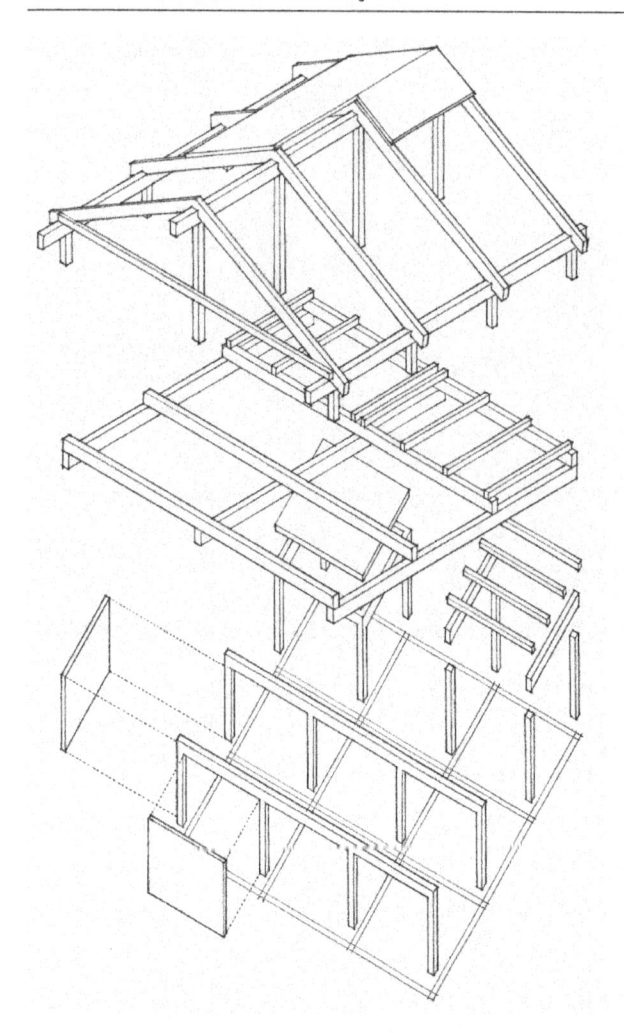

- A Lei de Saúde Ocupacional e Segurança Norte-Americana (OSHA) regula o projeto de locais de trabalho e estabelece padrões de segurança sob os quais uma edificação deve ser construída.

Práticas de construção
- Exigências de segurança
- Tolerâncias permitidas e compatibilidade de componentes
- Conformidade com os padrões de indústria e segurança
- Equilíbrio entre o uso de componentes pré-fabricados e moldados *in loco*
- Divisão de trabalho e coordenação de equipes na obra
- Limitações orçamentárias
- Equipamentos de construção necessários
- Tempo de execução necessários
- Provisões para tempo inclemente

CÓDIGOS DE EDIFICAÇÕES 2.5

Os códigos de edificações são elaborados e impostos pelas agências reguladoras do governo local para regulamentar o projeto, construção, reforma e reparo de edificações e proteger a segurança, saúde e bem-estar públicos. Os códigos geralmente estabelecem exigências de acordo com o tipo de ocupação e construção de uma edificação, padrões mínimos para materiais e métodos de construção e especificações de segurança estrutural e de incêndio. Ainda que os códigos sejam basicamente prescritivos em sua natureza, eles também contêm critérios de desempenho, estipulando como um componente ou sistema específico deve funcionar, sem necessariamente dar os meios utilizados para obter os resultados. Códigos muitas vezes remetem a padrões estabelecidos pela American Society for Testing and Materials (ASTM) o American National Standards Institute (ANSI) e outras associações técnicas e comerciais para indicar as propriedades desejadas em um material ou componente e os métodos de testes exigidos para garantir o desempenho dos produtos.

Códigos modelo

Códigos modelo são códigos de edificações desenvolvidos por organizações nacionais de códigos oficiais, especialistas em materiais e segurança, sociedades profissionais e associações comerciais para a adoção de normas com força de lei pela comunidade local. Se certas exigências precisam ser modificadas ou acrescentadas para contemplar exigências ou preocupações municipais, um código modelo pode ser aprovado por uma prefeitura com emendas.

International Building Code®

Desde o começo do século XX, três principais modelos de códigos foram desenvolvidos para uso em várias partes dos Estados Unidos pelo Building Officials and Code Administrators International, Inc. (BOCA), a International Conference of Building Officials (ICBO) e a Southern Building Code Conference (SBCC). Em 1994, esses grupos de códigos modelo se uniram para formar o International Code Council (ICC) com o objetivo de desenvolver um conjunto completo e coordenado de códigos modelo nacionais. Em 2000, o ICC publicou a primeira edição do International Building Code® (IBC).

Como os códigos modelo precedentes, o IBC começa com a definição de categorias de uso ou ocupação e estabelece limites de altura e área em relação à ocupação de uma edificação e ao tipo de construção utilizado, e então prescreve cinco tipos de construção de acordo com o grau de resistência a incêndios e combustão. O código também contém provisões para acabamentos internos, sistemas de proteção e combate a incêndio, saídas de emergência, acessibilidade, habitabilidade, eficiência de energia, paredes externas e coberturas, projeto estrutural, materiais de construção, elevadores e sistemas de transportes, e construções preexistentes.

Códigos de edificações complementares nos Estados Unidos

O International Residential Code® (IRC) regula a construção de habitações unifamiliares e geminadas, bem como casas em fita de até três pavimentos, com saídas separadas. O International Existing Building Code® (IEBC), que regula a alteração, reforma e renovação de equipamentos existentes, surgiu com o aumento da importância da preservação histórica e do reuso sustentável de edificações preexistentes. Outros códigos de edificações complementares incluem o International Energy Conservation Code®, o International Fire Code®, o International Mechanical Code® e o International Plumbing Code®.

Outros códigos importantes

A National Fire Protection Association (NFPA) desenvolveu um novo modelo de código de edificações, o NFPA 5000, como uma alternativa ao International Building Code. A NFPA também publica outros códigos.

- NFPA – 70, o National Electric Code, garante a segurança de pessoas e a salvaguarda de edificações e seus conteúdos de riscos devido ao uso de eletricidade para luz, calefação e força.
- NFPA – 101, o Life Safety Code, estabelece exigências mínimas para segurança contra incêndio, prevenção de risco de incêndio, fumaças e gases, detecção de fogo e sistemas de alarme, sistemas de combate a incêndio e sistemas de saídas de emergência.
- NFPA – 13 orienta a instalação de sistemas de sprinklers (chuveiros automáticos).

Normas federais norte-americanas

Além das versões de códigos modelo adotadas municipalmente, há normas federais específicas que devem ser consideradas no projeto e construção de edificações.

- O Americans with Disabilities Act (ADA) de 1990 é uma lei federal norte-americana de direitos civis que exige que as edificações sejam acessíveis a pessoas com deficiências físicas e certas deficiências mentais definidas. As diretrizes ADA Accessibility Guidelines (2010 ADA Standards for Accessible Design), de 2010, são mantidas pelo U.S. Access Board, uma agência governamental independente, e suas normas são administradas pelo Ministério da Justiça dos Estados Unidos. Todas as edificações federais norte-americanas devem cumprir as determinações da lei Architectural Barriers Act (ABA). Em sua última atualização, o Access Board harmonizou as diretrizes do ADA e as publicou junto com as orientações para locais cobertos pela ABA, em um documento intitulado ADA-ABA Accessibility Guidelines. Além disso, o Access Board e o International Code Council (ICC – o comitê do código de edificações dos Estados Unidos) cooperaram em prol da coordenação entre as diretrizes da ADA e as da ABA e as determinações sobre acessibilidade do International Building Code.
- O Federal Fair Housing Act (FFHA) de 1998 inclui normas do Department of Housing and Urban Development (HUD) que exigem que todos os complexos residenciais com quatro ou mais unidades habitacionais construídos após 13 de março de 1991 sejam adaptados ao uso de pessoas com deficiências.

Ocupação de uso
- Veja p. 2.7

Tipo de construção
- Veja p. 2.6

Altura e área construídas máximas

2.6 TIPOS DE CONSTRUÇÃO

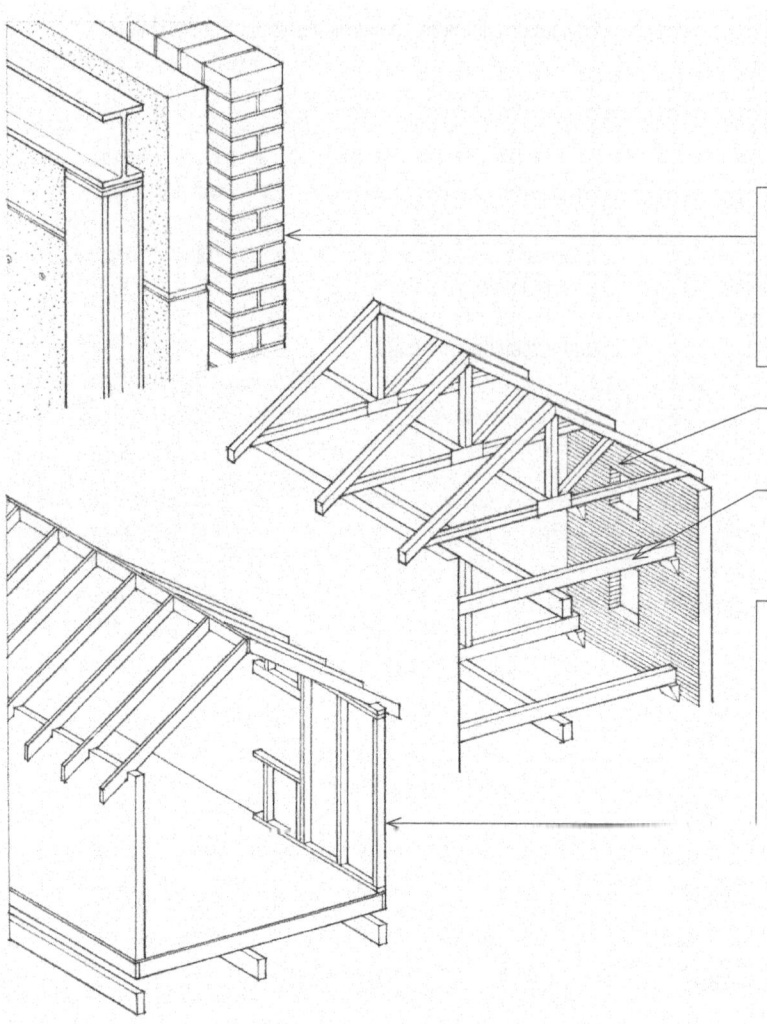

O IBC classifica a construção de uma edificação de acordo com a resistência ao fogo de seus elementos principais: estrutura, paredes portantes internas e externas, paredes não portantes e divisórias, e sistemas de pisos e coberturas.

- As edificações do Tipo I têm seus principais elementos de construção feitos de materiais incombustíveis, como concreto, alvenaria ou aço. Alguns materiais combustíveis podem ser permitidos se não fizerem parte da estrutura principal da edificação. As edificações do Tipo II são semelhantes às do Tipo I, exceto por uma redução na classe das exigências de combate a incêndio dos principais elementos de edificação.
- As edificações do Tipo III possuem paredes externas incombustíveis e os principais elementos internos de qualquer material permitido pelo código.
- As edificações do Tipo IV (Madeira Pesada, MP) possuem paredes externas incombustíveis e os elementos internos principais de madeira maciça ou laminada, de tamanhos mínimos específicos e sem câmaras de ar.
- As edificações do Tipo V possuem elementos estruturais e paredes externas e internas de qualquer material permitido pelo código.
- As edificações Protegidas do Tipo V exigem que todos os principais elementos de construção, exceto as paredes internas e divisórias não portantes, sejam de construção com uma hora de resistência ao fogo.
- As edificações Desprotegidas do Tipo V não possuem exigências de resistência ao fogo, exceto quando o código exige a proteção de paredes externas devido a sua proximidade à divisa de terreno ou a prédios adjacentes.

- A tabela abaixo apresenta as classes de resistência ao fogo exigidas dos principais elementos de uma edificação para os vários tipos de construção. Consulte a Tabela 601 do International Building Code para mais exigências específicas.
- Veja o Apêndice para as classes de resistência ao fogo dos sistemas de construção representativos.

Classificação das exigências de resistência ao fogo (horas)

Tipo de construção	Tipo I		Tipo II		Tipo III		Tipo IV	Tipo V	
	A	B	A	B	A	B	MP	A	B
Elemento de construção									
Estrutura	3	2	1	0	1	0	MP	1	0
Paredes portantes									
Externas	3	2	1	0	2	2	2	1	0
Internas	3	2	1	0	1	0	1/MP	1	0
Paredes não portantes	Varia de acordo com a ocupação, tipo de construção, localização na divisa de terreno e distância das estruturas adjacentes								
Pisos	2	2	1	0	1	0	MP	1	0
Coberturas	1½	1	1	0	1	0	MP	1	0

CLASSIFICAÇÃO POR OCUPAÇÃO 2.7

O IBC limita a altura máxima e a área de pavimento de uma edificação de acordo com o tipo de construção e o grupo de ocupação, demonstrando a relação intrínseca entre os graus de resistência a incêndio, tamanho de uma edificação e natureza de uma ocupação. Quanto maior uma edificação, maior o número de usuários, e quanto mais perigosa a ocupação, mais resistente a incêndios o equipamento deve ser. A intenção é proteger uma edificação de incêndio e conter um incêndio por tempo suficiente para a evacuação segura dos usuários e o combate do incêndio. O limite do tamanho pode ser excedido se o prédio for equipado com sistema de *sprinklers*, ou se possuir paredes corta-fogo que não excedem o tamanho limite.

- As paredes corta-fogo devem ter uma taxa de resistência suficiente para impedir a dispersão do fogo de uma parte do prédio a outra. Elas devem se estender de forma contínua da fundação ao parapeito sobre a cobertura de uma edificação ou à parte inferior de uma cobertura incombustível. Todas as aberturas nas paredes corta-fogo são restritas a certa porcentagem do comprimento da parede e devem ser protegidas por portas corta-fogo de fechamento automático, janelas com classificação de resistência ao fogo e, em caso de dutos de ar, por registros contra fogo e fumaça.

- As separações de ocupação se referem às construções com resistência ao fogo verticais e horizontais obrigatórias para evitar a dispersão das chamas de uma unidade à outra em um prédio de usuários diversos.

- A distância da separação do fogo se refere ao espaço obrigatório entre a divisa ou edificação adjacente e uma parede externa com uma classificação específica de resistência ao fogo.

Exemplo de classificação por ocupação

L Locais de reunião
Auditórios, teatros e estádios

E Edifícios de escritórios e ensino superior
Escritórios, laboratórios e instituições de ensino superior

I Instituições de ensino
Equipamentos de creches e escolas até o ensino médio

F Fábricas
Equipamentos de fabricação, montagem ou manufatura

U Usos de risco
Equipamentos que lidam com certa natureza e quantidade de material perigoso

H Hospitais e prisões
Equipamentos de ocupantes supervisionados, como hospitais, asilos e reformatórios

C Comércio varejista
Lojas para exposição e venda de mercadorias

H Habitação
Casas, prédios residenciais e hotéis

D Depósitos
Equipamentos e armazenagem

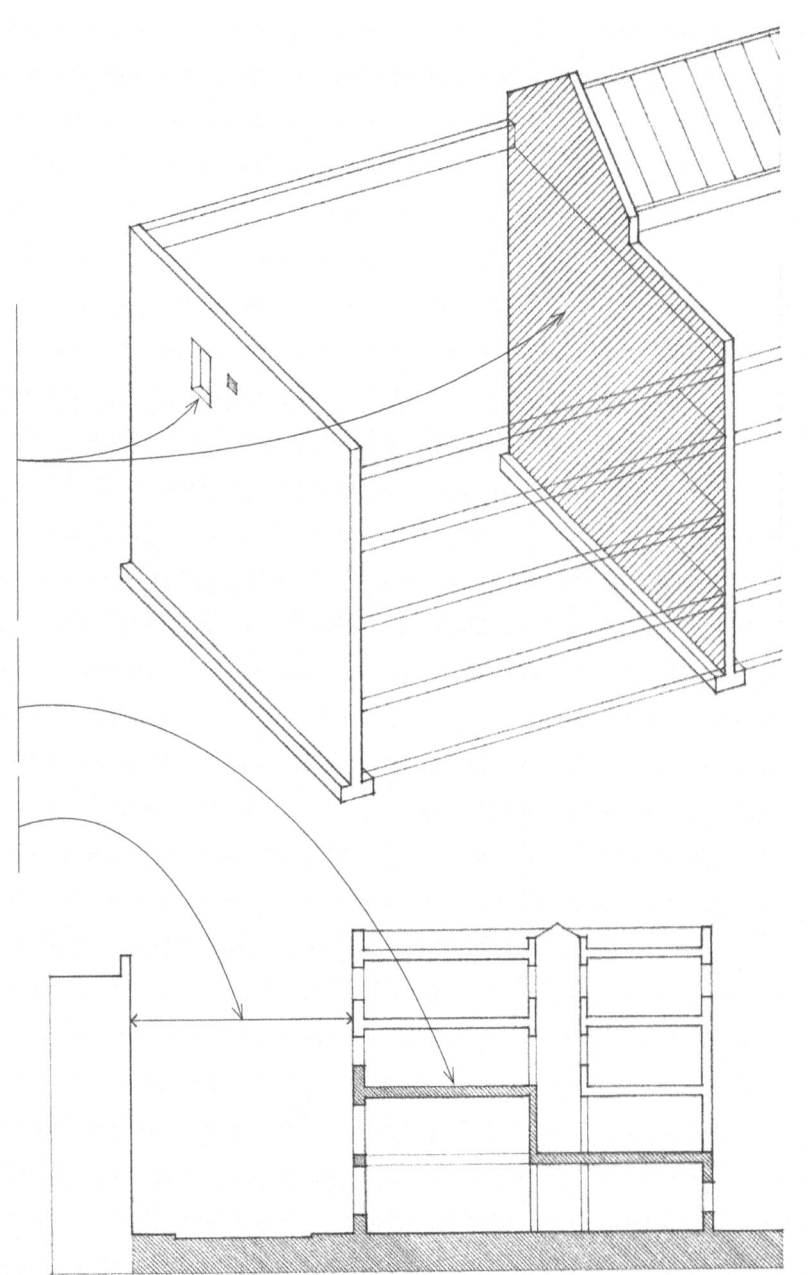

2.8 CARGAS IMPOSTAS ÀS EDIFICAÇÕES

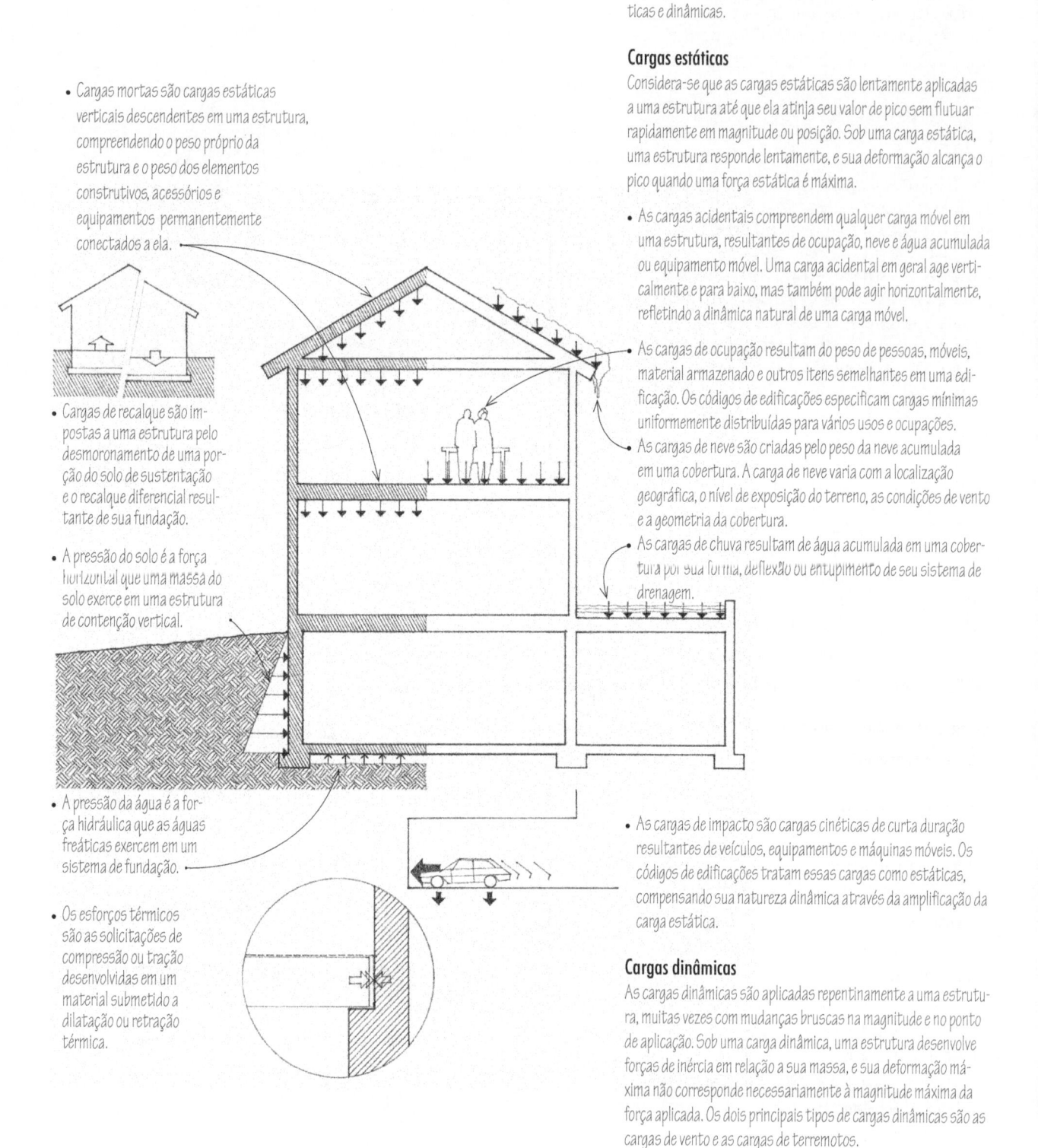

Ao fechar o espaço para habitação, o sistema estrutural de uma edificação deve ser capaz de suportar dois tipos de cargas – estáticas e dinâmicas.

Cargas estáticas

Considera-se que as cargas estáticas são lentamente aplicadas a uma estrutura até que ela atinja seu valor de pico sem flutuar rapidamente em magnitude ou posição. Sob uma carga estática, uma estrutura responde lentamente, e sua deformação alcança o pico quando uma força estática é máxima.

- As cargas acidentais compreendem qualquer carga móvel em uma estrutura, resultantes de ocupação, neve e água acumulada ou equipamento móvel. Uma carga acidental em geral age verticalmente e para baixo, mas também pode agir horizontalmente, refletindo a dinâmica natural de uma carga móvel.
- As cargas de ocupação resultam do peso de pessoas, móveis, material armazenado e outros itens semelhantes em uma edificação. Os códigos de edificações especificam cargas mínimas uniformemente distribuídas para vários usos e ocupações.
- As cargas de neve são criadas pelo peso da neve acumulada em uma cobertura. A carga de neve varia com a localização geográfica, o nível de exposição do terreno, as condições de vento e a geometria da cobertura.
- As cargas de chuva resultam de água acumulada em uma cobertura por sua forma, deflexão ou entupimento de seu sistema de drenagem.

- Cargas mortas são cargas estáticas verticais descendentes em uma estrutura, compreendendo o peso próprio da estrutura e o peso dos elementos construtivos, acessórios e equipamentos permanentemente conectados a ela.

- Cargas de recalque são impostas a uma estrutura pelo desmoronamento de uma porção do solo de sustentação e o recalque diferencial resultante de sua fundação.

- A pressão do solo é a força horizontal que uma massa do solo exerce em uma estrutura de contenção vertical.

- A pressão da água é a força hidráulica que as águas freáticas exercem em um sistema de fundação.

- Os esforços térmicos são as solicitações de compressão ou tração desenvolvidas em um material submetido a dilatação ou retração térmica.

- As cargas de impacto são cargas cinéticas de curta duração resultantes de veículos, equipamentos e máquinas móveis. Os códigos de edificações tratam essas cargas como estáticas, compensando sua natureza dinâmica através da amplificação da carga estática.

Cargas dinâmicas

As cargas dinâmicas são aplicadas repentinamente a uma estrutura, muitas vezes com mudanças bruscas na magnitude e no ponto de aplicação. Sob uma carga dinâmica, uma estrutura desenvolve forças de inércia em relação a sua massa, e sua deformação máxima não corresponde necessariamente à magnitude máxima da força aplicada. Os dois principais tipos de cargas dinâmicas são as cargas de vento e as cargas de terremotos.

CARGAS DE VENTO   2.9

As cargas de vento são as forças exercidas pela energia cinética de uma massa de ar móvel que se considera vinda de qualquer direção horizontal.

- A estrutura, os componentes e as vedações externas de uma edificação devem ser projetados para resistir ao cisalhamento, à sucção e ao tombamento devido ao vento.

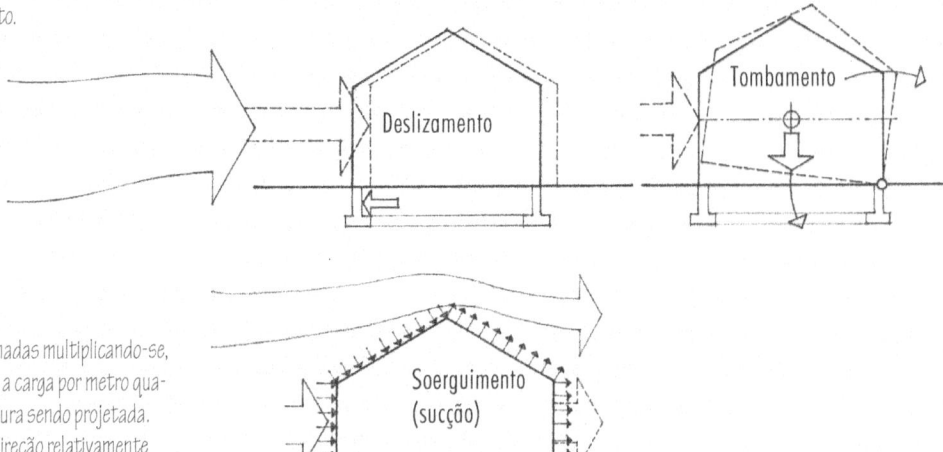

Deslizamento

Tombamento

- As cargas de vento totais são determinadas multiplicando-se, em um plano normal à direção do vento, a carga por metro quadrado pela área da edificação ou estrutura sendo projetada.
- Considera-se que o vento vem de uma direção relativamente horizontal e que sua pressão é normal à superfície sob análise.
- Como o vento pode criar tanto uma pressão positiva como negativa, a força deve ser resistida em ambos os sentidos normais à superfície.

Soerguimento (sucção)

- A pressão do vento para projeto é um valor mínimo de projeto para a pressão estática equivalente nas superfícies externas de uma estrutura, resultante de uma velocidade de vento crítica, igual a uma pressão do vento de referência a uma altura de 10,0 m, modificada por uma série de coeficientes para levar em consideração os efeitos do nível de exposição da edificação, a altura da edificação, as rajadas de vento e a geometria e orientação da estrutura em relação ao fluxo de ar incidente.
- Um fator de importância pode aumentar os valores de projeto para as forças do vento ou forças sísmicas em uma edificação devido a sua grande ocupação, seu conteúdo potencialmente perigoso ou suas características específicas, no caso de um furacão ou terremoto.

- A trepidação se refere às oscilações rápidas de um cabo flexível ou membrana causada pelos efeitos aerodinâmicos do vento.
- Prédios altos e esbeltos, estruturas de formas incomuns ou complexas, e estruturas leves, flexíveis, sujeitas à trepidação exigem testes em túneis aerodinâmicos ou modelagem computadorizada para descobrir como podem responder à distribuição da pressão do vento.

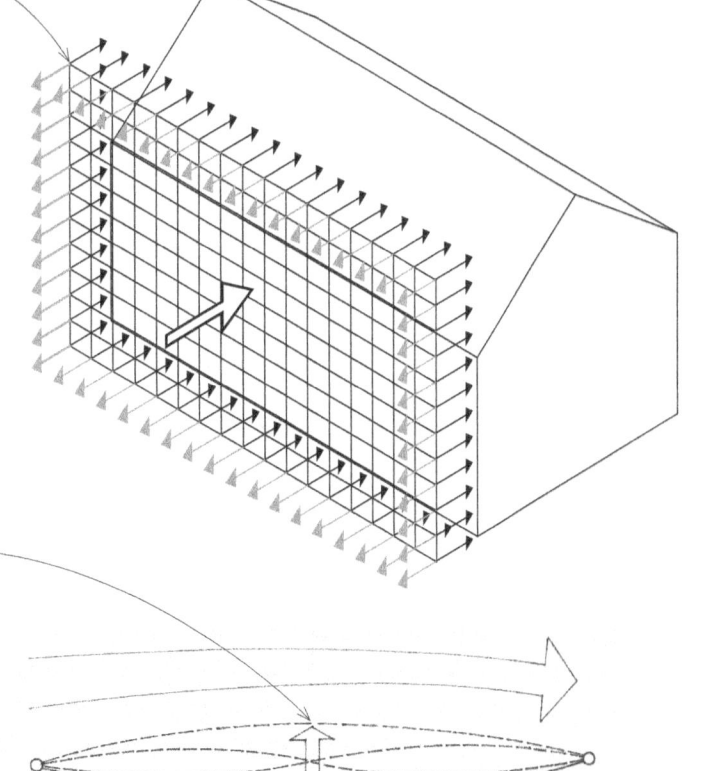

2.10 CARGAS DE TERREMOTO

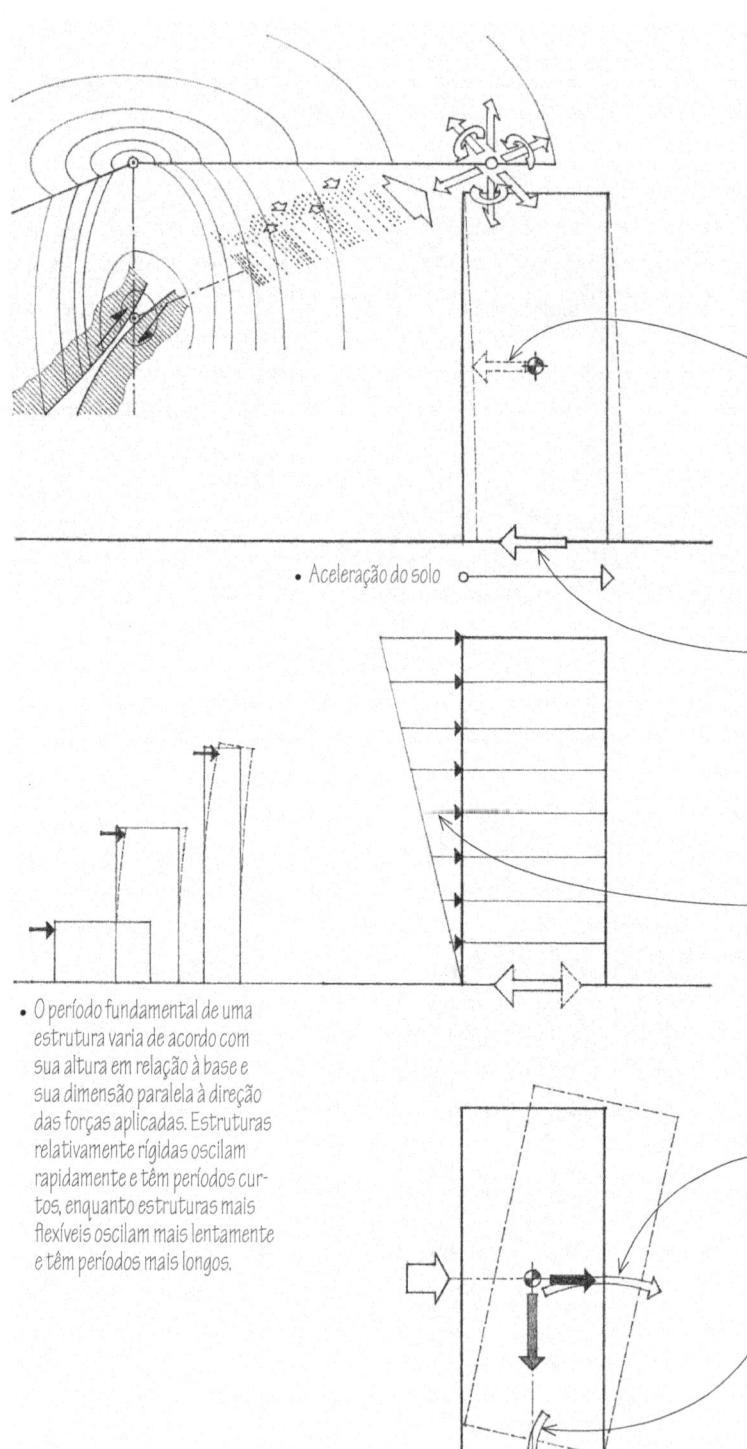

Um terremoto consiste em uma série de vibrações longitudinais e transversais induzidas na crosta terrestre pelo movimento abrupto de placas tectônicas ao longo das linhas de falha. Os choques de um terremoto se propagam ao longo da superfície terrestre na forma de ondas e são atenuados logaritmicamente com a distância de sua origem. Embora esses movimentos do solo sejam de natureza tridimensional, seus componentes horizontais são considerados os mais críticos no projeto de estruturas; os elementos de transferência de cargas verticais de uma estrutura geralmente têm reservas consideráveis para a resistência de cargas verticais adicionais.

- A massa superior de uma estrutura desenvolve uma força de inércia à medida que tende a permanecer imóvel, enquanto a base é deslocada pelos movimentos do solo de um terremoto. Conforme a segunda lei de Newton, essa força é igual ao produto da massa com a aceleração.

• Aceleração do solo

- Uma força lateral estaticamente equivalente, o esforço cortante na base, pode ser computada para estruturas regulares com menos de 70,0 m de altura, estruturas irregulares com até cinco pavimentos e estruturas com baixo risco sísmico.
- O esforço cortante na base é o valor mínimo de projeto para a força sísmica lateral total em uma estrutura que se considera agir em qualquer direção horizontal. Ele é computado pela multiplicação da carga morta total da estrutura por inúmeros coeficientes para refletir o caráter e a intensidade dos movimentos do solo na zona sísmica, o tipo de solo sob a fundação, o tipo de ocupação, a distribuição da massa e rigidez da estrutura, e o período fundamental — o tempo necessário para a oscilação completa — da estrutura.
- O esforço cortante na base é distribuído em cada diafragma horizontal acima da base de estruturas regulares em proporção ao peso do pavimento de cada nível e sua distância da base.
- Uma análise dinâmica mais complexa é exigida para edifícios altos, estruturas com formas irregulares ou sistemas de estruturas, ou para estruturas construídas em solos moles ou plásticos, suscetíveis a falha ou colapso sob um carregamento sísmico.

- O período fundamental de uma estrutura varia de acordo com sua altura em relação à base e sua dimensão paralela à direção das forças aplicadas. Estruturas relativamente rígidas oscilam rapidamente e têm períodos curtos, enquanto estruturas mais flexíveis oscilam mais lentamente e têm períodos mais longos.

- Qualquer carga lateral aplicada a uma distância acima do nível do solo gera um momento de tombamento na base de uma estrutura. Para o equilíbrio, o momento de tombamento deve ser contrabalançado com um momento externo contrário e um momento interno de resistência gerado pelas forças desenvolvidas nos pilares e nas paredes de cisalhamento.
- Um momento contrário é gerado pela carga morta de uma estrutura que age sobre o mesmo ponto de rotação como o movimento de tombamento. Os códigos de edificações geralmente exigem que o momento contrário seja pelo menos 50% maior que o momento de tombamento.

A seguir, uma breve introdução à forma como um sistema estrutural deve resolver todas as forças que agem sobre uma edificação e canalizá-las para o solo. Para mais informações sobre projeto e análise estrutural de edificações, veja a Bibliografia.

FORÇAS ESTRUTURAIS 2.11

Uma força é qualquer influência que produz uma mudança na forma ou movimento de um corpo. Ela é considerada um vetor que possui magnitude e direção, representado por uma seta cuja distância é proporcional à magnitude e cuja orientação no espaço representa a direção. Uma única força que atua sobre um corpo rígido pode ser considerada como atuante em qualquer lugar ao longo de sua linha de ação sem alterar o esforço externo da força. Duas ou mais forças podem estar relacionadas das seguintes formas:

- Forças colineares ocorrem ao longo de uma linha reta, e sua soma vetorial é a soma algébrica das magnitudes das forças, atuando na mesma linha de ação.

- Forças concorrentes possuem linhas de ação que se cruzam em um ponto comum; sua soma vetorial é equivalente e produz o mesmo efeito em um corpo rígido e que a aplicação dos vetores das diversas forças.
- A lei do paralelogramo estabelece que a soma vetorial ou resultante de duas forças concorrentes pode ser descrita pela diagonal de um paralelogramo com lados adjacentes que representam as duas forças vetoriais adicionadas.
- De modo semelhante, qualquer força pode ser transformada em duas ou mais forças concorrentes com um efeito líquido em um corpo rígido equivalente ao da força inicial. Por questões de conveniência na análise estrutural, estas forças geralmente são os componentes cartesianos ou retangulares da força inicial.
- O método do polígono é uma técnica gráfica para encontrar a soma vetorial de um sistema coplanar de várias forças concorrentes através do desenho em escala de cada força vetorial em sucessão, com cada seta iniciando na ponta da seta precedente, e completando-se o polígono com um vetor que representa a força resultante, estendendo-se do início do primeiro vetor ao final do último.

- Forças não concorrentes possuem linhas de ação que não se encontram um ponto comum, e sua soma vetorial é uma única força que causaria a mesma translação e rotação de um corpo que o conjunto de forças originais.
- Um momento é a tendência de uma força a produzir rotação de um corpo sobre um ponto ou uma linha, igual em magnitude ao produto da força e do braço de alavanca e agindo em direção horária e anti-horária.
- Um binário de forças é um sistema de duas forças equivalentes e paralelas que atuam em direções opostas e tendem a produzir rotação, mas não translação. O momento de um binário de forças é igual em magnitude ao produto de uma das forças vezes a distância perpendicular entre as duas forças.

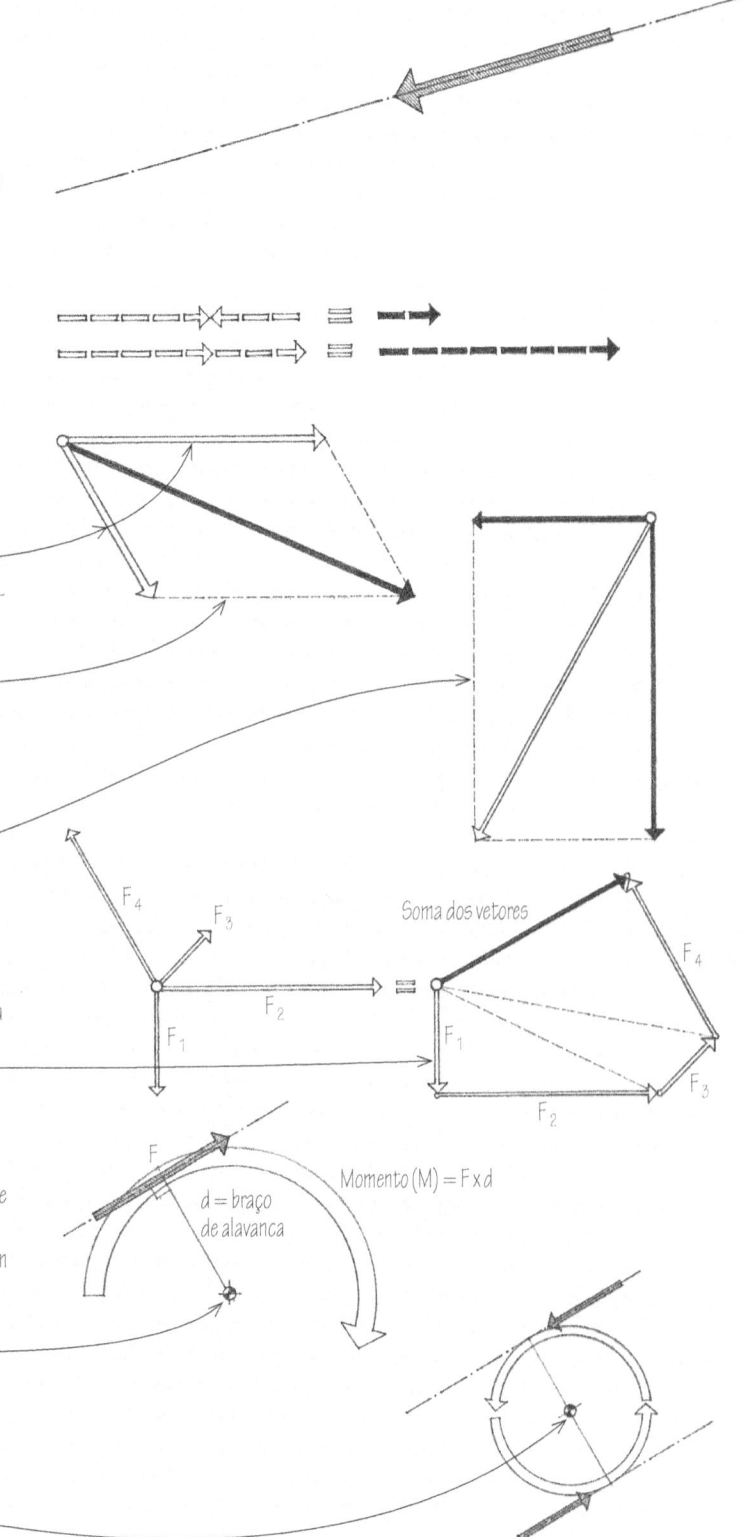

F_4, F_3, F_2, F_1

Soma dos vetores

d = braço de alavanca

Momento $(M) = F \times d$

2.12 O EQUILÍBRIO ESTRUTURAL

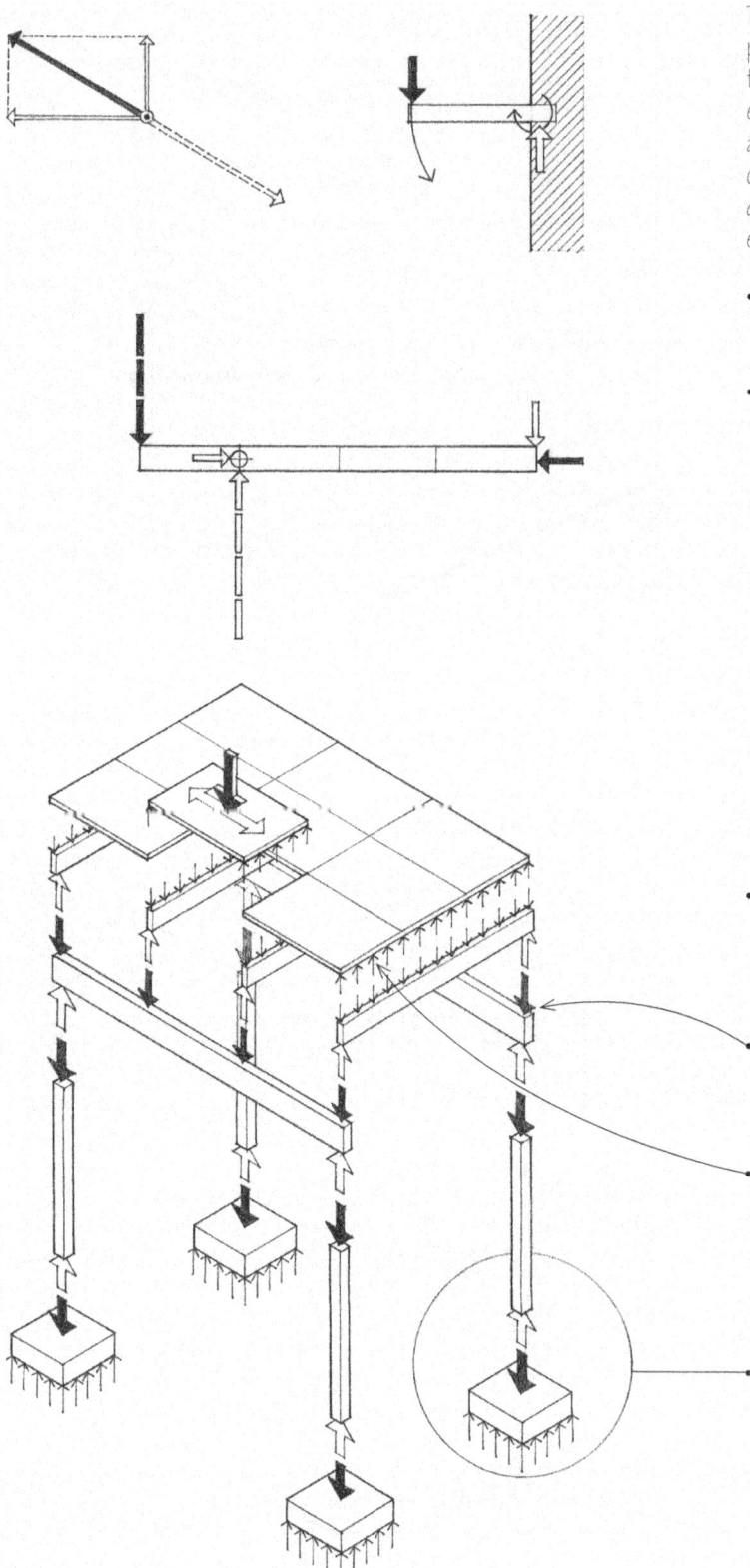

Tanto no projeto como na análise estrutural, nossa primeira preocupação é a magnitude, a direção e o ponto de aplicação de forças, e sua resolução para produzir um estado de equilíbrio. O equilíbrio é um estado de equilíbrio ou descanso, resultante da ação igual de forças opostas. Em outras palavras, à medida que cada elemento estrutural é carregado, seus elementos de apoio devem reagir com forças iguais, mas opostas. Para um corpo rígido estar em equilíbrio, duas condições são necessárias.

- Em primeiro lugar, a soma vetorial de todas as forças atuantes deve equivaler a zero, garantindo o equilíbrio transacional: $\Sigma F_x = 0; \Sigma F_y = 0; \Sigma F_z = 0$.
- Em segundo lugar, a soma algébrica de todos os momentos das forças sobre qualquer ponto ou linha deve ser igual a zero, garantindo o equilíbrio rotacional: $\Sigma M = 0$.

- A terceira lei do movimento de Newton, a lei da ação e reação, estabelece que para cada força atuante em um corpo, o corpo exerce uma força com igual magnitude e na direção oposta ao longo da mesma linha de ação da força original.

- Uma carga concentrada atua em uma área muito pequena ou ponto específico de um elemento estrutural de apoio, como, por exemplo, quando uma viga se apoia em um pilar, ou um pilar se apoia em sua sapata.

- Uma carga distribuída uniformemente é uma carga de magnitude uniforme que se estende sobre o comprimento ou a área do elemento estrutural de apoio, como no caso de carga acidental aplicada a um tabuado de piso ou uma vigota, ou uma carga de vento em uma parede.

- Um diagrama de corpo livre é uma representação gráfica do sistema completo de forças aplicadas e de reação que atuam em um corpo ou em uma parte isolada de uma estrutura. Cada parte fundamental de um sistema estrutural tem reações necessárias para o equilíbrio da parte, assim como o sistema maior tem reações em sua base que servem para manter o equilíbrio do todo.

PILARES

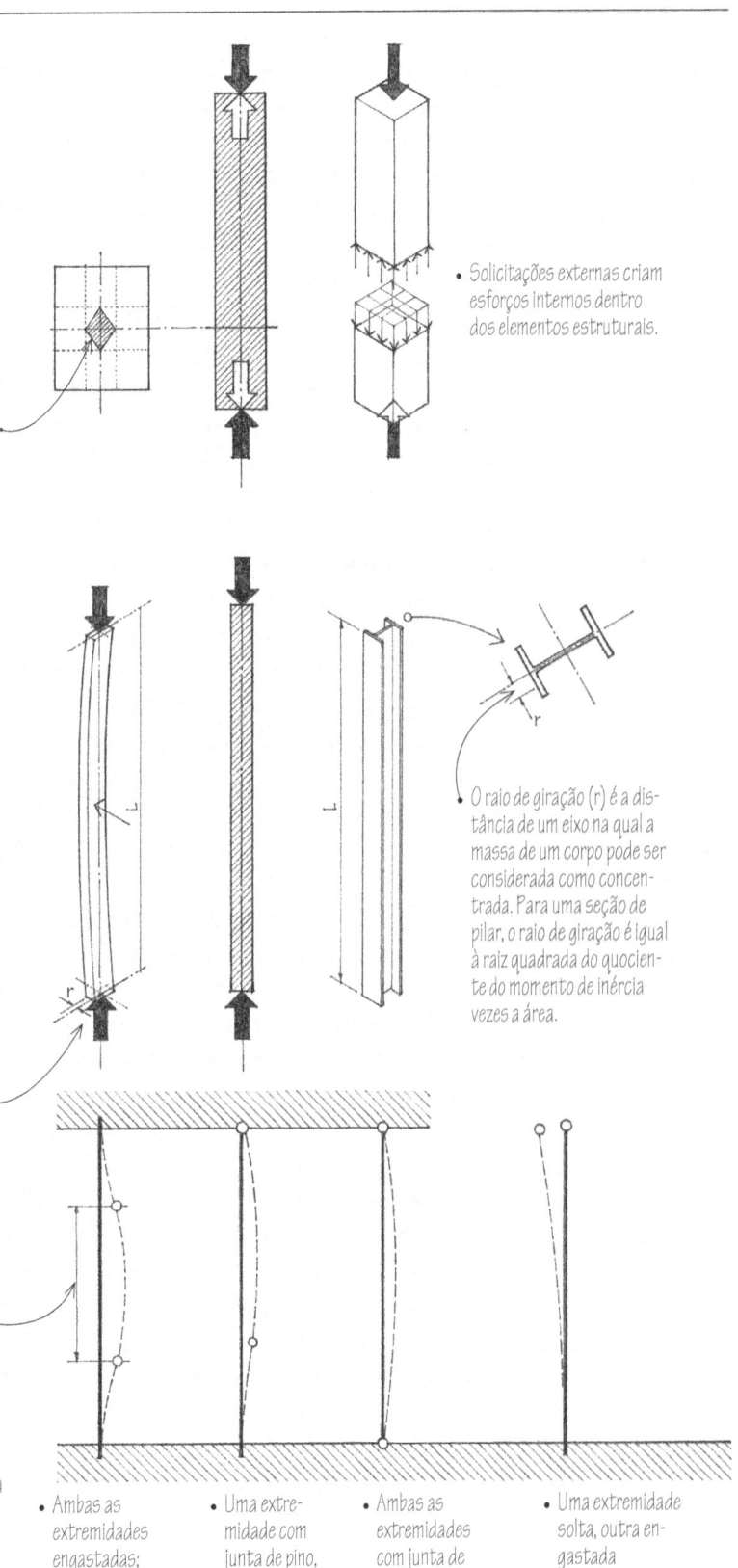

Os pilares são elementos estruturais rígidos, relativamente esbeltos, projetados principalmente para sustentar cargas de compressão axial aplicadas às suas extremidades. Pilares espessos relativamente curtos estão sujeitos a colapso por esmagamento, não por flambagem. O colapso ocorre quando o esforço direto de uma carga axial excede a resistência à compressão do material disponível na seção transversal. Uma carga excêntrica, contudo, pode produzir flexão e resultar em uma distribuição de solicitações desequilibradas na seção.

- A área do núcleo é a área central de qualquer seção horizontal de um pilar ou parede dentro da qual o resultado de todas as cargas de compressão deve passar apenas se esforços de compressão estiverem presentes na seção. Uma carga de compressão aplicada fora dessa área causaria esforços de tração na seção.

- Solicitações externas criam esforços internos dentro dos elementos estruturais.

Pilares longos e esbeltos estão sujeitos a colapso por flambagem em vez de por esmagamento. Flambagem é a instabilidade lateral ou torção repentina de um elemento estrutural esbelto induzida pela ação de uma carga axial antes que a tensão de escoamento do material seja atingida. Sob uma carga de flambagem, um pilar começa a defletir lateralmente e não consegue gerar as forças internas necessárias para restaurar sua condição linear original. Qualquer carga adicional faria o pilar defletir mais até que ocorra o colapso devido à flexão. Quanto maior o índice de esbeltez de um pilar, menor é o esforço crítico que o fará flambar. Um dos objetivos principais no projeto de um pilar é reduzir seu índice de esbeltez ao diminuir seu comprimento efetivo ou ao maximizar o raio de giração de sua seção transversal.

- O índice de esbeltez de um pilar é a razão entre seu comprimento efetivo (L) e seu menor raio de giração (r). Para seções de pilares assimétricos, portanto, a flambagem tenderá a ocorrer em relação ao eixo mais fraco ou em direção à dimensão menor.

- O raio de giração (r) é a distância de um eixo na qual a massa de um corpo pode ser considerada como concentrada. Para uma seção de pilar, o raio de giração é igual à raiz quadrada do quociente do momento de inércia vezes a área.

- O comprimento efetivo é a distância entre os pontos de inflexão de um pilar sujeitos a flambagem. Quando essa porção de um pilar flamba, todo o pilar entra em colapso.
- O fator de comprimento efetivo (k) é um coeficiente para modificar o comprimento real de um pilar de acordo com suas condições de apoio empregado para determinar seu comprimento efetivo. Por exemplo, fixar ambas as extremidades de um pilar longo reduz seu comprimento efetivo pela metade e aumenta sua capacidade de carga por quatro.

- Ambas as extremidades engastadas; k = 0,5
- Uma extremidade com junta de pino, outra engastada; k = 0,7
- Ambas as extremidades com junta de pino; k = 1,0
- Uma extremidade solta, outra engastada k = 2,0

VIGAS

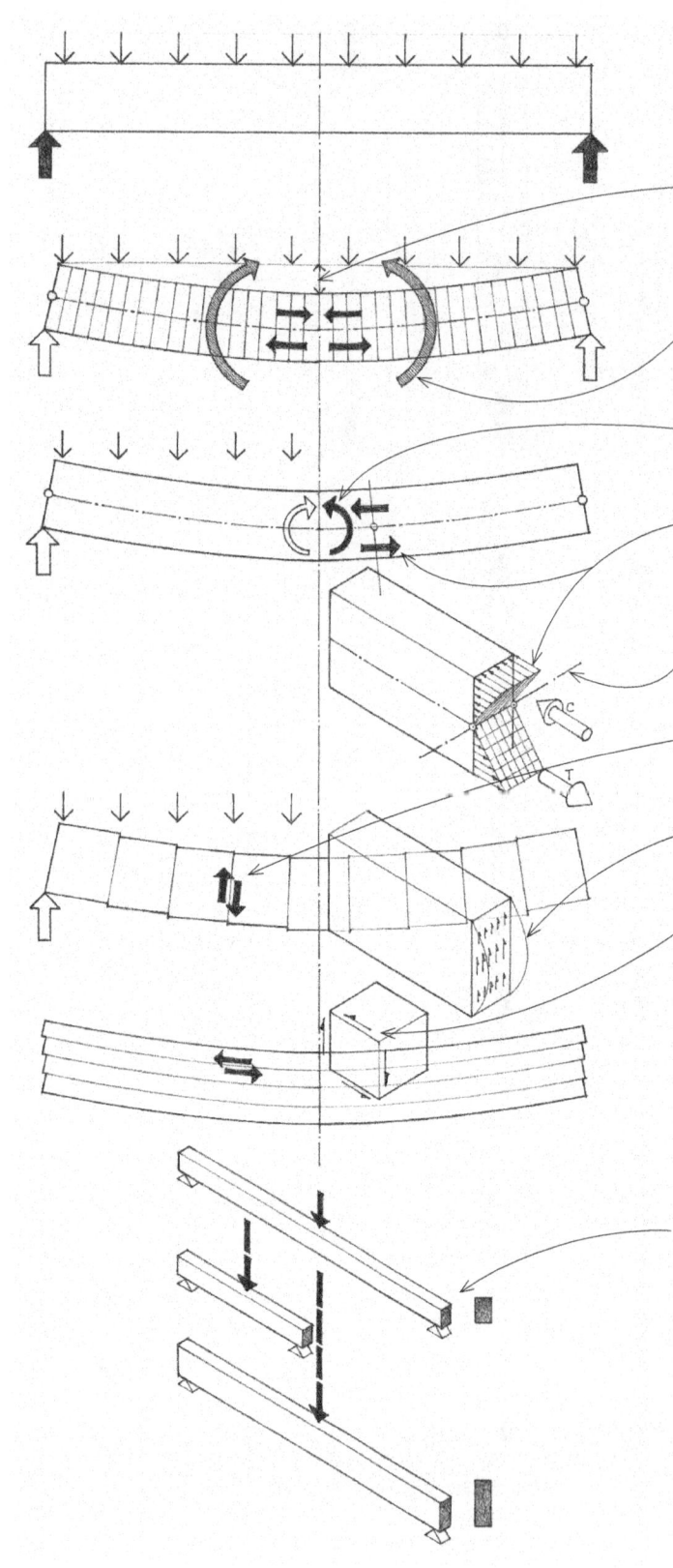

As vigas são componentes estruturais rígidos projetados para suportar e transferir cargas transversais através do espaço para os elementos de apoio. O padrão não concorrente de forças expõe uma viga a flexão e deflexão, que devem ser compensadas pela força interna do material.

- Deflexão é a distância perpendicular que um elemento horizontal desvia de um curso verdadeiro sob carregamento transversal, aumentando com a carga e o vão e diminuindo com um aumento no momento de inércia da seção ou do módulo de elasticidade do material.
- Momento fletor é um momento externo que tende a causar a rotação ou flexão de parte de uma estrutura, igual à soma algébrica dos momentos em relação ao eixo neutro da seção em questão.
- Momento de resistência é um momento interno igual e oposto ao momento fletor, gerado por um binário de forças para manter o equilíbrio da seção em questão.
- O esforço de flexão é uma combinação de esforços de compressão e tração desenvolvidos em uma seção transversal de um componente estrutural para resistir a uma força transversal, com um valor máximo na superfície mais distante do eixo neutro.
- O eixo neutro ou linha neutra é uma linha imaginária que passa através do centroide da seção transversal de uma viga ou de outro componente sujeito a flexão, ao longo do qual não ocorre esforço de flexão.
- O esforço de cisalhamento transversal ocorre em uma seção transversal de uma viga ou de outro componente sujeito a flexão, igual à soma algébrica das torças transversais de um lado da seção.
- O esforço de cisalhamento vertical se desenvolve para resistir ao cisalhamento transversal, com um valor máximo no eixo neutro e diminuindo não linearmente em direção às faces externas.
- O esforço de cisalhamento horizontal ou longitudinal se desenvolve para evitar o escorregamento ao longo dos planos horizontais de uma viga sob carregamento transversal, igual em qualquer ponto ao esforço de cisalhamento vertical naquele ponto.

A eficiência de uma viga é aumentada ao se configurar a seção transversal para fornecer o momento de inércia exigido ou módulo de seção com a menor área possível, geralmente tornando a seção mais alta e com a maior parte do material nas extremidades, onde o esforço de flexão máximo ocorre. Por exemplo, embora reduzir à metade o vão vencido por uma viga ou dobrar sua largura reduza os esforços de flexão por dois, dobrar sua altura reduz os esforços de flexão por quatro.

- O momento de inércia é a soma dos produtos de cada elemento de uma área e o quadrado de sua distância a um eixo coplanar de rotação. É uma propriedade geométrica que indica como a área de seção transversal de um componente estrutural é distribuída, e não reflete as propriedades físicas intrínsecas de um material.
- O módulo de seção é uma propriedade geométrica de uma seção transversal, definido como o momento de inércia da seção dividido pela distância do eixo neutro à superfície mais afastada.

VÃOS DE VIGAS 2.15

- Uma viga simples é apoiada em suas duas extremidades, as quais podem rotar livremente, e não apresenta resistência a momentos fletores. Assim como em qualquer estrutura determinada estaticamente, os valores de todas as reações, esforços de cisalhamento e momentos para uma viga simples independem da forma de sua seção transversal e de seu material.

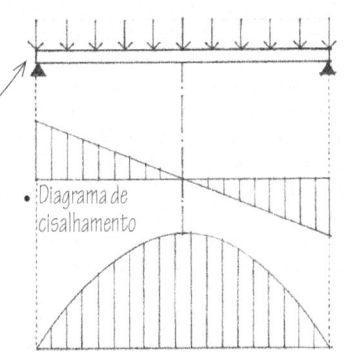

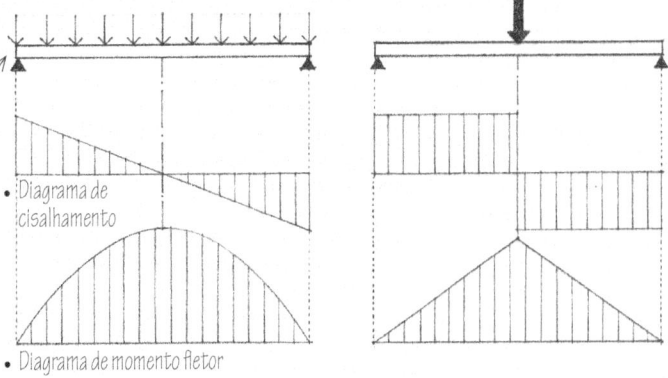

- Diagrama de cisalhamento
- Diagrama de momento fletor

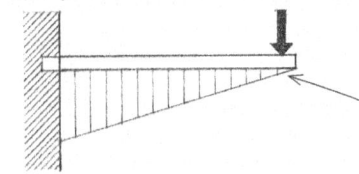

- Um balanço é uma viga ou outro elemento estrutural rígido apoiado em apenas uma de suas extremidades.
- Uma viga em balanço é uma viga simples que se estende além de um de seus apoios. O balanço reduz o momento fletor positivo no ponto intermediário dos apoios e também cria um momento fletor negativo na base da viga, sobre o apoio. Considerando-se uma carga uniformemente distribuída, o ponto no qual o momento fletor tem intensidade igual, mas é contrário ao momento fletor do balanço, fica a aproximadamente $3/8$ da distância entre os vãos. 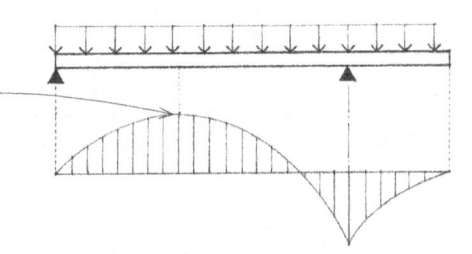
- Uma viga com balanços duplos é uma viga simples que se estende além de seus pontos de apoio. Considerando-se uma carga uniformemente distribuída, os pontos nos quais os momentos fletores têm intensidade igual, mas são contrários, ficam a aproximadamente $1/3$ da distância entre os vãos.

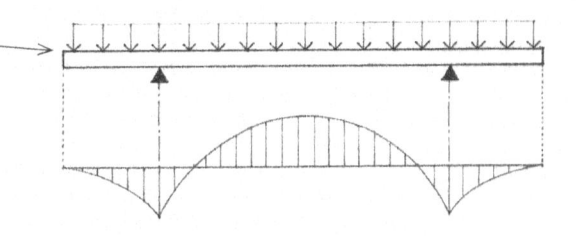

- Uma viga engastada tem suas duas extremidades impedidas de se deslocar ou rotar. As extremidades fixas transferem esforços de flexão, aumentam a rigidez da viga e reduzem sua deflexão máxima. 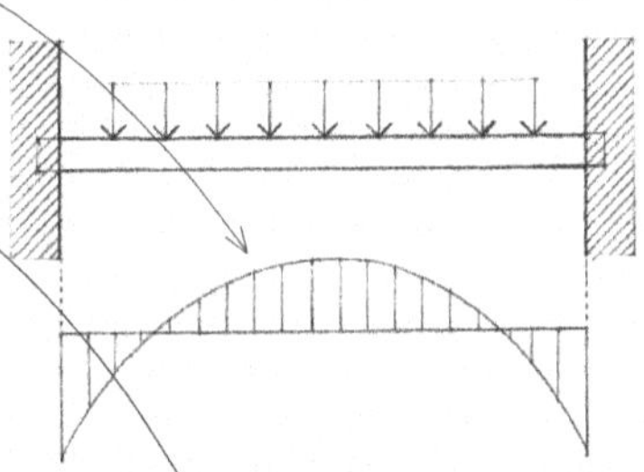
- Um vão suspenso é uma viga simples sustentada pelos balanços de duas vigas contínuas com juntas de pino nos pontos de momento fletor nulo.
- Uma viga contínua se estende sobre mais de dois apoios, para maior rigidez estrutural e menores momentos fletores do que uma série de vigas simples que têm vãos e carregamentos similares. Tanto vigas engastadas como contínuas são estruturas indeterminadas para as quais os valores de todas as reações, esforços de cisalhamento e momentos fletores dependem não somente do vão e do carregamento, mas também da forma de seção transversal e do material da viga.

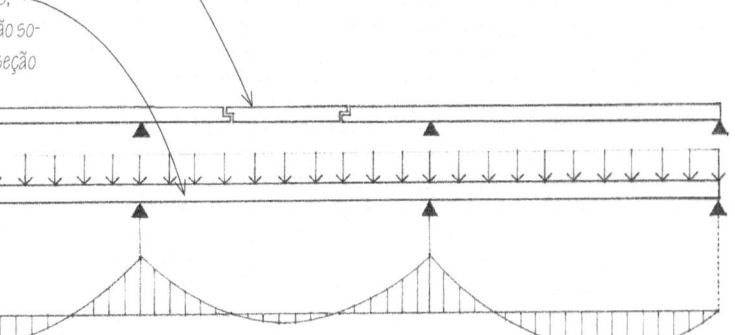

2.16 TRELIÇAS

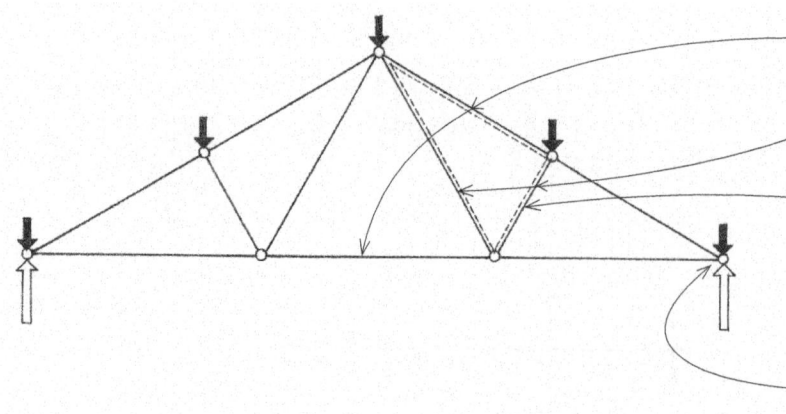

Uma treliça é uma estrutura baseada na rigidez geométrica do triângulo e composta de elementos lineares – barras – sujeitos apenas a esforços axiais de tração ou compressão.

• Os banzos superior e inferior são as principais linhas de uma treliça que se estendem de um apoio a outro e que são conectadas por barras.

• As barras são partes integrais do sistema de elementos que conectam os banzos inferior e superior de uma treliça.

• Painel é qualquer um dos espaços entre os banzos de uma treliça, definidos pelo triângulo configurado por dois nós em um banzo e outro nó correspondente no banzo oposto.

• Consolo é a extremidade inferior e apoiada de uma treliça.

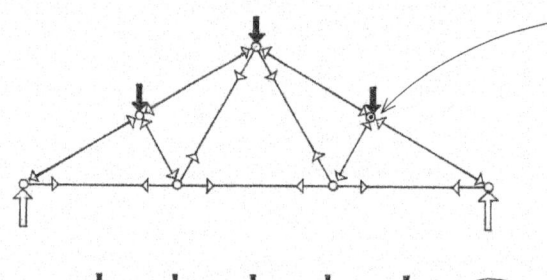

• Nó é qualquer uma das conexões entre uma barra principal e um banzo. Uma treliça só pode receber carregamento em seus nós para que suas barras estejam sujeitas apenas a esforços axiais de tração ou compressão. Para evitar o surgimento de esforços secundários, os centroides das barras e os carregamentos nos nós devem ser coincidentes.

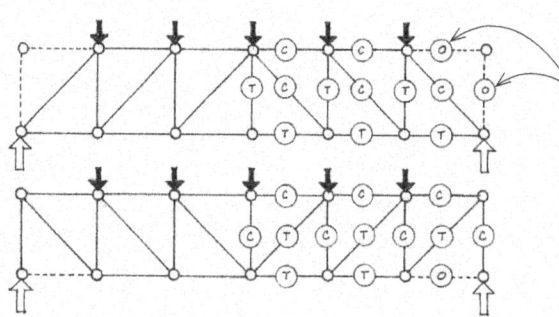

• Elementos de força zero, em teoria, não transferem esforços; sua retirada não alteraria a estabilidade da configuração da treliça.

• Veja a p. 6.9 para tipos e configurações de treliças.

• Vigas Vierendeel são vigas-treliça que têm barras verticais com vínculos indeformáveis conectando os banzos superior e inferior paralelos. As vigas Vierendeel não são treliças verdadeiras, pois suas barras estão sujeitas a forças de flexão não axiais (momentos fletores).

PÓRTICOS E PAREDES 2.17

Uma viga simplesmente apoiada por dois pilares não é capaz de resistir às forças laterais a menos que seja contraventada. Se os vínculos que unem os pilares e a viga forem capazes de resistir às forças e aos momentos, então o conjunto se torna um pórtico indeformável. As cargas aplicadas produzem esforços axiais, de flexão e de cisalhamento em todos os componentes do pórtico, porque os vínculos rígidos impedem que as extremidades dos componentes girem livremente. Além disso, as cargas verticais fazem com que um pórtico indeformável desenvolva empuxos horizontais em sua base. Um pórtico indeformável é estaticamente indeterminado e rígido apenas em seu plano.

- Um pórtico indeformável é uma estrutura rígida conectada a seus apoios com vínculos rígidos. Um pórtico indeformável é mais resistente à deflexão que um pórtico articulado, mas também mais sensível para suportar recalques e dilatação e retração térmicas.
- Um pórtico articulado é uma estrutura rígida conectada a sua base com juntas de pino. As juntas de pino impedem que grandes esforços de flexão ocorram, ao permitir que o pórtico gire como uma unidade quando sujeito ao recalque dos apoios e flita levemente quando solicitado por mudanças na temperatura.
- Um pórtico triarticulado é um conjunto estrutural de duas seções rígidas conectadas entre si e em sua base com juntas de pino. Embora mais sensível à deflexão que o pórtico articulado ou indeformável, o pórtico triarticulado é menos afetado pelos elementos de apoio e solicitações térmicas. As três juntas de pino também permitem que o pórtico seja analisado como uma estrutura estaticamente determinada.

Se preenchermos o espaço no plano definido por dois pilares e uma viga, ele se torna uma parede portante que age como um pilar longo e fino na transferência de esforços de compressão ao solo. As paredes portantes são mais eficazes quando carregam cargas coplanares e uniformemente distribuídas, e mais vulneráveis às forças perpendiculares a seus planos. Para a estabilidade lateral, as paredes portantes requerem travamento com pilastras, paredes transversais, pórticos indeformáveis transversais ou lajes indeformáveis (diafragmas).

Qualquer abertura em uma parede portante afeta sua integridade estrutural. Uma verga ou arco deve suportar a carga acima de uma porta ou abertura de janela e permitir que o esforço de compressão se desloque da abertura às seções adjacentes da parede.

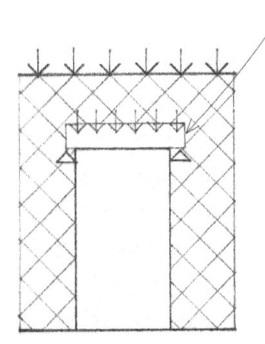

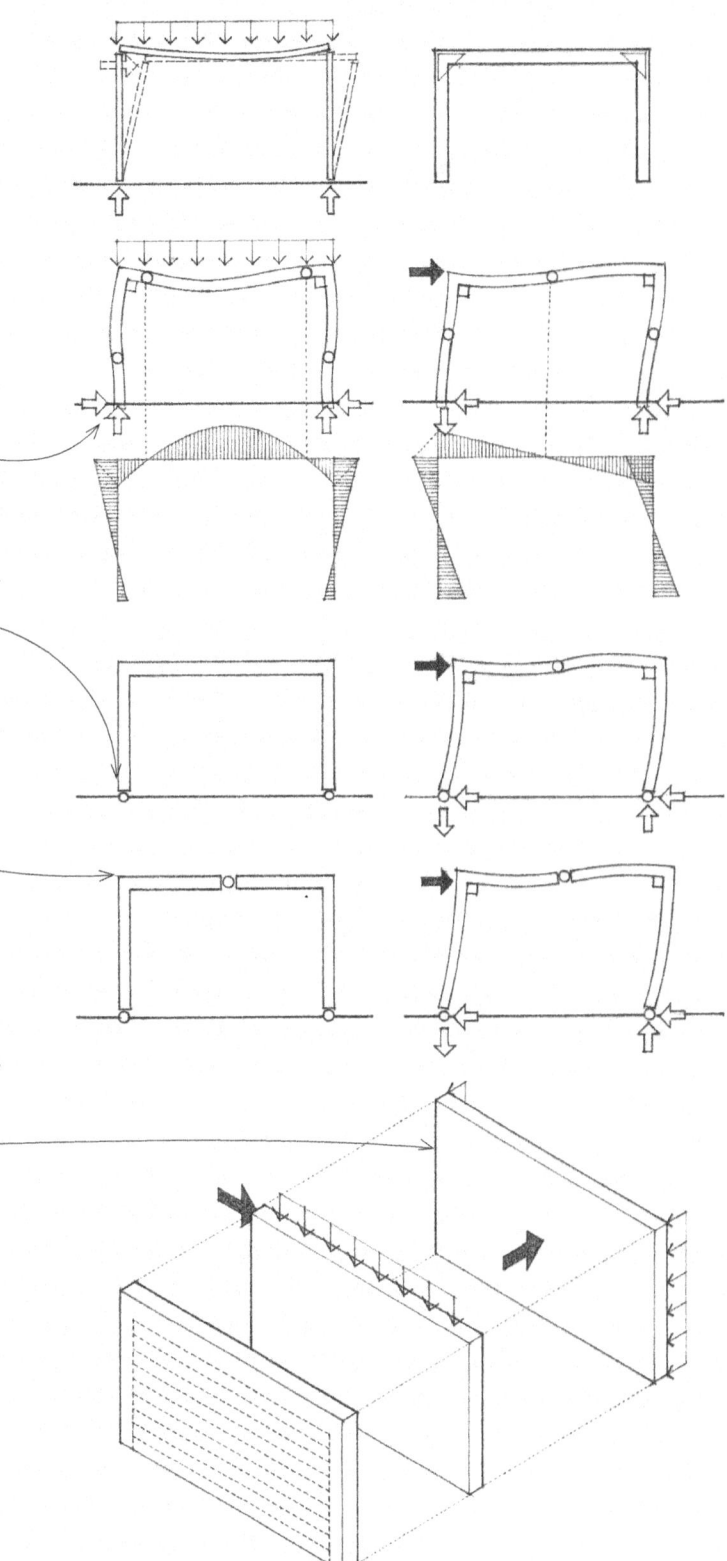

2.18 PLACAS

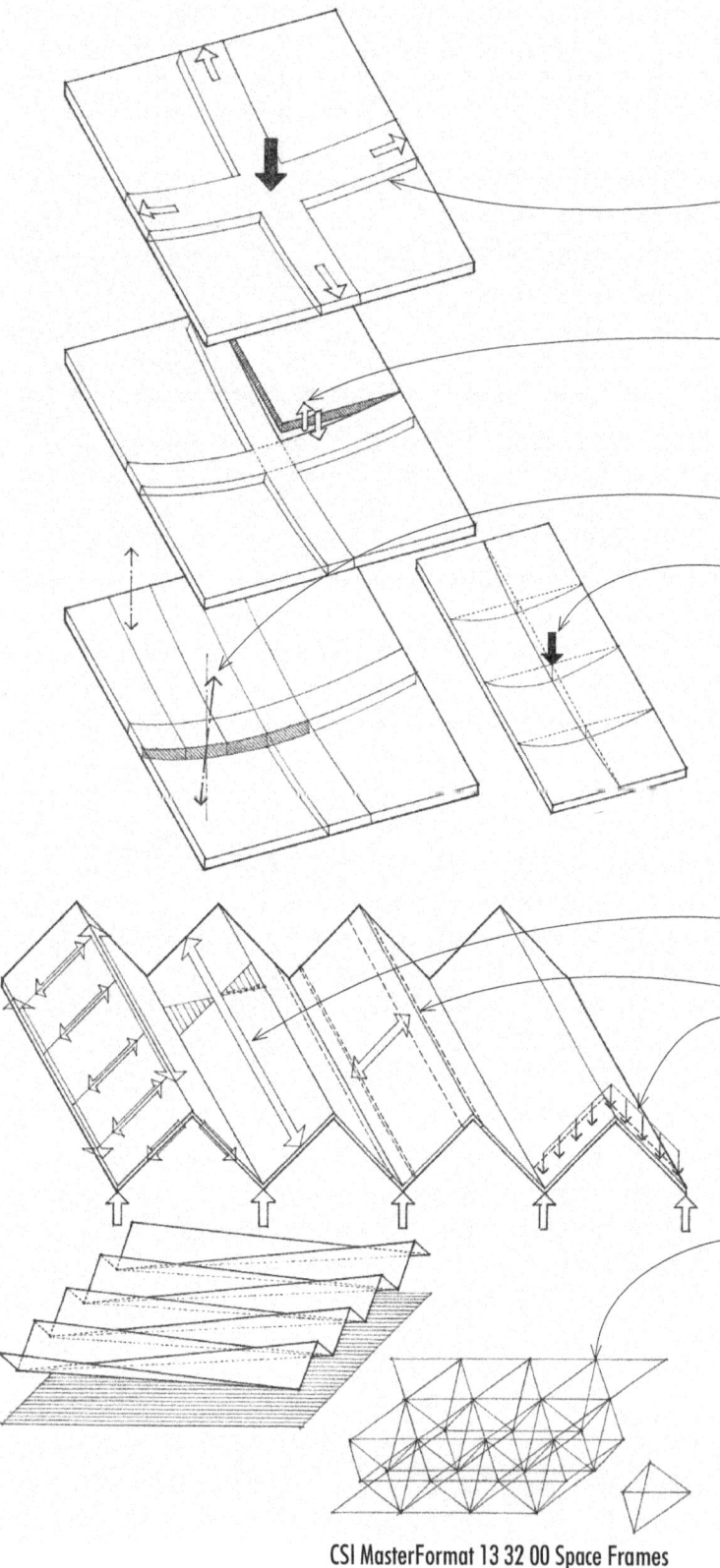

As placas são estruturas rígidas, planas, em geral monolíticas, que dispersam as cargas aplicadas em um padrão multidirecional, com as cargas geralmente seguindo os caminhos mais curtos e rígidos até os apoios. Um exemplo comum de uma placa é uma laje de concreto armado.

Uma placa pode ser considerada como uma série de vigotas adjacentes interconectadas continuamente ao longo de suas extensões. Quando uma carga aplicada é transmitida aos apoios através da flexão de uma vigota, a carga é distribuída sobre toda a placa por cisalhamento vertical, transmitida da vigota viga às vigotas adjacentes. A flexão de uma vigota também causa a torção de vigotas transversais, cuja resistência à torção aumenta a rigidez total da placa. Portanto, enquanto a flexão e o cisalhamento transmitem uma carga aplicada na direção da vigota carregada, o cisalhamento e a torção transferem os esforços em ângulos retos à faixa carregada.

Uma placa deve ser quadrada ou quase quadrada para garantir que se comporte como uma estrutura bidirecional. À medida que uma placa se torna mais retangular do que quadrada, a ação bidirecional diminui e é desenvolvido um sistema unidirecional que vence os vãos mais curtos, porque as faixas mais curtas da laje são mais rígidas e transferem uma porção maior da carga.

Placas dobradas ou lajes pliçgadas são compostas por elementos finos e profundos unidos rigidamente ao longo de suas bordas e formando ângulos agudos para se travarem contra a flambagem lateral. Cada plano atua como uma viga na direção longitudinal. Na direção menor, o vão é reduzido por cada dobra, agindo como um apoio rígido. Faixas transversais atuam como uma viga contínua apoiada pelas dobras. Os diafragmas verticais ou pórticos indeformáveis enrijecem uma placa dobrada contra a deformação do perfil dobrado. A rigidez resultante da seção transversal possibilita que uma placa dobrada vença distâncias relativamente longas.

Uma treliça espacial é composta de elementos curtos, rígidos e lineares, triangulados em três dimensões e sujeitos apenas a tração ou compressão axial. A unidade espacial mais simples de uma treliça espacial é um tetraedro com quatro nós e seis barras. Como o comportamento estrutural de uma treliça espacial é semelhante ao de uma placa, seu vão de apoio deve ser quadrado ou quase quadrado, para garantir que aja como uma estrutura bidirecional. Ampliar a área de contato do apoio aumenta o número de barras às quais o cisalhamento é transferido e reduz as solicitações nos elementos. Veja a p. 6.10 para mais informações sobre treliças espaciais.

CSI MasterFormat 13 32 00 Space Frames

MÓDULOS ESTRUTURAIS 2.19

Com os principais elementos estruturais — pilares, vigas, lajes e paredes portantes — é possível formar uma unidade estrutural fundamental capaz de definir e fechar um volume de espaço para ocupação humana. Essa unidade estrutural é o bloco básico de construção de um sistema estrutural e da organização espacial de uma edificação.

- Vãos horizontais podem ser vencidos por lajes de concreto armado ou cruzadas por conjunto hierárquico e em camadas de vigas principais, secundárias e terciárias sustentando painéis ou tábuas.
- O apoio vertical para uma unidade estrutural pode ser oferecido por paredes portantes ou por um arcabouço de pilares e vigas.

- Painéis pré-moldados ou tábuas
- Vigas secundárias ou vigotas
- Vigas principais
- Laje ou placa
- Parede portante
- Pórtico ou arquitrave

As dimensões e proporções de um módulo estrutural ou vão influenciam a escolha de um sistema adequado de componentes horizontais.

- Sistemas unidirecionais de vigas, painéis pré-moldados ou lajes são mais eficazes quando os vãos estruturais são retangulares — ou seja, quando a razão entre o lado maior e o menor são superiores a 1,5:1 — ou quando a grelha estrutural gera um padrão linear de espaços.
- Sistemas bidirecionais de vigas e lajes são mais eficazes em vãos quadrados ou quase quadrados.

- Uma laje bidirecional apoiada em quatro pilares define uma camada horizontal de espaço.

- A natureza paralela de paredes portantes leva espontaneamente ao emprego de sistemas de componentes horizontais unidirecionais.
- Como as paredes portantes são mais eficazes quando suportam uma carga distribuída uniformemente, elas em geral sustentam uma série de vigas, painéis pré-moldados ou uma laje monolítica unidirecional.

- Uma estrutura linear de pilares e vigas define um módulo tridimensional de espaço que pode ser futuramente ampliado horizontal e verticalmente.

- Duas paredes portantes definem naturalmente um espaço axial bidirecional. Eixos secundários podem ser desenvolvidos perpendicularmente ao eixo principal com aberturas nas paredes portantes.

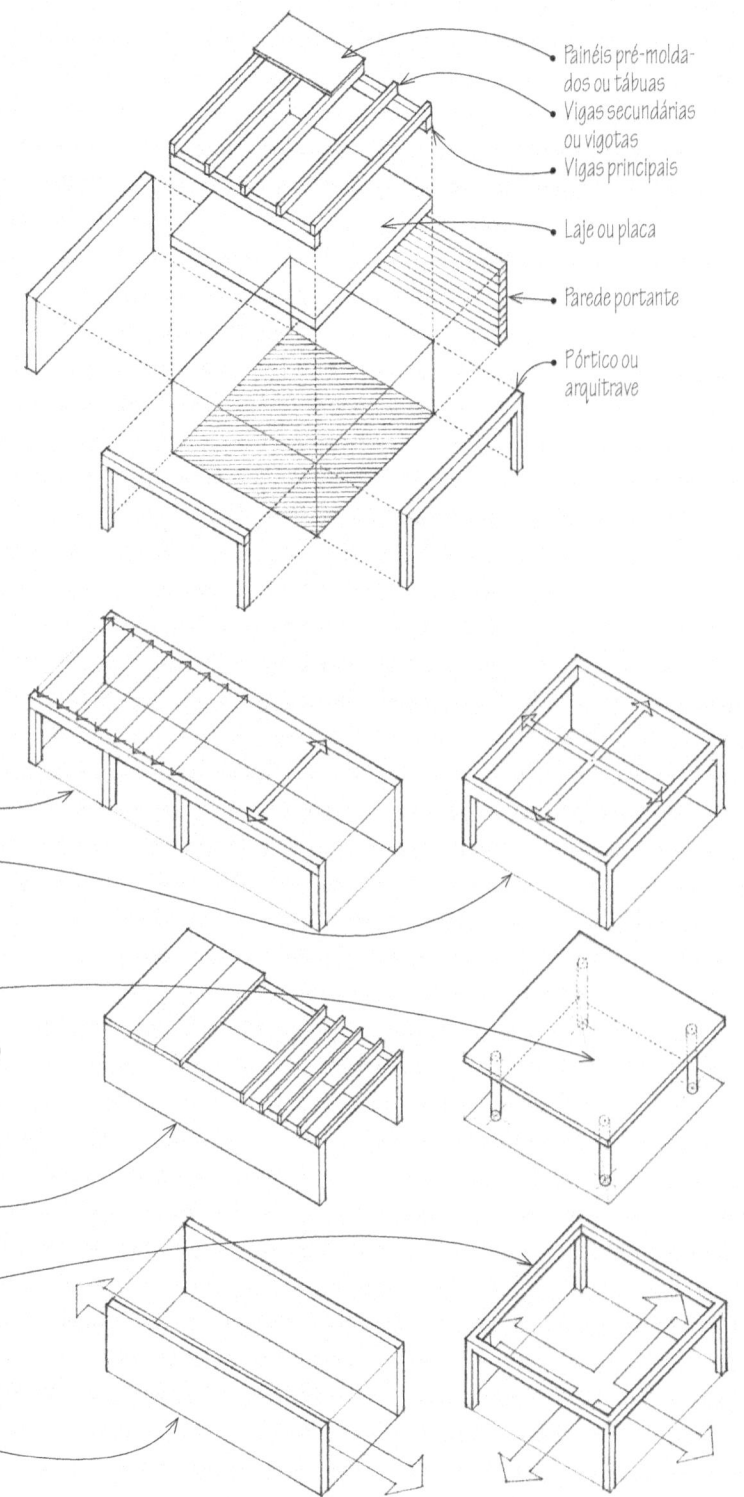

2.20 VÃOS ESTRUTURAIS

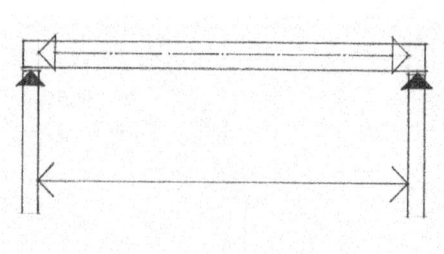

A capacidade de vencimento de vão dos elementos de uma estrutura determina o espaçamento de seus apoios verticais. Esta relação fundamental entre o vão e o espaçamento dos elementos estruturais influencia as dimensões e a escala dos espaços definidos pelo sistema estrutural de uma edificação. As dimensões e as proporções dos módulos estruturais, por sua vez, devem se relacionar com as exigências estabelecidas pelo programa de necessidades para cada espaço.

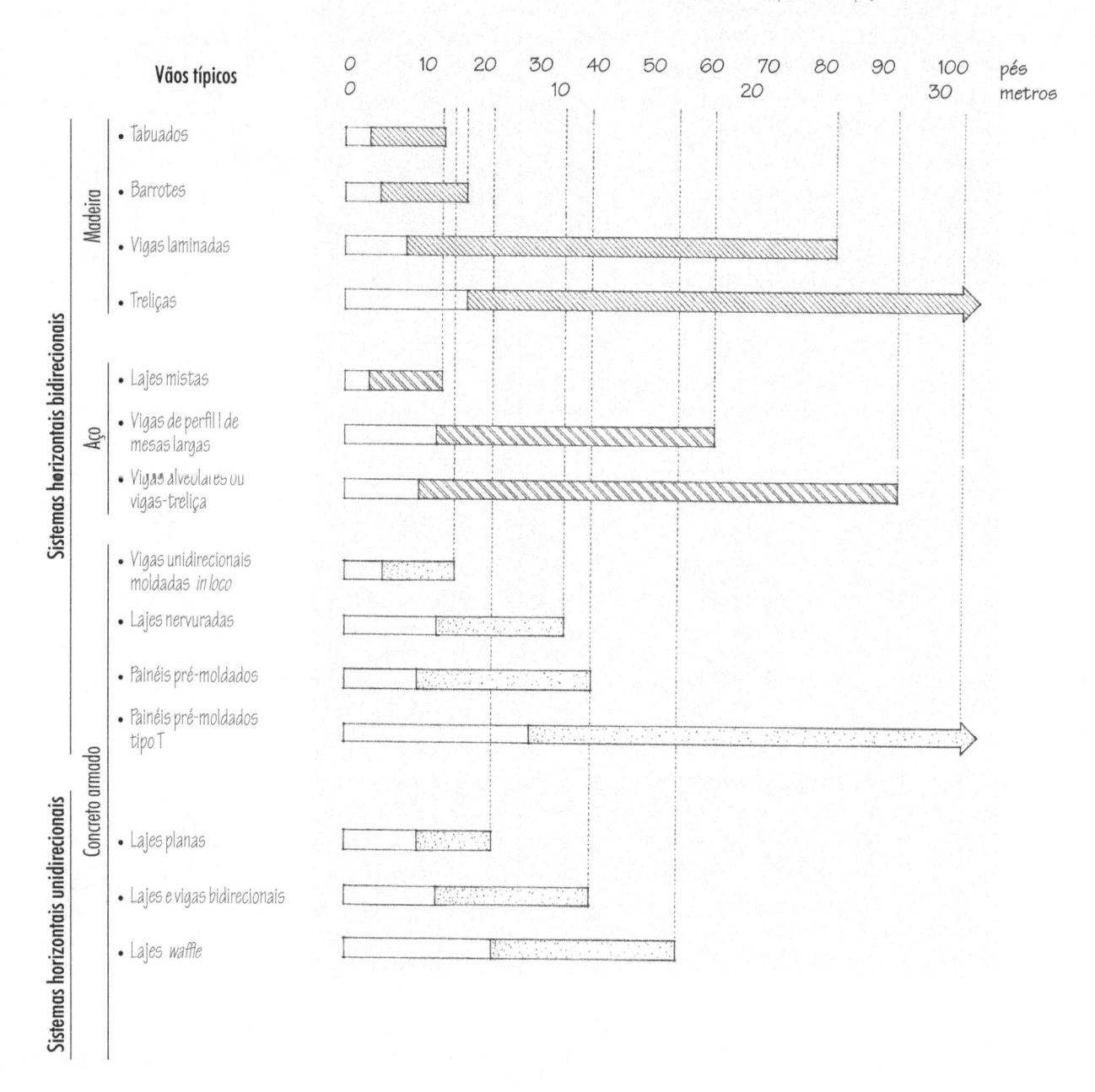

Vãos típicos

0　10　20　30　40　50　60　70　80　90　100　pés
0　　　　10　　　　　20　　　　　　30　　metros

Sistemas horizontais bidirecionais

Madeira
- Tabuados
- Barrotes
- Vigas laminadas
- Treliças

Aço
- Lajes mistas
- Vigas de perfil I de mesas largas
- Vigas alveolares ou vigas-treliça

Sistemas horizontais unidirecionais

Concreto armado
- Vigas unidirecionais moldadas *in loco*
- Lajes nervuradas
- Painéis pré-moldados
- Painéis pré-moldados tipo T
- Lajes planas
- Lajes e vigas bidirecionais
- Lajes *waffle*

PADRÕES ESTRUTURAIS

A distribuição dos principais elementos verticais de apoio não apenas define a seleção de um sistema de componentes horizontais, mas também estabelece as possibilidades de ordenamento de espaços e funções em uma edificação.

Os principais pontos e linhas de apoio de um sistema estrutural, em geral, definem uma grelha. Os pontos críticos da grelha são aqueles nos quais pilares e paredes portantes recebem as cargas de vigas e outros elementos horizontais e as canalizam verticalmente para as fundações.

A ordem geométrica inerente de uma grelha pode ser usada no processo de projeto para iniciar e reforçar a organização funcional e espacial de um projeto de arquitetura.

- Paredes não portantes podem ser distribuídas para definir uma variedade de configurações espaciais e permitir que uma edificação seja mais flexível ao atender às exigências funcionais de seus espaços.

- Uma grelha estrutural pode ser modificada por acréscimo ou subtração, para acomodar necessidades especiais como espaços grandes ou condições atípicas de terreno.

- Uma grelha pode ser irregular em uma ou duas direções para acomodar as diferenças nas dimensões de espaços previstos pelo programa de necessidades.

- Uma parte da grelha pode ser deslocada e girada em relação a um ponto no padrão básico.

- Duas grelhas paralelas podem ser deslocadas uma da outra para desenvolver espaços secundários ou intersticiais que definem padrões de movimento, mediam uma série de espaços maiores ou abrigam instalações.

- Quando dois padrões estruturais não podem ser convencionalmente alinhados, pode ser utilizado um terceiro elemento, como uma parede portante, um espaço intermediário ou um sistema de componentes horizontais com um grão menor.

- Grelhas não uniformes ou irregulares podem ser utilizadas para refletir a ordem hierárquica ou funcional de espaços dentro de uma edificação.

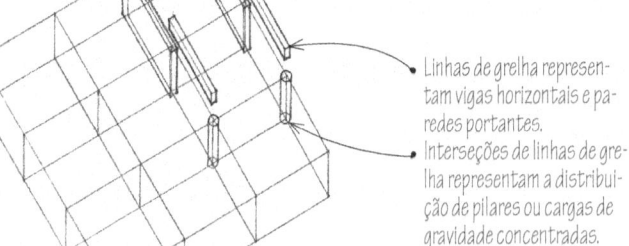

- Linhas de grelha representam vigas horizontais e paredes portantes.
- Interseções de linhas de grelha representam a distribuição de pilares ou cargas de gravidade concentradas.
- Um módulo ou vão estrutural básico pode ser ampliado lógica e verticalmente ao longo dos eixos de pilares e horizontalmente na direção das vigas e paredes portantes.

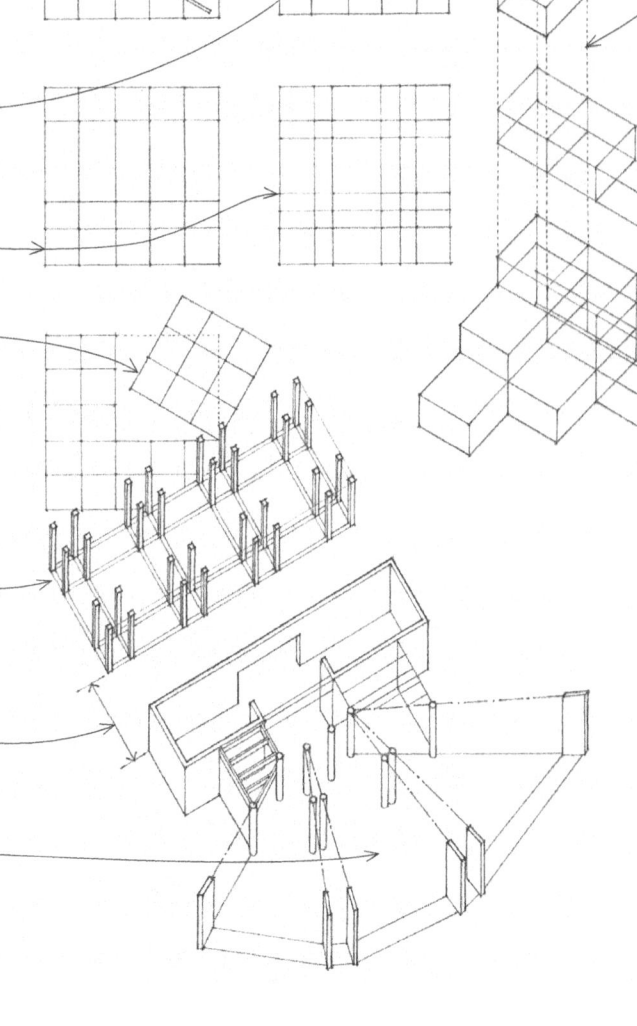

2.22 A ESTABILIDADE LATERAL

Os elementos estruturais de uma edificação devem ser configurados para formar uma estrutura estável sob qualquer condição de carregamento possível. Portanto, um sistema estrutural deve ser projetado não apenas para suportar cargas verticais de gravidade, mas também para suportar forças laterais como ventos e terremotos de qualquer direção. Existem três mecanismos básicos para assegurar a estabilidade lateral.

Diafragma horizontal
- Uma estrutura de piso rígida, que atua como uma grande viga deitada, transfere a carga lateral às paredes de cisalhamento verticais, pórticos contraventados ou pórticos indeformáveis.

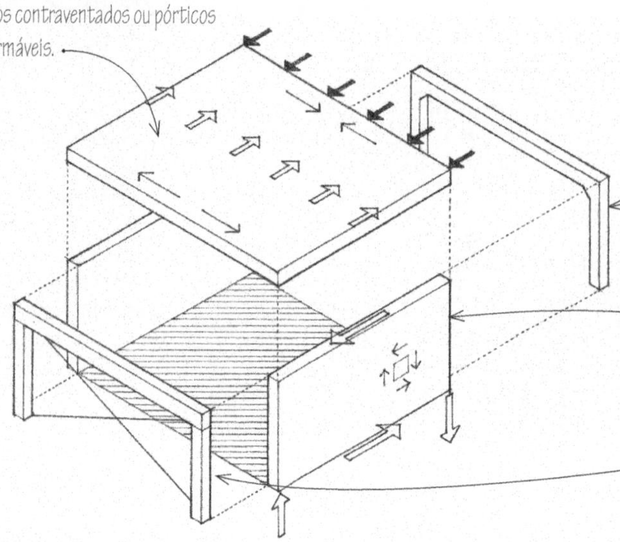

Pórtico rígido
- Uma estrutura de aço ou concreto armado com juntas indeformáveis capaz de resistir a mudanças na direção dos esforços

Parede de cisalhamento
- Uma parede de madeira, concreto ou alvenaria capaz de resistir a mudanças de forma e transferir cargas laterais às fundações

Pórtico contraventado
- Uma estrutura de madeira ou aço travada com elementos diagonais

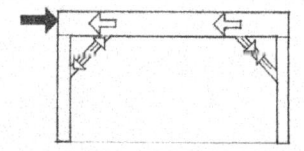

- Contraventamento com mãos francesas
- Contraventamento em K
- Contraventamento em X

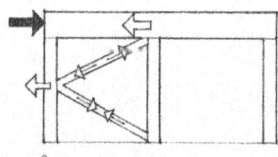

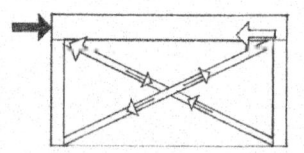

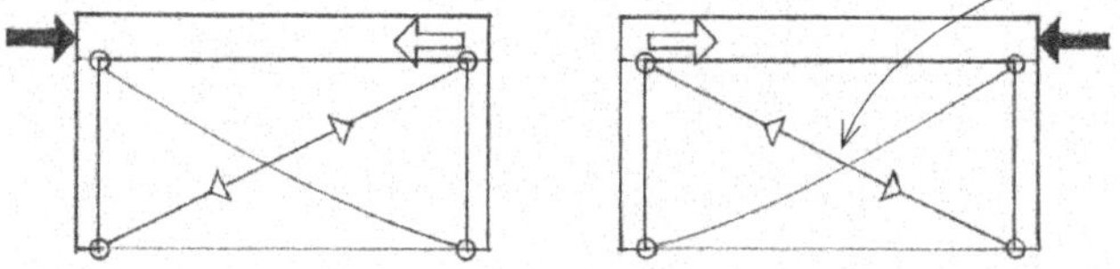

Quando utilizamos o travamento com cabos estaiados, dois cabos são necessários para estabilizar a estrutura contra as forças laterais de cada direção. Para cada direção, um cabo irá operar de forma eficaz em tração, enquanto o outro simplesmente flambaria. A utilização de um contraventamento rígido seria algo redundante, porque apenas um elemento é capaz de estabilizar a estrutura.

Qualquer um desses sistemas pode ser usado para estabilizar uma estrutura, isoladamente ou em combinação. Dos três sistemas verticais, um pórtico indeformável tende a ser o menos eficiente. Porém, os pórticos indeformáveis podem ser úteis quando pórticos contraventados diagonalmente ou paredes de cisalhamento formam barreiras indesejadas entre os espaços adjacentes.

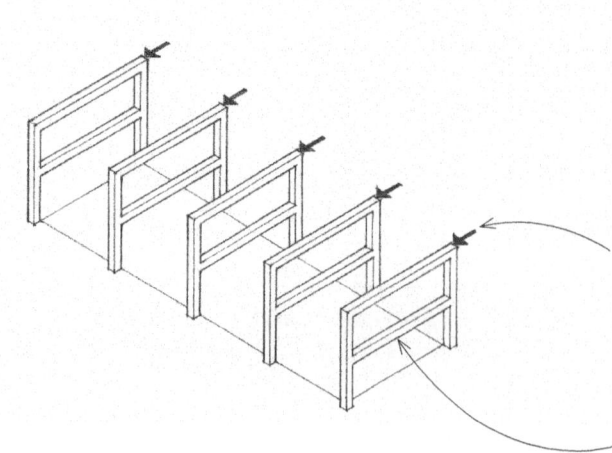

As cargas laterais tendem a ser mais críticas no lado menor de edificações retangulares, e em geral paredes de cisalhamento ou contraventamentos diagonais mais eficientes são empregadas nessa direção. No lado maior, pode ser utilizado qualquer elemento capaz de suportar as cargas laterais.

- Cavaletes são pórticos indeformáveis ou contraventados projetados para transferir esforços verticais e laterais transversais ao comprimento de uma estrutura independente.

A ESTABILIDADE LATERAL 2.23

Para evitar efeitos de torção catastróficos, as estruturas sujeitas às cargas laterais devem ser arranjadas e contraventadas simetricamente com centros de massa e resistência os mais coincidentes possível. O leiaute assimétrico de estruturas irregulares geralmente exige análise dinâmica para determinar os efeitos de torção das cargas laterais.

Estruturas irregulares são caracterizadas por várias irregularidades planas ou verticais, como o leiaute assimétrico da massa ou elementos estabilizadores laterais, um pavimento frágil, ou uma parede de cisalhamento ou um diafragma descontínuo.

- A irregularidade na resistência à torção se refere ao leiaute assimétrico de massa ou elementos estabilizadores laterais, resultantes de centros de massa e resistência não coincidentes.

- Uma quina interna é uma configuração plana de uma estrutura com projeções para além de uma quina significativamente maior que a dimensão plana em determinada direção. Uma quina interna tende a produzir movimentos diferenciais entre diferentes porções da estrutura, resultando em concentrações de esforços na quina. As soluções incluem o fornecimento de uma junta sísmica para separar a edificação em formas mais simples, amarrando a edificação mais fortemente na quina, ou chanfrando a quina.

- Juntas sísmicas separam fisicamente massas de edificações adjacentes, para que o movimento vibratório livre de cada uma possa ocorrer independentemente da outra.

- Uma parede de cisalhamento descontínua tem um grande deslocamento de plano ou uma mudança significativa na dimensão horizontal.

- O centro de resistência é o centroide dos elementos verticais de um sistema de estabilização lateral, através do qual a reação de cisalhamento às forças laterais atua.

- Um diafragma descontínuo é um diafragma horizontal com um grande recorte ou área aberta, ou uma rigidez significativamente menor que a do pavimento acima ou abaixo.

- Um pavimento frágil tem rigidez ou resistência lateral significativamente menor que a dos pavimentos acima.

CSI MasterFormat 13 48 00 Sound, Vibration, and Seismic Control

2.24 EDIFICAÇÕES ALTAS

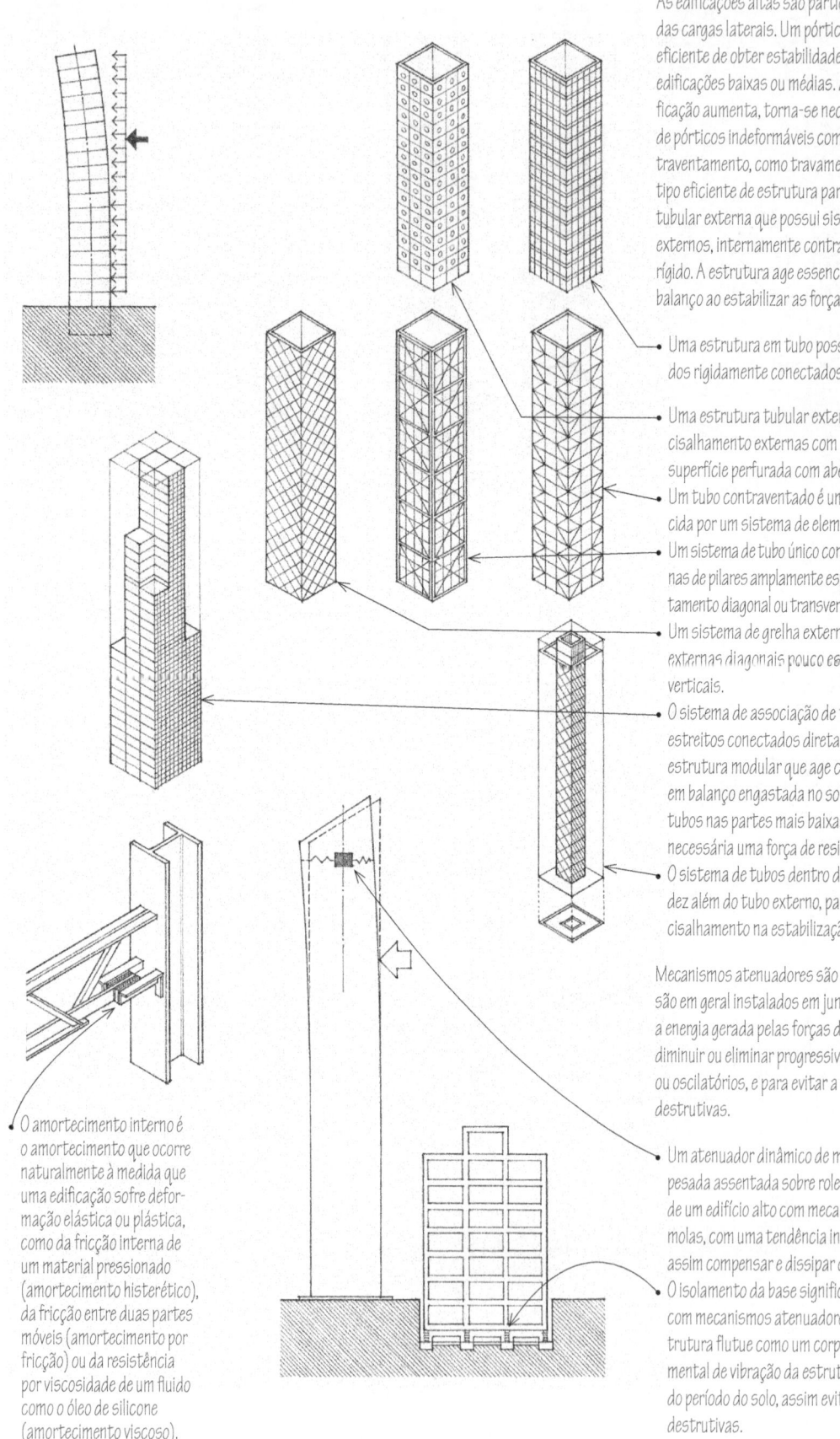

As edificações altas são particularmente suscetíveis aos efeitos das cargas laterais. Um pórtico indeformável é o meio menos eficiente de obter estabilidade lateral e é adequado apenas para edificações baixas ou médias. À medida que a altura de uma edificação aumenta, torna-se necessário suplementar um conjunto de pórticos indeformáveis com mecanismos adicionais de contraventamento, como travamentos em X ou um núcleo rígido. Um tipo eficiente de estrutura para edifícios altos é uma estrutura tubular externa que possui sistemas de estabilização lateral externos, internamente contraventados por diafragmas de piso rígido. A estrutura age essencialmente como uma viga-caixão em balanço ao estabilizar as forças laterais.

- Uma estrutura em tubo possui pilares de borda pouco espaçados rigidamente conectados por vigas de bordas altas.
- Uma estrutura tubular externa perfurada possui paredes de cisalhamento externas com menos de 30% de sua área de superfície perfurada com aberturas.
- Um tubo contraventado é uma estrutura independente enrijecida por um sistema de elementos de travamento diagonais.
- Um sistema de tubo único contraventado possui treliças externas de pilares amplamente espaçados enrijecidas por contraventamento diagonal ou transversal.
- Um sistema de grelha externa diagonal (*diagrid*) possui barras externas diagonais pouco espaçadas e não apresenta pilares verticais.
- O sistema de associação de tubos é um conjunto de tubos estreitos conectados diretamente entre si para formar uma estrutura modular que age como uma viga-caixão multicelular em balanço engastada no solo. Às vezes, são colocados mais tubos nas partes mais baixas de uma edificação alta, onde é necessária uma força de resistência lateral maior.
- O sistema de tubos dentro de tubos possui um núcleo de rigidez além do tubo externo, para aprimorar sua resistência ao cisalhamento na estabilização de cargas laterais.

Mecanismos atenuadores são componentes viscoelásticos que são em geral instalados em juntas estruturais para absorver a energia gerada pelas forças dos ventos ou sísmicas, para diminuir ou eliminar progressivamente movimentos vibratórios ou oscilatórios, e para evitar a ocorrência de ressonâncias destrutivas.

- Um atenuador dinâmico de massa sintonizado é uma massa pesada assentada sobre roletes e instalada na parte superior de um edifício alto com mecanismos de amortecimento com molas, com uma tendência inercial de permanecer em repouso e assim compensar e dissipar qualquer movimento da edificação.
- O isolamento da base significa isolar a base de uma edificação com mecanismos atenuadores para permitir que a superestrutura flutue como um corpo rígido e altere o período fundamental de vibração da estrutura para que ele seja diferente do período do solo, assim evitando que ocorram ressonâncias destrutivas.

- O amortecimento interno é o amortecimento que ocorre naturalmente à medida que uma edificação sofre deformação elástica ou plástica, como da fricção interna de um material pressionado (amortecimento histerético), da fricção entre duas partes móveis (amortecimento por fricção) ou da resistência por viscosidade de um fluido como o óleo de silicone (amortecimento viscoso).

ARCOS E ABÓBODAS 2.25

Pilares, vigas, lajes e paredes portantes são os elementos estruturais mais comuns devido à geometria retilínea das edificações que eles são capazes de gerar. Porém, há outros meios de se cobrir vãos e fechar espaços. Eles são geralmente elementos de forma ativa que, através de sua forma e geometria, fazem uso eficiente de seus materiais para os vãos vencidos. Embora estejam além do escopo deste livro, são brevemente descritos na seção seguinte.

Os arcos são elementos curvos para estruturar uma abertura, projetados para sustentar uma carga vertical principalmente através da compressão axial. Eles transformam as forças verticais de um carregamento em componentes inclinados e os transmitem às impostas nos dois lados do arco.

- Arcos de alvenaria são construídos de blocos pedra em forma de cunha ou de aduelas de tijolo; para mais informações sobre arcos de alvenaria, veja a p. 5.20.
- Arcos indeformáveis consistem em estruturas curvas e rígidas de madeira, aço ou concreto armado capazes de suportar alguns esforços de flexão.

- Para que a flexão seja eliminada de um arco, a linha de empuxo deve coincidir com o eixo do arco.

- O empuxo de um arco em seus apoios é proporcional à carga total e ao vão, e inversamente proporcional à flecha (sua altura).

As abóbodas são estruturas arqueadas de pedra, tijolo ou concreto armado que formam um teto ou cobertura sobre um salão, cômodo ou outro espaço fechado total ou parcialmente. Como uma abóbada se comporta como um arco levado a uma terceira dimensão, as paredes de apoio longitudinais devem ter contrafortes ou tirantes, para compensar o empuxo para fora resultante da ação em arco.

- Abóbodas de berço possuem seções transversais semicirculares.

- Abóbodas de arestas são abóbodas compostas, formadas pela interseção perpendicular de duas abóbodas de berço, formando quinas arqueadas diagonais chamadas arestas.

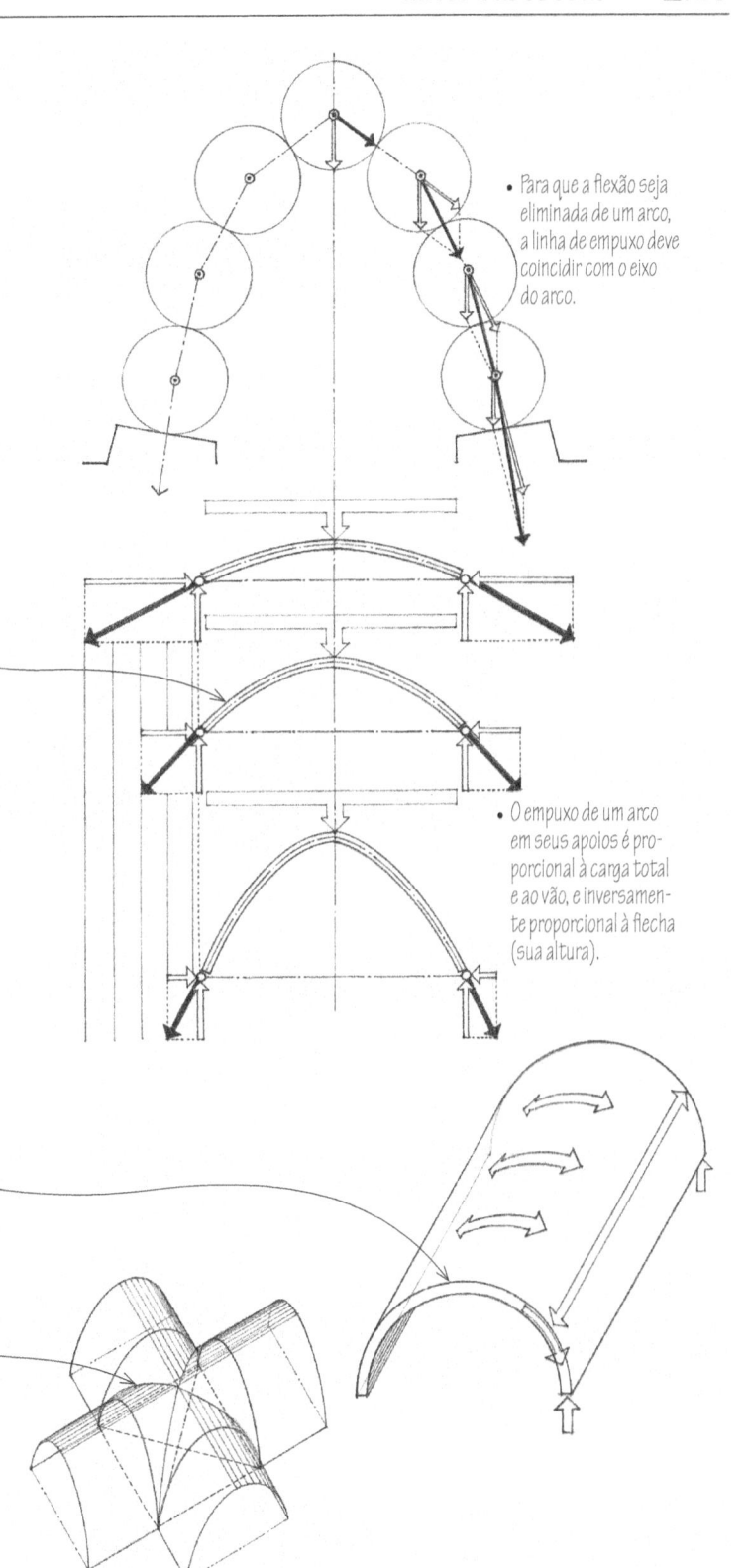

2.26 CÚPULAS

Uma cúpula é uma estrutura de superfície esférica com planta baixa circular construída por blocos sobrepostos, de um material rígido contínuo como concreto armado, ou de elementos curtos e lineares, como no caso de uma cúpula geodésica. Uma cúpula é semelhante a um arco girado, a não ser pelo fato de que as forças circunferenciais geradas são de compressão, perto da coroa, e de tração, na parte mais baixa.

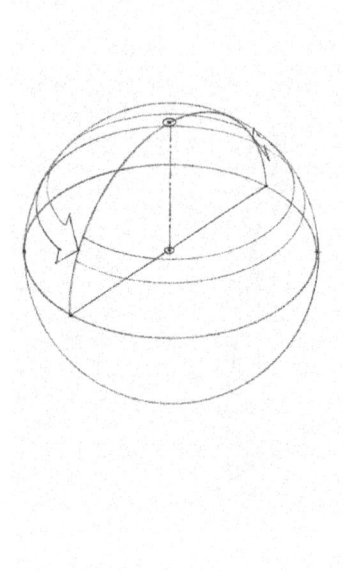

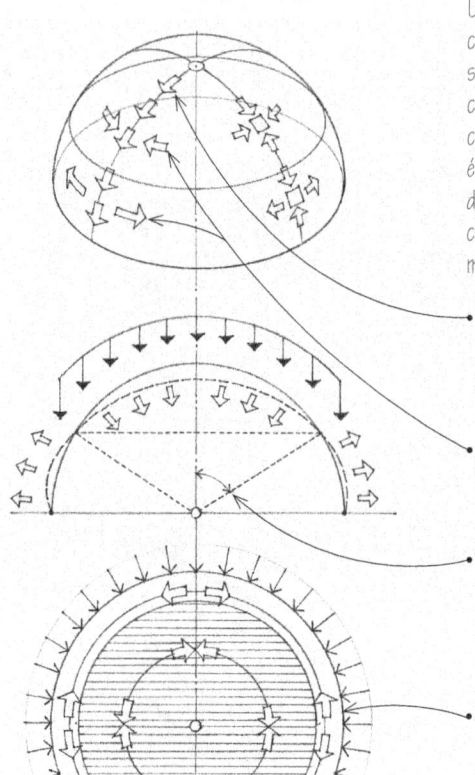

- As forças nos meridianos que atuam ao longo de uma seção vertical cortada através da superfície da cúpula são sempre de compressão, sob cargas completamente verticais.

- As tensões paralelas, restringindo o movimento para fora do plano das faixas meridionais na casca de uma cúpula, são de compressão nas zonas mais altas e de tração nas zonas mais baixas.

- A transição das tensões paralelas de compressão para as tensões paralelas de tração ocorre em um ângulo de 45° a 60° do eixo vertical.

- Um anel tracionado cerca a base de uma cúpula para compensar o empuxo para fora das forças nos meridianos. Em uma cúpula de concreto, esse anel é engrossado e armado com aço para suportar os esforços de flexão causados pelas diferentes deformações elásticas entre o anel e a casca.

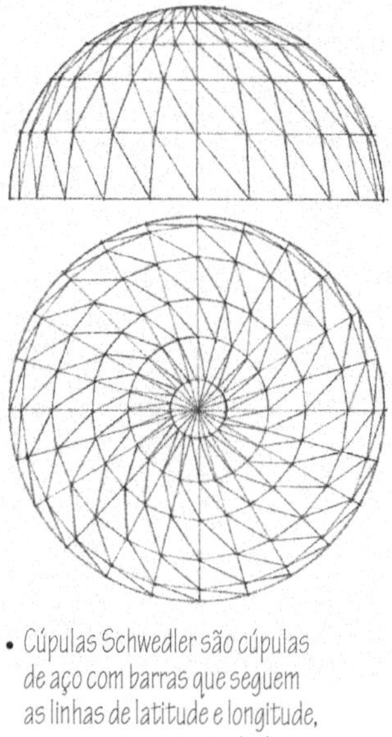

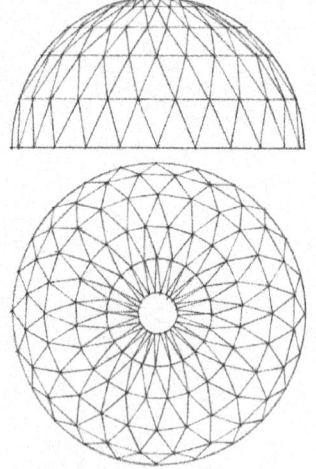

- Cúpulas Schwedler são cúpulas de aço com barras que seguem as linhas de latitude e longitude, e um terceiro conjunto de diagonais que triangulam os módulos da cúpula.

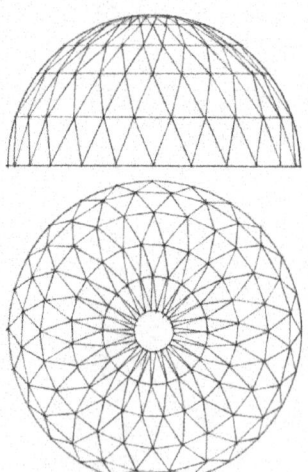

- Cúpulas treliçadas são cúpulas de aço com barras que seguem os círculos de latitude, e dois conjuntos de diagonais formando uma série de triângulos isósceles.

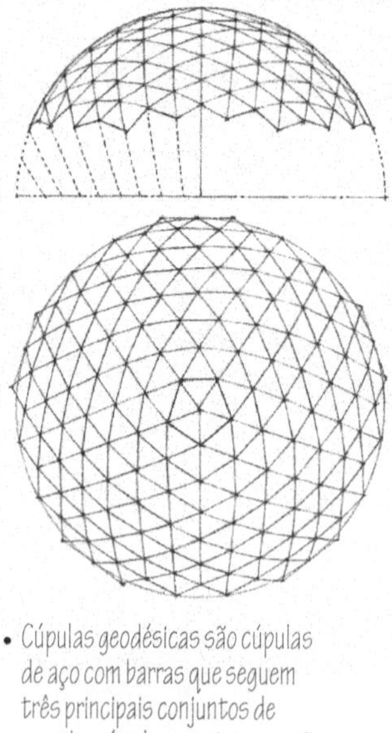

- Cúpulas geodésicas são cúpulas de aço com barras que seguem três principais conjuntos de grandes círculos com intersecção de 60°, subdividindo a superfície da cúpula em séries de triângulos equiláteros esféricos.

CSI MasterFormat 13 33 00 Geodesic Structures

CASCAS 2.27

As cascas são estruturas finas, curvas e em placas, geralmente construídas em concreto armado. Elas têm uma forma tal que lhes permite transmitir as forças aplicadas por ação de membrana — os esforços de compressão, tração e cisalhamento que agem no plano de suas superfícies. Uma casca pode sustentar forças relativamente grandes se aplicadas uniformemente. Porém, devido à sua pequena espessura, uma casca tem pouca resistência à flexão e não é adequada para cargas concentradas.

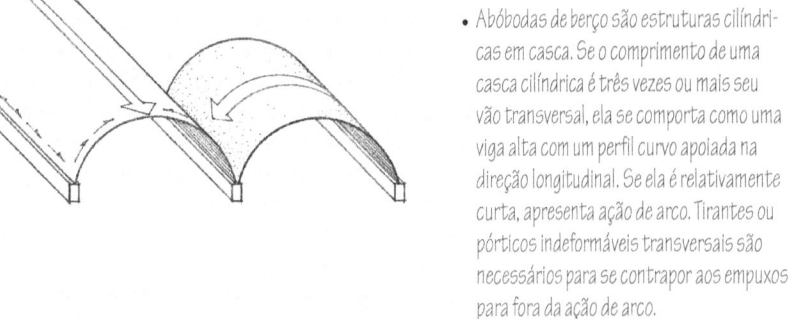

- Superfícies de translação são geradas deslocando-se uma curva plana ao longo de uma linha reta ou sobre outro plano curvo.

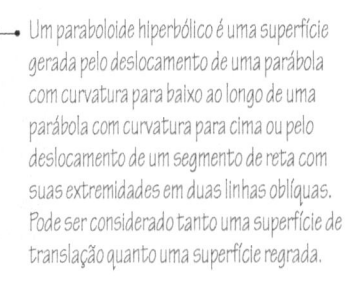

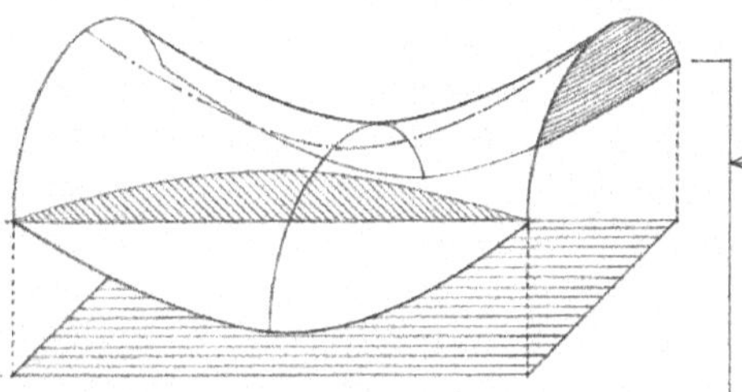

- Abóbadas de berço são estruturas cilíndricas em casca. Se o comprimento de uma casca cilíndrica é três vezes ou mais seu vão transversal, ela se comporta como uma viga alta com um perfil curvo apoiada na direção longitudinal. Se ela é relativamente curta, apresenta ação de arco. Tirantes ou pórticos indeformáveis transversais são necessários para se contrapor aos empuxos para fora da ação de arco.

- Um paraboloide hiperbólico é uma superfície gerada pelo deslocamento de uma parábola com curvatura para baixo ao longo de uma parábola com curvatura para cima ou pelo deslocamento de um segmento de reta com suas extremidades em duas linhas oblíquas. Pode ser considerado tanto uma superfície de translação quanto uma superfície regrada.

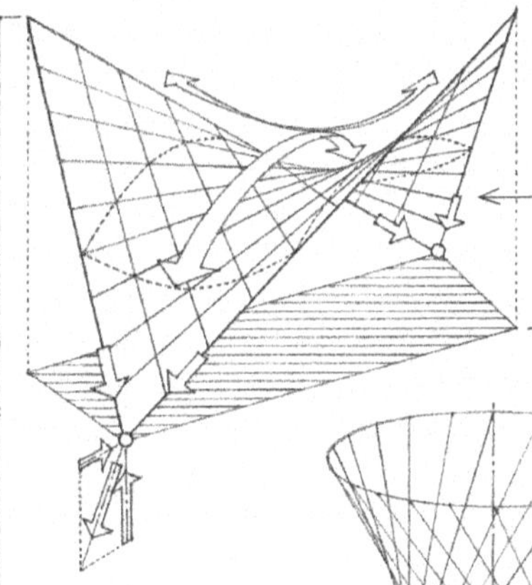

- Superfícies regradas são geradas pela movimentação de uma linha reta. Devido a sua geometria retilínea, uma superfície regrada é geralmente mais fácil de formar e construir do que uma superfície de rotação ou de translação.

- Superfícies em forma de sela possuem uma curvatura para cima em uma direção e uma curvatura para baixo na direção perpendicular. Em uma casca em forma de sela, as regiões com curvatura para baixo apresentam ação de arco, enquanto as regiões com curvatura para cima agem como cabos. Se as bordas da superfície não forem apoiadas, o comportamento de viga também pode estar presente.

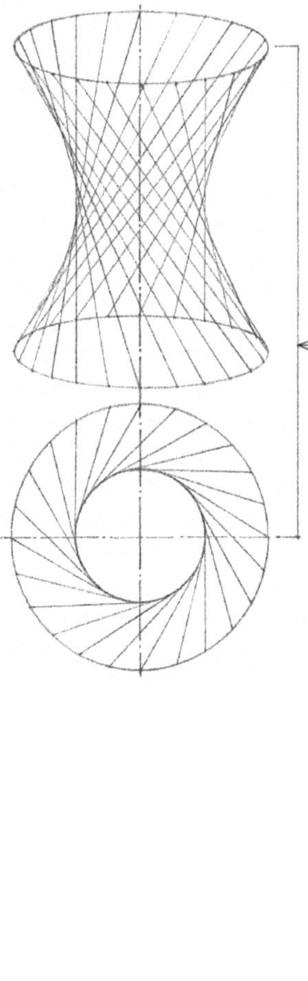

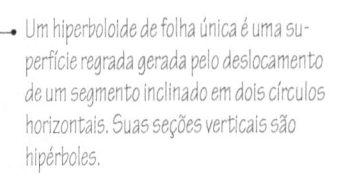

- Um hiperboloide de folha única é uma superfície regrada gerada pelo deslocamento de um segmento inclinado em dois círculos horizontais. Suas seções verticais são hipérboles.

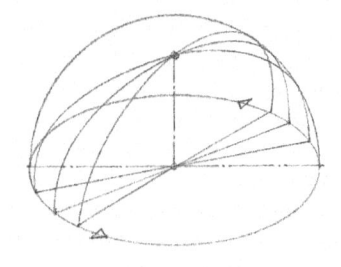

- Superfícies de rotação são geradas pela rotação de um plano curvo em relação a um eixo. Cúpulas esféricas, elípticas e parabólicas são exemplos de superfícies de rotação.

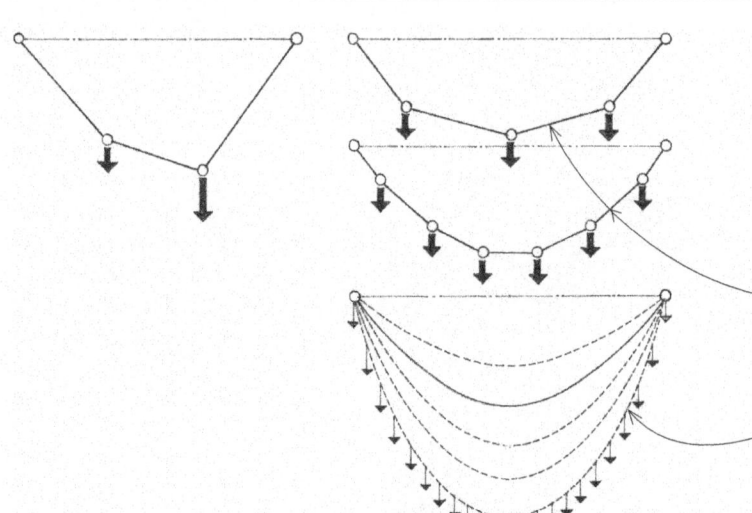

2.28 ESTRUTURAS DE CABOS ESTAIADOS

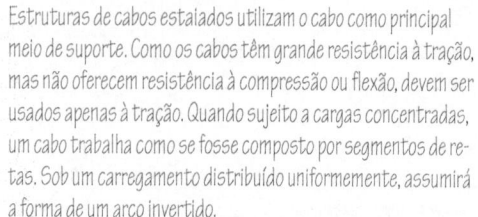

Estruturas de cabos estaiados utilizam o cabo como principal meio de suporte. Como os cabos têm grande resistência à tração, mas não oferecem resistência à compressão ou flexão, devem ser usados apenas à tração. Quando sujeito a cargas concentradas, um cabo trabalha como se fosse composto por segmentos de retas. Sob um carregamento distribuído uniformemente, assumirá a forma de um arco invertido.

- A funicular é a forma assumida por um cabo com deformação pura em resposta direta à magnitude e localização de forças externas. Um cabo sempre adapta sua forma para que esteja trabalhando a tração simples sob a ação de uma carga aplicada.

- Uma catenária é a curva assumida por um cabo perfeitamente flexível e uniforme, suspenso livremente a partir de dois pontos em linhas verticais distintas. Para uma carga uniformemente distribuída em projeção horizontal, a curva se aproxima a uma parábola.

- Cabos atirantados absorvem o componente horizontal de empuxo em uma estrutura suspensa ou estaiada e transferem os esforços às fundações.
- O mastro é um elemento comprimido vertical ou inclinado em uma estrutura suspensa ou estaiada, sustentando a soma dos componentes verticais dos esforços nos cabos principais e atirantados. A inclinação do mastro lhe permite assumir alguns dos empuxos dos cabos horizontais e reduzir os esforços aplicados aos cabos.

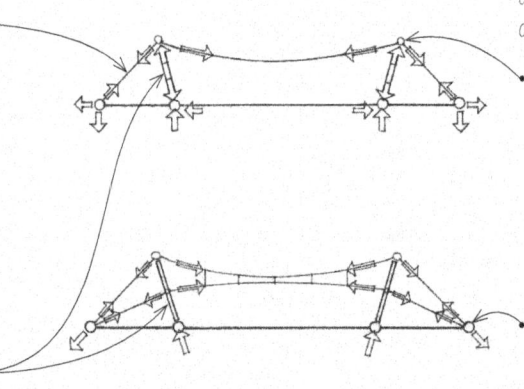

Estruturas suspensas utilizam uma rede de cabos suspensos e protendidos entre elementos comprimidos para sustentar cargas diretamente aplicadas.

- Estruturas com curvatura simples utilizam uma série paralela de cabos para sustentar vigas ou painéis de superfície. Elas são suscetíveis a oscilações induzidas pelos efeitos aerodinâmicos do vento. Essa desvantagem pode ser reduzida com o aumento da carga morta na estrutura ou com a ancoragem dos cabos principais no solo com cabos atirantados transversais.

- Estruturas com cabos duplos possuem conjuntos de cabos para cima e para baixo de diferentes curvaturas, protendidos por tirantes ou montantes, para tornar o sistema mais rígido e resistente a oscilações.

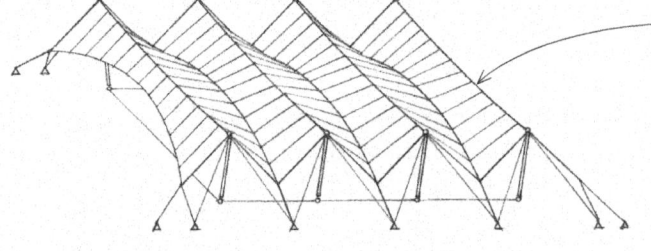

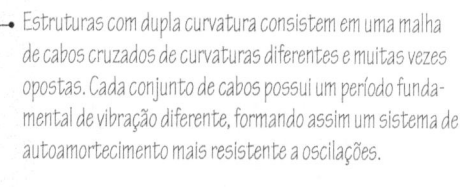

- Estruturas com dupla curvatura consistem em uma malha de cabos cruzados de curvaturas diferentes e muitas vezes opostas. Cada conjunto de cabos possui um período fundamental de vibração diferente, formando assim um sistema de autoamortecimento mais resistente a oscilações.

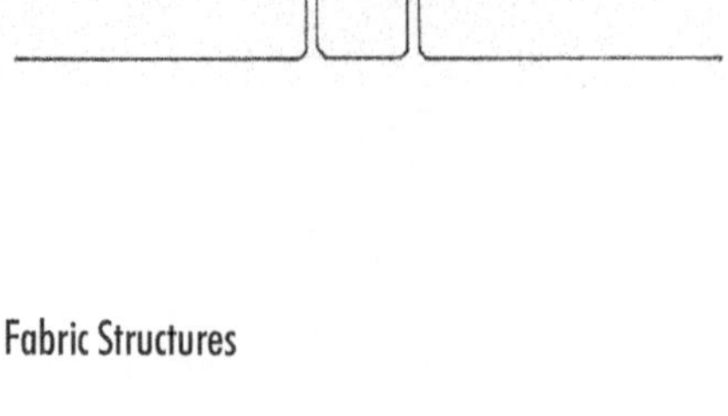

- Estruturas com cabos estaiados possuem mastros verticais ou inclinados a partir dos quais os cabos se estendem para sustentar elementos de cobertura horizontais dispostos em um padrão paralelo ou radial.

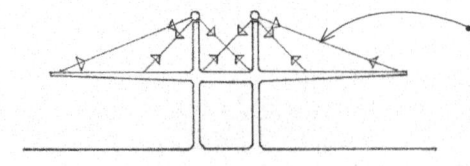

CSI MasterFormat 13 31 23 Tensioned Fabric Structures

MEMBRANAS 2.29

As membranas são superfícies finas e flexíveis que transferem esforços principalmente através do desenvolvimento de tensões de tração. Elas podem ser suspensas ou esticadas entre mastros, ou sustentadas pela pressão do ar.

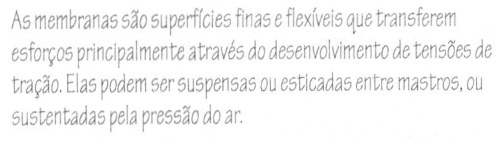

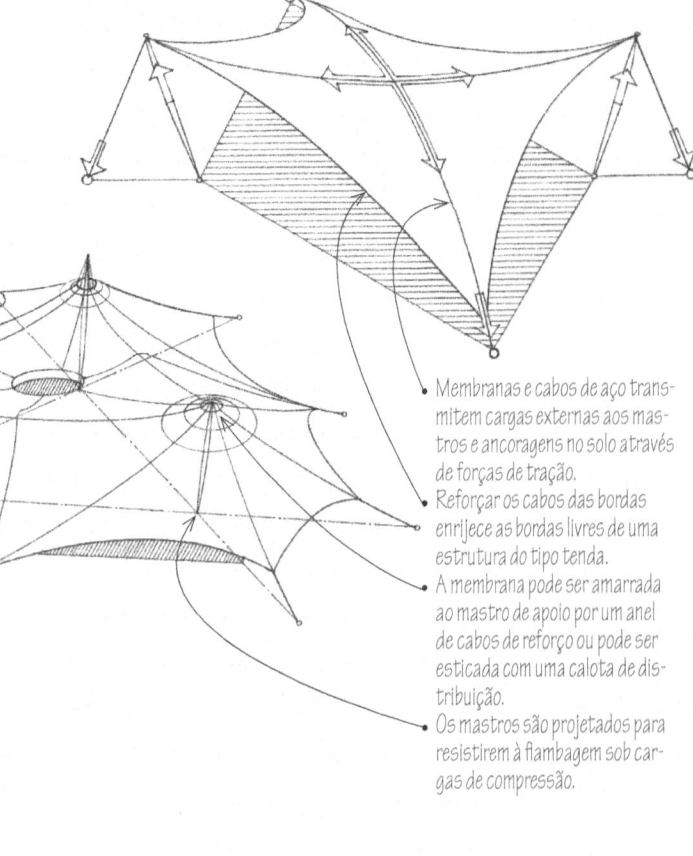

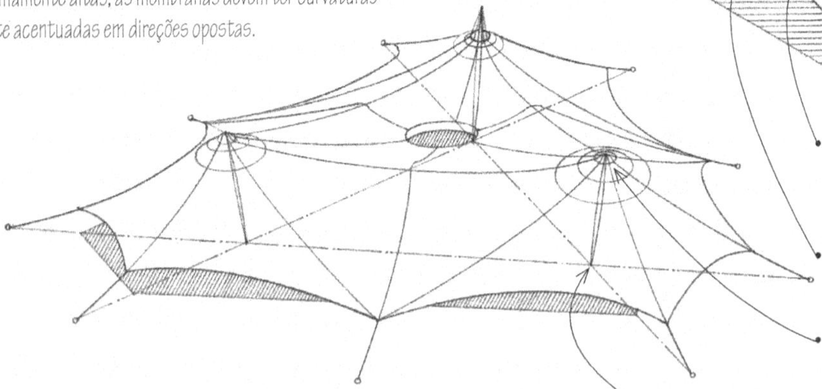

Estruturas do tipo tenda são membranas protendidas pelas forças aplicadas externamente e mantidas perfeitamente estáveis sob todas as condições de carregamento previstas. Para evitar forças de tração extremamente altas, as membranas devem ter curvaturas relativamente acentuadas em direções opostas.

Estruturas pneumáticas são membranas submetidas a tração e estabilizadas contra cargas de vento e neve pela pressão de ar comprimido. A membrana é geralmente um tecido tramado ou uma lona de fibra de vidro revestida de um material sintético como o silicone. Membranas translúcidas oferecem iluminação natural, capturam a radiação solar no inverno e resfriam o espaço interno à noite. As membranas refletivas reduzem o ganho térmico solar. Pode-se incorporar um colchão de ar para melhorar a resistência térmica da estrutura.

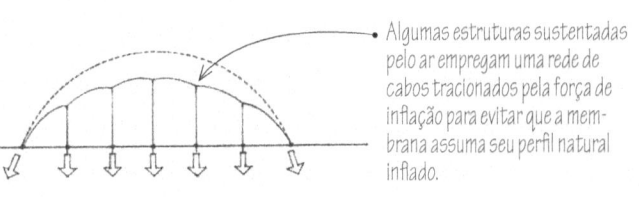

Há dois tipos de estruturas pneumáticas: estruturas sustentadas pelo ar e estruturas infladas por ar.

- As estruturas sustentadas pelo ar consistem em uma única membrana sustentada por uma pressão de ar interna levemente mais alta que a pressão atmosférica normal, e firmemente ancorada e vedada externamente para evitar vazamentos. Registros de ar são necessários nas entradas para manter a pressão de ar interna.

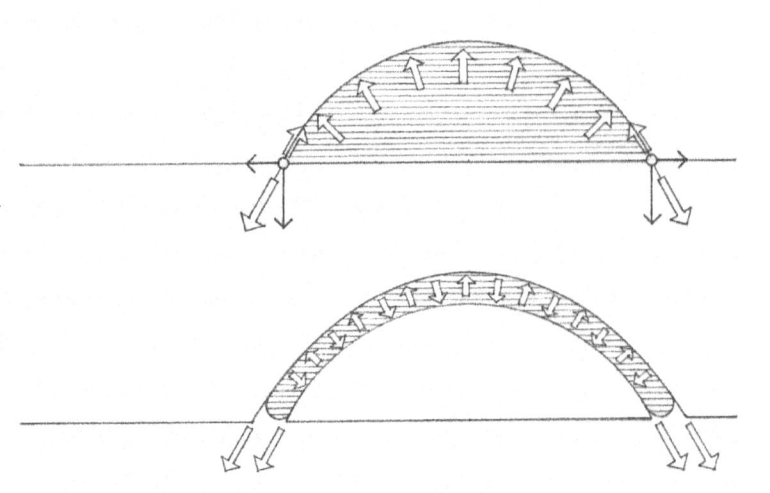

- As estruturas infladas por ar são sustentadas por ar pressurizado dentro de elementos de construção inflados. Esses elementos são configurados para transportar cargas de uma maneira tradicional, enquanto o volume fechado de ar da edificação permanece à pressão atmosférica normal. A tendência de uma estrutura de membrana dupla a abaular no meio é evitada por um anel de compressão ou por tirantes ou diafragmas internos.

- Membranas e cabos de aço transmitem cargas externas aos mastros e ancoragens no solo através de forças de tração.
- Reforçar os cabos das bordas enrijece as bordas livres de uma estrutura do tipo tenda.
- A membrana pode ser amarrada ao mastro de apoio por um anel de cabos de reforço ou pode ser esticada com uma calota de distribuição.
- Os mastros são projetados para resistirem à flambagem sob cargas de compressão.

- Algumas estruturas sustentadas pelo ar empregam uma rede de cabos tracionados pela força de inflação para evitar que a membrana assuma seu perfil natural inflado.

CSI MasterFormat 13 31 13 Air-Supported Fabric Structures

2.30 JUNTAS E CONEXÕES

Juntas de topo

Juntas de encaixe ou intertravadas

Juntas moldadas

Conector pontual: parafuso

Conector linear: solda

Conector de superfície: cola

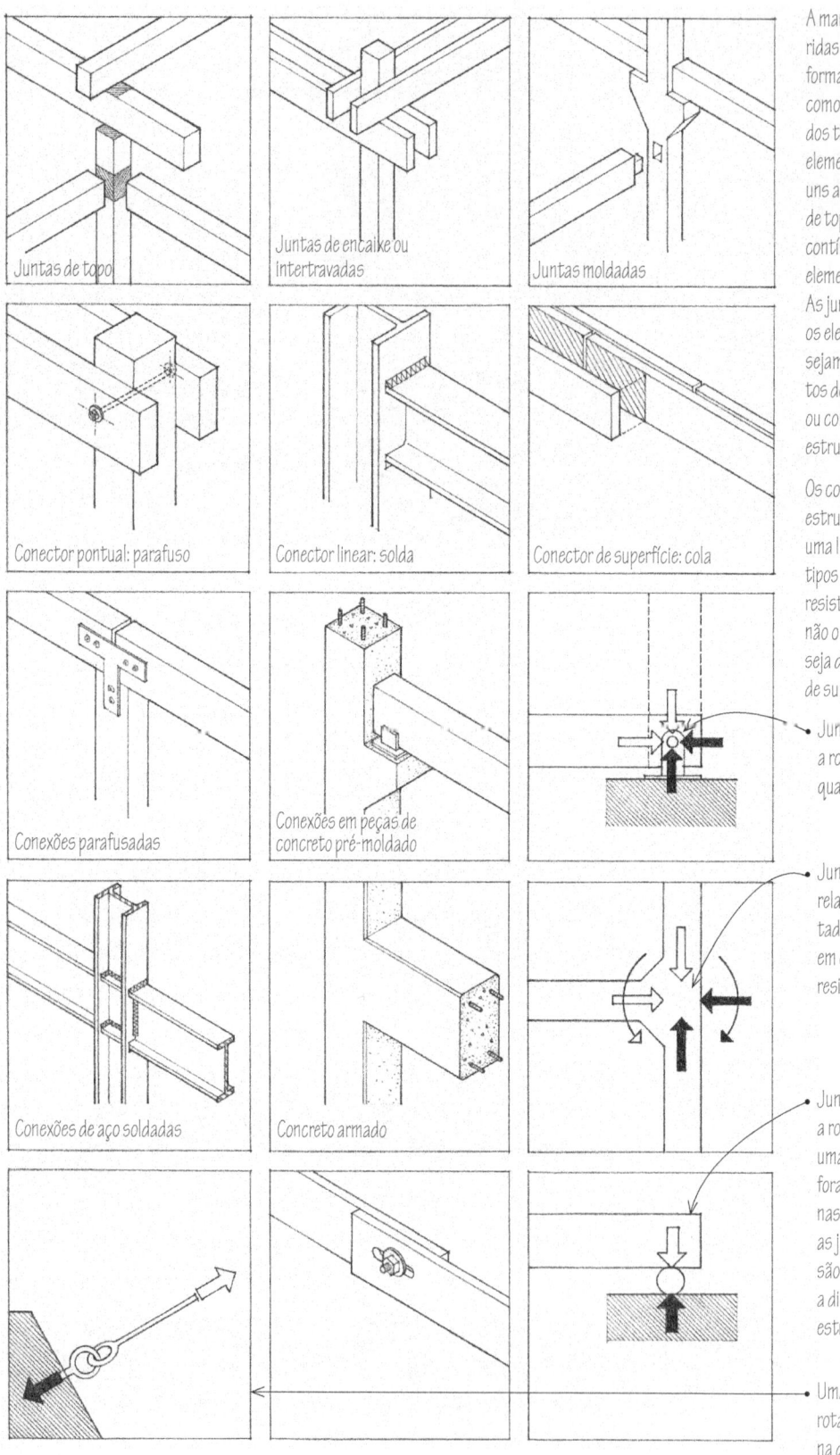

Conexões parafusadas

Conexões em peças de concreto pré-moldado

Conexões de aço soldadas

Concreto armado

A maneira pela qual as forças são transferidas de um elemento estrutural a outro e a forma como um sistema estrutural trabalha como um todo dependem em grande parte dos tipos de juntas e conexões utilizados. Os elementos estruturais podem ser conectados uns aos outros de três maneiras. As juntas de topo permitem que um dos elementos seja contínuo, e geralmente exigem um terceiro elemento intermediário para fazer a conexão. As juntas de encaixe permitem que todos os elementos conectados se ultrapassem e sejam contínuos através da junta. Os elementos de conexão também podem ser moldados ou conformados para formar uma conexão estrutural.

Os conectores usados para unir os elementos estruturais podem ter forma de um ponto, uma linha ou uma superfície. Enquanto os tipos de conectores lineares e superficiais resistem à rotação, os conectores em ponto não o fazem, a menos que uma série deles seja distribuída através de uma grande área de superfície.

- Juntas de pino teoricamente permitem a rotação, mas impedem a translação em qualquer direção.

- Juntas rígidas ou indeformáveis mantêm a relação angular entre os elementos conectados, impedem a rotação e a translação em qualquer direção, e oferecem força e resistência a momentos.

- Juntas articuladas com roletes permitem a rotação, mas resistem à translação em uma direção perpendicular para dentro ou fora de suas faces. Elas não são utilizadas nas técnicas de construção tanto quanto as juntas de pino ou as conexões fixas, mas são úteis quando uma junta deve permitir a dilatação e retração de um elemento estrutural.

- Uma ancoragem com cabos permite a rotação, mas impede a translação apenas na direção do cabo.

3
FUNDAÇÕES

- 3.2 Fundações
- 3.4 Tipos de fundações
- 3.6 O reforço de fundações
- 3.7 Sistemas de contenção de taludes
- 3.8 Fundações rasas
- 3.9 Sapatas de alicerce
- 3.10 Muros de arrimo
- 3.16 Sapatas de pilares
- 3.17 Fundações em terrenos íngremes
- 3.18 Lajes de concreto sobre o solo
- 3.22 Fundações de colunas de madeira
- 3.24 Fundações profundas
- 3.25 Estacas
- 3.26 Tubulões

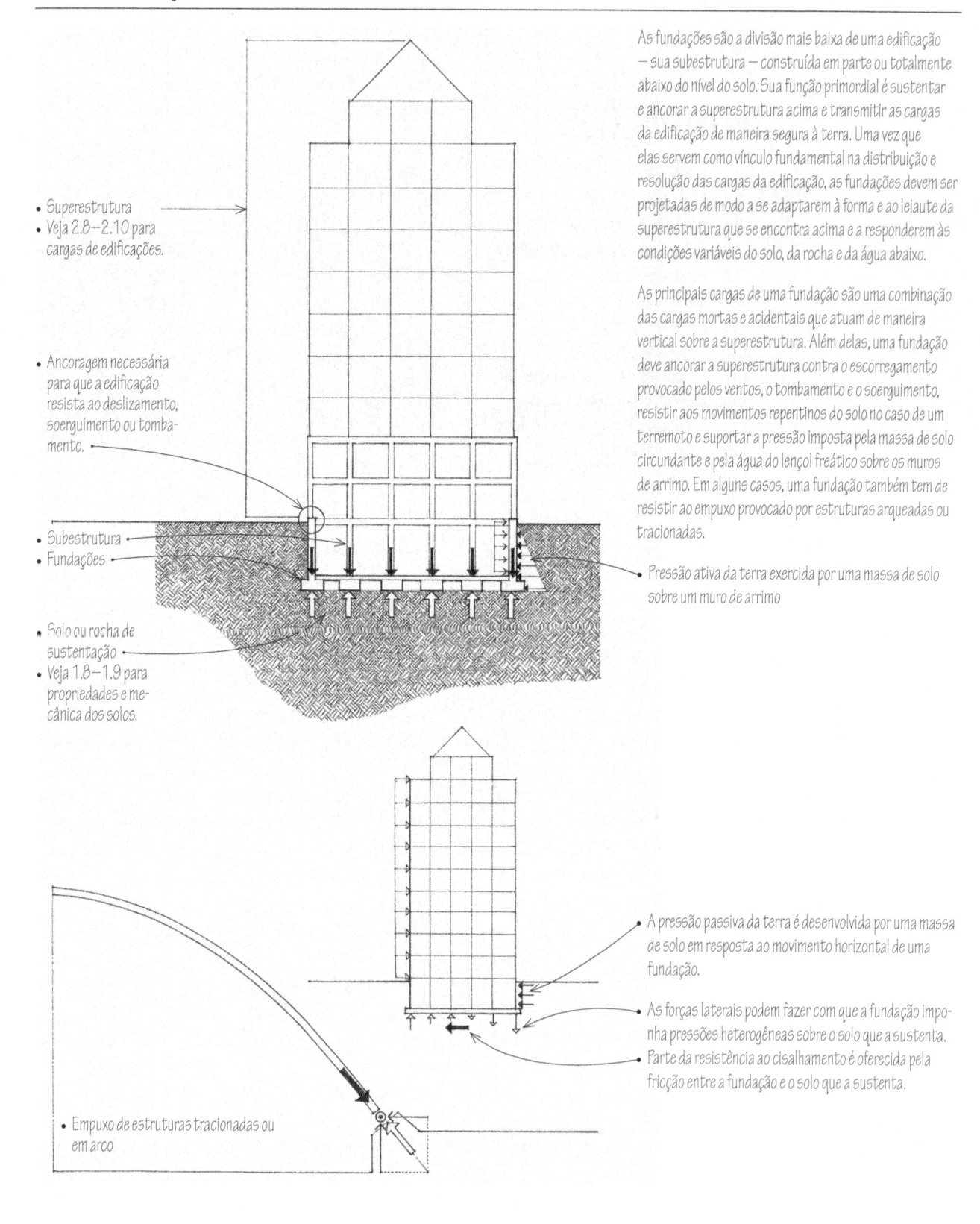

3.2 FUNDAÇÕES

As fundações são a divisão mais baixa de uma edificação — sua subestrutura — construída em parte ou totalmente abaixo do nível do solo. Sua função primordial é sustentar e ancorar a superestrutura acima e transmitir as cargas da edificação de maneira segura à terra. Uma vez que elas servem como vínculo fundamental na distribuição e resolução das cargas da edificação, as fundações devem ser projetadas de modo a se adaptarem à forma e ao leiaute da superestrutura que se encontra acima e a responderem às condições variáveis do solo, da rocha e da água abaixo.

As principais cargas de uma fundação são uma combinação das cargas mortas e acidentais que atuam de maneira vertical sobre a superestrutura. Além delas, uma fundação deve ancorar a superestrutura contra o escorregamento provocado pelos ventos, o tombamento e o soerguimento, resistir aos movimentos repentinos do solo no caso de um terremoto e suportar a pressão imposta pela massa de solo circundante e pela água do lençol freático sobre os muros de arrimo. Em alguns casos, uma fundação também tem de resistir ao empuxo provocado por estruturas arqueadas ou tracionadas.

- Superestrutura
- Veja 2.8–2.10 para cargas de edificações.

- Ancoragem necessária para que a edificação resista ao deslizamento, soerguimento ou tombamento.

- Subestrutura
- Fundações

- Solo ou rocha de sustentação
- Veja 1.8–1.9 para propriedades e mecânica dos solos.

- Pressão ativa da terra exercida por uma massa de solo sobre um muro de arrimo

- A pressão passiva da terra é desenvolvida por uma massa de solo em resposta ao movimento horizontal de uma fundação.
- As forças laterais podem fazer com que a fundação imponha pressões heterogêneas sobre o solo que a sustenta.
- Parte da resistência ao cisalhamento é oferecida pela fricção entre a fundação e o solo que a sustenta.

- Empuxo de estruturas tracionadas ou em arco

FUNDAÇÕES 3.3

Recalque é o afundamento gradual de uma estrutura à medida que o solo sob suas fundações se comprime devido ao carregamento. Quando se constrói uma edificação, deve-se esperar certo nível de recalque à medida que a carga sobre as fundações aumenta e causa uma redução do volume de vazios no solo que contêm ar ou água. Essa consolidação geralmente é muito pequena e ocorre bastante rápido quando as cargas são aplicadas em solos densos e granulares, como areia grossa ou cascalho. Quando o solo das fundações é principalmente de argila úmida e coesiva, que apresenta uma estrutura estratificada e uma incidência relativamente alta de vazios, a consolidação pode ser bastante grande e ocorrer gradualmente, durante um período de tempo mais longo.

Um sistema de fundação projetado e construído de modo adequado deve distribuir suas cargas de tal modo que qualquer recalque que venha a ocorrer seja mínimo ou uniformemente distribuído em todas as partes da edificação. Isso se consegue distribuindo-se e proporcionando-se os apoios para as fundações de maneira que eles transmitam cargas equivalentes por unidade de área do solo ou rocha de apoio, sem ultrapassar sua capacidade de carregamento.

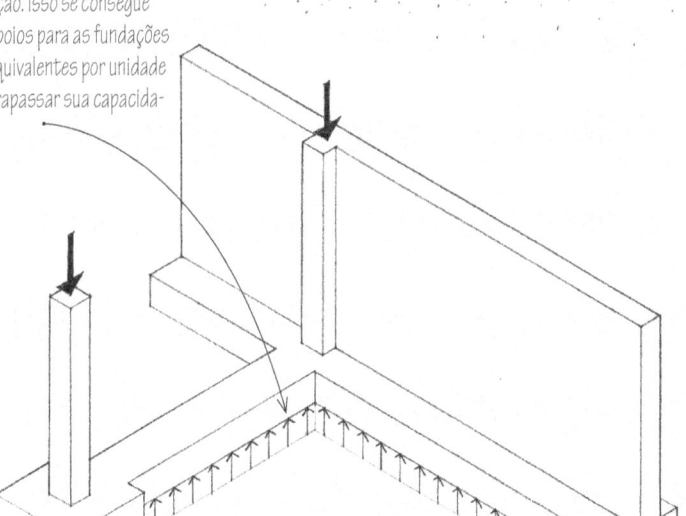

• Recalque

• Consolidação

O recalque diferencial — o movimento relativo de diferentes partes de uma estrutura causado pela consolidação do solo da fundação — pode fazer com que uma edificação fique desnivelada e que surjam fissuras em suas fundações, sua superestrutura ou seus acabamentos. Em situações extremas, o recalque diferencial pode resultar na perda da integridade estrutural de uma edificação.

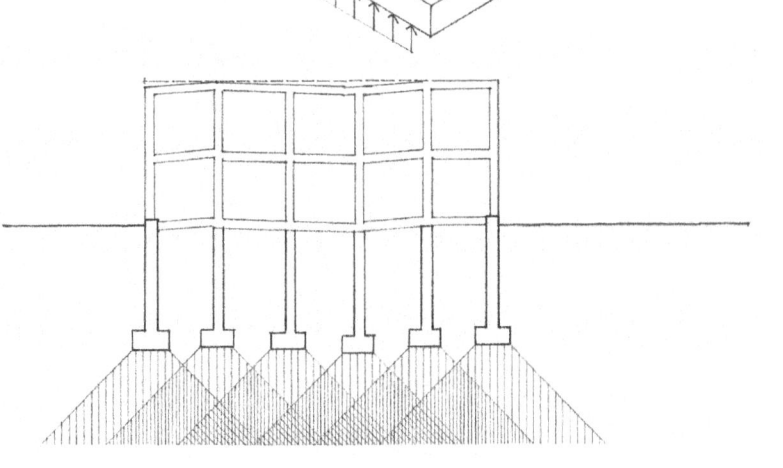

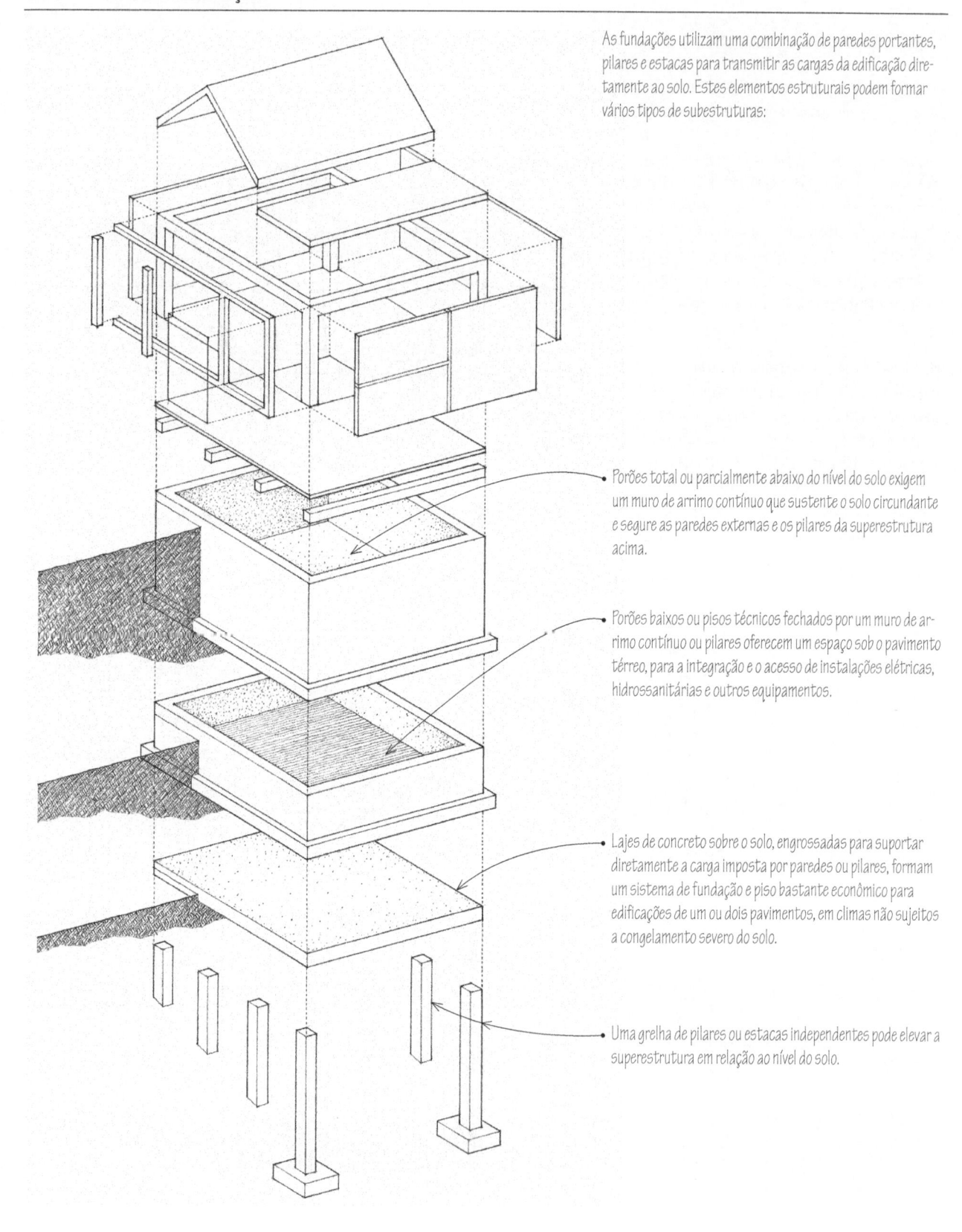

3.4 TIPOS DE FUNDAÇÕES

As fundações utilizam uma combinação de paredes portantes, pilares e estacas para transmitir as cargas da edificação diretamente ao solo. Estes elementos estruturais podem formar vários tipos de subestruturas:

• Porões total ou parcialmente abaixo do nível do solo exigem um muro de arrimo contínuo que sustente o solo circundante e segure as paredes externas e os pilares da superestrutura acima.

• Porões baixos ou pisos técnicos fechados por um muro de arrimo contínuo ou pilares oferecem um espaço sob o pavimento térreo, para a integração e o acesso de instalações elétricas, hidrossanitárias e outros equipamentos.

• Lajes de concreto sobre o solo, engrossadas para suportar diretamente a carga imposta por paredes ou pilares, formam um sistema de fundação e piso bastante econômico para edificações de um ou dois pavimentos, em climas não sujeitos a congelamento severo do solo.

• Uma grelha de pilares ou estacas independentes pode elevar a superestrutura em relação ao nível do solo.

TIPOS DE FUNDAÇÕES 3.5

Podemos classificar as fundações em duas categorias bastante amplas: fundações rasas e fundações profundas.

Fundações rasas

Fundações rasas são empregadas quando encontramos um solo estável e com capacidade de carregamento adequada relativamente perto da superfície. Elas são assentadas diretamente abaixo da parte mais baixa de uma subestrutura e transferem as cargas da edificação diretamente ao solo de sustentação através da pressão vertical.

Fundações profundas

- Fundações profundas são empregadas quando o solo sob elas é instável ou apresenta capacidade de carregamento inadequada. Elas atravessam as camadas de solo impróprias para sustentação do prédio, transferindo as cargas a um estrato adequado e mais denso de rocha ou areia e cascalho, bem abaixo da superestrutura.

Alguns fatores a considerar na seleção e projeto de um tipo de fundação para uma edificação:
- Padrão e magnitude das cargas
- Condições do solo subsuperficial e do lençol freático
- Topografia do terreno
- Impacto sobre imóveis adjacentes
- Exigências do código de edificações
- Método de construção e riscos

O projeto de um sistema de fundações exige a análise e o planejamento profissionais feitos por um engenheiro de estruturas qualificado. Ao se avaliar qualquer construção mais complexa ou maior do que uma moradia unifamiliar sobre um solo estável, recomenda-se uma investigação subsuperficial do solo levada a cabo por um engenheiro geotécnico, para determinar o tipo e o tamanho do sistema de fundação adequado para o projeto em questão.

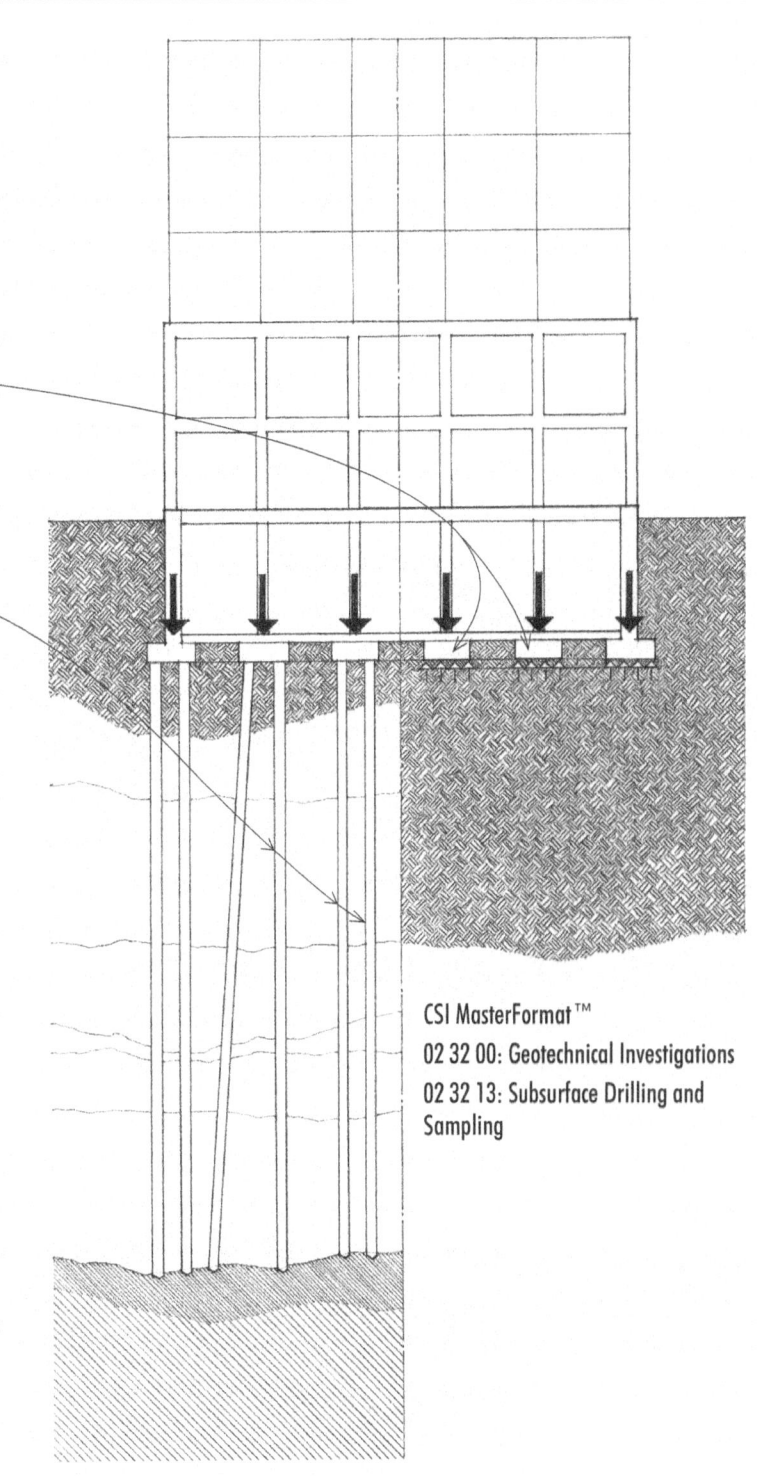

CSI MasterFormat™
02 32 00: Geotechnical Investigations
02 32 13: Subsurface Drilling and Sampling

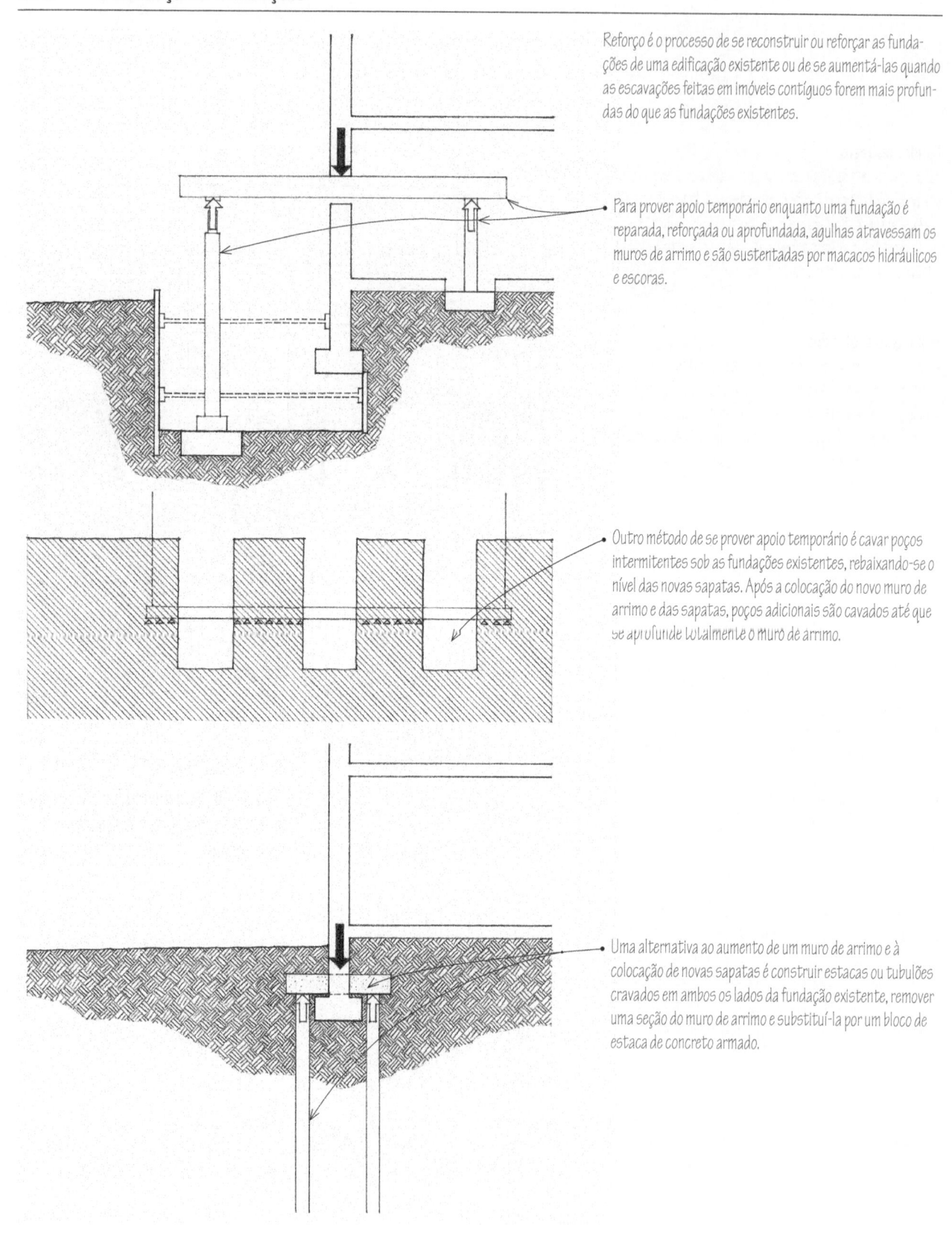

3.6 O REFORÇO DE FUNDAÇÕES

Reforço é o processo de se reconstruir ou reforçar as fundações de uma edificação existente ou de se aumentá-las quando as escavações feitas em imóveis contíguos forem mais profundas do que as fundações existentes.

Para prover apoio temporário enquanto uma fundação é reparada, reforçada ou aprofundada, agulhas atravessam os muros de arrimo e são sustentadas por macacos hidráulicos e escoras.

Outro método de se prover apoio temporário é cavar poços intermitentes sob as fundações existentes, rebaixando-se o nível das novas sapatas. Após a colocação do novo muro de arrimo e das sapatas, poços adicionais são cavados até que se aprofunde totalmente o muro de arrimo.

Uma alternativa ao aumento de um muro de arrimo e à colocação de novas sapatas é construir estacas ou tubulões cravados em ambos os lados da fundação existente, remover uma seção do muro de arrimo e substituí-la por um bloco de estaca de concreto armado.

CSI MasterFormat 31 40 00 Shoring and Underpinning

SISTEMAS DE CONTENÇÃO DE TALUDES   3.7

Quando o canteiro de obras é suficientemente grande para que as laterais de uma escavação possam ser feitas em terraços ou cortadas em ângulos inferiores ao ângulo de repouso do solo, não é necessário o emprego de uma estrutura de contenção. Quando os lados de uma escavação profunda excedem o ângulo de repouso do solo, contudo, a terra deve ser temporariamente travada ou escorada até que a construção permanente seja construída.

- Estacas-prancha consistem de painéis de madeira, aço ou concreto pré-moldado cravados verticalmente e lado a lado, contendo o solo e evitando que a água se infiltre em uma escavação. Estacas-prancha de aço ou concreto pré-moldado podem ser deixadas permanentemente, compondo parte da subestrutura de uma edificação.

- Perfis H de aço são cravados verticalmente no solo, para sustentar estacas-prancha de concreto ou aço ou pranchões de madeira.
- Pranchões horizontais são os painéis de madeira pesada intertravados que sustentam o talude de uma escavação.
- Pranchões e travessas de aço são sustentados por travessões travados por tirantes de aço horizontais ou por estacas inclinadas, as quais, por sua vez, se apoiam em ancoragens passivas ou sapatas.

- Muros ancorados amarrados a ancoragens na rocha ou solo (CSI 31 51 00) podem ser utilizados quando o emprego de tirantes transversais ou escoras inclinadas interfeririam com as escavações ou a construção. Os muros ancorados consistem de cabos de aço que são inseridos em furos preexistentes nos pranchões e levam a rochas ou estratos adequados de solo, são grauteados sob pressão para ancoragem, e pós-tracionados com um macaco hidráulico. Os tirantes são então fixados a travessões de aço contínuos e horizontais, mantendo a tração.

- Uma estaca barrete (CSI 31 56 00) é um muro de concreto moldado em uma valeta, para servir de forma e, muitas vezes, como muro de arrimo permanente. Ela é construído escavando-se uma valeta em porções verticais graduais, enchendo-a com lama betonítica e água, para evitar que as laterais desmoronem, instalando-se a armadura e vertendo-se o concreto na vala com uma tremonha para se remover a lama betonítica.

- Lençol freático preexistente

- Rebaixamento de lençol freático (CSI 31 23 19) é o processo de bombeamento da água de um aquífero ou de se evitar que uma escavação seja inundada por ele. É obtido cravando-se no solo tubos perfurados chamados de ponteiras filtrantes, para coletar a água do entorno e bombeá-la para fora.

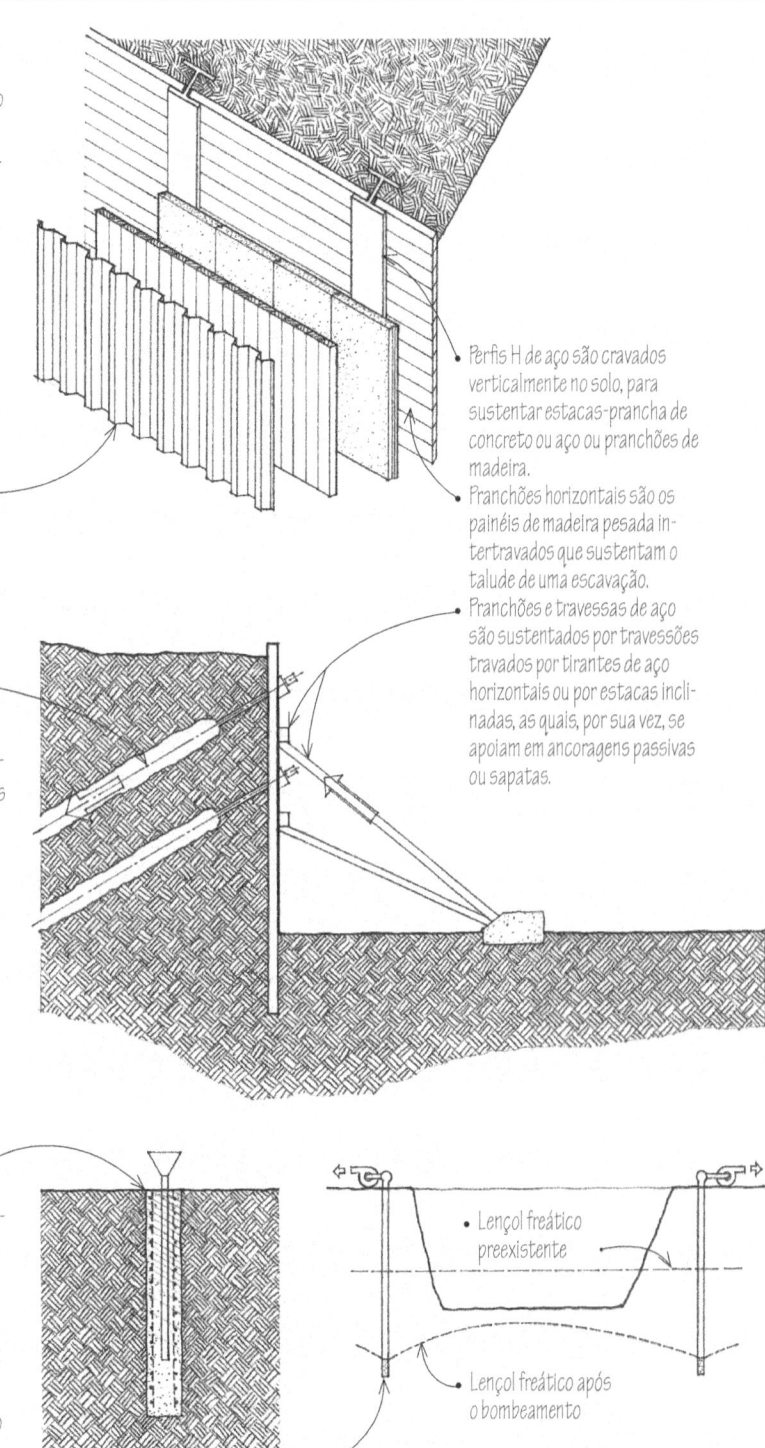

- Lençol freático após o bombeamento

CSI MasterFormat 31 50 00 Excavation Support and Protection

3.8 FUNDAÇÕES RASAS

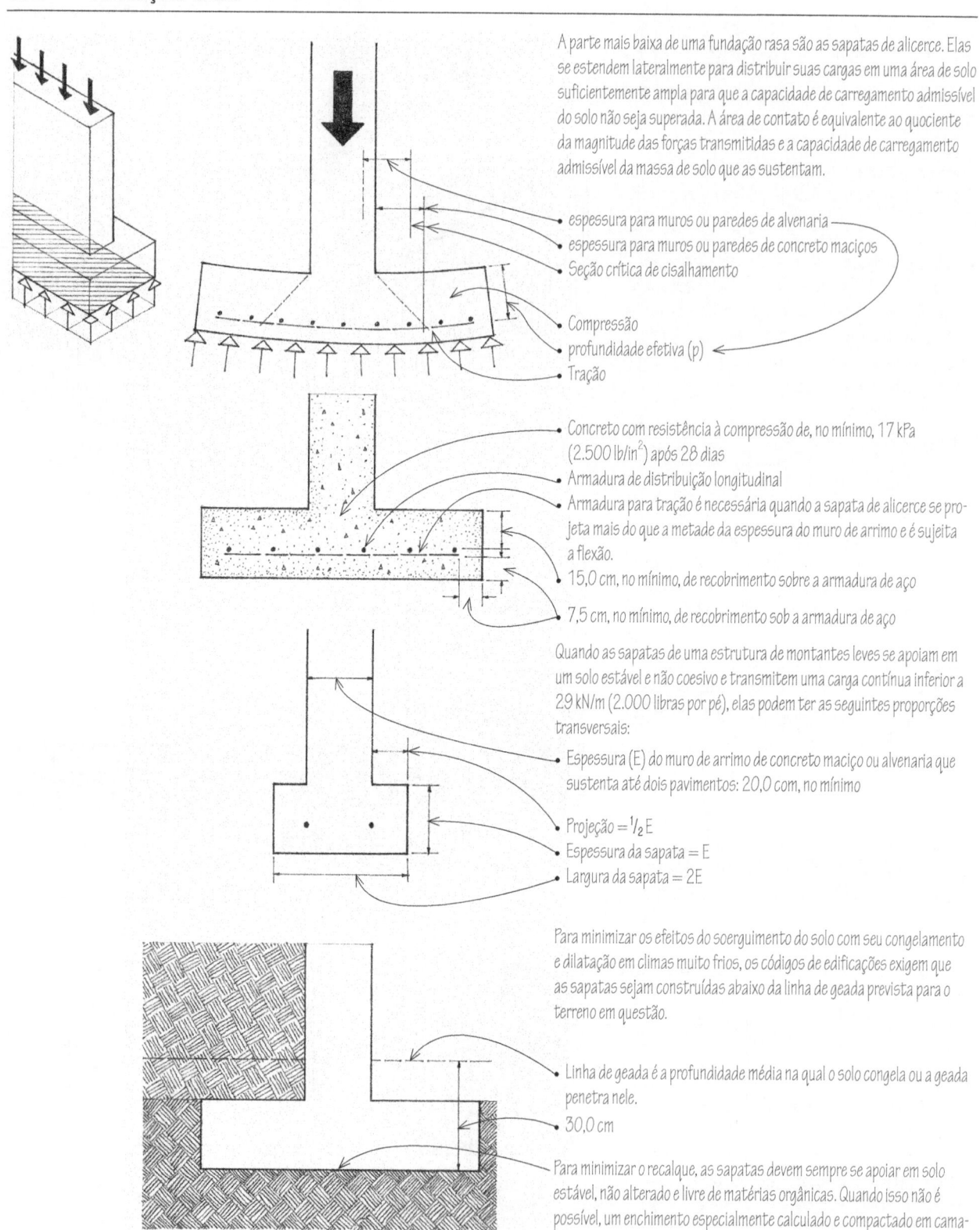

A parte mais baixa de uma fundação rasa são as sapatas de alicerce. Elas se estendem lateralmente para distribuir suas cargas em uma área de solo suficientemente ampla para que a capacidade de carregamento admissível do solo não seja superada. A área de contato é equivalente ao quociente da magnitude das forças transmitidas e a capacidade de carregamento admissível da massa de solo que as sustentam.

- espessura para muros ou paredes de alvenaria
- espessura para muros ou paredes de concreto maciços
- Seção crítica de cisalhamento
- Compressão
- profundidade efetiva (p)
- Tração

- Concreto com resistência à compressão de, no mínimo, 17 kPa (2.500 lb/in^2) após 28 dias
- Armadura de distribuição longitudinal
- Armadura para tração é necessária quando a sapata de alicerce se projeta mais do que a metade da espessura do muro de arrimo e é sujeita a flexão.
- 15,0 cm, no mínimo, de recobrimento sobre a armadura de aço
- 7,5 cm, no mínimo, de recobrimento sob a armadura de aço

Quando as sapatas de uma estrutura de montantes leves se apoiam em um solo estável e não coesivo e transmitem uma carga contínua inferior a 29 kN/m (2.000 libras por pé), elas podem ter as seguintes proporções transversais:

- Espessura (E) do muro de arrimo de concreto maciço ou alvenaria que sustenta até dois pavimentos: 20,0 com, no mínimo
- Projeção = $^1/_2$ E
- Espessura da sapata = E
- Largura da sapata = 2E

Para minimizar os efeitos do soerguimento do solo com seu congelamento e dilatação em climas muito frios, os códigos de edificações exigem que as sapatas sejam construídas abaixo da linha de geada prevista para o terreno em questão.

- Linha de geada é a profundidade média na qual o solo congela ou a geada penetra nele.
- 30,0 cm

Para minimizar o recalque, as sapatas devem sempre se apoiar em solo estável, não alterado e livre de matérias orgânicas. Quando isso não é possível, um enchimento especialmente calculado e compactado em camadas entre 20,0 e 30,0 cm pode ser empregado para criar o recobrimento necessário.

SAPATAS DE ALICERCE 3.9

Os tipos mais usuais de sapatas de alicerce são as sapatas corridas e as sapatas isoladas.

- Sapatas corridas são sapatas de alicerce contínuas sob os muros de arrimo.

Outros tipos de sapatas corridas incluem as seguintes:

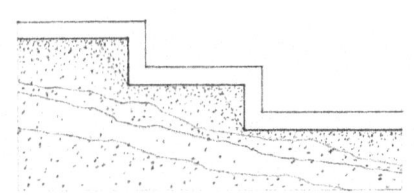

- Sapatas escalonadas são sapatas corridas que mudam de nível para se acomodar a um terreno em declive e manter a profundidade necessária para a fundação em todos os pontos em volta de uma edificação.

- Sapata em balanço ou sapata cantilever consiste de uma sapata de pilar conectada por uma viga alavanca a outra sapata, para equilibrar uma carga imposta assimétrica.

- Sapata mista é uma sapata de concreto armado para um murro de arrimo ou um pilar que avança para sustentar uma carga transferida por um pilar interno.

- Sapatas em balanço e sapatas mistas são frequentemente utilizadas quando uma fundação toca uma divisa do terreno e não é possível construir sapatas com carregamento simétrico. Para evitar a rotação ou o recalque diferencial que um carregamento assimétrico pode causar, sapatas contínuas e sapatas em balanço são proporcionadas para gerar pressões de solo uniformes.

- Radier ou fundação flutuante é uma laje de concreto armado grossa e com uma grande armadura que funciona como se fosse uma grande sapata monolítica para vários pilares ou mesmo toda a edificação. Os radiers são empregados quando a capacidade de carregamento do solo é baixa em relação às cargas impostas pela edificação e as sapatas dos pilares internos da estrutura se tornam tão grandes que é mais econômico fundi-las em uma única laje. Os radiers podem ser enrijecidos por uma grelha de nervuras, vigas ou paredes.

- Uma fundação flutuante, utilizada em solos macios, é um radier profundo o suficiente para que o peso do solo retirado seja igual ou superior ao peso da edificação que está sendo sustentada.

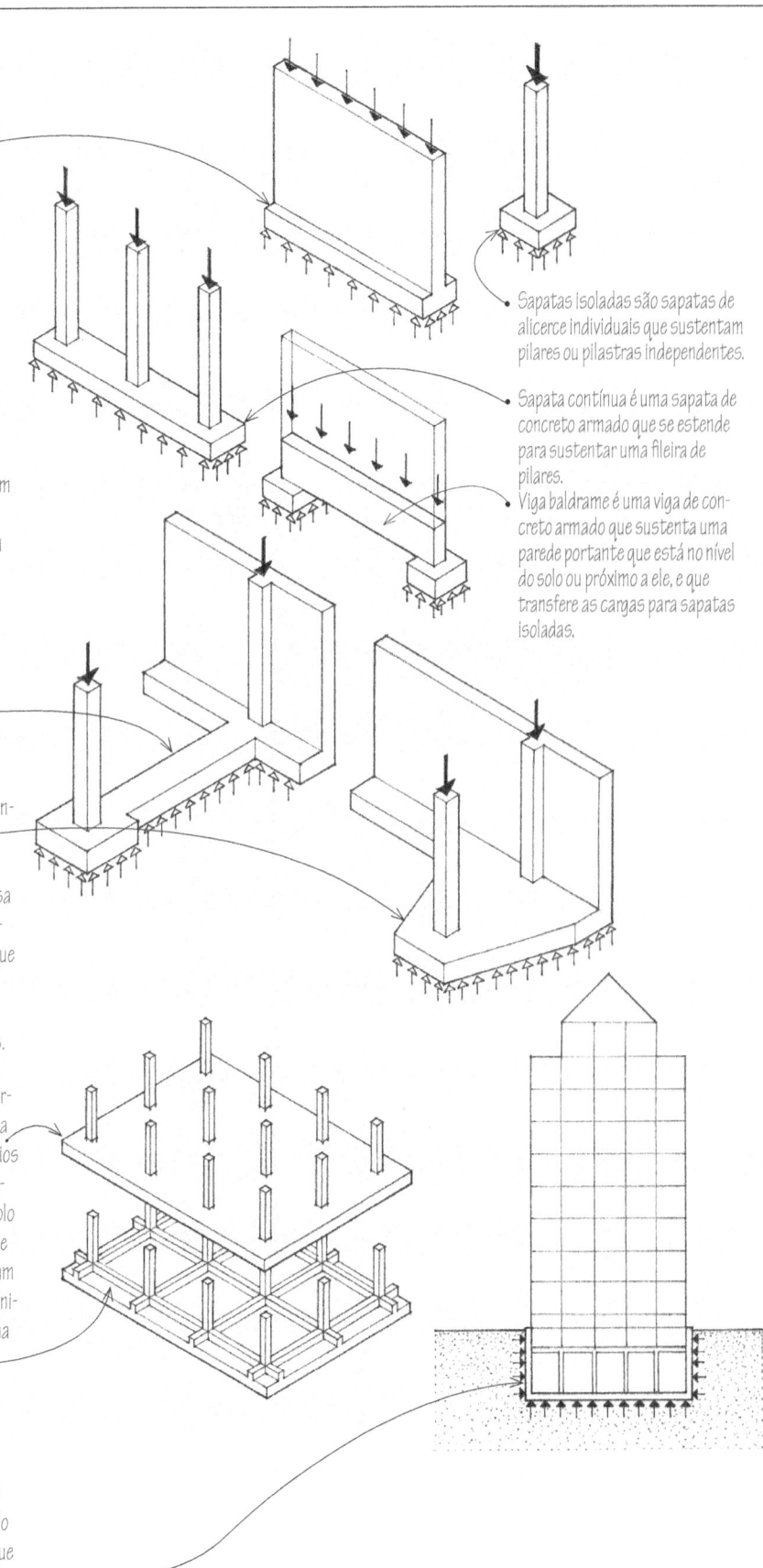

- Sapatas isoladas são sapatas de alicerce individuais que sustentam pilares ou pilastras independentes.
- Sapata contínua é uma sapata de concreto armado que se estende para sustentar uma fileira de pilares.
- Viga baldrame é uma viga de concreto armado que sustenta uma parede portante que está no nível do solo ou próximo a ele, e que transfere as cargas para sapatas isoladas.

CSI MasterFormat 03 30 00 Cast-in-Place Concrete

3.10 MUROS DE ARRIMO

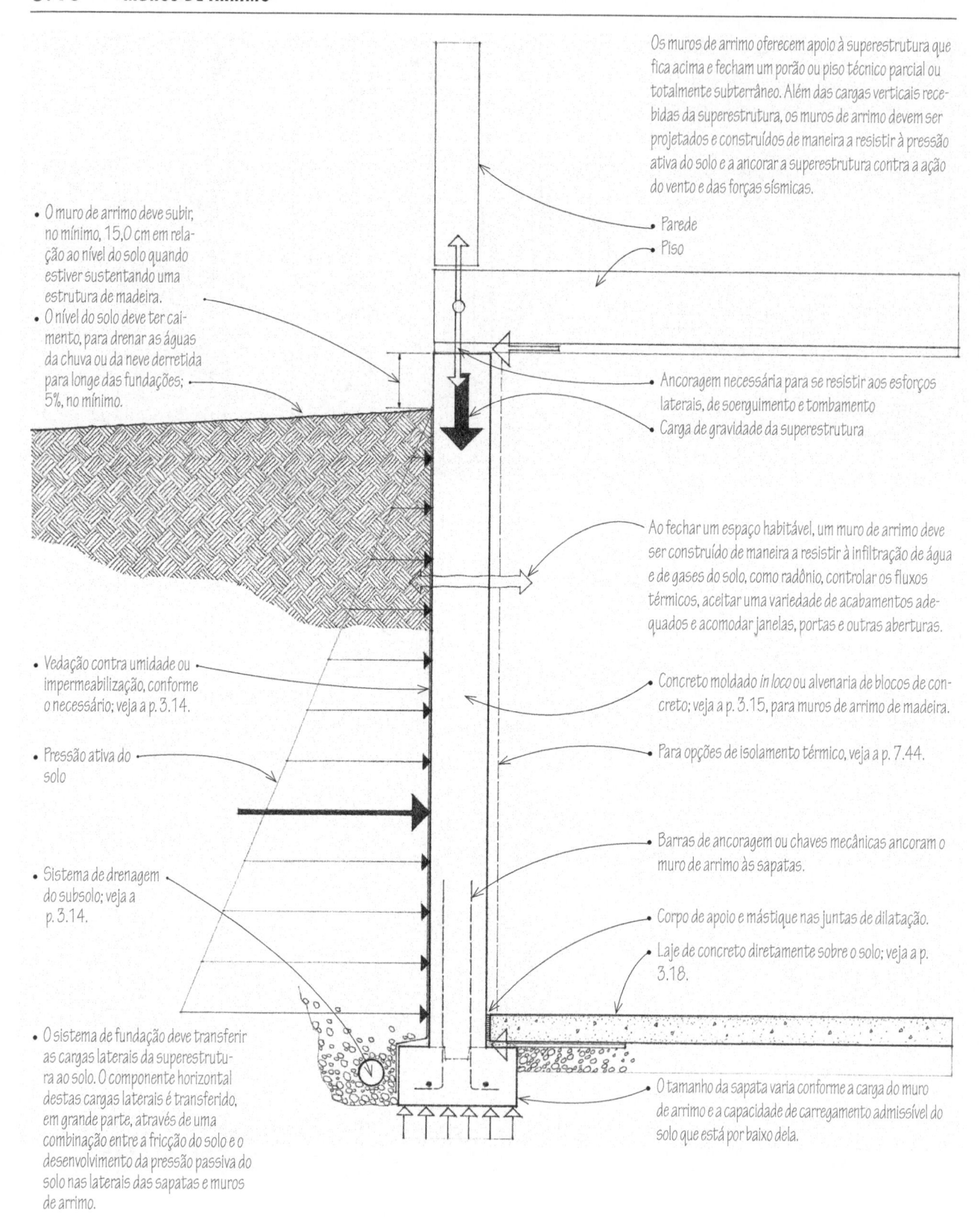

Os muros de arrimo oferecem apoio à superestrutura que fica acima e fecham um porão ou piso técnico parcial ou totalmente subterrâneo. Além das cargas verticais recebidas da superestrutura, os muros de arrimo devem ser projetados e construídos de maneira a resistir à pressão ativa do solo e a ancorar a superestrutura contra a ação do vento e das forças sísmicas.

- Parede
- Piso

- O muro de arrimo deve subir, no mínimo, 15,0 cm em relação ao nível do solo quando estiver sustentando uma estrutura de madeira.
- O nível do solo deve ter caimento, para drenar as águas da chuva ou da neve derretida para longe das fundações; 5%, no mínimo.

- Ancoragem necessária para se resistir aos esforços laterais, de soerguimento e tombamento
- Carga de gravidade da superestrutura

Ao fechar um espaço habitável, um muro de arrimo deve ser construído de maneira a resistir à infiltração de água e de gases do solo, como radônio, controlar os fluxos térmicos, aceitar uma variedade de acabamentos adequados e acomodar janelas, portas e outras aberturas.

- Vedação contra umidade ou impermeabilização, conforme o necessário; veja a p. 3.14.

- Concreto moldado *in loco* ou alvenaria de blocos de concreto; veja a p. 3.15, para muros de arrimo de madeira.

- Pressão ativa do solo

- Para opções de isolamento térmico, veja a p. 7.44.

- Barras de ancoragem ou chaves mecânicas ancoram o muro de arrimo às sapatas.

- Sistema de drenagem do subsolo; veja a p. 3.14.

- Corpo de apoio e mástique nas juntas de dilatação.
- Laje de concreto diretamente sobre o solo; veja a p. 3.18.

- O sistema de fundação deve transferir as cargas laterais da superestrutura ao solo. O componente horizontal destas cargas laterais é transferido, em grande parte, através de uma combinação entre a fricção do solo e o desenvolvimento da pressão passiva do solo nas laterais das sapatas e muros de arrimo.

- O tamanho da sapata varia conforme a carga do muro de arrimo e a capacidade de carregamento admissível do solo que está por baixo dela.

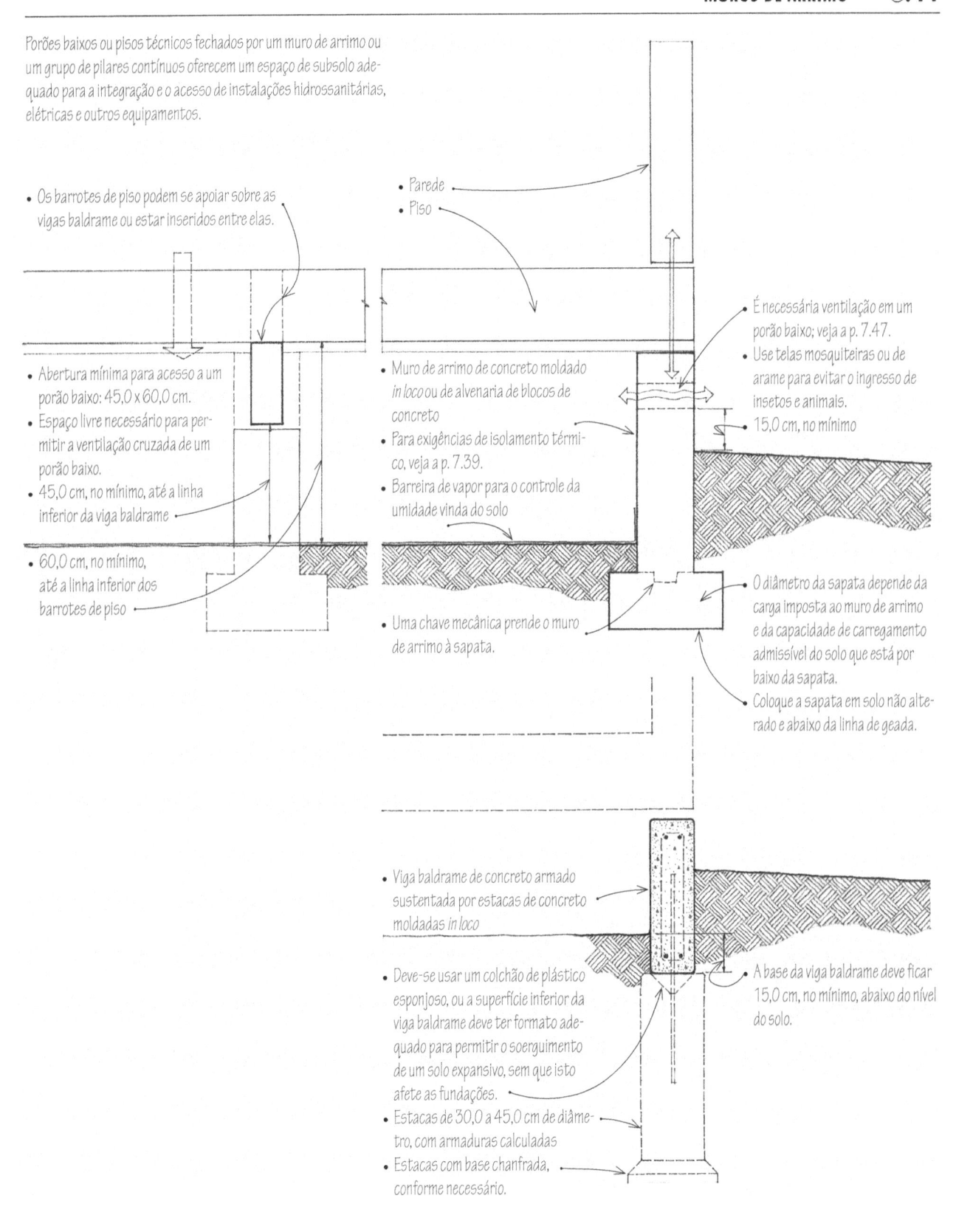

MUROS DE ARRIMO 3.11

Porões baixos ou pisos técnicos fechados por um muro de arrimo ou um grupo de pilares contínuos oferecem um espaço de subsolo adequado para a integração e o acesso de instalações hidrossanitárias, elétricas e outros equipamentos.

- Os barrotes de piso podem se apoiar sobre as vigas baldrame ou estar inseridos entre elas.

- Abertura mínima para acesso a um porão baixo: 45,0 x 60,0 cm.
- Espaço livre necessário para permitir a ventilação cruzada de um porão baixo.
- 45,0 cm, no mínimo, até a linha inferior da viga baldrame
- 60,0 cm, no mínimo, até a linha inferior dos barrotes de piso

- Parede
- Piso

- Muro de arrimo de concreto moldado *in loco* ou de alvenaria de blocos de concreto
- Para exigências de isolamento térmico, veja a p. 7.39.
- Barreira de vapor para o controle da umidade vinda do solo

- Uma chave mecânica prende o muro de arrimo à sapata.

- É necessária ventilação em um porão baixo; veja a p. 7.47.
- Use telas mosquiteiras ou de arame para evitar o ingresso de insetos e animais.
- 15,0 cm, no mínimo

- O diâmetro da sapata depende da carga imposta ao muro de arrimo e da capacidade de carregamento admissível do solo que está por baixo da sapata.
- Coloque a sapata em solo não alterado e abaixo da linha de geada.

- Viga baldrame de concreto armado sustentada por estacas de concreto moldadas *in loco*

- Deve-se usar um colchão de plástico esponjoso, ou a superfície inferior da viga baldrame deve ter formato adequado para permitir o soerguimento de um solo expansivo, sem que isto afete as fundações.
- Estacas de 30,0 a 45,0 cm de diâmetro, com armaduras calculadas
- Estacas com base chanfrada, conforme necessário.

- A base da viga baldrame deve ficar 15,0 cm, no mínimo, abaixo do nível do solo.

3.12 MUROS DE ARRIMO

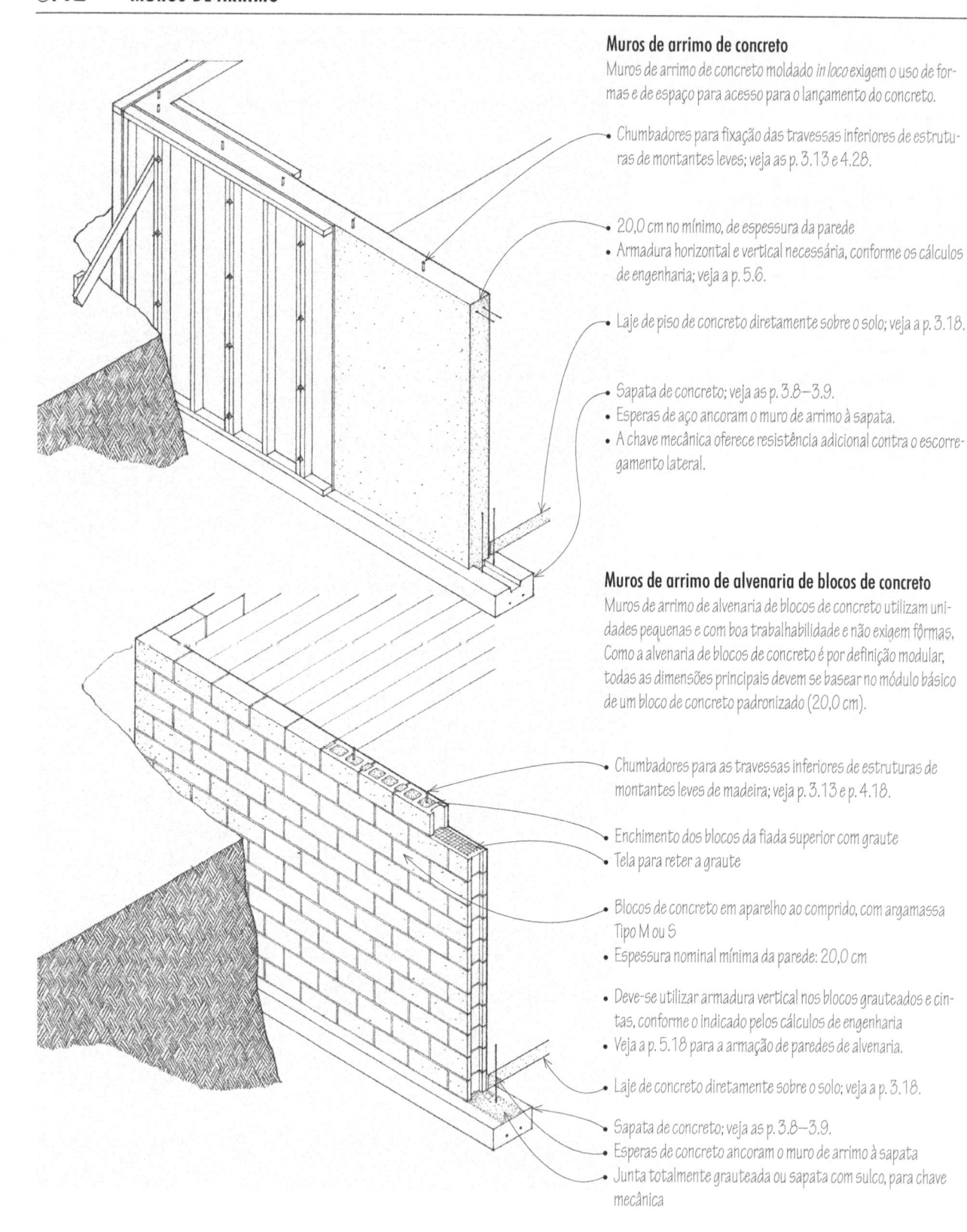

Muros de arrimo de concreto
Muros de arrimo de concreto moldado *in loco* exigem o uso de formas e de espaço para acesso para o lançamento do concreto.

- Chumbadores para fixação das travessas inferiores de estruturas de montantes leves; veja as p. 3.13 e 4.28.

- 20,0 cm no mínimo, de espessura da parede
- Armadura horizontal e vertical necessária, conforme os cálculos de engenharia; veja a p. 5.6.

- Laje de piso de concreto diretamente sobre o solo; veja a p. 3.18.

- Sapata de concreto; veja as p. 3.8–3.9.
- Esperas de aço ancoram o muro de arrimo à sapata.
- A chave mecânica oferece resistência adicional contra o escorregamento lateral.

Muros de arrimo de alvenaria de blocos de concreto
Muros de arrimo de alvenaria de blocos de concreto utilizam unidades pequenas e com boa trabalhabilidade e não exigem fôrmas. Como a alvenaria de blocos de concreto é por definição modular, todas as dimensões principais devem se basear no módulo básico de um bloco de concreto padronizado (20,0 cm).

- Chumbadores para as travessas inferiores de estruturas de montantes leves de madeira; veja p. 3.13 e p. 4.18.

- Enchimento dos blocos da fiada superior com graute
- Tela para reter a graute

- Blocos de concreto em aparelho ao comprido, com argamassa Tipo M ou S
- Espessura nominal mínima da parede: 20,0 cm

- Deve-se utilizar armadura vertical nos blocos grauteados e cintas, conforme o indicado pelos cálculos de engenharia
- Veja a p. 5.18 para a armação de paredes de alvenaria.

- Laje de concreto diretamente sobre o solo; veja a p. 3.18.

- Sapata de concreto; veja as p. 3.8–3.9.
- Esperas de concreto ancoram o muro de arrimo à sapata
- Junta totalmente grauteada ou sapata com sulco, para chave mecânica

CSI MasterFormat 03 30 00 Cast-in-Place Concrete
CSI MasterFormat 03 20 00 Unit Masonry

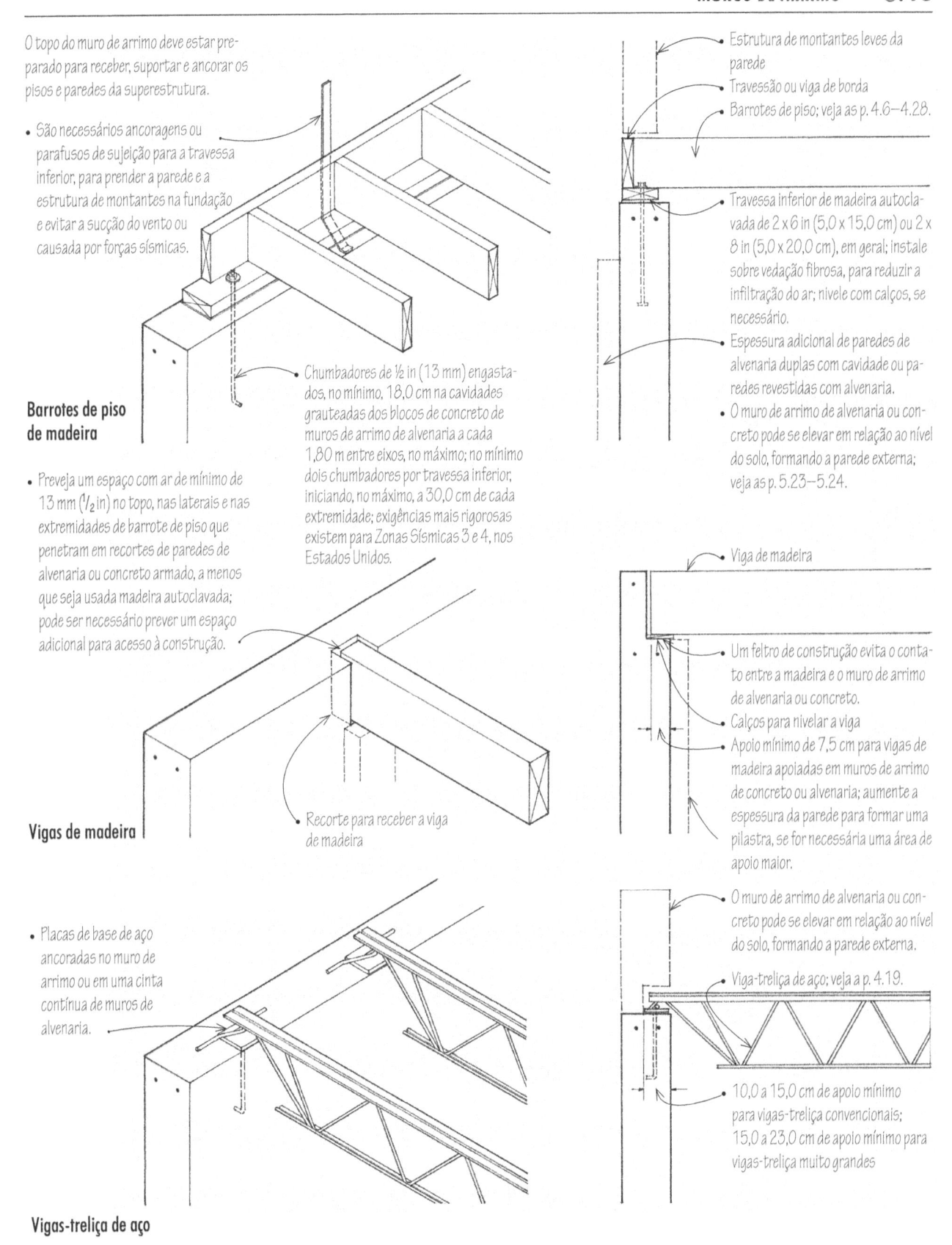

MUROS DE ARRIMO 3.13

O topo do muro de arrimo deve estar preparado para receber, suportar e ancorar os pisos e paredes da superestrutura.

- São necessários ancoragens ou parafusos de sujeição para a travessa inferior, para prender a parede e a estrutura de montantes na fundação e evitar a sucção do vento ou causada por forças sísmicas.

- Estrutura de montantes leves da parede
- Travessão ou viga de borda
- Barrotes de piso; veja as p. 4.6–4.28.
- Travessa inferior de madeira autoclavada de 2 x 6 in (5,0 x 15,0 cm) ou 2 x 8 in (5,0 x 20,0 cm), em geral; instale sobre vedação fibrosa, para reduzir a infiltração do ar; nivele com calços, se necessário.
- Espessura adicional de paredes de alvenaria duplas com cavidade ou paredes revestidas com alvenaria.
- O muro de arrimo de alvenaria ou concreto pode se elevar em relação ao nível do solo, formando a parede externa; veja as p. 5.23–5.24.

Barrotes de piso de madeira

- Preveja um espaço com ar de mínimo de 13 mm (½ in) no topo, nas laterais e nas extremidades de barrote de piso que penetram em recortes de paredes de alvenaria ou concreto armado, a menos que seja usada madeira autoclavada; pode ser necessário prever um espaço adicional para acesso à construção.

- Chumbadores de ½ in (13 mm) engastados, no mínimo, 18,0 cm na cavidades grauteadas dos blocos de concreto de muros de arrimo de alvenaria a cada 1,80 m entre eixos, no máximo; no mínimo dois chumbadores por travessa inferior, iniciando, no máximo, a 30,0 cm de cada extremidade; exigências mais rigorosas existem para Zonas Sísmicas 3 e 4, nos Estados Unidos.

- Viga de madeira
- Um feltro de construção evita o contato entre a madeira e o muro de arrimo de alvenaria ou concreto.
- Calços para nivelar a viga
- Apoio mínimo de 7,5 cm para vigas de madeira apoiadas em muros de arrimo de concreto ou alvenaria; aumente a espessura da parede para formar uma pilastra, se for necessária uma área de apoio maior.

Vigas de madeira

- Recorte para receber a viga de madeira

- O muro de arrimo de alvenaria ou concreto pode se elevar em relação ao nível do solo, formando a parede externa.
- Viga-treliça de aço; veja a p. 4.19.
- 10,0 a 15,0 cm de apoio mínimo para vigas-treliça convencionais; 15,0 a 23,0 cm de apoio mínimo para vigas-treliça muito grandes

- Placas de base de aço ancoradas no muro de arrimo ou em uma cinta contínua de muros de alvenaria.

Vigas-treliça de aço

3.14 MUROS DE ARRIMO

Aplica-se um sistema de drenagem em um muro de arrimo quando as condições do subsolo indicam que não haverá a presença de pressão hidrostática exercida pelo lençol freático. Quando sujeitos à pressão hidrostática do lençol freático, os muros de arrimo deverão ser impermeabilizados. Alguns códigos de edificações exigem que todos os muros de arrimo que fecham um espaço habitável abaixo do nível do solo sejam impermeabilizados.

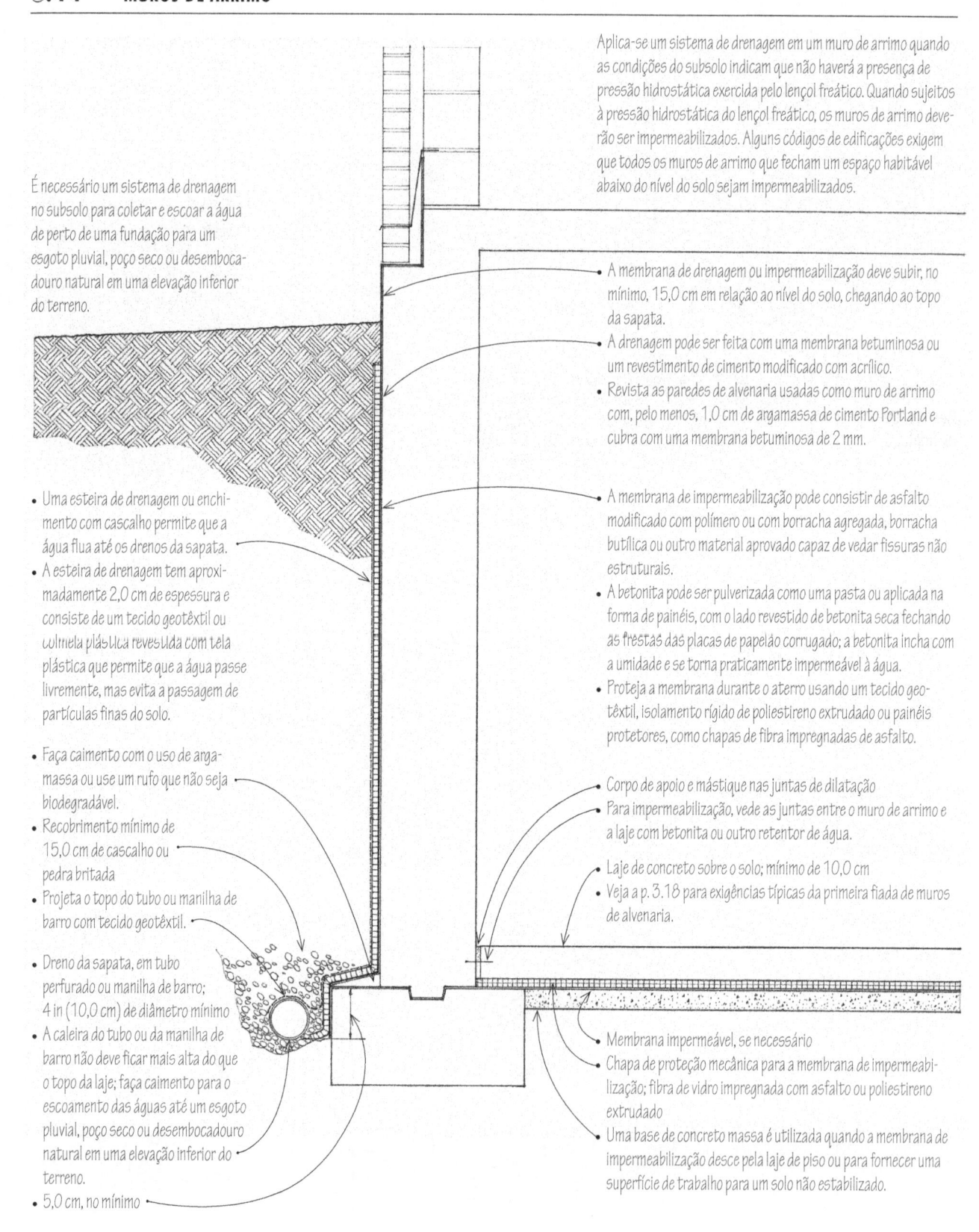

É necessário um sistema de drenagem no subsolo para coletar e escoar a água de perto de uma fundação para um esgoto pluvial, poço seco ou desembocadouro natural em uma elevação inferior do terreno.

- A membrana de drenagem ou impermeabilização deve subir, no mínimo, 15,0 cm em relação ao nível do solo, chegando ao topo da sapata.
- A drenagem pode ser feita com uma membrana betuminosa ou um revestimento de cimento modificado com acrílico.
- Revista as paredes de alvenaria usadas como muro de arrimo com, pelo menos, 1,0 cm de argamassa de cimento Portland e cubra com uma membrana betuminosa de 2 mm.
- A membrana de impermeabilização pode consistir de asfalto modificado com polímero ou com borracha agregada, borracha butílica ou outro material aprovado capaz de vedar fissuras não estruturais.
- A betonita pode ser pulverizada como uma pasta ou aplicada na forma de painéis, com o lado revestido de betonita seca fechando as frestas das placas de papelão corrugado; a betonita incha com a umidade e se torna praticamente impermeável à água.
- Proteja a membrana durante o aterro usando um tecido geotêxtil, isolamento rígido de poliestireno extrudado ou painéis protetores, como chapas de fibra impregnadas de asfalto.

- Uma esteira de drenagem ou enchimento com cascalho permite que a água flua até os drenos da sapata.
- A esteira de drenagem tem aproximadamente 2,0 cm de espessura e consiste de um tecido geotêxtil ou colmeia plástica revestida com tela plástica que permite que a água passe livremente, mas evita a passagem de partículas finas do solo.

- Faça caimento com o uso de argamassa ou use um rufo que não seja biodegradável.
- Recobrimento mínimo de 15,0 cm de cascalho ou pedra britada
- Projeta o topo do tubo ou manilha de barro com tecido geotêxtil.
- Dreno da sapata, em tubo perfurado ou manilha de barro; 4 in (10,0 cm) de diâmetro mínimo
- A caleira do tubo ou da manilha de barro não deve ficar mais alta do que o topo da laje; faça caimento para o escoamento das águas até um esgoto pluvial, poço seco ou desembocadouro natural em uma elevação inferior do terreno.
- 5,0 cm, no mínimo

- Corpo de apoio e mástique nas juntas de dilatação
- Para impermeabilização, vede as juntas entre o muro de arrimo e a laje com betonita ou outro retentor de água.
- Laje de concreto sobre o solo; mínimo de 10,0 cm
- Veja a p. 3.18 para exigências típicas da primeira fiada de muros de alvenaria.

- Membrana impermeável, se necessário
- Chapa de proteção mecânica para a membrana de impermeabilização; fibra de vidro impregnada com asfalto ou poliestireno extrudado
- Uma base de concreto massa é utilizada quando a membrana de impermeabilização desce pela laje de piso ou para fornecer uma superfície de trabalho para um solo não estabilizado.

CSI MasterFormat 07 10 00 Dampproofing & Waterproofing
CSI MasterFormat 33 46 13 Foundation Drainage

MUROS DE ARRIMO 3.15

Fundações de madeira tratada podem ser empregadas tanto na construção de subsolos como de pisos técnicos subterrâneos (porões baixos). As paredes podem ser feitas *in loco* ou pré-fabricadas, o que reduz o tempo de execução. Toda peça de madeira ou compensado utilizado em uma fundação deve ser autoclavada com preservativo aprovado para o contato com o solo; todos os cortes feitos em obra devem ser tratados com o mesmo preservativo. Os conectores devem ser de aço inoxidável ou aço galvanizado a fogo.

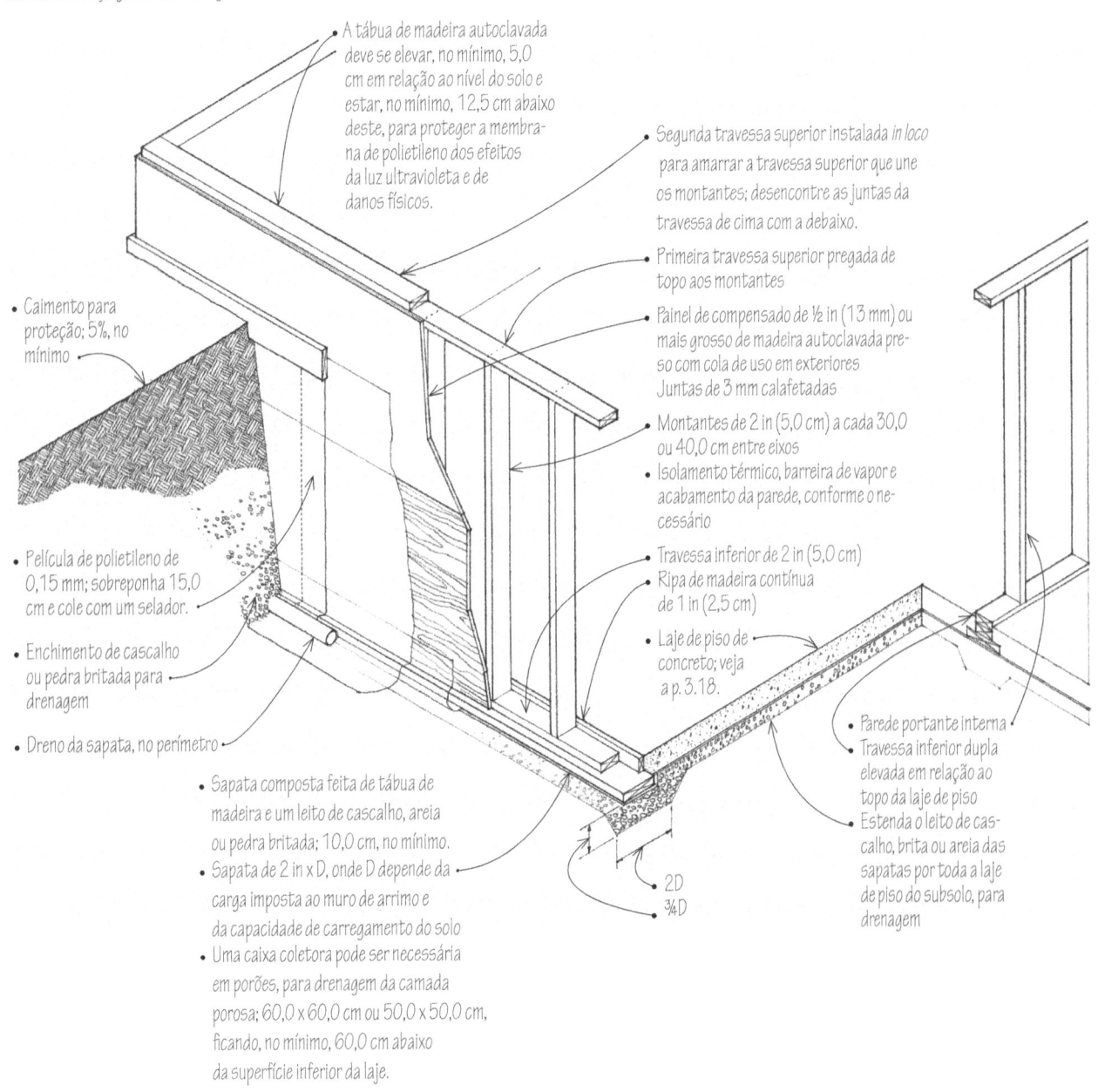

- A tábua de madeira autoclavada deve se elevar, no mínimo, 5,0 cm em relação ao nível do solo e estar, no mínimo, 12,5 cm abaixo deste, para proteger a membrana de polietileno dos efeitos da luz ultravioleta e de danos físicos.

- Segunda travessa superior instalada *in loco* para amarrar a travessa superior que une os montantes; desencontre as juntas da travessa de cima com a debaixo.

- Primeira travessa superior pregada de topo aos montantes

- Painel de compensado de ½ in (13 mm) ou mais grosso de madeira autoclavada preso com cola de uso em exteriores Juntas de 3 mm calafetadas

- Caimento para proteção; 5%, no mínimo

- Montantes de 2 in (5,0 cm) a cada 30,0 ou 40,0 cm entre eixos
- Isolamento térmico, barreira de vapor e acabamento da parede, conforme o necessário

- Película de polietileno de 0,15 mm; sobreponha 15,0 cm e cole com um selador.

- Travessa inferior de 2 in (5,0 cm)
- Ripa de madeira contínua de 1 in (2,5 cm)
- Laje de piso de concreto; veja a p. 3.18.

- Enchimento de cascalho ou pedra britada para drenagem

- Dreno da sapata, no perímetro

- Parede portante interna
- Travessa inferior dupla elevada em relação ao topo da laje de piso
- Estenda o leito de cascalho, brita ou areia das sapatas por toda a laje de piso do subsolo, para drenagem

- Sapata composta feita de tábua de madeira e um leito de cascalho, areia ou pedra britada; 10,0 cm, no mínimo.
- Sapata de 2 in x D, onde D depende da carga imposta ao muro de arrimo e da capacidade de carregamento do solo
- Uma caixa coletora pode ser necessária em porões, para drenagem da camada porosa; 60,0 x 60,0 cm ou 50,0 x 50,0 cm, ficando, no mínimo, 60,0 cm abaixo da superfície inferior da laje.

2D
¾D

CSI MasterFormat 06 14 00 Treated Wood Foundations

3.16 SAPATAS DE PILARES

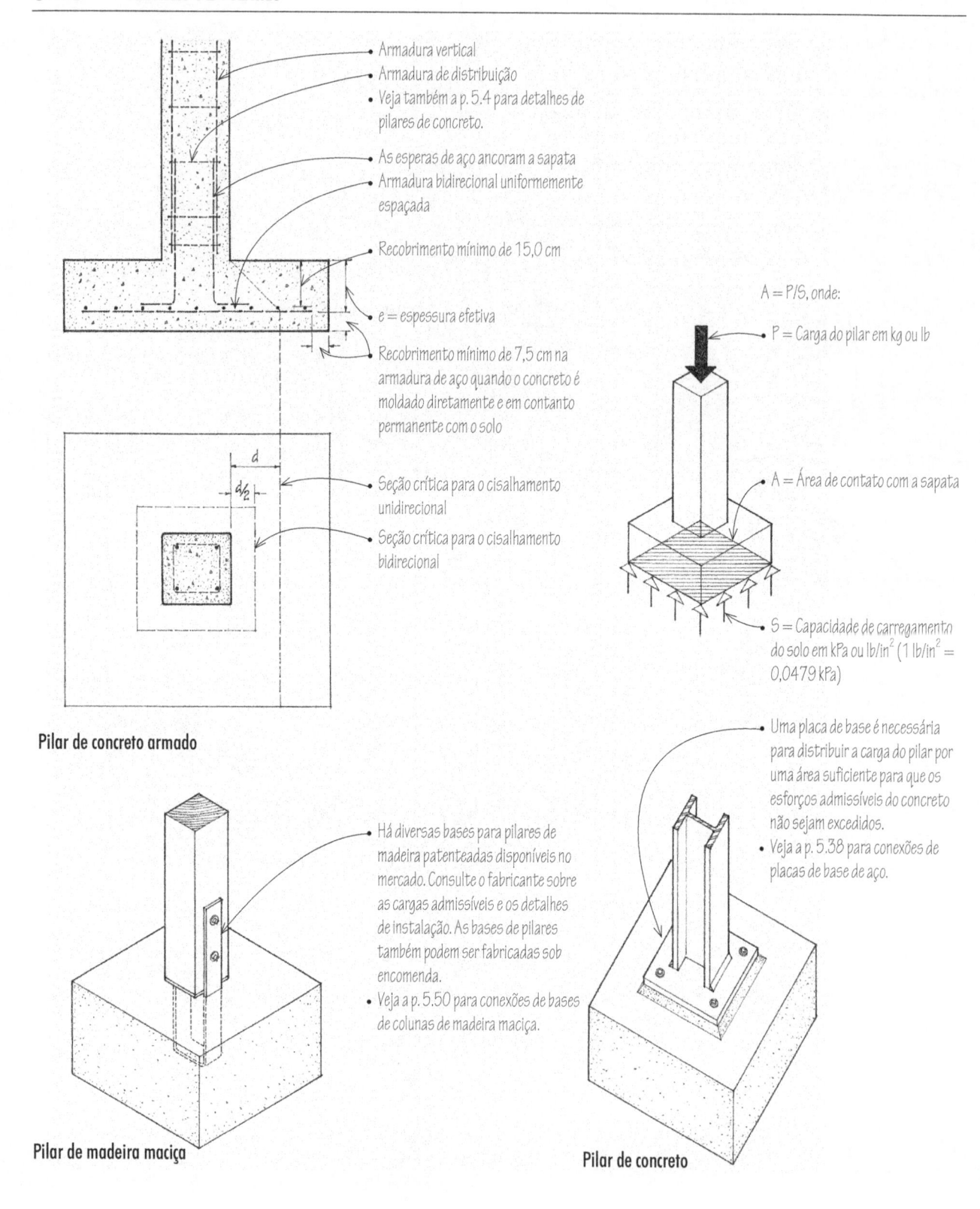

- Armadura vertical
- Armadura de distribuição
- Veja também a p. 5.4 para detalhes de pilares de concreto.
- As esperas de aço ancoram a sapata
- Armadura bidirecional uniformemente espaçada
- Recobrimento mínimo de 15,0 cm
- e = espessura efetiva
- Recobrimento mínimo de 7,5 cm na armadura de aço quando o concreto é moldado diretamente e em contanto permanente com o solo
- Seção crítica para o cisalhamento unidirecional
- Seção crítica para o cisalhamento bidirecional

Pilar de concreto armado

$A = P/S$, onde:
- P = Carga do pilar em kg ou lb
- A = Área de contato com a sapata
- S = Capacidade de carregamento do solo em kPa ou lb/in^2 (1 lb/in^2 = 0,0479 kPa)

- Há diversas bases para pilares de madeira patenteadas disponíveis no mercado. Consulte o fabricante sobre as cargas admissíveis e os detalhes de instalação. As bases de pilares também podem ser fabricadas sob encomenda.
- Veja a p. 5.50 para conexões de bases de colunas de madeira maciça.

Pilar de madeira maciça

- Uma placa de base é necessária para distribuir a carga do pilar por uma área suficiente para que os esforços admissíveis do concreto não sejam excedidos.
- Veja a p. 5.38 para conexões de placas de base de aço.

Pilar de concreto

CSI MasterFormat 03 30 00 Cast-in-Place Concrete
CSI MasterFormat 03 31 00 Structural Concrete

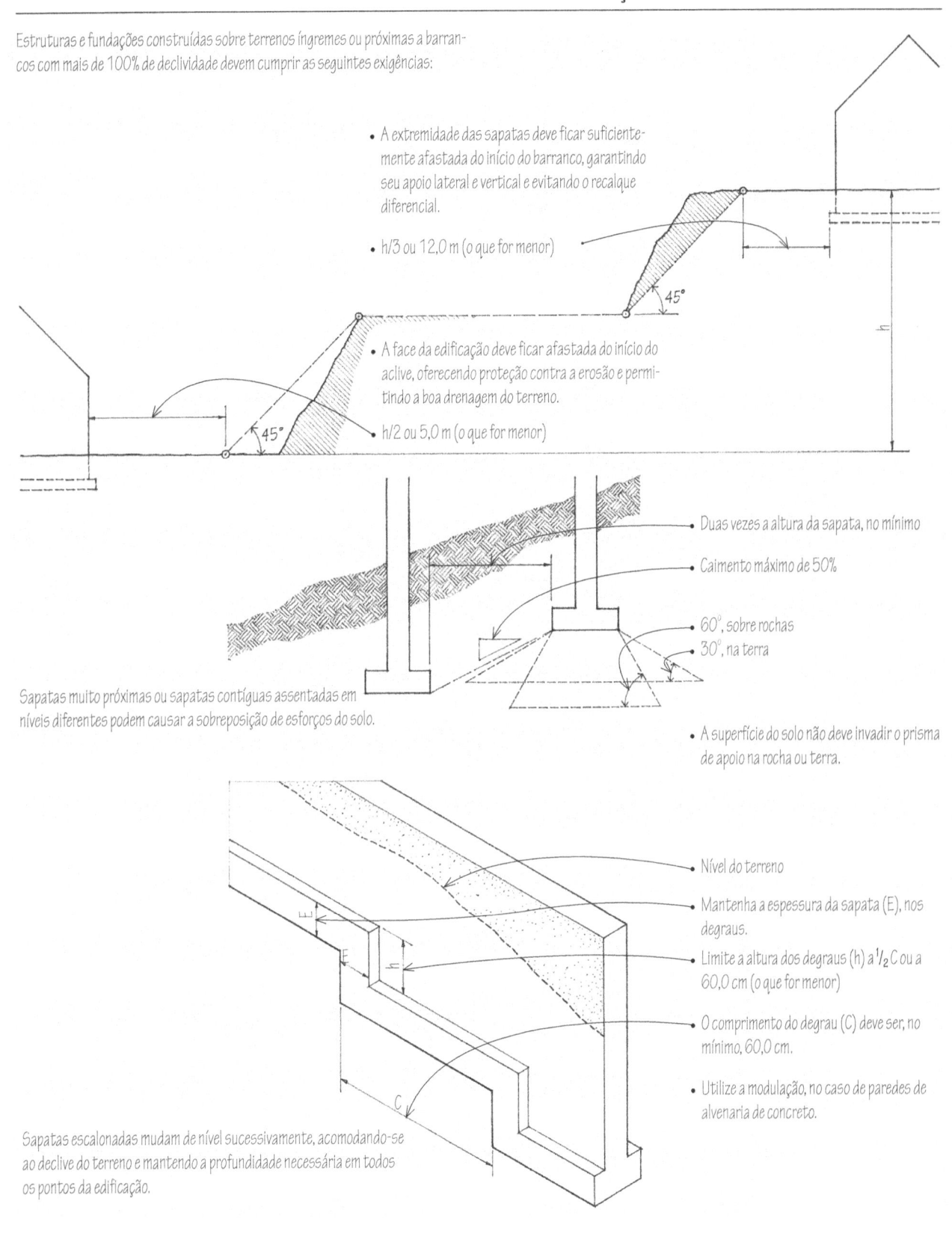

FUNDAÇÕES EM TERRENOS ÍNGREMES 3.17

Estruturas e fundações construídas sobre terrenos íngremes ou próximas a barrancos com mais de 100% de declividade devem cumprir as seguintes exigências:

- A extremidade das sapatas deve ficar suficientemente afastada do início do barranco, garantindo seu apoio lateral e vertical e evitando o recalque diferencial.

- h/3 ou 12,0 m (o que for menor)

- A face da edificação deve ficar afastada do início do aclive, oferecendo proteção contra a erosão e permitindo a boa drenagem do terreno.

- h/2 ou 5,0 m (o que for menor)

Sapatas muito próximas ou sapatas contíguas assentadas em níveis diferentes podem causar a sobreposição de esforços do solo.

- Duas vezes a altura da sapata, no mínimo
- Caimento máximo de 50%
- 60°, sobre rochas
- 30°, na terra

- A superfície do solo não deve invadir o prisma de apoio na rocha ou terra.

- Nível do terreno
- Mantenha a espessura da sapata (E), nos degraus.
- Limite a altura dos degraus (h) a $1/2$ C ou a 60,0 cm (o que for menor)
- O comprimento do degrau (C) deve ser, no mínimo, 60,0 cm.
- Utilize a modulação, no caso de paredes de alvenaria de concreto.

Sapatas escalonadas mudam de nível sucessivamente, acomodando-se ao declive do terreno e mantendo a profundidade necessária em todos os pontos da edificação.

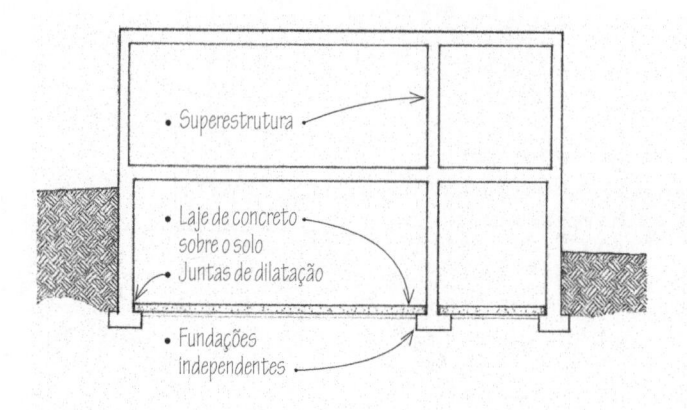

3.18 LAJES DE CONCRETO SOBRE O SOLO

Uma laje de concreto pode ser assentada diretamente sobre o solo, seja no nível natural do terreno ou em uma área escavada, servindo, ao mesmo tempo, como laje de piso e sistema de fundação. A adequação da laje de concreto para tal uso depende da localização geográfica, topografia e características do terreno, assim como do projeto da superestrutura.

Lajes de concreto diretas sobre o solo exigem o apoio de uma base de terra nivelada, estável, de uniformidade densa ou compactada adequadamente e sem matéria orgânica. Quando assentada sobre um solo com pouca capacidade de carregamento ou que seja extremamente compressível ou expansível, a laje de concreto deve ser projetada como um radier, o que exige análise profissional e o projeto de um engenheiro de estruturas qualificado.

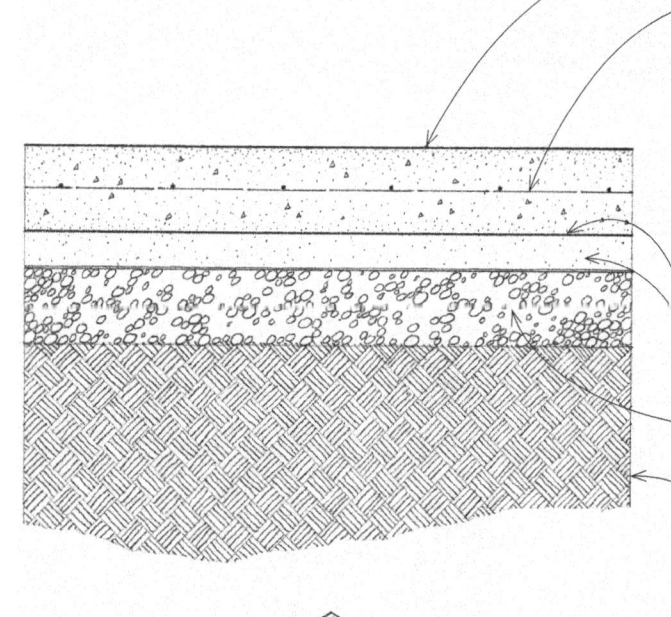

- Superestrutura
- Laje de concreto sobre o solo
- Juntas de dilatação
- Fundações independentes

- 10,0 cm, no mínimo, de espessura da laje; a espessura depende do uso previsto e das condições de carregamento.
- A armadura de tela de arame soldado colocada na linha central da profundidade da laje ou levemente acima dela controla os esforços térmicos, a fissuração devido a retrações e os leves recalques diferenciais do terreno abaixo da laje; uma grelha de barras de reforço pode ser necessária para carregar cargas de piso maiores do que as usuais.
- Uma mistura de fibras de vidro, aço ou polipropileno pode ser agregada ao concreto, para reduzir a fissuração por retração.
- Aditivos de concreto podem aumentar a dureza superficial da laje e sua resistência ao atrito.
- Barreira de vapor de polietileno de 0,15 mm
- O American Concrete Institute recomenda o uso de um leito de areia sobre a barreira de vapor, para absorver a água em excesso liberada pelo concreto durante a cura.
- Leito de pedra britada ou cascalho, para evitar a elevação da água do lençol freático devido a capilaridade; no mínimo, 10,0 cm
- Solo de base estável e uniforme; a compactação pode ser necessária para aumentar a estabilidade do solo, sua capacidade de carregamento e a resistência à penetração da água.

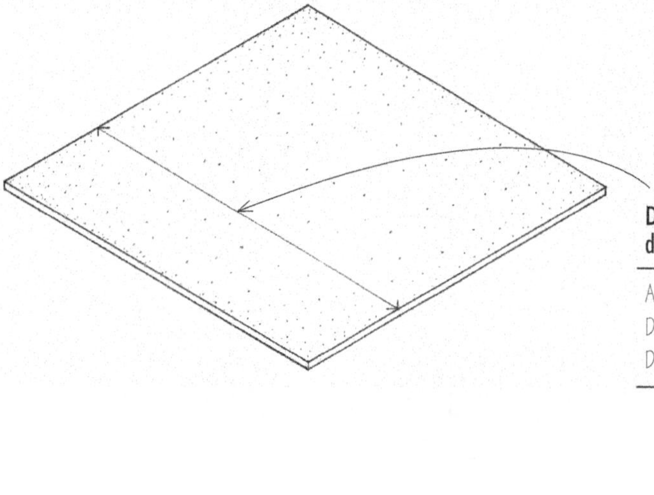

Dimensões máximas das lajes (M)	Espaçamento dos arames da tela (MM)	Calibre dos arames (N°)
Até 14,0	15,0 x 15,0	W 1,4 x W 1,4
De 14,0 a 18,0	15,0 x 15,0	W 2,0 x W 2,0
De 14,0 a 22,0	15,0 x 15,0	W 2,9 x W 2,9

CSI MasterFormat 03 30 00 Cast-in-Place Concrete
CSI MasterFormat 03 31 00 Structural Concrete

LAJES DE CONCRETO SOBRE O SOLO 3.19

Há três tipos de juntas que podem ser feitas ou construídas para acomodar os movimentos na laje de concreto sobre o solo — juntas de dilatação, juntas de construção e juntas de controle.

Juntas de dilatação
Juntas de dilatação permitem a ocorrência de movimentos relativos entre a laje e as partes adjacentes da edificação.

Juntas de construção
Juntas de construção oferecem um espaço para se interromper uma concretagem que poderá ser retomada mais tarde. Essas juntas, que também servem como juntas de dilatação ou controle, podem ser solidarizadas ou vedadas para evitar o movimento vertical diferencial das seções de laje adjacentes.

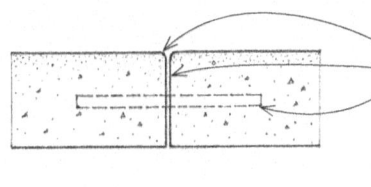

- Raio de 3 mm
- Não permita a solidarização
- Esperas revestidas ou chave mecânica, se necessário, para evitar movimentos diferenciais

Juntas de controle
Juntas de controle criam linhas onde a laje fica mais fraca, de modo que a fissuração que pode resultar dos esforços de tração ocorram ao longo de linhas predeterminadas. Coloque as juntas de controle em concreto à vista a cada 4,6 a 6,1 m entre eixos ou onde sejam necessárias para dividir um formato de laje irregular em seções quadradas ou retangulares.

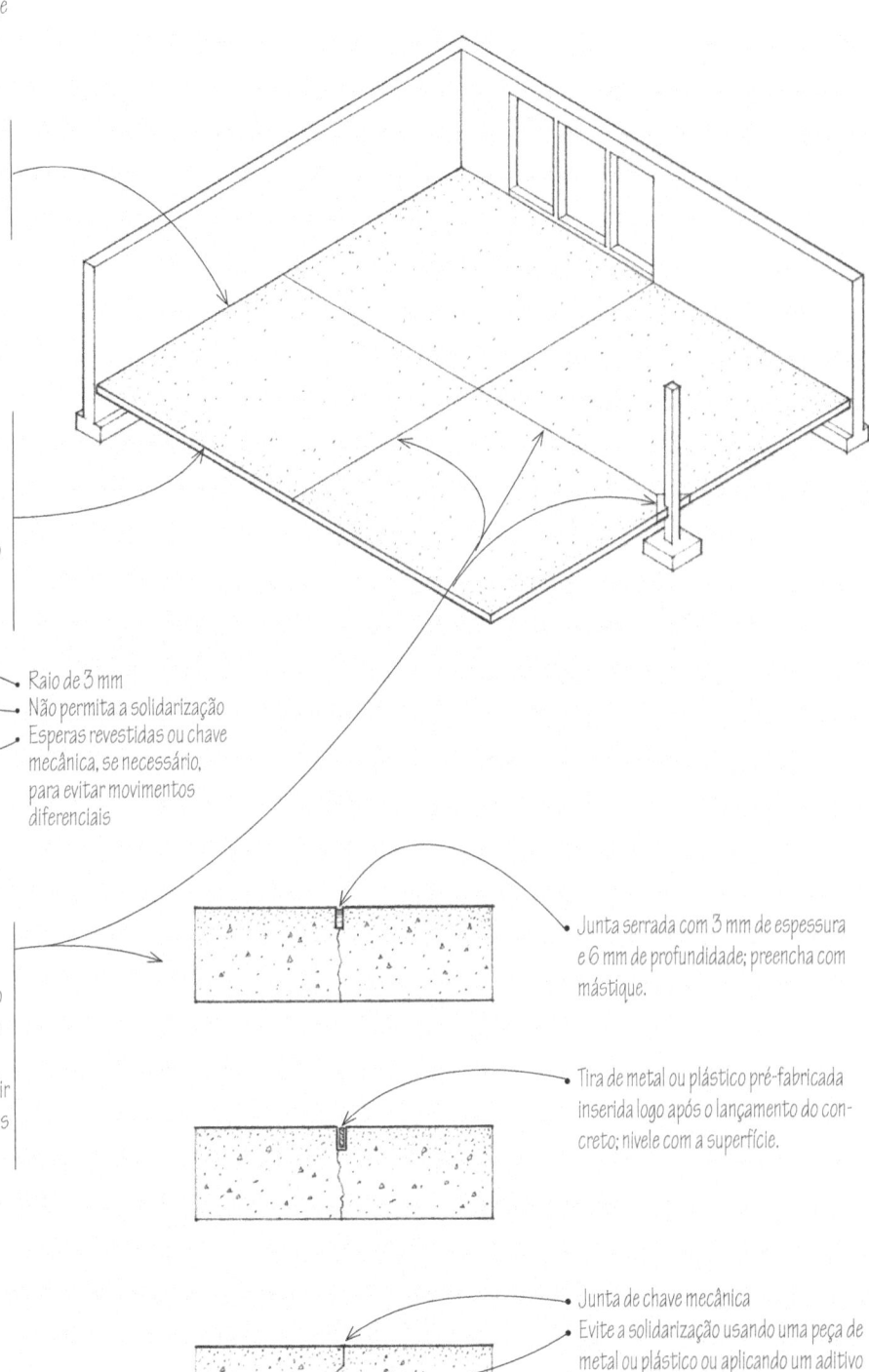

- Junta serrada com 3 mm de espessura e 6 mm de profundidade; preencha com mástique.

- Tira de metal ou plástico pré-fabricada inserida logo após o lançamento do concreto; nivele com a superfície.

- Junta de chave mecânica
- Evite a solidarização usando uma peça de metal ou plástico ou aplicando um aditivo para cura em um dos lados da laje, antes do lançamento do concreto no outro lado.

3.20 LAJES DE CONCRETO SOBRE O SOLO

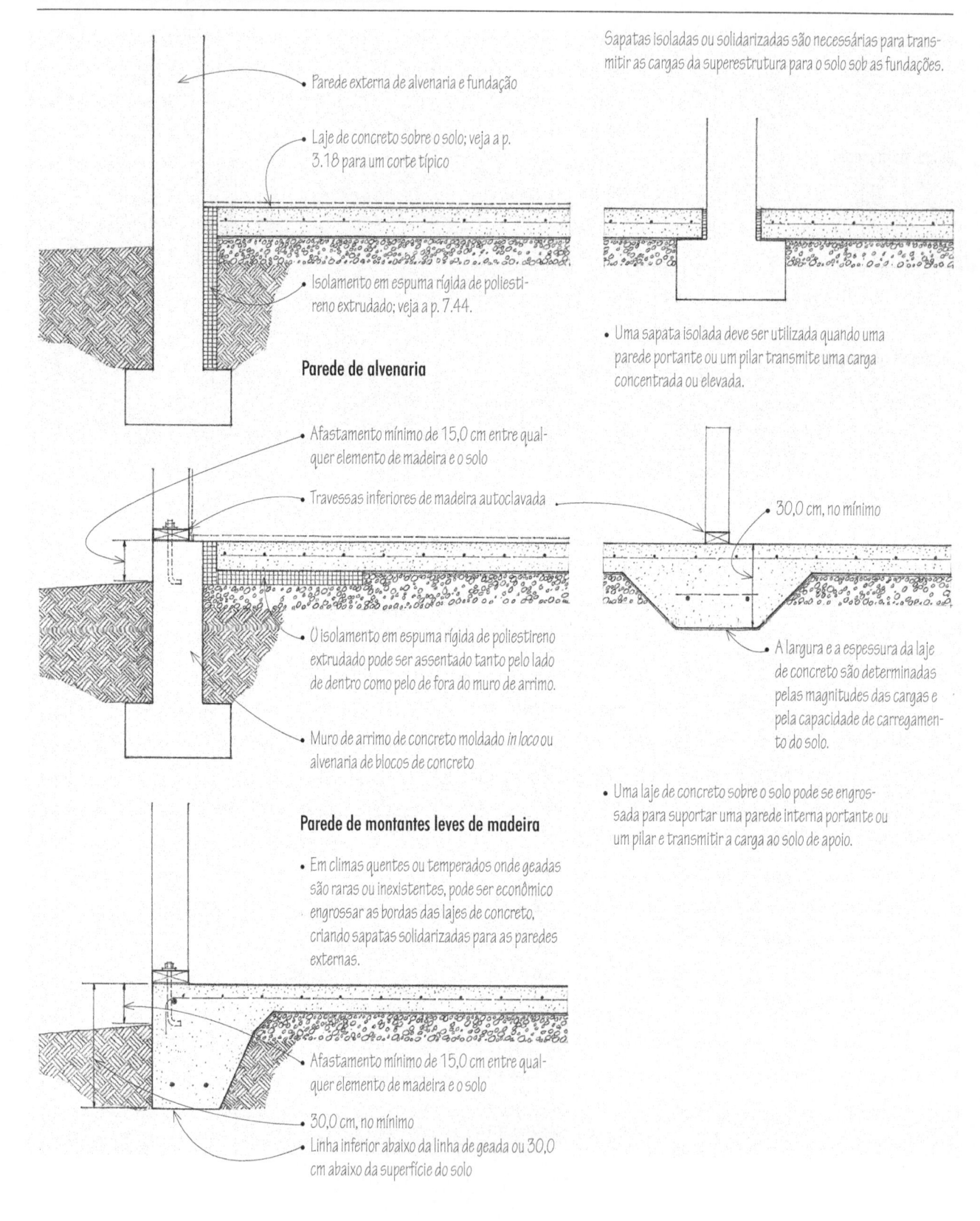

- Parede externa de alvenaria e fundação
- Laje de concreto sobre o solo; veja a p. 3.18 para um corte típico
- Isolamento em espuma rígida de poliestireno extrudado; veja a p. 7.44.

Parede de alvenaria

Sapatas isoladas ou solidarizadas são necessárias para transmitir as cargas da superestrutura para o solo sob as fundações.

- Uma sapata isolada deve ser utilizada quando uma parede portante ou um pilar transmite uma carga concentrada ou elevada.

- Afastamento mínimo de 15,0 cm entre qualquer elemento de madeira e o solo
- Travessas inferiores de madeira autoclavada
- O isolamento em espuma rígida de poliestireno extrudado pode ser assentado tanto pelo lado de dentro como pelo de fora do muro de arrimo.
- Muro de arrimo de concreto moldado *in loco* ou alvenaria de blocos de concreto

- 30,0 cm, no mínimo
- A largura e a espessura da laje de concreto são determinadas pelas magnitudes das cargas e pela capacidade de carregamento do solo.

- Uma laje de concreto sobre o solo pode se engrossada para suportar uma parede interna portante ou um pilar e transmitir a carga ao solo de apoio.

Parede de montantes leves de madeira

- Em climas quentes ou temperados onde geadas são raras ou inexistentes, pode ser econômico engrossar as bordas das lajes de concreto, criando sapatas solidarizadas para as paredes externas.

- Afastamento mínimo de 15,0 cm entre qualquer elemento de madeira e o solo
- 30,0 cm, no mínimo
- Linha inferior abaixo da linha de geada ou 30,0 cm abaixo da superfície do solo

Laje de concreto com bordas grossas

LAJES DE CONCRETO SOBRE O SOLO 3.21

- Recobrimento mínimo de 6,5 cm
- Isolamento térmico no perímetro
- Dutos de ar isolados
- 5,0 cm, no mínimo

Dutos de calefação

- Capa de concreto de 4,0 a 7,5 cm
- Tubulação de cobre ou polibutileno; preveja deformações nos pontos em que os tubos cruzam as juntas de construção.
- Isolamento sob a laje (recomendável)

Piso radiante

- O isolamento em plástico esponjoso protege os tubos de água e esgoto das movimentações da laje de concreto.

Furos para passagem de tubulações

- Bordas chanfradas ou arredondadas
- Barra do focinho; recobrimento de 4,0 cm
- Espessura mínima de 10,0 cm
- Junta de dilatação ou construção
- Use esperas revestidas ou uma chave de cisalhamento para evitar movimentos diferenciais verticais.

Laje de concreto com escada integrada

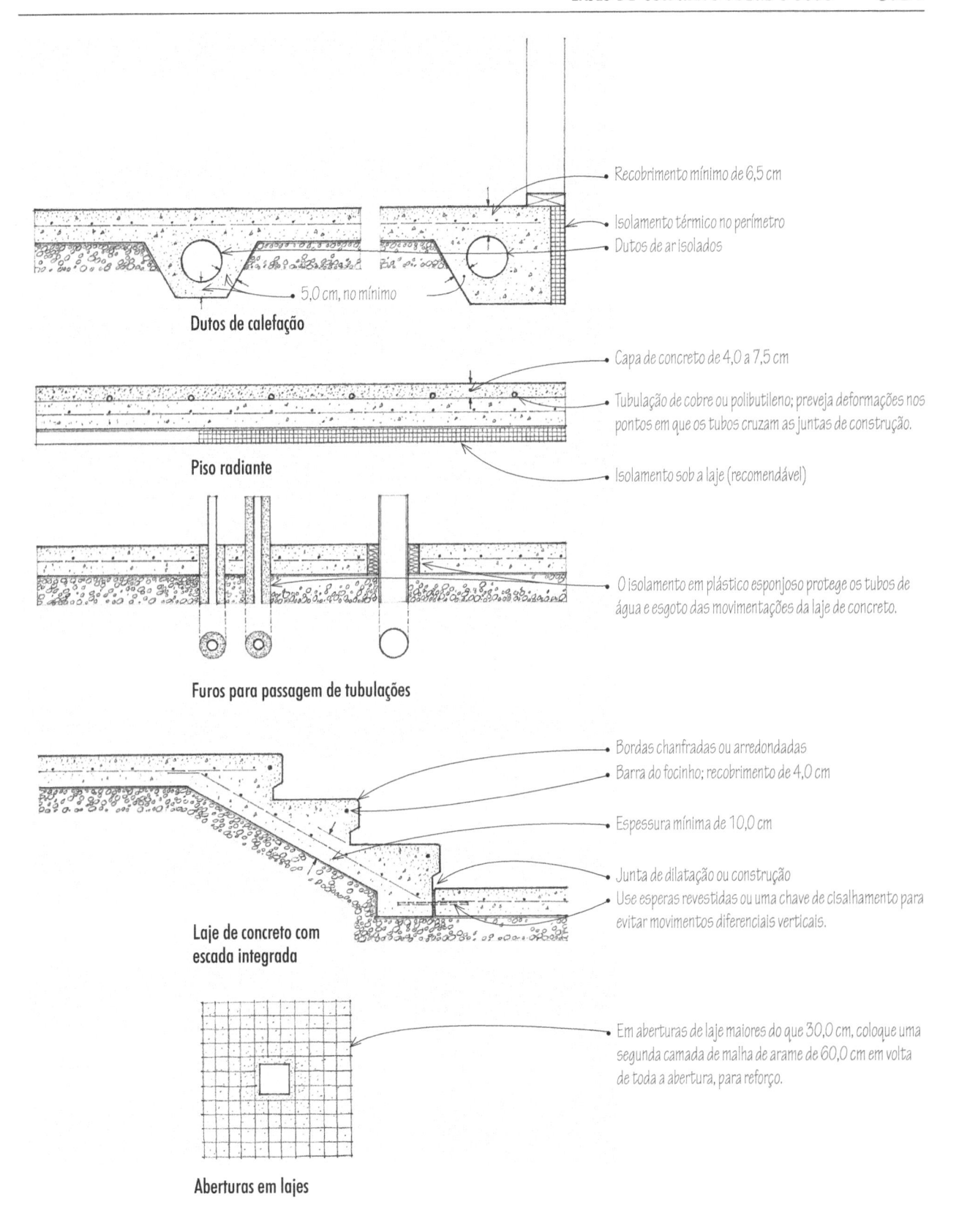

- Em aberturas de laje maiores do que 30,0 cm, coloque uma segunda camada de malha de arame de 60,0 cm em volta de toda a abertura, para reforço.

Aberturas em lajes

3.22 FUNDAÇÕES DE COLUNAS DE MADEIRA

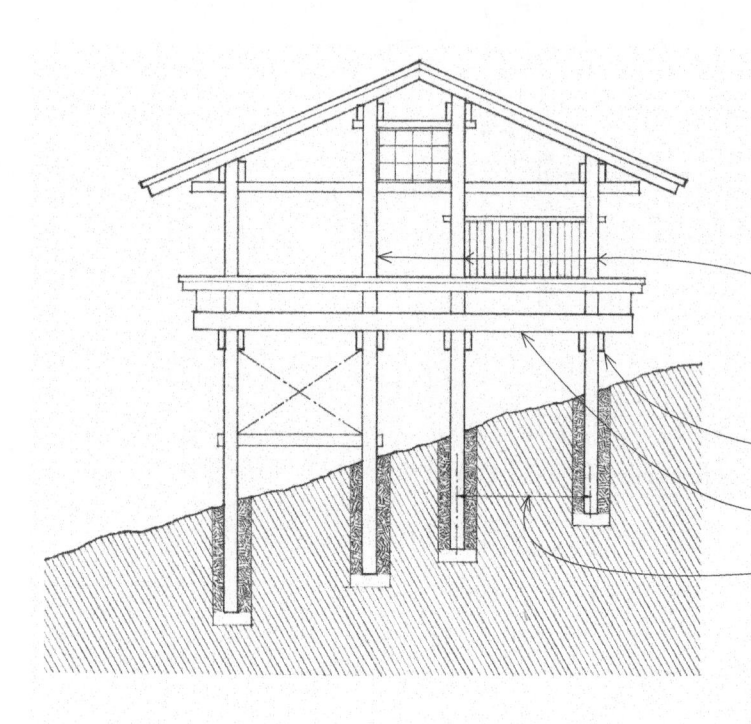

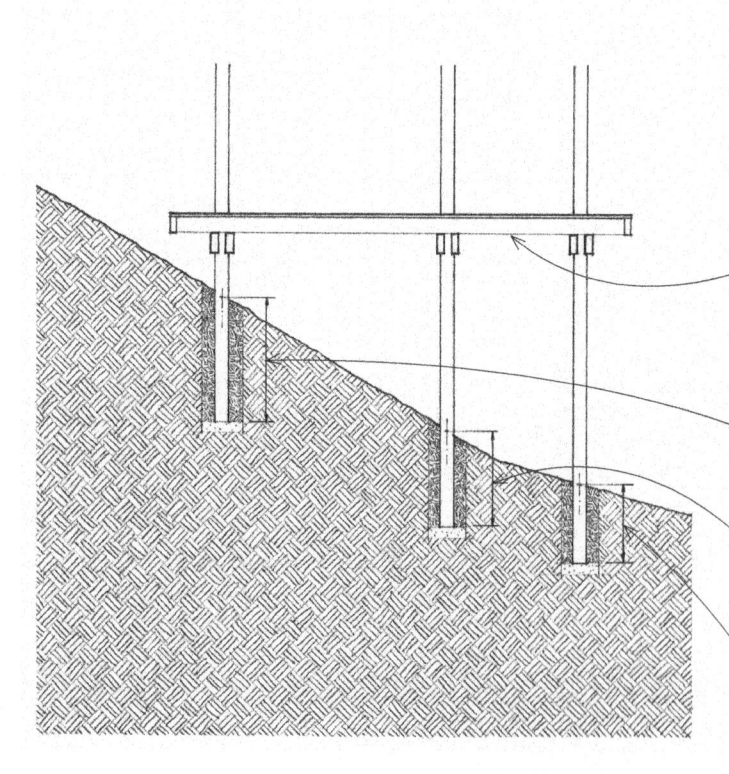

As fundações de colunas de madeira elevam as estruturas de madeira acima do nível do terreno, exigem um mínimo de escavação e preservam as características naturais e os padrões de drenagem existentes. São particularmente úteis em encostas bem inclinadas e em áreas sujeitas a inundação periódica.

As toras de madeira tratada costumam ser distribuídas de acordo com uma grelha definida pelo padrão de estrutura arquitravada. Seu espaçamento determina tanto os vãos do sistema arquitravado como as cargas verticais que elas devem transmitir.

- Toras de 15,0 a 30,0 cm de diâmetro tratadas com preservativos de proteção contra o apodrecimento e o ataque de insetos. As toras tratadas podem cruzar o piso da casa, formando a superestrutura, ou terminar no nível do pavimento térreo e sustentar, por exemplo, uma estrutura em plataforma.
- Vigas maciças, compostas ou compostas vazadas; limite balanços a $1/4$ do vão.
- Isole termicamente pisos, paredes e coberturas, de acordo com as condições climáticas.
- As colunas de madeira são afastadas de 1,8 a 3,6 m, para suportar áreas de piso ou cobertura de até 13,4 m^2

As colunas são colocadas em poços cavados à mão ou com um trado elétrico. São necessários cuidados com o comprimento das toras que fica enterrado, a socagem da terra e as conexões para que a estrutura de colunas de madeira desenvolva a rigidez e a resistência necessárias para as forças de vento e sísmicas. A profundidade da tora sob o solo varia conforme:

- O declive do terreno
- As condições do solo subsuperficial
- O entrecolúnio
- A altura das colunas entre apoios
- A zona sísmica do país
- Os pisos devem ser projetados e construídos como diafragmas, para transferir a rigidez das toras de madeira mais curtas para o resto da estrutura.

Comprimento de engaste das toras em terrenos muito íngremes

- 1,50 a 2,40 m nas toras mais curtas, na parte mais alta do terreno. As toras das partes altas do terreno, apesar de serem mais curtas, exigem engaste maior no solo, para dar a rigidez necessária à estrutura.
- 1,20 a 2,10 m para colunas da parte baixa do terreno

Comprimento de engaste das toras em terrenos pouco íngremes
- 1,20 a 1,50 m

Quando o engastamento necessário não é possível, como em terrenos íngremes rochosos, pode-se usar um sistema de contraventamento em X com cabos de aço e tensores ou então paredes de cisalhamento de concreto ou alvenaria para se obter a estabilidade lateral.

- Consulte um engenheiro de estruturas qualificado sempre que projetar e construir uma edificação com fundações de colunas de madeira, especialmente se a edificação estiver em um terreno íngreme sujeito a ventos fortes ou a desmoronamentos.

CSI MasterFormat 06 13 16 Pole Construction

FUNDAÇÕES DE COLUNAS DE MADEIRA 3.23

- Vigas de madeira compostas vazadas; use apenas uma emenda por coluna

- Recortes melhoram o apoio de vigas e fornecem superfícies de contato maiores com as toras de madeira.
- Trate todos os recortes ou furos feitos *in loco* com um preservativo aprovado para madeiras.

- Um conector de grelha de metal dentada com apenas um parafuso de lado a lado oferece maior resistência do que uma conexão recortada e parafusada.

- Placa de união
- Viga de madeira maciça ou composta
- Quando as colunas terminam no nível do pavimento térreo, as vigas podem estar apoiadas diretamente sobre as colunas e ser fixadas por meio de placas de união ou conectores de metal.

Vigas compostas vazadas são presas nas colunas com parafusos de lado a lado. As colunas muitas vezes continuam e formam a superestrutura independente da edificação.

- Toras de madeira tratada
- Nível do solo

- Colarinho de concreto (cinta)
- Parafusos de ancoragem

- Grelhas dentadas ou tiras de metal galvanizadas, para melhor ancoragem
- O bloco de concreto distribui a carga da coluna ao solo de rochas ou terra; seu tamanho deve ser determinado pelos cálculos de engenharia.

- Areia, cascalho ou pedra britada socada
- 1,20 m, no mínimo
- Linha de geada
- 20,0 cm, no mínimo
- 45,0 cm, no mínimo

- 60,0 cm, no máximo Linha de geada
- 30,0 cm, no mínimo
- 45,0 cm, no mínimo

- O enchimento com uma mistura de concreto ou solo-cimento pode reduzir o comprimento de ancoragem necessário; ele às vezes é essencial em terrenos íngremes ou com solos de resistência média ou baixa.

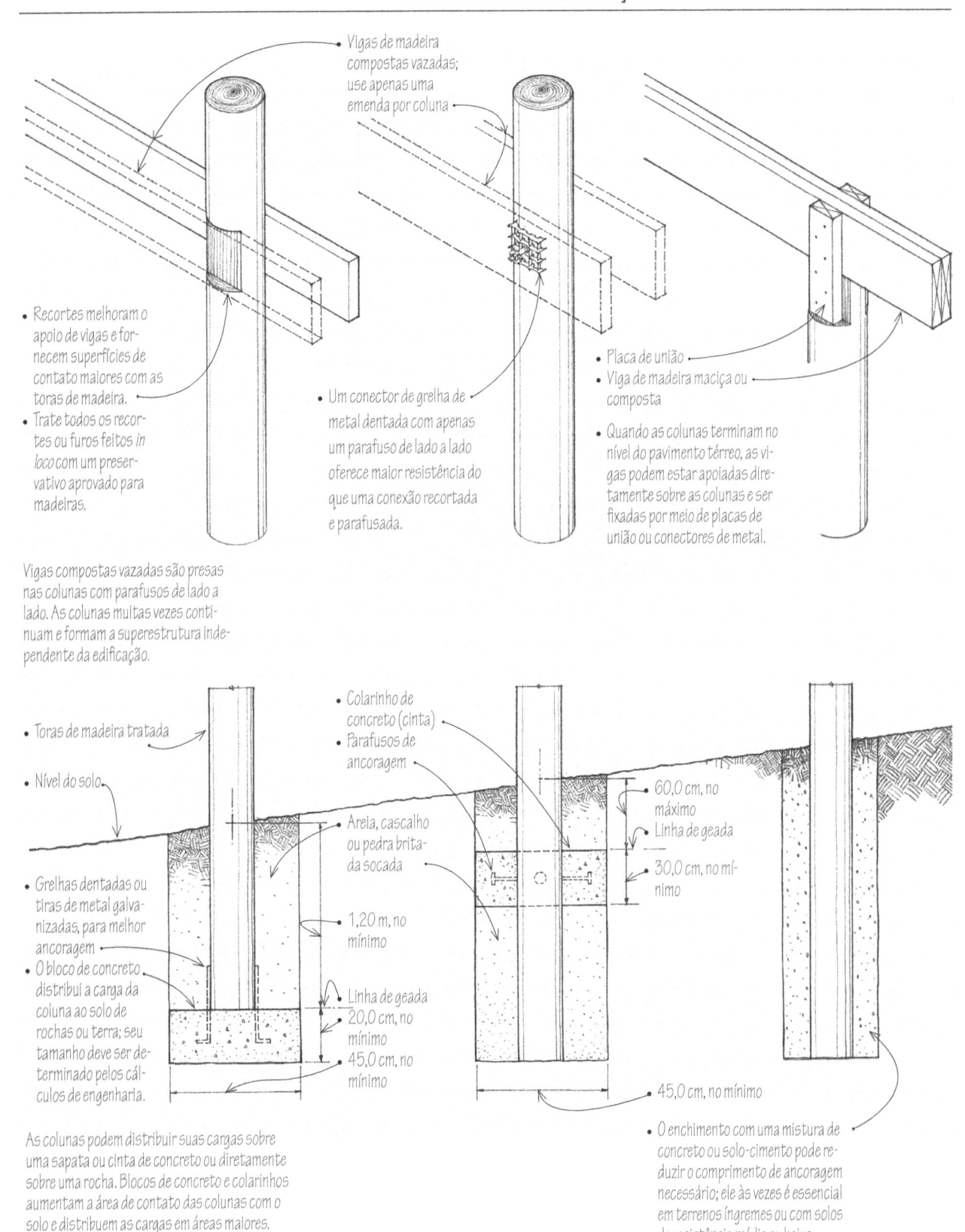

As colunas podem distribuir suas cargas sobre uma sapata ou cinta de concreto ou diretamente sobre uma rocha. Blocos de concreto e colarinhos aumentam a área de contato das colunas com o solo e distribuem as cargas em áreas maiores.

3.24 FUNDAÇÕES PROFUNDAS

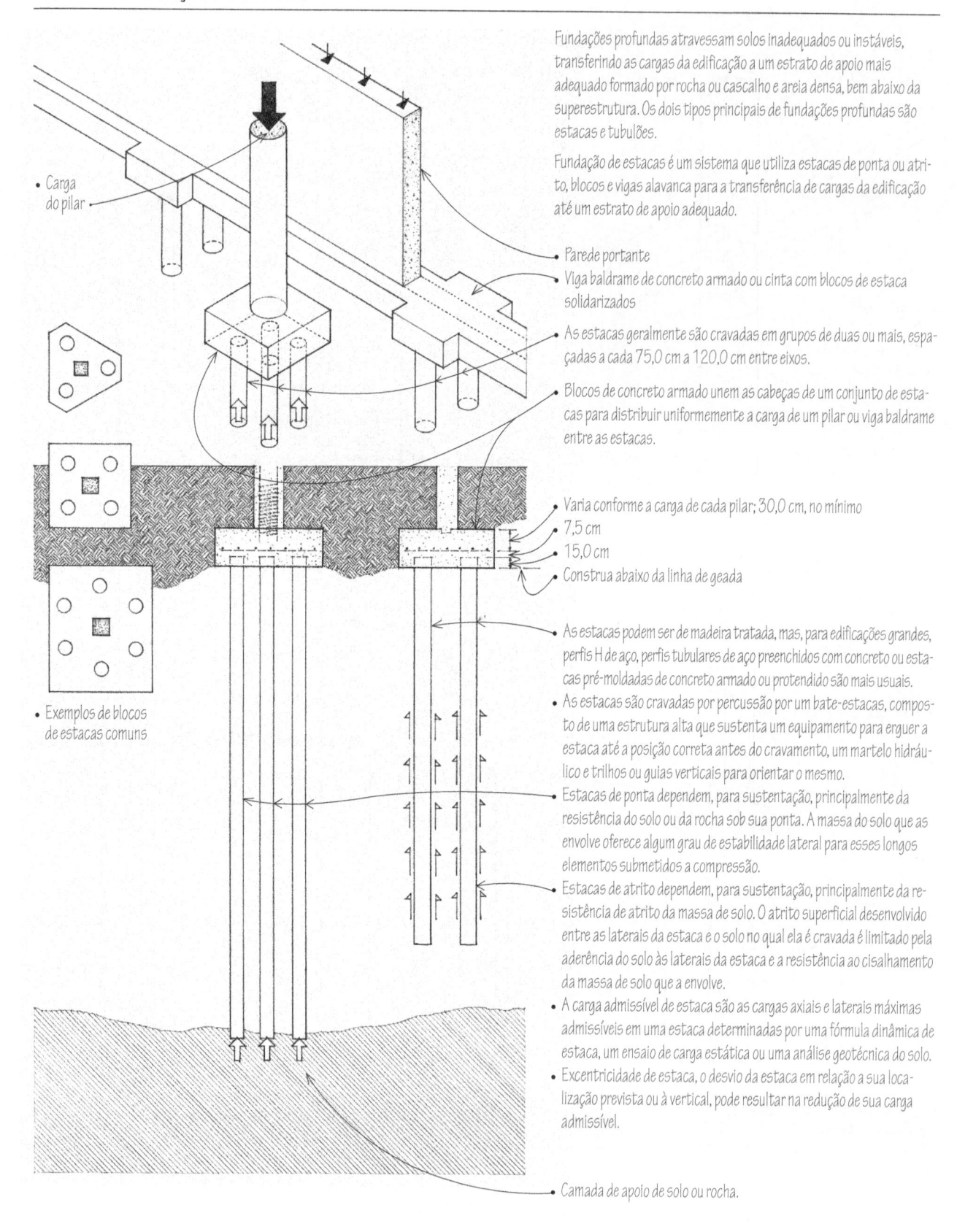

Fundações profundas atravessam solos inadequados ou instáveis, transferindo as cargas da edificação a um estrato de apoio mais adequado formado por rocha ou cascalho e areia densa, bem abaixo da superestrutura. Os dois tipos principais de fundações profundas são estacas e tubulões.

Fundação de estacas é um sistema que utiliza estacas de ponta ou atrito, blocos e vigas alavanca para a transferência de cargas da edificação até um estrato de apoio adequado.

- Carga do pilar

- Parede portante
- Viga baldrame de concreto armado ou cinta com blocos de estaca solidarizados
- As estacas geralmente são cravadas em grupos de duas ou mais, espaçadas a cada 75,0 cm a 120,0 cm entre eixos.
- Blocos de concreto armado unem as cabeças de um conjunto de estacas para distribuir uniformemente a carga de um pilar ou viga baldrame entre as estacas.

- Varia conforme a carga de cada pilar; 30,0 cm, no mínimo
- 7,5 cm
- 15,0 cm
- Construa abaixo da linha de geada

- Exemplos de blocos de estacas comuns

- As estacas podem ser de madeira tratada, mas, para edificações grandes, perfis H de aço, perfis tubulares de aço preenchidos com concreto ou estacas pré-moldadas de concreto armado ou protendido são mais usuais.
- As estacas são cravadas por percussão por um bate-estacas, composto de uma estrutura alta que sustenta um equipamento para erguer a estaca até a posição correta antes do cravamento, um martelo hidráulico e trilhos ou guias verticais para orientar o mesmo.
- Estacas de ponta dependem, para sustentação, principalmente da resistência do solo ou da rocha sob sua ponta. A massa do solo que as envolve oferece algum grau de estabilidade lateral para esses longos elementos submetidos a compressão.
- Estacas de atrito dependem, para sustentação, principalmente da resistência de atrito da massa de solo. O atrito superficial desenvolvido entre as laterais da estaca e o solo no qual ela é cravada é limitado pela aderência do solo às laterais da estaca e a resistência ao cisalhamento da massa de solo que a envolve.
- A carga admissível de estaca são as cargas axiais e laterais máximas admissíveis em uma estaca determinadas por uma fórmula dinâmica de estaca, um ensaio de carga estática ou uma análise geotécnica do solo.
- Excentricidade de estaca, o desvio da estaca em relação a sua localização prevista ou à vertical, pode resultar na redução de sua carga admissível.

- Camada de apoio de solo ou rocha.

CSI MasterFormat 31 60 00 Special Foundations and Load-Bearing Elements

ESTACAS 3.25

- Estacas de madeira são toras cravadas no solo geralmente como estacas de atrito. Elas costumam ser dotadas de uma ponteira de aço e uma cinta de metal, para evitar que rachem ou quebrem com o choque da percussão.
- Estacas compostas são feitas com dois materiais, como é o caso das estacas de madeira que têm uma seção superior de concreto, para evitar que sua porção acima do lençol freático se deteriore.
- Estacas metálicas de perfil H são perfis H de aço, às vezes revestidos de concreto até o ponto abaixo do lençol freático, para evitar a corrosão. Os perfis H podem ser solados durante o cravamento, para compor estacas de qualquer comprimento.
- Estacas tubulares são estacas de perfis tubulares pesadas cravadas com a extremidade inferior aberta ou fechada por uma placa de aço grossa ou uma ponteira e preenchidas com concreto. Uma estaca com ponteira aberta exige inspeção e escavação antes de ser preenchida com concreto.
- As estacas de concreto pré-moldadas têm seção circular, quadrada ou poligonal e às vezes são ocas. Elas geralmente são protendidas.
- Estacas de concreto moldadas *in loco* são feitas vertendo-se o concreto em um poço feito no solo. Elas podem ser estacas encamisadas ou estacas tipo Franki.
- Estacas encamisadas são construídas cravando-se um molde ou perfil tubular de aço no solo até uma profundidade com resistência necessária, e depois enchendo-o com concreto. O tubo geralmente é um perfil de aço cilíndrico, às vezes corrugado ou de seção variável, para maior rigidez. Um mandril feito com um núcleo ou tubo de aço pesado às vezes é inserido nos tubos finos, para evitar que eles rompam durante o cravamento, mas é retirado antes que o concreto seja vertido.
- Estacas sem camisa são feitas cravando-se uma bucha de concreto no solo junto com um tubo de aço que permanece até o momento em que o concreto tenha alcançado a resistência necessária. O tubo de aço é retirado posteriormente, com o segundo lançamento do concreto.
- Estaca tipo Franki é uma estaca moldada em um tubo que é cravado no solo e posteriormente retirado e que apresenta uma base alargada que aumenta sua área de sustentação e reforça a camada de apoio sujeita à compressão. O bulbo é formado forçando-se o concreto da base a sair da base do molde e a se espalhar pelo solo circundante.
- Microestacas são estacas de alta capacidade e pequeno diâmetro (entre 12,5 e 30,0 cm) perfuradas e grauteadas *in loco* que geralmente são armadas. Elas frequentemente são empregadas em fundações de áreas urbanizadas ou terrenos com acesso difícil, ou para escoramento ou reparos estruturais emergenciais, pois podem ser instaladas em praticamente qualquer tipo de terreno, com vibrações e distúrbios mínimos às edificações preexistentes.

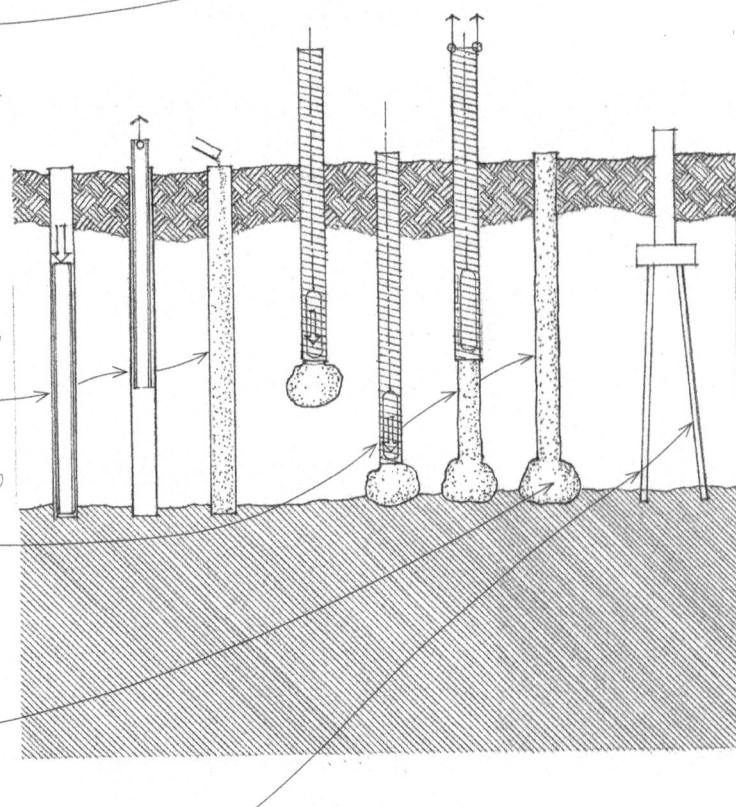

CSI MasterFormat 31 62 00 Driven Piles
CSI MasterFormat 31 63 00 Bored Piles

3.26 TUBULÕES

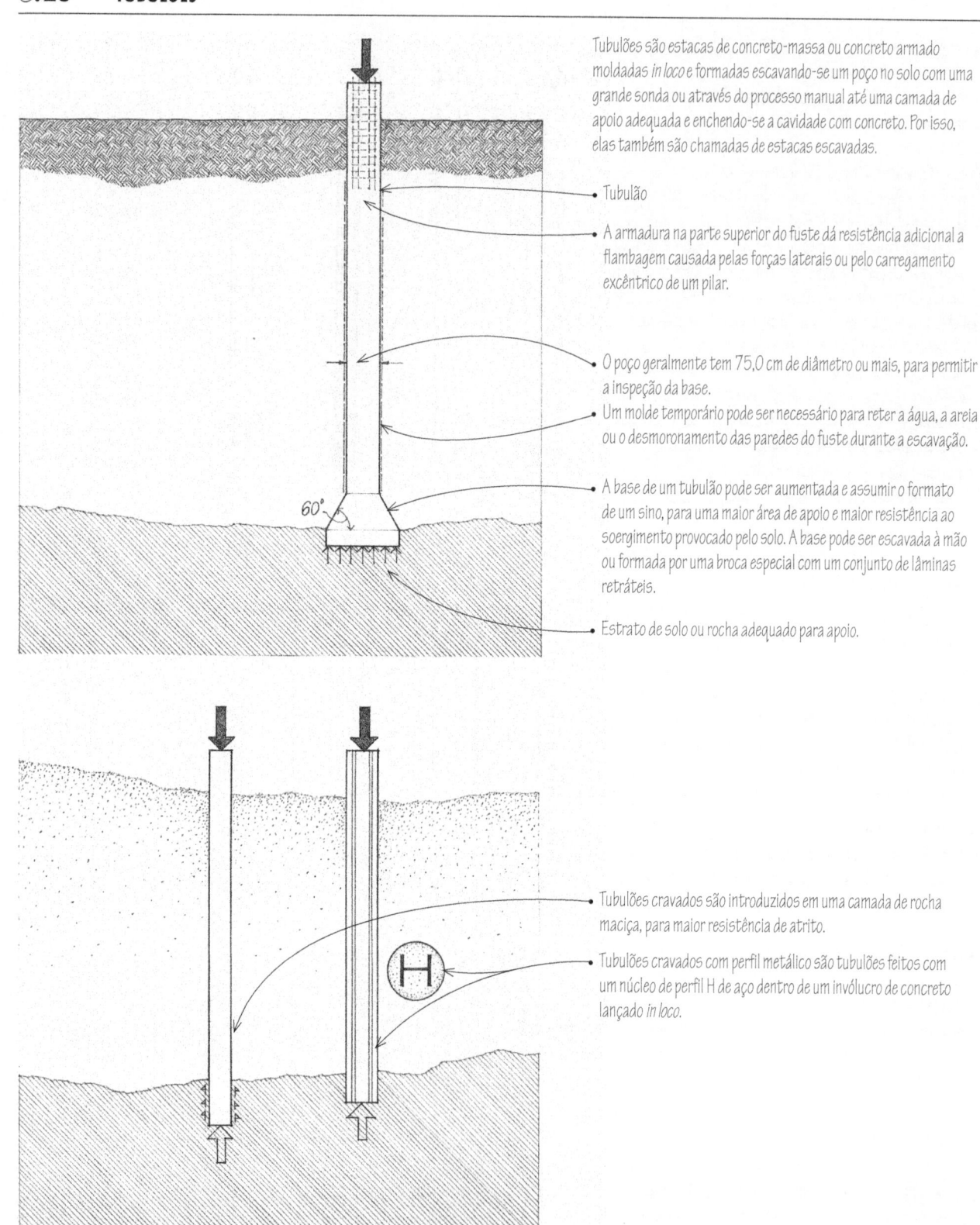

Tubulões são estacas de concreto-massa ou concreto armado moldadas *in loco* e formadas escavando-se um poço no solo com uma grande sonda ou através do processo manual até uma camada de apoio adequada e enchendo-se a cavidade com concreto. Por isso, elas também são chamadas de estacas escavadas.

- Tubulão

- A armadura na parte superior do fuste dá resistência adicional a flambagem causada pelas forças laterais ou pelo carregamento excêntrico de um pilar.

- O poço geralmente tem 75,0 cm de diâmetro ou mais, para permitir a inspeção da base.
- Um molde temporário pode ser necessário para reter a água, a areia ou o desmoronamento das paredes do fuste durante a escavação.

- A base de um tubulão pode ser aumentada e assumir o formato de um sino, para uma maior área de apoio e maior resistência ao soergimento provocado pelo solo. A base pode ser escavada à mão ou formada por uma broca especial com um conjunto de lâminas retráteis.

- Estrato de solo ou rocha adequado para apoio.

- Tubulões cravados são introduzidos em uma camada de rocha maciça, para maior resistência de atrito.

- Tubulões cravados com perfil metálico são tubulões feitos com um núcleo de perfil H de aço dentro de um invólucro de concreto lançado *in loco*.

CSI MasterFormat 31 64 00 Caissons

4
PISOS

- 4.2 Sistemas de piso
- 4.4 Vigas de concreto
- 4.5 Lajes de concreto
- 4.8 O concreto protendido
- 4.10 Fôrmas de concreto e escoramento
- 4.11 Sistemas de piso de concreto pré-fabricados
- 4.12 Painéis de concreto pré-fabricados
- 4.13 Conexões em estruturas de concreto pré-fabricadas
- 4.14 Estruturas independentes de aço
- 4.16 Vigas de perfil de aço
- 4.17 Conexões em vigas de perfil de aço
- 4.18 Conexões em vigas de aço
- 4.19 Vigas-treliça de aço
- 4.20 Sistemas de piso com vigas-treliça
- 4.22 Lajes de concreto com fôrma de metal incorporada
- 4.23 Vigotas de perfil leve de aço
- 4.24 Estruturas de perfis leves de aço
- 4.26 Barrotes de madeira
- 4.28 Pisos de barrotes de madeira
- 4.29 Estruturas de barrotes de madeira
- 4.32 Contrapisos de madeira
- 4.33 Perfis e treliças de madeira pré-fabricados
- 4.35 Vigas de madeira
- 4.36 Suportes para vigas de madeira
- 4.37 Conexões entre vigas e pilares de madeira
- 4.38 Estruturas de barrotes e tábuas de madeira
- 4.39 Estruturas de barrotes e painéis ou tábuas de madeira
- 4.40 Pisos de madeira

4.2 SISTEMAS DE PISO

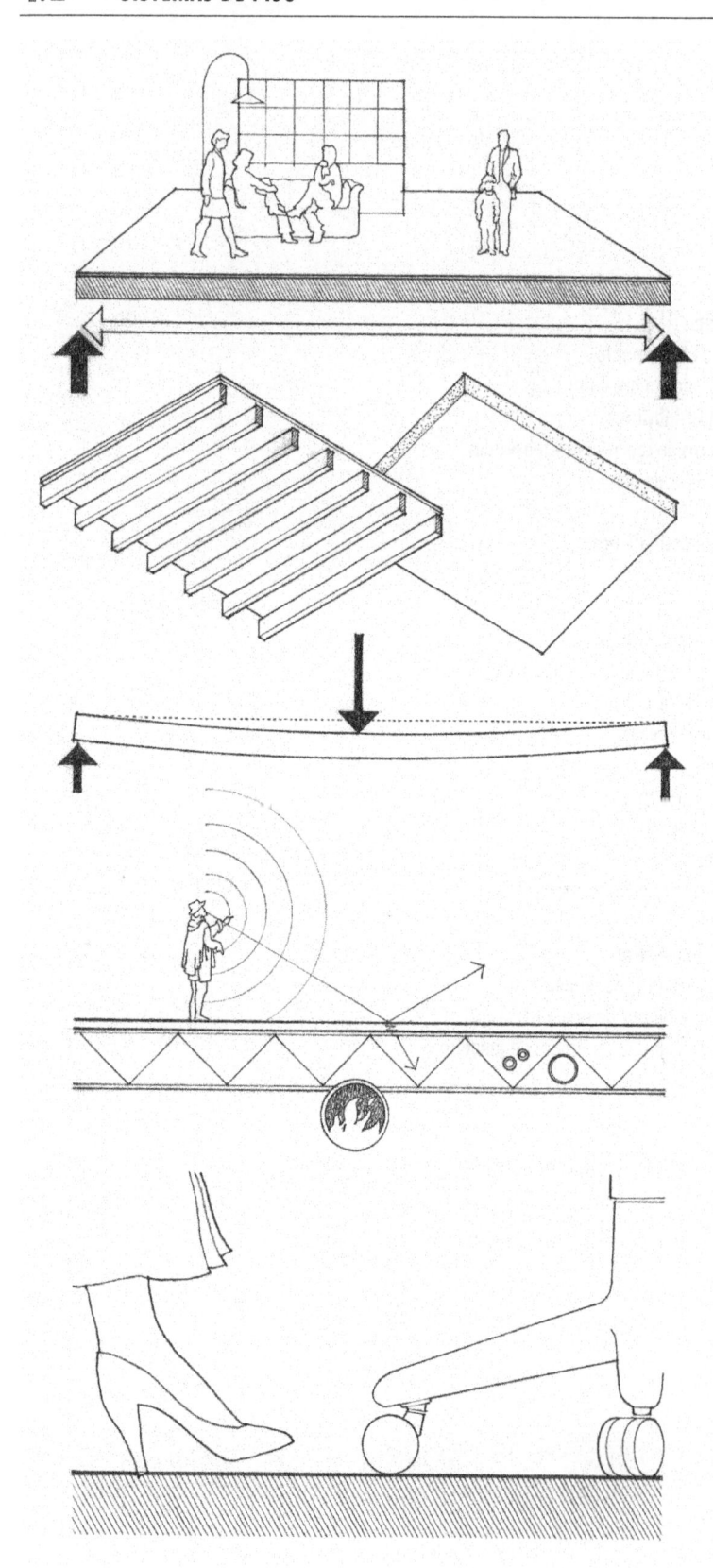

Os sistemas de piso são os planos horizontais que devem suportar cargas acidentais — pessoas, mobiliário, equipamentos móveis e cargas mortas (o peso próprio do piso e sua estrutura). Os sistemas de piso devem transferir suas cargas horizontalmente através do espaço, tanto para vigas e pilares como para paredes portantes. Planos de piso rígidos também podem ser projetados como diafragmas horizontais, que funcionam como vigas largas e de pouca espessura, transferindo os esforços laterais às paredes de cisalhamento.

Um sistema de piso pode ser composto de uma série de vigas, barrotes ou vigas-treliça cobertas por um plano de painéis ou tábuas, ou pode consistir de uma laje de concreto armado quase homogênea. A espessura de um sistema de piso está diretamente relacionada com as dimensões e a proporção dos vãos estruturais que deve vencer e com a resistência dos materiais utilizados. As dimensões e distribuições de balanços e aberturas no plano do piso também devem ser levadas em conta no leiaute dos apoios estruturais de uma estrutura de piso. As condições-limite de um sistema de piso e conexões de ligação com sistemas de fundação e de parede afetam tanto a integridade estrutural de uma edificação como sua aparência.

Uma vez que deve suportar cargas móveis de maneira segura, um sistema de piso deve ser relativamente rígido, mas ter alguma elasticidade. Devido aos efeitos negativos que deflexões e vibrações excessivas têm sobre o acabamento do piso e os materiais de forro, bem como sobre o conforto das pessoas, o fator de controle crítico é a deflexão, e não a flexão.

A espessura do entrepiso e as cavidades nele existentes devem ser consideradas, caso seja necessário embutir instalações elétricas ou mecânicas. Para sistemas de piso entre dois cômodos habitáveis de uma edificação, um fator adicional a considerar é a transmissão de ruídos tanto pelo ar como pela estrutura, além da classificação de resistência ao fogo do conjunto.

Exceto em tabuados externos, os sistemas de piso de uma edificação não são normalmente expostos ao intemperismo. Uma vez que todos os pisos devem suportar tráfego, outros fatores a considerar na seleção do acabamento de um piso e de sua estrutura são durabilidade, resistência ao desgaste e necessidade de manutenção.

SISTEMAS DE PISO 4.3

Concreto
- As lajes de piso de concreto moldadas *in loco* são classificadas de acordo com seu vão vencido e seu formato; veja as p. 4.5–4.7.
- Os painéis de concreto pré-moldado podem ser sustentados por vigas ou paredes portantes.

Aço
- As vigas de aço sustentam lajes de concreto de aço laminado com formas incorporadas ou painéis de concreto pré-moldado.
- As vigas podem ser sustentadas por outras vigas maiores, pilares ou paredes portantes.
- A estrutura das vigas é em geral parte integral de uma estrutura de aço independente.

- Os perfis I ou vigotas treliçadas pouco espaçadas podem ser sustentados por vigas ou paredes portantes.
- Painéis de aço ou tábuas de madeira possuem vãos relativamente curtos.
- Os perfis I vencem vãos relativamente pequenos.

Madeira
- As vigas de madeira sustentam um tabuado de painéis ou tábuas.
- As vigas podem ser sustentadas por vigas maiores, pilares ou paredes portantes.
- As cargas concentradas e aberturas nos pisos podem exigir uma estrutura adicional.
- A parte inferior de um entrepiso pode ser deixada à vista; o uso de forro é opcional.

- Barrotes relativamente pequenos e pouco espaçados podem ser sustentados por vigas ou paredes portantes.
- Contrapisos, calços e sistemas de forro suspenso vencem vãos relativamente curtos.
- As estruturas de barrotes de madeira são flexíveis na forma e nas proporções.

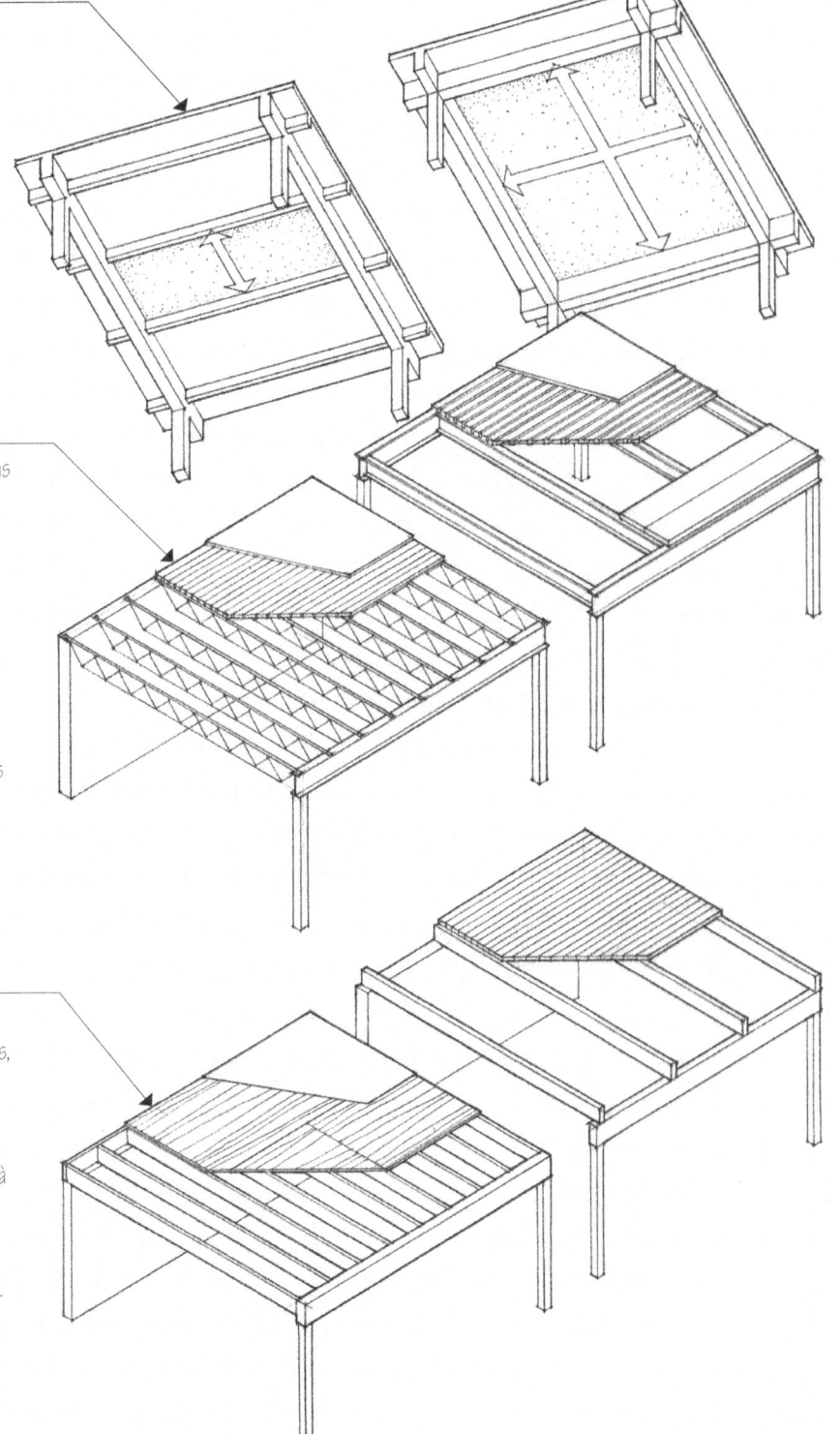

4.4 VIGAS DE CONCRETO

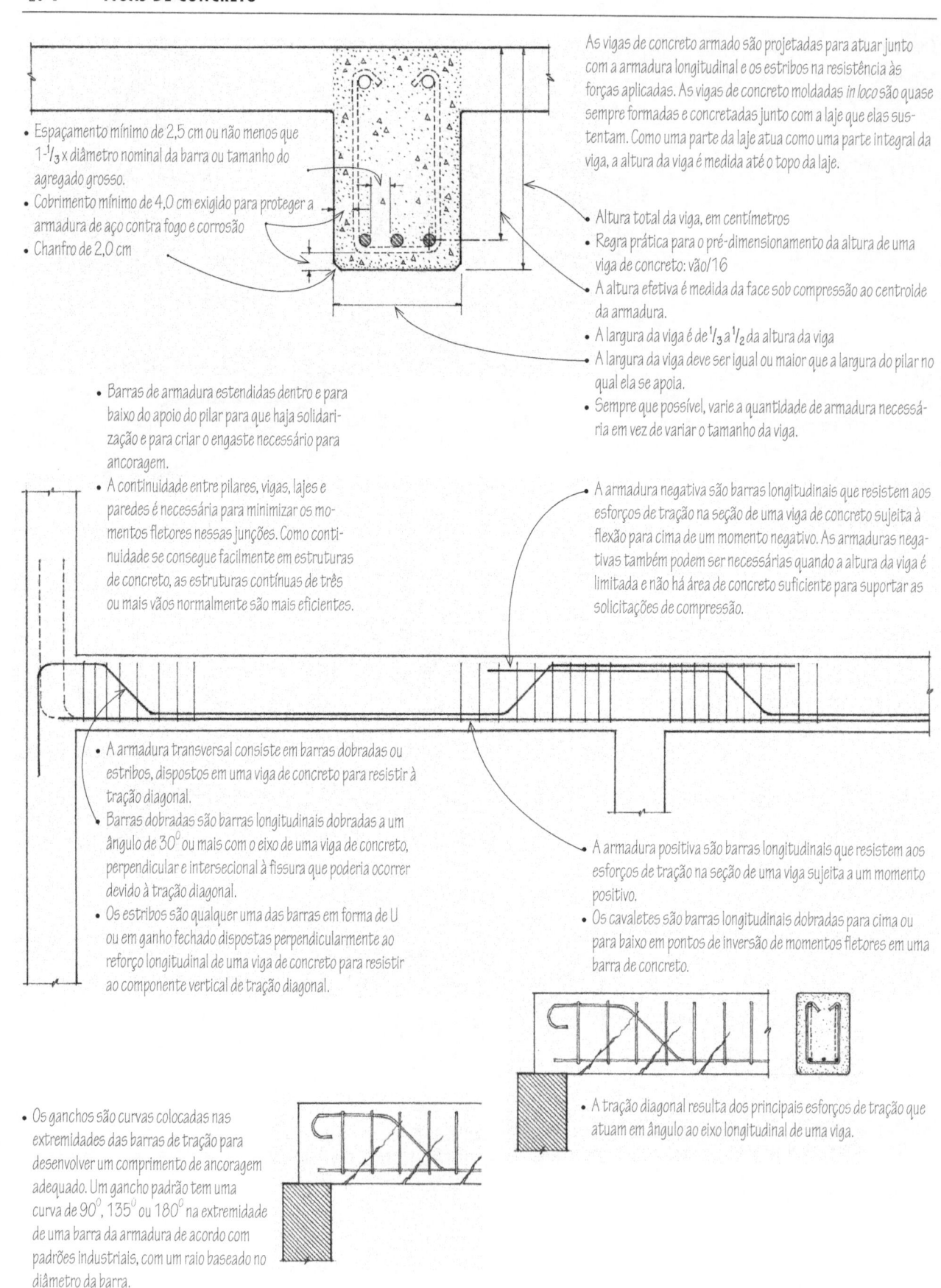

As vigas de concreto armado são projetadas para atuar junto com a armadura longitudinal e os estribos na resistência às forças aplicadas. As vigas de concreto moldadas *in loco* são quase sempre formadas e concretadas junto com a laje que elas sustentam. Como uma parte da laje atua como uma parte integral da viga, a altura da viga é medida até o topo da laje.

- Espaçamento mínimo de 2,5 cm ou não menos que 1-1/3 x diâmetro nominal da barra ou tamanho do agregado grosso.
- Cobrimento mínimo de 4,0 cm exigido para proteger a armadura de aço contra fogo e corrosão
- Chanfro de 2,0 cm

- Altura total da viga, em centímetros
- Regra prática para o pré-dimensionamento da altura de uma viga de concreto: vão/16
- A altura efetiva é medida da face sob compressão ao centroide da armadura.
- A largura da viga é de 1/3 a 1/2 da altura da viga
- A largura da viga deve ser igual ou maior que a largura do pilar no qual ela se apoia.
- Sempre que possível, varie a quantidade de armadura necessária em vez de variar o tamanho da viga.

- Barras de armadura estendidas dentro e para baixo do apoio do pilar para que haja solidarização e para criar o engaste necessário para ancoragem.
- A continuidade entre pilares, vigas, lajes e paredes é necessária para minimizar os momentos fletores nessas junções. Como continuidade se consegue facilmente em estruturas de concreto, as estruturas contínuas de três ou mais vãos normalmente são mais eficientes.

- A armadura negativa são barras longitudinais que resistem aos esforços de tração na seção de uma viga de concreto sujeita à flexão para cima de um momento negativo. As armaduras negativas também podem ser necessárias quando a altura da viga é limitada e não há área de concreto suficiente para suportar as solicitações de compressão.

- A armadura transversal consiste em barras dobradas ou estribos, dispostos em uma viga de concreto para resistir à tração diagonal.
- Barras dobradas são barras longitudinais dobradas a um ângulo de 30° ou mais com o eixo de uma viga de concreto, perpendicular e interseccional à fissura que poderia ocorrer devido à tração diagonal.
- Os estribos são qualquer uma das barras em forma de U ou em ganho fechado dispostas perpendicularmente ao reforço longitudinal de uma viga de concreto para resistir ao componente vertical de tração diagonal.

- A armadura positiva são barras longitudinais que resistem aos esforços de tração na seção de uma viga sujeita a um momento positivo.
- Os cavaletes são barras longitudinais dobradas para cima ou para baixo em pontos de inversão de momentos fletores em uma barra de concreto.

- Os ganchos são curvas colocadas nas extremidades das barras de tração para desenvolver um comprimento de ancoragem adequado. Um gancho padrão tem uma curva de 90°, 135° ou 180° na extremidade de uma barra da armadura de acordo com padrões industriais, com um raio baseado no diâmetro da barra.

- A tração diagonal resulta dos principais esforços de tração que atuam em ângulo ao eixo longitudinal de uma viga.

LAJES DE CONCRETO 4.5

Lajes de concreto são placas com armadura de aço para vencer uma ou ambas as direções de um vão estrutural. Consulte um engenheiro de estruturas e o código de edificações para tamanho, espaçamento e distribuição exigidos para toda a armadura.

CSI MasterFormat 03 20 00 Concrete Reinforcing
CSI MasterFormat 03 30 00 Cast-in-Place Concrete
CSI MasterFormat 03 31 00 Structural Concrete

Lajes unidirecionais
Uma laje unidirecional tem espessura uniforme, é armada em uma direção e é solidarizada às vigas de apoio paralelas.

- Armadura principal: para tração
- Armadura transversal à principal: contra a fissuração decorrentes de movimentos térmicos
- Regra básica para pré-dimensionamento da espessura: vão/30 para lajes de piso; mínimo de 10,0 cm vão/36 para lajes de cobertura
- Adequado para cargas leves a moderadas sobre vãos relativamente curtos de 1,80 a 5,50 m
- A laje é sustentada nos dois lados por vigas ou paredes portantes; as vigas secundárias, por sua vez, podem se apoiar em vigas principais ou pilares.

Laje unidirecional nervurada
Uma laje nervurada é moldada solidariamente com uma série de vigotas pouco espaçadas, que por sua vez são sustentadas por um conjunto de vigas paralelas. Projetadas como uma série de vigas em T, as lajes nervuradas são mais adequadas para vãos maiores e carregamentos superiores aos das lajes unidirecionais.

- A armadura para tração fica nas nervuras.
- A laje tem armadura contra a fissuração provocada por movimentos térmicos.
- Espessura da laje de 7,5 a 11,5 cm: regra prática para o pré-dimensionamento da espessura total: vão/24
- Largura da nervura: 12,5 a 23,0 cm
- As cubas são moldes reutilizáveis de metal ou fibra de vidro, disponíveis em larguras entre 51,0 e 76,0 cm e com diversas profundidades entre 15,0 a 51,0 cm em incrementos de 5,0 cm. As laterais inclinadas permitem remoção mais fácil.
- Cubas com forma trapezoidais são usadas para engrossar as extremidades das nervuras, para maior resistência ao cisalhamento.
- As nervuras de distribuição são formadas perpendicularmente às vigotas para distribuir possíveis concentrações de cargas sobre uma área maior: são necessárias para vãos entre 6 e 9 m, e não devem estar a mais que 4,5 m entre eixos para vãos de 9 m.
- As vigas entre os pilares são vigas de apoio baixas e largas — uma alternativa econômica porque sua altura é a mesma das nervuras.
- Adequada para carregamentos leves a moderados sobre vãos de 4,0 a 10,0 m; vãos maiores podem ser possíveis com pós-tensão.

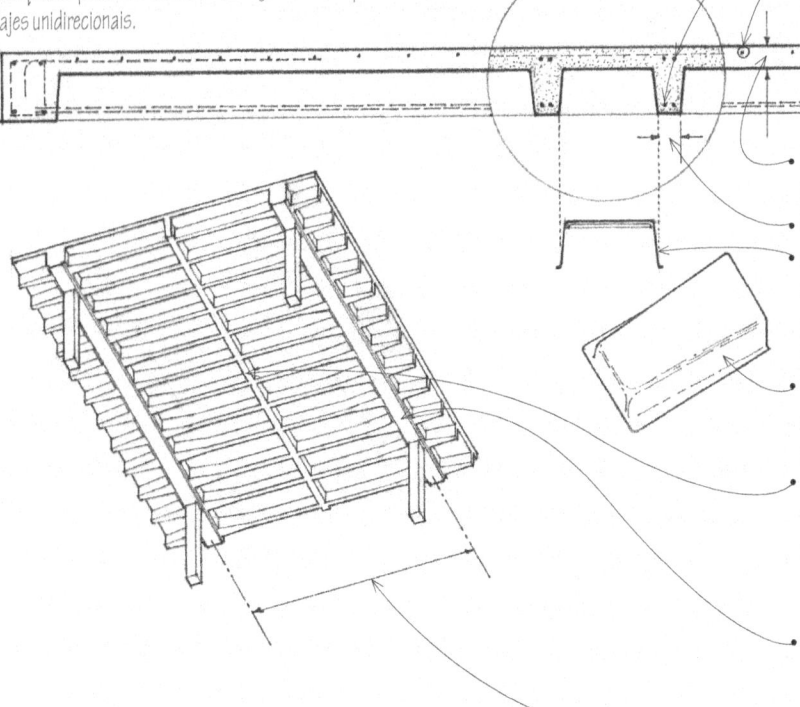

- Veja as p. 12.4–12.5 para uma discussão sobre o concreto como material de construção.

4.6 LAJES DE CONCRETO

Lajes bidirecionais e vigas

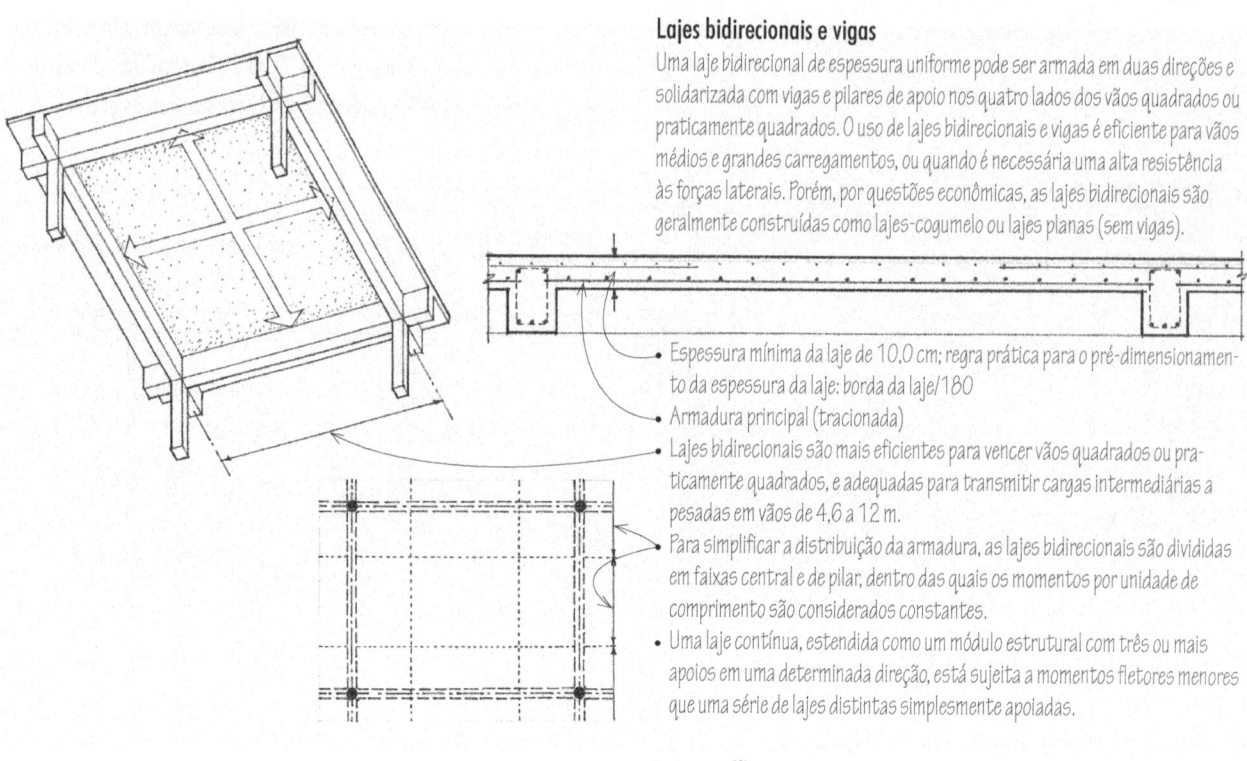

Uma laje bidirecional de espessura uniforme pode ser armada em duas direções e solidarizada com vigas e pilares de apoio nos quatro lados dos vãos quadrados ou praticamente quadrados. O uso de lajes bidirecionais e vigas é eficiente para vãos médios e grandes carregamentos, ou quando é necessária uma alta resistência às forças laterais. Porém, por questões econômicas, as lajes bidirecionais são geralmente construídas como lajes-cogumelo ou lajes planas (sem vigas).

- Espessura mínima da laje de 10,0 cm; regra prática para o pré-dimensionamento da espessura da laje: borda da laje/180
- Armadura principal (tracionada)
- Lajes bidirecionais são mais eficientes para vencer vãos quadrados ou praticamente quadrados, e adequadas para transmitir cargas intermediárias a pesadas em vãos de 4,6 a 12 m.
- Para simplificar a distribuição da armadura, as lajes bidirecionais são divididas em faixas central e de pilar, dentro das quais os momentos por unidade de comprimento são considerados constantes.
- Uma laje contínua, estendida como um módulo estrutural com três ou mais apoios em uma determinada direção, está sujeita a momentos fletores menores que uma série de lajes distintas simplesmente apoiadas.

Lajes *waffle*

Uma laje *waffle* é uma laje de concreto bidirecional armada por nervuras em duas direções. As lajes *waffle* são capazes de transmitir cargas mais pesadas e vencer distâncias maiores que as lajes planas.

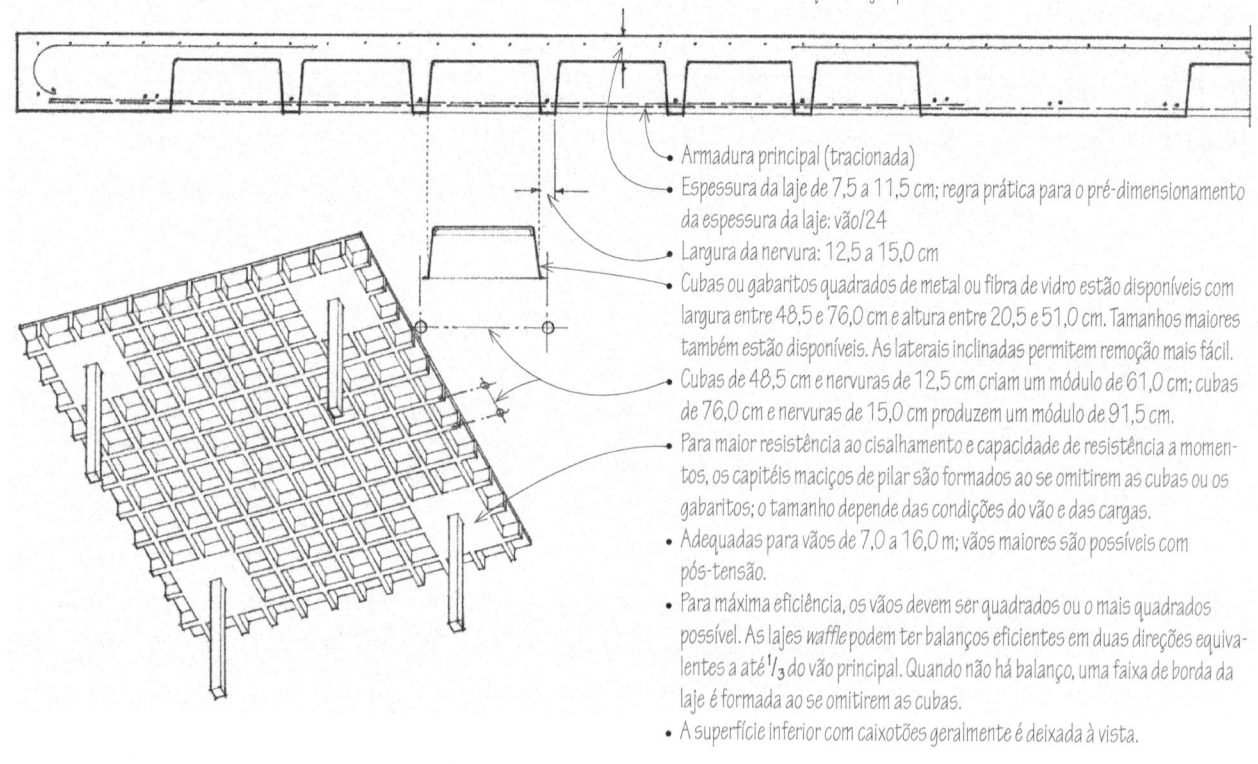

- Armadura principal (tracionada)
- Espessura da laje de 7,5 a 11,5 cm; regra prática para o pré-dimensionamento da espessura da laje: vão/24
- Largura da nervura: 12,5 a 15,0 cm
- Cubas ou gabaritos quadrados de metal ou fibra de vidro estão disponíveis com largura entre 48,5 e 76,0 cm e altura entre 20,5 e 51,0 cm. Tamanhos maiores também estão disponíveis. As laterais inclinadas permitem remoção mais fácil.
- Cubas de 48,5 cm e nervuras de 12,5 cm criam um módulo de 61,0 cm; cubas de 76,0 cm e nervuras de 15,0 cm produzem um módulo de 91,5 cm.
- Para maior resistência ao cisalhamento e capacidade de resistência a momentos, os capitéis maciços de pilar são formados ao se omitirem as cubas ou os gabaritos; o tamanho depende das condições do vão e das cargas.
- Adequadas para vãos de 7,0 a 16,0 m; vãos maiores são possíveis com pós-tensão.
- Para máxima eficiência, os vãos devem ser quadrados ou o mais quadrados possível. As lajes *waffle* podem ter balanços eficientes em duas direções equivalentes a até $1/3$ do vão principal. Quando não há balanço, uma faixa de borda da laje é formada ao se omitirem as cubas.
- A superfície inferior com caixotões geralmente é deixada à vista.

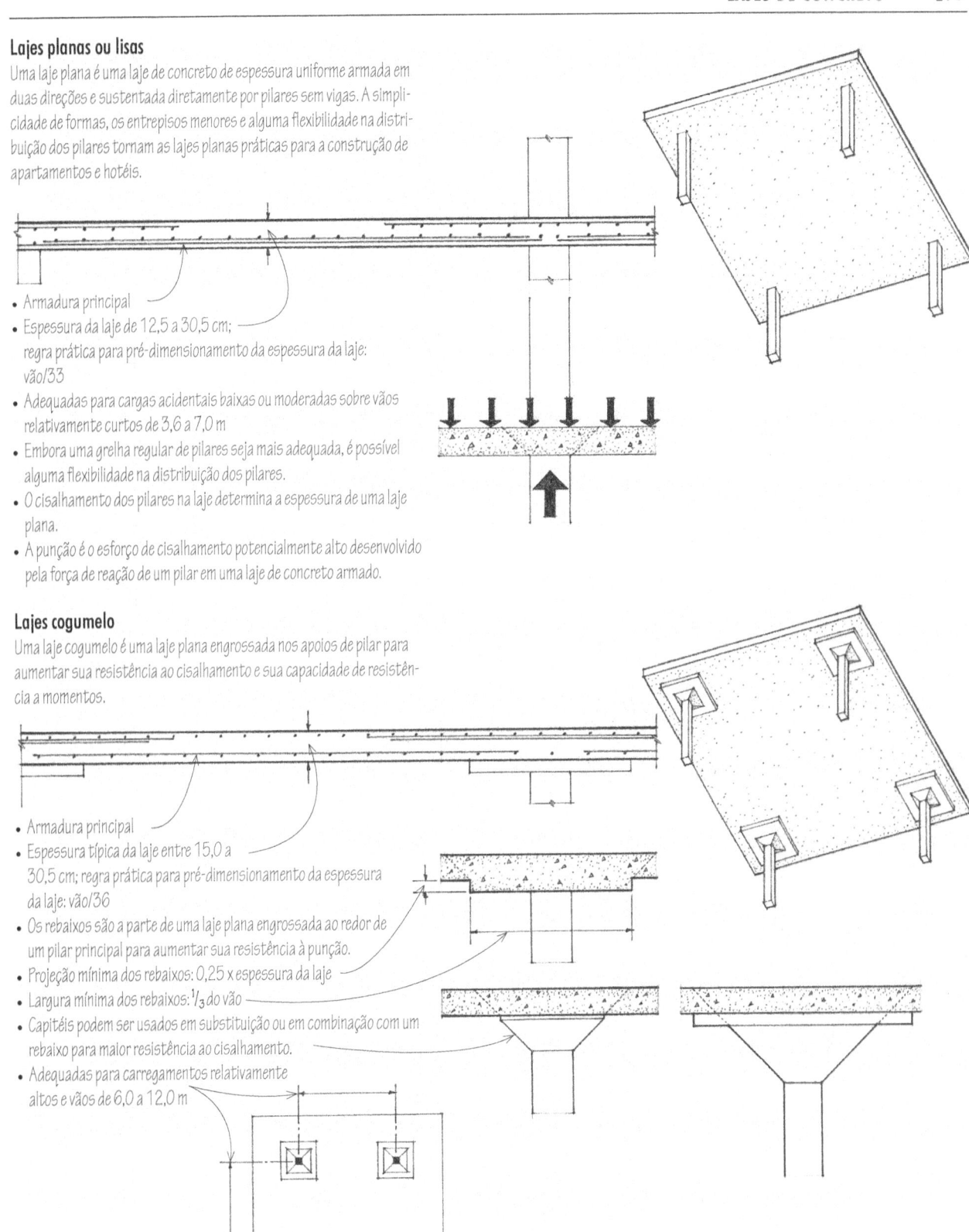

LAJES DE CONCRETO

Lajes planas ou lisas

Uma laje plana é uma laje de concreto de espessura uniforme armada em duas direções e sustentada diretamente por pilares sem vigas. A simplicidade de formas, os entrepisos menores e alguma flexibilidade na distribuição dos pilares tornam as lajes planas práticas para a construção de apartamentos e hotéis.

- Armadura principal
- Espessura da laje de 12,5 a 30,5 cm; regra prática para pré-dimensionamento da espessura da laje: vão/33
- Adequadas para cargas acidentais baixas ou moderadas sobre vãos relativamente curtos de 3,6 a 7,0 m
- Embora uma grelha regular de pilares seja mais adequada, é possível alguma flexibilidade na distribuição dos pilares.
- O cisalhamento dos pilares na laje determina a espessura de uma laje plana.
- A punção é o esforço de cisalhamento potencialmente alto desenvolvido pela força de reação de um pilar em uma laje de concreto armado.

Lajes cogumelo

Uma laje cogumelo é uma laje plana engrossada nos apoios de pilar para aumentar sua resistência ao cisalhamento e sua capacidade de resistência a momentos.

- Armadura principal
- Espessura típica da laje entre 15,0 a 30,5 cm; regra prática para pré-dimensionamento da espessura da laje: vão/36
- Os rebaixos são a parte de uma laje plana engrossada ao redor de um pilar principal para aumentar sua resistência à punção.
- Projeção mínima dos rebaixos: 0,25 × espessura da laje
- Largura mínima dos rebaixos: $1/3$ do vão
- Capitéis podem ser usados em substituição ou em combinação com um rebaixo para maior resistência ao cisalhamento.
- Adequadas para carregamentos relativamente altos e vãos de 6,0 a 12,0 m

4.8 O CONCRETO PROTENDIDO

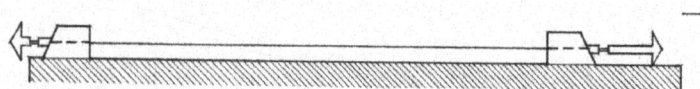

- Cabos de aço são primeiramente esticados dentro das formas entre dois blocos de ancoragem até que uma força de tração predeterminada seja aplicada.

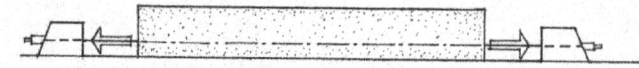

- O concreto é então lançado nas fôrmas em volta dos cabos esticados e se aguarda a cura total. Os cabos são colocados excentricamente, para reduzir o esforço de compressão máximo ao esforço produzido apenas pela flexão.

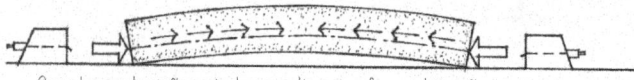

- Quando os cabos são cortados ou soltos, os esforços de tração nos cabos são transferidos para o concreto através de tensões de aderência. A ação excêntrica da protensão produz uma leve curvatura para cima ou arqueamento no elemento.

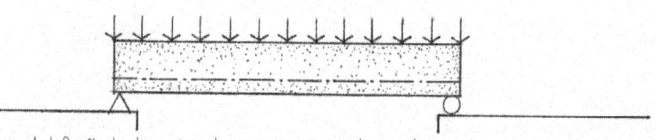

- A deflexão do elemento sob carregamento tende a anular sua curvatura para cima.

O concreto protendido é armado pela pré-tração ou pós-tensão de cabos de aço de alta resistência dentro de seu limite elástico para resistir ativamente a uma carga de serviço. Os esforços de tração nos cabos são transferidos ao concreto, colocando toda a seção transversal da peça flexionada sob compressão. Os esforços de compressão resultantes neutralizam as tensões de tração e flexão da carga aplicada, dando ao elemento protendido uma menor deflexão, uma capacidade de carregamento maior ou possibilitando-lhe vencer um vão maior que o que um componente convencionalmente armado do mesmo tamanho, proporção e peso venceria.

Há dois tipos de técnicas de protensão. A pré-tração é realizada em uma fábrica de pré-moldados, enquanto a pós-tensão é geralmente feita no canteiro de obras, especialmente quando as peças estruturais são muito grandes para transportar da fábrica para o sítio.

Pré-tração
A pré-tração protende um elemento de concreto estirando os cabos da armadura antes que o concreto seja lançado.

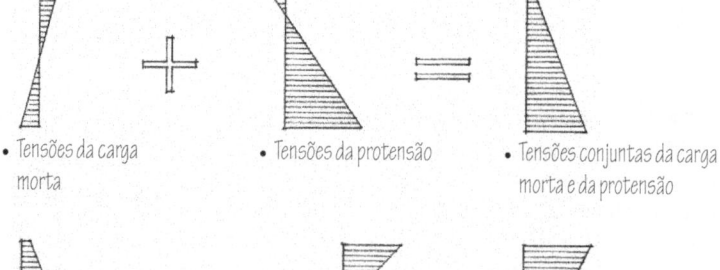

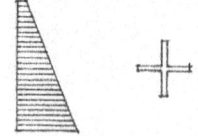

- Tensões da carga morta
- Tensões da protensão
- Tensões conjuntas da carga morta e da protensão

- Tensões da carga morta e da protensão
- Tensões de cargas acidentais
- Tensões finais combinadas

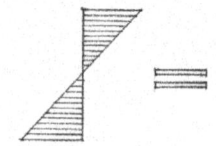

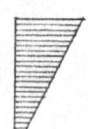

- Uma parte da protensão inicial é perdida devido aos efeitos combinados da compressão elástica ou deformação, relaxamento dos cabos de aço, perdas de fricção e afrouxamento das ancoragens.

CSI MasterFormat 03 38 00 Posttensioned Concrete
CSI MasterFormat 03 40 00 Precast Concrete

O CONCRETO PROTENDIDO 4.9

- Os cabos de aço de altíssima resistência podem estar na forma de fios trefilados de aço carbono, monocordoalhas ou barras.

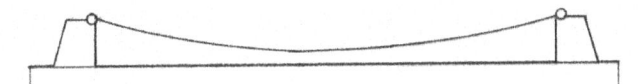

- Cabos de aço ainda não tracionados, colgados dentro da viga ou na forma da viga, são inseridos em bainhas ou recobertos para evitar a aderência durante a cura do concreto.

- Após a cura do concreto, os cabos são presos a uma extremidade e tensionados com um macaco hidráulico contra o concreto na outra extremidade até que a resistência necessária seja alcançada.

Pós-tensão

A pós-tensão é o pré-tensionamento de um elemento de concreto pelo tracionamento dos cabos da armadura principal após o endurecimento do concreto.

- Com o passar do tempo, os elementos pós-tensionados tendem a tornar-se mais curtos devido a compressão elástica, retração e deformação. Os elementos contíguos que seriam afetados por esse movimento devem ser construídos depois que o processo de pós-tensão é completado e devem ser isolados dos elementos pós-tensionados com juntas de dilatação.

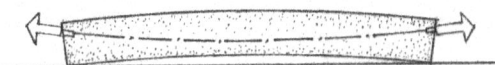

- Os cabos são então firmemente ancorados na extremidade onde foram estirados pelo macaco, e o macaco é removido. Após o processo de pós-tensão, os cabos de aço podem ficar sem aderência ou podem ser unidos ao concreto adjacente pela injeção de graute nos espaços vazios dentro das bainhas.

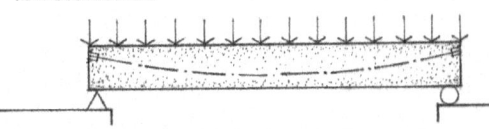

- A deflexão do elemento sob carregamento tende a neutralizar sua curvatura para cima.

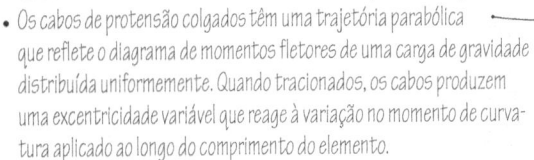

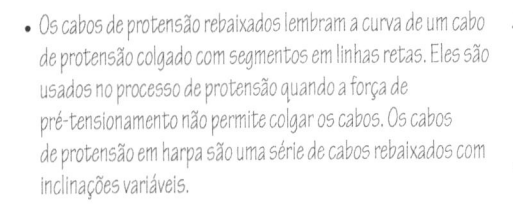

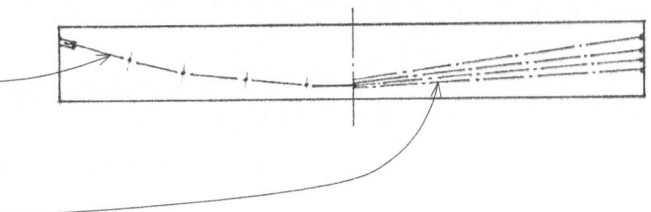

- O equilíbrio de carga é o conceito de protender um elemento de concreto com cabos de protensão colgados, teoricamente resultando em um estado de deflexão zero sob uma determinada condição de carregamento.
- Os cabos de protensão colgados têm uma trajetória parabólica que reflete o diagrama de momentos fletores de uma carga de gravidade distribuída uniformemente. Quando tracionados, os cabos produzem uma excentricidade variável que reage à variação no momento de curvatura aplicado ao longo do comprimento do elemento.

- Os cabos de protensão rebaixados lembram a curva de um cabo de protensão colgado com segmentos em linhas retas. Eles são usados no processo de protensão quando a força de pré-tensionamento não permite colgar os cabos. Os cabos de protensão em harpa são uma série de cabos rebaixados com inclinações variáveis.

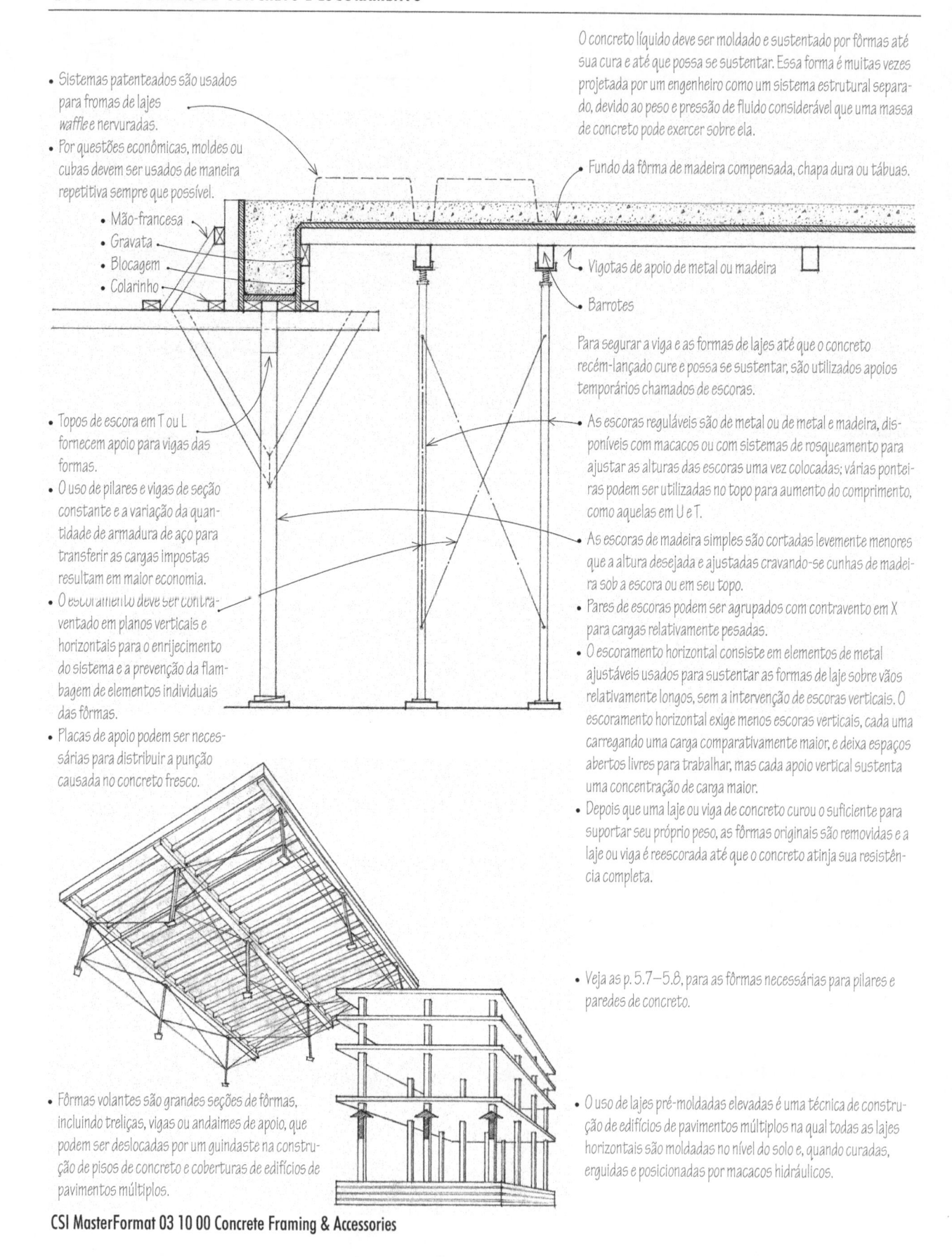

4.10 FÔRMAS DE CONCRETO E ESCORAMENTO

O concreto líquido deve ser moldado e sustentado por fôrmas até sua cura e até que possa se sustentar. Essa forma é muitas vezes projetada por um engenheiro como um sistema estrutural separado, devido ao peso e pressão de fluido considerável que uma massa de concreto pode exercer sobre ela.

- Sistemas patenteados são usados para fromas de lajes waffle e nervuradas.
- Por questões econômicas, moldes ou cubas devem ser usados de maneira repetitiva sempre que possível.
  - Mão-francesa
  - Gravata
  - Blocagem
  - Colarinho

- Fundo da fôrma de madeira compensada, chapa dura ou tábuas.

- Vigotas de apoio de metal ou madeira
- Barrotes

Para segurar a viga e as formas de lajes até que o concreto recém-lançado cure e possa se sustentar, são utilizados apoios temporários chamados de escoras.

- Topos de escora em T ou L fornecem apoio para vigas das formas.
- O uso de pilares e vigas de seção constante e a variação da quantidade de armadura de aço para transferir as cargas impostas resultam em maior economia.
- O escoramento deve ser contraventado em planos verticais e horizontais para o enrijecimento do sistema e a prevenção da flambagem de elementos individuais das fôrmas.
- Placas de apoio podem ser necessárias para distribuir a punção causada no concreto fresco.

- As escoras reguláveis são de metal ou de metal e madeira, disponíveis com macacos ou com sistemas de rosqueamento para ajustar as alturas das escoras uma vez colocadas; várias ponteiras podem ser utilizadas no topo para aumento do comprimento, como aquelas em U e T.
- As escoras de madeira simples são cortadas levemente menores que a altura desejada e ajustadas cravando-se cunhas de madeira sob a escora ou em seu topo.
- Pares de escoras podem ser agrupados com contravento em X para cargas relativamente pesadas.
- O escoramento horizontal consiste em elementos de metal ajustáveis usados para sustentar as formas de laje sobre vãos relativamente longos, sem a intervenção de escoras verticais. O escoramento horizontal exige menos escoras verticais, cada uma carregando uma carga comparativamente maior, e deixa espaços abertos livres para trabalhar, mas cada apoio vertical sustenta uma concentração de carga maior.
- Depois que uma laje ou viga de concreto curou o suficiente para suportar seu próprio peso, as fôrmas originais são removidas e a laje ou viga é reescorada até que o concreto atinja sua resistência completa.

- Veja as p. 5.7–5.8, para as fôrmas necessárias para pilares e paredes de concreto.

- Fôrmas volantes são grandes seções de fôrmas, incluindo treliças, vigas ou andaimes de apoio, que podem ser deslocadas por um guindaste na construção de pisos de concreto e coberturas de edifícios de pavimentos múltiplos.

- O uso de lajes pré-moldadas elevadas é uma técnica de construção de edifícios de pavimentos múltiplos na qual todas as lajes horizontais são moldadas no nível do solo e, quando curadas, erguidas e posicionadas por macacos hidráulicos.

CSI MasterFormat 03 10 00 Concrete Framing & Accessories

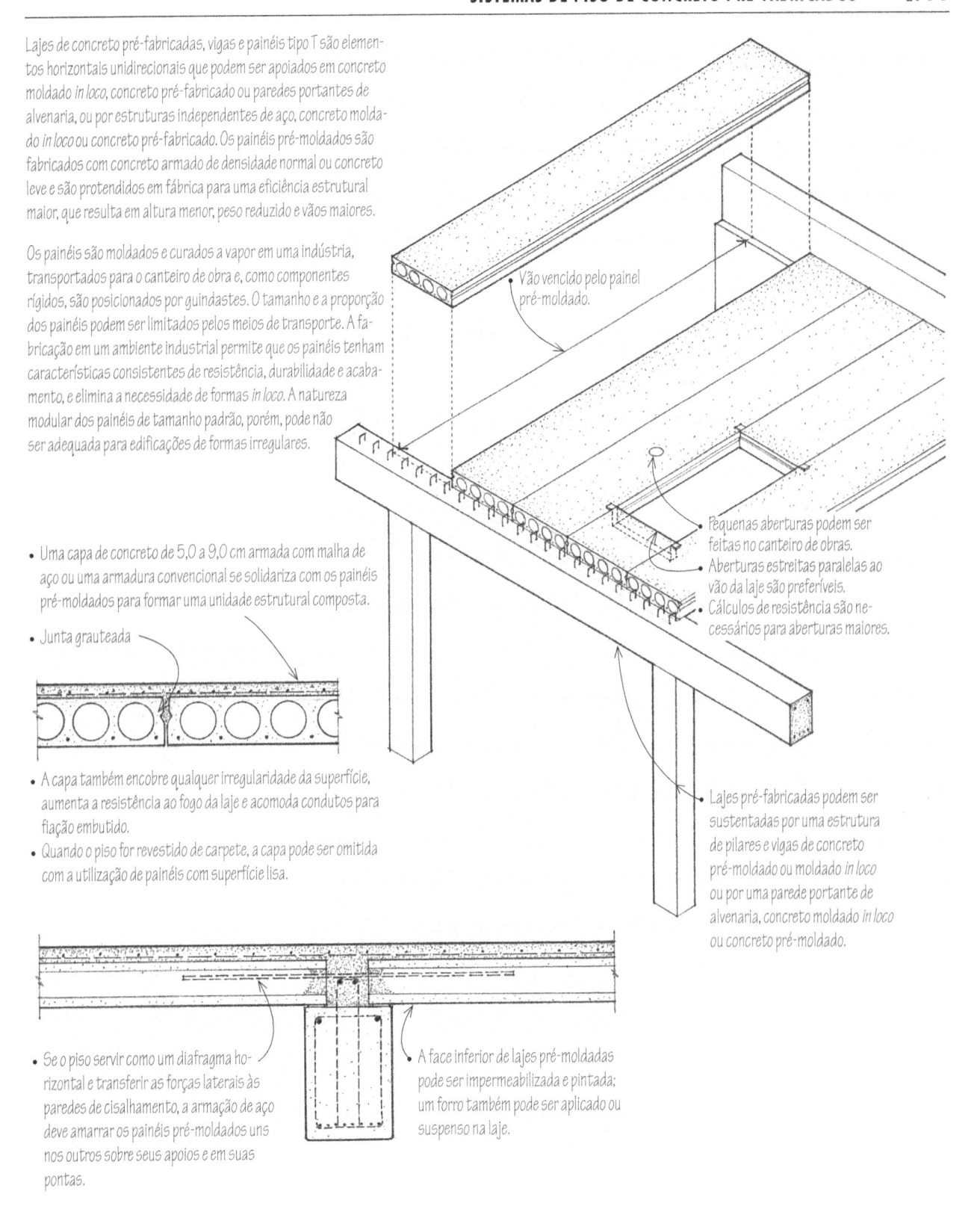

SISTEMAS DE PISO DE CONCRETO PRÉ-FABRICADOS 4.11

Lajes de concreto pré-fabricadas, vigas e painéis tipo T são elementos horizontais unidirecionais que podem ser apoiados em concreto moldado *in loco*, concreto pré-fabricado ou paredes portantes de alvenaria, ou por estruturas independentes de aço, concreto moldado *in loco* ou concreto pré-fabricado. Os painéis pré-moldados são fabricados com concreto armado de densidade normal ou concreto leve e são protendidos em fábrica para uma eficiência estrutural maior, que resulta em altura menor, peso reduzido e vãos maiores.

Os painéis são moldados e curados a vapor em uma indústria, transportados para o canteiro de obra e, como componentes rígidos, são posicionados por guindastes. O tamanho e a proporção dos painéis podem ser limitados pelos meios de transporte. A fabricação em um ambiente industrial permite que os painéis tenham características consistentes de resistência, durabilidade e acabamento, e elimina a necessidade de formas *in loco*. A natureza modular dos painéis de tamanho padrão, porém, pode não ser adequada para edificações de formas irregulares.

- Vão vencido pelo painel pré-moldado.
- Pequenas aberturas podem ser feitas no canteiro de obras.
- Aberturas estreitas paralelas ao vão da laje são preferíveis.
- Cálculos de resistência são necessários para aberturas maiores.

- Uma capa de concreto de 5,0 a 9,0 cm armada com malha de aço ou uma armadura convencional se solidariza com os painéis pré-moldados para formar uma unidade estrutural composta.
- Junta grauteada

- A capa também encobre qualquer irregularidade da superfície, aumenta a resistência ao fogo da laje e acomoda condutos para fiação embutido.
- Quando o piso for revestido de carpete, a capa pode ser omitida com a utilização de painéis com superfície lisa.

- Lajes pré-fabricadas podem ser sustentadas por uma estrutura de pilares e vigas de concreto pré-moldado ou moldado *in loco* ou por uma parede portante de alvenaria, concreto moldado *in loco* ou concreto pré-moldado.

- Se o piso servir como um diafragma horizontal e transferir as forças laterais às paredes de cisalhamento, a armação de aço deve amarrar os painéis pré-moldados uns nos outros sobre seus apoios e em suas pontas.
- A face inferior de lajes pré-moldadas pode ser impermeabilizada e pintada; um forro também pode ser aplicado ou suspenso na laje.

CSI MasterFormat 03 40 00 Precast Concrete
CSI MasterFormat 03 50 00 Cast Decks & Underlayment

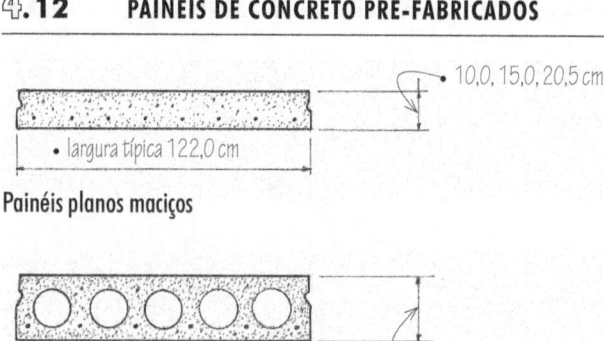

4.12 PAINÉIS DE CONCRETO PRÉ-FABRICADOS

Painéis planos maciços 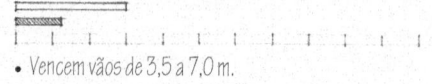
- largura típica 122,0 cm
- 10,0, 15,0, 20,5 cm
- Vencem vãos de 3,5 a 7,0 m.
- Regra prática para pré-dimensionamento da espessura dos painéis: vão/40

Painéis tubados 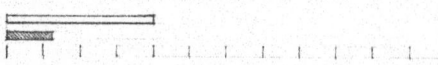
- 40,5, 61,0, 101,5, 122,0, 244,0 cm
- 15,0, 20,5, 25,5, 30,5 cm
- Vencem vãos de 3,5 a 12 m.
- Regra prática para pré-dimensionamento da espessura dos painéis: vão/40

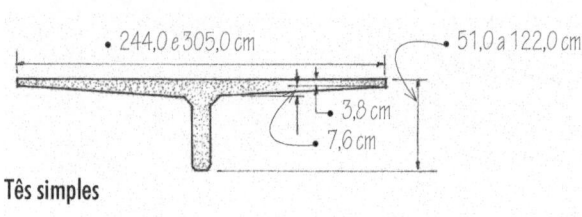

Tês simples 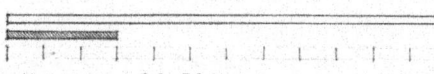
- 244,0 e 305,0 cm
- 51,0 a 122,0 cm
- 3,8 cm
- 7,6 cm
- Vencem vãos de 9,0 a 36,0 m.
- Regra prática para pré-dimensionamento da espessura dos painéis: vão/30

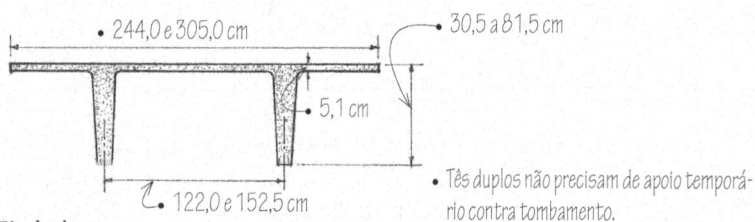

Tês duplos
- 244,0 e 305,0 cm
- 30,5 a 81,5 cm
- 5,1 cm
- 122,0 e 152,5 cm
- Tês duplos não precisam de apoio temporário contra tombamento.
- Vencem vãos de 9,0 a 30,0 m.
- Regra prática para pré-dimensionamento da espessura dos painéis: vão/28

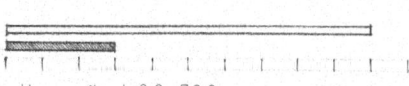

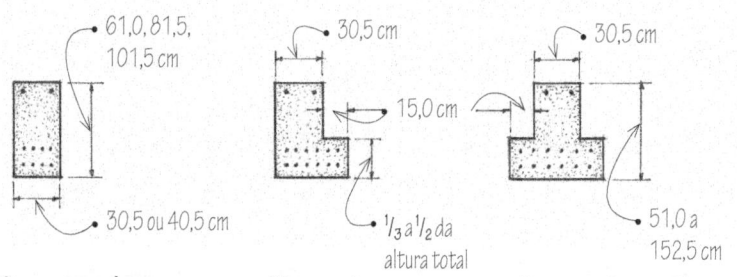

Vigas retangulares
- 61,0, 81,5, 101,5 cm
- 30,5 ou 40,5 cm

Vigas em L
- 30,5 cm
- 15,0 cm
- 1/3 a 1/2 da altura total

Vigas em tê invertido
- 30,5 cm
- 51,0 a 152,5 cm

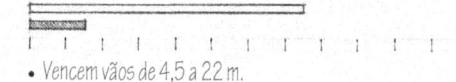

- Vencem vãos de 4,5 a 22 m.
- Regra prática para pré-dimensionamento da espessura dos painéis: vão/15

- Use as distâncias vencidas pelos vãos indicadas apenas para pré-dimensionamento. Consulte o fabricante sobre a disponibilidade de tamanhos, dimensões exatas, detalhes de conexão e tabelas de relação entre vãos e carregamentos.

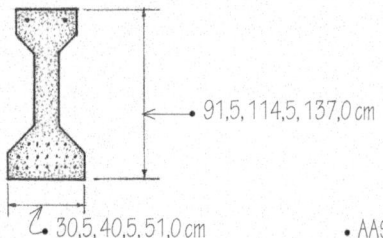

Vigas AASHTO
- 91,5, 114,5, 137,0 cm
- 30,5, 40,5, 51,0 cm
- AASHTO: Associação Americana de Oficiais da Estrada e do Transporte do Estado
- Concebidas para pontes, mas usadas algumas vezes na construção de prédios.
- Vencem vãos de 10,0 a 18,0 m.

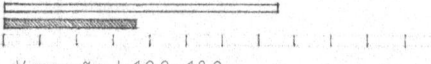

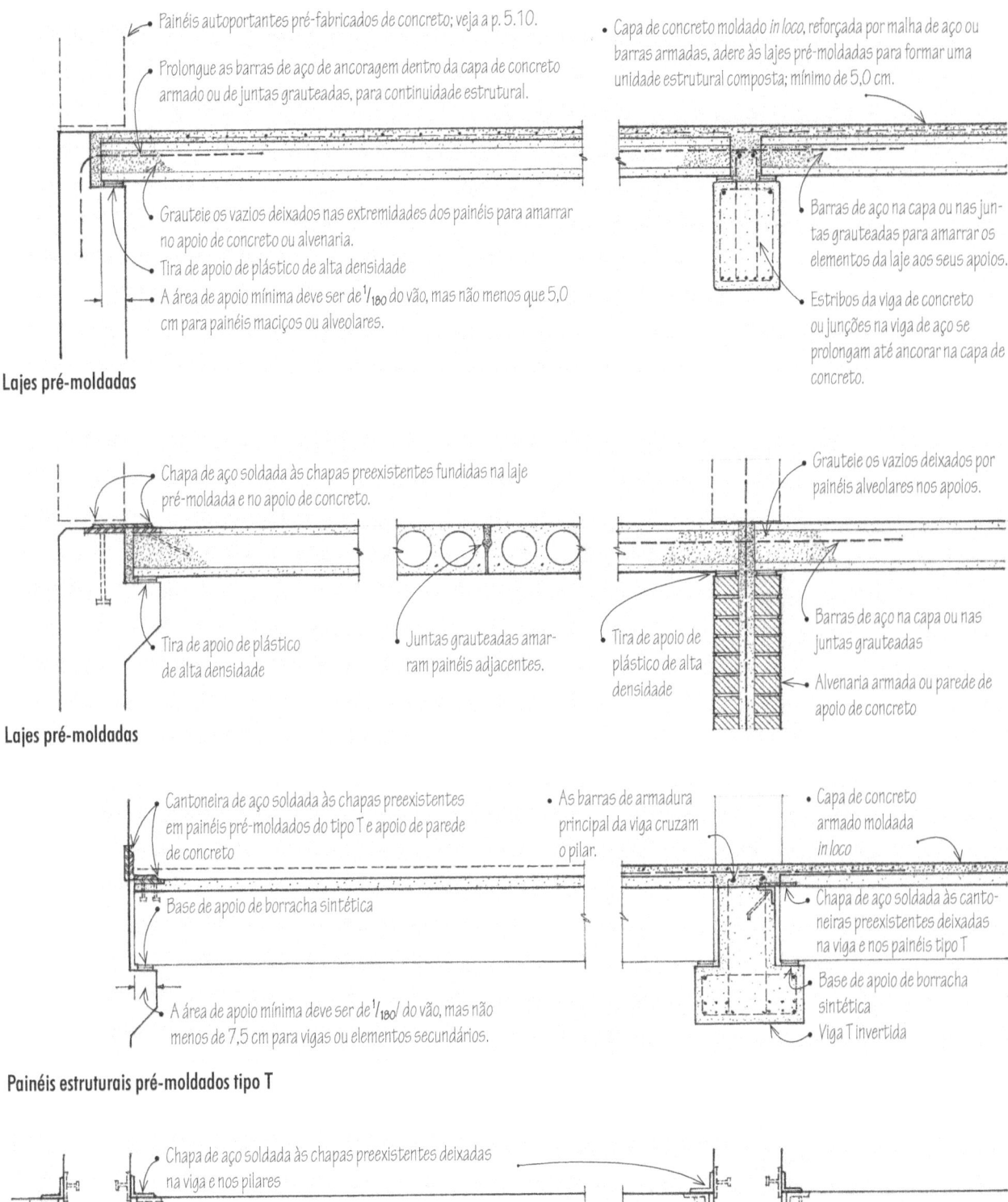

CONEXÕES EM ESTRUTURAS DE CONCRETO PRÉ-FABRICADAS 4.13

- Painéis autoportantes pré-fabricados de concreto; veja a p. 5.10.
- Prolongue as barras de aço de ancoragem dentro da capa de concreto armado ou de juntas grauteadas, para continuidade estrutural.
- Grauteie os vazios deixados nas extremidades dos painéis para amarrar no apoio de concreto ou alvenaria.
- Tira de apoio de plástico de alta densidade
- A área de apoio mínima deve ser de $1/180$ do vão, mas não menos que 5,0 cm para painéis maciços ou alveolares.

- Capa de concreto moldado *in loco*, reforçada por malha de aço ou barras armadas, adere às lajes pré-moldadas para formar uma unidade estrutural composta; mínimo de 5,0 cm.
- Barras de aço na capa ou nas juntas grauteadas para amarrar os elementos da laje aos seus apoios.
- Estribos da viga de concreto ou junções na viga de aço se prolongam até ancorar na capa de concreto.

Lajes pré-moldadas

- Chapa de aço soldada às chapas preexistentes fundidas na laje pré-moldada e no apoio de concreto.
- Tira de apoio de plástico de alta densidade
- Juntas grauteadas amarram painéis adjacentes.

- Grauteie os vazios deixados por painéis alveolares nos apoios.
- Tira de apoio de plástico de alta densidade
- Barras de aço na capa ou nas juntas grauteadas
- Alvenaria armada ou parede de apoio de concreto

Lajes pré-moldadas

- Cantoneira de aço soldada às chapas preexistentes em painéis pré-moldados do tipo T e apoio de parede de concreto
- Base de apoio de borracha sintética
- A área de apoio mínima deve ser de $1/180$ do vão, mas não menos de 7,5 cm para vigas ou elementos secundários.

- As barras de armadura principal da viga cruzam o pilar.
- Capa de concreto armado moldada *in loco*
- Chapa de aço soldada às cantoneiras preexistentes deixadas na viga e nos painéis tipo T
- Base de apoio de borracha sintética
- Viga T invertida

Painéis estruturais pré-moldados tipo T

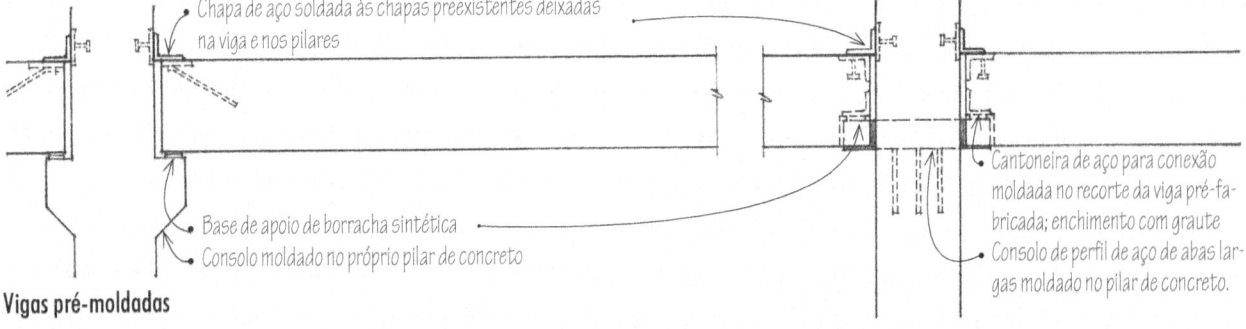

- Chapa de aço soldada às chapas preexistentes deixadas na viga e nos pilares
- Base de apoio de borracha sintética
- Consolo moldado no próprio pilar de concreto

- Cantoneira de aço para conexão moldada no recorte da viga pré-fabricada; enchimento com graute
- Consolo de perfil de aço de abas largas moldado no pilar de concreto.

Vigas pré-moldadas

4.14 ESTRUTURAS INDEPENDENTES DE AÇO

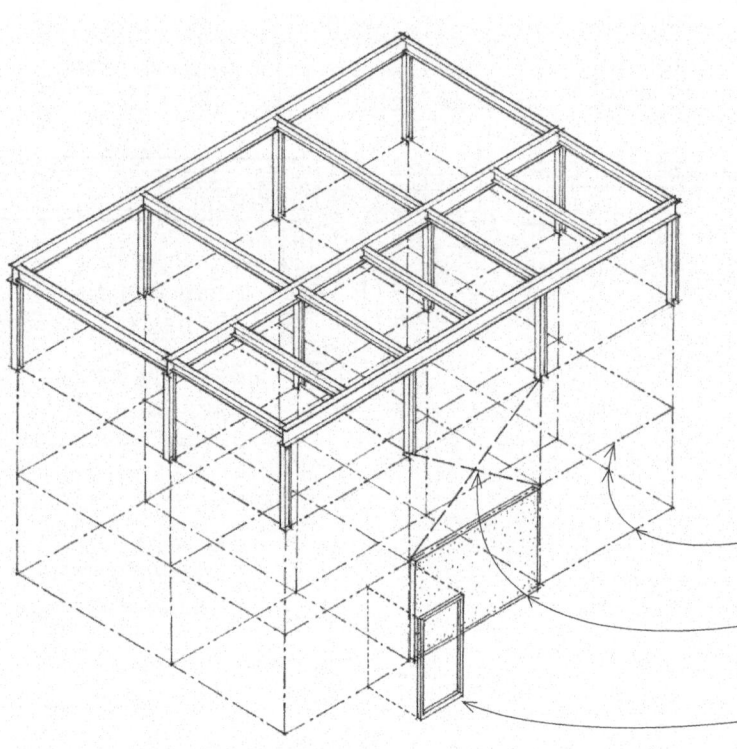

Longarinas, treliças, vigas e pilares de aço são usados para construir estruturas independentes para edificações, desde de um pavimento até arranha-céus. Como as estruturas de aço são difíceis de serem trabalhadas *in loco*, elas normalmente são cortadas, dobradas ou calandradas e furadas em uma indústria, de acordo com as especificações do projeto; isso pode resultar numa construção relativamente rápida e precisa de uma estrutura. O aço estrutural pode ser deixado à vista em construções desprotegidas incombustíveis, mas como o aço pode perder sua resistência rapidamente em um incêndio, é necessário revestimento ou tinta resistente ao fogo para qualificá-lo como uma construção resistente ao fogo. Veja a p. 12.8 para uma discussão sobre o aço como material de construção; veja o Apêndice para sistemas de aço com classificação de resistência ao fogo.

- Estruturas de aço são mais resistentes quando os apoios das vigas são lançados ao longo de uma grelha regular.
- A resistência a forças laterais de vento ou sísmicas exige o uso de paredes de cisalhamento, contraventamento diagonal ou pórticos indeformáveis.
- Para sistemas não portantes ou paredes-cortina, veja a p. 7.24.

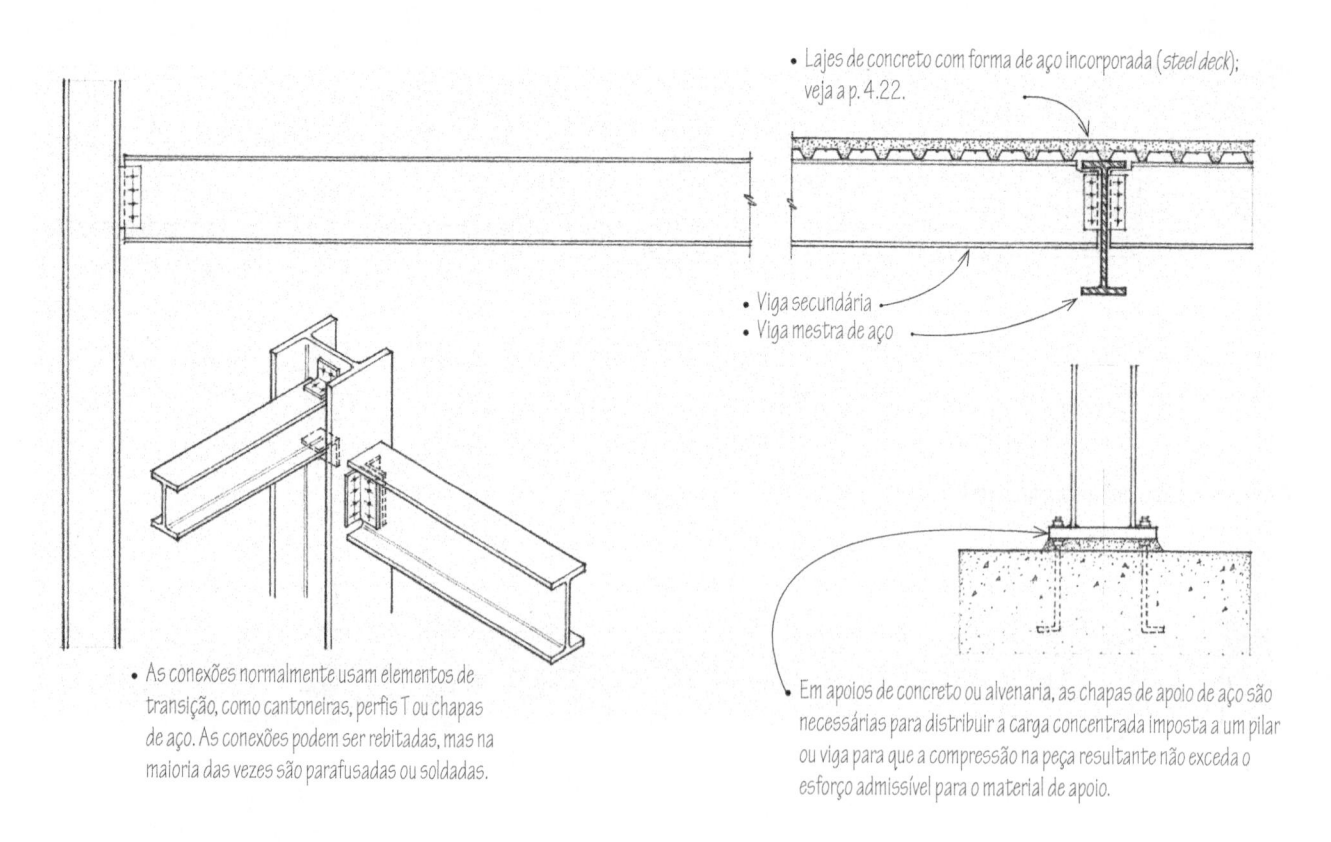

- Lajes de concreto com forma de aço incorporada (*steel deck*); veja a p. 4.22.
- Viga secundária
- Viga mestra de aço

- As conexões normalmente usam elementos de transição, como cantoneiras, perfis T ou chapas de aço. As conexões podem ser rebitadas, mas na maioria das vezes são parafusadas ou soldadas.

- Em apoios de concreto ou alvenaria, as chapas de apoio de aço são necessárias para distribuir a carga concentrada imposta a um pilar ou viga para que a compressão na peça resultante não exceda o esforço admissível para o material de apoio.

CSI MasterFormat 05 12 00 Structural Steel Framing

ESTRUTURAS INDEPENDENTES DE AÇO 4.15

- São necessários mecanismos de resistência a cargas laterais em ambas as direções, mas as forças laterais tendem a ser mais críticas na direção menor.

- Cada par de pilares externos apoia uma grande viga ou longarina. Este sistema é adequado para edificações longas e estreitas, especialmente quando se deseja uma planta livre de pilares.

Sistema unidirecional de vigas

- Viga mestra
- Vigas secundárias

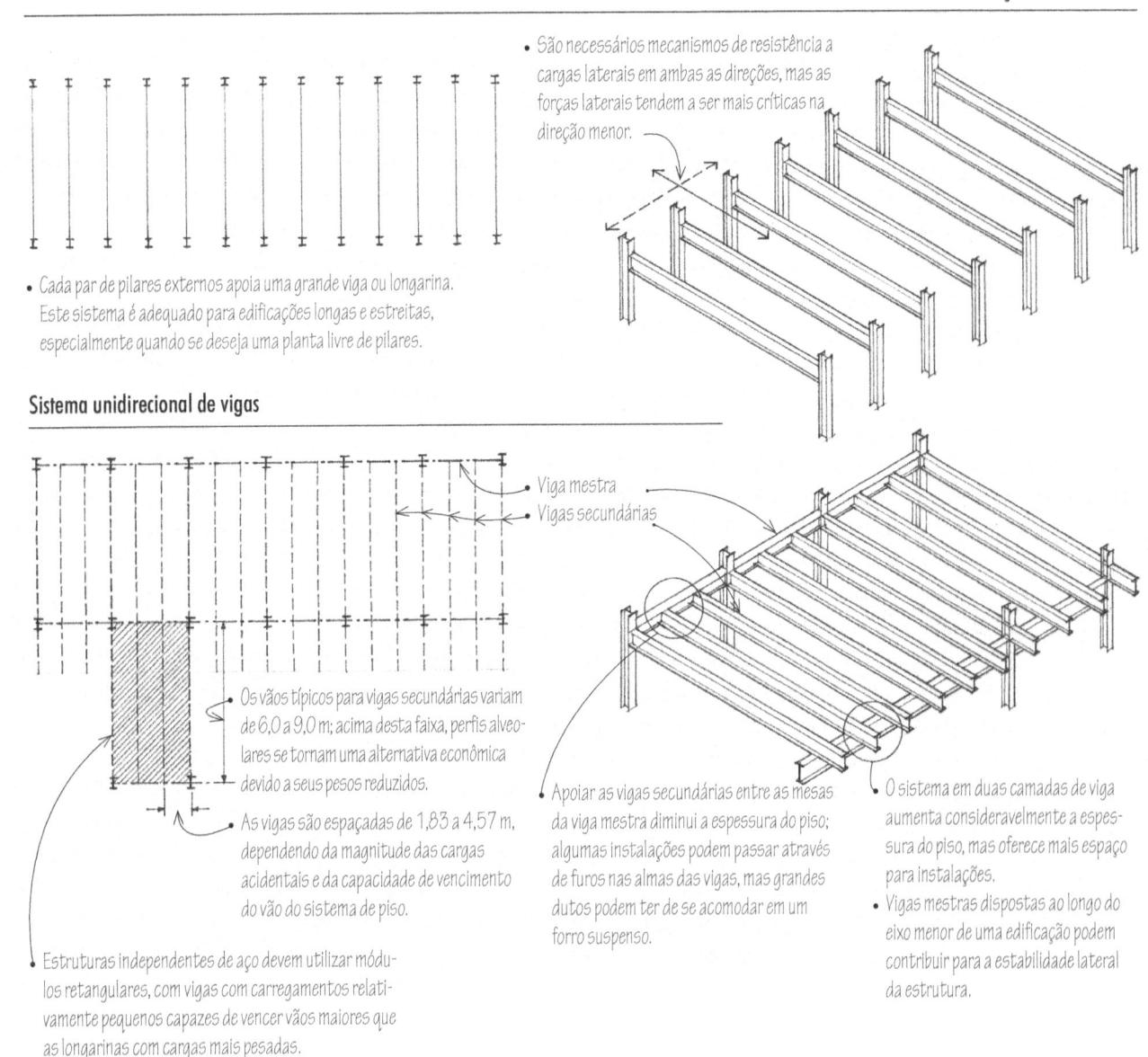

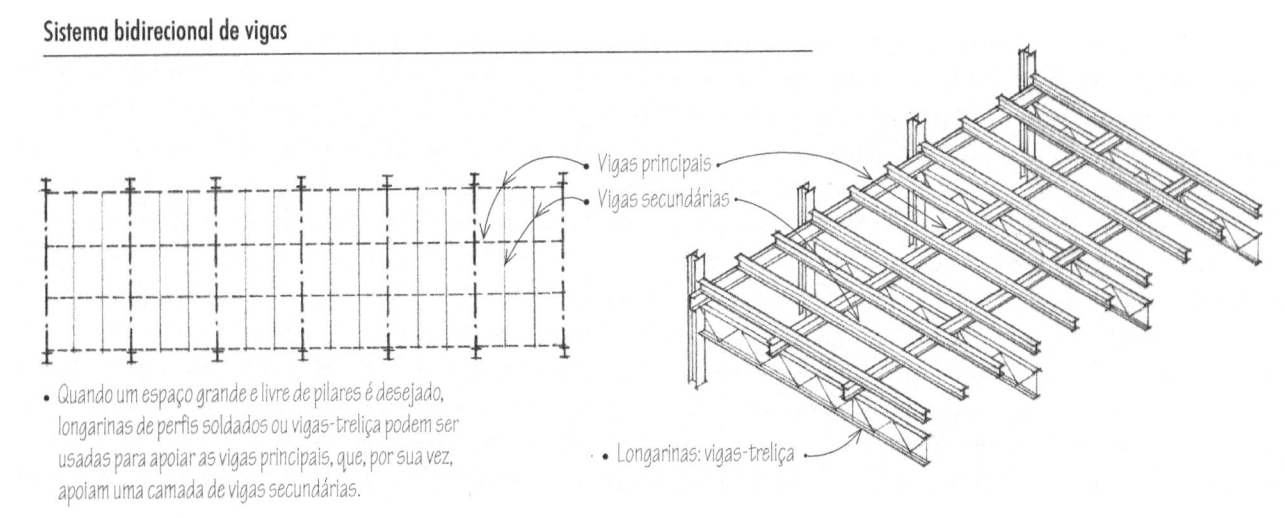

- Os vãos típicos para vigas secundárias variam de 6,0 a 9,0 m; acima desta faixa, perfis alveolares se tornam uma alternativa econômica devido a seus pesos reduzidos.
- As vigas são espaçadas de 1,83 a 4,57 m, dependendo da magnitude das cargas acidentais e da capacidade de vencimento do vão do sistema de piso.
- Apoiar as vigas secundárias entre as mesas da viga mestra diminui a espessura do piso; algumas instalações podem passar através de furos nas almas das vigas, mas grandes dutos podem ter de se acomodar em um forro suspenso.
- O sistema em duas camadas de viga aumenta consideravelmente a espessura do piso, mas oferece mais espaço para instalações.
- Vigas mestras dispostas ao longo do eixo menor de uma edificação podem contribuir para a estabilidade lateral da estrutura.
- Estruturas independentes de aço devem utilizar módulos retangulares, com vigas com carregamentos relativamente pequenos capazes de vencer vãos maiores que as longarinas com cargas mais pesadas.

Sistema bidirecional de vigas

- Vigas principais
- Vigas secundárias

- Quando um espaço grande e livre de pilares é desejado, longarinas de perfis soldados ou vigas-treliça podem ser usadas para apoiar as vigas principais, que, por sua vez, apoiam uma camada de vigas secundárias.
- Longarinas: vigas-treliça

Sistema triplo de vigas

4.16　VIGAS DE PERFIL DE AÇO

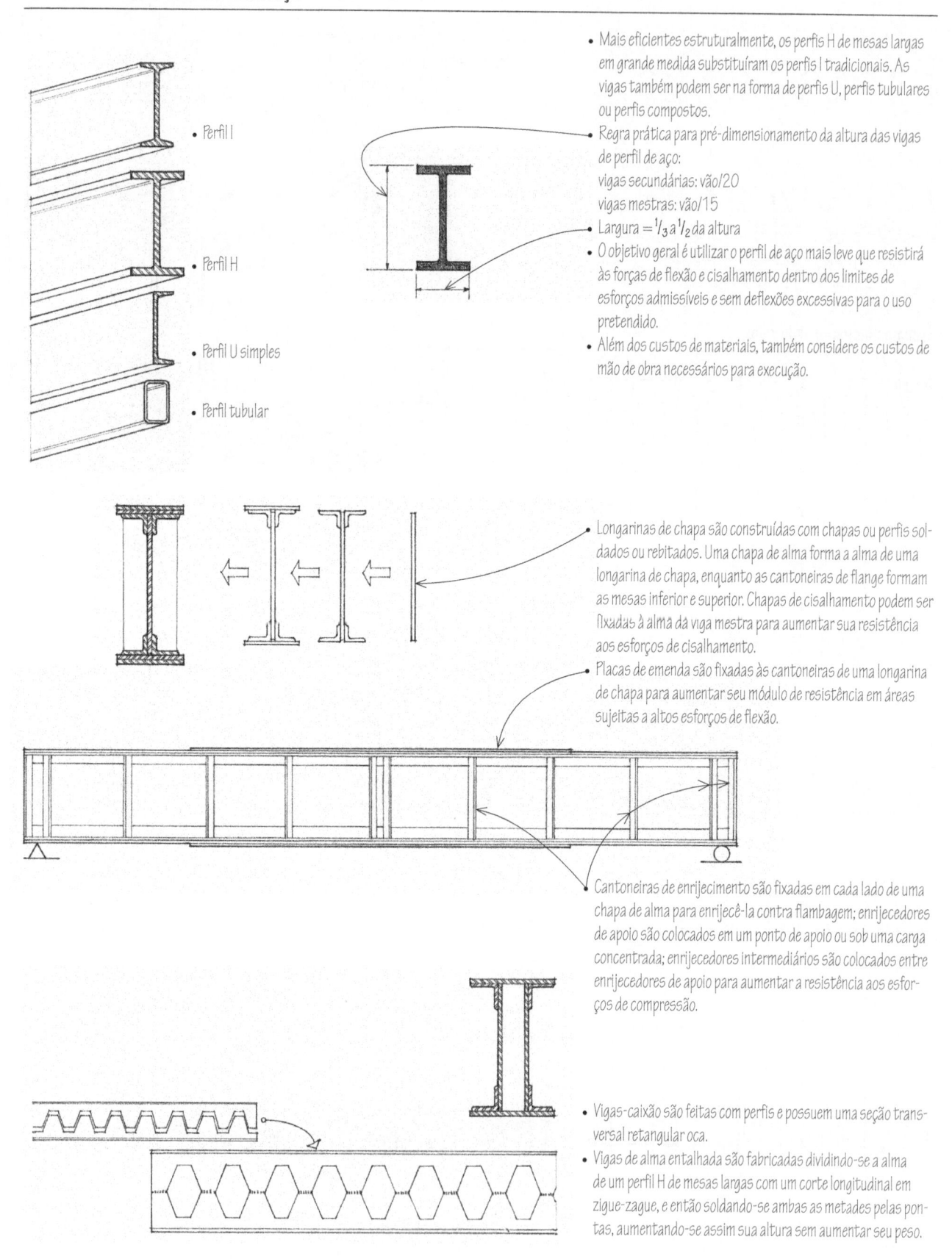

- Perfil I
- Perfil H
- Perfil U simples
- Perfil tubular

- Mais eficientes estruturalmente, os perfis H de mesas largas em grande medida substituíram os perfis I tradicionais. As vigas também podem ser na forma de perfis U, perfis tubulares ou perfis compostos.
- Regra prática para pré-dimensionamento da altura das vigas de perfil de aço:
  vigas secundárias: vão/20
  vigas mestras: vão/15
- Largura = $\frac{1}{3}$ a $\frac{1}{2}$ da altura
- O objetivo geral é utilizar o perfil de aço mais leve que resistirá às forças de flexão e cisalhamento dentro dos limites de esforços admissíveis e sem deflexões excessivas para o uso pretendido.
- Além dos custos de materiais, também considere os custos de mão de obra necessários para execução.

- Longarinas de chapa são construídas com chapas ou perfis soldados ou rebitados. Uma chapa de alma forma a alma de uma longarina de chapa, enquanto as cantoneiras de flange formam as mesas inferior e superior. Chapas de cisalhamento podem ser fixadas à alma da viga mestra para aumentar sua resistência aos esforços de cisalhamento.
- Placas de emenda são fixadas às cantoneiras de uma longarina de chapa para aumentar seu módulo de resistência em áreas sujeitas a altos esforços de flexão.

- Cantoneiras de enrijecimento são fixadas em cada lado de uma chapa de alma para enrijecê-la contra flambagem; enrijecedores de apoio são colocados em um ponto de apoio ou sob uma carga concentrada; enrijecedores intermediários são colocados entre enrijecedores de apoio para aumentar a resistência aos esforços de compressão.

- Vigas-caixão são feitas com perfis e possuem uma seção transversal retangular oca.
- Vigas de alma entalhada são fabricadas dividindo-se a alma de um perfil H de mesas largas com um corte longitudinal em zigue-zague, e então soldando-se ambas as metades pelas pontas, aumentando-se assim sua altura sem aumentar seu peso.

CSI MasterFormat 05 12 23 Structural Steel for Buildings

CONEXÕES EM VIGAS DE PERFIL DE AÇO 4.17

Há muitas maneiras nas quais as conexões de aço podem ser feitas, usando-se diferentes tipos de conectores e várias combinações de parafusos e soldagem. Consulte o *Manual de Construção em Aço do American Institute of Steel Construction (AISC)* para as propriedades e dimensões dos perfis de aço, tabelas de cargas admissíveis para vigas e pilares e exigências para conexões parafusadas e soldadas. Além da resistência e do grau de rigidez, os conectores devem ser avaliados quanto à economia na fabricação e montagem e à aparência da estrutura deixada à vista.

A resistência de uma conexão depende do tamanho dos elementos e dos perfis T, cantoneiras e chapas, bem como da configuração de parafusos ou soldagem utilizada. O AISC define três tipos de estruturas de aço que determinam os tamanhos dos elementos e métodos para suas conexões: conexões rígidas, conexões resistentes a cisalhamento e conexões semirrígidas.

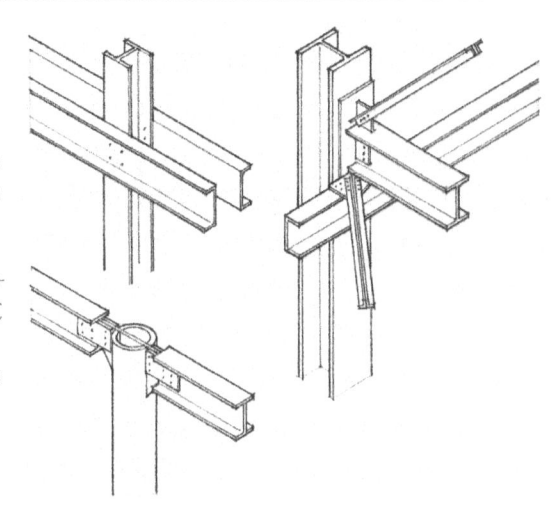

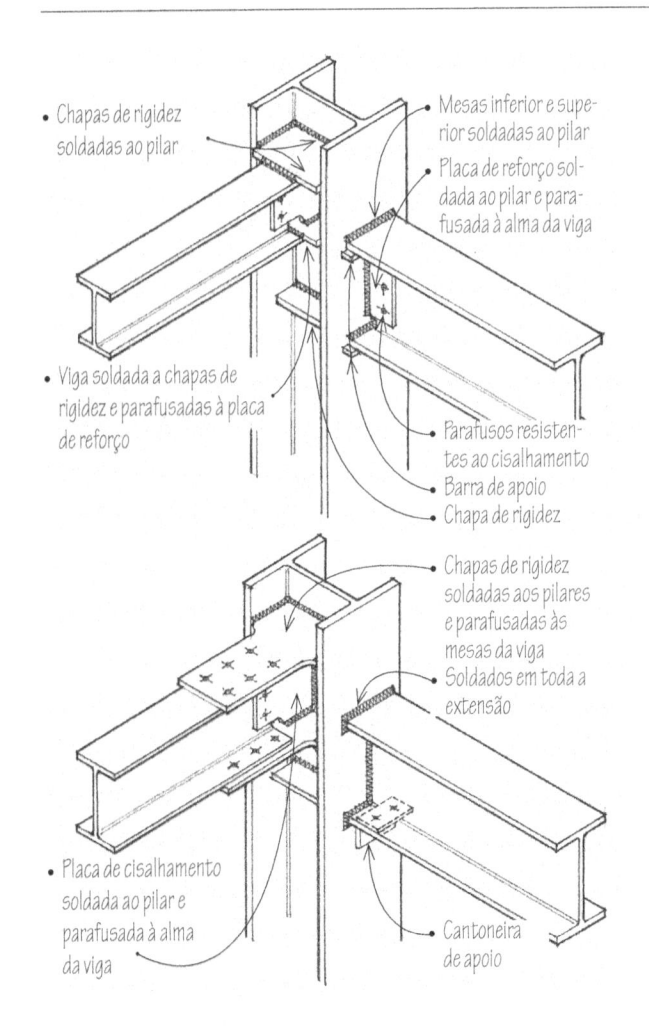

- Chapas de rigidez soldadas ao pilar
- Mesas inferior e superior soldadas ao pilar
- Placa de reforço soldada ao pilar e parafusada à alma da viga
- Viga soldada a chapas de rigidez e parafusadas à placa de reforço
- Parafusos resistentes ao cisalhamento
- Barra de apoio
- Chapa de rigidez
- Chapas de rigidez soldadas aos pilares e parafusadas às mesas da viga
- Soldados em toda a extensão
- Placa de cisalhamento soldada ao pilar e parafusada à alma da viga
- Cantoneira de apoio
- Solde as mesas ou use chapa de ligação parafusada às mesas superiores da viga principal e secundária.
- O cisalhamento é resistido por chapas soldadas à alma da viga principal e parafusadas à alma da viga secundária.
- Placas soldadas à alma da viga principal e parafusadas à mesa inferior da viga secundária
- Viga principal (viga mestra)
- Chapas de rigidez soldadas
- A viga secundária ultrapassa a viga principal; parafusada para evitar que se desloque.
- Pequenas aberturas podem ser feitas ou perfuradas na alma; aberturas maiores afetam a resistência da alma ao cisalhamento e exigem enrijecimento ou reforço.

Conexões rígidas

Conexões de estruturas rígidas (Tipo 1 do AISC) são capazes de manter seu ângulo original sob carregamento desenvolvendo um momento de resistência específico, geralmente através do uso de placas soldadas ou parafusadas às mesas da viga e ao pilar de apoio.

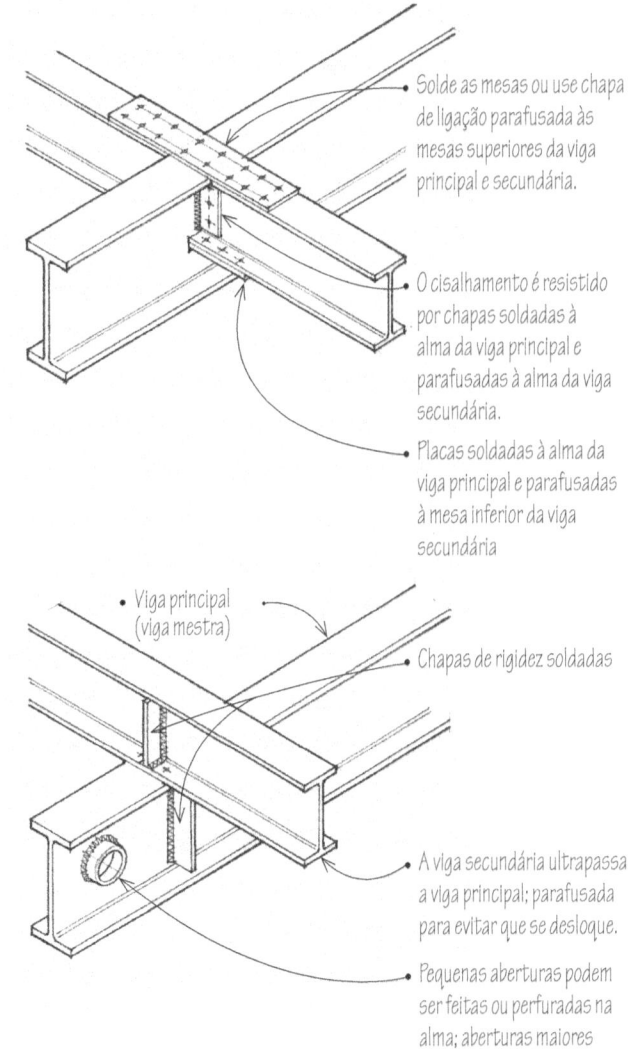

4.18 CONEXÕES EM VIGAS DE AÇO

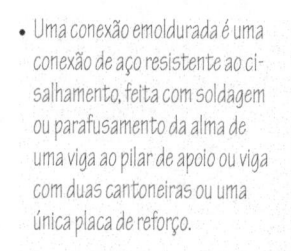

- Uma conexão emoldurada é uma conexão de aço resistente ao cisalhamento, feita com soldagem ou parafusamento da alma de uma viga ao pilar de apoio ou viga com duas cantoneiras ou uma única placa de reforço.

- Duas cantoneiras soldadas ou parafusadas ao pilar e à alma da viga

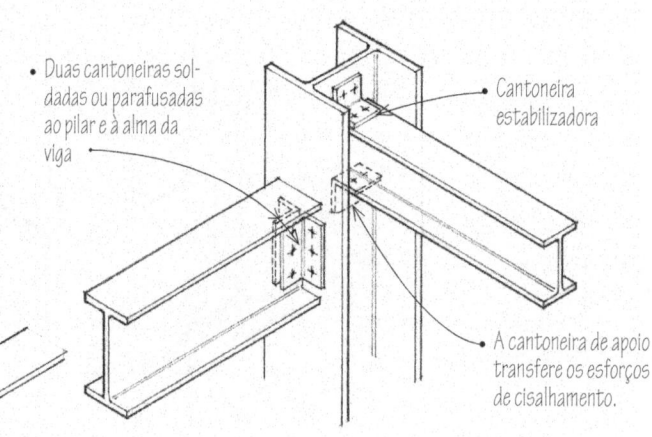

- Cantoneira estabilizadora

- A cantoneira de apoio transfere os esforços de cisalhamento.

- Uma conexão de apoio é uma conexão de aço resistente ao cisalhamento feita com soldagem ou parafusamento das mesas de uma viga ao pilar de apoio com uma cantoneira de apoio abaixo e uma cantoneira estabilizadora acima.

- Uma conexão de apoio pode ser enrijecida para resistir a grandes reações das vigas, geralmente usando-se uma chapa vertical ou um par de cantoneiras diretamente abaixo do componente horizontal da cantoneira de apoio.

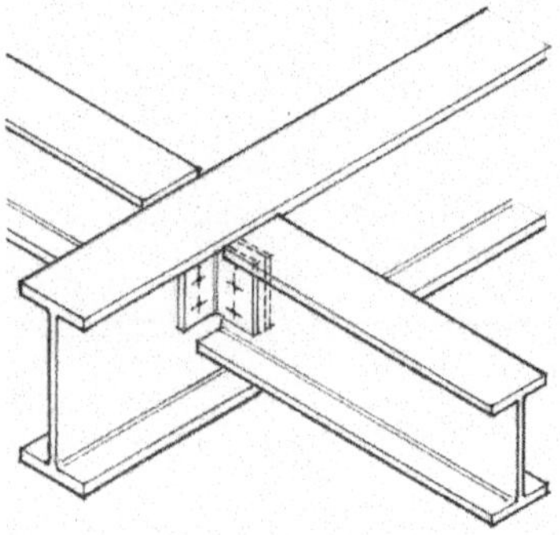

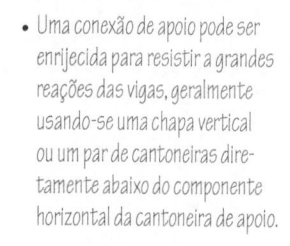

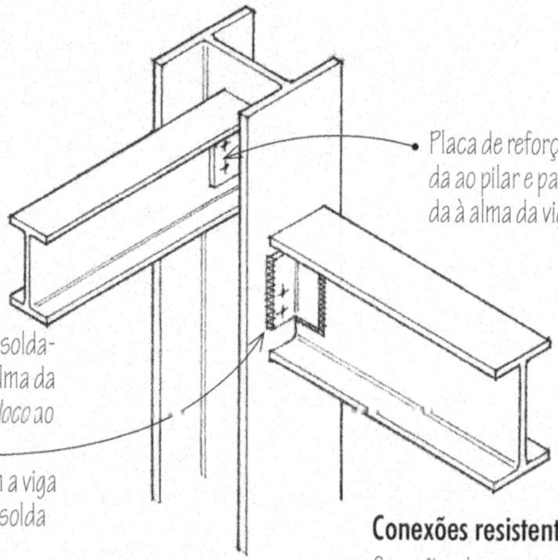

- Placa de reforço soldada ao pilar e parafusada à alma da viga

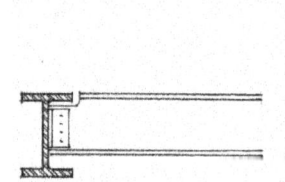

- Cantoneiras parafusadas ou soldadas às almas da viga mestra e da viga secundária; para que a parte superior da viga secundária esteja nivelada com a parte superior da viga principal, a mesa superior da viga secundária é entalhada ou cortada.

- Duas cantoneiras soldadas em fábrica à alma da viga e soldadas *in loco* ao pilar

- Parafusos mantêm a viga no lugar até que a solda seja feita *in loco*.

Conexões resistentes ao cisalhamento
Conexões de estruturas simples (Tipo 2 da AISC) são feitas para resistir apenas ao cisalhamento e são livres para girar quando sujeitas a cargas de gravidade. É necessário o emprego de paredes de cisalhamento ou contraventamento diagonal para a estabilidade lateral da estrutura.

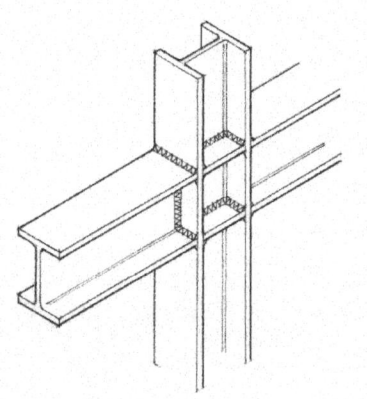

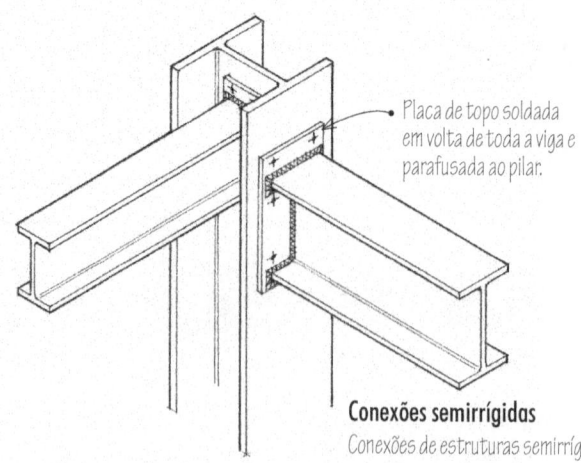

- Placa de topo soldada em volta de toda a viga e parafusada ao pilar.

- Conexões apenas com solda são esteticamente agradáveis, especialmente quando polidas, mas podem ser muito caras de se fabricar.

Conexões semirrígidas
Conexões de estruturas semirrígidas (Tipo 3 da AISC) pressupõem que as conexões de vigas principais e secundárias possuem uma capacidade limitada, porém conhecida, de resistência a momentos fletores.

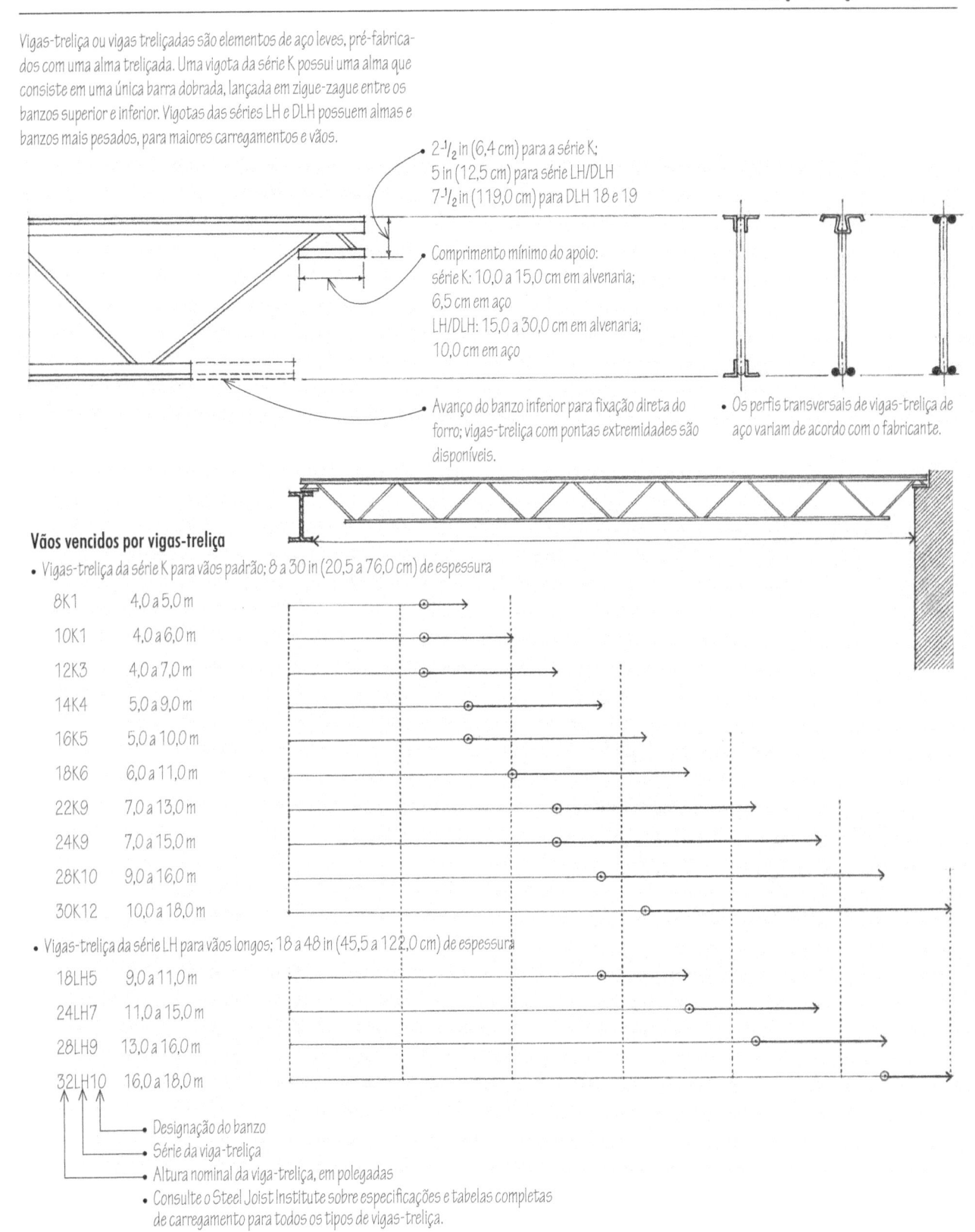

VIGAS-TRELIÇA DE AÇO   4.19

Vigas-treliça ou vigas treliçadas são elementos de aço leves, pré-fabricados com uma alma treliçada. Uma vigota da série K possui uma alma que consiste em uma única barra dobrada, lançada em zigue-zague entre os banzos superior e inferior. Vigotas das séries LH e DLH possuem almas e banzos mais pesados, para maiores carregamentos e vãos.

- 2-1/2 in (6,4 cm) para a série K;
  5 in (12,5 cm) para série LH/DLH
  7-1/2 in (119,0 cm) para DLH 18 e 19

- Comprimento mínimo do apoio:
  série K: 10,0 a 15,0 cm em alvenaria;
  6,5 cm em aço
  LH/DLH: 15,0 a 30,0 cm em alvenaria;
  10,0 cm em aço

- Avanço do banzo inferior para fixação direta do forro; vigas-treliça com pontas extremidades são disponíveis.

- Os perfis transversais de vigas-treliça de aço variam de acordo com o fabricante.

Vãos vencidos por vigas-treliça

- Vigas-treliça da série K para vãos padrão; 8 a 30 in (20,5 a 76,0 cm) de espessura

8K1	4,0 a 5,0 m
10K1	4,0 a 6,0 m
12K3	4,0 a 7,0 m
14K4	5,0 a 9,0 m
16K5	5,0 a 10,0 m
18K6	6,0 a 11,0 m
22K9	7,0 a 13,0 m
24K9	7,0 a 15,0 m
28K10	9,0 a 16,0 m
30K12	10,0 a 18,0 m

- Vigas-treliça da série LH para vãos longos; 18 a 48 in (45,5 a 122,0 cm) de espessura

18LH5	9,0 a 11,0 m
24LH7	11,0 a 15,0 m
28LH9	13,0 a 16,0 m
32LH10	16,0 a 18,0 m

  - Designação do banzo
  - Série da viga-treliça
  - Altura nominal da viga-treliça, em polegadas
  - Consulte o Steel Joist Institute sobre especificações e tabelas completas de carregamento para todos os tipos de vigas-treliça.

- Vigas-treliça altas, para grandes vãos, da série DLH são disponíveis em 52 a 72 in (132,0 a 183,0 cm) de espessura e podem vencer vãos até 44 m.

CSI MasterFormat 05 20 00 Metal Joists
CSI MasterFormat 05 21 00 Steel Joist Framing

4.20 SISTEMAS DE PISO COM VIGAS-TRELIÇA

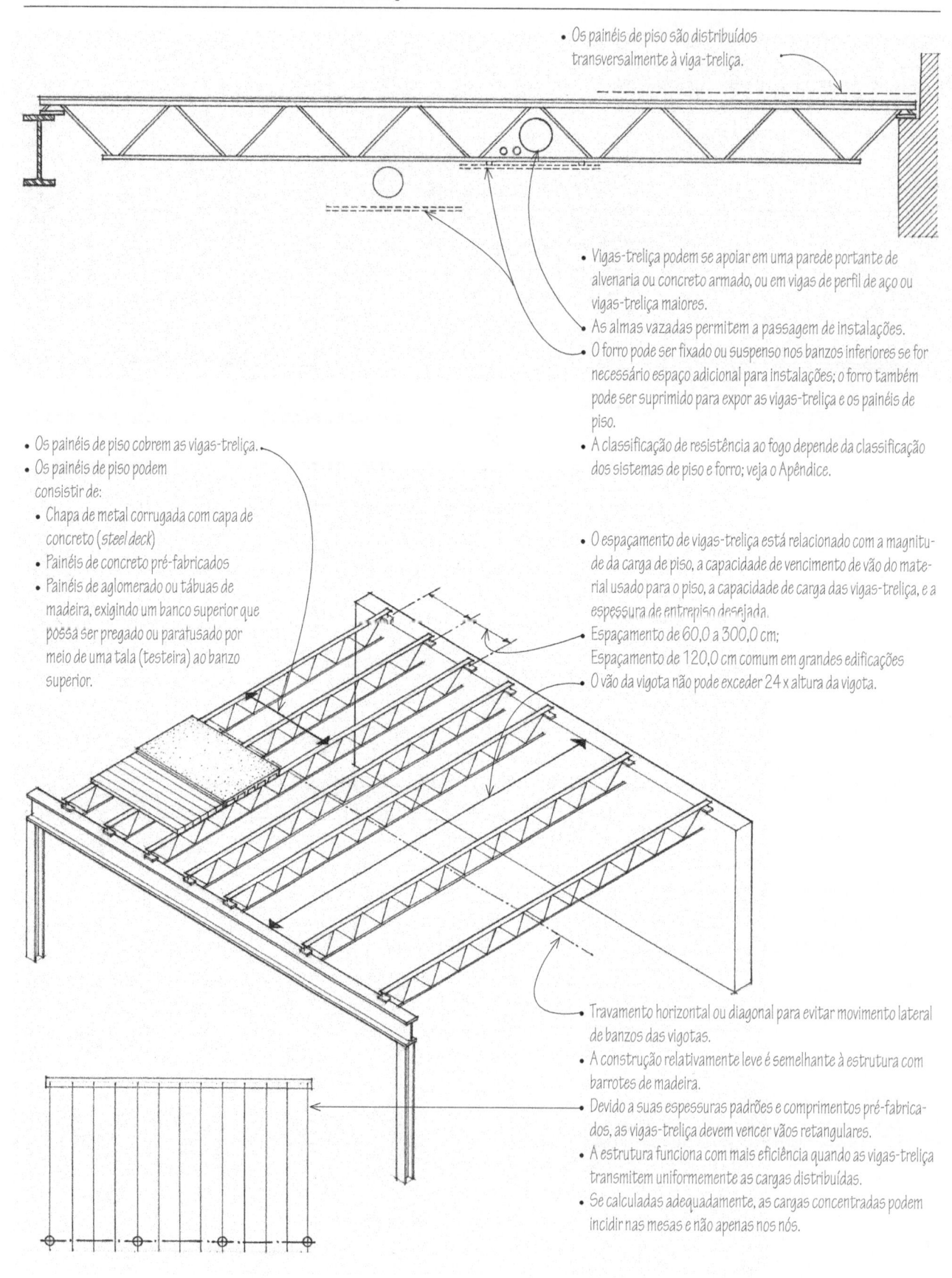

- Os painéis de piso são distribuídos transversalmente à viga-treliça.

- Vigas-treliça podem se apoiar em uma parede portante de alvenaria ou concreto armado, ou em vigas de perfil de aço ou vigas-treliça maiores.
- As almas vazadas permitem a passagem de instalações.
- O forro pode ser fixado ou suspenso nos banzos inferiores se for necessário espaço adicional para instalações; o forro também pode ser suprimido para expor as vigas-treliça e os painéis de piso.
- A classificação de resistência ao fogo depende da classificação dos sistemas de piso e forro; veja o Apêndice.

- Os painéis de piso cobrem as vigas-treliça.
- Os painéis de piso podem consistir de:
  - Chapa de metal corrugada com capa de concreto (steel deck)
  - Painéis de concreto pré-fabricados
  - Painéis de aglomerado ou tábuas de madeira, exigindo um banco superior que possa ser pregado ou parafusado por meio de uma tala (testeira) ao banzo superior.

- O espaçamento de vigas-treliça está relacionado com a magnitude da carga de piso, a capacidade de vencimento de vão do material usado para o piso, a capacidade de carga das vigas-treliça, e a espessura de entrepiso desejada.
- Espaçamento de 60,0 a 300,0 cm;
  Espaçamento de 120,0 cm comum em grandes edificações
- O vão da vigota não pode exceder 24 x altura da vigota.

- Travamento horizontal ou diagonal para evitar movimento lateral de banzos das vigotas.
- A construção relativamente leve é semelhante à estrutura com barrotes de madeira.
- Devido a suas espessuras padrões e comprimentos pré-fabricados, as vigas-treliça devem vencer vãos retangulares.
- A estrutura funciona com mais eficiência quando as vigas-treliça transmitem uniformemente as cargas distribuídas.
- Se calculadas adequadamente, as cargas concentradas podem incidir nas mesas e não apenas nos nós.

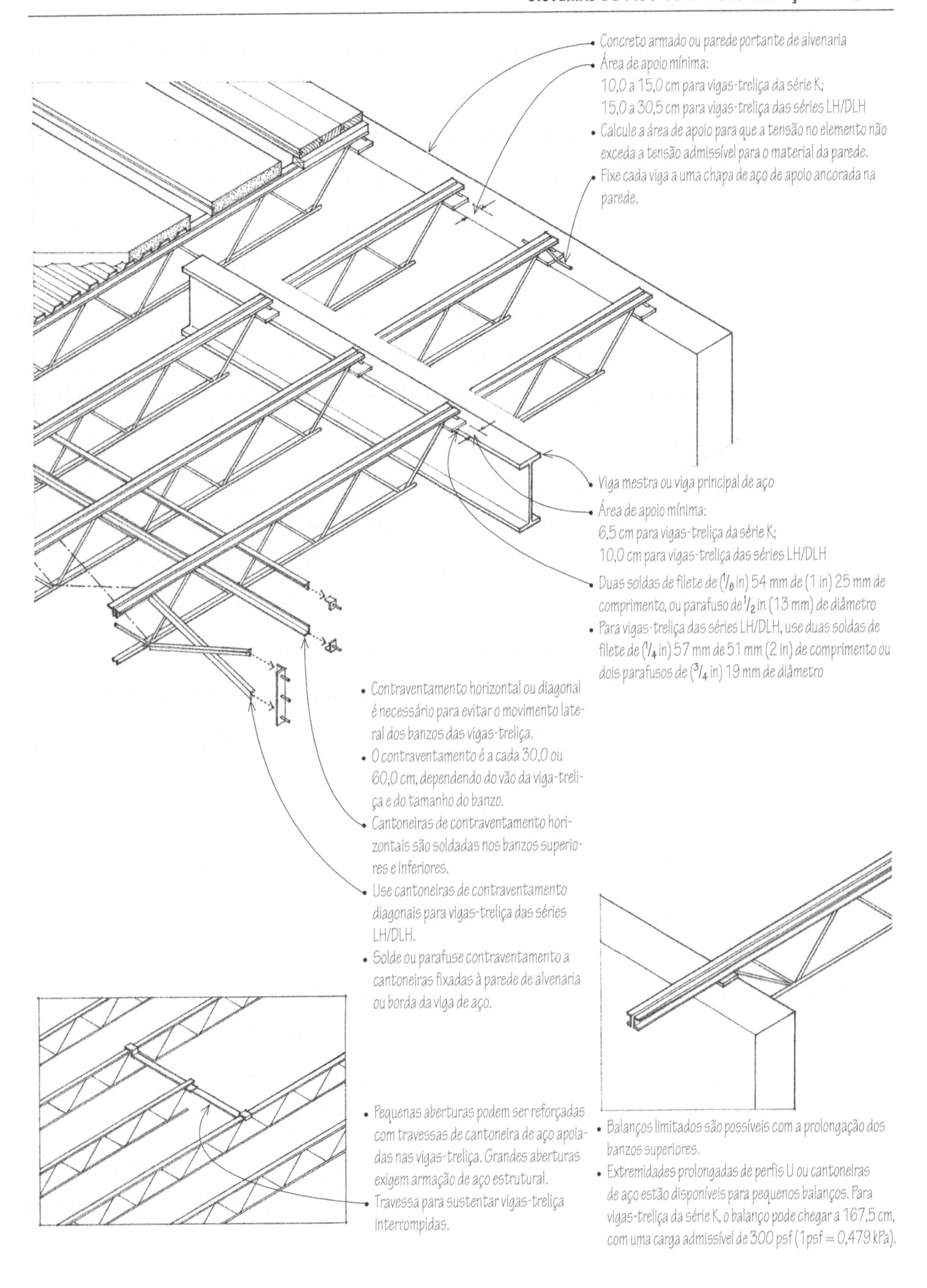

SISTEMAS DE PISO COM VIGAS-TRELIÇA 4.21

- Concreto armado ou parede portante de alvenaria
- Área de apoio mínima:
  10,0 a 15,0 cm para vigas-treliça da série K;
  15,0 a 30,5 cm para vigas-treliça das séries LH/DLH
- Calcule a área de apoio para que a tensão no elemento não exceda a tensão admissível para o material da parede.
- Fixe cada viga a uma chapa de aço de apoio ancorada na parede.

- Viga mestra ou viga principal de aço
- Área de apoio mínima:
  6,5 cm para vigas-treliça da série K;
  10,0 cm para vigas-treliça das séries LH/DLH
- Duas soldas de filete de ($1/8$ in) 54 mm de (1 in) 25 mm de comprimento, ou parafuso de $1/2$ in (13 mm) de diâmetro
- Para vigas-treliça das séries LH/DLH, use duas soldas de filete de ($1/4$ in) 57 mm de 51 mm (2 in) de comprimento ou dois parafusos de ($3/4$ in) 19 mm de diâmetro

- Contraventamento horizontal ou diagonal é necessário para evitar o movimento lateral dos banzos das vigas-treliça.
- O contraventamento é a cada 30,0 ou 60,0 cm, dependendo do vão da viga-treliça e do tamanho do banzo.
- Cantoneiras de contraventamento horizontais são soldadas nos banzos superiores e inferiores.
- Use cantoneiras de contraventamento diagonais para vigas-treliça das séries LH/DLH.
- Solde ou parafuse contraventamento a cantoneiras fixadas à parede de alvenaria ou borda da viga de aço.

- Pequenas aberturas podem ser reforçadas com travessas de cantoneira de aço apoiadas nas vigas-treliça. Grandes aberturas exigem armação de aço estrutural.
- Travessa para sustentar vigas-treliça interrompidas.

- Balanços limitados são possíveis com a prolongação dos banzos superiores.
- Extremidades prolongadas de perfis U ou cantoneiras de aço estão disponíveis para pequenos balanços. Para vigas-treliça da série K, o balanço pode chegar a 167,5 cm, com uma carga admissível de 300 psf (1 psf = 0,479 kPa).

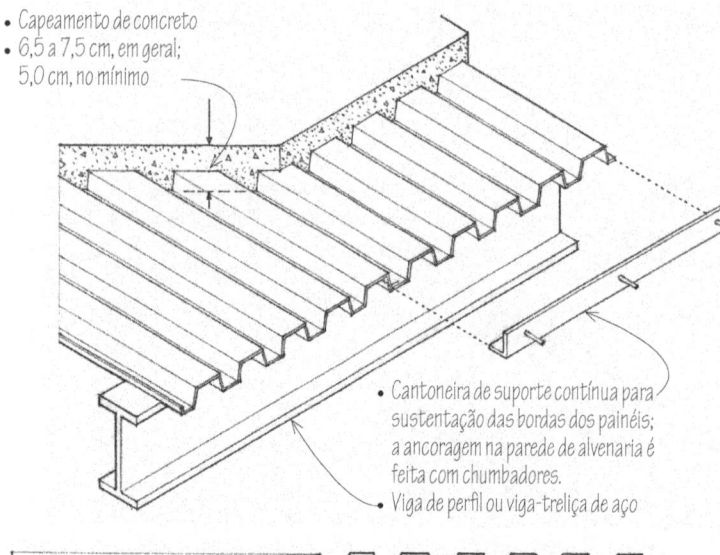

4.22 LAJES DE CONCRETO COM FÔRMA DE METAL INCORPORADA

- Capeamento de concreto
- 6,5 a 7,5 cm, em geral; 5,0 cm, no mínimo

- Cantoneira de suporte contínua para sustentação das bordas dos painéis; a ancoragem na parede de alvenaria é feita com chumbadores.
- Viga de perfil ou viga-treliça de aço

Os painéis de metal do sistema *steel deck* são corrugados, para maior rigidez e capacidade de vencer vãos. Os painéis de metal servem como plataforma de trabalho durante a construção e como forma para o concreto.

- Os painéis de piso são geralmente fixados por soldagem pudlada às vigas-treliça ou vigas de perfil de aço de apoio.
- Os painéis são fixados uns aos outros ao longo de suas bordas com parafusos, soldas ou prensagem das juntas verticais.
- Se o painel deve trabalhar como um diafragma lateral e transferir cargas laterais a paredes de cisalhamento, todo seu perímetro deve ser soldado aos apoios de aço. Além disso, talvez haja exigências mais rigorosas para apoio e fixação por sobreposição lateral dos painéis.

Há três tipos principais de painéis de metal corrugados:

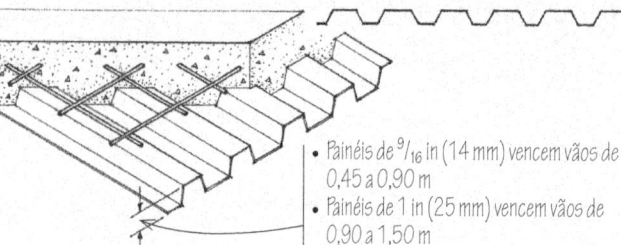

Painéis simples
- Os painéis servem como uma fôrma permanente incorporada a uma laje de concreto armado até que a laje possa suportar a si própria e suas cargas acidentais.

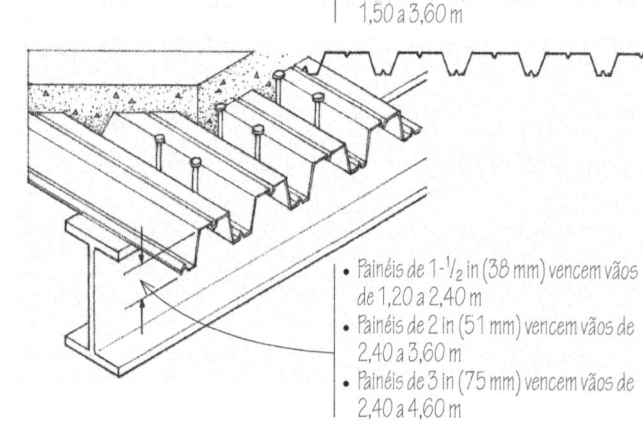

- Painéis de $9/16$ in (14 mm) vencem vãos de 0,45 a 0,90 m
- Painéis de 1 in (25 mm) vencem vãos de 0,90 a 1,50 m
- Painéis de 2 in (51 mm) vencem vãos de 1,50 a 3,60 m

Painéis compostos
- Painéis compostos servem como armadura principal para a laje de concreto à qual estão solidarizados, por meio das várias nervuras. A solidarização da laje de concreto com as vigas de perfil ou vigas-treliça do piso pode ser obtida soldando-se tachões de cisalhamento que atravessam os painéis e chegam nas vigas.

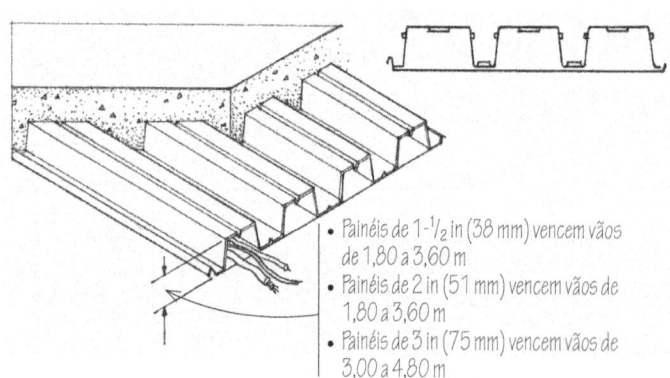

- Painéis de 1-$1/2$ in (38 mm) vencem vãos de 1,20 a 2,40 m
- Painéis de 2 in (51 mm) vencem vãos de 2,40 a 3,60 m
- Painéis de 3 in (75 mm) vencem vãos de 2,40 a 4,60 m

Painéis celulares
- Os painéis celulares são fabricados soldando-se uma chapa corrugada a uma chapa plana, formando uma série de espaços ou eletrodutos para a fiação elétrica e de comunicações; aberturas especiais estão disponíveis para tomadas no piso. Os painéis também podem servir como forros acústicos quando células ocas são preenchidas com fibra de vidro.

- Painéis de 1-$1/2$ in (38 mm) vencem vãos de 1,80 a 3,60 m
- Painéis de 2 in (51 mm) vencem vãos de 1,80 a 3,60 m
- Painéis de 3 in (75 mm) vencem vãos de 3,00 a 4,80 m

- Regra prática para o pré-dimensionamento da espessura total do piso: vão/24
- Consulte o fabricante sobre padrões, larguras, comprimentos, espessuras, acabamentos e vãos admissíveis para os painéis.

CSI MasterFormat 05 30 00 Metal Decking

VIGOTAS DE PERFIL LEVE DE AÇO   4.23

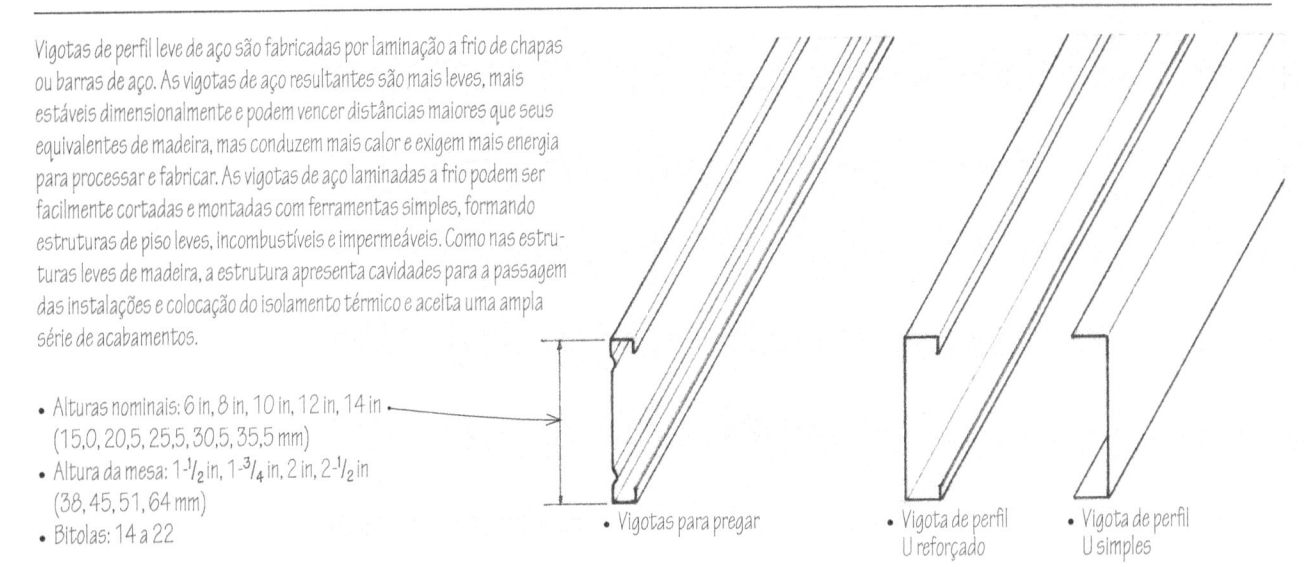

Vigotas de perfil leve de aço são fabricadas por laminação a frio de chapas ou barras de aço. As vigotas de aço resultantes são mais leves, mais estáveis dimensionalmente e podem vencer distâncias maiores que seus equivalentes de madeira, mas conduzem mais calor e exigem mais energia para processar e fabricar. As vigotas de aço laminadas a frio podem ser facilmente cortadas e montadas com ferramentas simples, formando estruturas de piso leves, incombustíveis e impermeáveis. Como nas estruturas leves de madeira, a estrutura apresenta cavidades para a passagem das instalações e colocação do isolamento térmico e aceita uma ampla série de acabamentos.

- Alturas nominais: 6 in, 8 in, 10 in, 12 in, 14 in (15,0, 20,5, 25,5, 30,5, 35,5 mm)
- Altura da mesa: 1-1/2 in, 1-3/4 in, 2 in, 2-1/2 in (38, 45, 51, 64 mm)
- Bitolas: 14 a 22

- Vigotas para pregar
- Vigota de perfil U reforçado
- Vigota de perfil U simples

Tipos de perfis leves de aço

- Furos feitos em fábrica reduzem o peso da vigota e permitem a passagem de tubos, fios e tiras de contraventamento.

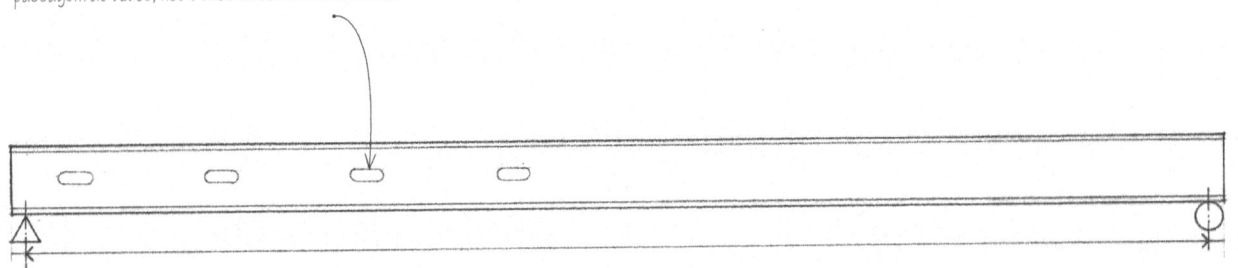

Vãos que se pode vencer com vigotas de perfil leve

- Vigotas de 6 in (150 mm)   (3,05 a 4,25 m)
- Vigotas de 8 in (205 mm)   (3,65 a 5,50 m)
- Vigotas de 10 in (255 mm) (4,25 a 6,70 m)
- Vigotas de 12 in (305 mm) (5,50 a 7,90 m)

- Regra prática para pré-dimensionamento da altura das vigotas: vão/20
- Consulte o fabricante sobre dimensões exatas de vigotas, detalhes da estrutura, e vãos e carregamentos possíveis.

CSI MasterFormat 05 40 00 Cold-Formed Metal Framing
CSI MasterFormat 05 42 00 Cold-Formed Metal Joist Framing

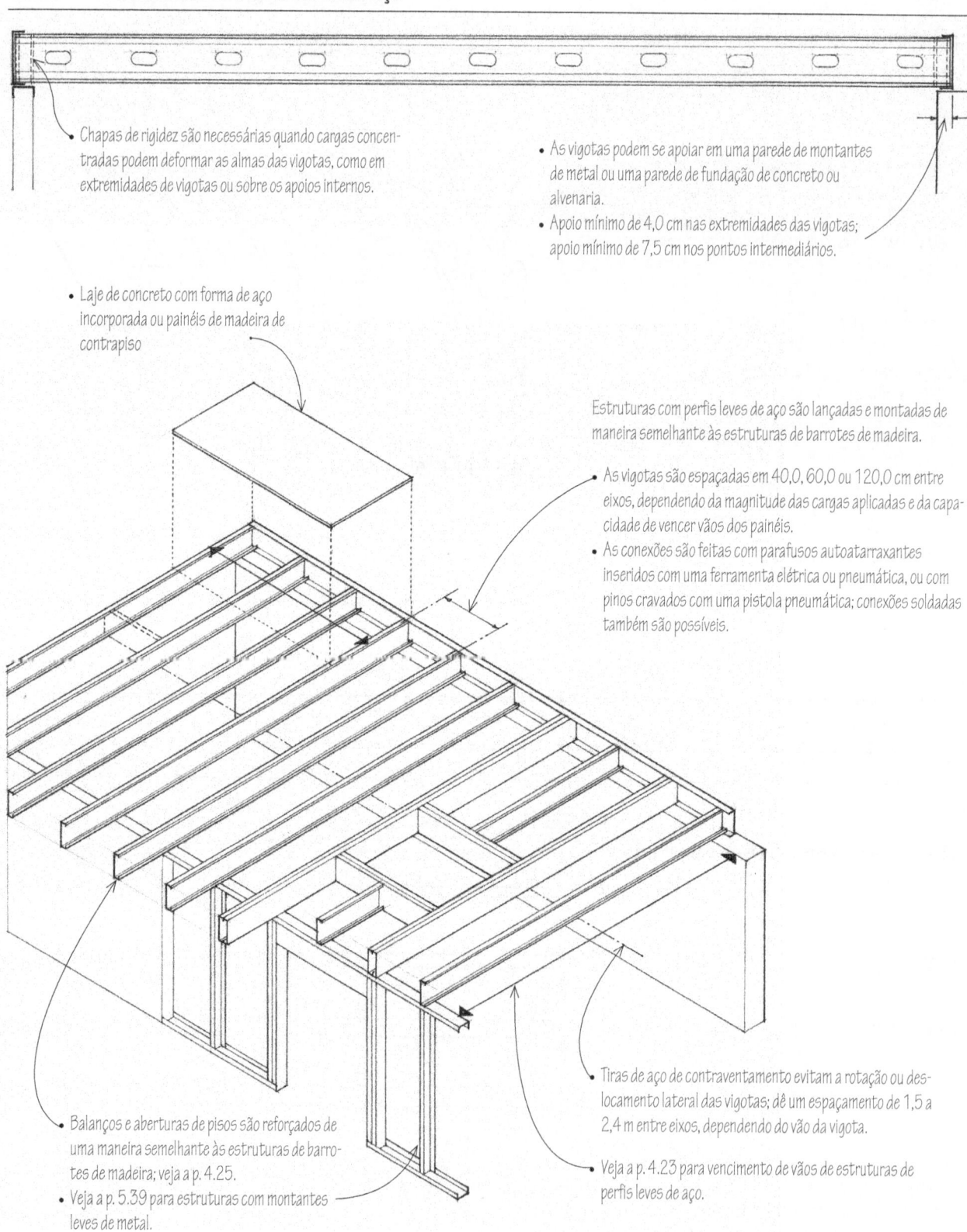

4.24 ESTRUTURAS DE PERFIS LEVES DE AÇO

- Chapas de rigidez são necessárias quando cargas concentradas podem deformar as almas das vigotas, como em extremidades de vigotas ou sobre os apoios internos.

- As vigotas podem se apoiar em uma parede de montantes de metal ou uma parede de fundação de concreto ou alvenaria.
- Apoio mínimo de 4,0 cm nas extremidades das vigotas; apoio mínimo de 7,5 cm nos pontos intermediários.

- Laje de concreto com forma de aço incorporada ou painéis de madeira de contrapiso

Estruturas com perfis leves de aço são lançadas e montadas de maneira semelhante às estruturas de barrotes de madeira.

- As vigotas são espaçadas em 40,0, 60,0 ou 120,0 cm entre eixos, dependendo da magnitude das cargas aplicadas e da capacidade de vencer vãos dos painéis.
- As conexões são feitas com parafusos autoatarraxantes inseridos com uma ferramenta elétrica ou pneumática, ou com pinos cravados com uma pistola pneumática; conexões soldadas também são possíveis.

- Tiras de aço de contraventamento evitam a rotação ou deslocamento lateral das vigotas; dê um espaçamento de 1,5 a 2,4 m entre eixos, dependendo do vão da vigota.

- Veja a p. 4.23 para vencimento de vãos de estruturas de perfis leves de aço.

- Balanços e aberturas de pisos são reforçados de uma maneira semelhante às estruturas de barrotes de madeira; veja a p. 4.25.
- Veja a p. 5.39 para estruturas com montantes leves de metal.

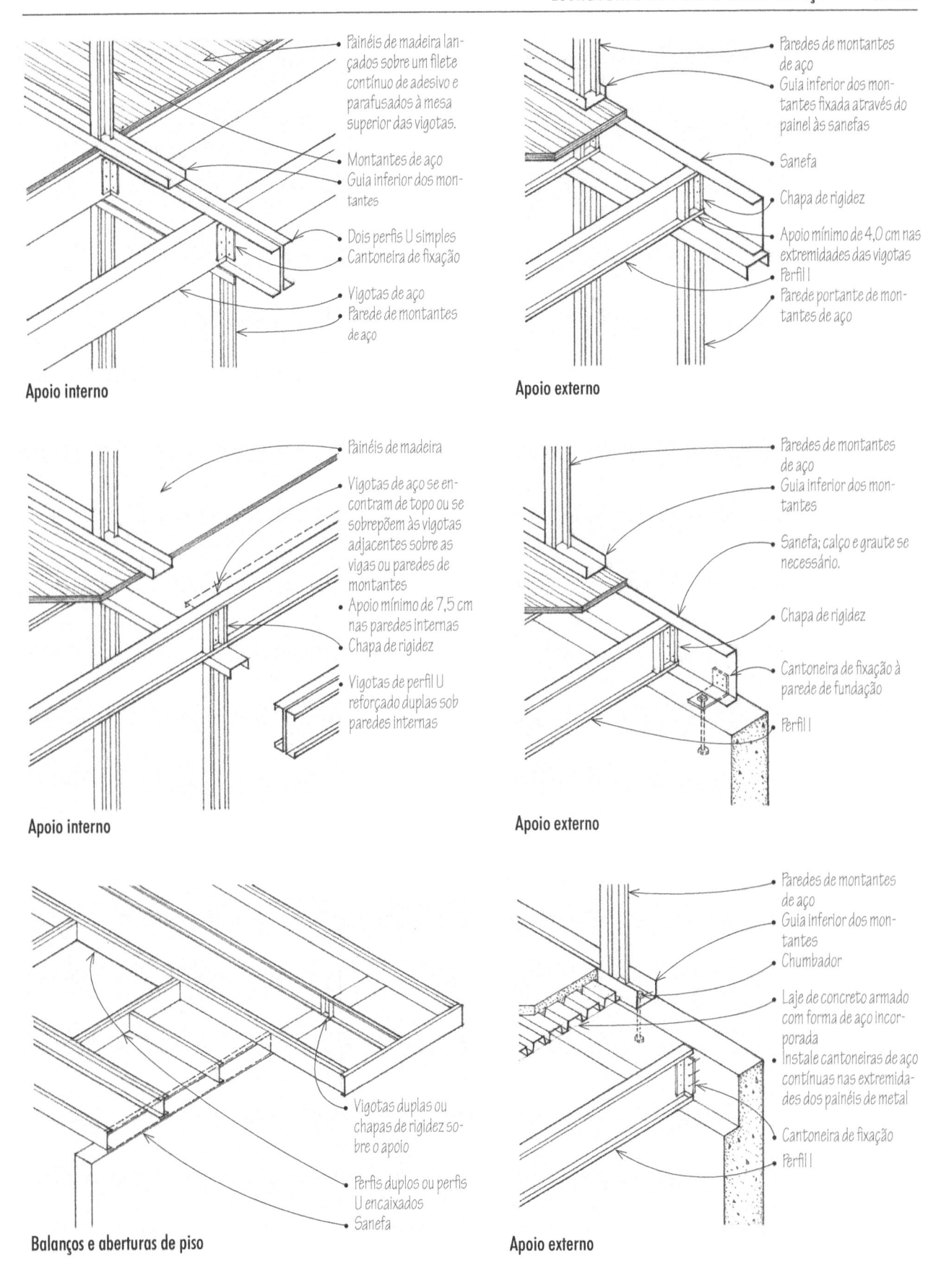

ESTRUTURAS DE PERFIS LEVES DE AÇO   4.25

Apoio interno

- Painéis de madeira lançados sobre um filete contínuo de adesivo e parafusados à mesa superior das vigotas.
- Montantes de aço
- Guia inferior dos montantes
- Dois perfis U simples
- Cantoneira de fixação
- Vigotas de aço
- Parede de montantes de aço

Apoio externo

- Paredes de montantes de aço
- Guia inferior dos montantes fixada através do painel às sanefas
- Sanefa
- Chapa de rigidez
- Apoio mínimo de 4,0 cm nas extremidades das vigotas
- Perfil I
- Parede portante de montantes de aço

Apoio interno

- Painéis de madeira
- Vigotas de aço se encontram de topo ou se sobrepõem às vigotas adjacentes sobre as vigas ou paredes de montantes
- Apoio mínimo de 7,5 cm nas paredes internas
- Chapa de rigidez
- Vigotas de perfil U reforçado duplas sob paredes internas

Apoio externo

- Paredes de montantes de aço
- Guia inferior dos montantes
- Sanefa; calço e graute se necessário.
- Chapa de rigidez
- Cantoneira de fixação à parede de fundação
- Perfil I

Balanços e aberturas de piso

- Vigotas duplas ou chapas de rigidez sobre o apoio
- Perfis duplos ou perfis U encaixados
- Sanefa

Apoio externo

- Paredes de montantes de aço
- Guia inferior dos montantes
- Chumbador
- Laje de concreto armado com forma de aço incorporada
- Instale cantoneiras de aço contínuas nas extremidades dos painéis de metal
- Cantoneira de fixação
- Perfil I

4.26 BARROTES DE MADEIRA

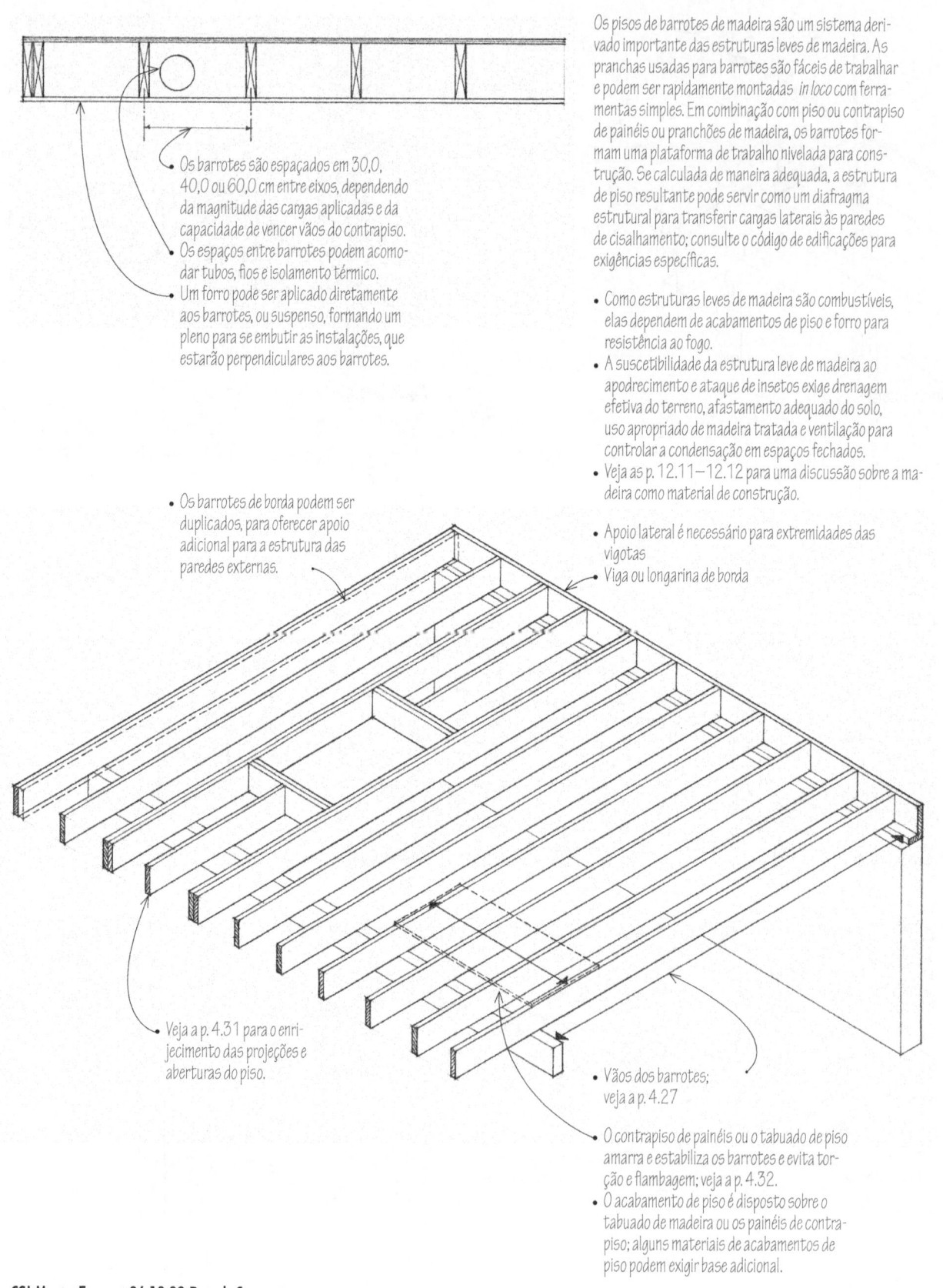

Os pisos de barrotes de madeira são um sistema derivado importante das estruturas leves de madeira. As pranchas usadas para barrotes são fáceis de trabalhar e podem ser rapidamente montadas *in loco* com ferramentas simples. Em combinação com piso ou contrapiso de painéis ou pranchões de madeira, os barrotes formam uma plataforma de trabalho nivelada para construção. Se calculada de maneira adequada, a estrutura de piso resultante pode servir como um diafragma estrutural para transferir cargas laterais às paredes de cisalhamento; consulte o código de edificações para exigências específicas.

- Os barrotes são espaçados em 30,0, 40,0 ou 60,0 cm entre eixos, dependendo da magnitude das cargas aplicadas e da capacidade de vencer vãos do contrapiso.
- Os espaços entre barrotes podem acomodar tubos, fios e isolamento térmico.
- Um forro pode ser aplicado diretamente aos barrotes, ou suspenso, formando um pleno para se embutir as instalações, que estarão perpendiculares aos barrotes.

- Como estruturas leves de madeira são combustíveis, elas dependem de acabamentos de piso e forro para resistência ao fogo.
- A suscetibilidade da estrutura leve de madeira ao apodrecimento e ataque de insetos exige drenagem efetiva do terreno, afastamento adequado do solo, uso apropriado de madeira tratada e ventilação para controlar a condensação em espaços fechados.
- Veja as p. 12.11–12.12 para uma discussão sobre a madeira como material de construção.

- Os barrotes de borda podem ser duplicados, para oferecer apoio adicional para a estrutura das paredes externas.

- Apoio lateral é necessário para extremidades das vigotas
- Viga ou longarina de borda

- Veja a p. 4.31 para o enrijecimento das projeções e aberturas do piso.

- Vãos dos barrotes; veja a p. 4.27
- O contrapiso de painéis ou o tabuado de piso amarra e estabiliza os barrotes e evita torção e flambagem; veja a p. 4.32.
- O acabamento de piso é disposto sobre o tabuado de madeira ou os painéis de contrapiso; alguns materiais de acabamentos de piso podem exigir base adicional.

CSI MasterFormat 06 10 00 Rough Carpentry
CSI MasterFormat 06 11 00 Wood Framing

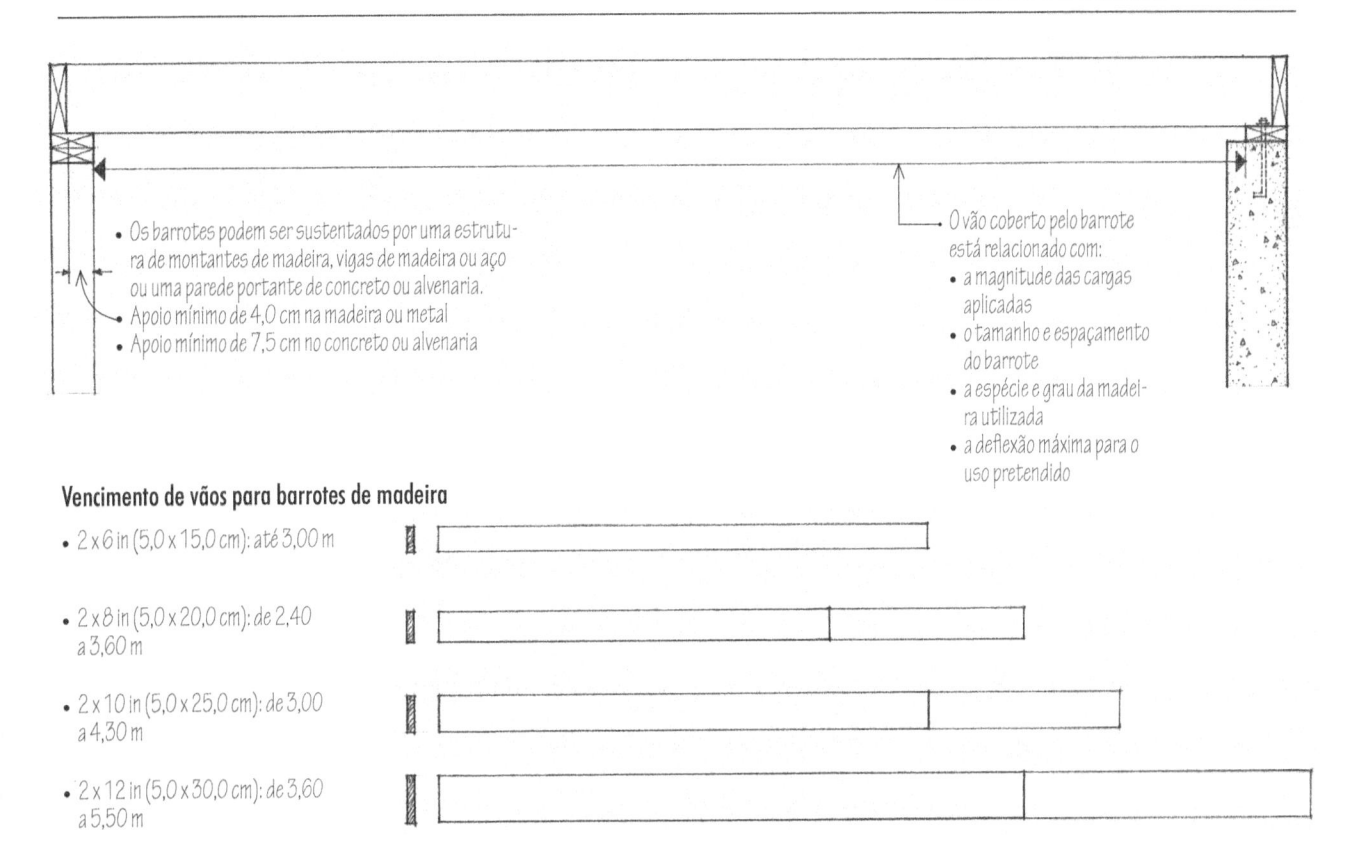

BARROTES DE MADEIRA 4.27

- Os barrotes podem ser sustentados por uma estrutura de montantes de madeira, vigas de madeira ou aço ou uma parede portante de concreto ou alvenaria.
- Apoio mínimo de 4,0 cm na madeira ou metal
- Apoio mínimo de 7,5 cm no concreto ou alvenaria

O vão coberto pelo barrote está relacionado com:
- a magnitude das cargas aplicadas
- o tamanho e espaçamento do barrote
- a espécie e grau da madeira utilizada
- a deflexão máxima para o uso pretendido

Vencimento de vãos para barrotes de madeira

- 2 x 6 in (5,0 x 15,0 cm): até 3,00 m
- 2 x 8 in (5,0 x 20,0 cm): de 2,40 a 3,60 m
- 2 x 10 in (5,0 x 25,0 cm): de 3,00 a 4,30 m
- 2 x 12 in (5,0 x 30,0 cm): de 3,60 a 5,50 m

- Regra prática para o pré-dimensionamento da altura do barrote: vão/16
- A deflexão do barrote não deve exceder $1/360$ do vão.
- A rigidez dos barrotes submetidos a carregamento é mais crítica que sua resistência.
- Se a altura do entrepiso for aceitável, barrotes altos e mais espaçados são mais desejáveis, sob o ponto de vista da rigidez, que barrotes baixos pouco espaçados.
- Consulte o fabricante para tamanhos e vãos de barrotes de madeira laminada.

- Mínimo de 2 in (5,0 cm) até a borda do barrote
- Diâmetro máximo = $1/3$ da altura do barrote
- Recorte máximo de $1/6$ da altura do barrote, nunca situado no terço intermediário do vão

O contraventamento transversal consiste em peças de metal ou madeira em X ou blocos da altura dos barrotes entre cada barrote em intervalos de 2,40 m. O contraventamento pode ser exigido por alguns códigos de edificações se a altura dos barrotes for 6 vezes ou mais a sua espessura. Contudo, normalmente ele não é necessário se as extremidades dos barrotes são apoiadas lateralmente contra a rotação e suas bordas superiores sob compressão são contidas por um contrapiso de chapas ou painéis.

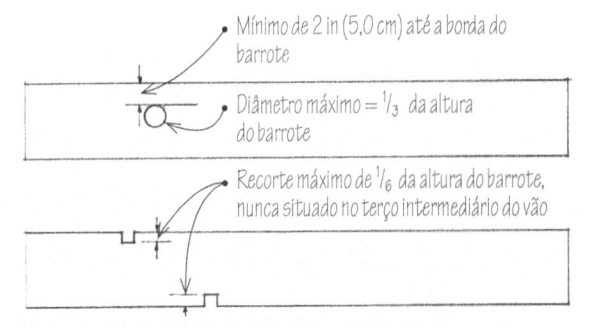

Para permitir que as instalações hidráulicas e elétricas passem pelos barrotes do piso, podem ser feitos cortes de acordo com as orientações ilustradas acima.

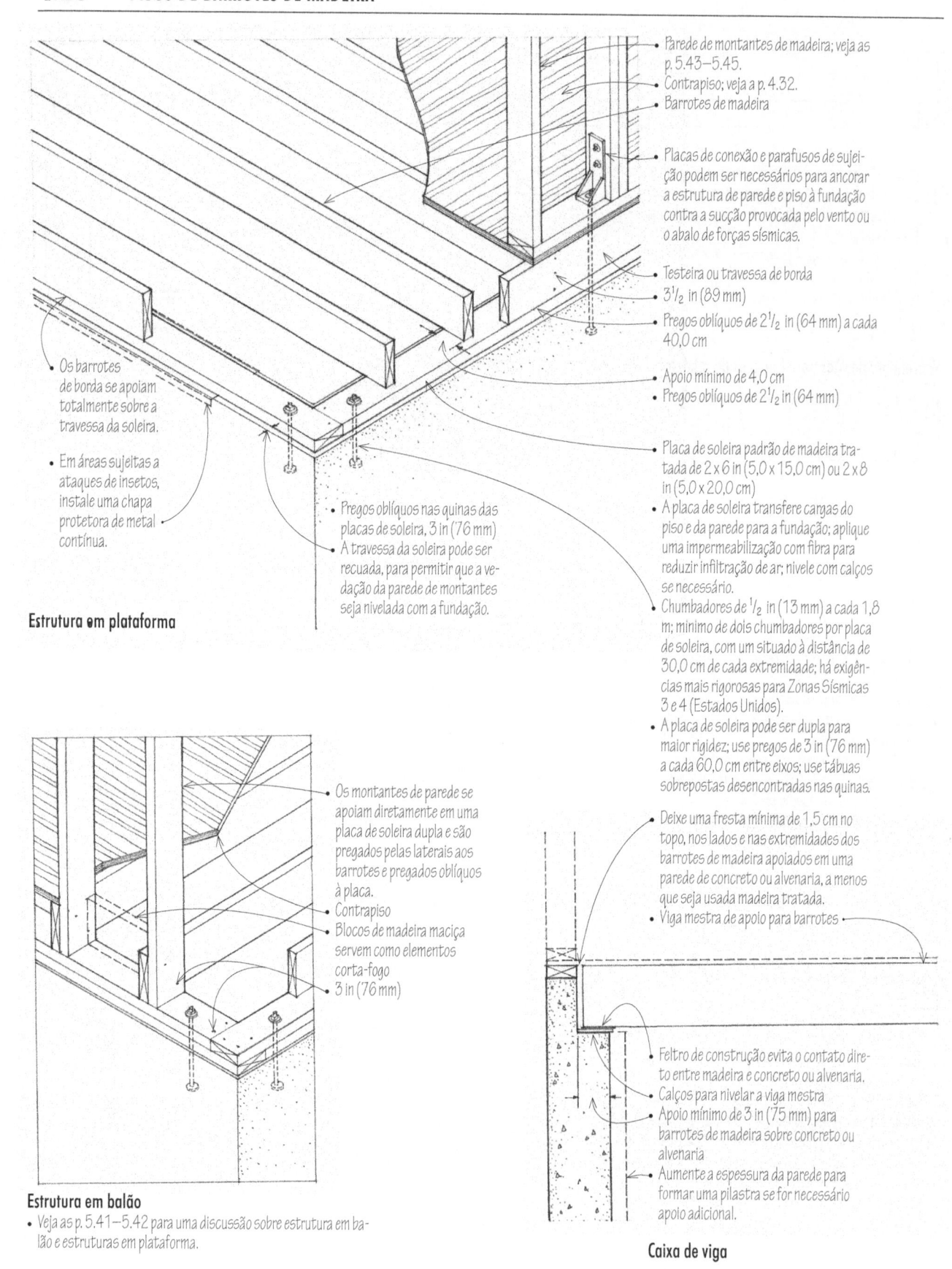

4.28 PISOS DE BARROTES DE MADEIRA

- Parede de montantes de madeira; veja as p. 5.43–5.45.
- Contrapiso; veja a p. 4.32.
- Barrotes de madeira
- Placas de conexão e parafusos de sujeição podem ser necessários para ancorar a estrutura de parede e piso à fundação contra a sucção provocada pelo vento ou o abalo de forças sísmicas.
- Testeira ou travessa de borda
- $3\frac{1}{2}$ in (89 mm)
- Pregos oblíquos de $2\frac{1}{2}$ in (64 mm) a cada 40,0 cm
- Apoio mínimo de 4,0 cm
- Pregos oblíquos de $2\frac{1}{2}$ in (64 mm)
- Placa de soleira padrão de madeira tratada de 2 x 6 in (5,0 x 15,0 cm) ou 2 x 8 in (5,0 x 20,0 cm)
- A placa de soleira transfere cargas do piso e da parede para a fundação; aplique uma impermeabilização com fibra para reduzir infiltração de ar; nivele com calços se necessário.
- Chumbadores de $\frac{1}{2}$ in (13 mm) a cada 1,8 m; mínimo de dois chumbadores por placa de soleira, com um situado à distância de 30,0 cm de cada extremidade; há exigências mais rigorosas para Zonas Sísmicas 3 e 4 (Estados Unidos).
- A placa de soleira pode ser dupla para maior rigidez; use pregos de 3 in (76 mm) a cada 60,0 cm entre eixos; use tábuas sobrepostas desencontradas nas quinas.

- Os barrotes de borda se apoiam totalmente sobre a travessa da soleira.
- Em áreas sujeitas a ataques de insetos, instale uma chapa protetora de metal contínua.
- Pregos oblíquos nas quinas das placas de soleira, 3 in (76 mm)
- A travessa da soleira pode ser recuada, para permitir que a vedação da parede de montantes seja nivelada com a fundação.

Estrutura em plataforma

- Os montantes de parede se apoiam diretamente em uma placa de soleira dupla e são pregados pelas laterais aos barrotes e pregados oblíquos à placa.
- Contrapiso
- Blocos de madeira maciça servem como elementos corta-fogo 3 in (76 mm)

- Deixe uma fresta mínima de 1,5 cm no topo, nos lados e nas extremidades dos barrotes de madeira apoiados em uma parede de concreto ou alvenaria, a menos que seja usada madeira tratada.
- Viga mestra de apoio para barrotes
- Feltro de construção evita o contato direto entre madeira e concreto ou alvenaria.
- Calços para nivelar a viga mestra
- Apoio mínimo de 3 in (75 mm) para barrotes de madeira sobre concreto ou alvenaria
- Aumente a espessura da parede para formar uma pilastra se for necessário apoio adicional.

Estrutura em balão
- Veja as p. 5.41–5.42 para uma discussão sobre estrutura em balão e estruturas em plataforma.

Caixa de viga

ESTRUTURAS DE BARROTES DE MADEIRA   4.29

Os barrotes de madeira podem se apoiar em vigas de madeira ou aço. Em ambos os casos, o nivelamento da viga deve ser coordenado com as vigas de borda e com a forma como a viga apoia os barrotes do piso. A madeira é mais suscetível a retração na direção perpendicular à sua fibra. Por isso, a altura total do sistema tanto nas vigas de borda como nas conexões de barrotes deve ser igual para evitar o recalque do plano do piso.

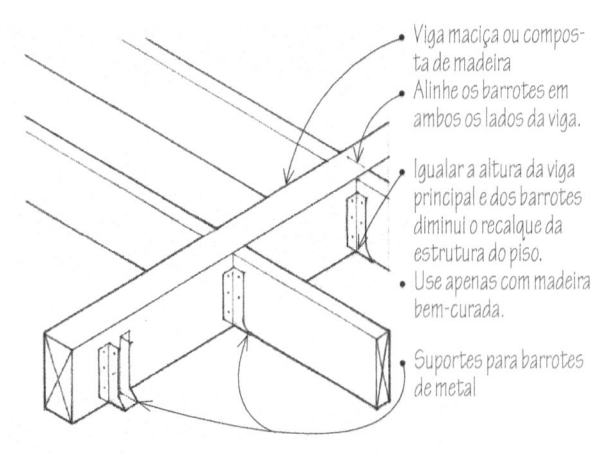

- Viga maciça ou composta de madeira
- Alinhe os barrotes em ambos os lados da viga.
- Igualar a altura da viga principal e dos barrotes diminui o recalque da estrutura do piso.
- Use apenas com madeira bem-curada.
- Suportes para barrotes de metal

Viga de madeira com suportes de aço para barrotes

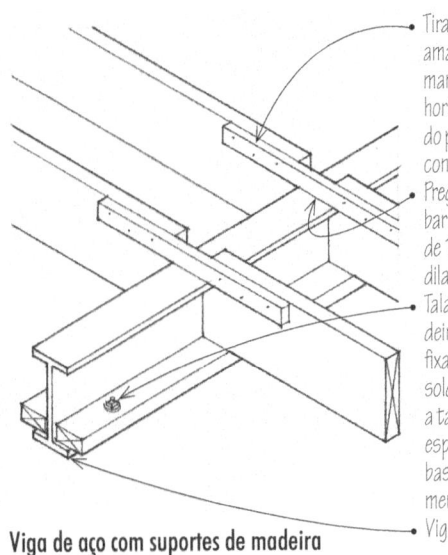

- Tirantes de madeira amarram os barrotes, mantêm a continuidade horizontal da estrutura do piso e sustentam o contrapiso.
- Pregue o tirante a cada barrote e deixe uma fresta de 1,5 cm para retração e dilatação do barrote
- Tala de pregação de madeira para receber pregos fixada com parafusos e soldada à mesa do perfil; a tala deve ser da mesma espessura da borda da base para igualar a movimentação térmica.
- Viga de perfil I de aço

Viga de aço com suportes de madeira

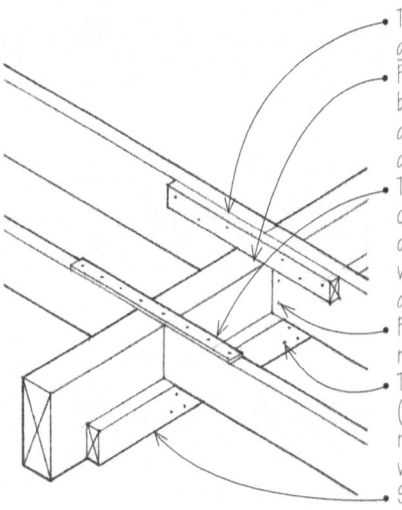

- Tirantes de madeira pregados em cada barrote
- Pregue o tirante a cada barrote e deixe uma fresta de 1,5 cm para retração e dilatação do barrote
- Tiras de metal mantêm os barrotes alinhados quando o seu topo estiver nivelado com o topo da viga de madeira.
- Prego de 3 in (76 mm) na viga
- Três pregos de 3½ in (89 mm) em cada barrote; evite recortar as vigas sobre os apoios.
- Suporte de 2 x 4 in (5,0 x 10,0 cm) oferece o apoio mínimo de 4,0 cm.

Viga de madeira com suportes de madeira

- Barrotes alinhados e conectados por tirantes ou chapas de metal
- Apoio mínimo de 4,0 cm
- A base de madeira para receber pregos fixada com parafusos soldados à mesa do perfil deve ser da mesma espessura da borda da base, para igualar a movimentação térmica.
- Sobreposição mínima de 10,0 cm; três pregos de 3½ in (89 mm)
- Prego oblíquo de 3 in (76 mm)

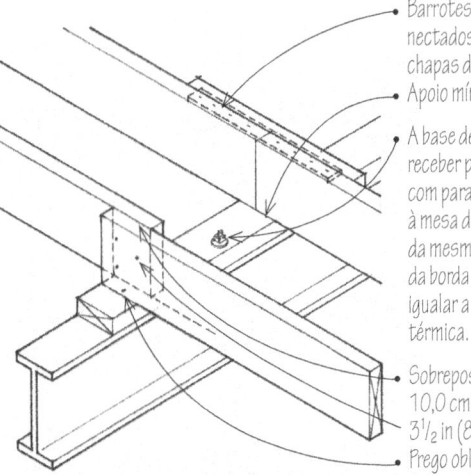

Barrotes apoiados em viga de perfil I de aço

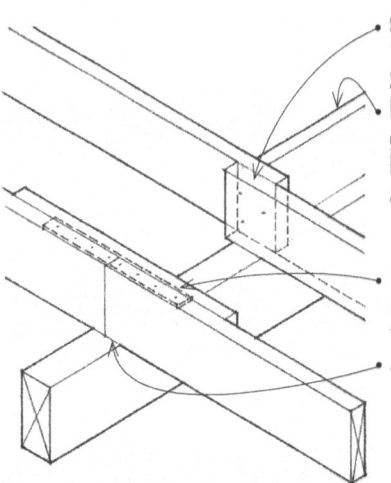

- Sobreposição mínima de 10,0 cm; três pregos de 3½ in (89 mm)
- Peças de madeira maciça (blocagem) entre os barrotes, de acordo com a necessidade
- Barrotes compostos (alinhados) com tirantes de madeira ou metal
- Apoio mínimo de 4,0 cm

Viga de madeira composta de barrotes sobrepostos ou de topo

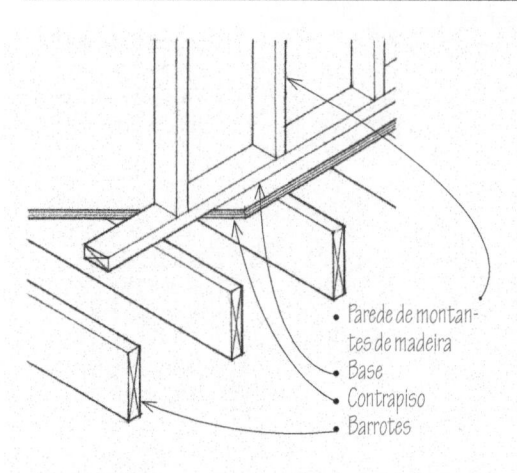

4.30 ESTRUTURAS DE BARROTES DE MADEIRA

Parede não portante perpendicular aos barrotes — sem parede embaixo
- Parede de montantes de madeira 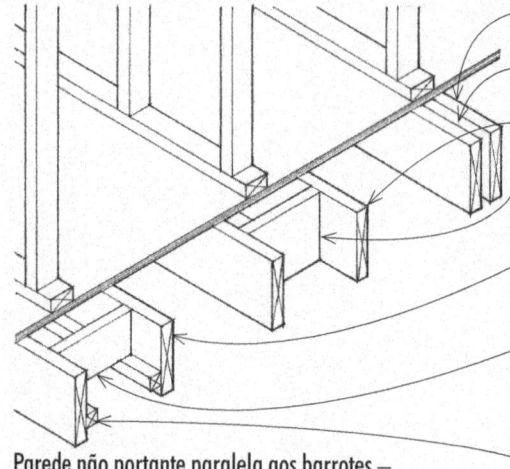
- Base
- Contrapiso
- Barrotes

Parede não portante paralela aos barrotes — sem parede embaixo
- Barrotes duplos sob as paredes internas
- Travamento de 2 x 4 in (5,0 x 10,0 cm)
- Apoio para paredes entre os barrotes
- Travamento de madeira maciça de 2 in (5,0 cm) entre eixos
- Barrotes duplos espaçados para permitir a passagem das instalações
- Travamento de madeira maciça de 2 x 6 in (5,0 x 15,0 cm) a cada 40,0 cm entre eixos
- Sarrafos 2 x 2 in (5,0 x 5,0 cm)

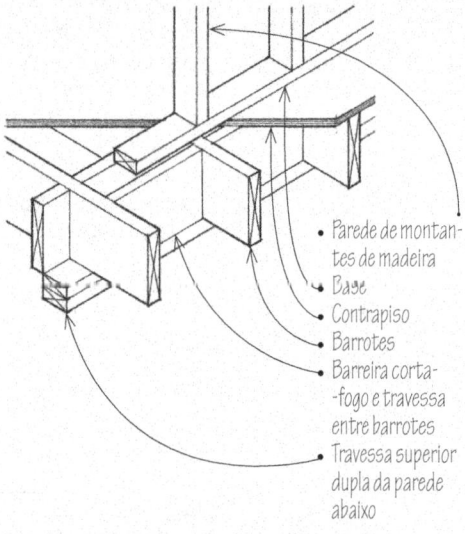

Parede portante perpendicular aos barrotes
- Parede de montantes de madeira
- Base
- Contrapiso
- Barrotes
- Barreira corta-fogo e travessa entre barrotes
- Travessa superior dupla da parede abaixo

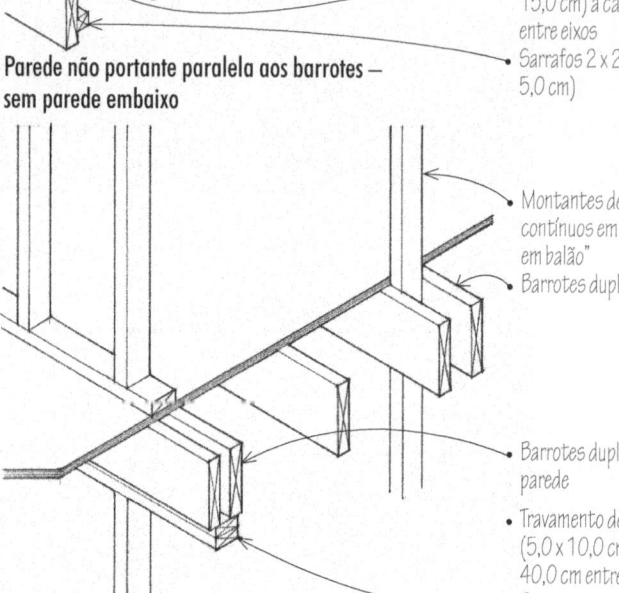

Parede portante paralela aos barrotes
- Montantes de paredes contínuos em "estrutura em balão"
- Barrotes duplos
- Barrotes duplos sob a parede
- Travamento de 2 x 4 in (5,0 x 10,0 cm) a cada 40,0 cm entre eixos
- Travessa superior dupla da parede abaixo

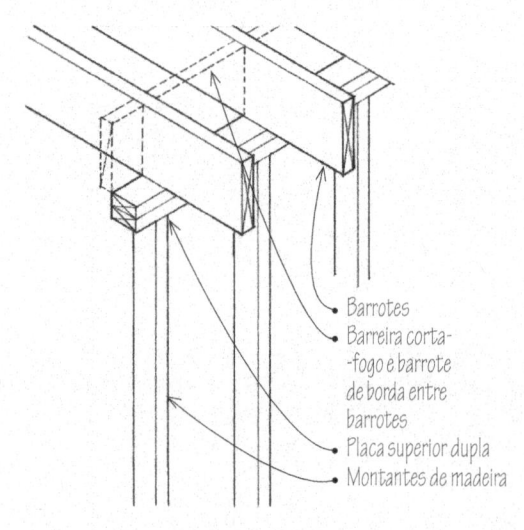

Parede portante perpendicular aos barrotes — sem paredes em cima
- Barrotes
- Barreira corta-fogo e barrote de borda entre barrotes
- Placa superior dupla
- Montantes de madeira

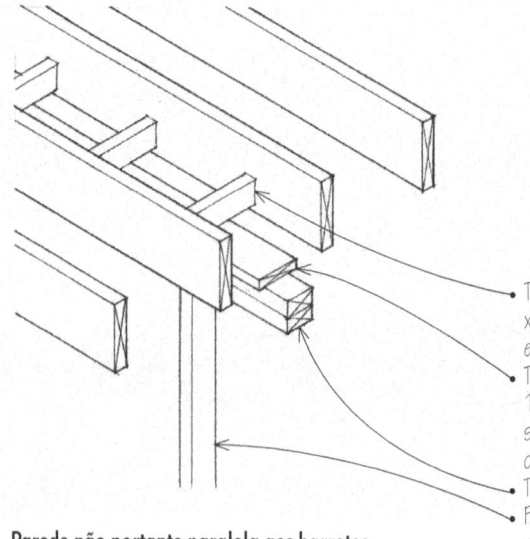

Parede não portante paralela aos barrotes — sem parede em cima
- Travamento de 2 x 4 in (5,0 x 10,0 cm) a cada 40,0 cm entre eixos
- Tábuas de 1 x 6 in (2,5 x 15,0 cm) para criar uma superfície para se pregar o forro
- Travessa superior dupla
- Parede de montantes de madeira

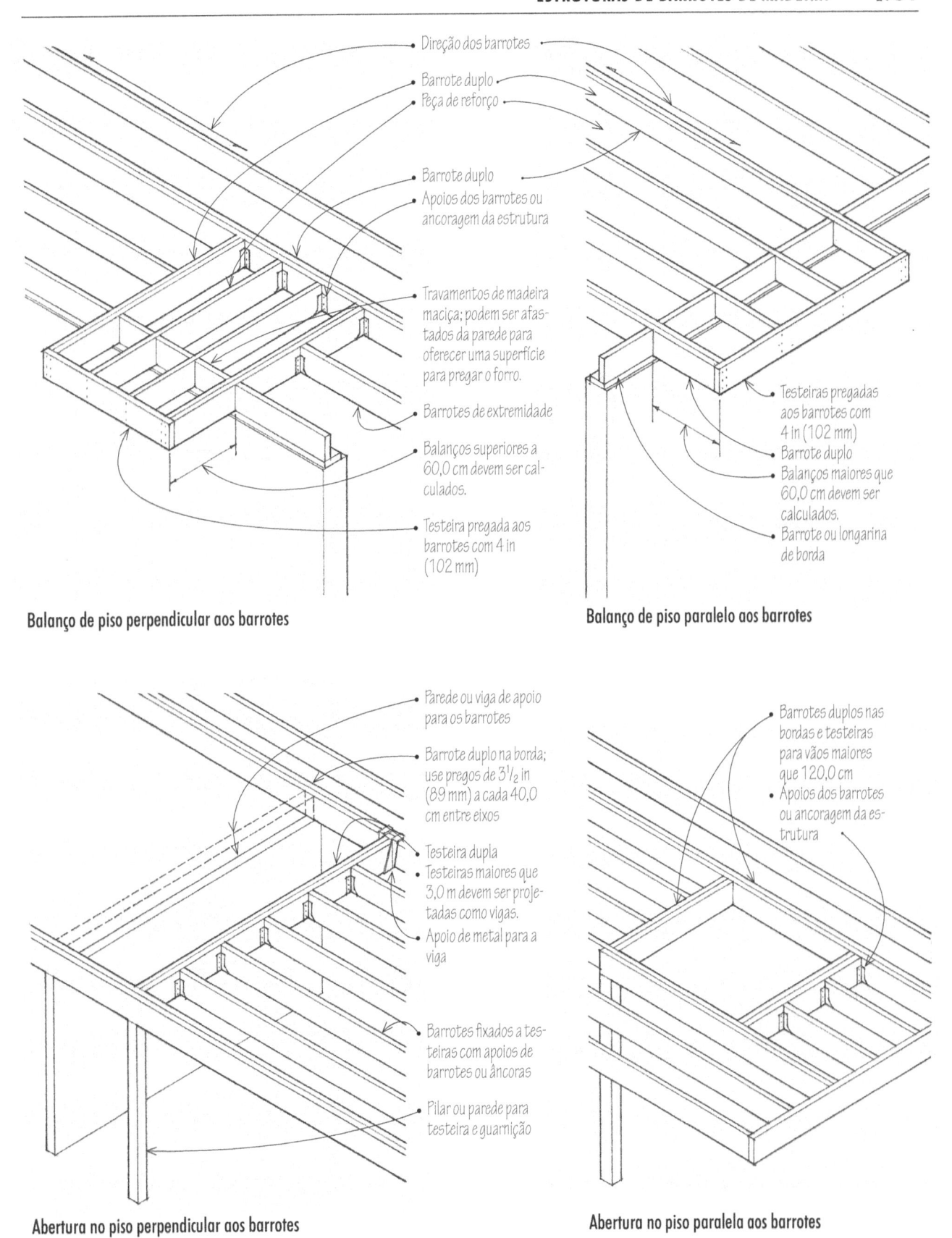

ESTRUTURAS DE BARROTES DE MADEIRA   4.31

- Direção dos barrotes
- Barrote duplo
- Peça de reforço
- Barrote duplo
- Apoios dos barrotes ou ancoragem da estrutura
- Travamentos de madeira maciça; podem ser afastados da parede para oferecer uma superfície para pregar o forro.
- Barrotes de extremidade
- Balanços superiores a 60,0 cm devem ser calculados.
- Testeira pregada aos barrotes com 4 in (102 mm)

Balanço de piso perpendicular aos barrotes

- Testeiras pregadas aos barrotes com 4 in (102 mm)
- Barrote duplo
- Balanços maiores que 60,0 cm devem ser calculados.
- Barrote ou longarina de borda

Balanço de piso paralelo aos barrotes

- Parede ou viga de apoio para os barrotes
- Barrote duplo na borda; use pregos de 3½ in (89 mm) a cada 40,0 cm entre eixos
- Testeira dupla
- Testeiras maiores que 3,0 m devem ser projetadas como vigas.
- Apoio de metal para a viga
- Barrotes fixados a testeiras com apoios de barrotes ou âncoras
- Pilar ou parede para testeira e guarnição

Abertura no piso perpendicular aos barrotes

- Barrotes duplos nas bordas e testeiras para vãos maiores que 120,0 cm
- Apoios dos barrotes ou ancoragem da estrutura

Abertura no piso paralela aos barrotes

CONTRAPISOS DE MADEIRA

Contrapiso	Espessura	Classificação estrutural	Vão (cm)
Contrapiso de painéis de madeira			
Para revestimentos com classificação de resistência ao fogo e Classificação Estrutural I e II	5/8 in (16 mm) 1/2 in (13 mm),	32/16	40,0
	5/8 in (16 mm)	36/16	40,0
	5/8 in (16 mm), 3/4 in (19 mm),		
	7/8 in (22 mm)	42/20	51,0
	3/4 in (19 mm),		
	7/8 in (22 mm)	48/24	61,0
Base de regularização de madeira			
Base de regularização ou Classificação C-C para uso externo	1/4 in (6 mm)		Sobre contrapiso de painéis de madeira
	3/8 in (10 mm)		Sobre contrapiso de tábuas
Painéis combinados de contrapiso e base de regularização de madeira			
Para pisos resistentes com Classificação APA	5/8 in (16 mm) 5/8 in (16 mm),	16	40,0
	3/4 in (19 mm)	20	51,0
	3/4 in (19 mm), 7/8 in (22 mm), 1 in (25 mm)	24	61,0
1 in (25 mm)	1-1/8 in (28 mm)	48	122,0

O contrapiso é o material estrutural que vence os vãos entre os barrotes do piso, serve como plataforma de trabalho durante a construção e fornece uma base para o piso. O sistema de barrotes e painéis de contrapiso também pode ser usado como diafragma estrutural para transferir esforços laterais às paredes de cisalhamento, se for construído de acordo com padrões aprovados. Consulte o código de edificações quanto às exigências.

- O contrapiso geralmente é de madeira compensada, embora outros painéis não revestidos, tais como aglomerado de partículas de madeira longas e orientadas (OSB), chapas tipo wafer e chapas de aglomerado possam ser usadas, se fabricadas de acordo com normas aprovadas. Consulte a American Plywood Association (APA).
- O vão máximo admissível é indicado em um carimbo no verso de cada painel. O primeiro número indica o espaçamento admissível entre barrotes para painéis de cobertura, e o segundo número indica o espaçamento admissível entre barrotes de contrapiso.
- O vão entre barrotes pode ser de 60 cm, se for utilizado um soalho de madeira de 2,0 cm de espessura perpendicularmente aos barrotes.
- A base de regularização para o piso oferece resistência a cargas de impacto e uma superfície lisa para a aplicação direta de materiais de piso não estruturais; ela pode ser aplicada como uma camada separada sobre os painéis ou tábuas de contrapiso, ou pode ser formada pelo próprio contrapiso; quando o piso for sujeito a condições de umidade anormais, utilizar painéis com resina para exteriores (Exposição 1) ou madeira compensada para exteriores.

Contrapiso de painéis e base de regularização para o piso
- Os vãos indicados pressupõem que os painéis são aplicados continuamente sobre dois ou mais vãos, com sua dimensão maior perpendicular aos barrotes.
- Desencontre as juntas entre os painéis.
- As juntas entre painéis devem ter (3 mm), a não ser que o fabricante recomende de maneira diversa; as juntas da base de regularização para o piso podem ser de apenas 1 mm.
- Pregue os painéis a cada 15,0 cm entre eixos, nas bordas, e a cada 30,0 cm entre eixos nos apoios intermediários; em painéis de 1 in (25 mm), pregue a cada 15,0 cm entre eixos tanto nas bordas como nos apoios intermediários.
- Use pregos anelados de 2 in (51 mm) ou pregos comuns de 2-1/2 in (64 mm) em painéis com espessura de até 3/4 in (19 mm) e pregos anelados ou comuns 2-1/2 in (64 mm) em painéis de 7/8 in (22 mm) ou mais.
- Providencie travamento debaixo das bordas ou use bordas de painel do tipo macho e fêmea; isso não é necessário se as juntas da base de regularização estão deslocadas em relação às juntas do contrapiso.

Colar painéis combinados de contrapiso e base de regularização nos barrotes do piso permite que os painéis trabalhem junto com os barrotes, como se fossem painéis T. Esse sistema de aplicação diminui a deformação do piso e os rangidos, aumenta a rigidez do piso e, em alguns casos, os vãos admissíveis para os barrotes. Estes benefícios, naturalmente, dependem da qualidade da instalação. Além da colagem, os painéis podem ser fixados com pistolas elétricas, com pregos de 2 in (51 mm) anelados ou rosqueados. Consulte a APA para recomendações detalhadas.

CSI MasterFormat 06 16 23: Subflooring; 06 16 26: Underlayment

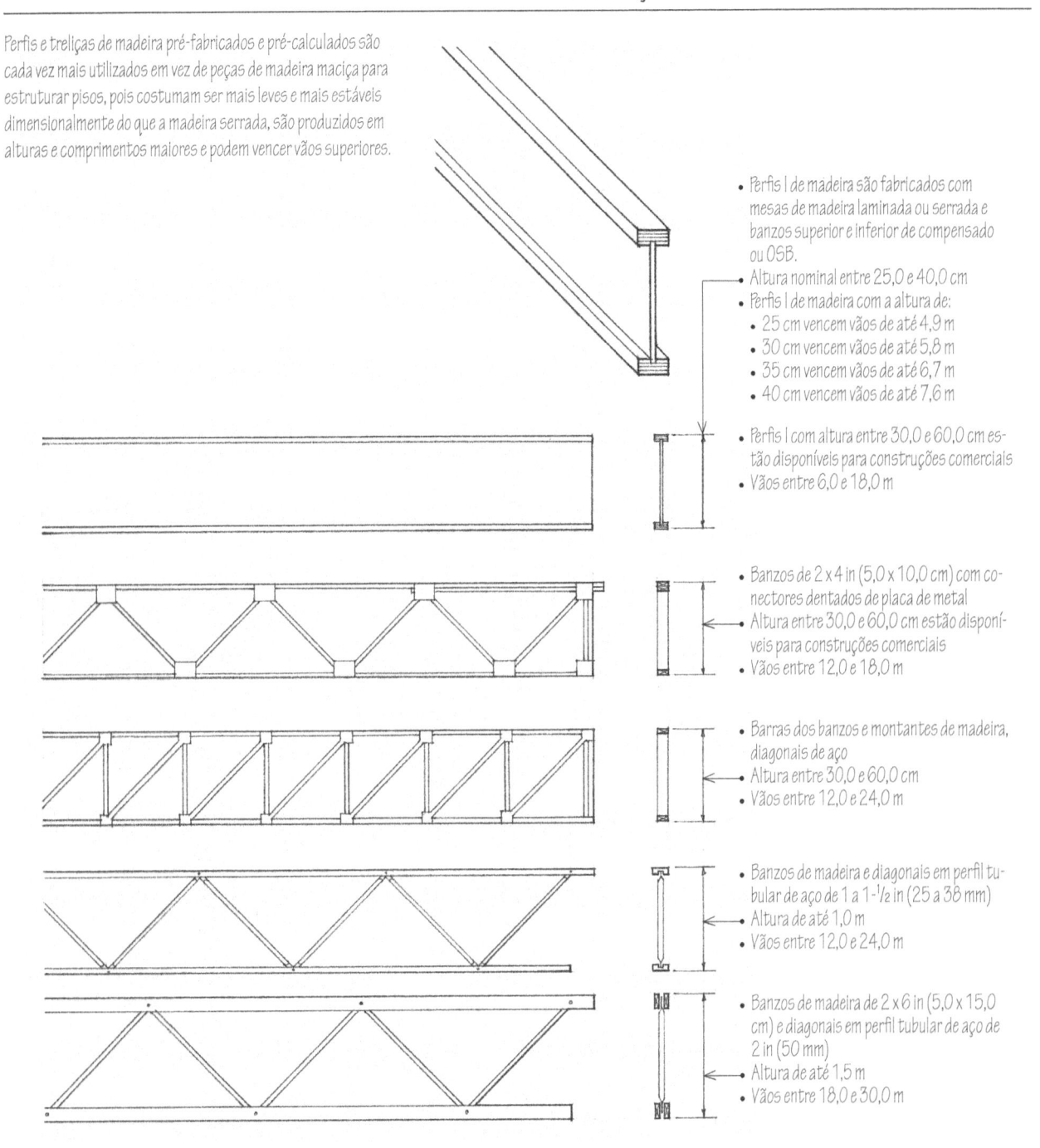

PERFIS E TRELIÇAS DE MADEIRA PRÉ-FABRICADOS 4.33

Perfis e treliças de madeira pré-fabricados e pré-calculados são cada vez mais utilizados em vez de peças de madeira maciça para estruturar pisos, pois costumam ser mais leves e mais estáveis dimensionalmente do que a madeira serrada, são produzidos em alturas e comprimentos maiores e podem vencer vãos superiores.

- Perfis I de madeira são fabricados com mesas de madeira laminada ou serrada e banzos superior e inferior de compensado ou OSB.
- Altura nominal entre 25,0 e 40,0 cm
- Perfis I de madeira com a altura de:
  - 25 cm vencem vãos de até 4,9 m
  - 30 cm vencem vãos de até 5,8 m
  - 35 cm vencem vãos de até 6,7 m
  - 40 cm vencem vãos de até 7,6 m
- Perfis I com altura entre 30,0 e 60,0 cm estão disponíveis para construções comerciais
- Vãos entre 6,0 e 18,0 m

- Banzos de 2 x 4 in (5,0 x 10,0 cm) com conectores dentados de placa de metal
- Altura entre 30,0 e 60,0 cm estão disponíveis para construções comerciais
- Vãos entre 12,0 e 18,0 m

- Barras dos banzos e montantes de madeira, diagonais de aço
- Altura entre 30,0 e 60,0 cm
- Vãos entre 12,0 e 24,0 m

- Banzos de madeira e diagonais em perfil tubular de aço de 1 a 1-1/2 in (25 a 38 mm)
- Altura de até 1,0 m
- Vãos entre 12,0 e 24,0 m

- Banzos de madeira de 2 x 6 in (5,0 x 15,0 cm) e diagonais em perfil tubular de aço de 2 in (50 mm)
- Altura de até 1,5 m
- Vãos entre 18,0 e 30,0 m

- Regra prática para o pré-dimensionamento da altura de treliças de madeira pré-fabricadas: vão/18
- As aberturas entre os banzos permitem a passagem das instalações
- Consulte o fabricante sobre alturas e comprimentos disponíveis, o espaçamento recomendado e os vãos admissíveis, bem como as condições de apoio necessárias.

CSI MasterFormat 06 17 00 Shop-Fabricated Structural Wood

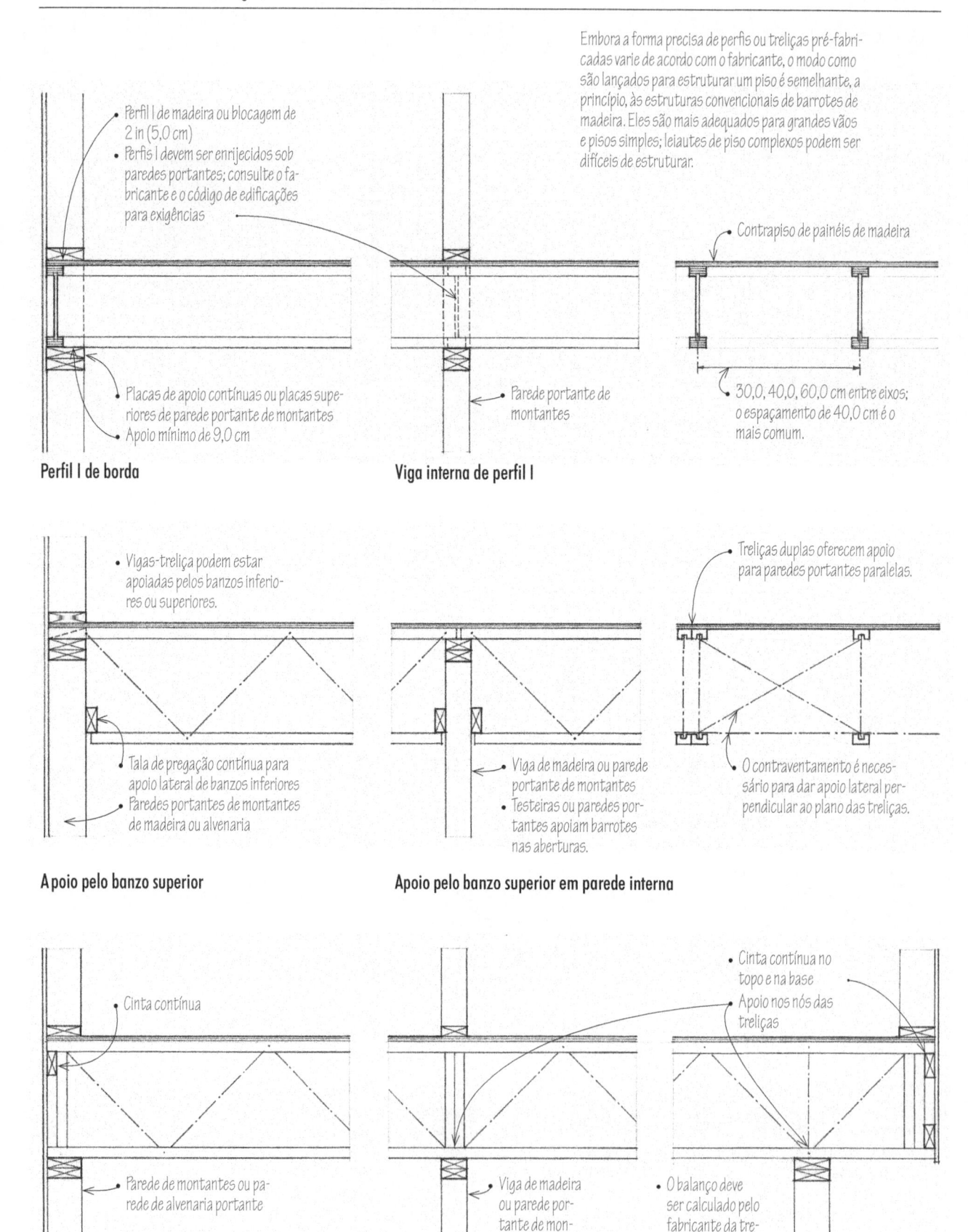

4.34 PERFIS E TRELIÇAS DE MADEIRA PRÉ-FABRICADOS

Embora a forma precisa de perfis ou treliças pré-fabricadas varie de acordo com o fabricante, o modo como são lançados para estruturar um piso é semelhante, a princípio, às estruturas convencionais de barrotes de madeira. Eles são mais adequados para grandes vãos e pisos simples; leiautes de piso complexos podem ser difíceis de estruturar.

- Perfil I de madeira ou blocagem de 2 in (5,0 cm)
- Perfis I devem ser enrijecidos sob paredes portantes; consulte o fabricante e o código de edificações para exigências
- Placas de apoio contínuas ou placas superiores de parede portante de montantes
- Apoio mínimo de 9,0 cm

Perfil I de borda

- Parede portante de montantes

Viga interna de perfil I

- Contrapiso de painéis de madeira
- 30,0, 40,0, 60,0 cm entre eixos; o espaçamento de 40,0 cm é o mais comum.

- Vigas-treliça podem estar apoiadas pelos banzos inferiores ou superiores.
- Tala de pregação contínua para apoio lateral de banzos inferiores
- Paredes portantes de montantes de madeira ou alvenaria

Apoio pelo banzo superior

- Viga de madeira ou parede portante de montantes
- Testeiras ou paredes portantes apoiam barrotes nas aberturas.

Apoio pelo banzo superior em parede interna

- Treliças duplas oferecem apoio para paredes portantes paralelas.
- O contraventamento é necessário para dar apoio lateral perpendicular ao plano das treliças.

- Cinta contínua
- Parede de montantes ou parede de alvenaria portante

Apoio pelo banzo inferior

- Viga de madeira ou parede portante de montantes

Apoio pelo banzo inferior e em viga inteira

- Cinta contínua no topo e na base
- Apoio nos nós das treliças
- O balanço deve ser calculado pelo fabricante da treliça ou perfil.

Apoio pelo banzo inferior e em balanço

VIGAS DE MADEIRA 4.35

Madeira serrada maciça

Ao escolher uma viga de madeira, deve-se considerar o seguinte: espécie e classificação estrutural, módulo de elasticidade, valores de flexão e cisalhamento admissíveis e deflexão máxima permitida para o uso pretendido. Além disso, deve-se prestar atenção às condições de carregamento e aos tipos de conexão utilizados. Veja a Bibliografia para fontes de tabelas mais detalhadas de vãos e carregamentos.

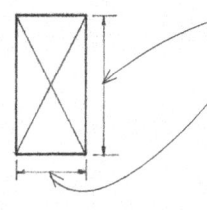

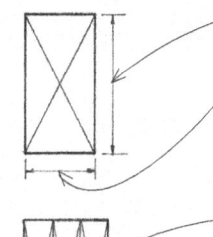

- Regra prática para o pré-dimensionamento de uma viga de madeira: vão/15
- Largura da viga = $1/3$ a $1/2$ da altura da viga
- Limite de deflexão = $1/360$ de vão

Viga composta maciça
- Tem a mesma resistência da soma das forças das peças individuais se nenhuma das lâminas for emendada.
- Duas tábuas pregadas com pregos de 3 in (76 mm) a cada 40,0 cm entre eixos e duas com pregos de 3 in (76 mm) em cada extremidade
- Três ou mais tábuas pregadas com pregos de 4 in (102 mm) a cada 80,0 cm entre eixos e duas com pregos de 4 in (102 mm) em cada extremidade

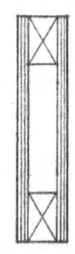

Viga-caixão
- Feita de duas ou mais tábuas de madeira compensada ou OSB com mesas de madeira laminada (LVL) ou madeira serrada maciça
- Calculadas para vencer vãos de até 27,0 m

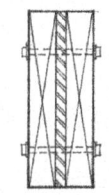

Viga flitch
- Tábuas parafusadas lado a lado em placas ou perfis de aço
- Projeto calculado

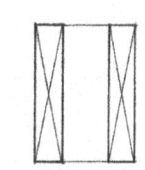

Viga composta vazada
- Travada e pregada firmemente em intervalos frequentes para possibilitar que os elementos individuais atuem como uma unidade solidária.

Madeira laminada e colada

A madeira laminada e colada (CSI MasterFormat 06 18 00) é feita com madeira de grau estrutural laminada com adesivo sob condições controladas, geralmente com a fibra de todas as lâminas paralelas. As vantagens da madeira laminada e colada sobre a madeira maciça são geralmente uma maior resistência, melhor aparência e disponibilidade de vários perfis. As madeiras laminadas e coladas podem ser conectadas de topo por sambladura de ponta com sambladura chanfrada ou de dedo de qualquer comprimento desejado, ou coladas pelas faces menores, para maior largura ou altura.

- Calculadas para vãos de até 24,0 m
- Regra prática para o pré-dimensionamento da altura de uma viga laminada e colada: vão/20
- Largura da viga = $1/4$ a $1/3$ da altura da viga

Madeira de fios paralelos (PSL)

A madeira de fios paralelos (PSL) é um produto estrutural de madeira feito com a colagem de fibras de madeira longas e estreitas unidas sob calor e pressão utilizando-se um adesivo impermeável. A madeira de fios paralelos é um produto patenteado sob a marca comercial Parallam, utilizada como vigas e pilares em construção arquitravada e como vigas, vergas e lintéis em estruturas leves.

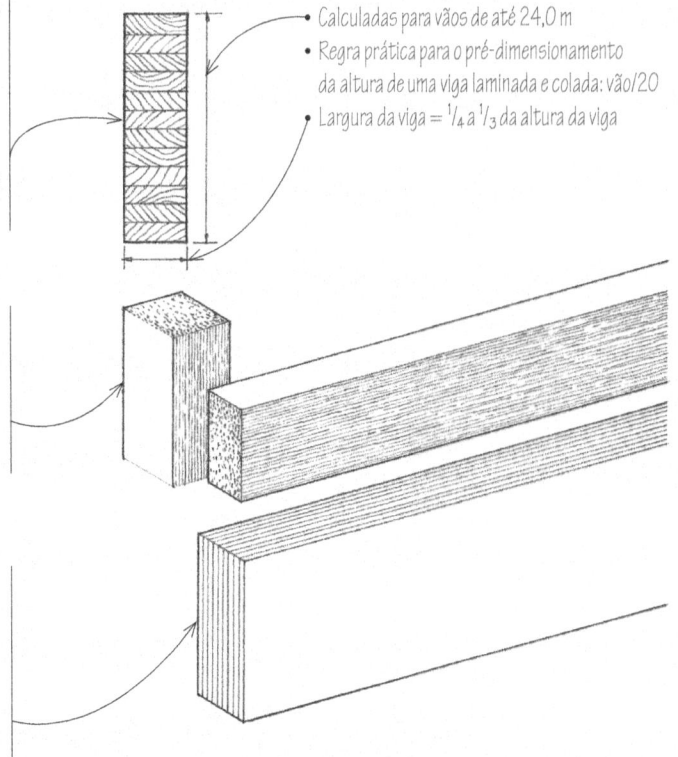

Madeira laminada (LVL)

A madeira laminada (LVL) é um produto de madeira estrutural feito com a colagem de camadas de madeira unidas sob calor e pressão utilizando-se um adesivo impermeável. As camadas de todas as lâminas na mesma direção longitudinal resultam em um produto resistente quando carregado no seu lado menor como uma viga ou no seu lado maior como um painel. A madeira laminada é comercializada sob vários nomes comerciais, como Microlam, e utilizada como testeiras e vigas, ou como almas para perfis I de madeira pré-fabricada.

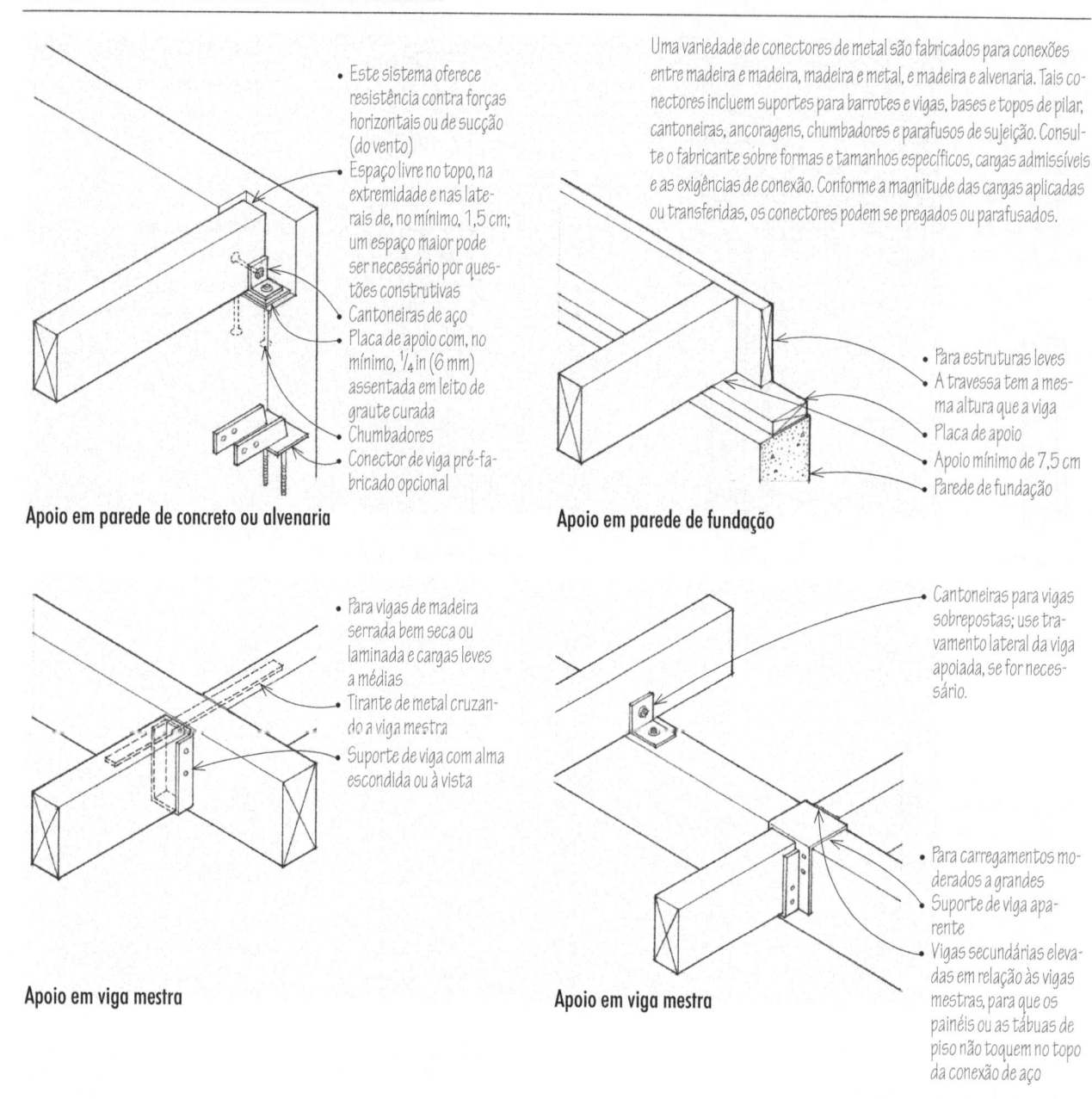

4.36 SUPORTES PARA VIGAS DE MADEIRA

Uma variedade de conectores de metal são fabricados para conexões entre madeira e madeira, madeira e metal, e madeira e alvenaria. Tais conectores incluem suportes para barrotes e vigas, bases e topos de pilar, cantoneiras, ancoragens, chumbadores e parafusos de sujeição. Consulte o fabricante sobre formas e tamanhos específicos, cargas admissíveis e as exigências de conexão. Conforme a magnitude das cargas aplicadas ou transferidas, os conectores podem se pregados ou parafusados.

- Este sistema oferece resistência contra forças horizontais ou de sucção (do vento)
- Espaço livre no topo, na extremidade e nas laterais de, no mínimo, 1,5 cm; um espaço maior pode ser necessário por questões construtivas
- Cantoneiras de aço
- Placa de apoio com, no mínimo, $1/4$ in (6 mm) assentada em leito de graute curada
- Chumbadores
- Conector de viga pré-fabricado opcional

Apoio em parede de concreto ou alvenaria

- Para estruturas leves
- A travessa tem a mesma altura que a viga
- Placa de apoio
- Apoio mínimo de 7,5 cm
- Parede de fundação

Apoio em parede de fundação

- Para vigas de madeira serrada bem seca ou laminada e cargas leves a médias
- Tirante de metal cruzando a viga mestra
- Suporte de viga com alma escondida ou à vista

Apoio em viga mestra

- Cantoneiras para vigas sobrepostas; use travamento lateral da viga apoiada, se for necessário.
- Para carregamentos moderados a grandes
- Suporte de viga aparente
- Vigas secundárias elevadas em relação às vigas mestras, para que os painéis ou as tábuas de piso não toquem no topo da conexão de aço

Apoio em viga mestra

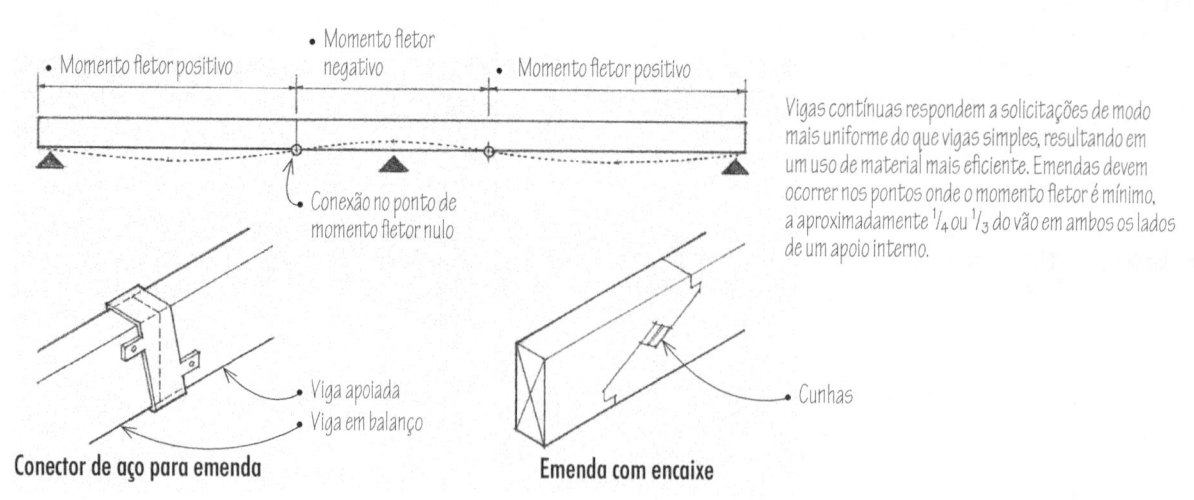

- Momento fletor positivo
- Momento fletor negativo
- Momento fletor positivo
- Conexão no ponto de momento fletor nulo

Vigas contínuas respondem a solicitações de modo mais uniforme do que vigas simples, resultando em um uso de material mais eficiente. Emendas devem ocorrer nos pontos onde o momento fletor é mínimo, a aproximadamente $1/4$ ou $1/3$ do vão em ambos os lados de um apoio interno.

- Viga apoiada
- Viga em balanço

Conector de aço para emenda

- Cunhas

Emenda com encaixe

CONEXÕES ENTRE VIGAS E PILARES DE MADEIRA   4.37

O tamanho e o número de parafusos necessários para uma conexão dependem da espessura dos elementos, da espécie de madeira, da magnitude e direção da carga em relação à fibra da madeira e do uso de conectores de metal. As chapas de cisalhamento ou os aros fendidos para madeira, que podem desenvolver esforços maiores por apoio, podem ser usadas quando não há área suficiente para acomodar o número exigido de parafusos com porca de fora a fora. Veja a p. 5.49 para aros fendidos para madeira e chapas de cisalhamento e para orientações sobre o espaçamento de parafusos.

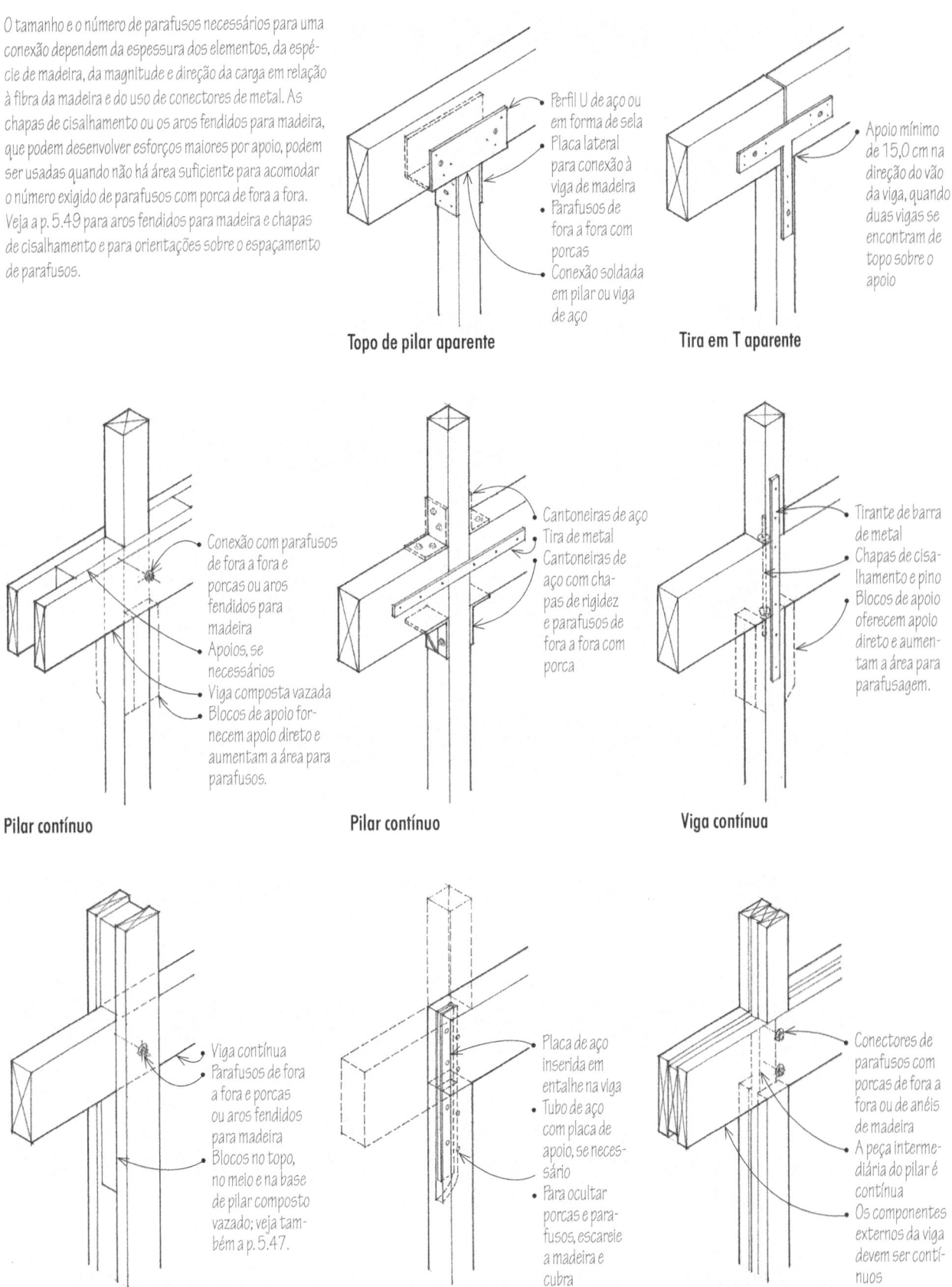

Topo de pilar aparente
- Perfil U de aço ou em forma de sela
- Placa lateral para conexão à viga de madeira
- Parafusos de fora a fora com porcas
- Conexão soldada em pilar ou viga de aço

Tira em T aparente
- Apoio mínimo de 15,0 cm na direção do vão da viga, quando duas vigas se encontram de topo sobre o apoio

Pilar contínuo
- Conexão com parafusos de fora a fora e porcas ou aros fendidos para madeira
- Apoios, se necessários
- Viga composta vazada
- Blocos de apoio fornecem apoio direto e aumentam a área para parafusos.

Pilar contínuo
- Cantoneiras de aço
- Tira de metal
- Cantoneiras de aço com chapas de rigidez e parafusos de fora a fora com porca

Viga contínua
- Tirante de barra de metal
- Chapas de cisalhamento e pino
- Blocos de apoio oferecem apoio direto e aumentam a área para parafusagem.

Pilar composto vazado
- Viga contínua
- Parafusos de fora a fora e porcas ou aros fendidos para madeira
- Blocos no topo, no meio e na base de pilar composto vazado; veja também a p. 5.47.

Conexão oculta
- Placa de aço inserida em entalhe na viga
- Tubo de aço com placa de apoio, se necessário
- Para ocultar porcas e parafusos, escareie a madeira e cubra

Conexão intertravada
- Conectores de parafusos com porcas de fora a fora ou de anéis de madeira
- A peça intermediária do pilar é contínua
- Os componentes externos da viga devem ser contínuos

4.38 ESTRUTURAS DE BARROTES E TÁBUAS DE MADEIRA

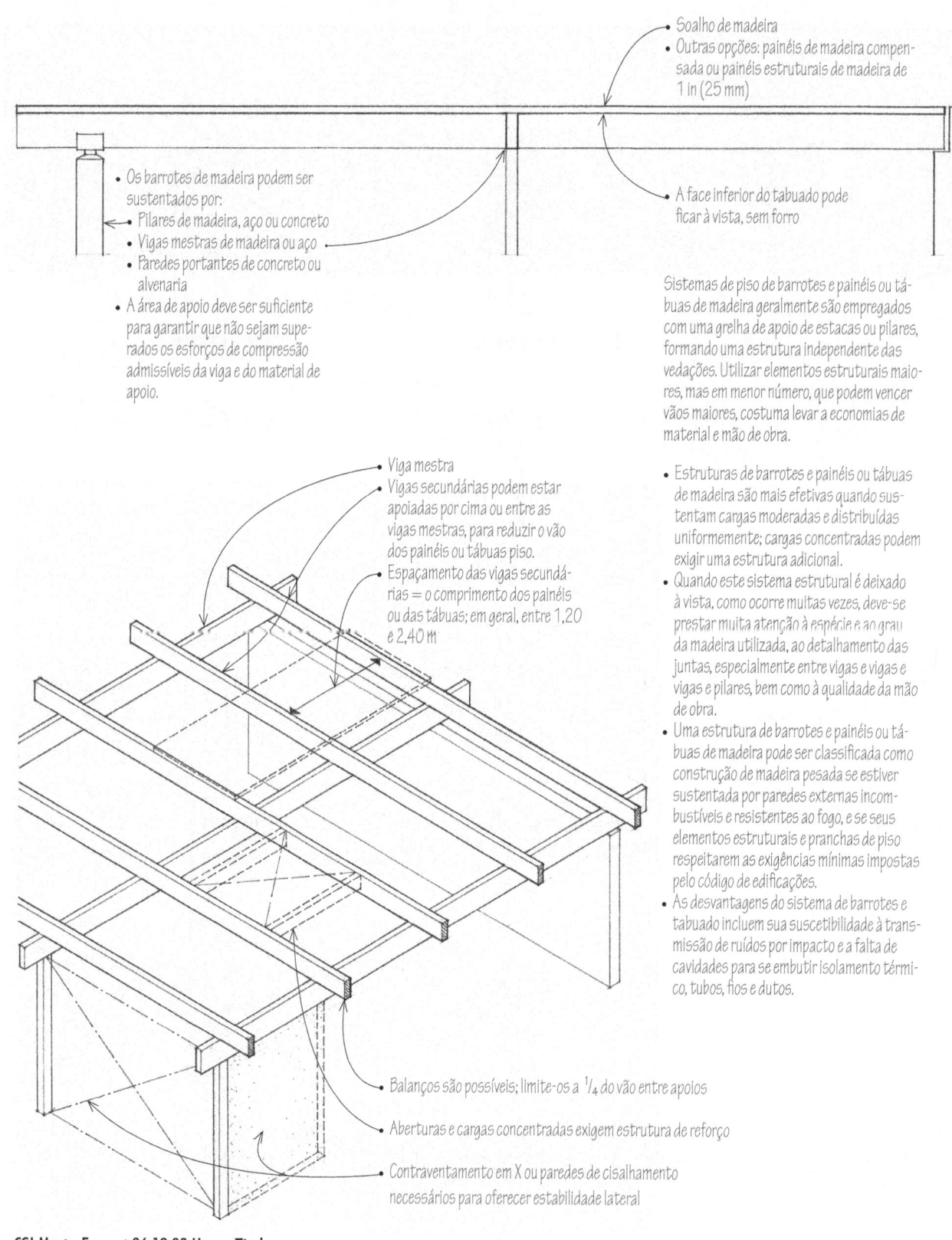

- Soalho de madeira
- Outras opções: painéis de madeira compensada ou painéis estruturais de madeira de 1 in (25 mm)

- Os barrotes de madeira podem ser sustentados por:
  - Pilares de madeira, aço ou concreto
  - Vigas mestras de madeira ou aço
  - Paredes portantes de concreto ou alvenaria
- A área de apoio deve ser suficiente para garantir que não sejam superados os esforços de compressão admissíveis da viga e do material de apoio.

- A face inferior do tabuado pode ficar à vista, sem forro

Sistemas de piso de barrotes e painéis ou tábuas de madeira geralmente são empregados com uma grelha de apoio de estacas ou pilares, formando uma estrutura independente das vedações. Utilizar elementos estruturais maiores, mas em menor número, que podem vencer vãos maiores, costuma levar a economias de material e mão de obra.

- Viga mestra
- Vigas secundárias podem estar apoiadas por cima ou entre as vigas mestras, para reduzir o vão dos painéis ou tábuas piso.
- Espaçamento das vigas secundárias = o comprimento dos painéis ou das tábuas; em geral, entre 1,20 e 2,40 m

- Estruturas de barrotes e painéis ou tábuas de madeira são mais efetivas quando sustentam cargas moderadas e distribuídas uniformemente; cargas concentradas podem exigir uma estrutura adicional.
- Quando este sistema estrutural é deixado à vista, como ocorre muitas vezes, deve-se prestar muita atenção à espécie e ao grau da madeira utilizada, ao detalhamento das juntas, especialmente entre vigas e vigas e vigas e pilares, bem como à qualidade da mão de obra.
- Uma estrutura de barrotes e painéis ou tábuas de madeira pode ser classificada como construção de madeira pesada se estiver sustentada por paredes externas incombustíveis e resistentes ao fogo, e se seus elementos estruturais e pranchas de piso respeitarem as exigências mínimas impostas pelo código de edificações.
- As desvantagens do sistema de barrotes e tabuado incluem sua suscetibilidade à transmissão de ruídos por impacto e a falta de cavidades para se embutir isolamento térmico, tubos, fios e dutos.

- Balanços são possíveis; limite-os a $1/4$ do vão entre apoios
- Aberturas e cargas concentradas exigem estrutura de reforço
- Contraventamento em X ou paredes de cisalhamento necessários para oferecer estabilidade lateral

CSI MasterFormat 06 13 00 Heavy Timber
CSI MasterFormat 06 15 00 Wood Decking

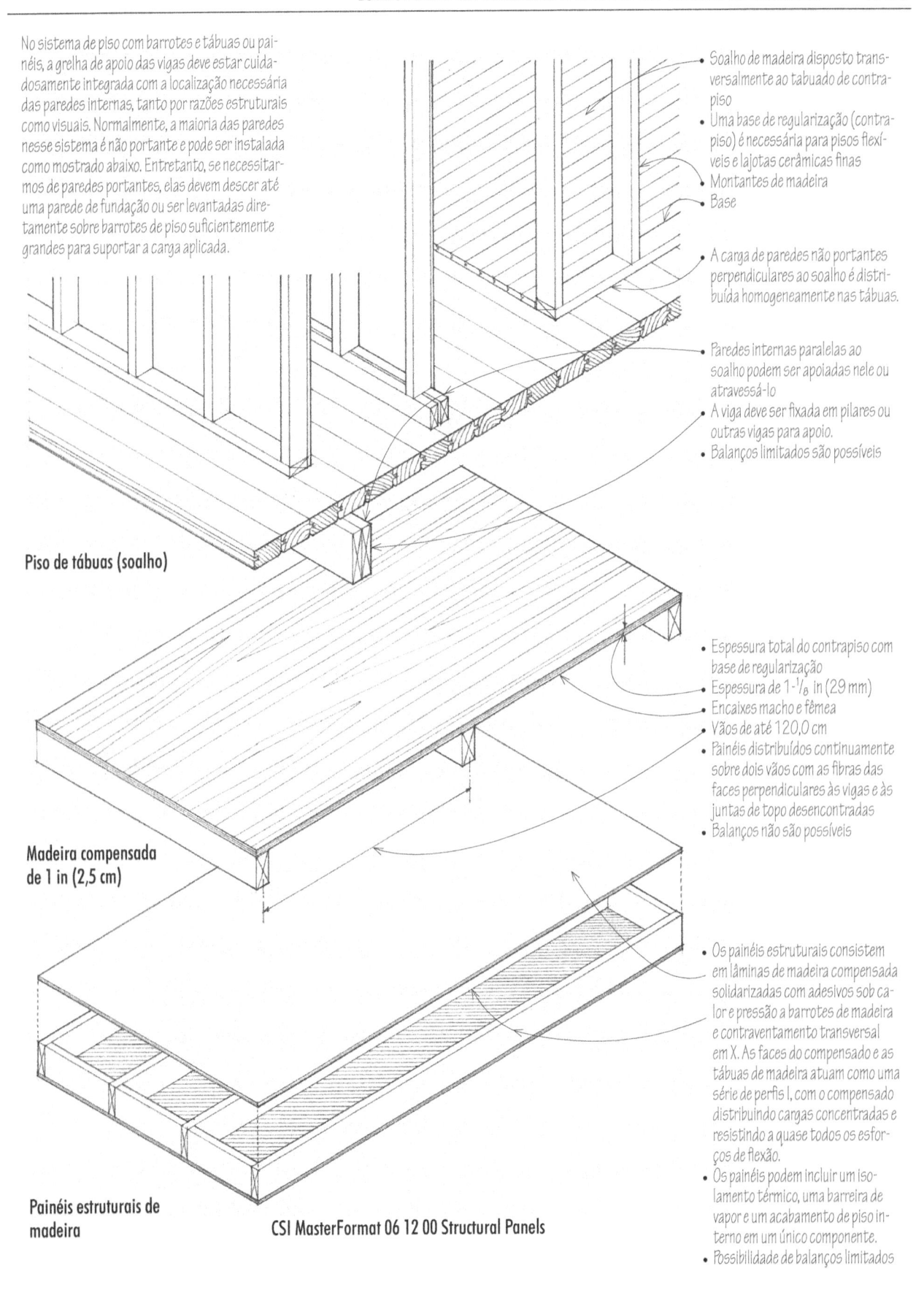

ESTRUTURAS DE BARROTES E PAINÉIS OU TÁBUAS DE MADEIRA   4.39

No sistema de piso com barrotes e tábuas ou painéis, a grelha de apoio das vigas deve estar cuidadosamente integrada com a localização necessária das paredes internas, tanto por razões estruturais como visuais. Normalmente, a maioria das paredes nesse sistema é não portante e pode ser instalada como mostrado abaixo. Entretanto, se necessitarmos de paredes portantes, elas devem descer até uma parede de fundação ou ser levantadas diretamente sobre barrotes de piso suficientemente grandes para suportar a carga aplicada.

- Soalho de madeira disposto transversalmente ao tabuado de contrapiso
- Uma base de regularização (contrapiso) é necessária para pisos flexíveis e lajotas cerâmicas finas
- Montantes de madeira
- Base

- A carga de paredes não portantes perpendiculares ao soalho é distribuída homogeneamente nas tábuas.

- Paredes internas paralelas ao soalho podem ser apoiadas nele ou atravessá-lo
- A viga deve ser fixada em pilares ou outras vigas para apoio.
- Balanços limitados são possíveis

Piso de tábuas (soalho)

- Espessura total do contrapiso com base de regularização
- Espessura de 1-1/8 in (29 mm)
- Encaixes macho e fêmea
- Vãos de até 120,0 cm
- Painéis distribuídos continuamente sobre dois vãos com as fibras das faces perpendiculares às vigas e às juntas de topo desencontradas
- Balanços não são possíveis

Madeira compensada de 1 in (2,5 cm)

- Os painéis estruturais consistem em lâminas de madeira compensada solidarizadas com adesivos sob calor e pressão a barrotes de madeira e contraventamento transversal em X. As faces do compensado e as tábuas de madeira atuam como uma série de perfis I, com o compensado distribuindo cargas concentradas e resistindo a quase todos os esforços de flexão.
- Os painéis podem incluir um isolamento térmico, uma barreira de vapor e um acabamento de piso interno em um único componente.
- Possibilidade de balanços limitados

Painéis estruturais de madeira

CSI MasterFormat 06 12 00 Structural Panels

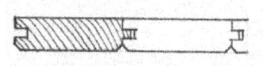

4.40 PISOS DE MADEIRA

- Madeira maciça
- Espessura nominal:
  2 x 6 in (5,0 x 15,0 cm) ou
  2 x 8 in (5,0 x 20,0 cm)

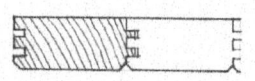

- Madeira maciça
- Espessura nominal:
  3 x 6 in (7,5 x 15,0 cm) ou
  4 x 6 in (10,0 x 15,0 cm)

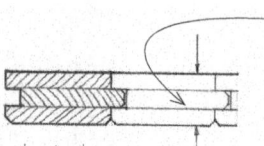

- Laminado
- Espessura nominal:
  3 x 6 in (7,5 x 15,0 cm),
  3 x 8 in (7,5 x 20,0 cm),
  3 x 10 in (7,5 x 25 cm),
  4 x 6 in (10,0 x 15,0 cm),
  4 x 8 in (10,0 x 20,0 cm),
  6 x 6 in (15,0 x 15,0 cm) ou
  6 x 8 in (15,0 x 20,0 cm)

- Regra prática para pré-dimensionamento da espessura da madeira: vão/30
- Deflexão máxima $1/240$ do vão de madeira
- Consulte o fabricante para tamanhos disponíveis e vãos admissíveis

Tipos de tábuas para tabuados de madeira

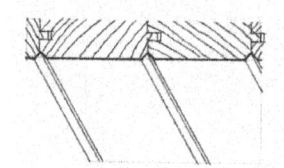

- Sulcos em V
- Sulcos em canal 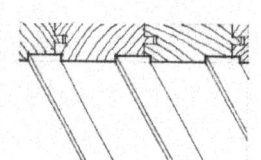
- Encaixe simples ou moldado 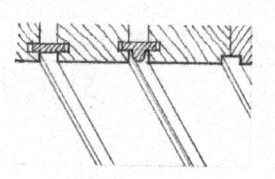
- Tábuas estriadas 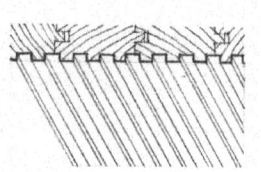

Padrões de acabamento para forros

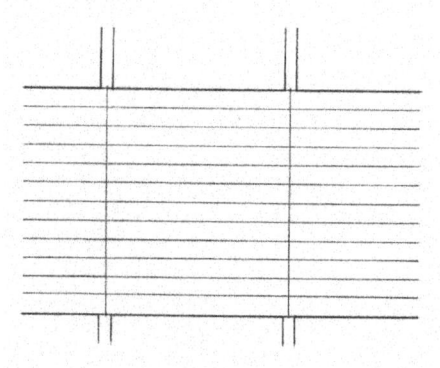

Apoios simples
- Tábuas simplesmente apoiadas em cada extremidade têm a maior deflexão para uma determinada carga

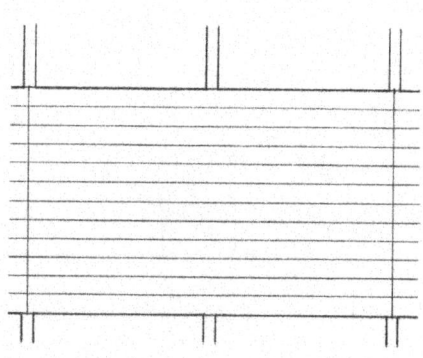

Apoios duplos
- Uso estrutural mais eficiente de um material de determinado comprimento

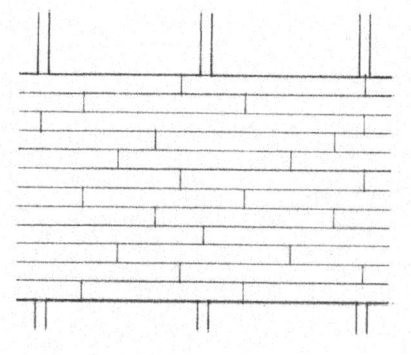

Apoios alternados
- Vão contínuo sobre quatro ou mais apoios.
- O uso de peças de diferentes tamanhos reduz o desperdício.
- A disposição das tábuas deve ser cuidadosamente controlada.
- Afastamento mínimo de 60,0 cm entre as juntas de topo nas fileiras adjacentes.
- Barrotes alinhados devem repousar em pelo menos um apoio.
- Afaste barrotes em fileiras não adjacentes de 30,0 cm ou duas fileiras de tábuas.
- Somente um barrote deve estar em cada fiada entre os apoios.
- Cada tábua deve se apoiar pelo menos em um apoio.
- Nos vãos extremos, um terço das tábuas não deve ter juntas.

Tipos de apoio

- Tábuas de 2 in (5,0 cm) de espessura podem vencer vãos de até 1,80 m
- Tábuas de 3 in (7,5 cm) de espessura podem vencer vãos entre 1,8 e 3,00 m
- Tábuas de 4 in (10,0 cm) de espessura podem vencer vãos entre 3,00 e 4,25 m
- Tábuas de 6 in (15,0 cm) de espessura podem vencer vãos entre 3,65 e 6,10 m

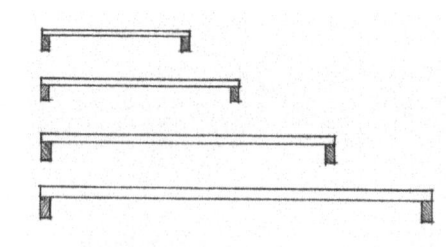

Vãos máximos

CSI MasterFormat 06 15 00 Wood Decking

5
PAREDES

5.2 Paredes
5.4 Pilares de concreto
5.6 Paredes de concreto armado
5.7 Fôrmas para concreto
5.9 O acabamento do concreto
5.10 Painéis de concreto pré-moldados para paredes
5.11 Painéis de parede e pilares de concreto pré-moldados
5.12 Conexões de sistemas pré-moldados de concreto
5.13 O sistema *tilt-up* de painéis de parede autoportantes
5.14 Paredes de alvenaria
5.16 Paredes de alvenaria não armada
5.18 Paredes de alvenaria armada
5.19 Pilares e pilastras de alvenaria armada
5.20 Arcos de alvenaria
5.21 Vergas de alvenaria armada
5.22 Juntas de controle e juntas de dilatação
5.23 Cortes em paredes de alvenaria
5.26 O assentamento de alvenaria de tijolo
5.27 Aparelhos de alvenaria de tijolo
5.28 Blocos cerâmicos vazados
5.29 Blocos de vidro
5.31 A construção com adobe
5.32 A construção com taipa de pilão
5.33 Alvenaria de pedra
5.35 Estruturas independentes de aço
5.36 A instalação de paredes-cortina
5.37 Pilares de aço
5.38 Conexões em pilares de aço
5.39 Montantes leves de aço
5.40 Estruturas de montantes leves de aço
5.41 Estruturas em balão
5.42 Estruturas em plataforma
5.43 Estruturas de montantes leves de madeira
5.46 A instalação de painéis de vedação em paredes de montantes leves de madeira
5.47 Pilares de madeira
5.48 Estruturas de madeira arquitravadas
5.49 Conexões entre pilar e viga de madeira

5.2 PAREDES

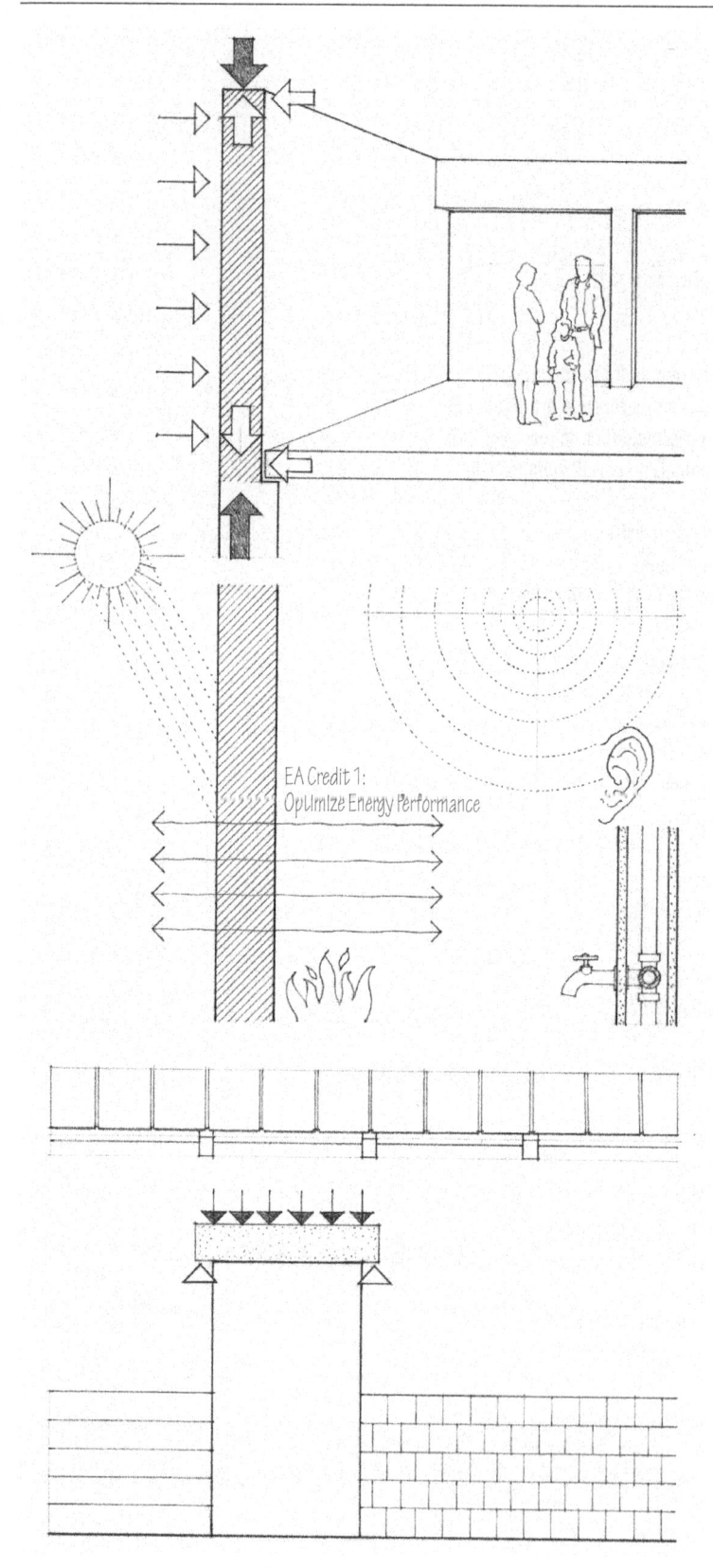

Paredes são os planos verticais de uma edificação que fecham, separam e protegem seus espaços internos. As paredes podem ser estruturas portantes homogêneas ou compostas projetadas para transmitir as cargas impostas de pisos e coberturas, ou consistir de um arcabouço independente de pilares e vigas com painéis de vedação não estruturais instalados dentro deste arcabouço ou sobreposto a ele. O padrão destas paredes portantes ou da estrutura independente deve estar sempre coordenado com o leiaute dos espaços internos de uma edificação.

Além de transferir as cargas verticais, as paredes externas devem ter a capacidade de suportar cargas horizontais impostas pelo vento. Se forem rígidas o suficiente, elas também podem servir como diafragmas ou paredes de cisalhamento e transferir as cargas de vento e sísmicas às fundações.

Uma vez que as paredes externas servem como um escudo protetor dos espaços internos de uma edificação contra as intempéries, seus componentes construtivos devem controlar a passagem de calor e sons e a infiltração de ar, umidade e vapor d'água. A pele externa da edificação, que pode ser independente ou parte integral da estrutura da parede, deve ser durável e resistente aos efeitos desgastantes do sol, vento e chuva. Os códigos de edificações especificam a classificação de resistência ao fogo de paredes externas, paredes portantes e paredes internas.

As paredes internas, que subdividem o espaço dentro de uma edificação, podem ser portantes ou não. Elas devem ser capazes de suportar os materiais de acabamento desejados, fornecer o grau exigido de isolamento acústico e acomodar, quando necessário, a distribuição de dutos e instalações.

As aberturas de portas e janelas devem ser construídas de modo que qualquer carga vertical recebida seja distribuída às suas laterais, e não transferidas às esquadrias. O tamanho e a localização das aberturas são determinados pelas necessidades de iluminação natural, ventilação, vistas desejáveis e acesso das pessoas, bem como pelos condicionantes impostos pelo sistema estrutural e pelos materiais de parede modulados.

PAREDES 5.3

Estruturas independentes
- As estruturas independentes de concreto geralmente são estruturas indeformáveis classificadas como incombustíveis e resistentes ao fogo.
- Estruturas independentes de aço podem utilizar vínculos rígidos e exigir tratamento de proteção contra incêndio, para que possam ser classificadas como resistentes ao fogo.
- Estruturas de madeira exigem contraventamento diagonal ou planos de cisalhamento para que tenham estabilidade lateral e podem ser classificadas como estruturas resistentes ao fogo se utilizadas com paredes externas resistentes ao fogo e incombustíveis e se seus elementos respeitarem as dimensões mínimas determinadas pelo código de edificações.
- Estruturas de aço ou de concreto têm a capacidade de vencer vãos maiores e suportar carregamentos mais elevados do que as estruturas de madeira.
- Todos os tipos de estrutura independente podem suportar e aceitar diversos sistemas de vedação externa, como os sistemas de parede-cortina.
- O detalhamento das conexões ou vínculos é crítico, tanto por razões estruturais como por motivos estéticos, caso a estrutura seja deixada aparente.

Paredes portantes de alvenaria ou concreto
- Paredes portantes de alvenaria ou concreto são classificadas como incombustíveis, e usam sua massa para a transferência de esforços estruturais.
- Embora sejam resistentes à compressão, tanto o concreto quanto a alvenaria exigem armadura de reforço quando são impostos esforços de tração.
- A relação entre a altura e a largura, as medidas de estabilização lateral e a distribuição apropriada das juntas de dilatação são fatores essenciais no projeto e construção de paredes.
- As superfícies das paredes não precisam ser revestidas, elas podem ficar à vista.

Paredes de montantes leves de metal ou madeira
- Montantes de metal laminado a frio ou madeira geralmente são espaçados a cada 40 ou 60 cm entre eixos; este espaçamento se relaciona com a largura e o comprimento dos materiais de vedação mais comuns.
- Os montantes transferem as cargas verticais, enquanto seus painéis de vedação ou um contraventamento diagonal enrijecem o plano da parede.
- Cavidades em paredes duplas podem acomodar isolamento térmico, barreiras de vapor e as instalações hidrossanitárias e elétricas, entre outras.
- As paredes de montantes aceitam uma grande variedade de acabamentos tanto na face interna quanto na externa; alguns acabamentos exigem uma base em que possam ser pregados.
- Os materiais de acabamento determinam a classificação de resistência ao fogo da parede como um todo.
- Paredes de montantes podem ser montadas in loco ou pré-fabricadas.
- Paredes de montantes têm forma flexível, devido à boa trabalhabilidade de seus componentes relativamente pequenos e aos vários sistemas de fixação disponíveis no mercado.

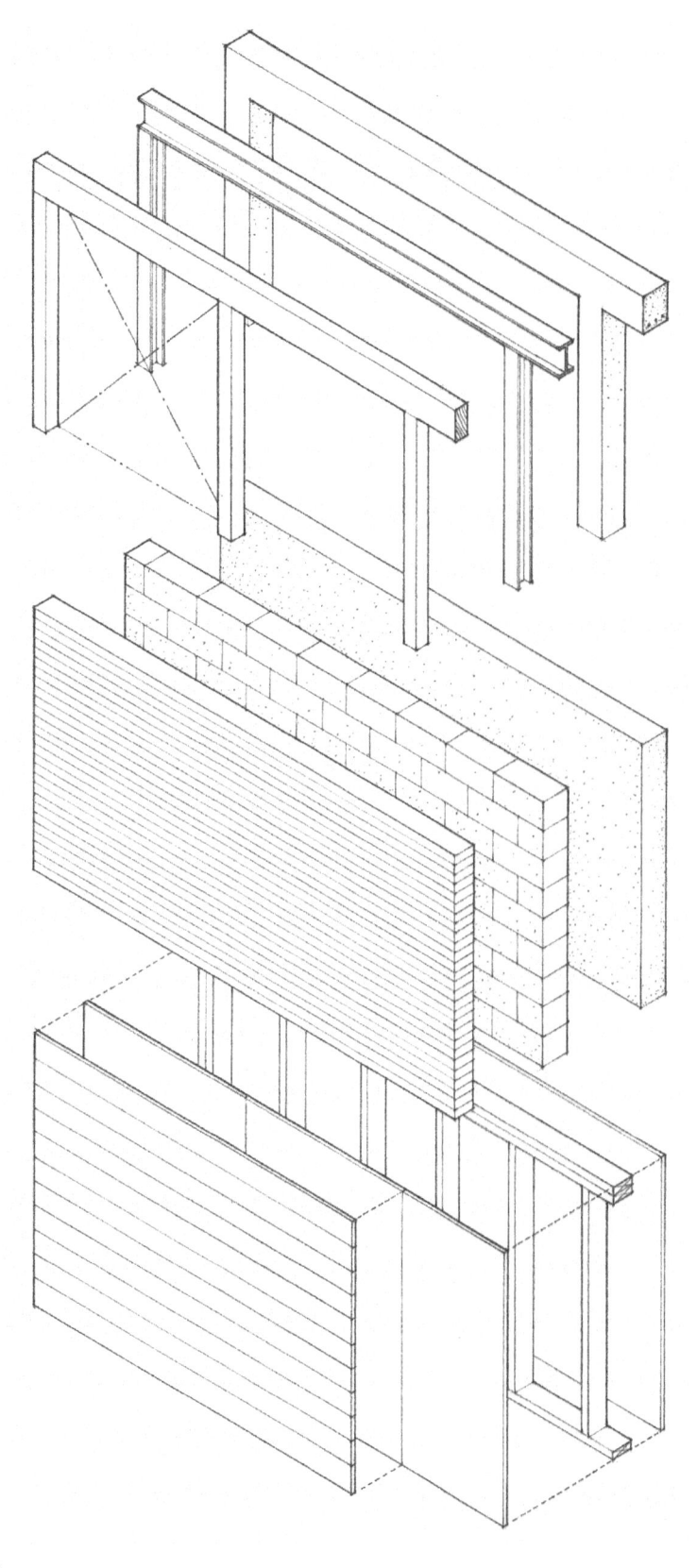

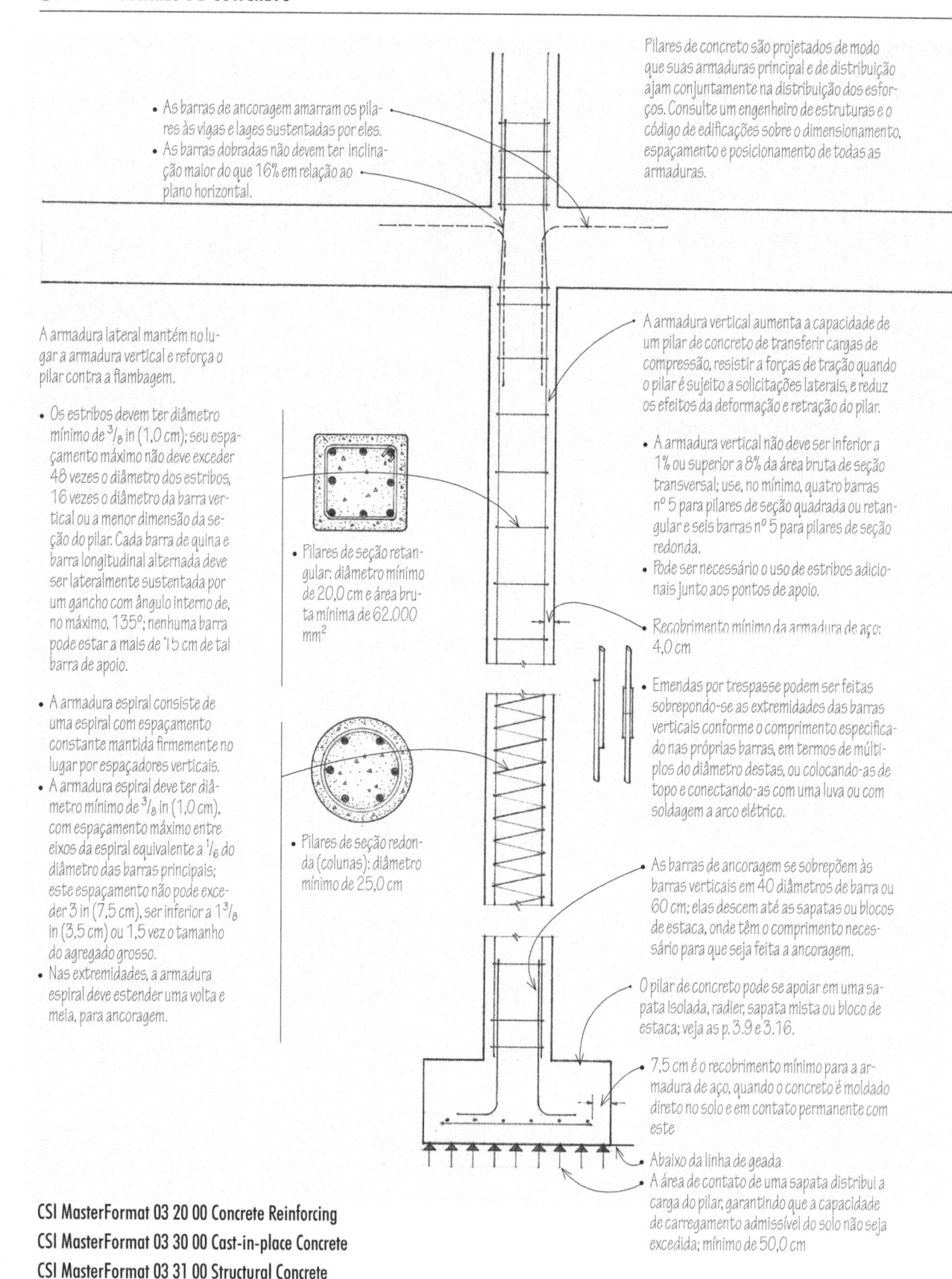

5.4 PILARES DE CONCRETO

Pilares de concreto são projetados de modo que suas armaduras principal e de distribuição ajam conjuntamente na distribuição dos esforços. Consulte um engenheiro de estruturas e o código de edificações sobre o dimensionamento, espaçamento e posicionamento de todas as armaduras.

- As barras de ancoragem amarram os pilares às vigas e lages sustentadas por eles.
- As barras dobradas não devem ter inclinação maior do que 16% em relação ao plano horizontal.

A armadura lateral mantém no lugar a armadura vertical e reforça o pilar contra a flambagem.

- Os estribos devem ter diâmetro mínimo de $^3/_8$ in (1,0 cm); seu espaçamento máximo não deve exceder 48 vezes o diâmetro dos estribos, 16 vezes o diâmetro da barra vertical ou a menor dimensão da seção do pilar. Cada barra de quina e barra longitudinal alternada deve ser lateralmente sustentada por um gancho com ângulo interno de, no máximo, 135°; nenhuma barra pode estar a mais de 15 cm de tal barra de apoio.
- A armadura espiral consiste de uma espiral com espaçamento constante mantida firmemente no lugar por espaçadores verticais.
- A armadura espiral deve ter diâmetro mínimo de $^3/_8$ in (1,0 cm), com espaçamento máximo entre eixos da espiral equivalente a $^1/_6$ do diâmetro das barras principais; este espaçamento não pode exceder 3 in (7,5 cm), ser inferior a $1^3/_8$ in (3,5 cm) ou 1,5 vez o tamanho do agregado grosso.
- Nas extremidades, a armadura espiral deve estender uma volta e meia, para ancoragem.

- Pilares de seção retangular: diâmetro mínimo de 20,0 cm e área bruta mínima de 62.000 mm²

- Pilares de seção redonda (colunas): diâmetro mínimo de 25,0 cm

A armadura vertical aumenta a capacidade de um pilar de concreto de transferir cargas de compressão, resistir a forças de tração quando o pilar é sujeito a solicitações laterais, e reduz os efeitos da deformação e retração do pilar.

- A armadura vertical não deve ser inferior a 1% ou superior a 8% da área bruta de seção transversal; use, no mínimo, quatro barras nº 5 para pilares de seção quadrada ou retangular e seis barras nº 5 para pilares de seção redonda.
- Pode ser necessário o uso de estribos adicionais junto aos pontos de apoio.
- Recobrimento mínimo da armadura de aço: 4,0 cm
- Emendas por trespasse podem ser feitas sobrepondo-se as extremidades das barras verticais conforme o comprimento especificado nas próprias barras, em termos de múltiplos do diâmetro destas, ou colocando-as de topo e conectando-as com uma luva ou com soldagem a arco elétrico.
- As barras de ancoragem se sobrepõem às barras verticais em 40 diâmetros de barra ou 60 cm; elas descem até as sapatas ou blocos de estaca, onde têm o comprimento necessário para que seja feita a ancoragem.
- O pilar de concreto pode se apoiar em uma sapata isolada, radier, sapata mista ou bloco de estaca; veja as p. 3.9 e 3.16.
- 7,5 cm é o recobrimento mínimo para a armadura de aço, quando o concreto é moldado direto no solo e em contato permanente com este
- Abaixo da linha de geada
- A área de contato de uma sapata distribui a carga do pilar, garantindo que a capacidade de carregamento admissível do solo não seja excedida; mínimo de 50,0 cm

CSI MasterFormat 03 20 00 Concrete Reinforcing
CSI MasterFormat 03 30 00 Cast-in-place Concrete
CSI MasterFormat 03 31 00 Structural Concrete

PILARES DE CONCRETO 5.5

Pilares de concreto armado geralmente são moldados junto com vigas e lajes também de concreto, formando uma estrutura monolítica.

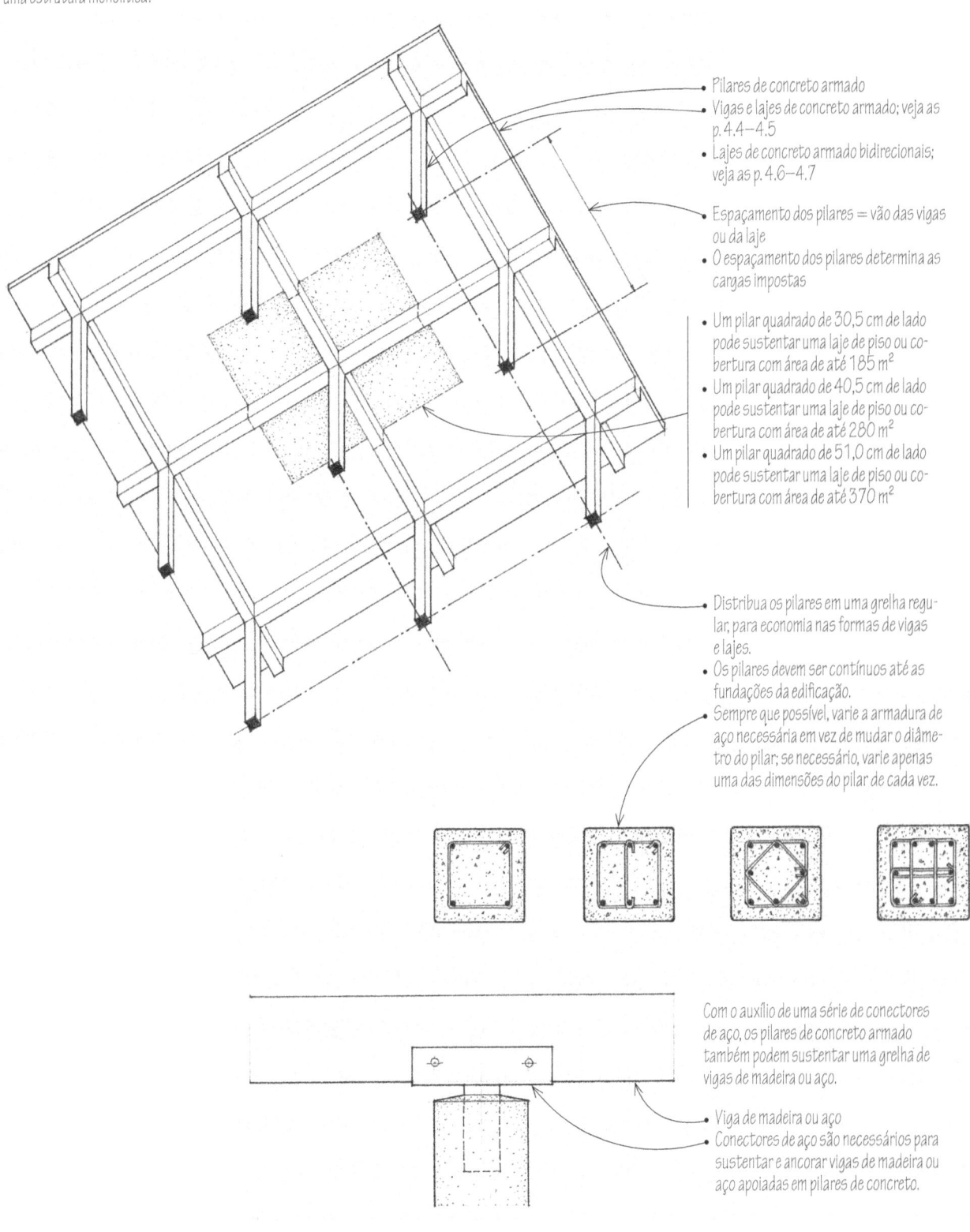

- Pilares de concreto armado
- Vigas e lajes de concreto armado; veja as p. 4.4–4.5
- Lajes de concreto armado bidirecionais; veja as p. 4.6–4.7
- Espaçamento dos pilares = vão das vigas ou da laje
- O espaçamento dos pilares determina as cargas impostas
- Um pilar quadrado de 30,5 cm de lado pode sustentar uma laje de piso ou cobertura com área de até 185 m²
- Um pilar quadrado de 40,5 cm de lado pode sustentar uma laje de piso ou cobertura com área de até 280 m²
- Um pilar quadrado de 51,0 cm de lado pode sustentar uma laje de piso ou cobertura com área de até 370 m²

- Distribua os pilares em uma grelha regular, para economia nas formas de vigas e lajes.
- Os pilares devem ser contínuos até as fundações da edificação.
- Sempre que possível, varie a armadura de aço necessária em vez de mudar o diâmetro do pilar; se necessário, varie apenas uma das dimensões do pilar de cada vez.

Com o auxílio de uma série de conectores de aço, os pilares de concreto armado também podem sustentar uma grelha de vigas de madeira ou aço.

- Viga de madeira ou aço
- Conectores de aço são necessários para sustentar e ancorar vigas de madeira ou aço apoiadas em pilares de concreto.

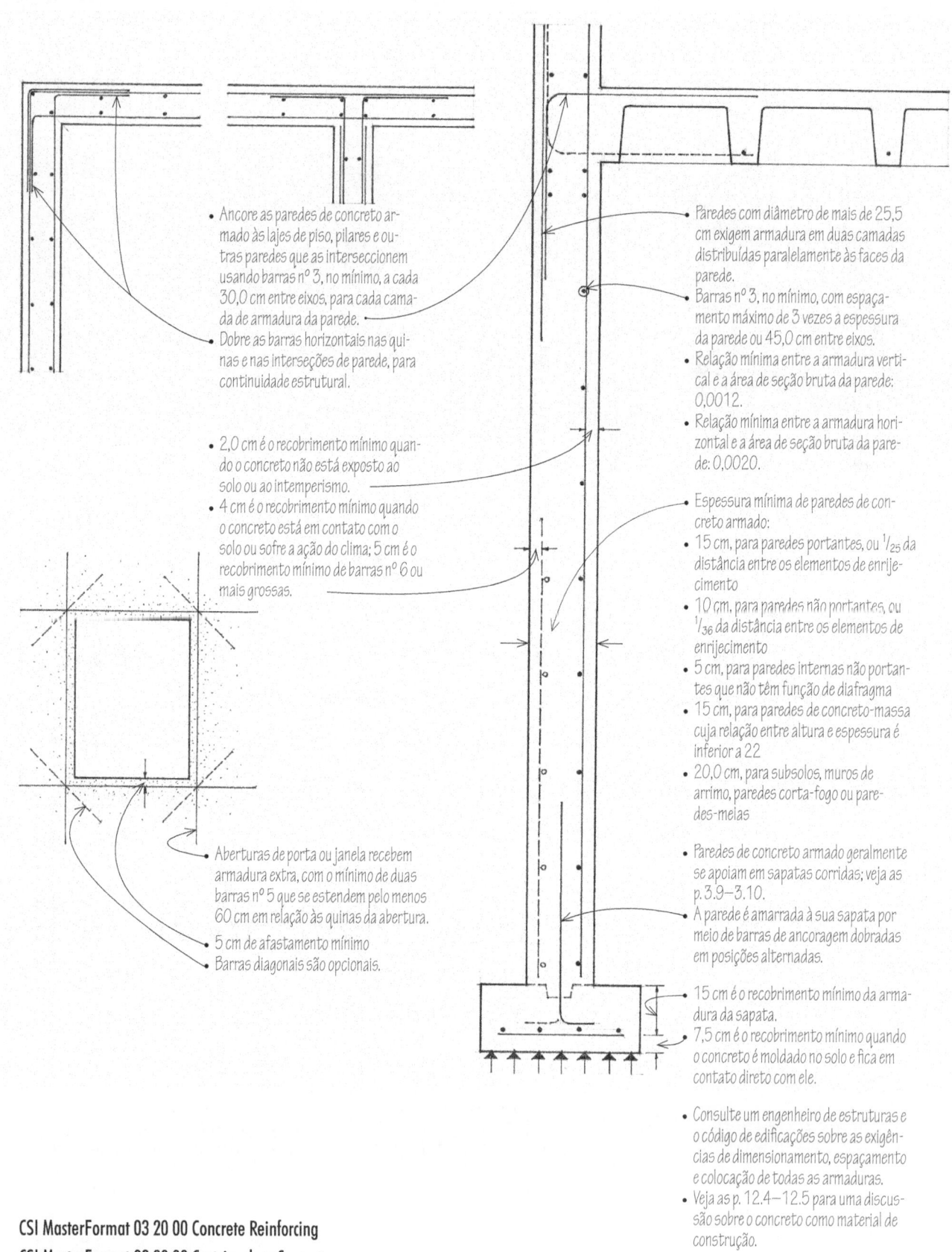

5.6 PAREDES DE CONCRETO ARMADO

- Ancore as paredes de concreto armado às lajes de piso, pilares e outras paredes que as interseccionem usando barras nº 3, no mínimo, a cada 30,0 cm entre eixos, para cada camada de armadura da parede.
- Dobre as barras horizontais nas quinas e nas interseções de parede, para continuidade estrutural.

- 2,0 cm é o recobrimento mínimo quando o concreto não está exposto ao solo ou ao intemperismo.
- 4 cm é o recobrimento mínimo quando o concreto está em contato com o solo ou sofre a ação do clima; 5 cm é o recobrimento mínimo de barras nº 6 ou mais grossas.

- Aberturas de porta ou janela recebem armadura extra, com o mínimo de duas barras nº 5 que se estendem pelo menos 60 cm em relação às quinas da abertura.
- 5 cm de afastamento mínimo
- Barras diagonais são opcionais.

- Paredes com diâmetro de mais de 25,5 cm exigem armadura em duas camadas distribuídas paralelamente às faces da parede.
- Barras nº 3, no mínimo, com espaçamento máximo de 3 vezes a espessura da parede ou 45,0 cm entre eixos.
- Relação mínima entre a armadura vertical e a área de seção bruta da parede: 0,0012.
- Relação mínima entre a armadura horizontal e a área de seção bruta da parede: 0,0020.
- Espessura mínima de paredes de concreto armado:
- 15 cm, para paredes portantes, ou $1/25$ da distância entre os elementos de enrijecimento
- 10 cm, para paredes não portantes, ou $1/36$ da distância entre os elementos de enrijecimento
- 5 cm, para paredes internas não portantes que não têm função de diafragma
- 15 cm, para paredes de concreto-massa cuja relação entre altura e espessura é inferior a 22
- 20,0 cm, para subsolos, muros de arrimo, paredes corta-fogo ou paredes-meias

- Paredes de concreto armado geralmente se apoiam em sapatas corridas; veja as p. 3.9–3.10.
- A parede é amarrada à sua sapata por meio de barras de ancoragem dobradas em posições alternadas.

- 15 cm é o recobrimento mínimo da armadura da sapata.
- 7,5 cm é o recobrimento mínimo quando o concreto é moldado no solo e fica em contato direto com ele.

- Consulte um engenheiro de estruturas e o código de edificações sobre as exigências de dimensionamento, espaçamento e colocação de todas as armaduras.
- Veja as p. 12.4–12.5 para uma discussão sobre o concreto como material de construção.

CSI MasterFormat 03 20 00 Concrete Reinforcing
CSI MasterFormat 03 30 00 Cast-in-place Concrete
CSI MasterFormat 03 31 00 Structural Concrete

FÔRMAS PARA CONCRETO 5.7

As fôrmas para pilares e paredes de concreto podem ser feitas no próprio canteiro de obras, para um uso específico, mas formas pré-fabricadas e reutilizáveis devem ser usadas sempre que possível. As fôrmas e seus elementos de estabilização devem ser capazes de manter o concreto na posição e forma desejada até a cura do concreto.

Fôrmas de pilar
- Fôrmas de fibra têm acabamento liso ou com espirais e são descartáveis.
- Diâmetro de 30,5 a 106,5 cm
- Sonotube é uma marca registrada de fôrmas cilíndricas feitas de papelão comprimido e impregnado com resina.

- Fôrma de madeira
- Fôrmas reutilizáveis podem ter seção transversal quadrada ou retangular.
- Gravatas são peças de estabilização usadas para evitar que fôrmas de pilares e o topo de fôrmas de parede se afastem devido à pressão do concreto recém vertido.

Fôrmas de parede
- Separadores, geralmente de madeira, afastam e estabilizam os painéis das fôrmas.
- Tirantes de fôrmas; veja a p. 5.8.
- Painéis de compensado
- A superfície interna dos painéis marcará as faces do concreto.
- Montantes de madeira
- Travessões reforçam as faces verticais das fôrmas.
- Se necessário, são usadas guias para dar apoio vertical e alinhamento para os travessões.
- Placa de base
- Contraventamento

- As superfícies de contato das fôrmas são tratadas com um desmoldante – óleo, cera ou plástico – para facilitar a remoção. Do ponto de vista do desenho das fôrmas, o formato de um elemento de concreto também deve permitir a remoção fácil da fôrma. Elementos trapezoidais são utilizados nos casos em que a fôrma poderia ficar presa pelo concreto. Quinas externas pontiagudas costumam ser chanfradas ou arredondadas, para evitar bordas lascadas ou irregulares.

CSI MasterFormat 03 10 00 Concrete Forming & Accessories

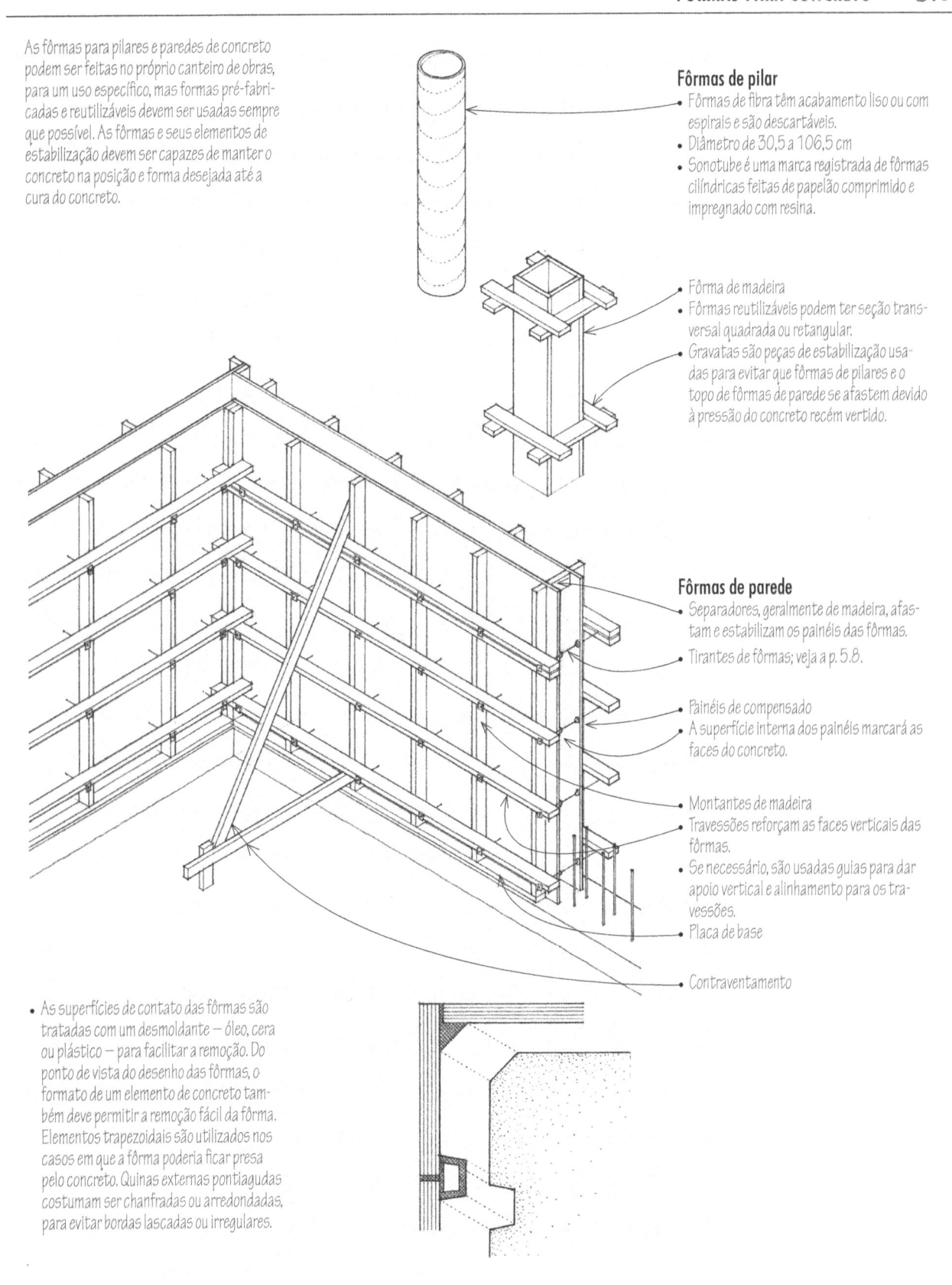

5.8 FÔRMAS PARA CONCRETO

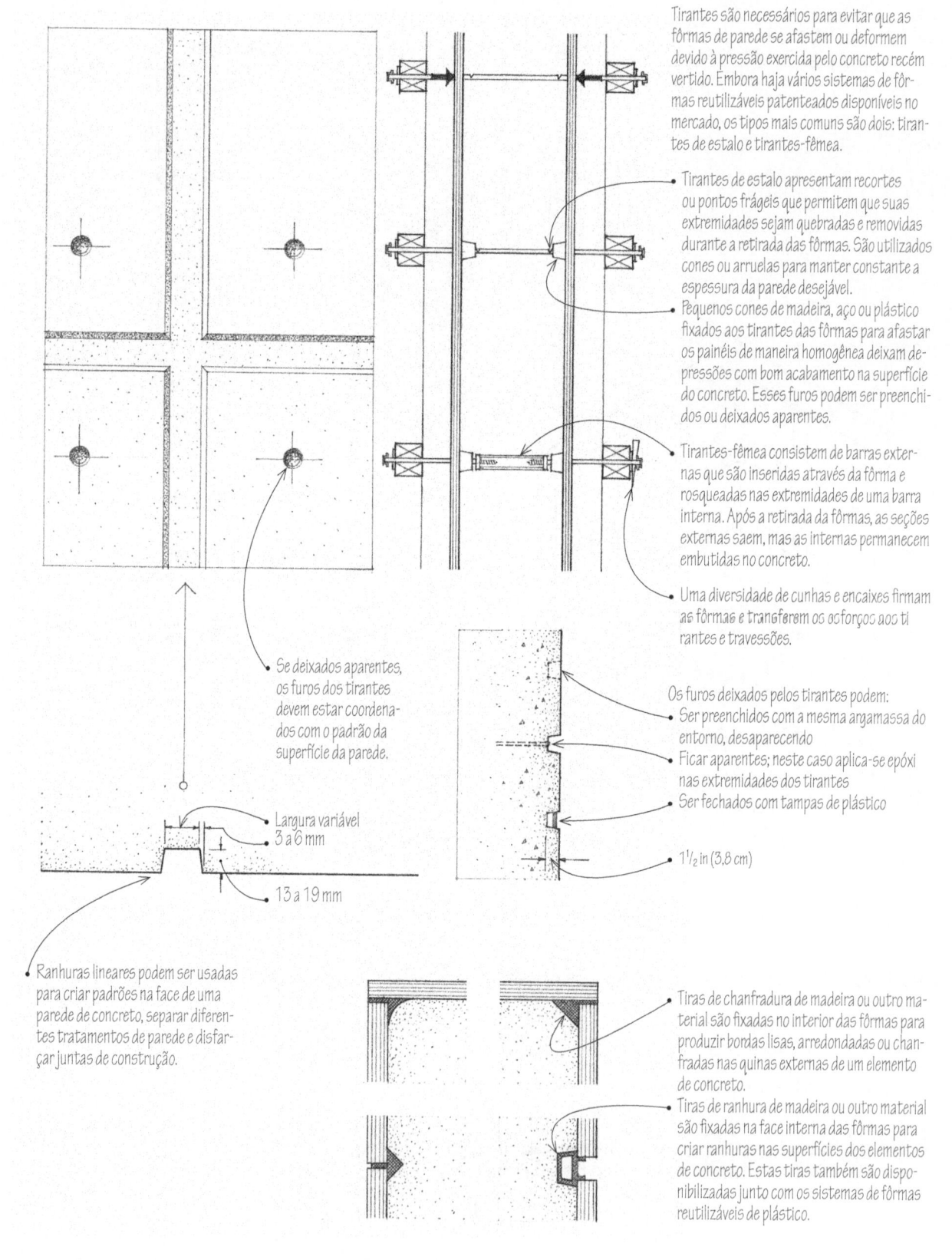

Tirantes são necessários para evitar que as fôrmas de parede se afastem ou deformem devido à pressão exercida pelo concreto recém vertido. Embora haja vários sistemas de fôrmas reutilizáveis patenteados disponíveis no mercado, os tipos mais comuns são dois: tirantes de estalo e tirantes-fêmea.

- Tirantes de estalo apresentam recortes ou pontos frágeis que permitem que suas extremidades sejam quebradas e removidas durante a retirada das fôrmas. São utilizados cones ou arruelas para manter constante a espessura da parede desejável.
- Pequenos cones de madeira, aço ou plástico fixados aos tirantes das fôrmas para afastar os painéis de maneira homogênea deixam depressões com bom acabamento na superfície do concreto. Esses furos podem ser preenchidos ou deixados aparentes.
- Tirantes-fêmea consistem de barras externas que são inseridas através da fôrma e rosqueadas nas extremidades de uma barra interna. Após a retirada da fôrmas, as seções externas saem, mas as internas permanecem embutidas no concreto.
- Uma diversidade de cunhas e encaixes firmam as fôrmas e transferem os esforços aos tirantes e travessões.

- Se deixados aparentes, os furos dos tirantes devem estar coordenados com o padrão da superfície da parede.

Os furos deixados pelos tirantes podem:
- Ser preenchidos com a mesma argamassa do entorno, desaparecendo
- Ficar aparentes; neste caso aplica-se epóxi nas extremidades dos tirantes
- Ser fechados com tampas de plástico

- $1\frac{1}{2}$ in (3,8 cm)

- Largura variável 3 a 6 mm
- 13 a 19 mm

- Ranhuras lineares podem ser usadas para criar padrões na face de uma parede de concreto, separar diferentes tratamentos de parede e disfarçar juntas de construção.

- Tiras de chanfradura de madeira ou outro material são fixadas no interior das fôrmas para produzir bordas lisas, arredondadas ou chanfradas nas quinas externas de um elemento de concreto.
- Tiras de ranhura de madeira ou outro material são fixadas na face interna das fôrmas para criar ranhuras nas superfícies dos elementos de concreto. Estas tiras também são disponibilizadas junto com os sistemas de fôrmas reutilizáveis de plástico.

CSI MasterFormat 03 11 16 Architectural Cast-in Place Concrete Forming
CSI MasterFormat 03 11 16.13 Concrete Form Liners

O ACABAMENTO DO CONCRETO 5.9

Vários padrões e texturas de superfície podem ser produzidos com os métodos descritos a seguir.

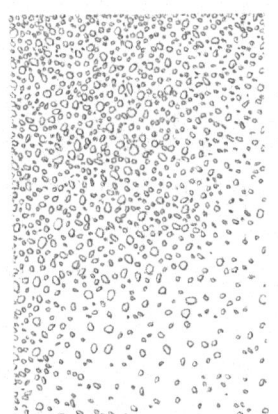

Agregado fino aparente

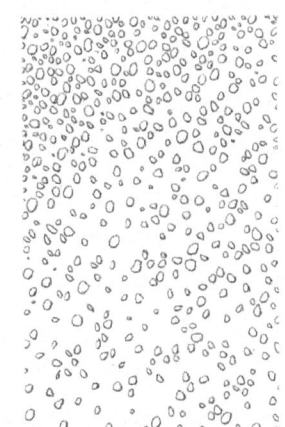

Agregado grosso aparente

Seleção dos ingredientes do concreto
- A cor do concreto pode ser controlada com o uso de cimento e agregados coloridos.
- O agregado pode ser exposto por escovação, aplicação de um ácido ou jateamento após a pega do concreto, para remover a camada superficial da pasta de cimento. Produtos químicos podem ser aplicados sobre as formas para retardar a pega da pasta de cimento.

Compensado jateado com areia

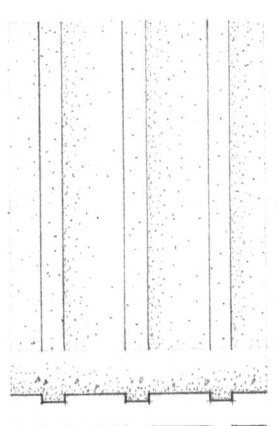

Tábua e mata-junta

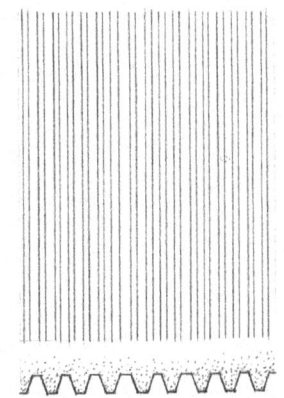

Textura nervurada de fôrmas reutilizáveis

As marcas deixadas pelas fôrmas
- Concreto aparente é o concreto que não recebe revestimento após a retirada das fôrmas, especialmente quando sua textura reflete a textura, as juntas e os conectores das fôrmas utilizadas.
- Fôrmas de compensado podem ser lisas, jateadas com areia ou escovadas com escova de aço para acentuar o padrão da madeira nos painéis.
- Painéis de madeira produzem uma textura semelhante à de uma prancha de madeira natural.
- Fôrmas reutilizáveis de metal ou plástico podem produzir várias texturas e padrões.

Acabamento apicoado

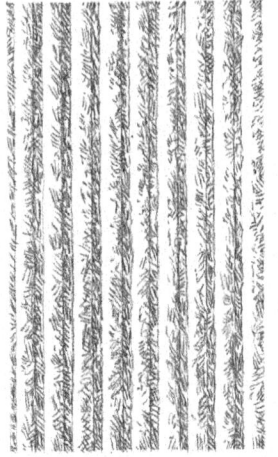

Acabamento apicoado e nervurado

O tratamento após a cura do concreto
- O concreto pode ser pintado ou colorido depois da cura.
- Tanto superfícies lisas quanto texturizadas podem ser jateadas com areia, raspadas ou polidas para se obter acabamentos mais rústicos.
- Acabamentos apicoados são acabamentos rústicos obtidos lascando-se o concreto com um martelete elétrico com cabeça retangular e face corrugada, serrilhada ou dentada.

5.10 PAINÉIS DE CONCRETO PRÉ-MOLDADOS PARA PAREDES

Painéis de concreto pré-moldados para paredes são componentes rígidos produzidos e curados a vapor em uma indústria, transportados ao canteiro de obras e posicionados com o auxílio de guindastes. A fabricação em um ambiente industrial controlado permite que as unidades tenham características homogêneas de resistência, durabilidade e acabamento, e elimina a necessidade de se utilizar formas *in loco*.

Os painéis de parede pré-moldados às vezes apresentam armaduras de aço convencionais ou protendidas, para maior eficiência estrutural, menor espessura e capacidade de vencer vãos maiores. Além das armaduras adicionais que podem ser necessárias para resistência a esforços de tração, retração e movimentações térmicas, pode ser preciso uma armadura específica para as solicitações impostas pelo transporte e ereção dos painéis.

- Até 7,0 m de altura
- 9,0 a 25,5 cm de espessura

- Até 7,0 m de altura
- 14,0 a 30,5 cm de espessura

- Até 14,0 m de altura
- 30,5 a 61,0 cm de espessura

- Painéis de parede pré-moldados podem ser maciços, compostos ou duplo T.
- Aberturas de janelas e portas, mísulas e peças para ancoragem já vêm prontas de fábrica.
- Há disponíveis diversos padrões e texturas com qualidade controlada; consulte o fabricante.

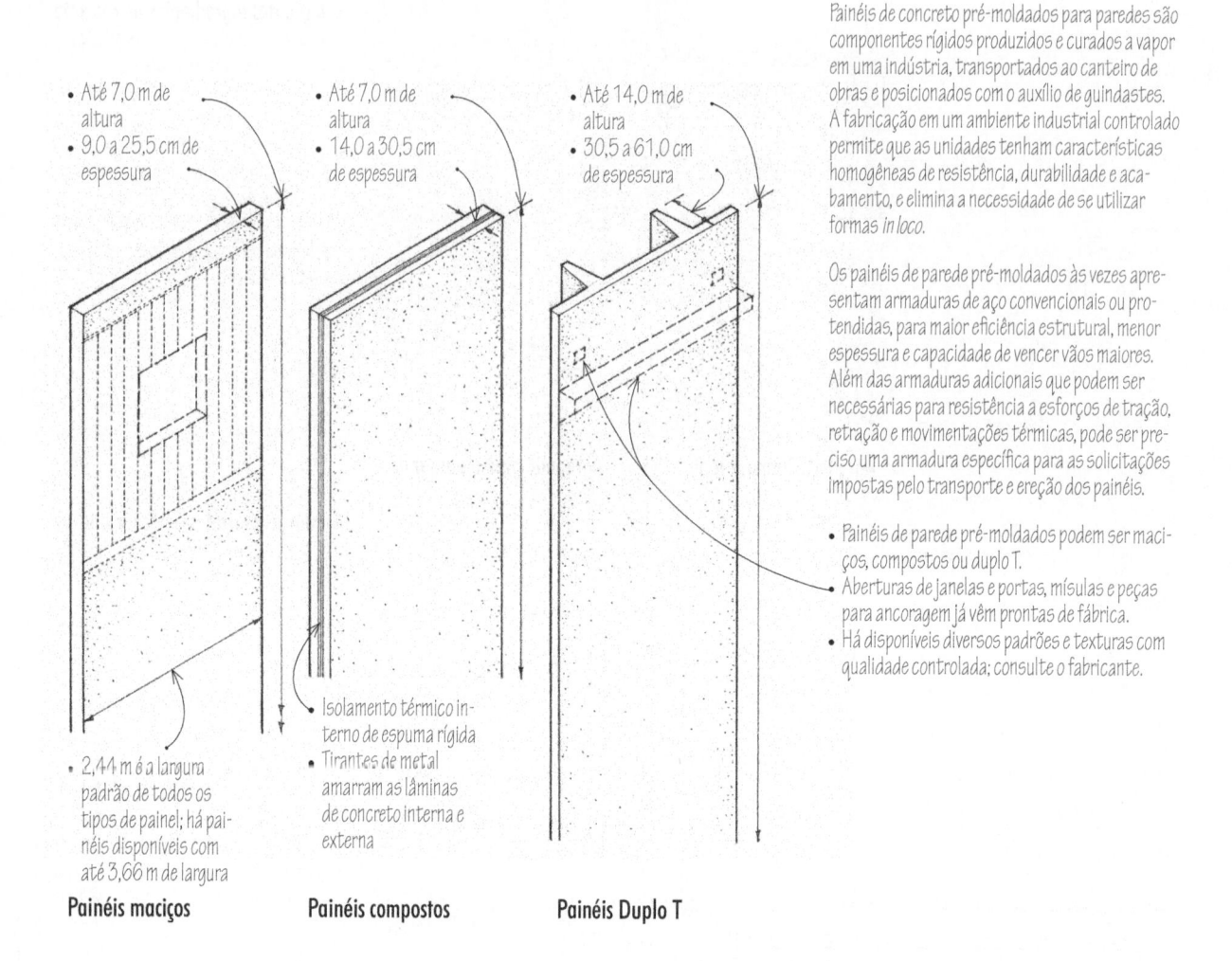

- 2,44 m é a largura padrão de todos os tipos de painel; há painéis disponíveis com até 3,66 m de largura

- Isolamento térmico interno de espuma rígida
- Tirantes de metal amarram as lâminas de concreto interna e externa

Painéis maciços   **Painéis compostos**   **Painéis Duplo T**

Painéis de concreto pré-moldados para paredes

Pilares de concreto pré-moldados
Pilares de concreto pré-moldados geralmente são utilizados com vigas pré-moldadas, formando uma estrutura de concreto independente. Veja a p. 4.11. Como vínculos rígidos são difíceis de se fabricar com estruturas pré-moldadas, paredes de cisalhamento ou sistemas de contraventamento diagonal costumam ser necessárias para a estabilização contra forças laterais.

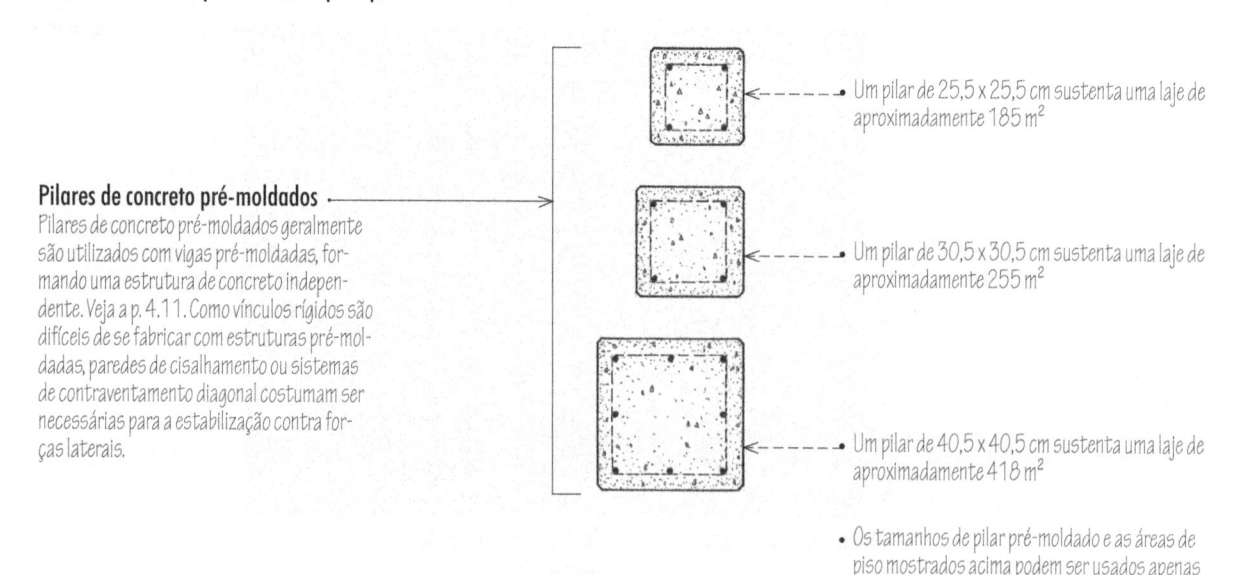

- Um pilar de 25,5 x 25,5 cm sustenta uma laje de aproximadamente 185 m²
- Um pilar de 30,5 x 30,5 cm sustenta uma laje de aproximadamente 255 m²
- Um pilar de 40,5 x 40,5 cm sustenta uma laje de aproximadamente 418 m²

- Os tamanhos de pilar pré-moldado e as áreas de piso mostrados acima podem ser usados apenas para fins de pré-dimensionamento.

CSI MasterFormat 03 40 00 Precast Concrete
CSI MasterFormat 03 41 00 Precast Structural Concrete

PAINÉIS DE PAREDE E PILARES DE CONCRETO PRÉ-MOLDADOS 5.11

Os painéis de parede de concreto pré-moldados podem ser utilizados como paredes portantes capazes de suportar lajes de cobertura ou piso moldadas *in loco*. Junto com pilares, vigas e lajes pré-moldados, estes painéis formam um sistema estrutural totalmente pré-fabricado intrinsecamente modulado e resistente a incêndios. Veja também as p. 4.11 e 4.13. Para painéis de concreto pré-moldados não portantes, veja a p. 7.27.

A estabilidade lateral de estruturas de concreto pré-moldadas exige que as lajes de piso ou cobertura que funcionarão como diafragmas horizontais possam transferir suas solicitações laterais aos painéis das paredes de cisalhamento. Estes painéis devem, por sua vez, ser estabilizados por pilares ou paredes transversais ao transferirem os esforços laterais às fundações. Todos os esforços são transferidos por um conjunto de juntas grauteadas, chaves de cisalhamento, conectores mecânicos, armaduras de aço e capas de concreto armado.

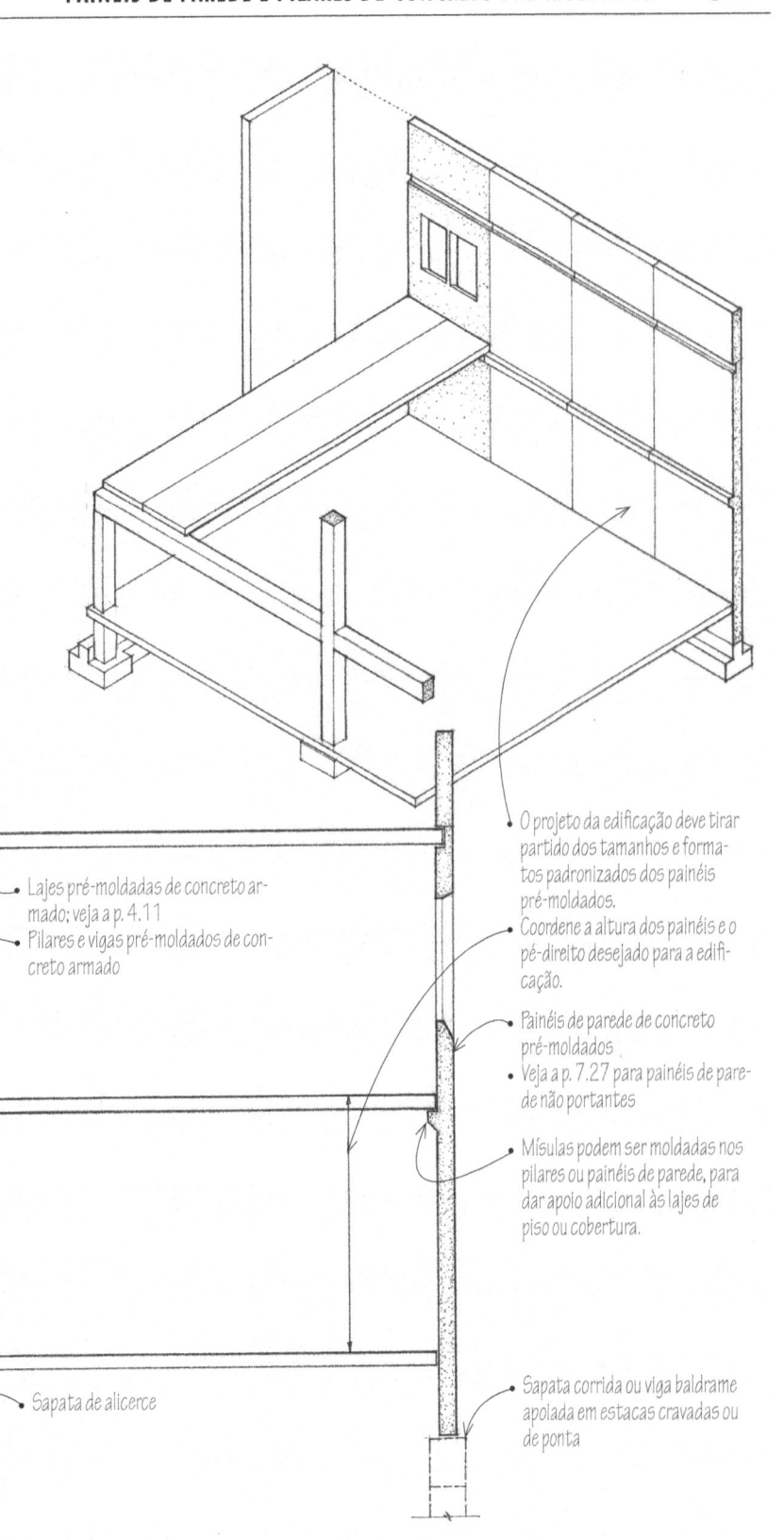

- Lajes pré-moldadas de concreto armado; veja a p. 4.11
- Pilares e vigas pré-moldados de concreto armado
- Sapata de alicerce

- O projeto da edificação deve tirar partido dos tamanhos e formatos padronizados dos painéis pré-moldados.
- Coordene a altura dos painéis e o pé-direito desejado para a edificação.
- Painéis de parede de concreto pré-moldados
- Veja a p. 7.27 para painéis de parede não portantes
- Mísulas podem ser moldadas nos pilares ou painéis de parede, para dar apoio adicional às lajes de piso ou cobertura.
- Sapata corrida ou viga baldrame apoiada em estacas cravadas ou de ponta

5.12 CONEXÕES DE SISTEMAS PRÉ-MOLDADOS DE CONCRETO

Laje de concreto pré-moldada

- Cantoneira de aço soldada às placas engastadas nos painéis de piso e parede
- Sistema de cobertura composta ou em membrana; veja as p. 7.13 e 7.14.
- Tira de apoio de neoprene
- O consolo fornece a área de apoio necessária
- A área de apoio necessária deve ser de, no mínimo, $1/180$ do vão; para painéis de concreto pré-moldados tubados ou maciços, o apoio mínimo é de 5,0 cm; para vigas e elementos estruturais secundários, o apoio mínimo é de 7,5 cm

Juntas de painéis

- Borda aparente: 19 a 38 mm
- Corpo de apoio e mástique
- Junta vertical: 13 mm, no mínimo
- Vedação descontínua nas juntas verticais, para drenagem

Laje de concreto pré-moldada

- Placa de base engastada nos painéis da parede superior e fixada com chumbador nos painéis de parede do pavimento de baixo.
- Grauteie o espaço, após fazer as conexões parafusadas.
- Barras de ancoragem na capa de concreto armado ou juntas grauteadas amarram as lajes nos painéis de parede nos quais elas se apoiam.

Emenda de pilar sobreposto

- Barras de emenda por trespasse soldadas nas cantoneiras de aço
- Placas de base de aço fixadas ao pilar por chumbadores
- Encha com graute que não retraia com a cura após o alinhamento e parafusamento dos pilares.

Sapatas de concreto

- Cantoneira de aço soldada à placa de ancoragem
- Chumbador
- Calços de nivelamento e graute que não retraia com a cura
- Sapata contínua

- Armadura pós-tracionada
- Calços de nivelamento e graute que não retraia com a cura
- Ancoragem pós-tracionada moldada dentro da sapata

- Veja também a p. 4.13 para conexões entre pilares, vigas e lajes
- Consulte um engenheiro e o código de edificações para saber as demais exigências estruturais detalhadas.

Base de pilar

- Placa de base de aço fixada ao pilar
- Porcas de nivelamento
- Chumbadores; diâmetro mínimo de 1 in (25 mm)
- Encha com graute que não retraia com a cura após o alinhamento e parafusamento dos pilares.
- Sapata do pilar

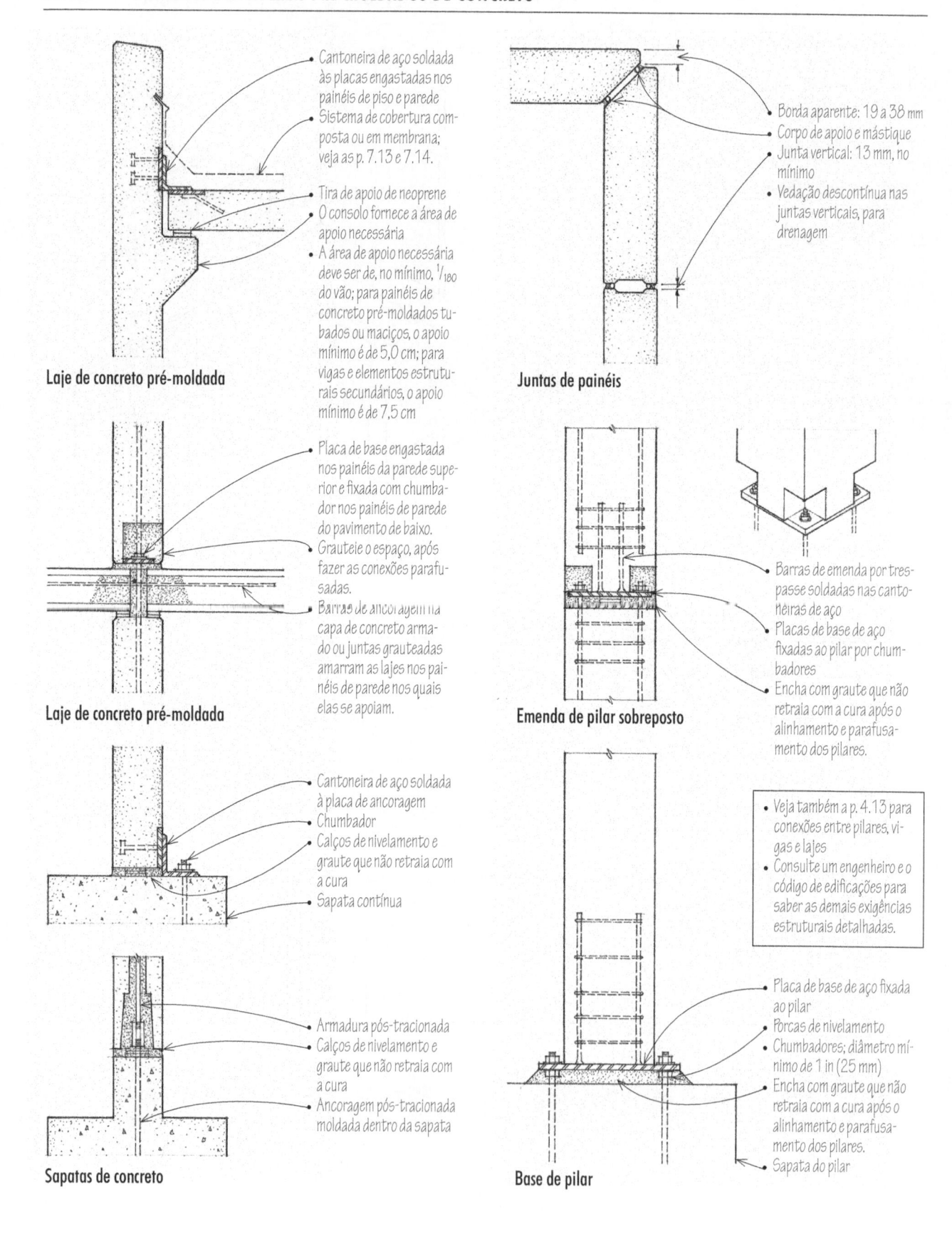

O SISTEMA *TILT-UP* DE PAINÉIS DE PAREDE AUTOPORTANTES 5.13

O sistema *tilt-up* de construção é um método de produção de painéis de parede de concreto armado que são moldados no próprio canteiro de obras na posição horizontal e então inclinados (*tilted up*, em inglês), erguidos e instalados. A maior vantagem do sistema *tilt-up* é a eliminação dos custos associados à construção e remoção de fôrmas; esta economia, no entanto, é em parte contrabalançada pelo ônus do alto custo imposto pelo guindaste necessário para levantar os painéis de parede e posicioná-los.

- Projeções e ganchos para içamento são moldados na face de cima dos painéis.
- A laje de concreto do pavimento térreo da obra geralmente serve como plataforma para produção dos painéis, embora estes também possam ser moldados sobre a terra, tábuas de compensado ou fôrmas de aço. A laje ou base que será utilizada deve ser calculada de modo a suportar as cargas impostas pelo guindaste, caso este precise subir nela.
- A plataforma de moldagem deve ser nivelada e muito lisa; geralmente se emprega um desmoldante para que a remoção dos painéis seja feita sem problemas.
- Recortes e rebaixos também podem ser moldados na face inferior dos painéis.
- Painéis de tímpano pré-moldados podem ser usados como vergas de portas ou janelas e ter até 9,15 m de comprimento.
- As conexões de piso e cobertura são similares àquelas mostradas em 4.13 e 5.12. Nesta página, apresentamos conexões típicas entre painéis de parede autoportantes e entre estes e suas fundações.

- Uma vez que os painéis de parede estão curados e atingiram a resistência suficiente, eles são erguidos com um guindaste e posicionados em suas vigas de apoio ou estacas. Eles recebem então um travamento temporário, até que possam ser feitas as suas conexões com o restante da estrutura.
- Os painéis de parede devem ser projetados para resistir aos esforços impostos pelo erguimento e movimentação, os quais podem exceder as cargas às quais estarão posteriormente sujeitos.

- Painéis que formam uma parede inteira podem chegar a ter 4,60 m de largura.
- Espessura entre 14,0 e 29,0 cm

- Esta parte da laje é moldada após a instalação do painel autoportante.
- 61,0 cm, no mínimo
- As barras de ancoragem dos painéis de parede são soldadas às barras de ancoragem da laje. Grauteia-se após o levantamento da parede
- O sulco na sapata contínua permite que os painéis sejam nivelados.
- Os painéis de parede pré-moldados podem ser sustentados por sapatas de alicerce, sapatas corridas ou estacas.

Fundações

- Borda aparente: 19 a 38 mm
- Quina sobreposta
- 13 mm, no mínimo
- Corpo de apoio e mástique
- Painéis de parede pré-moldados
- Chanfros de 19 mm nas juntas dos painéis
- 13 mm, no mínimo
- Corpo de apoio e mástique

Conexões entre painéis

CSI MasterFormat 03 47 13 Tilt-Up Concrete

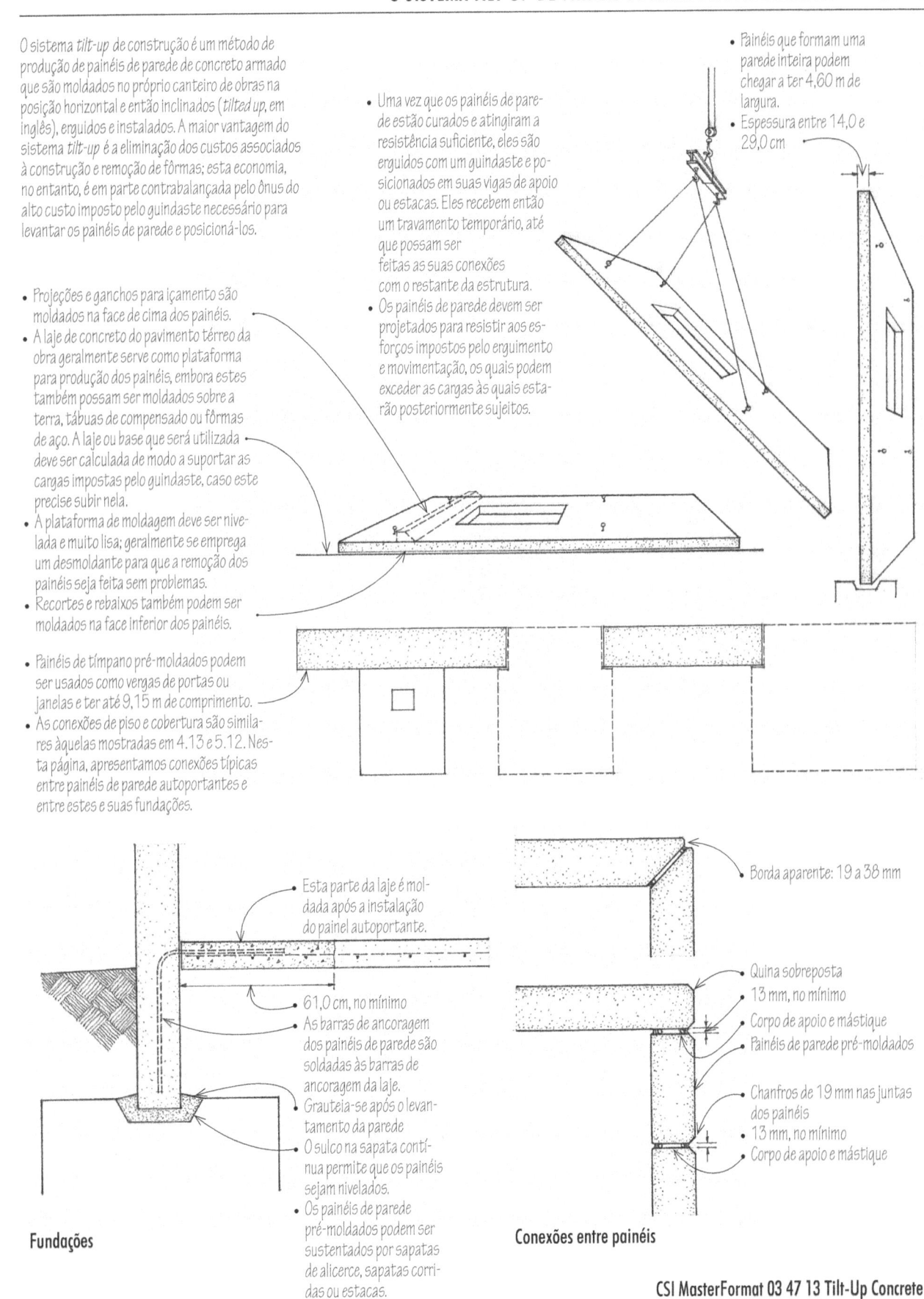

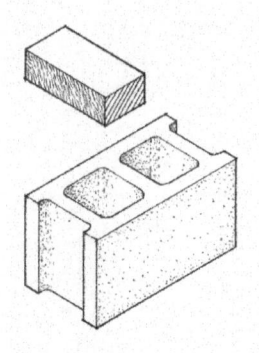

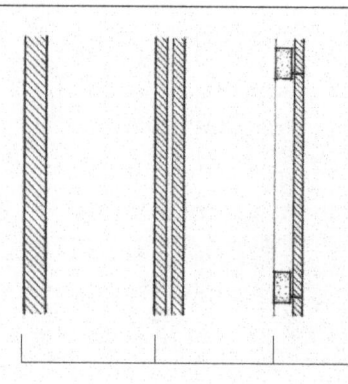

5.14 PAREDES DE ALVENARIA

Paredes de alvenaria consistem de blocos modulares ligados com argamassa para formar paredes que são duradouras, resistentes a incêndios e estruturalmente eficientes em compressão. Os tipos mais comuns de componentes de alvenaria são tijolos, os quais são feitos de argila cozida, e blocos de concreto, peças endurecidas por reações químicas. Outros tipos de componentes de alvenaria incluem blocos cerâmicos estruturais, tijolos de vidro estruturais e pedras naturais ou artificiais.

- Paredes de alvenaria podem ser paredes de tijolo maciço, paredes duplas com cavidade ou paredes de montantes revestidas com um pano de alvenaria.
- Veja as p. 7.28–7.29 para sistemas de revestimento de alvenaria.

- As paredes de alvenaria podem ser armadas ou não.
- Paredes de alvenaria não armada também incluem "ferros" nas juntas e grapas para amarrar os panos de paredes duplas com cavidade ou de uma parede de blocos maciços a outra; veja as p. 5.16–5.17 para estudar os tipos de parede de alvenaria não armada.
- Pano é uma seção vertical contínua de uma parede com a espessura de um tijolo, bloco ou pedra.
- Paredes de alvenaria armada utilizam armaduras inseridas em juntas grauteadas e cavidades verticais, para auxiliar a alvenaria a suportar esforços de tração; veja a p. 5.18 para paredes de alvenaria armada.

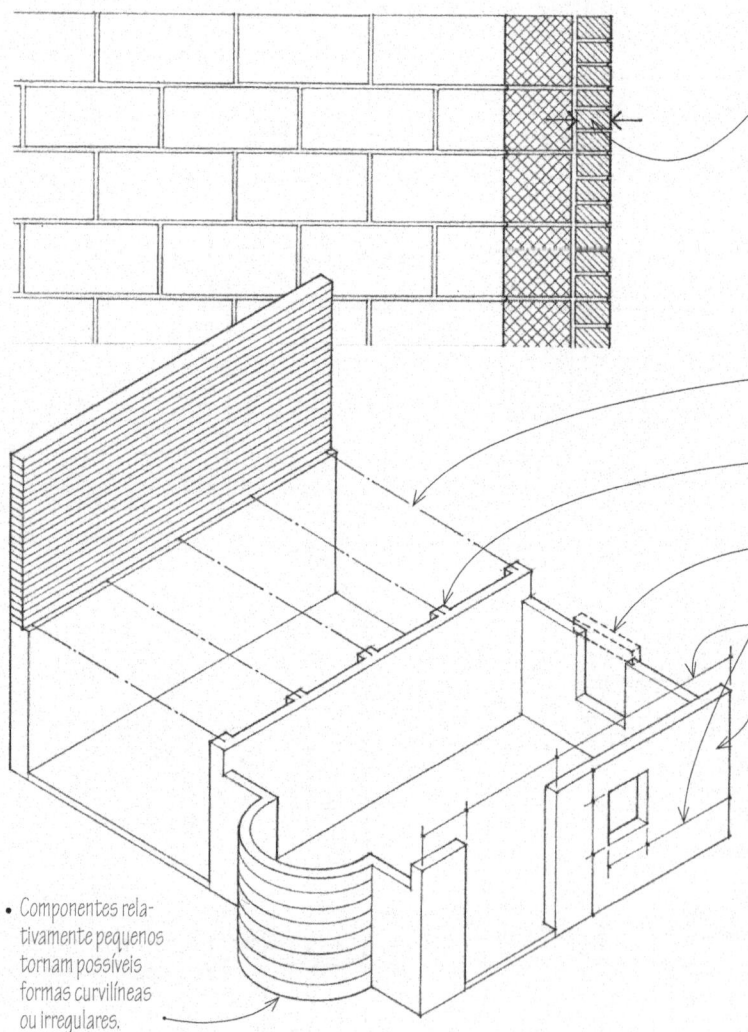

- Paredes de alvenaria portante geralmente são dispostas em arranjos ortogonais, para sustentar componentes horizontais de aço, madeira ou concreto.
- Os componentes horizontais mais comuns são vigas-treliça de aço, vigas de perfil de aço, barrotes de madeira e lajes moldadas in loco ou pré-moldadas.
- Pilastras enrijecem paredes de alvenaria contra esforços laterais e tombamento, além de aumentar a área de apoio para grandes cargas concentradas.
- As aberturas de porta ou janela podem ser cobertas com arcos de alvenaria armada ou vergas.

- Dimensões modulares

- Paredes externas de alvenaria devem ser resistentes às intempéries e ajudar a controlar ganhos e perdas térmicos.
- A penetração da água da chuva deve ser controlada com o uso de juntas talhadas, recuos, rufos e calafetagem.
- Paredes duplas com cavidade são preferíveis, devido à sua maior resistência à infiltração de água e melhor desempenho térmico.
- Os movimentos diferenciais em paredes de alvenaria devido a mudanças de temperatura ou de conteúdo de umidade ou à concentração de esforços exigem o uso de juntas de dilatação e controle.
- Para a instalação de isolamentos térmicos, veja a p. 7.44.
- Para a classificação de resistência ao fogo das paredes de alvenaria incombustíveis, veja as p. A.12–A.13.

- Componentes relativamente pequenos tornam possíveis formas curvilíneas ou irregulares.

CSI MasterFormat 04 20 00 Unit Masonry
CSI MasterFormat 04 21 00 Clay Unit Masonry
CSI MasterFormat 04 22 00 Concrete Unit Masonry

PAREDES DE ALVENARIA 5.15

Apoio lateral para paredes de alvenaria relação

Tipo de parede	C/e ou A/e máxima
Paredes portantes	
Alvenaria de tijolo maciço ou alvenaria de tijolo furado grauteada	20
Todos os demais tipos	18
Paredes não portantes	
Externas	18
Internas	36

- C/e = relação entre o comprimento e a espessura da parede; o apoio lateral pode ser dado com paredes transversais, pilares ou pilastras.
- A/e = relação entre a altura e a espessura da parede; o apoio lateral pode ser dado com pisos, vigas ou coberturas.
- Regiões sujeitas a eventos sísmicos estão sujeitas a exigências mais rigorosas (Zonas 3 e 4, nos Estados Unidos).
- Consulte um engenheiro de estruturas e o código de edificações sobre as exigências estruturais de todos os tipos de parede de alvenaria.

Esforços de compressão admissíveis em paredes de alvenaria não armada (psi)*

	Tipo de argamassa		
	Tipo M	Tipo S	Tipo N
Alvenaria de tijolo maciço			
4.500 psi ou mais	250	225	200
2.500–4.500 psi	175	160	140
Alvenaria de blocos maciços de concreto			
Grau N	175	160	140
Grau S	125	115	100
Alvenaria grauteada			
4.500 psi ou mais	350	275	Não é permitido
2.500–4.500 psi	275	215	Não é permitido
Paredes duplas com cavidade			
Blocos maciços[1]	140	130	110
Blocos furados[2]	70	60	50
Alvenaria de tijolo furado	170	150	140
Alvenaria de pedra natural	140	120	100

* 1 psi = 6,89 kPa.

[1] Os blocos de alvenaria maciços devem ter área de superfície líquida equivalente a, no mínimo, 75% da área de seção transversal da face do plano de assentamento.

[2] Os blocos de alvenaria furados devem ter área de superfície líquida inferior a 75% da área de seção transversal da face do plano de assentamento.

Espessura mínima da parede

- 20,0 cm é a espessura nominal mínima para:
  - Paredes portantes de alvenaria não armada
  - Paredes de cisalhamento de alvenaria
  - Platibandas de alvenaria; a altura da platibanda não deve exceder 3 vezes a espessura de sua alvenaria
- 15,0 cm é a espessura nominal mínima para:
  - Paredes portantes de alvenaria armada
  - Paredes de blocos maciços em edificações térreas com altura máxima de 2,75 m
  - Paredes de alvenaria que contribuem para a resistência a esforços laterais não podem ter mais de 10,0 metros de altura.

Argamassa

Argamassa é a mistura plástica de cimento ou cal (ou uma combinação de ambos) com areia e água usada como aglomerante em alvenarias.

- CSI MasterFormat 04 05 13 Masonry Mortaring
- Argamassa de cimento é feita misturando-se cimento Portland, areia e água.
- Argamassa de cal é uma mistura de cal, areia e água muito pouco utilizada atualmente por ter pega lenta e baixa resistência à compressão.
- Argamassa de cimento e cal é uma argamassa de cimento à qual se agrega cal, para melhoria de sua plasticidade e capacidade de retenção da água
- Cimentos de alvenaria ou "argamassas" são misturas pré-fabricadas e patenteadas de cimento Portland e outros agregados, como cal hidratada, plasticizantes, agentes com ar incorporado ou gesso, que exigem apenas o acréscimo de areia e água para se fazer argamassa de cimento.

- Argamassa Tipo M é uma argamassa de alta resistência para paredes de alvenaria armada abaixo do nível do solo ou em contato com o solo, como fundações e muros de arrimo sujeitos a congelamento, ou para paredes submetidas a grandes cargas laterais ou de compressão; resistência à compressão de 2.500 psi (17.238 KPa).
- Tipo S é uma argamassa de resistência média-alta onde a resistência de aderência e à flexão são mais importantes que uma alta resistência à compressão; resistência à compressão de 1.800 psi (12.411 kPa)
- Tipo N é uma argamassa de resistência média para uso geral acima do nível do solo quando não se exige uma alta resistência à compressão e a esforços laterais; resistência à compressão de 750 psi (5.171 kPa).
- Tipo O é uma argamassa de baixa resistência para paredes internas não portantes.
- Tipo K é uma argamassa de resistência muito baixa adequada apenas para o uso em paredes internas não portantes e quando permitido pelo código de edificações.

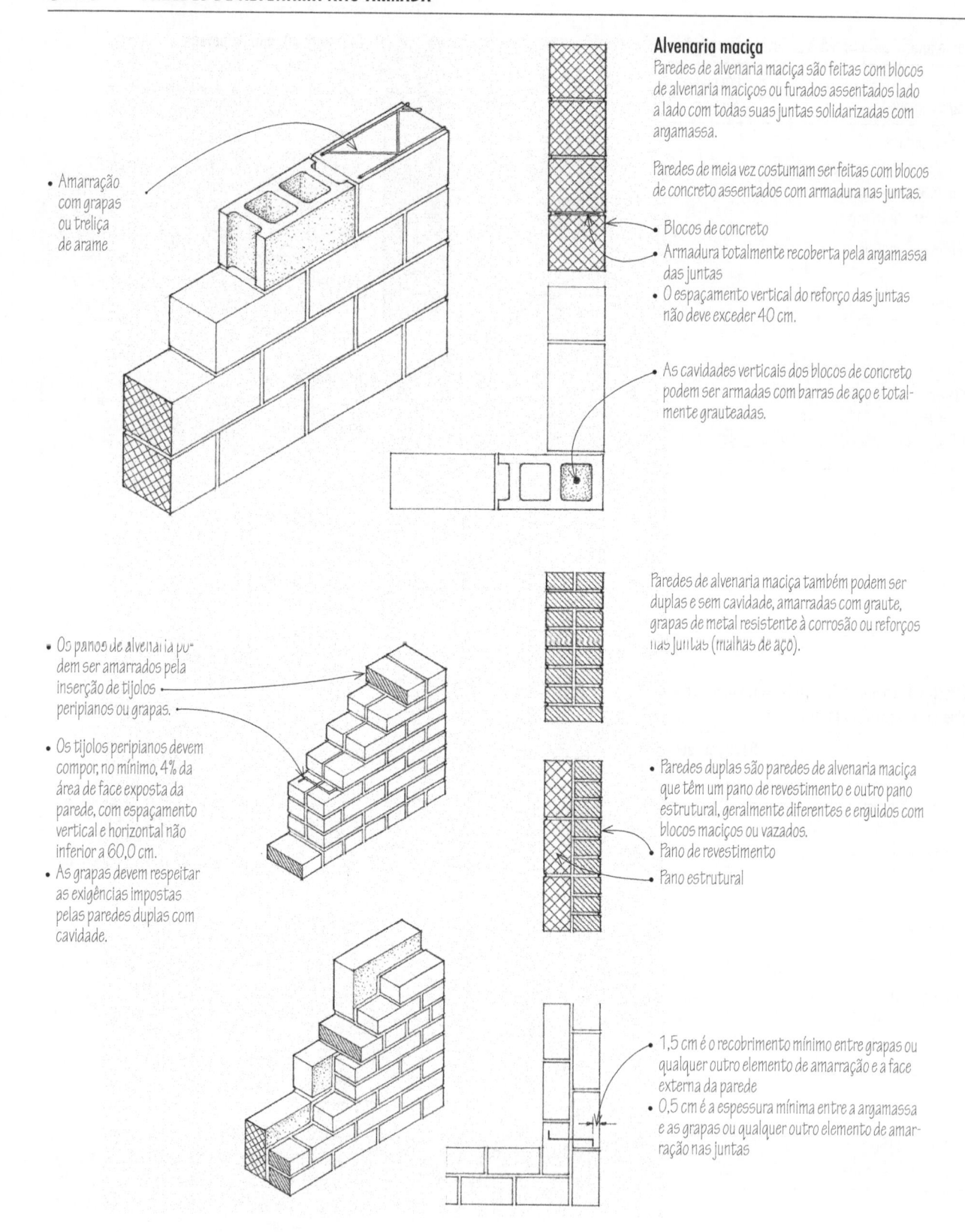

5.16 PAREDES DE ALVENARIA NÃO ARMADA

- Amarração com grapas ou treliça de arame

Alvenaria maciça

Paredes de alvenaria maciça são feitas com blocos de alvenaria maciços ou furados assentados lado a lado com todas suas juntas solidarizadas com argamassa.

Paredes de meia vez costumam ser feitas com blocos de concreto assentados com armadura nas juntas.

- Blocos de concreto
- Armadura totalmente recoberta pela argamassa das juntas
- O espaçamento vertical do reforço das juntas não deve exceder 40 cm.

- As cavidades verticais dos blocos de concreto podem ser armadas com barras de aço e totalmente grauteadas.

- Os panos de alvenaria podem ser amarrados pela inserção de tijolos peripianos ou grapas.
- Os tijolos peripianos devem compor, no mínimo, 4% da área de face exposta da parede, com espaçamento vertical e horizontal não inferior a 60,0 cm.
- As grapas devem respeitar as exigências impostas pelas paredes duplas com cavidade.

Paredes de alvenaria maciça também podem ser duplas e sem cavidade, amarradas com graute, grapas de metal resistente à corrosão ou reforços nas juntas (malhas de aço).

- Paredes duplas são paredes de alvenaria maciça que têm um pano de revestimento e outro pano estrutural, geralmente diferentes e erguidos com blocos maciços ou vazados.
- Pano de revestimento
- Pano estrutural

- 1,5 cm é o recobrimento mínimo entre grapas ou qualquer outro elemento de amarração e a face externa da parede
- 0,5 cm é a espessura mínima entre a argamassa e as grapas ou qualquer outro elemento de amarração nas juntas

CSI MasterFormat 04 20 00 Unit Masonry
CSI MasterFormat 04 05 23 Masonry Accessories

PAREDES DE ALVENARIA NÃO ARMADA 5.17

Alvenaria grauteada

Paredes de alvenaria grauteada têm todas suas cavidades internas totalmente preenchidas com graute à medida que são levantadas. A graute utilizada para solidarizar os materiais adjacentes é uma argamassa de cimento Portland fluida que escorre com facilidade e sem que seus ingredientes segreguem.

- Todas as cavidades internas são totalmente preenchidas com graute.

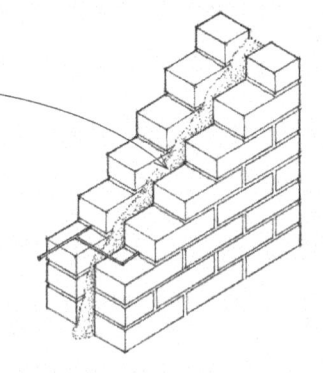

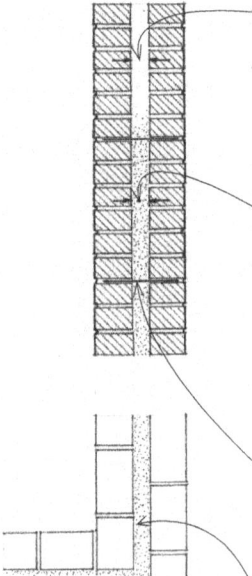

- Espaço mínimo de 2,0 cm, para paredes grauteadas por elevação
- O grauteamento por elevação baixa é executado em elevações que não excedem 6 vezes a largura da cavidade grauteada ou a altura máxima de 20 cm à medida que a parede é levantada.
- 7,5 cm, no mínimo, em grauteamento por elevação alta
- No grauteamento por elevação alta, um pavimento é levantado de cada vez, mas as elevações não devem exceder a 1,8 metro. Este tipo de grauteamento exige uma cavidade maior para se verter a graute e grapas rígidas para amarrar os panos de parede entre si.
- $^{3}/_{16}$ in (5 mm) é o diâmetro mínimo das grapas de metal resistentes à corrosão usadas a cada 0,19 m² de área de parede
- 40,0 cm é o espaçamento vertical máximo entre grapas
- Somente é permitido o emprego de argamassa do Tipo M ou do Tipo S.

CSI MasterFormat 04 05 16 Masonry Grouting

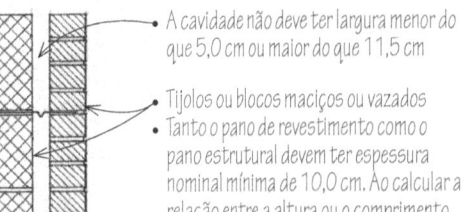

Paredes duplas com cavidade

Paredes duplas com cavidade são levantadas com dois panos, um pano de revestimento e um pano estrutural, seja de tijolos ou blocos maciços ou furados, que são completamente separados por uma câmara de ar e amarrados com grapas ou colchetes de fiada. Estas paredes apresentam duas vantagens em relação aos demais tipos de paredes de alvenaria:

1. A cavidade melhora o isolamento térmico da parede e também permite a inclusão de um isolamento térmico.
2. A câmara de ar trabalha como uma barreira contra o ingresso da água, caso seja deixada vazia, e se drenos e rufos forem utilizados.

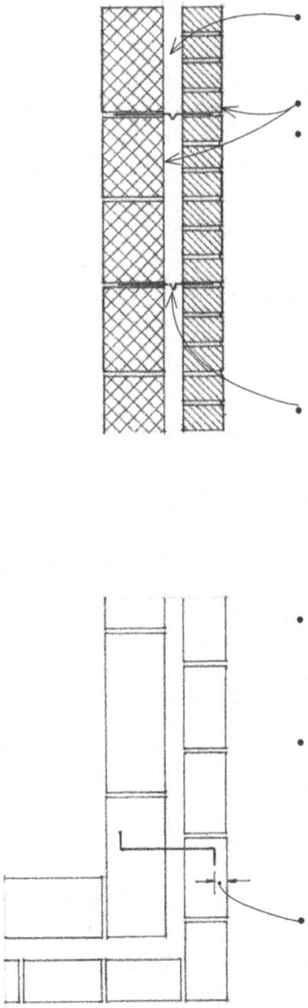

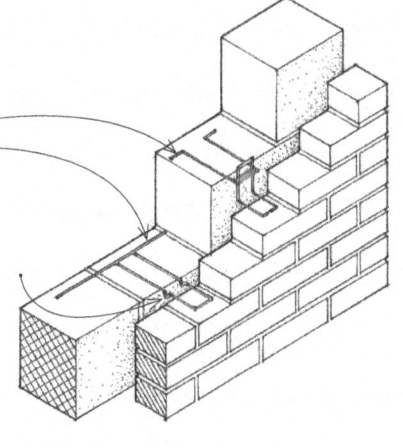

- "Ferro" dobrado regulável (grapa)
- Grapa em T
- Pingadeira, para evitar que uma infiltração de água passe para o outro pano de alvenaria

- A cavidade não deve ter largura menor do que 5,0 cm ou maior do que 11,5 cm
- Tijolos ou blocos maciços ou vazados
- Tanto o pano de revestimento como o pano estrutural devem ter espessura nominal mínima de 10,0 cm. Ao calcular a relação entre a altura ou o comprimento entre apoios, o valor da espessura da parede é a soma das espessuras nominais dos dois panos de alvenaria, desconsiderando-se a cavidade entre eles.
- $^{3}/_{16}$ in (5 mm) é o diâmetro mínimo das grapas de metal resistente à corrosão usadas a cada 0,42 m² de área de parede, para cavidades com até 7,5 cm de largura. Para cavidades maiores, utilize uma grapa para cada 0,28 m² de área de parede.
- Desencontre as grapas em fiadas alternadas, com uma distância vertical máxima de 40,0 cm e espaçamento horizontal máximo de 90 cm.
- Insira grapas adicionais a cada 90,0 cm entre eixos, no máximo, em torno de aberturas de porta ou parede, a uma distância de 30,0 cm das bordas dessas aberturas.
- 1,5 cm é o recobrimento mínimo de argamassa para grapas ou outros elementos de amarração

5.18 PAREDES DE ALVENARIA ARMADA

- Armadura de aço totalmente recoberta por graute de cimento Portland
- 0,75 cm é o recobrimento mínimo da armadura; quando esta estiver exposta ao intemperismo, o recobrimento mínimo é de 4,0 cm.
- 5,0 cm é o recobrimento mínimo quando a alvenaria estiver em contato com o solo.
- 1,5 cm é o recobrimento mínimo das grapas.

Paredes de alvenaria armada usam armaduras de vergalhões de aço inseridas em juntas ou cavidades mais espessas, as quais são preenchidas com uma graute de cimento Portland, agregado e água, para maior resistência à transmissão de cargas verticais, ao tombamento e a cargas laterais. É essencial que haja uma boa adesão entre a armadura de aço, a graute e os blocos da alvenaria.

Alvenaria armada grauteada
- A alvenaria armada grauteada deve atender às mesmas exigências aplicáveis à alvenaria não armada. Veja a p. 5.17.
- Grapas
- 0,5 cm é o recobrimento mínimo entre barras e alvenaria, no caso de graute fina; se for usada graute grossa, o mínimo é de 1,5 cm.

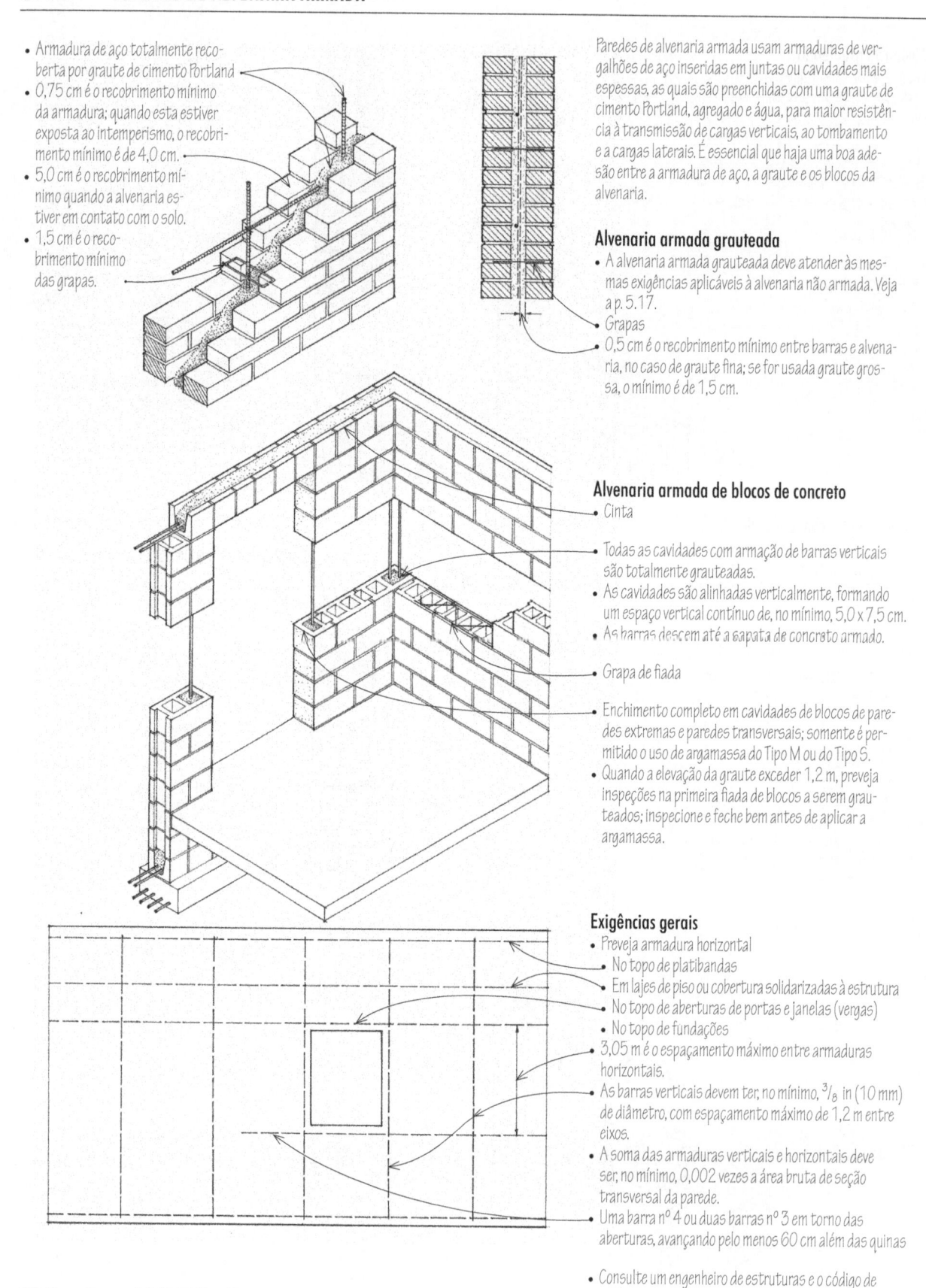

Alvenaria armada de blocos de concreto
- Cinta
- Todas as cavidades com armação de barras verticais são totalmente grauteadas.
- As cavidades são alinhadas verticalmente, formando um espaço vertical contínuo de, no mínimo, 5,0 x 7,5 cm.
- As barras descem até a sapata de concreto armado.
- Grapa de fiada
- Enchimento completo em cavidades de blocos de paredes extremas e paredes transversais; somente é permitido o uso de argamassa do Tipo M ou do Tipo S.
- Quando a elevação da graute exceder 1,2 m, preveja inspeções na primeira fiada de blocos a serem grauteados; inspecione e feche bem antes de aplicar a argamassa.

Exigências gerais
- Preveja armadura horizontal
  - No topo de platibandas
  - Em lajes de piso ou cobertura solidarizadas à estrutura
  - No topo de aberturas de portas e janelas (vergas)
  - No topo de fundações
- 3,05 m é o espaçamento máximo entre armaduras horizontais.
- As barras verticais devem ter, no mínimo, $3/8$ in (10 mm) de diâmetro, com espaçamento máximo de 1,2 m entre eixos.
- A soma das armaduras verticais e horizontais deve ser, no mínimo, 0,002 vezes a área bruta de seção transversal da parede.
- Uma barra nº 4 ou duas barras nº 3 em torno das aberturas, avançando pelo menos 60 cm além das quinas

- Consulte um engenheiro de estruturas e o código de edificações sobre as exigências estruturais de paredes de alvenaria armada.

CSI MasterFormat 04 20 00 Unit Masonry

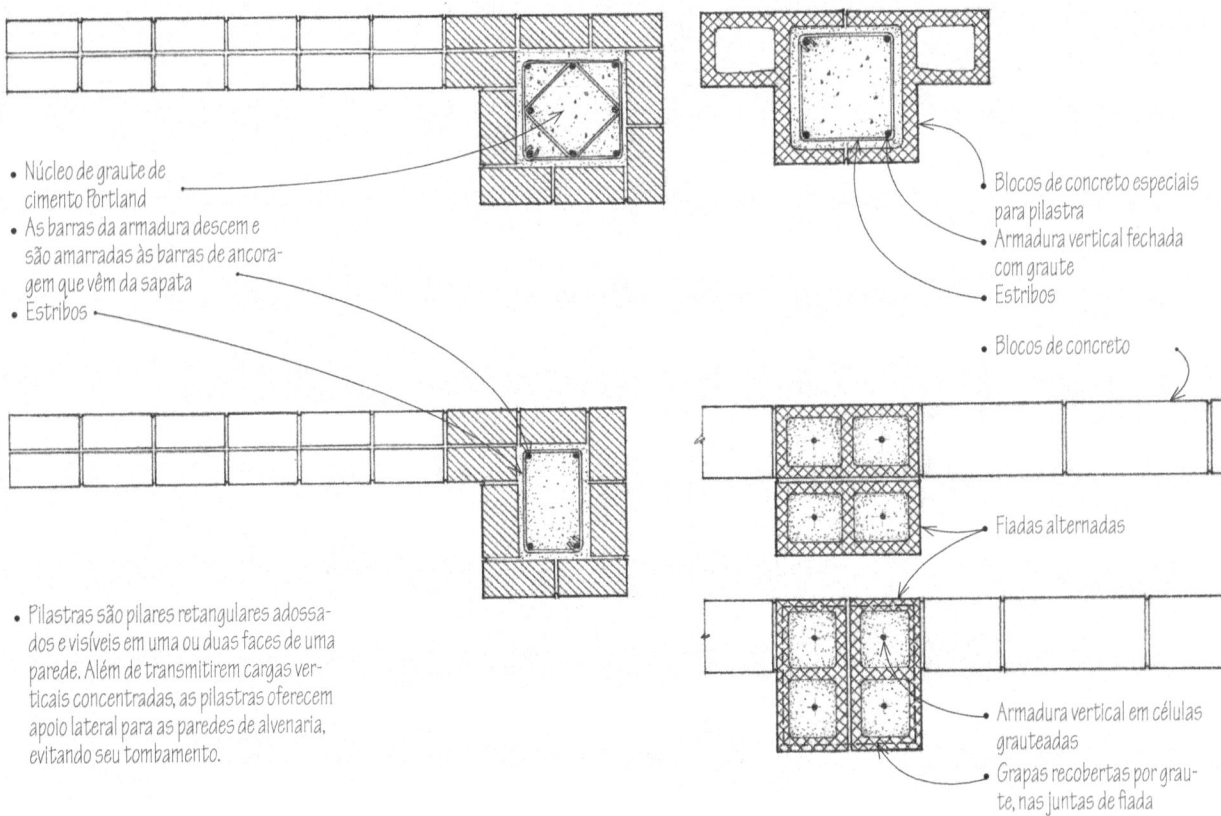

PILARES E PILASTRAS DE ALVENARIA ARMADA   5.19

- Largura nominal mínima = 30,5 cm
- Comprimento nominal mínimo = 30,5 cm; máximo = 3 vezes a largura da coluna
- Apoio lateral para pilares = 30 vezes a largura do pilar
- A menor dimensão de pilares de alvenaria armada deve ser 30,5 cm, com uma altura entre apoios de 20 vezes a menor dimensão.

- Estribos com quatro barras nº 3, no mínimo, para um pilar quadrado de 45,5 cm de lado, ou barras equivalentes a 0,005 vezes a área efetiva da alvenaria
- Armadura máxima = 0,03 vezes a área efetiva da alvenaria
- Armadura lateral mínima = 0,0018 vezes a área efetiva da alvenaria

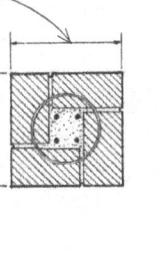

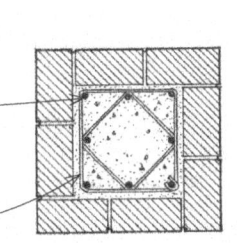

- Núcleo de graute de cimento Portland
- As barras da armadura descem e são amarradas às barras de ancoragem que vêm da sapata
- Estribos
- Insira estribos adicionais (grapas) ou uma parte da armadura obrigatória para estabilização lateral nas juntas argamassadas

Pilares de alvenaria armada

- Núcleo de graute de cimento Portland
- As barras da armadura descem e são amarradas às barras de ancoragem que vêm da sapata
- Estribos

- Blocos de concreto especiais para pilastra
- Armadura vertical fechada com graute
- Estribos

- Blocos de concreto

- Fiadas alternadas

- Pilastras são pilares retangulares adossados e visíveis em uma ou duas faces de uma parede. Além de transmitirem cargas verticais concentradas, as pilastras oferecem apoio lateral para as paredes de alvenaria, evitando seu tombamento.

- Armadura vertical em células grauteadas
- Grapas recobertas por graute, nas juntas de fiada

Pilastras de alvenaria armada

5.20 ARCOS DE ALVENARIA

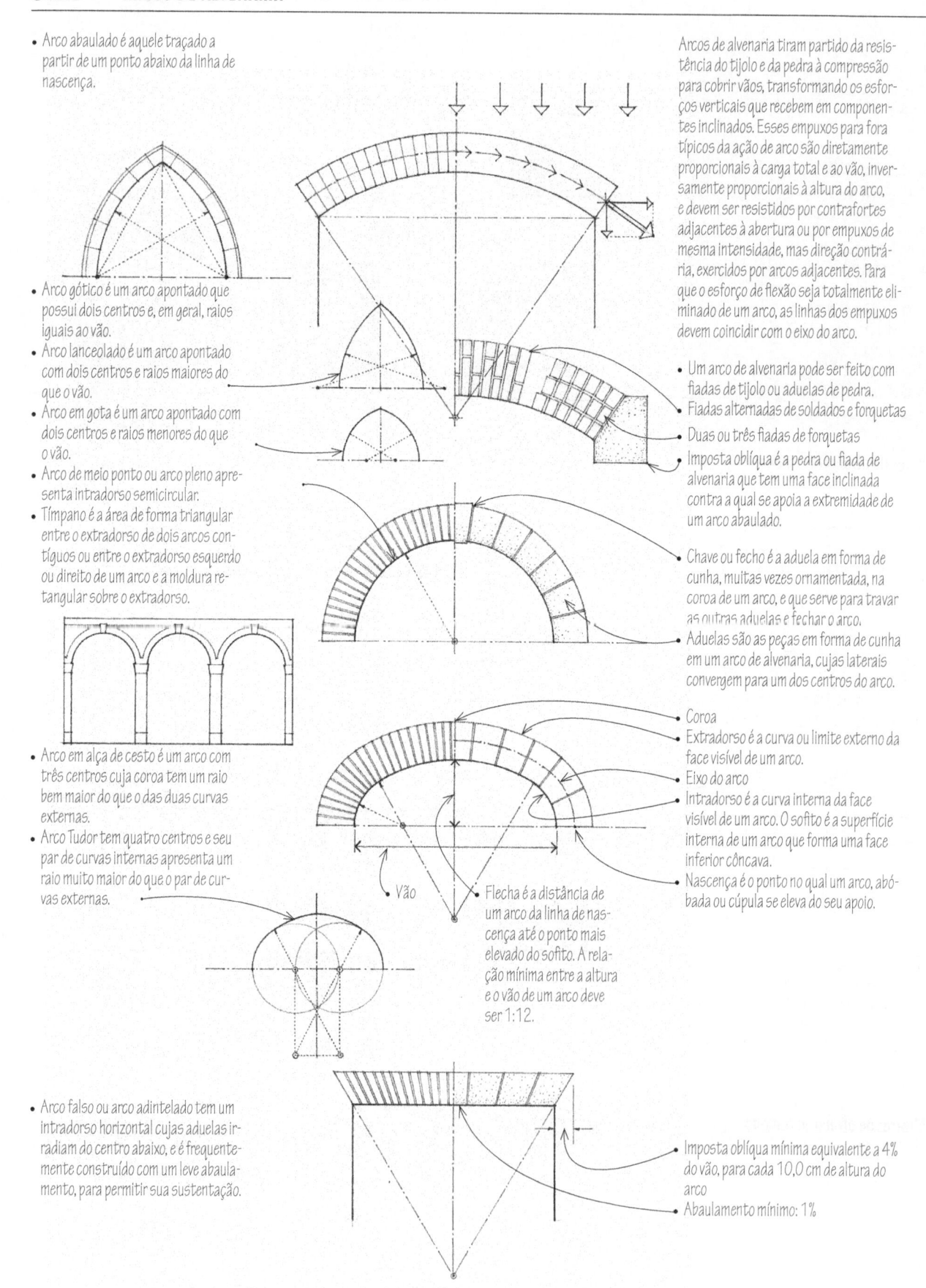

- Arco abaulado é aquele traçado a partir de um ponto abaixo da linha de nascença.

- Arco gótico é um arco apontado que possui dois centros e, em geral, raios iguais ao vão.
- Arco lanceolado é um arco apontado com dois centros e raios maiores do que o vão.
- Arco em gota é um arco apontado com dois centros e raios menores do que o vão.
- Arco de meio ponto ou arco pleno apresenta intradorso semicircular.
- Tímpano é a área de forma triangular entre o extradorso de dois arcos contíguos ou entre o extradorso esquerdo ou direito de um arco e a moldura retangular sobre o extradorso.

- Arco em alça de cesto é um arco com três centros cuja coroa tem um raio bem maior do que o das duas curvas externas.
- Arco Tudor tem quatro centros e seu par de curvas internas apresenta um raio muito maior do que o par de curvas externas.

- Arco falso ou arco adintelado tem um intradorso horizontal cujas aduelas irradiam do centro abaixo, e é frequentemente construído com um leve abaulamento, para permitir sua sustentação.

Arcos de alvenaria tiram partido da resistência do tijolo e da pedra à compressão para cobrir vãos, transformando os esforços verticais que recebem em componentes inclinados. Esses empuxos para fora típicos da ação de arco são diretamente proporcionais à carga total e ao vão, inversamente proporcionais à altura do arco, e devem ser resistidos por contrafortes adjacentes à abertura ou por empuxos de mesma intensidade, mas direção contrária, exercidos por arcos adjacentes. Para que o esforço de flexão seja totalmente eliminado de um arco, as linhas dos empuxos devem coincidir com o eixo do arco.

- Um arco de alvenaria pode ser feito com fiadas de tijolo ou aduelas de pedra.
- Fiadas alternadas de soldados e forquetas
- Duas ou três fiadas de forquetas
- Imposta oblíqua é a pedra ou fiada de alvenaria que tem uma face inclinada contra a qual se apoia a extremidade de um arco abaulado.

- Chave ou fecho é a aduela em forma de cunha, muitas vezes ornamentada, na coroa de um arco, e que serve para travar as outras aduelas e fechar o arco.
- Aduelas são as peças em forma de cunha em um arco de alvenaria, cujas laterais convergem para um dos centros do arco.

- Coroa
- Extradorso é a curva ou limite externo da face visível de um arco.
- Eixo do arco
- Intradorso é a curva interna da face visível de um arco. O sofito é a superfície interna de um arco que forma uma face inferior côncava.
- Nascença é o ponto no qual um arco, abóbada ou cúpula se eleva do seu apoio.

- Vão
- Flecha é a distância de um arco da linha de nascença até o ponto mais elevado do sofito. A relação mínima entre a altura e o vão de um arco deve ser 1:12.

- Imposta oblíqua mínima equivalente a 4% do vão, para cada 10,0 cm de altura do arco
- Abaulamento mínimo: 1%

VERGAS DE ALVENARIA ARMADA 5.21

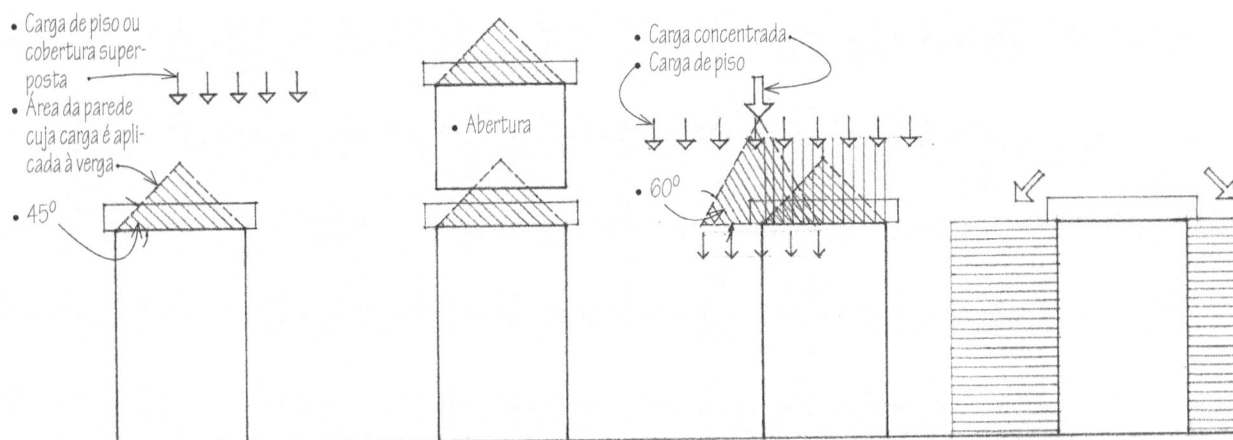

- Carga de piso ou cobertura superposta
- Área da parede cuja carga é aplicada à verga
- 45°

- Abertura

- Carga concentrada
- Carga de piso
- 60°

- A ação em arco da alvenaria acima da abertura sustenta a carga da parede fora do triângulo de forças.
- Com a sobreposição de aberturas, a verga suporta menos carga do que em uma situação normal de triângulo de cargas.
- A verga estará sujeita a um carregamento adicional se a carga concentrada ou as cargas de piso ou cobertura também incidirem sobre o triângulo de cargas normal.
- O empuxo horizontal da ação de arco deve ser resistido pela massa da parede em ambos os lados da abertura.

Cargas aplicadas às vergas

Vergas de perfil de aço (duas cantoneiras)

Vão	Cantoneira externa	Cantoneira interna
Parede de 20,5 cm	(sem carga de piso)	(com carga de piso)
1,22 m	90 x 90 x 8 mm	90 x 90 x 8 mm
1,52 m	90 x 90 x 8 mm	125 x 90 x 8 mm
1,83 m	100 x 90 x 8 mm	125 x 90 x 10 mm

- Confirme com o engenheiro de estruturas.
- A deflexão não pode superar a $1/600$ do vão.

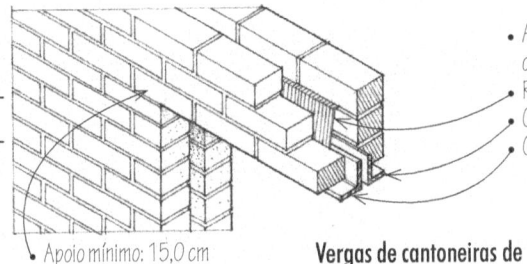

- Apoio mínimo: 15,0 cm

Vergas de cantoneiras de aço

- A verga pode ficar bem marcada com uma fiada de soldados
- Rufo
- Cantoneira interna
- Cantoneira externa

- A armadura fica totalmente recoberta por uma graute de cimento Portland
- Altura de quatro a sete fiadas
- Larguras típicas: 20,0, 25,0 e 30,0 cm

Vergas de alvenaria de tijolo armada

Armadura para vergas de paredes de alvenaria de 20,0 cm (Sem cargas sobrepostas)

Tipo de verga	Vão	Nº de barras x Tamanho
Verga quadrada de concreto armado de 19,0 cm de altura	1,22 m	4 x nº 3
	1,83 m	4 x nº 4
	2,44 m	4 x nº 5
Verga de alvenaria armada de blocos de concreto com dimensões nominais de 20,0 x 20,0 x 40,0 cm	1,22 m	2 x nº 4
	1,83 m	2 x nº 5
	2,44 m	2 x nº 6

- Confirme com o engenheiro de estruturas.

- Apoio mínimo: 20,0 cm sobre alvenaria de blocos maciços ou grauteada

- Blocos canaleta de concreto com armadura de aço e preenchidos com graute de cimento Portland

Vergas de blocos canaleta de concreto

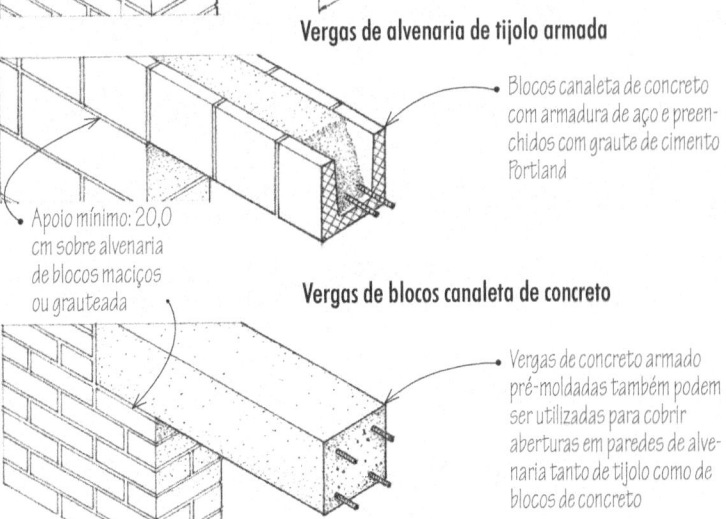

- Vergas de concreto armado pré-moldadas também podem ser utilizadas para cobrir aberturas em paredes de alvenaria tanto de tijolo como de blocos de concreto

Vergas de blocos de concreto pré-moldadas

5.22 JUNTAS DE CONTROLE E JUNTAS DE DILATAÇÃO

Juntas de movimentação devem ser espaçadas a cada 30 a 38 metros em panos de parede contínuas, e:

1) Quando houver variações na altura ou espessura da parede
2) Em interseções com pilares, pilastras e outras paredes
3) Perto de quinas
4) Em ambos os lados de aberturas superiores a 1,80 metro
5) Em um dos lados de aberturas iguais ou inferiores a 1,80 metro

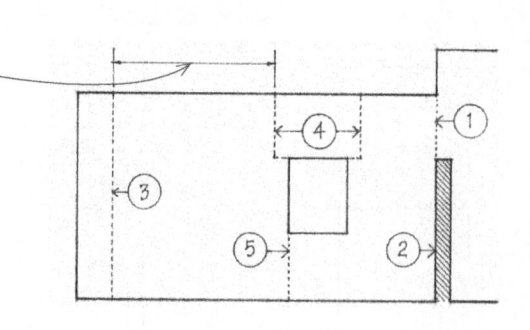

Os materiais usados em alvenarias se dilatam e retraem com as mudanças de temperatura e conteúdo de umidade. Tijolos de argila tendem a absorver a água e a se dilatar, enquanto blocos de concreto geralmente retraem com a cura. As juntas de movimentação para acomodar estas variações nas dimensões devem ser localizadas e construídas de modo a não pôr em risco a integridade estrutural da parede de alvenaria.

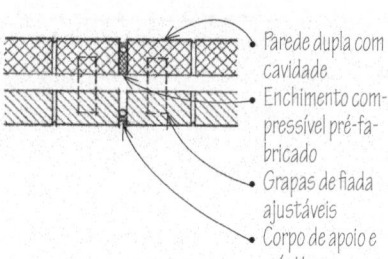

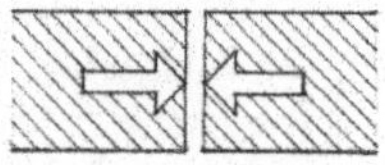

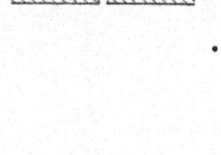

- Parede dupla com cavidade
- Enchimento compressível pré-fabricado
- Grapas de fiada ajustáveis
- Corpo de apoio e mástique

- A alvenaria de tijolo dilata; a junta se fecha levemente.
- Veja a p. 7.48 para o dimensionamento de juntas de movimentação

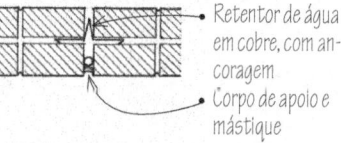

Juntas de dilatação

Juntas de dilatação são fendas contínuas e desobstruídas feitas para se fechar levemente e acomodar a dilatação causada pelo aumento da umidade em superfícies de alvenaria de tijolo ou pedra. As juntas de expansão devem ter estabilidade lateral, e ser estanques ao ar e à água.

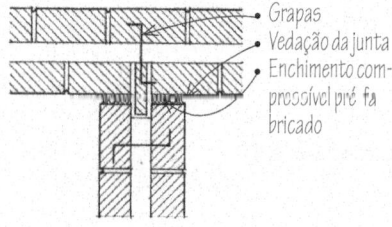

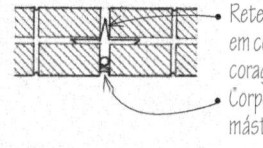

- Grapas
- Vedação da junta
- Enchimento compressível pré-fabricado

- Retentor de água em cobre, com ancoragem
- Corpo de apoio e mástique

Juntas de controle

Juntas de controle são construídas para se abrir levemente e acomodar a retração de uma parede de alvenaria de blocos de concreto que ocorre durante a cura após a construção. A fissuração devido à retração também pode ser controlada usando-se blocos de concreto do Tipo 1, com controle de umidade, e juntas horizontais armadas.

- O enchimento com argamassa solidariza os panos de parede adjacentes.
- Feltro de construção em um dos lados, para impedir a aderência

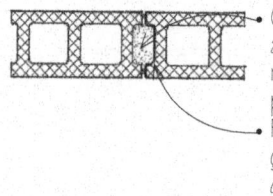

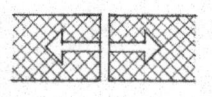

- A alvenaria de blocos de concreto retrai; a junta se abre levemente.
- Veja a p. 7.48 para o dimensionamento de juntas de movimentação

As juntas de controle devem ser vedadas, para evitar a passagem de ar e água, e intertravadas, para evitar movimentos fora do plano da parede. O reforço das juntas deve ser interrompido, para permitir a movimentação no plano da parede.

- Blocos de umbral
- Gaxeta pré-fabricada
- Junta escavada e calafeto (2,0 cm)

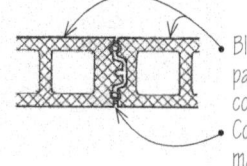

- Blocos especiais para juntas de controle
- Corpo de apoio e mástique

- Juntas de movimentação também são necessárias para evitar que a deflexão de uma estrutura de aço ou concreto transfira esforços a uma parede ou um pano de alvenaria. Veja a p. 7.28.

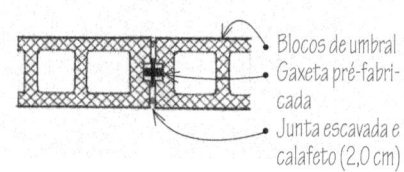

Espaçamento das juntas de controle	Espaçamento vertical das armaduras nas juntas	
	40,0 cm	20,0 cm
Comprimento da parede	15,0 m	18,0 m
Relação entre comprimento e altura da parede	3	4

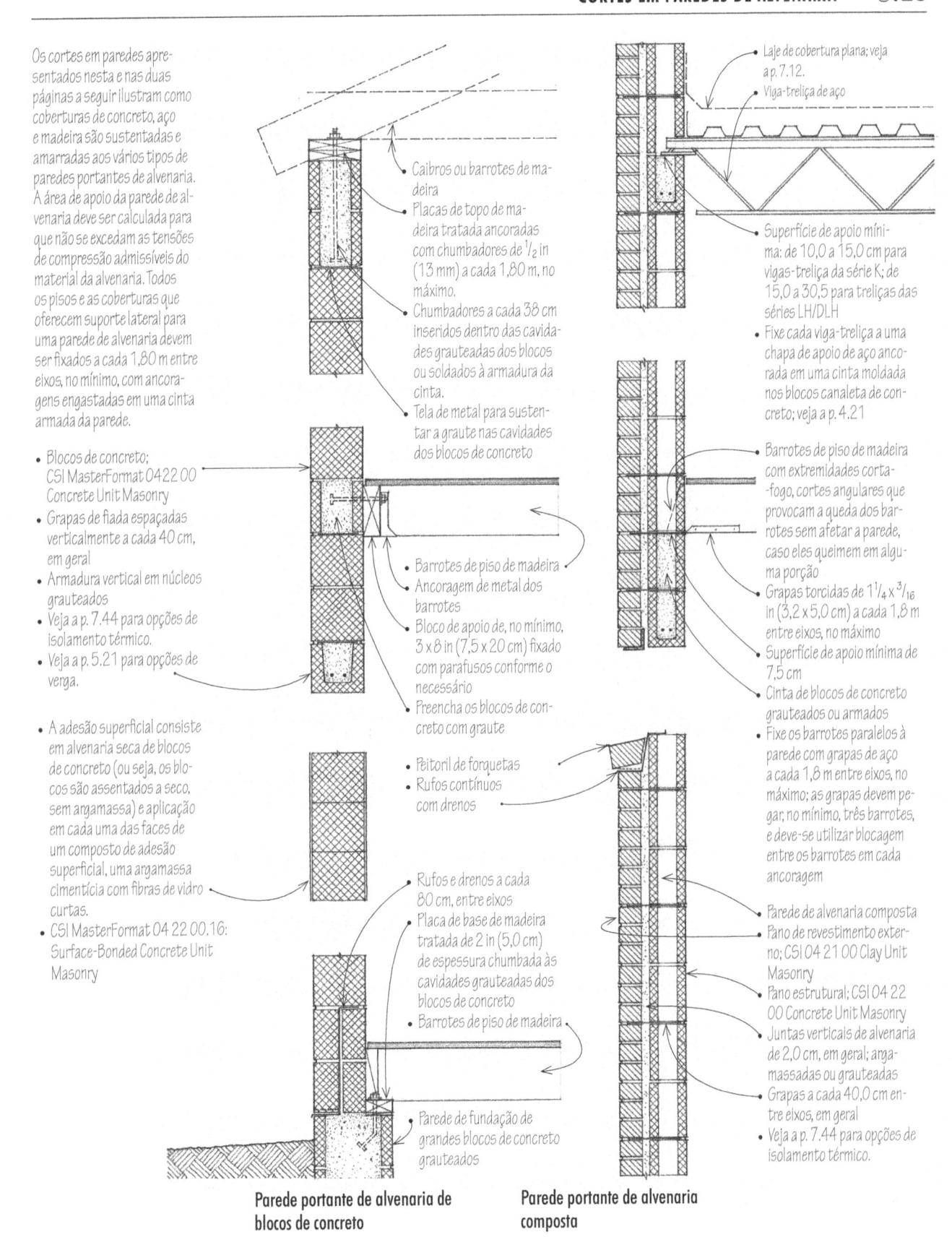

CORTES EM PAREDES DE ALVENARIA 5.23

Os cortes em paredes apresentados nesta e nas duas páginas a seguir ilustram como coberturas de concreto, aço e madeira são sustentadas e amarradas aos vários tipos de paredes portantes de alvenaria. A área de apoio da parede de alvenaria deve ser calculada para que não se excedam as tensões de compressão admissíveis do material da alvenaria. Todos os pisos e as coberturas que oferecem suporte lateral para uma parede de alvenaria devem ser fixados a cada 1,80 m entre eixos, no mínimo, com ancoragens engastadas em uma cinta armada da parede.

- Blocos de concreto; CSI MasterFormat 04 22 00 Concrete Unit Masonry
- Grapas de fiada espaçadas verticalmente a cada 40 cm, em geral
- Armadura vertical em núcleos grauteados
- Veja a p. 7.44 para opções de isolamento térmico.
- Veja a p. 5.21 para opções de verga.

- A adesão superficial consiste em alvenaria seca de blocos de concreto (ou seja, os blocos são assentados a seco, sem argamassa) e aplicação em cada uma das faces de um composto de adesão superficial, uma argamassa cimentícia com fibras de vidro curtas.
- CSI MasterFormat 04 22 00.16: Surface-Bonded Concrete Unit Masonry

- Caibros ou barrotes de madeira
- Placas de topo de madeira tratada ancoradas com chumbadores de $\frac{1}{2}$ in (13 mm) a cada 1,80 m, no máximo.
- Chumbadores a cada 38 cm inseridos dentro das cavidades grauteadas dos blocos ou soldados à armadura da cinta.
- Tela de metal para sustentar a graute nas cavidades dos blocos de concreto

- Barrotes de piso de madeira
- Ancoragem de metal dos barrotes
- Bloco de apoio de, no mínimo, 3 x 8 in (7,5 x 20 cm) fixado com parafusos conforme o necessário
- Preencha os blocos de concreto com graute

- Peitoril de forquetas
- Rufos contínuos com drenos

- Rufos e drenos a cada 80 cm, entre eixos
- Placa de base de madeira tratada de 2 in (5,0 cm) de espessura chumbada às cavidades grauteadas dos blocos de concreto
- Barrotes de piso de madeira

- Parede de fundação de grandes blocos de concreto grauteados

Parede portante de alvenaria de blocos de concreto

- Laje de cobertura plana; veja a p. 7.12.
- Viga-treliça de aço

- Superfície de apoio mínima: de 10,0 a 15,0 cm para vigas-treliça da série K; de 15,0 a 30,5 para treliças das séries LH/DLH
- Fixe cada viga-treliça a uma chapa de apoio de aço ancorada em uma cinta moldada nos blocos canaleta de concreto; veja a p. 4.21

- Barrotes de piso de madeira com extremidades corta-fogo, cortes angulares que provocam a queda dos barrotes sem afetar a parede, caso eles queimem em alguma porção
- Grapas torcidas de $1\frac{1}{4} \times \frac{3}{16}$ in (3,2 x 5,0 cm) a cada 1,8 m entre eixos, no máximo
- Superfície de apoio mínima de 7,5 cm
- Cinta de blocos de concreto grauteados ou armados
- Fixe os barrotes paralelos à parede com grapas de aço a cada 1,8 m entre eixos, no máximo; as grapas devem pegar, no mínimo, três barrotes, e deve-se utilizar blocagem entre os barrotes em cada ancoragem

- Parede de alvenaria composta
- Pano de revestimento externo; CSI 04 21 00 Clay Unit Masonry
- Pano estrutural; CSI 04 22 00 Concrete Unit Masonry
- Juntas verticais de alvenaria de 2,0 cm, em geral; argamassadas ou grauteadas
- Grapas a cada 40,0 cm entre eixos, em geral
- Veja a p. 7.44 para opções de isolamento térmico.

Parede portante de alvenaria composta

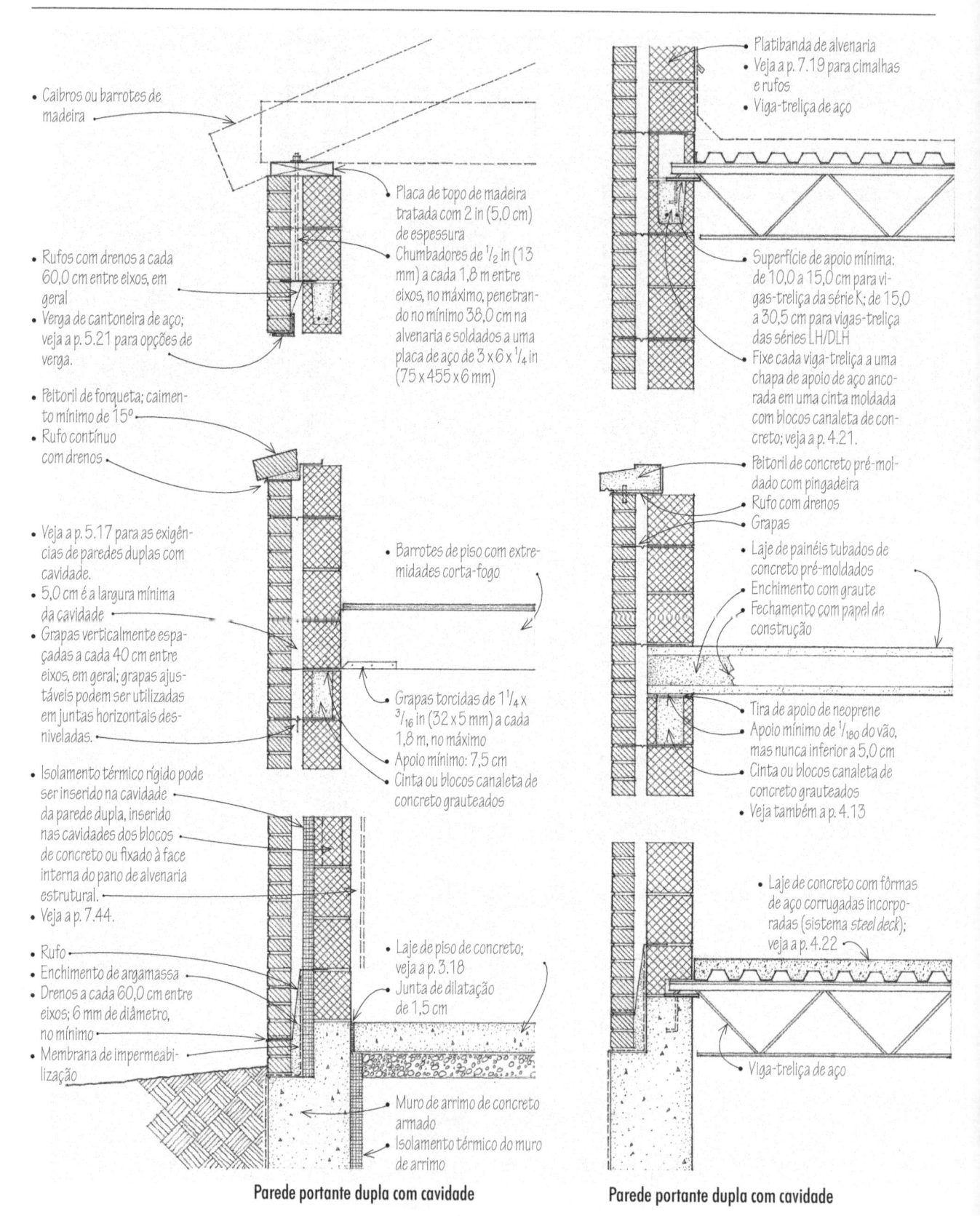

5.24 CORTES EM PAREDES DE ALVENARIA

- Caibros ou barrotes de madeira

- Rufos com drenos a cada 60,0 cm entre eixos, em geral
- Verga de cantoneira de aço; veja a p. 5.21 para opções de verga.

- Peitoril de forqueta; caimento mínimo de 15º
- Rufo contínuo com drenos

- Veja a p. 5.17 para as exigências de paredes duplas com cavidade.
- 5,0 cm é a largura mínima da cavidade
- Grapas verticalmente espaçadas a cada 40 cm entre eixos, em geral; grapas ajustáveis podem ser utilizadas em juntas horizontais desniveladas.

- Isolamento térmico rígido pode ser inserido na cavidade da parede dupla, inserido nas cavidades dos blocos de concreto ou fixado à face interna do pano de alvenaria estrutural.
- Veja a p. 7.44.

- Rufo
- Enchimento de argamassa
- Drenos a cada 60,0 cm entre eixos; 6 mm de diâmetro, no mínimo
- Membrana de impermeabilização

- Placa de topo de madeira tratada com 2 in (5,0 cm) de espessura
- Chumbadores de ½ in (13 mm) a cada 1,8 m entre eixos, no máximo, penetrando no mínimo 38,0 cm na alvenaria e soldados a uma placa de aço de 3 x 6 x ¼ in (75 x 455 x 6 mm)

- Barrotes de piso com extremidades corta-fogo

- Grapas torcidas de 1¼ x 3/16 in (32 x 5 mm) a cada 1,8 m, no máximo
- Apoio mínimo: 7,5 cm
- Cinta ou blocos canaleta de concreto grauteados

- Laje de piso de concreto; veja a p. 3.18
- Junta de dilatação de 1,5 cm

- Muro de arrimo de concreto armado
- Isolamento térmico do muro de arrimo

Parede portante dupla com cavidade

- Platibanda de alvenaria
- Veja a p. 7.19 para cimalhas e rufos
- Viga-treliça de aço

- Superfície de apoio mínima: de 10,0 a 15,0 cm para vigas-treliça da série K; de 15,0 a 30,5 cm para vigas-treliça das séries LH/DLH
- Fixe cada viga-treliça a uma chapa de apoio de aço ancorada em uma cinta moldada com blocos canaleta de concreto; veja a p. 4.21.

- Peitoril de concreto pré-moldado com pingadeira
- Rufo com drenos
- Grapas
- Laje de painéis tubados de concreto pré-moldados
- Enchimento com graute
- Fechamento com papel de construção

- Tira de apoio de neoprene
- Apoio mínimo de 1/180 do vão, mas nunca inferior a 5,0 cm
- Cinta ou blocos canaleta de concreto grauteados
- Veja também a p. 4.13

- Laje de concreto com fôrmas de aço corrugadas incorporadas (sistema steel deck); veja a p. 4.22

- Viga-treliça de aço

Parede portante dupla com cavidade

CORTES EM PAREDES DE ALVENARIA   5.25

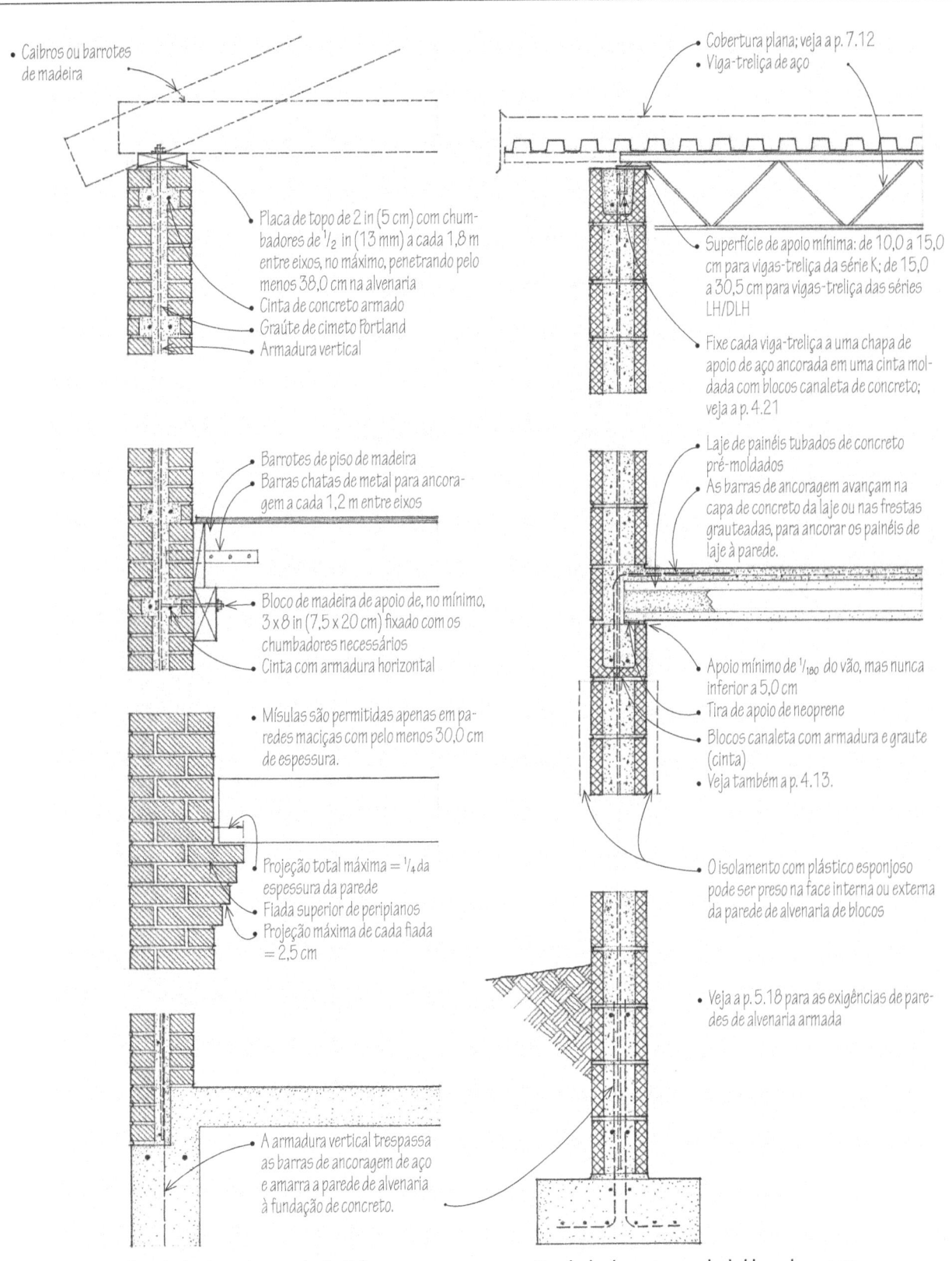

- Caibros ou barrotes de madeira
- Placa de topo de 2 in (5 cm) com chumbadores de ½ in (13 mm) a cada 1,8 m entre eixos, no máximo, penetrando pelo menos 38,0 cm na alvenaria
- Cinta de concreto armado
- Graúte de cimeto Portland
- Armadura vertical

- Cobertura plana; veja a p. 7.12
- Viga-treliça de aço
- Superfície de apoio mínima: de 10,0 a 15,0 cm para vigas-treliça da série K; de 15,0 a 30,5 cm para vigas-treliça das séries LH/DLH
- Fixe cada viga-treliça a uma chapa de apoio de aço ancorada em uma cinta moldada com blocos canaleta de concreto; veja a p. 4.21

- Barrotes de piso de madeira
- Barras chatas de metal para ancoragem a cada 1,2 m entre eixos
- Bloco de madeira de apoio de, no mínimo, 3 x 8 in (7,5 x 20 cm) fixado com os chumbadores necessários
- Cinta com armadura horizontal

- Laje de painéis tubados de concreto pré-moldados
- As barras de ancoragem avançam na capa de concreto da laje ou nas frestas grauteadas, para ancorar os painéis de laje à parede.
- Apoio mínimo de 1/180 do vão, mas nunca inferior a 5,0 cm
- Tira de apoio de neoprene
- Blocos canaleta com armadura e graute (cinta)
- Veja também a p. 4.13.

- Mísulas são permitidas apenas em paredes maciças com pelo menos 30,0 cm de espessura.
- Projeção total máxima = ¼ da espessura da parede
- Fiada superior de peripianos
- Projeção máxima de cada fiada = 2,5 cm

- O isolamento com plástico esponjoso pode ser preso na face interna ou externa da parede de alvenaria de blocos

- A armadura vertical trespassa as barras de ancoragem de aço e amarra a parede de alvenaria à fundação de concreto.

- Veja a p. 5.18 para as exigências de paredes de alvenaria armada

Parede de alvenaria armada de tijolo

Parede de alvenaria armada de blocos de concreto

5.26 O ASSENTAMENTO DE ALVENARIA DE TIJOLO

- Pano é uma extensão contínua de alvenaria com apenas um tijolo ou bloco de espessura.
- Fiada é uma linha horizontal contínua de pedras, tijolos ou blocos.
- Junta de alvenaria é a junta vertical entre dois panos de alvenaria.
- Junta horizontal é a junta entre duas fiadas de alvenaria. O termo leito pode se referir à face inferior da pedra, tijolo ou bloco ou à camada de argamassa na qual a peça é assentada.
- Junta vertical é a junta entre duas pedras, tijolos ou blocos perpendicular à face da parede.

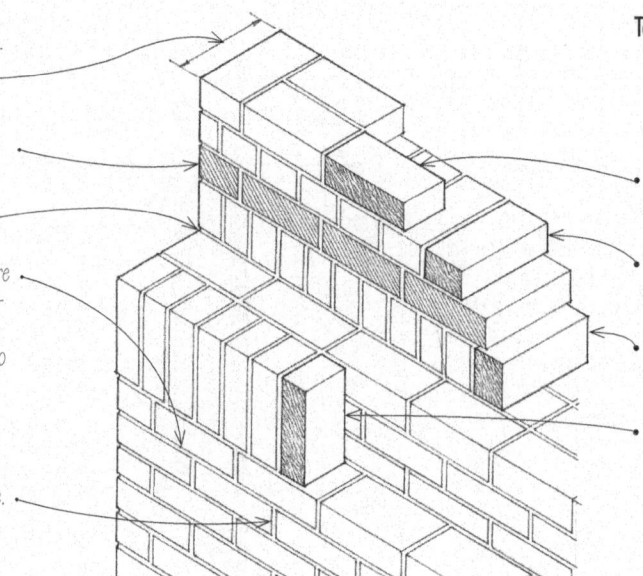

Terminologia da alvenaria

- Tijolo ao comprido é aquele assentado horizontalmente com sua face estreita mais longa exposta ou paralela à face da parede.
- Peripiano é o tijolo assentado horizontalmente e com sua face menor exposta ou paralela à face da parede.
- Forqueta é o tijolo assentado horizontalmente sobre sua face estreita mais longa e com a face menor exposta.
- Soldado é o tijolo assentado verticalmente, com a face estreita mais longa aparente.

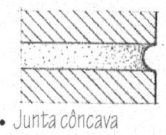

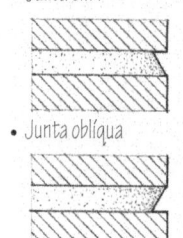

- Junta côncava
- Junta em V
- Junta oblíqua
- Junta cortada
- Junta rasa

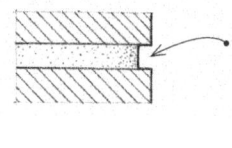

- Juntas argamassadas têm espessura entre 5 e 15 mm, mas o mais comum é utilizar 10 mm.
- Juntas talhadas são juntas argamassadas comprimidas e feitas com qualquer ferramenta que não seja a colher de pedreiro. As juntas talhadas comprimem a argamassa e a forçam contra as superfícies do tijolo, dando proteção máxima contra a penetração da água em áreas sujeitas a ventos ou chuvas fortes.
- Juntas alisadas são acabadas removendo-se o excesso de argamassa com uma colher de pedreiro. Nas juntas alisadas, a argamassa é cortada com uma colher de pedreiro. A junta mais efetiva do tipo é a junta oblíqua, uma vez que ela escoa a água.
- A junta escavada é feita removendo-se a argamassa, antes que ela cure, até determinada profundidade com uma ferramenta de extremidade quadrada. As juntas escavadas devem ser usadas apenas em interiores.
- Para tipos de argamassa, veja a p. 5.15.

Juntas argamassadas

- Tijolos de 6,8 cm de espessura; 3 fiadas = 20,5 cm
- Tijolo padrão (modular)
- Tijolo normando
- Tijolo SCR

- Tijolos de 8,0 cm de espessura; 5 fiadas = 40,5 cm
- Tijolo de engenheiro
- Tijolo norueguês

- Tijolos de 10,0 cm de espessura; 2 fiadas = 20,5 cm
- Tijolo romano

- Tijolos de 10,0 cm de espessura; 2 fiadas = 20,5 cm
- Tijolo de grau utilitário

Altura da fiada
- A altura da fiada é uma dimensão nominal que inclui a junta de argamassa.
- Para o comprimento da fiada, utilize múltiplos de 10,0, 20,0 ou 30,0 cm.
- Para tipos e tamanhos de tijolo, veja a p. 12.6.
- A espessura das paredes varia conforme o tipo de parede de alvenaria; veja as p. 5.14–5.15.

CSI MasterFormat 04 05 13 Masonry Mortaring

APARELHOS DE ALVENARIA DE TIJOLO

- Aparelho ao comprido, geralmente usado em paredes duplas com cavidade ou em paredes de revestimento, é feito com tijolos ao comprido, com juntas verticais desencontradas.

- Aparelho comum apresenta uma fiada de peripianos após cada cinco ou seis fiadas de tijolos ao comprido. Também é chamado de aparelho americano.

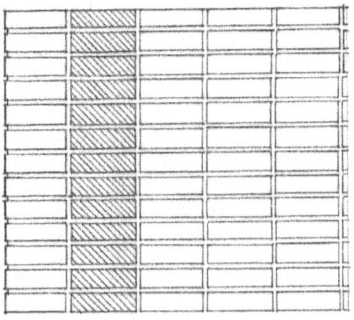

- Aparelho com juntas a prumo tem fiadas sucessivas de tijolos ao comprido com todas as juntas verticais aprumadas. Uma vez que não há juntas deslocadas se travando, é necessário o uso de armação horizontal nas juntas a cada 40,0 cm entre eixos, a não ser que a parede seja toda de alvenaria armada.

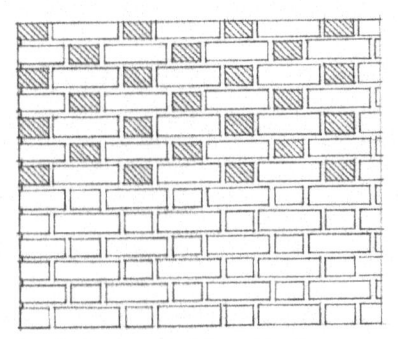

- Aparelho flamengo tem tijolos peripianos e ao comprido alternados em cada fiada, sendo que cada peripiano fica centralizado em relação aos tijolos ao comprido que estão na fiada de cima e de baixo. Peripianos decorados e com extremidades mais escuras ficam muitas vezes à vista neste aparelho.

- Aparelho flamengo transversal é uma variante do aparelho flamengo na qual fiadas de tijolos peripianos e ao comprido se alternam com fiadas apenas com tijolos ao comprido.

- Aparelho flamengo diagonal é uma forma de aparelho flamengo transversal no qual alguns tijolos avançam em relação a outros, formando um padrão em diamante.

- Aparelho muro de jardim, usado em muros sobre divisas submetidos a pequenos carregamentos, tem uma sequência de um tijolo peripiano e três tijolos ao comprido em cada fiada, com cada peripiano centralizado em relação aos outros dois peripianos das fiadas imediatamente acima ou abaixo.

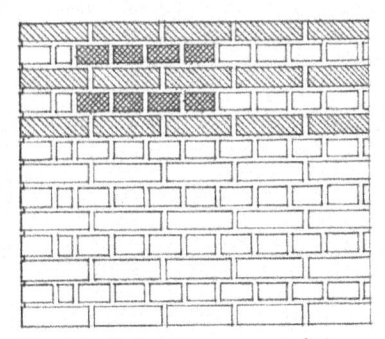

- Aparelho inglês é aquele que apresenta fiadas alternadas de tijolos peripianos e ao comprido e nos quais os tijolos peripianos ficam centralizados em relação aos tijolos ao comprido e as juntas entre os peripianos ficam alinhadas verticalmente em todas as fiadas.

- Para minimizar cortes de tijolo e melhorar a aparência dos aparelhos, as principais dimensões das paredes de alvenaria devem se basear nas próprias dimensões do tijolo empregado.

5.28 BLOCOS CERÂMICOS VAZADOS

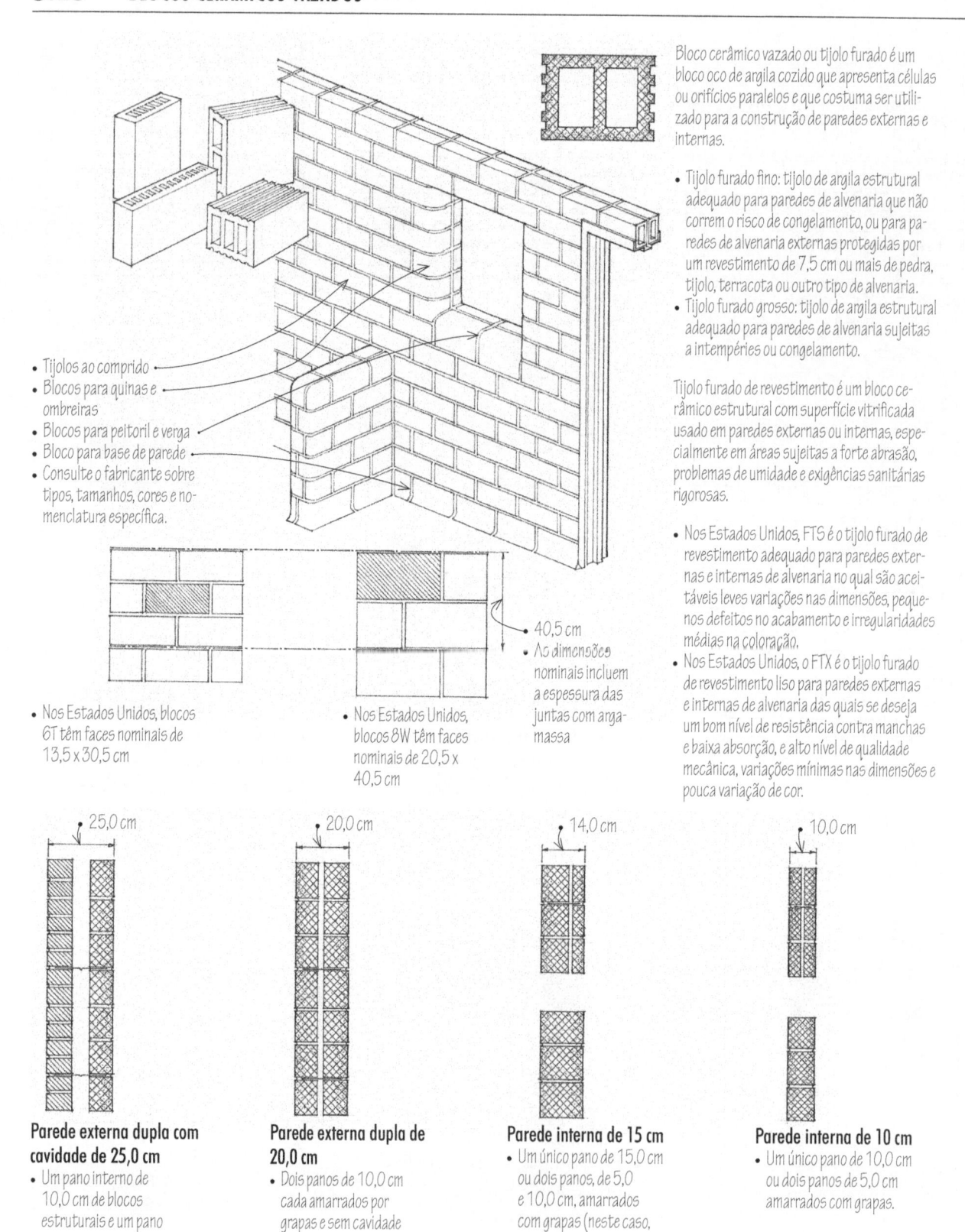

Bloco cerâmico vazado ou tijolo furado é um bloco oco de argila cozido que apresenta células ou orifícios paralelos e que costuma ser utilizado para a construção de paredes externas e internas.

- Tijolo furado fino: tijolo de argila estrutural adequado para paredes de alvenaria que não correm o risco de congelamento, ou para paredes de alvenaria externas protegidas por um revestimento de 7,5 cm ou mais de pedra, tijolo, terracota ou outro tipo de alvenaria.
- Tijolo furado grosso: tijolo de argila estrutural adequado para paredes de alvenaria sujeitas a intempéries ou congelamento.

Tijolo furado de revestimento é um bloco cerâmico estrutural com superfície vitrificada usado em paredes externas ou internas, especialmente em áreas sujeitas a forte abrasão, problemas de umidade e exigências sanitárias rigorosas.

- Nos Estados Unidos, FTS é o tijolo furado de revestimento adequado para paredes externas e internas de alvenaria no qual são aceitáveis leves variações nas dimensões, pequenos defeitos no acabamento e irregularidades médias na coloração.
- Nos Estados Unidos, o FTX é o tijolo furado de revestimento liso para paredes externas e internas de alvenaria das quais se deseja um bom nível de resistência contra manchas e baixa absorção, e alto nível de qualidade mecânica, variações mínimas nas dimensões e pouca variação de cor.

- Tijolos ao comprido
- Blocos para quinas e ombreiras
- Blocos para peitoril e verga
- Bloco para base de parede
- Consulte o fabricante sobre tipos, tamanhos, cores e nomenclatura específica.

- Nos Estados Unidos, blocos 6T têm faces nominais de 13,5 x 30,5 cm
- Nos Estados Unidos, blocos 8W têm faces nominais de 20,5 x 40,5 cm
- 40,5 cm
- As dimensões nominais incluem a espessura das juntas com argamassa

Parede externa dupla com cavidade de 25,0 cm
- Um pano interno de 10,0 cm de blocos estruturais e um pano externo de revestimento, de tijolos à vista

Parede externa dupla de 20,0 cm
- Dois panos de 10,0 cm cada amarrados por grapas e sem cavidade

Parede interna de 15 cm
- Um único pano de 15,0 cm ou dois panos, de 5,0 e 10,0 cm, amarrados com grapas (neste caso, cada pano pode ter cor diferente).

Parede interna de 10 cm
- Um único pano de 10,0 cm ou dois panos de 5,0 cm amarrados com grapas.

Cortes em paredes convencionais
- Para exigências sobre paredes de alvenaria, veja as p. 5.14–5.17.

CSI MasterFormat 04 21 23 Structural Clay Tile Masonry

BLOCOS DE VIDRO 5.29

Blocos de vidros são blocos ocos e translúcidos com faces lisas, texturizadas ou com padrões produzidos pela fusão de duas metades e deixando-se um vácuo parcial no interior. Os blocos de vidro podem ser usados em paredes externas e internas não portantes, bem como em aberturas de janela com esquadrias convencionais. Os blocos são assentados com argamassa do Tipo S ou do Tipo N, com juntas de pelo menos 0,5 cm, mas não superiores a 1,0 cm. As paredes de blocos de vidro geralmente são argamassadas na base do peitoril e recebem juntas de dilatação no topo e nas laterais, para permitir movimentações e recalques.

- Dimensões nominais das faces
  - 15,0 x 15,0 cm
  - 20,5 x 20,5 cm
  - 30,5 x 30,5 cm
  - 10,0 x 20,5 cm
- Há blocos de vidro com vários acabamentos disponíveis, bem como acessórios e películas para o controle de ganhos térmicos, ofuscamento e luminosidade.
- Também há disponíveis blocos especiais para quinas e extremidades.

- Espessura nominal para blocos comuns: 10,0 cm
- Espessura nominal para blocos comuns finos: 7,5 cm

- O apoio lateral é feito com ancoragens do pano de blocos ou pelo uso de um perfil U de metal argamassado.
- Os detalhes das extremidades superior e laterais devem permitir movimentações e recalques.
- Ancoragens fixadas ao elemento construtivo adjacente
- Preveja armadura em juntas horizontais, quando necessário
- Os panos de tijolo de vidro devem receber argamassa no peitoril.

- Panos de blocos de vidro convencionais em exteriores não podem exceder a área de 13 m² entre apoios; a largura máxima é de 7,60 m e a altura é de 6,10 m; panos externos com blocos de vidro finos podem ter, no máximo, 7,0 m², largura de 4,6 m e altura de 3,0 m.
- Panos de blocos de vidro convencionais em interiores não podem exceder a área de 23,0 m² entre apoios; panos internos com blocos de vidro finos podem ter, no máximo, 13,0 m². A largura máxima para ambos é de 7,6 m e a altura, 6,0 m.
- Enrijecedores verticais e travessas podem dividir áreas de parede maiores em panos com os tamanhos admissíveis.
- Junta interna: 0,5 cm
- Junta externa 1,5 cm
- Paredes curvas de blocos de vidro devem ter juntas de dilatação em cada mudança de direção.

Raios mínimos
- Blocos de vidro de 15,0 cm: 1,22 m
- Blocos de vidro de 20,5 cm: 1,83 m
- Blocos de vidro de 30,5 cm: 2,44 m

CSI MasterFormat 04 23 00 Glass Unit Masonry

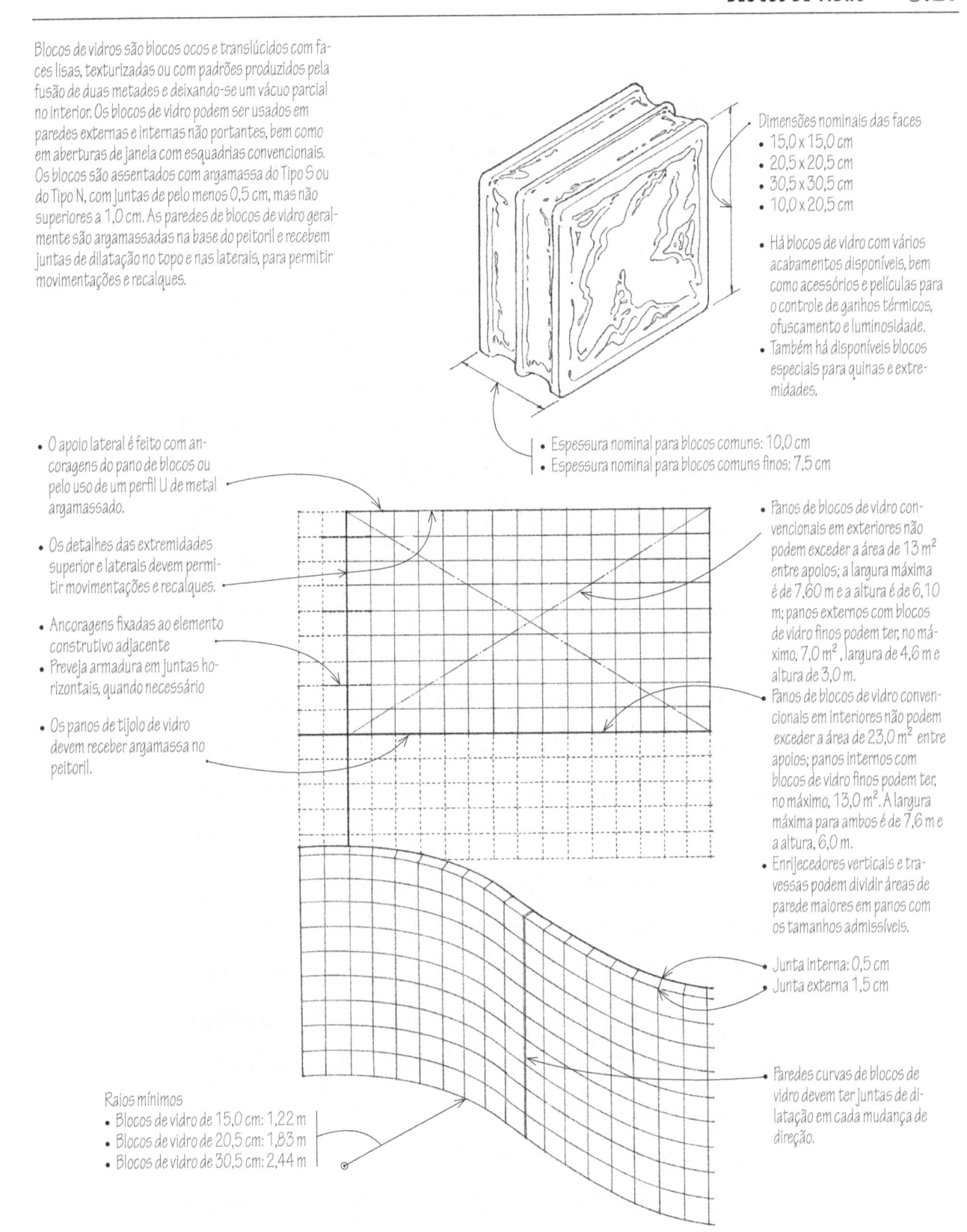

5.30 BLOCOS DE VIDRO

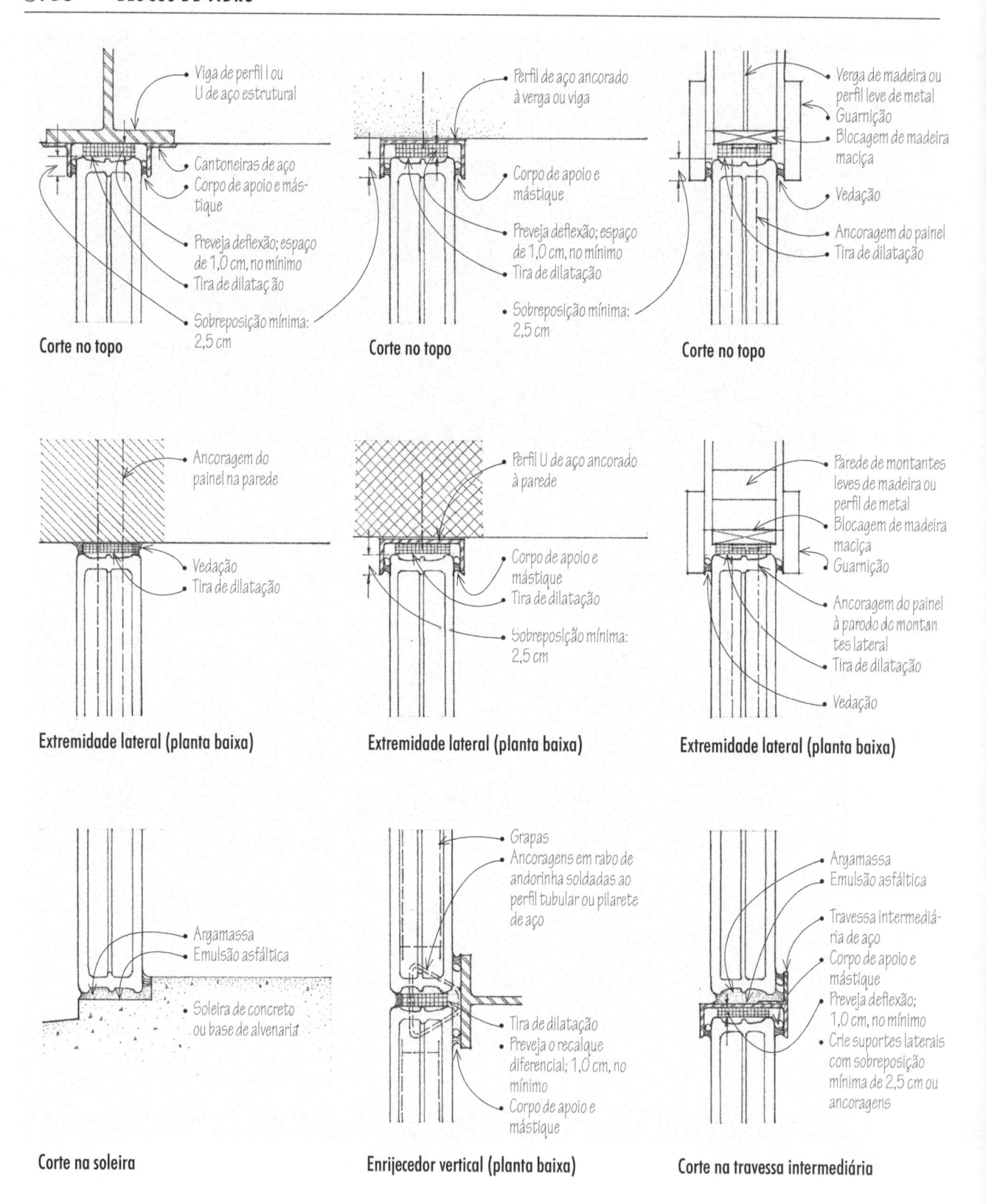

Corte no topo
- Viga de perfil I ou U de aço estrutural
- Cantoneiras de aço
- Corpo de apoio e mástique
- Preveja deflexão; espaço de 1,0 cm, no mínimo
- Tira de dilatação
- Sobreposição mínima: 2,5 cm

Corte no topo
- Perfil de aço ancorado à verga ou viga
- Corpo de apoio e mástique
- Preveja deflexão; espaço de 1,0 cm, no mínimo
- Tira de dilatação
- Sobreposição mínima: 2,5 cm

Corte no topo
- Verga de madeira ou perfil leve de metal
- Guarnição
- Blocagem de madeira maciça
- Vedação
- Ancoragem do painel
- Tira de dilatação

Extremidade lateral (planta baixa)
- Ancoragem do painel na parede
- Vedação
- Tira de dilatação

Extremidade lateral (planta baixa)
- Perfil U de aço ancorado à parede
- Corpo de apoio e mástique
- Tira de dilatação
- Sobreposição mínima: 2,5 cm

Extremidade lateral (planta baixa)
- Parede de montantes leves de madeira ou perfil de metal
- Blocagem de madeira maciça
- Guarnição
- Ancoragem do painel à parede do montantes lateral
- Tira de dilatação
- Vedação

Corte na soleira
- Argamassa
- Emulsão asfáltica
- Soleira de concreto ou base de alvenaria

Enrijecedor vertical (planta baixa)
- Grapas
- Ancoragens em rabo de andorinha soldadas ao perfil tubular ou pilarete de aço
- Tira de dilatação
- Preveja o recalque diferencial; 1,0 cm, no mínimo
- Corpo de apoio e mástique

Corte na travessa intermediária
- Argamassa
- Emulsão asfáltica
- Travessa intermediária de aço
- Corpo de apoio e mástique
- Preveja deflexão; 1,0 cm, no mínimo
- Crie suportes laterais com sobreposição mínima de 2,5 cm ou ancoragens

Detalhes típicos de instalação de blocos de vidro

A CONSTRUÇÃO COM ADOBE 5.31

Adobe e taipa de pilão são técnicas de construção que utilizam argila estabilizada mas não cozida como principal material de construção. Os códigos de edificações atuais variam bastante quanto à aceitação destas técnicas e às exigências para as construções de adobe e taipa de pilão. No entanto, o uso da terra como material de construção é uma necessidade econômica em muitas partes do mundo, e ambos os métodos continuam sendo alternativas de construção de baixo custo.

Adobe é o tijolo de argila seco ao sol, um material da arquitetura vernacular de países com pouca chuva. Quase todo solo que apresente um conteúdo de argila entre 15 e 25% é adequado para a mistura do barro necessária; solos com mais argila podem exigir a adição de areia ou palha para a produção de tijolos de adobe mais satisfatórios. O cascalho ou outro agregado grosso pode chegar a 50% do volume da mistura. A água utilizada na mistura não deve conter sais dissolvidos, que podem recristalizar e danificar os tijolos durante a secagem.

O tijolo de adobe costuma ser produzido perto do local onde será empregado, usando-se a terra obtida com a escavação de pavimentos de subsolo ou de cortes feitos na terraplenagem. O barro é misturado à mão ou por meios mecânicos e moldado em fôrmas de madeira ou metal, que são então distribuídas em um terreno nivelado e regadas com água, para facilitar a desmoldagem. Após a seca inicial, os blocos são empilhados de lado até a cura final. Os tijolos de adobe são extremamente frágeis até estarem completamente secos.

- As dimensões dos tijolos de adobe variam de acordo com a tradição local, mas, em geral, eles possuem de 5 a 10 cm por 25 a 35 cm. Tijolos mais finos secam e curam mais rápido do que os espessos. Os tijolos de adobe maiores podem chegar a pesar entre 11 e 14 kg.
- Adobe estabilizado ou tratado contém um aditivo de cimento Portland, emulsão asfáltica e outros componentes químicos, para limitar a absorção de água pelos tijolos.
- Cargas admissíveis para pilares de tijolo de adobe de 3,0 m de altura com carregamento axial:
  - 25,5 x 71,0 cm   5.400 kg
  - 35,5 x 51,0 cm   5.900 kg
  - 6,10 x 6,10 cm   12.700 kg

- Veja a p. 5.32 para as exigências gerais aplicáveis ao uso de adobe e taipa de pilão.
- LEED MD Credit 5: Regional Materials

- Rufos nos beirais; veja a p. 7.20.
- Cobertura composta sobre isolamento térmico rígido; veja a p. 7.14.
- Soalho com encaixes macho e fêmea
- Vigas de madeira aplainada ou vigas de madeira desbastada típicas da arquitetura vernacular sustentam a cobertura em construções de adobe.
- Cinta de concreto ou madeira com altura de, pelo menos, 15,0 cm; a armadura mínima da viga de concreto é de duas barras nº 4.
- Rufo de metal galvanizado, caso seja necessário pelo detalhamento da verga
- Verga de concreto armado ou madeira; apoio mínimo: 23,0 cm
- Tacos de madeira são colocados durante o levantamento da parede, para a fixação dos batentes de janela e porta.
- Peitoril de tijolo, cerâmica ou madeira, com boa drenagem
- Contraverga de 10,0 de altura
- Os tijolos de adobe são assentados com argamassa feita com o mesmo material e juntas cheias com espessura mínima, suficiente apenas para acomodar as irregularidades dos blocos. Também pode ser usada argamassa do Tipo M, S ou N.
- Comprimento mínimo das juntas: 10,0 cm
- Todas as paredes externas não revestidas por outros materiais devem receber, pela face externa, reboco de cimento Portland de pelo menos 2,0 cm para proteger os tijolos da deterioração e perda de resistência devido à penetração da água.
- Tela de metal galvanizado para melhor aderência do revestimento de argamassa
- Reboco interno
- Chave de travamento
- Barreira de vapor, para evitar o aumento da umidade devido à capilaridade
- Muros de arrimo devem ter espessura igual ou superior à das paredes que sustentam.
- Altura mínima em relação ao nível do solo: 15,0 cm.

CSI MasterFormat 04 24 00 Adobe Unit Masonry

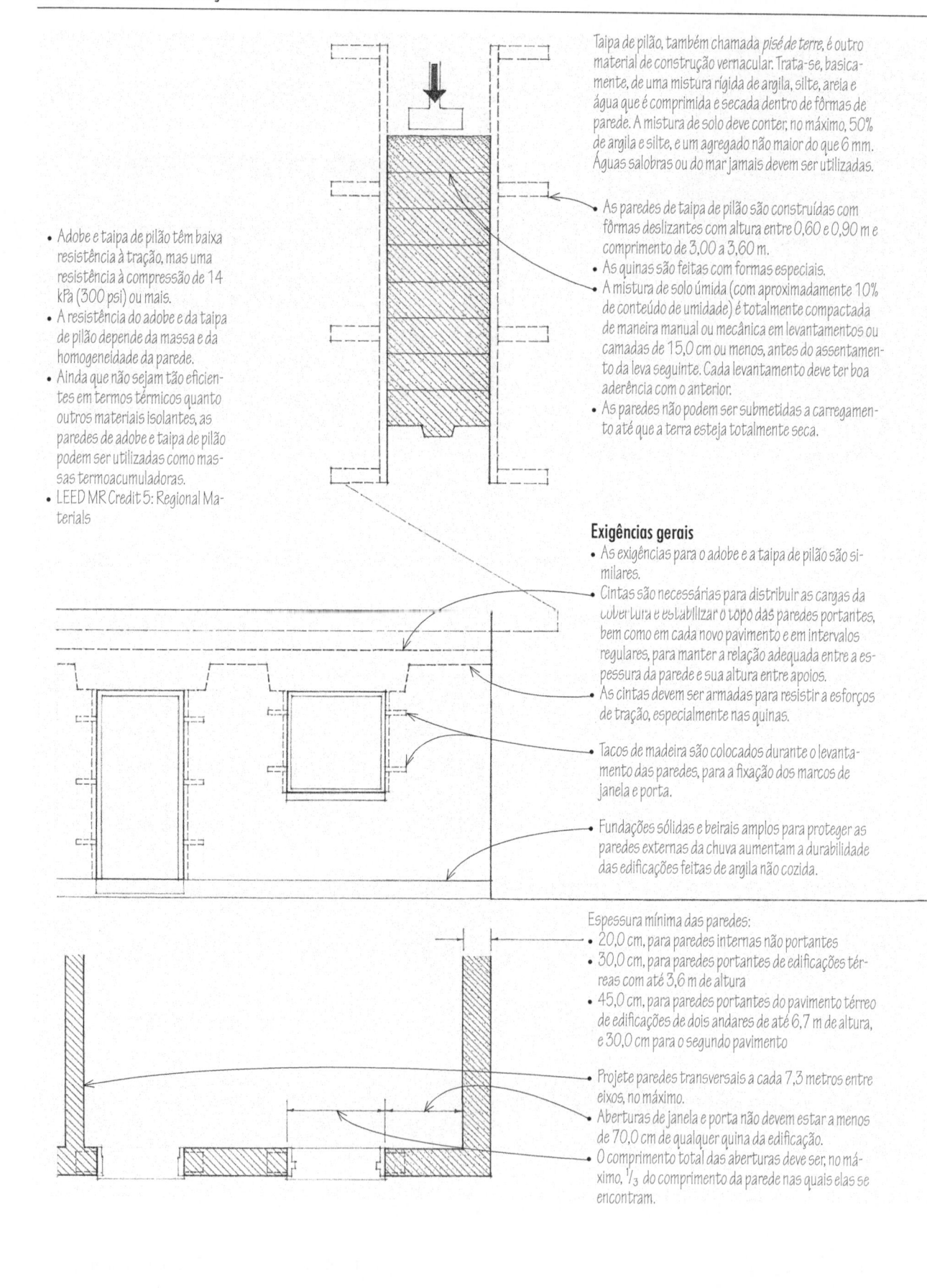

5.32 A CONSTRUÇÃO COM TAIPA DE PILÃO

Taipa de pilão, também chamada *pisé de terre*, é outro material de construção vernacular. Trata-se, basicamente, de uma mistura rígida de argila, silte, areia e água que é comprimida e secada dentro de fôrmas de parede. A mistura de solo deve conter, no máximo, 50% de argila e silte, e um agregado não maior do que 6 mm. Águas salobras ou do mar jamais devem ser utilizadas.

- As paredes de taipa de pilão são construídas com fôrmas deslizantes com altura entre 0,60 e 0,90 m e comprimento de 3,00 a 3,60 m.
- As quinas são feitas com formas especiais.
- A mistura de solo úmida (com aproximadamente 10% de conteúdo de umidade) é totalmente compactada de maneira manual ou mecânica em levantamentos ou camadas de 15,0 cm ou menos, antes do assentamento da leva seguinte. Cada levantamento deve ter boa aderência com o anterior.
- As paredes não podem ser submetidas a carregamento até que a terra esteja totalmente seca.

- Adobe e taipa de pilão têm baixa resistência à tração, mas uma resistência à compressão de 14 kPa (300 psi) ou mais.
- A resistência do adobe e da taipa de pilão depende da massa e da homogeneidade da parede.
- Ainda que não sejam tão eficientes em termos térmicos quanto outros materiais isolantes, as paredes de adobe e taipa de pilão podem ser utilizadas como massas termoacumuladoras.
- LEED MR Credit 5: Regional Materials

Exigências gerais
- As exigências para o adobe e a taipa de pilão são similares.
- Cintas são necessárias para distribuir as cargas da cobertura e estabilizar o topo das paredes portantes, bem como em cada novo pavimento e em intervalos regulares, para manter a relação adequada entre a espessura da parede e sua altura entre apoios.
- As cintas devem ser armadas para resistir a esforços de tração, especialmente nas quinas.
- Tacos de madeira são colocados durante o levantamento das paredes, para a fixação dos marcos de janela e porta.
- Fundações sólidas e beirais amplos para proteger as paredes externas da chuva aumentam a durabilidade das edificações feitas de argila não cozida.

Espessura mínima das paredes:
- 20,0 cm, para paredes internas não portantes
- 30,0 cm, para paredes portantes de edificações térreas com até 3,6 m de altura
- 45,0 cm, para paredes portantes do pavimento térreo de edificações de dois andares de até 6,7 m de altura, e 30,0 cm para o segundo pavimento

- Projete paredes transversais a cada 7,3 metros entre eixos, no máximo.
- Aberturas de janela e porta não devem estar a menos de 70,0 cm de qualquer quina da edificação.
- O comprimento total das aberturas deve ser, no máximo, $1/3$ do comprimento da parede nas quais elas se encontram.

ALVENARIA DE PEDRA 5.33

A pedra natural é um material de construção duradouro e resistente à ação do clima que pode ser assentado com argamassa, de maneira bastante similar aos outros blocos de alvenaria de argila (tijolo) ou concreto, formando paredes portantes ou não portantes. Há, no entanto, algumas diferenças que resultam da irregularidade de tamanhos e formas do pedregulho, da irregularidade das fiadas de pedra de cantaria e das características físicas diversas dos vários tipos de pedra que podem ser utilizados para a construção de paredes.

A pedra natural pode ser assentada com argamassa da maneira tradicional, formando paredes maciças. No entanto, atualmente é mais comum utilizá-la como uma camada de revestimento sobre uma parede de apoio de concreto ou alvenaria de tijolo ou blocos de concreto. Para evitar manchas nas pedras, cimentos, grapas e rufos devem ser utilizados com atenção. Cobre, latão e bronze, em especial, causam manchas, sob certas condições.

- Veja a p. 7.30 para paredes revestidas de pedra.
- Veja a p. 12.10 para uma discussão da pedra como material de construção.

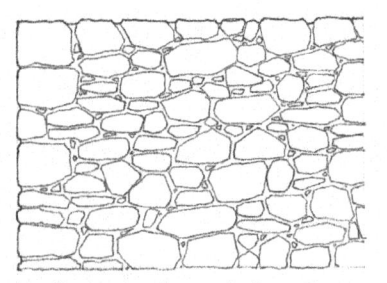

- Aparelho de pedregulho irregular é um muro de alvenaria de pedras quebradas com fiadas descontínuas, mas relativamente niveladas. As juntas argamassadas costumam ficar recuadas em relação às faces das pedras, para enfatizar a aparência rústica da pedra natural.

- Aparelho de pedregulho poligonal é um muro de alvenaria de pedras partidas que tem juntas horizontais mais ou menos niveladas, mas cujas fiadas são bem niveladas em intervalos contínuos.
- Juntas de 1,5 a 4,0 cm

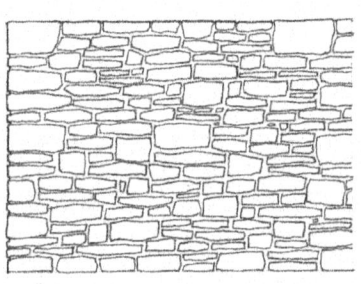

- Aparelho de pedregulho regular é um muro de alvenaria construído com pedras desbastadas de tamanhos variáveis e aprumadas entre si a cada três ou quatro pedras.

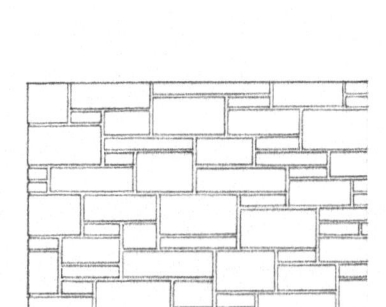

- Aparelho irregular de cantaria é feito com pedras em fiadas descontínuas.

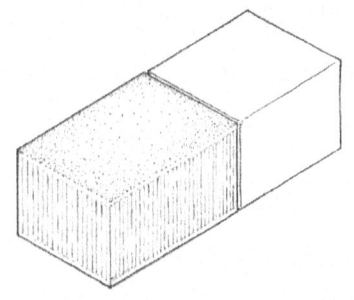

- Pedra de cantaria é a pedra de construção bem cortada em todas as faces que tocarão outras pedras, de modo a permitir a utilização de juntas argamassadas muito finas.

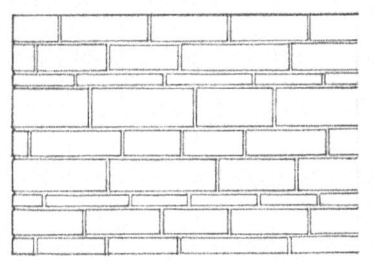

- Aparelho de cantaria regular é construído com pedras de mesma altura em cada fiada, mas com fiadas de altura variável.

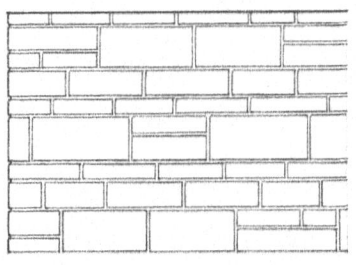

- Intervalo irregular é um muro de alvenaria com pedras de cantaria assentadas em fiadas horizontais de alturas variáveis, sendo que qualquer uma destas pode ser dividida, em intervalos, em duas ou mais fiadas.

- Juntas de 1,0 a 2,0 cm

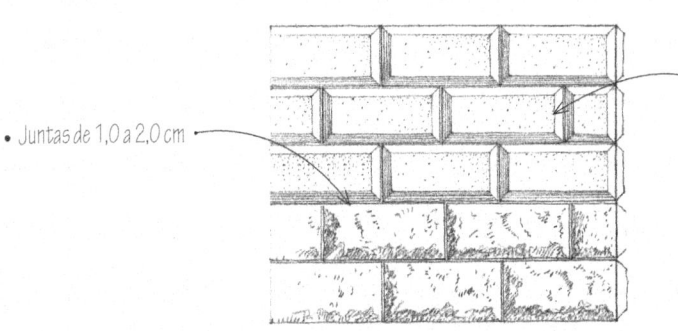

- Rusticação é quando a alvenaria apresenta faces visíveis de pedras desbastadas protuberantes ou com outro tipo de contraste com as juntas horizontais, e muitas vezes também com as juntas verticais, que podem ser rebaixadas ou chanfradas.

CSI MasterFormat 04 43 00 Stone Masonry

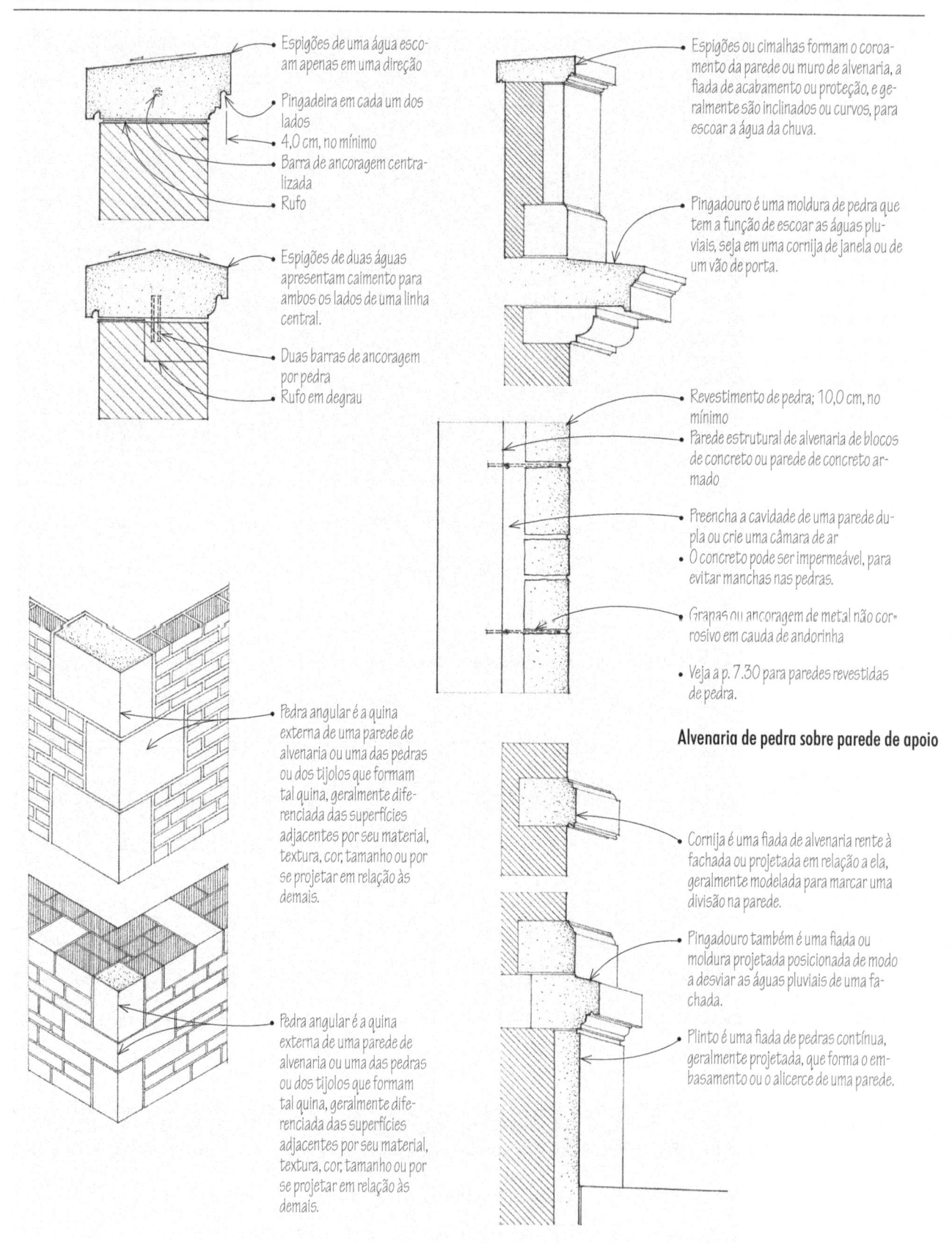

5.34 ALVENARIA DE PEDRA

- Espigões de uma água escoam apenas em uma direção
- Pingadeira em cada um dos lados
- 4,0 cm, no mínimo
- Barra de ancoragem centralizada
- Rufo

- Espigões de duas águas apresentam caimento para ambos os lados de uma linha central.
- Duas barras de ancoragem por pedra
- Rufo em degrau

- Espigões ou cimalhas formam o coroamento da parede ou muro de alvenaria, a fiada de acabamento ou proteção, e geralmente são inclinados ou curvos, para escoar a água da chuva.

- Pingadouro é uma moldura de pedra que tem a função de escoar as águas pluviais, seja em uma cornija de janela ou de um vão de porta.

- Revestimento de pedra; 10,0 cm, no mínimo
- Parede estrutural de alvenaria de blocos de concreto ou parede de concreto armado

- Preencha a cavidade de uma parede dupla ou crie uma câmara de ar
- O concreto pode ser impermeável, para evitar manchas nas pedras.

- Grapas ou ancoragem de metal não corrosivo em cauda de andorinha

- Veja a p. 7.30 para paredes revestidas de pedra.

Alvenaria de pedra sobre parede de apoio

- Pedra angular é a quina externa de uma parede de alvenaria ou uma das pedras ou dos tijolos que formam tal quina, geralmente diferenciada das superfícies adjacentes por seu material, textura, cor, tamanho ou por se projetar em relação às demais.

- Cornija é uma fiada de alvenaria rente à fachada ou projetada em relação a ela, geralmente modelada para marcar uma divisão na parede.

- Pingadouro também é uma fiada ou moldura projetada posicionada de modo a desviar as águas pluviais de uma fachada.

- Plinto é uma fiada de pedras contínua, geralmente projetada, que forma o embasamento ou o alicerce de uma parede.

- Pedra angular é a quina externa de uma parede de alvenaria ou uma das pedras ou dos tijolos que formam tal quina, geralmente diferenciada das superfícies adjacentes por seu material, textura, cor, tamanho ou por se projetar em relação às demais.

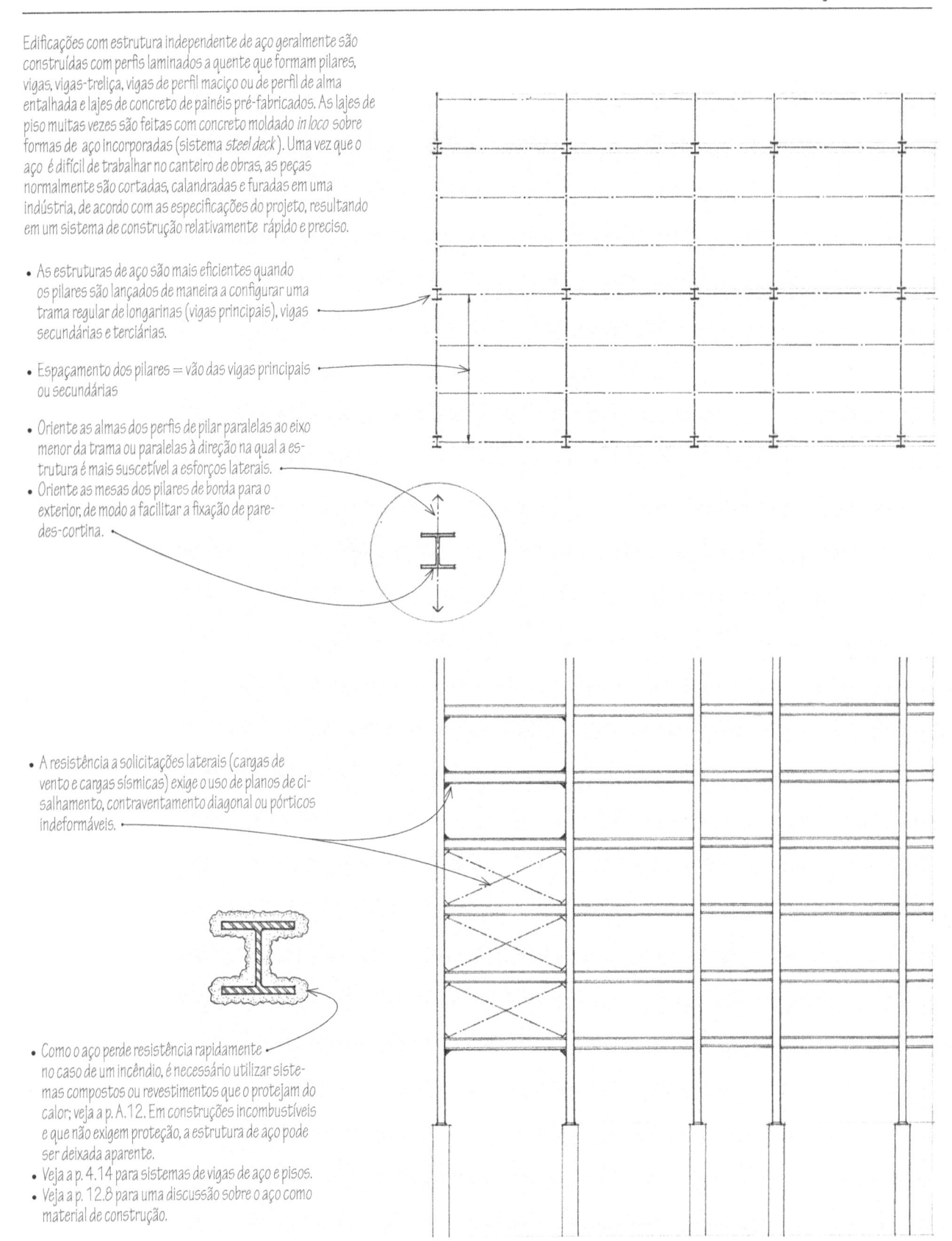

ESTRUTURAS INDEPENDENTES DE AÇO 5.35

Edificações com estrutura independente de aço geralmente são construídas com perfis laminados a quente que formam pilares, vigas, vigas-treliça, vigas de perfil maciço ou de perfil de alma entalhada e lajes de concreto de painéis pré-fabricados. As lajes de piso muitas vezes são feitas com concreto moldado *in loco* sobre formas de aço incorporadas (sistema *steel deck*). Uma vez que o aço é difícil de trabalhar no canteiro de obras, as peças normalmente são cortadas, calandradas e furadas em uma indústria, de acordo com as especificações do projeto, resultando em um sistema de construção relativamente rápido e preciso.

- As estruturas de aço são mais eficientes quando os pilares são lançados de maneira a configurar uma trama regular de longarinas (vigas principais), vigas secundárias e terciárias.

- Espaçamento dos pilares = vão das vigas principais ou secundárias

- Oriente as almas dos perfis de pilar paralelas ao eixo menor da trama ou paralelas à direção na qual a estrutura é mais suscetível a esforços laterais.

- Oriente as mesas dos pilares de borda para o exterior, de modo a facilitar a fixação de paredes-cortina.

- A resistência a solicitações laterais (cargas de vento e cargas sísmicas) exige o uso de planos de cisalhamento, contraventamento diagonal ou pórticos indeformáveis.

- Como o aço perde resistência rapidamente no caso de um incêndio, é necessário utilizar sistemas compostos ou revestimentos que o protejam do calor; veja a p. A.12. Em construções incombustíveis e que não exigem proteção, a estrutura de aço pode ser deixada aparente.

- Veja a p. 4.14 para sistemas de vigas de aço e pisos.

- Veja a p. 12.8 para uma discussão sobre o aço como material de construção.

CSI MasterFormat 05 12 00 Structural Steel Framing

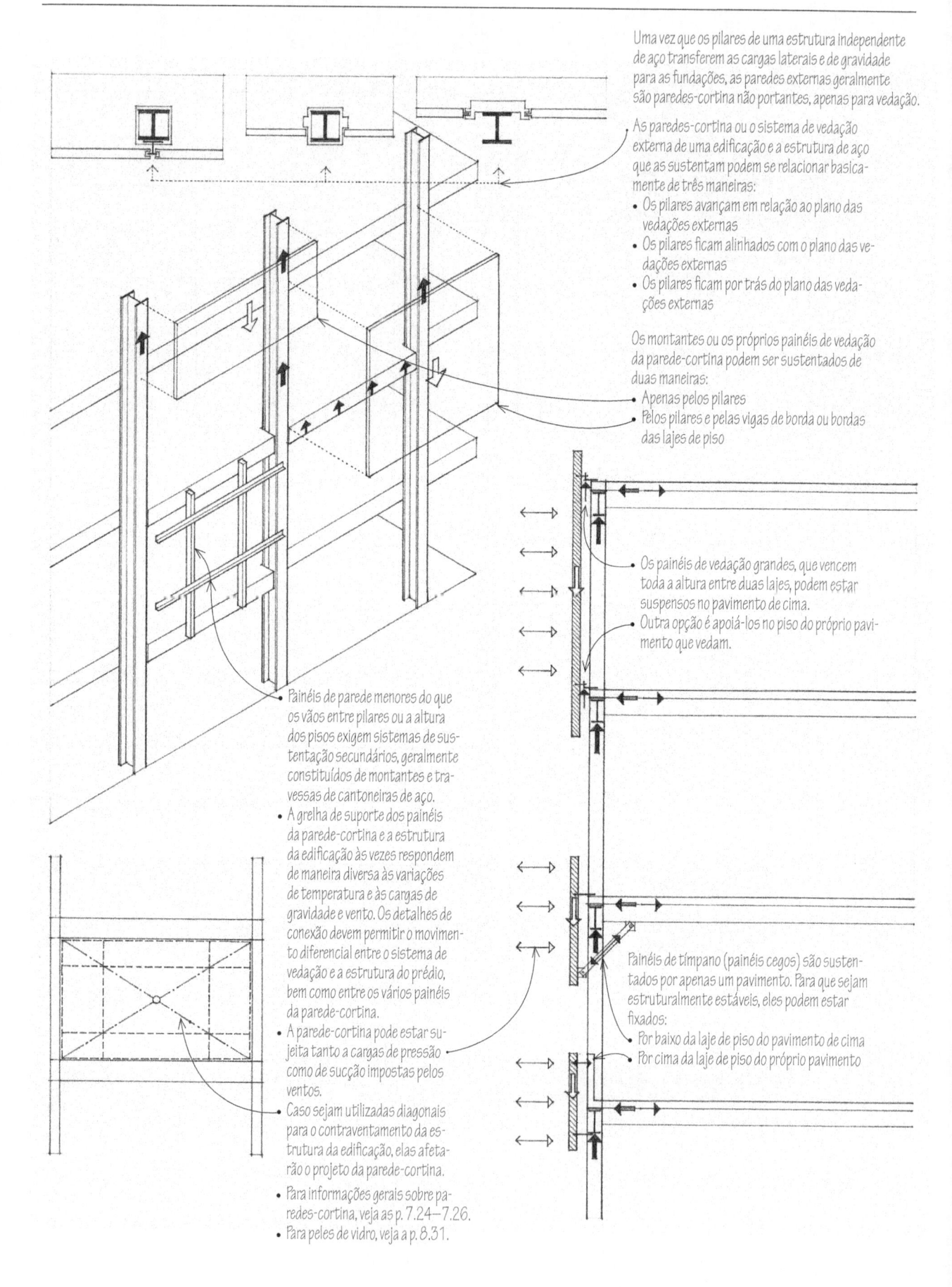

A INSTALAÇÃO DE PAREDES-CORTINA

Uma vez que os pilares de uma estrutura independente de aço transferem as cargas laterais e de gravidade para as fundações, as paredes externas geralmente são paredes-cortina não portantes, apenas para vedação.

As paredes-cortina ou o sistema de vedação externa de uma edificação e a estrutura de aço que as sustentam podem se relacionar basicamente de três maneiras:
- Os pilares avançam em relação ao plano das vedações externas
- Os pilares ficam alinhados com o plano das vedações externas
- Os pilares ficam por trás do plano das vedações externas

Os montantes ou os próprios painéis de vedação da parede-cortina podem ser sustentados de duas maneiras:
- Apenas pelos pilares
- Pelos pilares e pelas vigas de borda ou bordas das lajes de piso

- Os painéis de vedação grandes, que vencem toda a altura entre duas lajes, podem estar suspensos no pavimento de cima.
- Outra opção é apoiá-los no piso do próprio pavimento que vedam.

- Painéis de parede menores do que os vãos entre pilares ou a altura dos pisos exigem sistemas de sustentação secundários, geralmente constituídos de montantes e travessas de cantoneiras de aço.
- A grelha de suporte dos painéis da parede-cortina e a estrutura da edificação às vezes respondem de maneira diversa às variações de temperatura e às cargas de gravidade e vento. Os detalhes de conexão devem permitir o movimento diferencial entre o sistema de vedação e a estrutura do prédio, bem como entre os vários painéis da parede-cortina.
- A parede-cortina pode estar sujeita tanto a cargas de pressão como de sucção impostas pelos ventos.
- Caso sejam utilizadas diagonais para o contraventamento da estrutura da edificação, elas afetarão o projeto da parede-cortina.
- Para informações gerais sobre paredes-cortina, veja as p. 7.24–7.26.
- Para peles de vidro, veja a p. 8.31.

Painéis de tímpano (painéis cegos) são sustentados por apenas um pavimento. Para que sejam estruturalmente estáveis, eles podem estar fixados:
- Por baixo da laje de piso do pavimento de cima
- Por cima da laje de piso do próprio pavimento

PILARES DE AÇO 5.37

O tipo de perfil de aço mais utilizado para pilares é o perfil H de mesas largas. Ele é adequado para conexões com vigas em duas direções ortogonais, e todas suas superfícies são bastante acessíveis para vínculos por parafusamento ou soldagem. Outros perfis de aço usados para pilares são os perfis tubulares redondos, quadrados e retangulares. Pilares de aço também podem ser fabricados soldando-se inúmeros tipos de perfil ou chapa de aço de acordo com o desenho específico de cada pilar.

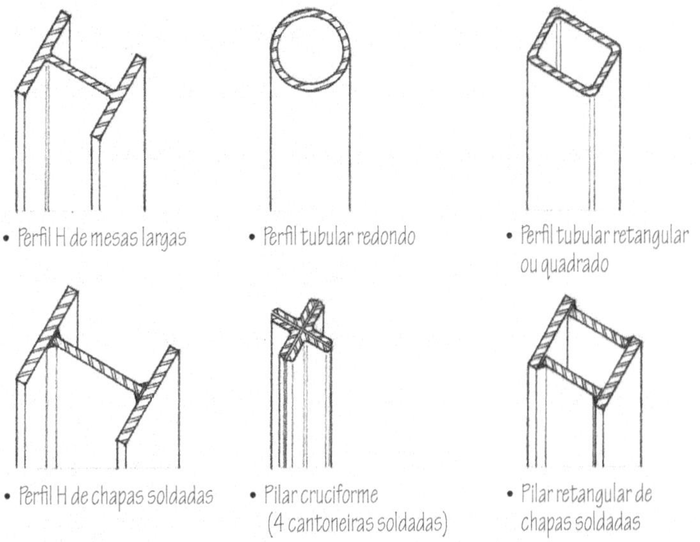

- Pilares mistos são pilares de aço estrutural com um recobrimento de concreto de, pelo menos, 6,5 cm, o qual é armado com uma tela de metal.
- Pilares compostos são perfis de aço estrutural totalmente encerrados por uma camada mais espessa de concreto com armadura vertical e helicoidal.

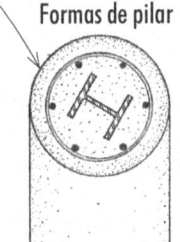

- Perfil H de mesas largas
- Perfil tubular redondo
- Perfil tubular retangular ou quadrado
- Perfil H de chapas soldadas
- Pilar cruciforme (4 cantoneiras soldadas)
- Pilar retangular de chapas soldadas

Formas de pilar

A carga admissível sobre um pilar de aço depende de sua área de seção transversal e de seu índice de esbelteza (L/r), onde (L) é o comprimento (*length*, em inglês) do pilar e (r) é o raio de giração da seção transversal do pilar.

Pré-dimensionamento de pilares de aço

- Um pilar de perfil tubular de 4 x 4 in (10,0 x 10,0 cm) pode sustentar até 70 m² de área de piso e cobertura
- Um pilar de perfil tubular de 6 x 6 in (15,0 x 15,0 cm) pode sustentar até 220 m² de área de piso e cobertura
- Um pilar de perfil H de mesas largas de 6 x 6 in (15,0 x 15,0 cm) pode sustentar até 70 m² de área de piso e cobertura
- Um pilar de perfil H de mesas largas de 8 x 8 in (20,0 x 20,0 cm) pode sustentar até 280 m² de área de piso e cobertura
- Um pilar de perfil H de mesas largas de 10 x 10 in (25,0 x 25,0 cm) pode sustentar até 420 m² de área de piso e cobertura
- Um pilar de perfil H de mesas largas de 12 x 12 in (30,0 x 30,0 cm) pode sustentar até 560 m² de área de piso e cobertura
- Um pilar de perfil H de mesas largas de 14 x 14 in (35,0 x 35,0 cm) pode sustentar até 1.100 m² de área de piso e cobertura

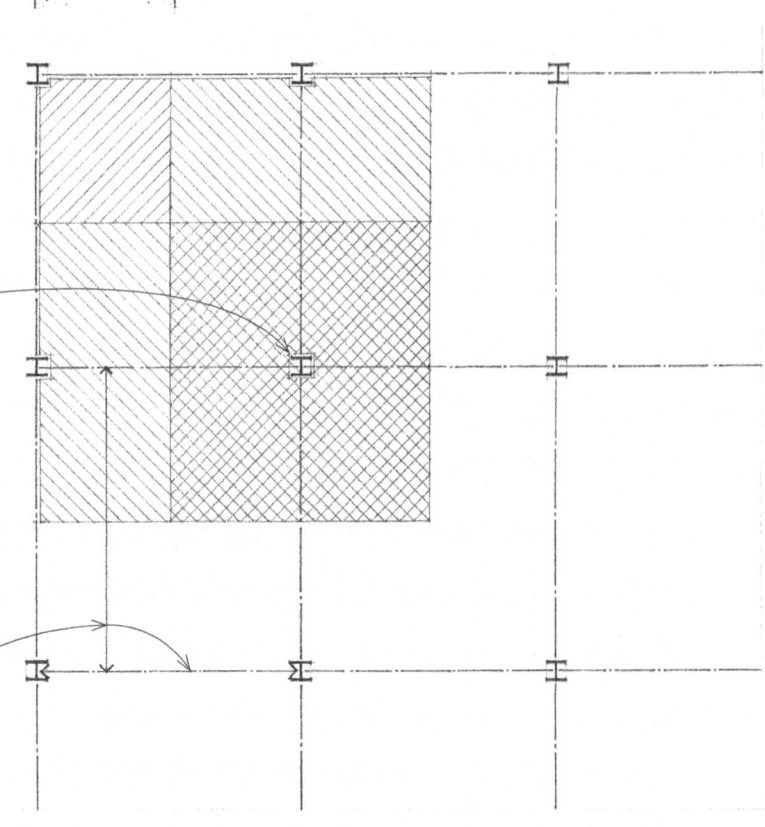

- Espaçamento dos pilares = vão vencido pelas vigas; veja a p. 4.16
- Considera-se que os pilares tenham comprimento efetivo de 3,6 m.
- Tamanhos e pesos maiores são necessários para pilares submetidos a grandes carregamentos, em edificações mais altas ou que devam contribuir para a estabilidade lateral de uma estrutura.
- Consulte um engenheiro de estruturas sobre as exigências para o projeto executivo. As diretrizes apresentadas acima são apenas para pré-dimensionamento.

CSI MasterFormat 05 12 23 Structural Steel for Buildings

5.38 CONEXÕES EM PILARES DE AÇO

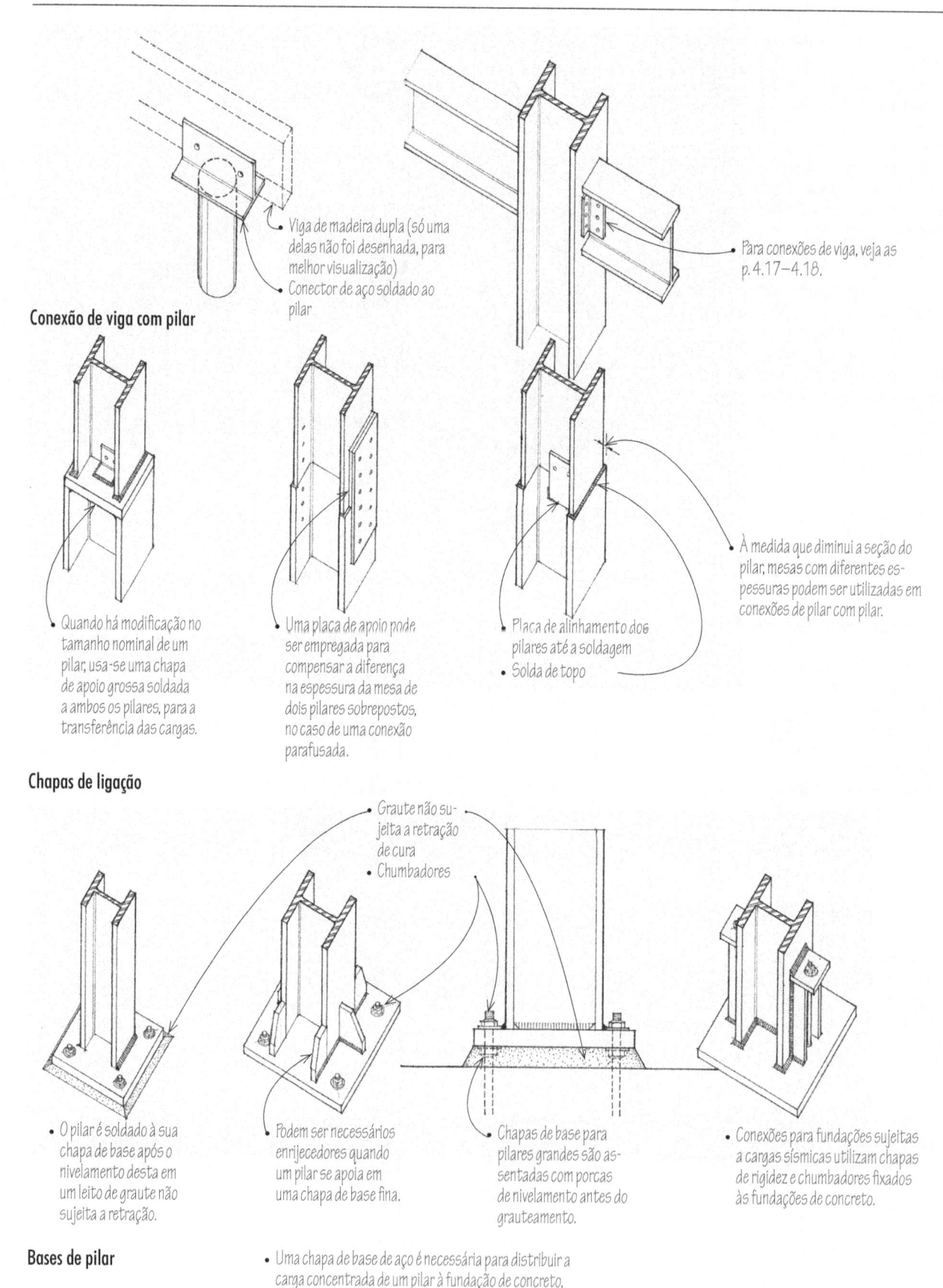

- Viga de madeira dupla (só uma delas não foi desenhada, para melhor visualização)
- Conector de aço soldado ao pilar

Conexão de viga com pilar

- Para conexões de viga, veja as p. 4.17–4.18.

- Quando há modificação no tamanho nominal de um pilar, usa-se uma chapa de apoio grossa soldada a ambos os pilares, para a transferência das cargas.

- Uma placa de apoio pode ser empregada para compensar a diferença na espessura da mesa de dois pilares sobrepostos, no caso de uma conexão parafusada.

- Placa de alinhamento dos pilares até a soldagem
- Solda de topo

- À medida que diminui a seção do pilar, mesas com diferentes espessuras podem ser utilizadas em conexões de pilar com pilar.

Chapas de ligação

- Graute não sujeita a retração de cura
- Chumbadores

- O pilar é soldado à sua chapa de base após o nivelamento desta em um leito de graute não sujeita a retração.

- Podem ser necessários enrijecedores quando um pilar se apoia em uma chapa de base fina.

- Chapas de base para pilares grandes são assentadas com porcas de nivelamento antes do grauteamento.

- Conexões para fundações sujeitas a cargas sísmicas utilizam chapas de rigidez e chumbadores fixados às fundações de concreto.

Bases de pilar

- Uma chapa de base de aço é necessária para distribuir a carga concentrada de um pilar à fundação de concreto, garantindo que as tensões admissíveis do concreto não sejam excedidas.

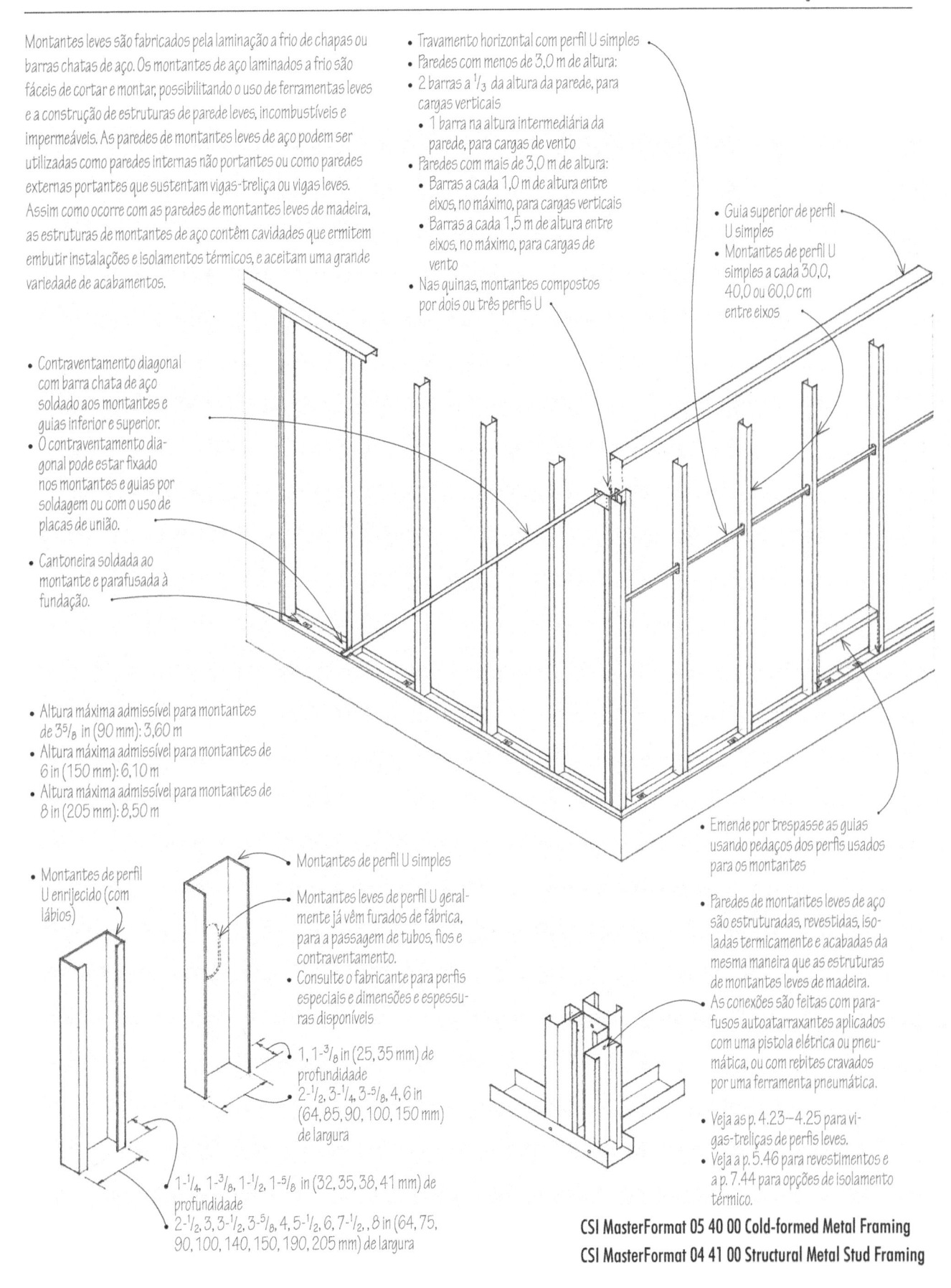

MONTANTES LEVES DE AÇO 5.39

Montantes leves são fabricados pela laminação a frio de chapas ou barras chatas de aço. Os montantes de aço laminados a frio são fáceis de cortar e montar, possibilitando o uso de ferramentas leves e a construção de estruturas de parede leves, incombustíveis e impermeáveis. As paredes de montantes leves de aço podem ser utilizadas como paredes internas não portantes ou como paredes externas portantes que sustentam vigas-treliça ou vigas leves. Assim como ocorre com as paredes de montantes leves de madeira, as estruturas de montantes de aço contêm cavidades que ermitem embutir instalações e isolamentos térmicos, e aceitam uma grande variedade de acabamentos.

- Travamento horizontal com perfil U simples
- Paredes com menos de 3,0 m de altura:
- 2 barras a 1/3 da altura da parede, para cargas verticais
  - 1 barra na altura intermediária da parede, para cargas de vento
- Paredes com mais de 3,0 m de altura:
  - Barras a cada 1,0 m de altura entre eixos, no máximo, para cargas verticais
  - Barras a cada 1,5 m de altura entre eixos, no máximo, para cargas de vento
- Nas quinas, montantes compostos por dois ou três perfis U

- Guia superior de perfil U simples
- Montantes de perfil U simples a cada 30,0, 40,0 ou 60,0 cm entre eixos

- Contraventamento diagonal com barra chata de aço soldado aos montantes e guias inferior e superior.
- O contraventamento diagonal pode estar fixado nos montantes e guias por soldagem ou com o uso de placas de união.
- Cantoneira soldada ao montante e parafusada à fundação.

- Altura máxima admissível para montantes de 3-5/8 in (90 mm): 3,60 m
- Altura máxima admissível para montantes de 6 in (150 mm): 6,10 m
- Altura máxima admissível para montantes de 8 in (205 mm): 8,50 m

- Montantes de perfil U enrijecido (com lábios)
- Montantes de perfil U simples
- Montantes leves de perfil U geralmente já vêm furados de fábrica, para a passagem de tubos, fios e contraventamento.
- Consulte o fabricante para perfis especiais e dimensões e espessuras disponíveis
  - 1, 1-3/8 in (25, 35 mm) de profundidade
  - 2-1/2, 3-1/4, 3-5/8, 4, 6 in (64, 85, 90, 100, 150 mm) de largura
  - 1-1/4, 1-3/8, 1-1/2, 1-5/8 in (32, 35, 38, 41 mm) de profundidade
  - 2-1/2, 3, 3-1/2, 3-5/8, 4, 5-1/2, 6, 7-1/2, 8 in (64, 75, 90, 100, 140, 150, 190, 205 mm) de largura

- Emende por trespasse as guias usando pedaços dos perfis usados para os montantes
- Paredes de montantes leves de aço são estruturadas, revestidas, isoladas termicamente e acabadas da mesma maneira que as estruturas de montantes leves de madeira.
- As conexões são feitas com parafusos autoatarraxantes aplicados com uma pistola elétrica ou pneumática, ou com rebites cravados por uma ferramenta pneumática.
- Veja as p. 4.23–4.25 para vigas-treliças de perfis leves.
- Veja a p. 5.46 para revestimentos e a p. 7.44 para opções de isolamento térmico.

CSI MasterFormat 05 40 00 Cold-formed Metal Framing
CSI MasterFormat 04 41 00 Structural Metal Stud Framing

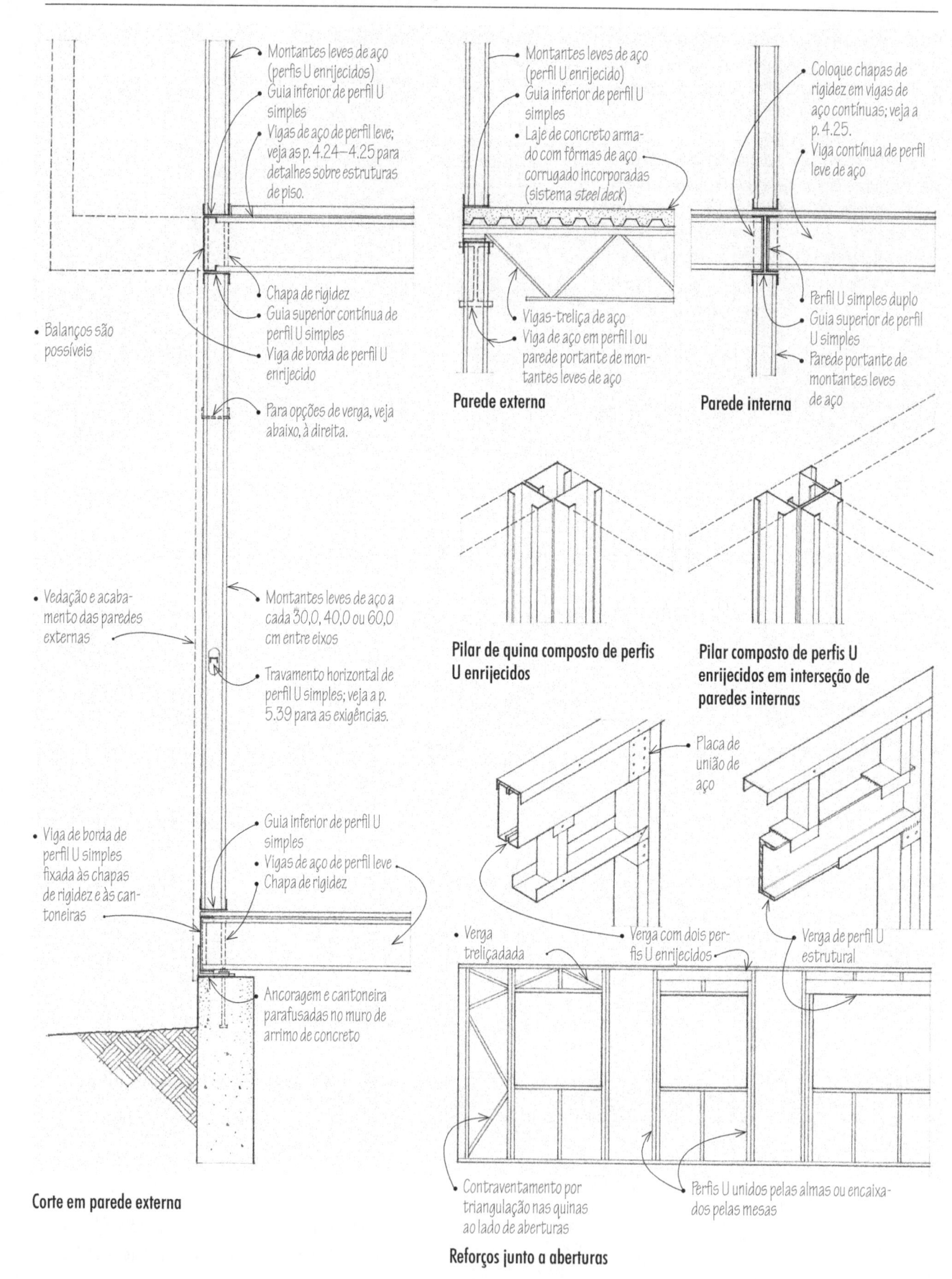

5.40 ESTRUTURAS DE MONTANTES LEVES DE AÇO

Corte em parede externa

- Balanços são possíveis
- Vedação e acabamento das paredes externas
- Viga de borda de perfil U simples fixada às chapas de rigidez e às cantoneiras

- Montantes leves de aço (perfis U enrijecidos)
- Guia inferior de perfil U simples
- Vigas de aço de perfil leve; veja as p. 4.24–4.25 para detalhes sobre estruturas de piso.
- Chapa de rigidez
- Guia superior contínua de perfil U simples
- Viga de borda de perfil U enrijecido
- Para opções de verga, veja abaixo, à direita.
- Montantes leves de aço a cada 30,0, 40,0 ou 60,0 cm entre eixos
- Travamento horizontal de perfil U simples; veja a p. 5.39 para as exigências.
- Guia inferior de perfil U simples
- Vigas de aço de perfil leve
- Chapa de rigidez
- Ancoragem e cantoneira parafusadas no muro de arrimo de concreto

Parede externa

- Montantes leves de aço (perfil U enrijecido)
- Guia inferior de perfil U simples
- Laje de concreto armado com fôrmas de aço corrugado incorporadas (sistema steel deck)
- Vigas-treliça de aço
- Viga de aço em perfil I ou parede portante de montantes leves de aço

Parede interna

- Coloque chapas de rigidez em vigas de aço contínuas; veja a p. 4.25.
- Viga contínua de perfil leve de aço
- Perfil U simples duplo
- Guia superior de perfil U simples
- Parede portante de montantes leves de aço

Pilar de quina composto de perfis U enrijecidos

Pilar composto de perfis U enrijecidos em interseção de paredes internas

Reforços junto a aberturas

- Placa de união de aço
- Verga treliçadada
- Verga com dois perfis U enrijecidos
- Verga de perfil U estrutural
- Contraventamento por triangulação nas quinas ao lado de aberturas
- Perfis U unidos pelas almas ou encaixados pelas mesas

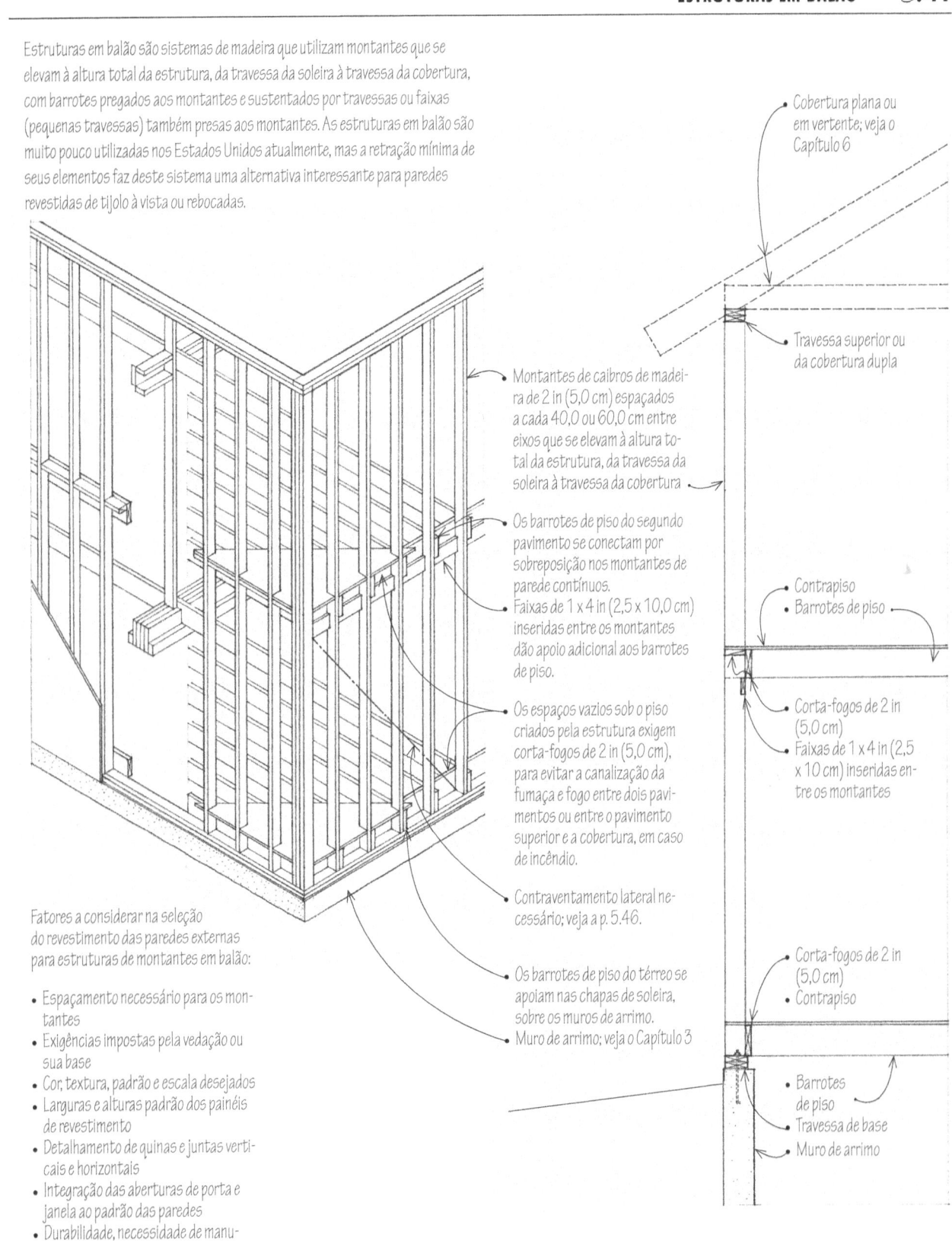

ESTRUTURAS EM BALÃO 5.41

Estruturas em balão são sistemas de madeira que utilizam montantes que se elevam à altura total da estrutura, da travessa da soleira à travessa da cobertura, com barrotes pregados aos montantes e sustentados por travessas ou faixas (pequenas travessas) também presas aos montantes. As estruturas em balão são muito pouco utilizadas nos Estados Unidos atualmente, mas a retração mínima de seus elementos faz deste sistema uma alternativa interessante para paredes revestidas de tijolo à vista ou rebocadas.

- Cobertura plana ou em vertente; veja o Capítulo 6
- Travessa superior ou da cobertura dupla
- Montantes de caibros de madeira de 2 in (5,0 cm) espaçados a cada 40,0 ou 60,0 cm entre eixos que se elevam à altura total da estrutura, da travessa da soleira à travessa da cobertura
- Os barrotes de piso do segundo pavimento se conectam por sobreposição nos montantes de parede contínuos.
- Faixas de 1 x 4 in (2,5 x 10,0 cm) inseridas entre os montantes dão apoio adicional aos barrotes de piso.
- Contrapiso
- Barrotes de piso
- Os espaços vazios sob o piso criados pela estrutura exigem corta-fogos de 2 in (5,0 cm), para evitar a canalização da fumaça e fogo entre dois pavimentos ou entre o pavimento superior e a cobertura, em caso de incêndio.
- Corta-fogos de 2 in (5,0 cm)
- Faixas de 1 x 4 in (2,5 x 10 cm) inseridas entre os montantes
- Contraventamento lateral necessário; veja a p. 5.46.
- Os barrotes de piso do térreo se apoiam nas chapas de soleira, sobre os muros de arrimo.
- Muro de arrimo; veja o Capítulo 3
- Corta-fogos de 2 in (5,0 cm)
- Contrapiso
- Barrotes de piso
- Travessa de base
- Muro de arrimo

Fatores a considerar na seleção do revestimento das paredes externas para estruturas de montantes em balão:

- Espaçamento necessário para os montantes
- Exigências impostas pela vedação ou sua base
- Cor, textura, padrão e escala desejados
- Larguras e alturas padrão dos painéis de revestimento
- Detalhamento de quinas e juntas verticais e horizontais
- Integração das aberturas de porta e janela ao padrão das paredes
- Durabilidade, necessidade de manutenção e características de desgaste devido ao intemperismo
- Condutividade térmica, refletância e porosidade dos materiais
- Juntas de dilatação, caso necessárias

CSI MasterFormat 06 10 00 Rough Carpentry
CSI MasterFormat 06 11 00 Wood Framing

5.42 ESTRUTURAS EM PLATAFORMA

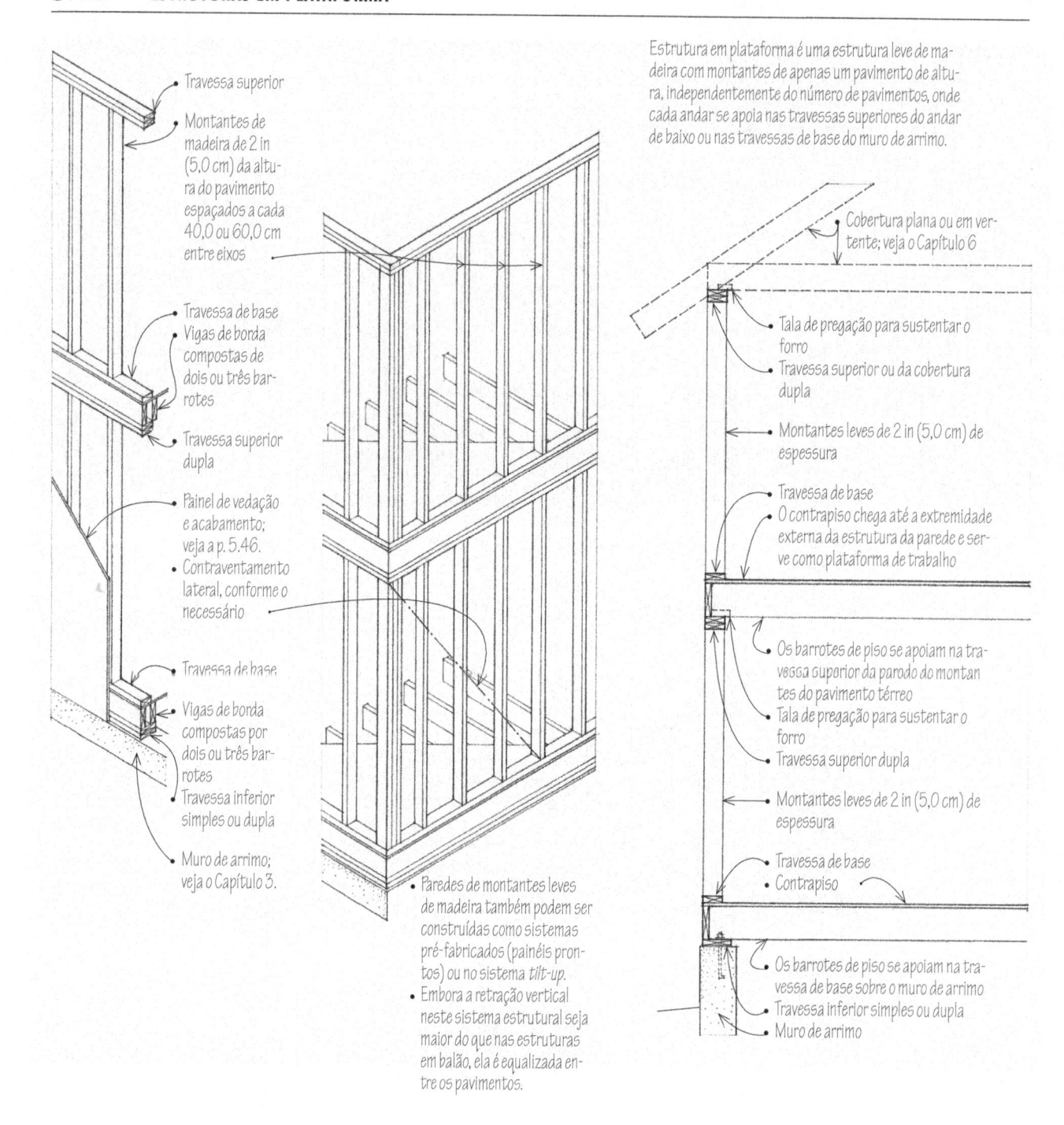

Estrutura em plataforma é uma estrutura leve de madeira com montantes de apenas um pavimento de altura, independentemente do número de pavimentos, onde cada andar se apoia nas travessas superiores do andar de baixo ou nas travessas de base do muro de arrimo.

- Travessa superior
- Montantes de madeira de 2 in (5,0 cm) da altura do pavimento espaçados a cada 40,0 ou 60,0 cm entre eixos
- Travessa de base
- Vigas de borda compostas de dois ou três barrotes
- Travessa superior dupla
- Painel de vedação e acabamento; veja a p. 5.46.
- Contraventamento lateral, conforme o necessário
- Travessa de base
- Vigas de borda compostas por dois ou três barrotes
- Travessa inferior simples ou dupla
- Muro de arrimo; veja o Capítulo 3.

- Paredes de montantes leves de madeira também podem ser construídas como sistemas pré-fabricados (painéis prontos) ou no sistema *tilt-up*.
- Embora a retração vertical neste sistema estrutural seja maior do que nas estruturas em balão, ela é equalizada entre os pavimentos.

- Cobertura plana ou em vertente; veja o Capítulo 6
- Tala de pregação para sustentar o forro
- Travessa superior ou da cobertura dupla
- Montantes leves de 2 in (5,0 cm) de espessura
- Travessa de base
- O contrapiso chega até a extremidade externa da estrutura da parede e serve como plataforma de trabalho
- Os barrotes de piso se apoiam na travessa superior da parede do montantes do pavimento térreo
- Tala de pregação para sustentar o forro
- Travessa superior dupla
- Montantes leves de 2 in (5,0 cm) de espessura
- Travessa de base
- Contrapiso
- Os barrotes de piso se apoiam na travessa de base sobre o muro de arrimo
- Travessa inferior simples ou dupla
- Muro de arrimo

Dimensões dos montantes leves	Altura máxima entre apoios	Espaçamento máximo
2 x 4 in (5,0 x 10,0 cm)	4,3 m	40 cm entre eixos, exceto em edificações térreas com paredes de até 3,0 m de altura, quando o espaçamento pode ser de 60 cm
2 x 6 in (5,0 x 15,0 cm)	6,1 m	60 cm entre eixos, exceto se sustentarem dois pavimentos e uma cobertura, quando o espaçamento não pode ser maior do que 40 cm

ESTRUTURAS DE MONTANTES LEVES DE MADEIRA   5.43

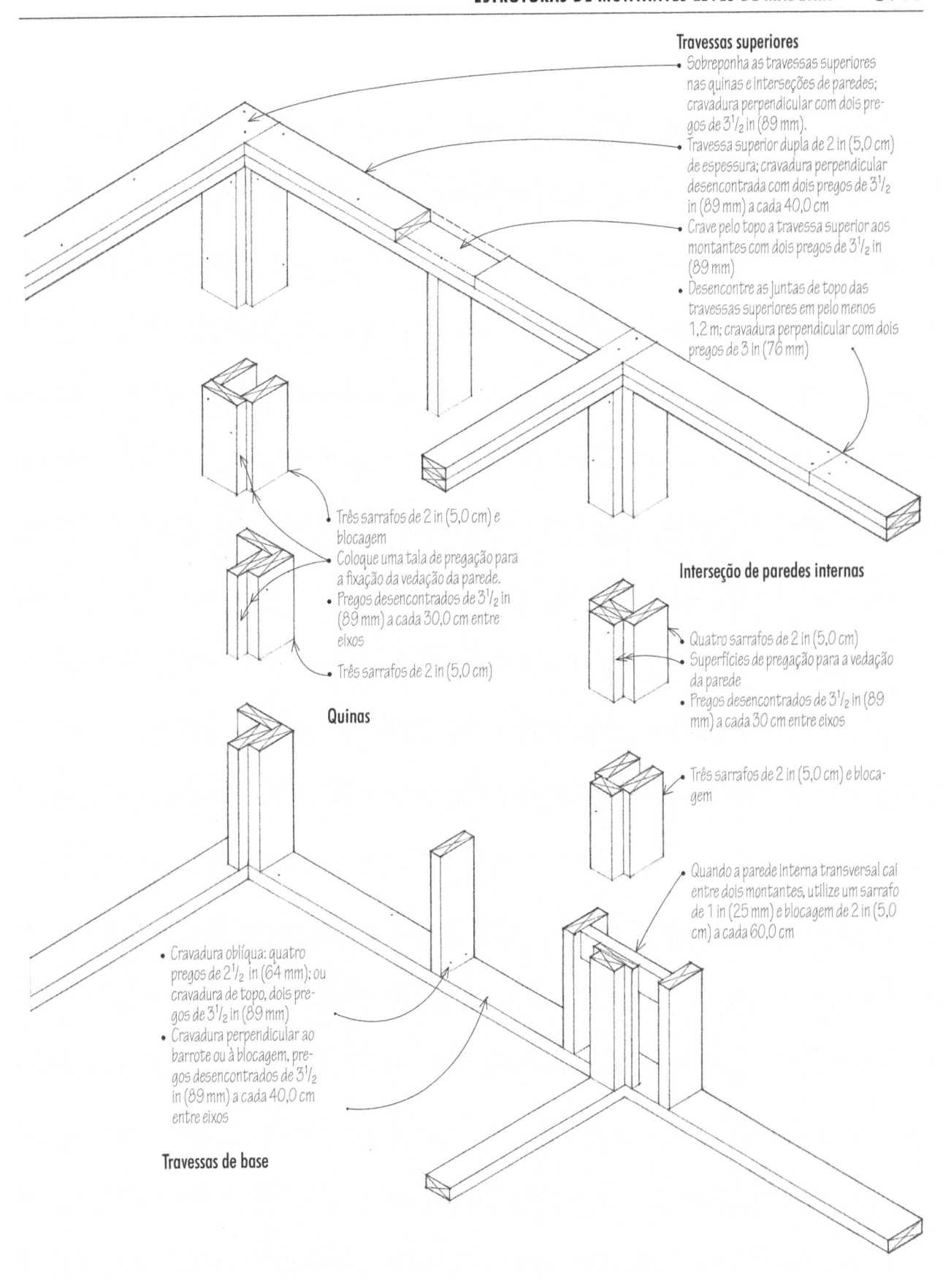

Travessas superiores
- Sobreponha as travessas superiores nas quinas e interseções de paredes; cravadura perpendicular com dois pregos de 3½ in (89 mm).
- Travessa superior dupla de 2 in (5,0 cm) de espessura; cravadura perpendicular desencontrada com dois pregos de 3½ in (89 mm) a cada 40,0 cm
- Crave pelo topo a travessa superior aos montantes com dois pregos de 3½ in (89 mm)
- Desencontre as juntas de topo das travessas superiores em pelo menos 1,2 m; cravadura perpendicular com dois pregos de 3 in (76 mm)

- Três sarrafos de 2 in (5,0 cm) e blocagem
- Coloque uma tala de pregação para a fixação da vedação da parede.
- Pregos desencontrados de 3½ in (89 mm) a cada 30,0 cm entre eixos
- Três sarrafos de 2 in (5,0 cm)

Quinas

Interseção de paredes internas
- Quatro sarrafos de 2 in (5,0 cm)
- Superfícies de pregação para a vedação da parede
- Pregos desencontrados de 3½ in (89 mm) a cada 30 cm entre eixos

- Três sarrafos de 2 in (5,0 cm) e blocagem

- Quando a parede interna transversal cai entre dois montantes, utilize um sarrafo de 1 in (25 mm) e blocagem de 2 in (5,0 cm) a cada 60,0 cm

- Cravadura oblíqua: quatro pregos de 2½ in (64 mm); ou cravadura de topo, dois pregos de 3½ in (89 mm)
- Cravadura perpendicular ao barrote ou à blocagem, pregos desencontrados de 3½ in (89 mm) a cada 40,0 cm entre eixos

Travessas de base

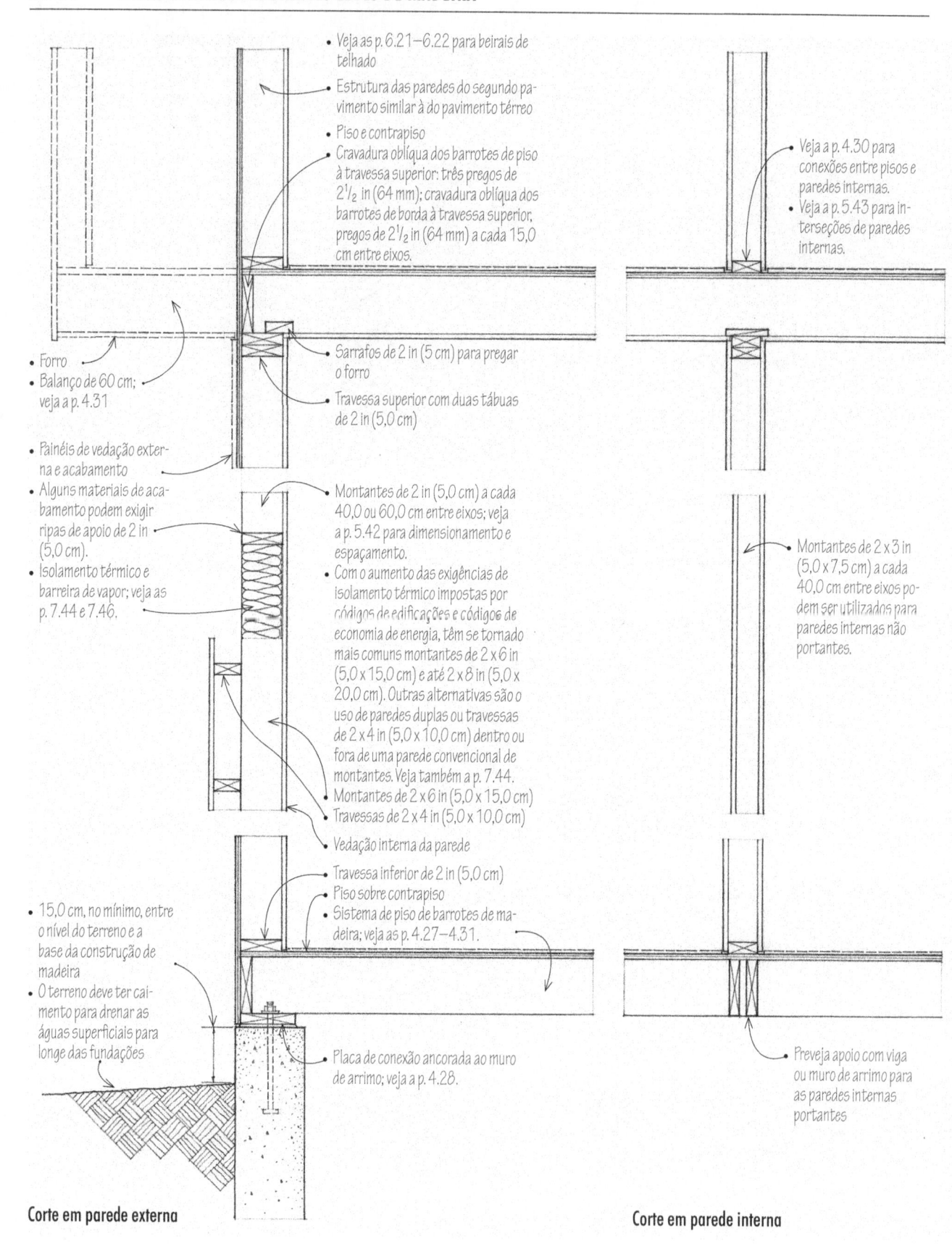

5.44 ESTRUTURAS DE MONTANTES LEVES DE MADEIRA

- Veja as p. 6.21–6.22 para beirais de telhado
- Estrutura das paredes do segundo pavimento similar à do pavimento térreo
- Piso e contrapiso
- Cravadura oblíqua dos barrotes de piso à travessa superior: três pregos de 2½ in (64 mm); cravadura oblíqua dos barrotes de borda à travessa superior, pregos de 2½ in (64 mm) a cada 15,0 cm entre eixos.

- Veja a p. 4.30 para conexões entre pisos e paredes internas.
- Veja a p. 5.43 para interseções de paredes internas.

- Forro
- Balanço de 60 cm; veja a p. 4.31

- Sarrafos de 2 in (5 cm) para pregar o forro
- Travessa superior com duas tábuas de 2 in (5,0 cm)

- Painéis de vedação externa e acabamento
- Alguns materiais de acabamento podem exigir ripas de apoio de 2 in (5,0 cm).
- Isolamento térmico e barreira de vapor; veja as p. 7.44 e 7.46.

- Montantes de 2 in (5,0 cm) a cada 40,0 ou 60,0 cm entre eixos; veja a p. 5.42 para dimensionamento e espaçamento.
- Com o aumento das exigências de isolamento térmico impostas por códigos de edificações e códigos de economia de energia, têm se tornado mais comuns montantes de 2 x 6 in (5,0 x 15,0 cm) e até 2 x 8 in (5,0 x 20,0 cm). Outras alternativas são o uso de paredes duplas ou travessas de 2 x 4 in (5,0 x 10,0 cm) dentro ou fora de uma parede convencional de montantes. Veja também a p. 7.44.
- Montantes de 2 x 6 in (5,0 x 15,0 cm)
- Travessas de 2 x 4 in (5,0 x 10,0 cm)
- Vedação interna da parede

- Montantes de 2 x 3 in (5,0 x 7,5 cm) a cada 40,0 cm entre eixos podem ser utilizados para paredes internas não portantes.

- Travessa inferior de 2 in (5,0 cm)
- Piso sobre contrapiso
- Sistema de piso de barrotes de madeira; veja as p. 4.27–4.31.

- 15,0 cm, no mínimo, entre o nível do terreno e a base da construção de madeira
- O terreno deve ter caimento para drenar as águas superficiais para longe das fundações

- Placa de conexão ancorada ao muro de arrimo; veja a p. 4.28.

- Preveja apoio com viga ou muro de arrimo para as paredes internas portantes

Corte em parede externa

Corte em parede interna

ESTRUTURAS DE MONTANTES LEVES DE MADEIRA   5.45

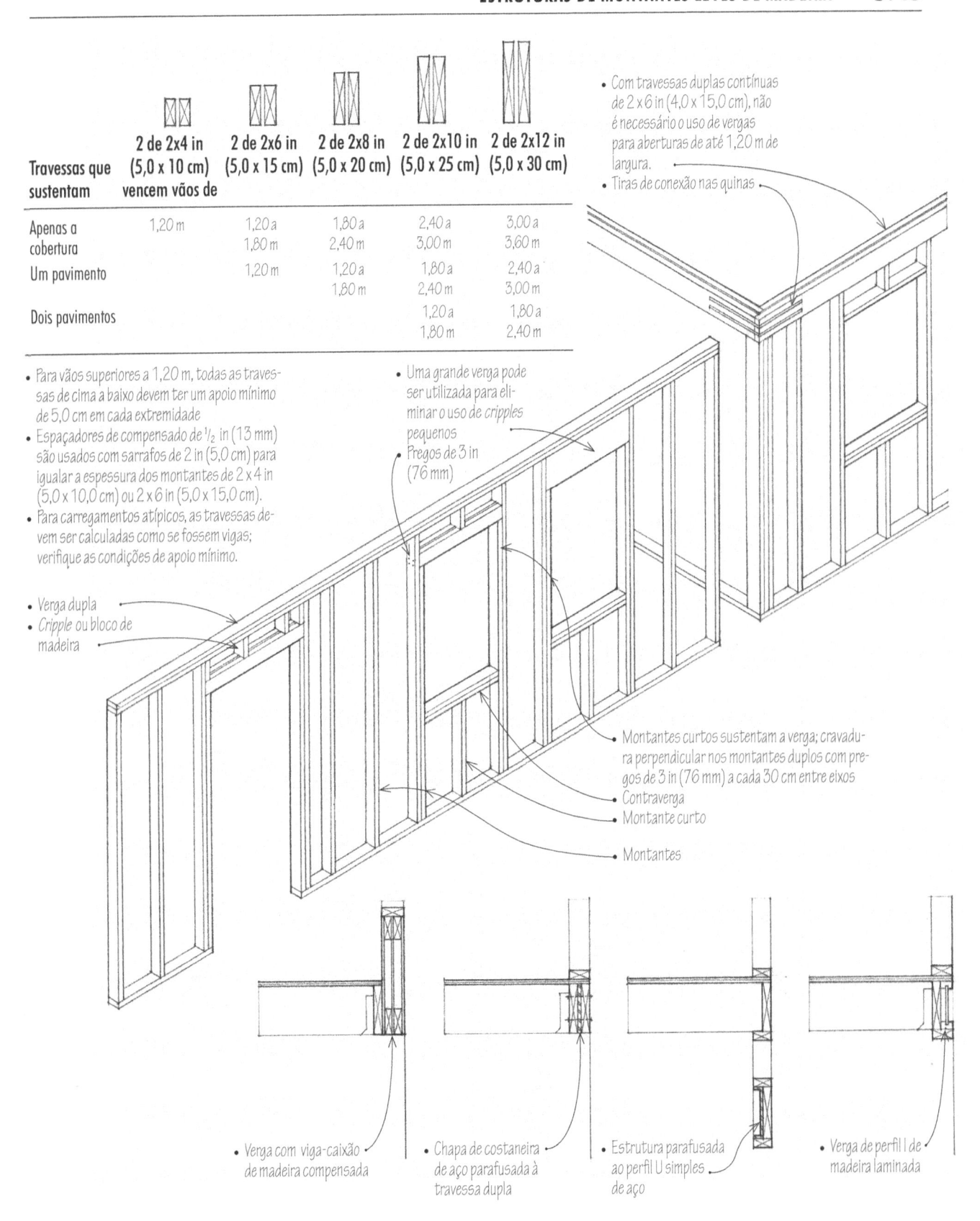

Travessas que sustentam	2 de 2x4 in (5,0 x 10 cm) vencem vãos de	2 de 2x6 in (5,0 x 15 cm)	2 de 2x8 in (5,0 x 20 cm)	2 de 2x10 in (5,0 x 25 cm)	2 de 2x12 in (5,0 x 30 cm)
Apenas a cobertura	1,20 m	1,20 a 1,80 m	1,80 a 2,40 m	2,40 a 3,00 m	3,00 a 3,60 m
Um pavimento		1,20 m	1,20 a 1,80 m	1,80 a 2,40 m	2,40 a 3,00 m
Dois pavimentos				1,20 a 1,80 m	1,80 a 2,40 m

- Para vãos superiores a 1,20 m, todas as travessas de cima a baixo devem ter um apoio mínimo de 5,0 cm em cada extremidade
- Espaçadores de compensado de ½ in (13 mm) são usados com sarrafos de 2 in (5,0 cm) para igualar a espessura dos montantes de 2 x 4 in (5,0 x 10,0 cm) ou 2 x 6 in (5,0 x 15,0 cm).
- Para carregamentos atípicos, as travessas devem ser calculadas como se fossem vigas; verifique as condições de apoio mínimo.

- Verga dupla
- *Cripple* ou bloco de madeira

- Uma grande verga pode ser utilizada para eliminar o uso de *cripples* pequenos
- Pregos de 3 in (76 mm)

- Com travessas duplas contínuas de 2 x 6 in (4,0 x 15,0 cm), não é necessário o uso de vergas para aberturas de até 1,20 m de largura.
- Tiras de conexão nas quinas

- Montantes curtos sustentam a verga; cravadura perpendicular nos montantes duplos com pregos de 3 in (76 mm) a cada 30 cm entre eixos
- Contraverga
- Montante curto
- Montantes

- Verga com viga-caixão de madeira compensada
- Chapa de costaneira de aço parafusada à travessa dupla
- Estrutura parafusada ao perfil U simples de aço
- Verga de perfil I de madeira laminada

Opções de verga para grandes aberturas   • Estas vergas devem ser calculadas como se fossem vigas; verifique as condições de apoio mínimo.

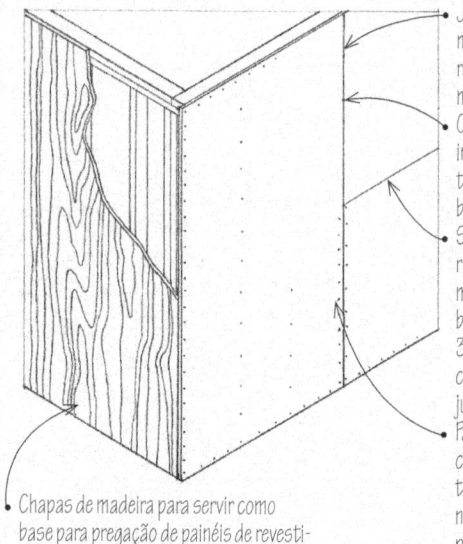

5.46 A INSTALAÇÃO DE PAINÉIS DE VEDAÇÃO EM PAREDES DE MONTANTES LEVES DE MADEIRA

Instalação de painéis de grau controlado

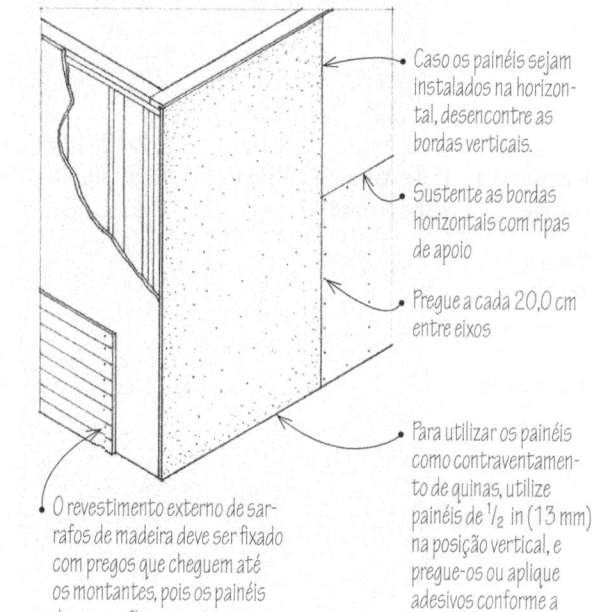

- Chapas de madeira para servir como base para pregação de painéis de revestimento externo: chapas de $^3/_8$ in (10 mm), no mínimo, sobre montantes espaçados a cada 40,0 cm, ou chapas de $^1/_2$ in (13 mm), sobre montantes espaçados a cada 60 cm
- Chapas: 1,22 x 2,44, 2,75 ou 3,05 m

- Juntas de 3 mm, a menos que o fabricante recomende outra dimensão
- Caso os painéis sejam instalados na horizontal, desencontre as bordas verticais.
- Sustente as bordas horizontais com ripas de madeira ou grampos dobrados; pregue a cada 30,0 cm entre eixos e a cada 150 cm entre eixos junto às bordas
- Para utilizar os painéis como contraventamento de quinas, instale-os na posição vertical e pregue a cada 20,0 cm entre eixos e a cada 10,0 cm junto às bordas; entre montantes espaçados a cada 40,0 cm, utilize painéis de $^5/_{16}$ in (8 mm), no mínimo; entre montantes espaçados a cada 60,0 cm, utilize painéis de $^3/_8$ in (10 mm), no mínimo.

Painéis de gesso

- O revestimento externo de sarrafos de madeira deve ser fixado com pregos que cheguem até os montantes, pois os painéis de gesso não se prestam para pregação.
- Chapas: 1,22 x 2,44, 3,05, 3,66 ou 4,27 m

- Caso os painéis sejam instalados na horizontal, desencontre as bordas verticais.
- Sustente as bordas horizontais com ripas de apoio
- Pregue a cada 20,0 cm entre eixos
- Para utilizar os painéis como contraventamento de quinas, utilize painéis de $^1/_2$ in (13 mm) na posição vertical, e pregue-os ou aplique adesivos conforme a recomendação do fabricante.

Instalação de chapa de fibra

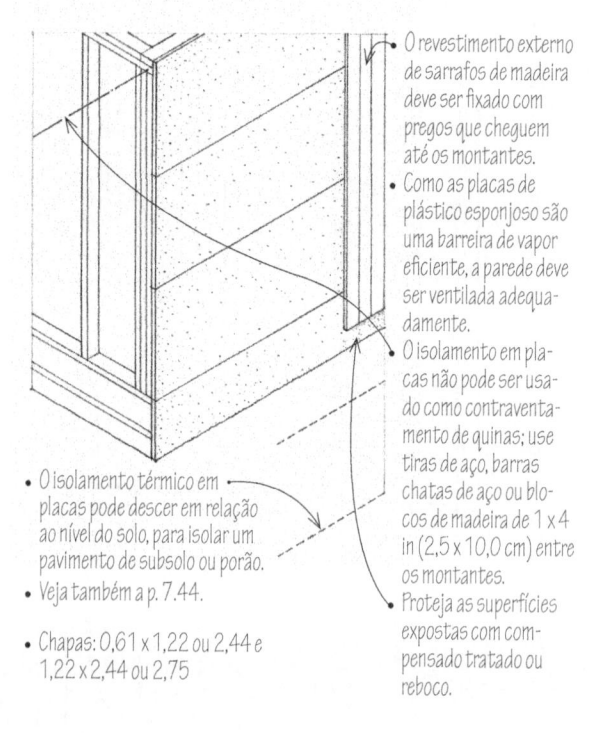

- Painéis de alta densidade também podem ser utilizados como base para uma camada de revestimento externo
- Chapas: 1,22 x 2,44, 2,75, 3,05 ou 3,66 m

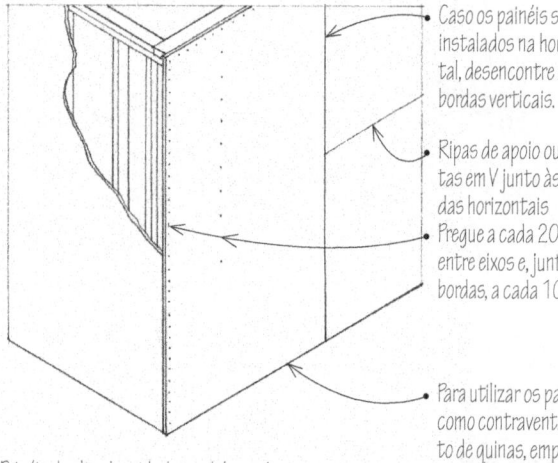

- Caso os painéis sejam instalados na horizontal, desencontre as bordas verticais.
- Ripas de apoio ou juntas em V junto às bordas horizontais
- Pregue a cada 20,0 cm entre eixos e, junto às bordas, a cada 10 cm
- Para utilizar os painéis como contraventamento de quinas, empregue painéis de alta densidade de $^1/_2$ in (13 mm) na posição vertical, e pregue-os a cada 15,0 cm entre eixos e a cada 7,5 cm junto às bordas.

Instalação de placas de plástico esponjoso (isolamento térmico)

- O isolamento térmico em placas pode descer em relação ao nível do solo, para isolar um pavimento de subsolo ou porão.
- Veja também a p. 7.44.
- Chapas: 0,61 x 1,22 ou 2,44 e 1,22 x 2,44 ou 2,75

- O revestimento externo de sarrafos de madeira deve ser fixado com pregos que cheguem até os montantes.
- Como as placas de plástico esponjoso são uma barreira de vapor eficiente, a parede deve ser ventilada adequadamente.
- O isolamento em placas não pode ser usado como contraventamento de quinas; use tiras de aço, barras chatas de aço ou blocos de madeira de 1 x 4 in (2,5 x 10,0 cm) entre os montantes.
- Proteja as superfícies expostas com compensado tratado ou reboco.

CSI MasterFormat 06 16 00 Sheathing

PILARES DE MADEIRA 5.47

Pilares de madeira podem ser maciços, compostos ou vazados. Ao se escolher o tipo de pilar de madeira que será empregado, deve-se levar em consideração os seguintes fatores: a espécie da madeira utilizada, seu grau estrutural, o módulo de elasticidade e os esforços de compressão, flexão e cisalhamento admissíveis para tal utilização. Além disso, deve-se prestar atenção às condições de carregamento exatas e aos tipos de vínculos que serão feitos.

Os pilares são carregados axialmente a compressão. A ruptura pode resultar do esmagamento das fibras de madeira se a tensão máxima exceder o Fc, a resistência à compressão admissível no sentido paralelo às fibras. A capacidade de carga de um pilar também é determinada pelo seu índice de esbeltez. À medida que o índice de esbeltez aumenta, o pilar pode flambar. Veja a p. 2.13.

- $l/d < 50$, para pilares maciços ou compostos
- $l/d < 80$, para cada um dos elementos de um pilar vazado
- l = comprimento entre apoios
- d = a menor dimensão do elemento submetido a compressão

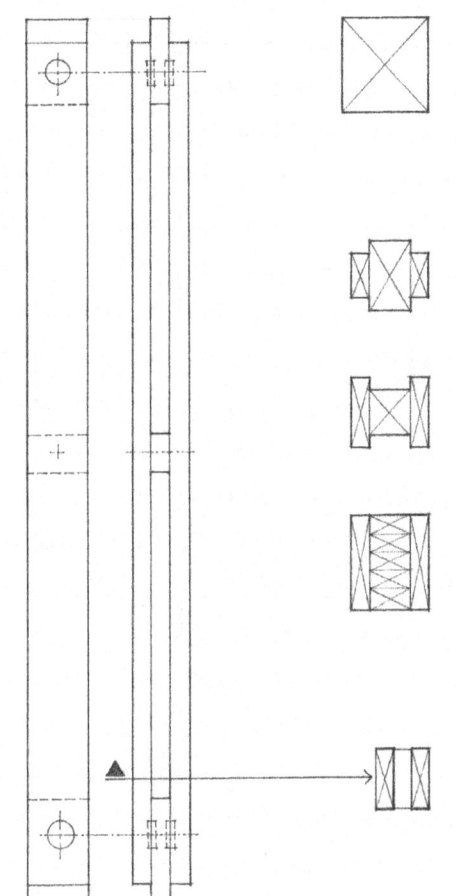

- Os pilares maciços devem ser de madeira serrada bem-curada.

- Pilares compostos podem ser de laminados colados ou mecanicamente travados. Pilares laminados colados podem ter uma resistência à compressão admissível maior que a de pilares maciços, enquanto que pilares mecanicamente travados não podem se igualar à resistência de um pilar maciço com as mesmas dimensões e material.

- Pilares vazados consistem de dois ou mais elementos separados nas extremidades e no meio por enrijecedores e unidos nos seus extremos por conectores de madeira e parafusos.

Pré-dimensionamento de pilares de madeira

- Pilares de 6 x 6 in (15,0 x 15,0 cm) podem sustentar até 45 m² de área de piso e cobertura
- Pilares de 8 x 8 in (20,0 x 20,0 cm) podem sustentar até 95 m² de área de piso e cobertura
- Pilares de 10 x 10 in (15,0 x 15,0 cm) podem sustentar até 230 m² de área de piso e cobertura
- Pressupõe-se que os pilares tenham altura entre apoios de 3,66 m.
- Dimensões maiores são necessárias para pilares submetidos a cargas mais elevadas, pilares mais longos ou que devam resistir a esforços laterais.
- Consulte a Bibliografia para fontes com tabelas de carregamentos mais detalhadas.
- Consulte um engenheiro de estruturas para as exigências do projeto executivo.

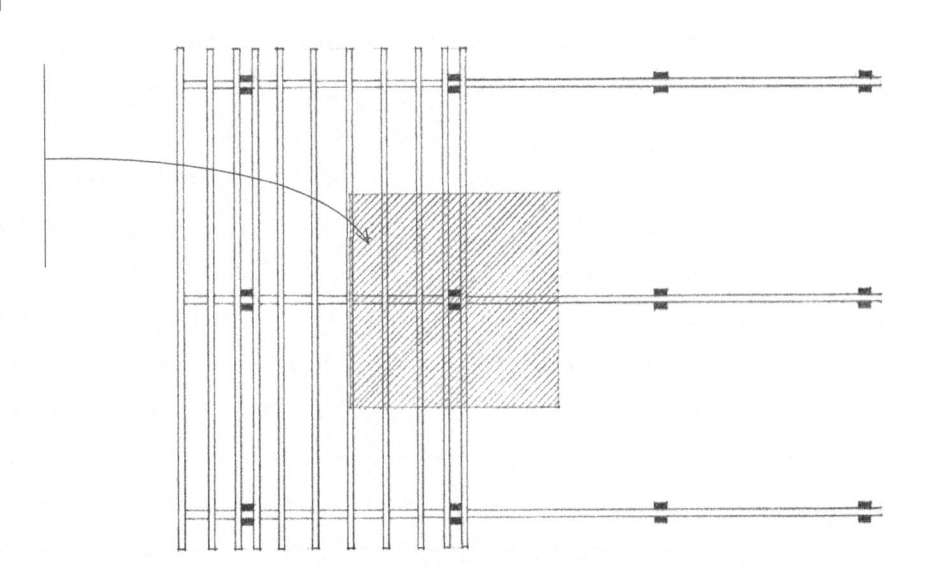

5.48 ESTRUTURAS DE MADEIRA ARQUITRAVADAS

- Cobertura: estrutura com caibros e terças convencionais ou um sistema de barrotes e painéis; veja o Capítulo 6.

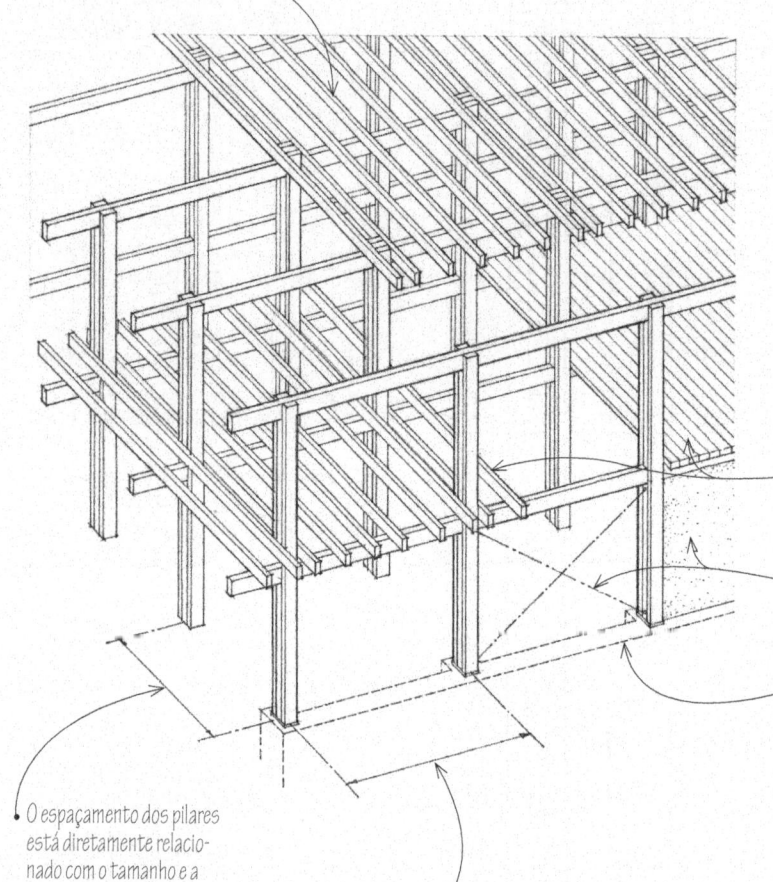

O sistema de construção arquitravado utiliza uma trama de elementos verticais — os pilares — e horizontais — as vigas ou barrotes — para transferir cargas de piso e cobertura. As vigas que sustentam o piso e a cobertura transferem suas cargas aos pilares, os quais, por sua vez, passam as cargas às fundações.

- Trabalhando com os sistemas de piso e cobertura de barrotes com painéis ou tábuas de madeira, o sistema arquitravado ou de pilares e vigas forma uma malha tridimensional de espaços que pode ser expandida vertical ou horizontalmente.
- A trama de pilares e vigas é geralmente deixada sem revestimento, compondo uma estrutura visível com a qual os painéis de vedação de parede, portas e janelas são integrados.
- Quando as estruturas arquitravadas são deixadas aparentes, o tipo de madeira usada, o detalhamento cuidadoso das conexões, especialmente entre viga e viga e pilar, e a qualidade da mão de obra são fatores importantes.

- Sistema de piso: barrotes convencionais ou estrutura de barrotes coberta com painéis ou tábuas de madeira; veja o Capítulo 4.
- A resistência a cargas laterais (de vento ou sísmicas) exige o uso de diafragmas (paredes de cisalhamento) ou contraventamento diagonal.
- Os pilares ou colunas podem se apoiar em estacas individuais ou em paredes de fundação.

- O espaçamento dos pilares está diretamente relacionado com o tamanho e a proporção dos vãos estruturais e a capacidade de vencer vãos de vigas, barrotes e painéis ou tábuas de piso utilizados.

Estrutura pesada de madeira

- O sistema arquitravado pode ser classificado como estrutura pesada de madeira, caso seus pisos e coberturas com painéis de madeira ou tábuas sejam sustentados por paredes externas incombustíveis e resistentes ao fogo e todos os elementos de madeira empregados na obra atendam às exigências de dimensionamento mínimo impostas pelo código de edificações aplicável.
- Pisos de tabuado de madeira (espessuras nominais mínimas): lambri de 3 in (7,5 cm) com juntas macho e fêmea, ripas de 1 in (2,5 cm) com encaixes simples ou painéis estruturais de madeira de $1/2$ in (13 mm) com juntas macho e fêmea
- Coberturas de tabuado de madeira (espessuras nominais mínimas): lambri de 2 in (5,0 cm) com encaixes simples ou macho e fêmea ou painéis estruturais de madeira de $1^{1}/_{8}$ in (3,2 cm)
- Vigas principais e secundárias (altura nominal mínima): 15,0 cm e 25,5 cm
- Pilares (dimensões nominais mínimas): 8 x 8 in (20,0 x 20,0 cm), quando sustentarem pisos; 8 x 6 in (20,0 x 15,0 cm), quando sustentarem apenas a cobertura.

CSI MasterFormat 06130 Heavy Timber Construction

CONEXÕES ENTRE PILAR E VIGA DE MADEIRA 5.49

A resistência de uma conexão de pilar e viga depende dos seguintes fatores:

- A espécie e o grau da madeira usada
- A espessura dos elementos de madeira
- O ângulo da força imposta com relação à orientação das fibras da madeira
- O tamanho e número de parafusos ou conectores usados

O tamanho e o número de parafusos necessários para uma conexão depende da magnitude das cargas transferidas. Geralmente, a maior eficiência é obtida com poucos parafusos grandes em vez de muitos parafusos pequenos. Os desenhos à direita ilustram diretrizes gerais para a distribuição dos parafusos.

Conectores para madeira

Se a área de superfície for insuficiente para a acomodação do número necessário de parafusos, podem ser usados conectores para madeira. Os conectores para madeira são anéis, chapas ou grades de metal utilizados para a transferência dos esforços de cisalhamento entre as faces de dois elementos de madeira, fixados com apenas um parafuso que serve para firmar e uni-los. Os conectores para madeira são mais eficientes do que parafusos ou tira-fundos usados isoladamente, pois eles aumentam a área de superfície das peças de madeira à qual uma carga é aplicada e resistem a esforços bem mais elevados.

Carregamento paralelo às fibras

- 4d
- Distância até a extremidade:
  - 4d, sob compressão; d = diâmetro do parafuso
  - 7d, sob tração
- Distância até a borda superior ou inferior:
  - 1,5d ou 0,5 x espaçamento da fileira para l/d < 6
- O espaçamento das fileiras de parafusos paralelas às fibras da madeira é determinado pela seção mínima exigida.

Carregamento perpendicular às fibras

- Espaçamento das fileiras de parafusos perpendiculares às fibras da madeira:
  - 2,5d, para l/d = 2
  - 5d, para l/d = 6
- Distância até a borda na qual a carga está sendo aplicada > ou = 4d
- 4d

- Aros fendidos consistem em anéis de metal inseridos em sulcos correspondentes talhados nas faces dos elementos a serem conectados e unidos por apenas um parafuso. A conexão macho e fêmea do anel permite que ele se deforme levemente ao ser carregado e transfira uniformemente os esforços em todas as superfícies, enquanto a seção transversal chanfrada garante uma junta bem firme após a colocação do aro fendido nos sulcos das peças de madeira.
- Disponíveis nos diâmetros de 2-$^1/_2$ e 4 in (64 e 100 mm)
- Largura de face mínima de 3-$^5/_8$ in (90 mm), para aros fendidos de 2-$^1/_2$ in (64 mm); 5-$^1/_2$ in (140 mm), para aros fendidos de 4 in (100 mm)
- Parafuso de $^1/_2$ in (13 mm), para aros fendidos de 2-$^1/_2$ in (64 mm); parafuso de $^3/_4$ in (19 mm), para aros fendidos de 4 in (100 mm)
- Chapas de cisalhamento consistem em chapas redondas de ferro maleável inseridas em sulcos correspondentes, de modo que as chapas fiquem no mesmo nível da peça de madeira, e firmadas com apenas um parafuso. As chapas de cisalhamento são utilizadas aos pares, uma contra a outra, para desenvolver resistência contra o cisalhamento em conexões de madeira com madeira que podem ser desmontadas, ou isoladas, em conexões de madeira com metal.

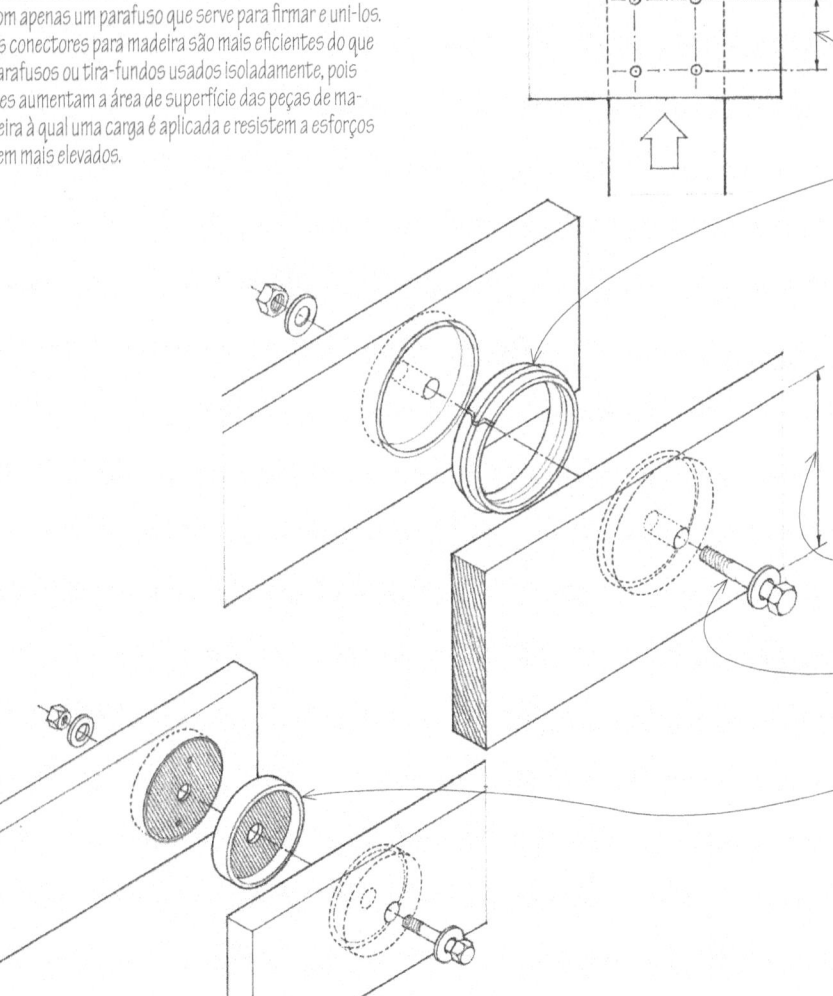

5.50 CONEXÕES ENTRE PILAR E VIGA DE MADEIRA

- Apoio de metal para viga, com mesas escondidas
- Viga composta apoiada em pilar composto
- Cantoneira de aço com chapa de rigidez
- Viga entalhada conectada em chapa de aço
- Mísula parafusada ao pilar

Apoios para vigas em pilares

- Conexão para mão francesa

- Tabuado de madeira; veja a p. 4.40.
- Pilar maciço
- Viga vazada
- O sistema de vedação externa não portante pode ser uma estrutura de montantes leves de madeira, painéis de madeira pré-fabricados e portas e janelas pré-fabricadas.
- Detalhes das juntas devem oferecer estanqueidade através de afastamentos, rufos e calafetagem.
- Deve-se prever a movimentação da madeira não revestida, devido a mudanças no conteúdo de umidade e, no caso de conexão entre materiais diferentes, devido às diferentes taxas de dilatação e retração térmica.
- Veja também a p. 4.37 para conexões entre pilar e viga.

Conexões entre pilar e viga

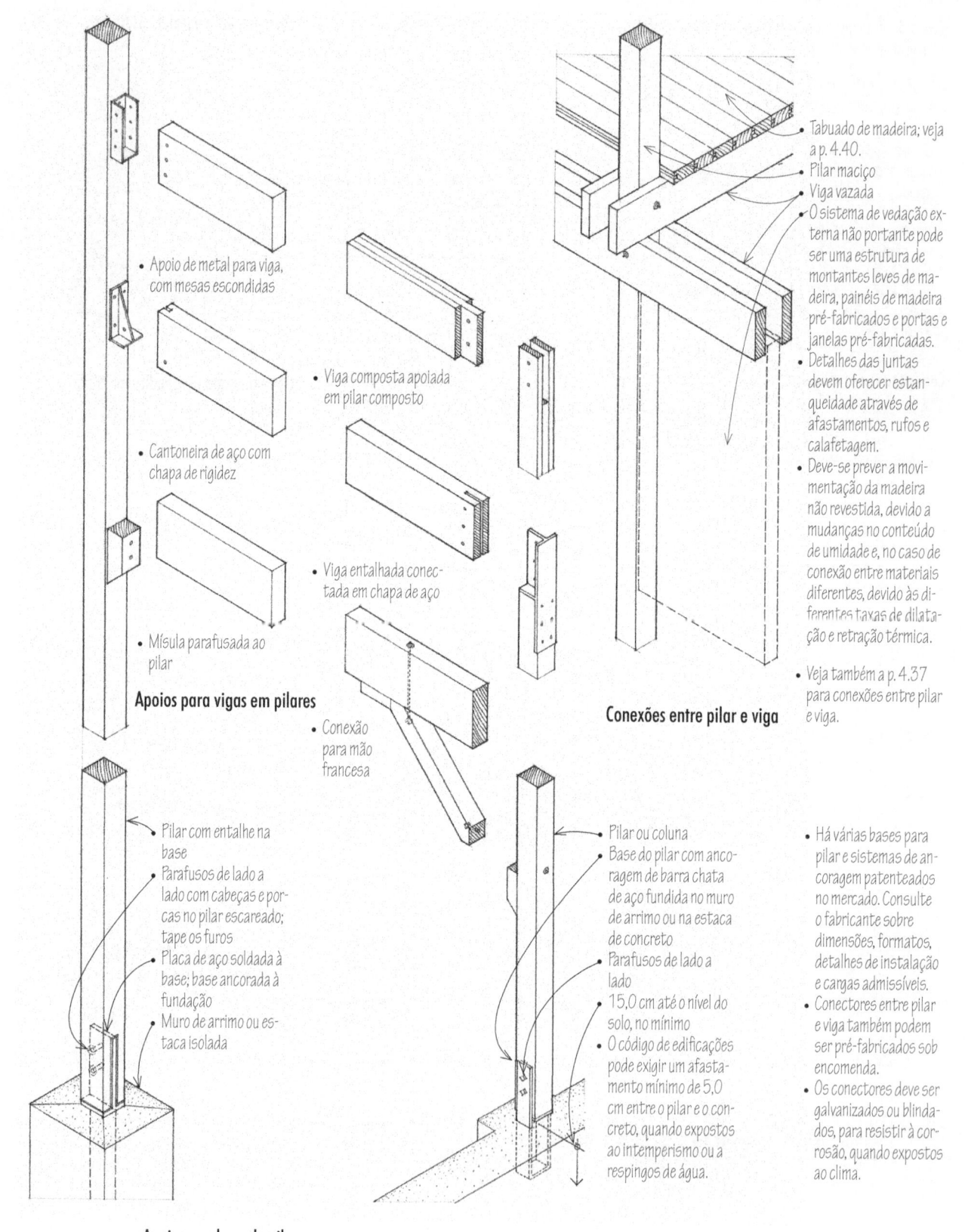

- Pilar com entalhe na base
- Parafusos de lado a lado com cabeças e porcas no pilar escareado; tape os furos
- Placa de aço soldada à base; base ancorada à fundação
- Muro de arrimo ou estaca isolada

- Pilar ou coluna
- Base do pilar com ancoragem de barra chata de aço fundida no muro de arrimo ou na estaca de concreto
- Parafusos de lado a lado
- 15,0 cm até o nível do solo, no mínimo
- O código de edificações pode exigir um afastamento mínimo de 5,0 cm entre o pilar e o concreto, quando expostos ao intemperismo ou a respingos de água.

- Há várias bases para pilar e sistemas de ancoragem patenteados no mercado. Consulte o fabricante sobre dimensões, formatos, detalhes de instalação e cargas admissíveis.
- Conectores entre pilar e viga também podem ser pré-fabricados sob encomenda.
- Os conectores deve ser galvanizados ou blindados, para resistir à corrosão, quando expostos ao clima.

Apoio para base de pilar

6
COBERTURAS

- 6.2 Coberturas
- 6.3 Caimentos de cobertura
- 6.4 Lajes de cobertura de concreto armado
- 6.5 Coberturas com painéis de concreto pré-moldados
- 6.6 Estruturas de cobertura com perfis de aço estrutural
- 6.7 Pórticos indeformáveis
- 6.8 Treliças planas de aço
- 6.9 Tipos de treliças planas
- 6.10 Treliças espaciais
- 6.12 Vigas-treliça de aço
- 6.14 Telhas de metal
- 6.15 Painéis cimentícios de cobertura
- 6.16 Estruturas de telhados de madeira
- 6.17 Estruturas de cobertura de madeira
- 6.18 Estruturas de cobertura leves
- 6.19 Caibros de madeira
- 6.20 Telhados com caibros de madeira
- 6.22 Coberturas com barrotes de madeira
- 6.23 Painéis de cobertura
- 6.24 Coberturas com estrutura de barrotes de madeira e painéis ou tábuas
- 6.26 Conexões entre pilar e viga de madeira
- 6.28 Tesouras de madeira
- 6.30 Vigas-treliça de madeira

6.2 COBERTURAS

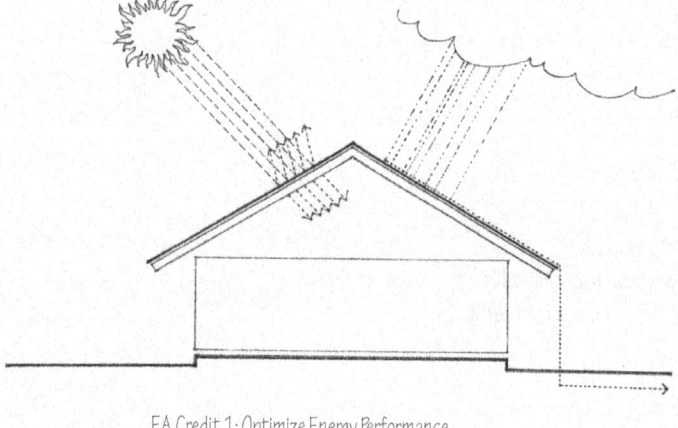

EA Credit 1: Optimize Energy Performance

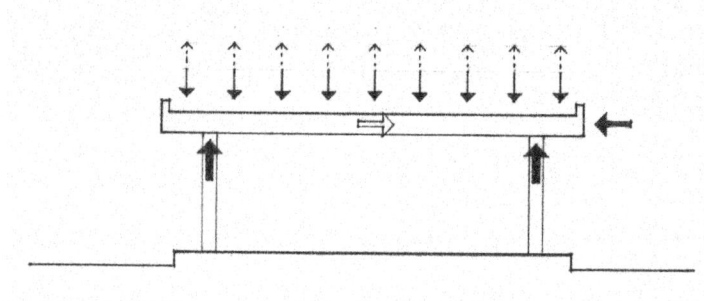

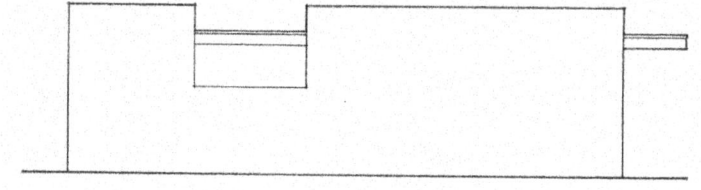

A cobertura funciona como o principal elemento de abrigo para os espaços internos de uma edificação. A configuração e o caimento de uma cobertura devem ser compatíveis com o material — telhas chatas, telhas convencionais ou uma laje monolítica — empregado para escoar a água da chuva e da neve derretida a um sistema de drenos, calhas e condutores. A cobertura também deve controlar a passagem de vapor de água, a infiltração do ar, ganhos e perdas térmicas e o ingresso da radiação solar. Além disso, conforme o tipo de construção exigido pelo código de edificações aplicável, a estrutura e os diversos componentes do telhado podem ter de resistir à dispersão das chamas, em caso de incêndio.

Assim como os pisos, as coberturas devem ser estruturadas para vencer vãos e suportar seu peso próprio, além do peso de qualquer equipamento anexo e da chuva e neve acumulada. Coberturas planas usadas como terraço também estão sujeitas a cargas vivas. Além destas cargas de gravidade, os planos de cobertura às vezes precisam resistir a solicitações laterais impostas por ventos e abalos sísmicos, bem como a força de sucção do vento, e transferir tais forças para sua estrutura de apoio.

Já que as cargas de gravidade impostas a uma edificação originam-se com a cobertura, o leiaute da estrutura da coberta deve corresponder ao dos pilares ou paredes portantes através dos quais as cargas serão transmitidas até as fundações e o solo. Este padrão de apoios e a extensão dos vãos cobertos, por sua vez, influenciam a distribuição dos espaços internos e o tipo de forro que a cobertura talvez deva sustentar. Coberturas com grandes vãos entre apoios tendem a permitir espaços internos mais flexíveis em termos de uso, enquanto vãos menores podem sugerir compartimentos mais bem definidos.

O tipo de estrutura de cobertura — seja uma cobertura plana ou em vertente, com oitão, telhado esconso ou com grandes beirais, ou mesmo uma série de planos ritmicamente articulados — tem grande impacto na imagem externa da edificação. A cobertura pode ficar aparente e ter beirais ou não, ou ela pode estar escondida por uma platibanda. Se sua face inferior ficar à vista, a forma da cobertura e de sua estrutura também afetará o teto ou o limite superior dos espaços internos por ela vedados.

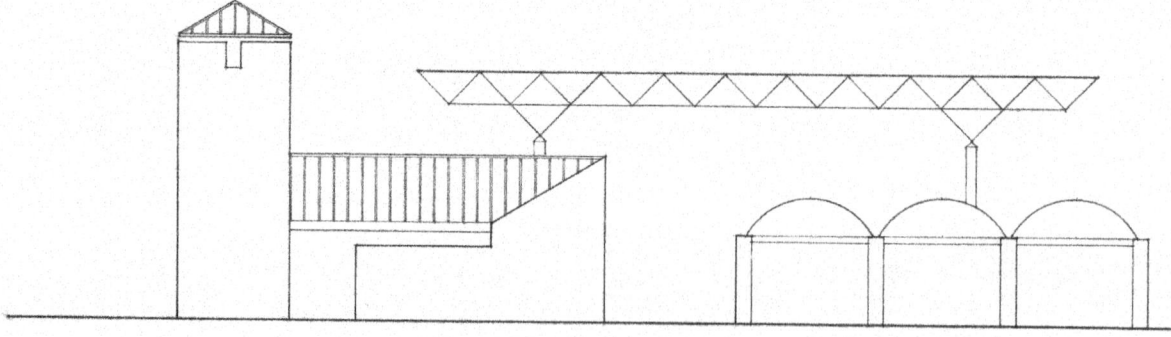

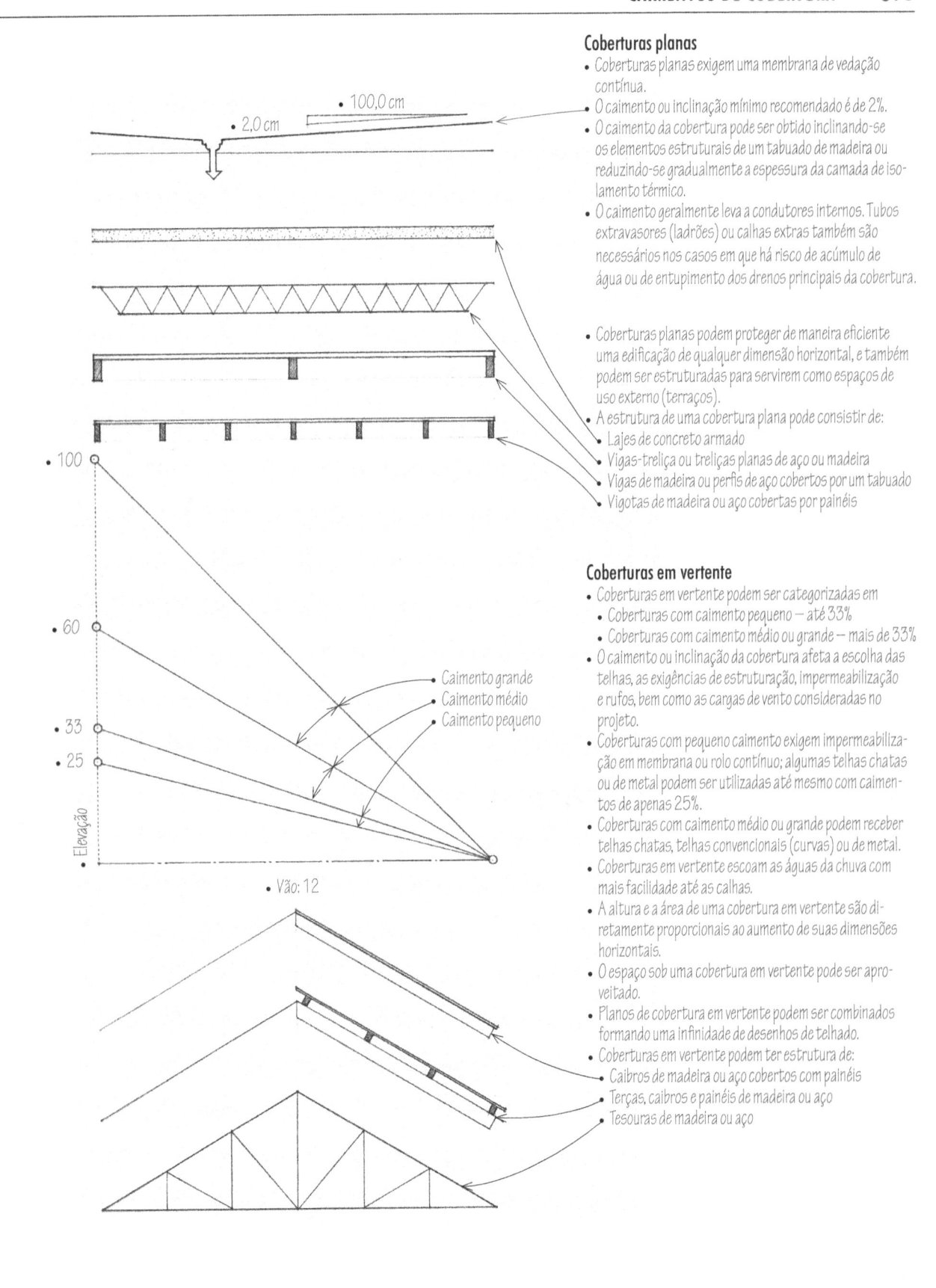

CAIMENTOS DE COBERTURA 6.3

Coberturas planas
- Coberturas planas exigem uma membrana de vedação contínua.
- O caimento ou inclinação mínimo recomendado é de 2%.
- O caimento da cobertura pode ser obtido inclinando-se os elementos estruturais de um tabuado de madeira ou reduzindo-se gradualmente a espessura da camada de isolamento térmico.
- O caimento geralmente leva a condutores internos. Tubos extravasores (ladrões) ou calhas extras também são necessários nos casos em que há risco de acúmulo de água ou de entupimento dos drenos principais da cobertura.
- Coberturas planas podem proteger de maneira eficiente uma edificação de qualquer dimensão horizontal, e também podem ser estruturadas para servirem como espaços de uso externo (terraços).
- A estrutura de uma cobertura plana pode consistir de:
  - Lajes de concreto armado
  - Vigas-treliça ou treliças planas de aço ou madeira
  - Vigas de madeira ou perfis de aço cobertos por um tabuado
  - Vigotas de madeira ou aço cobertas por painéis

Coberturas em vertente
- Coberturas em vertente podem ser categorizadas em
  - Coberturas com caimento pequeno — até 33%
  - Coberturas com caimento médio ou grande — mais de 33%
- O caimento ou inclinação da cobertura afeta a escolha das telhas, as exigências de estruturação, impermeabilização e rufos, bem como as cargas de vento consideradas no projeto.
- Coberturas com pequeno caimento exigem impermeabilização em membrana ou rolo contínuo; algumas telhas chatas ou de metal podem ser utilizadas até mesmo com caimentos de apenas 25%.
- Coberturas com caimento médio ou grande podem receber telhas chatas, telhas convencionais (curvas) ou de metal.
- Coberturas em vertente escoam as águas da chuva com mais facilidade até as calhas.
- A altura e a área de uma cobertura em vertente são diretamente proporcionais ao aumento de suas dimensões horizontais.
- O espaço sob uma cobertura em vertente pode ser aproveitado.
- Planos de cobertura em vertente podem ser combinados formando uma infinidade de desenhos de telhado.
- Coberturas em vertente podem ter estrutura de:
  - Caibros de madeira ou aço cobertos com painéis
  - Terças, caibros e painéis de madeira ou aço
  - Tesouras de madeira ou aço

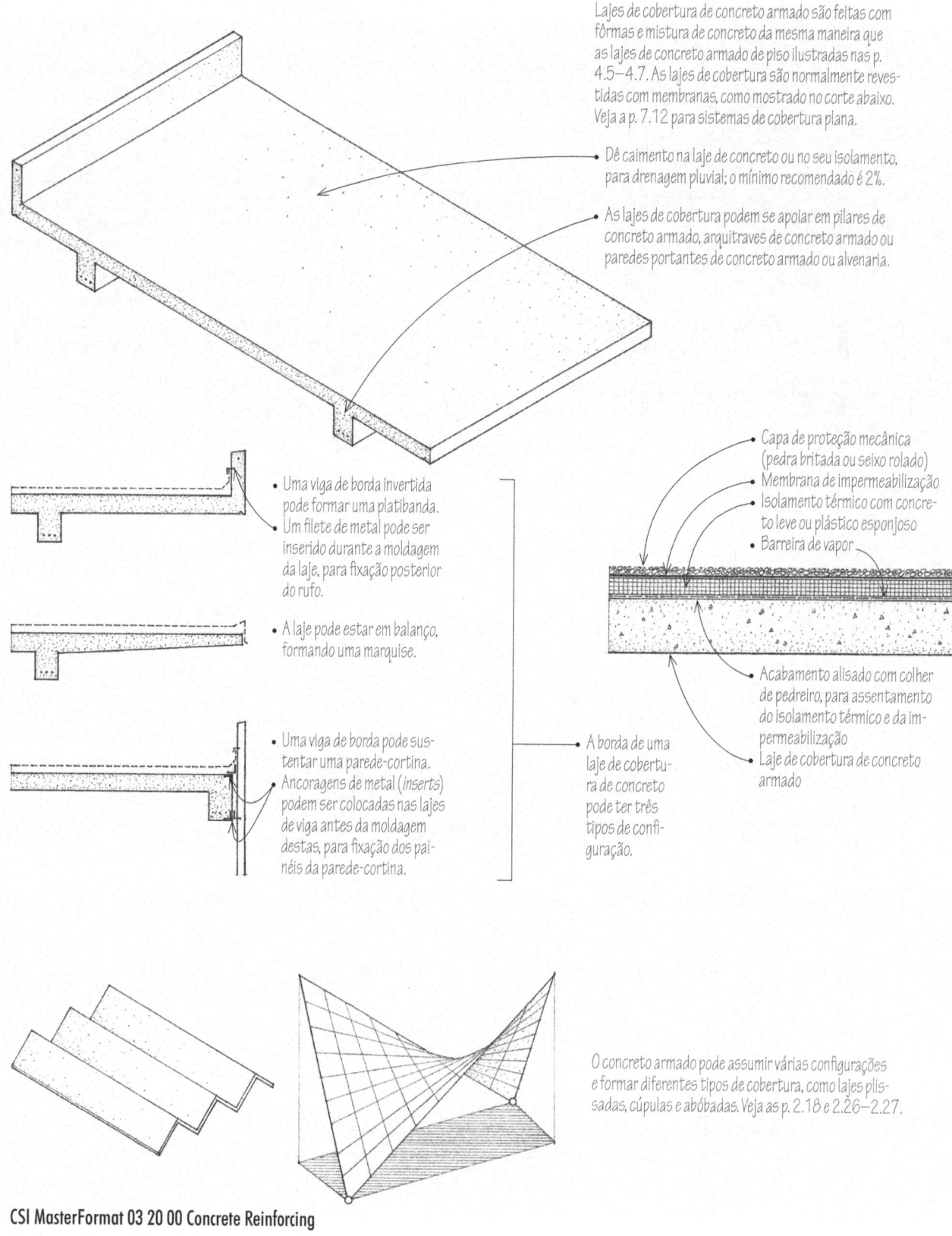

6.4 LAJES DE COBERTURA DE CONCRETO ARMADO

Lajes de cobertura de concreto armado são feitas com fôrmas e mistura de concreto da mesma maneira que as lajes de concreto armado de piso ilustradas nas p. 4.5–4.7. As lajes de cobertura são normalmente revestidas com membranas, como mostrado no corte abaixo. Veja a p. 7.12 para sistemas de cobertura plana.

- Dê caimento na laje de concreto ou no seu isolamento, para drenagem pluvial; o mínimo recomendado é 2%.
- As lajes de cobertura podem se apoiar em pilares de concreto armado, arquitraves de concreto armado ou paredes portantes de concreto armado ou alvenaria.

- Uma viga de borda invertida pode formar uma platibanda.
  Um filete de metal pode ser inserido durante a moldagem da laje, para fixação posterior do rufo.
- A laje pode estar em balanço, formando uma marquise.
- Uma viga de borda pode sustentar uma parede-cortina. Ancoragens de metal (*inserts*) podem ser colocadas nas lajes de viga antes da moldagem destas, para fixação dos painéis da parede-cortina.

- A borda de uma laje de cobertura de concreto pode ter três tipos de configuração.

- Capa de proteção mecânica (pedra britada ou seixo rolado)
- Membrana de impermeabilização
- Isolamento térmico com concreto leve ou plástico esponjoso
- Barreira de vapor
- Acabamento alisado com colher de pedreiro, para assentamento do isolamento térmico e da impermeabilização
- Laje de cobertura de concreto armado

O concreto armado pode assumir várias configurações e formar diferentes tipos de cobertura, como lajes plissadas, cúpulas e abóbadas. Veja as p. 2.18 e 2.26–2.27.

CSI MasterFormat 03 20 00 Concrete Reinforcing
CSI MasterFormat 03 30 00 Cast-in-place Concrete
CSI MasterFormat 03 31 00 Structural Concrete

COBERTURAS COM PAINÉIS DE CONCRETO PRÉ-MOLDADOS 6.5

Coberturas com painéis de concreto pré-moldados têm formas e método de construção similares aos pisos de concreto pré-moldados e utilizam os mesmos componentes. Veja as p. 4.11–4.13 para condições e requisitos gerais.

- Veja a p. 7.19 para rufos em platibandas.
- Membrana de impermeabilização sobre isolamento térmico em placas; veja a p. 7.12
- O capeamento de concreto moldado *in loco*, armado com malha de aço ou armadura, solidariza os painéis pré-moldados, formando uma laje composta monolítica; capa de 5,0 cm, no mínimo.
  A capa pode ser omitida se o isolamento térmico de espuma rígida for assentado sobre painéis pré-moldados com acabamento liso.
- A capa de concreto ou os painéis pré-moldados deve ter caimento para drenagem pluvial; o mínimo recomendado é 2%.
- Para servir como diafragma horizontal e transferir os esforços laterais a paredes de cisalhamento, a armadura de aço deve solidarizar os painéis pré-moldados entre si, em seus apoios e nos apoios extremos.

- Os apoios devem permitir algum movimento horizontal para acomodar a deformação, retração e dilatação dos painéis.

- Painel de concreto pré-moldado tubado
- As barras de ancoragem da parede são inseridas na capa de concreto armado ou nas juntas grauteadas dos painéis, para solidariedade estrutural.
- Grauteie as aberturas das extremidades dos painéis pré-moldados tubados.
- Tira de apoio de plástico de alta densidade. O apoio mínimo deve ser, no mínimo, $1/180$ do vão, mas não inferior a 51 mm, seja para painéis maciços ou tubados.

Parede portante

- Capa de concreto armado; 5,0 cm, no mínimo
- Barras de ancoragem dobradas e inseridas nas aberturas dos painéis pré-moldados tubados a cada 1,2 m entre eixos.
- A face inferior dos painéis pré-moldados pode ser calafetada e pintada; também pode-se aplicar um forro suspenso ou diretamente sobre eles.

Parede externa

- Solda
- Painel de concreto estrutural pré-moldado tipo T
- Base de apoio de borracha sintética. O apoio mínimo deve ser, no mínimo, $1/180$ do vão, mas não inferior a 76 mm para vigas ou elementos secundários
- Balanços são possíveis
- Consulte um engenheiro de estruturas sobre os detalhes de conexões de apoio.
- Veja a p. 4.13 para outros tipos de apoio.

Parede portante

- Capa de concreto armado solidarizando os painéis de concreto estrutural pré-moldados tipo T.
- Fechamento cego ou com vidraças
- Parede de concreto armado ou alvenaria

Parede portante

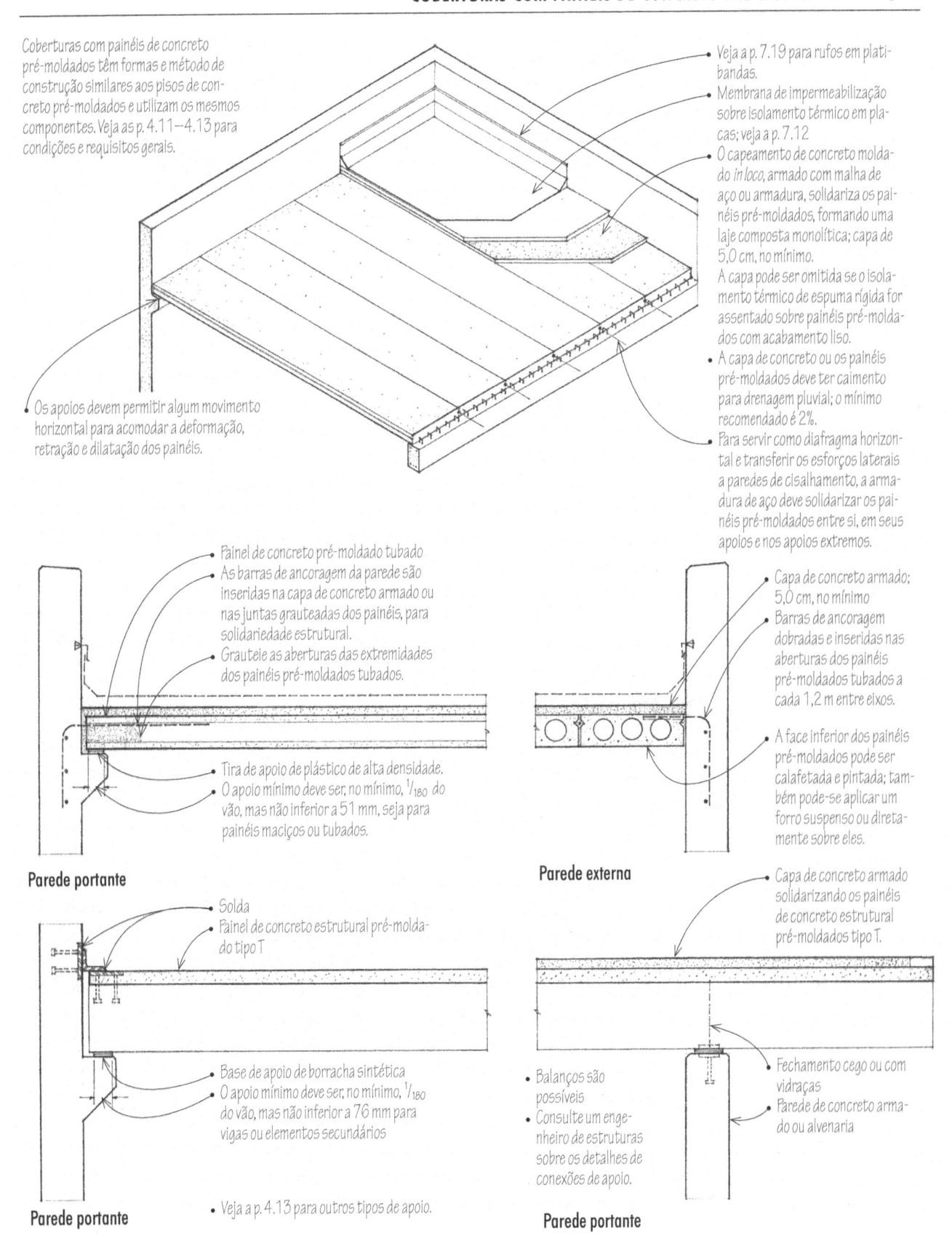

CSI MasterFormat 03 40 00 Precast Concrete

6.6 ESTRUTURAS DE COBERTURA COM PERFIS DE AÇO ESTRUTURAL

Uma cobertura plana pode ser estruturada com componentes de aço estrutural de maneira similar às lajes de piso com estrutura de aço. Veja as p. 4.14–4.15.

As vigas de cobertura principais e secundárias podem sustentar vigotas treliçadas de aço, lajes de concreto com forma de aço incorporadas, lajes moldadas *in loco* ou painéis de concreto pré-moldados.

Pode-se configurar beirais ou marquises com o balanço das vigas secundárias em relação a seus apoios ou simplesmente com o recuo relativo das paredes de vedação externa.

Membrana de Impermeabilização sobre isolamento térmico em espuma rígida ou concreto leve; veja a p. 7.12 para coberturas planas compostas.

Vigas em balanço podem ser continuações das vigas principais ou estar inseridas dentro da altura destas.

Enrijecedores de alma

Sistemas de parede-cortina ou painéis de vedação externa podem ser sustentados por vigas de borda de aço ou por uma laje de concreto armado com formas de aço incorporadas (*steel deck*); veja as p. 7.25, 7.28–7.29, 8.31–8.33.

Chapa de ligação

As extremidades das vigas podem ser adelgaçadas ou ter seu peso reduzido com recortes (perfis entalhados)

O aço estrutural também pode ser utilizado na estruturação de coberturas em vertente.

Painéis cimentícios ou telhas de metal corrugadas
Espaçamento dos caibros = tamanho dos painéis ou das telhas

As vigas inclinadas do telhado sustentam os caibros
Espaçamento das vigas = vão vencido pelos caibros

Longarinas sustentam as vigas do telhado na cumeeira e nos beirais

CSI MasterFormat 05 12 00 Structural Steel Framing

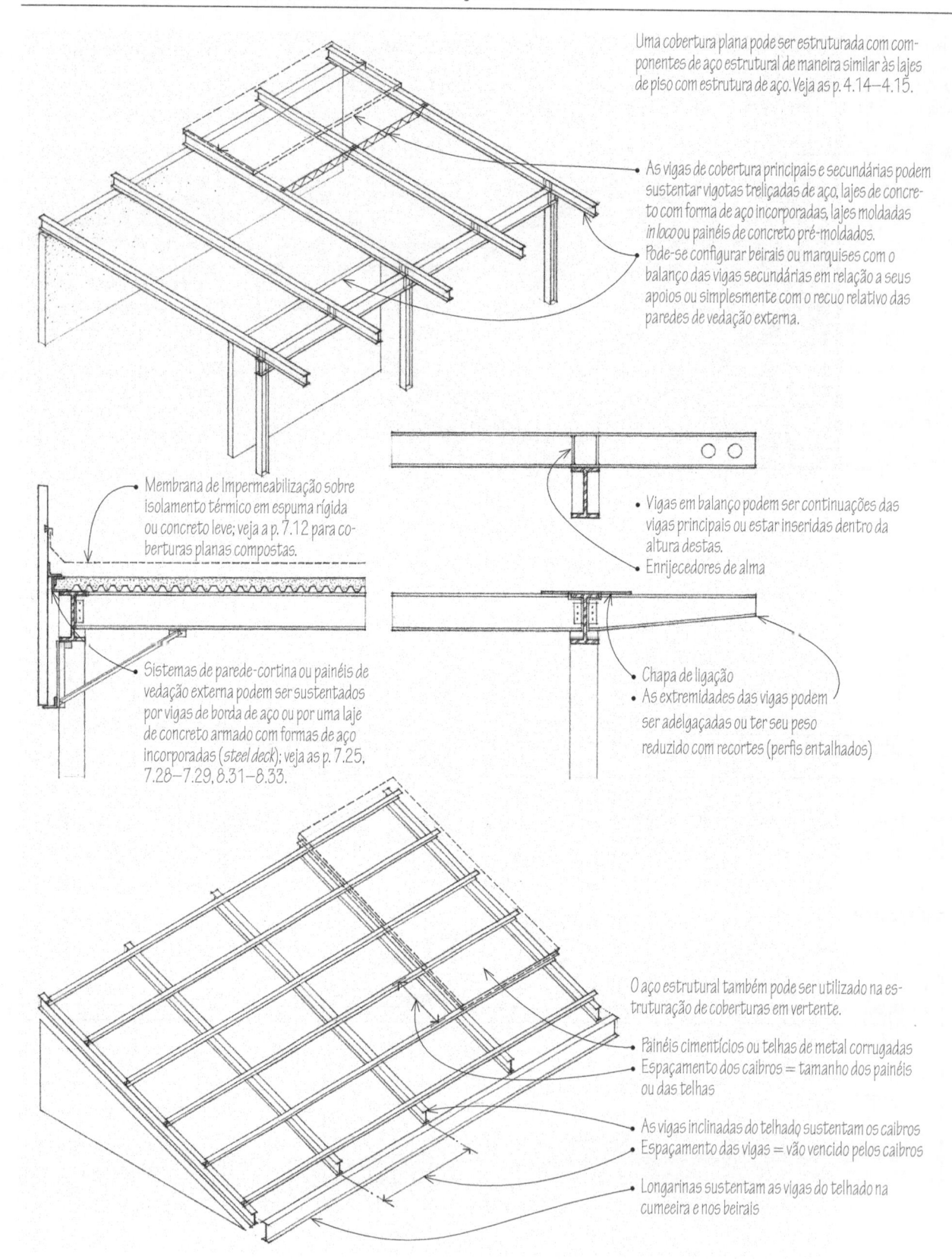

PÓRTICOS INDEFORMÁVEIS 6.7

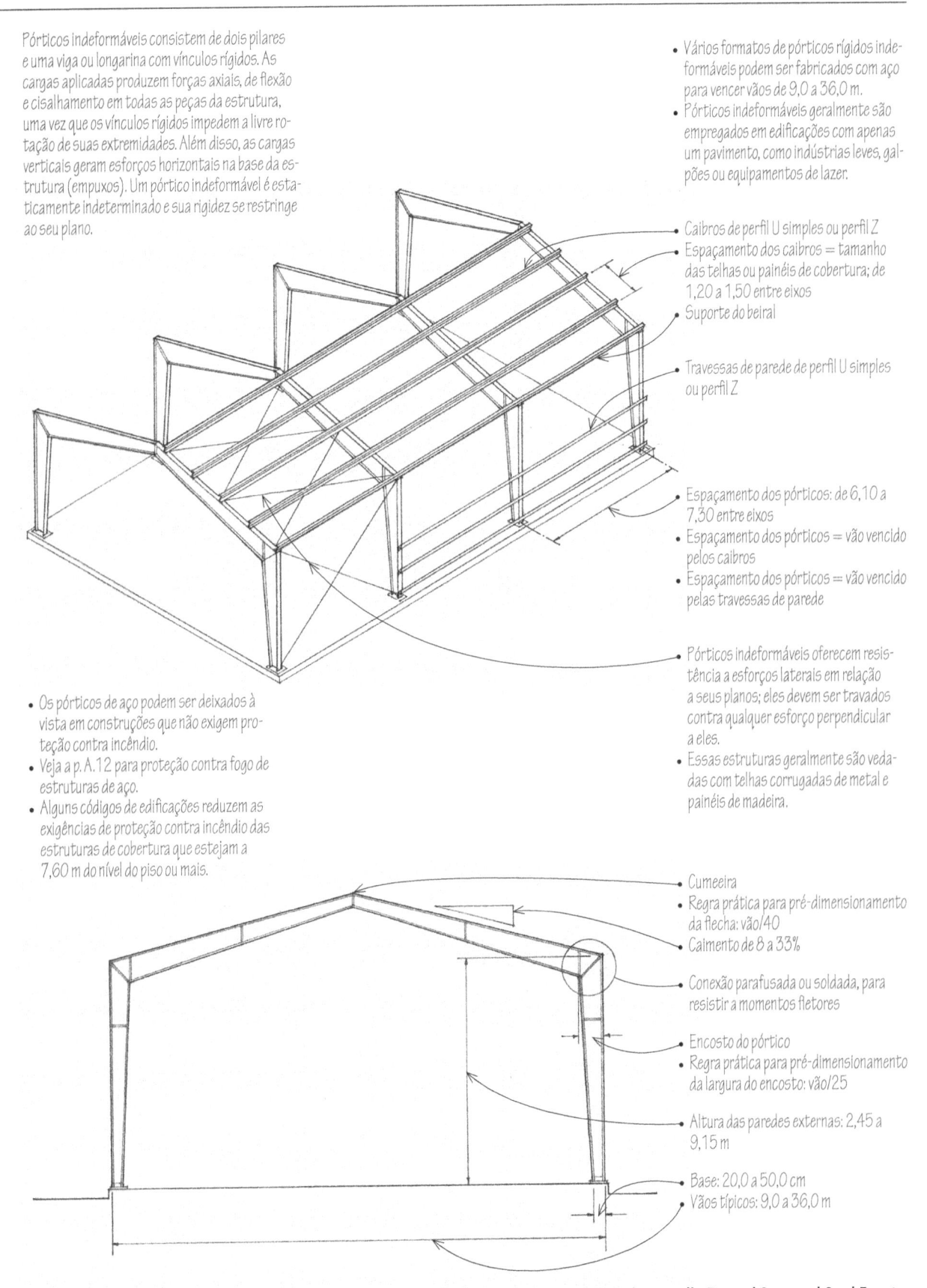

Pórticos indeformáveis consistem de dois pilares e uma viga ou longarina com vínculos rígidos. As cargas aplicadas produzem forças axiais, de flexão e cisalhamento em todas as peças da estrutura, uma vez que os vínculos rígidos impedem a livre rotação de suas extremidades. Além disso, as cargas verticais geram esforços horizontais na base da estrutura (empuxos). Um pórtico indeformável é estaticamente indeterminado e sua rigidez se restringe ao seu plano.

- Vários formatos de pórticos rígidos indeformáveis podem ser fabricados com aço para vencer vãos de 9,0 a 36,0 m.
- Pórticos indeformáveis geralmente são empregados em edificações com apenas um pavimento, como indústrias leves, galpões ou equipamentos de lazer.

- Caibros de perfil U simples ou perfil Z
- Espaçamento dos caibros = tamanho das telhas ou painéis de cobertura; de 1,20 a 1,50 entre eixos
- Suporte do beiral

- Travessas de parede de perfil U simples ou perfil Z

- Espaçamento dos pórticos: de 6,10 a 7,30 entre eixos
- Espaçamento dos pórticos = vão vencido pelos caibros
- Espaçamento dos pórticos = vão vencido pelas travessas de parede

- Pórticos indeformáveis oferecem resistência a esforços laterais em relação a seus planos; eles devem ser travados contra qualquer esforço perpendicular a eles.
- Essas estruturas geralmente são vedadas com telhas corrugadas de metal e painéis de madeira.

- Os pórticos de aço podem ser deixados à vista em construções que não exigem proteção contra incêndio.
- Veja a p. A.12 para proteção contra fogo de estruturas de aço.
- Alguns códigos de edificações reduzem as exigências de proteção contra incêndio das estruturas de cobertura que estejam a 7,60 m do nível do piso ou mais.

- Cumeeira
- Regra prática para pré-dimensionamento da flecha: vão/40
- Caimento de 8 a 33%
- Conexão parafusada ou soldada, para resistir a momentos fletores
- Encosto do pórtico
- Regra prática para pré-dimensionamento da largura do encosto: vão/25
- Altura das paredes externas: 2,45 a 9,15 m
- Base: 20,0 a 50,0 cm
- Vãos típicos: 9,0 a 36,0 m

CSI MasterFormat 05 12 13 Architecturally-Exposed Structural Steel Framing

6.8 TRELIÇAS PLANAS DE AÇO

- Veja a p. 2.16 para mais informações sobre treliças.

- Telhas ou painéis de metal ou cimentícios são colocados sobre os caibros.
- Perfis U ou H são distribuídos entre as treliças.
- Se os caibros não estiverem apoiados nos nós das treliças, o banzo superior destas estará sujeito a flexão.

Treliças de aço geralmente são fabricadas por soldagem ou parafusamento de cantoneiras e perfis T, formando estruturas trianguladas. Devido à esbelteza das barras da treliça, as conexões normalmente exigem o emprego de placas de união. Treliças de aço mais pesadas podem ser feitas com perfis estruturais de mesas largas ou tubulares.

- As barras são parafusadas ou soldadas com placas de união.
- Para evitar o surgimento de esforços secundários de cisalhamento e flexão, os eixos centroides das barras da treliça e as cargas impostas aos vínculos devem passar pelos nós.

- Placa de apoio de aço
- Pilar de concreto armado ou aço estrutural

- As treliças exigem travamento lateral na direção perpendicular a seus planos.
- As instalações e seus tubos, condutos e dutos podem cruzar os banzos.
- Componentes construtivos incombustíveis podem ser deixados aparentes se estiverem ao menos 6,10 m acima do nível do piso acabado; consulte o código de edificações sobre as exigências.

- Pré-dimensionamento da altura de tesouras treliçadas: vão/4 a vão/5
- Pré-dimensionamento da altura de treliças de berço: vão/6 a vão/8

- A grande altura das tesouras permite que elas vençam vãos maiores do que longarinas e vigas de perfil de aço.
- Vãos possíveis: entre 7,0 e 36,0 m

CSI MasterFormat 05 12 00 Structural Steel Framing

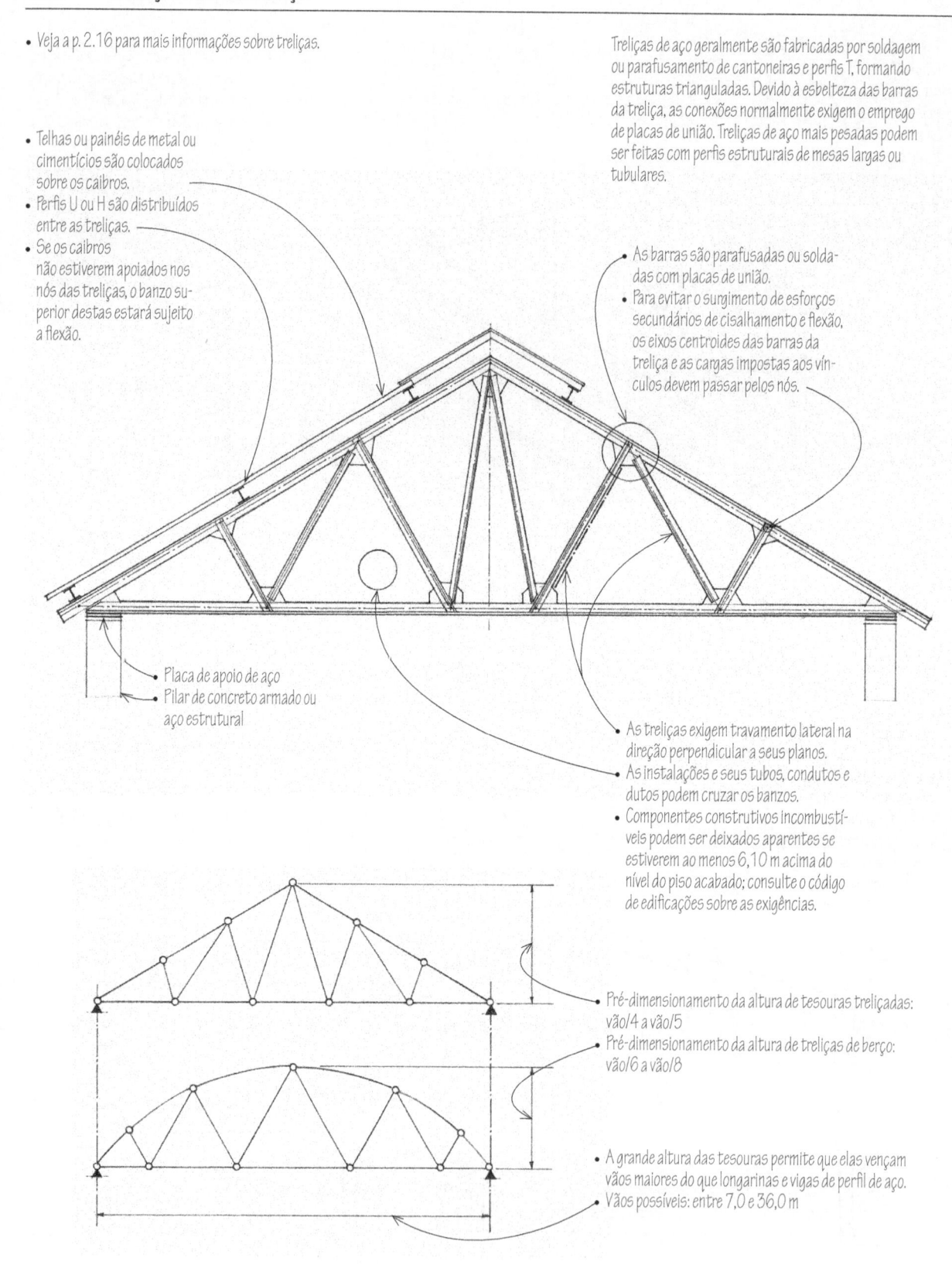

TIPOS DE TRELIÇAS PLANAS 6.9

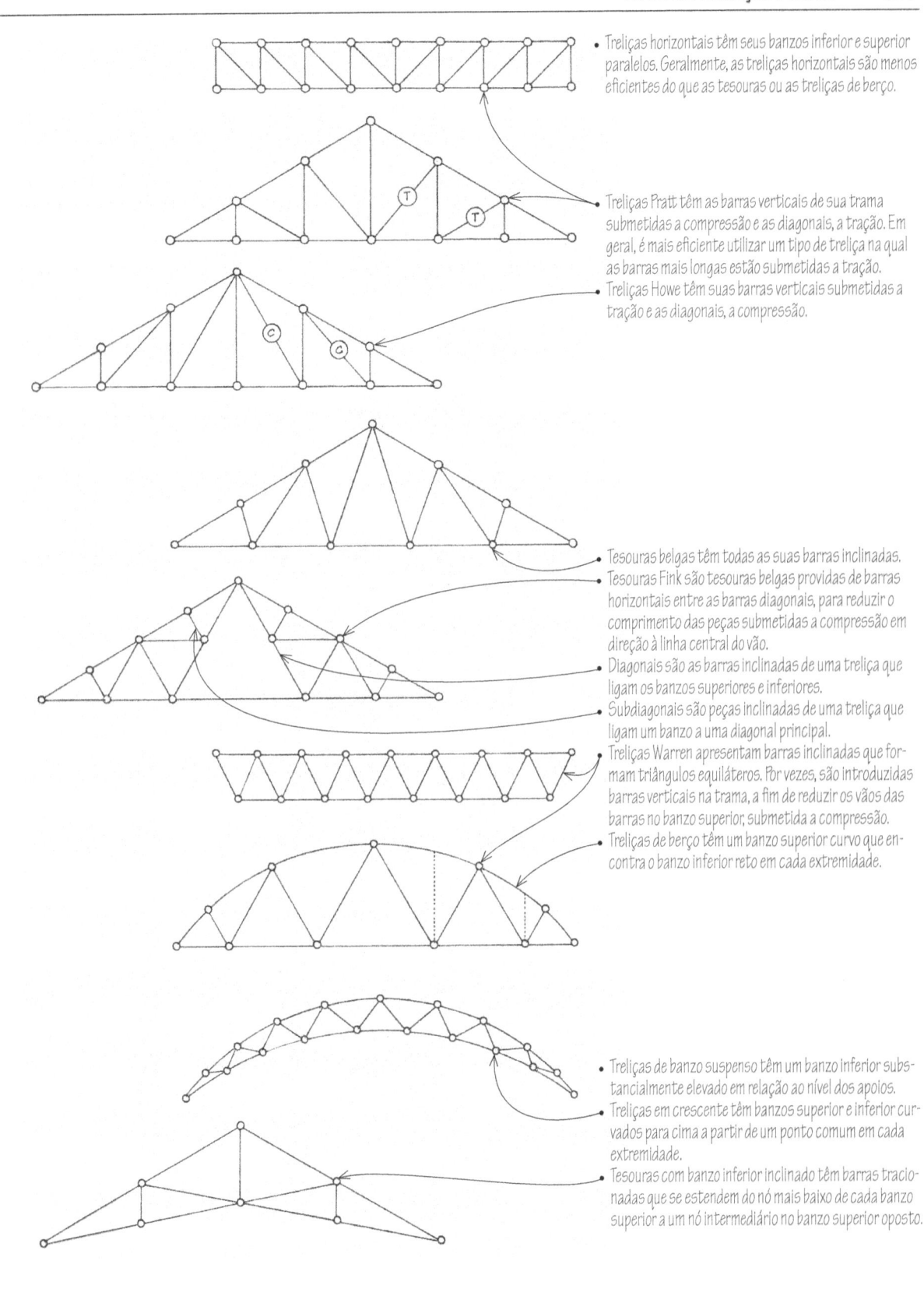

- Treliças horizontais têm seus banzos inferior e superior paralelos. Geralmente, as treliças horizontais são menos eficientes do que as tesouras ou as treliças de berço.

- Treliças Pratt têm as barras verticais de sua trama submetidas a compressão e as diagonais, a tração. Em geral, é mais eficiente utilizar um tipo de treliça na qual as barras mais longas estão submetidas a tração.

- Treliças Howe têm suas barras verticais submetidas a tração e as diagonais, a compressão.

- Tesouras belgas têm todas as suas barras inclinadas.
- Tesouras Fink são tesouras belgas providas de barras horizontais entre as barras diagonais, para reduzir o comprimento das peças submetidas a compressão em direção à linha central do vão.
- Diagonais são as barras inclinadas de uma treliça que ligam os banzos superiores e inferiores.
- Subdiagonais são peças inclinadas de uma treliça que ligam um banzo a uma diagonal principal.
- Treliças Warren apresentam barras inclinadas que formam triângulos equiláteros. Por vezes, são introduzidas barras verticais na trama, a fim de reduzir os vãos das barras no banzo superior, submetida a compressão.
- Treliças de berço têm um banzo superior curvo que encontra o banzo inferior reto em cada extremidade.

- Treliças de banzo suspenso têm um banzo inferior substancialmente elevado em relação ao nível dos apoios.
- Treliças em crescente têm banzos superior e inferior curvados para cima a partir de um ponto comum em cada extremidade.
- Tesouras com banzo inferior inclinado têm barras tracionadas que se estendem do nó mais baixo de cada banzo superior a um nó intermediário no banzo superior oposto.

6.10 TRELIÇAS ESPACIAIS

Treliças espaciais são estruturas tridimensionais em placa que vencem grandes vãos, baseadas na rigidez estrutural do triângulo e compostas de elementos lineares sujeitos apenas a forças axiais de tração e compressão. A unidade espacial mais simples de treliça espacial é um tetraedro com quatro nós e seis barras.

Malha triangular

Malha quadrada

- Os três exemplos ilustrados são apenas alguns entre os muitos padrões disponíveis.
- Módulos típicos: 1,22, 1,52, 2,44 e 3,66 m

Malha hexagonal

- Treliças espaciais podem ser construídas com diversos tipos de perfis de aço estrutural: perfis tubulares, cantoneiras, perfis T ou perfis H de mesas largas.

- Conexão soldada
- Conexão parafusada
- Conexão rosqueada

- Nós pré-fabricados conectam as barras.
- Consulte o fabricante sobre detalhes, tamanho dos módulos e vãos máximos admissíveis.

CSI MasterFormat 13 32 13 Metal Space Frames

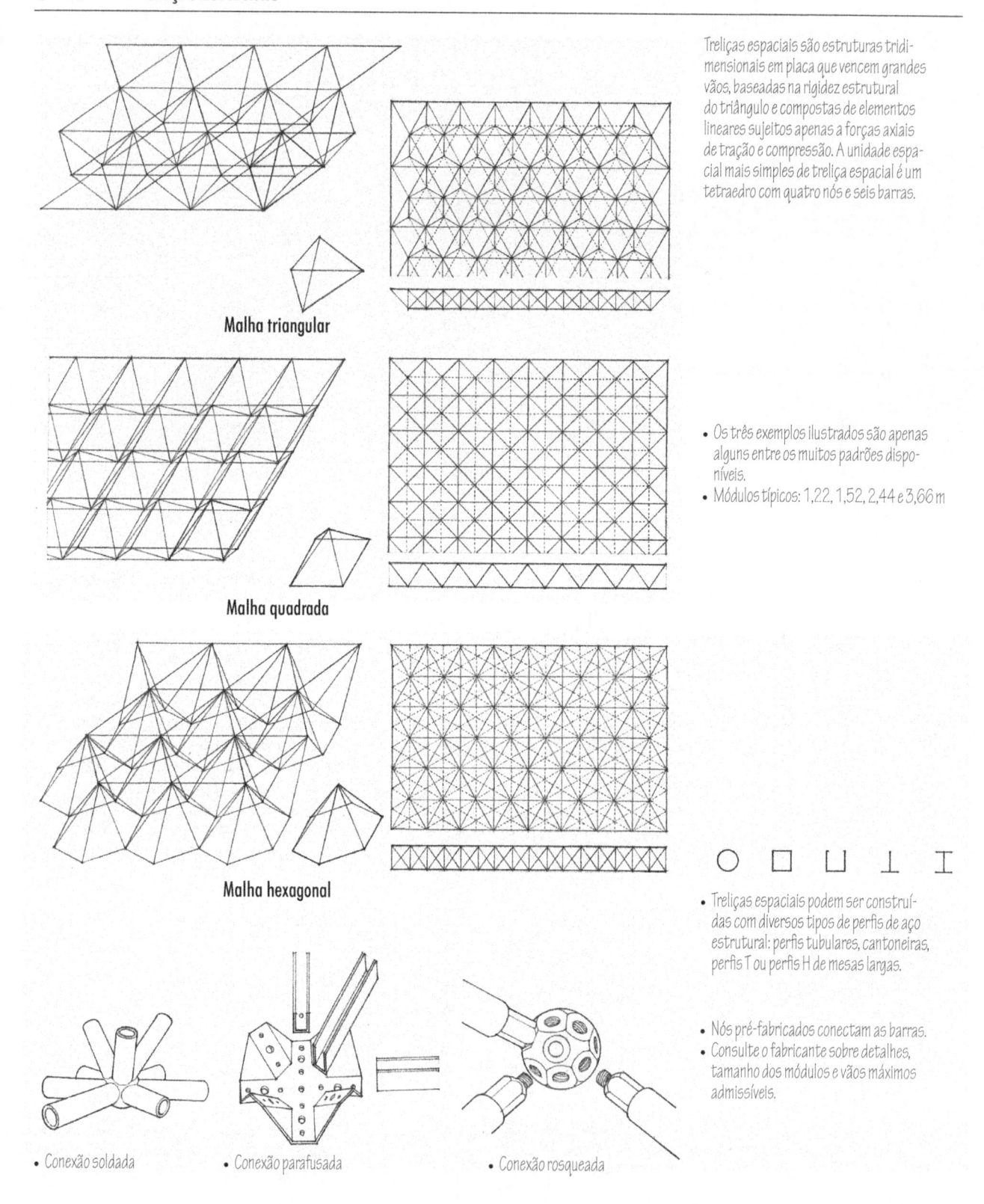

TRELIÇAS ESPACIAIS 6.11

- Assim como nas demais estruturas em placa com espessura constante, os pontos de apoio de uma treliça espacial devem formar um quadrado ou um retângulo quase quadrado, para garantir que ela trabalhe como uma estrutura bidirecional.

- Os apoios de uma treliça espacial devem ser sempre nos nós.

- Treliça apoiada pelo banzo superior
- Treliça apoiada pelo banzo inferior

- O aumento da área de contato dos apoios aumenta o número de barras sujeitas a cisalhamento e reduz os esforços a que estas estão submetidas.

- Apoio cruciforme em quatro pontos
- Capitel treliçado

- Uma parede portante de concreto armado ou de alvenaria permite a distribuição dos pontos de apoio de maneira linear.
- Chapas de apoio de aço ancoradas no concreto ou na cinta

- Parede interna
- Parede externa

- O fechamento com vidraças pode ser feito dentro dos painéis da treliça espacial ou instalado sobre eles.

- Revestimento de painéis de madeira, telhas de metal ou painéis cimentícios
- Caimento para drenagem; o mínimo recomendado é 2%.
- Altura da treliça: vão/12 a vão/20

- A fixação de telhas ou conexões com paredes são feitas nos nós.

- As instalações, ou seja, tubos, condutores e dutos, podem passar entre as barras.
- Construções incombustíveis de aço podem ser deixadas à vista se estiverem, no mínimo, a 6,10 m de altura em relação ao nível do piso acabado; consulte o código de edificações sobre as exigências para isso.

- Vão: 6 a 36 módulos
- Vão para treliças apoiadas em pilares: 9 a 24 m
- Vão para treliças apoiadas em paredes: 9 a 39 m

- Balanços: 15 a 30% do vão entre apoios

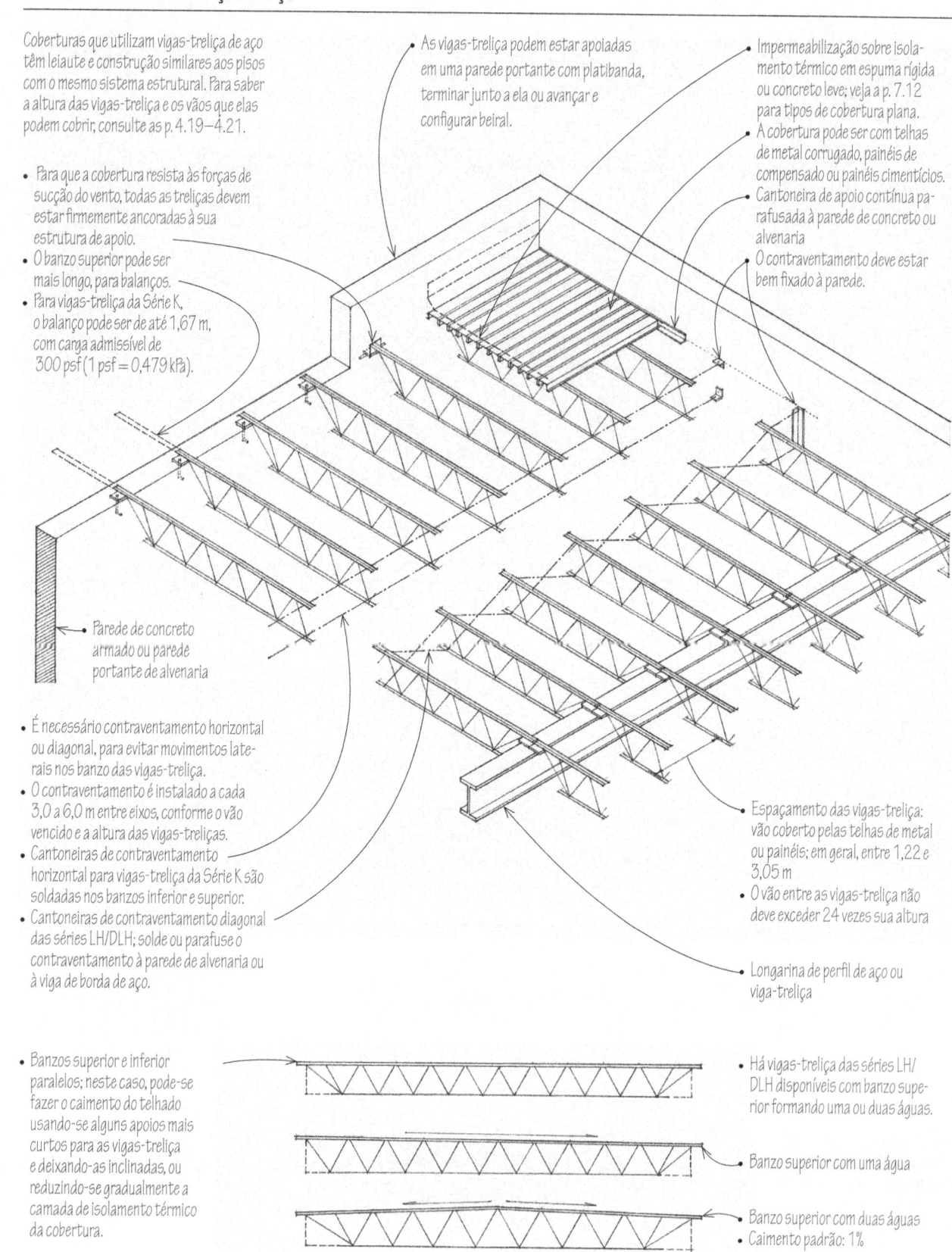

6.12 VIGAS-TRELIÇA DE AÇO

Coberturas que utilizam vigas-treliça de aço têm leiaute e construção similares aos pisos com o mesmo sistema estrutural. Para saber a altura das vigas-treliça e os vãos que elas podem cobrir, consulte as p. 4.19–4.21.

- Para que a cobertura resista às forças de sucção do vento, todas as treliças devem estar firmemente ancoradas à sua estrutura de apoio.
- O banzo superior pode ser mais longo, para balanços.
- Para vigas-treliça da Série K, o balanço pode ser de até 1,67 m, com carga admissível de 300 psf (1 psf = 0,479 kPa).

- As vigas-treliça podem estar apoiadas em uma parede portante com platibanda, terminar junto a ela ou avançar e configurar beiral.

- Impermeabilização sobre isolamento térmico em espuma rígida ou concreto leve; veja a p. 7.12 para tipos de cobertura plana.
- A cobertura pode ser com telhas de metal corrugado, painéis de compensado ou painéis cimentícios.
- Cantoneira de apoio contínua parafusada à parede de concreto ou alvenaria
- O contraventamento deve estar bem fixado à parede.

- Parede de concreto armado ou parede portante de alvenaria

- É necessário contraventamento horizontal ou diagonal, para evitar movimentos laterais nos banzo das vigas-treliça.
- O contraventamento é instalado a cada 3,0 a 6,0 m entre eixos, conforme o vão vencido e a altura das vigas-treliças.
- Cantoneiras de contraventamento horizontal para vigas-treliça da Série K são soldadas nos banzos inferior e superior.
- Cantoneiras de contraventamento diagonal das séries LH/DLH; solde ou parafuse o contraventamento à parede de alvenaria ou à viga de borda de aço.

- Espaçamento das vigas-treliça: vão coberto pelas telhas de metal ou painéis; em geral, entre 1,22 e 3,05 m
- O vão entre as vigas-treliça não deve exceder 24 vezes sua altura

- Longarina de perfil de aço ou viga-treliça

- Banzos superior e inferior paralelos; neste caso, pode-se fazer o caimento do telhado usando-se alguns apoios mais curtos para as vigas-treliça e deixando-as inclinadas, ou reduzindo-se gradualmente a camada de isolamento térmico da cobertura.

- Há vigas-treliça das séries LH/DLH disponíveis com banzo superior formando uma ou duas águas.
- Banzo superior com uma água
- Banzo superior com duas águas
- Caimento padrão: 1%

CSI MasterFormat 05 21 00 Steel Joist Framing

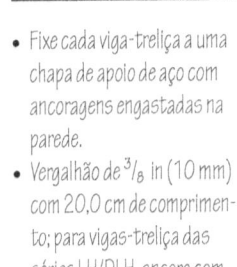

VIGAS-TRELIÇA DE AÇO   6.13

- Fixe cada viga-treliça a uma chapa de apoio de aço com ancoragens engastadas na parede.
- Vergalhão de 3/8 in (10 mm) com 20,0 cm de comprimento; para vigas-treliça das séries LH/DLH, ancore com vergalhões de 3/4 in (19 mm) e 30,0 cm de comprimento
- Apoio mínimo: 10 a 15 cm para vigas-treliça da série K; 15,0 a 30,0 cm para vigas-treliça das séries LH/DLH

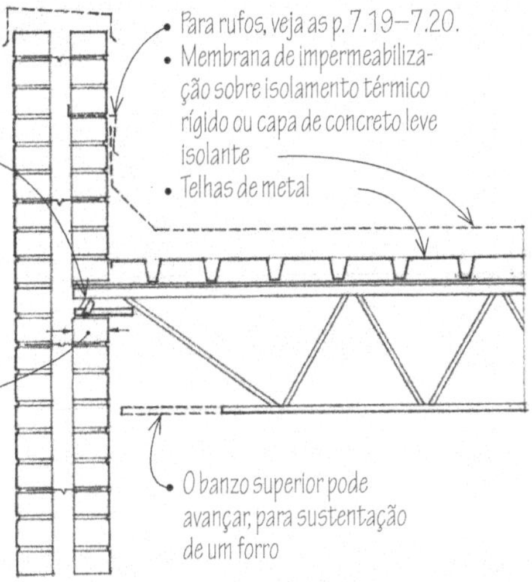

- Para rufos, veja as p. 7.19–7.20.
- Membrana de impermeabilização sobre isolamento térmico rígido ou capa de concreto leve isolante
- Telhas de metal

- O banzo superior pode avançar, para sustentação de um forro

- Espigão pré-fabricado de concreto ou metal; veja a p. 7.19.
- Cantoneira de apoio contínua para fixação do telhado parafusada à parede

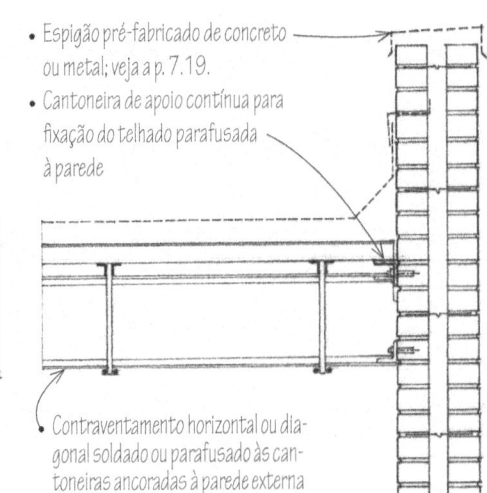

- Contraventamento horizontal ou diagonal soldado ou parafusado às cantoneiras ancoradas à parede externa

Platibanda em parede portante

- Fixe cada viga-treliça a uma chapa de apoio ancorada em uma cinta de concreto armado.
- Dois chumbadores de 1/2 in (13 mm); para vigas-treliça das séries LH/DLH, use dois chumbadores de 3/4 in (19 mm).

- Retém de cascalho e chapa de remate
- As telhas de metal são fixadas a todos os suportes com solda pudlada ou conectores mecânicos

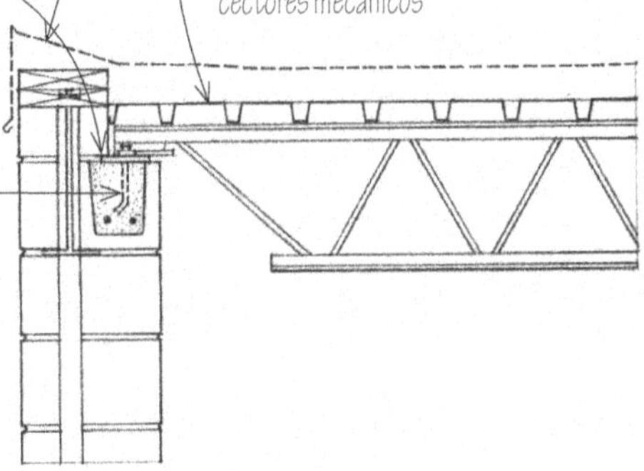

Platibanda em parede externa

- Duas tábuas de madeira tratada; fixe com chumbadores de 1/2 in (13 mm) a cada 1,80 m entre eixos, no máximo
- Cantoneira de apoio contínua para fixação do telhado parafusada à parede

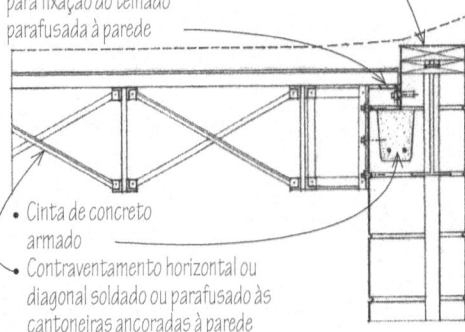

- Cinta de concreto armado
- Contraventamento horizontal ou diagonal soldado ou parafusado às cantoneiras ancoradas à parede da extremidade

Parede portante sem beiral

- Apoio mínimo: 6,5 cm para vigas-treliça da série K; 10 cm para vigas-treliça das séries LH/DLH
- Duas soldas de filete de 1/8 in (6 mm) com 50 mm de comprimento ou um chumbador de 1/2 in (13 mm)
- Para vigas-treliça das séries LH/DLH, duas soldas de filete de 1/4 in (12 mm) com 50 mm de comprimento ou dois chumbadores de 3/4 in (19 mm)

Parede externa sem beiral

- Revestimento de concreto pré-moldado ou pedra afeiçoada
- Parafuso de expansão inserido em furo alongado, para sustentar a cantoneira de aço
- Cantoneira de aço embutida na borda da laje de concreto

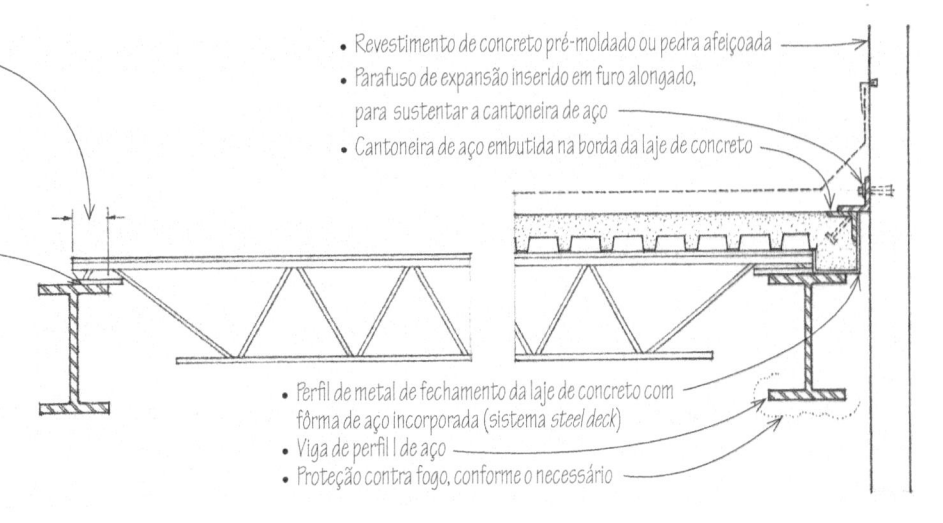

- Perfil de metal de fechamento da laje de concreto com fôrma de aço incorporada (sistema *steel deck*)
- Viga de perfil I de aço
- Proteção contra fogo, conforme o necessário

Estrutura independente de aço   **Parede com platibanda**

6.14 TELHAS DE METAL

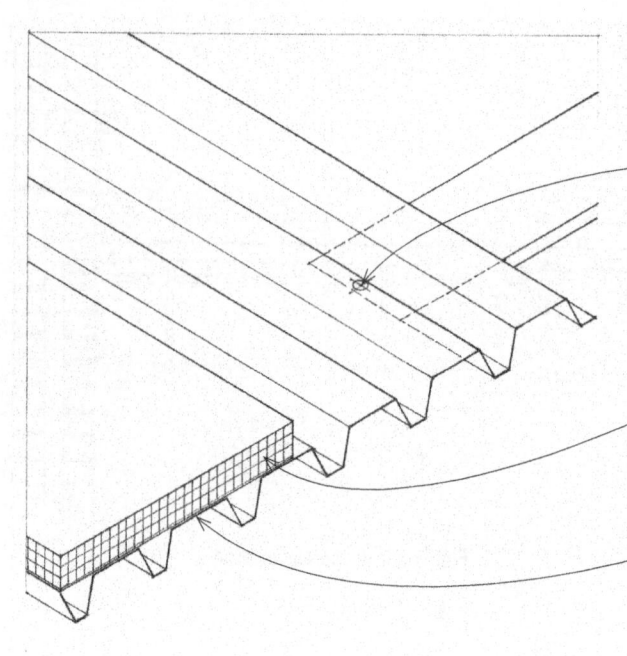

Telhas de metal são corrugadas, para maior rigidez e capacidade de vencimento de vãos entre vigas-treliça de aço ou outras vigas de perfil de aço mais espaçadas, e servem como base para o isolamento térmico e a impermeabilização.

- As telhas são soldadas por pudlagem ou fixadas por meios mecânicos às vigas ou vigas-treliça do telhado.
- As telhas são conectadas entre si nas laterais, por meio de parafusos, soldas ou prensagem das juntas verticais.
- Se as telhas do telhado tiverem a função de diafragma estrutural e transferirem cargas laterais a paredes de cisalhamento, todo seu perímetro deverá ser soldado a suportes de aço. Além disso, talvez as exigências para apoio e fixação por sobreposição lateral sejam mais rigorosas.
- Coberturas de metal muitas vezes são usadas com um capeamento de concreto, exigindo painéis de madeira estrutural, painéis cimentícios ou painéis de isolamento térmico rígido para cobrir as corrugações das telhas e criar uma superfície firme e lisa para a membrana de impermeabilização e a camada de isolamento térmico, se for o caso.
- Para que haja uma superfície máxima de adesão efetiva para o isolamento térmico rígido, as corrugações superiores devem ser largas e planas. Se as telhas tiverem ranhuras para enrijecimento, a camada de isolamento talvez precise ser fixada com conectores mecânicos.
- Os telhados de metal têm baixa permeabilidade a vapores, mas, em função do grande número de juntas, não são estanques ao ar. Se for necessária uma barreira de ar para evitar a penetração de umidade na cobertura composta, pode-se empregar uma capa de concreto. Caso uma camada de concreto leve para isolamento seja utilizada, a cobertura talvez tenha aberturas para ventilação e liberação da umidade e da pressão de vapor.

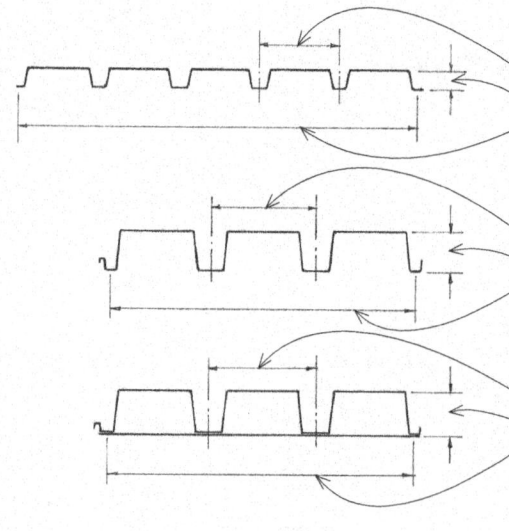

Telhas de metal trapezoidais
- 15 cm
- Espessura: 3,8 cm; cobrem vãos de 1,22 a 2,75 m
- Largura: 61,0, 76,0 e 91,5 cm

Telhas de metal trapezoidais
- 20,5 cm
- Espessura: 7,5 e 11,5 cm; cobrem vãos de 2,44 a 4,88 m
- Largura: 30,5, 61,0 cm

Telhas de metal celulares
- 15,0 cm
- Espessura: 7,5 cm; cobrem vãos de 3,05 a 6,10 m
- Largura: 61,0 cm

- Telhados acústicos utilizados como forros absorventes de som contêm fibras de vidro entre as nervuras perfuradas de telhas trapezoidais ou nas células perfuradas de telhas celulares.
- Os tipos de telha variam bastante. Consulte o fabricante sobre perfis, comprimentos, espessuras, vãos admissíveis e detalhes de instalação.

CSI MasterFormat 05 30 00 Metal Decking

PAINÉIS CIMENTÍCIOS DE COBERTURA 6.15

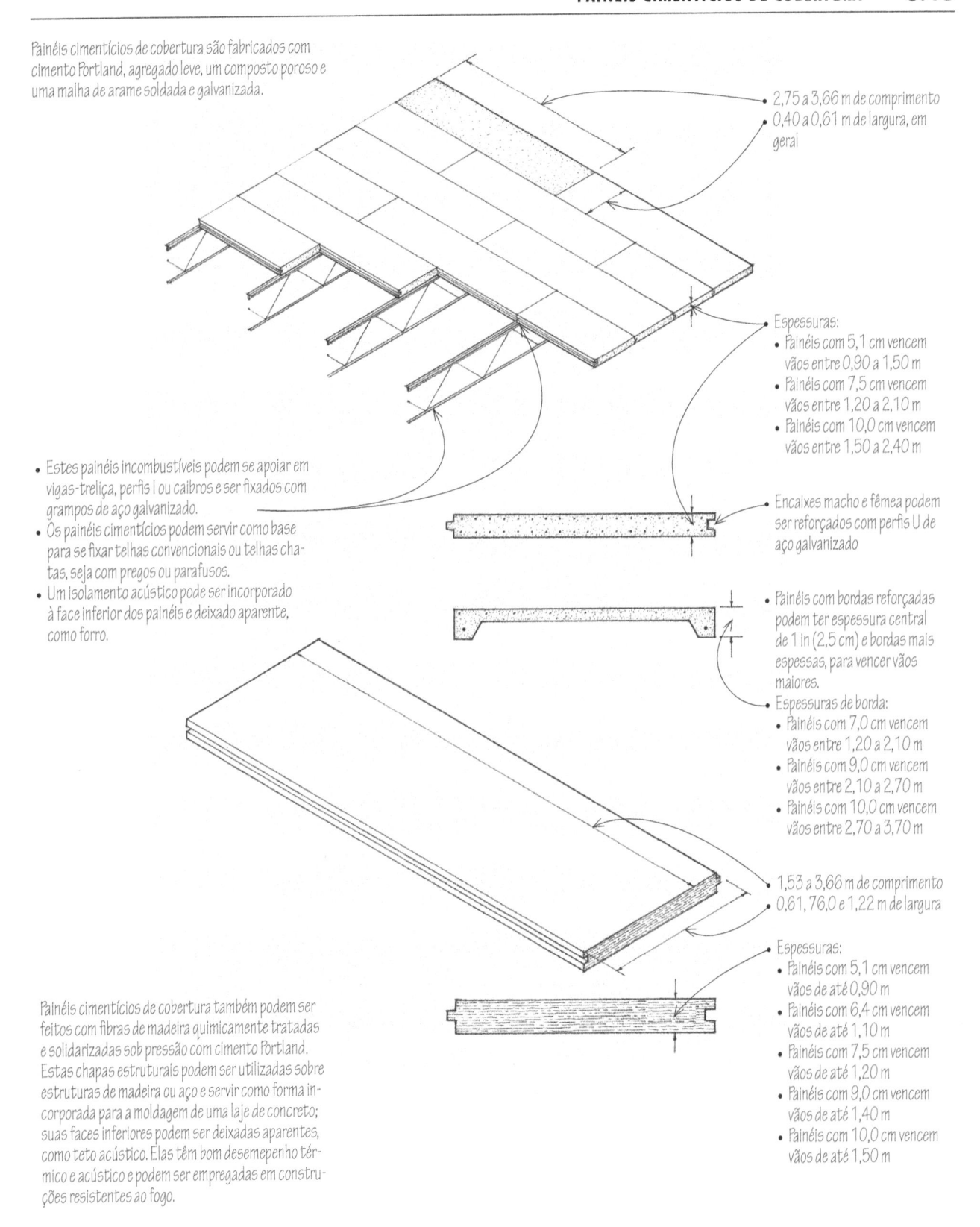

Painéis cimentícios de cobertura são fabricados com cimento Portland, agregado leve, um composto poroso e uma malha de arame soldada e galvanizada.

- 2,75 a 3,66 m de comprimento
- 0,40 a 0,61 m de largura, em geral

- Espessuras:
  - Painéis com 5,1 cm vencem vãos entre 0,90 a 1,50 m
  - Painéis com 7,5 cm vencem vãos entre 1,20 a 2,10 m
  - Painéis com 10,0 cm vencem vãos entre 1,50 a 2,40 m

- Estes painéis incombustíveis podem se apoiar em vigas-treliça, perfis I ou caibros e ser fixados com grampos de aço galvanizado.
- Os painéis cimentícios podem servir como base para se fixar telhas convencionais ou telhas chatas, seja com pregos ou parafusos.
- Um isolamento acústico pode ser incorporado à face inferior dos painéis e deixado aparente, como forro.

- Encaixes macho e fêmea podem ser reforçados com perfis U de aço galvanizado

- Painéis com bordas reforçadas podem ter espessura central de 1 in (2,5 cm) e bordas mais espessas, para vencer vãos maiores.
- Espessuras de borda:
  - Painéis com 7,0 cm vencem vãos entre 1,20 a 2,10 m
  - Painéis com 9,0 cm vencem vãos entre 2,10 a 2,70 m
  - Painéis com 10,0 cm vencem vãos entre 2,70 a 3,70 m

- 1,53 a 3,66 m de comprimento
- 0,61, 76,0 e 1,22 m de largura

- Espessuras:
  - Painéis com 5,1 cm vencem vãos de até 0,90 m
  - Painéis com 6,4 cm vencem vãos de até 1,10 m
  - Painéis com 7,5 cm vencem vãos de até 1,20 m
  - Painéis com 9,0 cm vencem vãos de até 1,40 m
  - Painéis com 10,0 cm vencem vãos de até 1,50 m

Painéis cimentícios de cobertura também podem ser feitos com fibras de madeira quimicamente tratadas e solidarizadas sob pressão com cimento Portland. Estas chapas estruturais podem ser utilizadas sobre estruturas de madeira ou aço e servir como forma incorporada para a moldagem de uma laje de concreto; suas faces inferiores podem ser deixadas aparentes, como teto acústico. Elas têm bom desemepenho térmico e acústico e podem ser empregadas em construções resistentes ao fogo.

CSI MasterFormat 03 51 13 Cementitious Wood Fiber Decks

6.16 ESTRUTURAS DE TELHADOS DE MADEIRA

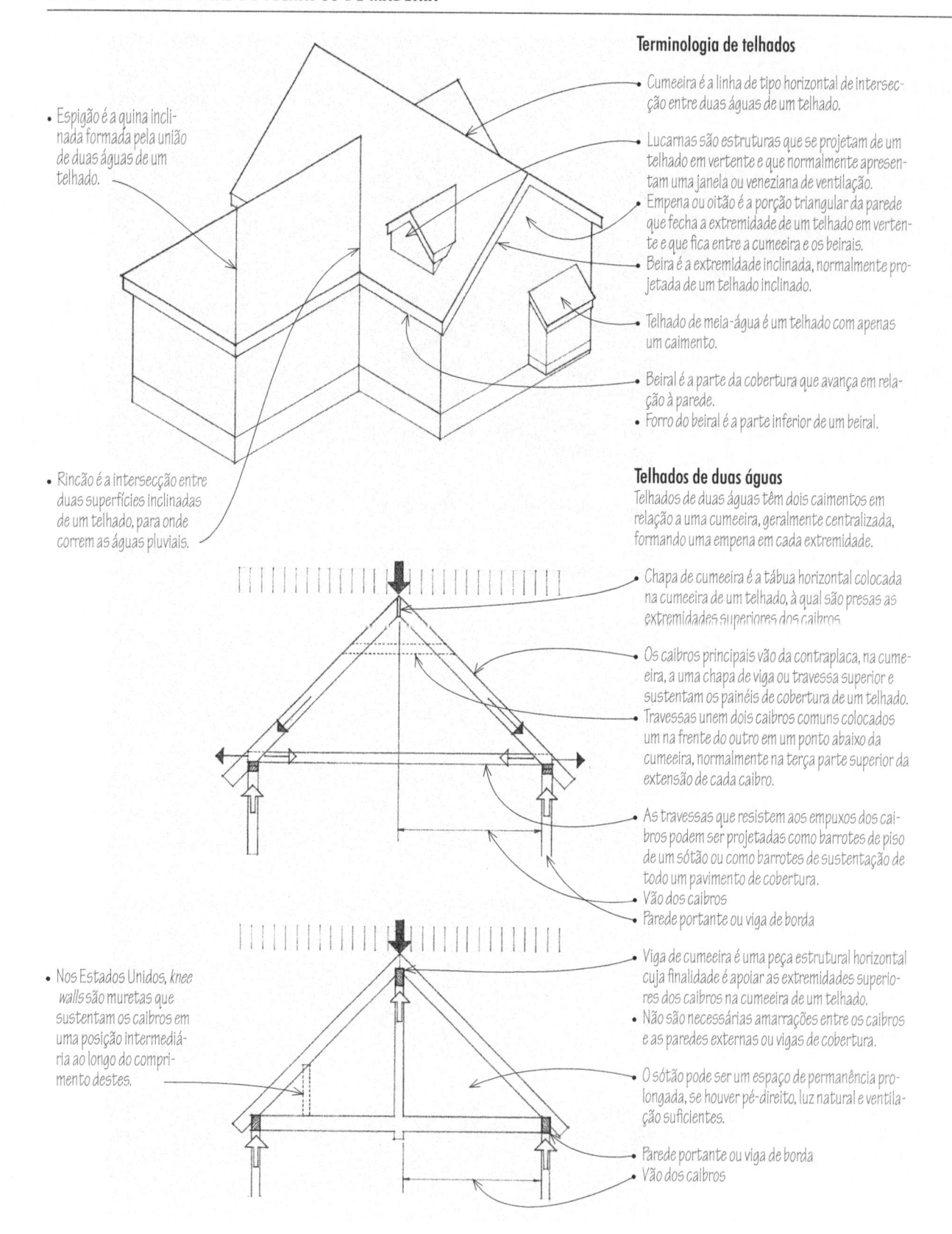

Terminologia de telhados

- Cumeeira é a linha de tipo horizontal de intersecção entre duas águas de um telhado.
- Lucarnas são estruturas que se projetam de um telhado em vertente e que normalmente apresentam uma janela ou veneziana de ventilação.
- Empena ou oitão é a porção triangular da parede que fecha a extremidade de um telhado em vertente e que fica entre a cumeeira e os beirais.
- Beira é a extremidade inclinada, normalmente projetada de um telhado inclinado.
- Telhado de meia-água é um telhado com apenas um caimento.
- Beiral é a parte da cobertura que avança em relação à parede.
- Forro do beiral é a parte inferior de um beiral.

- Espigão é a quina inclinada formada pela união de duas águas de um telhado.

- Rincão é a intersecção entre duas superfícies inclinadas de um telhado, para onde correm as águas pluviais.

Telhados de duas águas

Telhados de duas águas têm dois caimentos em relação a uma cumeeira, geralmente centralizada, formando uma empena em cada extremidade.

- Chapa de cumeeira é a tábua horizontal colocada na cumeeira de um telhado, à qual são presas as extremidades superiores dos caibros.
- Os caibros principais vão da contraplaca, na cumeeira, a uma chapa de viga ou travessa superior e sustentam os painéis de cobertura de um telhado.
- Travessas unem dois caibros comuns colocados um na frente do outro em um ponto abaixo da cumeeira, normalmente na terça parte superior da extensão de cada caibro.
- As travessas que resistem aos empuxos dos caibros podem ser projetadas como barrotes de piso de um sótão ou como barrotes de sustentação de todo um pavimento de cobertura.
- Vão dos caibros
- Parede portante ou viga de borda

- Nos Estados Unidos, *knee walls* são muretas que sustentam os caibros em uma posição intermediária ao longo do comprimento destes.

- Viga de cumeeira é uma peça estrutural horizontal cuja finalidade é apoiar as extremidades superiores dos caibros na cumeeira de um telhado.
- Não são necessárias amarrações entre os caibros e as paredes externas ou vigas de cobertura.
- O sótão pode ser um espaço de permanência prolongada, se houver pé-direito, luz natural e ventilação suficientes.
- Parede portante ou viga de borda
- Vão dos caibros

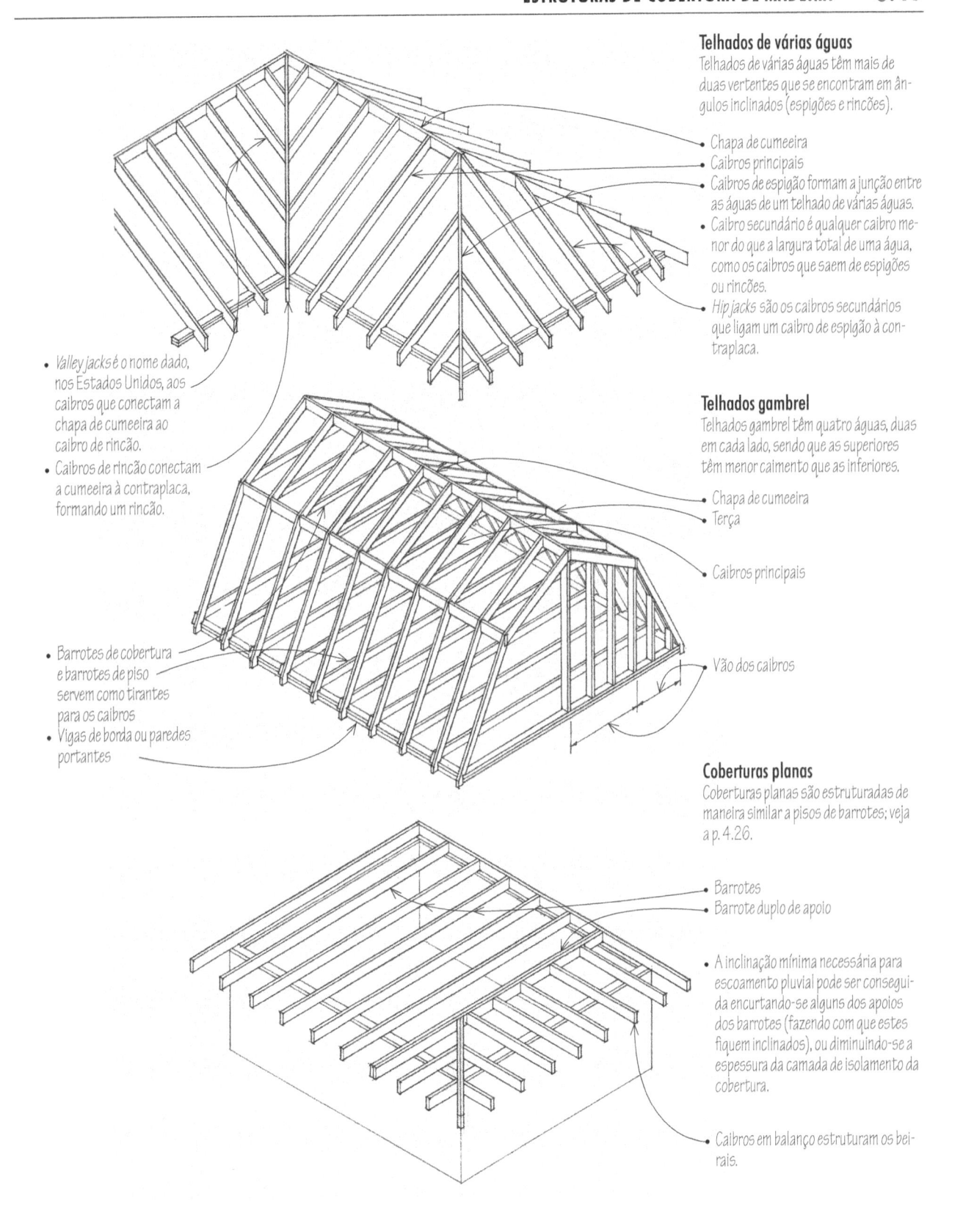

ESTRUTURAS DE COBERTURA DE MADEIRA 6.17

Telhados de várias águas
Telhados de várias águas têm mais de duas vertentes que se encontram em ângulos inclinados (espigões e rincões).

- Chapa de cumeeira
- Caibros principais
- Caibros de espigão formam a junção entre as águas de um telhado de várias águas.
- Caibro secundário é qualquer caibro menor do que a largura total de uma água, como os caibros que saem de espigões ou rincões.
- Hip jacks são os caibros secundários que ligam um caibro de espigão à contraplaca.

- Valley jacks é o nome dado, nos Estados Unidos, aos caibros que conectam a chapa de cumeeira ao caibro de rincão.
- Caibros de rincão conectam a cumeeira à contraplaca, formando um rincão.

Telhados gambrel
Telhados gambrel têm quatro águas, duas em cada lado, sendo que as superiores têm menor caimento que as inferiores.

- Chapa de cumeeira
- Terça
- Caibros principais
- Vão dos caibros

- Barrotes de cobertura e barrotes de piso servem como tirantes para os caibros
- Vigas de borda ou paredes portantes

Coberturas planas
Coberturas planas são estruturadas de maneira similar a pisos de barrotes; veja a p. 4.26.

- Barrotes
- Barrote duplo de apoio

- A inclinação mínima necessária para escoamento pluvial pode ser conseguida encurtando-se alguns dos apoios dos barrotes (fazendo com que estes fiquem inclinados), ou diminuindo-se a espessura da camada de isolamento da cobertura.

- Caibros em balanço estruturam os beirais.

6.18 ESTRUTURAS DE COBERTURA LEVES

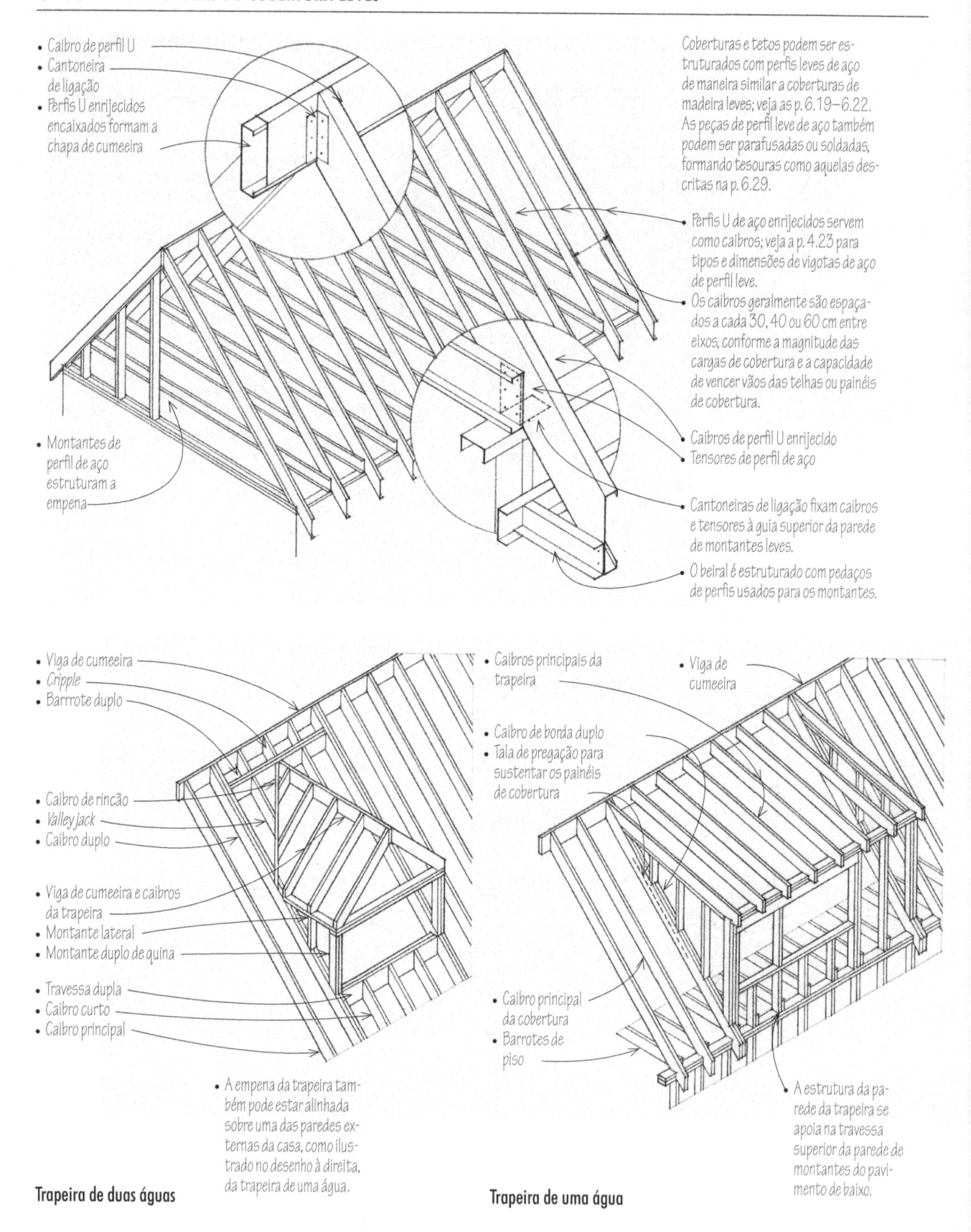

- Caibro de perfil U
- Cantoneira de ligação
- Perfis U enrijecidos encaixados formam a chapa de cumeeira

Coberturas e tetos podem ser estruturados com perfis leves de aço de maneira similar a coberturas de madeira leves; veja as p. 6.19–6.22. As peças de perfil leve de aço também podem ser parafusadas ou soldadas, formando tesouras como aquelas descritas na p. 6.29.

- Perfis U de aço enrijecidos servem como caibros; veja a p. 4.23 para tipos e dimensões de vigotas de aço de perfil leve.
- Os caibros geralmente são espaçados a cada 30, 40 ou 60 cm entre eixos, conforme a magnitude das cargas de cobertura e a capacidade de vencer vãos das telhas ou painéis de cobertura.

- Montantes de perfil de aço estruturam a empena

- Caibros de perfil U enrijecido
- Tensores de perfil de aço
- Cantoneiras de ligação fixam caibros e tensores à guia superior da parede de montantes leves.
- O beiral é estruturado com pedaços de perfis usados para os montantes.

- Viga de cumeeira
- Cripple
- Barrrote duplo

- Caibros principais da trapeira
- Cabro de borda duplo
- Tala de pregação para sustentar os painéis de cobertura

- Viga de cumeeira

- Caibro de rincão
- Valley jack
- Caibro duplo

- Viga de cumeeira e caibros da trapeira
- Montante lateral
- Montante duplo de quina

- Travessa dupla
- Caibro curto
- Caibro principal

- Caibro principal da cobertura
- Barrotes de piso

- A empena da trapeira também pode estar alinhada sobre uma das paredes externas da casa, como ilustrado no desenho à direita, da trapeira de uma água.

- A estrutura da parede da trapeira se apoia na travessa superior da parede de montantes do pavimento de baixo.

Trapeira de duas águas

Trapeira de uma água

CSI MasterFormat 05 40 00 Cold-Formed Metal Framing

- Veja as p. 6.16–6.17 para estruturas de cobertura leves e terminologia.

CAIBROS DE MADEIRA 6.19

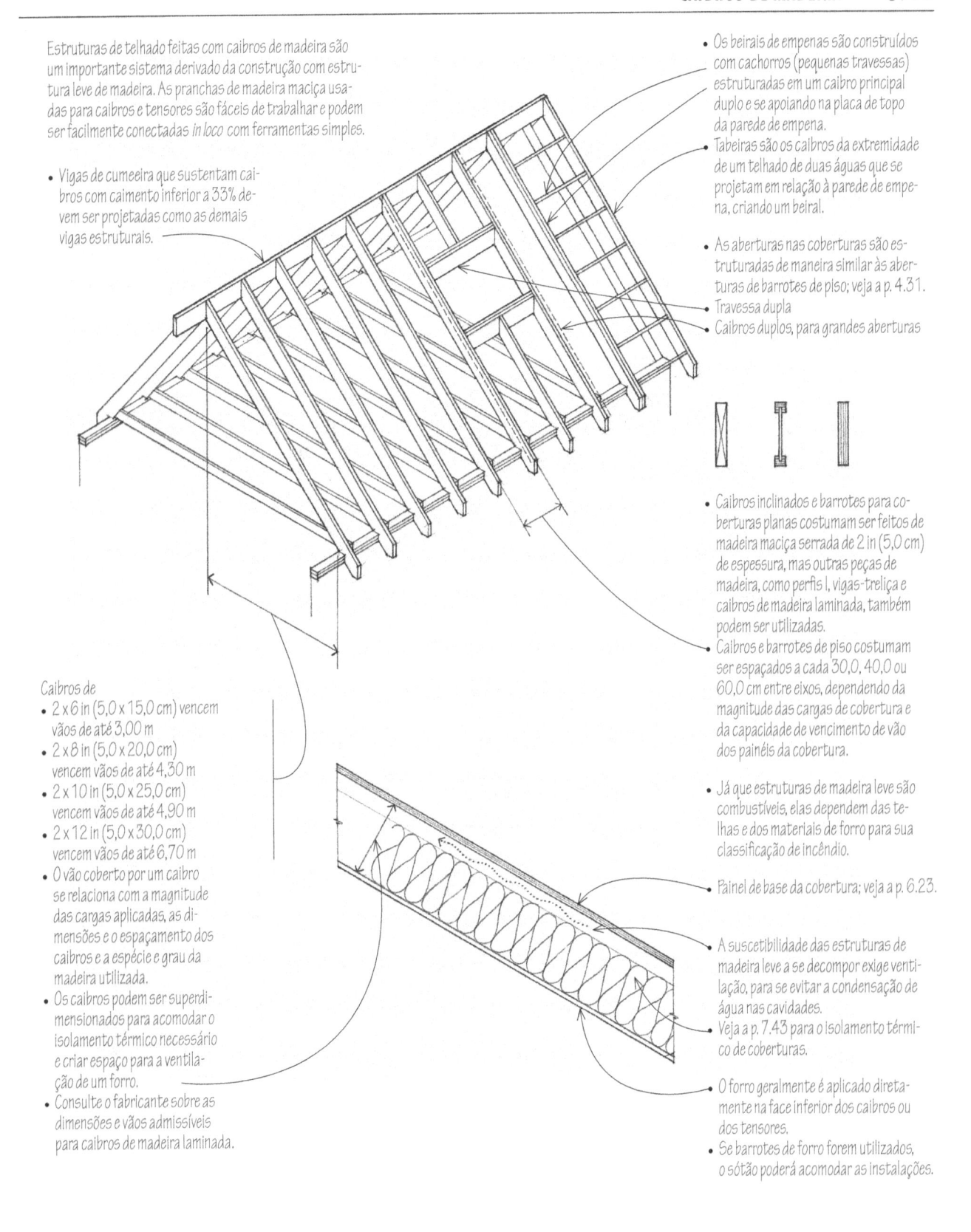

Estruturas de telhado feitas com caibros de madeira são um importante sistema derivado da construção com estrutura leve de madeira. As pranchas de madeira maciça usadas para caibros e tensores são fáceis de trabalhar e podem ser facilmente conectadas *in loco* com ferramentas simples.

- Vigas de cumeeira que sustentam caibros com caimento inferior a 33% devem ser projetadas como as demais vigas estruturais.

Caibros de
- 2 x 6 in (5,0 x 15,0 cm) vencem vãos de até 3,00 m
- 2 x 8 in (5,0 x 20,0 cm) vencem vãos de até 4,30 m
- 2 x 10 in (5,0 x 25,0 cm) vencem vãos de até 4,90 m
- 2 x 12 in (5,0 x 30,0 cm) vencem vãos de até 6,70 m
- O vão coberto por um caibro se relaciona com a magnitude das cargas aplicadas, as dimensões e o espaçamento dos caibros e a espécie e grau da madeira utilizada.
- Os caibros podem ser superdimensionados para acomodar o isolamento térmico necessário e criar espaço para a ventilação de um forro.
- Consulte o fabricante sobre as dimensões e vãos admissíveis para caibros de madeira laminada.

- Os beirais de empenas são construídos com cachorros (pequenas travessas) estruturadas em um caibro principal duplo e se apoiando na placa de topo da parede de empena.
- Tabeiras são os caibros da extremidade de um telhado de duas águas que se projetam em relação à parede de empena, criando um beiral.
- As aberturas nas coberturas são estruturadas de maneira similar às aberturas de barrotes de piso; veja a p. 4.31.
- Travessa dupla
- Caibros duplos, para grandes aberturas

- Caibros inclinados e barrotes para coberturas planas costumam ser feitos de madeira maciça serrada de 2 in (5,0 cm) de espessura, mas outras peças de madeira, como perfis I, vigas-treliça e caibros de madeira laminada, também podem ser utilizadas.
- Caibros e barrotes de piso costumam ser espaçados a cada 30,0, 40,0 ou 60,0 cm entre eixos, dependendo da magnitude das cargas de cobertura e da capacidade de vencimento de vão dos painéis da cobertura.
- Já que estruturas de madeira leve são combustíveis, elas dependem das telhas e dos materiais de forro para sua classificação de incêndio.
- Painel de base da cobertura; veja a p. 6.23.
- A suscetibilidade das estruturas de madeira leve a se decompor exige ventilação, para se evitar a condensação de água nas cavidades.
- Veja a p. 7.43 para o isolamento térmico de coberturas.
- O forro geralmente é aplicado diretamente na face inferior dos caibros ou dos tensores.
- Se barrotes de forro forem utilizados, o sótão poderá acomodar as instalações.

CSI MasterFormat 06 10 00 Rough Carpentry
CSI MasterFormat 06 11 00 Wood Framing

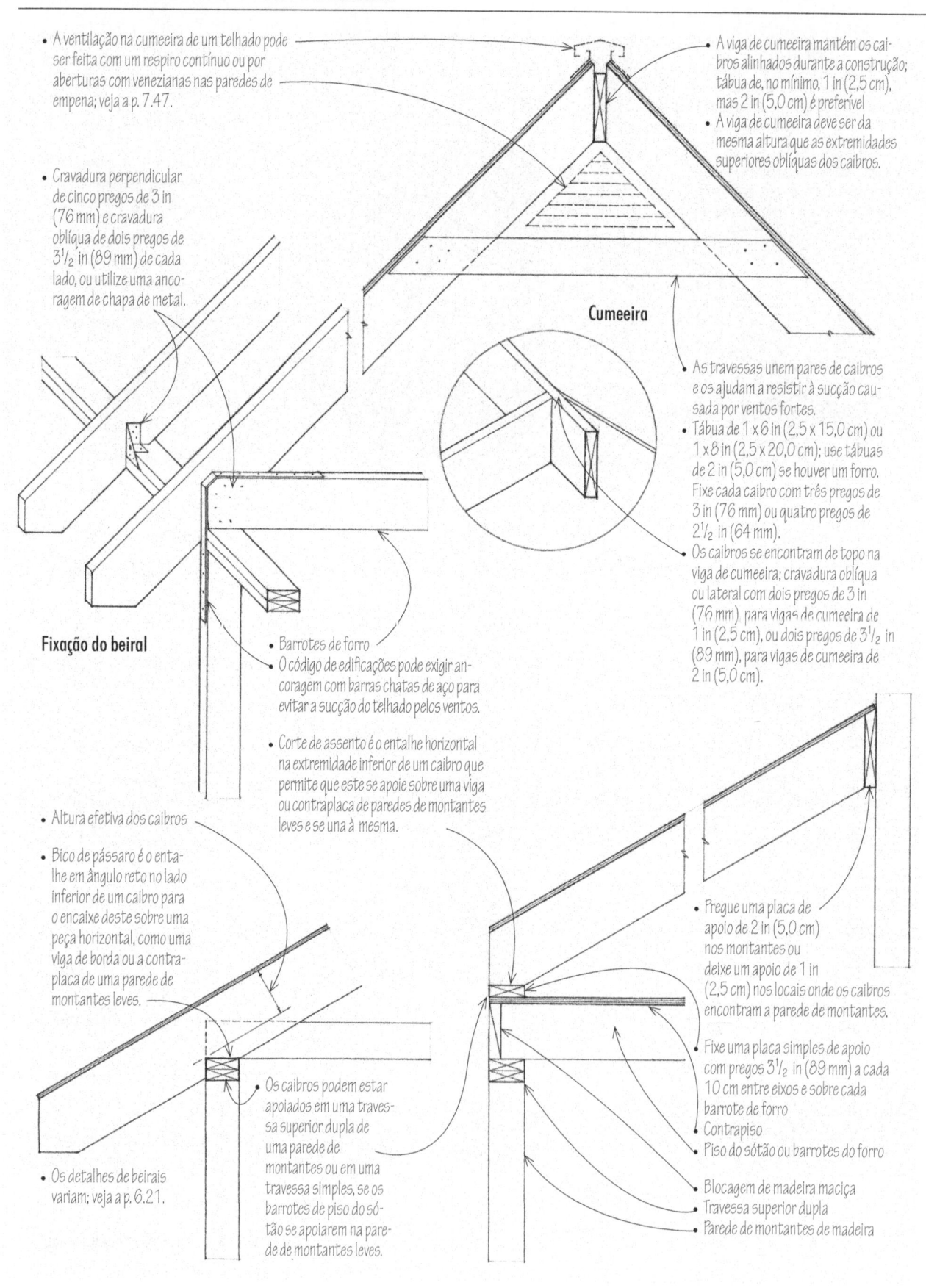

6.20 TELHADOS COM CAIBROS DE MADEIRA

- A ventilação na cumeeira de um telhado pode ser feita com um respiro contínuo ou por aberturas com venezianas nas paredes de empena; veja a p. 7.47.

- Cravadura perpendicular de cinco pregos de 3 in (76 mm) e cravadura oblíqua de dois pregos de 3 1/2 in (89 mm) de cada lado, ou utilize uma ancoragem de chapa de metal.

- A viga de cumeeira mantém os caibros alinhados durante a construção; tábua de, no mínimo, 1 in (2,5 cm), mas 2 in (5,0 cm) é preferível
- A viga de cumeeira deve ser da mesma altura que as extremidades superiores oblíquas dos caibros.

Cumeeira

- As travessas unem pares de caibros e os ajudam a resistir à sucção causada por ventos fortes.
- Tábua de 1 x 6 in (2,5 x 15,0 cm) ou 1 x 8 in (2,5 x 20,0 cm); use tábuas de 2 in (5,0 cm) se houver um forro. Fixe cada caibro com três pregos de 3 in (76 mm) ou quatro pregos de 2 1/2 in (64 mm).
- Os caibros se encontram de topo na viga de cumeeira; cravadura oblíqua ou lateral com dois pregos de 3 in (76 mm), para vigas de cumeeira de 1 in (2,5 cm), ou dois pregos de 3 1/2 in (89 mm), para vigas de cumeeira de 2 in (5,0 cm).

Fixação do beiral

- Barrotes de forro
- O código de edificações pode exigir ancoragem com barras chatas de aço para evitar a sucção do telhado pelos ventos.

- Corte de assento é o entalhe horizontal na extremidade inferior de um caibro que permite que este se apoie sobre uma viga ou contraplaca de paredes de montantes leves e se una à mesma.

- Altura efetiva dos caibros
- Bico de pássaro é o entalhe em ângulo reto no lado inferior de um caibro para o encaixe deste sobre uma peça horizontal, como uma viga de borda ou a contraplaca de uma parede de montantes leves.

- Os detalhes de beirais variam; veja a p. 6.21.

- Os caibros podem estar apoiados em uma travessa superior dupla de uma parede de montantes ou em uma travessa simples, se os barrotes de piso do sótão se apoiarem na parede de montantes leves.

- Pregue uma placa de apoio de 2 in (5,0 cm) nos montantes ou deixe um apoio de 1 in (2,5 cm) nos locais onde os caibros encontram a parede de montantes.

- Fixe uma placa simples de apoio com pregos 3 1/2 in (89 mm) a cada 10 cm entre eixos e sobre cada barrote de forro
- Contrapiso
- Piso do sótão ou barrotes do forro
- Blocagem de madeira maciça
- Travessa superior dupla
- Parede de montantes de madeira

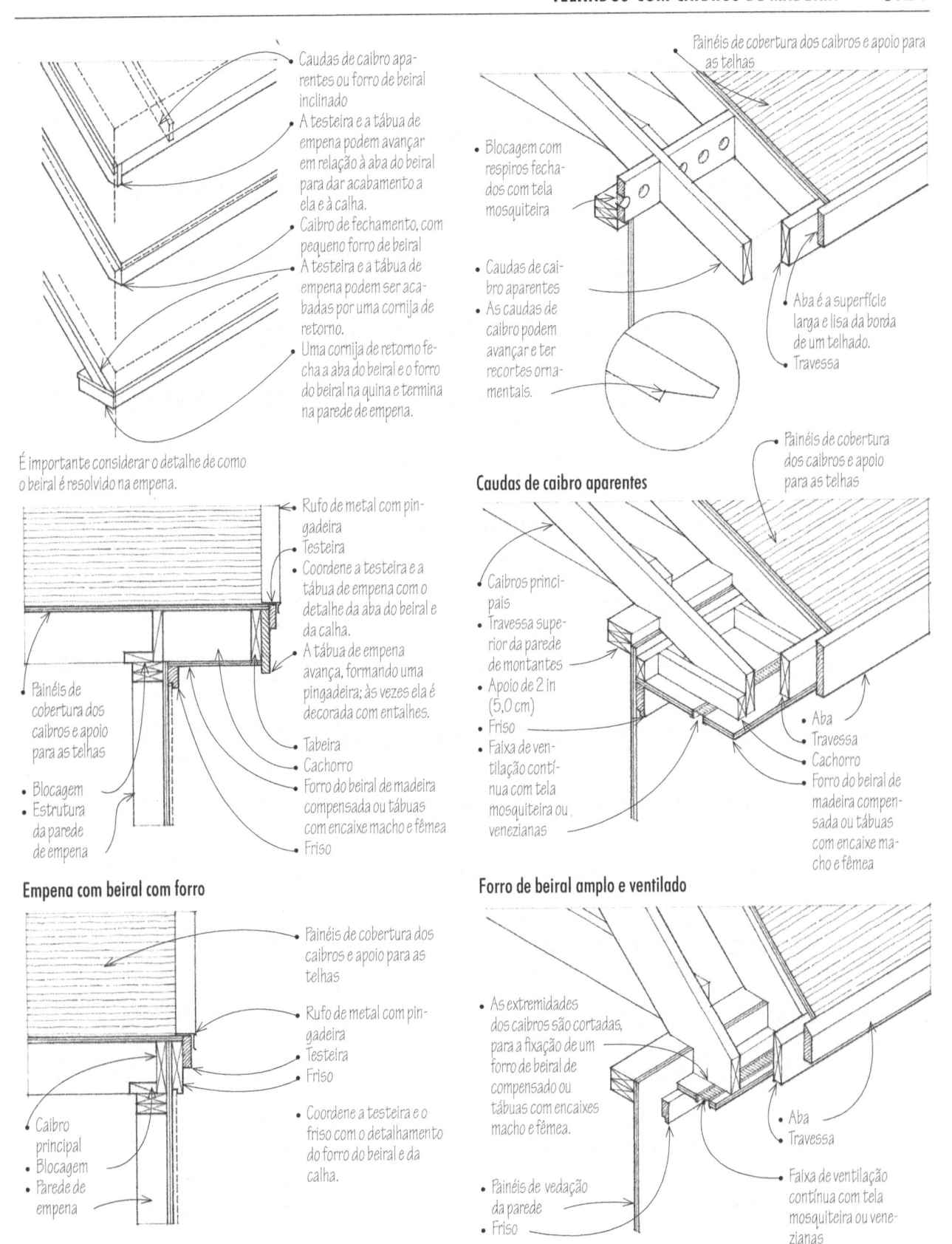

TELHADOS COM CAIBROS DE MADEIRA   6.21

- Caudas de caibro aparentes ou forro de beiral inclinado
- A testeira e a tábua de empena podem avançar em relação à aba do beiral para dar acabamento a ela e à calha.
- Caibro de fechamento, com pequeno forro de beiral
- A testeira e a tábua de empena podem ser acabadas por uma cornija de retorno.
- Uma cornija de retorno fecha a aba do beiral e o forro do beiral na quina e termina na parede de empena.

É importante considerar o detalhe de como o beiral é resolvido na empena.

- Painéis de cobertura dos caibros e apoio para as telhas
- Blocagem com respiros fechados com tela mosquiteira
- Caudas de caibro aparentes
- As caudas de caibro podem avançar e ter recortes ornamentais.
- Aba é a superfície larga e lisa da borda de um telhado.
- Travessa

Caudas de caibro aparentes

- Painéis de cobertura dos caibros e apoio para as telhas
- Rufo de metal com pingadeira
- Testeira
- Coordene a testeira e a tábua de empena com o detalhe da aba do beiral e da calha.
- A tábua de empena avança, formando uma pingadeira; às vezes ela é decorada com entalhes.
- Tabeira
- Cachorro
- Forro do beiral de madeira compensada ou tábuas com encaixe macho e fêmea
- Friso

- Painéis de cobertura dos caibros e apoio para as telhas
- Blocagem
- Estrutura da parede de empena

- Caibros principais
- Travessa superior da parede de montantes
- Apoio de 2 in (5,0 cm)
- Friso
- Faixa de ventilação contínua com tela mosquiteira ou venezianas
- Aba
- Travessa
- Cachorro
- Forro do beiral de madeira compensada ou tábuas com encaixe macho e fêmea

Empena com beiral com forro

Forro de beiral amplo e ventilado

- Painéis de cobertura dos caibros e apoio para as telhas
- Rufo de metal com pingadeira
- Testeira
- Friso
- Coordene a testeira e o friso com o detalhamento do forro do beiral e da calha.

- Caibro principal
- Blocagem
- Parede de empena

- As extremidades dos caibros são cortadas, para a fixação de um forro de beiral de compensado ou tábuas com encaixes macho e fêmea.
- Painéis de vedação da parede
- Friso
- Aba
- Travessa
- Faixa de ventilação contínua com tela mosquiteira ou venezianas
- Similar a um forro de beiral amplo e ventilado

Beira da empena

Forro de beiral estreito e ventilado

6.22 COBERTURAS COM BARROTES DE MADEIRA

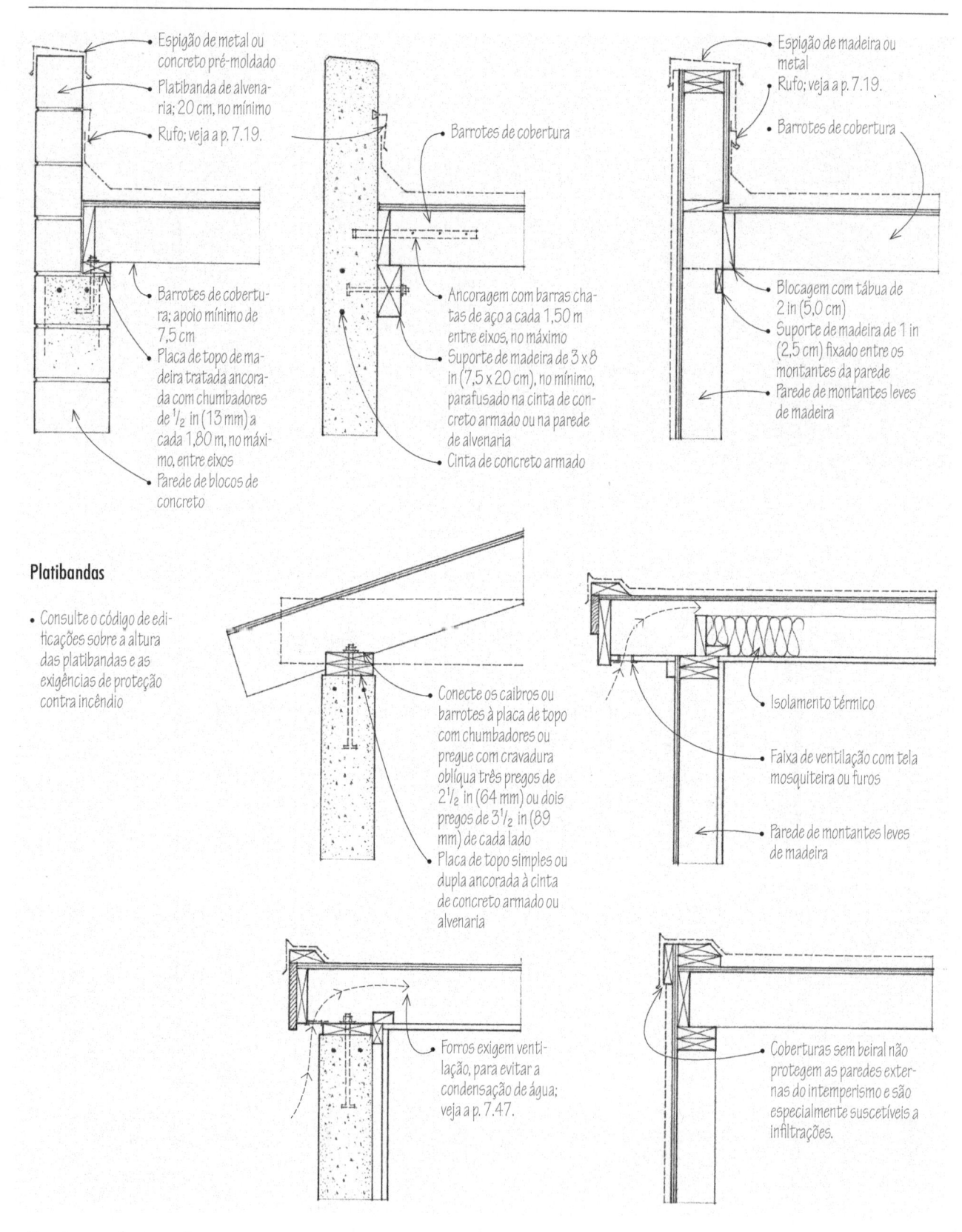

- Espigão de metal ou concreto pré-moldado
- Platibanda de alvenaria; 20 cm, no mínimo
- Rufo; veja a p. 7.19.
- Barrotes de cobertura; apoio mínimo de 7,5 cm
- Placa de topo de madeira tratada ancorada com chumbadores de ½ in (13 mm) a cada 1,80 m, no máximo, entre eixos
- Parede de blocos de concreto

- Barrotes de cobertura
- Ancoragem com barras chatas de aço a cada 1,50 m entre eixos, no máximo
- Suporte de madeira de 3 x 8 in (7,5 x 20 cm), no mínimo, parafusado na cinta de concreto armado ou na parede de alvenaria
- Cinta de concreto armado

- Espigão de madeira ou metal
- Rufo; veja a p. 7.19.
- Barrotes de cobertura
- Blocagem com tábua de 2 in (5,0 cm)
- Suporte de madeira de 1 in (2,5 cm) fixado entre os montantes da parede
- Parede de montantes leves de madeira

Platibandas

- Consulte o código de edificações sobre a altura das platibandas e as exigências de proteção contra incêndio

- Conecte os caibros ou barrotes à placa de topo com chumbadores ou pregue com cravadura oblíqua três pregos de 2½ in (64 mm) ou dois pregos de 3½ in (89 mm) de cada lado
- Placa de topo simples ou dupla ancorada à cinta de concreto armado ou alvenaria

- Isolamento térmico
- Faixa de ventilação com tela mosquiteira ou furos
- Parede de montantes leves de madeira

- Forros exigem ventilação, para evitar a condensação de água; veja a p. 7.47.

- Coberturas sem beiral não protegem as paredes externas do intemperismo e são especialmente suscetíveis a infiltrações.

Barrotes em coberturas planas

PAINÉIS DE COBERTURA 6.23

Os painéis usados em coberturas que são instalados sobre caibros de metal ou de perfil leve de metal geralmente consistem de painéis de madeira compensada ou aglomerada classificados pela APA, nos Estados Unidos. Esses painéis dão rigidez à estrutura de caibros e oferecem uma base sólida para a instalação dos vários materiais de cobertura. As exigências de instalação dos painéis de madeira e da impermeabilização devem estar de acordo com as recomendações dos fabricantes. Em climas úmidos não sujeitos a nevascas, em vez de painéis pode-se utilizar calços de 1 x 4 in (2,5 x 10,0 cm) ou 1 x 6 in (2,5 x 15,0 cm) com rachas ou telhas chatas de madeira. Veja as p. 7.4–7.5.

Painéis de cobertura

Classificação	Espessura em in (mm)	Vão máximo em cm com apoio nas bordas	Vão máximo em cm sem apoio nas bordas
12/0	$5/_{16}$ (/8)	30,5	
16/0	$5/_{16}$, $3/_8$ (8, 10)	40,5	
20/0	$5/_{16}$, $3/_8$ (8, 10)	51,0	
24/0	$3/_8$ (10)	61,0	40,5
24/0	$1/_2$ (13)	61,0	61,0
32/16	$1/_2$, $5/_8$ (13, 16)	81,5	71,0
40/20	$5/_8$, $3/_4$, $7/_8$ (16, 19, 22)	101,5	81,5
48/24	$3/_4$, $7/_8$ (19, 22)	122,0	91,5

- A classificação, que se refere ao vão máximo que o painel pode cobrir, pode ser determinada pelo carimbo de grau que identifica a chapa.
- A tabela acima pressupõe que os painéis sejam assentados continuamente sobre dois ou mais vãos entre caibros, com sua dimensão maior perpendicular aos apoios, e que possam suportar uma carga acidental de 30 psf e uma carga morta de 10 psf; 1 psf = 0,479 kPa.

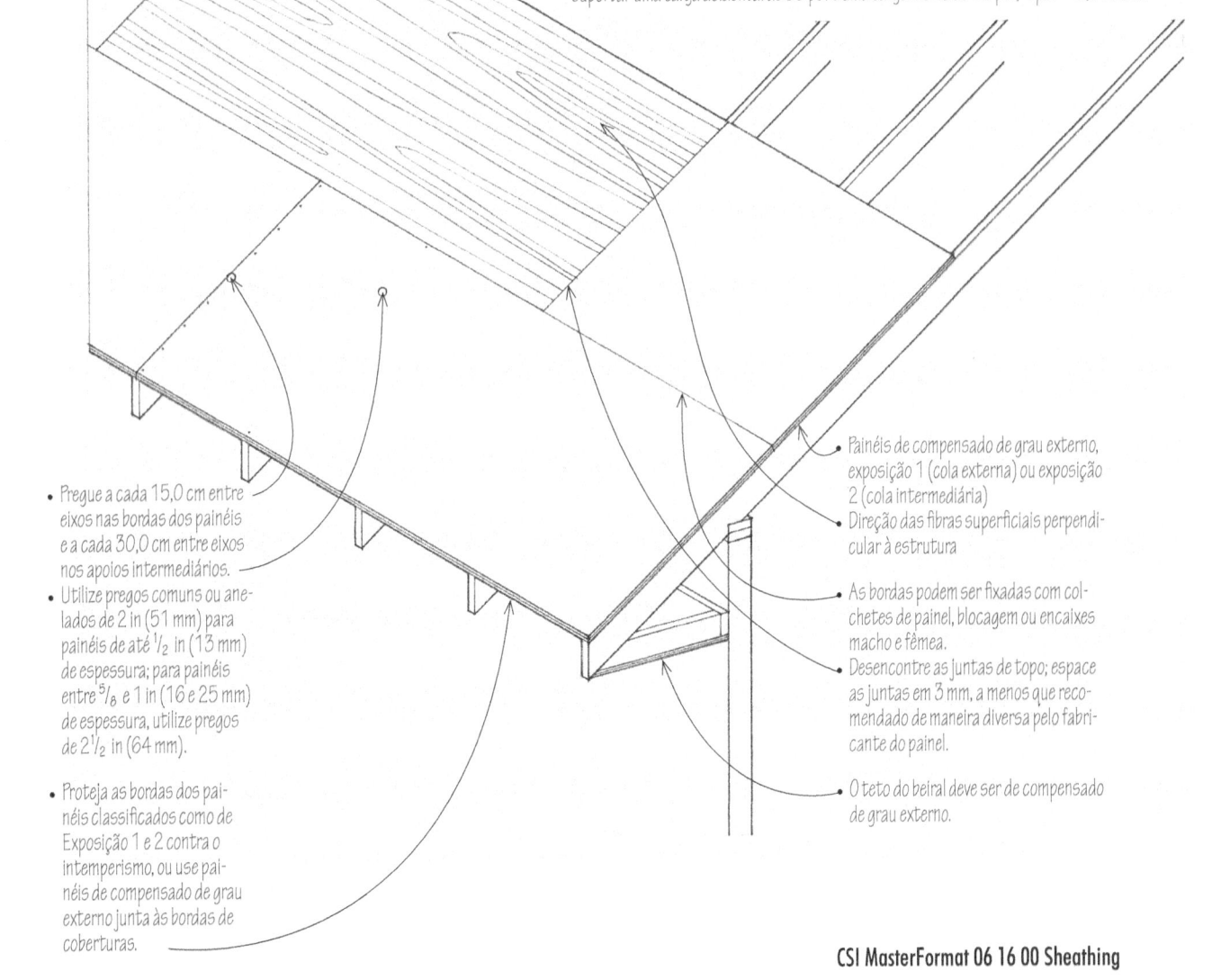

- Pregue a cada 15,0 cm entre eixos nas bordas dos painéis e a cada 30,0 cm entre eixos nos apoios intermediários.
- Utilize pregos comuns ou anelados de 2 in (51 mm) para painéis de até $1/_2$ in (13 mm) de espessura; para painéis entre $5/_8$ e 1 in (16 e 25 mm) de espessura, utilize pregos de $2^1/_2$ in (64 mm).
- Proteja as bordas dos painéis classificados como de Exposição 1 e 2 contra o intemperismo, ou use painéis de compensado de grau externo junto às bordas de coberturas.

- Painéis de compensado de grau externo, exposição 1 (cola externa) ou exposição 2 (cola intermediária)
- Direção das fibras superficiais perpendicular à estrutura
- As bordas podem ser fixadas com colchetes de painel, blocagem ou encaixes macho e fêmea.
- Desencontre as juntas de topo; espace as juntas em 3 mm, a menos que recomendado de maneira diversa pelo fabricante do painel.
- O teto do beiral deve ser de compensado de grau externo.

CSI MasterFormat 06 16 00 Sheathing

6.24 COBERTURAS COM ESTRUTURA DE BARROTES DE MADEIRA E PAINÉIS OU TÁBUAS

- Espaçamento dos barrotes = vão coberto pelos painéis ou tábuas; em geral entre 1,20 e 2,40 m
- As diretrizes apresentadas na p. 4.40 podem ser utilizadas para se pré-dimensionar os vãos cobertos pelos tabuados de madeira.
- A face inferior do tabuado pode ser deixada à vista, como forro.
- Outras opções:
  - Madeira compensada de 1 in (25 mm)
  - Painéis compostos ou estruturais pré-fabricados
  - Painéis cimentícios para coberturas

Coberturas com estrutura de barrotes de madeira e painéis ou tábuas geralmente empregam a mesma grelha de pilares ou colunas de sustentação que as estruturas de piso do mesmo tipo. Veja as p. 4.38 e 5.50.

- Os barrotes de cobertura podem se apoiar em:
  - Pilares de madeira, aço ou concreto
  - Vigas principais de perfil de aço ou madeira
  - Uma parede portante de concreto armado ou alvenaria
- A área de apoio deve ser suficiente para garantir que as cargas de compressão admissíveis da viga e do material no qual ela se apoia não sejam excedidas.

- Vão dos barrotes
- Regra prática para o pré-dimensionamento da altura dos barrotes:
- Barrotes de madeira maciça serrada: vão/15; largura dos barrotes = $1/3$ a $1/2$ da altura
- Barrotes de madeira laminada e colada: vão/20; largura dos barrotes = $1/4$ a $1/3$ da altura
- O tamanho necessário para um barrote de madeira relaciona-se diretamente com a magnitude das cargas da cobertura, a espécie e o grau da madeira, e o espaçamento e o vão dos barrotes.

- É possível criar balanços, mas estes não devem exceder $1/4$ do vão entre apoios.
- A estrutura da edificação exige o travamento dos planos de parede, piso e cobertura contra forças laterais de vento e forças sísmicas.
- A estrutura de barrotes e painéis ou tábuas muitas vezes fica à vista, pelo lado interno, e o isolamento térmico rígido e a barreira de vapor são aplicados por cima dos painéis ou tábuas. Estruturas aparentes exigem o detalhamento cuidadoso das conexões, o emprego de materiais de qualidade e mão de obra qualificada.
- A estrutura de barrotes e painéis ou tábuas não resulta na criação de forros para dutos, tubos ou fios, exceto quando se empregam elementos estruturais sobrepostos ou afastados, como no caso de um sistema de vigas principais, secundárias e terciárias.
- O sistema de cobertura com barrotes e painéis ou tábuas pode ser classificado como construção de madeira pesada se a estrutura for sustentada por paredes externas incombustíveis e resistentes ao fogo, e todos os componentes da cobertura (barrotes, painéis ou tábuas e telhas) atenderem as exigências mínimas impostas pelo código de edificações.

CSI MasterFormat 06 13 23 Heavy Timber Construction

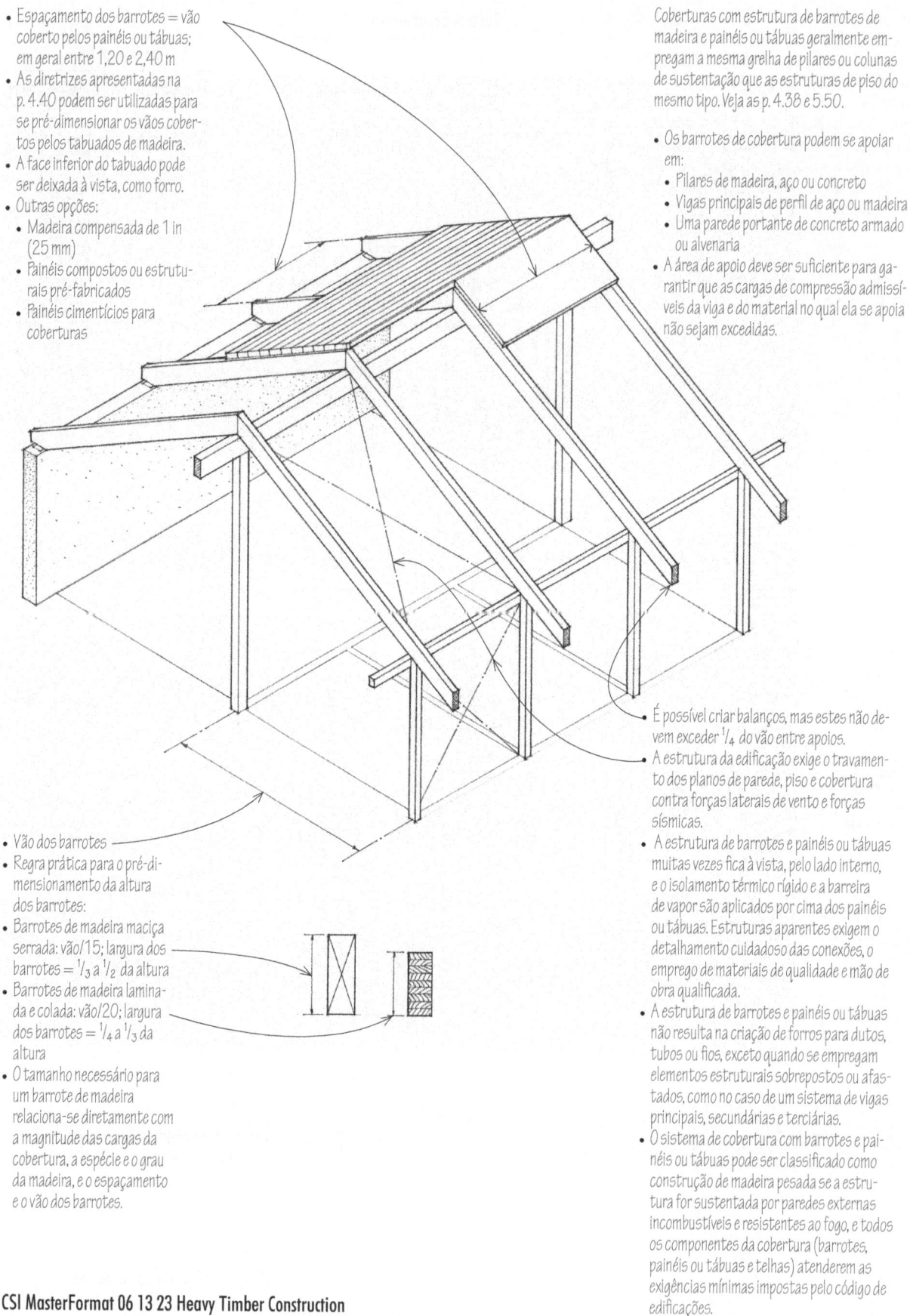

COBERTURAS COM ESTRUTURA DE BARROTES DE MADEIRA E PAINÉIS OU TÁBUAS 6.25

Há várias alternativas para a estruturação de um sistema de cobertura com barrotes de madeira e painéis ou tábuas, dependendo da direção e do espaçamento dos barrotes, dos elementos empregados para vencer os vãos entre os barrotes e da espessura total da cobertura.

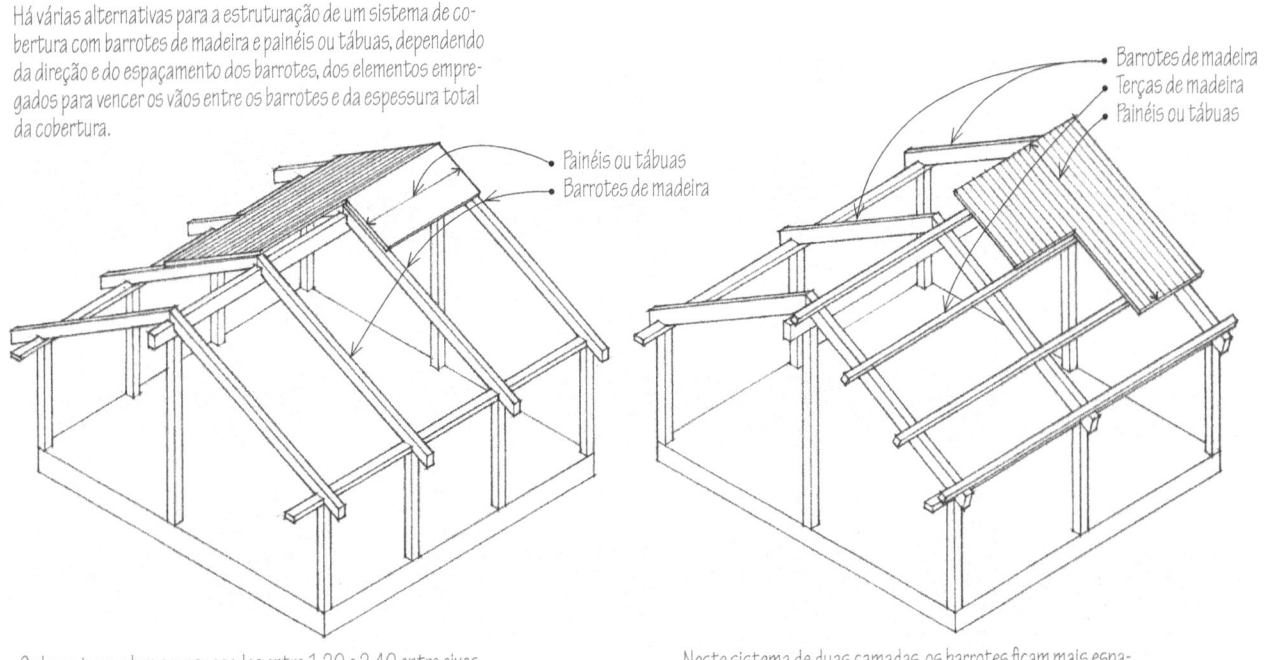

- Painéis ou tábuas
- Barrotes de madeira

- Barrotes de madeira
- Terças de madeira
- Painéis ou tábuas

Os barrotes podem ser espaçados entre 1,20 e 2,40 entre eixos e cobertos por painéis ou tábuas de madeira maciça ou laminada. Os barrotes podem ser sustentados por longarinas, pilares ou uma parede portante de concreto armado ou alvenaria.

Neste sistema de duas camadas, os barrotes ficam mais espaçados e sustentam uma série de terças de madeira. As terças, por sua vez, são cobertas com os painéis ou tábuas de madeira ou diretamente com telhas rígidas.

Barrotes paralelos ao caimento do telhado

- Caibros de madeira
- Barrotes de madeira

- Barrotes de madeira (vigas principais)
- Tabuado (painéis ou tábuas) ou vigas secundárias

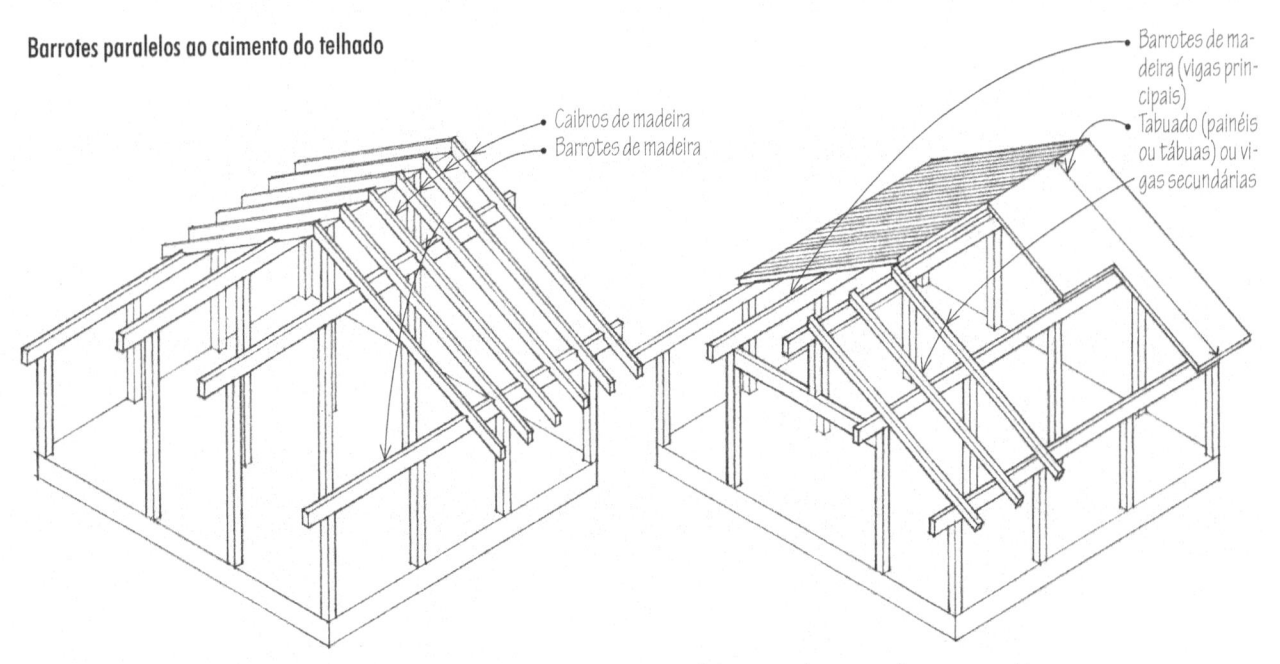

Neste exemplo de uma estrutura de cobertura em duas camadas, os barrotes sustentam um sistema convencional de caibros de madeira.

Os barrotes podem estar suficientemente próximos para que possam ser cobertos diretamente pelo tabuado. Se estiverem mais espaçados, os barrotes sustentarão uma série de vigas secundárias paralelas com o caimento do telhado.

Barrotes perpendiculares ao caimento do telhado

6.26 CONEXÕES ENTRE PILAR E VIGA DE MADEIRA

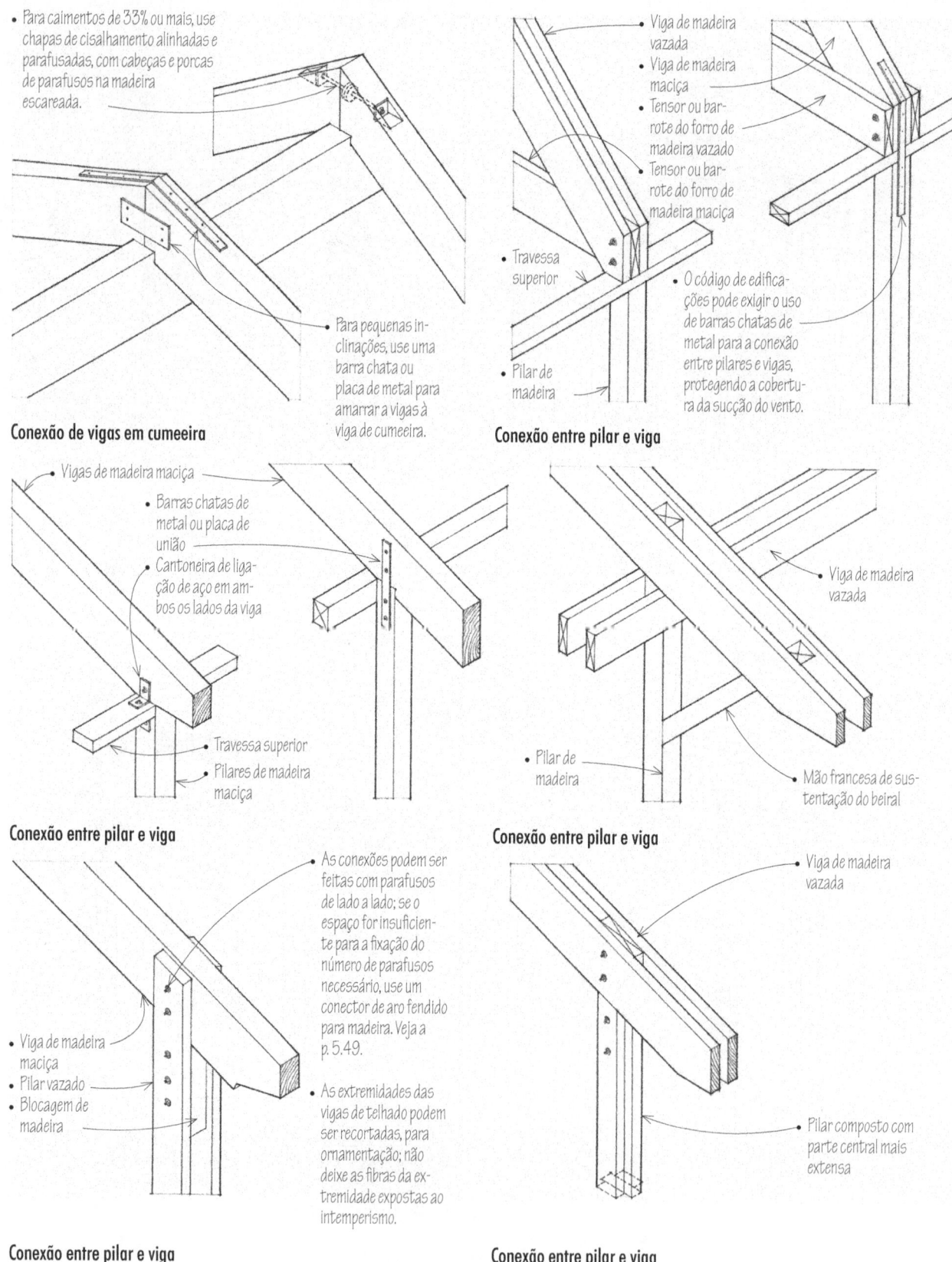

- Para caimentos de 33% ou mais, use chapas de cisalhamento alinhadas e parafusadas, com cabeças e porcas de parafusos na madeira escareada.

- Para pequenas inclinações, use uma barra chata ou placa de metal para amarrar a vigas à viga de cumeeira.

Conexão de vigas em cumeeira

- Viga de madeira vazada
- Viga de madeira maciça
- Tensor ou barrote do forro de madeira vazado
- Tensor ou barrote do forro de madeira maciça
- Travessa superior
- Pilar de madeira
- O código de edificações pode exigir o uso de barras chatas de metal para a conexão entre pilares e vigas, protegendo a cobertura da sucção do vento.

Conexão entre pilar e viga

- Vigas de madeira maciça
- Barras chatas de metal ou placa de união
- Cantoneira de ligação de aço em ambos os lados da viga
- Travessa superior
- Pilares de madeira maciça

Conexão entre pilar e viga

- Viga de madeira vazada
- Pilar de madeira
- Mão francesa de sustentação do beiral

Conexão entre pilar e viga

- Viga de madeira maciça
- Pilar vazado
- Blocagem de madeira

- As conexões podem ser feitas com parafusos de lado a lado; se o espaço for insuficiente para a fixação do número de parafusos necessário, use um conector de aro fendido para madeira. Veja a p. 5.49.
- As extremidades das vigas de telhado podem ser recortadas, para ornamentação; não deixe as fibras da extremidade expostas ao intemperismo.

Conexão entre pilar e viga

- Viga de madeira vazada
- Pilar composto com parte central mais extensa

Conexão entre pilar e viga

CONEXÕES ENTRE PILAR E VIGA DE MADEIRA 6.27

- Chapas de cisalhamento com parafusos de lado e lado e a arruelas nas vigas de madeira escareadas.
- Tabuado de madeira disposto entre as vigas.

- Isolamento térmico em placas sobre barreira de vapor
- As telhas devem ser fixadas por conectores suficientemente longos para atravessar o isolamento térmico e prender no tabuado de suporte.

- Viga de cumeeira

Corte do telhado na cumeeira

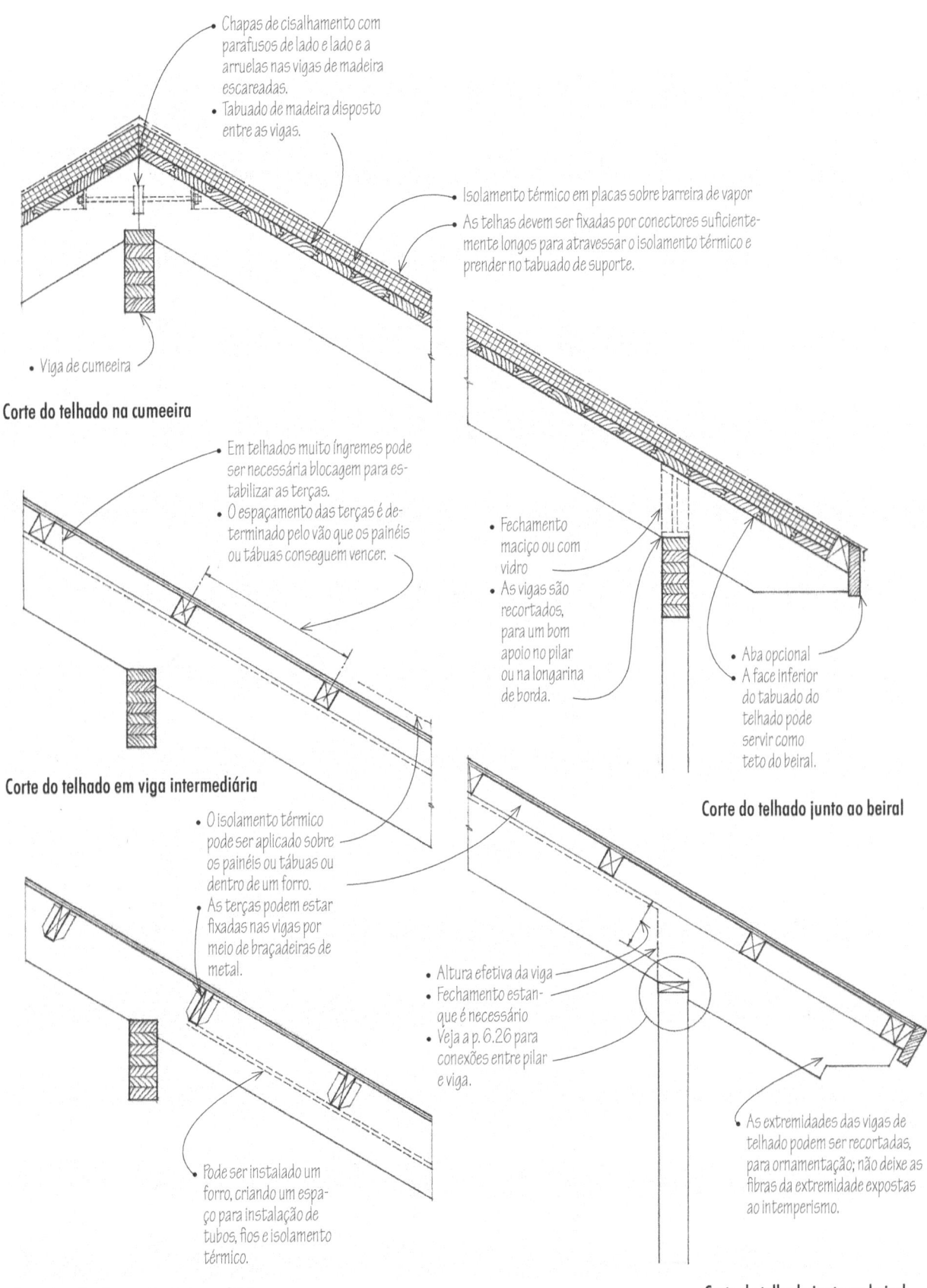

- Em telhados muito íngremes pode ser necessária blocagem para estabilizar as terças.
- O espaçamento das terças é determinado pelo vão que os painéis ou tábuas conseguem vencer.

- Fechamento maciço ou com vidro
- As vigas são recortadas, para um bom apoio no pilar ou na longarina de borda.

- Aba opcional
- A face inferior do tabuado do telhado pode servir como teto do beiral.

Corte do telhado em viga intermediária

- O isolamento térmico pode ser aplicado sobre os painéis ou tábuas ou dentro de um forro.
- As terças podem estar fixadas nas vigas por meio de braçadeiras de metal.

Corte do telhado junto ao beiral

- Altura efetiva da viga
- Fechamento estanque é necessário
- Veja a p. 6.26 para conexões entre pilar e viga.

- As extremidades das vigas de telhado podem ser recortadas, para ornamentação; não deixe as fibras da extremidade expostas ao intemperismo.

- Pode ser instalado um forro, criando um espaço para instalação de tubos, fios e isolamento térmico.

Corte do telhado em viga intermediária

Corte do telhado junto ao beiral

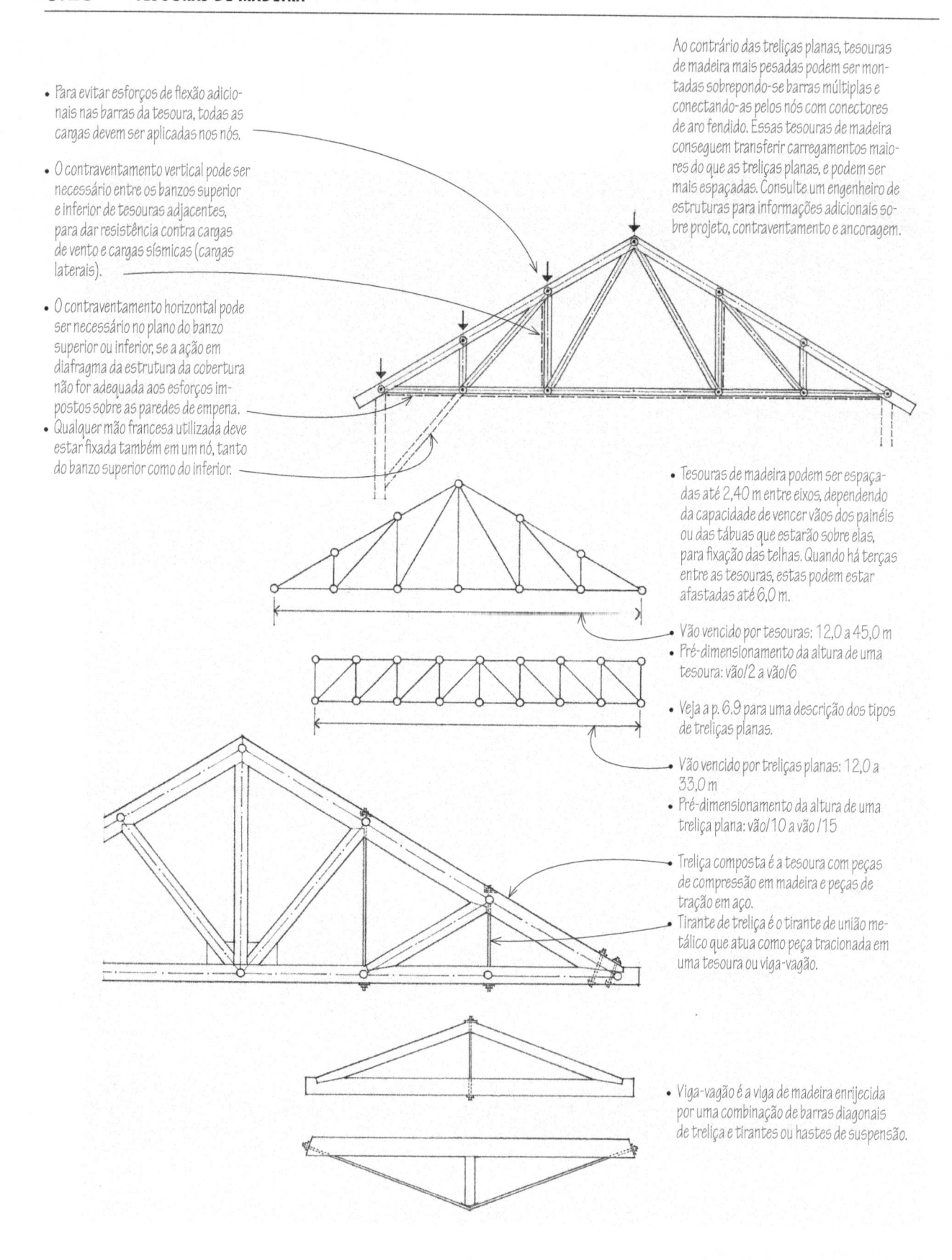

6.28 TESOURAS DE MADEIRA

- Para evitar esforços de flexão adicionais nas barras da tesoura, todas as cargas devem ser aplicadas nos nós.

- O contraventamento vertical pode ser necessário entre os banzos superior e inferior de tesouras adjacentes, para dar resistência contra cargas de vento e cargas sísmicas (cargas laterais).

- O contraventamento horizontal pode ser necessário no plano do banzo superior ou inferior, se a ação em diafragma da estrutura da cobertura não for adequada aos esforços impostos sobre as paredes de empena.

- Qualquer mão francesa utilizada deve estar fixada também em um nó, tanto do banzo superior como do inferior.

Ao contrário das treliças planas, tesouras de madeira mais pesadas podem ser montadas sobrepondo-se barras múltiplas e conectando-as pelos nós com conectores de aro fendido. Essas tesouras de madeira conseguem transferir carregamentos maiores do que as treliças planas, e podem ser mais espaçadas. Consulte um engenheiro de estruturas para informações adicionais sobre projeto, contraventamento e ancoragem.

- Tesouras de madeira podem ser espaçadas até 2,40 m entre eixos, dependendo da capacidade de vencer vãos dos painéis ou das tábuas que estarão sobre elas, para fixação das telhas. Quando há terças entre as tesouras, estas podem estar afastadas até 6,0 m.

- Vão vencido por tesouras: 12,0 a 45,0 m
- Pré-dimensionamento da altura de uma tesoura: vão/2 a vão/6

- Veja a p. 6.9 para uma descrição dos tipos de treliças planas.

- Vão vencido por treliças planas: 12,0 a 33,0 m
- Pré-dimensionamento da altura de uma treliça plana: vão/10 a vão/15

- Treliça composta é a tesoura com peças de compressão em madeira e peças de tração em aço.
- Tirante de treliça é o tirante de união metálico que atua como peça tracionada em uma tesoura ou viga-vagão.

- Viga-vagão é a viga de madeira enrijecida por uma combinação de barras diagonais de treliça e tirantes ou hastes de suspensão.

TESOURAS DE MADEIRA   6.29

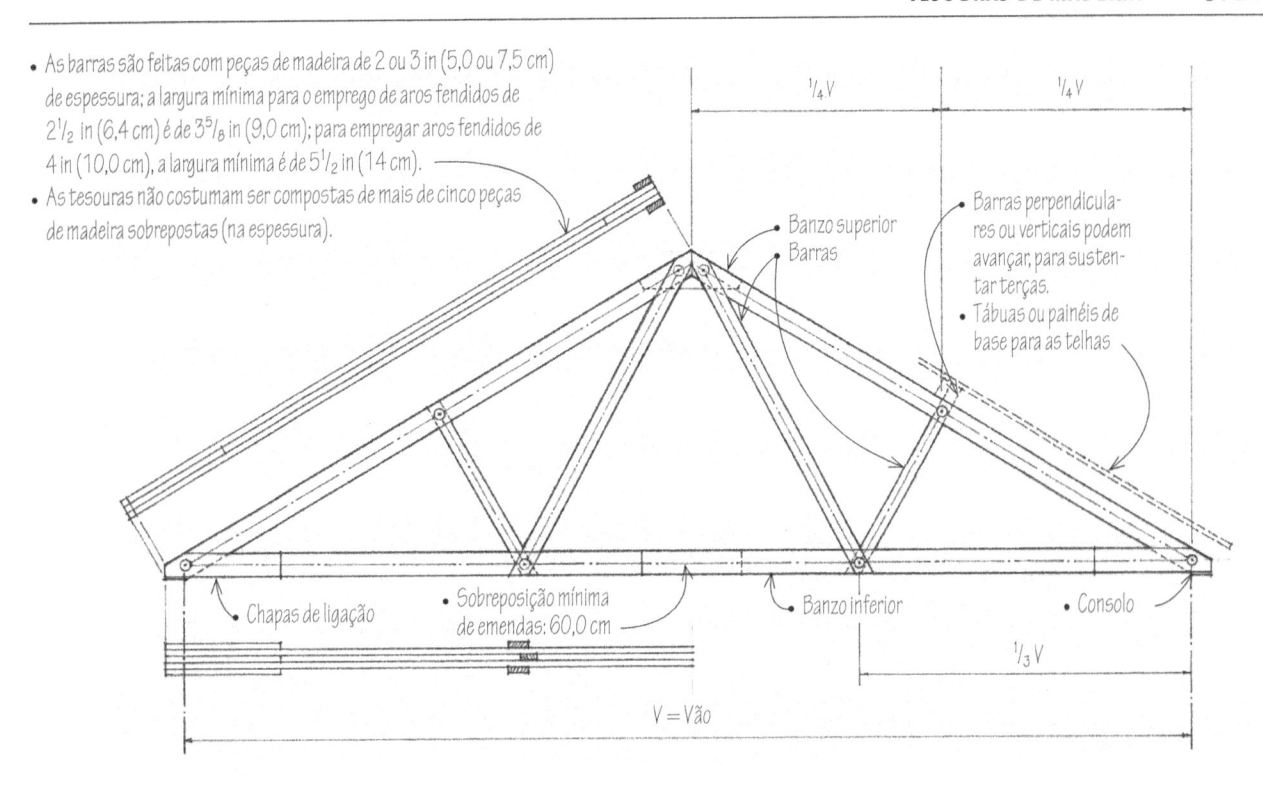

- As barras são feitas com peças de madeira de 2 ou 3 in (5,0 ou 7,5 cm) de espessura; a largura mínima para o emprego de aros fendidos de $2^{1}/_{2}$ in (6,4 cm) é de $3^{5}/_{8}$ in (9,0 cm); para empregar aros fendidos de 4 in (10,0 cm), a largura mínima é de $5^{1}/_{2}$ in (14 cm).
- As tesouras não costumam ser compostas de mais de cinco peças de madeira sobrepostas (na espessura).

Labels na figura:
- $1/4$ V
- $1/4$ V
- Banzo superior
- Barras
- Barras perpendiculares ou verticais podem avançar, para sustentar terças.
- Tábuas ou painéis de base para as telhas
- Chapas de ligação
- Sobreposição mínima de emendas: 60,0 cm
- Banzo inferior
- Consolo
- $1/3$ V
- V = Vão

Exemplo de uma tesoura belga

- As barras e os detalhes de juntas são determinados por cálculos de engenharia baseados no tipo de tesoura, padrão de carregamento, vão e grau e espécie de madeira empregada.
- O tamanho das barras sob compressão geralmente é determinado pela flambagem, enquanto o tamanho das barras submetidas à tração é uma função dos esforços de tração nas conexões.
- Consulte o código de edificações sobre as espessuras mínimas para as barras, se a tesoura for classificada como construção de madeira pesada.

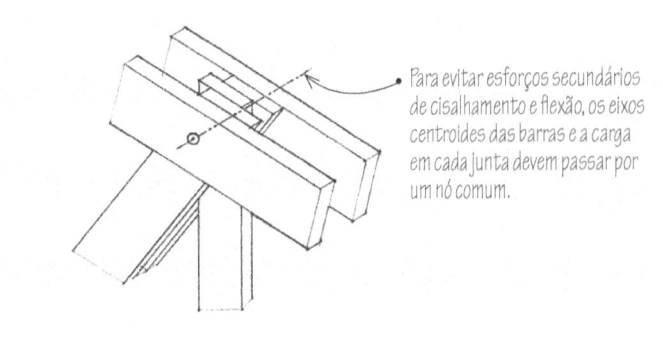

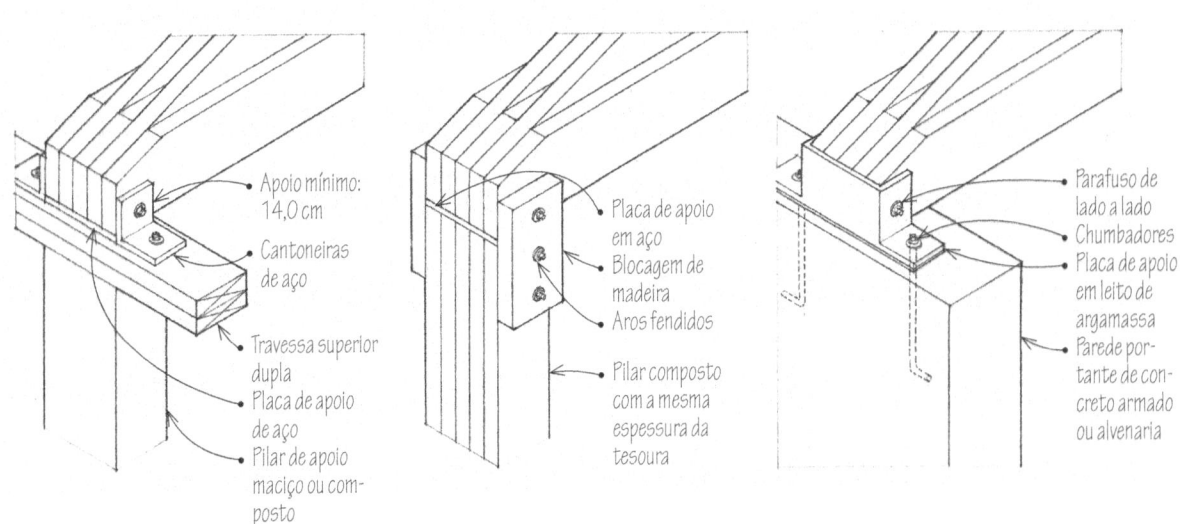

- Para evitar esforços secundários de cisalhamento e flexão, os eixos centroides das barras e a carga em cada junta devem passar por um nó comum.

Detalhes dos consolos:
- Apoio mínimo: 14,0 cm
- Cantoneiras de aço
- Travessa superior dupla
- Placa de apoio de aço
- Pilar de apoio maciço ou composto
- Placa de apoio em aço
- Blocagem de madeira
- Aros fendidos
- Pilar composto com a mesma espessura da tesoura
- Parafuso de lado a lado
- Chumbadores
- Placa de apoio em leito de argamassa
- Parede portante de concreto armado ou alvenaria

Conexões nos consolos

6.30 VIGAS-TRELIÇA DE MADEIRA

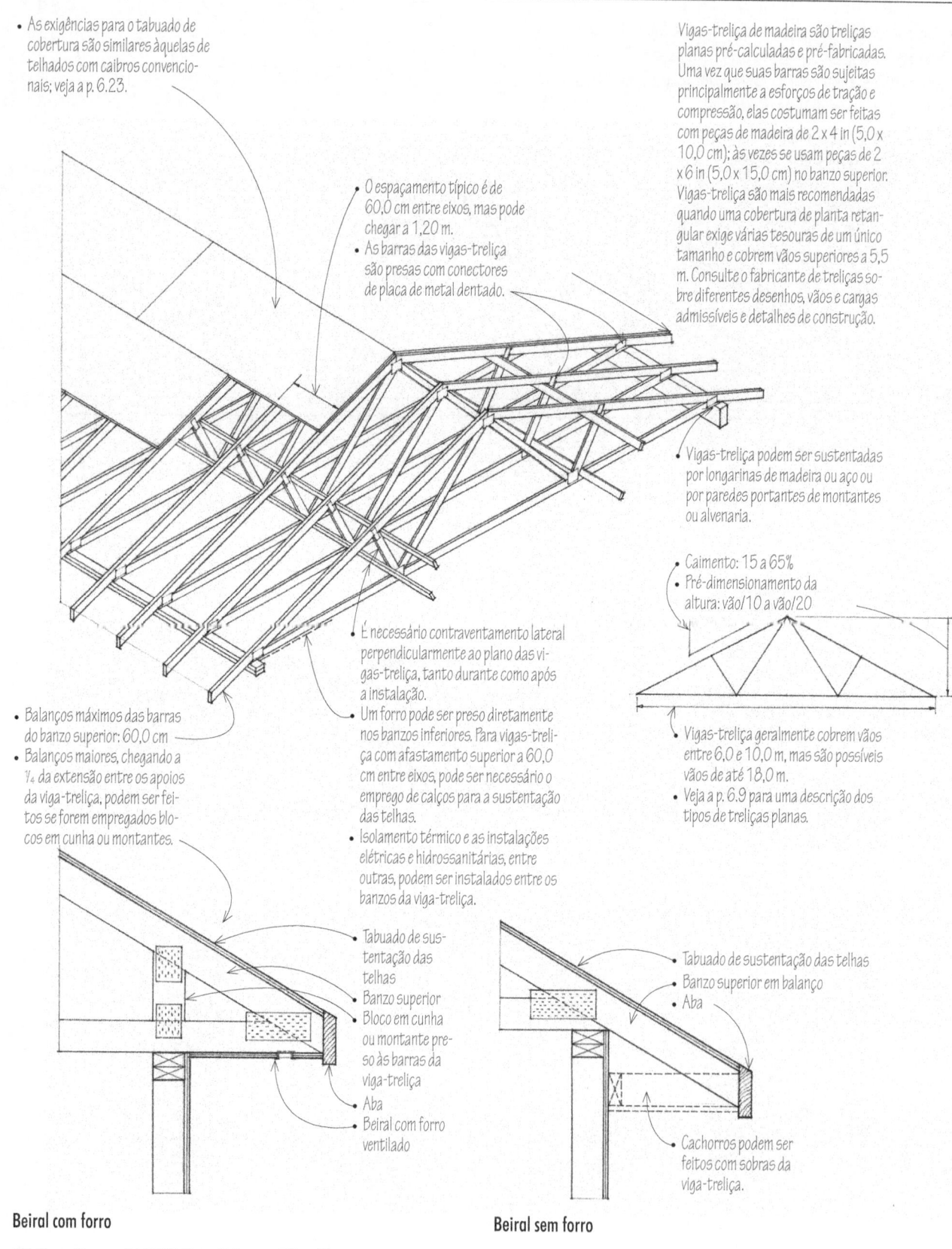

- As exigências para o tabuado de cobertura são similares àquelas de telhados com caibros convencionais; veja a p. 6.23.

- O espaçamento típico é de 60,0 cm entre eixos, mas pode chegar a 1,20 m.
- As barras das vigas-treliça são presas com conectores de placa de metal dentado.

Vigas-treliça de madeira são treliças planas pré-calculadas e pré-fabricadas. Uma vez que suas barras são sujeitas principalmente a esforços de tração e compressão, elas costumam ser feitas com peças de madeira de 2 x 4 in (5,0 x 10,0 cm); às vezes se usam peças de 2 x 6 in (5,0 x 15,0 cm) no banzo superior. Vigas-treliça são mais recomendadas quando uma cobertura de planta retangular exige várias tesouras de um único tamanho e cobrem vãos superiores a 5,5 m. Consulte o fabricante de treliças sobre diferentes desenhos, vãos e cargas admissíveis e detalhes de construção.

- Vigas-treliça podem ser sustentadas por longarinas de madeira ou aço ou por paredes portantes de montantes ou alvenaria.

- Caimento: 15 a 65%
- Pré-dimensionamento da altura: vão/10 a vão/20

- É necessário contraventamento lateral perpendicularmente ao plano das vigas-treliça, tanto durante como após a instalação.
- Um forro pode ser preso diretamente nos banzos inferiores. Para vigas-treliça com afastamento superior a 60,0 cm entre eixos, pode ser necessário o emprego de calços para a sustentação das telhas.
- Isolamento térmico e as instalações elétricas e hidrossanitárias, entre outras, podem ser instalados entre os banzos da viga-treliça.

- Vigas-treliça geralmente cobrem vãos entre 6,0 e 10,0 m, mas são possíveis vãos de até 18,0 m.
- Veja a p. 6.9 para uma descrição dos tipos de treliças planas.

- Balanços máximos das barras do banzo superior: 60,0 cm
- Balanços maiores, chegando a ¼ da extensão entre os apoios da viga-treliça, podem ser feitos se forem empregados blocos em cunha ou montantes.

- Tabuado de sustentação das telhas
- Banzo superior
- Bloco em cunha ou montante preso às barras da viga-treliça
- Aba
- Beiral com forro ventilado

- Tabuado de sustentação das telhas
- Banzo superior em balanço
- Aba

- Cachorros podem ser feitos com sobras da viga-treliça.

Beiral com forro

Beiral sem forro

CSI MasterFormat 06 17 53 Shop-Fabricated Wood Trusses

7 IMPERMEABILIZAÇÃO E ISOLAMENTO TÉRMICO

- 7.2 A impermeabilização e o isolamento térmico
- 7.3 A impermeabilização de coberturas com telhas chatas
- 7.4 Telhas chatas de madeira
- 7.5 Rachas de madeira
- 7.6 Telhas chatas compostas
- 7.7 Telhas chatas de ardósia
- 7.8 Telhados cerâmicos tradicionais
- 7.9 Coberturas verdes
- 7.10 Coberturas com telhas de metal corrugadas
- 7.11 Coberturas com telhas de metal
- 7.12 Coberturas planas
- 7.14 Coberturas compostas
- 7.15 Coberturas elastoméricas
- 7.17 A drenagem de coberturas
- 7.18 Calhas e rufos
- 7.21 Rufos embutidos
- 7.22 Rufos em paredes
- 7.23 Fachadas de chuva
- 7.24 Paredes-cortina
- 7.27 Painéis de concreto pré-fabricados para paredes-cortina
- 7.28 O revestimento externo de alvenaria de tijolo
- 7.30 O revestimento externo de pedra
- 7.31 O revestimento externo de metal
- 7.32 Paredes leves de compensado
- 7.33 O revestimento externo de telhas chatas de madeira
- 7.34 O revestimento de tábuas horizontais
- 7.35 O revestimento de tábuas verticais
- 7.36 O reboco de argamassa
- 7.37 Detalhes de reboco
- 7.38 Sistemas de isolamento térmico externo e acabamento
- 7.39 O isolamento térmico
- 7.40 A resistência térmica dos materiais de construção
- 7.41 Isolamentos térmicos
- 7.43 O isolamento térmico de coberturas e pisos
- 7.44 O isolamento térmico de paredes
- 7.45 O controle da umidade
- 7.46 Barreiras de vapor
- 7.47 A ventilação
- 7.48 Controle em paredes de alvenaria de concreto
- 7.49 Juntas de movimento
- 7.50 Vedações para juntas

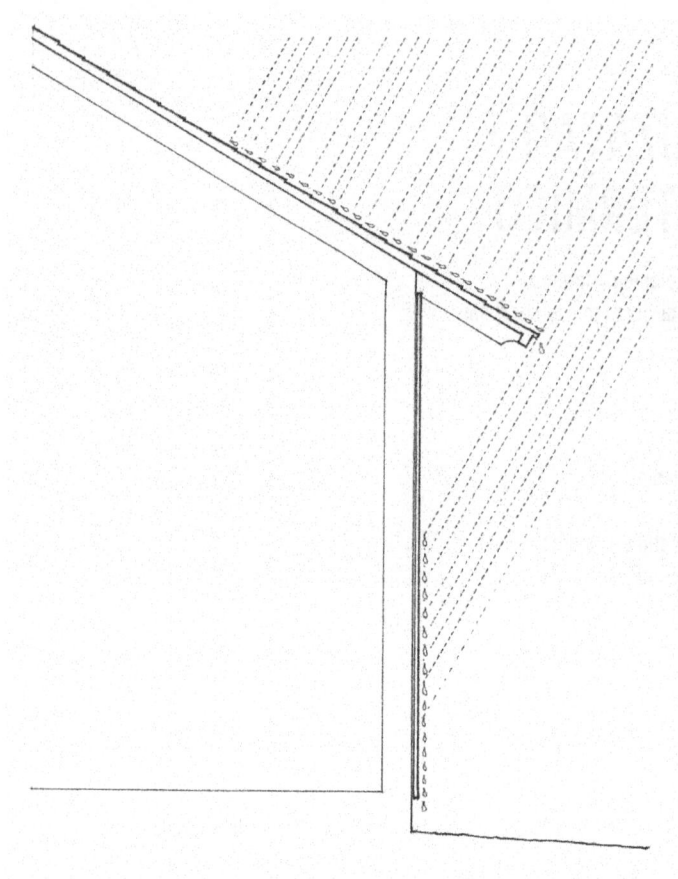

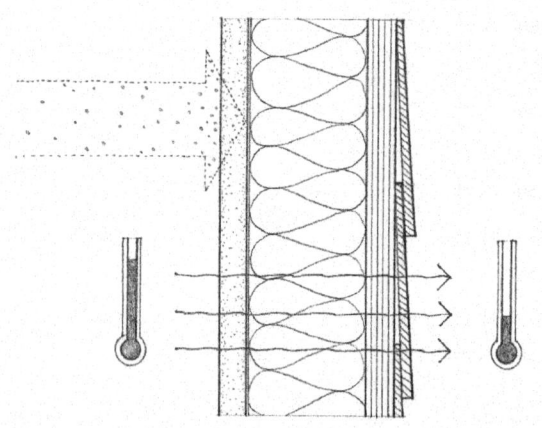

7.2 A IMPERMEABILIZAÇÃO E O ISOLAMENTO TÉRMICO

Os materiais de construção de coberturas oferecem proteção contra a água. Eles variam na forma, de membranas virtualmente contínuas e impermeáveis a telhados de peças chatas ou curvas sobrepostas ou encaixadas. O tipo de cobertura que pode ser usada depende da inclinação da estrutura do telhado. Enquanto um telhado em vertente drena facilmente a água, uma cobertura plana depende de uma membrana contínua impermeável para conter a água enquanto ela drena ou evapora. Uma cobertura plana (e qualquer cobertura inclinada, bem-isolada, capaz de reter a neve) deve, portanto, ser projetada para suportar uma carga acidental maior do que uma cobertura moderada ou acentuada. Fatores adicionais a considerar na seleção de um material de cobertura incluem exigências de instalação e manutenção, durabilidade, grau necessário de resistência ao vento e ao fogo, e, se a cobertura ficar aparente, o padrão, a textura e a cor desejados.

Para evitar que a água penetre em uma abertura e entre no interior da edificação, é preciso utilizar rufos ao longo das bordas da cobertura, onde os telhados mudam de caimento ou encontram planos verticais, e onde são penetrados por chaminés, tubos de ventilação e clarabóias. As paredes externas também devem ser recobertas com rufos nos pontos onde podem ocorrer infiltrações — nas aberturas de portas e janelas e ao longo das juntas onde os materiais se encontram no plano da parede.

As paredes externas também devem oferecer proteção contra o clima. Embora alguns sistemas de paredes externas, como paredes portantes maciças de alvenaria e de concreto, usem suas massas como barreiras contra a penetração de água no interior de uma edificação, outros tipos de parede, como paredes duplas com cavidade e paredes-cortina, empregam um sistema interno de drenagem para escoar a umidade que porventura passe pelo revestimento ou vedação de fachada.

A umidade está normalmente presente no interior de uma edificação sob a forma de vapor d'água. Quando esse vapor atinge uma superfície resfriada pelo ar externo mais frio, pode ocorrer condensação. Essa condensação pode ser visível sobre a vidraça de uma janela sem isolamento, ou pode se acumular em câmaras de ar formadas em telhados, paredes, ou pisos. Os meios para combater a condensação incluem a colocação correta do isolamento e barreiras de vapor, e a ventilação dos espaços ocultos sem aberturas para o exterior, tais como porões e pavimentos técnicos.

O risco de perdas ou ganhos térmicos através das superfícies externas de uma edificação é um fator importante para a estimativa da quantidade de equipamentos mecânicos e da energia necessárias para manter o nível desejado de conforto ambiental nos espaços internos. A escolha apropriada dos materiais de construção, a execução, a vedação e o isolamento corretos do exterior e a orientação de uma edificação no seu terreno são os principais meios para se controlar perdas e ganhos térmicos.

Os materiais de construção se dilatam e se retraem de acordo com variações normais de temperatura, e por exposição à radiação solar e ao vento. Para permitir este movimento e ajudar a aliviar as tensões causadas pela dilatação ou refração de um material, as juntas de dilatação devem ser flexíveis, estanques, duráveis e instaladas nos locais certos, para que sejam efetivas.

LEED EA Credit 1: Optimize Energy Performance

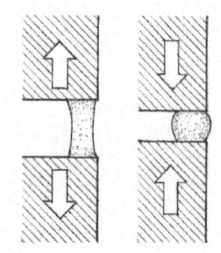

A IMPERMEABILIZAÇÃO DE COBERTURAS COM TELHAS CHATAS   7.3

A impermeabilização protege a base do telhado da absorção da umidade até que as telhas chatas sejam colocadas. Quando a cobertura é aplicada, a impermeabilização fornece uma proteção adicional para chuvas. O material desta membrana deve ter boa permeabilidade ao vapor, de maneira que não se acumule umidade entre a impermeabilização e a base do telhado. Somente a quantidade mínima necessária de pregos deve ser usada para fixar a impermeabilização até a aplicação das telhas chatas.

Proteção das empenas

A proteção das empenas é recomendada sempre que existir a possibilidade de formação de gelo ao longo do beiral, fazendo com que a água do gelo e da neve derretidas se acumulem sob as telhas chatas.

- Em telhados com inclinação normal, a proteção das empenas é feita com duas camadas de um feltro de 15 libras ou apenas uma camada de feltro de 50 libras que vai do beiral do telhado a um ponto a 60 cm em relação à face interna parede.
- Em telhados de pouca inclinação, uma camada adicional de impermeabilização é instalada, chegando a 90 cm em relação à face interna da parede.

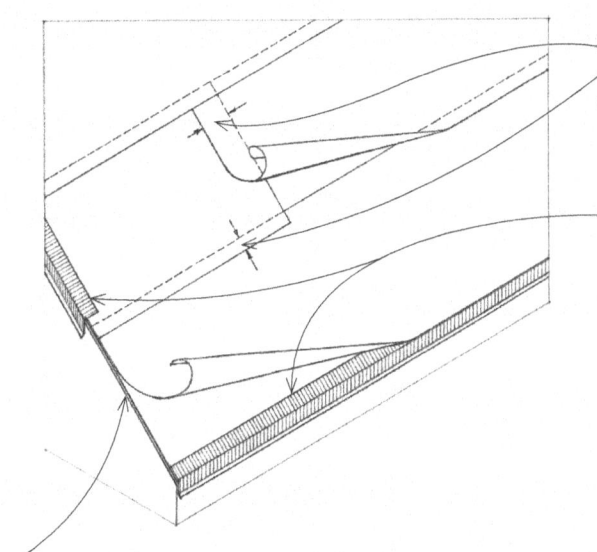

- Sobreposição lateral: 10,0 cm
- Sobreposição do topo: 5,0 cm
- Use uma faixa de impermeabilização de 15,0 cm em ambos os lados de espigões e cumeeiras.
- Pingadeiras de metal resistente à corrosão protegem a borda do telhado, sendo aplicadas sobre a impermeabilização nas empenas, e diretamente aos painéis da estrutura do telhado, nos beirais. Elas podem ser omitidas em telhados de telhas chatas ou rachas de madeira, uma vez que as telhas chatas formam pingadeiras pela projeção além da borda do telhado.

Impermeabilização de coberturas com caimento normal (acima de 35%)

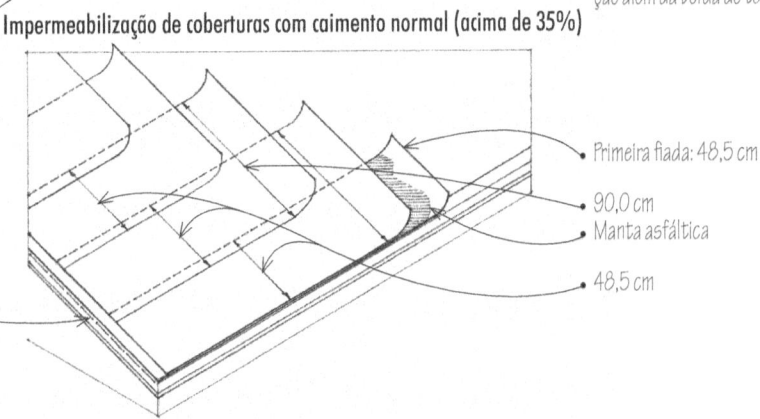

- Primeira fiada: 48,5 cm
- 90,0 cm
- Manta asfáltica
- 48,5 cm

Impermeabilização de coberturas com pequeno caimento (entre 25 e 35%)

Impermeabilização e base de painéis de madeira para telhas chatas de cobertura

Tipo de cobertura	Base	Impermeabilização	Caimento normal		Pequeno caimento	
Telhas chatas de fibra de vidro	Chapas	Feltro saturado de asfalto de 15 libras	a partir de 35%	Camada única	de 25% a 35%	Camada dupla
Telhas chatas asfálticas	Chapas	Feltro saturado de asfalto de 15 libras	a partir de 35%	Camada única	de 15% a 35%	Camada dupla
Telhas chatas de madeira	Ripas espaçadas	Feltro saturado de asfalto de 15 libras	a partir de 35%	Opcional	de 25% a 35%	Reduza a exposição ao clima
	Chapas	Feltro saturado de asfalto de 15 libras	a partir de 35%	Opcional; proteção das empenas necessária em áreas sujeitas a neve	de 25% a 35%	Opcional; proteção das empenas necessária em áreas sujeitas a neve
Rachas de madeira	Ripas espaçadas	Feltro saturado de asfalto de 30 libras (camada intermediária)	a partir de 35%		Não recomendável	
	Chapas	Feltro saturado de asfalto de 30 libras (camada intermediária)	a partir de 35%		de 25% a 35%	Impermeabilização e camada intermediária em toda a cobertura

7.4 TELHAS CHATAS DE MADEIRA

Exposição recomendada máxima

Grau e comprimento da telha chata		Caimento do telhado 25 a 35%	35% ou mais
Nº 1	405	125	95
	455	140	110
	610	190	145
Nº 2	405	100	90
	455	115	100
	610	165	140
Nº 3	405	90	140
	455	100	90
	610	140	125
Rachas de madeira	455	190	Não recomendado
	610	255	Não recomendado

- Use apenas pregos resistentes à corrosão, como pregos de aço galvanizados a fogo ou de liga de alumínio. São necessárias duas conexões por telha. Os pregos devem ser bem martelados, mas ficar com cabeças niveladas com as telhas.
- As ripas de apoio espaçadas, de 1 x 4 in (2,5 x 10,0 cm) ou 1 x 6 in (2,5 x 15,0 cm), garantem a ventilação das telhas. O espaçamento entre as ripas deve ser equivalente à largura visível de cada telha.

Telhas chatas e rachas de madeira, nos Estados Unidos, geralmente são feitas com cedro vermelho, embora também existam telhas chatas de cedro branco, sequóia e cipreste vermelho disponíveis no mercado. O cedro vermelho tem uma fibra fina e uniforme e resistência natural à água, apodrecimento e ação da luz solar.

As telhas chatas de cedro vermelho são disponíveis em comprimentos de 40,5, 45,5 e 61,0 cm, e nos seguintes graus:

- Grau Premium (Selo Azul) – nº 1:
  - 100% de madeira de cerne, 100% de madeira clara, 100% de vibras verticais
- Grau Intermediário (Selo Vermelho) – nº 2:
  - 25,5 cm de madeira clara em telhas de 40,5 cm
  - 28,0 cm de madeira clara em telhas de 45,5 cm
  - 40,5 cm de madeira clara em telhas de 61,0 cm
  - Algumas fibras chatas são permitidas
- Grau Utilidade (Selo Preto)
  - 15,0 cm de madeira clara em telhas de 40,5 e 45,5 cm
  - 25,5 cm de madeira clara em telhas de 61,0 cm

- Juntas entre 0,5 e 1,0 cm, permitindo a dilatação térmica
- Deslocamento mínimo de 4,0 cm entre telhas adjacentes; não alinhe as juntas de fiadas alternadas.

- Rufo de aço galvanizado de 1,0 mm ou rufo resistente à corrosão de 0,5 mm; aplique impermeabilização sob o rufo em climas rigorosos.
- 28,0 cm, no mínimo, em cada lado do centro do rincão, com impermeabilização de 90,0 cm de largura também em cada lado em coberturas com caimento de 25% ou mais
- Sobreposição: 10,0 cm
- Dobra de borda de ½ in (1,3 cm)
- Dobra central elevada com 1 in (2,5 cm)

10,0 cm

Rincão

7,5 a 12,5 cm
- Sobreposições alternadas

- A área visível ou não sobreposta de cada telha depende de seu comprimento e do caimento do telhado; consulte a tabela acima.
- Em áreas sujeitas a neves levadas pelos ventos e ao acúmulo de gelo na cobertura, é necessária a proteção das empenas com bases de chapas de madeira; veja a p. 7.3.

- A primeira fiada é dupla e deve avançar entre 2,5 e 4,0 cm, para formar uma pingadeira.
- As telhas chatas podem se projetar 2,5 cm em relação à beira do telhado, formando uma pingadeira, ou ser inclinadas, com uma faixa chanfrada, eliminando a necessidade de pingadeira.

- Fiada inicial dupla
- A cumeeira é construída de maneira similar ao espigão
- Há peças de cumeeira e espigão pré-fabricadas no mercado

Cobrimento do espigão

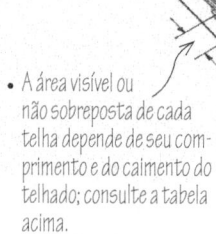

CSI MasterFormat 07 31 29 Wood Shingles and Shakes

RACHAS DE MADEIRA 7.5

Enquanto telhas chatas de madeira são serradas, as rachas geralmente são feitas partindo-se uma tora em várias seções radiais, o que resulta em pelo menos uma face texturizada. As rachas normalmente são 100% de madeira de cerne e estão disponíveis em comprimentos de 45,5 e 61,0 cm. Rachas de espessura variável (*tapersplit*) ou de espessura homogênea (*straightsplit*) têm 100% de fibras verticais, enquanto rachas partidas manualmente ou serradas em tamanho pequeno têm pelo menos 90% de fibras verticais.

Tanto telhas chatas como rachas de madeira são combustíveis, a menos que sejam quimicamente tratadas para receber classificação de resistência ao fogo UL Class C (sistema norte-americano). A classificação Class B pode ser obtida se telhas chatas ou rachas Class C forem usadas sobre uma base maciça de compensado de ⁵/₈ in (16 mm) com cola para exteriores revestida de laminado plástico.

- Em função da textura áspera das rachas de madeira, uma camada de regularização extra é instalada entre cada fiada. Essa camada, de feltro de 30 lb saturado com asfalto, serve como proteção extra contra água da chuva ou neve empurrada pelo vento.

- Camada de regularização com 45,5 cm de largura
- As telhas cobrem ²/₃ da camada de regularização, em cada fiada.
- Ripas de apoio espaçadas de, no mínimo, 1 x 4 in (2,5 x 10,0 cm)

- Telha chata serrada
- Rachas
- Rachas de espessura variável são rachas partidas manualmente invertendo-se o bloco após o corte de cada racha.
- Rachas partidas à mão e serradas são rachas de espessura variável (*tapersplits*) com face rachada e verso serrado.
- Rachas de espessura homogênea (*straightsplit*) são partidas manualmente, mas têm espessura uniforme.

- Juntas entre 1,0 e 1,5 cm permitem a dilatação térmica
- Deslocamento mínimo de 4,0 cm entre fiadas adjacentes

- Impermeabilização de feltro de 30 lb
- No mínimo 28,0 cm; desencontre as peças em 10,0 cm
- Dobra central de 1 in (25 mm)
- Dobras de borda de ½ in (13 mm)

- 15,0 cm
- Sobreposição alternada

- 15,0 cm

Rincão

- Faixa inicial de proteção das empenas com 90,0 cm de largura; cole uma camada adicional de feltro saturado com asfalto de 30 lb iniciando no beiral e subindo 90,0 cm em relação à face interna da parede.

- Primeira fiada dupla; projete entre 2,5 e 4,0 cm, para formar uma pingadeira.

- Para proteção contra o clima, veja a tabela na página anterior.
- Use apenas pregos resistentes à corrosão, como pregos de aço galvanizados a fogo ou de liga de alumínio. São necessárias duas conexões por telha. Os pregos devem ser bem martelados, mas ficar com cabeças niveladas com as telhas.

- Telhas chatas duplas na primeira fiada do espigão.

Cobrimento do espigão

- A cumeeira é construída de maneira similar ao espigão.
- Há peças de cumeeira ou espigão pré-fabricadas no mercado.

7.6 TELHAS CHATAS COMPOSTAS

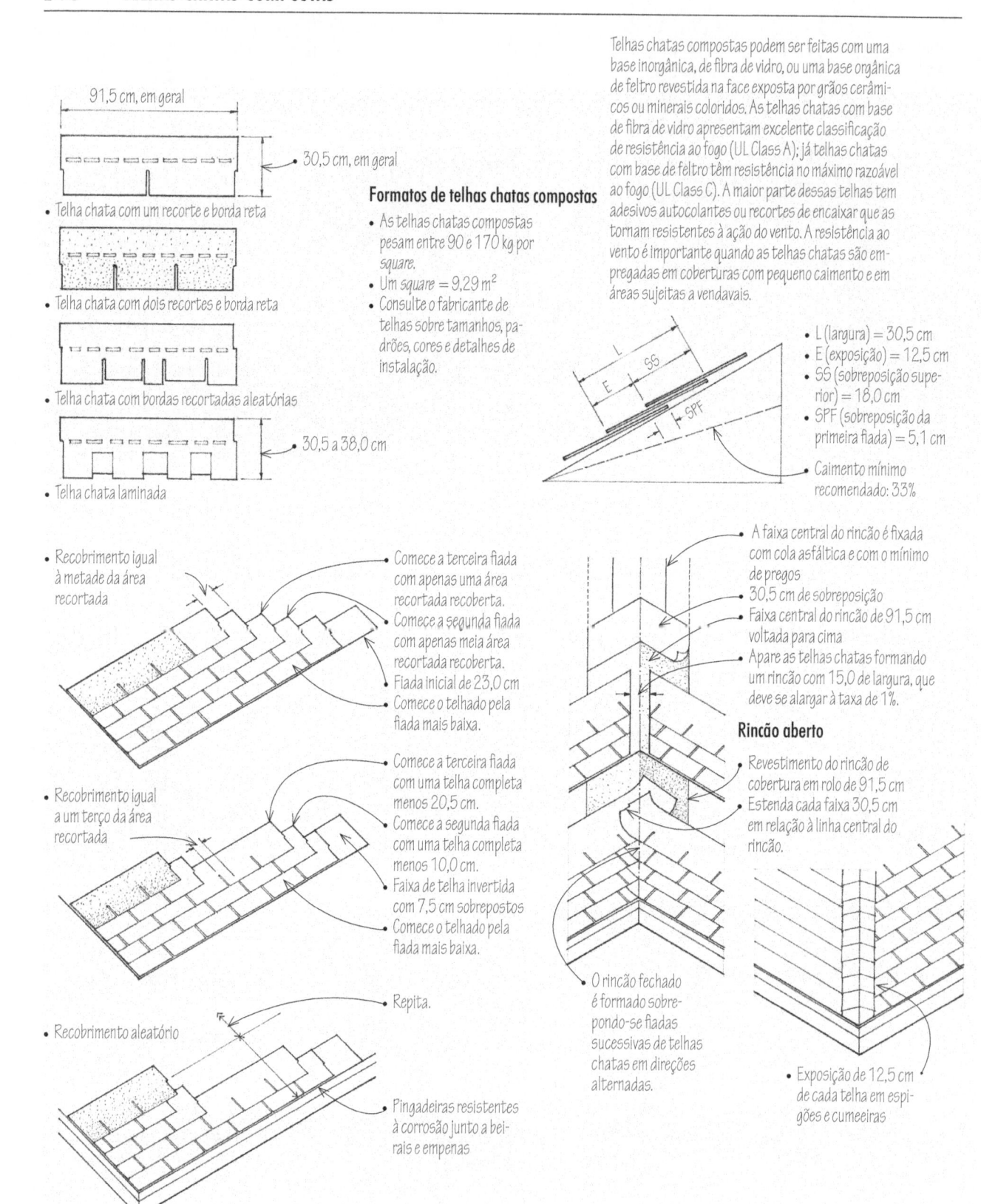

Telhas chatas compostas podem ser feitas com uma base inorgânica, de fibra de vidro, ou uma base orgânica de feltro revestida na face exposta por grãos cerâmicos ou minerais coloridos. As telhas chatas com base de fibra de vidro apresentam excelente classificação de resistência ao fogo (UL Class A); já telhas chatas com base de feltro têm resistência no máximo razoável ao fogo (UL Class C). A maior parte dessas telhas tem adesivos autocolantes ou recortes de encaixar que as tornam resistentes à ação do vento. A resistência ao vento é importante quando as telhas chatas são empregadas em coberturas com pequeno caimento e em áreas sujeitas a vendavais.

- 91,5 cm, em geral
- 30,5 cm, em geral
- Telha chata com um recorte e borda reta
- Telha chata com dois recortes e borda reta
- Telha chata com bordas recortadas aleatórias
- 30,5 a 38,0 cm
- Telha chata laminada

Formatos de telhas chatas compostas
- As telhas chatas compostas pesam entre 90 e 170 kg por square.
- Um square = 9,29 m²
- Consulte o fabricante de telhas sobre tamanhos, padrões, cores e detalhes de instalação.

- L (largura) = 30,5 cm
- E (exposição) = 12,5 cm
- SS (sobreposição superior) = 18,0 cm
- SPF (sobreposição da primeira fiada) = 5,1 cm
- Caimento mínimo recomendado: 33%

- Recobrimento igual à metade da área recortada
- Comece a terceira fiada com apenas uma área recortada recoberta.
- Comece a segunda fiada com apenas meia área recortada recoberta.
- Fiada inicial de 23,0 cm
- Comece o telhado pela fiada mais baixa.

- Recobrimento igual a um terço da área recortada
- Comece a terceira fiada com uma telha completa menos 20,5 cm.
- Comece a segunda fiada com uma telha completa menos 10,0 cm.
- Faixa de telha invertida com 7,5 cm sobrepostos
- Comece o telhado pela fiada mais baixa.

- Recobrimento aleatório
- Repita.
- Pingadeiras resistentes à corrosão junto a beirais e empenas

- A faixa central do rincão é fixada com cola asfáltica e com o mínimo de pregos
- 30,5 cm de sobreposição
- Faixa central do rincão de 91,5 cm voltada para cima
- Apare as telhas chatas formando um rincão com 15,0 de largura, que deve se alargar à taxa de 1%.

Rincão aberto
- Revestimento do rincão de cobertura em rolo de 91,5 cm
- Estenda cada faixa 30,5 cm em relação à linha central do rincão.

- O rincão fechado é formado sobrepondo-se fiadas sucessivas de telhas chatas em direções alternadas.
- Exposição de 12,5 cm de cada telha em espigões e cumeeiras

CSI MasterFormat 07 31 13 Asphalt Shingles
CSI MasterFormat 07 31 13.13 Fiberglass-Reinforced Asphalt Shingles

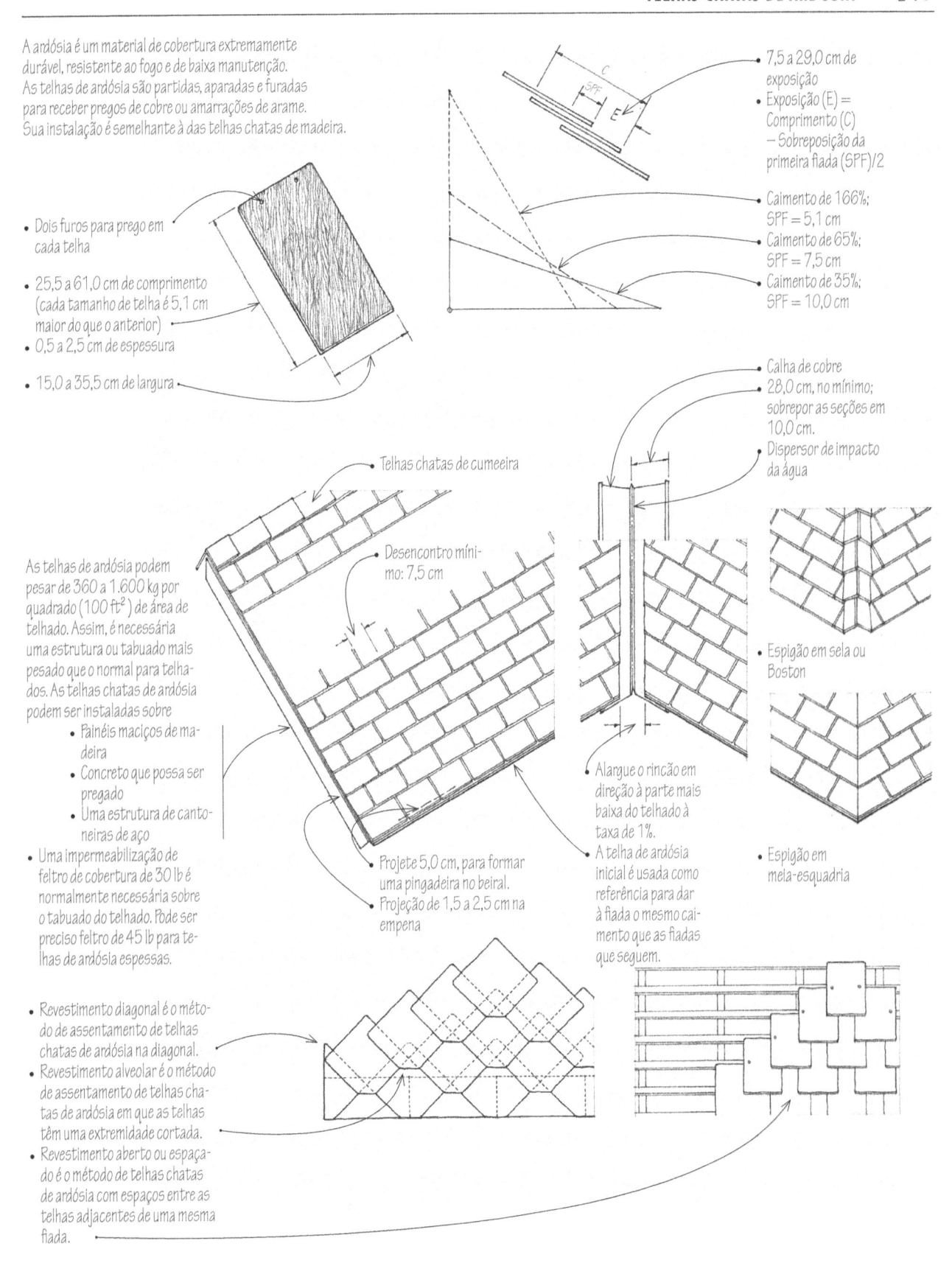

TELHAS CHATAS DE ARDÓSIA   7.7

A ardósia é um material de cobertura extremamente durável, resistente ao fogo e de baixa manutenção. As telhas de ardósia são partidas, aparadas e furadas para receber pregos de cobre ou amarrações de arame. Sua instalação é semelhante à das telhas chatas de madeira.

- Dois furos para prego em cada telha
- 25,5 a 61,0 cm de comprimento (cada tamanho de telha é 5,1 cm maior do que o anterior)
- 0,5 a 2,5 cm de espessura
- 15,0 a 35,5 cm de largura

- 7,5 a 29,0 cm de exposição
- Exposição (E) = Comprimento (C) − Sobreposição da primeira fiada (SPF)/2
- Caimento de 166%; SPF = 5,1 cm
- Caimento de 65%; SPF = 7,5 cm
- Caimento de 35%; SPF = 10,0 cm

As telhas de ardósia podem pesar de 360 a 1.600 kg por quadrado (100 ft²) de área de telhado. Assim, é necessária uma estrutura ou tabuado mais pesado que o normal para telhados. As telhas chatas de ardósia podem ser instaladas sobre
- Painéis maciços de madeira
- Concreto que possa ser pregado
- Uma estrutura de cantoneiras de aço
- Uma impermeabilização de feltro de cobertura de 30 lb é normalmente necessária sobre o tabuado do telhado. Pode ser preciso feltro de 45 lb para telhas de ardósia espessas.

- Telhas chatas de cumeeira
- Desencontro mínimo: 7,5 cm
- Projete 5,0 cm, para formar uma pingadeira no beiral.
- Projeção de 1,5 a 2,5 cm na empena

- Calha de cobre 28,0 cm, no mínimo; sobrepor as seções em 10,0 cm.
- Dispersor de impacto da água
- Alargue o rincão em direção à parte mais baixa do telhado à taxa de 1%.
- A telha de ardósia inicial é usada como referência para dar à fiada o mesmo caimento que as fiadas que seguem.
- Espigão em sela ou Boston
- Espigão em mela-esquadria

- Revestimento diagonal é o método de assentamento de telhas chatas de ardósia na diagonal.
- Revestimento alveolar é o método de assentamento de telhas chatas de ardósia em que as telhas têm uma extremidade cortada.
- Revestimento aberto ou espaçado é o método de telhas chatas de ardósia com espaços entre as telhas adjacentes de uma mesma fiada.

CSI MasterFormat 07 31 26 Slate Shingles

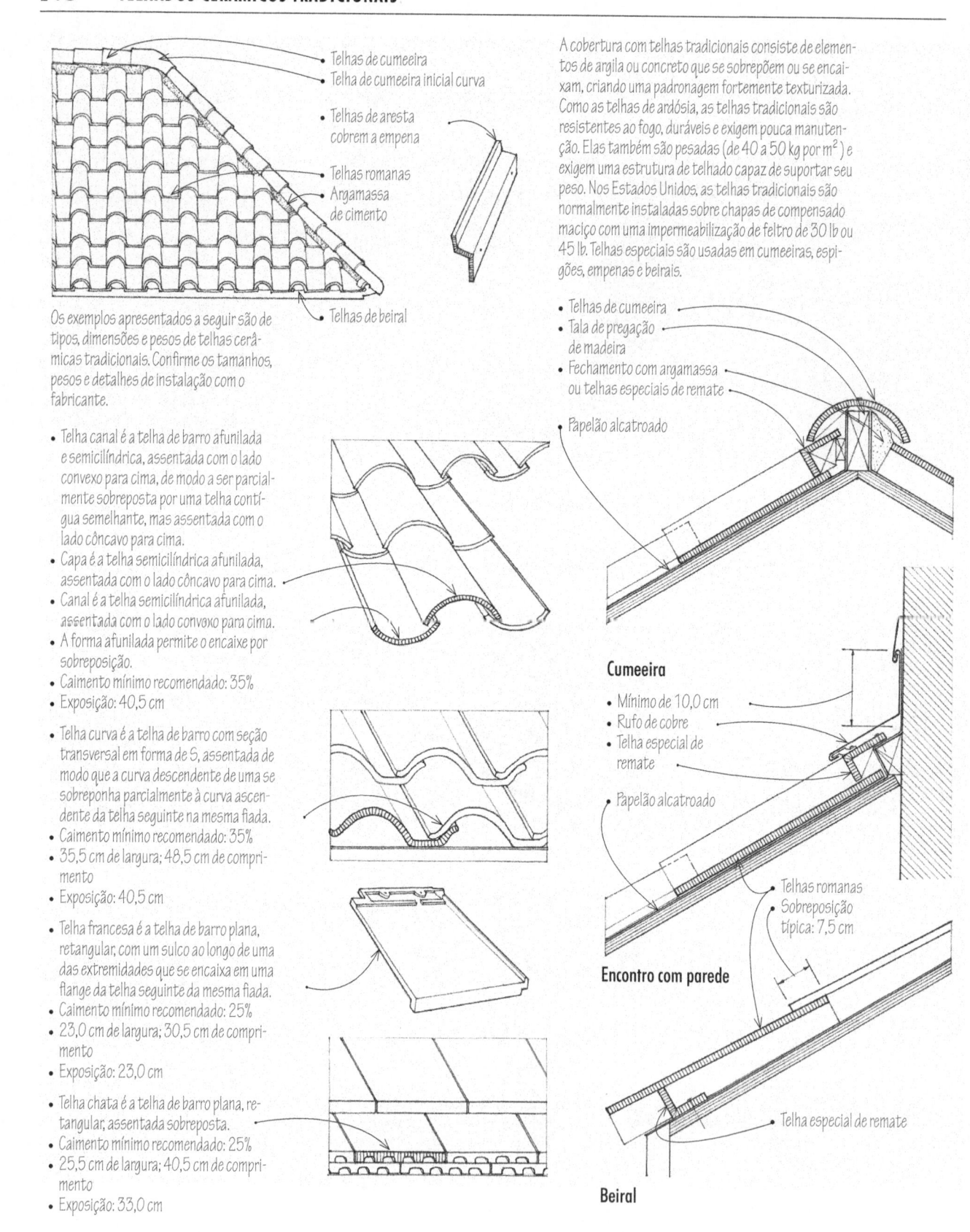

7.8 TELHADOS CERÂMICOS TRADICIONAIS

- Telhas de cumeeira
- Telha de cumeeira inicial curva
- Telhas de aresta cobrem a empena
- Telhas romanas
- Argamassa de cimento
- Telhas de beiral

Os exemplos apresentados a seguir são de tipos, dimensões e pesos de telhas cerâmicas tradicionais. Confirme os tamanhos, pesos e detalhes de instalação com o fabricante.

- Telha canal é a telha de barro afunilada e semicilíndrica, assentada com o lado convexo para cima, de modo a ser parcialmente sobreposta por uma telha contígua semelhante, mas assentada com o lado côncavo para cima.
- Capa é a telha semicilíndrica afunilada, assentada com o lado côncavo para cima.
- Canal é a telha semicilíndrica afunilada, assentada com o lado convexo para cima.
- A forma afunilada permite o encaixe por sobreposição.
- Caimento mínimo recomendado: 35%
- Exposição: 40,5 cm

- Telha curva é a telha de barro com seção transversal em forma de S, assentada de modo que a curva descendente de uma se sobreponha parcialmente à curva ascendente da telha seguinte na mesma fiada.
- Caimento mínimo recomendado: 35%
- 35,5 cm de largura; 48,5 cm de comprimento
- Exposição: 40,5 cm

- Telha francesa é a telha de barro plana, retangular, com um sulco ao longo de uma das extremidades que se encaixa em uma flange da telha seguinte da mesma fiada.
- Caimento mínimo recomendado: 25%
- 23,0 cm de largura; 30,5 cm de comprimento
- Exposição: 23,0 cm

- Telha chata é a telha de barro plana, retangular, assentada sobreposta.
- Caimento mínimo recomendado: 25%
- 25,5 cm de largura; 40,5 cm de comprimento
- Exposição: 33,0 cm

A cobertura com telhas tradicionais consiste de elementos de argila ou concreto que se sobrepõem ou se encaixam, criando uma padronagem fortemente texturizada. Como as telhas de ardósia, as telhas tradicionais são resistentes ao fogo, duráveis e exigem pouca manutenção. Elas também são pesadas (de 40 a 50 kg por m²) e exigem uma estrutura de telhado capaz de suportar seu peso. Nos Estados Unidos, as telhas tradicionais são normalmente instaladas sobre chapas de compensado maciço com uma impermeabilização de feltro de 30 lb ou 45 lb. Telhas especiais são usadas em cumeeiras, espigões, empenas e beirais.

- Telhas de cumeeira
- Tala de pregação de madeira
- Fechamento com argamassa ou telhas especiais de remate
- Papelão alcatroado

Cumeeira

- Mínimo de 10,0 cm
- Rufo de cobre
- Telha especial de remate
- Papelão alcatroado

- Telhas romanas
- Sobreposição típica: 7,5 cm

Encontro com parede

- Telha especial de remate

Beiral

CSI MasterFormat 07 32 00 Roof Tiles

COBERTURAS VERDES 7.9

Coberturas verdes, também chamadas de "ecotelhados", são um sistema de cobertura natural geralmente feito com vegetação plantada em um solo preparado ou um meio de crescimento vegetal sobre uma membrana de impermeabilização. Embora as coberturas verdes exijam um investimento inicial maior, a cobertura natural protege a membrana de impermeabilização das oscilações diárias de temperatura e da radiação ultravioleta do sol, que deterioram os sistemas de cobertura convencionais. Coberturas verdes também oferecem benefícios ambientais, como a conservação de uma área permeável em vez de substituí-la por superfícies duras e impermeáveis, o que ajuda a controlar o volume de escoamento fluvial e a melhorar a qualidade do ar e da água do local.

A temperatura superficial das coberturas tradicionais pode chegar a ficar 32° mais elevada do que a temperatura do ar, em um dia quente de verão. Uma cobertura verde, no entanto, apresenta uma temperatura de superfície muito inferior, o que ajuda a reduzir o efeito de ilha térmica nas áreas urbanas. O valor de isolamento extra oferecido por uma cobertura verde também auxilia na estabilização da temperatura do ar interno e da umidade, reduzindo os gastos com calefação e refrigeração de uma edificação.

Há três tipos de sistemas de cobertura verde: intensiva, extensiva e com blocos modulados.

- Sistemas de cobertura verde intensiva exigem uma camada de solo de, no mínimo, 30 cm de espessura, para criar um jardim de cobertura com árvores, arbustos, gramíneas e outros tipos de vegetação. Eles exigem sistemas de irrigação e drenagem para que a vegetação sobreviva, o que pode acrescentar uma carga de 80 a 150 psf (2.870 a 4.310 Pa) à estrutura de cobertura. O concreto costuma ser a melhor opção para a laje de cobertura.
- Sistemas de cobertura verde extensiva têm baixa manutenção e são construídos principalmente por seu valor ambiental. O meio de cultivo leve utilizado geralmente tem apenas entre 10,0 e 15,0 cm de profundidade e abriga plantas pequenas e resistentes, assim como gramíneas rústicas, e é acessado apenas para manutenção. Esses sistemas de cobertura verde extensiva agregam entre 15 e 50 psf (715 e 2.395 Pa) à carga de cobertura e podem se instalados sobre qualquer estrutura de cobertura bem-projetada, seja de concreto, aço ou tabuado de madeira.
- Os sistemas de blocos modulados consistem de contêineres de alumínio anodizado ou bandejas de poliestireno reciclado de 7,5 a 10,0 cm de espessura, com solo preparado que sustenta plantas de crescimento lento. Uma base de apoio conectada à face inferior de cada bloco protege a superfície da cobertura e permite a drenagem controlada. O peso usual destes sistemas fica entre 12 e 18 psf (575 a 860 Pa).

LEED SS Credit 6: Stormwater Design

LEED SS Credit 7: Reduce Heat Island Effect

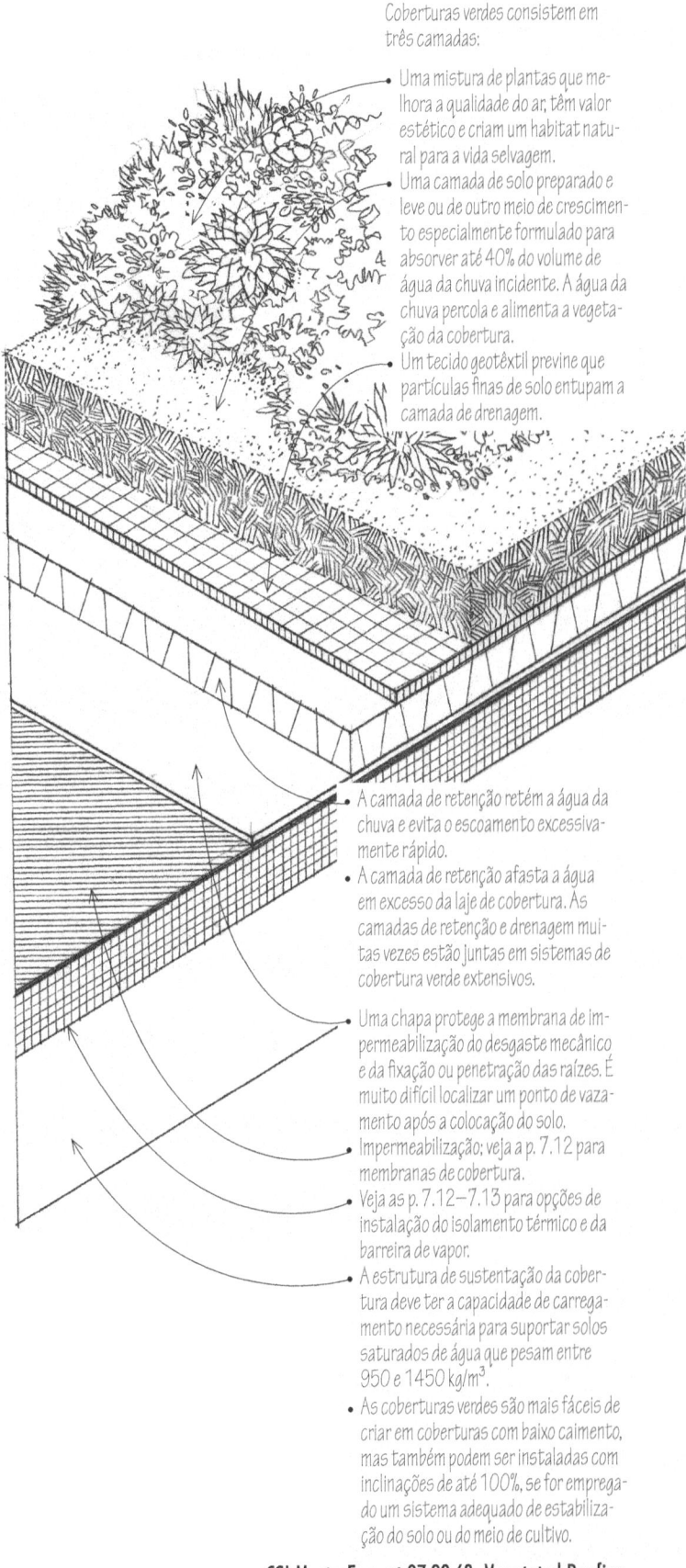

Coberturas verdes consistem em três camadas:

- Uma mistura de plantas que melhora a qualidade do ar, têm valor estético e criam um habitat natural para a vida selvagem.
- Uma camada de solo preparado e leve ou de outro meio de crescimento especialmente formulado para absorver até 40% do volume de água da chuva incidente. A água da chuva percola e alimenta a vegetação da cobertura.
- Um tecido geotêxtil previne que partículas finas de solo entupam a camada de drenagem.
- A camada de retenção retém a água da chuva e evita o escoamento excessivamente rápido.
- A camada de retenção afasta a água em excesso da laje de cobertura. As camadas de retenção e drenagem muitas vezes estão juntas em sistemas de cobertura verde extensivos.
- Uma chapa protege a membrana de impermeabilização do desgaste mecânico e da fixação ou penetração das raízes. É muito difícil localizar um ponto de vazamento após a colocação do solo.
- Impermeabilização; veja a p. 7.12 para membranas de cobertura.
- Veja as p. 7.12–7.13 para opções de instalação do isolamento térmico e da barreira de vapor.
- A estrutura de sustentação da cobertura deve ter a capacidade de carregamento necessária para suportar solos saturados de água que pesam entre 950 e 1450 kg/m^3.
- As coberturas verdes são mais fáceis de criar em coberturas com baixo caimento, mas também podem ser instaladas com inclinações de até 100%, se for empregado um sistema adequado de estabilização do solo ou do meio de cultivo.

CSI MasterFormat 07 33 63: Vegetated Roofing

7.10 COBERTURAS COM TELHAS DE METAL CORRUGADAS

Telhas corrugadas ou onduladas de metal são autoportantes e se apoiam sobre vigas ou terças dispostas transversalmente ao caimento do telhado. Essas telhas podem ser de:
- Alumínio com acabamento natural ou esmaltado
- Aço galvanizado
- Fibra de vidro ou plástico reforçado
- Vidro corrugado estrutural

- A proteção da empena sobrepõe-se à corrugação da telha
- Telha de cumeeira pré-fabricada, do mesmo material que as demais telhas
- Caimento mínimo recomendado: 25%
- Telhas corrugadas ou onduladas com extensão igual à distância entre o beiral e a cumeeira podem ser feitas sob encomenda, evitando sobreposições
- Espaçamento das terças = vão das telhas
- Viga ou caibro de apoio para as terças
- Tiras de fechamento pré-fabricadas vedam as aberturas das nervuras ou corrugações das telhas contra a chuva levada pelo vento e os insetos.
- Muitos padrões de corrugação ou ondulamento estão disponíveis no mercado. Também há telhas de fibra de vidro ou plástico translúcidas com perfis compatíveis, para uso como claraboias.

- $3/4$ a 1 in (19 a 25 mm)
- $3/4$ a $1\text{-}1/8$ in (19 a 29 mm)
- $1\text{-}3/8$ a $2\text{-}1/4$ in (35 a 57 mm)
- $1\text{-}1/2$ a 2 in (38 a 51 mm)

- Rufo do espigão 15,0 cm, em geral
- Tiras de fechamento pré-fabricadas ou vedação

Espigão

- 61,0 a 91,5 cm de largura, em geral
- Consulte o fabricante sobre especificações de material, tamanho e peso de telhas, acabamentos, vãos entre apoios e detalhes de instalação.

- Telhas de cumeeira
- Tiras de fechamento pré-fabricadas ou vedações barram a entrada da chuva levada pelo vento e de insetos.

- Qualquer isolamento necessário deve estar embutido na espessura da estrutura do telhado.

Cumeeira

- Sobreposição lateral de uma dobra ou 1,5 vezes a corrugação
- Conectores mecânicos são fixados na parte alta das corrugações. Em geral, é necessário o uso de arruelas e gaxetas.

CSI MasterFormat 07 41 13 Metal Roof Panels

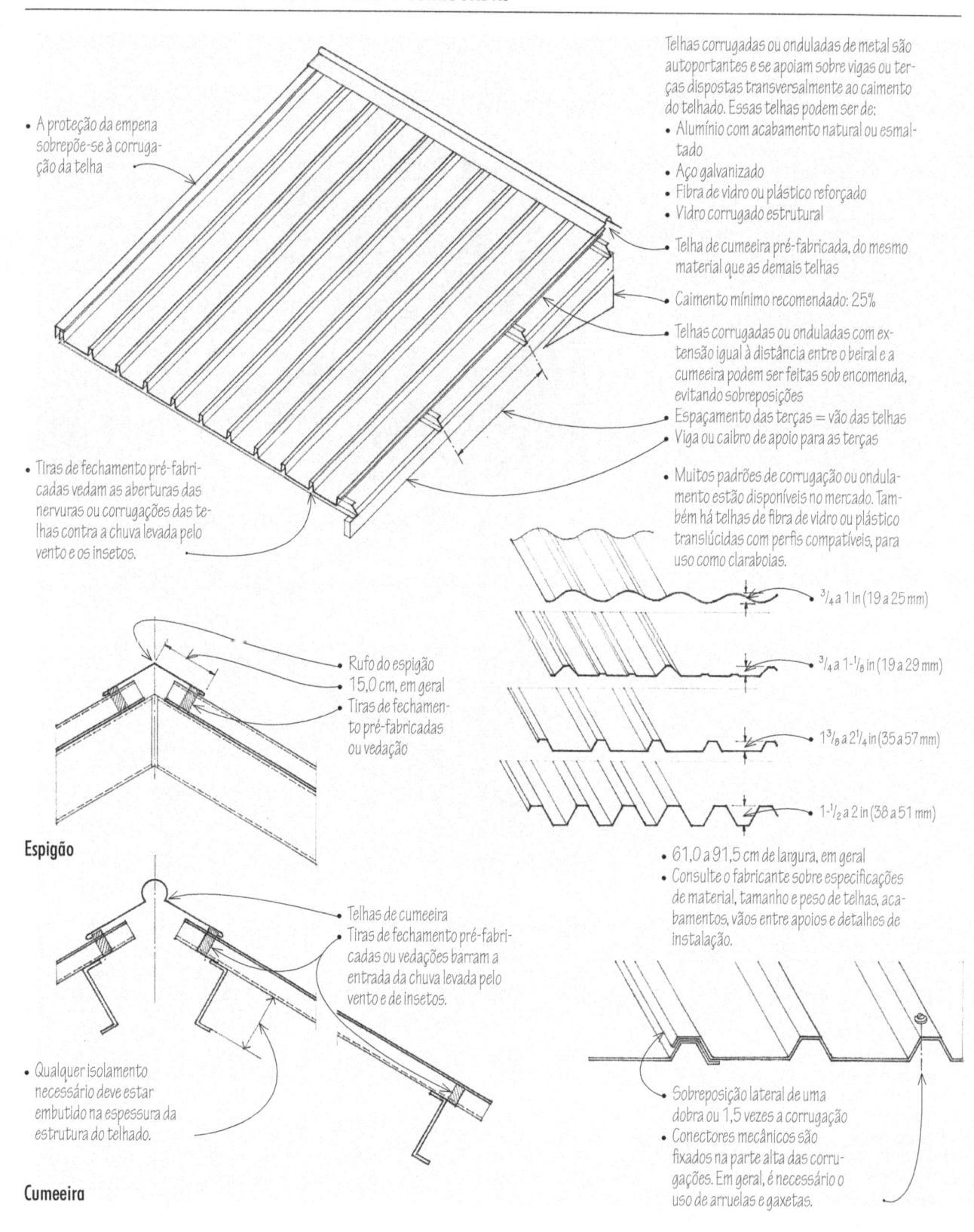

COBERTURAS COM TELHAS DE METAL 7.11

Um telhado de chapas de metal é caracterizado por uma forte padronagem visual de emendas encaixadas, cumeeiras e empenas articuladas. As chapas de metal podem ser de cobre, liga de zinco, aço galvanizado ou metal chumbado, uma chapa de aço inoxidável revestida de uma liga de estanho e chumbo. Para evitar a possível ação galvânica na presença de água da chuva, rufos, fixações e acessórios de metal devem ser do mesmo material que o telhado. Outros fatores a serem considerados no uso de coberturas de metal são a resistência do metal à intempérie e seu coeficiente de dilatação.

- A cobertura de metal é instalada sobre uma impermeabilização de papelão alcatroado. É usado papel com resina para evitar a aderência entre o papelão e as chapas de metal chumbado.

- Juntas verticais ou de ripa

- Juntas horizontais e de rincão são planas e geralmente soldadas.

- Preveja juntas de dilatação em fiadas com mais de 9,0 m.

- As juntas verticais são afastadas entre 30,0 e 60,0 cm entre eixos, conforme a largura inicial das chapas de metal e o tamanho das juntas verticais ou de ripa.

- As juntas de telhados com juntas de ripa pré-fabricadas são espaçadas a cada 60,0 a 90,0 cm entre eixos.

- As chapas de metal podem descer pelo beiral, formando uma aba larga de proteção.

- Caimento mínimo: 25%
- Pode ser menos, se as juntas forem zipadas e soldadas.
- Ripas para pregação devem ser instaladas se as telhas estiverem sobre um tabuado de painéis que não possa ser pregado.

- Juntas verticais são as juntas formadas dobrando-se junto as extremidades contíguas, seguido da dobradura da parte superior na mesma direção repetidas vezes.

- Juntas de ripa são as juntas feitas dobrando-se as extremidades contíguas contra uma ripa e travando-as com uma tira metálica instalada sobre a ripa.
- Use ripas de seção trapezoidal para permitir a dilatação térmica das telhas
- Há vários tipos de juntas verticais ou de ripa pré-fabricadas fornecidas por fornecedores de telhas de metal.

- Juntas zipadas são formadas dobrando-se as extremidades contíguas de modo a enganchá-las, as quais depois são achatadas.

- Calha encaixada e revestimento interno do mesmo metal que as telhas

- Junta de ripa em cumeeira

- Junta vertical em cumeeira

- Juntas cilíndricas são juntas entre duas peças de metal laminado na direção do caimento de um telhado curvo ou em vertente, feitas mediante a dobradura dupla das extremidades contíguas de modo a enganchá-las e formando um cilindro.

- Grampos e presilhas de fixação firmam as bordas ou juntas do telhado de metal.

- Junta de beiral

Tipos de juntas

CSI MasterFormat 07 61 00 Sheet Metal Roofing

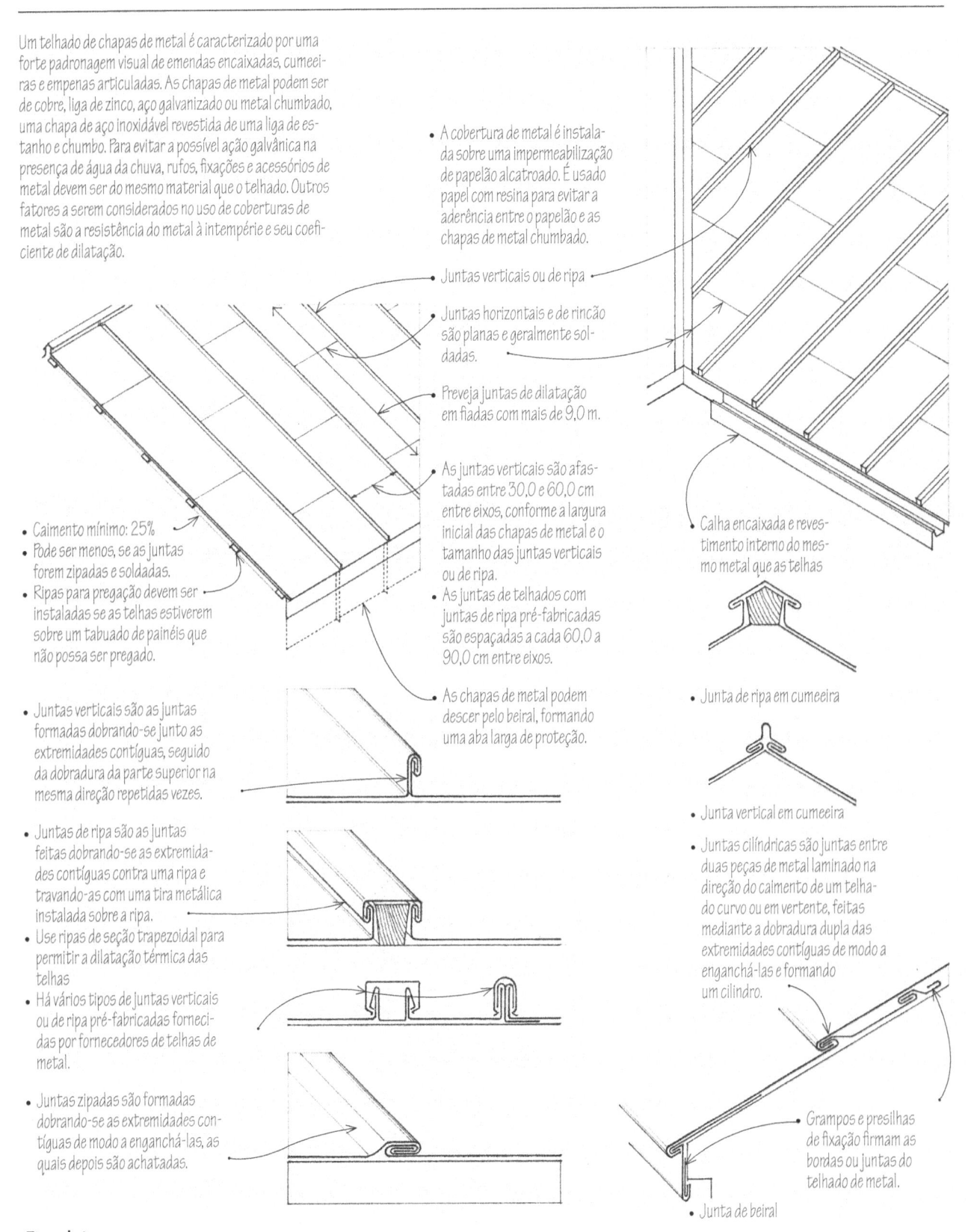

7.12 COBERTURAS PLANAS

A construção de uma cobertura plana exige os seguintes elementos:

1. A camada de proteção mecânica protege a cobertura da sucção de vento e da abrasão mecânica. Ela pode ser feita com agregado composto para cobertura, um lastro de seixos rolados ou lajotas comuns.

2. A camada de drenagem permite o livre escoamento da água para os drenos do telhado. Ela pode consistir da camada de agregado em um sistema de cobertura composto, da camada de lastro em uma cobertura elastomérica totalmente aderente assentada solta, de uma membrana de cobertura, ou de um tecido de drenagem ou espaço sob as lajotas comuns.

3. A membrana é a camada de impermeabilização da cobertura. Ela deve ter inclinação mínima de 2% para levar a água da chuva para os drenos do telhado. Esse caimento deve ser criado ajustando-se a altura das vigas-treliça ou barrotes que sustentam o tabuado de cobertura, colocando-se sobre a laje de piso um enchimento de concreto leve para isolamento térmico com altura variável ou instalando-se painéis isolantes de plástico esponjoso de espessura variável sobre a laje ou tabuado. Os dois principais sistemas de membranas são:
   - Coberturas compostas; veja 7.14.
   - Coberturas elastoméricas; veja 7.15–7.16.

4. Isolamento térmico. Veja a p. 7.13 para opções de instalação.

5. Uma barreira de vapor reduz a difusão da umidade para a camada de isolamento da estrutura de cobertura. Sua instalação é geralmente recomendada em localidades nas quais a temperatura média externa em julho é abaixo de 4°C, e a umidade relativa do ar nos interiores no inverno é 45% ou maior a 20°C. A barreira de vapor pode ser uma membrana composta ou um material patenteado de baixa permeabilidade, e é instalada no lado geralmente mais quente da cobertura. A temperatura da barreira de vapor deve ser superior à temperatura do ponto de orvalho, para evitar que ocorra a condensação, que pode danificar o isolamento térmico, o tabuado de cobertura e os materiais da estrutura. Também é importante que a barreira de vapor seja contínua, vedada em todas as aberturas feitas na cobertura e integrada ao sistema de paredes em torno da cobertura. Quando usamos uma barreira de vapor, a camada de isolamento pode necessitar de aberturas de ventilação para permitir que a umidade acumulada escape do espaço entre a barreira e a membrana de cobertura. Para mais informações sobre o controle da umidade, veja a p. 7.45.

6. A laje ou o tabuado de cobertura deve ser rígido o bastante para manter a inclinação desejada sob as condições de carga previstas, e deve ser liso, limpo e seco para a fixação adequada do isolamento rígido ou membrana de cobertura. Consulte a p. 7.14 para uma lista de tipos de tabuados e bases para coberturas. Grandes áreas de cobertura podem exigir juntas de dilatação ou divisores de área. Para estes e outros detalhes de rufos, veja as p. 7.19–7.20.

CSI MasterFormat 07 50 00 Membrane Roofing

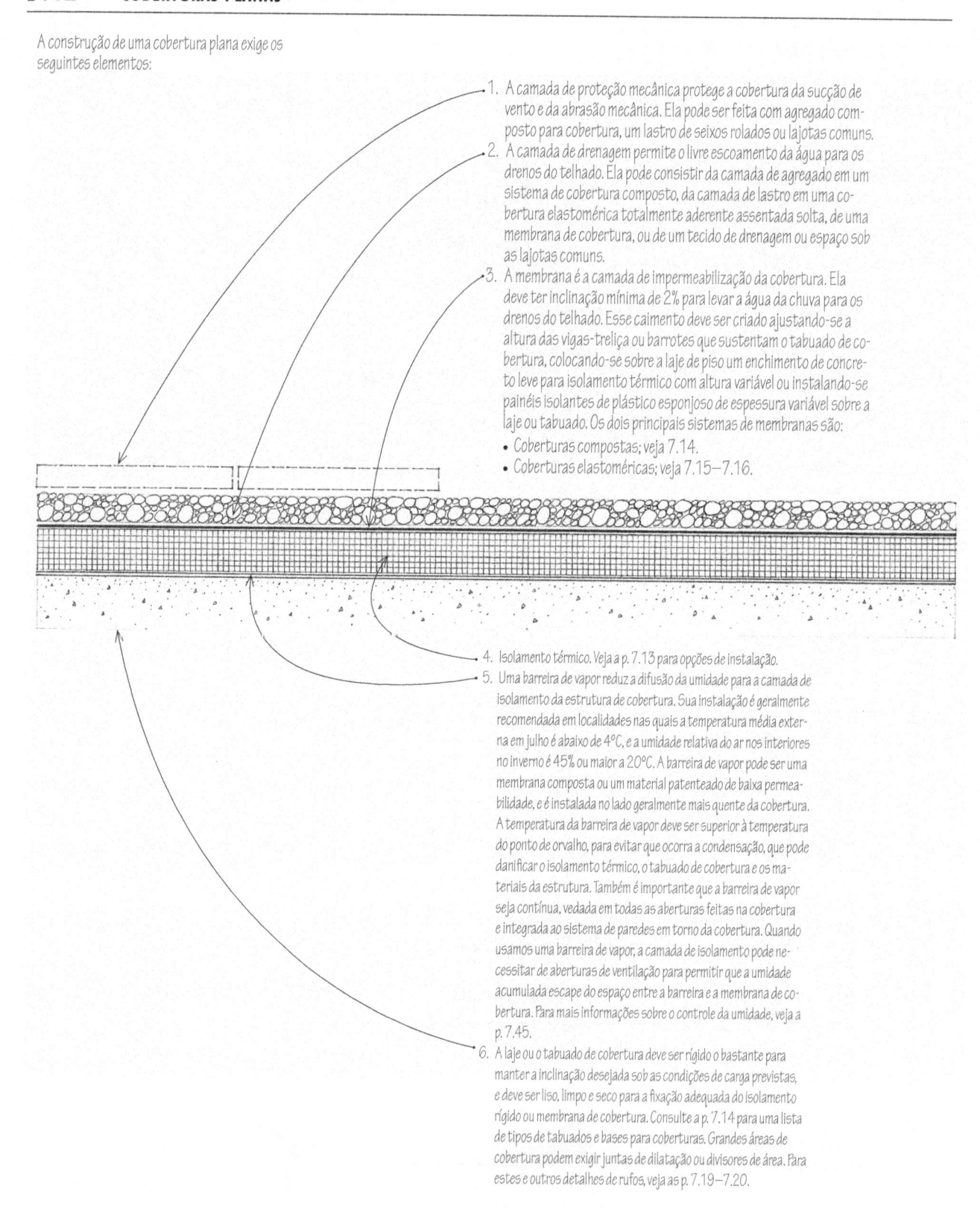

COBERTURAS PLANAS 7.13

O isolamento térmico dá a proteção necessária contra ganhos e perdas térmicos através da cobertura. Ele pode ser instalado em três lugares diferentes: sob a laje de cobertura, entre a laje e uma membrana de impermeabilização, ou sobre esta proteção.

- Quando instalado sob o tabuado de cobertura, o isolamento térmico consiste de isolamento em manta colocado sobre uma barreira de vapor. É necessária uma cavidade ventilada entre o isolamento e o tabuado, para dissipar qualquer vapor de água que entre na cobertura.

- Membrana de impermeabilização
- Tabuado de sustentação da cobertura
- Cavidade ventilada
- Isolamento térmico
- Barreira de vapor

- Quando o isolamento térmico estiver entre o tabuado e a membrana de impermeabilização, ele poderá ser na forma de uma capa de concreto isolante leve ou de painéis de isolamento de plástico esponjoso que possam permitir a instalação da membrana de impermeabilização. O isolamento rígido deve ser instalado em pelo menos duas camadas desencontradas, para minimizar as perdas térmicas através das juntas. A primeira camada deve ser fixada para resistir à sucção do vento; as camadas superiores são colocadas em toda a extensão com asfalto quente. Quando é usado isolamento rígido de espuma de plástico (poliuretano, poliestireno ou poli-isocianurato), a camada superior deve ser composta de chapas de perlita ou gesso para fornecer uma base estável à membrana de cobertura e para satisfazer as exigências do código de edificações.

- Membrana de impermeabilização
- Isolamento térmico
- Laje de cobertura de concreto com formas de aço incorporadas (sistema *steel deck*)

- No sistema de membrana de impermeabilização protegida, o isolamento térmico é instalado sobre a membrana de impermeabilização. Nesta posição, ele protege a membrana de variações extremas de temperatura, mas não da presença quase contínua da umidade. O isolamento térmico consiste de painéis de poliestireno extrudado, resistentes à umidade, que são assentados soltos ou presos na membrana de impermeabilização com piche. O isolamento térmico fica protegido da luz do sol e não se move graças ao lastro de pedras que é colocado sobre um tecido geotêxtil, uma capa de concreto de solidarização ou uma camada de blocos de concretos intertravados.

- Isolamento térmico
- Membrana de impermeabilização
- Laje de concreto convencional

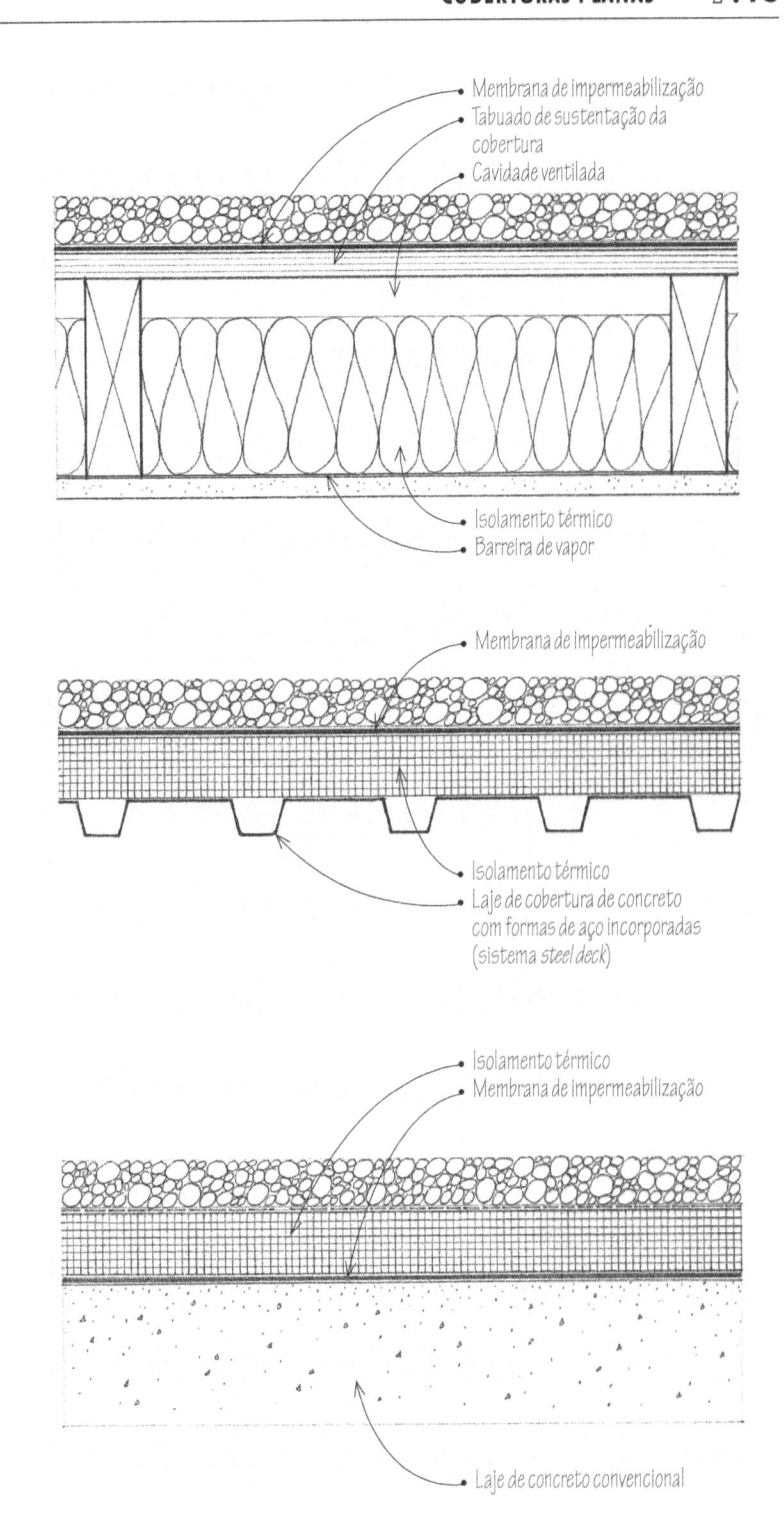

CSI MasterFormat 07 22 00 Roof and Deck Insulation
CSI MasterFormat 07 55 00 Protected Membrane Roofing

7.14 COBERTURAS COMPOSTAS

- Isolamento térmico em placas
- Barreira de vapor, se necessário; veja a p. 7.12.

Tipos de laje ou tabuados de cobertura
- Painel de aço: bitola mínima 22; o código de edificações pode exigir recobrimento de painéis de perlita ou gesso.
- Madeira: espessura nominal mínima de 1 in (25 mm); de madeira bem seca; juntas macho e fêmea ou com sambladuras com chaveta; cobrir nós vazados da madeira ou as fissuras com rufos.
- Madeira compensada: espessura mínima de ½ ln (13 mm); colocar as placas perpendicularmente aos apoios espaçados em até 60,0 cm entre eixos; juntas macho e fêmea ou calços sob as juntas.
- Painéis de fibra de madeira estrutural devem ser densos o suficiente para segurar uma fixação mecânica.
- Concreto moldado *in loco* deve ser bem curado, seco, anticongelamento, liso e com caimento para drenagem.
- Painéis de concreto pré-moldado devem ter todas as juntas bem grauteadas; qualquer irregularidade entre os painéis deve ser nivelada com um enchimento ou capeamento.
- Concreto leve de isolamento: deve ser completamente curado e seco ao ar; consulte o fabricante sobre condições aceitáveis.
- Consulte o fabricante da cobertura sobre os tipos de painéis aprovados, isolamentos térmicos e fixações, os detalhes de instalação e as exigências de barreira de vapor e ventilação, bem como a classificação da estrutura do telhado em relação ao risco de incêndio segundo o Underwriters' Laboratories (UL).

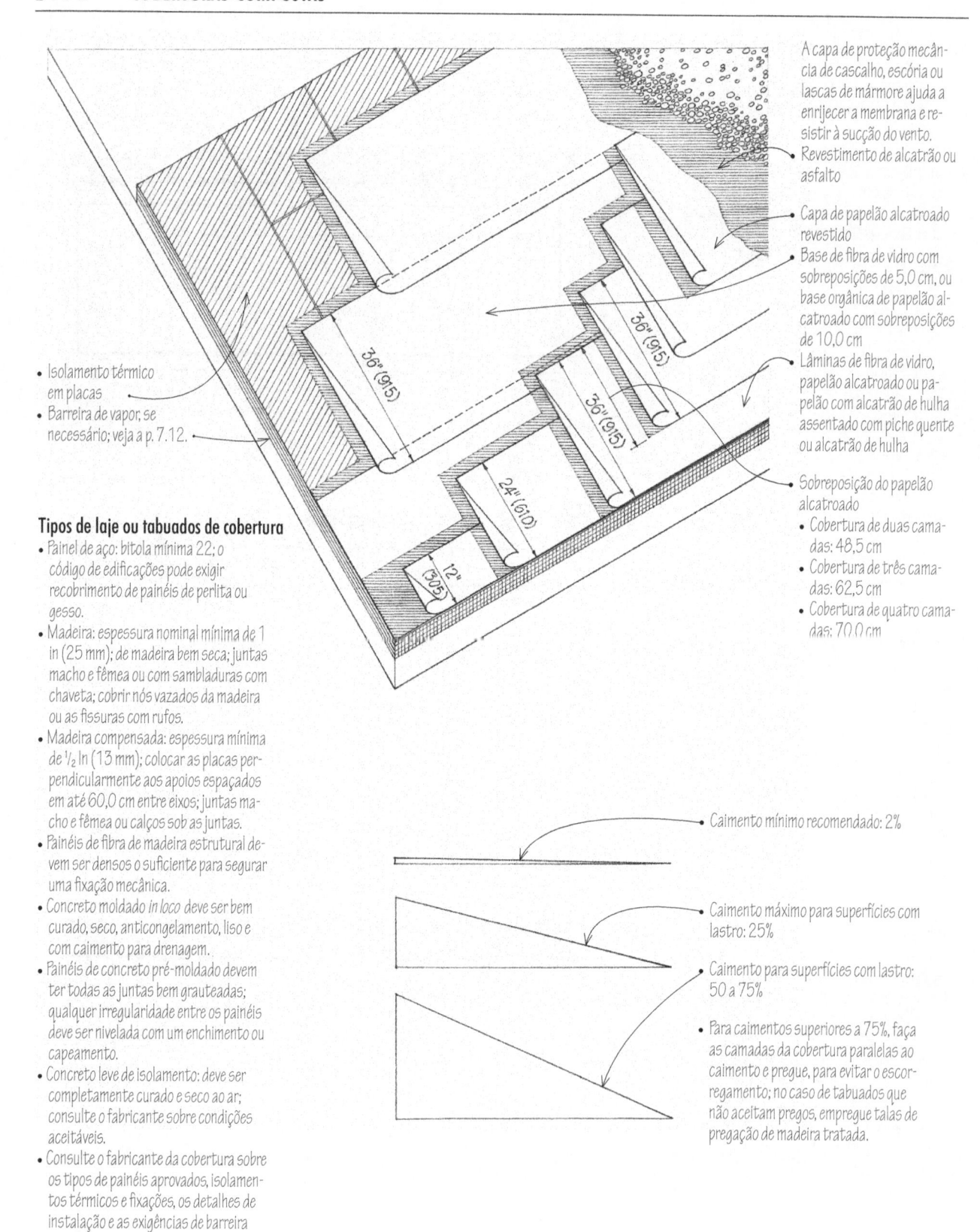

- A capa de proteção mecânica de cascalho, escória ou lascas de mármore ajuda a enrijecer a membrana e resistir à sucção do vento.
- Revestimento de alcatrão ou asfalto
- Capa de papelão alcatroado revestido
- Base de fibra de vidro com sobreposições de 5,0 cm, ou base orgânica de papelão alcatroado com sobreposições de 10,0 cm
- Lâminas de fibra de vidro, papelão alcatroado ou papelão com alcatrão de hulha assentado com piche quente ou alcatrão de hulha
- Sobreposição do papelão alcatroado
  - Cobertura de duas camadas: 48,5 cm
  - Cobertura de três camadas: 62,5 cm
  - Cobertura de quatro camadas: 70,0 cm

- Caimento mínimo recomendado: 2%
- Caimento máximo para superfícies com lastro: 25%
- Caimento para superfícies com lastro: 50 a 75%
- Para caimentos superiores a 75%, faça as camadas da cobertura paralelas ao caimento e pregue, para evitar o escorregamento; no caso de tabuados que não aceitam pregos, empregue talas de pregação de madeira tratada.

CSI MasterFormat 07 51 00 Built-Up Bituminous Roofing

COBERTURAS ELASTOMÉRICAS 7.15

Coberturas elastoméricas podem ser aplicadas na forma líquida ou em folhas. Grandes coberturas em abóbada, cúpula ou em formas complexas exigem impermeabilização em rolos ou pulverizada, na forma líquida. Os materiais utilizados para membranas aplicadas na forma líquida incluem silicone, neoprene, borracha butílica e poliuretano. Em coberturas planas, a membrana de impermeabilização pode ser aplicada em folhas. Os materiais utilizados em coberturas elastoméricas em folhas incluem:

- Membranas termoplásticas aplicadas com calor ou processo químico
- PVC (cloreto de polivinil) e compostos de PVC
- Betumes modificados com polímeros, materiais asfálticos aos quais se agregou polímeros, para maior flexibilidade, coesão e dureza; frequentemente reforçados com fibras de vidro ou películas plásticas
- Membranas termocuradas devem ser fixadas com o uso de adesivos.
- EPDM (monômero de etileno propileno dieno), um material elastomérico vulcanizado
- CSPE (polietileno polissulfonado), uma borracha sintética
- Neoprene (policloroprene), uma borracha sintética

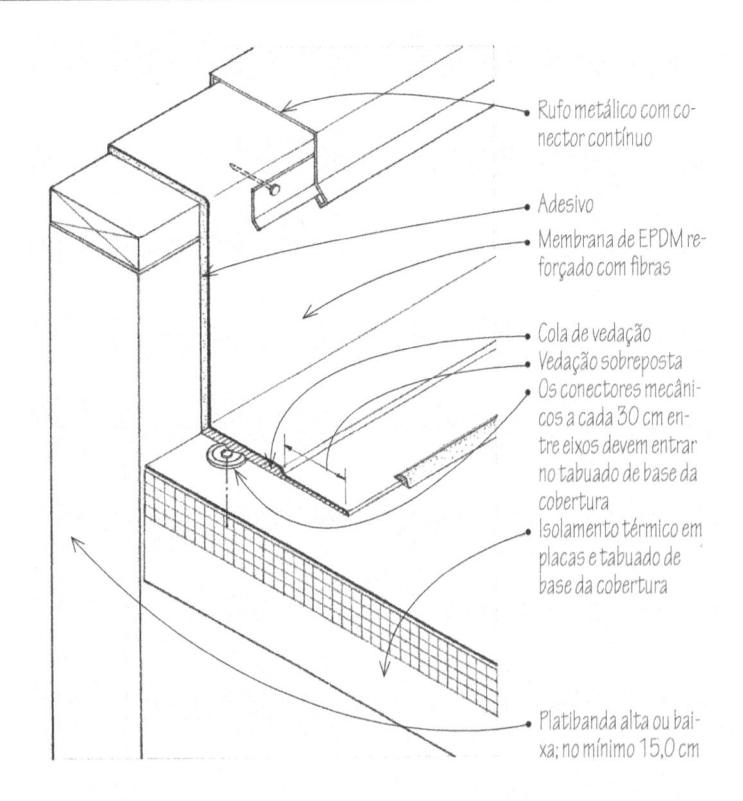

Estes materiais são muito finos (0,8 a 2,5 mm de espessura), flexíveis e fortes. Eles variam na sua resistência à propagação de chamas, abrasão e degradação causada por raios ultravioleta, poluentes, óleos e produtos químicos. Alguns são reforçados com fibra de vidro ou poliéster; outros têm revestimento para maior refletância do calor ou maior resistência à propagação de chamas. Consultar o fabricante da cobertura sobre:

- Especificações do material
- Tipos aprovados de tabuados ou lajes de cobertura, isolamentos e fixações
- Instalação e detalhamento de rufos
- Classificação da cobertura do telhado quanto ao risco de incêndio do Underwriters' Laboratories (UL), nos Estados Unidos.

Os detalhes desta página e da seguinte se referem a coberturas de EPDM. Os detalhes para outras coberturas elastoméricas são semelhantes a princípio. Há três sistemas genéricos para aplicação de coberturas de EPDM:

- Sistema de aderência total
- Sistema com fixação mecânica
- Sistema lastreado, aplicado solto

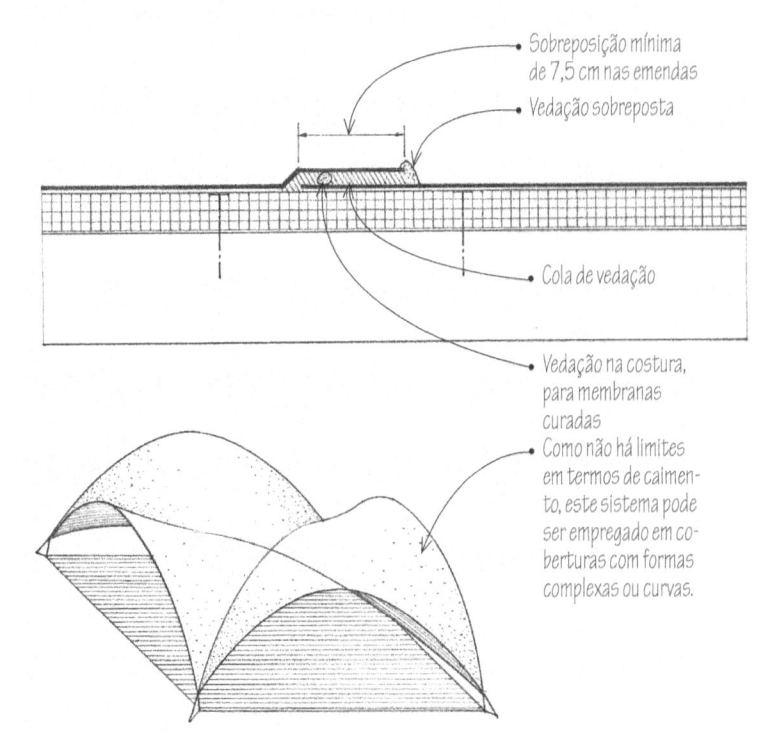

Sistema de aderência integral
A membrana é completamente colada com adesivos à superfície lisa de uma laje de concreto ou um tabuado de madeira, ou a um isolamento térmico em placas preso à laje ou ao tabuado com conectores mecânicos. Ao longo do perímetro e das aberturas do telhado, a membrana também é fixada mecanicamente.

- Rufo metálico com conector contínuo
- Adesivo
- Membrana de EPDM reforçado com fibras
- Cola de vedação
- Vedação sobreposta
- Os conectores mecânicos a cada 30 cm entre eixos devem entrar no tabuado de base da cobertura
- Isolamento térmico em placas e tabuado de base da cobertura
- Platibanda alta ou baixa; no mínimo 15,0 cm

- Sobreposição mínima de 7,5 cm nas emendas
- Vedação sobreposta
- Cola de vedação
- Vedação na costura, para membranas curadas
- Como não há limites em termos de caimento, este sistema pode ser empregado em coberturas com formas complexas ou curvas.

CSI MasterFormat 07 52 00 Modified Bituminous Membrane Roofing
CSI MasterFormat 07 53 00 Elastomeric Membrane Roofing
CSI MasterFormat 07 54 00 Thermoplastic Membrane Roofing

7.16 COBERTURAS ELASTOMÉRICAS

- Aba metálica de remate
- Rufo de metal galvanizado
- Membrana de impermeabilização de EPDM e emenda sobreposta com vedação aplicada por cima
- Vedação sobreposta
- Pregos galvanizados para coberturas a cada 30 cm entre eixos
- 7,5 cm, no mínimo
- Membrana de impermeabilização de EPDM
- Tala de pregação de madeira tratada

• Caimento máximo: 150%

- Mástique impermeável
- Barra de remate em borracha dura
- Vedação sobreposta
- Adesivo
- Membrana de impermeabilização de EPDM e emenda sobreposta com vedação aplicada por cima
- 2,5 cm, no mínimo
- Tira de fixação
- Membrana de impermeabilização de EPDM
- Tubo de esponja
- Enchimento da junta de dilatação
- Parede não portante

• Caimento máximo: 15%

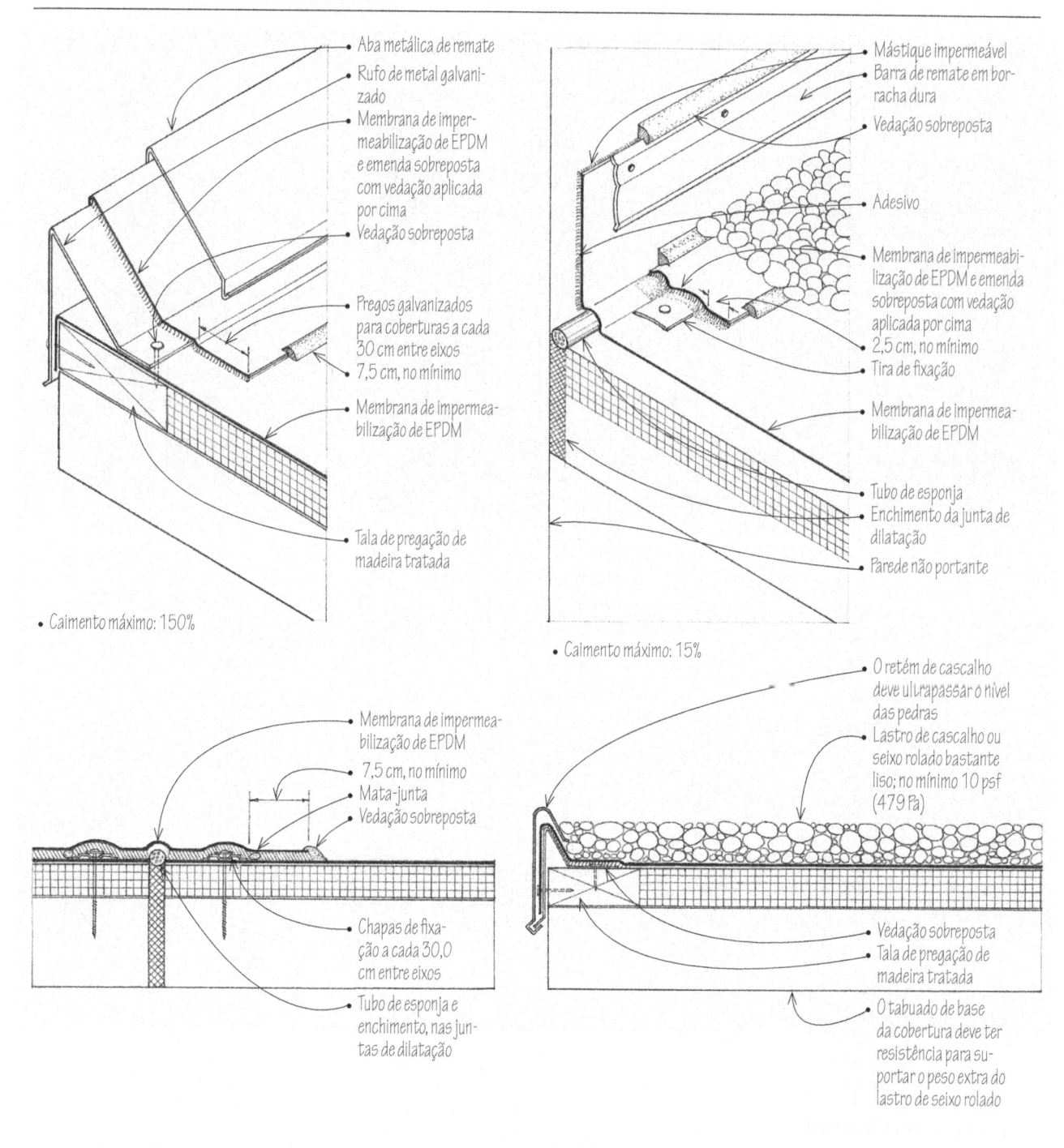

- Membrana de impermeabilização de EPDM
- 7,5 cm, no mínimo
- Mata-junta
- Vedação sobreposta
- Chapas de fixação a cada 30,0 cm entre eixos
- Tubo de esponja e enchimento, nas juntas de dilatação

- O retém de cascalho deve ultrapassar o nível das pedras
- Lastro de cascalho ou seixo rolado bastante liso; no mínimo 10 psf (479 Pa)
- Vedação sobreposta
- Tala de pregação de madeira tratada
- O tabuado de base da cobertura deve ter resistência para suportar o peso extra do lastro de seixo rolado

Sistema mecanicamente fixado
Após o isolamento térmico em placas ter sido mecanicamente fixado à laje de cobertura, a membrana de impermeabilização também é firmada ao painel com placas de fixação e conectores nas emendas da membrana.

Sistema lastreado, aplicado solto
Tanto o isolamento térmico quanto a membrana de impermeabilização são aplicados soltos sobre a laje de cobertura e mantidos no lugar com uma camada de seixo rolado ou lajotas específicas para cobertura. A membrana é fixada na laje com fixadores mecânicos somente no perímetro e nas aberturas do telhado.

A DRENAGEM DE COBERTURAS 7.17

A quantidade de chuva ou neve derretida que uma cobertura e seus sistemas de drenagem devem suportar depende da:
- Área da cobertura que conduz aos drenos ou calhas
- Frequência e intensidade de precipitações na região

Coberturas planas devem ter caimento em direção aos drenos localizados nos pontos mais baixos, os quais se conectam ao sistema de drenagem pluvial da edificação. Um sistema de coletores e ladrões também é necessário com aberturas 5,0 cm acima dos pontos baixos da cobertura.

A água da chuva coletada por coberturas inclinadas deve ser recolhida por calhas ao longo do beiral, para evitar a erosão do solo. As calhas são drenadas por dutos verticais ou subterrâneos que descarregam em uma cisterna ou em um sistema de drenagem pluvial. Em climas secos ou em pequenas coberturas com beirais adequados, as calhas podem ser suprimidas e pode ser colocado, no lugar delas, um leito de cascalho ou uma faixa de piso de alvenaria no terreno embaixo da linha do beiral.

As calhas são feitas geralmente de vinil, aço galvanizado ou alumínio, embora também estejam disponíveis calhas de cobre, aço inoxidável, estanhado e madeira. As calhas de alumínio podem ser dobradas a frio no local, em peças contínuas, sem juntas.

- O caimento mínimo para uma cobertura é de 2%.
- Deve-se utilizar, no mínimo, dois drenos para áreas de cobertura com menos de 900 m² e um dreno adicional para cada 900 m² de cobertura.
- Biqueiras são aberturas nas laterais de uma edificação, para a drenagem de águas pluviais.
- Os funis e tubos de queda levam a água da chuva a um esgoto pluvial ou misto; consertos são mais caros se os condutores estiverem embutidos em paredes ou pilares.

10,0 a 20,0 cm
7,0 a 15,0 cm

Formatos de calha
- Chanfrada
- Semicircular
- Calha em K

- Peneira, para evitar o entupimento do tubo de queda pluvial
- Tampa

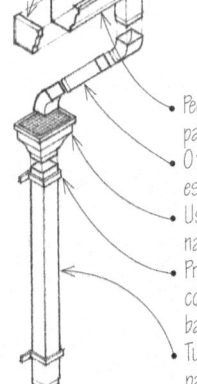

- Peça de extremidade, com abertura para tubo de queda
- O tubo de queda leva ao sistema de esgoto pluvial ou a um poço seco.
- Use braçadeiras no topo, na base e nas juntas intermediárias.
- Preveja um funil em tubos de queda com mais braçadeiras no topo, na base e nas juntas intermediárias
- Tubo de queda pluvial; 1 cm² de área para cada 14.000 cm² de cobertura; 7,5 cm de diâmetro, no mínimo
- Cotovelo e caixa de desaguamento ou conexão para o sistema de drenagem pluvial

- Estribos ou braçadeiras são pregados ou parafusados à base da cobertura ou cruzam a base e são fixados na face superior dos caibros.
- Os suportes de calha são espaçados a cada 90,0 cm entre eixos.
- Tela metálica, para proteger as calhas e condutores do entupimento com folhas
- Calha com 10,0 cm de largura, para coberturas de até 70 m²; calhas de 12,5 cm para coberturas entre 70 e 130 m².
- Caimento das calhas retas: 0,5%; sobreponha e solde ou vede as juntas com mástique; preveja juntas de dilatação para seções retas com mais de 12,0 m de comprimento.
- Folhas de ¼ in (6 mm) para coberturas com até 100% de caimento
- Folhas de ½ in (13 mm) para coberturas com até 60% de caimento
- Folhas de ¾ in (19 mm) para coberturas com até 40% de caimento
- Instale as calhas abaixo da linha da cobertura, para que não haja acúmulo de gelo ou neve.

- Conexões com prego e virola são fixadas na faixa do beiral ou nas extremidades dos caibros.
- Suportes para calha são parafusados na faixa do beiral ou nas extremidades dos caibros.

CSI MasterFormat 07 63 00 Sheet Metal Roofing Specialties

7.18 CALHAS E RUFOS

Calhas e rufos são lâminas finas e contínuas de chapas metálicas ou outro material impermeável, para evitar a penetração de água através das juntas de uma edificação. Calhas e rufos funcionam de acordo com o princípio de que, para a água penetrar em uma junta, ela deve subir contra a ação da gravidade ou, no caso de chuva com vento, deve seguir um caminho tortuoso ao longo do qual a pressão é dissipada. Veja também a p. 7.23 para uma discussão do projeto de fachadas de chuva com equalização de pressões.

As calhas e os rufos podem ser expostos ou ocultos. Calhas e rufos expostos geralmente são de chapas de metal: alumínio, cobre, aço galvanizado pintado, aço inoxidável, liga de zinco, metal estanhado e chumbo revestido de cobre. Quando muito longos, calhas e rufos de metal devem ser dotados de juntas de dilatação, para evitar a sua deformação. As chapas de metal também não devem manchar ou ser manchadas por materiais adjacentes, ou reagir quimicamente com eles. Veja a p. 12.9.

As calhas e os rufos ocultos na cobertura de uma edificação podem ser de metal ou de membrana impermeável, tal como uma membrana betuminosa ou uma película de plástico, se o clima local e as exigências estruturais o permitirem.
- O alumínio e o chumbo reagem quimicamente com a argamassa de cimento.
- Alguns materiais usados em calhas e rufos tendem a se deteriorar quando expostos à luz do sol.

- Bordas voltadas para cima e superfícies inclinadas usam a gravidade para escoar a água para o exterior.

- Emendas encaixadas formam um labirinto que evita a penetração da água.

- A água pode penetrar em uma junta devido à tensão superficial e à capilaridade
- Capilaridade é a manifestação da tensão superficial na qual a coesão interna de um líquido é sobrepujada pela aderência deste a uma superfície sólida, provocando sua subida por uma superfície vertical.
- Pingadeiras e cavidades formam barreiras de capilaridade entre duas superfícies quando suficientemente largas, evitando a migração da umidade devido à capilaridade.

- Cumeeiras, rincões, espigões e desníveis nas águas de um telhado
- Aberturas em coberturas, como chaminés, tubos de queda pluvial, tubos de ventilação e claraboias
- Janelas e portas
- Beirais e empenas
- Interseções de pisos e paredes
- Interseções entre coberturas e superfícies verticais
- Pontos nos quais o prédio toca o terreno
- Juntas de dilatação e outras descontinuidades na vedação externa

Localização de calhas e rufos

CSI 07600 Flashing
CSI 07620 Sheet Metal Flashing
CSI 07650 Flexible Flashing

CALHAS E RUFOS 7.19

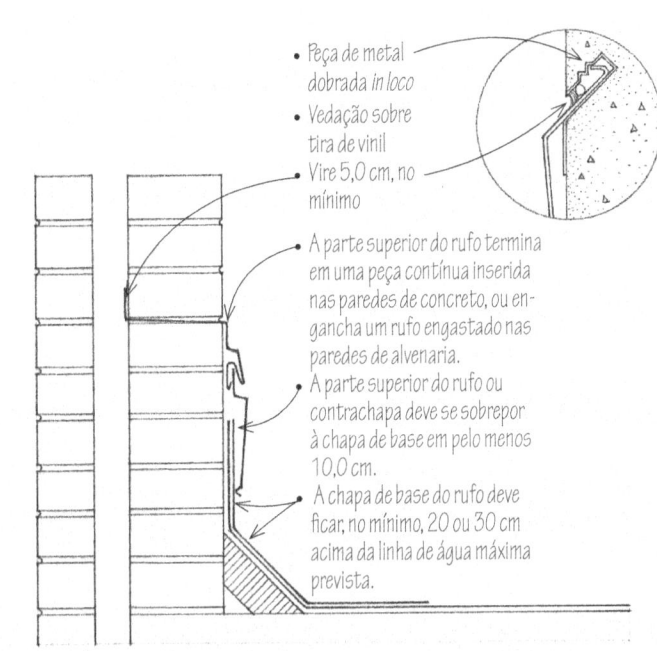

Os detalhes de rufo nesta página e nas páginas a seguir ilustram condições gerais e podem ser adaptados para o uso com vários materiais e sistemas de edificação. Todas as dimensões apresentadas são as mínimas. As condições climáticas e o caimento da cobertura podem ditar sobreposições maiores. Consulte o fabricante sobre detalhes para rufos e acessórios.

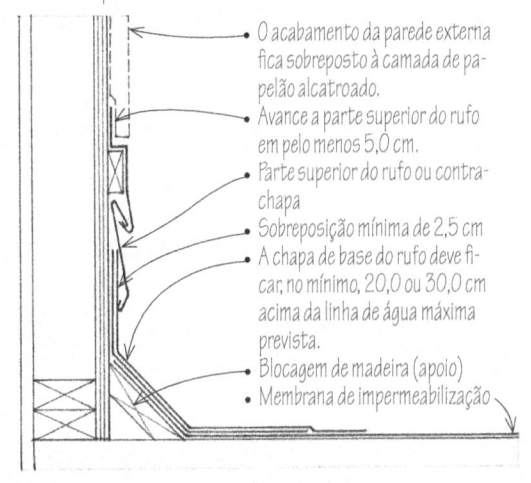

- Peça de metal dobrada in loco
- Vedação sobre tira de vinil
- Vire 5,0 cm, no mínimo
- A parte superior do rufo termina em uma peça contínua inserida nas paredes de concreto, ou engancha um rufo engastado nas paredes de alvenaria.
- A parte superior do rufo ou contrachapa deve se sobrepor à chapa de base em pelo menos 10,0 cm.
- A chapa de base do rufo deve ficar, no mínimo, 20 ou 30 cm acima da linha de água máxima prevista.

- O acabamento da parede externa fica sobreposto à camada de papelão alcatroado.
- Avance a parte superior do rufo em pelo menos 5,0 cm.
- Parte superior do rufo ou contra-chapa
- Sobreposição mínima de 2,5 cm
- A chapa de base do rufo deve ficar, no mínimo, 20,0 ou 30,0 cm acima da linha de água máxima prevista.
- Blocagem de madeira (apoio)
- Membrana de impermeabilização

Platibanda de alvenaria ou concreto

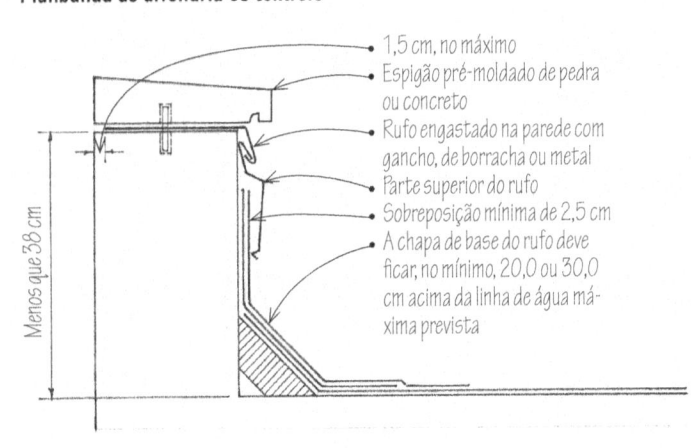

Peitoril em parede com estrutura de montantes leves de madeira

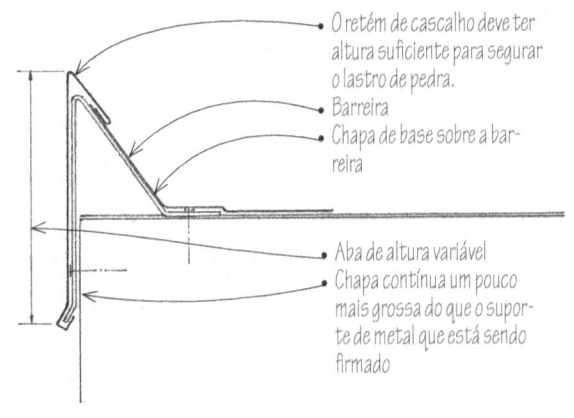

- 1,5 cm, no máximo
- Espigão pré-moldado de pedra ou concreto
- Rufo engastado na parede com gancho, de borracha ou metal
- Parte superior do rufo
- Sobreposição mínima de 2,5 cm
- A chapa de base do rufo deve ficar, no mínimo, 20,0 ou 30,0 cm acima da linha de água máxima prevista

Menos que 38 cm

- O retém de cascalho deve ter altura suficiente para segurar o lastro de pedra.
- Barreira
- Chapa de base sobre a barreira
- Aba de altura variável
- Chapa contínua um pouco mais grossa do que o suporte de metal que está sendo firmado

Platibanda baixa

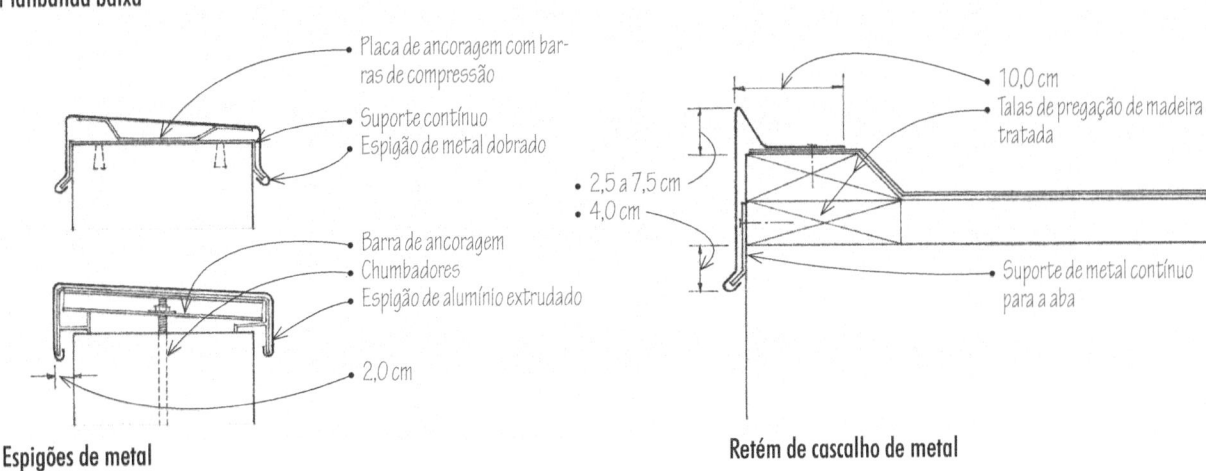

Retém de cascalho e aba de metal

- Placa de ancoragem com barras de compressão
- Suporte contínuo
- Espigão de metal dobrado
- Barra de ancoragem
- Chumbadores
- Espigão de alumínio extrudado
- 2,0 cm

- 10,0 cm
- Talas de pregação de madeira tratada
- 2,5 a 7,5 cm
- 4,0 cm
- Suporte de metal contínuo para a aba

Espigões de metal

Retém de cascalho de metal

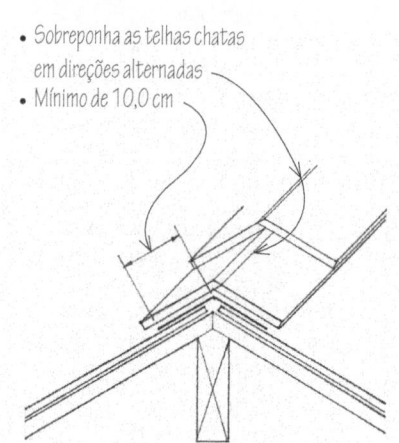

7.20 CALHAS E RUFOS

- Sobreponha as telhas chatas em direções alternadas
- Mínimo de 10,0 cm

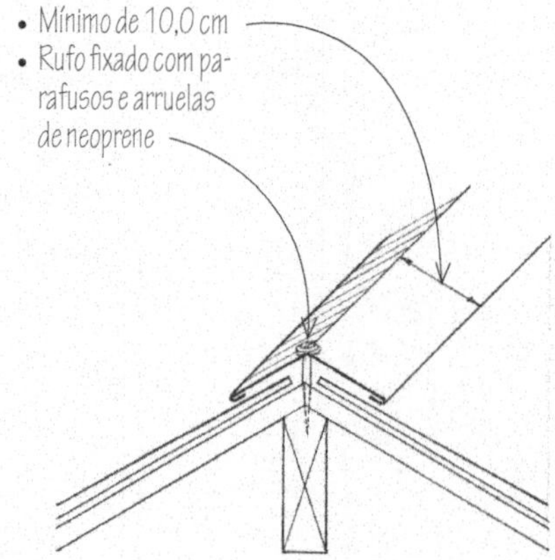

- Mínimo de 10,0 cm
- Rufo fixado com parafusos e arruelas de neoprene

- Rufo de metal dobrado na cumeeira com saída de ar e proteção contra intempéries

- Sobreponha os rufos em 10,0 cm, no mínimo.

Rufo em cumeeira – embutido

Rufo em cobertura plana ou com pouco caimento – aparente

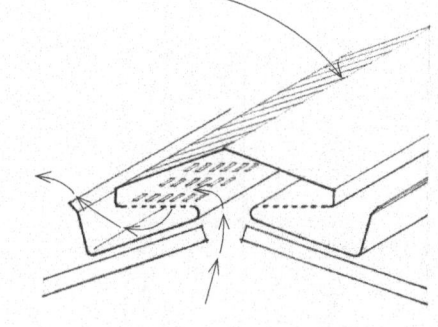

Rufo com saída de ar, em cumeeira

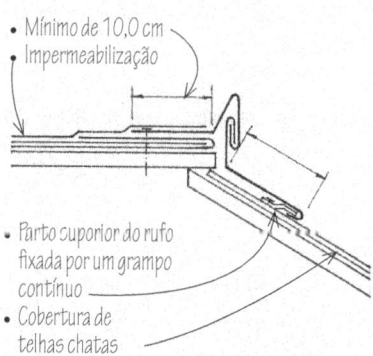

- Mínimo de 10,0 cm
- Impermeabilização

- Mínimo de 10,0 cm

- Dobra de borda de ½ in (13 mm)
- Mínimo de 12,5 cm

- Parte superior do rufo fixada por um grampo contínuo
- Cobertura de telhas chatas

- Grampo contínuo
- Telhas de metal

- Dobra de 2,5 cm, para formar uma barreira contra a água

- Com telhas chatas de madeira, o mínimo é de 18,0 cm para caimentos de 50% ou mais; mínimo de 25,0 cm para caimentos inferiores a 50%
- Mínimo de 28,0 cm para rachas de madeira ou qualquer tipo de telha chata

Rufo em cobertura plana ou com pouco caimento

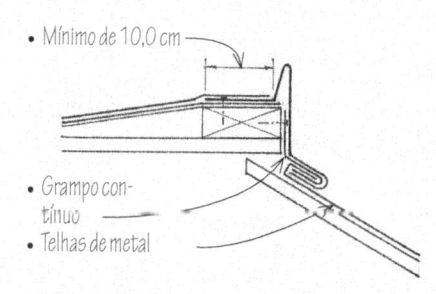

Rufo em cobertura plana ou com pouco caimento

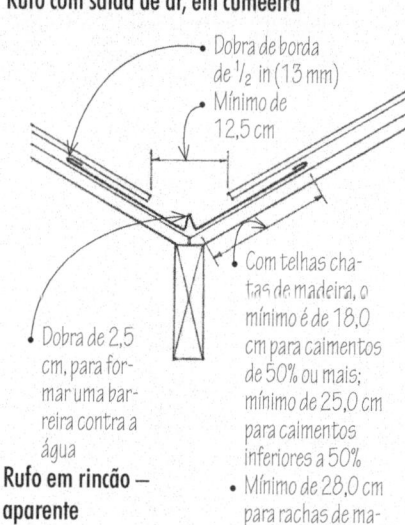

Rufo em rincão – aparente

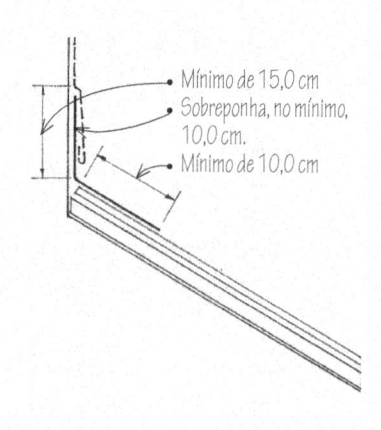

- Mínimo de 15,0 cm
- Sobreponha, no mínimo, 10,0 cm.
- Mínimo de 10,0 cm

- Projete as telhas chatas ou rachas de madeira entre 2,5 e 4,0 cm, para formar uma pingadeira; utilize uma pingadeira de metal em outros tipos de telhas chatas; sobreponha a face interna da calha.

- Em áreas sujeitas ao acúmulo de gelo ou neve levado pelo vento nas coberturas, são necessários rufos junto a beirais sobre uma base sólida; veja a p. 7.3.

Rufo em encontro de cobertura com parede

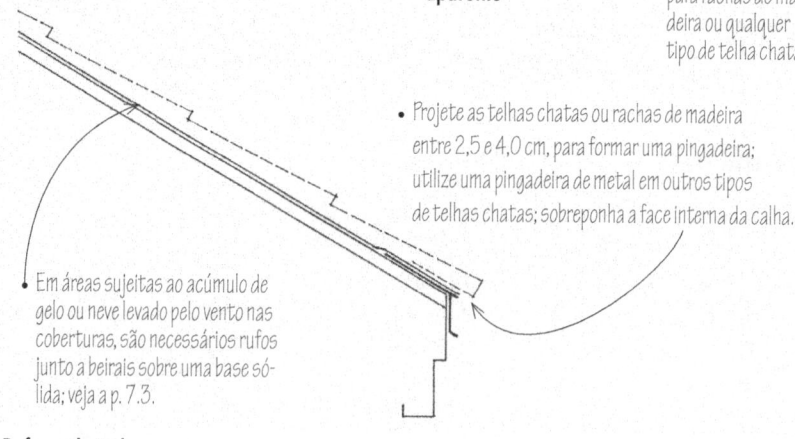

Rufo em beiral

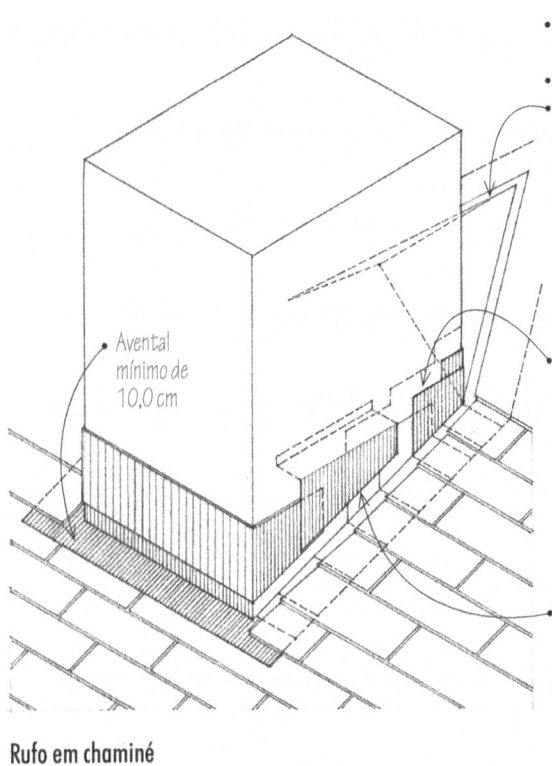

RUFOS EMBUTIDOS 7.21

Rufo em chaminé

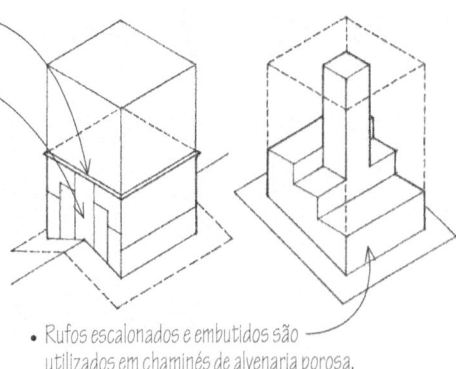

- Avental mínimo de 10,0 cm
- Chapa plana com pingadeira de 2,0 cm
- Rufo na cumeeira
- *Cricket* é uma proteção construída junto a uma chaminé ou outra projeção em um telhado em vertente com a função de afastar a água; é composto de uma ou duas peças com juntas travadas e soldadas.
- O rufo inferior deve se estender em 10,0 cm pela parede e pelo telhado com sobreposições laterais de, no mínimo, 7,5 cm; deixe um afastamento de 15,0 cm entre as peças do rufo e as bordas das telhas chatas.
- O rufo superior deve se sobrepor ao inferior em pelo menos 10,0 cm e avançar a mesma distância sobre a alvenaria; sobreposição lateral de 7,5 cm no mínimo.

- Rufos escalonados e embutidos são utilizados em chaminés de alvenaria porosa, como de pedra afeiçoada ou de pedregulho.

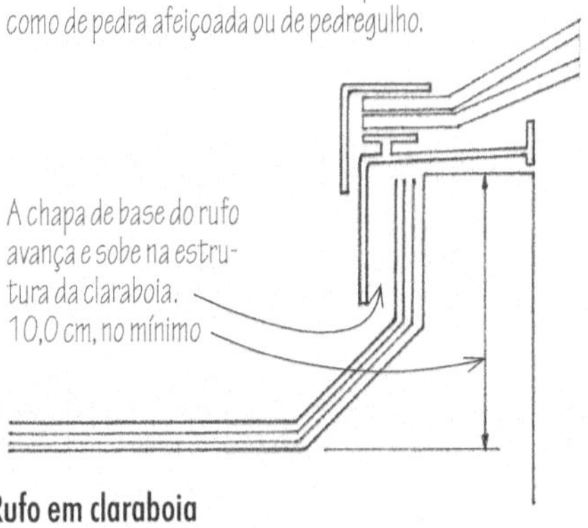

Rufo em claraboia

- A chapa de base do rufo avança e sobe na estrutura da claraboia.
- 10,0 cm, no mínimo

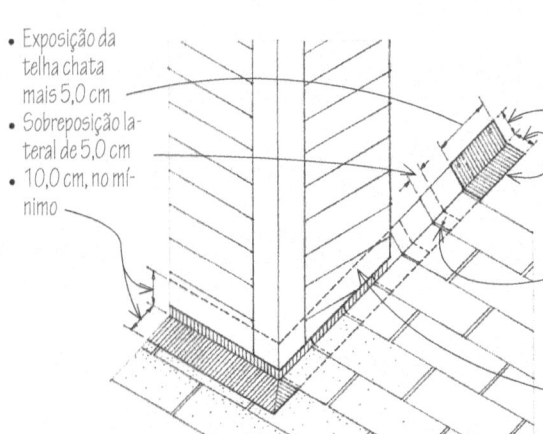

Rufo em encontro de parede

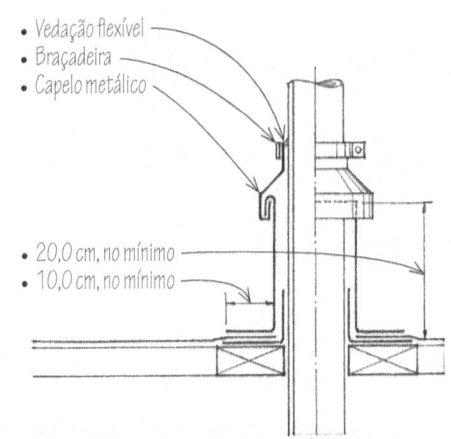

- Exposição da telha chata mais 5,0 cm
- Sobreposição lateral de 5,0 cm
- 10,0 cm, no mínimo
- 10,0 cm, no mínimo
- 5,0 cm, no mínimo
- O rufo deve subir pela parede 10,0 cm, no mínimo, e, pelo telhado, pelo menos 5,0 cm.
- Deixe um afastamento entre as peças do rufo e as bordas aparentes das telhas chatas.
- O acabamento da parede externa serve como rufo superior.

Rufo em tubo de fumaça alto ou coluna

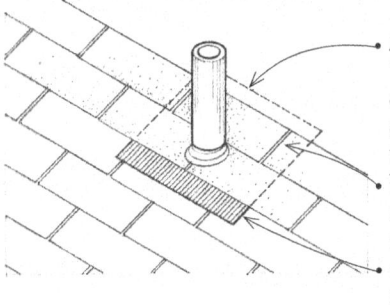

- Vedação flexível
- Braçadeira
- Capelo metálico
- 20,0 cm, no mínimo
- 10,0 cm, no mínimo

Rufo em tubo de fumaça

- A chapa deve avançar 10,0 cm para cima, 20,0 cm para baixo e 15,0 para cada um dos lados do tubo de fumaça.
- Telhas chatas assentadas sobre o rufo, nas laterais e no topo
- A chapa do rufo fica sobre as telhas chatas, na parte mais baixa.

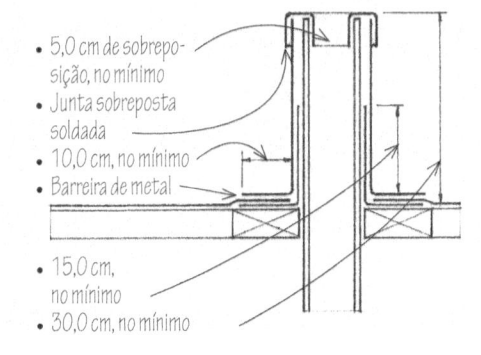

Rufo em tubo de ventilação

- 5,0 cm de sobreposição, no mínimo
- Junta sobreposta soldada
- 10,0 cm, no mínimo
- Barreira de metal
- 15,0 cm, no mínimo
- 30,0 cm, no mínimo

7.22 RUFOS EM PAREDES

Rufos em paredes são instalados para coletar qualquer infiltração de água que possa penetrar na parede e direcioná-la para o exterior através de drenos. Os desenhos desta página ilustram onde, normalmente, são necessários os rufos nas paredes. Paredes de alvenaria são especialmente suscetíveis à penetração de água. A penetração da chuva pode ser controlada através de juntas argamassadas adequadas, juntas vedadas, tais como aquelas em volta das aberturas de janelas e portas, e inclinando-se as superfícies horizontais de peitoris e espigões. Paredes duplas com cavidade também são resistentes à penetração da água.

- Face superior do espigão com caimento, para drenagem
- 1,5 cm, no máximo

Rufo na platibanda

Rufo sobre a viga de borda

- Drenos a cada 60 cm entre eixos em paredes de alvenaria e a cada 80 cm entre eixos em paredes de alvenaria de blocos de concreto
- 1,5 cm, no máximo; é preferível avançar o rufo além da face externa da parede em 2,0 cm e dobrá-lo em 45°, para que a água possa escoar bem para longe da parede

- Dobre 5,0 cm
- Fixação do rufo superior
- Rufo superior ou contrachapa
- Rufo inferior

- Corte para fixação do rufo
- Posição alternativa do rufo da viga de borda

- Dobre 5,0 cm
- Diferença de 15,0 a 23,0 cm

- Dobre 5,0 cm

Rufo em verga

Rufo em verga

Rufo em peitoril

- Peitoril oxtorno com inclinação, para drenagem
- Pingadeira

Rufo em peitoril

Rufo na primeira fiada

- Rufos em paredes de alvenaria devem escoar a água para drenos feitos nas juntas verticais diretamente acima do rufo a cada 60 cm entre eixos em paredes de alvenaria e a cada 80 cm entre eixos em paredes de alvenaria de blocos de concreto.

- Soleira
- Caimento do piso: 1%

- Nível do terreno

Rufo na primeira fiada e na soleira

- Caimento do piso: 1%
- Una à membrana de impermeabilização

- Rodapé

Rufo na primeira fiada

Parede de montantes leves de madeira

Parede de alvenaria

FACHADAS DE CHUVA   7.23

A água consegue penetrar em juntas e paredes externas compostas devido à energia cinética das gotas de água da chuva, à ação da gravidade, à tensão superficial, à capilaridade e aos diferenciais de pressão. Conforme a estratégia de vedação contra a entrada de água, as paredes externas podem ser classificadas em:

- Paredes de grande massa, como paredes de alvenaria maciça ou concreto, as quais escoam a maior parte da água da chuva para o exterior, absorvem o restante e secam liberando a umidade absorvida na forma de vapor.
- Paredes de barreira, como paredes com isolamento térmico externo e acabamento, que se baseiam na impermeabilização contínua da face externa, o que exige manutenção constante, para que possam ser efetivas contra a radiação solar, movimentos térmicos e fissuras.
- Paredes com sistema de drenagem, como paredes rebocadas convencionais ou paredes revestidas com tabeca, as quais utilizam um pano de drenagem ou uma barreira de vapor entre o pano de vedação externa e a parede de sustentação para maior resistência à umidade.
- Fachadas de chuva consistem em uma vedação externa (a fachada de chuva propriamente dita), uma cavidade e um plano de drenagem sobre um segundo pano de parede de apoio estanque à passagem do ar e resistente à água.

Fachadas de chuva simples, como aquelas compostas de uma parede de tijolo dupla com cavidade ou paredes simples revestidas de tábuas de madeira assentadas sobre ripas, dependem da vedação externa para escoar a maior parte da água da chuva, enquanto a cavidade serve como camada de drenagem, para remover qualquer água que porventura cruze a camada externa. A cavidade deve ser larga o suficiente para evitar que a água a cruze por capilaridade e alcance o pano de parede de apoio.

O diferencial de pressão pode fazer com que a água penetre em uma abertura de parede composta — não importa o quão pequena esta abertura seja — sempre que a água está presente em um lado da abertura e a pressão do ar no outro lado é maior. Fachadas de chuva com equalização de pressões utilizam um revestimento externo ventilado e uma cavidade, geralmente dividida em compartimentos de drenagem, para facilitar a equalização da pressão interna com a atmosfera externa e limitar a penetração da água nas juntas do sistema de vedação externa. A principal vedação contra o ar e o vapor fica no lado interno da cavidade de ar, a qual praticamente não entra em contato com a água.

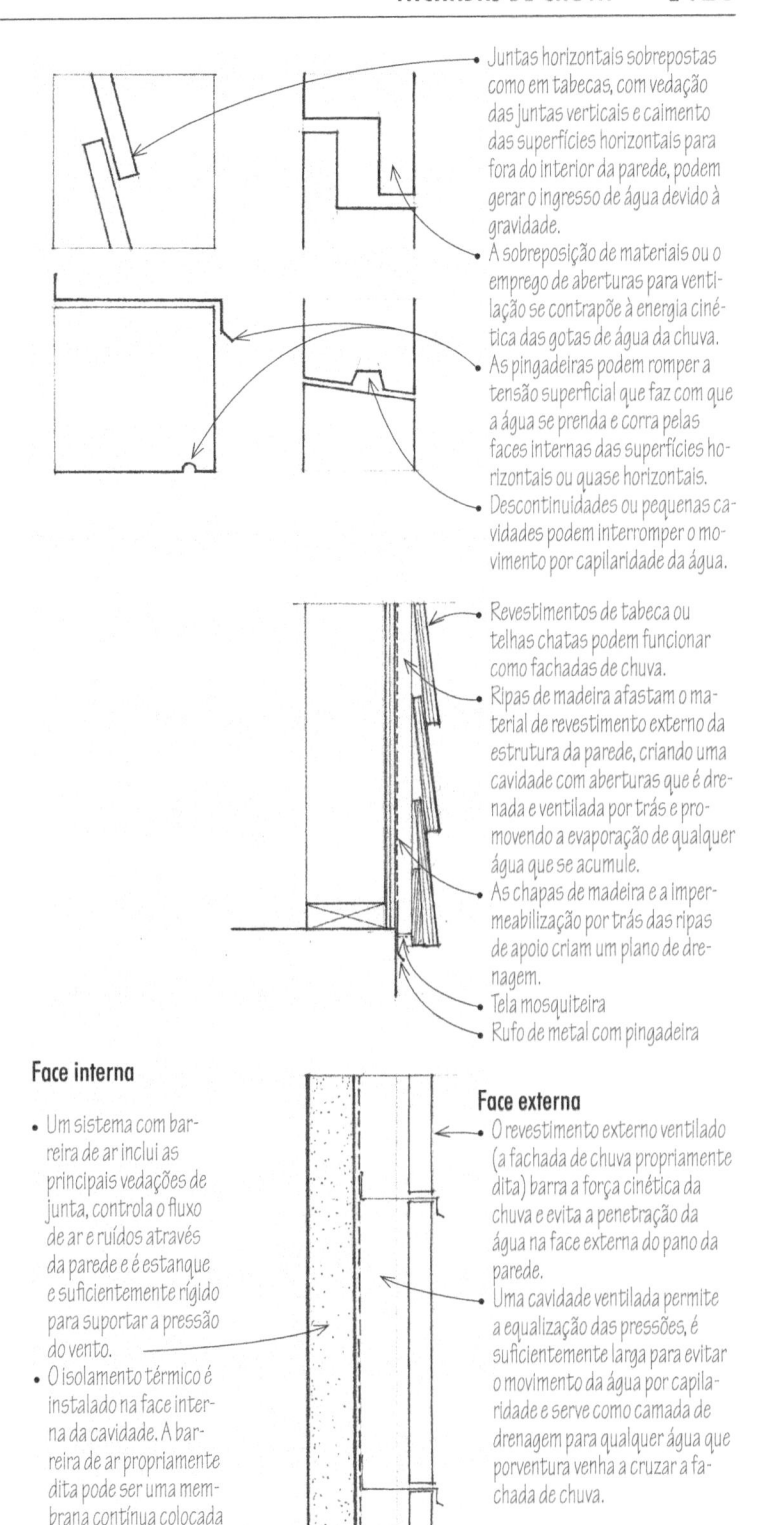

- Juntas horizontais sobrepostas como em tabecas, com vedação das juntas verticais e caimento das superfícies horizontais para fora do interior da parede, podem gerar o ingresso de água devido à gravidade.
- A sobreposição de materiais ou o emprego de aberturas para ventilação se contrapõe à energia cinética das gotas de água da chuva.
- As pingadeiras podem romper a tensão superficial que faz com que a água se prenda e corra pelas faces internas das superfícies horizontais ou quase horizontais.
- Descontinuidades ou pequenas cavidades podem interromper o movimento por capilaridade da água.

- Revestimentos de tabeca ou telhas chatas podem funcionar como fachadas de chuva.
- Ripas de madeira afastam o material de revestimento externo da estrutura da parede, criando uma cavidade com aberturas que é drenada e ventilada por trás e promovendo a evaporação de qualquer água que se acumule.
- As chapas de madeira e a impermeabilização por trás das ripas de apoio criam um plano de drenagem.
- Tela mosquiteira
- Rufo de metal com pingadeira

Face interna

- Um sistema com barreira de ar inclui as principais vedações de junta, controla o fluxo de ar e ruídos através da parede e é estanque e suficientemente rígido para suportar a pressão do vento.
- O isolamento térmico é instalado na face interna da cavidade. A barreira de ar propriamente dita pode ser uma membrana contínua colocada em ambos os lados do isolamento térmico ou em ambos os lados do pano interno da parede.

Face externa

- O revestimento externo ventilado (a fachada de chuva propriamente dita) barra a força cinética da chuva e evita a penetração da água na face externa do pano da parede.
- Uma cavidade ventilada permite a equalização das pressões, é suficientemente larga para evitar o movimento da água por capilaridade e serve como camada de drenagem para qualquer água que porventura venha a cruzar a fachada de chuva.

7.24 PAREDES-CORTINA

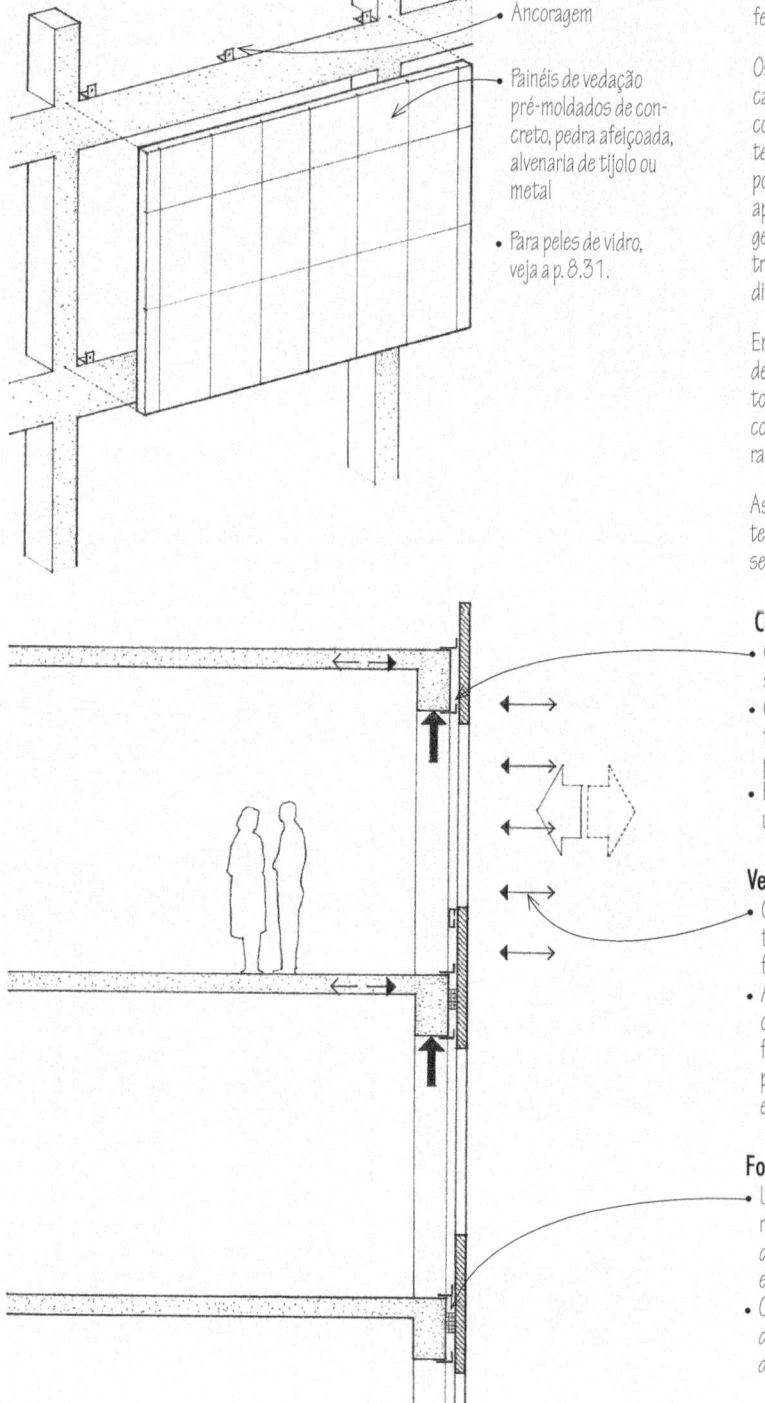

- Estrutura de aço estrutural ou concreto armado
- Ancoragem
- Painéis de vedação pré-moldados de concreto, pedra afeiçoada, alvenaria de tijolo ou metal
- Para peles de vidro, veja a p. 8.31.

Uma parede-cortina é uma parede externa sustentada totalmente pela estrutura independente de aço ou concreto de uma edificação e que não transmite cargas além de seu peso próprio e das cargas de vento. Uma parede-cortina pode consistir de uma estrutura anexa de aço que sustenta painéis com vidraças transparentes ou opacas ou painéis de tímpano de pequena espessura feitos de concreto, pedra, alvenaria ou metal.

Os sistemas de parede-cortina com painéis pré-fabricados de grande tamanho consistem de unidades de concreto, alvenaria ou pedra afeiçoada. Os painéis podem ter altura equivalente a um, dois ou três pavimentos, e podem ter seus vidros instalados em fábrica ou *in loco*, após a montagem. Estes sistemas oferecem as vantagens do controle de qualidade oferecido por uma indústria, e sua ereção é rápida, mas são muito pesados e difíceis de transportar e manusear.

Embora seja em teoria simples, a construção de paredes-cortina é complexa e envolve muita atenção no projeto, testagem e instalação. Também é necessária uma boa comunicação entre o arquiteto, o engenheiro de estruturas e um fabricante com experiência no sistema.

Assim como ocorre com outras paredes externas, um sistema de paredes-cortina deve ser capaz de suportar os seguintes elementos:

Carga morta e carga acidental
- O sistema de parede-cortina deve ser adequadamente sustentado pela estrutura da edificação.
- Qualquer deflexão ou deformação da estrutura da edificação sob carregamento não deve ser transmitida à parede-cortina.
- Edificações em zonas sujeitas a terremotos exigem o uso de conexões capazes de absorver tal energia.

Vento
- O vento pode criar tanto pressão positiva quanto negativa sobre uma parede, dependendo da sua direção e da forma e altura da edificação.
- A parede-cortina deve ser capaz de transferir qualquer carga de vento para a estrutura da edificação sem sofrer grandes deflexões. O movimento da parede causado pelo vento deve ser previsto no projeto das suas juntas e conexões.

Fogo
- Um material incombustível, também chamado de barreira corta-fogo, deve ser instalado em cada piso dentro do revestimento dos pilares e entre os painéis de parede e a borda da laje ou a viga de borda.
- Os códigos de obra também especificam as exigências de resistência ao fogo para a estrutura e os painéis das paredes-cortina.

Sol
- A luminosidade e o brilho devem ser controlados com brises ou outros dispositivos de sombreamento ou pelo uso de vidro refletivo ou corado.
- Os raios ultravioletas do sol também podem causar deterioração dos materiais das juntas e de envidraçamento e o desbotamento dos móveis do interior.

Temperatura
- Variações diárias e sazonais causam a dilatação e retração dos materiais de uma parede-cortina, especialmente metais. Deve-se prever os movimentos diferenciais causados pela dilatação térmica variável dos diferentes materiais.
- Juntas e vedações devem ser capazes de resistir ao movimento causado por tensões de origem térmica.
- Os fluxos térmicos devem ser controlados usando-se painéis isolantes opacos, vidros duplos e barreiras térmicas nas esquadrias de metal.
- O isolamento térmico geralmente usado em outros sistemas de vedação externa também pode ser incorporado nos painéis de tímpano, seja internamente ou preso na sua face traseira, ou estar em um pano de parede de apoio adicional construído *in loco*.

Água
- A chuva pode se acumular sobre a superfície da parede e ser empurrada pela pressão do vento através das menores aberturas.
- O vapor de água que condensa e se acumula dentro da parede deve ser drenado para o exterior.

Projeto barometricamente equalizado
Os princípios de projeto com equalização de pressão ou equalização barométrica apresentados na p. 7.23 são críticos para o detalhamento de paredes-cortina, especialmente em edifícios maiores e mais altos, nos quais o diferencial de pressão entre a atmosfera externa e o ambiente interno pode fazer com que a água da chuva penetre até mesmo nas menores aberturas das juntas de fachada.

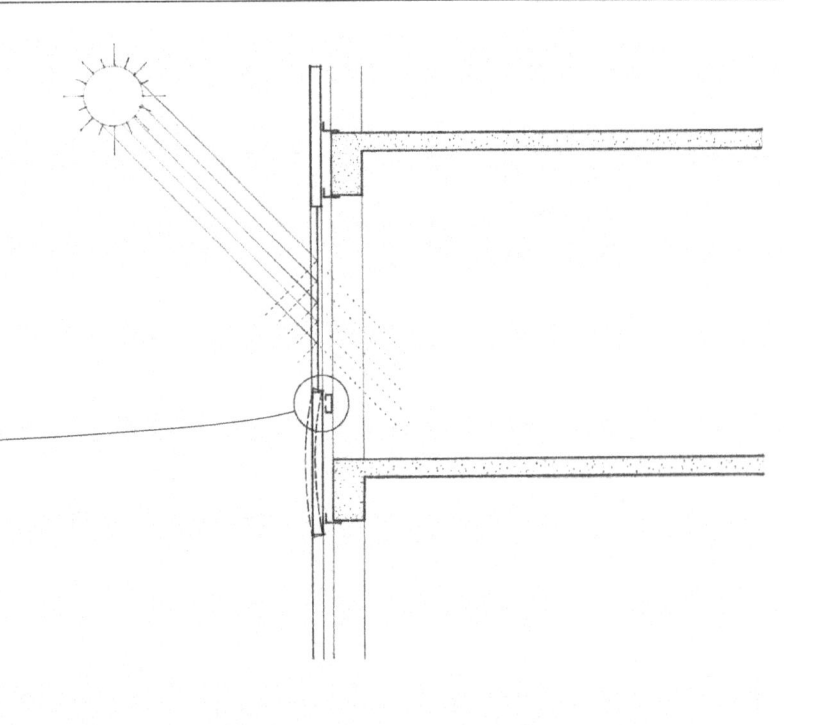

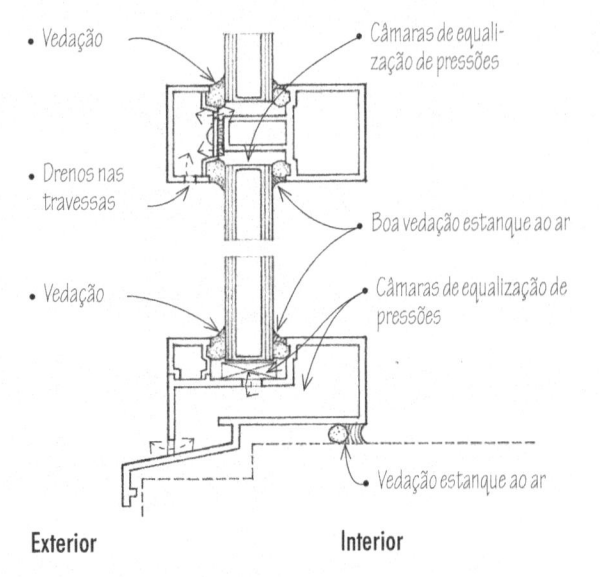

Aplicação do princípio da equalização de pressões em peles de vidro

7.26 PAREDES-CORTINA

Há vários componentes de metal que podem ser empregados para fixação de uma parede-cortina na estrutura de uma edificação. Algumas conexões são feitas para resistir a cargas oriundas de qualquer direção, outras são previstas para resistir apenas a cargas laterais de ventos. Essas juntas possibilitam o ajuste em três dimensões para permitir discrepâncias entre as dimensões dos painéis da parede-cortina em relação à estrutura do edifício, bem como acomodar os movimentos diferenciais que ocorrem quando a estrutura deflete sob carregamento ou quando a parede-cortina reage a esforços térmicos e mudanças de temperatura.

Calços de nivelamento e cantoneiras com furos alongados permitem que os ajustes sejam feitos em apenas uma direção; uma combinação de calços e cantoneiras pode possibilitar ajustes em três dimensões. Após o término dos ajustes, as conexões podem ser fixadas permanentemente mediante soldagem, caso se queira uma conexão indeformável.

- Para melhor acessibilidade, são preferíveis ancoragens no alto.
- Tês estruturais ou mísulas parafusadas ou soldadas à mesa do pilar
- Cantoneira angular nivelada e parafusada ou soldada à mesa do pilar de borda
- O furo em cunha recebe uma porca com formato também em cunha, permitindo ajustes verticais e uma boa fixação dos painéis.
- A laje de concreto pode ter uma cantoneira de aço fundida em sua borda ou um recorte para a conexão da mesa da viga de borda.
- Chapa soldada
- Chumbador soldado à cantoneira

Edifícios com estrutura de aço

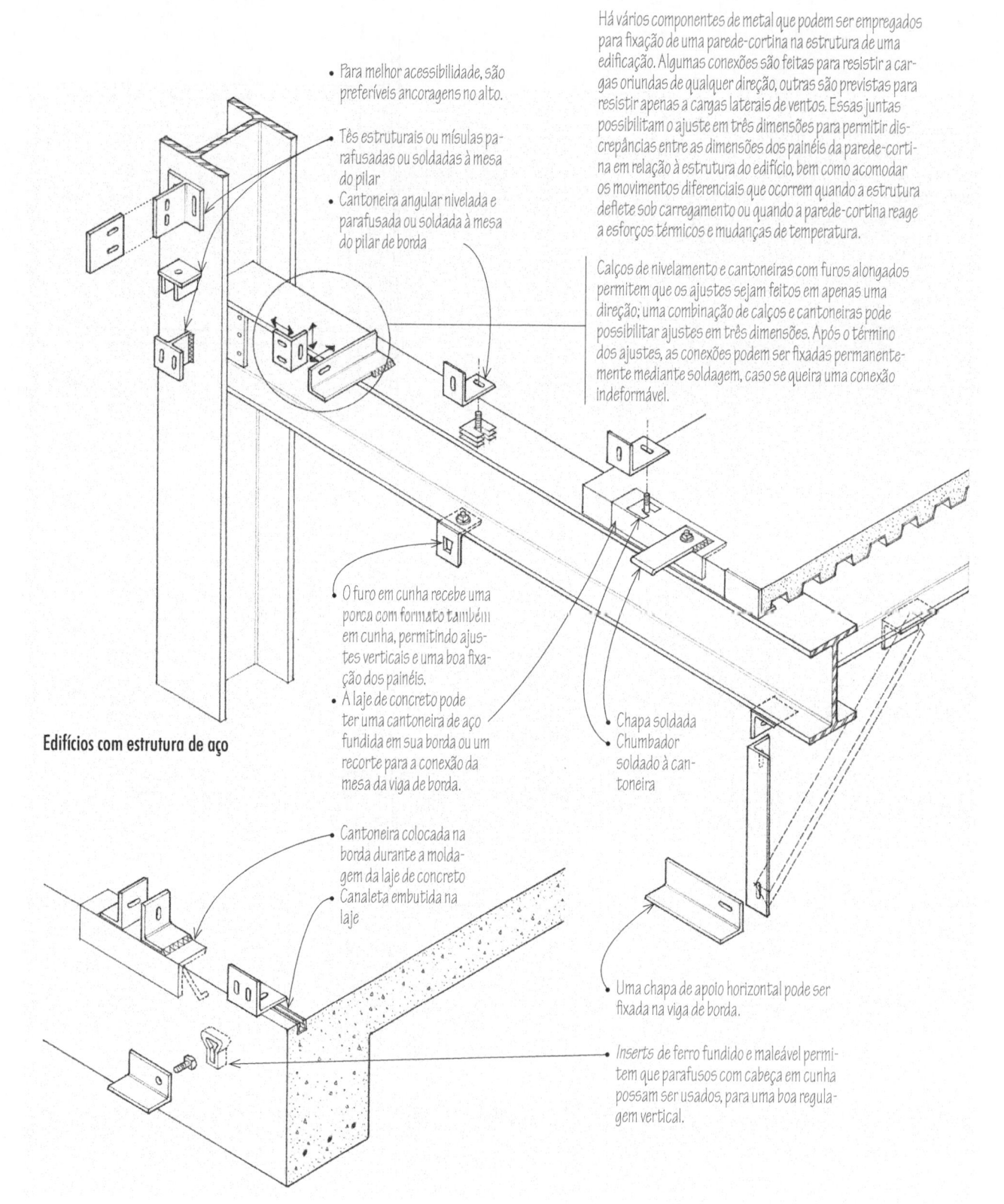

- Cantoneira colocada na borda durante a moldagem da laje de concreto
- Canaleta embutida na laje
- Uma chapa de apoio horizontal pode ser fixada na viga de borda.
- *Inserts* de ferro fundido e maleável permitem que parafusos com cabeça em cunha possam ser usados, para uma boa regulagem vertical.

Edifícios com estrutura de concreto armado

PAINÉIS DE CONCRETO PRÉ-FABRICADOS PARA PAREDES-CORTINA   7.27

Painéis de concreto pré-moldados podem ser usados como vedação não portante sustentada por uma estrutura independente de concreto armado ou aço. Veja a p. 5.10 para painéis de parede portantes pré-fabricados.

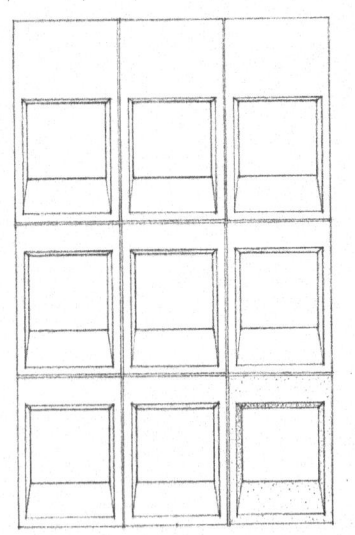

- Há painéis disponíveis no mercado com diversos acabamentos lisos e texturizados e qualidade controlada.
- Azulejos, pastilhas cerâmicas ou plaquetas de argila também podem revestir os painéis de vedação.
- O isolamento térmico pode estar embutido nos painéis, preso à sua face posterior ou estar em uma parede de apoio construída *in loco*.

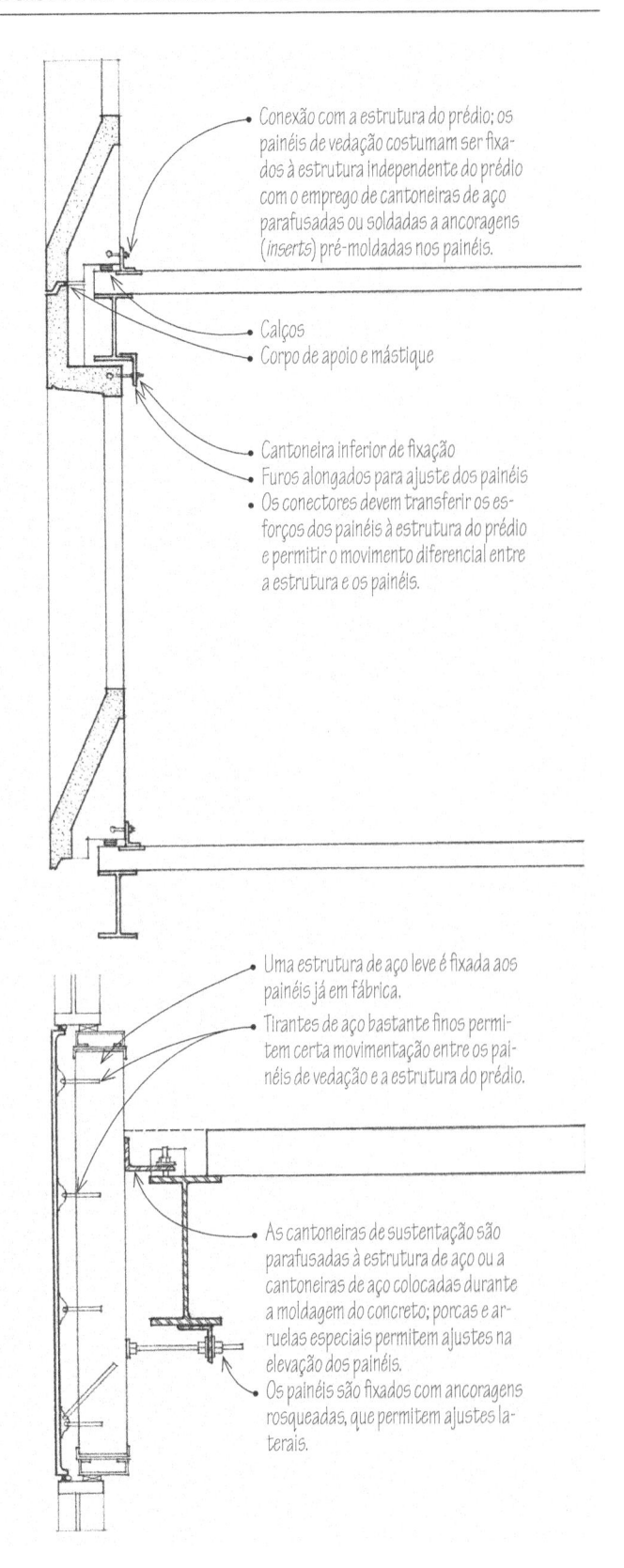

O concreto reforçado com fibra de vidro também pode ser utilizado em vez do concreto armado convencional para produzir painéis de vedação muito mais finos e mais leves. Esses painéis são fabricados borrifando-se fibras de vidro curtas em um molde preenchido com cimento Portland e uma pasta de areia. São possíveis vários padrões e acabamentos com essa técnica.

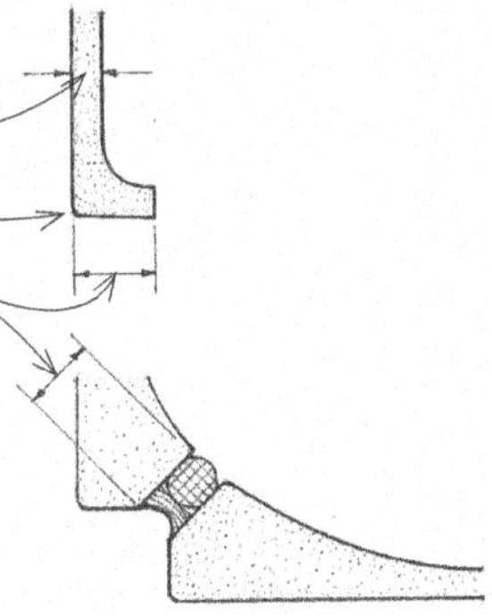

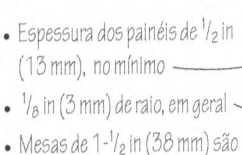

- Espessura dos painéis de $1/2$ in (13 mm), no mínimo
- $1/8$ in (3 mm) de raio, em geral
- Mesas de $1\text{-}1/2$ in (38 mm) são necessárias para se inserir os corpos de apoio e o mástique nas juntas e quinas.

- Conexão com a estrutura do prédio; os painéis de vedação costumam ser fixados à estrutura independente do prédio com o emprego de cantoneiras de aço parafusadas ou soldadas a ancoragens (*inserts*) pré-moldadas nos painéis.
- Calços
- Corpo de apoio e mástique

- Cantoneira inferior de fixação
- Furos alongados para ajuste dos painéis
- Os conectores devem transferir os esforços dos painéis à estrutura do prédio e permitir o movimento diferencial entre a estrutura e os painéis.

- Uma estrutura de aço leve é fixada aos painéis já em fábrica.
- Tirantes de aço bastante finos permitem certa movimentação entre os painéis de vedação e a estrutura do prédio.

- As cantoneiras de sustentação são parafusadas à estrutura de aço ou a cantoneiras de aço colocadas durante a moldagem do concreto; porcas e arruelas especiais permitem ajustes na elevação dos painéis.
- Os painéis são fixados com ancoragens rosqueadas, que permitem ajustes laterais.

CSI MasterFormat 03 45 00 Precast Architectural Concrete
CSI MasterFormat 07 44 53 Glass-Fiber-Reinforced Cementitious Panels

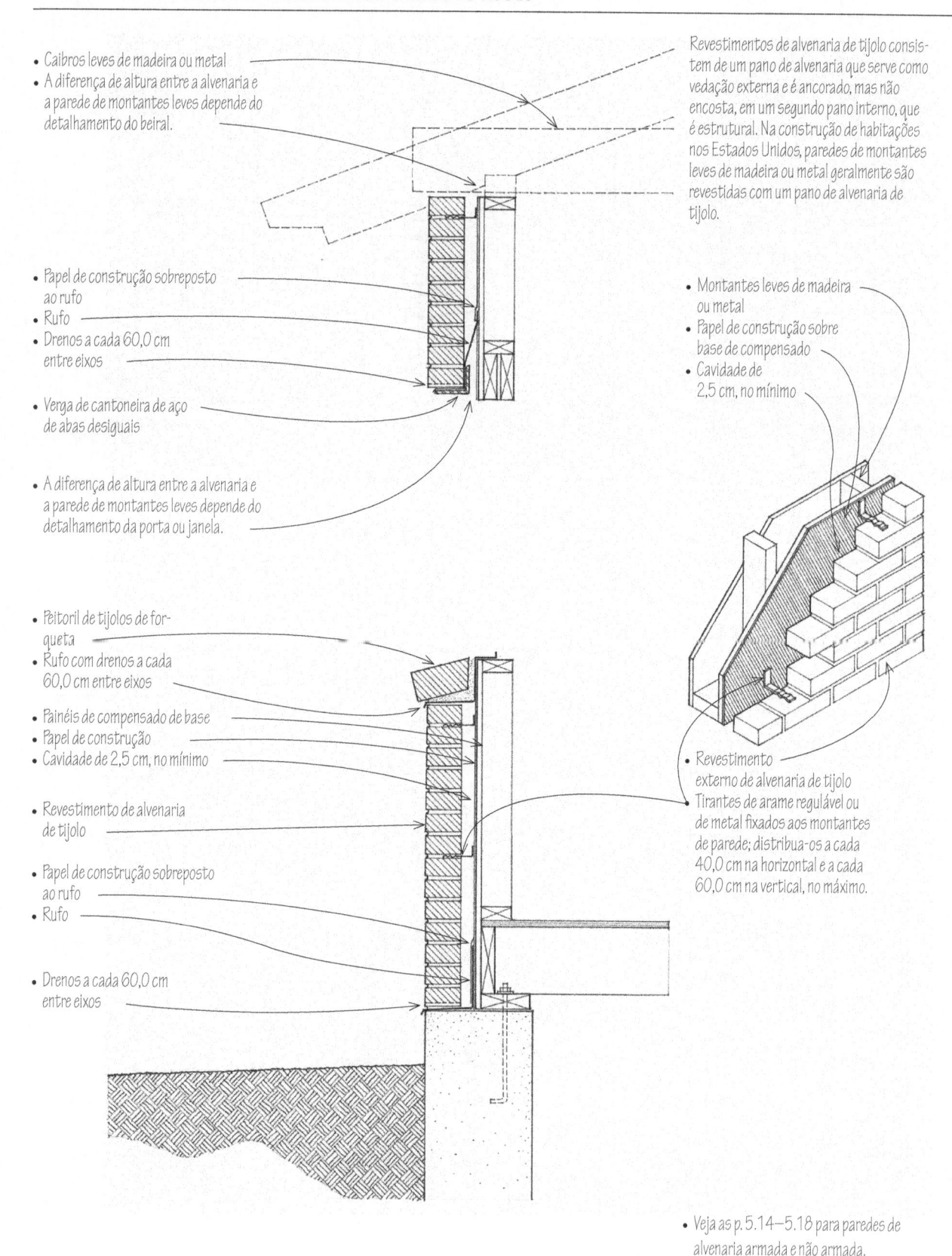

7.28 O REVESTIMENTO EXTERNO DE ALVENARIA DE TIJOLO

- Caibros leves de madeira ou metal
- A diferença de altura entre a alvenaria e a parede de montantes leves depende do detalhamento do beiral.

Revestimentos de alvenaria de tijolo consistem de um pano de alvenaria que serve como vedação externa e é ancorado, mas não encosta, em um segundo pano interno, que é estrutural. Na construção de habitações nos Estados Unidos, paredes de montantes leves de madeira ou metal geralmente são revestidas com um pano de alvenaria de tijolo.

- Papel de construção sobreposto ao rufo
- Rufo
- Drenos a cada 60,0 cm entre eixos

- Verga de cantoneira de aço de abas desiguais

- A diferença de altura entre a alvenaria e a parede de montantes leves depende do detalhamento da porta ou janela.

- Montantes leves de madeira ou metal
- Papel de construção sobre base de compensado
- Cavidade de 2,5 cm, no mínimo

- Peitoril de tijolos de forqueta
- Rufo com drenos a cada 60,0 cm entre eixos
- Painéis de compensado de base
- Papel de construção
- Cavidade de 2,5 cm, no mínimo

- Revestimento de alvenaria de tijolo

- Papel de construção sobreposto ao rufo
- Rufo

- Drenos a cada 60,0 cm entre eixos

- Revestimento externo de alvenaria de tijolo Tirantes de arame regulável ou de metal fixados aos montantes de parede; distribua-os a cada 40,0 cm na horizontal e a cada 60,0 cm na vertical, no máximo.

- Veja as p. 5.14–5.18 para paredes de alvenaria armada e não armada.

CSI MasterFormat 04 21 13.13 Brick Veneer Masonry

O REVESTIMENTO EXTERNO DE ALVENARIA DE TIJOLO

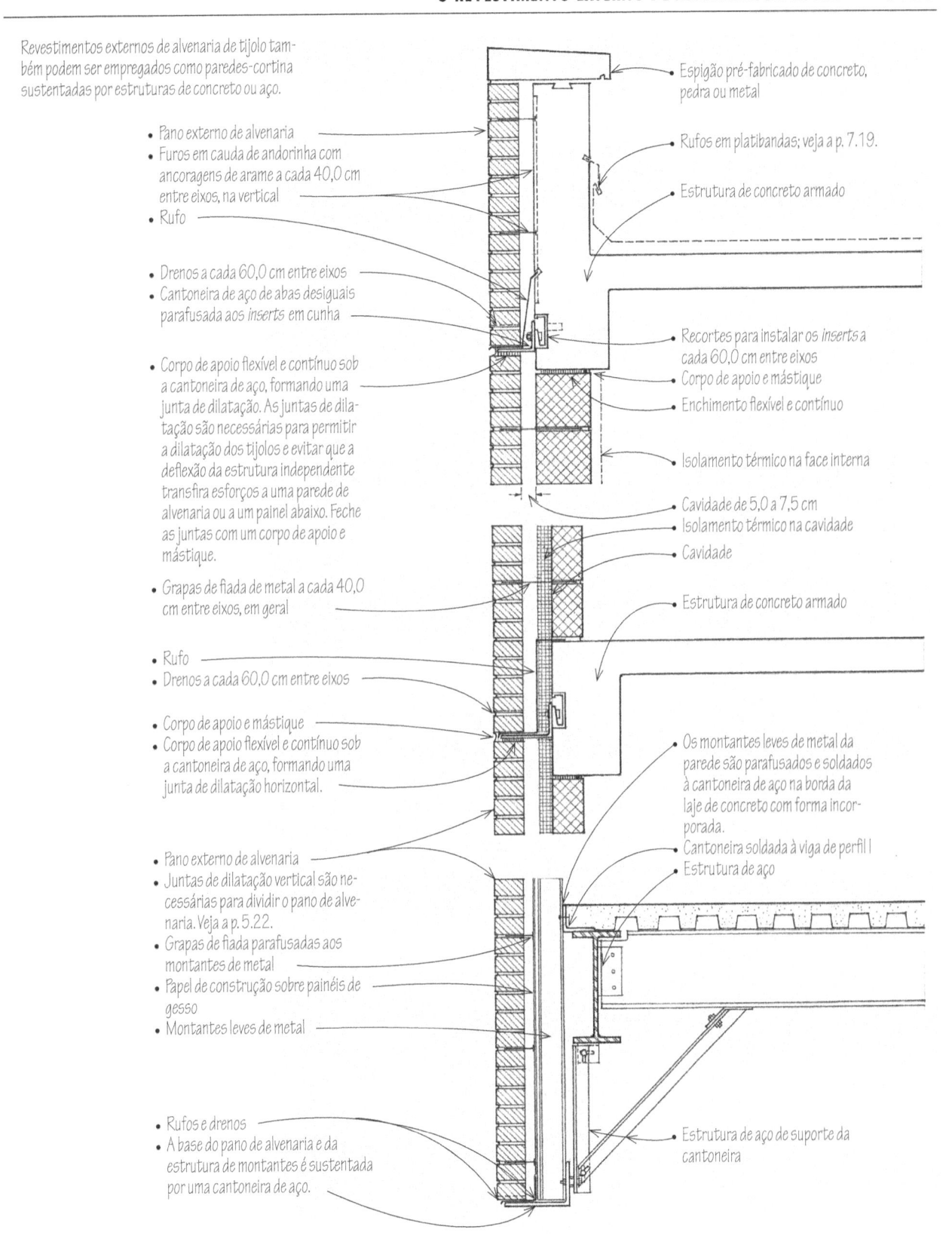

Revestimentos externos de alvenaria de tijolo também podem ser empregados como paredes-cortina sustentadas por estruturas de concreto ou aço.

- Pano externo de alvenaria
- Furos em cauda de andorinha com ancoragens de arame a cada 40,0 cm entre eixos, na vertical
- Rufo

- Drenos a cada 60,0 cm entre eixos
- Cantoneira de aço de abas desiguais parafusada aos *inserts* em cunha

- Corpo de apoio flexível e contínuo sob a cantoneira de aço, formando uma junta de dilatação. As juntas de dilatação são necessárias para permitir a dilatação dos tijolos e evitar que a deflexão da estrutura independente transfira esforços a uma parede de alvenaria ou a um painel abaixo. Feche as juntas com um corpo de apoio e mástique.

- Grapas de fiada de metal a cada 40,0 cm entre eixos, em geral

- Rufo
- Drenos a cada 60,0 cm entre eixos

- Corpo de apoio e mástique
- Corpo de apoio flexível e contínuo sob a cantoneira de aço, formando uma junta de dilatação horizontal.

- Pano externo de alvenaria
- Juntas de dilatação vertical são necessárias para dividir o pano de alvenaria. Veja a p. 5.22.
- Grapas de fiada parafusadas aos montantes de metal
- Papel de construção sobre painéis de gesso
- Montantes leves de metal

- Rufos e drenos
- A base do pano de alvenaria e da estrutura de montantes é sustentada por uma cantoneira de aço.

- Espigão pré-fabricado de concreto, pedra ou metal
- Rufos em platibandas; veja a p. 7.19.
- Estrutura de concreto armado

- Recortes para instalar os *inserts* a cada 60,0 cm entre eixos
- Corpo de apoio e mástique
- Enchimento flexível e contínuo
- Isolamento térmico na face interna

- Cavidade de 5,0 a 7,5 cm
- Isolamento térmico na cavidade
- Cavidade
- Estrutura de concreto armado

- Os montantes leves de metal da parede são parafusados e soldados à cantoneira de aço na borda da laje de concreto com forma incorporada.
- Cantoneira soldada à viga de perfil I
- Estrutura de aço

- Estrutura de aço de suporte da cantoneira

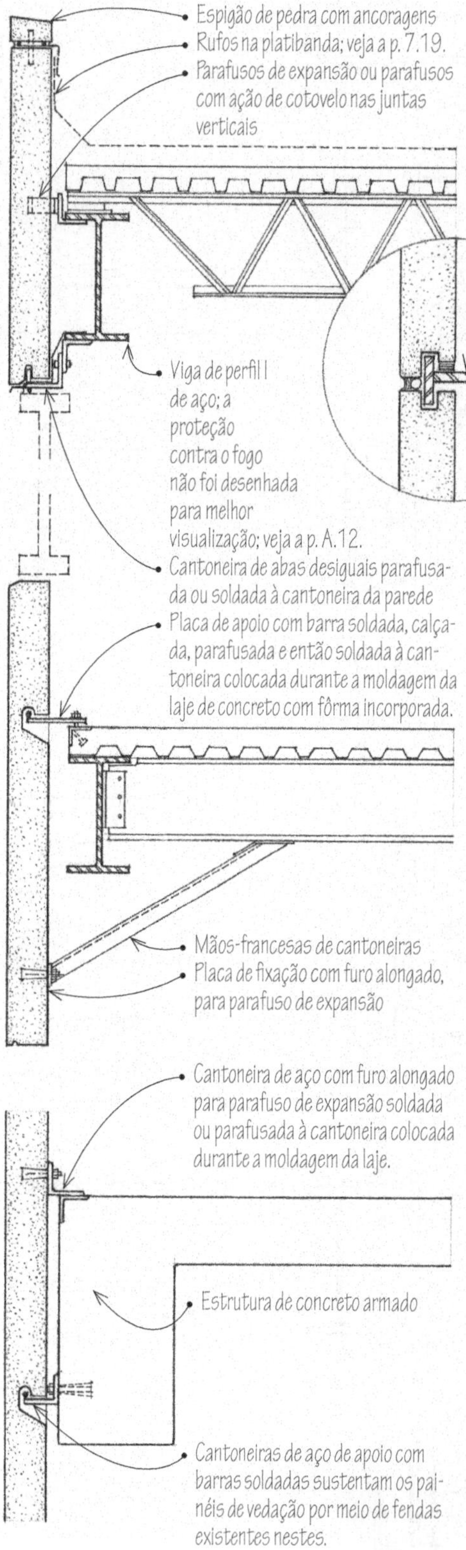
Espigão de pedra com ancoragens
Rufos na platibanda; veja a p. 7.19.
Parafusos de expansão ou parafusos com ação de cotovelo nas juntas verticais
Viga de perfil I de aço; a proteção contra o fogo não foi desenhada para melhor visualização; veja a p. A.12.
Cantoneira de abas desiguais parafusada ou soldada à cantoneira da parede
Placa de apoio com barra soldada, calçada, parafusada e então soldada à cantoneira colocada durante a moldagem da laje de concreto com fôrma incorporada.
Mãos-francesas de cantoneiras
Placa de fixação com furo alongado, para parafuso de expansão
Cantoneira de aço com furo alongado para parafuso de expansão soldada ou parafusada à cantoneira colocada durante a moldagem da laje.
Estrutura de concreto armado
Cantoneiras de aço de apoio com barras soldadas sustentam os painéis de vedação por meio de fendas existentes nestes.

Detalhes típicos de painéis de vedação externa de pedra maciça

Os revestimentos de pedra podem ser assentados com argamassa e amarrados a uma parede de apoio de concreto ou alvenaria; veja as p. 5.33–5.34. Grandes painéis de vedação externa de pedra com espessuras entre 3,2 e 7,5 cm também podem ser sustentados de diversas maneiras pela estrutura de concreto armado ou aço de uma edificação.

- Painéis de pedra monolíticos podem ser fixados diretamente à estrutura de uma edificação.
- Os painéis de pedra podem ser montados em uma estrutura auxiliar de aço projetada para transmitir cargas laterais e de gravidade das lajes aos pilares e vigas de uma edificação. Essa estrutura auxiliar consiste de montantes de aço verticais que sustentam cantoneiras de alumínio ou aço inoxidável. Barras soldadas às cantoneiras unem os furos de fixação às bordas superior e inferior dos painéis de pedra.
- Pequenos painéis de pedra podem ser pré-montados em painéis maiores montando-se placas finas em uma estrutura de metal não corrosivo ou fixando-as a painéis maiores de concreto armado mediante ancoragens dobradas de aço inoxidável. Uma barreira de vapor e um aglomerante podem ser aplicados entre o concreto e a pedra, para evitar que os sais do concreto manchem os painéis de pedra.

As ancoragens necessárias devem ser projetadas com cuidado e levar em consideração a resistência dos painéis de pedra, especialmente nos pontos de ancoragem, as cargas de gravidade e cargas laterais a serem suportadas, e as movimentações térmicas e estruturais previstas. Algumas ancoragens devem suportar o peso dos painéis de pedra e transferir as cargas à estrutura independente ou à parede portante do prédio; outras apenas evitam que os painéis se movimentem lateralmente, e ainda outras devem oferecer resistência ao cisalhamento. Todas as ferragens de conexão devem ser de aço inoxidável ou de metal não ferroso, para resistir à corrosão e não manchar os painéis de pedra. Tolerâncias adequadas devem ser incluídas, para que se possa fazer ajustes na instalação e utilizar calços, se necessário.

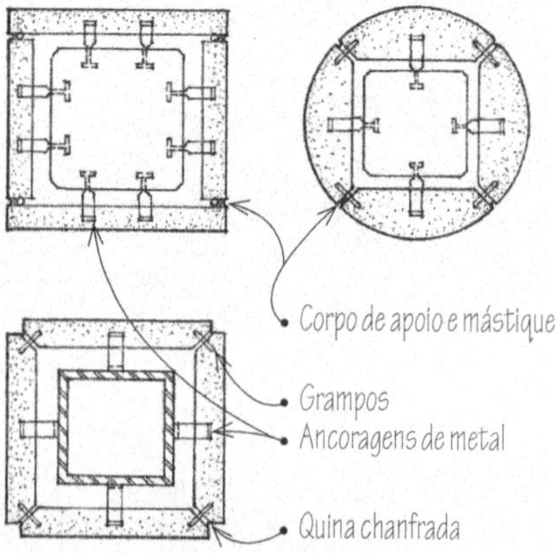
Corpo de apoio e mástique
Grampos
Ancoragens de metal
Quina chanfrada

Pilares revestidos de pedra

CSI MasterFormat 04 42 00 Exterior Stone Cladding

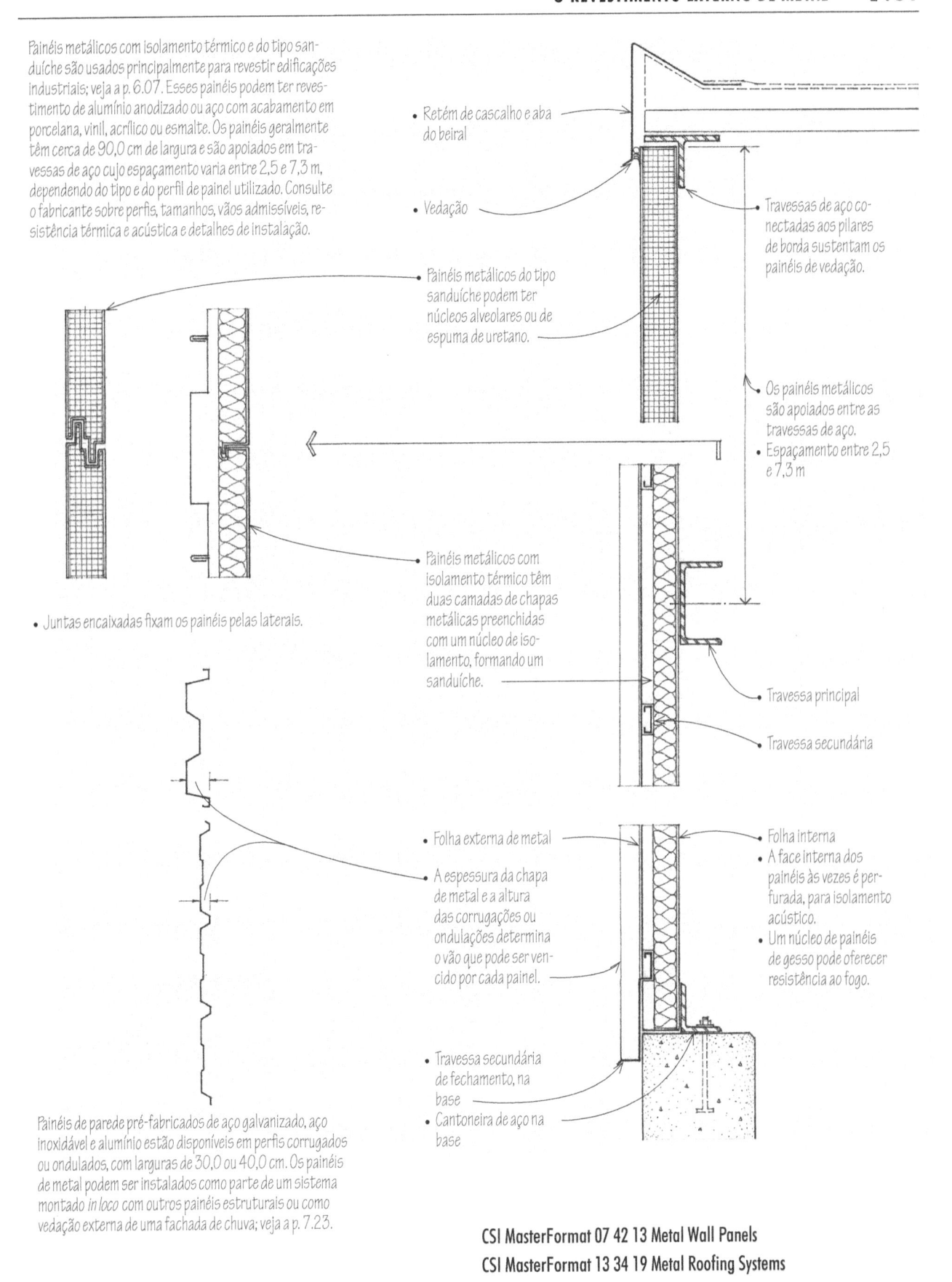

O REVESTIMENTO EXTERNO DE METAL 7.31

Painéis metálicos com isolamento térmico e do tipo sanduíche são usados principalmente para revestir edificações industriais; veja a p. 6.07. Esses painéis podem ter revestimento de alumínio anodizado ou aço com acabamento em porcelana, vinil, acrílico ou esmalte. Os painéis geralmente têm cerca de 90,0 cm de largura e são apoiados em travessas de aço cujo espaçamento varia entre 2,5 e 7,3 m, dependendo do tipo e do perfil de painel utilizado. Consulte o fabricante sobre perfis, tamanhos, vãos admissíveis, resistência térmica e acústica e detalhes de instalação.

- Retém de cascalho e aba do beiral
- Vedação
- Painéis metálicos do tipo sanduíche podem ter núcleos alveolares ou de espuma de uretano.
- Travessas de aço conectadas aos pilares de borda sustentam os painéis de vedação.
- Os painéis metálicos são apoiados entre as travessas de aço.
- Espaçamento entre 2,5 e 7,3 m
- Painéis metálicos com isolamento térmico têm duas camadas de chapas metálicas preenchidas com um núcleo de isolamento, formando um sanduíche.
- Travessa principal
- Travessa secundária

- Juntas encaixadas fixam os painéis pelas laterais.

- Folha externa de metal
- A espessura da chapa de metal e a altura das corrugações ou ondulações determina o vão que pode ser vencido por cada painel.
- Folha interna
- A face interna dos painéis às vezes é perfurada, para isolamento acústico.
- Um núcleo de painéis de gesso pode oferecer resistência ao fogo.

- Travessa secundária de fechamento, na base
- Cantoneira de aço na base

Painéis de parede pré-fabricados de aço galvanizado, aço inoxidável e alumínio estão disponíveis em perfis corrugados ou ondulados, com larguras de 30,0 ou 40,0 cm. Os painéis de metal podem ser instalados como parte de um sistema montado *in loco* com outros painéis estruturais ou como vedação externa de uma fachada de chuva; veja a p. 7.23.

CSI MasterFormat 07 42 13 Metal Wall Panels
CSI MasterFormat 13 34 19 Metal Roofing Systems

7.32 PAREDES LEVES DE COMPENSADO

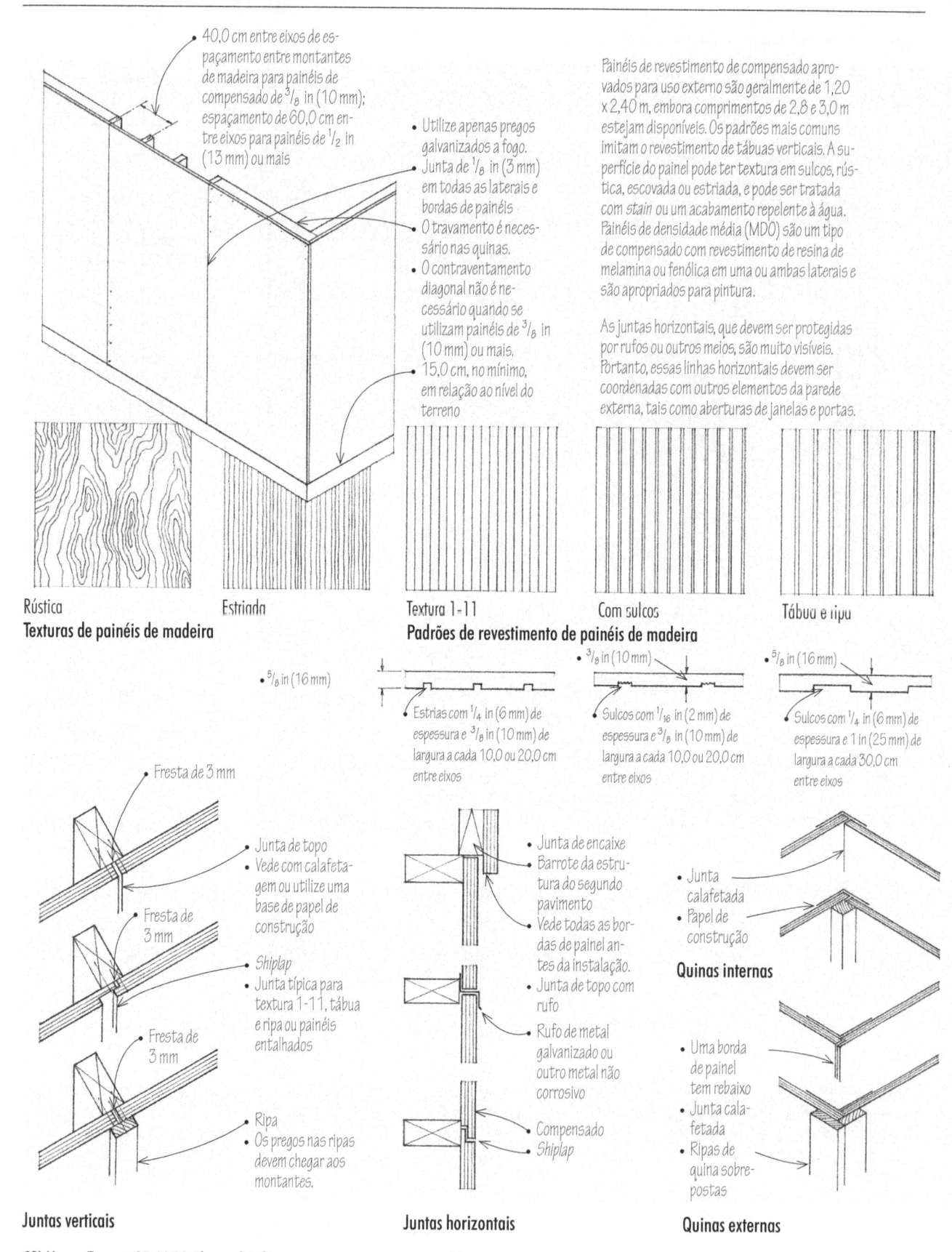

- 40,0 cm entre eixos de espaçamento entre montantes de madeira para painéis de compensado de $^3/_8$ in (10 mm); espaçamento de 60,0 cm entre eixos para painéis de $^1/_2$ in (13 mm) ou mais
- Utilize apenas pregos galvanizados a fogo.
- Junta de $^1/_8$ in (3 mm) em todas as laterais e bordas de painéis
- O travamento é necessário nas quinas.
- O contraventamento diagonal não é necessário quando se utilizam painéis de $^3/_8$ in (10 mm) ou mais.
- 15,0 cm, no mínimo, em relação ao nível do terreno

Painéis de revestimento de compensado aprovados para uso externo são geralmente de 1,20 x 2,40 m, embora comprimentos de 2,8 e 3,0 m estejam disponíveis. Os padrões mais comuns imitam o revestimento de tábuas verticais. A superfície do painel pode ter textura em sulcos, rústica, escovada ou estriada, e pode ser tratada com stain ou um acabamento repelente à água. Painéis de densidade média (MDO) são um tipo de compensado com revestimento de resina de melamina ou fenólica em uma ou ambas laterais e são apropriados para pintura.

As juntas horizontais, que devem ser protegidas por rufos ou outros meios, são muito visíveis. Portanto, essas linhas horizontais devem ser coordenadas com outros elementos da parede externa, tais como aberturas de janelas e portas.

Rústica Estriada Textura 1-11 Com sulcos Tábua e ripa

Texturas de painéis de madeira **Padrões de revestimento de painéis de madeira**

- $^5/_8$ in (16 mm)
- $^3/_8$ in (10 mm)
- $^5/_8$ in (16 mm)
- Estrias com $^1/_4$ in (6 mm) de espessura e $^3/_8$ in (10 mm) de largura a cada 10,0 ou 20,0 cm entre eixos
- Sulcos com $^1/_{16}$ in (2 mm) de espessura e $^3/_8$ in (10 mm) de largura a cada 10,0 ou 20,0 cm entre eixos
- Sulcos com $^1/_4$ in (6 mm) de espessura e 1 in (25 mm) de largura a cada 30,0 cm entre eixos

- Fresta de 3 mm
- Junta de topo
- Vede com calafetagem ou utilize uma base de papel de construção
- Fresta de 3 mm
- Shiplap
- Junta típica para textura 1-11, tábua e ripa ou painéis entalhados
- Fresta de 3 mm
- Ripa
- Os pregos nas ripas devem chegar aos montantes.

- Junta de encaixe
- Barrote da estrutura do segundo pavimento
- Vede todas as bordas de painel antes da instalação.
- Junta de topo com rufo
- Rufo de metal galvanizado ou outro metal não corrosivo
- Compensado
- Shiplap

- Junta calafetada
- Papel de construção

Quinas internas

- Uma borda de painel tem rebaixo
- Junta calafetada
- Ripas de quina sobrepostas

Juntas verticais **Juntas horizontais** **Quinas externas**

CSI MasterFormat 07 46 29 Plywood Siding

O REVESTIMENTO EXTERNO DE TELHAS CHATAS DE MADEIRA 7.33

Nas paredes externas, as telhas chatas de madeira são aplicadas em fiadas uniformes que lembram o revestimento *shiplap* usado em paredes nos Estados Unidos. As fiadas devem ser ajustadas para encontrar de maneira ordenada as travessas superior e inferior das aberturas de janelas e outras faixas horizontais. As telhas chatas de madeira podem receber *stain* ou tinta. Telhas chatas de primeira qualidade (grau Premium) podem ser deixadas sem pintura, para adquirir uma pátina natural com o tempo.

O revestimento de telhas chatas de madeira pode ser aplicado em fiadas simples ou duplas, com as seguintes exposições:

Comprimento da telha	Fiada simples	Fiada dupla
40,5 cm	15,0 a 19,0 cm	20,5 a 30,5 cm
45,5 cm	15,0 a 19,0 cm	23,0 a 35,5 cm
61,0 cm	20,5 a 29,0 cm	30,5 a 51,0 cm

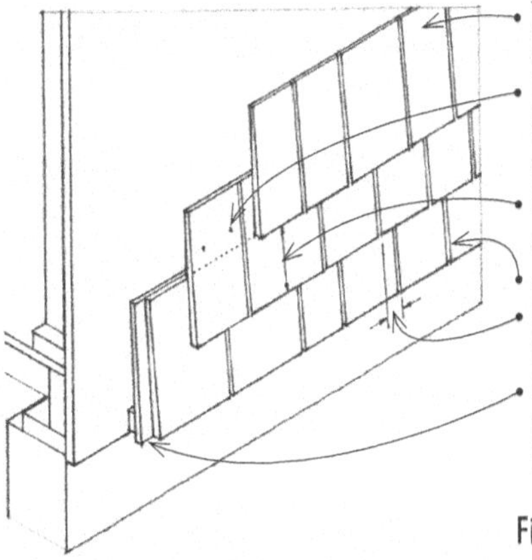

- Telhas chatas (selo vermelho, nº 2)
- Pregue a 5,0 cm em relação à borda inferior da fiada de cima
- Exposição (veja a tabela ao lado)
- Juntas de 6 mm
- Deslocamento mínimo entre fiadas de 3,0 cm
- Fiada inicial dupla; sobreponha o muro de arrimo em 2,5 cm

Fiadas simples

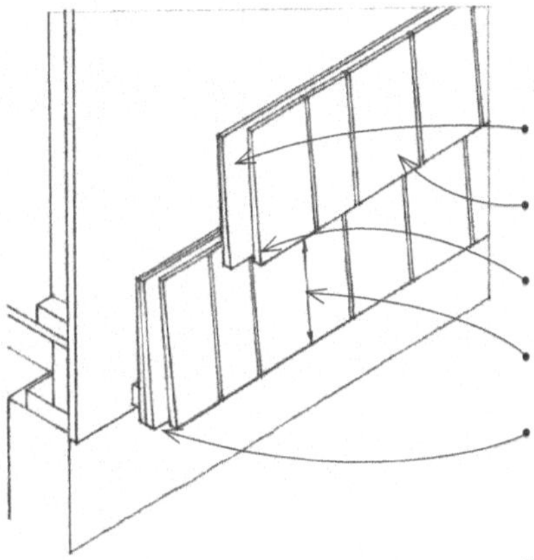

- Papel de construção permeável ao ar
- Ripas de 1 x 3 in (2,5 x 7,5 cm) ou 1 x 4 in (2,5 x 10,0 cm) pregadas aos montantes de parede
- O espaçamento equivale à exposição das telhas chatas

- Compensado ou chapa de fibra que aceite pregos
- As ripas de calço são necessárias quando se utilizam painéis que não aceitam pregos

- Fiada de base com telhas chatas nº 3
- Telhas chatas (selo azul, nº 1)
- A fiada externa fica 1,5 cm mais baixa do que a interna
- Exposição (veja a tabela ao lado)
- Fiada inicial tripla; sobreponha a parede de fundação em 2,5 cm

Fiadas duplas

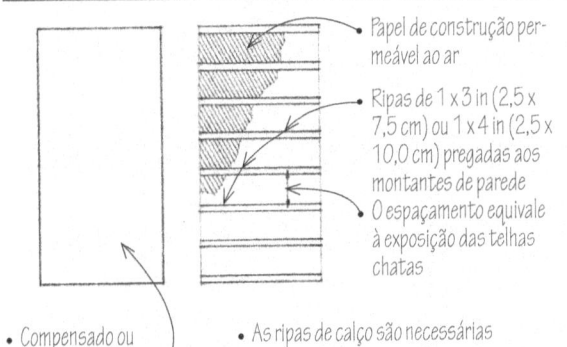

Tipos de apoio para revestimento de telhas chatas de madeira

Telhas chatas de madeira ornamentais ou com bordas recortadas apresentam larguras e formas uniformes. Elas são usadas em paredes para criar certos efeitos, tais como texturas onduladas ou em escama de peixe.

Telhas chatas ornamentais ou com bordas recortadas

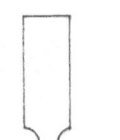

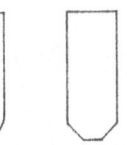

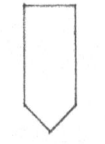

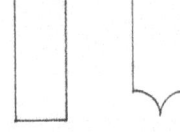

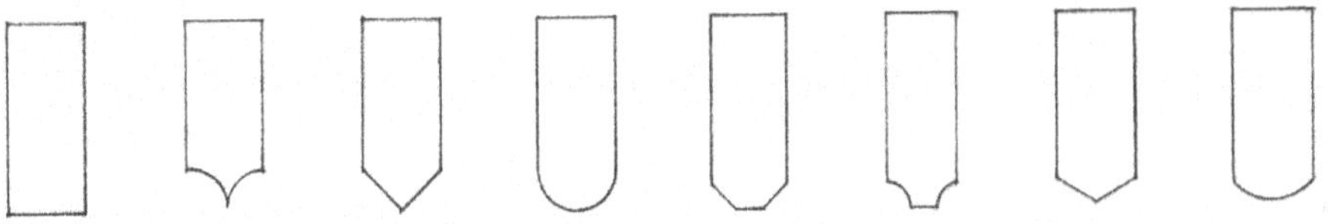

- Borda quadrada
- Borda em flecha
- Borda em diamante
- Borda redonda
- Borda recortada
- Borda com recortes em quarto de círculo
- Borda pontiaguda
- Borda em escama de peixe

Nas quinas, as fiadas alternadas são sobrepostas alternadamente. Bordas expostas devem ser tratadas. Mata-juntas também podem ser usados sobre as telhas chatas, tanto em quinas internas como externas. Deve ser usado papel de construção para proteção de quinas e de todos os locais onde as telhas encontram de topo outras peças de madeira.

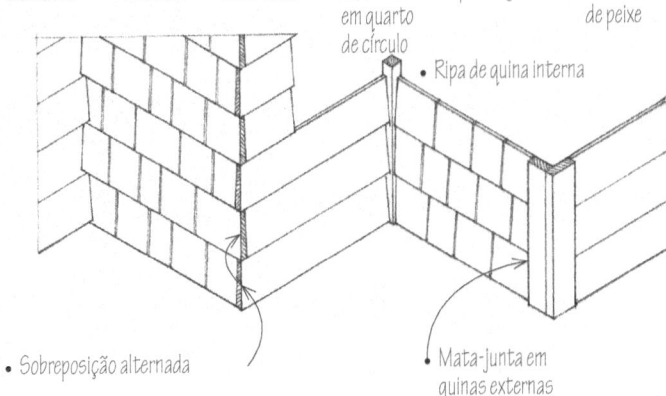

- Ripa de quina interna
- Sobreposição alternada
- Mata-junta em quinas externas

Quinas

CSI MasterFormat 07 46 23 Wood Siding

7.34 O REVESTIMENTO DE TÁBUAS HORIZONTAIS

Revestimentos de tábuas horizontais estão disponíveis em diferentes formas:

- Revestimento de tábuas sobrepostas é feito cortando-se uma tábua diagonalmente, de maneira que uma de suas bordas fique mais fina do que a outra. O lado áspero e rústico pode ficar aparente, para acabamento com *stain*, enquanto o lado liso pode ser pintado ou também receber *stain*.

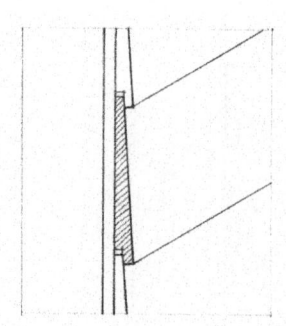

- Revestimento externo Dolly Varden é um revestimento externo chanfrado e entalhado ao longo da extremidade inferior, para permitir o encaixe da extremidade superior da tábua imediatamente abaixo.

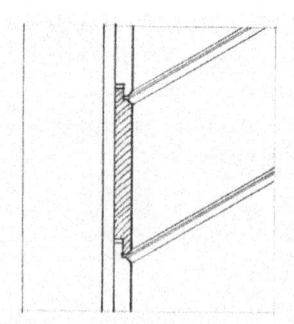

- Revestimento *shiplap* consiste de tábuas conectadas com rebaixos samblados.

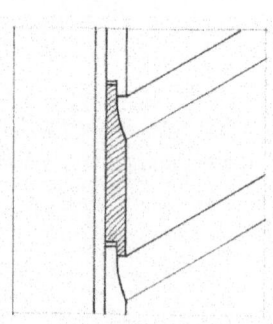

- Revestimento externo rústico é composto por tábuas adelgaçadas ao longo de suas extremidades superiores de modo a se encaixarem em recortes ou sulcos existentes em suas extremidades inferiores, dispostas horizontalmente, com a parte posterior diretamente afixada nos painéis de base ou nos montantes da parede.

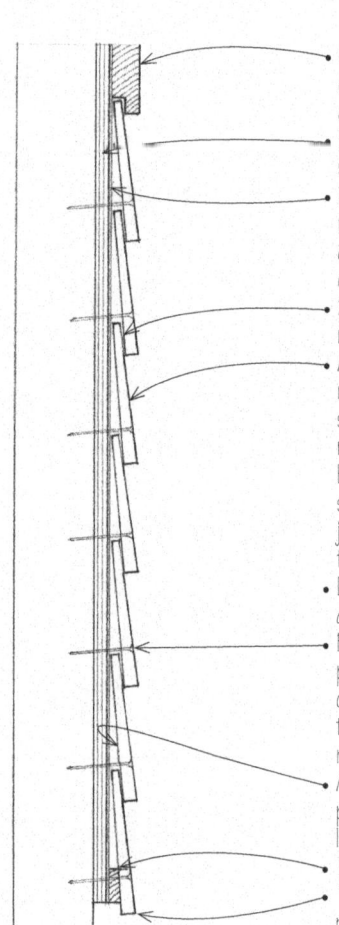

- Friso recortado ou sobre calços, para receber a fiada de topo
- Base de parede que possa ser pregada
- Papel de construção permeável que permita a saída de qualquer umidade para o exterior
- 2,5 cm de sobreposição mínima
- Ajuste a exposição do revestimento de tábuas sobrepostas de tal maneira que as fiadas fiquem bem-alinhadas com travessas superior e inferior de janelas, frisos ou outras faixas horizontais.
- Deixe 5 mm de fresta, para dilatação.
- Pregos perpendiculares; os pregos devem atravessar os painéis de base e penetrar, no mínimo, 4,0 cm nos montantes da parede.
- Aplique um *primer* na face posterior antes da instalação.
- Fiada inicial contínua 15,0 cm, no mínimo, até o nível do terreno

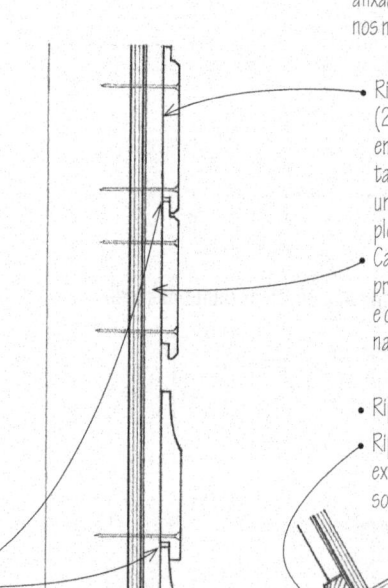

- Ripas de apoio de 1 x 3 in (2,5 x 7,5 cm) podem ser empregadas sobre os montantes da parede para criar uma fachada de chuva simples; veja a p. 7.23.
- Cavidade mínima de 2,0 cm; preveja a drenagem da água e coloque tela mosquiteira nas aberturas.

- Ripa de quina
- Ripas de quina externas sobrepostas

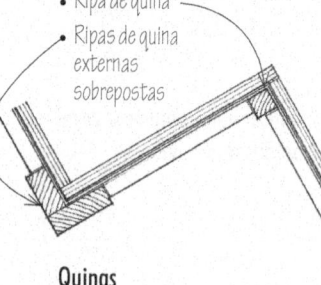

Quinas

Instalação de revestimentos de tábuas

As tábuas de revestimento são presas às chapas de apoio e aos montantes leves da parede com pregos galvanizados a fogo, de alumínio ou de aço inoxidável. A pregação é feita de maneira a permitir que as tábuas individuais possam dilatar e retrair livremente com as mudanças de conteúdo de umidade. As extremidades das tábuas devem estar sobre os montantes ou encontrá-los de topo nas quinas ou junto a paredes e portas; geralmente se aplica uma vedação às extremidades de tábuas durante a instalação e se calafetam as juntas.

CSI MasterFormat 07 46 23 Wood Siding

O REVESTIMENTO DE TÁBUAS VERTICAIS   7.35

O revestimento de tábuas verticais pode ser disposto em vários padrões. Pranchas emparelhadas que se sobrepõem ou encaixam entre si podem ter juntas em V niveladas em sulcos, ou juntas de filete. Tábuas com juntas quadradas podem ser usadas com outras tábuas ou sarrafos para proteger suas juntas verticais e formar padrões de tábuas sobrepostas desencontradas ou tábua e mata-junta.

Enquanto que o revestimento de tábuas horizontais é pregado diretamente nos montantes da parede, as tábuas verticais exigem sarrafos de apoio a cada 60 cm entre eixos, ou uma base de compensado de pelo menos $^5/_8$ ou $^3/_4$ in (16 ou 19 mm) de espessura. Sobre bases mais finas, sarrafos de 2,5 x 10 cm podem ser usados a cada 60,0 cm entre eixos. Uma barreira de papel de construção permeável, que permite a saída do vapor de água para o exterior é usada sob as pranchas.

Como com outros materiais para revestimento de paredes, somente devem ser usados pregos galvanizados a fogo ou outros tipos resistentes à corrosão. Trate as extremidades e bordas das tábuas e a face posterior dos sarrafos de apoio com um preservativo antes da instalação.

Lambri
- Macho e fêmea
- Juntas em V
- Lambri com sulcos

Revestimento de tábuas
- Tábua e mata-junta
- Tábuas sobre sarrafos
- Tábuas sobrepostas desencontradas

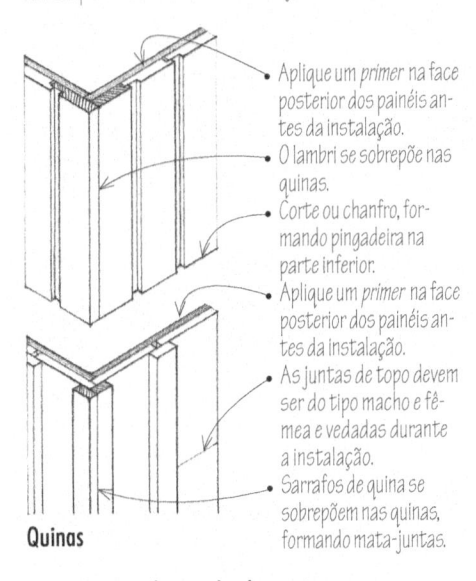

Quinas
- Aplique um *primer* na face posterior dos painéis antes da instalação.
- O lambri se sobrepõe nas quinas.
- Corte ou chanfro, formando pingadeira na parte inferior.
- Aplique um *primer* na face posterior dos painéis antes da instalação.
- As juntas de topo devem ser do tipo macho e fêmea e vedadas durante a instalação.
- Sarrafos de quina se sobrepõem nas quinas, formando mata-juntas.

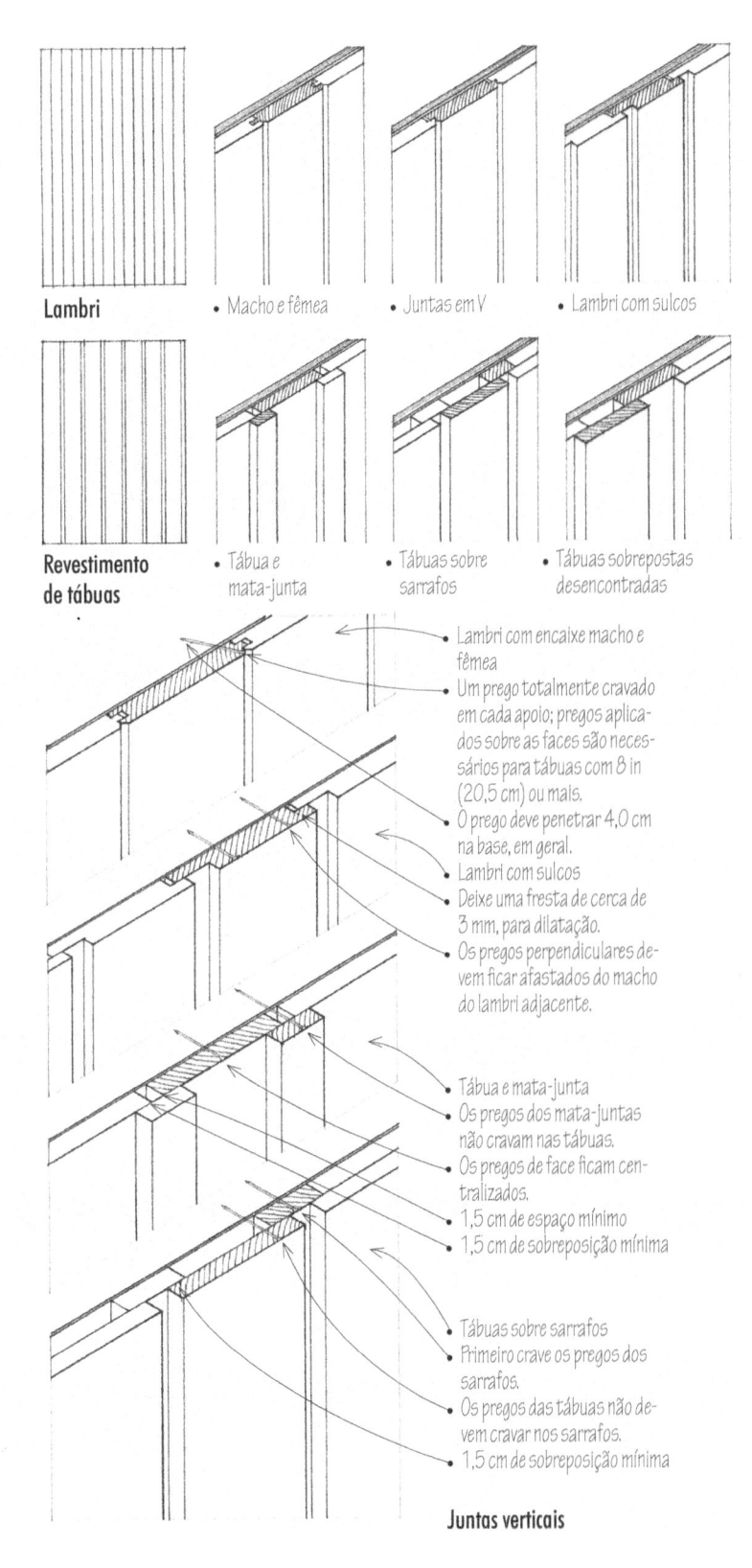

Revestimentos de parede alternativos
Uma grande variedade de materiais de revestimento tem sido desenvolvida para imitar a aparência dos revestimentos tradicionais de madeira maciça, sendo mais duradouros e resistentes ao intemperismo e reduzindo os custos com manutenção. Essas alternativas incluem réguas de alumínio ou PVC e painéis cimentícios ou de madeira laminada. Consulte as seguintes fontes para mais informações sobre a adequação destas opções a cada aplicação.
- American Architectural Manufacturers Association (AAMA) Publication 1402, sobre revestimentos de alumínio
- Vinyl Siding Institute (VSI), que tem uma publicação sobre instruções de aplicação de revestimentos de vinil rígido
- National Evaluation Service, Inc. (NES) Report No. NER-405, sobre produtos com fibras de cimento

Juntas verticais
- Lambri com encaixe macho e fêmea
- Um prego totalmente cravado em cada apoio; pregos aplicados sobre as faces são necessários para tábuas com 8 in (20,5 cm) ou mais.
- O prego deve penetrar 4,0 cm na base, em geral.
- Lambri com sulcos
- Deixe uma fresta de cerca de 3 mm, para dilatação.
- Os pregos perpendiculares devem ficar afastados do macho do lambri adjacente.

- Tábua e mata-junta
- Os pregos dos mata-juntas não cravam nas tábuas.
- Os pregos de face ficam centralizados.
- 1,5 cm de espaço mínimo
- 1,5 cm de sobreposição mínima

- Tábuas sobre sarrafos
- Primeiro crave os pregos dos sarrafos.
- Os pregos das tábuas não devem cravar nos sarrafos.
- 1,5 cm de sobreposição mínima

7.36 O REBOCO DE ARGAMASSA

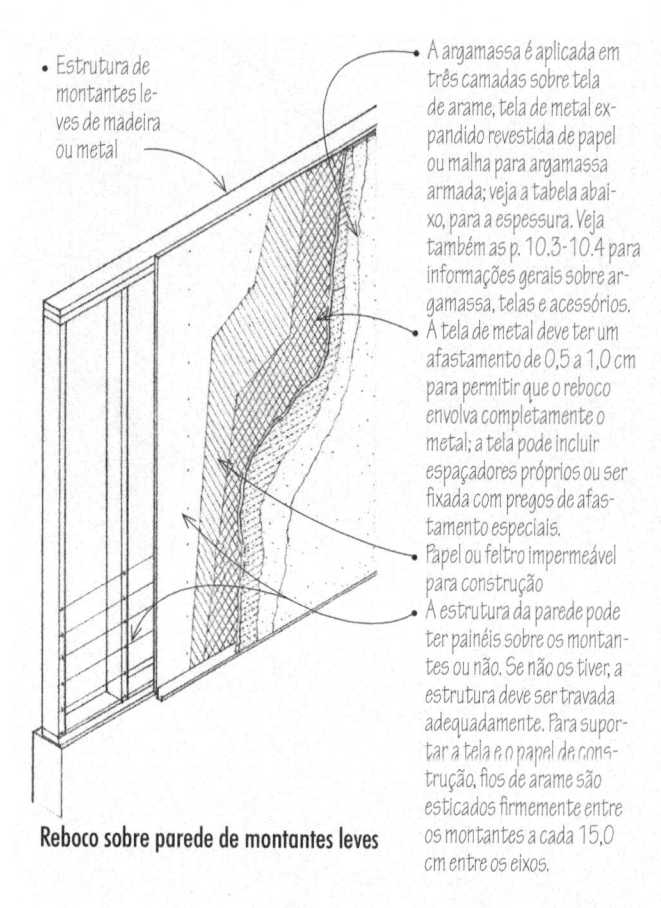

Argamassa externa é uma argamassa rústica, composta de cimento Portland ou de cimento de alvenaria, areia e cal hidratada, misturada com água e aplicada em estado plástico para formar um revestimento firme para o revestimento de paredes externas. Esse acabamento resistente ao fogo e ao intemperismo geralmente é utilizado em paredes e tetos externos, mas também pode ser empregado em paredes e forros internos sujeitos a umidade ou água.

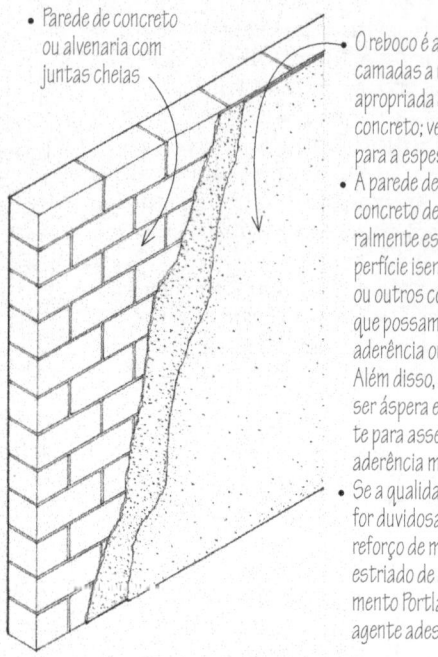

- Estrutura de montantes leves de madeira ou metal
- A argamassa é aplicada em três camadas sobre tela de arame, tela de metal expandido revestida de papel ou malha para argamassa armada; veja a tabela abaixo, para a espessura. Veja também as p. 10.3-10.4 para informações gerais sobre argamassa, telas e acessórios.
- A tela de metal deve ter um afastamento de 0,5 a 1,0 cm para permitir que o reboco envolva completamente o metal; a tela pode incluir espaçadores próprios ou ser fixada com pregos de afastamento especiais.
- Papel ou feltro impermeável para construção
- A estrutura da parede pode ter painéis sobre os montantes ou não. Se não os tiver, a estrutura deve ser travada adequadamente. Para suportar a tela e o papel de construção, fios de arame são esticados firmemente entre os montantes a cada 15,0 cm entre os eixos.

Reboco sobre parede de montantes leves

- Parede de concreto ou alvenaria com juntas cheias
- O reboco é aplicado em duas camadas a uma superfície apropriada de alvenaria ou concreto; veja a tabela abaixo para a espessura.
- A parede de alvenaria ou concreto deve ser estruturalmente estável e sua superfície isenta de pó, gordura ou outros contaminantes que possam impedir uma boa aderência ou ligação química. Além disso, a superfície deve ser áspera e porosa o bastante para assegurar uma boa aderência mecânica.
- Se a qualidade da aderência for duvidosa, use uma tela de reforço de metal, um emboço estriado de argamassa de cimento Portland e areia ou um agente adesivo.

Reboco sobre parede concreto ou alvenaria

Espessura do reboco de cimento Portland

Base	Espessura total mínima da face à base
Tela de metal expandido ou tela de arame	2,0 cm: exteriores
	1,5 cm: interiores
Paredes de alvenaria	1,5 cm
Paredes de concreto	2,0 cm, no máximo
Tetos de concreto	1,0 cm, no máximo

Acabamentos com argamassa

A camada de acabamento pode ser alisada, trabalhada com colher de pedreiro, penteada ou com cascalho arremessado. O acabamento pode ser natural ou a argamassa pode ser totalmente colorida com o uso de um pigmento, areia colorida ou pedrisco.

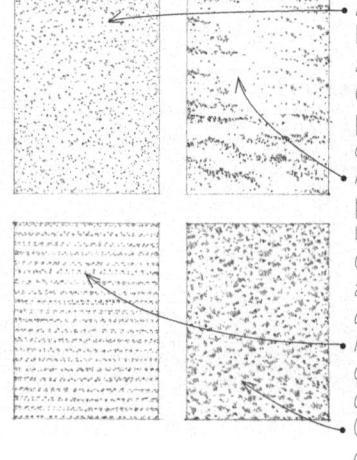

- Acabamento alisado é o acabamento de uma superfície de argamassa com textura fina obtido pelo uso de uma desempenadeira com face acarpetada ou emborrachada.
- Acabamento de colher de pedreiro desenhado é o acabamento obtido primeiramente com uma escova e depois se alisando os pontos mais altos da argamassa.
- Acabamento penteado é feito com uma ferramenta dentada ou serrilhada.
- Cascalho arremessado é produzido com o jateamento de pedrisco contra a argamassa úmida, usando-se uma máquina.

CSI MasterFormat 09 24 23 Portland Cement Stucco

DETALHES DE REBOCO   7.37

Assim como o reboco de gesso, o reboco de cimento é um material relativamente fino, duro e quebradiço, que exige reforço ou uma base robusta, rígida e não flexível. Ao contrário do reboco de gesso, que dilata levemente ao endurecer, o reboco de cimento Portland retrai com a cura. Essa retração, junto com as tensões causadas pelo movimento estrutural de sua base e variações na temperatura e umidade, pode fazer com que o reboco fissure ou trinque. São necessárias juntas de controle e alívio para eliminar ou minimizar qualquer fissuramento ou trincamento.

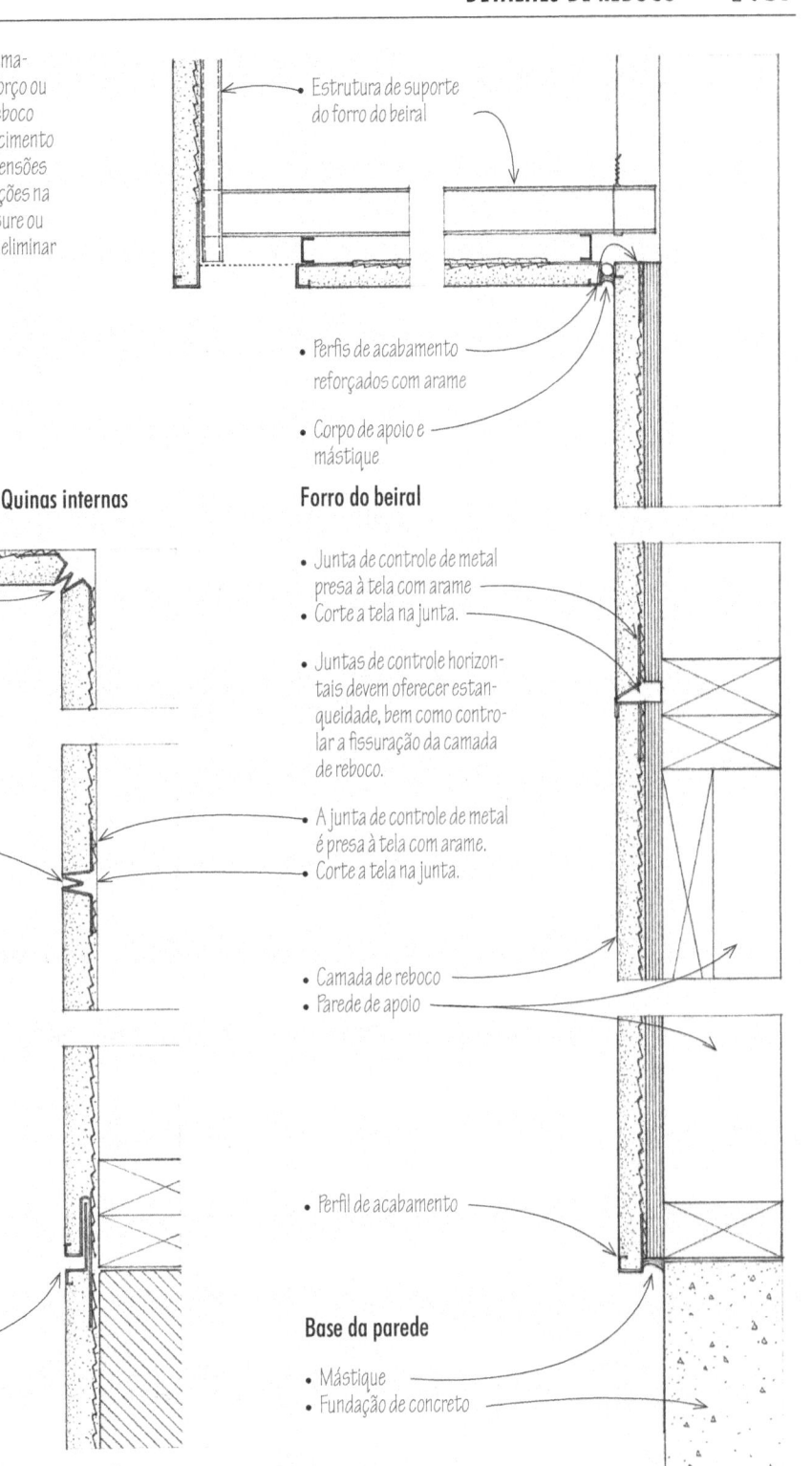

- Estrutura de suporte do forro do beiral
- Perfis de acabamento reforçados com arame
- Corpo de apoio e mástique

Forro do beiral

Juntas de alívio
- Juntas de alívio reduzem os esforços ao permitir movimentos independentes no perímetro de uma camada de reboco. Elas são necessárias quando dois planos rebocados se encontram em uma quina interna ou quando uma superfície rebocada encontra de topo ou é perfurada por um elemento estrutural, como uma viga, um pilar ou uma parede portante.

Quinas internas

- Junta de controle de metal presa à tela com arame
- Corte a tela na junta.
- Juntas de controle horizontais devem oferecer estanqueidade, bem como controlar a fissuração da camada de reboco.
- A junta de controle de metal é presa à tela com arame.
- Corte a tela na junta.

Juntas de controle
- As juntas de controle aliviam os esforços na camada de reboco ao pré-alinhar as fissuras ou trincas que podem ocorrer devido a movimentos estruturais na edificação, retrações de secagem e variações de temperatura. Quando o reboco é aplicado sobre uma tela reforço de metal, as juntas de controle devem ser espaçadas em, no máximo, 5,5 metros, definindo painéis não maiores que 14,0 m².
- Quando o reboco é aplicado diretamente sobre uma base de alvenaria, as juntas de controle devem ser feitas diretamente e alinhadas com qualquer junta de controle existente na base de alvenaria.
- As juntas de controle também são necessárias nos encontros de materiais diferentes na base e ao longo das linhas de piso em estrutura de madeira.

- Camada de reboco
- Parede de apoio

- Perfil de acabamento

Base da parede
- Mástique
- Fundação de concreto

Planta baixa   Corte

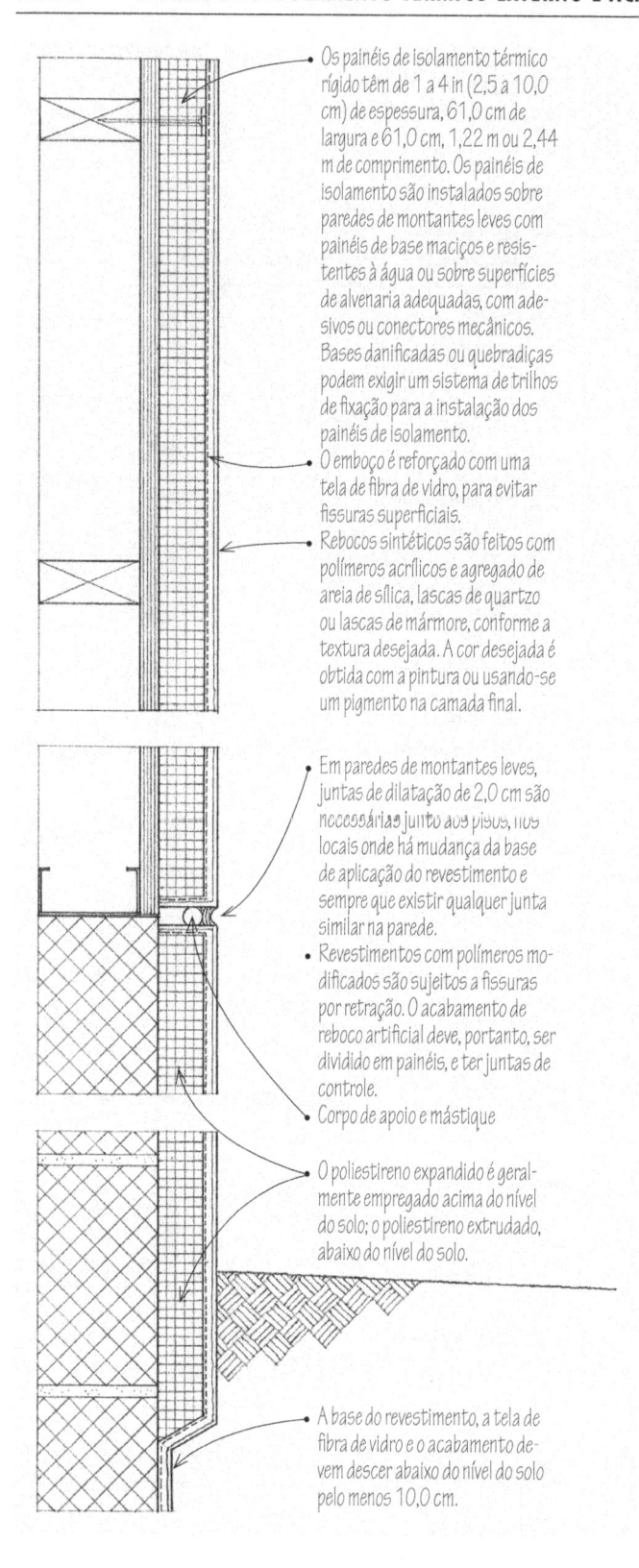

SISTEMAS DE ISOLAMENTO TÉRMICO EXTERNO E ACABAMENTO

- Os painéis de isolamento térmico rígido têm de 1 a 4 in (2,5 a 10,0 cm) de espessura, 61,0 cm de largura e 61,0 cm, 1,22 m ou 2,44 m de comprimento. Os painéis de isolamento são instalados sobre paredes de montantes leves com painéis de base maciços e resistentes à água ou sobre superfícies de alvenaria adequadas, com adesivos ou conectores mecânicos. Bases danificadas ou quebradiças podem exigir um sistema de trilhos de fixação para a instalação dos painéis de isolamento.
- O emboço é reforçado com uma tela de fibra de vidro, para evitar fissuras superficiais.
- Rebocos sintéticos são feitos com polímeros acrílicos e agregado de areia de sílica, lascas de quartzo ou lascas de mármore, conforme a textura desejada. A cor desejada é obtida com a pintura ou usando-se um pigmento na camada final.
- Em paredes de montantes leves, juntas de dilatação de 2,0 cm são necessárias junto aos pisos, nos locais onde há mudança da base de aplicação do revestimento e sempre que existir qualquer junta similar na parede.
- Revestimentos com polímeros modificados são sujeitos a fissuras por retração. O acabamento de reboco artificial deve, portanto, ser dividido em painéis, e ter juntas de controle.
- Corpo de apoio e mástique
- O poliestireno expandido é geralmente empregado acima do nível do solo; o poliestireno extrudado, abaixo do nível do solo.
- A base do revestimento, a tela de fibra de vidro e o acabamento devem descer abaixo do nível do solo pelo menos 10,0 cm.

Sistemas de isolamento térmico externo e acabamento estão disponíveis para vedar o exterior de edificações novas ou isolar e revestir prédios reformados. O sistema consiste de uma camada de reboco sintético aplicada com colher de pedreiro, rolo ou mangueira (borrifada) sobre um isolamento rígido de espuma plástica.

Os sistemas de isolamento térmico externo e acabamento são suscetíveis a infiltrações de água em volta de janelas e portas, se forem mal detalhados ou instalados. Nestes sistemas, não há um sistema interno de drenagem que possa permitir a retirada da água que porventura ingresse. A água que entrar e acumular pode fazer com que a camada de isolamento se desprenda da base ou mesmo que este suporte se deteriore. Para resolver este problema, há um sistema patenteado que emprega uma esteira de drenagem instalada entre uma barreira de ar e água e a camada de isolamento, fazendo com que a água drene até condutores plásticos que ficam em cima de aberturas de porta ou janela e também na base da parede.

Há dois tipos de sistemas de isolamento térmico externo: sistemas modificados com polímero e sistemas à base de polímero. Os sistemas modificados com polímero consistem de uma base de cimento Portland que tem entre 6,5 e 9,5 mm de espessura e é reforçada com uma tela metálica ou tela de fibra de vidro fixada à camada de isolamento térmico. Em áreas sujeitas a impactos, usa-se uma tela de fibra de vidro de alta resistência em vez da tela padrão, ou além dela. A camada de reboco de acabamento é de cimento Portland modificado com polímeros acrílicos.

Já os sistemas à base de polímero consistem de uma camada de base de cimento Portland ou polímero acrílico com espessura entre 1,5 e 6,5 mm, reforçada com uma tela de fibra de vidro inserida durante a instalação. A camada de acabamento é feita com polímeros acrílicos. Os sistemas à base de polímero são mais elásticos e resistentes à fissuração do que os sistemas modificados com polímero, mas também são mais suscetíveis a amassões e perfurações.

- Consulte os padrões publicados pela Exterior Insulation Manufacturers Association (EIMA) para detalhes sobre instalação.

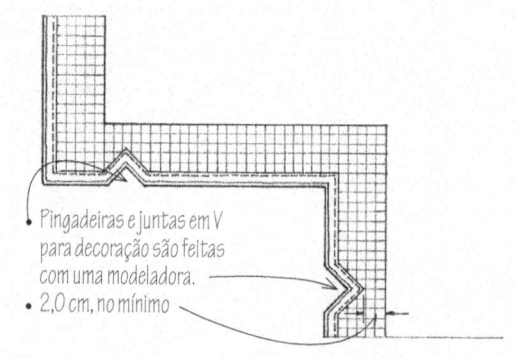

- Pingadeiras e juntas em V para decoração são feitas com uma modeladora.
- 2,0 cm, no mínimo

CSI MasterFormat 07 24 00 Exterior Insulation and Finish Systems

O ISOLAMENTO TÉRMICO 7.39

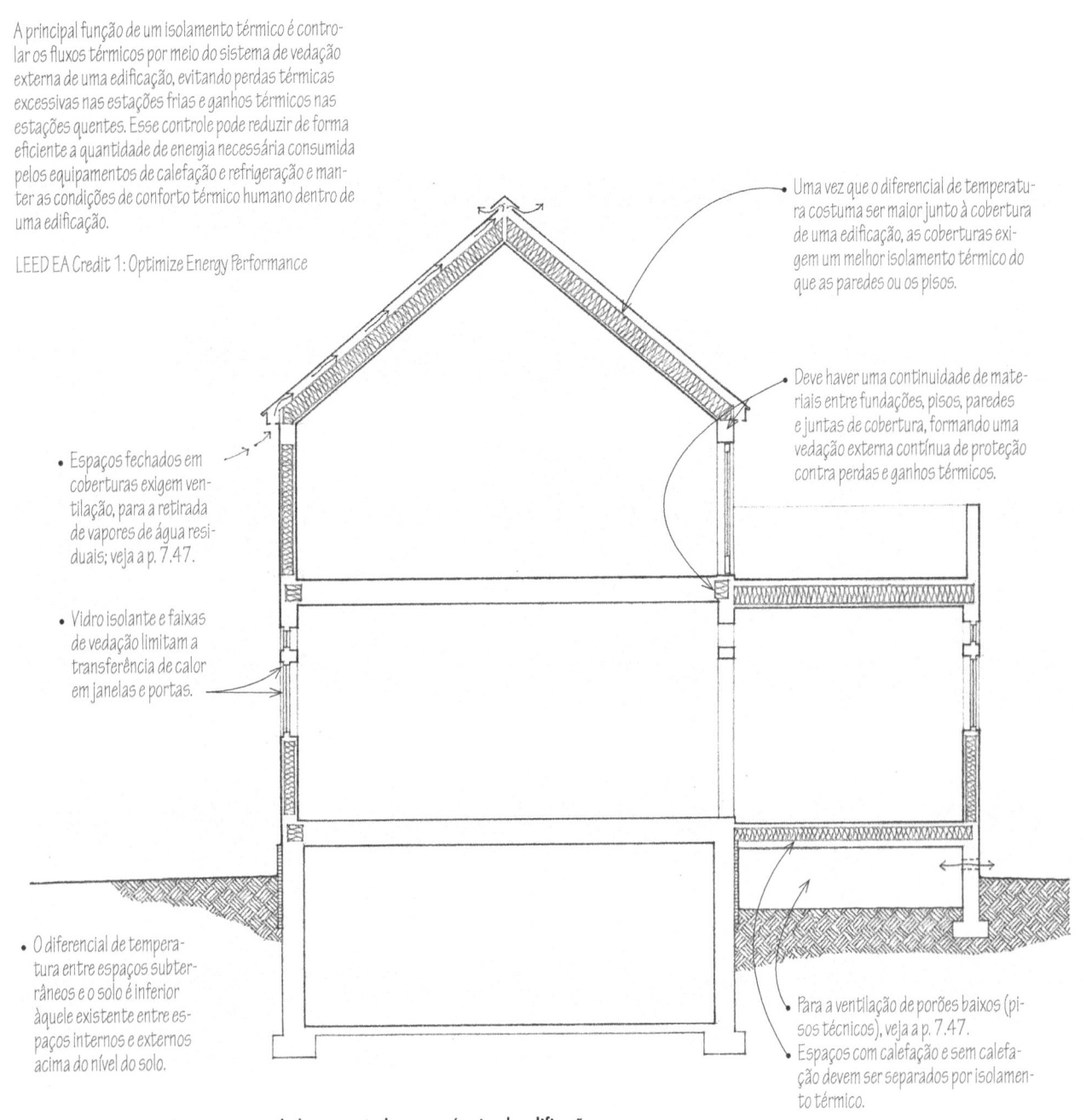

A principal função de um isolamento térmico é controlar os fluxos térmicos por meio do sistema de vedação externa de uma edificação, evitando perdas térmicas excessivas nas estações frias e ganhos térmicos nas estações quentes. Esse controle pode reduzir de forma eficiente a quantidade de energia necessária consumida pelos equipamentos de calefação e refrigeração e manter as condições de conforto térmico humano dentro de uma edificação.

LEED EA Credit 1: Optimize Energy Performance

- Espaços fechados em coberturas exigem ventilação, para a retirada de vapores de água residuais; veja a p. 7.47.

- Vidro isolante e faixas de vedação limitam a transferência de calor em janelas e portas.

- O diferencial de temperatura entre espaços subterrâneos e o solo é inferior àquele existente entre espaços internos e externos acima do nível do solo.

- Uma vez que o diferencial de temperatura costuma ser maior junto à cobertura de uma edificação, as coberturas exigem um melhor isolamento térmico do que as paredes ou os pisos.

- Deve haver uma continuidade de materiais entre fundações, pisos, paredes e juntas de cobertura, formando uma vedação externa contínua de proteção contra perdas e ganhos térmicos.

- Para a ventilação de porões baixos (pisos técnicos), veja a p. 7.47.
- Espaços com calefação e sem calefação devem ser separados por isolamento térmico.

Resistência térmica mínima recomendada para o isolamento térmico de edificações nos Estados Unidos*

Zona	Teto ou cobertura	Parede externa	Piso sobre espaço sem calefação
Mínimo recomendável	19	11	11
Zona sul	26	13	11
Zona temperada	30	19	19
Zona norte	38	19	22

*Utilize estes valores-R somente para o pré-dimensionamento. Consulte o código de energia municipal ou estadual para exigências específicas.

- Para uma discussão dos fatores que afetam o conforto humano, veja a p. 11.03.
- Para as questões de implantação no terreno que também afetam perdas e ganhos térmicos potenciais, veja o Capítulo 1.

CSI MasterFormat 07 21 00 Thermal Insulation

7.40 A RESISTÊNCIA TÉRMICA DOS MATERIAIS DE CONSTRUÇÃO

Concreto	1/k*	1/C^e
Concreto		
Concreto		
Agregado de areia e brita	0,08	
Agregado leve	0,60	
Argamassa de cimento	0,20	
Reboco	0,20	
Alvenaria		
Tijolo comum	0,20	
Tijolo à vista	0,11	
Bloco de concreto (20 cm)		
Agregado de brita e areia		1,11
Agregado leve		2,00
Granito e mármore	0,05	
Arenito	0,08	
Metal		
Alumínio	0,0007	
Latão	0,0010	
Cobre	0,0004	
Chumbo	0,0041	
Aço	0,0032	
Madeira		
Madeiras duras (madeiras de lei)	0,91	
Madeiras macias	1,25	
Compensado	1,25	
Aglomerado, 5/8 in (16 mm)		0,82
Chapa de fibra	2,00	
Coberturas		
Cobertura composta		0,33
Telhas chatas de fibra de vidro		0,44
Telhas chatas de ardósia		0,05
Telhas chatas de madeira		0,94
Revestimento de paredes externas		
Telhas de alumínio		0,61
Telhas chatas de madeira		0,87
Tábuas de madeira superpostas (tabeca)		0,81
Réguas de vinil		1,00

Concreto	1/k*	1/C^e
Papel de construção (papelão alcatroado)		
Papelão permeável ao vapor		0,06
Película de polietileno		0,00
Reboco e gesso		
Reboco de cimento, agregado de areia	0,20	
Argamassa de gesso,		
agregado de areia	0,18	
agregado de perlita	0,67	
Chapa de gesso, 1/2 i/n (13 mm)		0,45
Pisos		
Carpete (com base)		1,50
Madeira dura, 25/32 in (20 mm)		0,71
Granitina		0,08
Placas de vinil		0,05
Portas		
Aço, núcleo de fibra mineral		1,69
Aço, núcleo de poliestireno		2,13
Aço, núcleo de uretano		5,56
Madeira oca, 1-3/4 in (45 mm)		2,04
Madeira maciça, 1-3/4 in (45 mm)		3,13
Vidro		
Simples, incolor, 1/4 in (6 mm)		0,88
Duplo, incolor, cavidade de 3/16 in (5 mm)		1,61
cavidade de 1/4 in (6 mm)		1,72
cavidade de 1/2 in (13 mm)		2,04
Duplo, azul/ incolor		2,25
cinza/incolor		2,40
verde/incolor		2,50
Duplo, incolor, com película de baixa emitância (valor-E)		3,23
Triplo, incolor		2,56
Bloco de vidro, 4 in (10,0 cm)		1,79
Cavidades em vidros duplos		
3/4 in (19 mm), vidro não reflexivo		1,01
3/4 in (19 mm), vidro reflexivo		3,48

* 1/k = R por polegada de espessura
^e 1/C = R para a espessura indicada

As tabelas à esquerda podem ser empregadas para estimar a resistência térmica de um sistema composto de construção. Para valores-R específicos de materiais e componentes de edificações, como janelas, consulte o fabricante.

- R é uma medida da resistência térmica de um material. Ele é expresso como a diferença de temperatura necessária para produzir um fluxo de calor através de uma unidade de área de material à razão de uma unidade de calor por hora.

$R = F°/Btu/hr \cdot ft^2$

- RT é a resistência térmica total para um sistema composto de construção, e é simplesmente a soma dos valores-R dos materiais componentes do conjunto.

- U é uma medida da transmitância térmica de um componente ou conjunto de componentes. Ele é representado como a taxa de transferência térmica através de uma unidade de área de um componente da edificação ou conjunto de componentes da edificação provocada por uma diferença de um grau entre as temperaturas do ar dos dois lados do componente ou conjunto. O valor U para um componente ou conjunto é o inverso do seu valor-R.

$U = 1/RT$

- Q é a taxa de fluxo térmico através de um conjunto de componentes de construção, e é igual a:

$U \times A \times (t_i - t_o)$, onde:

- U = coeficiente geral do conjunto de componentes
- A = área exposta do conjunto de componentes
- $(t_i - t_o)$ é diferença entre a temperatura do ar interno e externo

ISOLAMENTOS TÉRMICOS 7.41

Quase todos os materiais de construção oferecem alguma resistência a fluxos térmicos. Contudo, para obter o valor desejado de Re, paredes, pisos e coberturas geralmente necessitam da adição de um material isolante. A tabela a seguir arrola os principais materiais utilizados para isolar os componentes e conjuntos de componentes de uma edificação. Observe que todos os materiais de isolamento térmico efetivos costumam incorporar algum tipo de espaço com ar vedado.

- Isolamento com manta é o isolamento térmico fibroso e flexível de lã de vidro ou lã mineral, fabricado em diferentes espessuras e comprimentos, com larguras de 40,6 mm ou 61,0 cm, de modo a se encaixar entre montantes, barrotes e caibros em construções com estrutura de madeira leve, por vezes revestido com uma barreira de vapor de papel Kraft, folha de metal ou folha de plástico. O isolamento com manta também é um isolamento acústico.
- Placa isolante rígida é a placa isolante não estrutural, pré-fabricada, de plástico esponjoso ou vidro celular. O isolamento de vidro celular é resistente ao fogo, impermeável à umidade e dimensionalmente estável, mas tem um valor de resistência térmica inferior ao dos isolamentos de plástico esponjoso, os quais, no entanto, são inflamáveis e devem ser protegidos por uma barreira térmica quando utilizados nas superfícies internas de uma edificação. Os isolamentos rígidos com estruturas de células fechadas, como de poliestireno extrudado e vidro celular, são resistentes à umidade e podem ser utilizados em contato com a terra.
- Isolamento esponjoso injetado é o isolamento térmico composto por um plástico esponjoso, como poliuretano, o qual é borrifado ou injetado em uma cavidade onde ele adere às superfícies circundantes.
- Isolamento para enchimento é o isolamento térmico composto por fibras de lã mineral, vermiculita ou perlita granulares ou fibras celulósicas tratadas, despejado manualmente ou soprado através de um bocal em uma cavidade ou sobre uma membrana de suporte.
- Isolamento refletor é o isolamento térmico composto por um material de alta refletividade e baixa emissividade, como folha de alumínio com verso de papel ou placa de gesso com verso laminado, utilizado conjuntamente com espaço de ar confinado a fim de reduzir a transmissão de calor por irradiação.

Tipo	Material	Valor-R por polegada de espessura	
Isolamento com manta	Fibra de vidro	3,3	Instalado entre montantes, caibros, barrotes ou sarrafos;
	Lã de rocha	3,3	é considerado incombustível, exceto quando com revestimento de papel
Placa isolante rígida	Vidro celular	2,5	As placas podem ser aplicadas sobre uma laje ou tabuado de piso,
	Poliestireno moldado	3,6	sobre uma parede revestida com painéis de madeira, em
	Poliestireno extrudado	5	paredes duplas com cavidade ou sob um material de
	Poliuretano expandido	6,2	acabamento interno; os plásticos são combustíveis e emitem
	Poli isocianureto	7,2	gases tóxicos quando queimados; o poliestireno extrudado
	Perlita expandida	2,6	pode ser utilizado em contato com a terra, mas qualquer superfície exposta deve ser protegida da luz do sol
Isolamento esponjoso injetado	Poliuretano	6,2	Utilizado para o isolamento de espaços de formas irregulares
Isolamento para enchimento	Celulose	3,7	Utilizado para o isolamento de pavimentos de cobertura e sótãos;
	Perlita	2,7	a celulose pode ser combinada com adesivos, para aplicação
	Vermiculita	2,1	por borrifamento; a celulose deve ser tratada e classificada pela Undewriters' Laboratories para ter resistência ao fogo
Moldado in loco	Concreto isolante	1,12	Utilizado principalmente como camada de isolamento térmico sob membrana de impermeabilização em coberturas; o valor de isolamento depende de sua densidade

7.42 ISOLAMENTOS TÉRMICOS

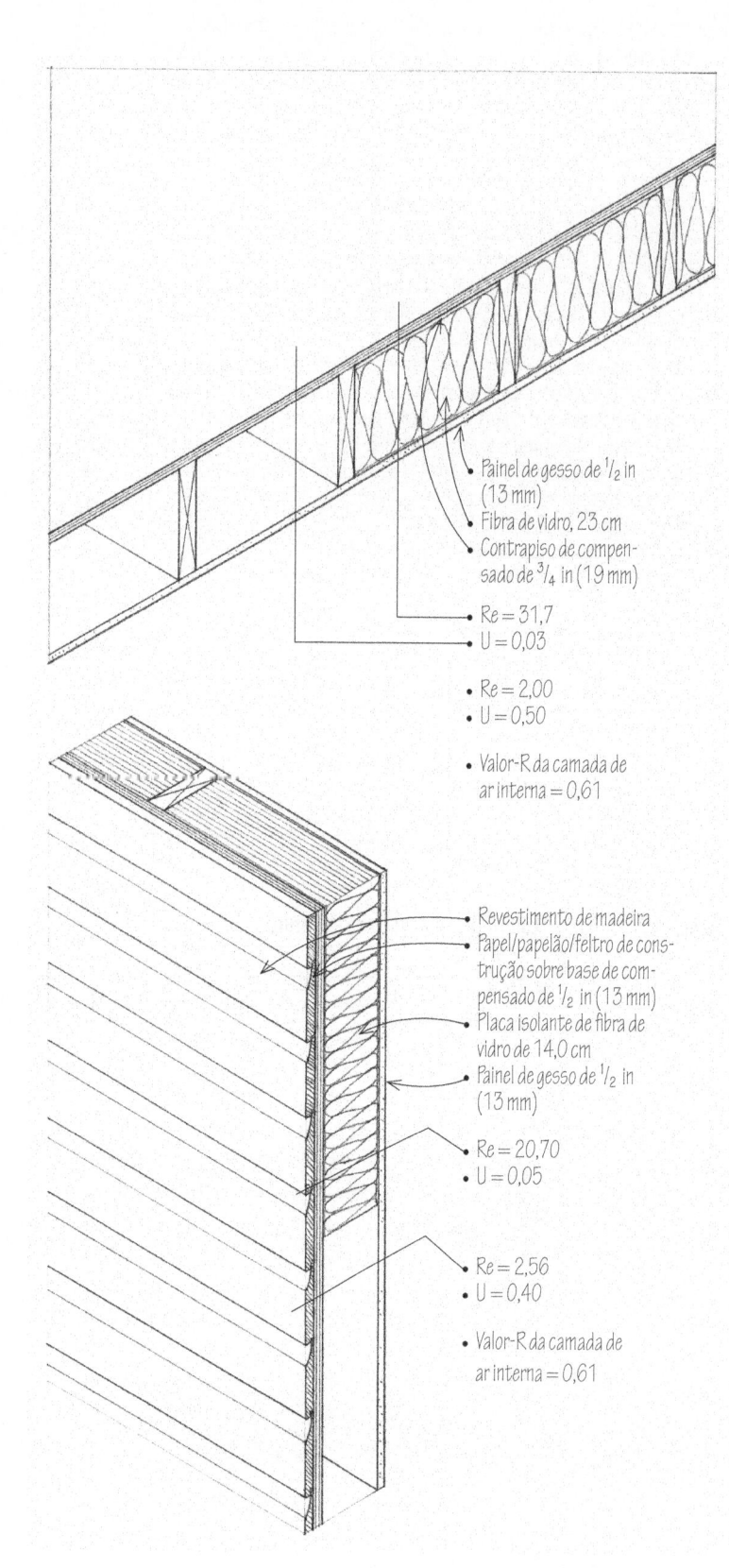

O método do estado estacionário para o cálculo dos ganhos ou perdas térmicas leva em consideração principalmente a resistência térmica (Re) da construção e o diferencial de temperatura do ar. Outros fatores que afetam as perdas ou os ganhos de calor são:

- A cor da superfície e a refletividade dos materiais utilizados; cores claras e superfícies brilhantes tendem a refletir mais radiação térmica do que as superfícies escuras ou texturizadas.
- A massa da construção, que afeta a defasagem térmica até a liberação de qualquer calor armazenado pela estrutura; a inércia térmica se torna um fator significativo com materiais espessos e densos.
- A orientação das superfícies externas da edificação, o que afeta o ganho térmico solar, bem como a exposição ao vento e o potencial associado de infiltração de ar.
- Fontes de calor latente e ganhos térmicos devido aos ocupantes de uma edificação, iluminação e equipamentos.
- Instalação adequada do isolamento térmico e das barreiras de vapor.

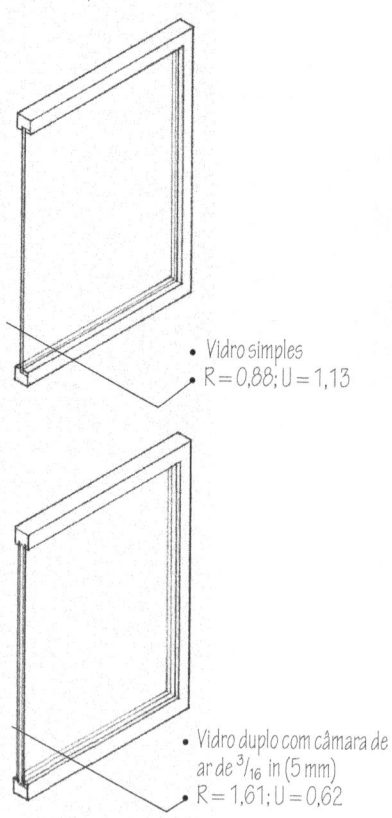

- Painel de gesso de $1/2$ in (13 mm)
- Fibra de vidro, 23 cm
- Contrapiso de compensado de $3/4$ in (19 mm)
- Re = 31,7
- U = 0,03

- Re = 2,00
- U = 0,50

- Valor-R da camada de ar interna = 0,61

- Revestimento de madeira
- Papel/papelão/feltro de construção sobre base de compensado de $1/2$ in (13 mm)
- Placa isolante de fibra de vidro de 14,0 cm
- Painel de gesso de $1/2$ in (13 mm)
- Re = 20,70
- U = 0,05

- Re = 2,56
- U = 0,40

- Valor-R da camada de ar interna = 0,61

- Vidro simples
- R = 0,88; U = 1,13

- Vidro duplo com câmara de ar de $3/16$ in (5 mm)
- R = 1,61; U = 0,62

Comparação entre valores-R para sistemas de construção com e sem isolamento térmico

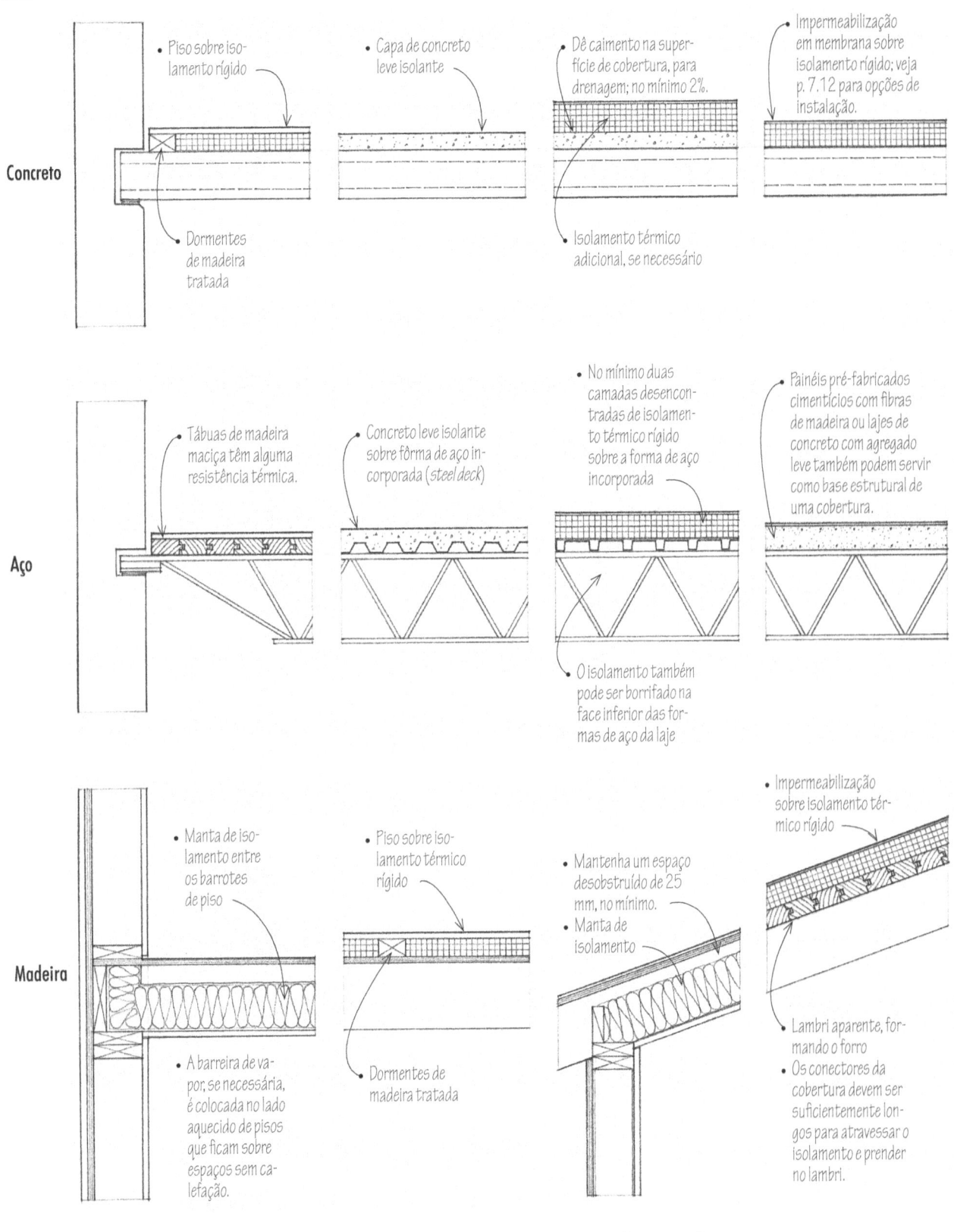

O ISOLAMENTO TÉRMICO DE COBERTURAS E PISOS   7.43

Concreto

- Piso sobre isolamento rígido
- Dormentes de madeira tratada
- Capa de concreto leve isolante
- Dê caimento na superfície de cobertura, para drenagem; no mínimo 2%.
- Isolamento térmico adicional, se necessário
- Impermeabilização em membrana sobre isolamento rígido; veja p. 7.12 para opções de instalação.

Aço

- Tábuas de madeira maciça têm alguma resistência térmica.
- Concreto leve isolante sobre fôrma de aço incorporada (steel deck)
- No mínimo duas camadas desencontradas de isolamento térmico rígido sobre a forma de aço incorporada
- O isolamento também pode ser borrifado na face inferior das formas de aço da laje
- Painéis pré-fabricados cimentícios com fibras de madeira ou lajes de concreto com agregado leve também podem servir como base estrutural de uma cobertura.

Madeira

- Manta de isolamento entre os barrotes de piso
- A barreira de vapor, se necessária, é colocada no lado aquecido de pisos que ficam sobre espaços sem calefação.
- Piso sobre isolamento térmico rígido
- Dormentes de madeira tratada
- Mantenha um espaço desobstruído de 25 mm, no mínimo.
- Manta de isolamento
- Impermeabilização sobre isolamento térmico rígido
- Lambri aparente, formando o forro
- Os conectores da cobertura devem ser suficientemente longos para atravessar o isolamento e prender no lambri.

Instalação em pisos   Instalação em coberturas

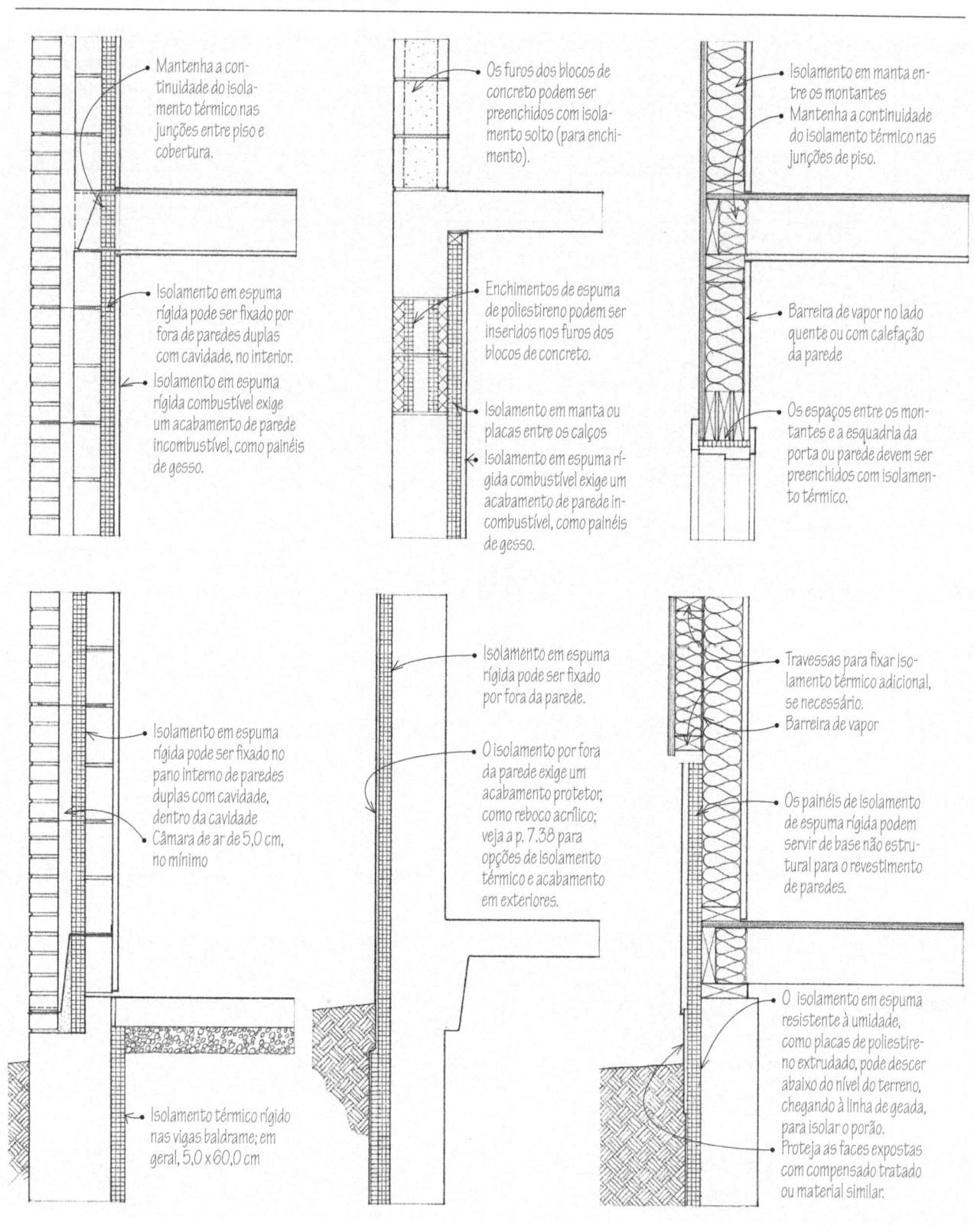

7.44 O ISOLAMENTO TÉRMICO DE PAREDES

- Mantenha a continuidade do isolamento térmico nas junções entre piso e cobertura.
- Isolamento em espuma rígida pode ser fixado por fora de paredes duplas com cavidade, no interior.
- Isolamento em espuma rígida combustível exige um acabamento de parede incombustível, como painéis de gesso.

- Os furos dos blocos de concreto podem ser preenchidos com isolamento solto (para enchimento).
- Enchimentos de espuma de poliestireno podem ser inseridos nos furos dos blocos de concreto.
- Isolamento em manta ou placas entre os calços
- Isolamento em espuma rígida combustível exige um acabamento de parede incombustível, como painéis de gesso.

- Isolamento em manta entre os montantes
- Mantenha a continuidade do isolamento térmico nas junções de piso.
- Barreira de vapor no lado quente ou com calefação da parede
- Os espaços entre os montantes e a esquadria da porta ou parede devem ser preenchidos com isolamento térmico.

- Isolamento em espuma rígida pode ser fixado no pano interno de paredes duplas com cavidade, dentro da cavidade
- Câmara de ar de 5,0 cm, no mínimo
- Isolamento térmico rígido nas vigas baldrame; em geral, 5,0 x 60,0 cm

- Isolamento em espuma rígida pode ser fixado por fora da parede.
- O isolamento por fora da parede exige um acabamento protetor, como reboco acrílico; veja a p. 7.38 para opções de isolamento térmico e acabamento em exteriores.

- Travessas para fixar isolamento térmico adicional, se necessário.
- Barreira de vapor
- Os painéis de isolamento de espuma rígida podem servir de base não estrutural para o revestimento de paredes.
- O isolamento em espuma resistente à umidade, como placas de poliestireno extrudado, pode descer abaixo do nível do terreno, chegando à linha de geada, para isolar o porão.
- Proteja as faces expostas com compensado tratado ou material similar.

Paredes de alvenaria duplas com cavidade · Paredes de concreto ou alvenaria de blocos de concreto · Paredes de montantes leves de madeira

O CONTROLE DA UMIDADE 7.45

A umidade está normalmente presente no ar como vapor de água. A evaporação proveniente dos usuários e equipamentos pode elevar a umidade do ar de uma edificação. Esse vapor de água passa para o estado líquido (condensa) quando o ar no qual ele está presente se torna completamente saturado com o nível de vapor que pode suportar e atinge a sua temperatura de ponto de orvalho. O ar quente é capaz de conter mais vapor de água e tem um ponto de orvalho mais alto que o ar mais frio.

Uma vez que é um gás, o vapor de água sempre se move das áreas de pressão mais alta para as de pressão mais baixa. Isso significa que ele tende a se difundir dos níveis de umidade mais altos no interior de uma edificação em direção aos níveis de umidade mais baixos externos. Esse fluxo é invertido quando existem condições externas quentes e úmidas e os espaços internos de uma edificação estão frios. A maior parte dos materiais de construção oferece pequena resistência a esta transferência de vapor de água. Se o vapor de água entrar em contato com uma superfície fria cuja temperatura coincide com o ponto de condensação do ar, ele se condensará.

A condensação pode diminuir a eficiência do isolamento térmico, ser absorvida pelos materiais de uma edificação e deteriorar os acabamentos. Portanto, o vapor de água deve ser:
- Impedido de penetrar nos espaços fechados externamente por barreiras de vapor
- Ou retirado, por meio da ventilação, antes que se condense na forma líquida.

- A condensação superficial em janelas pode ser controlada aumentando-se a temperatura da superfície com o insuflamento de ar quente ou com o uso de vidros duplos ou triplos.

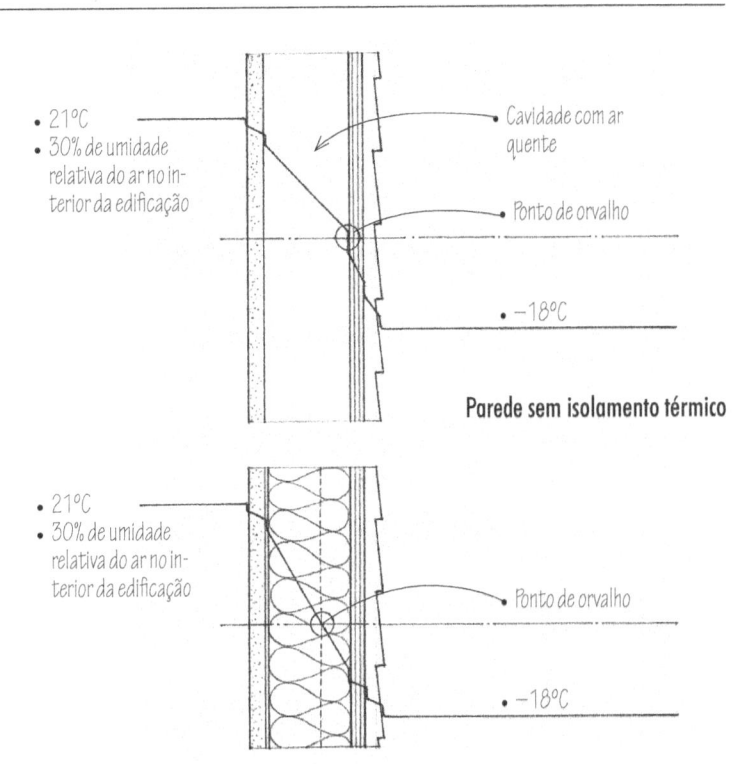

- 21°C
- 30% de umidade relativa do ar no interior da edificação

- Cavidade com ar quente
- Ponto de orvalho
- −18°C

Parede sem isolamento térmico

- 21°C
- 30% de umidade relativa do ar no interior da edificação

- Ponto de orvalho
- −18°C

Permeabilidade de alguns materiais de construção

Material	Permeabilidade (perm)
Tijolo, 10 cm	0,800
Concreto, 2,5 cm	3,200
Bloco de concreto, 20 cm	2,400
Chapa de gesso, 3/8 in (1 cm)	50,000
Reboco, 2 cm	15,000
Compensado, 1/4 in (0,6 cm), cola externa	0,700
Membrana de impermeabilização	0,000
Manta de alumínio, 25,4 mícrons	0,000
Polietileno, 101,6 mícrons	0,080
Polietileno, 152,4 mícrons	0,060
Papel com revestimento asfáltico e folha de metal	0,002
Papel saturado com asfalto e revestido	0,200
Papel Kraft revestido com folha de metal	0,500
Isolamento de manta, revestido	0,400
Vidro celular	0,000
Poliestireno moldado	2,000
Poliestireno extrudado	1,200
Pintura, duas demãos, externa	0,900

Parede com isolamento térmico

- Uma barreira de vapor é necessária para evitar a condensação do vapor de água dentro da camada de isolamento. Uma barreira de vapor se torna mais importante à medida que o nível de isolamento térmico aumenta.

- Perm é uma unidade de transmissão de vapor de água, expressa em grãos de vapor por pé quadrado por hora por polegada de diferença de pressão de mercúrio.

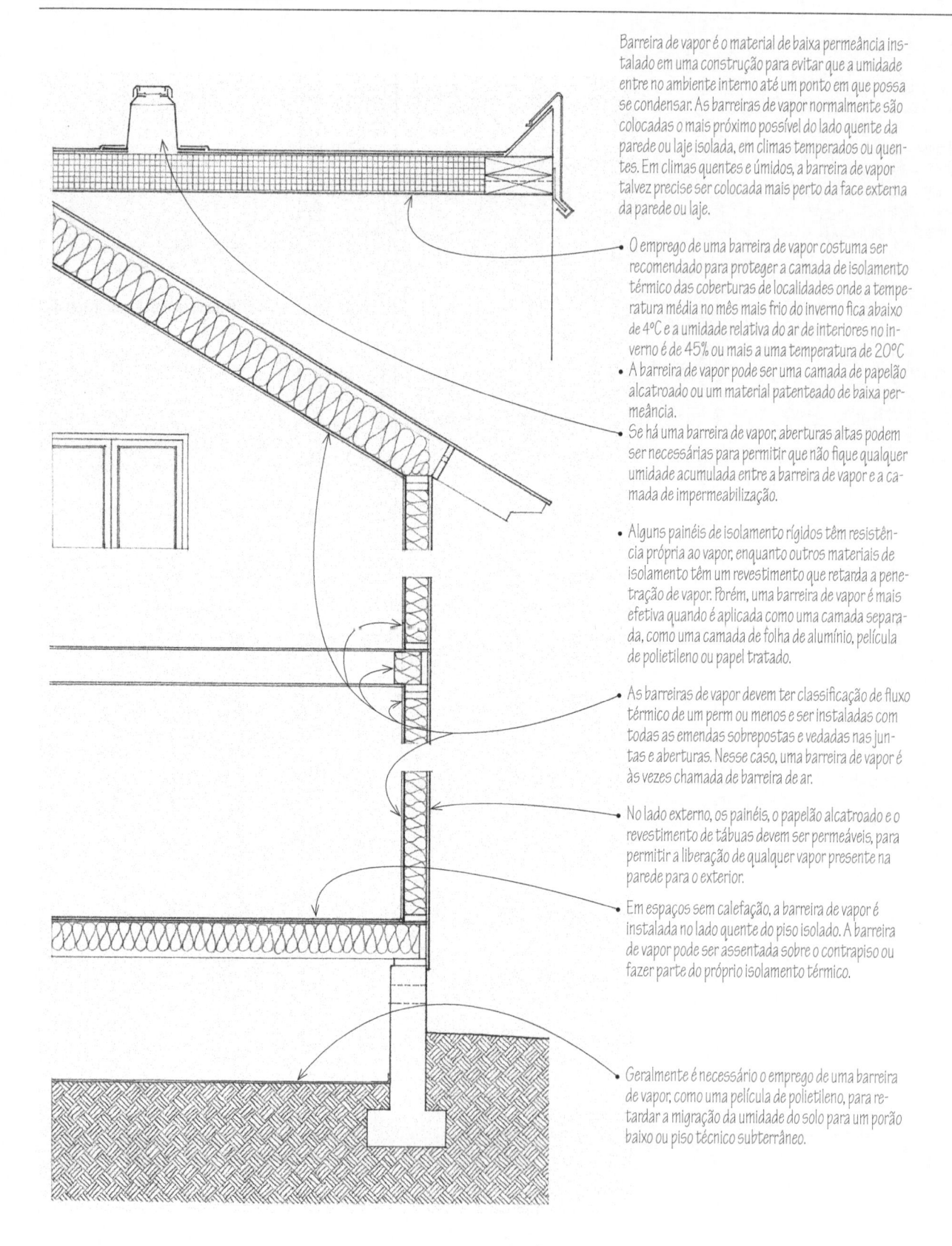

7.46 BARREIRAS DE VAPOR

Barreira de vapor é o material de baixa permeância instalado em uma construção para evitar que a umidade entre no ambiente interno até um ponto em que possa se condensar. As barreiras de vapor normalmente são colocadas o mais próximo possível do lado quente da parede ou laje isolada, em climas temperados ou quentes. Em climas quentes e úmidos, a barreira de vapor talvez precise ser colocada mais perto da face externa da parede ou laje.

- O emprego de uma barreira de vapor costuma ser recomendado para proteger a camada de isolamento térmico das coberturas de localidades onde a temperatura média no mês mais frio do inverno fica abaixo de 4°C e a umidade relativa do ar de interiores no inverno é de 45% ou mais a uma temperatura de 20°C.
- A barreira de vapor pode ser uma camada de papelão alcatroado ou um material patenteado de baixa permeância.
- Se há uma barreira de vapor, aberturas altas podem ser necessárias para permitir que não fique qualquer umidade acumulada entre a barreira de vapor e a camada de impermeabilização.
- Alguns painéis de isolamento rígidos têm resistência própria ao vapor, enquanto outros materiais de isolamento têm um revestimento que retarda a penetração de vapor. Porém, uma barreira de vapor é mais efetiva quando é aplicada como uma camada separada, como uma camada de folha de alumínio, película de polietileno ou papel tratado.
- As barreiras de vapor devem ter classificação de fluxo térmico de um perm ou menos e ser instaladas com todas as emendas sobrepostas e vedadas nas juntas e aberturas. Nesse caso, uma barreira de vapor é às vezes chamada de barreira de ar.
- No lado externo, os painéis, o papelão alcatroado e o revestimento de tábuas devem ser permeáveis, para permitir a liberação de qualquer vapor presente na parede para o exterior.
- Em espaços sem calefação, a barreira de vapor é instalada no lado quente do piso isolado. A barreira de vapor pode ser assentada sobre o contrapiso ou fazer parte do próprio isolamento térmico.
- Geralmente é necessário o emprego de uma barreira de vapor, como uma película de polietileno, para retardar a migração da umidade do solo para um porão baixo ou piso técnico subterrâneo.

CSI MasterFormat 07 26 00 Vapor Retarders

A VENTILAÇÃO   7.47

Ventilação central
- Barreiras de vapor instaladas de maneira contínua podem resultar em edificações estanques ao ar, tornando necessário um sistema de ventilação mecânico com um trocador de calor ar-ar, para remoção de umidade, odores e poluentes dos interiores.
- Ventiladores centrais são exaustores mecânicos (com motor) empregados para remover o ar viciado das áreas ocupadas de uma edificação e exauri-lo através de saídas de ar nos sótãos ou coberturas.

- Ventiladores mecânicos ou coifas de ventilação passiva podem ajudar na ventilação natural de um sótão.

Ventilação com recuperação de energia
- Os sistemas de ventilação que recuperam energia são compostos de ventiladores centrais que oferecem uma forma controlada de ventilar um prédio e, ao mesmo tempo, minimizar as perdas energéticas, por meio do uso de ventiladores com recuperação de calor ou energia.

- Os ventiladores com recuperação de calor usam um núcleo de trocas térmicas para, no inverno, transferir o calor do fluxo da exaustão ao fluxo de entrada de ar fresco e pré-filtrado, e, durante o verão, fazer o oposto: resfriar o ar fresco e pré-filtrado que entra com aquele da exaustão.

- Os ventiladores com recuperação de energia têm um trocador de calor que transfere tanto energia térmica como umidade (caso essa seja desejável) no verão resfriando o fluxo de ar fresco que entra no interior e, no inverno, aquecendo o ar frio que entra.

A ventilação de coberturas e sótãos
- A ventilação de coberturas e sótãos é feita por respiros nos beirais e, em telhados em vertente, por respiros próximos à cumeeira. A área líquida total livre de ventilação deve ser pelo menos 1/300 da área do espaço ventilado, com 50% da área necessária na cumeeira ou no topo dos oitões. As aberturas devem ser protegidas contra a entrada de chuva, neve e insetos.
- Os respiros em beirais ou sofitos podem consistir de uma faixa de telas ou gradeados metálicos instalada no forro do beiral, ou ser formada por uma série de aberturas circulares uniformemente distribuídas nas tábuas de um friso.

- A ventilação da cumeeira pode ser feita com o uso de um respiro contínuo ou venezianas no topo das empenas de porões sem calefação.

Ventilação de porões baixos ou pisos técnicos
- Porões baixos ou pisos técnicos sem calefação. As aberturas devem ter área líquida de pelo menos 0,14 m² para cada 7,6 m de parede. Deve haver no mínimo uma abertura em cada lado do cômodo, a qual deve estar o mais alto possível e perto de uma quina, para promover a ventilação cruzada. As aberturas devem ser protegidas contra insetos e roedores usando-se uma tela de arame.

- Barreira de vapor de polietileno

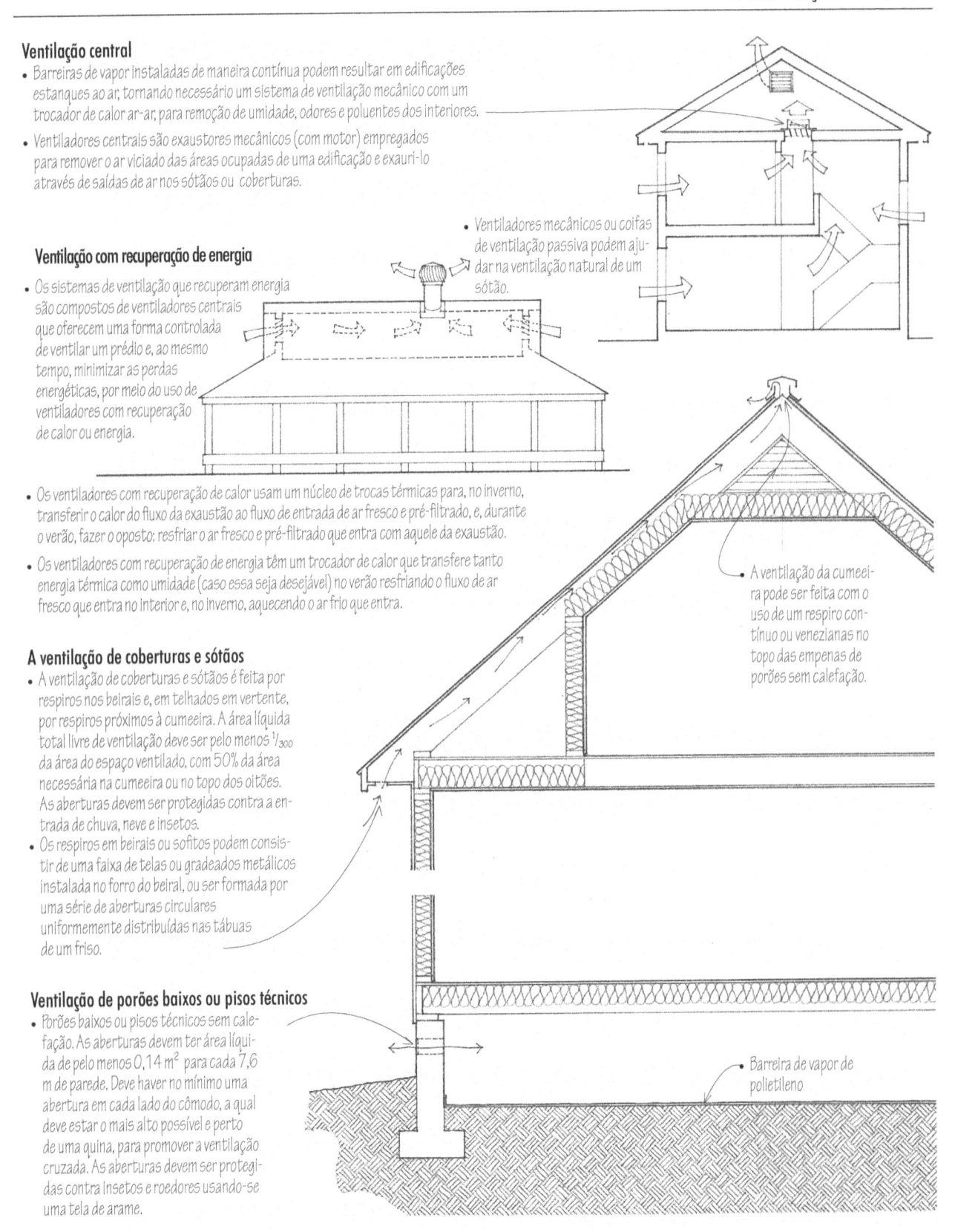

CSI MasterFormat 07 71 00 Roof Specialties
CSI MasterFormat 08 90 00 Louvers and Vents

7.48 CONTROLE EM PAREDES DE ALVENARIA DE CONCRETO

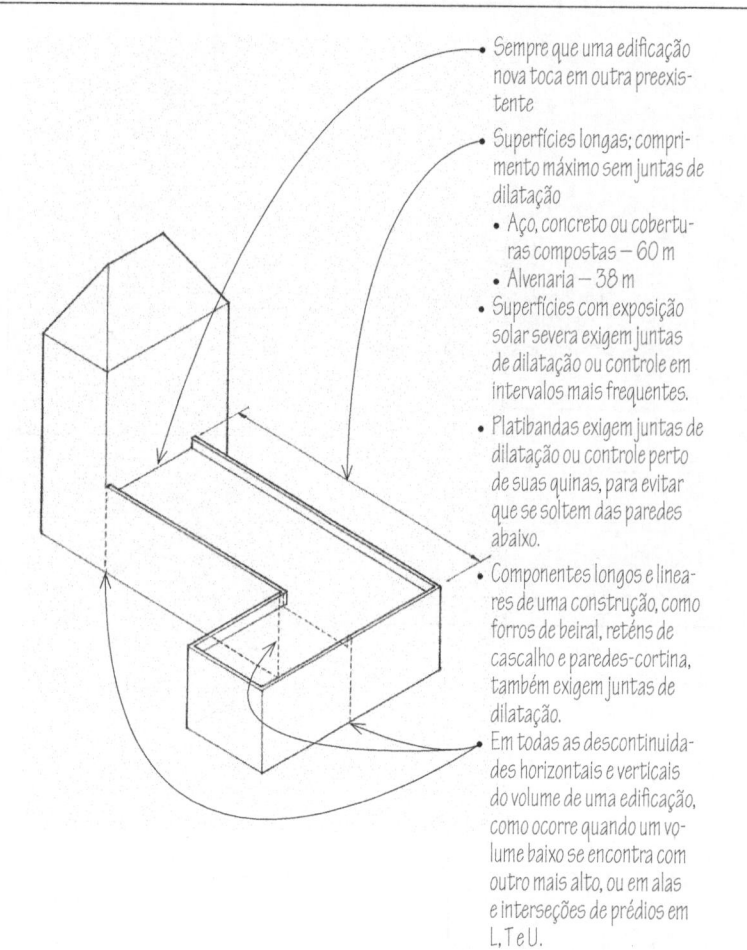

- Sempre que uma edificação nova toca em outra preexistente
- Superfícies longas; comprimento máximo sem juntas de dilatação
  - Aço, concreto ou coberturas compostas – 60 m
  - Alvenaria – 38 m
- Superfícies com exposição solar severa exigem juntas de dilatação ou controle em intervalos mais frequentes.
- Platibandas exigem juntas de dilatação ou controle perto de suas quinas, para evitar que se soltem das paredes abaixo.
- Componentes longos e lineares de uma construção, como forros de beiral, retéis de cascalho e paredes-cortina, também exigem juntas de dilatação.
- Em todas as descontinuidades horizontais e verticais do volume de uma edificação, como ocorre quando um volume baixo se encontra com outro mais alto, ou em alas e interseções de prédios em L, T e U.

Localização de juntas de movimento

Coeficientes de dilatação linear

Por unidade de comprimento e pela variação de um grau na temperatura (F°)*

	$\times 10^{-7}$		$\times 10^{-7}$		$\times 10^{-7}$
Alumínio	128	Paralela à fibra da madeira:		Alvenaria de tijolo	34
Latão	104	Abeto	21	Alvenaria de blocos de concreto	52
Bronze	101	Bordo	36	Concreto	55
Cobre	93	Carvalho	27	Granito	47
Ferro fundido	59	Pinus	36	Calcário	44
Ferro forjado	67	Perpendicular à fibra:		Mármore	73
Chumbo	159	Abeto	320	Reboco	76
Níquel	70	Bordo	270	Alvenaria de pedregulho argamassada	35
Aço-carbono	65	Carvalho	300	Ardósia	44
Aço inoxidável	99	Pinus	190	Vidro	50

*Um grau Fahrenheit é igual a aproximadamente 0,6 grau Celsius ou centígrado. Para converter graus Fahrenheit em graus Celsius ou centígrados, primeiro subtraia 32 dos graus Fahrenheit e depois multiplique por 5/9

Todos os materiais de construção se dilatam e se contraem em reação a mudanças normais na temperatura. Alguns também incham e retraem devido a mudanças de conteúdo de umidade, e outros defletem sob carregamento. Juntas de movimento devem ser construídas para permitir este movimento de origem térmica e evitar deformações, fissuras ou trincas nos materiais da edificação. As juntas de movimento devem fornecer uma completa separação de materiais e permitir o livre movimento, e, ao mesmo tempo, manter a estanqueidade da estrutura às intempéries.

Tipos de junta de movimento

- Juntas de dilatação são aberturas contínuas e desobstruídas criadas propositalmente entre duas partes de uma edificação ou estrutura, para permitir que as dilatações térmicas possam ocorrer sem danificar qualquer uma das partes. As juntas de dilatação muitas vezes também tem a função de junta de controle e isolamento. Veja a p. 5.22 para juntas de controle em paredes de alvenaria de tijolo, a p. 7.29 para juntas de dilatação em paredes de alvenaria de revestimento e a p. 10.04 para juntas de dilatação em paredes de painéis de gesso.
- Juntas de controle são sulcos contínuos ou separações feitas em lajes de piso de concreto e paredes de alvenaria de concreto de modo a configurar um plano de fragilidade e, portanto, regular a localização e a quantidade de fissuras resultantes das retrações de cura, de esforços térmicos ou movimentos estruturais. Veja a p. 3.19 para juntas de controle em lajes de piso de concreto e a p. 5.22 para controle em paredes de alvenaria de concreto.
- As juntas de isolamento dividem uma edificação geometricamente complexa em partes, de modo a permitir o movimento estrutural ou recalque diferencial entre elas. Em escala menor, uma junta de isolamento também pode proteger um elemento não estrutural da deflexão ou da movimentação de um elemento estrutural contíguo.

A largura de uma junta de dilatação depende dos materiais da edificação e da diferença de temperatura envolvida. Ela pode ter entre 6 e 25 mm ou mais, e deve ser calculada para cada situação específica.

- O coeficiente de dilatação superficial é aproximadamente duas vezes o coeficiente de dilatação linear.
- O coeficiente de dilatação volumétrica é aproximadamente três vezes o coeficiente de dilatação linear.

JUNTAS DE MOVIMENTO 7.49

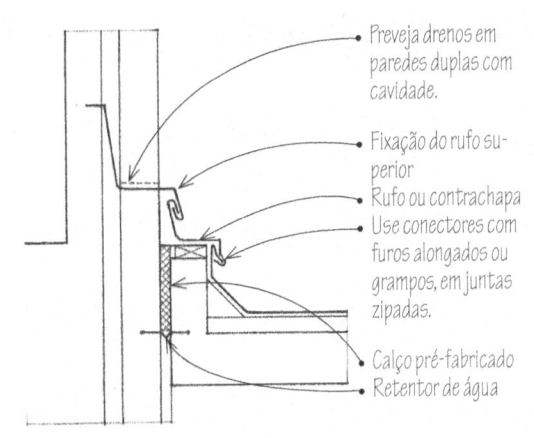

Preveja drenos em paredes duplas com cavidade.
Fixação do rufo superior
Rufo ou contrachapa
Use conectores com furos alongados ou grampos, em juntas zipadas.
Calço pré-fabricado
Retentor de água

Junção de cobertura com parede

Tábuas de madeira tratada
Borracha flexível de neoprene, com mata-junta de metal
Rufo inferior
20,5 cm, no mínimo
Isolamento compressível

Impermeabilização elastomérica
Tubo de esponja e mata-junta

Cobertura plana

Estes detalhes de juntas de dilatação, embora sejam genéricos, podem ser divididos em dois tipos:

- Uma junta que faz uma interrupção completa em uma edificação, a qual é geralmente preenchida com um material compressível.
- Um mata-junta que pode ser na forma de uma vedação elástica, um retentor de água flexível inserido na construção, ou uma membrana flexível em juntas de coberturas planas.

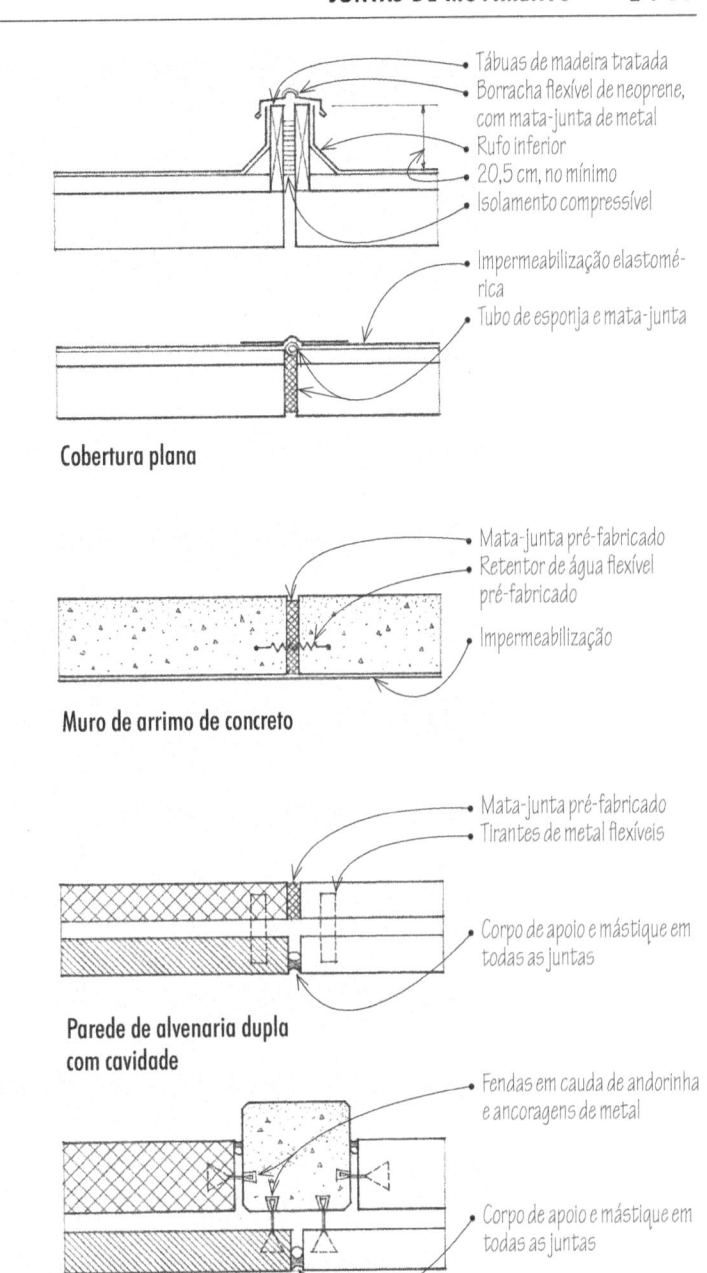

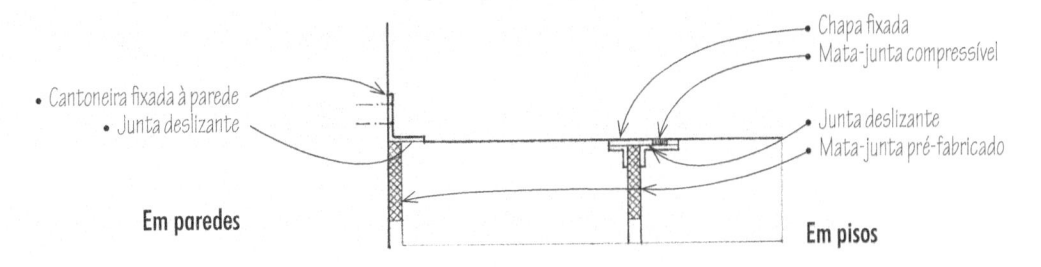

Mata-junta pré-fabricado
Retentor de água flexível pré-fabricado
Impermeabilização

Muro de arrimo de concreto

Mata-junta pré-fabricado
Tirantes de metal flexíveis

Corpo de apoio e mástique em todas as juntas

Parede de alvenaria dupla com cavidade

Fendas em cauda de andorinha e ancoragens de metal

Corpo de apoio e mástique em todas as juntas

Junção de pilar com parede

- Cantoneira fixada à parede
- Junta deslizante

Chapa fixada
Mata-junta compressível

Junta deslizante
Mata-junta pré-fabricado

Em paredes   **Em pisos**

Fechamento de juntas de dilatação

7.50 VEDAÇÕES PARA JUNTAS

- Junta comprimida
- Vedação recém instalada
- Vedação tracionada

Para criar estanqueidade efetiva contra a passagem de água e ar, uma vedação de junta deve ser durável, resiliente e ter tanto resistência coesiva como adesiva. As vedações podem ser classificadas de acordo com a distensão e compressão que podem suportar antes da ruptura.

Movimento de juntas

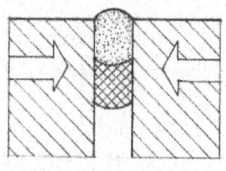

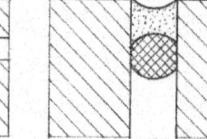

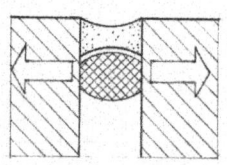

- As juntas devem ser bem trabalhadas, para garantir o contato total entre o adesivo e o substrato.
- Profundidade da vedação
- Profundidade da vedação com contato total
- Profundidade da vedação
- 5 mm, no mínimo, para juntas de 5 mm
- Igual à largura da junta, para juntas de até 15 mm
- Metade da largura da junta, para juntas de 15 mm ou mais, mas não mais do que 50 mm
- Largura da junta = largura da vedação
- De 5 a 25 mm, ou mais
- A largura depende do espaçamento entre juntas, da variação de temperatura esperada, dos movimentos previstos devido ao vento ou a recalques estruturais, e da capacidade da vedação de suportar movimentos.

Vedações de eficácia baixa
- Capacidade de movimentação de ± 5%
- Compostos à base de óleo ou acrílico
- Muitas vezes chamadas de calafetagem e usadas para pequenas juntas, onde apenas pouca movimentação é prevista.

Vedações de eficácia média
- Capacidade de movimentação de ± 5% a ± 10%
- Compostos de borracha butílica, acrílico ou neoprene
- Usadas para juntas mecanicamente fixadas, que não trabalham

Vedações de eficácia alta
- Capacidade de movimentação de ± 12% a ± 25%
- Polimercaptanos, polissulfetos, poliuretanos e silicones
- Usadas para juntas sujeitas a movimentações significativas, como aquelas em paredes-cortina

- O substrato deve estar limpo, seco e ser compatível com o material de vedação.
- Um *primer* pode ser necessário para melhorar a adesão de uma vedação ao substrato.
- O mata-junta controla a profundidade do contato da vedação com as duas laterais das juntas. Ele deve ser compressível e compatível com a vedação, porém não aderente. Ele pode ter a forma de uma barra ou tubo de espuma de polietileno, espuma de poliuretano, neoprene ou borracha butílica.

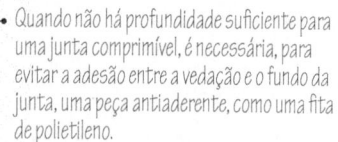

- Quando não há profundidade suficiente para uma junta comprimível, é necessária, para evitar a adesão entre a vedação e o fundo da junta, uma peça antiaderente, como uma fita de polietileno.
- A maioria das vedações são líquidos viscosos que curam após a aplicação com uma pistola manual ou elétrica. Essas vedações são chamadas de vedações aplicadas com pistola. Porém, algumas juntas sobrepostas são difíceis de fechar com vedações desse tipo. Estas juntas podem exigir uma vedação maciça pré-formada (polibuteno ou poli-isobutileno) em barra, que é instalada sob compressão.

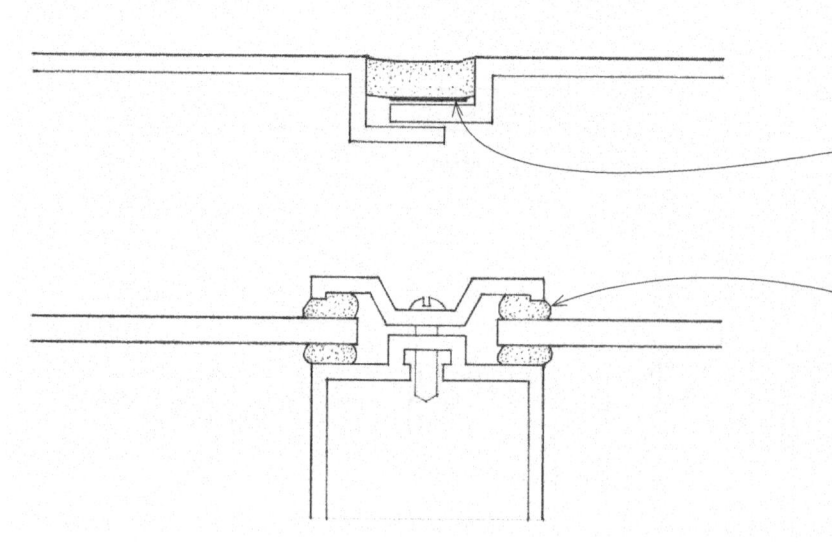

CSI MasterFormat 07 92 00 Joint Sealants

8
PORTAS E JANELAS

- 8.2 Portas e janelas
- 8.3 Portas e esquadrias
- 8.4 Tipos de portas por modo de operação
- 8.5 Portas de metal ocas
- 8.6 Batentes de metal ocos
- 8.8 Portas de madeira lisas
- 8.9 Portas de madeira almofadadas e similares
- 8.10 Batentes de portas de madeira
- 8.11 Portas de vidro corrediças
- 8.12 Portas sanfonadas e portas corrediças embutidas
- 8.13 Portas basculantes e de enrolar
- 8.14 Portas de entrada de vidro
- 8.15 Sistemas de vitrine
- 8.16 Portas giratórias
- 8.17 Ferragens para portas
- 8.18 Dobradiças de porta
- 8.19 Fechaduras de portas
- 8.20 Barras antipânico e portas de fechamento automático
- 8.21 Faixas de vedação e soleiras
- 8.22 Componentes de janelas
- 8.23 A operação de janelas
- 8.24 Janelas de metal
- 8.26 Janelas de madeira
- 8.28 Sistemas de envidraçamento
- 8.30 O vidro isolante
- 8.31 Peles de vidro
- 8.35 Fachadas de pele
- 8.36 Claraboias
- 8.37 Detalhes de claraboias
- 8.38 Jardins de inverno

8.2 PORTAS E JANELAS

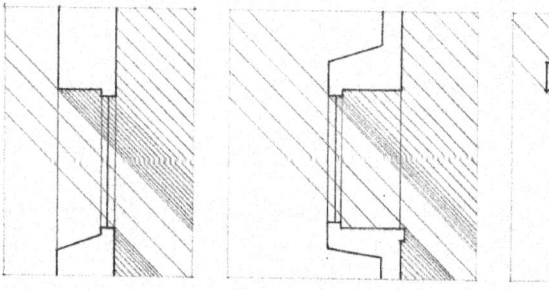

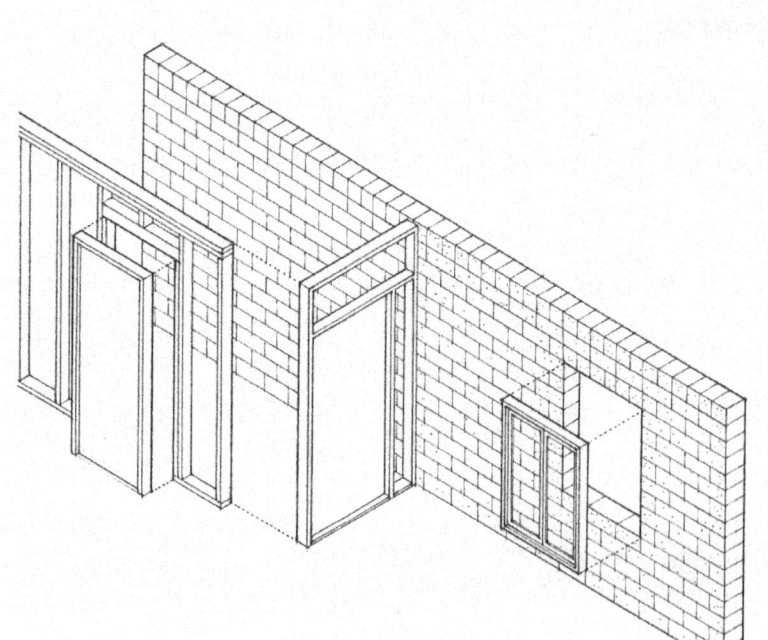

As portas possibilitam o acesso do exterior ao interior de uma edificação, bem como a passagem entre os espaços internos. Assim, as entradas devem ser largas o suficiente para que as pessoas possam se mover através delas facilmente, e devem permitir a movimentação de mobiliário e equipamentos. Elas devem estar distribuídas de tal forma que os padrões de movimento criados entre os espaços e dentro deles sejam apropriados aos usos e às atividades de cada compartimento.

As portas externas devem assegurar vedação contra as intempéries quando fechadas e ter aproximadamente o mesmo isolamento térmico das paredes externas da edificação. As portas internas devem proporcionar o nível desejado de privacidade visual e acústica. Todas as portas devem ser avaliadas quanto à facilidade de operação, durabilidade para a frequência de uso prevista, segurança, iluminação, ventilação e vista que oferecerão. Além disso, pode haver exigências impostas pelo código de edificações quanto a resistência ao fogo, saídas de incêndio e vidros de segurança que deverão ser respeitadas.

Existem muitos tipos e tamanhos de janelas, e a sua escolha afeta não apenas a aparência física de uma edificação, mas também a iluminação natural, ventilação, aproveitamento das vistas e qualidade espacial dos espaços internos. Assim como as portas de entrada, as janelas também devem assegurar vedação contra as intempéries quando fechadas. As esquadrias de janela devem ter baixa condutividade térmica ou ser construídas de maneira a interromper fluxos térmicos. As vidraças de janelas devem retardar a transmissão de calor e controlar a radiação solar e o ofuscamento.

Uma vez que os componentes de portas e janelas são normalmente de fabricação industrial, eles podem ter tamanhos padronizados e exigências correspondentes de tamanho para os vários tipos de porta e janela. O tamanho e localização de portas e janelas devem ser cuidadosamente planejados de modo que aberturas com vergas de tamanho apropriado possam ser feitas nas paredes da edificação.

Do ponto de vista dos exteriores, portas e janelas são elementos importantes na composição das fachadas de uma edificação. A maneira como elas perfuram as superfícies das paredes afeta a volumetria, o peso visual, a escala e a articulação da forma da edificação.

PORTAS E ESQUADRIAS 8.3

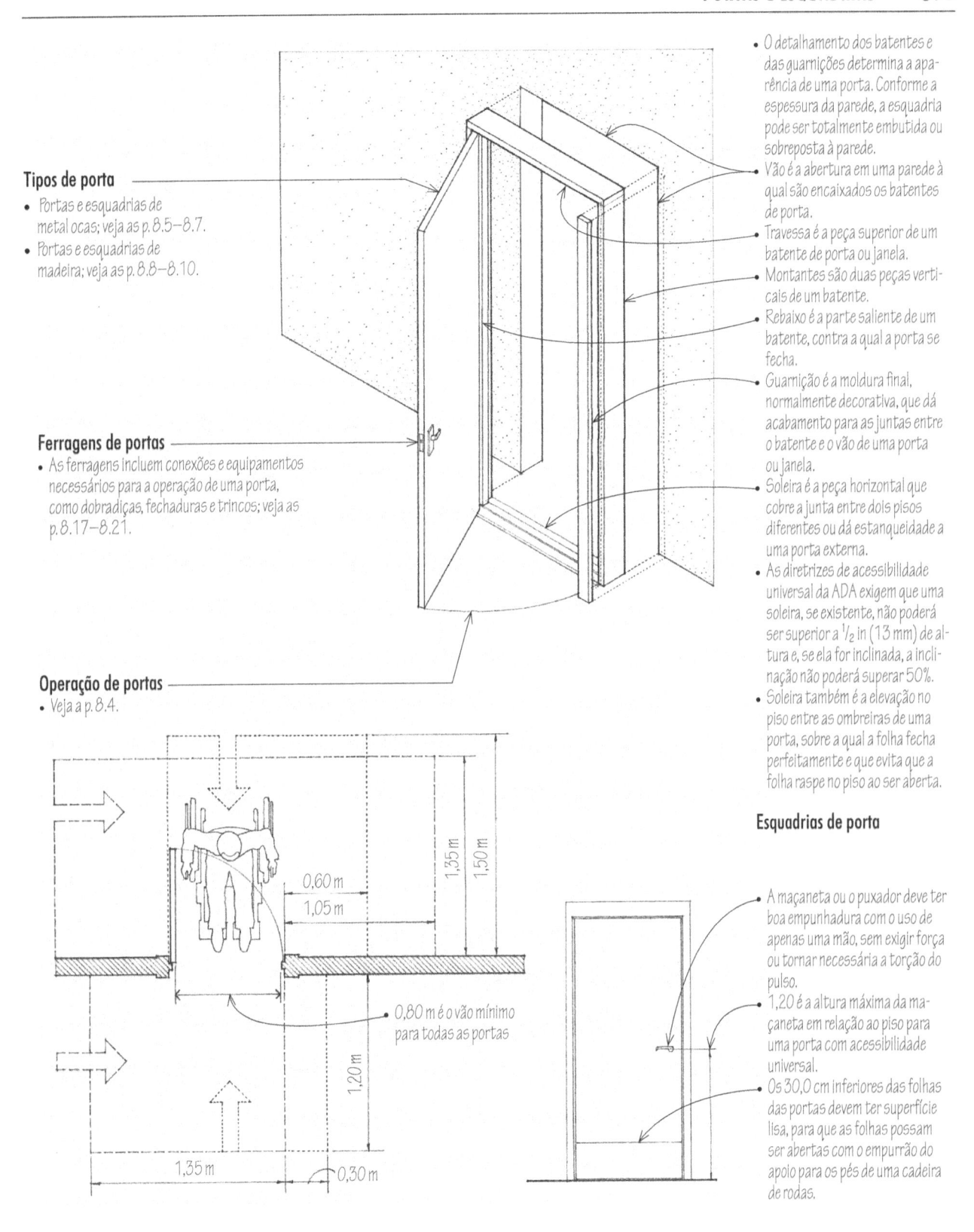

Tipos de porta
- Portas e esquadrias de metal ocas; veja as p. 8.5–8.7.
- Portas e esquadrias de madeira; veja as p. 8.8–8.10.

Ferragens de portas
- As ferragens incluem conexões e equipamentos necessários para a operação de uma porta, como dobradiças, fechaduras e trincos; veja as p. 8.17–8.21.

Operação de portas
- Veja a p. 8.4.

- O detalhamento dos batentes e das guarnições determina a aparência de uma porta. Conforme a espessura da parede, a esquadria pode ser totalmente embutida ou sobreposta à parede.
- Vão é a abertura em uma parede à qual são encaixados os batentes de porta.
- Travessa é a peça superior de um batente de porta ou janela.
- Montantes são duas peças verticais de um batente.
- Rebaixo é a parte saliente de um batente, contra a qual a porta se fecha.
- Guarnição é a moldura final, normalmente decorativa, que dá acabamento para as juntas entre o batente e o vão de uma porta ou janela.
- Soleira é a peça horizontal que cobre a junta entre dois pisos diferentes ou dá estanqueidade a uma porta externa.
- As diretrizes de acessibilidade universal da ADA exigem que uma soleira, se existente, não poderá ser superior a $1/2$ in (13 mm) de altura e, se ela for inclinada, a inclinação não poderá superar 50%.
- Soleira também é a elevação no piso entre as ombreiras de uma porta, sobre a qual a folha fecha perfeitamente e que evita que a folha raspe no piso ao ser aberta.

Esquadrias de porta

- A maçaneta ou o puxador deve ter boa empunhadura com o uso de apenas uma mão, sem exigir força ou tornar necessária a torção do pulso.
- 1,20 é a altura máxima da maçaneta em relação ao piso para uma porta com acessibilidade universal.
- Os 30,0 cm inferiores das folhas das portas devem ter superfície lisa, para que as folhas possam ser abertas com o empurrão do apoio para os pés de uma cadeira de rodas.

Espaços livres para manobras junto a portas

Diretrizes de acessibilidade universal da ADA para portas

8.4 TIPOS DE PORTAS POR MODO DE OPERAÇÃO

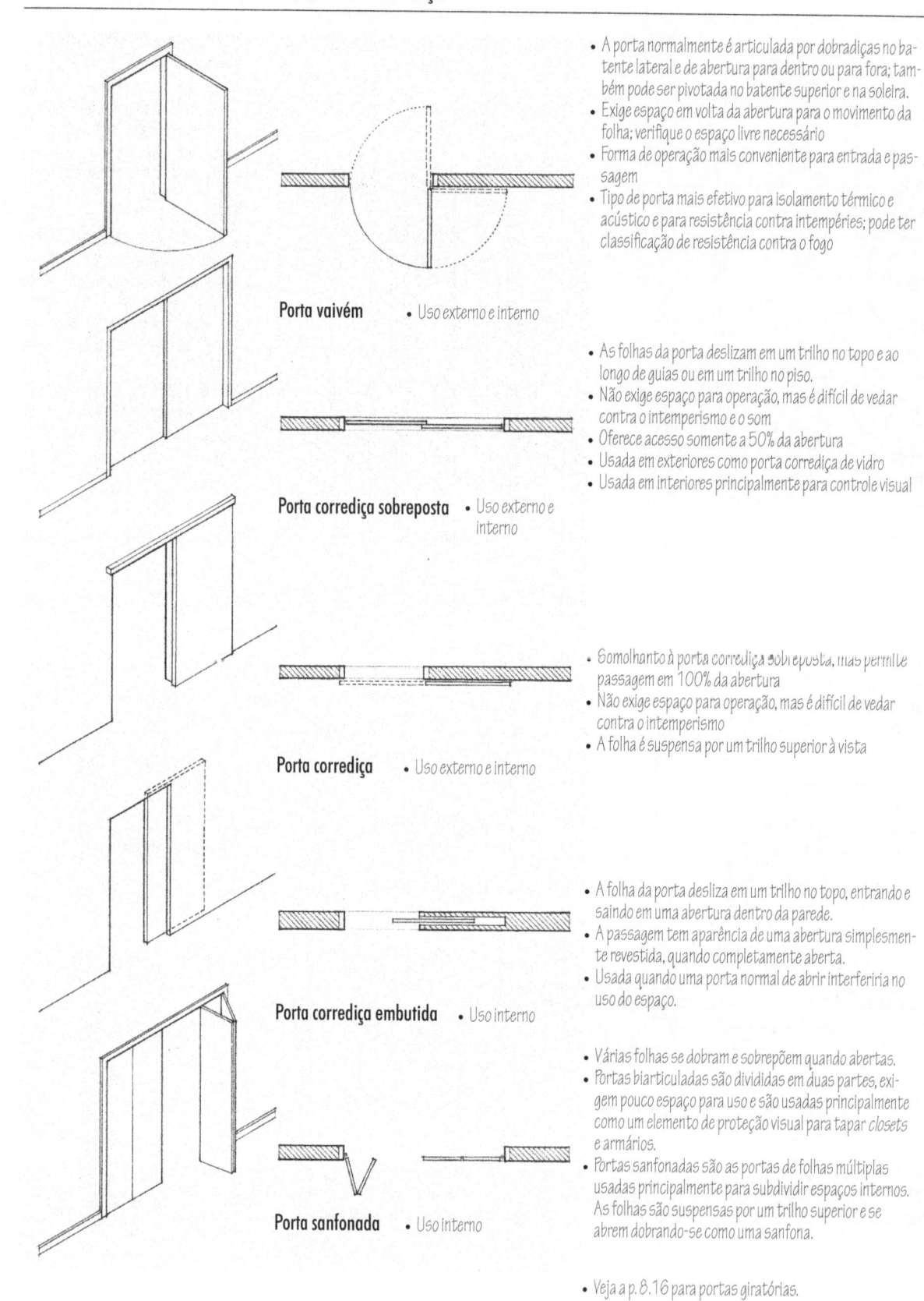

- A porta normalmente é articulada por dobradiças no batente lateral e de abertura para dentro ou para fora; também pode ser pivotada no batente superior e na soleira.
- Exige espaço em volta da abertura para o movimento da folha; verifique o espaço livre necessário
- Forma de operação mais conveniente para entrada e passagem
- Tipo de porta mais efetivo para isolamento térmico e acústico e para resistência contra intempéries; pode ter classificação de resistência contra o fogo

Porta vaivém • Uso externo e interno

- As folhas da porta deslizam em um trilho no topo e ao longo de guias ou em um trilho no piso.
- Não exige espaço para operação, mas é difícil de vedar contra o intemperismo e o som
- Oferece acesso somente a 50% da abertura
- Usada em exteriores como porta corrediça de vidro
- Usada em interiores principalmente para controle visual

Porta corrediça sobreposta • Uso externo e interno

- Semelhante à porta corrediça sobreposta, mas permite passagem em 100% da abertura
- Não exige espaço para operação, mas é difícil de vedar contra o intemperismo
- A folha é suspensa por um trilho superior à vista

Porta corrediça • Uso externo e interno

- A folha da porta desliza em um trilho no topo, entrando e saindo em uma abertura dentro da parede.
- A passagem tem aparência de uma abertura simplesmente revestida, quando completamente aberta.
- Usada quando uma porta normal de abrir interferiria no uso do espaço.

Porta corrediça embutida • Uso interno

- Várias folhas se dobram e sobrepõem quando abertas.
- Portas biarticuladas são divididas em duas partes, exigem pouco espaço para uso e são usadas principalmente como um elemento de proteção visual para tapar *closets* e armários.
- Portas sanfonadas são as portas de folhas múltiplas usadas principalmente para subdividir espaços internos. As folhas são suspensas por um trilho superior e se abrem dobrando-se como uma sanfona.

Porta sanfonada • Uso interno

- Veja a p. 8.16 para portas giratórias.

PORTAS DE METAL OCAS 8.5

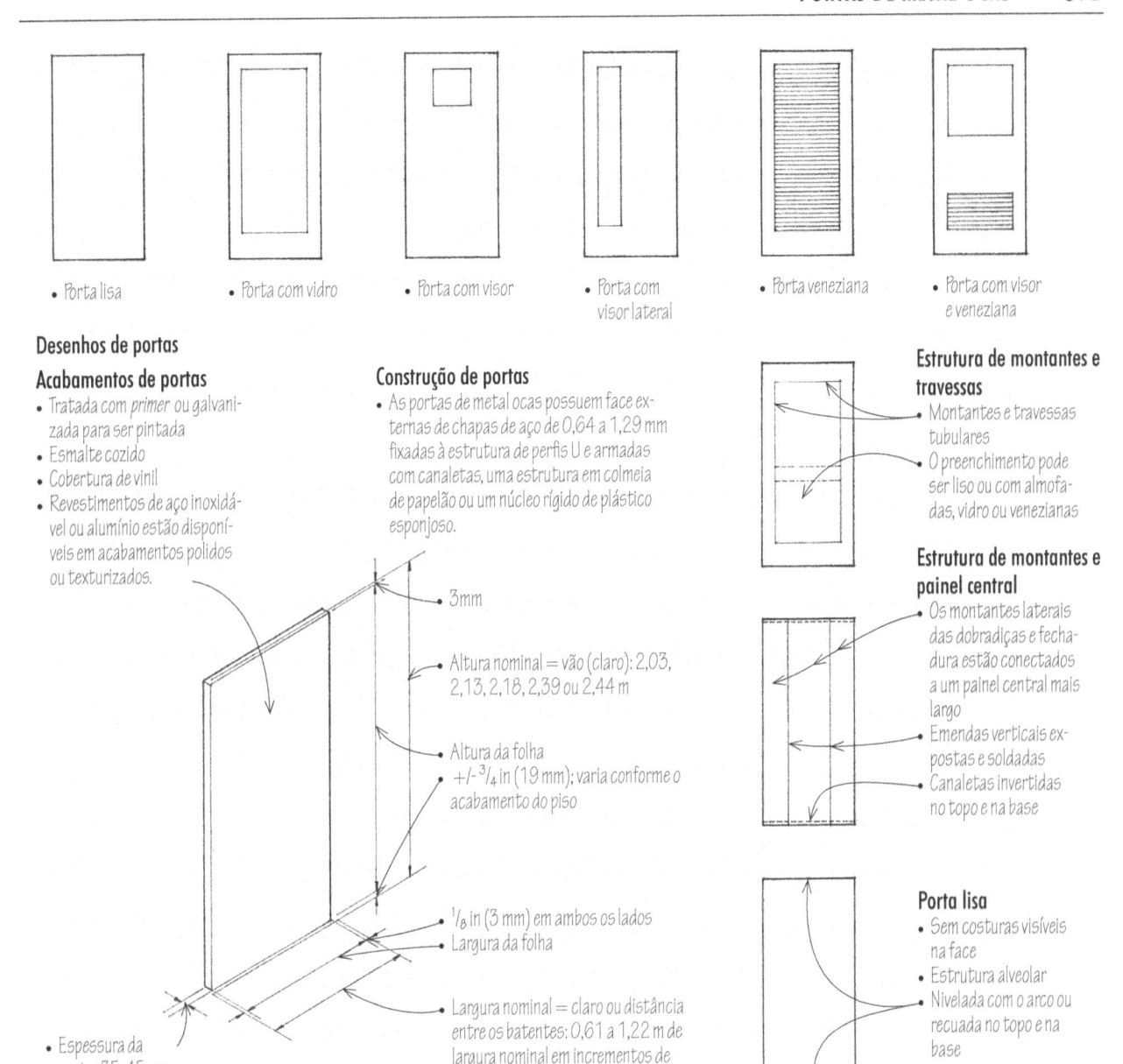

- Porta lisa
- Porta com vidro
- Porta com visor
- Porta com visor lateral
- Porta veneziana
- Porta com visor e veneziana

Desenhos de portas

Acabamentos de portas
- Tratada com *primer* ou galvanizada para ser pintada
- Esmalte cozido
- Cobertura de vinil
- Revestimentos de aço inoxidável ou alumínio estão disponíveis em acabamentos polidos ou texturizados.

Construção de portas
- As portas de metal ocas possuem face externas de chapas de aço de 0,64 a 1,29 mm fixadas à estrutura de perfis U e armadas com canaletas, uma estrutura em colmeia de papelão ou um núcleo rígido de plástico esponjoso.

- 3mm
- Altura nominal = vão (claro): 2,03, 2,13, 2,18, 2,39 ou 2,44 m
- Altura da folha +/- $^3/_4$ in (19 mm); varia conforme o acabamento do piso
- $^1/_8$ in (3 mm) em ambos os lados
- Largura da folha
- Largura nominal = claro ou distância entre os batentes: 0,61 a 1,22 m de largura nominal em incrementos de 2 in (51 mm)
- Espessura da porta: 35, 45 mm

Estrutura de montantes e travessas
- Montantes e travessas tubulares
- O preenchimento pode ser liso ou com almofadas, vidro ou venezianas

Estrutura de montantes e painel central
- Os montantes laterais das dobradiças e fechadura estão conectados a um painel central mais largo
- Emendas verticais expostas e soldadas
- Canaletas invertidas no topo e na base

Porta lisa
- Sem costuras visíveis na face
- Estrutura alveolar
- Nivelada com o arco ou recuada no topo e na base

Portas corta-fogo

Certificação UL	Classificação	Uso de vidro permitido: vidro aramado de 6 mm
A	3 horas	Proibido o uso de vidro
B	1,5 hora	0,06 m² por folha
C	45 min	0,84 m² por folha; dimensão máxima 1,37 m
D	1,5 hora	Proibido o uso de vidro
E	45 min	0,46 m² por visor; dimensão máxima 1,37 m

- Conjuntos de portas corta-fogo, compostos por folhas, batentes e ferragens resistentes ao fogo, são necessários para proteger as aberturas em paredes com classificação contra fogo. Veja a p. 2.07.
- Tamanho máximo da porta: 1,22 x 3,05 m
- O batente e as ferragens devem ter uma classificação de resistência ao fogo semelhante à da porta.
- A porta deve ter fechamento automático e estar equipada com fechadores automáticos ou barras antipânico.
- As portas do tipo B e C podem ter venezianas com ligações fusíveis; área máxima = 0,37 m²
- É proibido o uso conjunto de vidro e venezianas.

CSI MasterFormat 08 13 13 Hollow Metal Doors

8.6 BATENTES DE METAL OCOS

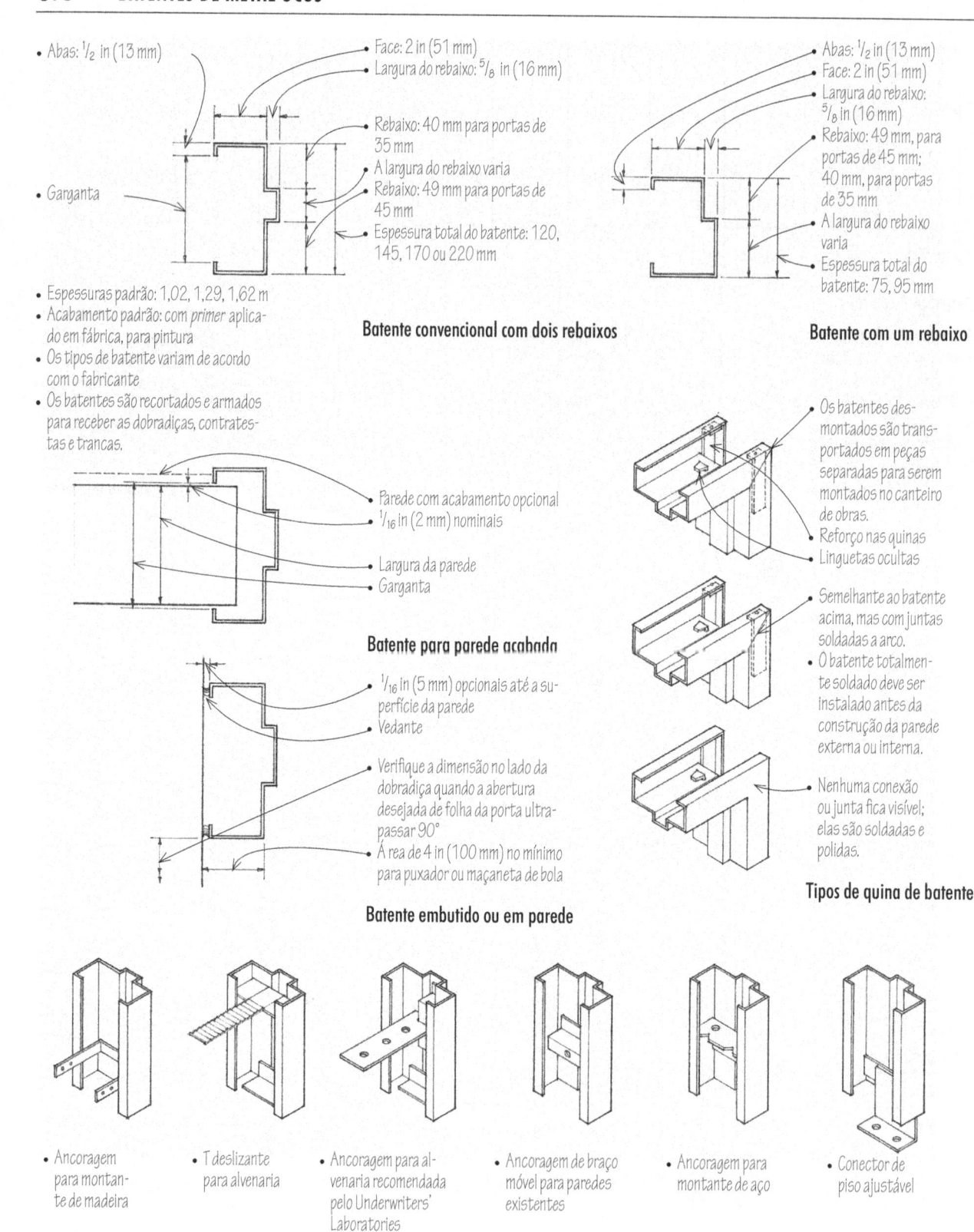

- Abas: $1/2$ in (13 mm)
- Garganta
- Espessuras padrão: 1,02, 1,29, 1,62 m
- Acabamento padrão: com *primer* aplicado em fábrica, para pintura
- Os tipos de batente variam de acordo com o fabricante
- Os batentes são recortados e armados para receber as dobradiças, contratestas e trancas.

- Face: 2 in (51 mm)
- Largura do rebaixo: $5/8$ in (16 mm)
- Rebaixo: 40 mm para portas de 35 mm
- A largura do rebaixo varia
- Rebaixo: 49 mm para portas de 45 mm
- Espessura total do batente: 120, 145, 170 ou 220 mm

Batente convencional com dois rebaixos

- Abas: $1/2$ in (13 mm)
- Face: 2 in (51 mm)
- Largura do rebaixo: $5/8$ in (16 mm)
- Rebaixo: 49 mm, para portas de 45 mm; 40 mm, para portas de 35 mm
- A largura do rebaixo varia
- Espessura total do batente: 75, 95 mm

Batente com um rebaixo

- Parede com acabamento opcional
- $1/16$ in (2 mm) nominais
- Largura da parede
- Garganta

Batente para parede acabada

- $1/16$ in (5 mm) opcionais até a superfície da parede
- Vedante
- Verifique a dimensão no lado da dobradiça quando a abertura desejada de folha da porta ultrapassar 90°
- Área de 4 in (100 mm) no mínimo para puxador ou maçaneta de bola

Batente embutido ou em parede

- Os batentes desmontados são transportados em peças separadas para serem montados no canteiro de obras.
- Reforço nas quinas
- Linguetas ocultas

- Semelhante ao batente acima, mas com juntas soldadas a arco.
- O batente totalmente soldado deve ser instalado antes da construção da parede externa ou interna.

- Nenhuma conexão ou junta fica visível; elas são soldadas e polidas.

Tipos de quina de batente

- Ancoragem para montante de madeira
- T deslizante para alvenaria
- Ancoragem para alvenaria recomendada pelo Underwriters' Laboratories
- Ancoragem de braço móvel para paredes existentes
- Ancoragem para montante de aço
- Conector de piso ajustável

Ancoragens de batentes junto ao piso

- São necessárias no mínimo três ancoragens por montante.

CSI MasterFormat 08 12 13 Hollow Metal Frames

BATENTES DE METAL OCOS 8.7

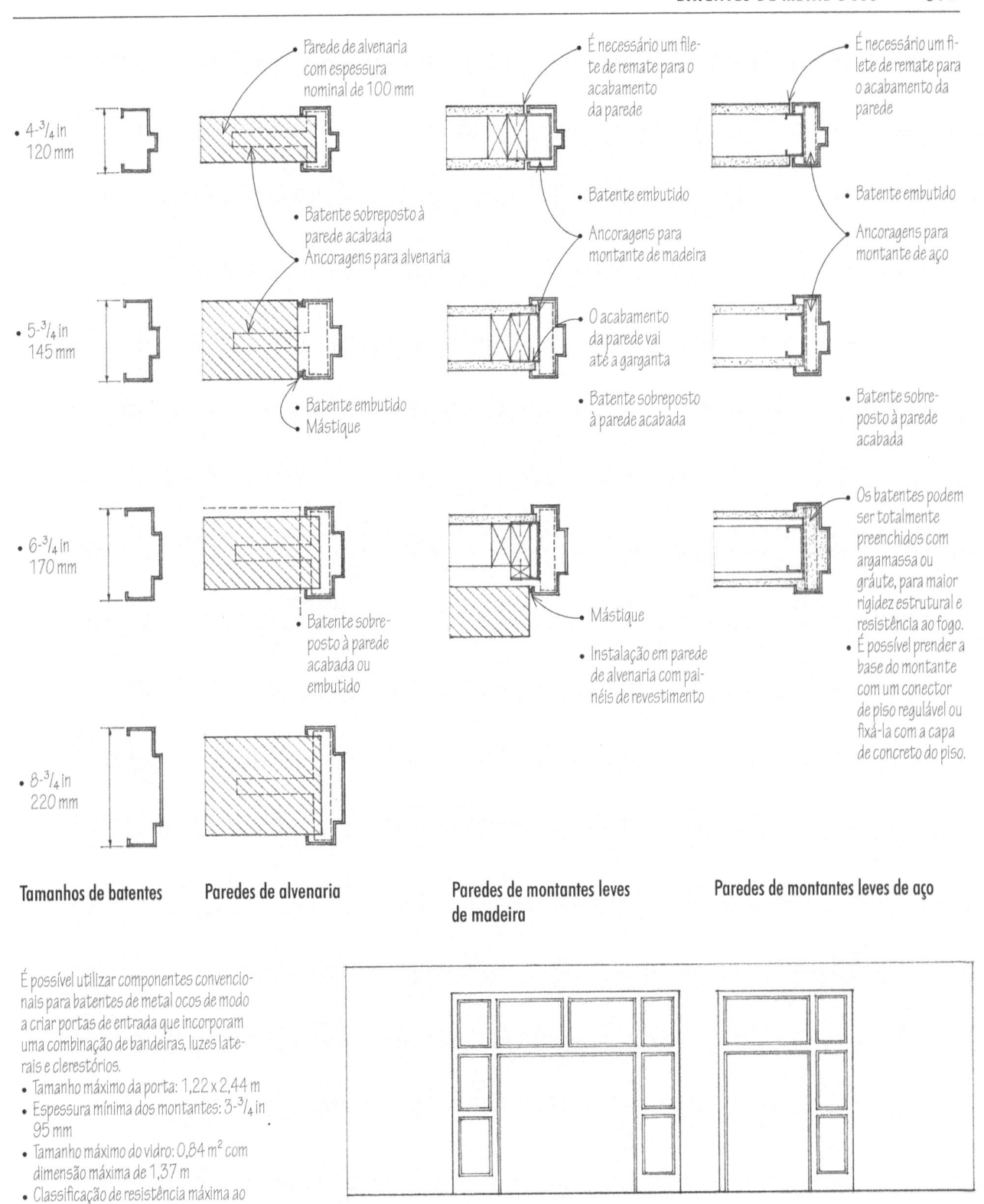

- 4-³/₄ in
  120 mm

- 5-³/₄ in
  145 mm

- 6-³/₄ in
  170 mm

- 8-³/₄ in
  220 mm

- Parede de alvenaria com espessura nominal de 100 mm
- Batente sobreposto à parede acabada
- Ancoragens para alvenaria
- Batente embutido
- Mástique
- Batente sobreposto à parede acabada ou embutido

- É necessário um filete de remate para o acabamento da parede
- Batente embutido
- Ancoragens para montante de madeira
- O acabamento da parede vai até a garganta
- Batente sobreposto à parede acabada
- Mástique
- Instalação em parede de alvenaria com painéis de revestimento

- É necessário um filete de remate para o acabamento da parede
- Batente embutido
- Ancoragens para montante de aço
- Batente sobreposto à parede acabada
- Os batentes podem ser totalmente preenchidos com argamassa ou gráute, para maior rigidez estrutural e resistência ao fogo.
- É possível prender a base do montante com um conector de piso regulável ou fixá-la com a capa de concreto do piso.

Tamanhos de batentes   **Paredes de alvenaria**   **Paredes de montantes leves de madeira**   **Paredes de montantes leves de aço**

É possível utilizar componentes convencionais para batentes de metal ocos de modo a criar portas de entrada que incorporam uma combinação de bandeiras, luzes laterais e clerestórios.
- Tamanho máximo da porta: 1,22 x 2,44 m
- Espessura mínima dos montantes: 3-³/₄ in 95 mm
- Tamanho máximo do vidro: 0,84 m² com dimensão máxima de 1,37 m
- Classificação de resistência máxima ao fogo: 45 min
- Para mais detalhes, consulte o fabricante.

Sistemas de esquadrias de metal ocas de perfil tubular

8.8 PORTAS DE MADEIRA LISAS

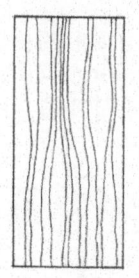

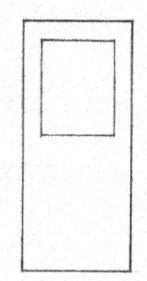

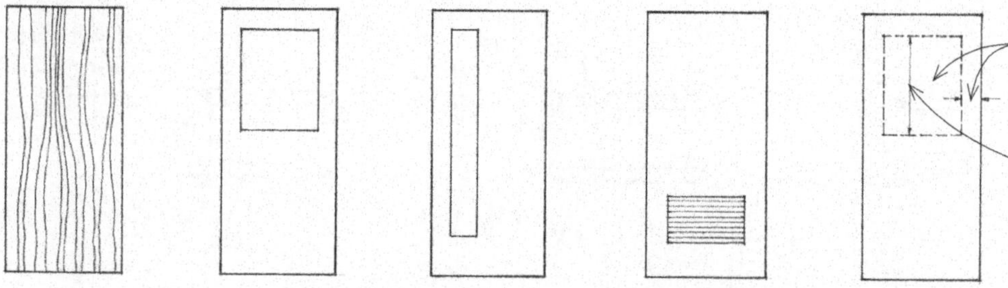

- Porta lisa
- Porta lisa com visor de vidro
- Porta lisa com abertura com venezianas

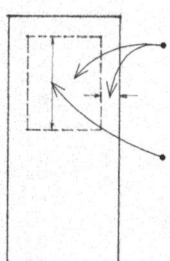

• As aberturas não devem exceder 40% da área da porta e não podem ficar a menos de 12,5 cm de qualquer borda.
• A altura das aberturas em portas ocas deve ser inferior à metade da altura total da folha.

Tipos de porta lisa

- Travessa
- Montante
- Tipos de porta oca:
  - Xadrez de sarrafos
  - Tiras horizontais
  - Colmeia com células em espiral
- Travessa do trinco
- Bloco do trinco
- Contraplacado
- Lâmina de revestimento
- Lâmina de revestimento
- Larguras nominais entre 0,45 e 0,90 m, com aumentos a cada 5,0 cm

1,83; 1,98; 1,72; 1,78; 2,13 m

35, 45 mm

- Travessa
- Montante
- Tipos de porta maciça:
  - Tabuado
  - Chapa mineral composta
  - Aglomerado
- Contraplacado
- Lâmina de revestimento
- Larguras nominais entre 0,45 e 1,05 m, com aumentos a cada 5,0 cm

1,83; 1,98; 1,72; 2,13 m

35, 45 mm; 57 mm para portas acústicas

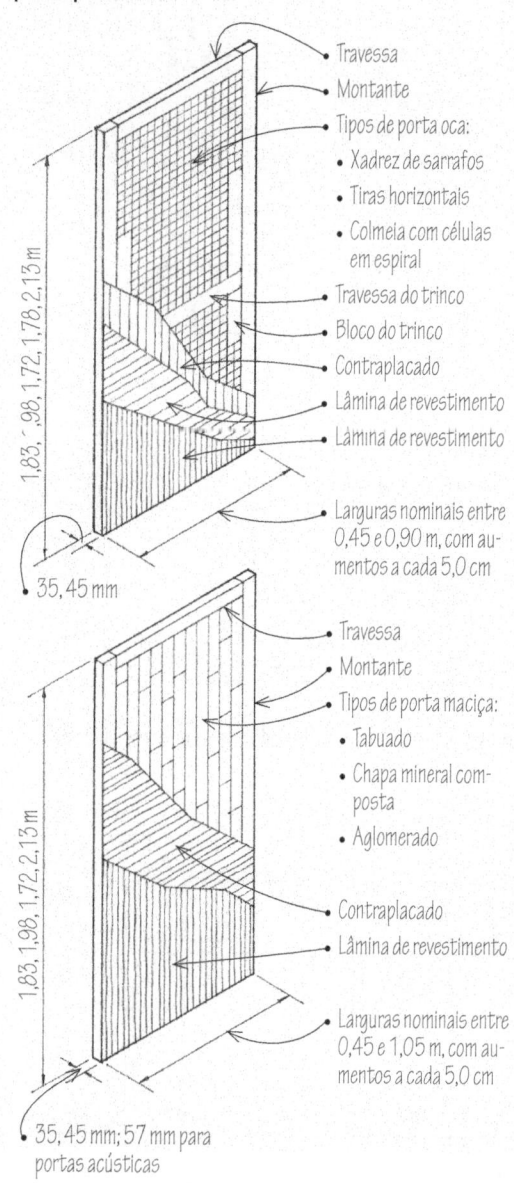

Portas ocas

Portas ocas são portas lisas de madeira com um quadro composto por montantes e travessas que encerra um núcleo alveolar expandido de chapas de fibra corrugadas ou um xadrez de sarrafos horizontais e verticais. Elas são leves, mas têm mau desempenho térmico e acústico. Embora se destinem principalmente para uso em interiores, elas podem ser empregadas em exteriores, se forem feitas com adesivos à prova de água.

Portas maciças

Portas maciças são portas lisas de madeira com um núcleo maciço de ripas de madeira (tabuado), aglomerado ou chapas minerais compostas. O tipo mais barato e utilizado de porta maciça é aquele feito com tábuas de madeira coladas. Portas maciças com núcleo de composto mineral são mais leves, porém apresentam pouca resistência para a fixação de parafusos e são difíceis de recortar. As portas maciças são usadas principalmente em exteriores, mas também podem ser empregadas sempre que se deseja maior resistência ao fogo, isolamento acústico e estabilidade dimensional.

Graus e acabamentos

- Há três tipos de graus para laminados de madeira nos Estados Unidos: primeira qualidade, boa qualidade e boa condição.
- Laminados de primeira qualidade são adequados para aplicação de verniz.
- Laminados de boa qualidade são para aplicação de tinta ou verniz.
- Laminados de boa condição se prestam apenas para aplicação de tinta; eles exigem duas demãos, para o cobrimento dos defeitos superficiais.
- Painéis de revestimento de madeira dura (madeira de lei) também se prestam para acabamentos com pintura.
- Laminados plásticos de alta pressão podem ser colados aos painéis.
- As portas lisas também podem vir de fábrica com um fundo para pintura ou já com todas as esperas ou ferragens (dobradiças e fechaduras).

Portas especiais (Estados Unidos)

- Portas resistentes ao fogo têm núcleos de painéis minerais compostos:
- Portas B-label têm classificação aprovada UL de 60 min e 90 min
- Portas C-label têm classificação UL de 45 min
- Portas acústicas têm faces separadas por um núcleo oco ou com um composto de amortecimento de som. São necessários também batentes especiais, gaxetas e soleiras especiais.

CSI MasterFormat 08 14 16 Flush Wood Doors

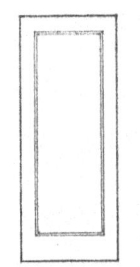

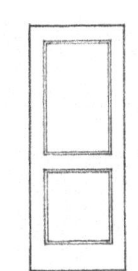

PORTAS DE MADEIRA ALMOFADADAS E SIMILARES   8.9

- Porta almofadada
- Porta com duas almofadas
- Há vários padrões de almofada disponíveis
- Porta com oito almofadas
- Porta almofadada com caixilho envidraçado
- Porta veneziana
- Porta envidraçada
- Porta envidraçada com várias divisões

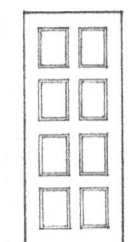

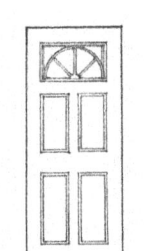

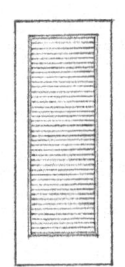

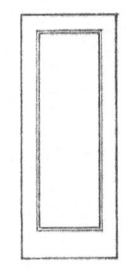

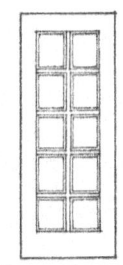

Tipos de porta

Portas almofadadas e similares consistem de uma estrutura de elementos verticais (montantes) e horizontais (travessas) que sustentam almofadas de madeira maciça ou compensada, aberturas com vidro ou venezianas. Os montantes e travessas podem ser de madeira maciça ou de madeira dura laminada.

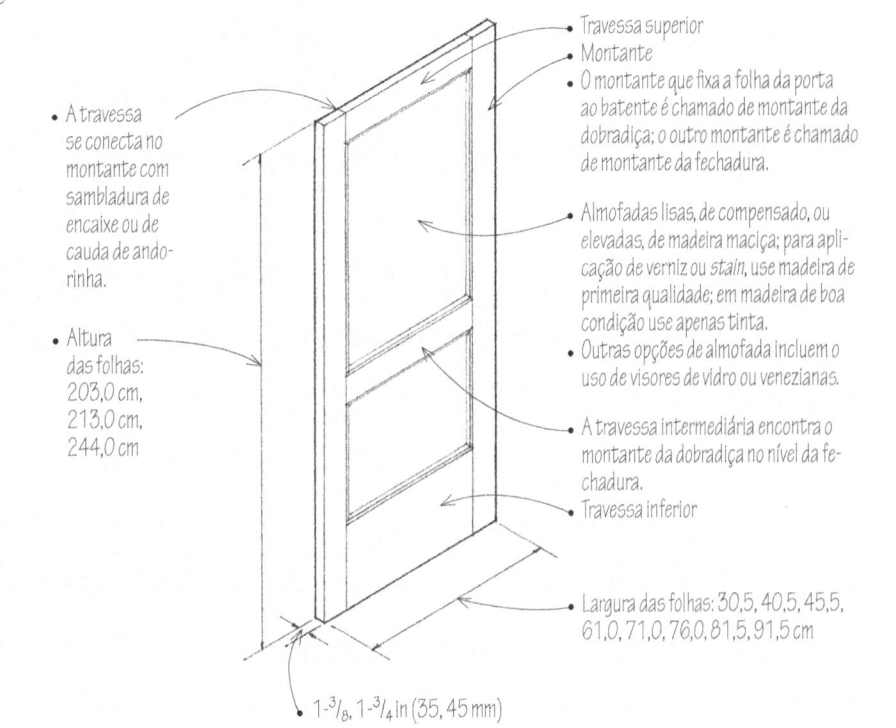

- A travessa se conecta no montante com sambladura de encaixe ou de cauda de andorinha.
- Altura das folhas: 203,0 cm, 213,0 cm, 244,0 cm

- Travessa superior
- Montante
- O montante que fixa a folha da porta ao batente é chamado de montante da dobradiça; o outro montante é chamado de montante da fechadura.
- Almofadas lisas, de compensado, ou elevadas, de madeira maciça; para aplicação de verniz ou *stain*, use madeira de primeira qualidade; em madeira de boa condição use apenas tinta.
- Outras opções de almofada incluem o uso de visores de vidro ou venezianas.
- A travessa intermediária encontra o montante da dobradiça no nível da fechadura.
- Travessa inferior
- Largura das folhas: 30,5, 40,5, 45,5, 61,0, 71,0, 76,0, 81,5, 91,5 cm

$1\text{-}3/8$, $1\text{-}3/4$ in (35, 45 mm)

Portas de travessas e tábuas consistem em tábuas verticais pregadas nas extremidades a travessas. O travamento diagonal é encaixado entre as travessas e pregado.

- Usadas principalmente por razões de economia em construções rústicas
- Geralmente fabricadas no local
- Para melhor vedação, é recomendado que as tábuas tenham encaixes macho e fêmea.
- Sujeitas à dilatação e à contração com as mudanças do conteúdo de umidade.

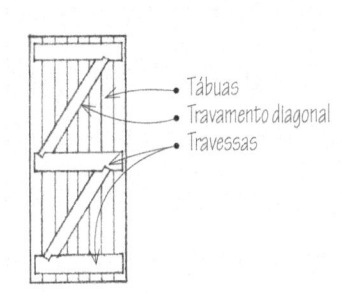

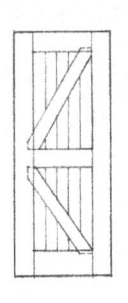

- Tábuas
- Travamento diagonal
- Travessas

CSI MasterFormat 08 14 33 Stile and Rail Wood Doors

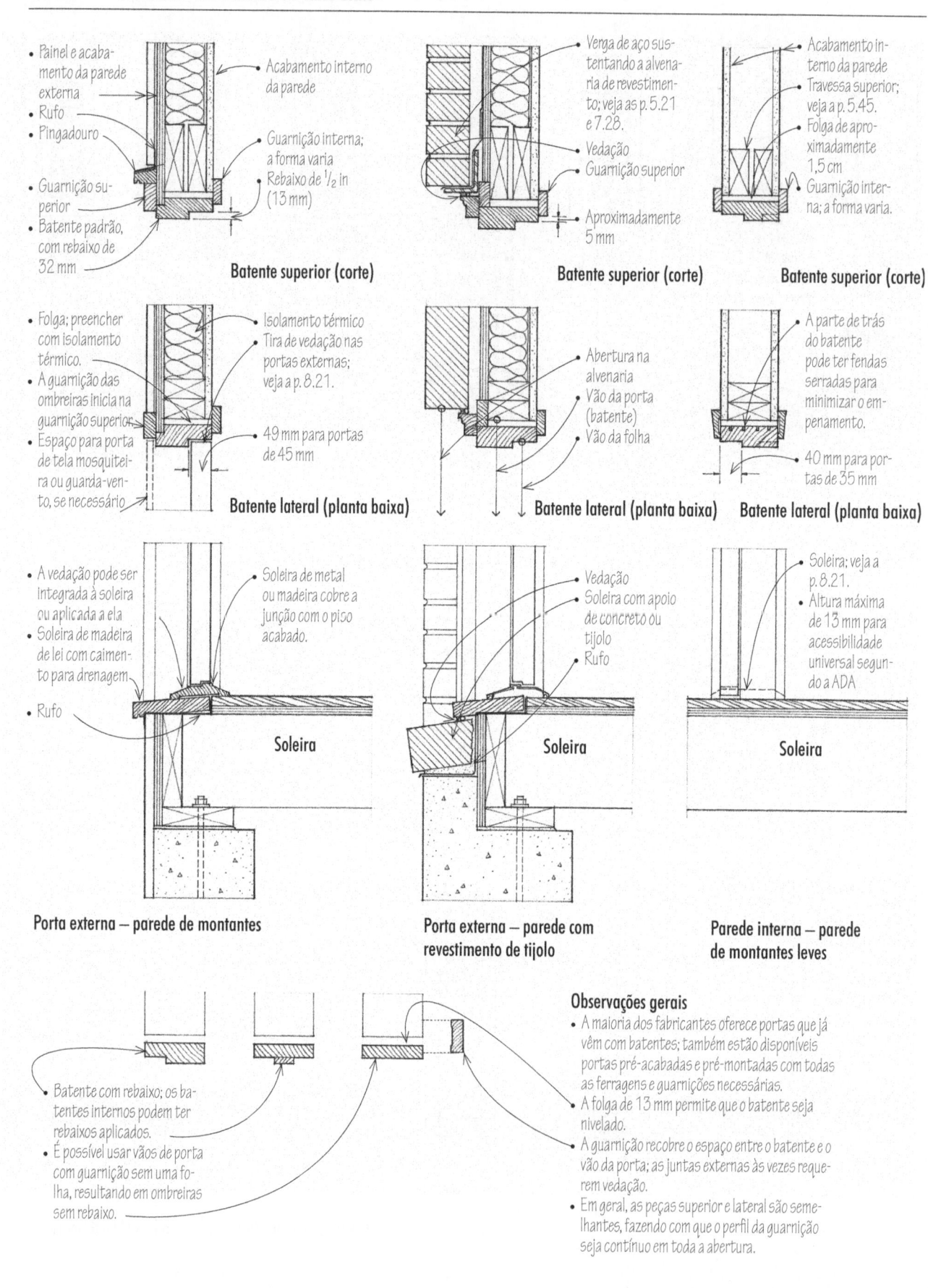

8.10 BATENTES DE PORTAS DE MADEIRA

Batente superior (corte)
- Painel e acabamento da parede externa
- Rufo
- Pingadouro
- Guarnição superior
- Batente padrão, com rebaixo de 32 mm
- Acabamento interno da parede
- Guarnição interna; a forma varia
- Rebaixo de ½ in (13 mm)

Batente superior (corte)
- Verga de aço sustentando a alvenaria de revestimento; veja as p. 5.21 e 7.28.
- Vedação
- Guarnição superior
- Aproximadamente 5 mm

Batente superior (corte)
- Acabamento interno da parede
- Travessa superior; veja a p. 5.45.
- Folga de aproximadamente 1,5 cm
- Guarnição interna; a forma varia.

Batente lateral (planta baixa)
- Folga; preencher com isolamento térmico.
- A guarnição das ombreiras inicia na guarnição superior.
- Espaço para porta de tela mosquiteira ou guarda-vento, se necessário
- Isolamento térmico
- Tira de vedação nas portas externas; veja a p. 8.21.
- 49 mm para portas de 45 mm

Batente lateral (planta baixa)
- Abertura na alvenaria
- Vão da porta (batente)
- Vão da folha

Batente lateral (planta baixa)
- A parte de trás do batente pode ter fendas serradas para minimizar o empenamento.
- 40 mm para portas de 35 mm

Porta externa – parede de montantes
- A vedação pode ser integrada à soleira ou aplicada a ela
- Soleira de madeira de lei com caimento para drenagem
- Rufo
- Soleira de metal ou madeira cobre a junção com o piso acabado.
- Soleira

Porta externa – parede com revestimento de tijolo
- Vedação
- Soleira com apoio de concreto ou tijolo
- Rufo
- Soleira

Parede interna – parede de montantes leves
- Soleira; veja a p. 8.21.
- Altura máxima de 13 mm para acessibilidade universal segundo a ADA
- Soleira

- Batente com rebaixo; os batentes internos podem ter rebaixos aplicados.
- É possível usar vãos de porta com guarnição sem uma folha, resultando em ombreiras sem rebaixo.

Observações gerais
- A maioria dos fabricantes oferece portas que já vêm com batentes; também estão disponíveis portas pré-acabadas e pré-montadas com todas as ferragens e guarnições necessárias.
- A folga de 13 mm permite que o batente seja nivelado.
- A guarnição recobre o espaço entre o batente e o vão da porta; as juntas externas às vezes requerem vedação.
- Em geral, as peças superior e lateral são semelhantes, fazendo com que o perfil da guarnição seja contínuo em toda a abertura.

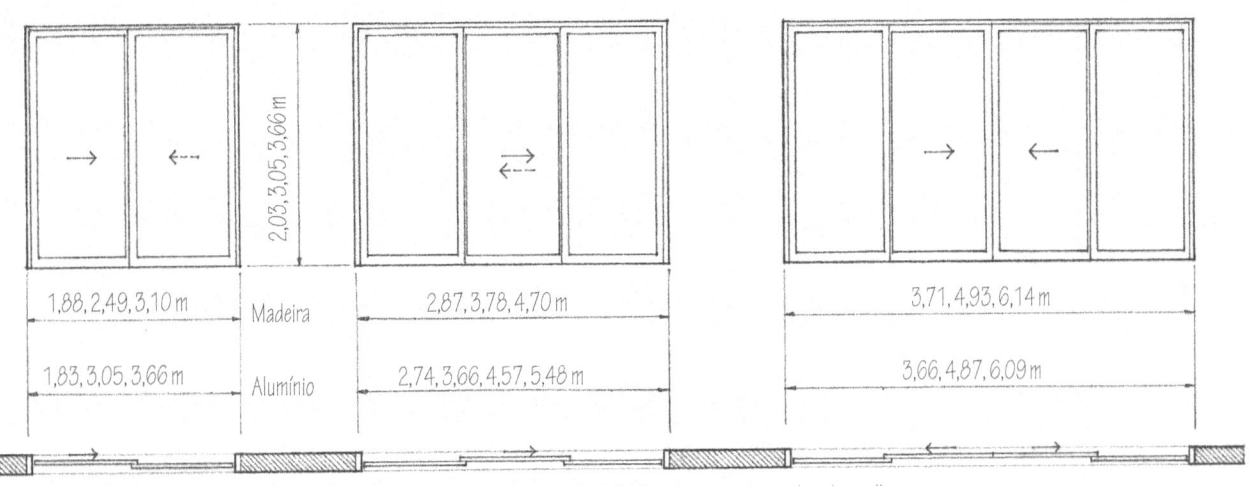

PORTAS DE VIDRO CORREDIÇAS   8.11

| 1,88; 2,49; 3,10 m | Madeira |
| 1,83; 3,05; 3,66 m | Alumínio |

2,03; 3,05; 3,66 m

2,87; 3,78; 4,70 m
2,74; 3,66; 4,57; 5,48 m

3,71; 4,93; 6,14 m
3,66; 4,87; 6,09 m

- As dimensões apresentadas são tamanhos nominais convencionais; consulte o fabricante para os tamanhos de catálogo, bem como os vãos necessários, as opções de envidraçamento e os detalhes de instalação.
- Como regra, acrescente 1 in (25 mm) à largura nominal das folhas, para vãos em paredes de montantes, e 3 in (75 mm), para vãos em alvenaria.

Dimensões convencionais

Portas de vidro corrediças estão disponíveis com quadros de madeira, alumínio ou aço. Quadros de madeira podem ser tratados com preservantes, preparado com *primer* para pintura, ou revestidos de alumínio ou vinil. Quadros de metal estão disponíveis em diversos acabamentos, com barreiras térmicas e mata-juntas integradas.

- As portas de vidro corrediças são fabricadas como conjuntos padronizados completos, com ferragens e vedação contra as intempéries. Portas com tela mosquiteira ou portas guarda-ventos podem ser internas ou externas.

Diretriz de acessibilidade universal da ADA

- As soleiras de portas corrediças externas em habitações devem ter, no máximo, 3/4 in (19 mm) de altura.

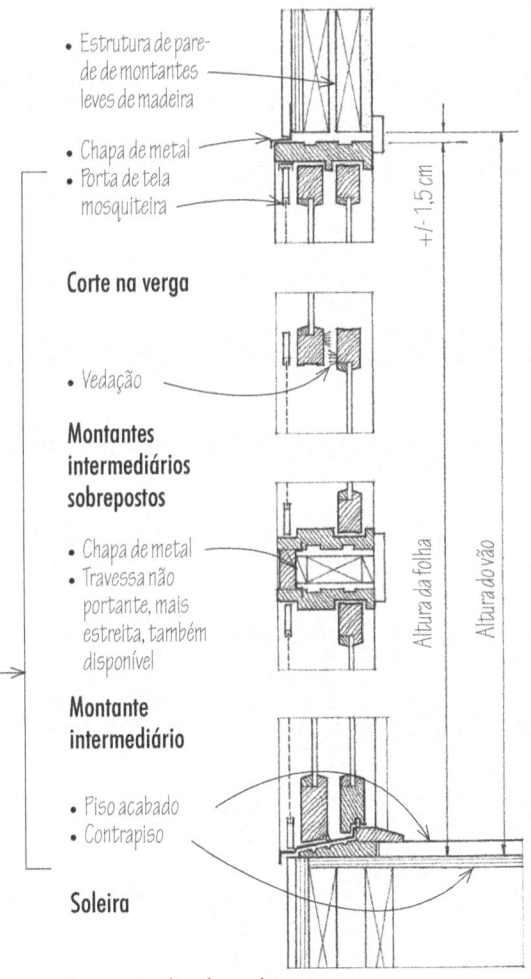

- Estrutura de parede de montantes leves de madeira
- Chapa de metal
- Porta de tela mosquiteira

Corte na verga

- Vedação

Montantes intermediários sobrepostos

- Chapa de metal
- Travessa não portante, mais estreita, também disponível

Montante intermediário

- Piso acabado
- Contrapiso

Soleira

Porta corrediça de madeira
- As peças hachuradas são normalmente fornecidas pelo próprio fabricante da porta.

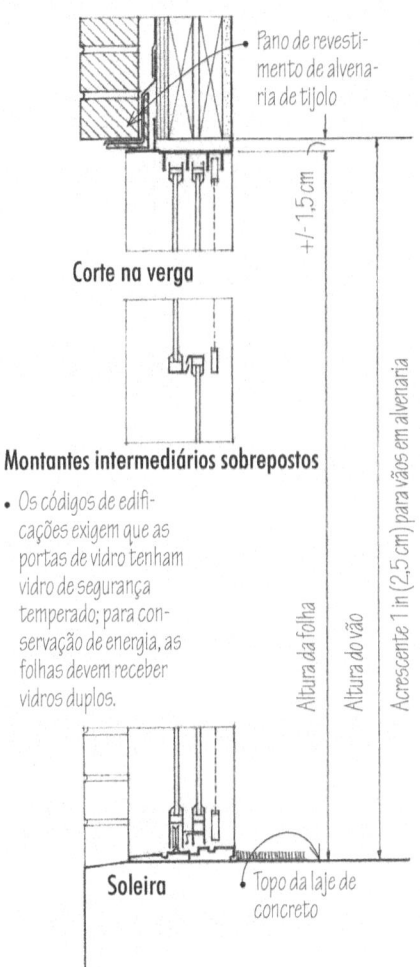

+/- 1,5 cm — Altura da folha / Altura do vão

- Pano de revestimento de alvenaria de tijolo

Corte na verga

Montantes intermediários sobrepostos

- Os códigos de edificações exigem que as portas de vidro tenham vidro de segurança temperado; para conservação de energia, as folhas devem receber vidros duplos.

Soleira — Topo da laje de concreto

Porta corrediça de metal

Acrescente 1 in (2,5 cm) para vãos em alvenaria

CSI MasterFormat 08 32 00 Sliding Glass Doors

8.12 PORTAS SANFONADAS E PORTAS CORREDIÇAS EMBUTIDAS

2,03, 2,28, 2,44 m

Portas biarticuladas de duas folhas; 45,5, 61,0, 76,0, 91,5 cm

0,91, 1,22, 1,83, 2,44 m — Portas de quatro folhas
2,28 m — Portas de seis folhas
2,44, 3,05, 3,66 m — Portas de oito folhas

Altura da abertura = altura da porta — 6 mm

Porta com batente oculto

Largura da abertura = largura da folha da porta

Portas sanfonadas

Porta corrediça embutida

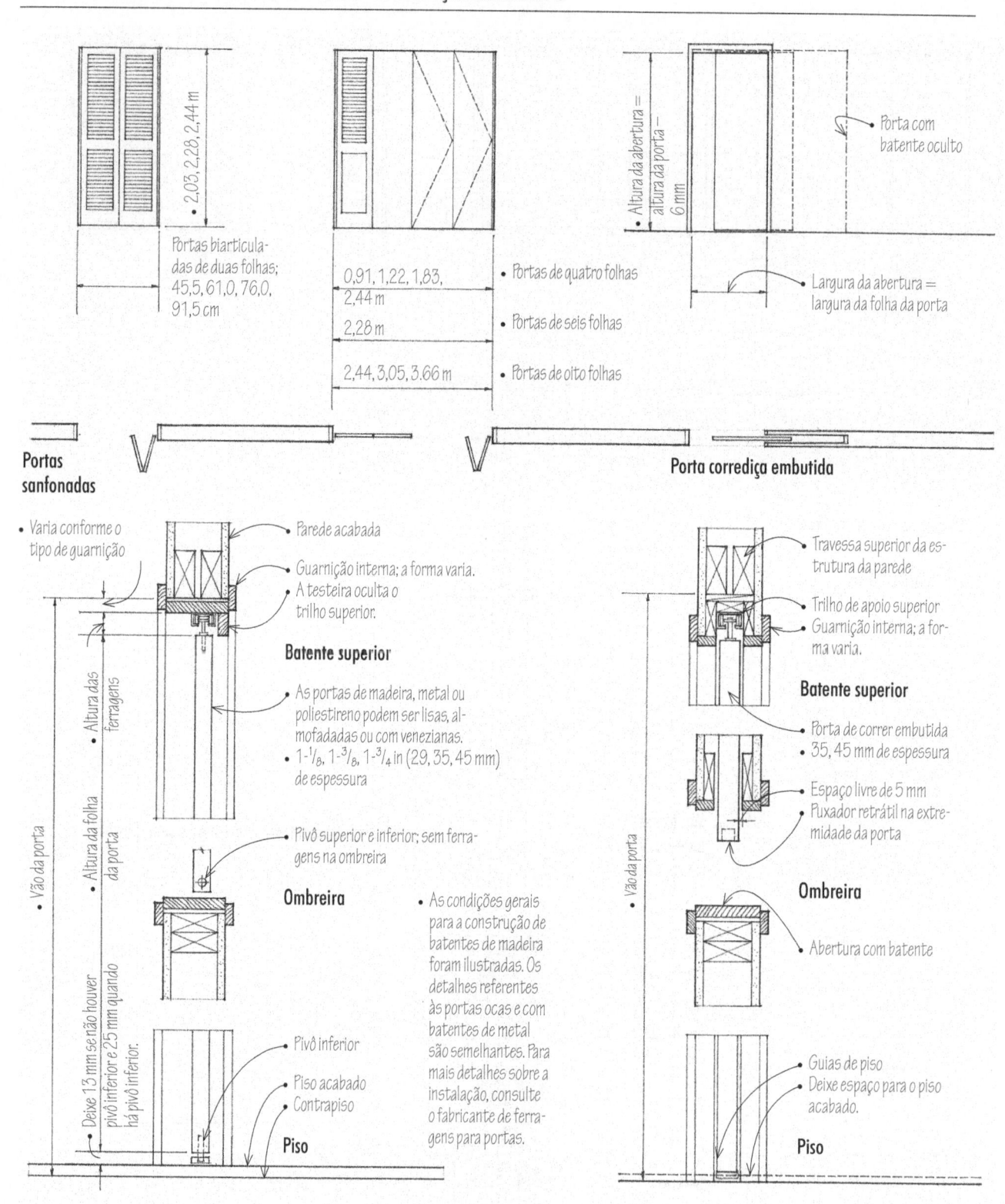

- Varia conforme o tipo de guarnição
- Parede acabada
- Guarnição interna; a forma varia. A testeira oculta o trilho superior.

Batente superior

- As portas de madeira, metal ou poliestireno podem ser lisas, almofadadas ou com venezianas.
- 1-1/8, 1-3/8, 1-3/4 in (29, 35, 45 mm) de espessura

- Pivô superior e inferior; sem ferragens na ombreira

Ombreira

- As condições gerais para a construção de batentes de madeira foram ilustradas. Os detalhes referentes às portas ocas e com batentes de metal são semelhantes. Para mais detalhes sobre a instalação, consulte o fabricante de ferragens para portas.

- Pivô inferior
- Piso acabado
- Contrapiso

Piso

Vão da porta • Altura da folha da porta • Altura das ferragens

Deixe 13 mm se não houver pivô inferior e 25 mm quando há pivô inferior.

- Travessa superior da estrutura da parede
- Trilho de apoio superior
- Guarnição interna; a forma varia.

Batente superior

- Porta de correr embutida
- 35, 45 mm de espessura
- Espaço livre de 5 mm
- Puxador retrátil na extremidade da porta

Ombreira

- Abertura com batente

- Guias de piso
- Deixe espaço para o piso acabado.

Piso

Vão da porta

CSI MasterFormat 08 13 76 Bifolding Metal Doors
CSI MasterFormat 08 14 76 Bifolding Wood Doors
CSI MasterFormat 08 15 76 Bifolding Plastic Doors

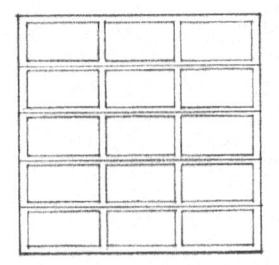

PORTAS BASCULANTES E DE ENROLAR 8.13

- Almofadas de madeira ou alumínio
- Há portas basculantes disponíveis com até 6,0 m de altura e 9,0 m de largura

- Portas lisas de madeira ou aço

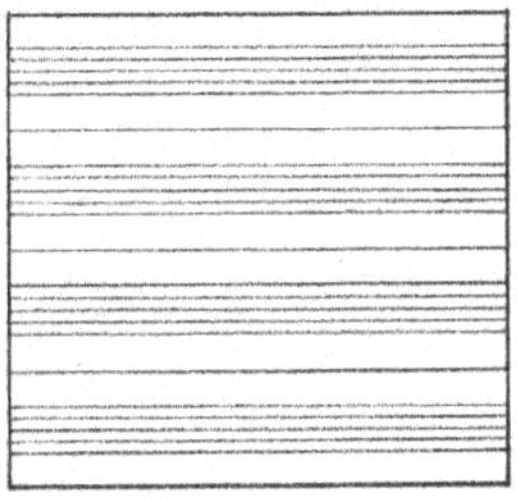

- Portas nervuradas de aço ou fibra de vidro

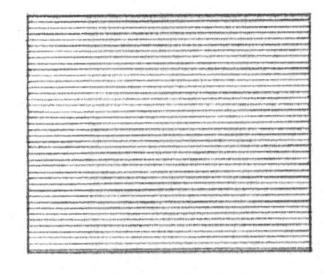

- Portas com réguas de aço ou alumínio
- Há portas de enrolar com até 7,3 m de altura e 9,7 m de largura

- Posições alternativas para instalação das guias, para abertura vertical, abertura mais alta ou inclinada, correndo paralelamente a um teto inclinado.

Portas basculantes

Portas basculantes são portas feitas com uma ou várias folhas de madeira, aço, alumínio ou fibra de vidro que se abrem sendo enroladas ou erguidas até uma posição horizontal acima do vão. Elas podem ser de operação manual, mediante um sistema de polias e correntes ou com motor elétrico.

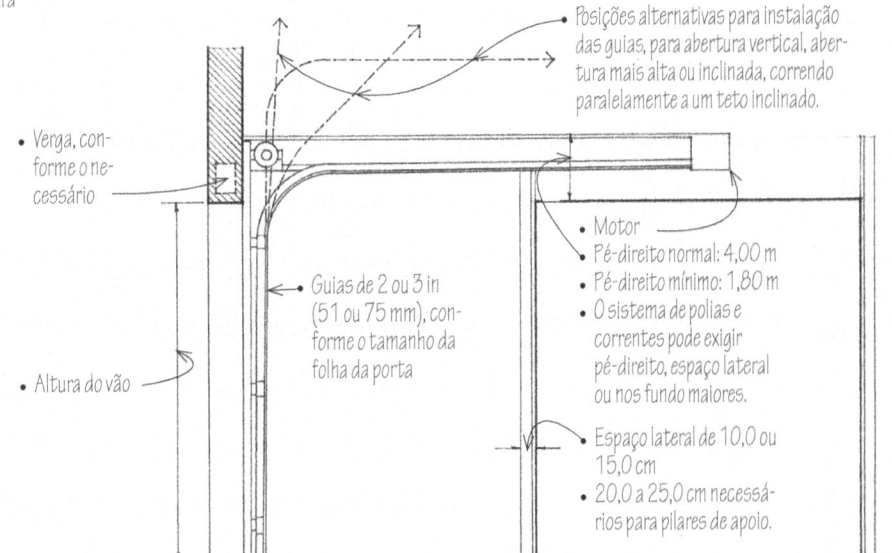

- Verga, conforme o necessário
- Guias de 2 ou 3 in (51 ou 75 mm), conforme o tamanho da folha da porta
- Altura do vão
- Motor
- Pé-direito normal: 4,00 m
- Pé-direito mínimo: 1,80 m
- O sistema de polias e correntes pode exigir pé-direito, espaço lateral ou nos fundo maiores.
- Espaço lateral de 10,0 ou 15,0 cm
- 20,0 a 25,0 cm necessários para pilares de apoio.

- Tanto as portas basculantes como as de enrolar são disponíveis com visores, passadores, isolamento térmico e outros acessórios. Consulte os fabricantes de portas sobre tamanhos, desenhos e exigências para instalação.

Portas de enrolar

Portas de enrolar são portas grandes, formadas por chapas metálicas interligadas, guiadas por um trilho vertical em cada uma das laterais e que se abrem enrolando-se em torno de molas colocadas na parte superior do vão. A porta pode ser acionada por um sistema mecânico de polias ou um motor elétrico.

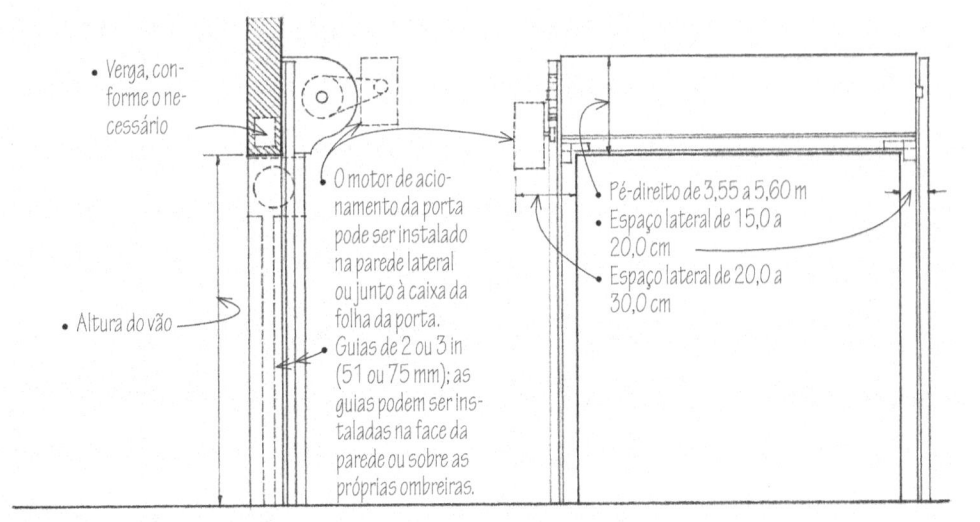

- Verga, conforme o necessário
- Altura do vão
- O motor de acionamento da porta pode ser instalado na parede lateral ou junto à caixa da folha da porta.
- Guias de 2 ou 3 in (51 ou 75 mm); as guias podem ser instaladas na face da parede ou sobre as próprias ombreiras.
- Pé-direito de 3,55 a 5,60 m
- Espaço lateral de 15,0 a 20,0 cm
- Espaço lateral de 20,0 a 30,0 cm

CSI MasterFormat 08 33 00: Coiling Doors and Grilles
CSI MasterFormat 08 36 00: Panel Doors

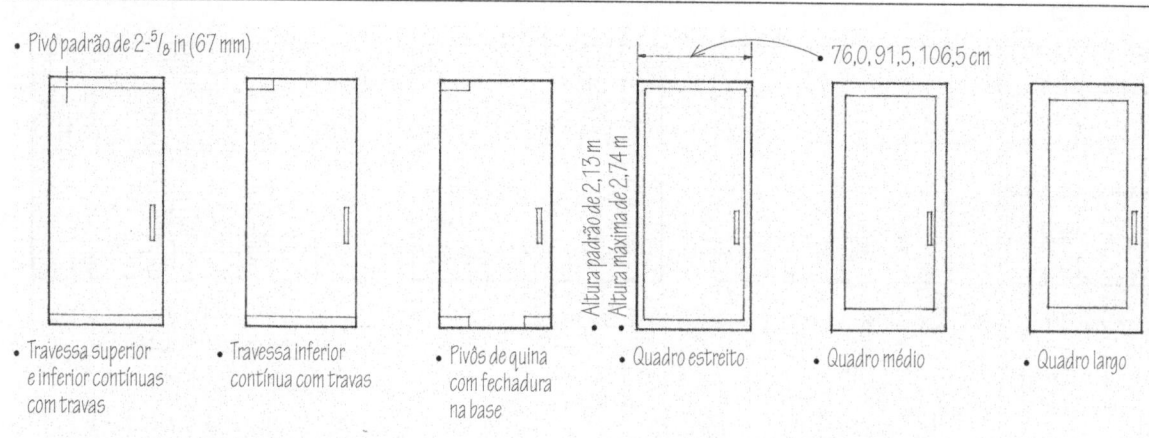

8.14 PORTAS DE ENTRADA DE VIDRO

- Pivô padrão de 2-5/8 in (67 mm)
- 76,0, 91,5, 106,5 cm
- Altura padrão de 2,13 m
- Altura máxima de 2,74 m

- Travessa superior e inferior contínuas com travas
- Travessa inferior contínua com travas
- Pivôs de quina com fechadura na base
- Quadro estreito
- Quadro médio
- Quadro largo

Portas de vidro sem quadro

Portas de vidro com quadro

Portas de vidro

As portas de vidro são construídas com vidro recozido reforçado ou vidro temperado, com ou sem travessas e montantes, e usadas principalmente como portas de entrada.
- Para as exigências referentes ao uso como saída de emergência, consulte o código de obras.
- Consulte o fabricante para saber mais sobre tamanhos, opções de vidraça e exigências de batente.

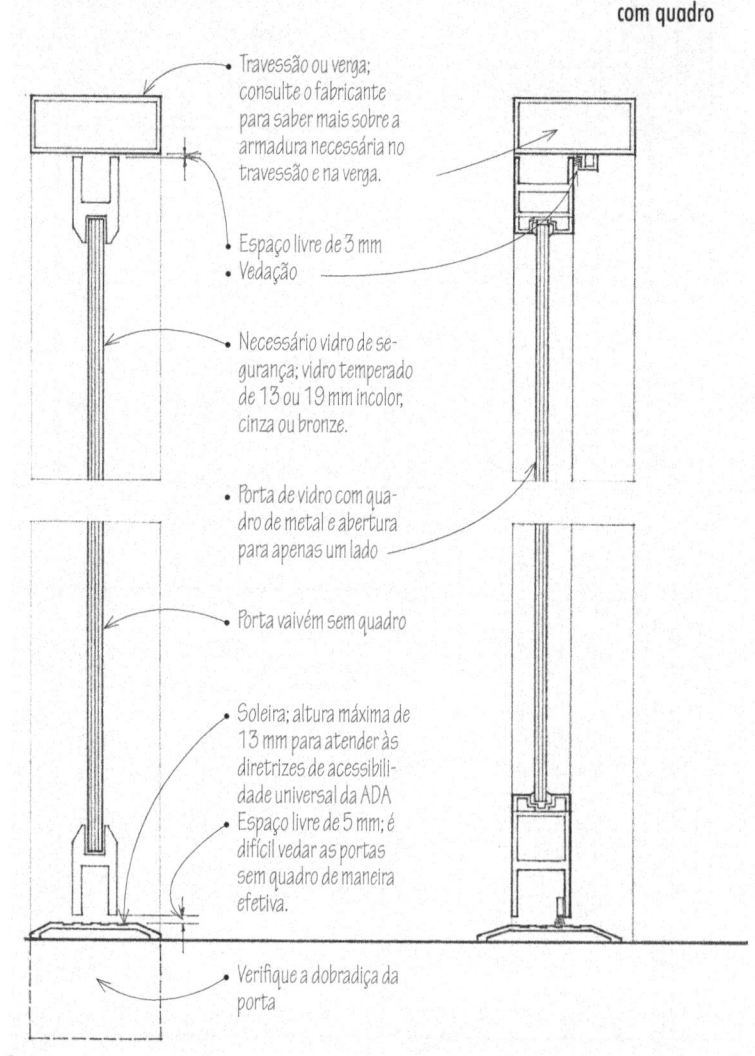

- Travessão ou verga; consulte o fabricante para saber mais sobre a armadura necessária no travessão e na verga.
- Espaço livre de 3 mm
- Vedação
- Necessário vidro de segurança; vidro temperado de 13 ou 19 mm incolor, cinza ou bronze.
- Porta de vidro com quadro de metal e abertura para apenas um lado
- Porta vaivém sem quadro
- Soleira; altura máxima de 13 mm para atender às diretrizes de acessibilidade universal da ADA
- Espaço livre de 5 mm; é difícil vedar as portas sem quadro de maneira efetiva.
- Verifique a dobradiça da porta

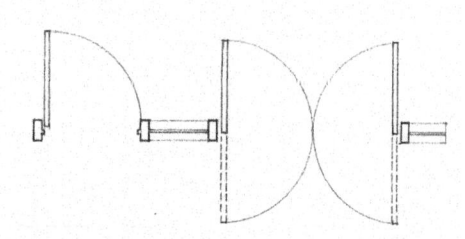

- A porta pode ser fixada num lado do batente, para abrir em apenas uma direção, ou no centro, para ser de vaivém.

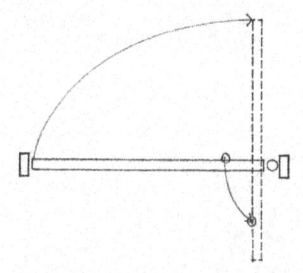

- Portas pivotantes são portas apoiadas em uma articulação (eixo) central ou lateral e que giram em torno dessa articulação, o que as distingue das portas suspensas por dobradiças.
- Portas de contrapeso são portas pivotantes parcialmente contrabalançadas para facilitar a abertura e o fechamento.
- Portas automáticas são portas que se abrem automaticamente mediante a aproximação de uma pessoa ou de um automóvel se acionadas por controle remoto, célula fotoelétrica ou outro dispositivo.

Corte em porta sem quadro

Corte em porta de vidro com quadro de metal

CSI MasterFormat 08 41 00 Entrances and Storefronts

SISTEMAS DE VITRINE   8.15

Sistemas de vitrine são sistemas coordenados de esquadrias de metal extrudadas, chapas de vidro, portas de entrada de vidro e ferragens. O tamanho e o espaçamento dos montantes intermediários estão relacionados com a resistência e espessura do vidro e a carga de vento sobre o plano do conjunto. A deflexão normal ao plano da parede deve se limitar a $1/200$ do vão livre de cada componente; a deflexão dos apoios do vidro deve se limitar a $1/300$ da distância de apoio.

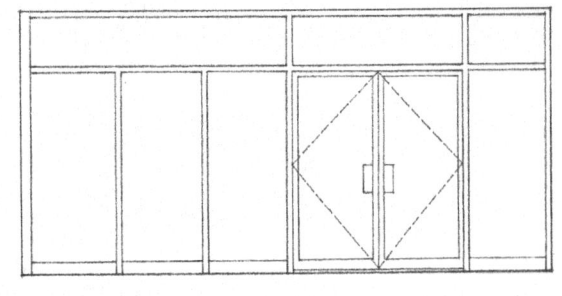

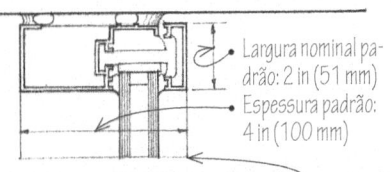

- Largura nominal padrão: 2 in (51 mm)
- Espessura padrão: 4 in (100 mm)

- As vidraças podem ser instaladas deslocadas (em um dos lados da esquadria) ou centralizadas em relação à espessura da esquadria.
- Consulte o fabricante sobre tamanhos de esquadrias, perfis, acabamentos, opções de vidro e detalhes de instalação.
- Consulte o código de obras sobre as exigências de segurança relativas a vidros.

- Vedação
- As travessas superior e inferior são similares
- Veja as p. 8.28–8.29 para sistemas de envidraçamento.
- Barreira térmica ou sistemas com vidros duplos
- Drenos são necessários nas travessas.

Os sistemas de vidraças sem esquadria usam montantes também de vidro e de silicone estrutural para sustentar os painéis de vidro. A espessura dos montantes intermediários está relacionada com a largura e a altura dos painéis de vidro e a carga de vento sobre o plano da parede. Consulte o fabricante do vidro para recomendações sobre dimensionamento.

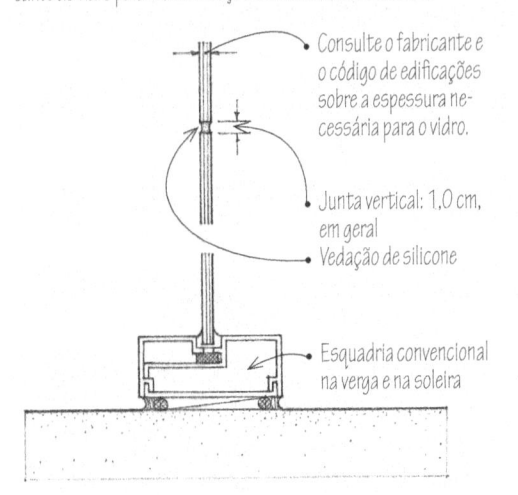

- Consulte o fabricante e o código de edificações sobre a espessura necessária para o vidro.
- Junta vertical: 1,0 cm, em geral
- Vedação de silicone
- Esquadria convencional na verga e na soleira

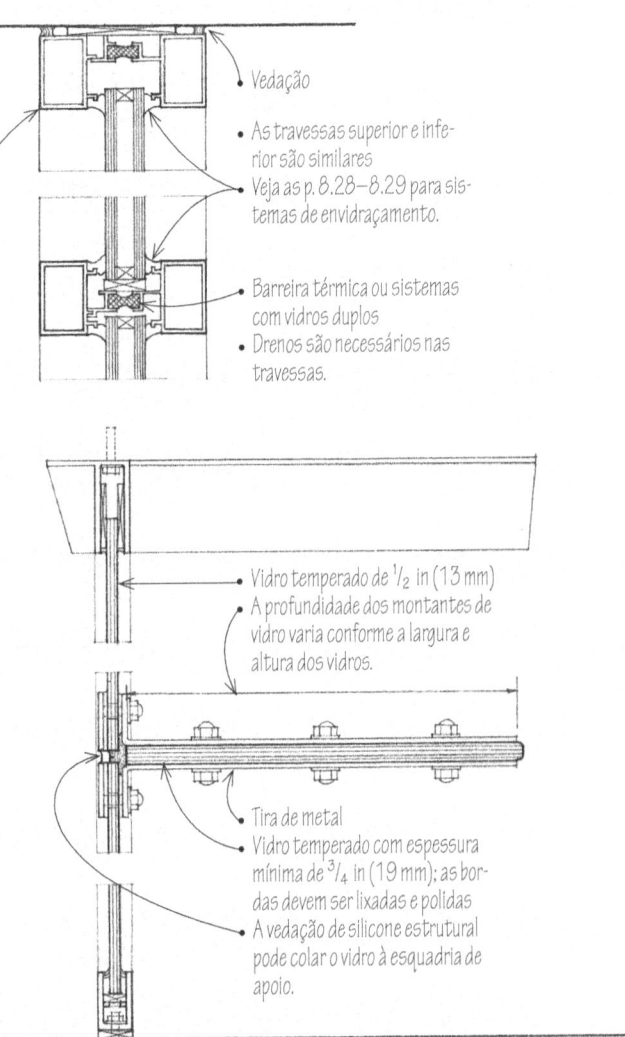

- Vidro temperado de $1/2$ in (13 mm)
- A profundidade dos montantes de vidro varia conforme a largura e altura dos vidros.
- Tira de metal
- Vidro temperado com espessura mínima de $3/4$ in (19 mm); as bordas devem ser lixadas e polidas
- A vedação de silicone estrutural pode colar o vidro à esquadria de apoio.

- Envidraçamento e junta de topo é o sistema de envidraçamento no qual os painéis ou folhas de vidro são presos no topo e na base de forma convencional, com suas bordas verticais unidas por um vedante de silicone estrutural, sem o uso de montantes.

- Sistema de montantes de vidro é o sistema de envidraçamento no qual os painéis de vidro temperado são suspensos por presilhas especiais, estabilizados por enrijecedores perpendiculares de vidro temperado e unidos por um silicone estrutural e, ocasionalmente, por chapas metálicas de ligação.

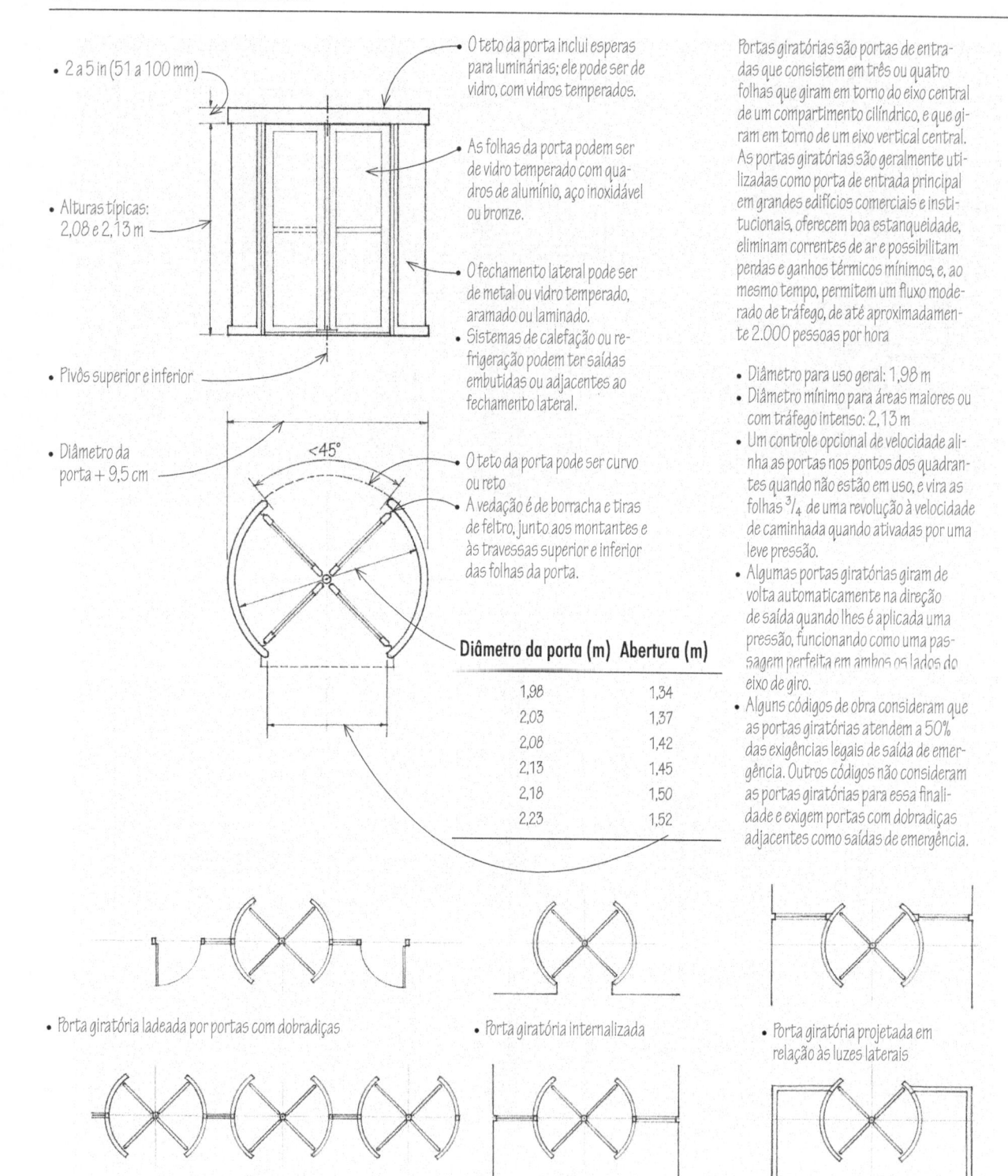

8.16 PORTAS GIRATÓRIAS

- 2 a 5 in (51 a 100 mm)
- Alturas típicas: 2,08 e 2,13 m
- Pivôs superior e inferior
- Diâmetro da porta + 9,5 cm

- O teto da porta inclui esperas para luminárias; ele pode ser de vidro, com vidros temperados.
- As folhas da porta podem ser de vidro temperado com quadros de alumínio, aço inoxidável ou bronze.
- O fechamento lateral pode ser de metal ou vidro temperado, aramado ou laminado.
- Sistemas de calefação ou refrigeração podem ter saídas embutidas ou adjacentes ao fechamento lateral.
- O teto da porta pode ser curvo ou reto
- A vedação é de borracha e tiras de feltro, junto aos montantes e às travessas superior e inferior das folhas da porta.

Portas giratórias são portas de entradas que consistem em três ou quatro folhas que giram em torno do eixo central de um compartimento cilíndrico, e que giram em torno de um eixo vertical central. As portas giratórias são geralmente utilizadas como porta de entrada principal em grandes edifícios comerciais e institucionais, oferecem boa estanqueidade, eliminam correntes de ar e possibilitam perdas e ganhos térmicos mínimos, e, ao mesmo tempo, permitem um fluxo moderado de tráfego, de até aproximadamente 2.000 pessoas por hora

- Diâmetro para uso geral: 1,98 m
- Diâmetro mínimo para áreas maiores ou com tráfego intenso: 2,13 m
- Um controle opcional de velocidade alinha as portas nos pontos dos quadrantes quando não estão em uso, e vira as folhas $3/4$ de uma revolução à velocidade de caminhada quando ativadas por uma leve pressão.
- Algumas portas giratórias giram de volta automaticamente na direção de saída quando lhes é aplicada uma pressão, funcionando como uma passagem perfeita em ambos os lados do eixo de giro.
- Alguns códigos de obra consideram que as portas giratórias atendem a 50% das exigências legais de saída de emergência. Outros códigos não consideram as portas giratórias para essa finalidade e exigem portas com dobradiças adjacentes como saídas de emergência.

Diâmetro da porta (m)	Abertura (m)
1,98	1,34
2,03	1,37
2,08	1,42
2,13	1,45
2,18	1,50
2,23	1,52

- Porta giratória ladeada por portas com dobradiças
- Porta giratória internalizada
- Porta giratória projetada em relação às luzes laterais
- Conjunto de portas giratórias com luzes laterais
- Porta giratória com luzes laterais simétricas
- Porta giratória em nicho

Tipos de portas giratórias

CSI MasterFormat 08 42 33 Revolving Door Entrances

FERRAGENS PARA PORTAS 8.17

Ferragens de portas incluem os seguintes itens:

- Fechaduras, bem como suas linguetas, maçanetas, parafusos, mecanismos de cilindro e dispositivos de operação
- Dobradiças
- Fechadores automáticos
- Barras antipânico
- Barras e placas de puxar e empurrar
- Placas de empurrar com o pé (para cadeirantes)
- Rebaixos de batente
- Soleiras
- Vedações
- Trilhos e guias de portas

Fatores a considerar na seleção das ferragens:
- Função e facilidade de operação
- Instalação embutida ou aparente
- Material, acabamento, textura e cor
- Durabilidade em termos de frequência prevista de uso e a possível exposição a intempéries ou ambientes corrosivos.

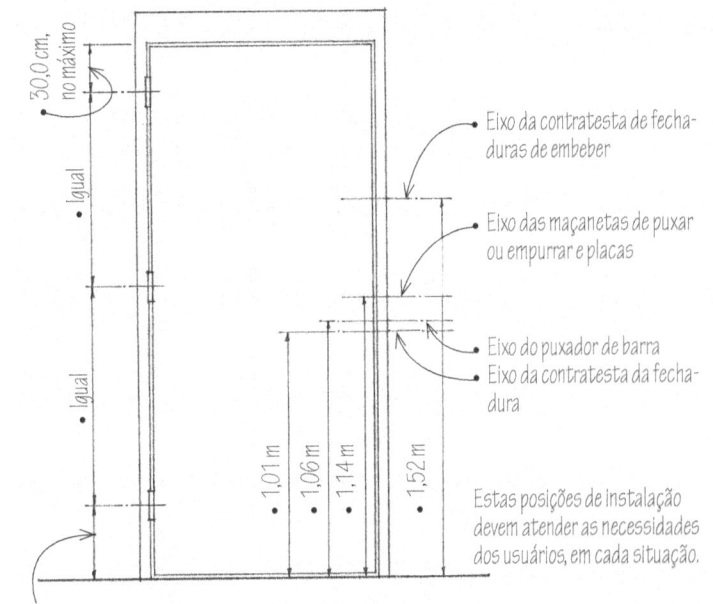

- Eixo da contratesta de fechaduras de embeber
- Eixo das maçanetas de puxar ou empurrar e placas
- Eixo do puxador de barra
- Eixo da contratesta da fechadura

Estas posições de instalação devem atender as necessidades dos usuários, em cada situação.

Diretrizes de acessibilidade universal da ADA
- Maçanetas, puxadores e fechaduras devem ter empunhadura fácil com apenas uma mão, sem exigir força para segurar ou apertar ou obrigar o usuário a torcer o pulso.
- As ferragens devem ser instaladas de acordo com os alcances especificados na p. A.3.

Posicionamento das ferragens

Acabamentos para ferragens

Código BHMA	Código US	Acabamento
600	USP	Aço com *primer* para pintura
603	US2G	Aço zincado
605	US3	Latão brilhante, pintura clara
606	US4	Latão acetinado, pintura clara
611	US9	Bronze brilhante, pintura clara
612	US10	Bronze acetinado, pintura clara
613	US10B	Bronze acetinado oxidado, esfregado a óleo
618	US14	Niquelado brilhante, pintura clara (latão)
619	US15	Niquelado acetinado, pintura clara (latão)
622	US19	Pintura preta lisa (latão, bronze)
623	US20	Bronze brilhante levemente oxidado
624	US20A	Bronze de estatuária com oxidação escura
625	US26	Cromado brilhante (latão, bronze)
626	US26D	Cromado acetinado (latão, bronze)
628	US28	Alumínio acetinado, anodização clara
629	US32	Aço inoxidável brilhante
630	US32D	Aço inoxidável acetinado
684	–	Cromo negro, latão ou bronze brilhante
685	–	Cromo negro, latão ou bronze acetinado

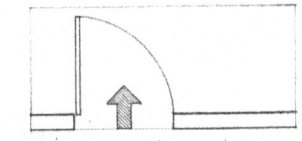

- Abre para a esquerda e para dentro
- A folha abre para dentro; dobradiças à esquerda

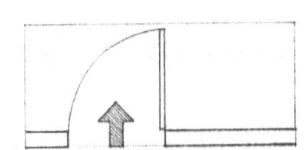

- Abre para a direita e para dentro
- A folha abre para dentro; dobradiças à direita

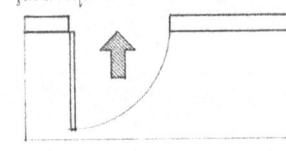

- Abre para a esquerda e para fora
- A folha abre para fora; dobradiças à esquerda

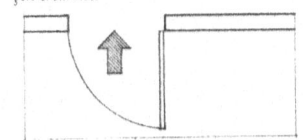

- Abre para a direita e para fora
- A folha abre para fora; dobradiças à direita

Convenções de abertura de portas
As convenções para abertura de portas são utilizadas para a especificação de ferragens de porta, como dobradiças e fechadores automáticos. Os termos direita e esquerda pressupõem a vista frontal do exterior da edificação ou compartimento ao qual a porta dá acesso.

CSI MasterFormat 08 71 00 Door Hardware

8.18 DOBRADIÇAS DE PORTA

- O pino na dobradiça pode ser removível (solto), de modo que a folha da porta possa ser removida separando-se as chapas da dobradiça, ou fixo (não removível). Pinos autotravantes que não podem ser removidos quando a porta está fechada também estão disponíveis para maior segurança.

- $5/16$ in (8 mm) para portas de até $2\,1/4$ in (57 mm) de espessura; $7/16$ in (11 mm) para portas de mais de $2\,1/4$ in (57 mm) de espessura

- $1/4$ in (6 mm), para portas de até $2\,1/4$ in (57 mm); $3/8$ in (10 mm) para portas de mais de $2\,1/4$ in (57 mm)

- Verifique a distância livre necessária para instalar a guarnição da porta.

Tamanhos de dobradiça
- A largura da dobradiça é determinada pela espessura da porta e espaço livre necessário.
- A altura da dobradiça é determinada pela largura e espessura da porta.

Espessura da porta	Largura da porta	Altura da dobradiça	Espaço livre necessário	Largura da dobradiça
$3/4$ a 1 in (19 a 25 mm)	até 61,0 cm	$2\text{-}1/2$ in (64 mm)		
$1\text{-}1/8$ in (29 mm)	até 91,5 cm	3 in (75 mm)		
$1\text{-}3/8$ in (35 mm)	até 91,5 cm	$3\text{-}1/2$ in (90 mm)	$1\text{-}1/4$ in (32 mm)	$3\text{-}1/2$ in (90 mm)
	mais de 91,5 cm	4 in (100 mm)	$1\text{-}3/4$ in (45 mm)	4 in (100 mm)
$1\text{-}3/4$ in (45 mm)	até 91,5 cm	$4\text{-}1/2$ in (115 mm)	$1\text{-}1/2$ in (38 mm)	$4\text{-}1/2$ in (115 mm)
	de 91,5 a 122 cm	5 in (125 mm)	2 in (51 mm)	5 in (125 mm)
$2\text{-}1/4$ in (57 mm)	até 106,5 cm	5 in (125 mm)	1 in (25 mm)	5 in (125 mm)
	mais de 106,5 cm	6 in (150 mm)	2 in (51 mm)	6 in (150 mm)

Dobradiças de topo
Dobradiças de topo são dobradiças compostas por duas chapas ou asas conectadas por um pino fixas às superfícies adjacentes de uma folha e uma ombreira de porta de metal ou madeira ocas.

- Dobradiças de encaixe têm ambas as asas totalmente embutidas nas superfícies articuladas de uma folha de porta e sua ombreira de modo que somente a articulação fica visível quando a porta está fechada.
- Dobradiças padrão são dobradiças de encaixe fabricadas de modo a encaixarem-se em rebaixos executados na porta e no batente, cuja disposição dos orifícios corresponde à disposição dos orifícios de portas e batentes metálicos ocos. São usadas em portas de madeira.
- Dobradiças de meio encaixe são dobradiças onde uma das asas é encaixada na borda de uma folha e a outra na superfície aparente do batente.
- Dobradiças de flapes são dobradiças com duas asas afixadas às superfícies adjacentes de uma folha de porta e um batente.

Dobradiças especiais

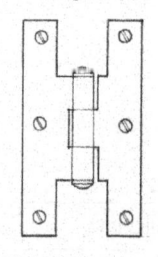

- Dobradiças parlamento têm asas em forma de T e uma articulação projetada, que permite a uma folha manter uma distância com relação à parede quando totalmente aberta.
- Dobradiças de articulação oval têm apenas uma junta de pino com articulação oval.
- Dobradiças de mola contêm em seu cilindro uma mola comprimida para o fechamento automático de uma porta.
- Dobradiças de dupla ação são dobradiças que permitem a abertura de uma porta em ambos os sentidos, normalmente dotadas de molas, para o fechamento automático da folha após sua abertura.
- Dobradiças de piano são dobradiças longas e estreitas que correm por toda a extensão de duas superfícies às quais suas chapas são afixadas.
- Dobradiças invisíveis são dobradiças compostas por uma série de chapas planas que giram em torno de um pino central, com os rebordos embutidos no bordo da porta e no batente de modo a ficarem ocultos quando se encontram fechadas.
- Dobradiças de piso são empregadas com um pivô embutido no topo da porta, permitindo que a folha se abra em ambas as direções; elas podem ser dotadas de um mecanismo de fechamento automático.

CSI MasterFormat 08 71 00 Door Hardware

FECHADURAS DE PORTAS 8.19

Fechaduras completas são conjuntos de peças compostas de uma fechadura pronta para ser utilizada, incluindo maçanetas, espelhos, contraespelhos e o mecanismo de fechadura. Abaixo são descritos os principais tipos de fechaduras: fechaduras para perfil, fechaduras unitárias e integrais e fechaduras tubulares. Consulte o fabricante de ferragens sobre as funções das fechaduras, as exigências para instalação, acessórios, dimensões e acabamentos.

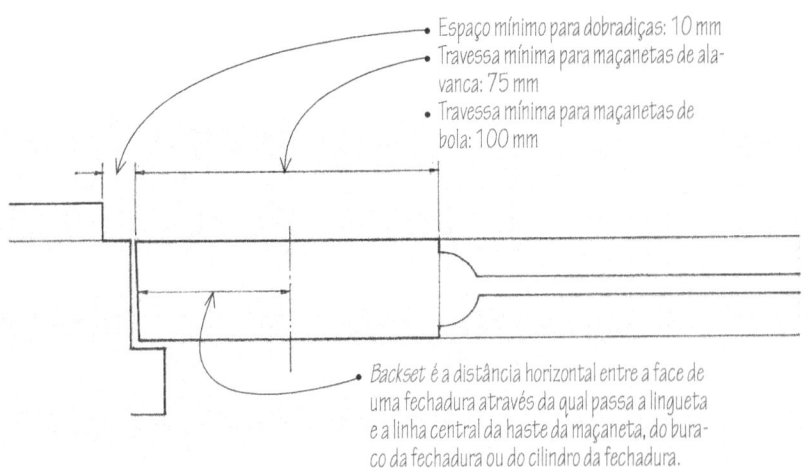

- Espaço mínimo para dobradiças: 10 mm
- Travessa mínima para maçanetas de alavanca: 75 mm
- Travessa mínima para maçanetas de bola: 100 mm

- *Backset* é a distância horizontal entre a face de uma fechadura através da qual passa a lingueta e a linha central da haste da maçaneta, do buraco da fechadura ou do cilindro da fechadura.

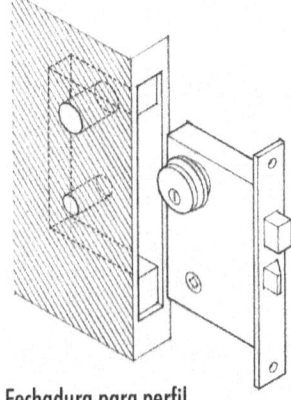

Fechadura para perfil
- Fechadura para perfil é a fechadura encaixada em um entalhe na lateral de uma porta, ficando seu mecanismo coberto em ambos os lados.
- A fechadura fica embutida, exceto por uma testa junto à lateral da porta, as maçanetas ou as chapas com o buraco da fechadura, o cilindro e as linguetas.
- *Backset*: 2-1/2 in (64 mm) para portas de 1-3/8 in (35 mm); 2-3/4 in (70 mm) para portas de 1-3/4 in (45 mm)

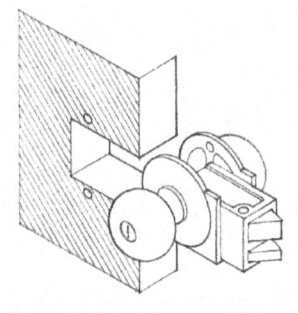

Fechaduras unitárias e integrais
- Fechadura unitária é aquela instalada no interior de um entalhe retangular efetuado na borda de uma porta.
- A fechadura unitária se encaixa em um entalhe feito na borda da folha da porta.
- Fechaduras unitárias e integrais combinam a segurança das fechaduras para perfil com a economia das fechaduras tubulares.
- *Backset*: 2-3/4 in (70 mm) para fechaduras unitárias; 2-1/4 in (57 mm) para fechaduras integrais

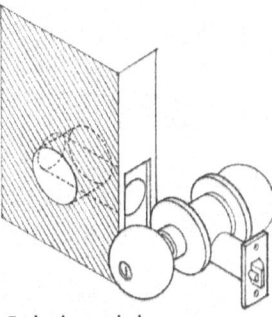

Fechadura tubular
- Fechadura tubular é a fechadura instalada no interior de dois orifícios perfurados em ângulos retos entre si, um através da face de uma porta e outra na borda.
- As fechaduras tubulares são relativamente baratas e fáceis de instalar.
- *Backset*: 2-3/8 in (60 mm) para fechaduras tubulares comuns; 2-3/4 in (70 mm) para fechaduras tubulares de uso pesado

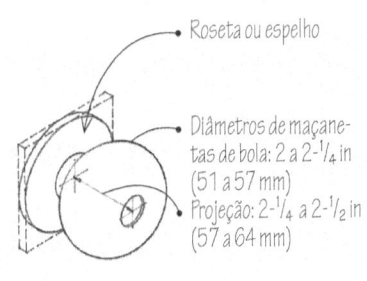

Maçanetas de bola
- Roseta ou espelho
- Diâmetros de maçanetas de bola: 2 a 2-1/4 in (51 a 57 mm)
- Projeção: 2-1/4 a 2-1/2 in (57 a 64 mm)

- Roseta é uma chapa ornamental redonda ou quadrada posicionada em torno do eixo de uma maçaneta de bola na face de uma porta.
- Espelho é a chapa protetora ou ornamental que pode ser substituída por uma roseta.

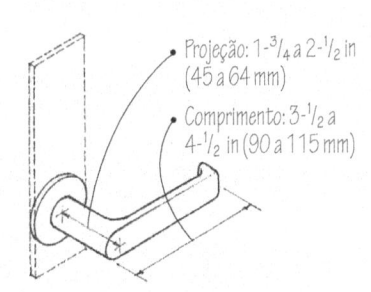

Maçaneta de alavanca
- Projeção: 1-3/4 a 2-1/2 in (45 a 64 mm)
- Comprimento: 3-1/2 a 4-1/2 in (90 a 115 mm)

- Mecanismos acionados por alavanca, do tipo de empurrar ou com maçanetas em forma de U geralmente são mais fáceis de segurar por pessoas com dificuldades motoras.

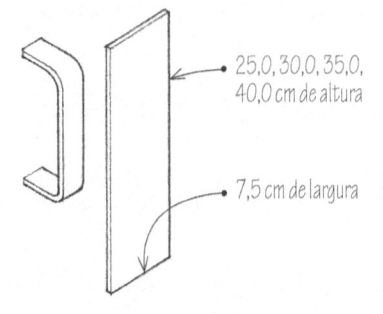

Puxadores e placas de abertura de porta
- 25,0, 30,0, 35,0, 40,0 cm de altura
- 7,5 cm de largura

Diretrizes para acessibilidade universal da ADA
- Maçanetas, puxadores, trincos e fechaduras devem ter empunhadura fácil com apenas uma mão, sem exigir força para segurar ou apertar ou obrigar o usuário a torcer o pulso.
- A força necessária para abrir ou fechar uma porta não deve exceder 22,2 N (5,0 lb).

8.20 BARRAS ANTIPÂNICO E PORTAS DE FECHAMENTO AUTOMÁTICO

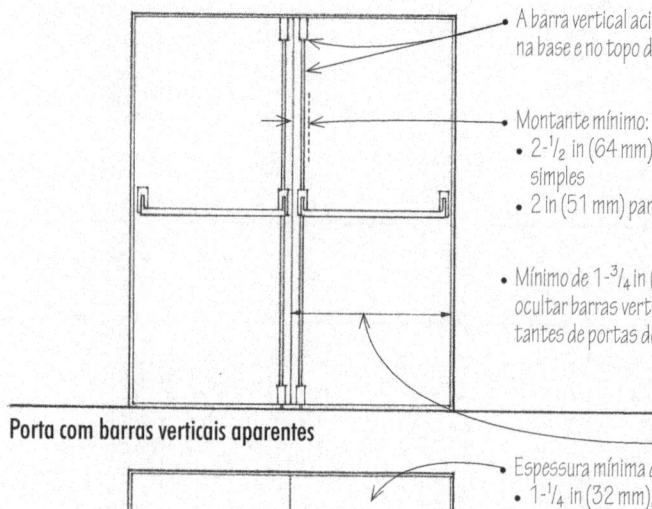

- A barra vertical aciona os trincos na base e no topo da porta.
- Montante mínimo:
  - $2\text{-}1/2$ in (64 mm) para folhas simples
  - 2 in (51 mm) para folhas duplas
- Mínimo de $1\text{-}3/4$ in (45 mm) para se ocultar barras verticais em montantes de portas de metal ocas

Porta com barras verticais aparentes

- Espessura mínima da porta:
  - $1\text{-}1/4$ in (32 mm), para fechaduras de sobrepor
  - $1\text{-}3/4$ in (45 mm), para fechaduras de entalhe
- Projeção normal: 10,0 a 12,5 cm
  Projeção mínima: 6,5 cm
- Altura normal da barra: 105,0 cm; mínima: 75,0 cm; máxima: 110,0 cm (em relação ao piso acabado)

Porta com trincos laterais embutidos

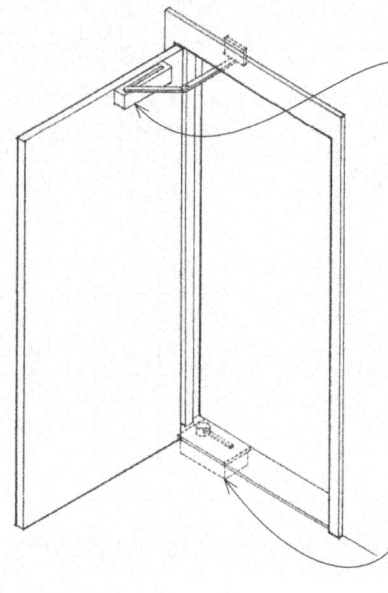

- O fechador automático pode ser:
  - Montado no topo da folha da porta ou na sua travessa superior
  - Embutido no topo da folha ou da guarnição
  - Instalado pelo lado de dentro ou de fora
- Um amortecedor pode ser empregado para reduzir a velocidade de abertura da porta.
- Um coordenador pode garantir que a folha secundária de uma porta esteja fechada antes que se possa abrir a folha principal.
- Fechadores de portas de entrada de vidro podem ser embutidos no piso.

Barra antipânico
A barra antipânico é um sistema de trinco que abre quando é aplicada pressão em uma barra horizontal que geralmente cruza de lado a lado o interior de uma porta de saída de emergência na altura da cintura. A barra de empurrar deve se prolongar ao menos por metade da largura da folha de porta na qual ela está instalada.

- Os códigos de obra exigem o uso de equipamento antipânico nas saídas de emergência para certos tipos de edifícios. Consulte o código de edificações aplicável, para detalhes.
- A largura, a área coberta pela rotação da porta e a localização das saídas de incêndio necessárias são também regulamentadas pelos códigos de obras, de acordo com o uso e carga de ocupação.

Diretriz de acessibilidade universal da ADA
- A força necessária para se abrir uma porta puxando-a ou empurrando-a não deve ser superior a 22,2 N (5 lb).

Fechadores automáticos de portas
Fechadores de portas são mecanismos hidráulicos ou pneumáticos que fecham as portas automaticamente, de forma rápida e silenciosa. Eles ajudam a reduzir o choque transmitido por uma porta grande, pesada ou muito usada ao seu batente, fechaduras e parede adjacente.

- Os códigos de edificações exigem o uso de portas com fechamento e trancamento automáticos e ferragens classificadas pela Underwriters' Laboratory (UL) para proteger aberturas em paredes corta-fogo e outras barreiras corta-fogo; veja a p. 2.07.

CSI MasterFormat 08 71 00 Door Hardware

FAIXAS DE VEDAÇÃO E SOLEIRAS   8.21

Faixas de vedação

As faixas de vedação consistem de tiras de metal, feltro, vinil ou espuma de vedação colocadas entre a folha de uma porta ou o caixilho de uma janela e seu batente, para dar estanqueidade contra a água da chuva levada pelo vento e reduzir a infiltração de ar e poeira.

- As faixas de vedação podem ser fixadas à borda ou face da folha da porta ou ao batente e à soleira.
- O material das faixas de vedação deve ser resistente ao uso prolongado, não corrosivo e substituível.
- Tipos básicos de faixas de vedação incluem:
- Tiras de metal tensionadas com mola de alumínio, bronze, aço inoxidável ou galvanizado
- Gaxetas de vinil ou neoprene
- Tiras de plástico esponjoso ou borracha
- Fitas espessas tecidas

- As faixas de vedação frequentemente são fornecidas pelos fabricantes de portas de vidro corrediças, portas de entrada de vidro, portas giratórias e portas basculantes.
- Rodapés automáticos consistem de barras horizontais colocadas na base de uma porta que caem automaticamente quando a porta é fechada, vedando sua base e reduzindo a transmissão de ruídos.

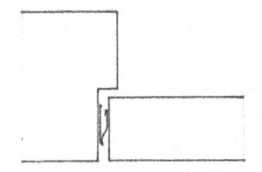

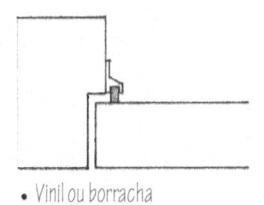

- Mola de tira metálica
- Espuma de borracha ou feltro
- Vinil ou borracha

Vedação de ombreiras de porta

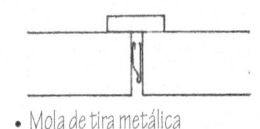

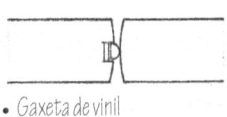

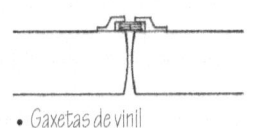

- Mola de tira metálica
- Gaxeta de vinil
- Gaxetas de vinil

Vedação entre folhas de portas

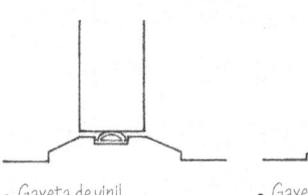

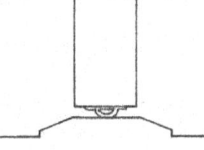

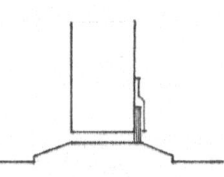

- Gaxeta de vinil
- Gaxeta de vinil
- Tira sobreposta

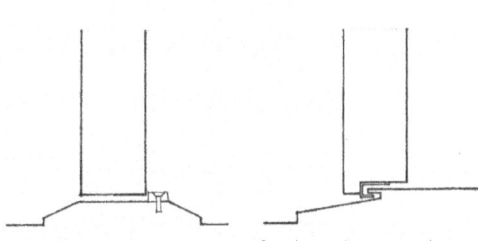

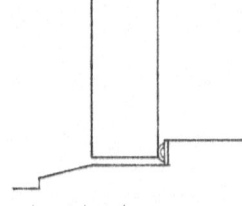

- Tira de proteção
- Gancho em J intertravado
- Insert de vinil

Vedação de soleira de portas

Soleiras

As soleiras cobrem as juntas entre dois materiais de piso nas portas internas e servem como barreira contra as intempéries nas portas externas.

- As soleiras geralmente têm faces inferiores côncavas para se ajustar melhor ao piso ou à soleira.
- Quando instaladas externamente, é usada uma vedação de junta, para boa estanqueidade.
- Soleiras de metal podem ter ranhuras ou ser revestidas de um material áspero, para fornecer uma superfície não escorregadia.

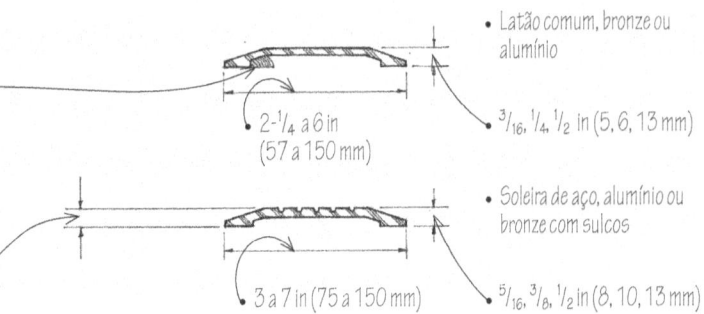

Diretriz de acessibilidade universal da ADA

- As soleiras não devem ter altura superior a 1/2 in (13 mm) e devem ter caimento máximo de 50%; em portas corrediças de uso residencial, admitem-se soleiras de até 3/4 in (19 mm).

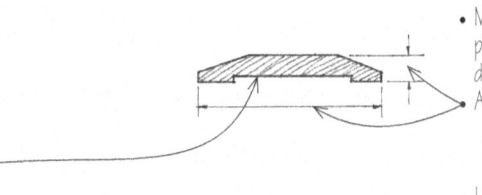

- Madeira: use madeira de lei para resistência máxima ao desgaste
- A largura e a altura variam

- Latão comum, bronze ou alumínio
- 2-1/4 a 6 in (57 a 150 mm)
- 3/16, 1/4, 1/2 in (5, 6, 13 mm)

- Soleira de aço, alumínio ou bronze com sulcos
- 3 a 7 in (75 a 150 mm)
- 5/16, 3/8, 1/2 in (8, 10, 13 mm)

8.22 COMPONENTES DE JANELAS

Batentes de janela
- Batentes de janelas de metal; veja a p. 8.24.
- Batentes de janelas de madeira; veja a p. 8.26.
- A tela mosquiteira pode ficar no interior ou no exterior; depende do acionamento da janela.

- A travessa superior é a parte mais alta do batente de janela.
- As ombreiras são os dois componentes laterais do batente de janela.

- Peitoril é o componente horizontal sob uma abertura de porta ou janela, apresentando uma superfície superior inclinada para escoar a água da chuva.
- Peitoril inferior é o peitoril adicional fixado à esquadria de uma janela para que as águas pluviais escoem mais afastadas da superfície da parede.

- Guarnição externa; nem sempre é usada.
- Moldura com pingadeira ou guarnição superior.
- Guarnição lateral.

Caixilho e vidraça
- Caixilho é a estrutura fixa ou móvel de uma janela à qual são instaladas as vidraças. Seu perfil varia conforme o material empregado, o fabricante e o tipo de janela.
- Vidraça é uma das divisões de uma janela, que inclui uma única lâmina de vidro de uma divisão do caixilho.
- Vidraça ou "vidro" também significa a própria chapa de vidro segura por um caixilho de janela. O vidro simples oferece pouca resistência ao fluxo térmico. Para se obter um valor de resistência térmica razoável (valor-R), são necessários vidros duplos ou uma porta guarda-vento separada; é possível usar vidros com uma camada refletora ou vidros triplos para se obter um valor-R mais alto. Veja a p. 8.30.
- A estanqueidade da janela é tão importante quanto sua capacidade de isolamento térmico. Os caixilhos de abrir devem ser vedados contra a chuva e a infiltração de ar. A conexão entre o batente da janela e a parede adjacente também deve ser vedada; além disso, é necessário inserir uma barreira contra o vento no local.

Abertura na parede
- Consulte o fabricante de janelas para saber mais sobre a abertura na parede ou alvenaria. Deve haver espaço no topo, nas laterais e na base para se fazer o nivelamento da janela.

Guarnição
- A guarnição se refere à moldura de acabamento ao redor da abertura de janela, incluindo guarnições laterais e superior, peitoris e aventais; veja a p. 10.27.

Exigências do código de obras
Antes de escolher uma janela, consulte as exigências do código de obras referentes aos itens abaixo:
- Iluminação e ventilação natural dos cômodos habitáveis
- Valor de isolamento térmico da janela
- Resistência da estrutura às cargas de vento
- Vão livre de qualquer janela de abrir que será usada como saída de emergência num dormitório residencial; em geral, essas janelas devem ter pelo menos 0,53 m^2 de área, com largura mínima de 51,0 cm, altura livre mínima de 61,0 cm e peitoril com no máximo 1,10 m em relação ao piso.
- Vidros de segurança para as janelas que podem ser confundidas com vãos de porta abertos; as janelas com mais de 0,84 m^2 e a menos de 60,0 cm de uma porta, ou menos de 1,50 m em relação ao piso, devem ter vidro temperado, laminado ou plástico.
- Os tipos e tamanhos das vidraças que podem ser usadas em paredes e corredores com capacidade de resistência ao fogo.

Diretrizes de acessibilidade universal da ADA
- As janelas que podem ser abertas por usuários em espaços acessíveis devem ter uma área de piso livre adequada para a manobra de cadeiras de rodas, ser de fácil alcance e poder ser abertas com uma mão, sem exigir que o usuário agarre, faça força ou torça o pulso.

- Travessas são os elementos horizontais que estruturam um caixilho de janela.
- Travessa superior
- Barras de envidraçamento são os elementos verticais que sustentam as laterais das vidraças de cada caixilho.
- Montantes são os elementos verticais que estruturam um caixilho de janela ou uma porta almofadada.
- Travessa inferior
- Montantes também são os elementos verticais que separam várias janelas ou vãos de porta.

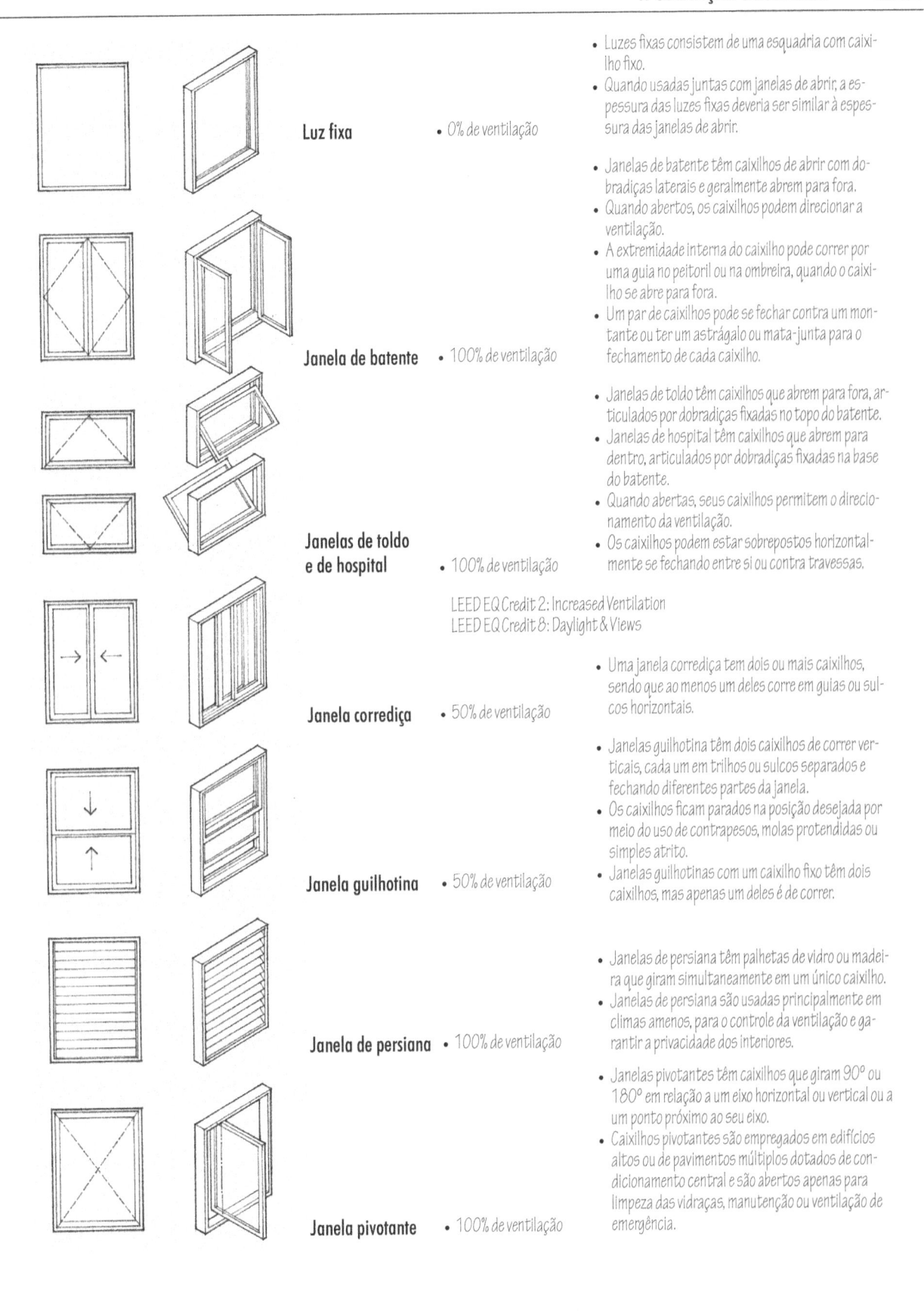

A OPERAÇÃO DE JANELAS   8.23

Luz fixa • 0% de ventilação

- Luzes fixas consistem de uma esquadria com caixilho fixo.
- Quando usadas juntas com janelas de abrir, a espessura das luzes fixas deveria ser similar à espessura das janelas de abrir.

Janela de batente • 100% de ventilação

- Janelas de batente têm caixilhos de abrir com dobradiças laterais e geralmente abrem para fora.
- Quando abertos, os caixilhos podem direcionar a ventilação.
- A extremidade interna do caixilho pode correr por uma guia no peitoril ou na ombreira, quando o caixilho se abre para fora.
- Um par de caixilhos pode se fechar contra um montante ou ter um astrágalo ou mata-junta para o fechamento de cada caixilho.

Janelas de toldo e de hospital • 100% de ventilação

- Janelas de toldo têm caixilhos que abrem para fora, articulados por dobradiças fixadas no topo do batente.
- Janelas de hospital têm caixilhos que abrem para dentro, articulados por dobradiças fixadas na base do batente.
- Quando abertas, seus caixilhos permitem o direcionamento da ventilação.
- Os caixilhos podem estar sobrepostos horizontalmente se fechando entre si ou contra travessas.

LEED EQ Credit 2: Increased Ventilation
LEED EQ Credit 8: Daylight & Views

Janela corrediça • 50% de ventilação

- Uma janela corrediça tem dois ou mais caixilhos, sendo que ao menos um deles corre em guias ou sulcos horizontais.

Janela guilhotina • 50% de ventilação

- Janelas guilhotina têm dois caixilhos de correr verticais, cada um em trilhos ou sulcos separados e fechando diferentes partes da janela.
- Os caixilhos ficam parados na posição desejada por meio do uso de contrapesos, molas protendidas ou simples atrito.
- Janelas guilhotinas com um caixilho fixo têm dois caixilhos, mas apenas um deles é de correr.

Janela de persiana • 100% de ventilação

- Janelas de persiana têm palhetas de vidro ou madeira que giram simultaneamente em um único caixilho.
- Janelas de persiana são usadas principalmente em climas amenos, para o controle da ventilação e garantir a privacidade dos interiores.

Janela pivotante • 100% de ventilação

- Janelas pivotantes têm caixilhos que giram 90° ou 180° em relação a um eixo horizontal ou vertical ou a um ponto próximo ao seu eixo.
- Caixilhos pivotantes são empregados em edifícios altos ou de pavimentos múltiplos dotados de condicionamento central e são abertos apenas para limpeza das vidraças, manutenção ou ventilação de emergência.

8.24 JANELAS DE METAL

- As esquadrias de alumínio de uma edificação podem ter perfis iguais ou desiguais dependendo do tipo de parede.
- A aba criada pelos perfis desiguais pode agir como barreira contra o vento para a conexão entre a janela e a parede. Ela também pode ser usada para fixar os batentes à estrutura de apoio.
- É necessária uma vedação para proteger a conexão entre a esquadria e a parede.
- A travessa superior, a ombreira e o peitoril costumam ter perfis semelhantes.
- Deve haver pingadeiras nos componentes horizontais que ficam no topo dos caixilhos de ventilação, pois eles ficam nivelados com o lado de fora da parede.
- A vedação é aplicada aos sulcos da esquadria e dos caixilhos.
- Barreiras térmicas
- Filete de envidraçamento de encaixar
- Veja as p. 8.28–8.29 para sistemas de envidraçamento.

- Como o alumínio é suscetível à ação galvânica, os materiais de ancoragem e rufos devem ser de alumínio ou algum material compatível com ele, como o aço inoxidável ou o aço galvanizado. Metais distintos, como o cobre, devem ser protegidos contra o contato direto com o alumínio usando-se um material não condutor à prova d'água, como neoprene ou feltro revestido. Para saber mais sobre a ação galvânica, veja as p. 12.09.
- O alumínio oculto em contato com concreto ou alvenaria deve ser protegido por uma demão de tinta betuminosa ou de alumínio, ou um *primer* cromado de zinco.

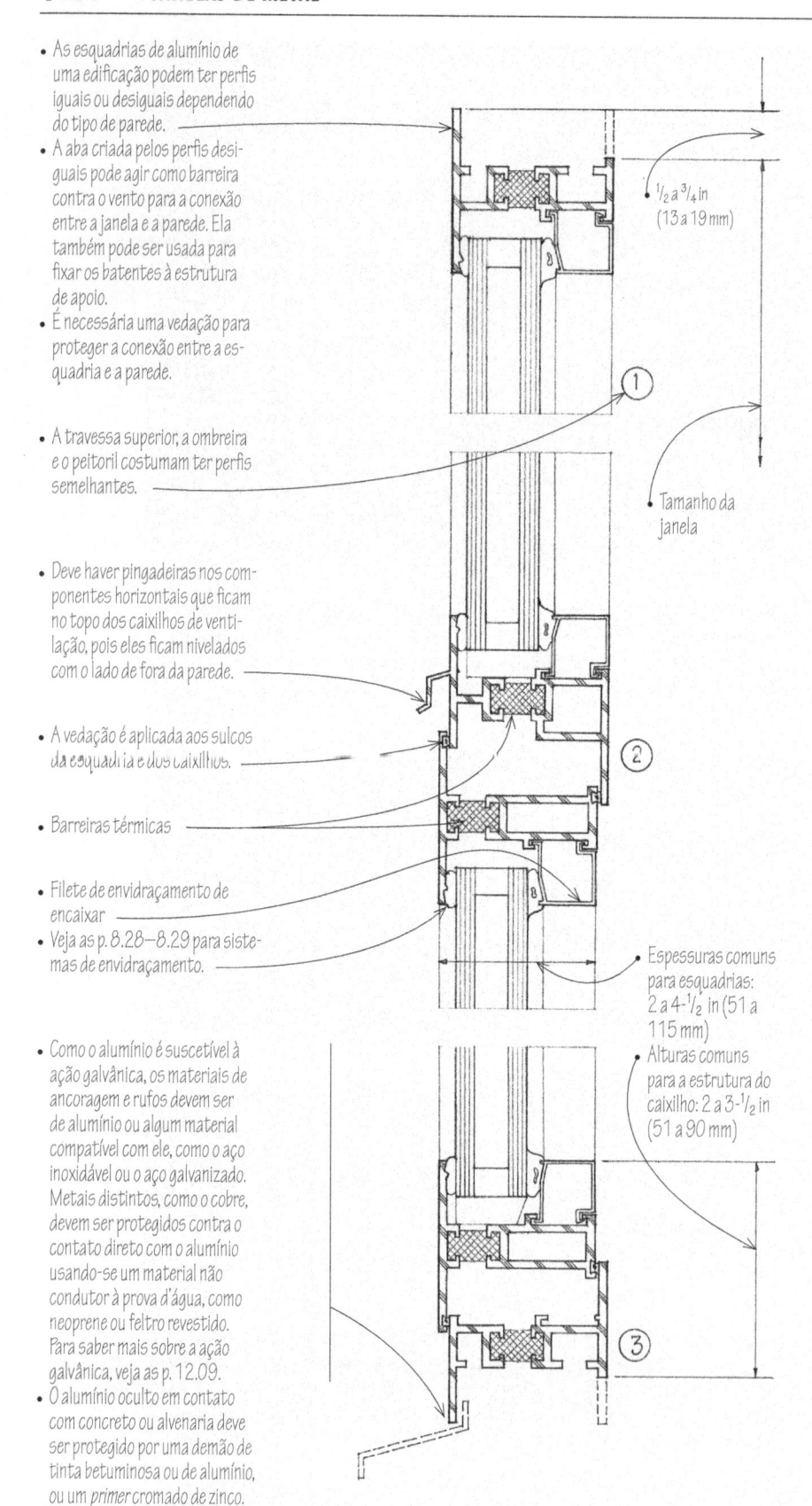

- ½ a ¾ in (13 a 19 mm)
- Tamanho da janela
- Espessuras comuns para esquadrias: 2 a 4-½ in (51 a 115 mm)
- Alturas comuns para a estrutura do caixilho: 2 a 3-½ in (51 a 90 mm)

As janelas de metal podem ser pré-fabricadas em alumínio, aço ou bronze. Nesta página e na seguinte, são mostrados perfis convencionais de janelas de alumínio e aço. Como os perfis dos caixilhos e batentes variam muito de acordo com o fabricante, consulte o material adequado para saber mais sobre:

- Detalhes em grande escala dos perfis dos caixilhos e batentes
- Liga de metal, peso e espessura dos perfis
- Desempenho térmico da janela
- Resistência à corrosão, pressão da água, infiltração de ar e cargas de vento
- Métodos e opções de envidraçamento
- Acabamentos disponíveis
- Aberturas em parede ou alvenaria necessárias; alguns fabricantes oferecem tamanhos padronizados, enquanto outros produzem tamanhos, formas e configurações sob encomenda.

Janelas de alumínio

As esquadrias de alumínio são relativamente baratas, leves e resistentes à corrosão, mas, por conduzirem calor com tanta eficiência, é necessário usar barreiras térmicas de borracha ou plástico para interromper o fluxo térmico da parte quente para a fria. Essas esquadrias podem apresentar acabamentos anodizados, esmaltados ou de fluoropolímeros.

Consulte a American Architectural Manufacturers Association (AAMA) para saber mais sobre os critérios referentes ao desempenho das janelas de alumínio, incluindo as medidas mínimas necessárias para a resistência e a espessura da esquadria, resistência à corrosão, infiltração de ar e resistência à água e às cargas de vento.

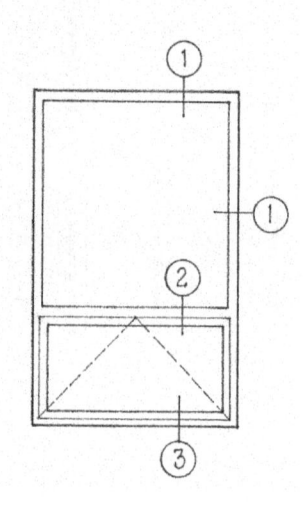

CSI MasterFormat 08 51 00 Metal Windows

JANELAS DE METAL 8.25

- As ancoragens de aço fixam a esquadria à parede.

- Os perfis da travessa superior, ombreiras e peitoril costumam ser semelhantes.

- A janela pode ser envidraçada por fora ou por dentro, acomodando vidros com espessuras diferentes; veja as p. 8.28–8.29 para sistemas de envidraçamento.

- Filete de envidraçamento de encaixar

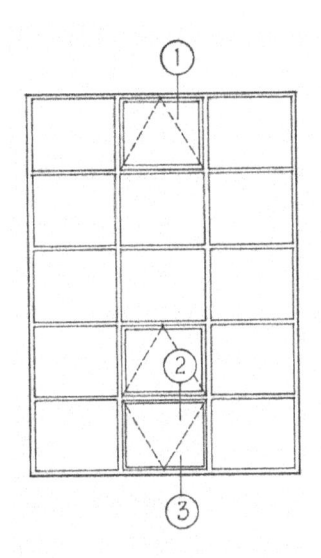

- Deve haver pingadeiras nos componentes horizontais que ficam no topo dos caixilhos de ventilação, pois eles ficam nivelados com o lado de fora da parede.

- A vedação é aplicada aos sulcos da esquadria e dos caixilhos.

- Os elementos convencionais têm profundidades de 25 a 38 mm.

- A sobreposição convencional vai de 13 a 16 mm.

Janelas de aço

Os perfis de caixilhos e batentes de aço são feitos de aço laminado a quente ou a frio. Já que o aço é mais forte que o alumínio, esses perfis são mais rígidos e finos que os de alumínio, oferecem montantes e travessas mais estreitos e permitem a instalação de luzes maiores em determinadas aberturas em paredes ou alvenaria. O aço também possui um coeficiente de transferência térmica inferior ao do alumínio, e, portanto, as esquadrias feitas desse material geralmente não exigem barreiras térmicas.

Os perfis de caixilhos e batentes são soldados uns aos outros, e costumam ser galvanizados ou bonderizados e recebem uma base para pintura. Também estão disponíveis acabamentos em esmalte acrílico cozido, uretano e cloreto de polivinil (PVC).

Consulte o Steel Window Institute (SWI) para saber mais sobre os critérios e normas referentes aos diferentes pesos de caixilhos e batentes de aço.

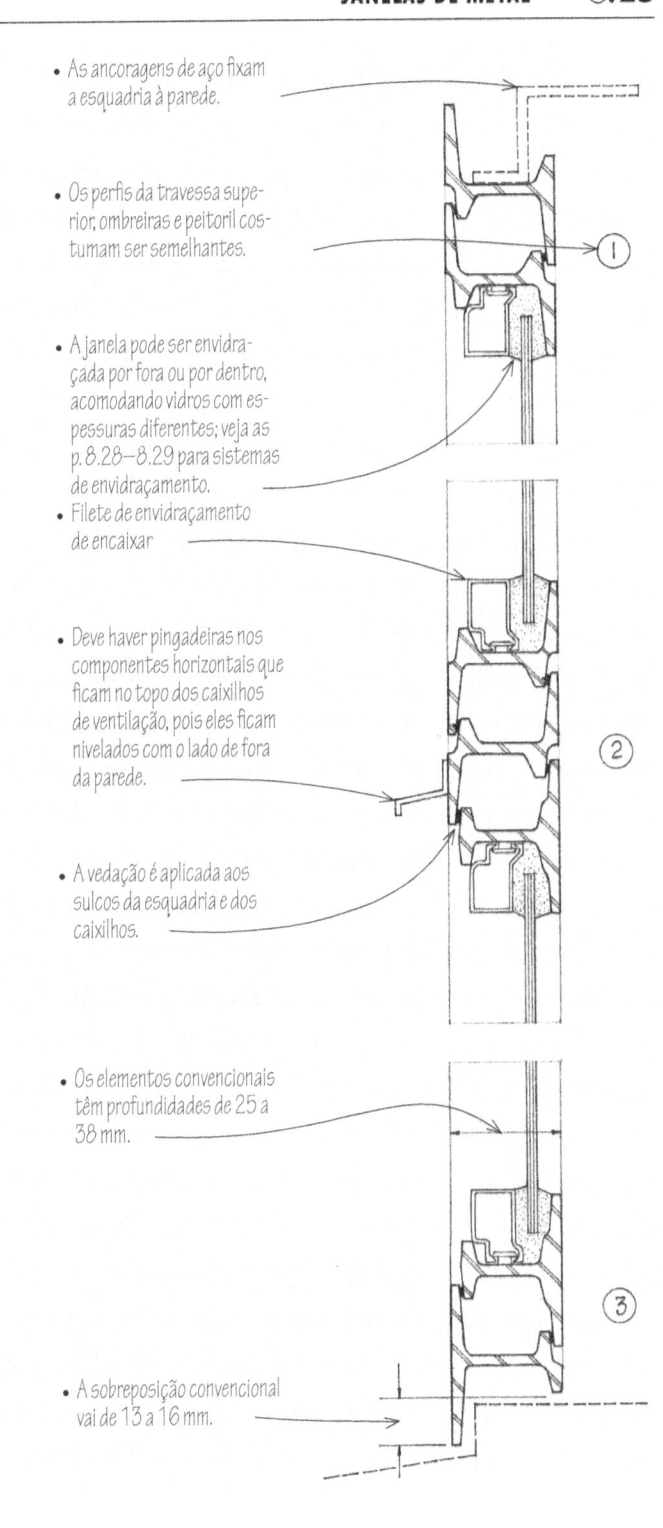

8.26 JANELAS DE MADEIRA

As esquadrias de madeira são mais espessas que as de alumínio e aço, mas também são mais efetivas quanto ao isolamento térmico. Em geral, elas são secas em forno, não apresentam obstruções, têm madeira de fibra reta e são pré-tratadas com um conservante que repele a água. A madeira pode ser pintada com stain ou tinta, ou receber uma base para pintura in loco. Para minimizar a necessidade de manutenção, a maioria das esquadrias de madeira é atualmente revestida de vinil ou bonderizada a perfis de alumínio revestidos com acrílico, que não precisam de pintura.

A maior parte das esquadrias de madeira padronizadas é fabricada de acordo com as normas estabelecidas pela National Wood Window and Door Association (NWWDA), que foram adotadas pelo American National Standards Institute (ANSI). Os perfis e dimensões exatas dos batentes e caixilhos variam de acordo com o funcionamento da janela e o fabricante. No entanto, cada fabricante geralmente tem detalhes em escala grande (1:10 ou 1:5), que ajudam a entender os tipos de instalação de janela específicos.

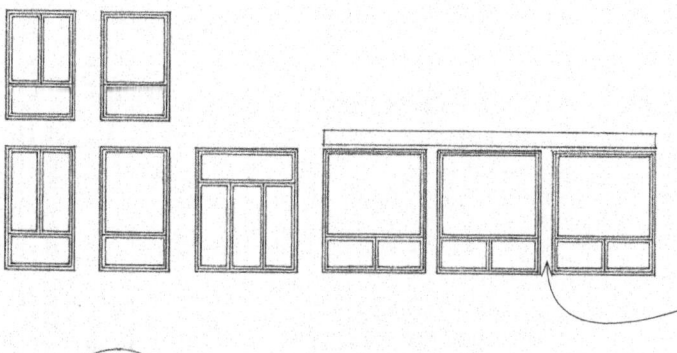

- Consulte o fabricante sobre os tamanhos padronizados de janelas e os vãos necessários. Alguns fabricantes produzem tamanhos, formas e configurações sob encomenda.

Os fabricantes de janelas oferecem diferentes combinações de caixilhos tanto fixos como de abrir, para cobrir aberturas grandes.

- As janelas podem ser distribuídas verticalmente ou lado a lado.
- É possível usar montantes estruturais para reduzir o vão coberto pela verga ou lintel.
- Às vezes são necessárias armaduras quando quatro janelas se encontram numa mesma quina.

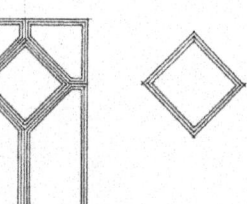

- Formas especiais são oferecidas por muitos fabricantes.

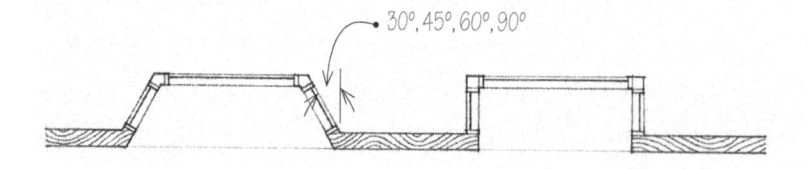

- 30°, 45°, 60°, 90°

- Janelas de sacada ortogonais ou angulares

CSI 08600 Wood Windows

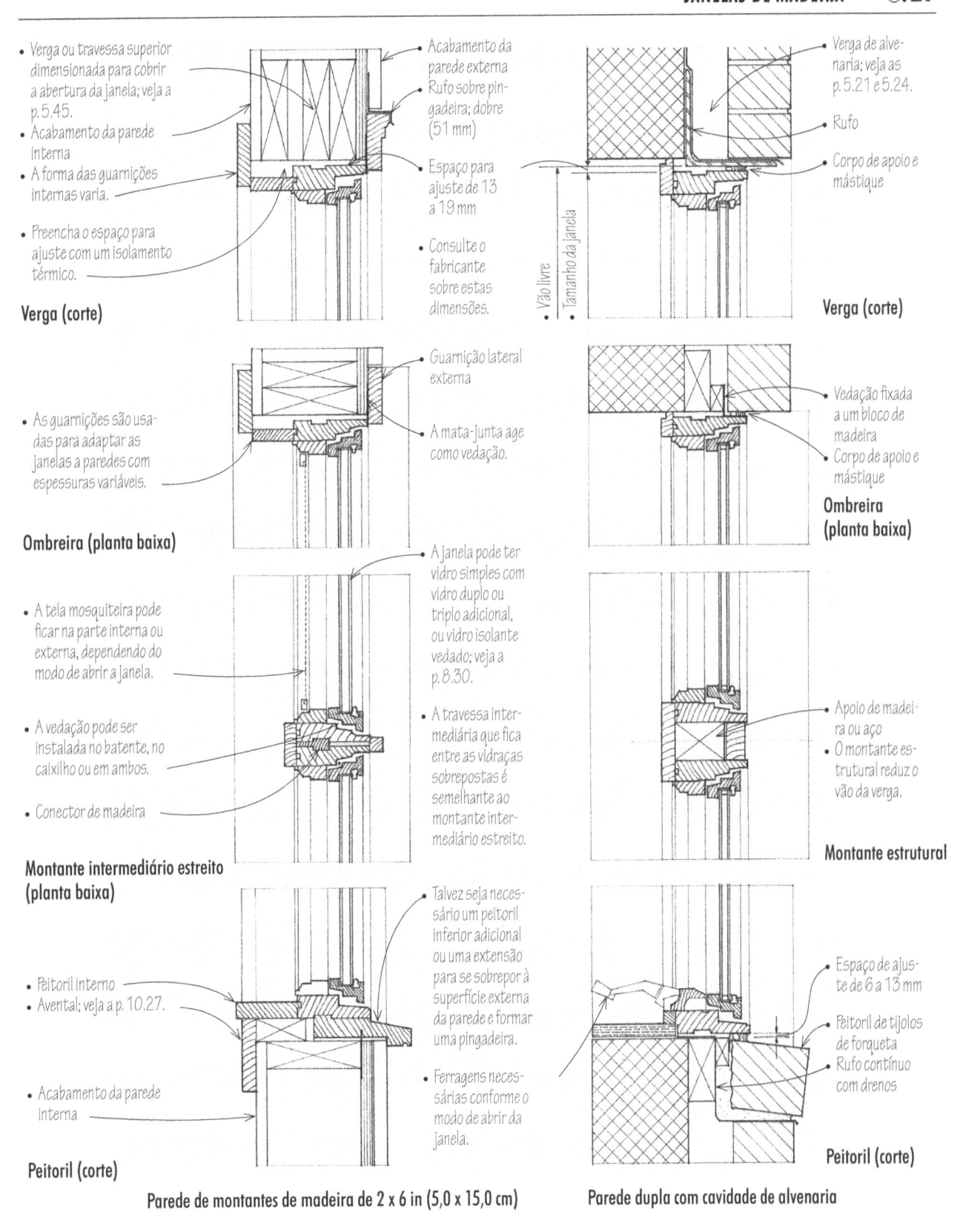

JANELAS DE MADEIRA 8.27

Verga (corte)

- Verga ou travessa superior dimensionada para cobrir a abertura da janela; veja a p. 5.45.
- Acabamento da parede interna
- A forma das guarnições internas varia.
- Preencha o espaço para ajuste com um isolamento térmico.

- Acabamento da parede externa
- Rufo sobre pingadeira; dobre (51 mm)
- Espaço para ajuste de 13 a 19 mm
- Consulte o fabricante sobre estas dimensões.

Ombreira (planta baixa)

- As guarnições são usadas para adaptar as janelas a paredes com espessuras variáveis.

- Guarnição lateral externa
- A mata-junta age como vedação.

Montante intermediário estreito (planta baixa)

- A tela mosquiteira pode ficar na parte interna ou externa, dependendo do modo de abrir a janela.
- A vedação pode ser instalada no batente, no caixilho ou em ambos.
- Conector de madeira

- A janela pode ter vidro simples com vidro duplo ou triplo adicional, ou vidro isolante vedado; veja a p. 8.30.
- A travessa intermediária que fica entre as vidraças sobrepostas é semelhante ao montante intermediário estreito.

Peitoril (corte)

- Peitoril interno
- Avental; veja a p. 10.27.
- Acabamento da parede interna

- Talvez seja necessário um peitoril inferior adicional ou uma extensão para se sobrepor à superfície externa da parede e formar uma pingadeira.
- Ferragens necessárias conforme o modo de abrir da janela.

Parede de montantes de madeira de 2 x 6 in (5,0 x 15,0 cm)

Verga (corte)

- Verga de alvenaria; veja as p. 5.21 e 5.24.
- Rufo
- Corpo de apoio e mástique

Vão livre / Tamanho da janela

Ombreira (planta baixa)

- Vedação fixada a um bloco de madeira
- Corpo de apoio e mástique

Montante estrutural

- Apoio de madeira ou aço
- O montante estrutural reduz o vão da verga.

Peitoril (corte)

- Espaço de ajuste de 6 a 13 mm
- Peitoril de tijolos de forqueta
- Rufo contínuo com drenos

Parede dupla com cavidade de alvenaria

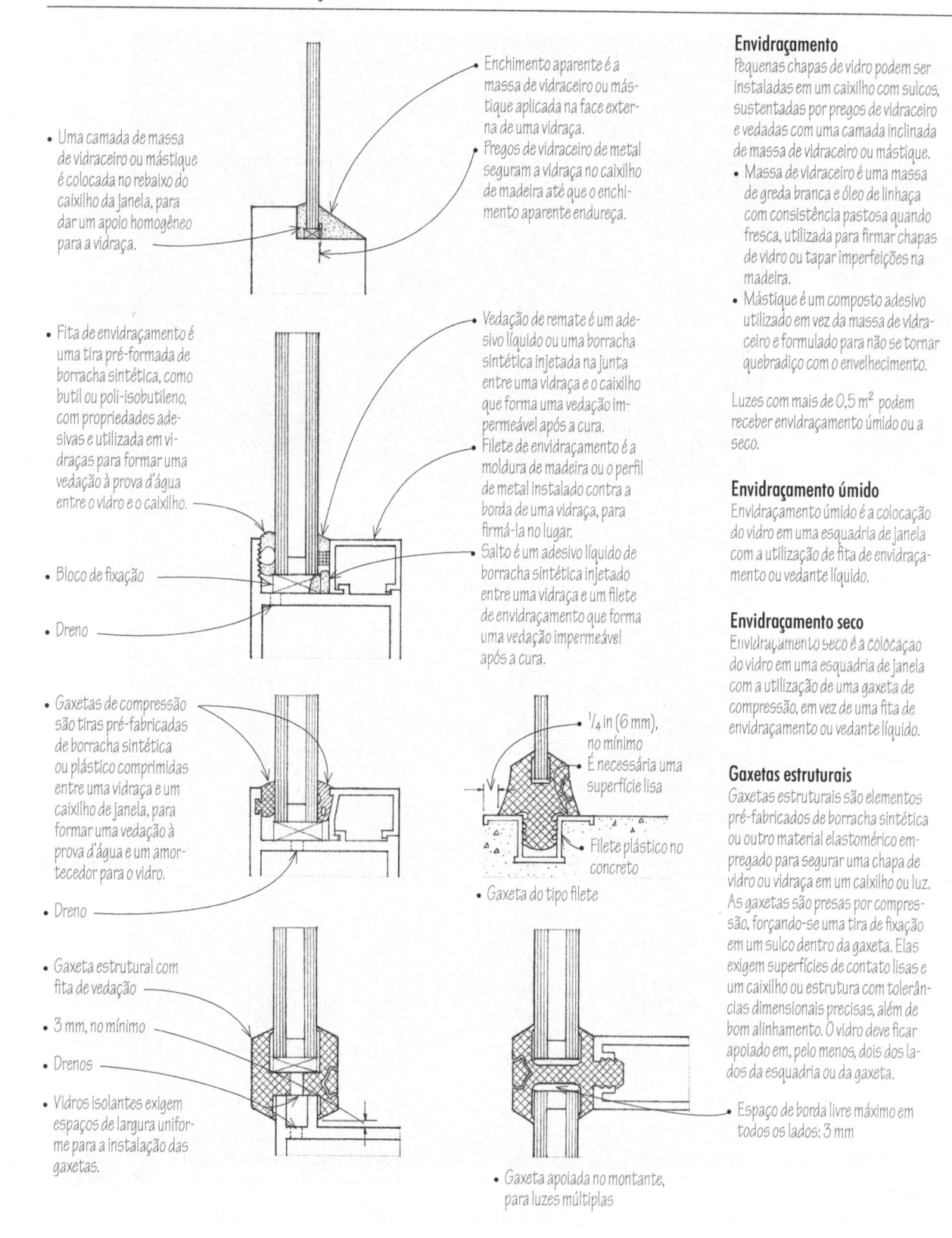

8.28 SISTEMAS DE ENVIDRAÇAMENTO

- Uma camada de massa de vidraceiro ou mástique é colocada no rebaixo do caixilho da janela, para dar um apoio homogêneo para a vidraça.

- Enchimento aparente é a massa de vidraceiro ou mástique aplicada na face externa de uma vidraça.
- Pregos de vidraceiro de metal seguram a vidraça no caixilho de madeira até que o enchimento aparente endureça.

- Fita de envidraçamento é uma tira pré-formada de borracha sintética, como butil ou poli-isobutileno, com propriedades adesivas e utilizada em vidraças para formar uma vedação à prova d'água entre o vidro e o caixilho.

- Bloco de fixação
- Dreno

- Vedação de remate é um adesivo líquido ou uma borracha sintética injetada na junta entre uma vidraça e o caixilho que forma uma vedação impermeável após a cura.
- Filete de envidraçamento é a moldura de madeira ou o perfil de metal instalado contra a borda de uma vidraça, para firmá-la no lugar.
- Salto é um adesivo líquido de borracha sintética injetado entre uma vidraça e um filete de envidraçamento que forma uma vedação impermeável após a cura.

- Gaxetas de compressão são tiras pré-fabricadas de borracha sintética ou plástico comprimidas entre uma vidraça e um caixilho de janela, para formar uma vedação à prova d'água e um amortecedor para o vidro.

- Dreno

- ¼ in (6 mm), no mínimo
- É necessária uma superfície lisa
- Filete plástico no concreto
- Gaxeta do tipo filete

- Gaxeta estrutural com fita de vedação
- 3 mm, no mínimo
- Drenos
- Vidros isolantes exigem espaços de largura uniforme para a instalação das gaxetas.

- Gaxeta apoiada no montante, para luzes múltiplas

Envidraçamento
Pequenas chapas de vidro podem ser instaladas em um caixilho com sulcos, sustentadas por pregos de vidraceiro e vedadas com uma camada inclinada de massa de vidraceiro ou mástique.

- Massa de vidraceiro é uma massa de greda branca e óleo de linhaça com consistência pastosa quando fresca, utilizada para firmar chapas de vidro ou tapar imperfeições na madeira.
- Mástique é um composto adesivo utilizado em vez da massa de vidraceiro e formulado para não se tornar quebradiço com o envelhecimento.

Luzes com mais de 0,5 m² podem receber envidraçamento úmido ou a seco.

Envidraçamento úmido
Envidraçamento úmido é a colocação do vidro em uma esquadria de janela com a utilização de fita de envidraçamento ou vedante líquido.

Envidraçamento seco
Envidraçamento seco é a colocação do vidro em uma esquadria de janela com a utilização de uma gaxeta de compressão, em vez de uma fita de envidraçamento ou vedante líquido.

Gaxetas estruturais
Gaxetas estruturais são elementos pré-fabricados de borracha sintética ou outro material elastomérico empregado para segurar uma chapa de vidro ou vidraça em um caixilho ou luz. As gaxetas são presas por compressão, forçando-se uma tira de fixação em um sulco dentro da gaxeta. Elas exigem superfícies de contato lisas e um caixilho ou estrutura com tolerâncias dimensionais precisas, além de bom alinhamento. O vidro deve ficar apoiado em, pelo menos, dois dos lados da esquadria ou da gaxeta.

- Espaço de borda livre máximo em todos os lados: 3 mm

CSI MasterFormat 08 81 00 Glass Glazing

SISTEMAS DE ENVIDRAÇAMENTO 8.29

Os sistemas de envidraçamento úmido ou seco devem permitir que o vidro flutue na abertura e seja amortecido com um material de envidraçamento flexível. Não deve haver contato direto entre o vidro e o caixilho. O caixilho propriamente dito deve suportar o vidro contra a pressão ou sucção do vento, e ser forte o bastante para impedir a transferência dos movimentos estruturais e tensões térmicas para o vidro.

- Limite a deflexão a $1/175$ do vão.
- Espaço livre de 3 mm
- Espaçadores de quina feitos de borracha sintética são colocados entre as bordas laterais de uma chapa de vidro ou vidraça e a esquadria para centralizar, manter a largura uniforme da vedação e limitar a movimentação lateral causada pelas vibrações da edificação, ou pela expansão ou retração térmica; o comprimento mínimo é 100 mm.

- O tamanho do vidro é o tamanho da chapa de vidro ou vidraça necessária para envidraçar uma luz, resultando em espaços livres adequados para movimentação.
- Centímetros unidos é a soma de um comprimento e uma largura de uma chapa de vidro ou vidraça retangular, medidos em centímetros.

- Espaçadores inferiores feitos de chumbo ou borracha sintética são colocados sob a borda inferior de uma chapa de vidro ou vidraça para sustentá-la dentro de um caixilho; dois por painel a $1/4$ das quinas.
- Os espaçadores inferiores devem ter a largura da espessura do vidro e 25 mm por 0,09 m² de área de vidro no comprimento; mínimo de 100 mm.
- No mínimo dois drenos de 6 a 10 mm por luz.

Tipo de vidro		A	B	C
Vidro flutuante	SS	2 mm ($1/16$ in)	6 mm ($1/4$ in)	3 mm ($1/8$ in)
	DS	3 mm ($1/8$ in)	6 mm ($1/4$ in)	3 mm ($1/8$ in)
Vidro em chapa plana	6 mm ($1/4$ in)	3 mm ($1/8$ in)	10 mm ($3/8$ in)	6 mm ($1/4$ in)
	10 mm ($3/8$ in)	5 mm ($3/16$ in)	11 mm ($7/16$ in)	8 mm ($5/16$ in)
	13 mm ($1/2$ in)	6 mm ($1/4$ in)	11 mm ($7/16$ in)	10 mm ($3/8$ in)
Vidro isolante	13 mm ($1/2$ in)	3 mm ($1/8$ in)	13 mm ($1/2$ in)	3 mm ($1/8$ in)
	16 mm ($5/8$ in)	3 mm ($1/8$ in)	13 mm ($1/2$ in)	3 mm ($1/8$ in)
	19 mm ($3/4$ in)	5 mm ($3/16$ in)	13 mm ($1/2$ in)	6 mm ($1/4$ in)
	25 mm (1 in)	5 mm ($3/16$ in)	13 mm ($1/2$ in)	6 mm ($1/4$ in)

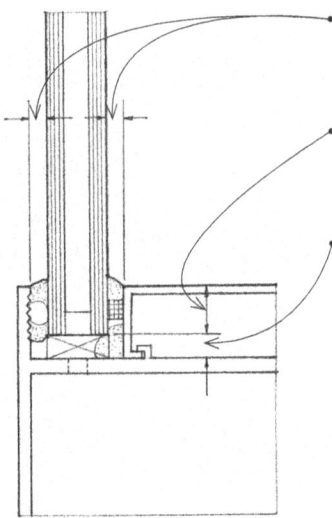

- Folga horizontal é a distância entre a face de uma folha de vidro e a face mais próxima de sua moldura ou batente, medida perpendicularmente à superfície do vidro.
- Mordente é a medida da sobreposição da borda de uma folha de vidro e o caixilho, batente ou gaxeta de fita de aperto de uma janela.
- Folga vertical é a distância entre a borda de uma folha de vidro e o batente da janela, medida no plano do primeiro.

8.30 O VIDRO ISOLANTE

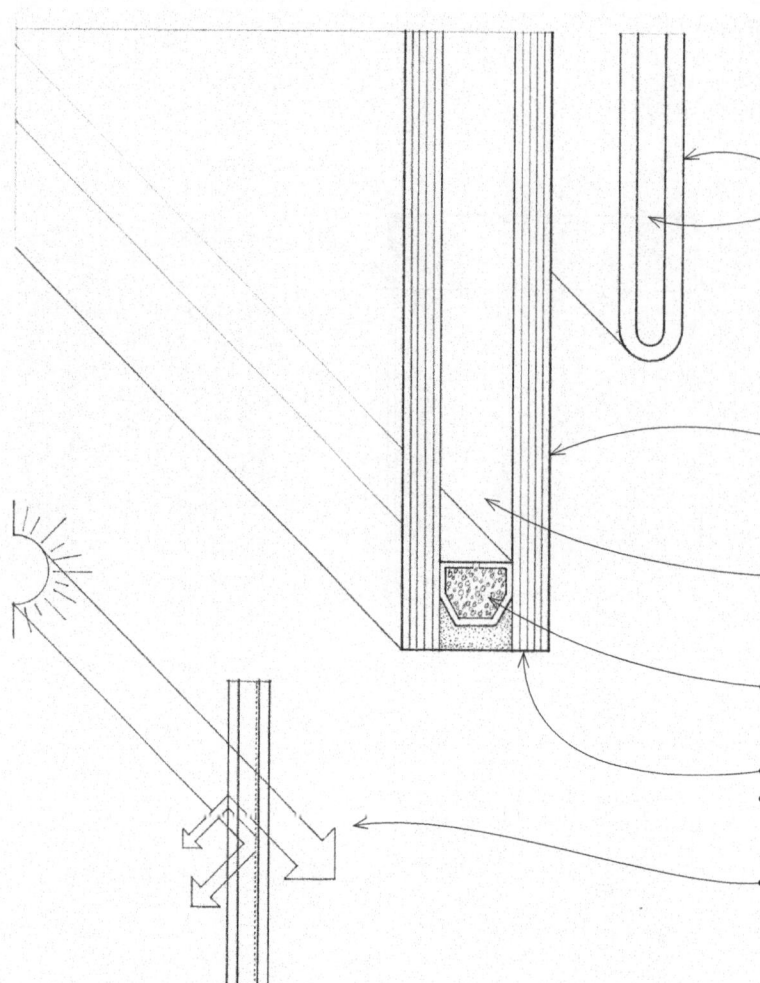

O vidro isolante é composto por duas ou mais chapas de vidro separadas por câmaras de ar vedadas hermeticamente, o que proporciona um maior isolamento térmico e restringe a condensação.

- As vidraças com bordas de vidro contínuas são produzidas fundindo-se as bordas de duas chapas de vidro flutuante de 2 mm (CS) ou 3 mm (CS). O espaço de 5 mm entre as duas chapas é preenchido com ar desidratado ou gás inerte na pressão atmosférica.
- As vidraças com bordas de vidro contínuas são indicadas para luzes menores em janelas residenciais e comerciais, mas não podem ser instaladas usando-se gaxetas estruturais.
- As vidraças com espaçadores nas bordas são feitas com duas chapas de vidro separadas nas bordas por um espaçador oco de metal ou borracha orgânica e vedadas hermeticamente com um vedante orgânico, como borracha butílica.
- O espaço de 6 ou 13 mm entre as duas chapas de vidro pode ser preenchido com ar desidratado na pressão atmosférica ou, para uma maior eficiência térmica, com gás inerte, como o argônio ou o criptônio.
- O dessecativo (desumidificante químico) presente no espaçador absorve a umidade residual que pode haver na câmara de ar.
- A espessura do vidro vai de 3 a 10 mm.
- Para uma maior eficiência térmica, é possível usar vidro corado, refletivo ou de baixa emissividade (baixo valor-E); veja a tabela abaixo.
- A película de baixa emissividade aplicada sobre uma ou duas chapas de vidro reflete grande parte da energia radiante incidente e, ao mesmo tempo, permite a passagem da maior parte da luz visível.
- Em vidraças de segurança, o vidro pode ser anelado, temperado ou laminado.

- Para outros produtos de vidro, veja a p. 12.16.

Tipo de vidro isolante	Luz visível		Radiação solar		Valor-U	
	% transmitida	% refletida	% transmitida	% refletida	Inverno	Verão
incolor + incolor	78 – 82	14 – 15	60 – 76	11 – 15	0,42 – 0,61	169 – 192
incolor + baixa emissividade	49 – 86	12 – 15	17 – 56	17 – 25	0,23 – 0,52	133 – 157
incolor + corado						
cinza	13 – 56	5 – 13	22 – 56	7 – 9	0,49 – 0,60	74 – 152
bronze	19 – 62	8 – 13	26 – 57	8 – 9	0,49 – 0,60	76 – 152
azul	50 – 64	8 – 13	38 – 56	7 – 9	0,49 – 0,58	120 – 154
incolor + película						
prata	7 – 19	22 – 41	5 – 14	18 – 34	0,39 – 0,48	36 – 59
azul	12 – 27	16 – 32	12 – 18	15 – 20	0,42 – 0,46	58 – 73
cobre	25	30 – 31	12	45	0,29 – 0,30	44

LEED EA Credit 1: Optimize Energy Performance

PELES DE VIDRO 8.31

Peles de vidro são paredes de vedação externas que consistem de vidraças e tímpanos cegos sustentados por molduras de metal. Elas podem ser classificadas conforme o método de montagem.

Sistemas tubulares
Os sistemas tubulares consistem de um conjunto de montantes e travessas de perfil tubular de metal instalados um por um no canteiro de obras, criando molduras para as vidraças e os tímpanos. Eles oferecem custos de transporte e manuseio relativamente baixos e podem ser ajustados à estrutura pré-existente *in loco* com maior facilidade do que os outros sistemas.

Sistemas unitários
Os sistemas unitários consistem de painéis de parede pré-montados, com vidros já instalados em fábrica ou instalados *in loco*. O volume a transportar é maior do que no sistema tubular, mas esse sistema exige menos mão de obra *in loco* e tempo de execução.

Sistemas parede-mainel
No sistema parede-mainel, montantes da altura de um ou dois pavimentos são instalados antes que os painéis de parede pré-montados sejam baixados no local, por trás dos montantes. Os painéis de parede podem ter altura equivalente à do pavimento e ser pré-envidraçados ou envidraçados *in loco*, ou ser unidades independentes cegas (tímpanos) ou com vidraça.

Sistemas de cobertura de pilar e tímpano
Os sistemas de cobertura de pilar e tímpano consistem de peças com vidraças e tímpanos sustentadas por vigas de borda e inseridas entre os pilares cobertos com revestimentos individuais.

- Veja as p. 7.24—7.26 para condições gerais e pré-requisitos de instalação de paredes-cortina.

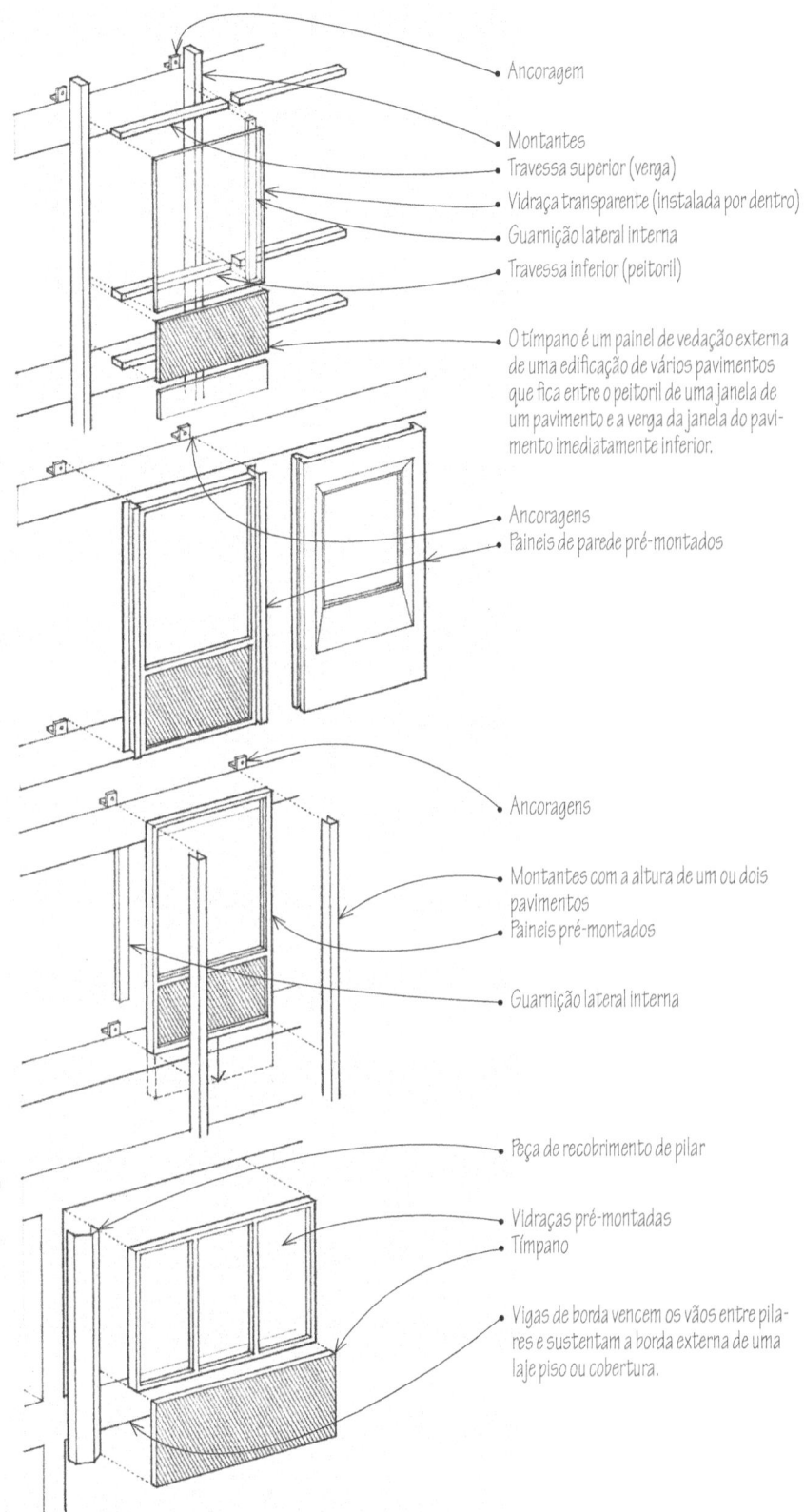

- Ancoragem
- Montantes
- Travessa superior (verga)
- Vidraça transparente (instalada por dentro)
- Guarnição lateral interna
- Travessa inferior (peitoril)
- O tímpano é um painel de vedação externa de uma edificação de vários pavimentos que fica entre o peitoril de uma janela de um pavimento e a verga da janela do pavimento imediatamente inferior.

- Ancoragens
- Painéis de parede pré-montados

- Ancoragens
- Montantes com a altura de um ou dois pavimentos
- Painéis pré-montados
- Guarnição lateral interna

- Peça de recobrimento de pilar
- Vidraças pré-montadas
- Tímpano
- Vigas de borda vencem os vãos entre pilares e sustentam a borda externa de uma laje piso ou cobertura.

CSI MasterFormat 08 44 00 Curtain Wall and Glazed Assemblies

8.32 PELES DE VIDRO

- Os perfis dos montantes são conectados ao montante inferior que está fixado ao conector interno e ao montante superior que desce até o conector, deixando-o livre para se movimentar.

- Ancoragens de quina; veja a p. 7.26.
- Todas as ancoragens e conectores devem ser detalhados para se evitar a ação galvânica.

- Painel cego ou vidro de tímpano, um vidro opaco produzido pela fusão de uma frita cerâmica à superfície interna do vidro temperado ou reforçado com calor.

- Um corta-fogo contínuo é instalado entre a parede e a borda de cada laje de piso para impedir a dispersão das chamas.

- Veja a p. 7.25 para o projeto barometricamente equalizado de paredes-cortina.

- As estruturas de metal devem conter barreiras térmicas.
- As travessas são dotadas de orifícios para drenagem.

- Vidro isolante

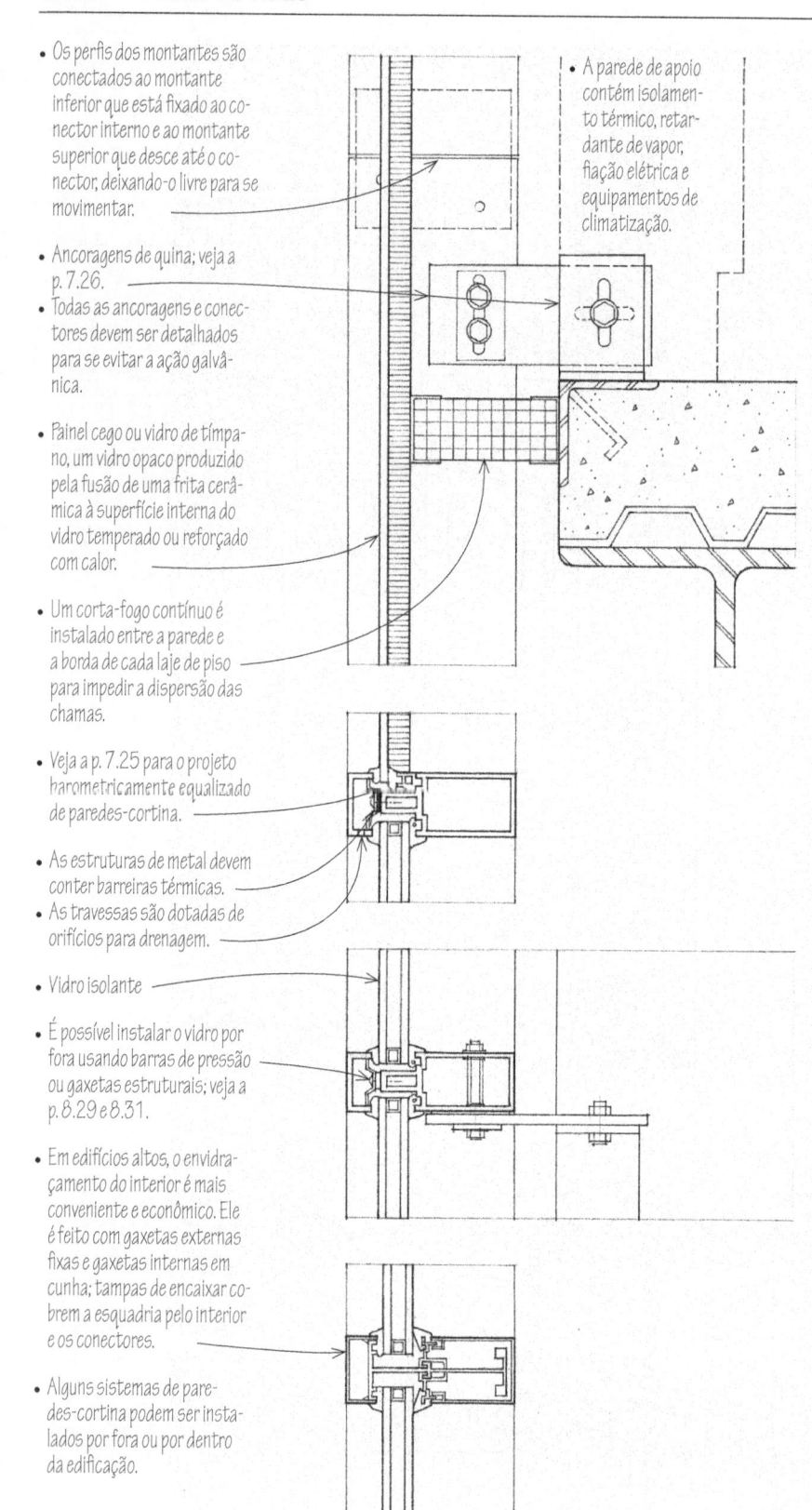

- É possível instalar o vidro por fora usando barras de pressão ou gaxetas estruturais; veja a p. 8.29 e 8.31.

- Em edifícios altos, o envidraçamento do interior é mais conveniente e econômico. Ele é feito com gaxetas externas fixas e gaxetas internas em cunha; tampas de encaixar cobrem a esquadria pelo interior e os conectores.

- Alguns sistemas de paredes-cortina podem ser instalados por fora ou por dentro da edificação.

- A parede de apoio contém isolamento térmico, retardante de vapor, fiação elétrica e equipamentos de climatização.

Esses detalhes apresentam as características mais comuns das peles de vidro. Para usar fachadas-cortina pré-fabricadas padronizadas, não é necessário um detalhamento excessivo — exceto quando os componentes são modificados. Para informações mais profundas, consulte o *Aluminum Curtain Wall Design Guide Manual*, publicado pela American Architectural Manufacturers Association (AAMA) e a Flat Glass Marketing Association (FGMA), bem como as normas desenvolvidas pela American Society for Testing and Materials (ASTM). Observe itens como:

- Padrão geral da parede
- Tipo de vidro
- Tipo, tamanho e localização dos caixilhos das janelas de abrir
- Tipo e acabamento dos painéis cegos ou tímpanos
- Condições de borda, quina e ancoragem

- É possível usar tampas de encaixar para ocultar os conectores, criar perfis contínuos e permitir variações nos acabamentos de metal.

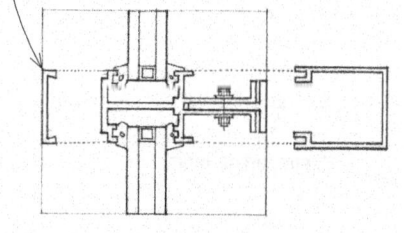

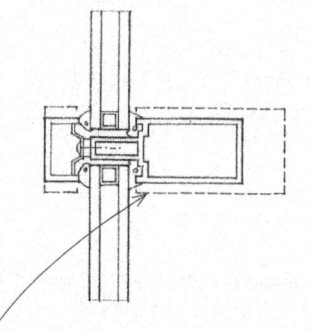

- O tamanho, a resistência e a rigidez necessários das peles de vidro são determinados pelas cargas que as esquadrias precisam transferir — em especial, cargas laterais de vento e cargas relativamente pequenas de gravidade. Consulte o fabricante para saber mais sobre a capacidade estrutural da pele de vidro, bem como sua resistência à infiltração de água e ar.

PELES DE VIDRO 8.33

O sistema de pele de vidro pode utilizar gaxetas estruturais para envidraçar tanto os vidros fixos como os tímpanos. Os elementos estruturais de apoio devem ter a mesma espessura que o vidro isolante, o que resulta em apoios equilibrados.

Com a sobreposição vertical dos vidros isolantes, o peso dos vidros superiores pode criar solicitações estruturais sobre os inferiores. Por essa razão, o montante horizontal — e não as gaxetas — deve fornecer o apoio necessário para as vidraças.

Veja a p. 8.28 para saber mais sobre o envidraçamento com gaxetas estruturais.

- Montante
- Gaxeta estrutural; recomendada apenas para uso vertical

- Travessa
- Suporte de neoprene
- O dreno pode ser inserido na gaxeta após a instalação.

- A carga de gravidade da vidraça deve ser sustentada pela travessa.
- A carga de gravidade não pode ser transferida para a vidraça de baixo.

Envidraçamento em nível

O envidraçamento em nível é o sistema no qual os elementos estruturais de metal são instalados atrás dos panos de vidro para formar uma superfície externa nivelada. As vidraças são coladas nas esquadrias com uma vedação silicone estrutural; essa vedação transfere as cargas de vento e outras cargas do vidro para a estrutura de metal da parede-cortina sem usar conectores mecânicos. O projeto deve facilitar a manutenção e a substituição de vidros quebrados. Vidraças pré-fabricadas são mais indicadas devido ao melhor controle de qualidade. Para mais detalhes, consulte o fabricante.

- Montante estrutural
- Vidro isolante
- A vedação de silicone estrutural deve ser compatível com as vidraças e a estrutural de metal.
- Espaçador
- Impermeabilização de silicone estrutural
- Corpo de apoio de polietileno

8.34 PELES DE VIDRO

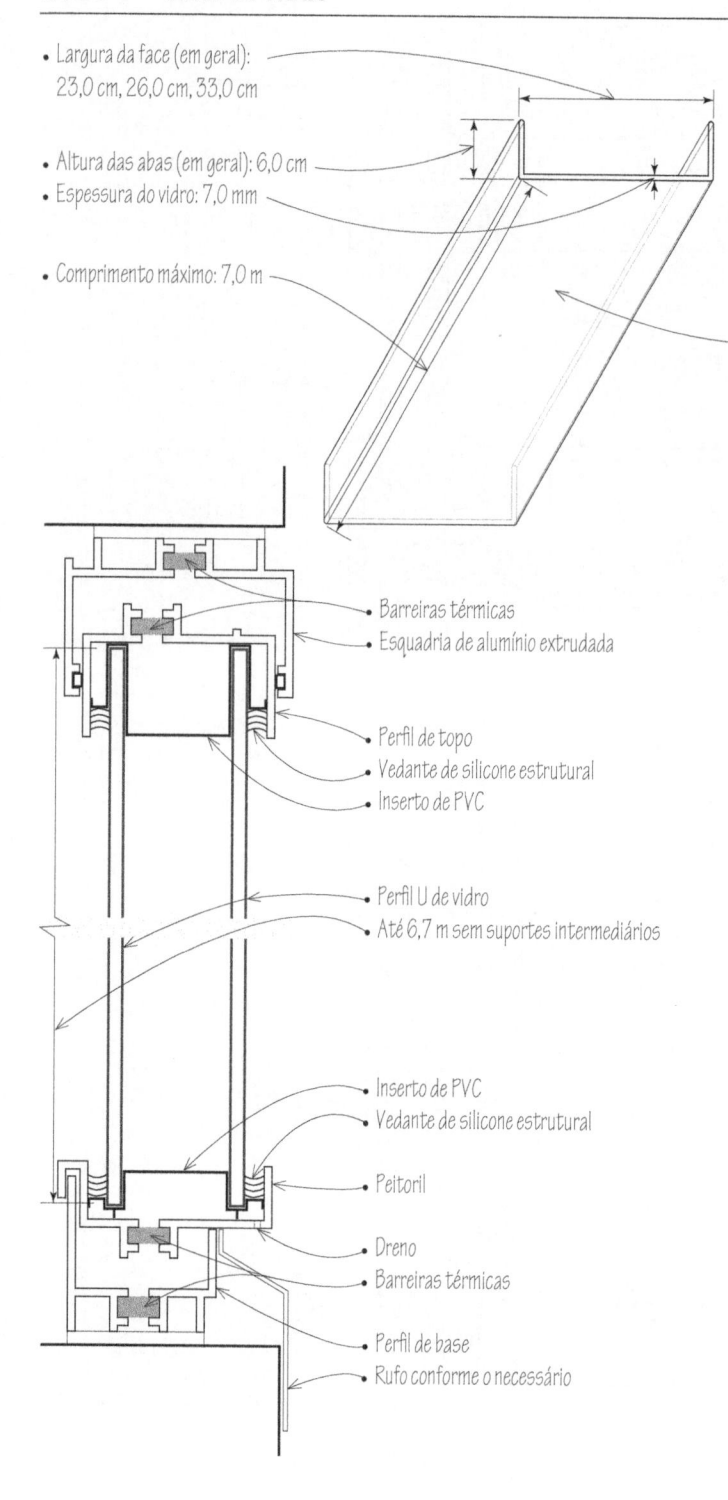

- Largura da face (em geral): 23,0 cm, 26,0 cm, 33,0 cm
- Altura das abas (em geral): 6,0 cm
- Espessura do vidro: 7,0 mm
- Comprimento máximo: 7,0 m

- Barreiras térmicas
- Esquadria de alumínio extrudada
- Perfil de topo
- Vedante de silicone estrutural
- Inserto de PVC
- Perfil U de vidro
- Até 6,7 m sem suportes intermediários
- Inserto de PVC
- Vedante de silicone estrutural
- Peitoril
- Dreno
- Barreiras térmicas
- Perfil de base
- Rufo conforme o necessário

LEED EA Credit 1: Optimize Energy Performance
LEED IEQ Credits 6 & 7: Controllability of Systems & Thermal Comfort

CSI MasterFormat 08 45 11: Translucent Linear Channel Glazing System

Perfis U de vidro

Os perfis U de vidro são moldados passando-se o vidro fundido por uma série de rolos de aço até que se forme um componente contínuo e ortogonal em forma de U, que então é cortado conforme a especificação, após o resfriamento. Os perfis translúcidos têm largura entre 23,0 e 48,0 cm e comprimento de até 7,0 m. Para uso externo, os perfis têm abas de 6,0 cm e três larguras padronizadas, 23,0 cm, 26,0 cm e 33,0 cm.

Várias texturas superficiais oferecem uma diversidade de níveis de translucidez, limitando a visibilidade, mas permitindo a passagem da luz. Os perfis U de vidro podem ser anelados e temperados, para terem maior resistência à compressão e serem empregados no envidraçamento de segurança.

O desempenho térmico dos perfis pode ser melhorado com uma película de baixo valor-e (baixa emissividade) aplicada diretamente à face interna da vidraça. Quando é necessário um desempenho superior, pode-se inserir um isolante térmico na cavidade de um sistema com vidros duplos, reduzindo o valor-U do sistema para apenas 0,19.

Esses perfis de vidro são adequados para uso interno e externo. Nos exteriores, os sistemas de perfis U de vidro podem ser compostos por paredes-cortinas com vidros duplos (peles de vidro), fachadas de chuva com vidros simples ou paredes Trombe.

Os perfis autoportantes podem ser instalados vertical ou horizontalmente em esquadrias de alumínio extrudadas. Os sistemas verticais são montados in loco, enquanto os horizontais costumam ser montados em fábrica, para melhorar o controle de qualidade e reduzir o tempo de execução da obra.

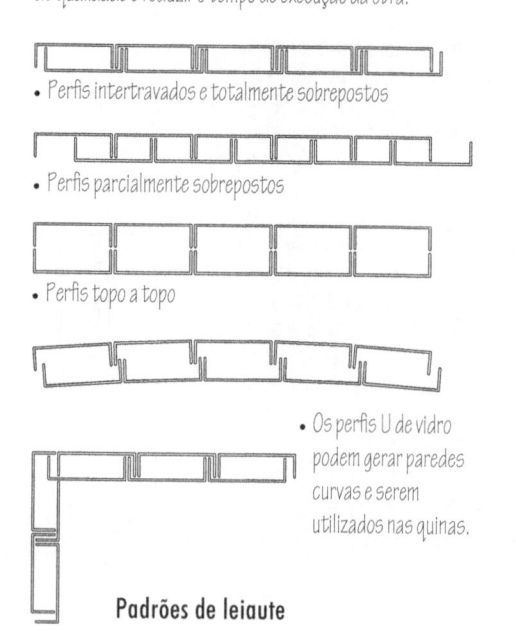

- Perfis intertravados e totalmente sobrepostos
- Perfis parcialmente sobrepostos
- Perfis topo a topo

- Os perfis U de vidro podem gerar paredes curvas e serem utilizados nas quinas.

Padrões de leiaute

FACHADAS DE PELE   8.35

As fachadas duplas, também conhecidas como fachadas de pele ou parede dupla ou mesmo como fachadas inteligentes, são sistemas de revestimento externo projetados a fim de conservar a energia e reduzir seu consumo para climatização e iluminação de um prédio ao integrarem a coleta solar passiva, o sombreamento, a resistência térmica e a ventilação natural. O sistema geralmente consiste de janelas com vidros duplos ou triplos no interior, um espaço ventilado para coleta de energia térmica que contém elementos de proteção solar reguláveis, para controlar a radiação solar e a iluminação natural, e uma camada externa de vidros de segurança ou laminados, com painéis ajustáveis e, às vezes, um componente integrado de conversão de energia fotovoltaica.

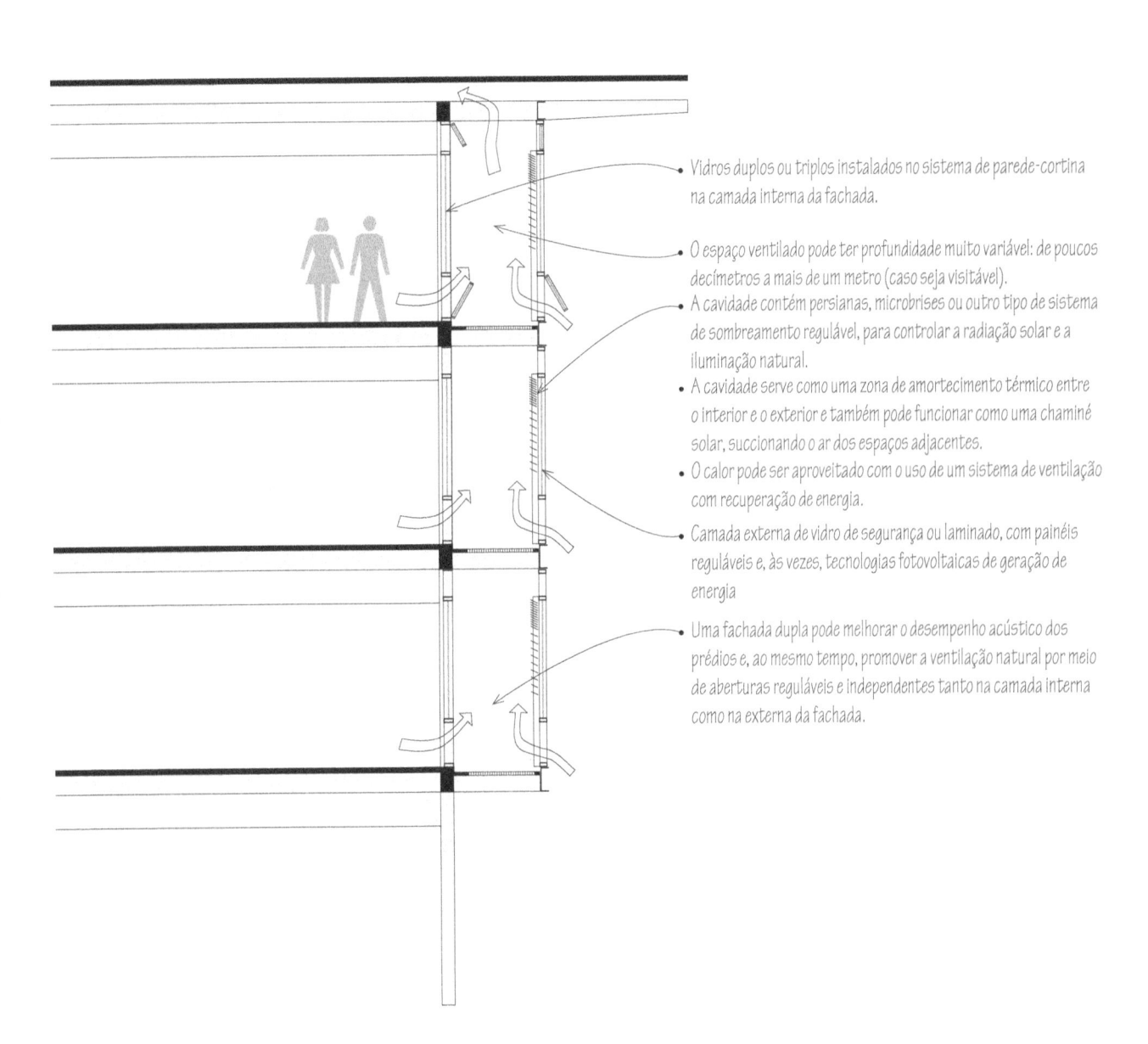

- Vidros duplos ou triplos instalados no sistema de parede-cortina na camada interna da fachada.
- O espaço ventilado pode ter profundidade muito variável: de poucos decímetros a mais de um metro (caso seja visitável).
- A cavidade contém persianas, microbrises ou outro tipo de sistema de sombreamento regulável, para controlar a radiação solar e a iluminação natural.
- A cavidade serve como uma zona de amortecimento térmico entre o interior e o exterior e também pode funcionar como uma chaminé solar, succionando o ar dos espaços adjacentes.
- O calor pode ser aproveitado com o uso de um sistema de ventilação com recuperação de energia.
- Camada externa de vidro de segurança ou laminado, com painéis reguláveis e, às vezes, tecnologias fotovoltaicas de geração de energia
- Uma fachada dupla pode melhorar o desempenho acústico dos prédios e, ao mesmo tempo, promover a ventilação natural por meio de aberturas reguláveis e independentes tanto na camada interna como na externa da fachada.

8.36 CLARABOIAS

- Claraboia abobadada
- Claraboia com duas águas
- Claraboia com quatro águas
- Claraboia em cúpula
- Claraboia em cúpula com base quadrada
- Claraboia piramidal

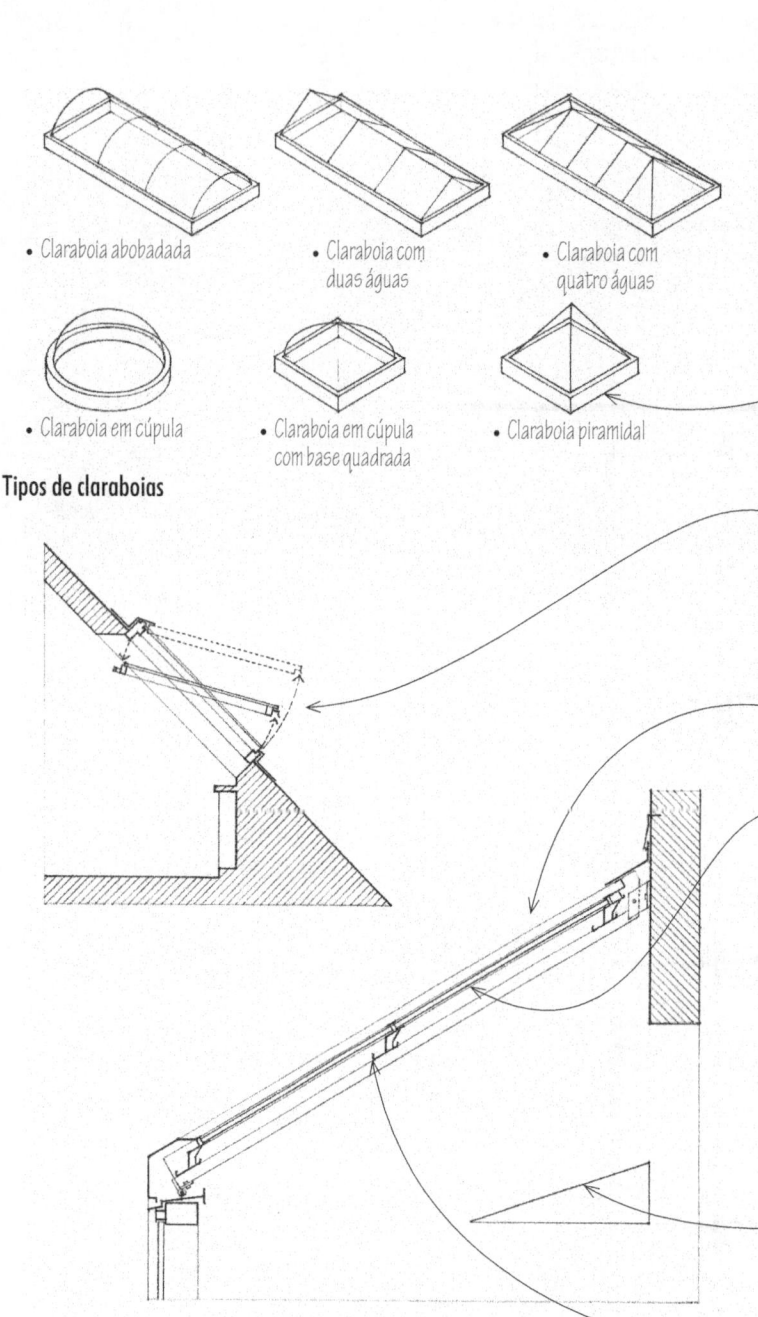

Tipos de claraboias

CSI MasterFormat 08 61 00 Roof Windows
CSI MasterFormat 08 62 00 Unit Skylights
CSI MasterFormat 08 44 33 Sloped Glazing Assemblies

Aberturas envidraçadas na cobertura permitem que a luz natural vinda de cima entre nos espaços internos. Essa fonte de luz eficiente e econômica pode substituir ou se somar à iluminação diurna fornecida pelas janelas normais. No entanto, é necessário prestar atenção ao controle da luminosidade e do ofuscamento, o que pode exigir o uso de brises, venezianas ou painéis refletores. As claraboias horizontais e voltadas para o norte (no hemisfério sul) também aumentam os ganhos térmicos solares no inverno, ainda que, no verão, o sombreamento talvez seja necessário para evitar ganhos térmicos excessivos.

Para construir aberturas envidraçadas, é possível utilizar os elementos abaixo:

- As claraboias são dispositivos com estrutura de metal pré-montados com vidro ou vidraças plásticas e rufos. Elas estão disponíveis em tamanhos e formas de catálogos, mas também podem ser feitas sob encomenda.
- As janelas de cobertura são janelas de madeira de catálogo feitas para serem instaladas em telhados em declive. Podem ser pivotantes ou de abertura lateral para permitir a ventilação e a limpeza. Em geral, elas têm de 0,6 a 1,2 m de largura e de 0,90 a 1,80 m de altura, e estão disponíveis com brises, venezianas e controles elétricos.
- Os sistemas de envidraçamento em declive são peles de vidro projetadas para agir como telhados de meia-água de vidro.
- As vidraças podem ser de plástico acrílico ou policarbonato, ou vidro aramado, laminado, recozido reforçado ou completamente temperado. Os códigos de obras limitam a área máxima de cada chapa envidraçada da claraboia.
- Vidros duplos são recomendados para economizar energia e reduzir a condensação.
- Quando o vidro aramado, recozido, reforçado ou completamente temperado, é utilizado num sistema de envidraçamento com camadas múltiplas, os códigos de obras dos Estados Unidos exigem que uma tela de proteção de arame seja instalada abaixo da vidraça para impedir que o vidro, se quebrado, caia e machuque os usuários da edificação; as exceções à regra incluem moradias unifamiliares.
- O caimento mínimo para claraboias planas ou de plástico corrugado é 30%. As cúpulas de plástico devem subir pelo menos 10% em relação ao vão ou, no mínimo, 12,5 cm.
- As esquadrias de claraboias e sistemas de envidraçamento em declive devem incorporar um sistema de escoamento interno para coletar e drenar a água infiltrada e a condensação para o exterior, usando drenos.
- Rufo do telhado
- As claraboias instaladas num ângulo inferior a 45° devem apresentar bordas elevadas de pelo menos 10,0 cm de altura para ultrapassar a superfície adjacente do telhado. As bordas podem ser feitas *in loco* ou como parte integral da claraboia.
- As claraboias exigem aberturas estruturadas na cobertura; tanto a estrutura de sustentação do telhado como a claraboia devem ser calculadas para transferir as cargas previstas.

DETALHES DE CLARABOIAS 8.37

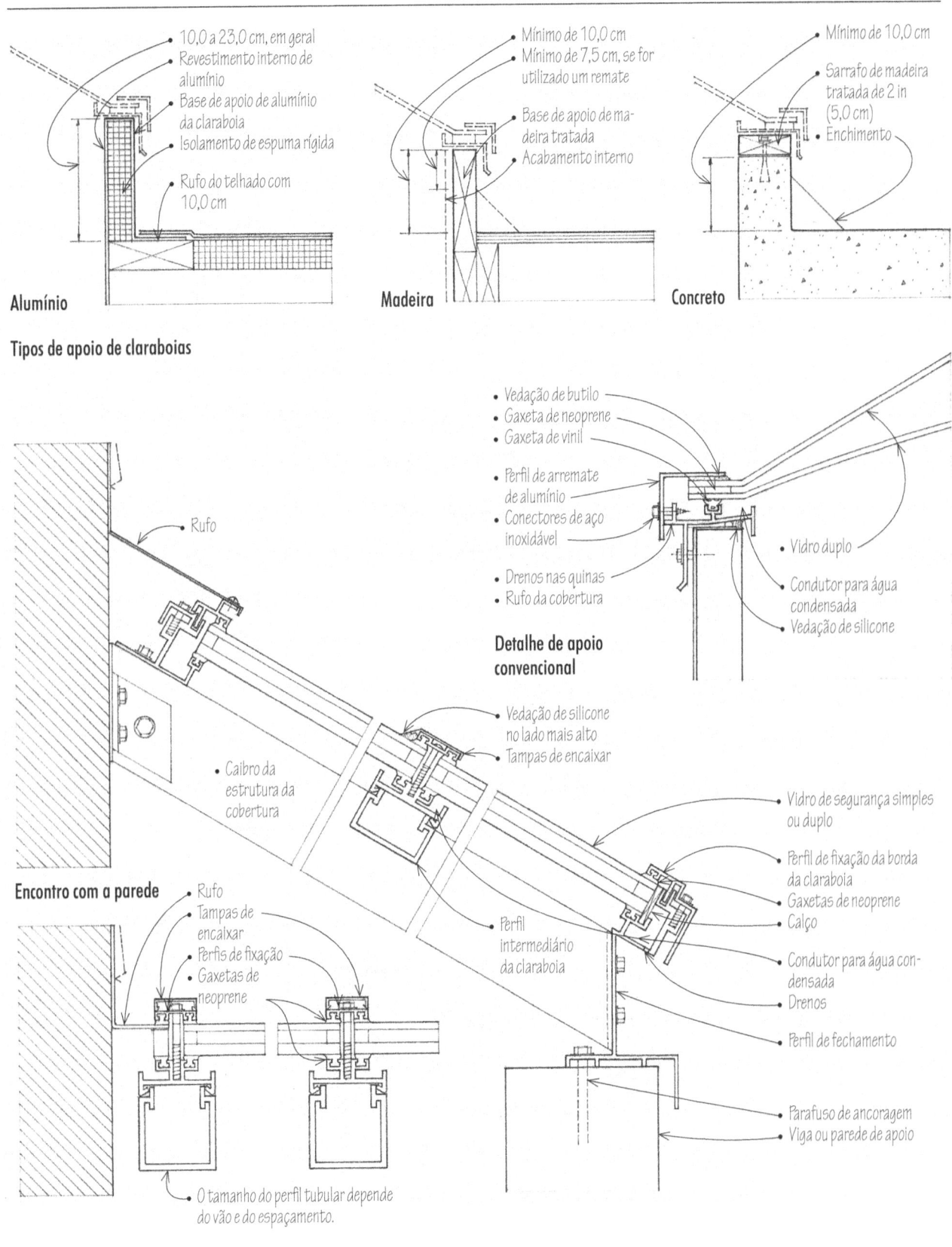

Alumínio
- 10,0 a 23,0 cm, em geral
- Revestimento interno de alumínio
- Base de apoio de alumínio da claraboia
- Isolamento de espuma rígida
- Rufo do telhado com 10,0 cm

Madeira
- Mínimo de 10,0 cm
- Mínimo de 7,5 cm, se for utilizado um remate
- Base de apoio de madeira tratada
- Acabamento interno

Concreto
- Mínimo de 10,0 cm
- Sarrafo de madeira tratada de 2 in (5,0 cm)
- Enchimento

Tipos de apoio de claraboias

Detalhe de apoio convencional
- Vedação de butilo
- Gaxeta de neoprene
- Gaxeta de vinil
- Perfil de arremate de alumínio
- Conectores de aço inoxidável
- Drenos nas quinas
- Rufo da cobertura
- Vidro duplo
- Condutor para água condensada
- Vedação de silicone

Encontro com a parede
- Rufo
- Caibro da estrutura da cobertura
- Vedação de silicone no lado mais alto
- Tampas de encaixar
- Perfil intermediário da claraboia
- Vidro de segurança simples ou duplo
- Perfil de fixação da borda da claraboia
- Gaxetas de neoprene
- Calço
- Condutor para água condensada
- Drenos
- Perfil de fechamento
- Parafuso de ancoragem
- Viga ou parede de apoio

Parede externa e travessas convencionais
- Rufo
- Tampas de encaixar
- Perfis de fixação
- Gaxetas de neoprene
- O tamanho do perfil tubular depende do vão e do espaçamento.

Peitoril ou beiral

8.38 JARDINS DE INVERNO

- Caixilho de abrir, para ventilação
- Respiro de cumeeira
- Massa térmica para armazenagem de calor

O jardim de inverno é um alpendre ou cômodo fechado com vidro, adjacente a outro espaço habitável e orientado de modo a admitir uma grande quantidade de luz solar. Frequentemente, os jardins de inverno são utilizados em projetos solares passivos junto com uma massa térmica de alvenaria, rocha ou concreto, o que permite armazenar ganhos térmicos solares. Devido à possibilidade de superaquecimento, é preciso incorporar elementos de sombreamento, ventilação com janelas de abrir e, se necessário, um exaustor de ar.

- Jardins de inverno, solários e estufas estão disponíveis como sistemas pré-fabricados com estruturas de madeira ou metal, além de vidraças e rufos.
- É possível instalar um ventilador na cobertura ou numa das paredes de empena.
- Os brises e venezianas acompanham o caimento do telhado e podem ser abertos manualmente ou por controle remoto.
- Portas de vidro ou de correr podem ser inseridas em qualquer parede de empena.
- Caixilhos e batentes de tombar ou abrir, para ventilação, podem ser inseridos nas paredes dianteira e laterais; alguns sistemas oferecem caixilhos de ventilação para o telhado.

- Não são necessários vidros de segurança para o envidraçamento em declive de estufas comerciais ou anexas, contanto que as estruturas não tenham sido criadas para uso público e a altura da cumeeira não ultrapasse 6,0 m em relação ao nível do terreno.

- Os detalhes apresentados na parte inferior da p. 8.37 representam a construção de edificações envidraçadas com estrutura de metal. Abaixo, encontram-se os detalhes convencionais de um jardim de inverno ou solário com estrutura de madeira.

- Rufo de metal
- Fita de envidraçamento de butilo aplicada a quente e revestida de folha metálica
- Consolo de madeira
- Vidraças isolantes com vidro completamente temperado

- Calço de neoprene
- Fita de envidraçamento de butilo aplicada a quente e revestida de folha metálica
- Rufo de metal

- O remate de madeira é fixado com parafusos de aço inoxidável ou bronze

- Caibro
- Fita de envidraçamento closed-cell

- Fita de envidraçamento de butilo aplicada a quente e revestida de folha metálica

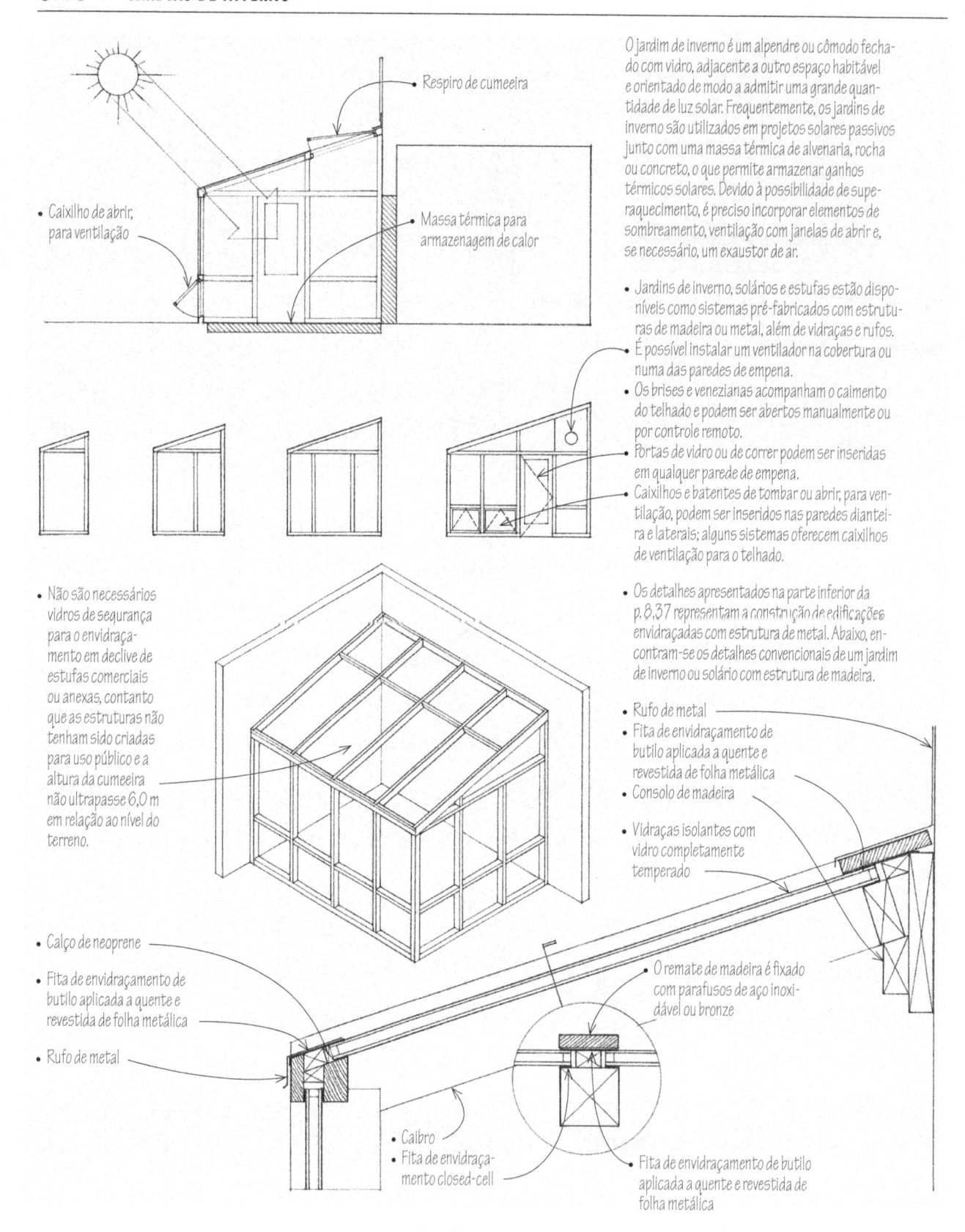

CSI MasterFormat 13 34 13 Glazed Structures

9 CONSTRUÇÕES ESPECIAIS

- 9.2 Construções especiais
- 9.3 O projeto de escadas
- 9.5 Exigências para escadas
- 9.6 Plantas baixas de escadas
- 9.8 Escadas de madeira
- 9.10 Escadas de concreto
- 9.11 Escadas de aço
- 9.12 Escadas de caracol
- 9.13 Escadas de marinheiro
- 9.14 Elevadores
- 9.17 Escadas e esteiras rolantes
- 9.18 Lareiras
- 9.19 Exigências para lareiras
- 9.20 Chaminés de alvenaria
- 9.21 Lareiras pré-fabricadas, salamandras e fogões a lenha
- 9.22 Leiautes de cozinhas
- 9.23 Dimensões de cozinhas
- 9.24 Armários de cozinha
- 9.25 O espaço da cozinha
- 9.26 Leiautes de banheiros
- 9.27 Aparelhos hidrossanitários
- 9.28 Aparelhos hidrossanitários para acessibilidade universal
- 9.30 O espaço do banheiro

9.2 CONSTRUÇÕES ESPECIAIS

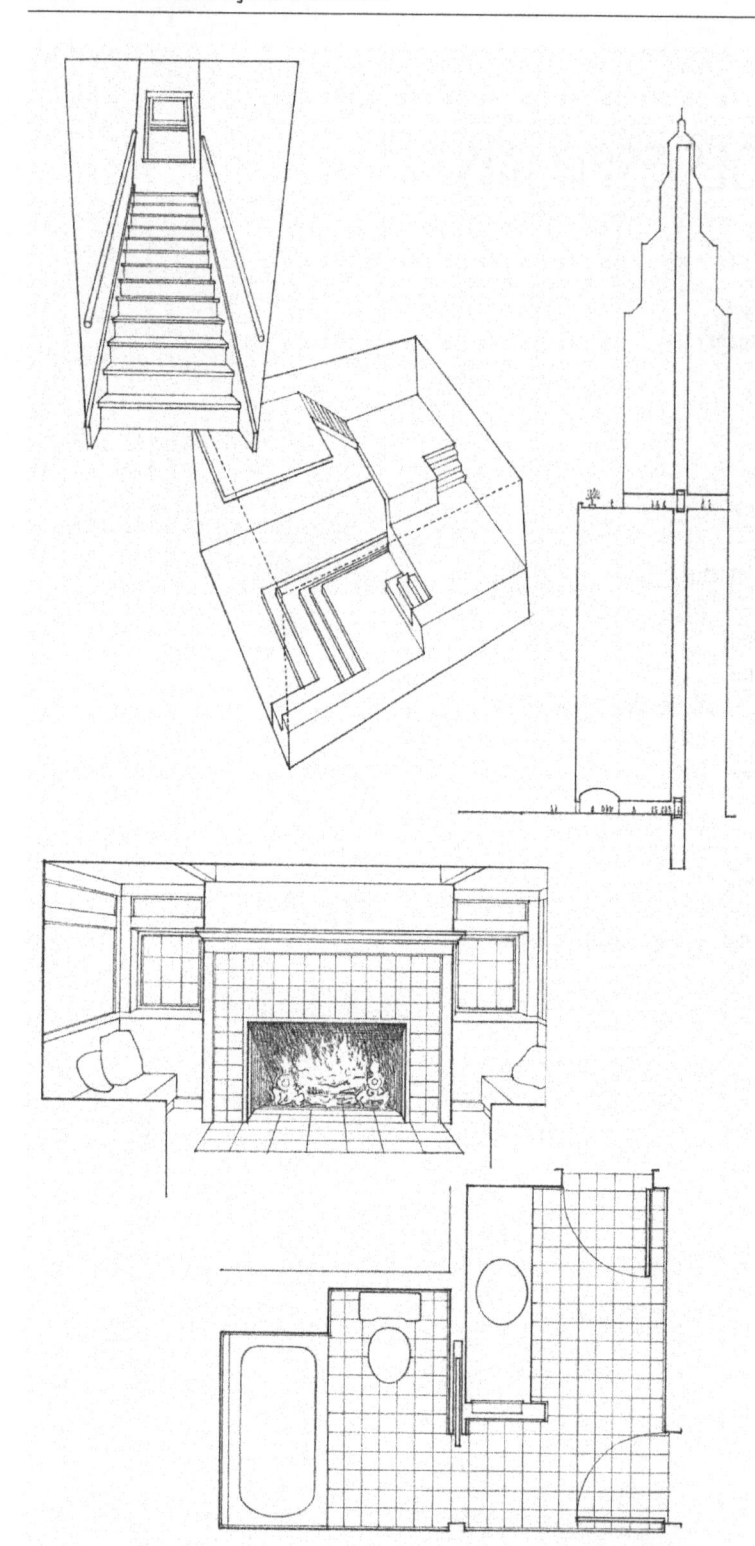

Este capítulo discute os elementos de uma edificação com características únicas e que, portanto, devem ser considerados como entidades à parte. Embora nem sempre afetem a forma externa de uma edificação, eles influenciam efetivamente a organização espacial interna, o padrão do sistema estrutural e, em alguns casos, o leiaute das instalações de calefação, refrigeração, água, esgoto e sistemas elétricos.

As escadas fornecem meios de locomoção vertical entre os andares de um prédio e são, portanto, conectores importantes no esquema de circulação geral de uma edificação. Seja perfurando um volume de dois pavimentos ou elevando-se através de uma caixa estreita, uma escada ocupa um espaço significativo. Os patamares de uma escada devem ser integrados logicamente com o sistema estrutural de uma edificação para evitar condições excessivamente complicadas para os elementos estruturais. A segurança e a facilidade de deslocamento são, provavelmente, as considerações mais importantes no projeto e posicionamento de escadas.

Edifícios de pavimentos múltiplos exigem elevadores para o deslocamento de pessoas, equipamentos e cargas de um piso para outro. Leis federais exigem a instalação de elevadores para a acessibilidade das pessoas com deficiência aos edifícios públicos e comerciais de pavimentos múltiplos. Uma alternativa aos elevadores é a escada rolante, que pode transportar muitas pessoas com eficiência e conforto entre um número limitado de pisos.

Lareiras, aquecedores e salamandras à lenha são fontes de calor e pontos visuais interessantes para qualquer espaço interno. A localização e o tamanho de uma lareira ou equipamento similar em um ambiente devem estar relacionados à escala e ao uso do espaço. Ambos devem ser localizados e construídos para tiragem de fumaça adequada. Os tamanhos de registros e tubos de fumaça devem corresponder ao tamanho e às proporções da câmara de combustão, tomando-se precauções contra os riscos de incêndio e perda térmica.

As cozinhas e os banheiros são áreas únicas de uma edificação que exigem a integração cuidadosa dos sistemas hidráulico, elétrico e de climatização com as exigências funcionais e estéticas dos espaços. Essas áreas também exigem aparelhos e equipamentos especiais, bem como durabilidade e superfícies e acabamentos higiênicos e de fácil manutenção.

O PROJETO DE ESCADAS 9.3

As dimensões dos espelhos (h) e pisos (b) dos degraus de uma escada devem ser proporcionais para acomodar o movimento do nosso corpo. Sua inclinação, se acentuada, pode tornar a subida fisicamente cansativa e psicologicamente assustadora, e pode tornar a descida precária. Se a inclinação de uma escada é pequena, seus degraus devem ter a profundidade necessária para se adequar aos nossos passos.

Os códigos de edificações regulamentam as dimensões mínimas e máximas de espelhos e pisos dos degraus; veja as p. 9.4–9.5. Para maior conforto, as dimensões dos degraus podem ser proporcionadas de acordo com a lei de Blondel:
2 h + b = 62 a 64 cm

As escadas externas em geral não são tão íngremes quanto as escadas internas, especialmente onde existem condições perigosas, como neve e gelo. Portanto, a fórmula de dimensionamento dos degraus pode ser ajustada para se chegar à soma de 70,0 cm.

Por segurança, todos os espelhos em um lanço de escadas devem ter a mesma altura, e todos os pisos devem ter a mesma largura. Os códigos de edificações limitam a variação admissível na altura dos espelhos ou na largura dos pisos a 9,5 mm. Consulte o código de edificações para verificar as diretrizes dimensionais apresentadas nesta página e na página seguinte.

Escadas de mão
- 40,0 cm entre eixos de degraus, em geral

Escadas de pintor
- Altura entre degraus de 32,5 cm; profundidade dos degraus de 7,5 cm
- Apenas para escadas de uso privativo:
- Espelho máximo de 19,5 cm; piso mínimo de 25,5 cm

Escadas
- Espelho máximo de 18,0 cm; piso mínimo de 28,0 cm
- Espelho mínimo de 10,0 cm

Rampas
- Inclinação máxima de 12,5%
- Inclinação máxima de 8,0% quando parte de um percurso de um sistema de saída de emergência

- As dimensões reais de espelho e piso para um lanço de escada são determinadas pela divisão da altura total da escada ou da altura de piso a piso pela altura desejada para o espelho. O resultado é arredondado para se chegar a um número inteiro de espelhos. O número total de espelhos é então dividido por este número inteiro para se chegar à altura real de cada espelho.
- A altura do espelho deve ser conferida em relação à altura máxima de espelho permitida pelo código de edificações. Se necessário, pode-se colocar um degrau a mais no total e recalcular a altura dos espelhos.
- Uma vez fixada a altura real do espelho, a largura do piso pode ser determinada pela lei de Blondel.
- Uma vez que em qualquer lanço de escadas há sempre um piso a menos que o número de espelhos, o número total de pisos e a largura total podem ser facilmente determinados.

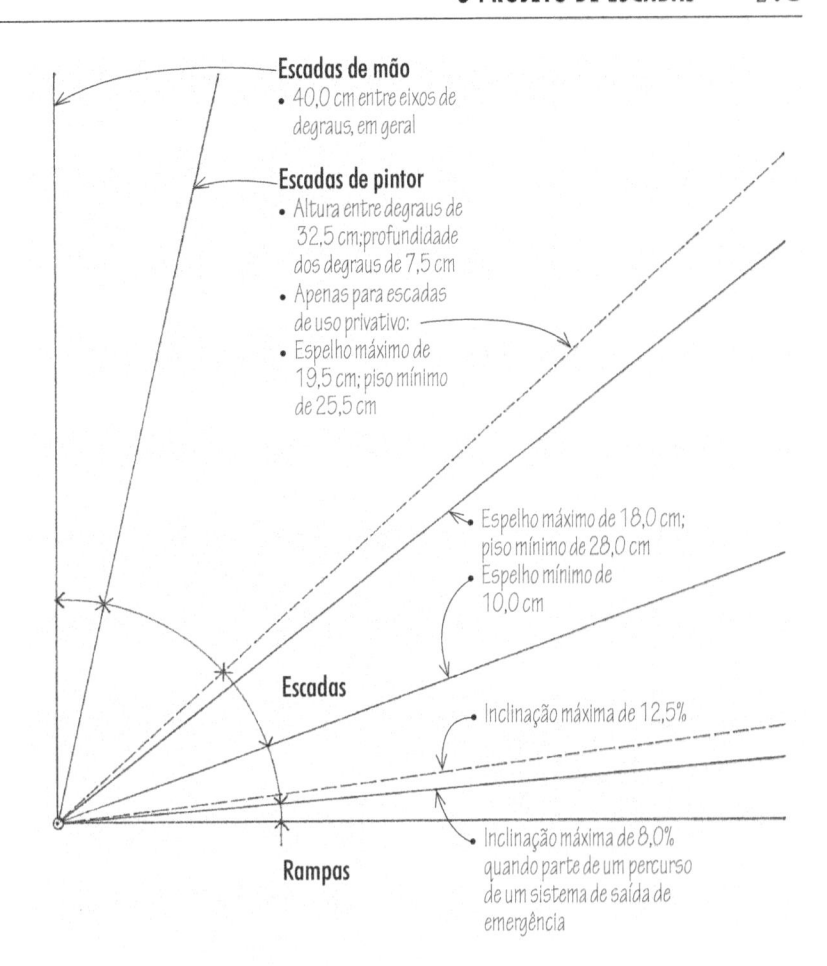

Proporções dos degraus

Espelho (cm)	Piso (cm)
12,5	38,0
13,5	37,0
14,0	35,5
14,5	34,0
15,0	33,0
16,0	32,0
16,5	30,5
17,0	29,0
18,0	28,0
18,5	26,5
19,0	25,5

Altura máxima dos espelhos; profundidade mínima dos pisos para escadas de entrada e saídas de emergência.

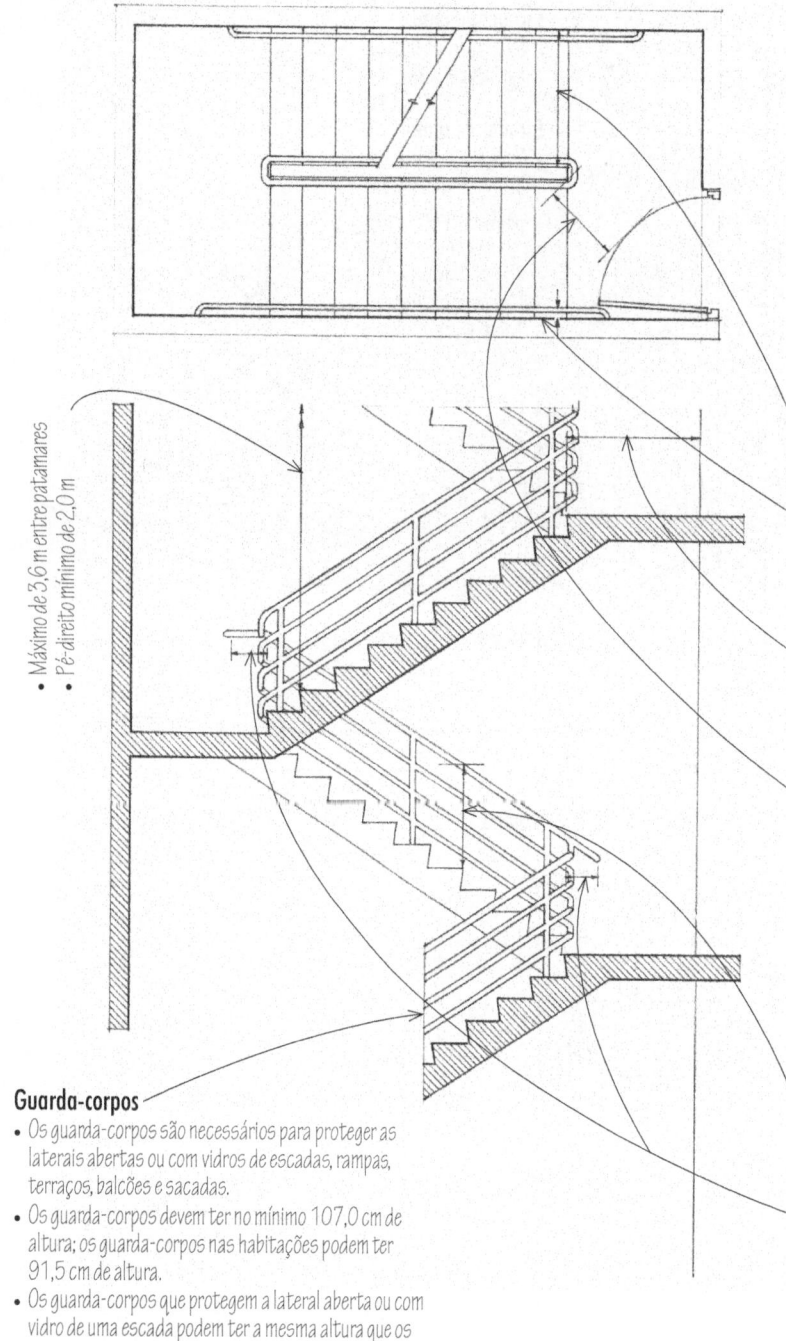

9.4 O PROJETO DE ESCADAS

O projeto de escadas é estritamente regulamentado pelo código de edificações, especialmente quando uma escada é uma parte essencial de um sistema de saída de emergência. Uma vez que a escada de entrada também deve servir de saída durante uma emergência, as exigências de acessibilidade universal da ADA ilustradas na página seguinte são semelhantes às de uma escada de saída de emergência.

Largura da escada
- A carga de ocupação, baseada no grupo de usuários e na área de piso atendida, determina a largura exigida de uma escada de saída de emergência. Consulte o código de edificações para mais detalhes.
- Largura mínima de 112,0 cm; no mínimo 91,5 cm para escadas que possuem carga de ocupação de 49 ou menos.
- Os corrimãos podem avançar um máximo de 11,5 cm para dentro da largura mínima exigida; banzos e acabamentos podem avançar um máximo de 4,0 cm.

Patamares
- Os patamares devem ter as mesmas dimensões das escadas às quais eles servem e devem ter um comprimento mínimo igual à largura da escada, medida na direção do fluxo. Patamares de escadas retas não precisam ter mais de 120,0 cm.
- As portas devem abrir na direção das saídas. A área varrida pela abertura da porta não deve reduzir o patamar a menos da metade da sua largura exigida.
- Quando completamente aberta, a porta não deve interferir na largura mínima exigida mais do que 18,0 cm.

Corrimãos
- Os corrimãos são obrigatórios nos dois lados da escada. O código de edificações permite exceções para escadas em unidades de moradia individuais.
- Altura de 87,0 a 97,0 cm em relação à borda protuberante dos pisos ou focinhos da escada.
- Os corrimãos devem ser contínuos, sem interrupção de um pilar de corrimão ou outra obstrução.
- Os corrimãos devem se estender no mínimo 30,0 cm em relação ao espelho do degrau mais alto e no mínimo 30,0 cm mais uma largura de piso além do degrau mais baixo. As extremidades devem se conectar de maneira suave a uma parede ou superfície de piso, ou se estender ao corrimão de um lanço de escada adjacente.
- Veja a página seguinte para exigências de corrimãos detalhadas.

Espelhos, pisos e focinhos de degraus
- Para evitar tropeções, um mínimo de três pisos por lanço é recomendável e pode ser obrigatório pelo código de edificações.
- Veja a página seguinte para exigências de espelhos, pisos e focinhos de degraus detalhadas.
- Veja a p. 9.3 para proporções de espelhos e pisos.

- Máximo de 3,6 m entre patamares
- Pé-direito mínimo de 2,0 m

Guarda-corpos
- Os guarda-corpos são necessários para proteger as laterais abertas ou com vidros de escadas, rampas, terraços, balcões e sacadas.
- Os guarda-corpos devem ter no mínimo 107,0 cm de altura; os guarda-corpos nas habitações podem ter 91,5 cm de altura.
- Os guarda-corpos que protegem a lateral aberta ou com vidro de uma escada podem ter a mesma altura que os corrimãos das escadas.
- Uma esfera de 10,0 cm não deve passar através de nenhuma abertura na grade desde o piso até a altura de 86,5 cm em relação ao piso; de 86,5 a 107,0 cm, o padrão pode permitir que passe uma esfera de até 20,0 cm de diâmetro.
- Os guarda-corpos devem ser capazes de resistir a uma carga concentrada aplicada isoladamente a suas barras superiores nas direções verticais e horizontais. Consulte o código de edificações para exigências detalhadas.

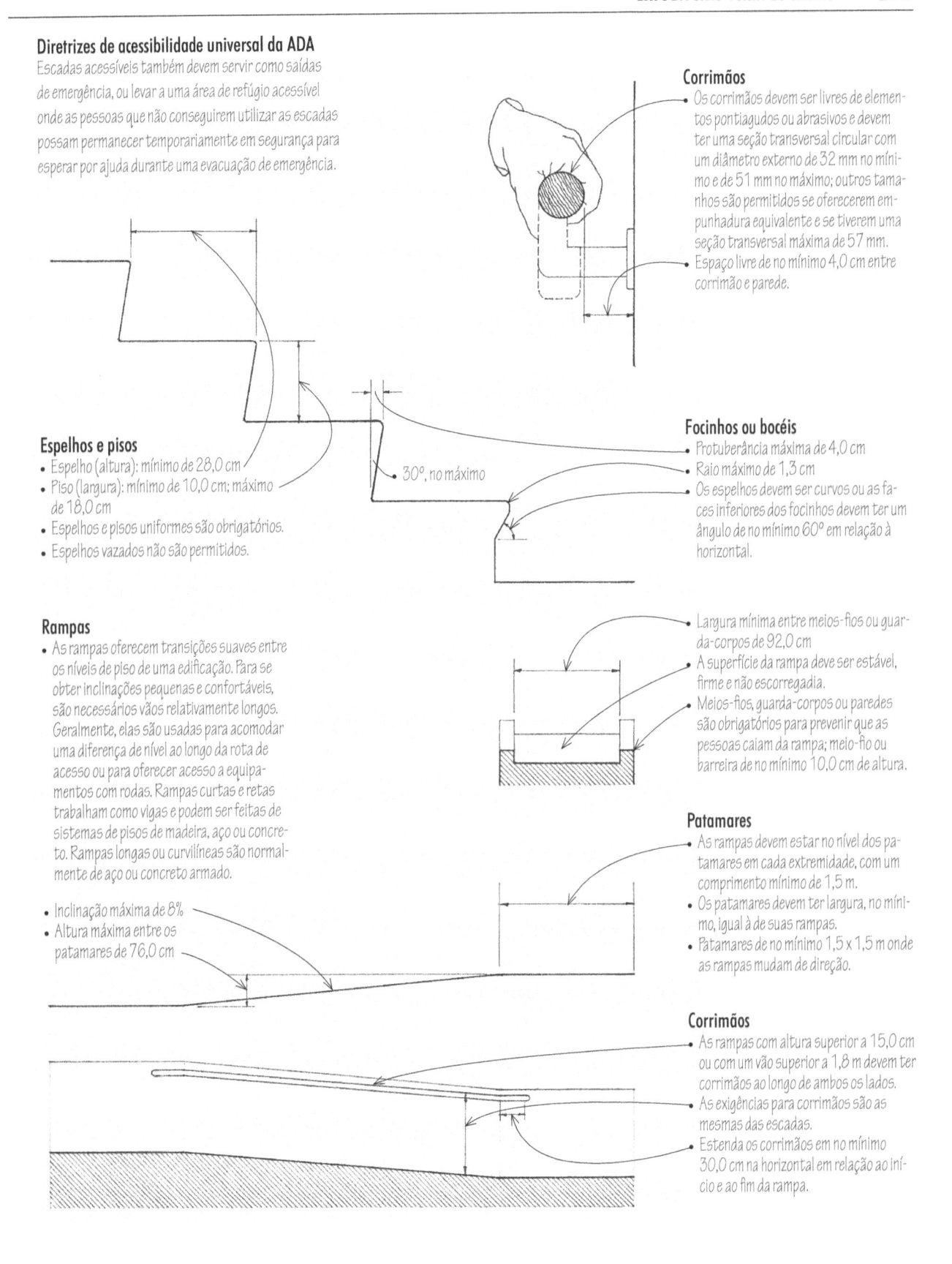

EXIGÊNCIAS PARA ESCADAS 9.5

Diretrizes de acessibilidade universal da ADA
Escadas acessíveis também devem servir como saídas de emergência, ou levar a uma área de refúgio acessível onde as pessoas que não conseguirem utilizar as escadas possam permanecer temporariamente em segurança para esperar por ajuda durante uma evacuação de emergência.

Corrimãos
- Os corrimãos devem ser livres de elementos pontiagudos ou abrasivos e devem ter uma seção transversal circular com um diâmetro externo de 32 mm no mínimo e de 51 mm no máximo; outros tamanhos são permitidos se oferecerem empunhadura equivalente e se tiverem uma seção transversal máxima de 57 mm.
- Espaço livre de no mínimo 4,0 cm entre corrimão e parede.

Espelhos e pisos
- Espelho (altura): mínimo de 28,0 cm
- Piso (largura): mínimo de 10,0 cm; máximo de 18,0 cm
- Espelhos e pisos uniformes são obrigatórios.
- Espelhos vazados não são permitidos.

30°, no máximo

Focinhos ou bocéis
- Protuberância máxima de 4,0 cm
- Raio máximo de 1,3 cm
- Os espelhos devem ser curvos ou as faces inferiores dos focinhos devem ter um ângulo de no mínimo 60° em relação à horizontal.

Rampas
- As rampas oferecem transições suaves entre os níveis de piso de uma edificação. Para se obter inclinações pequenas e confortáveis, são necessários vãos relativamente longos. Geralmente, elas são usadas para acomodar uma diferença de nível ao longo da rota de acesso ou para oferecer acesso a equipamentos com rodas. Rampas curtas e retas trabalham como vigas e podem ser feitas de sistemas de pisos de madeira, aço ou concreto. Rampas longas ou curvilíneas são normalmente de aço ou concreto armado.

- Inclinação máxima de 8%
- Altura máxima entre os patamares de 76,0 cm

- Largura mínima entre meios-fios ou guarda-corpos de 92,0 cm
- A superfície da rampa deve ser estável, firme e não escorregadia.
- Meios-fios, guarda-corpos ou paredes são obrigatórios para prevenir que as pessoas caiam da rampa; meio-fio ou barreira de no mínimo 10,0 cm de altura.

Patamares
- As rampas devem estar no nível dos patamares em cada extremidade, com um comprimento mínimo de 1,5 m.
- Os patamares devem ter largura, no mínimo, igual à de suas rampas.
- Patamares de no mínimo 1,5 x 1,5 m onde as rampas mudam de direção.

Corrimãos
- As rampas com altura superior a 15,0 cm ou com um vão superior a 1,8 m devem ter corrimãos ao longo de ambos os lados.
- As exigências para corrimãos são as mesmas das escadas.
- Estenda os corrimãos em no mínimo 30,0 cm na horizontal em relação ao início e ao fim da rampa.

9.6 PLANTAS BAIXAS DE ESCADAS

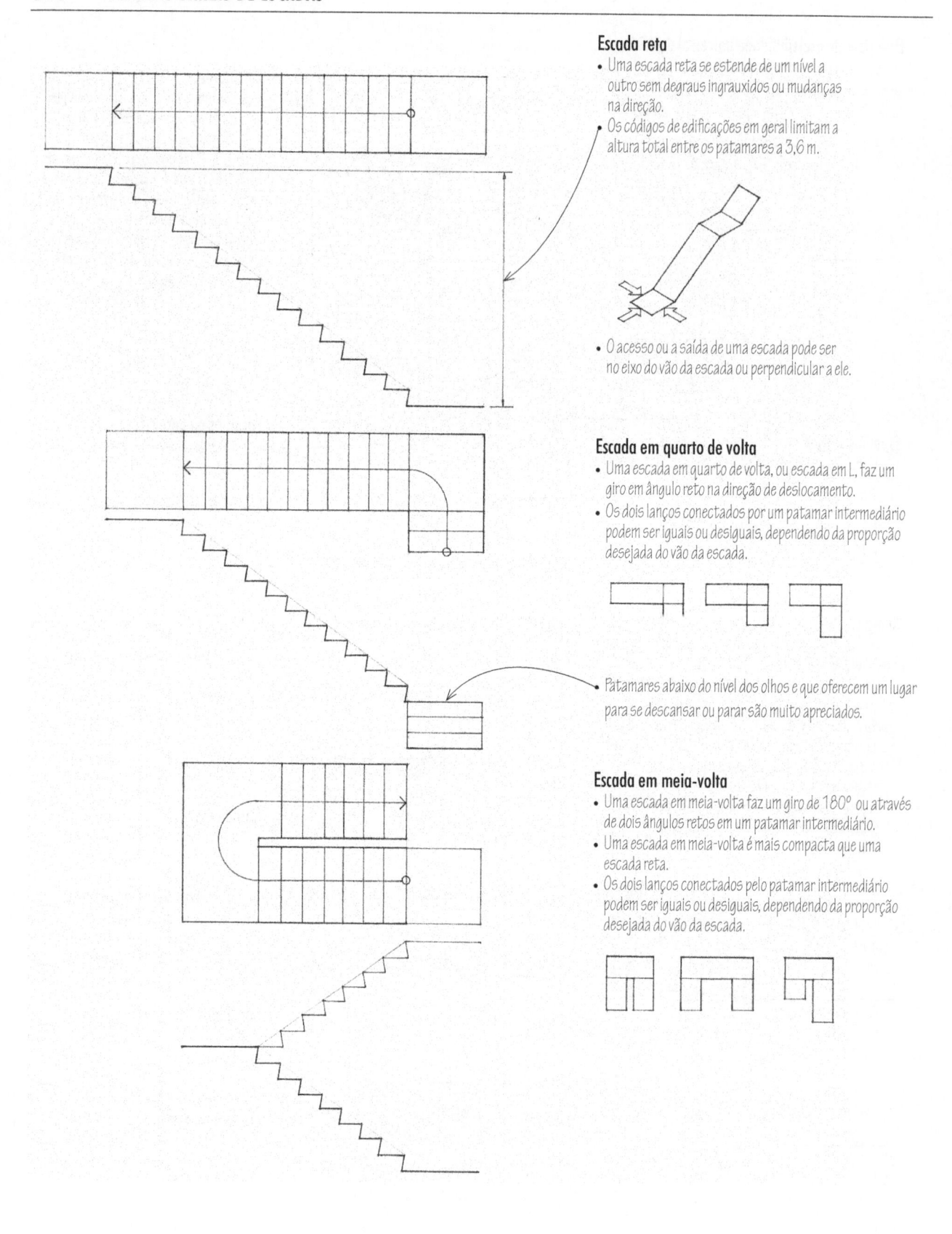

Escada reta
- Uma escada reta se estende de um nível a outro sem degraus ingrauxidos ou mudanças na direção.
- Os códigos de edificações em geral limitam a altura total entre os patamares a 3,6 m.

- O acesso ou a saída de uma escada pode ser no eixo do vão da escada ou perpendicular a ele.

Escada em quarto de volta
- Uma escada em quarto de volta, ou escada em L, faz um giro em ângulo reto na direção de deslocamento.
- Os dois lanços conectados por um patamar intermediário podem ser iguais ou desiguais, dependendo da proporção desejada do vão da escada.

- Patamares abaixo do nível dos olhos e que oferecem um lugar para se descansar ou parar são muito apreciados.

Escada em meia-volta
- Uma escada em meia-volta faz um giro de 180° ou através de dois ângulos retos em um patamar intermediário.
- Uma escada em meia-volta é mais compacta que uma escada reta.
- Os dois lanços conectados pelo patamar intermediário podem ser iguais ou desiguais, dependendo da proporção desejada do vão da escada.

Escadas de lanço curvo

- Uma escada de lanço curvo é qualquer escada construída com degraus ingrauxidos (em leque), como uma escada circular ou de caracol. Escadas em quarto de volta e escadas em meia-volta também podem utilizar degraus ingrauxidos em vez de um patamar para economizar o espaço nas mudanças de direção.
- Os degraus ingrauxidos podem ser perigosos, uma vez que oferecem pouco apoio para os pés em suas quinas internas. Os códigos de edificações em geral restringem o uso de degraus ingrauxidos a escadas de uso privativo dentro de unidades de habitação.

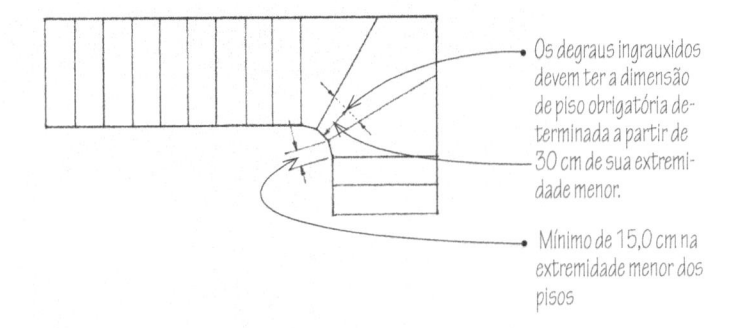

- Os degraus ingrauxidos devem ter a dimensão de piso obrigatória determinada a partir de 30 cm de sua extremidade menor.
- Mínimo de 15,0 cm na extremidade menor dos pisos

Escada circular

- Uma escada circular, como o nome sugere, tem uma configuração circular em planta baixa. Mesmo que uma escada circular seja feita de degraus ingrauxidos, o código de edificações pode permitir seu uso como parte da saída de emergência de uma edificação, se seu raio interno for pelo menos duas vezes a largura real da escada.

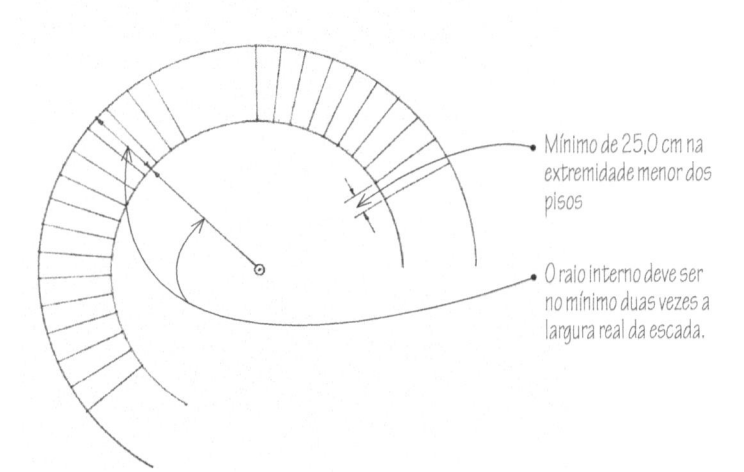

- Mínimo de 25,0 cm na extremidade menor dos pisos
- O raio interno deve ser no mínimo duas vezes a largura real da escada.

Escada de caracol

- Uma escada de caracol consiste de pisos em forma de fatia de pizza distribuídos e sustentados por um mastro central.
- Escadas de caracol ocupam uma quantidade mínima de área de piso, mas os códigos de edificações permitem apenas seu uso privativo em unidades de habitação individuais.
- Veja a p. 9.12 para as dimensões utilizadas.

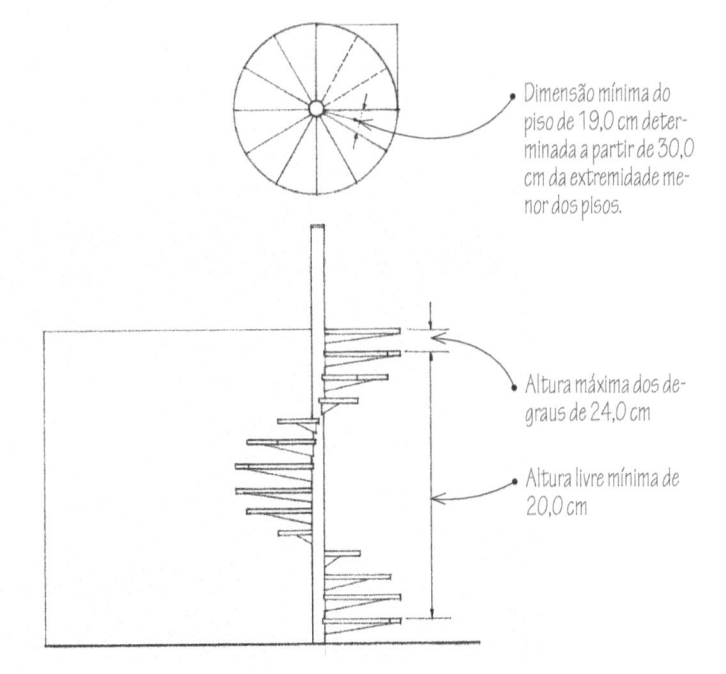

- Dimensão mínima do piso de 19,0 cm determinada a partir de 30,0 cm da extremidade menor dos pisos.
- Altura máxima dos degraus de 24,0 cm
- Altura livre mínima de 20,0 cm

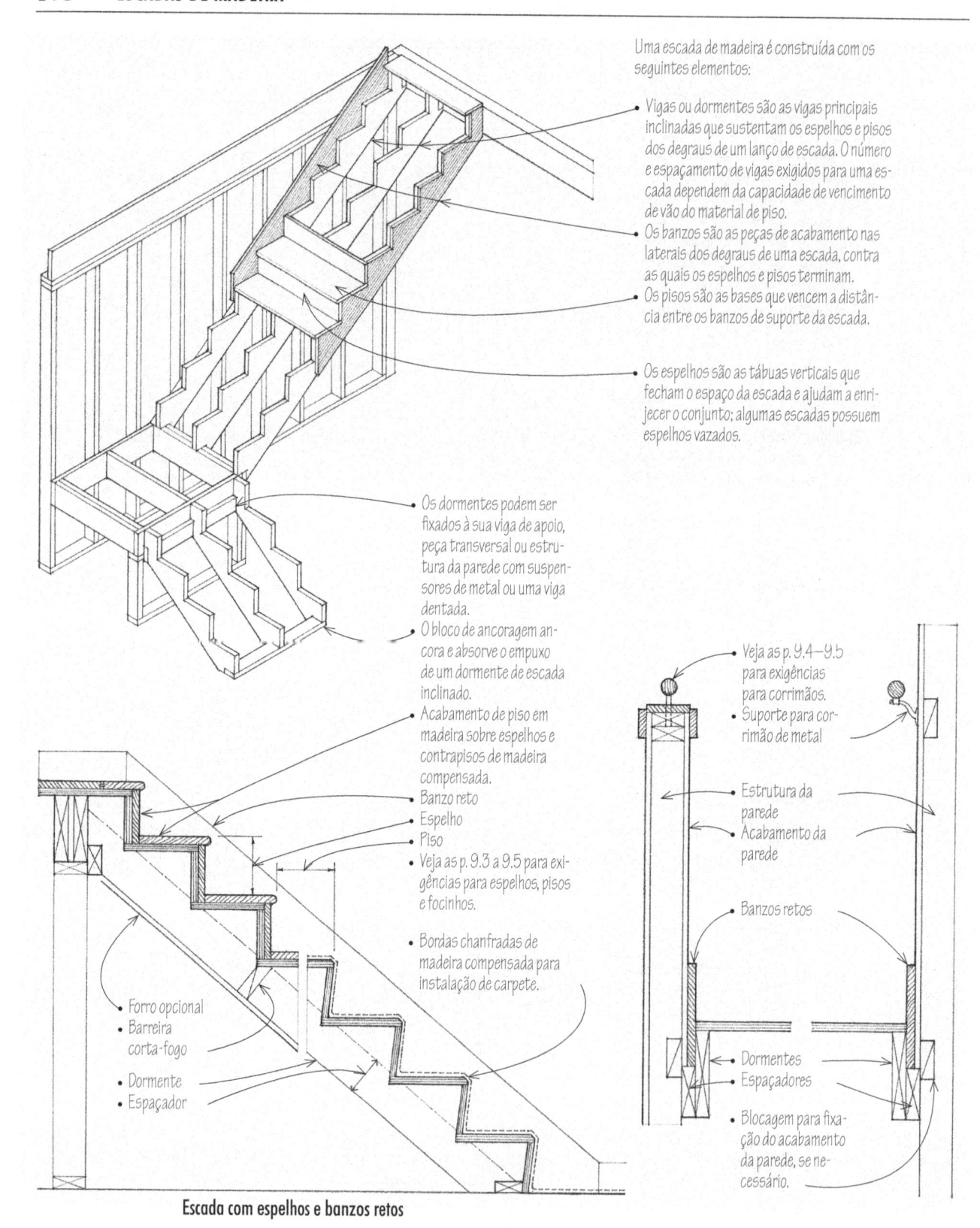

9.8 ESCADAS DE MADEIRA

Uma escada de madeira é construída com os seguintes elementos:

- Vigas ou dormentes são as vigas principais inclinadas que sustentam os espelhos e pisos dos degraus de um lanço de escada. O número e espaçamento de vigas exigidos para uma escada dependem da capacidade de vencimento de vão do material de piso.
- Os banzos são as peças de acabamento nas laterais dos degraus de uma escada, contra as quais os espelhos e pisos terminam.
- Os pisos são as bases que vencem a distância entre os banzos de suporte da escada.
- Os espelhos são as tábuas verticais que fecham o espaço da escada e ajudam a enrijecer o conjunto; algumas escadas possuem espelhos vazados.

- Os dormentes podem ser fixados à sua viga de apoio, peça transversal ou estrutura da parede com suspensores de metal ou uma viga dentada.
- O bloco de ancoragem ancora e absorve o empuxo de um dormente de escada inclinado.
- Acabamento de piso em madeira sobre espelhos e contrapisos de madeira compensada.
- Banzo reto
- Espelho
- Piso
- Veja as p. 9.3 a 9.5 para exigências para espelhos, pisos e focinhos.
- Bordas chanfradas de madeira compensada para instalação de carpete.

- Forro opcional
- Barreira corta-fogo
- Dormente
- Espaçador

Escada com espelhos e banzos retos

- Veja as p. 9.4–9.5 para exigências para corrimãos.
- Suporte para corrimão de metal
- Estrutura da parede
- Acabamento da parede
- Banzos retos
- Dormentes
- Espaçadores
- Blocagem para fixação do acabamento da parede, se necessário.

CSI MasterFormat 06 43 00 Wood Stairs and Railings

ESCADAS DE MADEIRA   9.9

- Balaústres fixos ao banzo com parafusos de ancoragem.
- Os pisos podem estar apoiados por cantoneiras de aço embutidas nos pisos ou apoiando-se as tábuas dos pisos no dormente de 1,3 cm no mínimo.

- Banzo de 2 ou 3 in (5,0 ou 7,5 cm)
- Pisos de madeira de 2 ou 3 in (5,0 ou 7,5 cm)
- Sobreposição de 2,5 a 4,0 cm
- Confira, no código de edificações aplicável, as dimensões máximas permitidas para os espelhos vazados e se eles são permitidos.
- Cantoneiras de aço fixas com parafusos de ancoragem ao dormente e à estrutura do piso.

Escadas com espelhos vazados

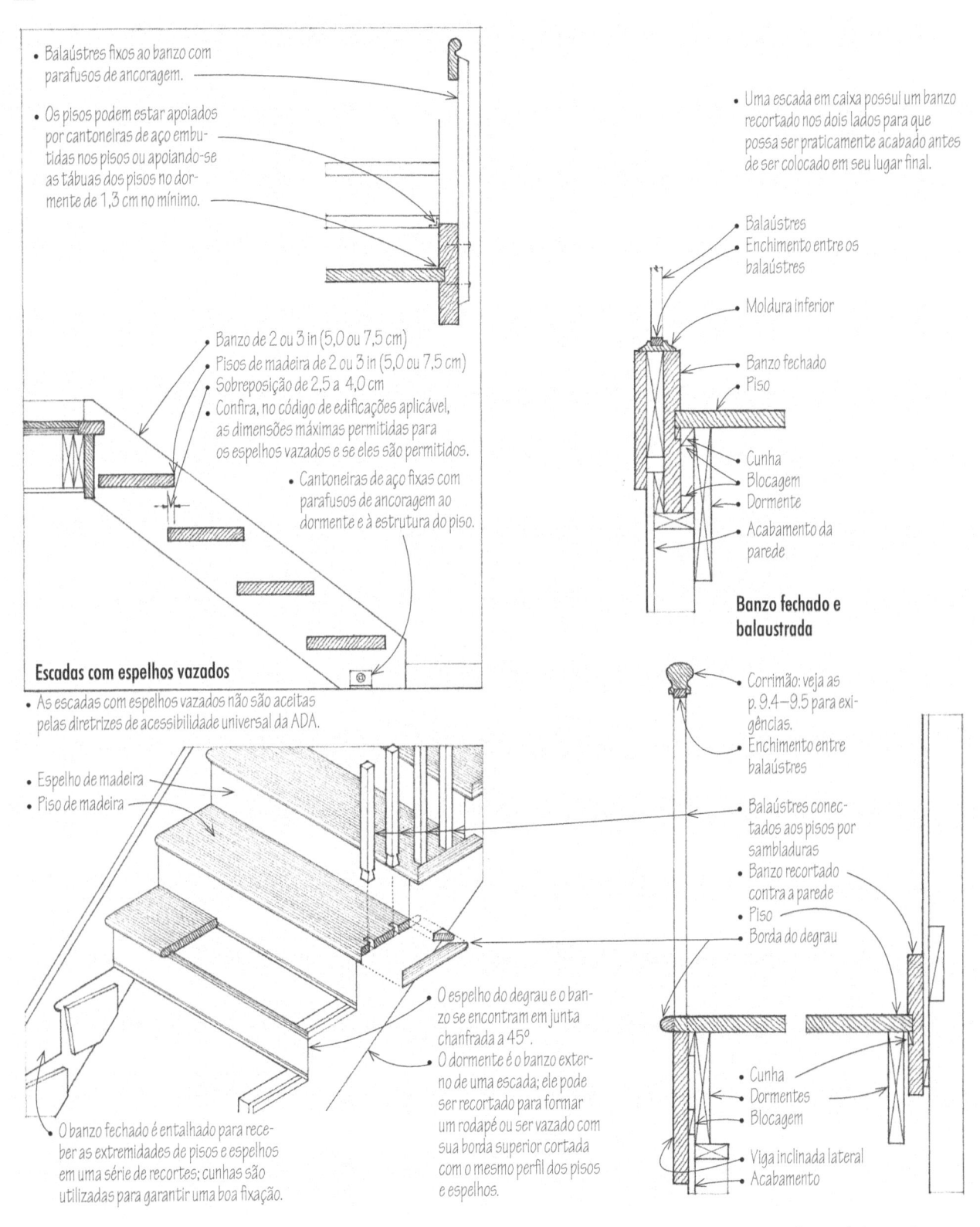

- As escadas com espelhos vazados não são aceitas pelas diretrizes de acessibilidade universal da ADA.

- Uma escada em caixa possui um banzo recortado nos dois lados para que possa ser praticamente acabado antes de ser colocado em seu lugar final.

- Balaústres
- Enchimento entre os balaústres
- Moldura inferior
- Banzo fechado
- Piso
- Cunha
- Blocagem
- Dormente
- Acabamento da parede

Banzo fechado e balaustrada

- Espelho de madeira
- Piso de madeira

- O espelho do degrau e o banzo se encontram em junta chanfrada a 45°.
- O dormente é o banzo externo de uma escada; ele pode ser recortado para formar um rodapé ou ser vazado com sua borda superior cortada com o mesmo perfil dos pisos e espelhos.

- O banzo fechado é entalhado para receber as extremidades de pisos e espelhos em uma série de recortes; cunhas são utilizadas para garantir uma boa fixação.

Escada com espelhos e banzo recortado

- Corrimão: veja as p. 9.4–9.5 para exigências.
- Enchimento entre balaústres
- Balaústres conectados aos pisos por sambladuras
- Banzo recortado contra a parede
- Piso
- Borda do degrau

- Cunha
- Dormentes
- Blocagem
- Viga inclinada lateral
- Acabamento

Banzo aberto e balaustrada

9.10 ESCADAS DE CONCRETO

Uma escada de concreto é projetada como uma laje de concreto armado unidirecional inclinada, com os degraus formando a superfície superior. Se a escada for construída depois da viga de piso ou dos suportes da parede, ela trabalhará como uma viga simples. Se for moldada junto com a viga ou os apoios da laje de piso, ela será projetada como se fosse uma viga contínua. As escadas de concreto exigem uma análise criteriosa de cargas, vãos e condições de apoio; consulte um engenheiro de estruturas sobre as demais exigências de projeto.

- A borda da laje de concreto da escada pode estar voltada para cima, formado um guarda-corpo alto ou a base para a instalação de uma balaustrada de metal.
- Veja as p. 9.4–9.5 para as exigências de corrimãos e guarda-corpos.

- 4,0 cm, no mínimo, em paredes de concreto; 10,0 cm em paredes de alvenaria
- Espessura da laje da escada; regra prática para pré-dimensionamento: vão/26
- O vão é igual à distância entre os apoios da laje.

- Armadura de cisalhamento
- Barras de ancoragem

- Focinho máximo: 4,0 cm
- Raio máximo: 13 mm
- 60°, no mínimo

- Barra do focinho
- Raio máximo: 13 mm
- Raio comum: 19 mm
- Veja as p. 9.3–9.5 para exigências de espelhos, pisos e focinhos de escadas.

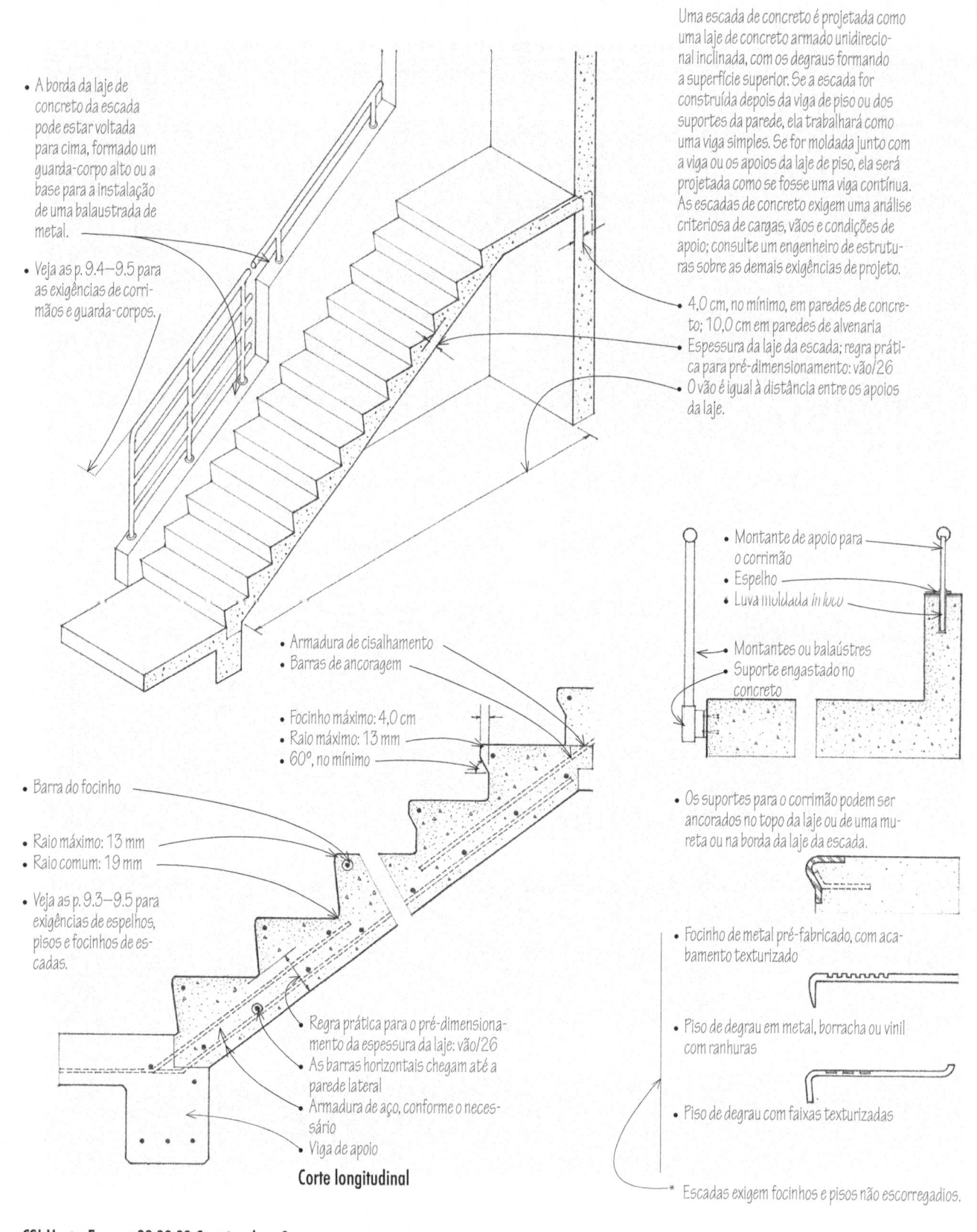

- Regra prática para o pré-dimensionamento da espessura da laje: vão/26
- As barras horizontais chegam até a parede lateral
- Armadura de aço, conforme o necessário
- Viga de apoio

Corte longitudinal

- Montante de apoio para o corrimão
- Espelho
- Luva moldada *in loco*
- Montantes ou balaústres
- Suporte engastado no concreto

- Os suportes para o corrimão podem ser ancorados no topo da laje ou de uma mureta ou na borda da laje da escada.

- Focinho de metal pré-fabricado, com acabamento texturizado
- Piso de degrau em metal, borracha ou vinil com ranhuras
- Piso de degrau com faixas texturizadas

* Escadas exigem focinhos e pisos não escorregadios.

CSI MasterFormat 03 30 00 Cast-in-place Concrete
CSI MasterFormat 03 11 23 Permanent Stair Forming

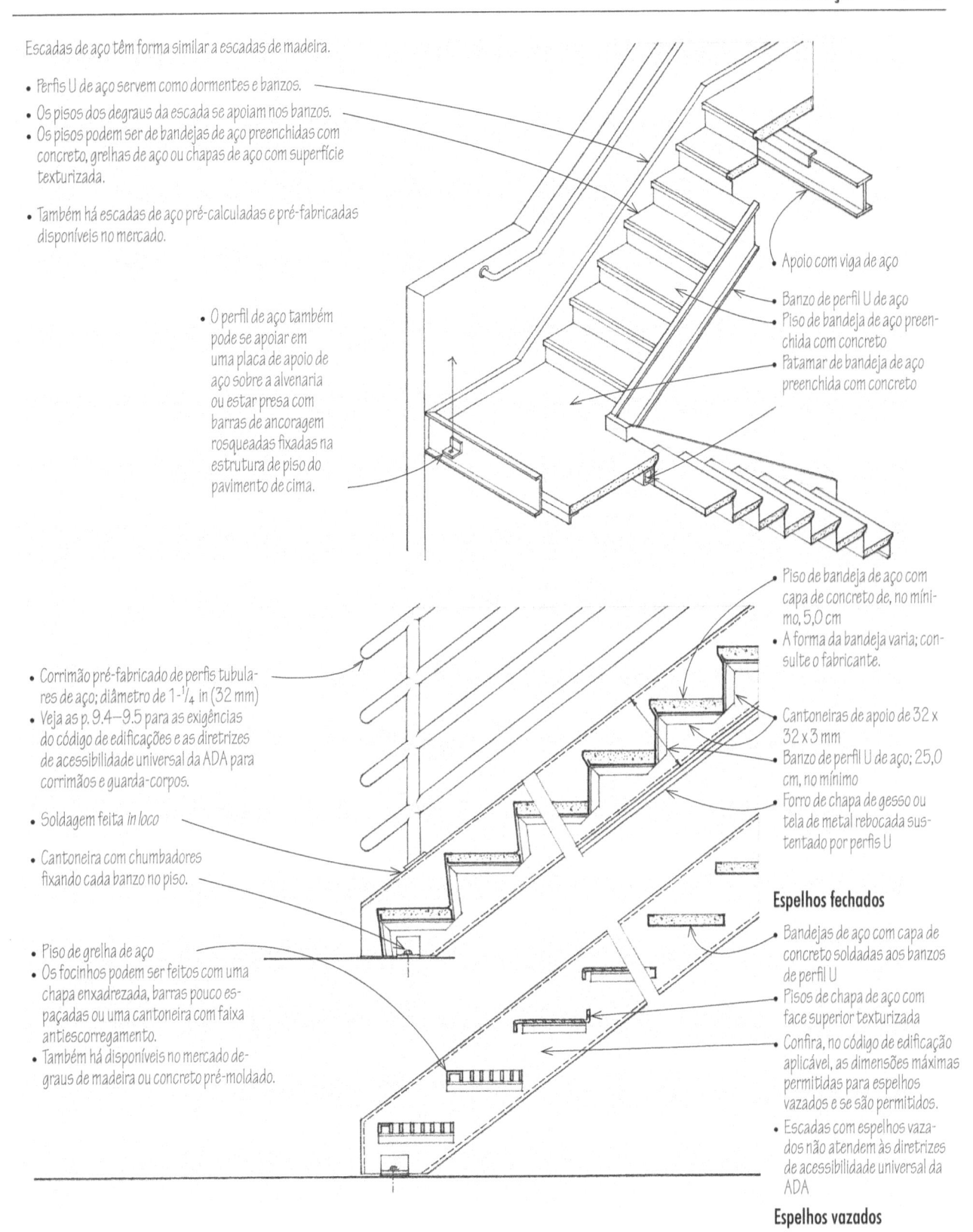

ESCADAS DE AÇO 9.11

Escadas de aço têm forma similar a escadas de madeira.

- Perfis U de aço servem como dormentes e banzos.
- Os pisos dos degraus da escada se apoiam nos banzos.
- Os pisos podem ser de bandejas de aço preenchidas com concreto, grelhas de aço ou chapas de aço com superfície texturizada.
- Também há escadas de aço pré-calculadas e pré-fabricadas disponíveis no mercado.

- O perfil de aço também pode se apoiar em uma placa de apoio de aço sobre a alvenaria ou estar presa com barras de ancoragem rosqueadas fixadas na estrutura de piso do pavimento de cima.

- Apoio com viga de aço
- Banzo de perfil U de aço
- Piso de bandeja de aço preenchida com concreto
- Patamar de bandeja de aço preenchida com concreto

- Piso de bandeja de aço com capa de concreto de, no mínimo, 5,0 cm
- A forma da bandeja varia; consulte o fabricante.
- Cantoneiras de apoio de 32 x 32 x 3 mm
- Banzo de perfil U de aço; 25,0 cm, no mínimo
- Forro de chapa de gesso ou tela de metal rebocada sustentado por perfis U

- Corrimão pré-fabricado de perfis tubulares de aço; diâmetro de 1-1/4 in (32 mm)
- Veja as p. 9.4—9.5 para as exigências do código de edificações e as diretrizes de acessibilidade universal da ADA para corrimãos e guarda-corpos.
- Soldagem feita *in loco*
- Cantoneira com chumbadores fixando cada banzo no piso.

Espelhos fechados

- Bandejas de aço com capa de concreto soldadas aos banzos de perfil U
- Pisos de chapa de aço com face superior texturizada
- Confira, no código de edificação aplicável, as dimensões máximas permitidas para espelhos vazados e se são permitidos.
- Escadas com espelhos vazados não atendem às diretrizes de acessibilidade universal da ADA

- Piso de grelha de aço
- Os focinhos podem ser feitos com uma chapa enxadrezada, barras pouco espaçadas ou uma cantoneira com faixa antiescorregamento.
- Também há disponíveis no mercado degraus de madeira ou concreto pré-moldado.

Espelhos vazados

CSI MasterFormat 05 51 00 Metal Stairs

9.12 ESCADAS DE CARACOL

- Diâmetro interno mínimo de 66,0 cm
- Escadas com diâmetros maiores são mais seguras e mais fáceis de subir e descer.
- O patamar de 90° pode ser quadrado, retangular ou circular.
- O pé-direito necessário deve ser conseguido com $^3/_4$ de volta.

- O mastro pode terminar no nível do guarda-corpo ou continuar e chegar ao teto.
- 1,05 m
- Nível do piso
- Espelho máximo de 24,0 cm
- O espelho depende do ângulo do piso e da altura entre pisos
- Pé-direito mínimo de 2,0 m
- Corrimão tubular de madeira ou metal
- Balaústres
- A chapa de base pode se apoiar no piso ou no contrapiso.
- Altura entre pisos

Planta baixa e elevação

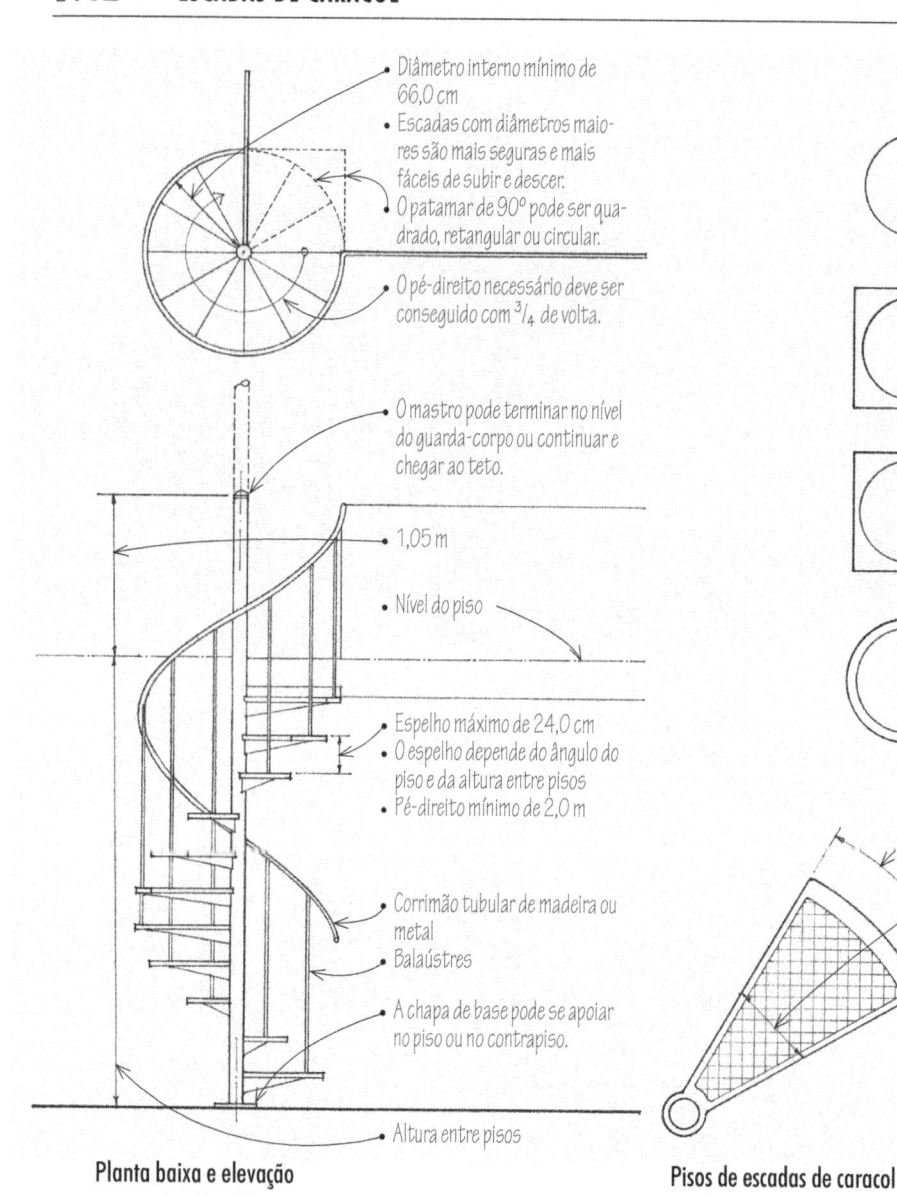

- Há várias conexões disponíveis no mercado para ancoragem da plataforma ao piso.
- Patamares retangulares são fixados pelas bordas ao piso superior.
- A abertura na laje pode ser em L, ficando a escada diretamente fixada ao piso superior, sem a necessidade de uso de um patamar.
- Caso se use um patamar quadrado, ele será fixado ao piso superior em duas laterais.
- Aberturas na laje circulares exigem patamar em quarto de círculo.

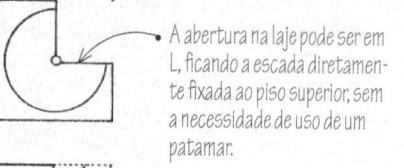

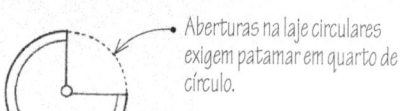

Alternativas de patamar superior

- 22,5°, 27°, 30°
- 19,0 cm, no mínimo, a 30,0 cm do mastro
- Degraus de aço ou alumínio podem ser de grelha enxadrezada ou chapa com acabamento texturizado, grelha de barras de metal ou bandeja de metal com capa de concreto ou granitina.
- Degraus de madeira exigem contrapiso de aço. Os degraus podem ser de madeira dura ou madeira compensada revestida de carpete.

Pisos de escadas de caracol

Dimensões típicas de escadas de caracol*

Ângulo do degrau	Número de degraus	Altura do degrau (espelho)	Pé-direito
22,5°	16	18,0 cm	2,13 m
27°	13	19,0 a 20,5 cm	2,05 m
30°	12	21,5 a 24,0 cm	2,05 m

*Consulte os catálogos dos fabricantes para verificar essas dimensões para referência.

Diâmetro da escada	Abertura no piso	Patamar	Distância do mastro ao guarda-corpo	Diâmetro do mastro e da placa de base
152,5 cm	162,5 cm	81,5 cm	66,0 cm	10,0/30,5 cm
162,5 cm	172,5 cm	86,5 cm	71,0 cm	10,0/30,5 cm
183,0 cm	193,0 cm	96,5 cm	81,0 cm	10,0/30,5 cm
193,0 cm	203,0 cm	101,5 cm	86,5 cm	10,0/30,5 cm
223,5 cm	233,5 cm	117,0 cm	101,5 cm	15,0/30,5 cm
244,0 cm	254,0 cm	127,0 cm	111,5 cm	15,0/30,5 cm

CSI MasterFormat 05 71 13 Fabricated Metal Spiral Stairs

ESCADAS DE MARINHEIRO 9.13

Escadas de marinheiro são utilizadas principalmente em edificações industriais e em áreas de serviço ou manutenção. Elas também podem ser empregadas em ambientes residenciais privados quando o espaço disponível for muito exíguo e o uso, mínimo.

Os desenhos desta página ilustram escadas construídas de peças de metal. Escadas de marinheiro com a mesma forma também podem ser feitas de madeira.

Algumas questões de segurança que devem ser levadas em consideração:
- Altura adequada dos degraus
- Apoio adequado para os pés
- Suporte adequado para os banzos e corrimãos
- Pisos que não escorreguem

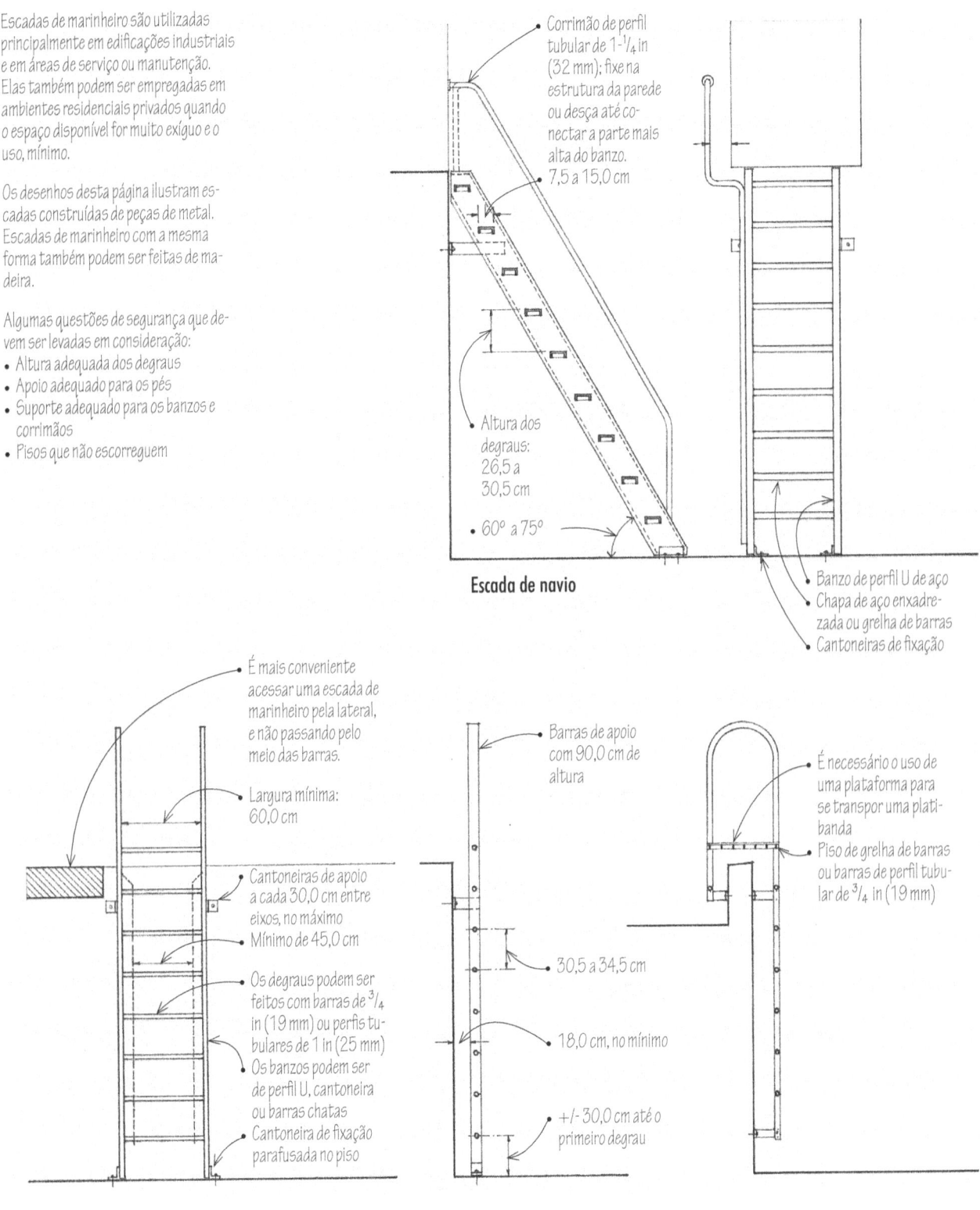

- Corrimão de perfil tubular de 1-1/4 in (32 mm); fixe na estrutura da parede ou desça até conectar a parte mais alta do banzo.
- 7,5 a 15,0 cm
- Altura dos degraus: 26,5 a 30,5 cm
- 60° a 75°

Escada de navio

- Banzo de perfil U de aço
- Chapa de aço enxadrezada ou grelha de barras
- Cantoneiras de fixação

- É mais conveniente acessar uma escada de marinheiro pela lateral, e não passando pelo meio das barras.
- Largura mínima: 60,0 cm
- Cantoneiras de apoio a cada 30,0 cm entre eixos, no máximo
- Mínimo de 45,0 cm
- Os degraus podem ser feitos com barras de 3/4 in (19 mm) ou perfis tubulares de 1 in (25 mm)
- Os banzos podem ser de perfil U, cantoneira ou barras chatas
- Cantoneira de fixação parafusada no piso

- Barras de apoio com 90,0 cm de altura
- 30,5 a 34,5 cm
- 18,0 cm, no mínimo
- +/- 30,0 cm até o primeiro degrau

- É necessário o uso de uma plataforma para se transpor uma platibanda
- Piso de grelha de barras ou barras de perfil tubular de 3/4 in (19 mm)

Escadas verticais

CSI MasterFormat 05 51 33 Metal Ladders

9.14 ELEVADORES

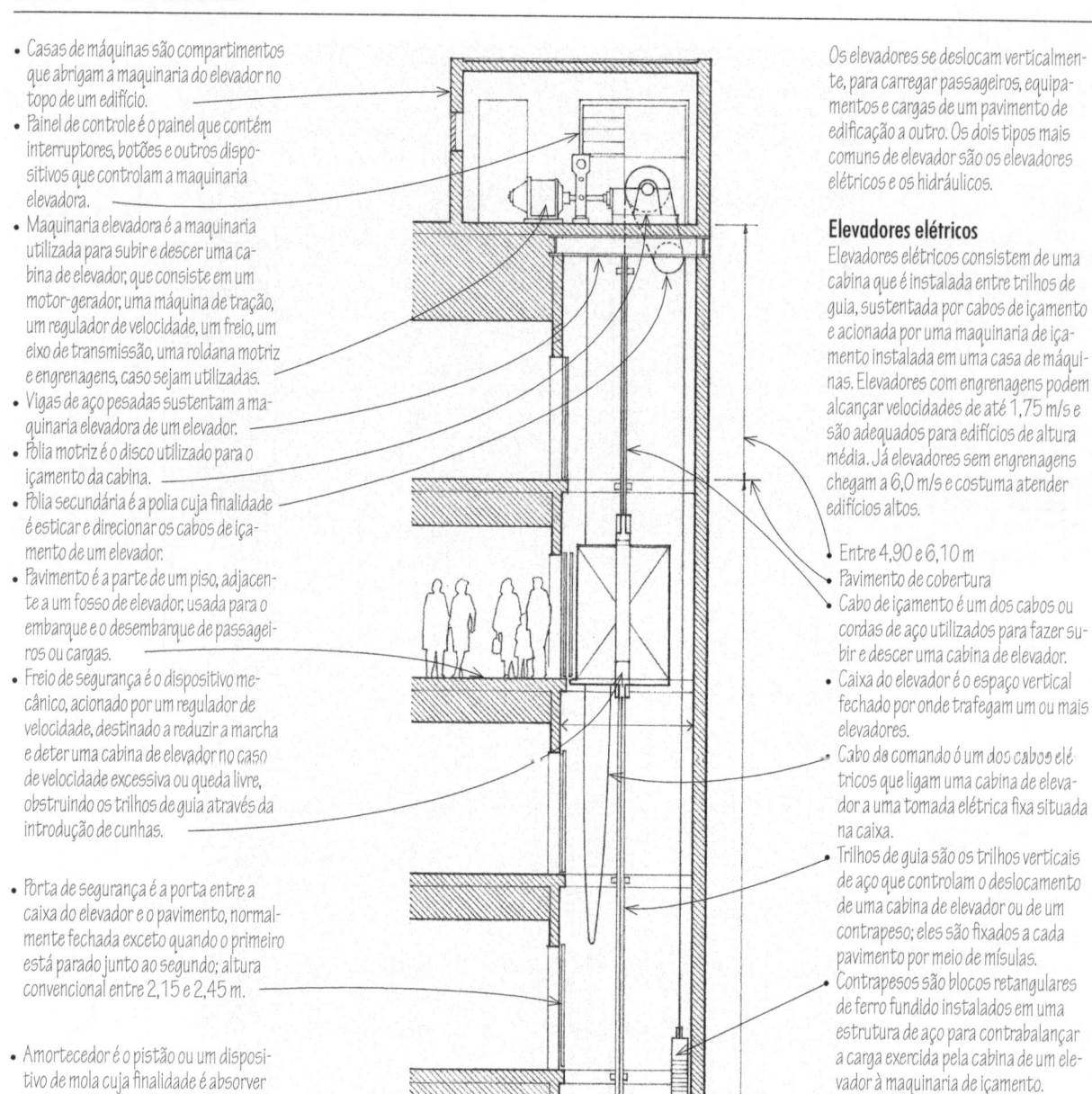

- Casas de máquinas são compartimentos que abrigam a maquinaria do elevador no topo de um edifício.
- Painel de controle é o painel que contém interruptores, botões e outros dispositivos que controlam a maquinaria elevadora.
- Maquinaria elevadora é a maquinaria utilizada para subir e descer uma cabina de elevador, que consiste em um motor-gerador, uma máquina de tração, um regulador de velocidade, um freio, um eixo de transmissão, uma roldana motriz e engrenagens, caso sejam utilizadas.
- Vigas de aço pesadas sustentam a maquinaria elevadora de um elevador.
- Polia motriz é o disco utilizado para o içamento da cabina.
- Polia secundária é a polia cuja finalidade é esticar e direcionar os cabos de içamento de um elevador.
- Pavimento é a parte de um piso, adjacente a um fosso de elevador, usada para o embarque e o desembarque de passageiros ou cargas.
- Freio de segurança é o dispositivo mecânico, acionado por um regulador de velocidade, destinado a reduzir a marcha e deter uma cabina de elevador no caso de velocidade excessiva ou queda livre, obstruindo os trilhos de guia através da introdução de cunhas.

- Porta de segurança é a porta entre a caixa do elevador e o pavimento, normalmente fechada exceto quando o primeiro está parado junto ao segundo; altura convencional entre 2,15 e 2,45 m.

- Amortecedor é o pistão ou um dispositivo de mola cuja finalidade é absorver o impacto de uma cabina de elevador ou um contrapeso em sua descida, instalado no limite inferior extremo do trajeto.

- Poço do elevador é o trecho da caixa do elevador compreendido entre o nível do pavimento mais baixo e o fundo da caixa.

Os elevadores se deslocam verticalmente, para carregar passageiros, equipamentos e cargas de um pavimento de edificação a outro. Os dois tipos mais comuns de elevador são os elevadores elétricos e os hidráulicos.

Elevadores elétricos

Elevadores elétricos consistem de uma cabina que é instalada entre trilhos de guia, sustentada por cabos de içamento e acionada por uma maquinaria de içamento instalada em uma casa de máquinas. Elevadores com engrenagens podem alcançar velocidades de até 1,75 m/s e são adequados para edifícios de altura média. Já elevadores sem engrenagens chegam a 6,0 m/s e costuma atender edifícios altos.

- Entre 4,90 e 6,10 m
- Pavimento de cobertura
- Cabo de içamento é um dos cabos ou cordas de aço utilizados para fazer subir e descer uma cabina de elevador.
- Caixa do elevador é o espaço vertical fechado por onde trafegam um ou mais elevadores.
- Cabo de comando é um dos cabos elétricos que ligam uma cabina de elevador a uma tomada elétrica fixa situada na caixa.
- Trilhos de guia são os trilhos verticais de aço que controlam o deslocamento de uma cabina de elevador ou de um contrapeso; eles são fixados a cada pavimento por meio de mísulas.
- Contrapesos são blocos retangulares de ferro fundido instalados em uma estrutura de aço para contrabalançar a carga exercida pela cabina de um elevador à maquinaria de içamento.
- Interruptor de limite de carga é a chave que corta automaticamente a corrente que alimenta um motor elétrico quando um objeto movido por este, como uma cabina de elevador, ultrapassa determinado ponto.
- Altura de transporte é a distância vertical percorrida por uma cabina de elevador entre o pavimento mais baixo e o mais alto da caixa.
- Primeiro pavimento
- Entre 1,50 e 3,50 m

CSI MasterFormat 14 20 00 Elevators

ELEVADORES 9.15

Elevadores hidráulicos

Elevadores hidráulicos consistem de uma cabina sustentada por um pistão que se move devido à pressão exercida em um fluido. Não é necessário o uso de uma casa de máquinas, mas a velocidade inferior de um elevador hidráulico e o comprimento do pistão limitam seu emprego a edificações de até seis pavimentos.

- Trilhos de guia

- A caixa do elevador, resistente ao fogo, deve se prolongar até a face inferior de uma cobertura também resistente ao fogo ou pelo menos chegar à distância de 90,0 cm desta.

- Pistão hidráulico

- Casa de máquinas é a sala que abriga a maquinaria de içamento, o equipamento de controle e as polias responsáveis pela subida e descida de uma cabina de elevador.

- Poço do elevador

- Fuste do pistão; sua altura equivale à altura de deslocamento total da cabina mais uma distância entre 1,20 e 2,10 m.

- Essas diretrizes são apenas para o pré-dimensionamento. Consulte o fabricante de elevadores para tamanhos específicos, capacidade das cabinas e exigências de tamanho e sustentação estrutural.

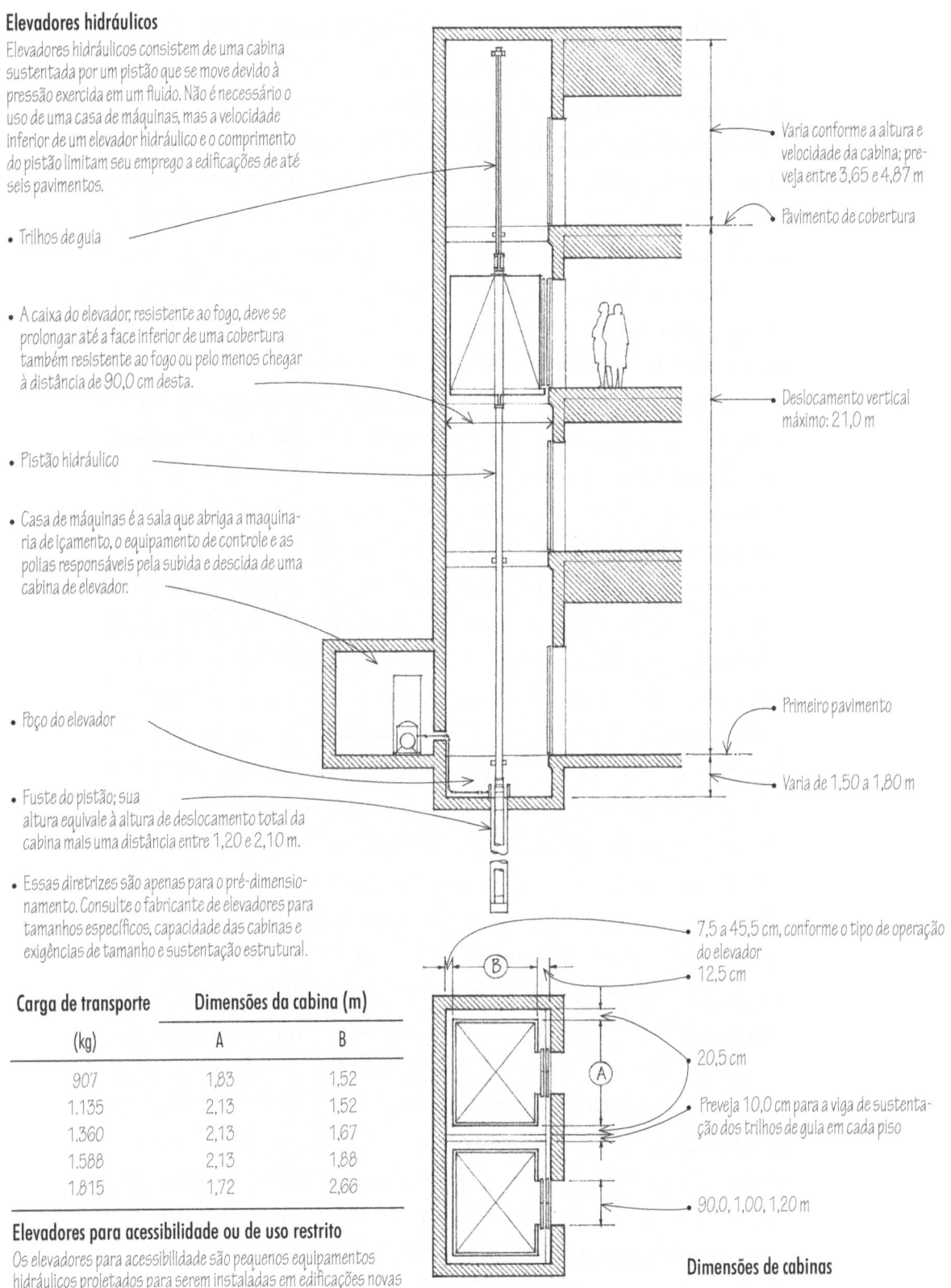

- Varia conforme a altura e velocidade da cabina; preveja entre 3,65 e 4,87 m
- Pavimento de cobertura
- Deslocamento vertical máximo: 21,0 m
- Primeiro pavimento
- Varia de 1,50 a 1,80 m
- 7,5 a 45,5 cm, conforme o tipo de operação do elevador
- 12,5 cm
- 20,5 cm
- Preveja 10,0 cm para a viga de sustentação dos trilhos de guia em cada piso
- 90,0, 1,00, 1,20 m

Dimensões de cabinas

Carga de transporte (kg)	Dimensões da cabina (m)	
	A	B
907	1,83	1,52
1.135	2,13	1,52
1.360	2,13	1,67
1.588	2,13	1,88
1.815	1,72	2,66

Elevadores para acessibilidade ou de uso restrito

Os elevadores para acessibilidade são pequenos equipamentos hidráulicos projetados para serem instalados em edificações novas ou não, mas de baixa altura, em locais nos quais não pode ser utilizada uma plataforma elevatória. Em geral, eles se limitam a instalações com desnível de até cerca de 7,5 m, se deslocam a uma velocidade máxima de 0,15 m/s, têm capacidade de carregamento máxima de 635 kg e área de piso da cabina de, no máximo, 1,7 m². Eles podem ser alimentados por energia elétrica monofásica e, quando comparados com os elevadores comerciais convencionais, exigem menos profundidade no poço e uma caixa com menor espaço livre entre a cabina e o teto do prédio, na última parada.

9.16 ELEVADORES

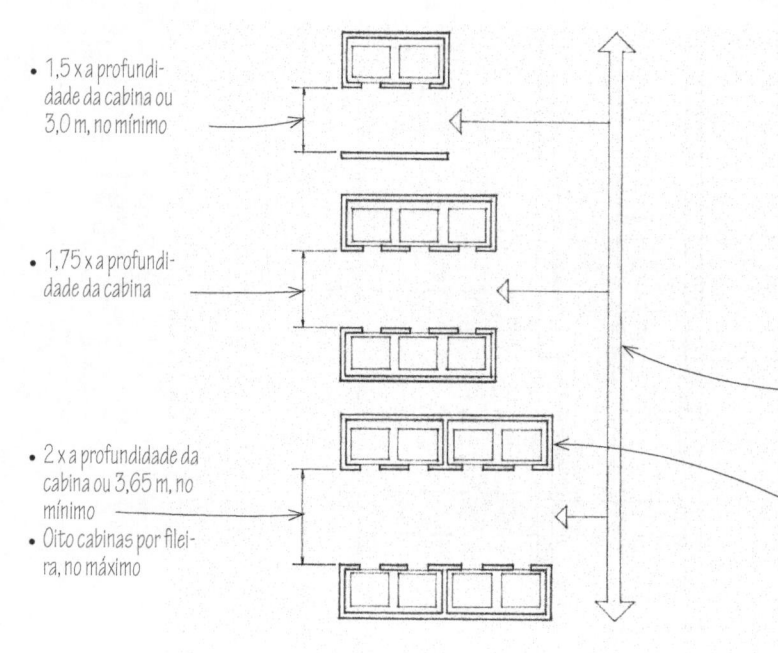

- 1,5 x a profundidade da cabina ou 3,0 m, no mínimo

- 1,75 x a profundidade da cabina

- 2 x a profundidade da cabina ou 3,65 m, no mínimo
- Oito cabinas por fileira, no máximo

Leiaute dos elevadores

O tipo, o tamanho, o número, a velocidade e o arranjo dos elevadores dependem dos seguintes fatores:

- Tipo de ocupação
- Número de passageiros e frequência de uso
- Percurso total
- Tempo para ida e volta e velocidade desejados

- Os conjuntos de elevadores em um edifício alto são controlados por um mecanismo único de operação e respondem a uma única chamada.
- Os elevadores devem ser centralizados perto da entrada principal de uma edificação e ser facilmente acessíveis de todos os pavimentos, mas também não devem interromper o percurso de circulação principal
- Duas ou mais caixas são necessárias para quatro ou mais elevadores.
- Consulte o fabricante de elevadores para recomendações, exigências e detalhes sobre tipo, tamanho, leiaute, controles e instalação.
- Consulte o código de edificações sobre as exigências estruturais e das caixas em termos de compartimentação contra fogo, ventilação e isolamento acústico.

Diretrizes de acessibilidade universal da ADA

- Sinais de chamada ou lanternas visuais e auditivas devem estar centralizados e, pelo menos, a 1,83 m em relação ao piso de cada parada, além de ser visíveis da área de piso adjacente.
- Caracteres em relevo e braile indicando o número do pavimento devem estar em ambas as ombreiras das paradas e estar centralizados a 1,52 cm em relação ao piso.
- Botoeiras devem estar a 1,05 m em relação ao piso e junto a cada conjunto de elevadores
- Os elevadores devem ser dotados de sistema de abertura automática caso a porta seja obstruída por um objeto ou uma pessoa.

- Largura mínima para cabinas com portas retráteis: 1,70 m; 2,00 m, no mínimo, para portas de abrir centralizadas
- Profundidade mínima da cabina: 1,30 m
- Abertura mínima da porta (claro): 0,90 m

- As cabinas devem ser dimensionadas para permitir que usuários de cadeiras de rodas possam entrar, manobrar, alcançar os controles e sair.
- Os botões de controle devem ter dimensão mínima de $^3/_4$ in (19 mm), ter a numeração na ordem ascendente e em colunas da esquerda para a direita.
- Os botões de pavimento devem estar a uma altura entre 90,0 cm e 120,0 cm em relação ao piso, quando na frente da cabina, ou 135,0 cm, quando na lateral.
- As inscrições em relevo ou braile devem estar imediatamente à esquerda do botão correspondente.
- Todas as cabinas devem ser dotadas de indicadores visuais e auditivos da posição da cabina.

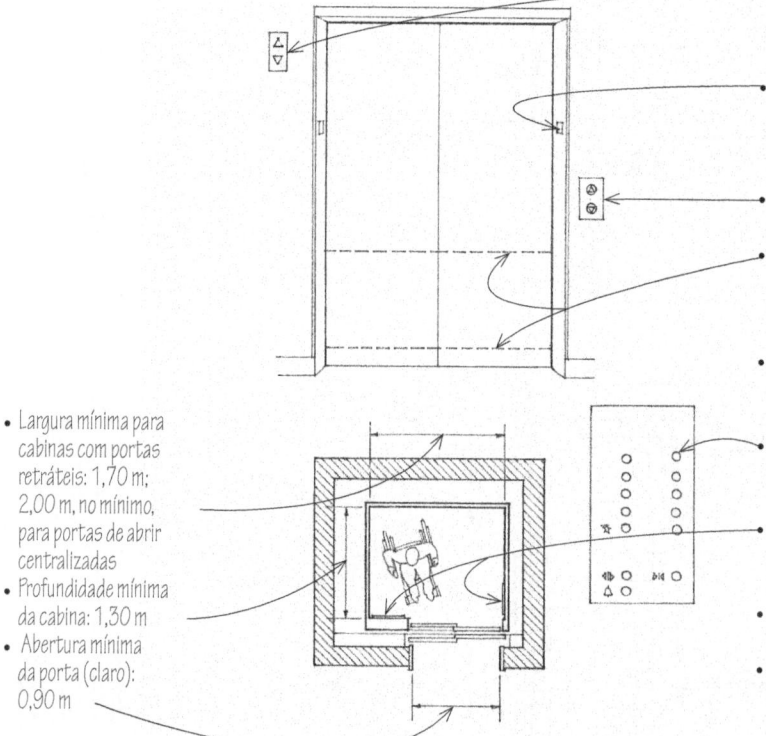

ESCADAS E ESTEIRAS ROLANTES 9.17

Escadas rolantes são escadas elétricas que consistem de degraus fixados a uma correia de movimento. Elas podem transportar um grande número de pessoas de maneira eficiente e confortável entre um número limitado de pavimentos; seis andares é um limite prático. Como as escadas rolantes se movem a uma velocidade constante, praticamente não exigem tempo de espera, mas deve haver espaço suficiente para que as pessoas possam fazer uma fila tanto no ponto de entrada como de saída. As escadas rolantes não devem ser utilizadas em rotas de fuga de incêndio.

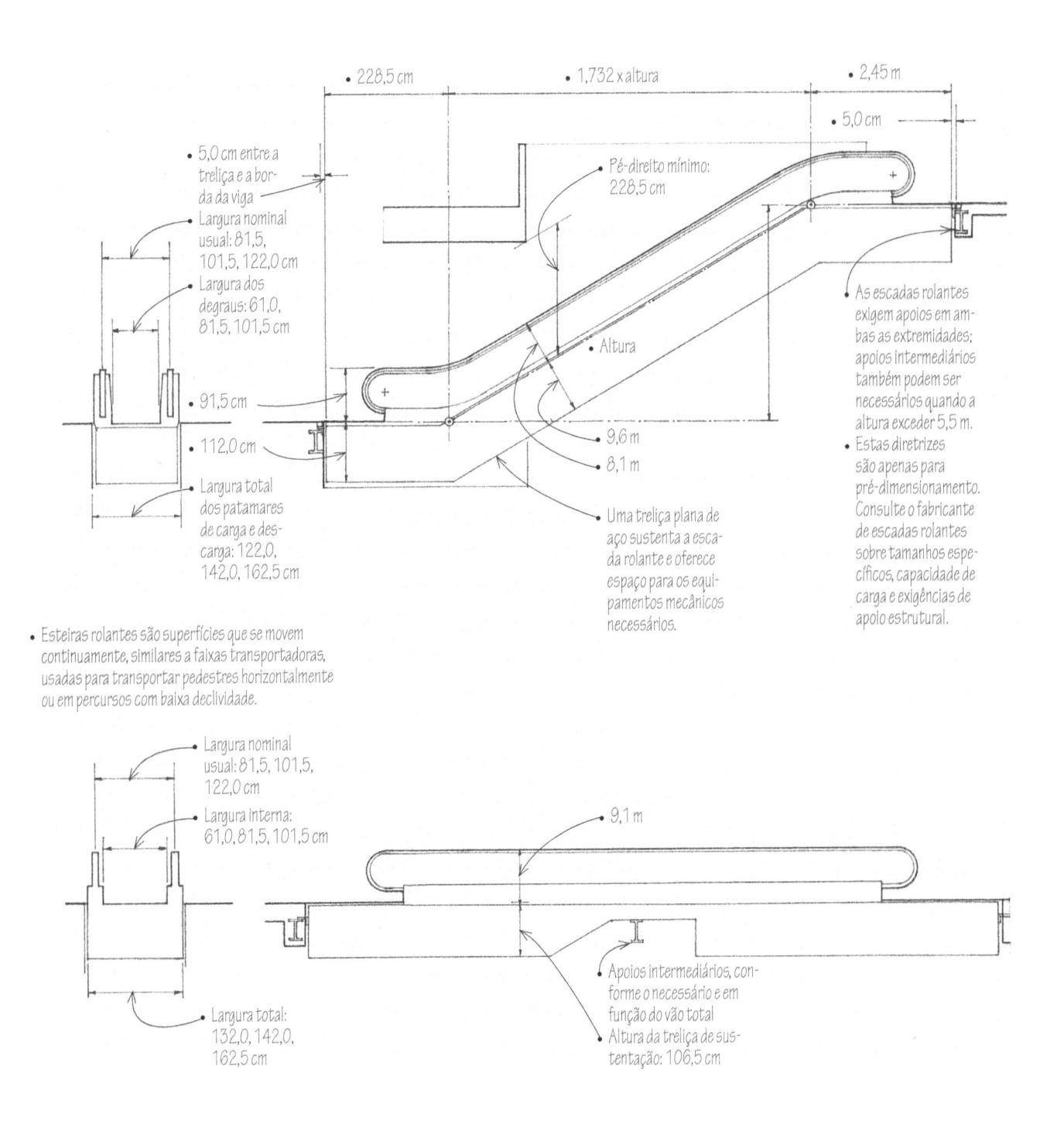

- 228,5 cm
- 1,732 x altura
- 2,45 m
- 5,0 cm
- 5,0 cm entre a treliça e a borda da viga
- Largura nominal usual: 81,5, 101,5, 122,0 cm
- Largura dos degraus: 61,0, 81,5, 101,5 cm
- 91,5 cm
- 112,0 cm
- Largura total dos patamares de carga e descarga: 122,0, 142,0, 162,5 cm
- Pé-direito mínimo: 228,5 cm
- Altura
- 9,6 m
- 8,1 m
- Uma treliça plana de aço sustenta a escada rolante e oferece espaço para os equipamentos mecânicos necessários.
- As escadas rolantes exigem apoios em ambas as extremidades; apoios intermediários também podem ser necessários quando a altura exceder 5,5 m.
- Estas diretrizes são apenas para pré-dimensionamento. Consulte o fabricante de escadas rolantes sobre tamanhos específicos, capacidade de carga e exigências de apoio estrutural.

- Esteiras rolantes são superfícies que se movem continuamente, similares a faixas transportadoras, usadas para transportar pedestres horizontalmente ou em percursos com baixa declividade.

- Largura nominal usual: 81,5, 101,5, 122,0 cm
- Largura interna: 61,0, 81,5, 101,5 cm
- 9,1 m
- Largura total: 132,0, 142,0, 162,5 cm
- Apoios intermediários, conforme o necessário e em função do vão total
- Altura da treliça de sustentação: 106,5 cm

CSI MasterFormat 14 30 00 Escalators and Moving Walks

9.18 LAREIRAS

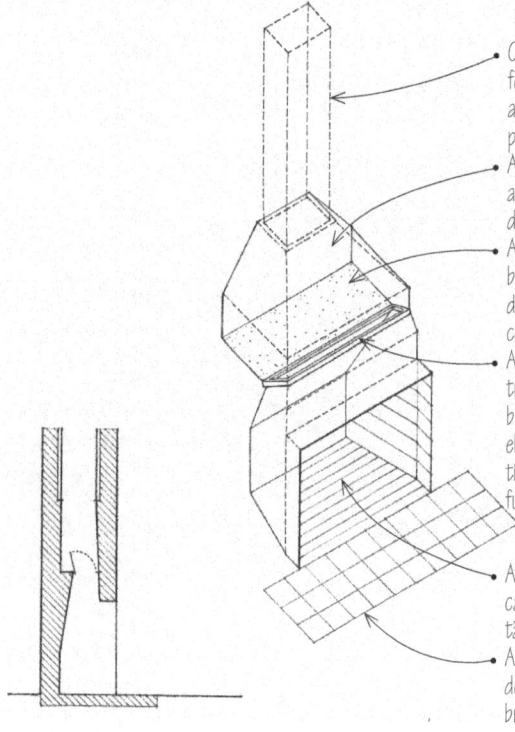

O tubo de fumaça cria uma diferença de pressão que remove a fumaça e os gases da lareira para o exterior.

A câmara de fumaça conecta a garganta ao tubo de fumaça da chaminé.

A plataforma de fumaça na base da câmara de fumaça desvia as correntes de ar descendentes da chaminé.

A garganta é a abertura estreita entre a câmara de combustão e a câmara de fumaça; ela é dotada de um registro de tiragem que regula a saída da fumaça da lareira.

A câmara de combustão é a câmara onde se dá a combustão.

A soleira da lareira é uma área de piso de material incombustível na frente da lareira, como tijolo refratário, azulejo ou pedra.

Uma lareira é uma caixa de combustão com chaminé na qual se pode queimar lenha em uma câmara aberta. Ela deve ser construída de modo a:

- Sustentar a combustão;
- Remover a fumaça e os derivados da combustão para o exterior;
- Radiar a quantidade máxima possível de calor para o cômodo, de maneira confortável;
- Garantir distâncias apropriadas de materiais combustíveis próximos.

Assim, as dimensões e proporções de uma lareira e seu tubo de fumaça, bem como a relação entre seus diversos componentes, estão sujeitas às leis da física e às exigências dos códigos de edificações. A tabela abaixo oferece dimensões usuais de três tipos de lareira.

Abertura frontal

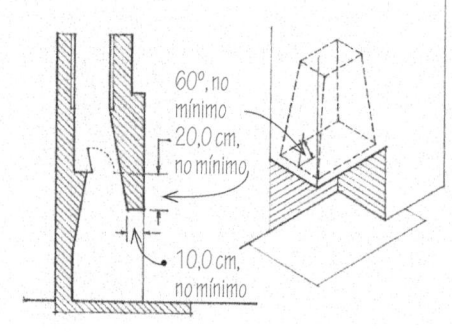

60°, no mínimo
20,0 cm, no mínimo
10,0 cm, no mínimo

Abertura frontal e lateral

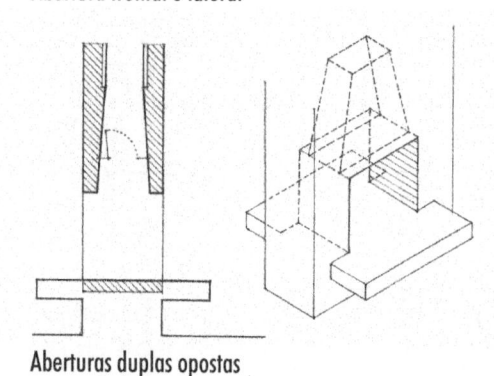

Aberturas duplas opostas

Tipos de lareira

Dimensões usuais de lareiras comuns (cm)

Largura (A)	Altura (B)	Profundidade (C)	(D)	(E)	(F)	(G)	Tamanho do tubo de fumaça
Lareira com abertura frontal							
91,5	73,5	51,0	56,0	35,5	56,0	112,0	30,5 x 30,5
106,5	81,5	51,0	73,5	40,5	61,0	127,0	40,5 x 40,5
122,0	81,5	51,0	84,0	40,5	61,0	142,0	40,5 x 40,5
137,0	94,0	51,0	94,0	40,5	73,5	172,5	40,5 x 40,5
152,5	101,5	56,0	106,5	45,5	76,0	183,0	40,5 x 51,0
183,0	101,5	56,0	137,0	45,5	76,0	213,5	51,0 x 51,0
Lareira com abertura frontal e lateral							
71,0	61,0	40,5					30,5 x 30,5
81,5	71,0	45,5					30,5 x 40,5
91,5	76,0	51,0					30,5 x 40,5
122,0	81,5	55,9					40,5 x 40,5
Lareira com aberturas duplas opostas							
71,0	61,0	40,5					30,5 x 30,5
81,5	71,0	40,5					30,5 x 40,5
91,5	76,0	43,0					30,5 x 40,5
122,0	81,5	48,5					40,5 x 40,5

Lareiras com aberturas múltiplas são especialmente sensíveis a correntes de ar em um cômodo; evite posicionar suas aberturas de frente para uma porta externa.

CSI MasterFormat 04 57 00 Masonry Fireplaces

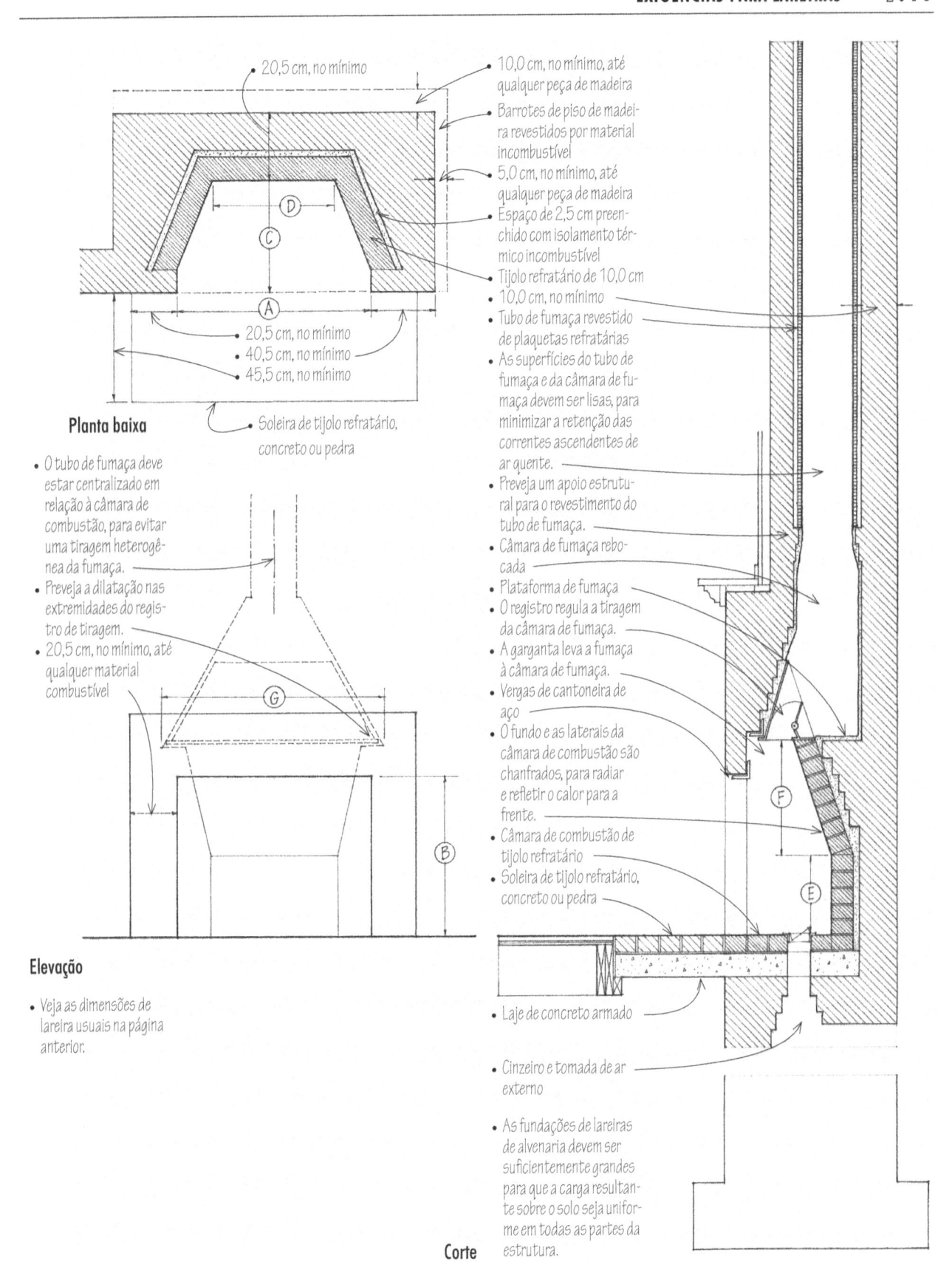

EXIGÊNCIAS PARA LAREIRAS

Planta baixa

- 20,5 cm, no mínimo
- 20,5 cm, no mínimo
- 40,5 cm, no mínimo
- 45,5 cm, no mínimo
- Soleira de tijolo refratário, concreto ou pedra
- O tubo de fumaça deve estar centralizado em relação à câmara de combustão, para evitar uma tiragem heterogênea da fumaça.
- Preveja a dilatação nas extremidades do registro de tiragem.
- 20,5 cm, no mínimo, até qualquer material combustível

Elevação

- Veja as dimensões de lareira usuais na página anterior.

Corte

- 10,0 cm, no mínimo, até qualquer peça de madeira
- Barrotes de piso de madeira revestidos por material incombustível
- 5,0 cm, no mínimo, até qualquer peça de madeira
- Espaço de 2,5 cm preenchido com isolamento térmico incombustível
- Tijolo refratário de 10,0 cm
- 10,0 cm, no mínimo
- Tubo de fumaça revestido de plaquetas refratárias
- As superfícies do tubo de fumaça e da câmara de fumaça devem ser lisas, para minimizar a retenção das correntes ascendentes de ar quente.
- Preveja um apoio estrutural para o revestimento do tubo de fumaça.
- Câmara de fumaça rebocada
- Plataforma de fumaça
- O registro regula a tiragem da câmara de fumaça.
- A garganta leva a fumaça à câmara de fumaça.
- Vergas de cantoneira de aço
- O fundo e as laterais da câmara de combustão são chanfrados, para radiar e refletir o calor para a frente.
- Câmara de combustão de tijolo refratário
- Soleira de tijolo refratário, concreto ou pedra
- Laje de concreto armado
- Cinzeiro e tomada de ar externo
- As fundações de lareiras de alvenaria devem ser suficientemente grandes para que a carga resultante sobre o solo seja uniforme em todas as partes da estrutura.

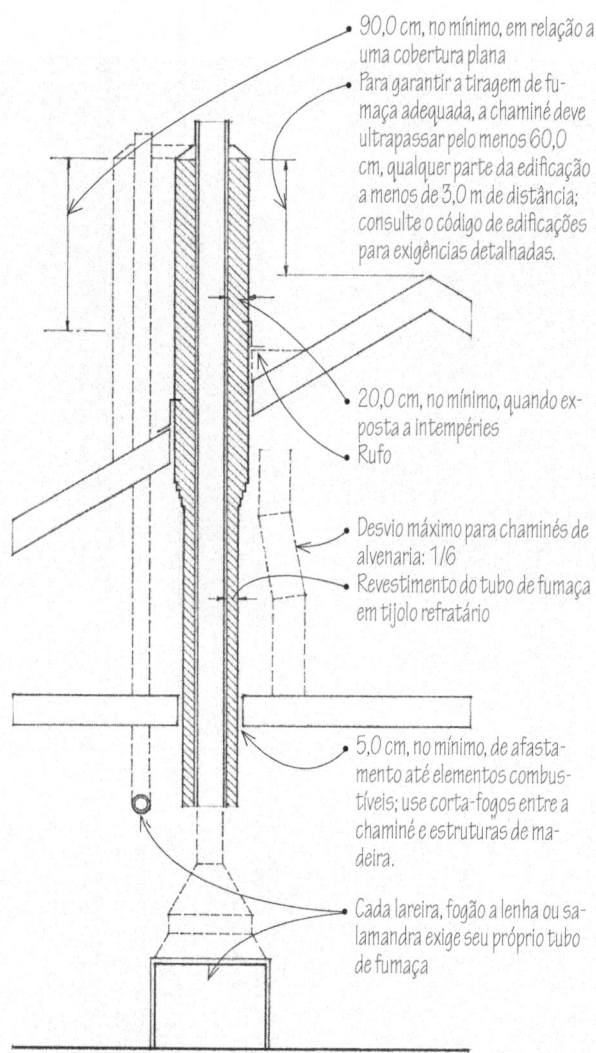

9.20 CHAMINÉS DE ALVENARIA

- 90,0 cm, no mínimo, em relação a uma cobertura plana
- Para garantir a tiragem de fumaça adequada, a chaminé deve ultrapassar pelo menos 60,0 cm, qualquer parte da edificação a menos de 3,0 m de distância; consulte o código de edificações para exigências detalhadas.
- 20,0 cm, no mínimo, quando exposta a intempéries
- Rufo
- Desvio máximo para chaminés de alvenaria: 1/6
- Revestimento do tubo de fumaça em tijolo refratário
- 5,0 cm, no mínimo, de afastamento até elementos combustíveis; use corta-fogos entre a chaminé e estruturas de madeira.
- Cada lareira, fogão a lenha ou salamandra exige seu próprio tubo de fumaça

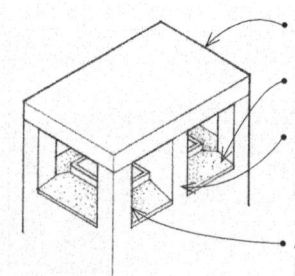

- Laje de pedra ou concreto pré-moldado
- Capa de cimento armado, para drenagem da água
- Separe tubos de fumaça adjacentes, para evitar o refluxo de fumaça e gases
- A altura da abertura deve ser $1-1/14 \times$ largura do tubo de fumaça

Capelo de lareira

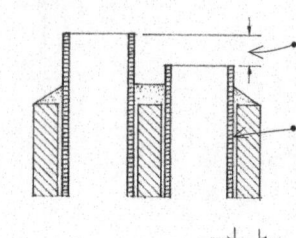

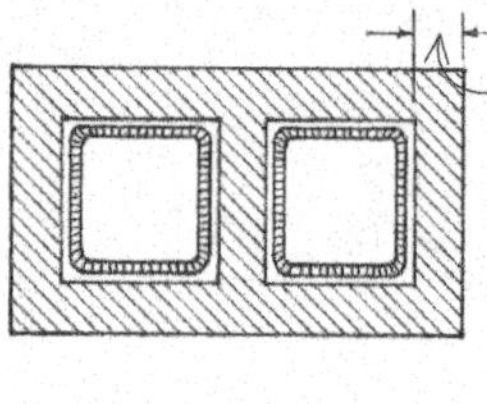

- A diferença de altura de 10,0 cm evita o refluxo de um tubo para o outro
- O revestimento do tubo de fumaça deve ficar afastado da alvenaria; se houverem juntas no tubo de fumaça, elas devem ser mínimas e o interior deve ser liso.
- 10,0 cm, no mínimo; 8,0 cm se exposto ao exterior da edificação
- Consulte o código de edificações sobre as exigências da chaminé de equipamentos com altas temperaturas de combustão, como incineradores.
- Em certas zonas sísmicas, as chaminés de alvenaria exigem armadura e ancoragem à estrutura da edificação. Consulte o código de edificações sobre os detalhes.
- Quatro barras nº 4, no mínimo, amarradas a cada 45 cm entre eixos por barras nº 2
- Graute
- Tubo de fumaça oval
- Tiras de aço de 5 x 25 mm inseridas 30,0 cm na chaminé e dobradas sobre as barras da armadura

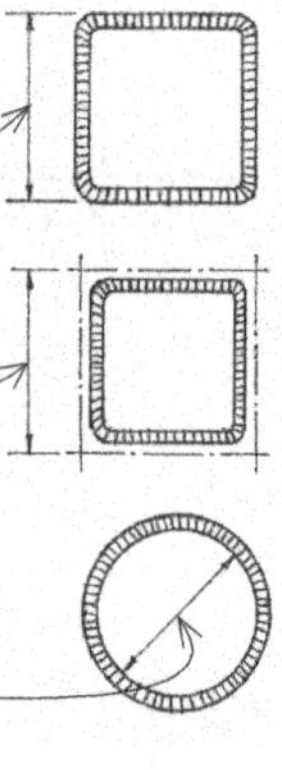

- Os revestimentos de tubos de fumaça são feitos com elementos cerâmicos refratários ou concreto leve.

- Tubos de fumaça retangulares
- Tamanho = faces externas

- Tubos de fumaça modulares
- Tamanho = dimensão nominal + 1/2 in (13 mm)
- Tubos de fumaça redondos
- Tamanho = diâmetro interno

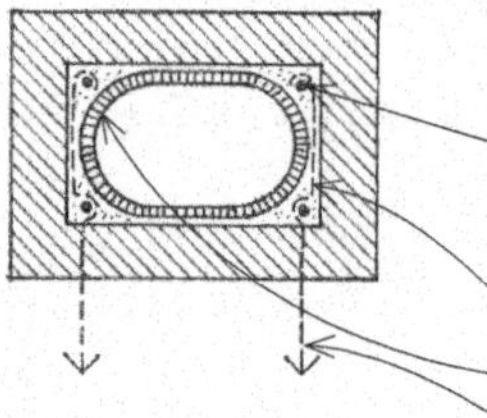

Dimensões mínimas para tubos de fumaça
- Tubos de seção quadrada ou retangular: 1/10 da abertura da lareira
- Tubos redondos: 1/2 da abertura da lareira

Dimensões e áreas comuns para tubos de fumaça

Tubo redondo		Tubo retangular		Tubo modular	
Diâmetro (cm)	Área (cm²)	Diâmetro (cm)	Área (cm²)	Diâmetro (cm)	Área (cm²)
20,5	0,03	21,5 x 21,5	0,04	20,5 x 30,5	0,06
25,5	0,05	21,5 x 33,0	0,07	30,5 x 30,5	0,09
30,5	0,07	33,0 x 33,0	0,10	30,5 x 40,5	0,12
38,0	0,11	33,0 x 45,5	0,15	40,5 x 40,5	0,16
45,5	0,15	45,5 x 45,5	0,20	40,5 x 51,0	0,20
51,5	0,19	51,5 x 51,5	0,26	51,0 x 51,0	0,26

CSI MasterFormat 04 51 00 Flue Liner Masonry

LAREIRAS PRÉ-FABRICADAS, SALAMANDRAS E FOGÕES A LENHA 9.21

Lareiras pré-fabricadas, salamandras e fogões a lenha devem ser certificados pela Environmental Protection Agency (EPA) quanto à eficiência de combustão e à emissão admissível de particulados.

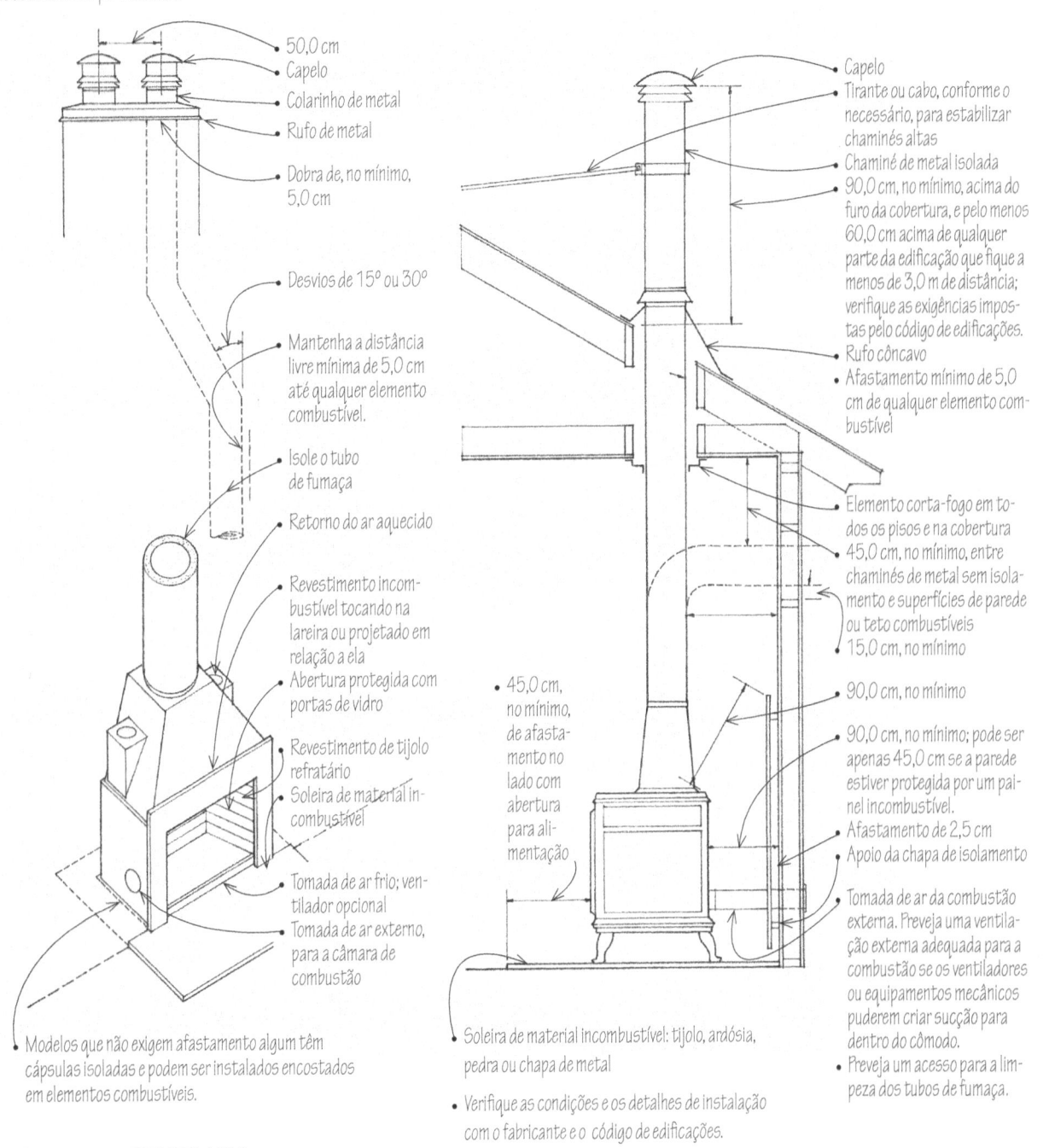

- 50,0 cm
- Capelo
- Colarinho de metal
- Rufo de metal
- Dobra de, no mínimo, 5,0 cm
- Desvios de 15° ou 30°
- Mantenha a distância livre mínima de 5,0 cm até qualquer elemento combustível.
- Isole o tubo de fumaça
- Retorno do ar aquecido
- Revestimento incombustível tocando na lareira ou projetado em relação a ela
- Abertura protegida com portas de vidro
- Revestimento de tijolo refratário
- Soleira de material incombustível
- Tomada de ar frio; ventilador opcional
- Tomada de ar externo, para a câmara de combustão

- Capelo
- Tirante ou cabo, conforme o necessário, para estabilizar chaminés altas
- Chaminé de metal isolada
- 90,0 cm, no mínimo, acima do furo da cobertura, e pelo menos 60,0 cm acima de qualquer parte da edificação que fique a menos de 3,0 m de distância; verifique as exigências impostas pelo código de edificações.
- Rufo côncavo
- Afastamento mínimo de 5,0 cm de qualquer elemento combustível
- Elemento corta-fogo em todos os pisos e na cobertura
- 45,0 cm, no mínimo, entre chaminés de metal sem isolamento e superfícies de parede ou teto combustíveis
- 15,0 cm, no mínimo
- 90,0 cm, no mínimo
- 90,0 cm, no mínimo; pode ser apenas 45,0 cm se a parede estiver protegida por um painel incombustível.
- Afastamento de 2,5 cm
- Apoio da chapa de isolamento
- Tomada de ar da combustão externa. Preveja uma ventilação externa adequada para a combustão se os ventiladores ou equipamentos mecânicos puderem criar sucção para dentro do cômodo.
- Preveja um acesso para a limpeza dos tubos de fumaça.

- 45,0 cm, no mínimo, de afastamento no lado com abertura para alimentação

- Modelos que não exigem afastamento algum têm cápsulas isoladas e podem ser instalados encostados em elementos combustíveis.

- Larguras usuais: 91,5, 96,5, 117,0, 122,0, 137,0 cm
- Alturas usuais: 76,0, 81,5, 91,5 cm
- Profundidade usual: 61,0 cm

Lareiras pré-fabricadas

- Soleira de material incombustível: tijolo, ardósia, pedra ou chapa de metal
- Verifique as condições e os detalhes de instalação com o fabricante e o código de edificações.

Fogões a lenha e salamandras

CSI MasterFormat 10 31 00 Manufactured Fireplaces
CSI MasterFormat 10 35 00 Stoves

9.22 LEIAUTES DE COZINHAS

Essas plantas baixas ilustram os tipos básicos de leiautes de cozinha. Esses leiautes podem ser facilmente adaptados a várias situações estruturais ou espaciais, mas todos se baseiam no triângulo de trabalho que conecta as três áreas principais de uma cozinha:

(A) A área de refrigeração, para recepção e preparo de alimentos
(B) A área de lavagem, para preparo de alimentos e limpeza
(C) A área de cocção, para cozimento e serviço

A soma dos lados do triângulo não deve ser superior a 6,7 m ou inferior a 3,6 m.

Outros fatores que devem ser levados em consideração no leiaute de uma cozinha:

- A área de balcão e de superfícies de trabalho necessárias
- O tipo e a quantidade dos armários de piso e armários aéreos necessários
- As exigências de luz natural, vistas externas e ventilação
- O tipo e o grau de acessibilidade desejado
- O grau de privacidade desejado para o espaço
- A integração das instalações elétricas, hidrossanitárias e mecânicas

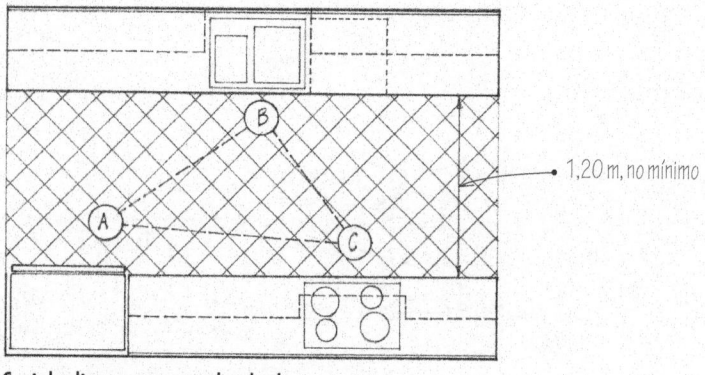

1,20 m, no mínimo

Cozinha linear com corredor duplo

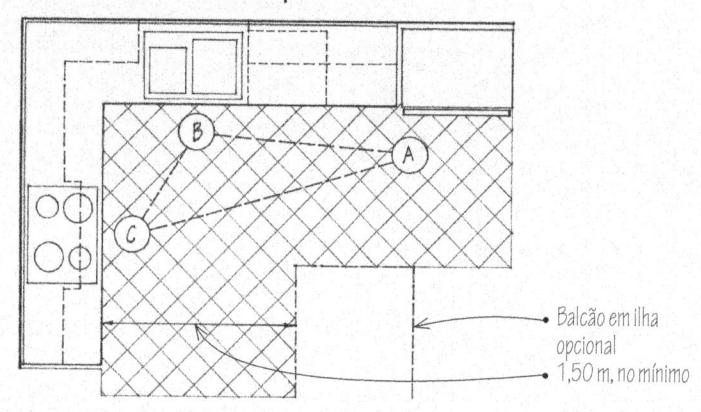

Balcão em ilha opcional
1,50 m, no mínimo

Cozinha em L

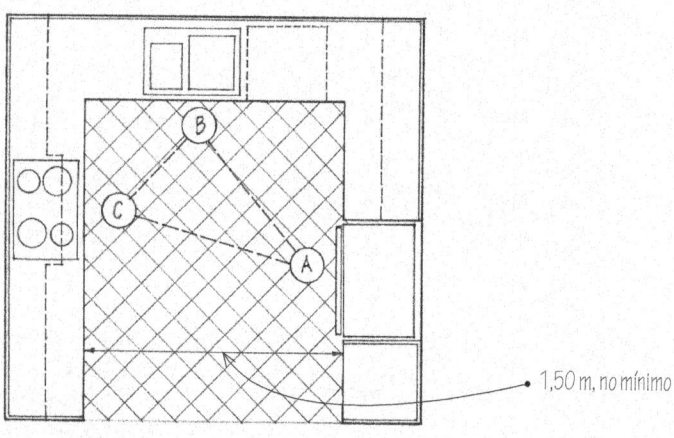

1,50 m, no mínimo

Cozinha em U

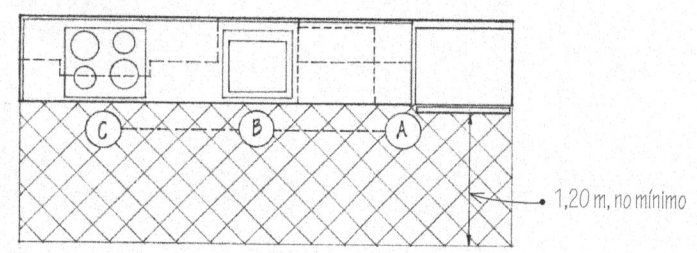

1,20 m, no mínimo

Cozinha linear com corredor simples

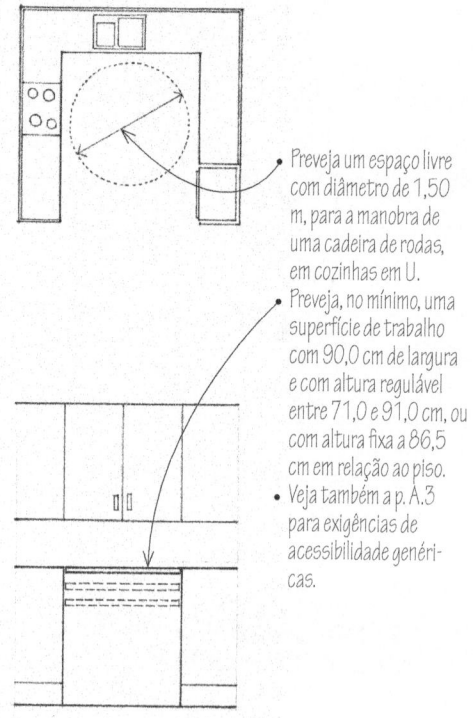

- Preveja um espaço livre com diâmetro de 1,50 m, para a manobra de uma cadeira de rodas, em cozinhas em U.
- Preveja, no mínimo, uma superfície de trabalho com 90,0 cm de largura e com altura regulável entre 71,0 e 91,0 cm, ou com altura fixa a 86,5 cm em relação ao piso.
- Veja também a p. A.3 para exigências de acessibilidade genéricas.

Diretrizes de acessibilidade universal da ADA

DIMENSÕES DE COZINHAS 9.23

- O espaço sobre os armários aéreos pode ser fechado com uma tábua ou pode ser utilizado para armazenar itens raramente utilizados.

- Os armários aéreos podem estar alinhados com a frente do refrigerador.

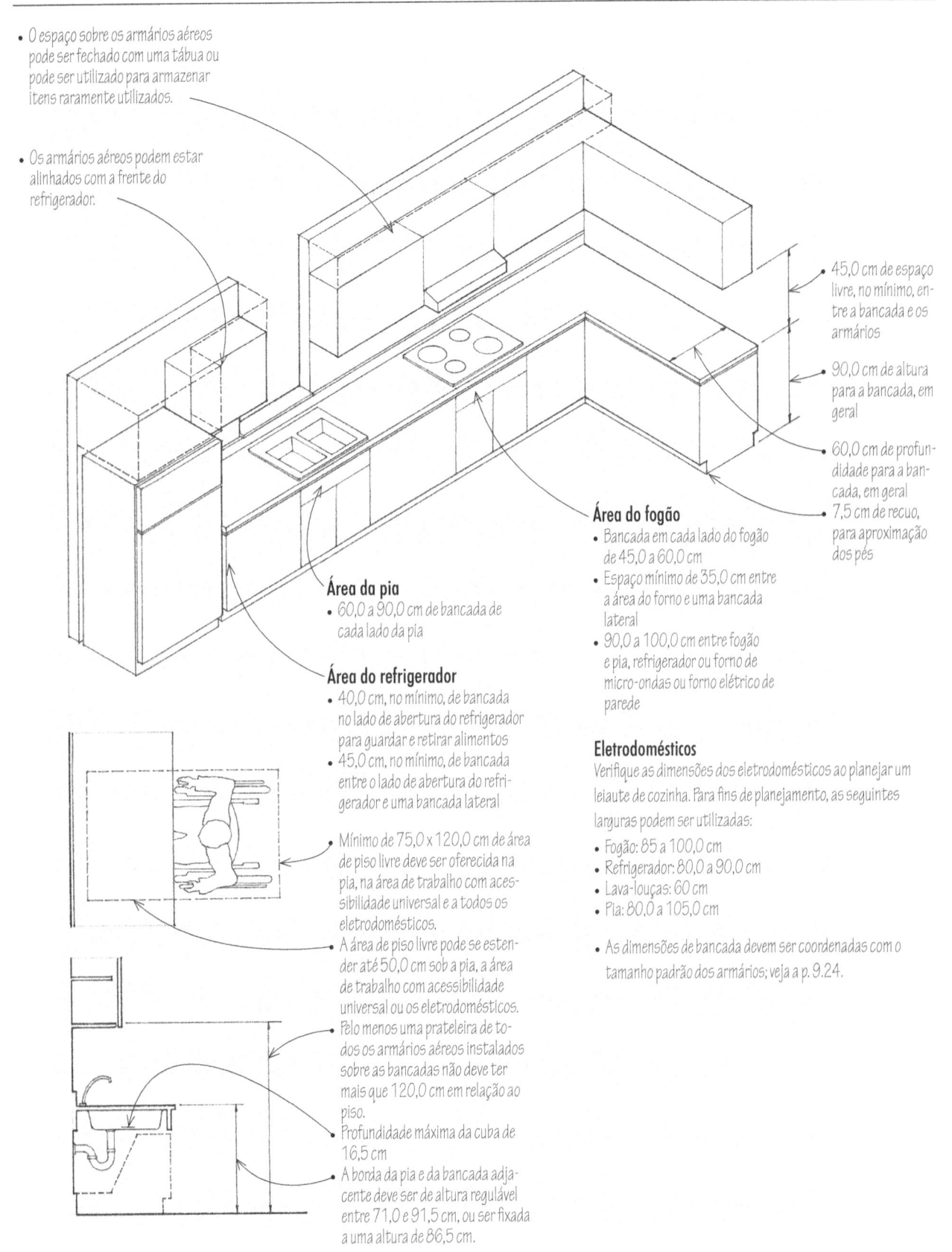

- 45,0 cm de espaço livre, no mínimo, entre a bancada e os armários
- 90,0 cm de altura para a bancada, em geral
- 60,0 cm de profundidade para a bancada, em geral
- 7,5 cm de recuo, para aproximação dos pés

Área da pia
- 60,0 a 90,0 cm de bancada de cada lado da pia

Área do refrigerador
- 40,0 cm, no mínimo, de bancada no lado de abertura do refrigerador para guardar e retirar alimentos
- 45,0 cm, no mínimo, de bancada entre o lado de abertura do refrigerador e uma bancada lateral

- Mínimo de 75,0 x 120,0 cm de área de piso livre deve ser oferecida na pia, na área de trabalho com acessibilidade universal e a todos os eletrodomésticos.
- A área de piso livre pode se estender até 50,0 cm sob a pia, a área de trabalho com acessibilidade universal ou os eletrodomésticos.
- Pelo menos uma prateleira de todos os armários aéreos instalados sobre as bancadas não deve ter mais que 120,0 cm em relação ao piso.
- Profundidade máxima da cuba de 16,5 cm
- A borda da pia e da bancada adjacente deve ser de altura regulável entre 71,0 e 91,5 cm, ou ser fixada a uma altura de 86,5 cm.

Área do fogão
- Bancada em cada lado do fogão de 45,0 a 60,0 cm
- Espaço mínimo de 35,0 cm entre a área do forno e uma bancada lateral
- 90,0 a 100,0 cm entre fogão e pia, refrigerador ou forno de micro-ondas ou forno elétrico de parede

Eletrodomésticos
Verifique as dimensões dos eletrodomésticos ao planejar um leiaute de cozinha. Para fins de planejamento, as seguintes larguras podem ser utilizadas:
- Fogão: 85 a 100,0 cm
- Refrigerador: 80,0 a 90,0 cm
- Lava-louças: 60 cm
- Pia: 80,0 a 105,0 cm

- As dimensões de bancada devem ser coordenadas com o tamanho padrão dos armários; veja a p. 9.24.

Diretrizes de acessibilidade universal da ADA

9.24 ARMÁRIOS DE COZINHA

Os armários de cozinha podem ser feitos de madeira ou aço esmaltado. Os armários de madeira geralmente têm estruturas de madeira de lei e painéis de madeira de compensado ou madeira aglomerada com acabamentos de plástico laminado, revestimento de madeira de lei ou são laqueados.

Os armários de cozinha são fabricados em módulos de 75 mm e devem atender a padrões estabelecidos pelo National Kitchen Cabinet Association (NKCA). Há três tipos básicos de módulos: módulos de piso, de parede (aéreos) e especiais. Consulte o fabricante sobre tamanhos, acabamentos, ferragens e acessórios disponíveis.

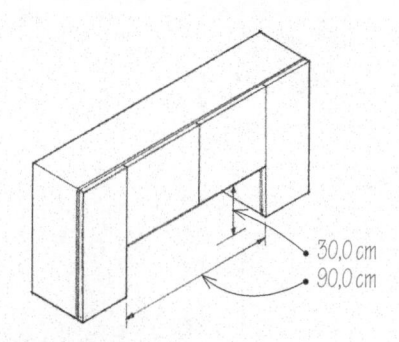

Módulo de parede composto
- Para uso sobre pias e fogões
- 150,0 a 210,0 cm de comprimento
- 75,0 cm de altura

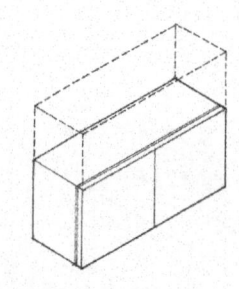

30,0 cm
90,0 cm

Armários de parede simples
- 60,0 a 120,0 cm de comprimento, com tamanhos variáveis de 7,5 em 7,5 cm
- 30,0 a 85,0 cm de altura

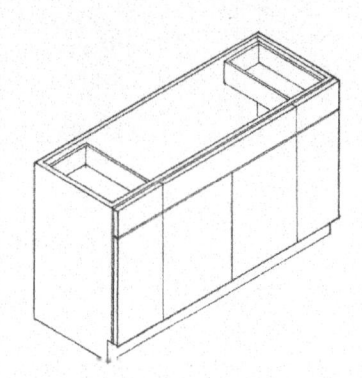

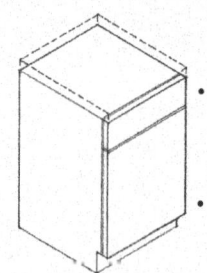

- A altura de 87,5 cm para módulo de balcão permite bancadas de até 3,8 cm de espessura.
- Módulos de balcão para lavatórios de banheiro possuem cerca de 76,0 cm de altura e 53,0 cm de profundidade.
- Módulos de balcão para aparadores e escrivaninhas possuem cerca de 72,0 cm de altura.

Balcão de pia
- 135,0 a 215,0 cm de comprimento, com tamanhos variáveis de 7,5 em 7,5 cm

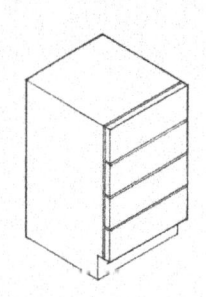

Gaveteiro
- 38,0 a 60,0 cm de largura

Módulo de balcão
- 30,0 a 60,0 cm de largura para módulos de uma porta
- 68,0 a 122,0 cm de largura para módulos de duas portas
- 58,0 a 60,0 cm de profundidade

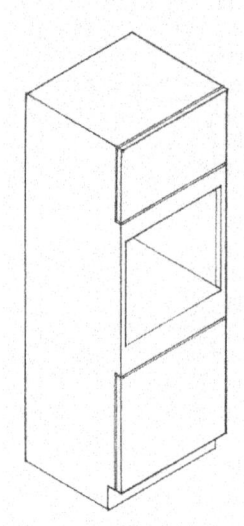

Armário para forno de micro-ondas
- 45,0 a 76,0 cm de largura
- 210,0 cm de altura

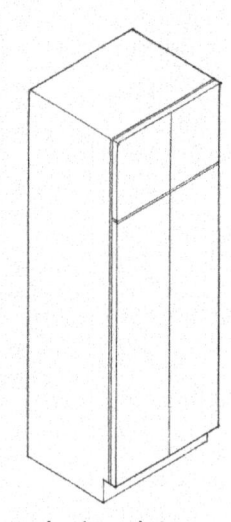

Armário utilitário ou despensa
- 30,0 a 60,0 cm de profundidade

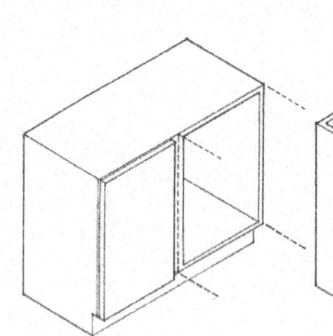

Módulo de canto
- 100,0 a 120,0 cm de comprimento

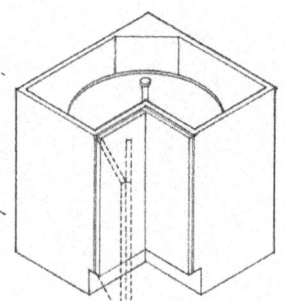

Módulo de canto
- 90,0 cm de comprimento

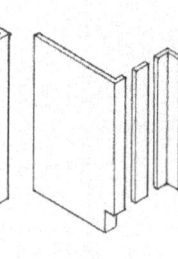

- Há laterais e painéis de acabamento disponíveis.

CSI MasterFormat 12 35 30.13: Kitchen Casework

O ESPAÇO DA COZINHA 9.25

Ventilação
- Ofereça ventilação natural através de janelas de abrir para o exterior com uma área de não menos que $1/20$ da área de piso, com um mínimo de 0,45 m².
- Um sistema de ventilação mecânica que ofereça um mínimo de duas trocas de ar por hora pode ser empregado em vez da ventilação natural.
- A área do fogão pode ser ventilada por uma coifa com exaustor:
  - Verticalmente, através da cobertura
  - Diretamente, através da parede externa
  - Horizontalmente, para fora, através do forro sobre os armários de parede
- Os fogões de embutir com ventilação própria podem ventilar diretamente para fora ou, se estiverem em uma localização interna, através de um duto no sistema de piso.

Eletricidade
- No mínimo dois circuitos para eletrodomésticos pequenos devem ser fornecidos, com tomadas espaçadas 120,0 cm entre eixos e aproximadamente 15,0 cm acima da bancada. Esses circuitos devem ser protegidos por um interruptor de vazamento para a terra.
- Circuitos especiais, com tomadas simples, são obrigatórios para eletrodomésticos instalados permanentemente, como fornos e fogões.
- Circuitos separados também são obrigatórios para eletrodomésticos como refrigeradores, lava-louças, trituradores de alimentos e fornos de micro-ondas.

Gás
- Eletrodomésticos a gás exigem tubulações de gás separadas.

Bancadas
- A superfície da bancada pode ser de plástico laminado, tábua de madeira de lei, azulejo, mármore ou granito, pedra sintética, concreto ou aço inoxidável.
- Ofereça uma superfície resistente ao calor junto ao fogão.

Tubulação
- Tubos de água para a pia e o lava-louças são necessários.
- Tubos de esgoto para a pia, os trituradores de lixo e o lava-louças são necessários.
- Veja as p. 11.24–11.28.

Calefação
- Registros de insuflamento de ar quente são geralmente instalados sob os balcões.

Iluminação
- Ofereça iluminação natural através de janelas de abrir para o exterior com uma área de não menos que $1/10$ da área de piso ou um mínimo de 0,90 m².
- O código de edificações geralmente permite que as cozinhas residenciais sejam iluminadas apenas com luz artificial.
- Além da iluminação da área geral, é necessária a iluminação sobre o plano de trabalho em cada uma das áreas de trabalho e bancadas.

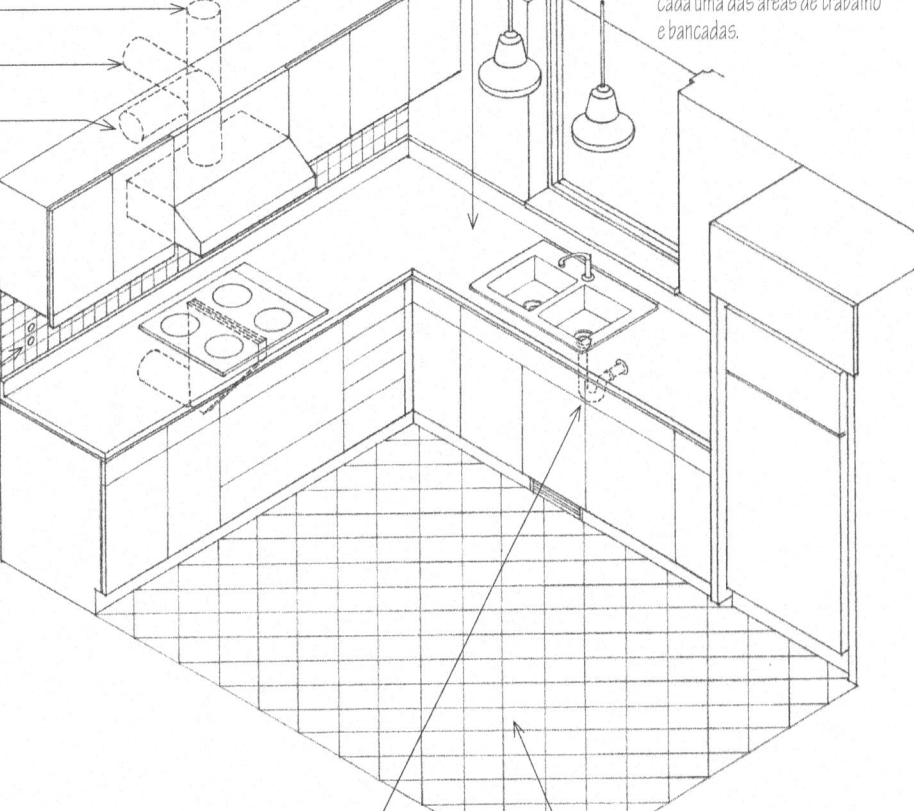

Pisos
- Os pisos devem ser não escorregadios, duráveis, fácil de manter e resistentes à água e à gordura.

9.26 LEIAUTES DE BANHEIROS

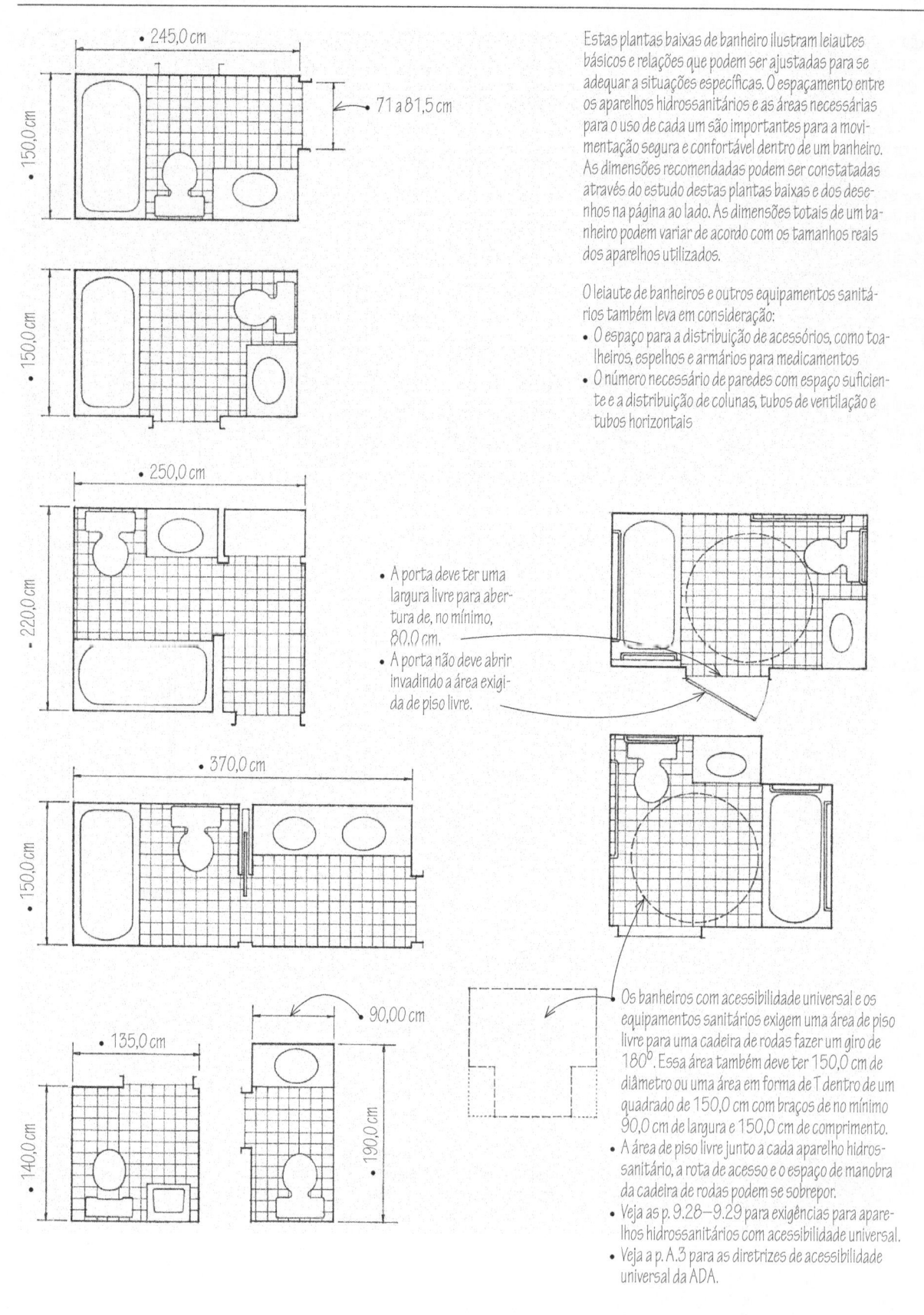

Estas plantas baixas de banheiro ilustram leiautes básicos e relações que podem ser ajustadas para se adequar a situações específicas. O espaçamento entre os aparelhos hidrossanitários e as áreas necessárias para o uso de cada um são importantes para a movimentação segura e confortável dentro de um banheiro. As dimensões recomendadas podem ser constatadas através do estudo destas plantas baixas e dos desenhos na página ao lado. As dimensões totais de um banheiro podem variar de acordo com os tamanhos reais dos aparelhos utilizados.

O leiaute de banheiros e outros equipamentos sanitários também leva em consideração:
- O espaço para a distribuição de acessórios, como toalheiros, espelhos e armários para medicamentos
- O número necessário de paredes com espaço suficiente e a distribuição de colunas, tubos de ventilação e tubos horizontais

- A porta deve ter uma largura livre para abertura de, no mínimo, 80,0 cm.
- A porta não deve abrir invadindo a área exigida de piso livre.

- Os banheiros com acessibilidade universal e os equipamentos sanitários exigem uma área de piso livre para uma cadeira de rodas fazer um giro de 180°. Essa área também deve ter 150,0 cm de diâmetro ou uma área em forma de T dentro de um quadrado de 150,0 cm com braços de no mínimo 90,0 cm de largura e 150,0 cm de comprimento.
- A área de piso livre junto a cada aparelho hidrossanitário, a rota de acesso e o espaço de manobra da cadeira de rodas podem se sobrepor.
- Veja as p. 9.28–9.29 para exigências para aparelhos hidrossanitários com acessibilidade universal.
- Veja a p. A.3 para as diretrizes de acessibilidade universal da ADA.

Diretrizes de acessibilidade universal da ADA

APARELHOS HIDROSSANITÁRIOS 9.27

As várias dimensões de aparelhos hidrossanitários ilustradas abaixo são apenas para fins de planejamento preliminar. Consulte o fabricante dos aparelhos para as dimensões reais de modelos específicos.

Os aparelhos hidrossanitários podem ser fabricados dos seguintes materiais:
- Bacias sanitárias, mictórios e bidês: porcelana vítrea
- Lavatórios, banheiras e tanques: porcelana vítrea, ferro e aço esmaltado
- Base de box de chuveiro: aço esmaltado
- Paredes de box de chuveiro: aço esmaltado, aço inoxidável, azulejos e fibra de vidro
- Pias de cozinha: ferro, aço esmaltado, aço inoxidável

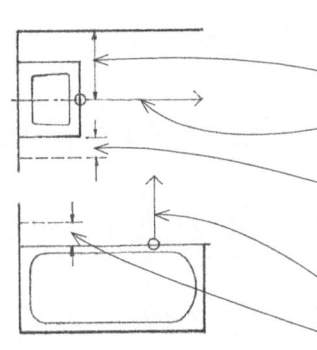

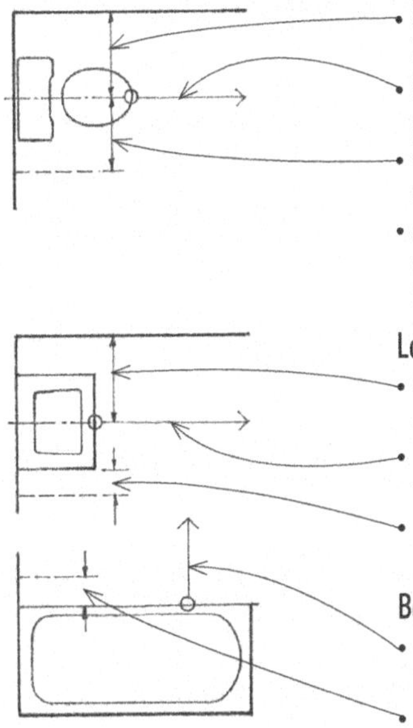

Bacias sanitárias
- 55,0 cm até a parede lateral; 38,0 cm, no mínimo
- 90,0 cm de profundidade do compartimento; 45,0 cm, no mínimo
- 45,0 cm até o aparelho; 30,0 cm, no mínimo
- Altura da borda do aparelho hidrossanitário acima do piso: 35,0 a 38,0 cm

Lavatório
- 55,0 cm até a parede lateral; 35,0 cm, no mínimo
- 75,0 cm de profundidade do compartimento; 45,0 cm, no mínimo
- 15,0 cm até o aparelho; 5,0 cm, no mínimo

Banheira
- 85,0 cm até a parede oposta; 50,0 cm, no mínimo
- 20,0 cm até outro aparelho; 5,0 cm, no mínimo

Tamanho dos aparelhos hidrossanitários

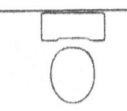

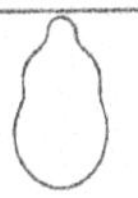

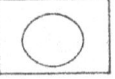

Bacias sanitárias
- Largura: 51,0 a 61,0 cm
- Profundidade: 56,0 a 73,5 cm
- Altura: 51,0 a 71,0 cm

Mictórios
- 45,5 cm
- 30,5 a 61 cm
- 61,0 cm

Bidês
- 35,5 cm
- 76,0 cm
- 35,5 cm

Lavatórios
- 76,0 a 91,5 cm
- 53,5 cm
- 78,5 cm acima do piso

Lavatórios
- 45,5 a 61,0 cm
- 40,5 a 53,5 cm
- 78,5 cm da borda ao piso

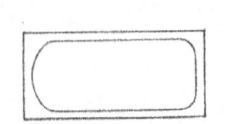

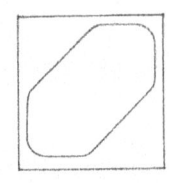

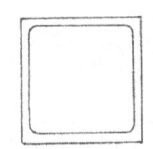

Banheiras
- Largura: 106,0 a 183,0 cm
- Profundidade: 76,0 a 81,5 cm
- Altura: 30,5 a 51,0 cm

Banheiras quadradas
- 112,0 a 127,0 cm
- 112,0 a 127,0 cm
- 30,5 a 40,5 cm

Boxes de chuveiro
- 76,0 a 107,0 cm
- 76,0 a 107,0 cm
- 188,0 a 203,0 cm

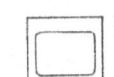

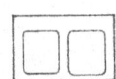

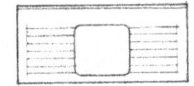

Pia de uma cuba
- Largura: 30,5 a 84,0 cm
- Profundidade: 33,0 a 53,5 cm
- Altura: 20,5 a 30,5 cm

Pia com duas cubas
- 71,0 a 117,0 cm
- 40,5 a 53,5 cm
- 20,5 a 25,5 cm

Pia com uma cuba e escorredor
- 137,0 a 213,0 cm
- 53,5 a 63,5 cm
- 20,5 cm

Tanque
- 56,0 a 122,0 cm
- 45,5 a 56,0 cm
- borda de 68,5 a 73,5 cm

CSI MasterFormat 22 40 00 Plumbing Fixtures

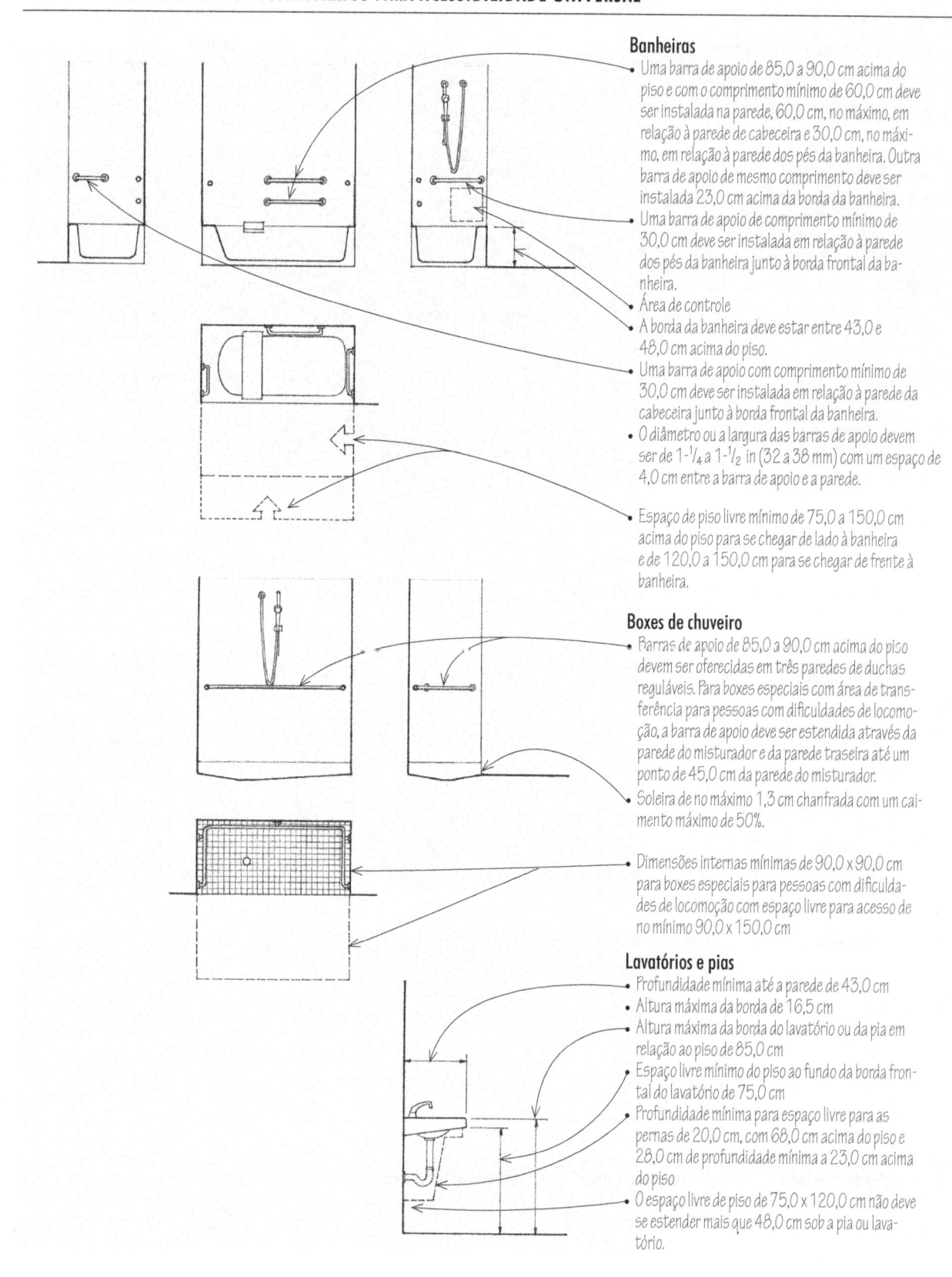

9.28 APARELHOS HIDROSSANITÁRIOS PARA ACESSIBILIDADE UNIVERSAL

Banheiras
- Uma barra de apoio de 85,0 a 90,0 cm acima do piso e com o comprimento mínimo de 60,0 cm deve ser instalada na parede, 60,0 cm, no máximo, em relação à parede de cabeceira e 30,0 cm, no máximo, em relação à parede dos pés da banheira. Outra barra de apoio de mesmo comprimento deve ser instalada 23,0 cm acima da borda da banheira.
- Uma barra de apoio de comprimento mínimo de 30,0 cm deve ser instalada em relação à parede dos pés da banheira junto à borda frontal da banheira.
- Área de controle
- A borda da banheira deve estar entre 43,0 e 48,0 cm acima do piso.
- Uma barra de apoio com comprimento mínimo de 30,0 cm deve ser instalada em relação à parede da cabeceira junto à borda frontal da banheira.
- O diâmetro ou a largura das barras de apoio devem ser de 1-1/4 a 1-1/2 in (32 a 38 mm) com um espaço de 4,0 cm entre a barra de apoio e a parede.
- Espaço de piso livre mínimo de 75,0 a 150,0 cm acima do piso para se chegar de lado à banheira e de 120,0 a 150,0 cm para se chegar de frente à banheira.

Boxes de chuveiro
- Barras de apoio de 85,0 a 90,0 cm acima do piso devem ser oferecidas em três paredes de duchas reguláveis. Para boxes especiais com área de transferência para pessoas com dificuldades de locomoção, a barra de apoio deve ser estendida através da parede do misturador e da parede traseira até um ponto de 45,0 cm da parede do misturador.
- Soleira de no máximo 1,3 cm chanfrada com um caimento máximo de 50%.
- Dimensões internas mínimas de 90,0 x 90,0 cm para boxes especiais para pessoas com dificuldades de locomoção com espaço livre para acesso de no mínimo 90,0 x 150,0 cm

Lavatórios e pias
- Profundidade mínima até a parede de 43,0 cm
- Altura máxima da borda de 16,5 cm
- Altura máxima da borda do lavatório ou da pia em relação ao piso de 85,0 cm
- Espaço livre mínimo do piso ao fundo da borda frontal do lavatório de 75,0 cm
- Profundidade mínima para espaço livre para as pernas de 20,0 cm, com 68,0 cm acima do piso e 28,0 cm de profundidade mínima a 23,0 cm acima do piso
- O espaço livre de piso de 75,0 x 120,0 cm não deve se estender mais que 48,0 cm sob a pia ou lavatório.

CSI MasterFormat 10 28 16 Bath Accessories

APARELHOS HIDROSSANITÁRIOS PARA ACESSIBILIDADE UNIVERSAL

Bacias sanitárias

- As bacias sanitárias devem ser instaladas adjacentes à parede ou à divisória. A distância do eixo da bacia sanitária à parede ou à divisória deve ser de 45,0 cm.
- O topo do assento do vaso sanitário deve estar de 43,0 a 48,0 cm acima do piso.
- Espaço livre mínimo de 120,0 cm na frente da bacia sanitária e 105,0 cm do eixo da bacia sanitária no lado não adjacente à parede.

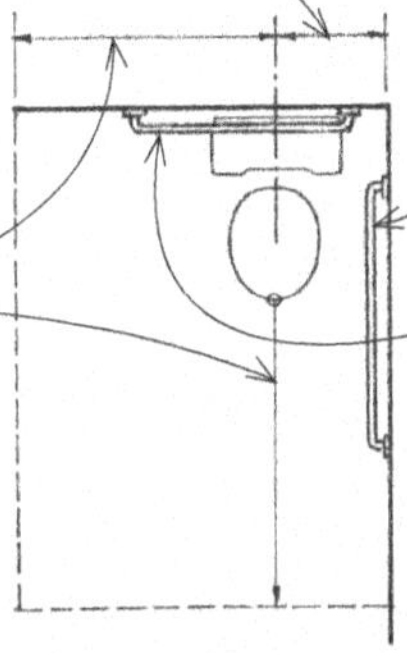

Compartilhamentos para bacias sanitárias e mictórios

- Compartilhamentos acessíveis a cadeiras de roda devem ter no mínimo 150,0 cm de largura e profundidade mínima de 140,0 cm para bacias sanitárias de parede, e profundidade mínima de 150,0 cm para bacias sanitárias instaladas no piso.
- A profundidade deve ser aumentada em 90,0 cm se a porta abrir para dentro do compartilhamento.
- As barras de apoio devem ser instaladas em uma posição horizontal de 85,0 a 90,0 cm acima do piso, em uma parede de trás e na parede lateral mais próxima à bacia sanitária. Veja os detalhes acima.
- Compartilhamentos para pessoas com dificuldades de locomoção devem ter no mínimo 90,0 cm de largura, 150,0 cm de profundidade, e devem ter barras de apoio em ambos os lados.

- As barras de apoio devem ser instaladas na posição horizontal 85,0 a 90,0 cm acima do piso, na parede de trás e na parede lateral mais próxima à bacia sanitária.
- O diâmetro ou largura das barras de apoio devem ser de 1-1/4 a 1-1/2 in (32 a 38 mm) com um espaço livre de 4,0 cm entre a barra de apoio e a parede.
- A barra de apoio na parede lateral deve ter, no mínimo, 105,0 cm de extensão e estar a 30,0 cm da parede de trás.
- A barra de apoio na parede de trás deve ter um comprimento mínimo de 60,0 cm e eixo na bacia sanitária; onde houver espaço, a barra deve ter comprimento de 90,0 cm e se estender para o lado de transferência da bacia sanitária.

- As divisórias dos mictórios não devem avançar em relação à borda do mictório.

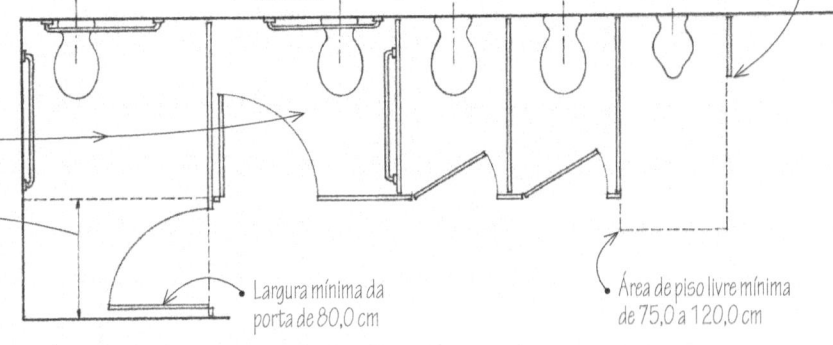

- Largura mínima da porta de 80,0 cm
- Área de piso livre mínima de 75,0 a 120,0 cm

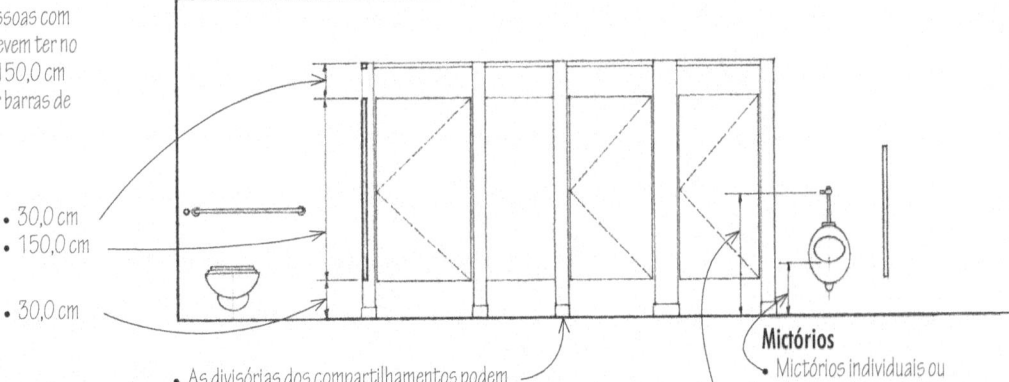

- 30,0 cm
- 150,0 cm
- 30,0 cm

- As divisórias dos compartimentos podem ser instaladas no piso, na parede ou suspensas nos tetos.
- As divisórias de metal podem ter acabamentos de esmalte cozido, esmalte de porcelana ou aço inoxidável.
- Laminado plástico, vidro temperado e painéis de mármore também estão disponíveis.

Mictórios

- Mictórios individuais ou mictórios de parede não devem ter uma borda maior que 43 cm acima do piso.
- Controles manuais de descarga devem ser instalados entre 40,0 e 110,0 cm, no máximo, acima do piso.

CSI MasterFormat 10 21 13 Toilet Compartments

9.30 O ESPAÇO DO BANHEIRO

Iluminação
- A iluminação natural através de aberturas externas envidraçadas é sempre desejável.
- Uma única luminária de teto em geral não é suficiente; iluminação auxiliar é necessária sobre a banheira ou ducha, sobre o lavatório e o espelho do balcão e sobre qualquer espaço compartimentado.
- A luminária sobre a banheira ou chuveiro deve ser resistente ao vapor da água.

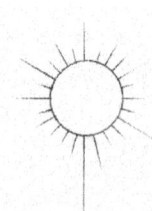

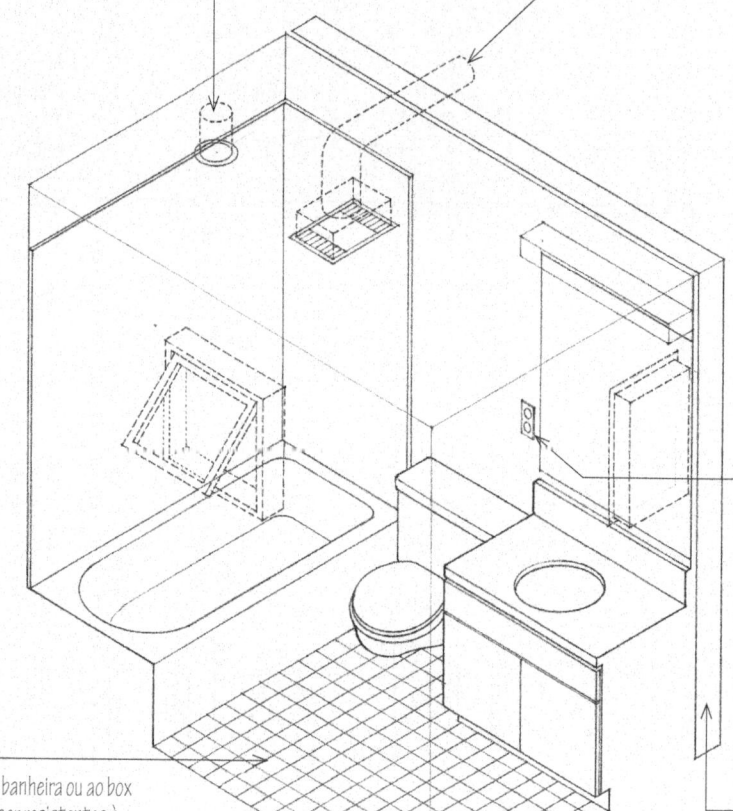

Ventilação
- Os banheiros exigem ventilação natural ou mecânica para remover o ar viciado e fornecer ar fresco.
- Ofereça ventilação natural por meio de janelas de abrir com uma área de não menos que $1/20$ da área de piso ou um mínimo de 0,15 m².
- Um sistema de ventilação mecânica pode ser utilizado em vez da ventilação natural.
- O exaustor de ar deve ser disposto perto do chuveiro e no alto em uma parede externa oposta à porta do banheiro. Ele deve ser conectado diretamente ao exterior e deve ser capaz de oferecer cinco trocas de ar por hora. O ponto de descarga deve ficar no mínimo a 90,0 cm de distância da abertura que permite que o ar do exterior entre na edificação.
- Exaustores residenciais muitas vezes são complementados com uma luminária, um aquecedor com ventilador ou uma luminária com sistema de calefação por radiação.

Eletricidade
- Interruptores elétricos e tomadas de parede devem ser localizados onde eles forem necessários, mas longe de água ou áreas molhadas. Eles não devem ser acessíveis de uma banheira ou chuveiro.
- Todas as tomadas de parede devem ser protegidas por um interruptor de vazamento para a terra; veja a p. 11.32.

Acabamentos
- As paredes junto à banheira ou ao box do chuveiro devem ser resistentes à umidade.
- Todos os acabamentos devem ser duráveis, higiênicos e fáceis de limpar, e os pisos devem ter superfícies não escorregadias.

Calefação
- A calefação pode ser convencional, com o uso de registros de ar quente no piso, de piso radiante, de radiadores embutidos nos rodapés ou de aquecedores elétricos na parede.

Tubulações
- As paredes para tubulações devem ter espessura suficiente para acomodar as tubulações hidrossanitárias (água, esgoto e ventilação) necessárias.
- Veja as p. 11.24–11.28.
- É necessário espaço para acessórios como um armário para remédios, espelho, toalheiro, papeleira e saboneteira.
- São necessários armários para roupas de cama e banho e produtos de limpeza.

CSI MasterFormat 12 35 30.23 Bathroom Casework

10 ACABAMENTOS

10.2 Acabamentos
10.3 O reboco
10.4 Telas e acessórios para aplicação de reboco
10.5 Paredes de montantes leves rebocadas
10.6 Detalhes de paredes de montantes leves e relocados
10.7 O reboco sobre paredes de alvenaria
10.8 Forros de gesso
10.9 Chapas de gesso
10.10 Instalação de chapas de gesso
10.11 Detalhes de instalação de chapas de gesso
10.12 Azulejos cerâmicos
10.13 Instalação de azulejos cerâmicos
10.14 Detalhes de azulejos cerâmicos
10.15 Pisos de granitina
10.16 Pisos de madeira
10.17 Instalação de pisos de madeira
10.18 Pisos de pedra
10.19 Pisos flexíveis
10.20 Carpetes
10.22 Placas acústicas para forros
10.23 Forros acústicos suspensos
10.24 Samblagem
10.26 Molduras e remates de madeira
10.27 Guarnições e remates de madeira
10.28 Painéis de madeira para revestimento
10.29 Laminados de madeira compensada
10.30 Laminados plásticos

10.2 ACABAMENTOS

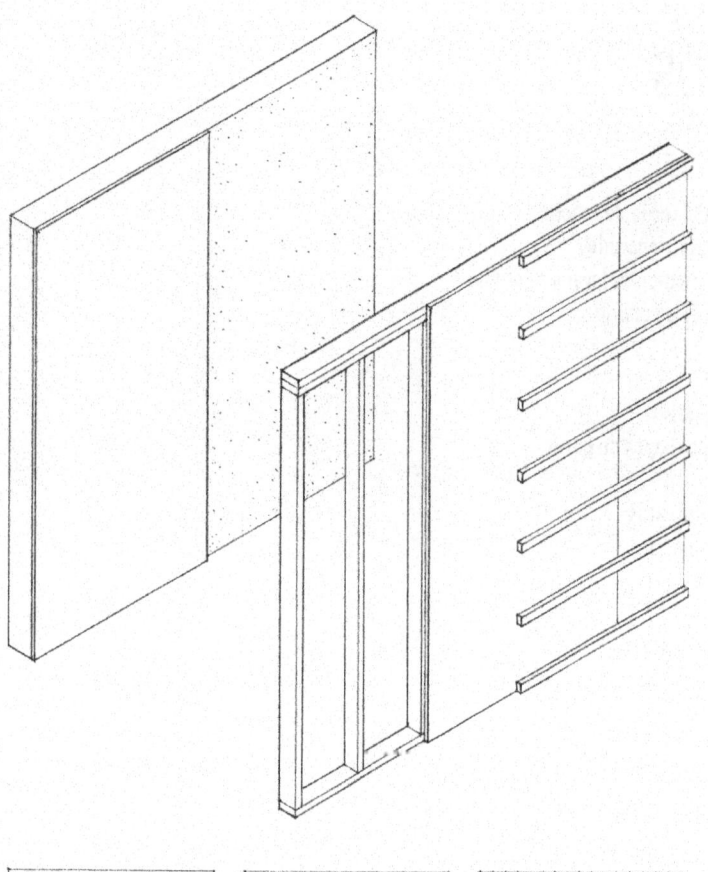

Este capítulo ilustra os principais materiais e métodos empregados para o acabamento das superfícies internas de paredes, tetos e pisos de uma edificação. As paredes internas devem ser resistentes à abrasão e de fácil limpeza; os pisos devem ser duráveis, confortáveis e seguros para se caminhar; os forros devem exigir pouca manutenção.

Considerando que revestimentos de paredes externas como rebocos e tabecas de madeira devem ser barreiras efetivas contra a penetração da água no interior de uma edificação, eles são tratadas no Capítulo 7, junto com os sistemas de cobertura.

Materiais de acabamento rígidos capazes de cobrir vãos pequenos podem ser aplicados a uma malha de suporte composta de elementos lineares. Por outro lado, materiais de acabamento mais flexíveis exigem um apoio maciço e rígido. Outros fatores técnicos a serem considerados incluem as características acústicas, a resistência ao fogo e a capacidade de isolamento térmico de um material de acabamento.

Os acabamentos de superfície têm influência crítica sobre as características estéticas de um espaço. Na seleção e uso de um material de acabamento, devemos considerar cuidadosamente cor, textura, padrão e a forma como ele encontra e se junta com outros materiais. Se um material de acabamento tem características modulares, as dimensões de suas unidades podem ser usadas para determinar o módulo da superfície de uma parede, piso ou teto.

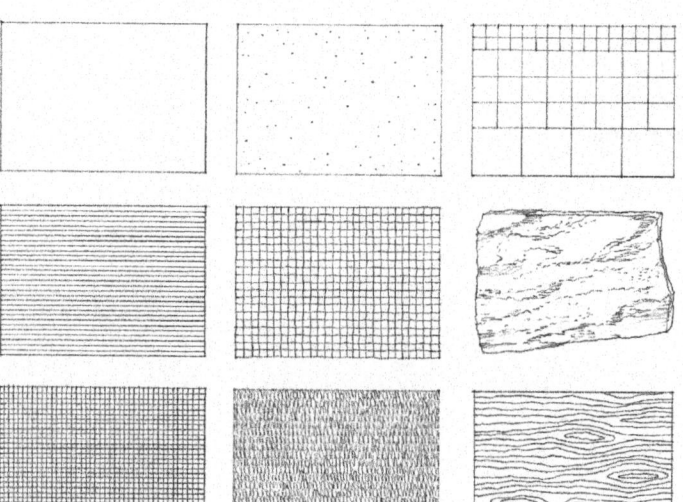

LEED EQ Credit 4: Low-Emitting Materials

O REBOCO 10.3

Reboco é o nome dado a uma entre várias misturas aplicadas de forma pastosa às superfícies de parede ou teto enquanto no seu estado plástico, antes que sequem e endureçam. Nos Estados Unidos, o tipo mais comum de reboco empregado na construção civil é o reboco de gesso, que é feito misturando-se gesso calcinado com água, areia fina e agregado leve, bem como vários aditivos, para o controle de sua pega e trabalhabilidade. Esta argamassa de gesso é um material duradouro, relativamente barato e resistente ao fogo que pode ser utilizado em qualquer superfície de parede ou teto que não esteja sujeita ao contato com a umidade ou a água. Argamassas de cimento Portland são empregadas em paredes externas e em áreas sujeitas a umidade; veja o p.7.36.

- Rebocos são aplicados em camadas, cujo número depende do tipo e da resistência da base empregada.

Revestimento em duas camadas
- A argamassa é aplicada em duas camadas, uma camada de base, ou emboço, e outra de acabamento, o reboco.

Revestimento em três camadas
- A argamassa é aplicada em três camadas sucessivas, o chapisco ou um revestimento estriado, seguido pelo emboço e pelo revestimento final.

- Revestimento final é a última camada de argamassa de revestimento, a qual funciona como superfície final, ou uma base para decoração.

- Emboço é a camada de argamassa de acabamento rústico, para fins de nivelamento, seja a segunda camada em um revestimento em três camadas ou a camada de base em um revestimento em duas camadas, aplicada sobre painéis de gesso ou alvenarias.

- Revestimento básico ou base é qualquer camada de argamassa aplicada antes do revestimento final.

- Revestimento estriado é a primeira camada de um revestimento em três camadas, a qual deve aderir firmemente à tela e ter sulcos, para uma melhor aderência da camada seguinte, o emboço.

- Acabamento duro é o revestimento final de potéia de cal, cimento Keene ou gesso preparado alisado com colher de pedreiro para se obter um acabamento uniforme e denso.
- Cimento Keene é o nome comercial de uma argamassa de gesso anídrica que produz um acabamento excepcionalmente forte, denso e resistente a fissuras.
- Gesso preparado é uma argamassa de gesso especialmente triturada para misturar-se com potéia de cal, formulada para controlar o tempo de endurecimento e evitar retrações em um revestimento final de argamassa.
- Revestimento branco é um revestimento final de potéia de cal e gesso preparado branco, alisado com colher de pedreiro para se obter um acabamento homogêneo e denso.
- Estuque de folhado é uma argamassa de gesso pré-misturada aplicada como um acabamento muito fino, em uma ou duas camadas, a um painel de madeira de base.
- Argamassa acústica é uma argamassa de revestimento de baixa densidade que contém vermiculita ou outro material poroso para aumentar sua capacidade de absorção sonora.
- Gesso de moldar, um gesso muito fino com cal hidratada, é uma argamassa utilizada em peças decorativas.

- Argamassa com fibras de madeira é uma argamassa básica de gesso misturada em fábrica, que contém fibras de celulose brutas para dar mais volume, resistência mecânica e resistência ao fogo, utilizada em estado puro ou misturada com areia, para se obter um revestimento básico mais duro.

- Argamassa de gesso puro é a camada básica de argamassa de gesso isenta de qualquer mistura exceto pelo ou fibras, utilizada para ser misturada no canteiro de obras, com agregados.

- Argamassa pronta ou industrializada é a argamassa de revestimento feita com gesso calcinado e um agregado como perlita ou vermiculita. Ela exige apenas o acréscimo de água para ser utilizada.

- A adição de perlita ou vermiculita reduz o peso e aumenta a resistência ao fogo e calor da argamassa.

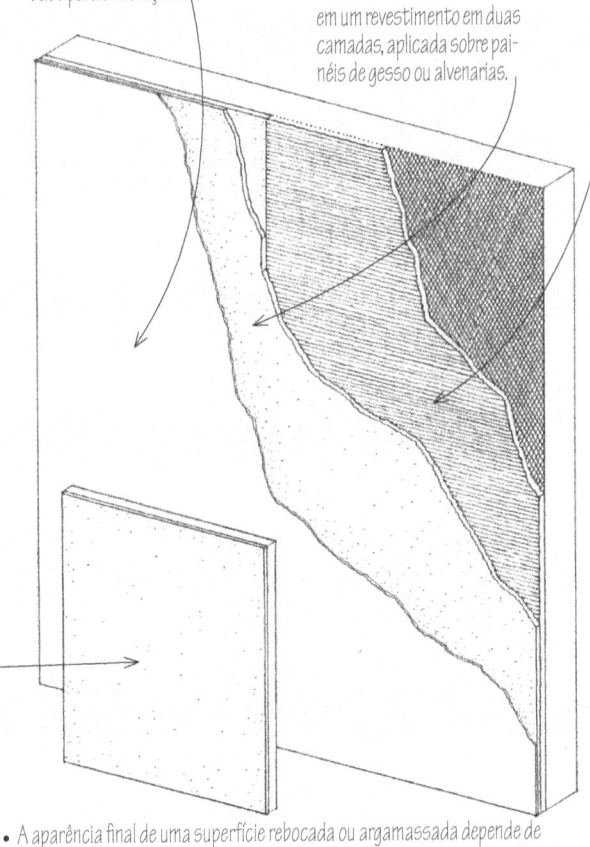

- A aparência final de uma superfície rebocada ou argamassada depende de sua textura e de seu acabamento. Ela pode ser trabalhada com uma colher de pedreiro, o que resulta em um acabamento liso e sem poros; desempenada, para um acabamento arenoso e levemente texturizado; ou lavada com jato de água, para um acabamento mais rústico, do tipo fulgê. O acabamento pode ser pintado. Paredes rebocadas com acabamentos lisos podem ser revestidas de papel ou tecido de parede.

CSI MasterFormat 09 21 00 Plaster and Gypsum Board Assemblies
CSI MasterFormat 09 23 00 Gypsum Plastering

10.4 TELAS E ACESSÓRIOS PARA APLICAÇÃO DE REBOCO

Tipo de tela metálica	Peso (lb/in²*)	Espaçamento dos apoios entre eixos (cm)	
		Vertical	Horizontal
Tela de malha em losango	0,27	40,5	30,5
Tela de malha em losango	0,38	40,5	40,5
Tela de malha nervurada plana de ⅛ in	0,31	40,5	30,5
Tela de malha nervurada plana de ¼ in	0,38	61,0	48,5
Tela de malha nervurada ondulada de ⅜ in	0,38	61,0	61,0
Tela de malha soldada ou tramada	0,19	40,5	40,5
Tela de malha metálica com verso de papel	0,19	40,5	40,5

*1 lb/in² = 47,88 Pa

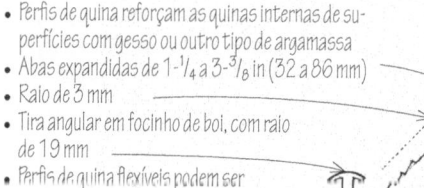

- Perfis de quina reforçam as quinas internas de superfícies com gesso ou outro tipo de argamassa
- Abas expandidas de 1-¼ a 3-⅜ in (32 a 86 mm)
- Raio de 3 mm
- Tira angular em focinho de boi, com raio de 19 mm
- Perfis de quina flexíveis podem ser arqueados, para quinas curvas

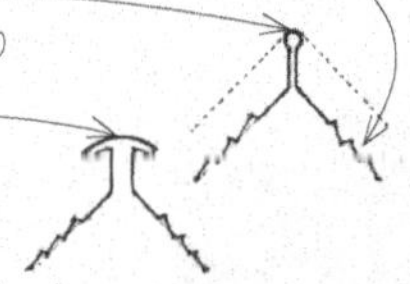

- Perfis de acabamento reforçam as bordas de superfícies com gesso ou outro tipo de argamassa
- Abas expandidas de 3-⅛ in (79 mm)
- Perfis de acabamento quadrados
- Espessuras: ½, ⅝, ¾ e ⅞ in (13, 16, 19 e 22 mm)
- Perfil de acabamento quadrado com dobra de ¼ in (6 mm) a 45°

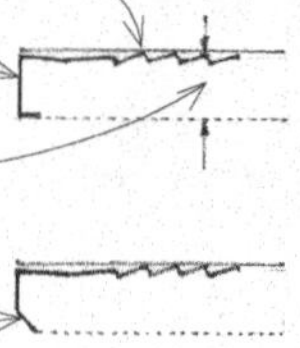

- Há vários perfis especiais no mercado para criar aberturas nas quinas e bordas de paredes de gesso
- Perfil F
- Cantoneira de quina
- ¾ in (19 mm)

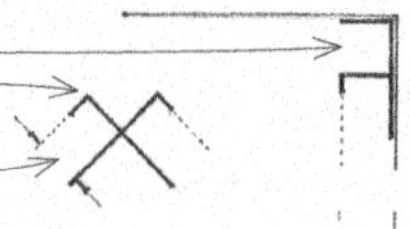

- Guias inferiores separam uma superfície de gesso ou argamassa de outro material
- Espessuras: ½, ¾ e ⅞ in (13, 19 e 22 mm)

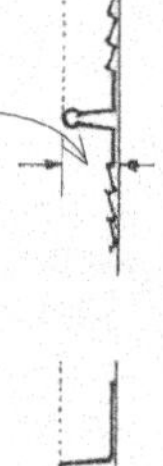

- A argamassa de gesso dilata levemente ao endurecer, exigindo juntas de dilatação para evitar fissuras
- Espessuras: ½, ¾ e ⅞ in (13, 19 e 22 mm)

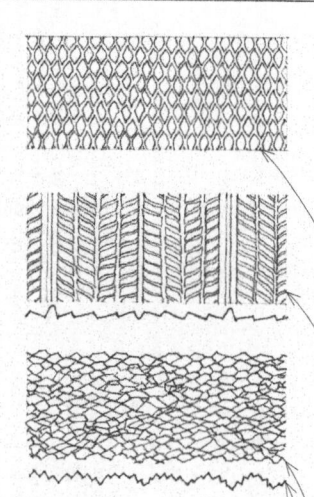

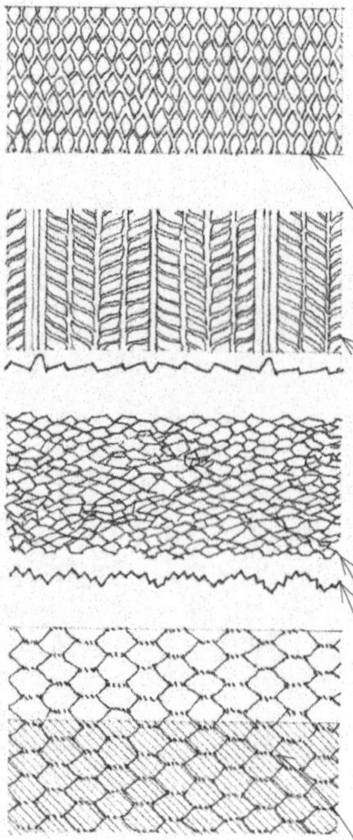

- Espessura de ⅜ ou ½ in (10 a 13 mm)
- 40,5 cm de largura e 1,22 m de comprimento
- Há também telas com 61 cm de largura e até 3,66 m de comprimento

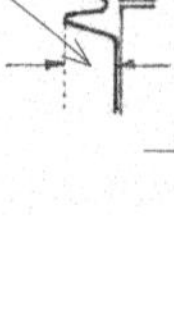

CSI MasterFormat 09 22 36 Lath

Tela metálica
A tela metálica como base para aplicação de reboco é fabricada com metal expandido ou malha de arame galvanizada ou pintada com tinta antiferrugem, para fins de resistência à corrosão.
- O peso e a resistência da tela metálica utilizada depende do espaçamento e da rigidez dos apoios.
- As telas metálicas expandidas são fabricadas mediante o entalhe e a expansão de uma folha de liga de aço, de modo a formar uma trama rija com orifícios em forma de diamante.
- Tela nervurada é uma tela metálica expandida com nervuras em forma de V, com a finalidade de conferir maior rigidez e permitir um espaçamento maior dos elementos de apoio da estrutura.
- Tela autocentradora é a tela nervurada colocada sobre vigotas de aço como armadura de lajes de concreto ou como estrutura de paredes leves e maciças de gesso.
- Tela autoguarnecida é a tela metálica expandida de arame soldado ou arame trançado que é ondulada de modo a se afastar da superfície de apoio, criando um espaço para a inserção de uma argamassa de gesso ou cimento.
- Tela com verso de papel é a tela metálica expandida ou de arame, com uma base de papel perfurado ou papelão utilizada como base para paredes com azulejos ou paredes externas rebocadas.

Folha de gesso
Folha de gesso é a chapa de gesso com um núcleo de ar incorporado revestido com um papel fibroso e absorvente, utilizado como base para argamassa de gesso.
- Folha de gesso perfurada é a chapa de gesso com pequenos orifícios de ¾ in (19 mm) perfurados a cada 10,0 cm, destinados a proporcionar uma ancoragem mecânica da argamassa.
- Folha de gesso isolante tem uma folha de alumínio no verso, que funciona como retardador de vapor e isolamento térmico reflexivo.
- Base de folheado é a chapa de gesso com um revestimento especial de papel para receber uma camada de revestimento de gesso.

Acessórios para acabamento
Vários acessórios de aço galvanizado ou liga de zinco são utilizados para proteger e reforçar as bordas e as quinas de superfícies rebocadas. Estes acessórios de acabamento também servem como guias inferiores, ajudando o operário a nivelar a camada de acabamento do reboco e deixá-la na espessura apropriada. Por essa razão, todas as guias inferiores devem ser bem fixadas em seus apoios e instaladas em posição reta, nivelada e aprumada.
- Guias inferiores de madeira podem ser usadas quando é necessária uma base para se pregar uma guarnição de madeira.

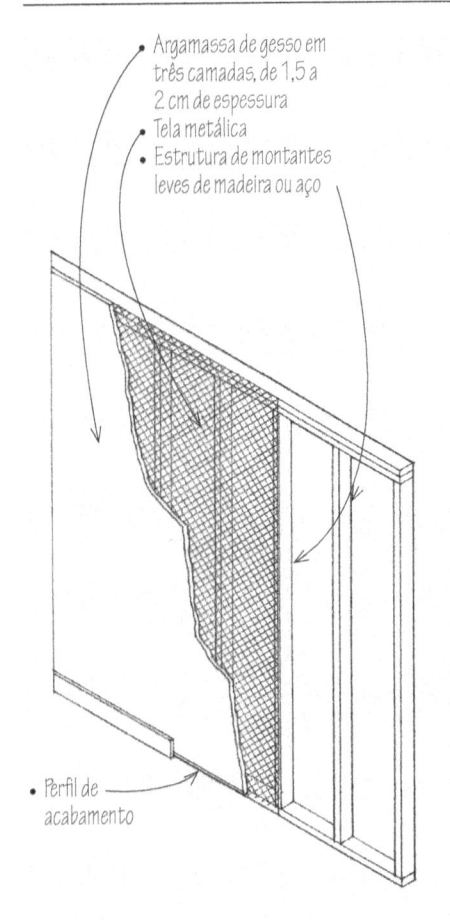

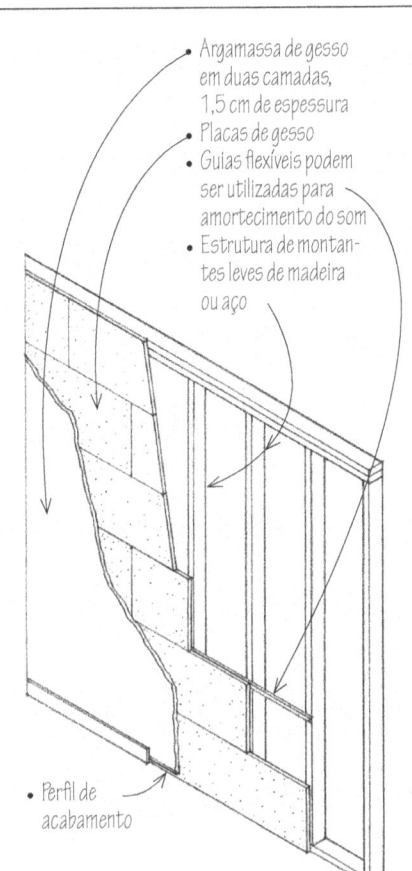

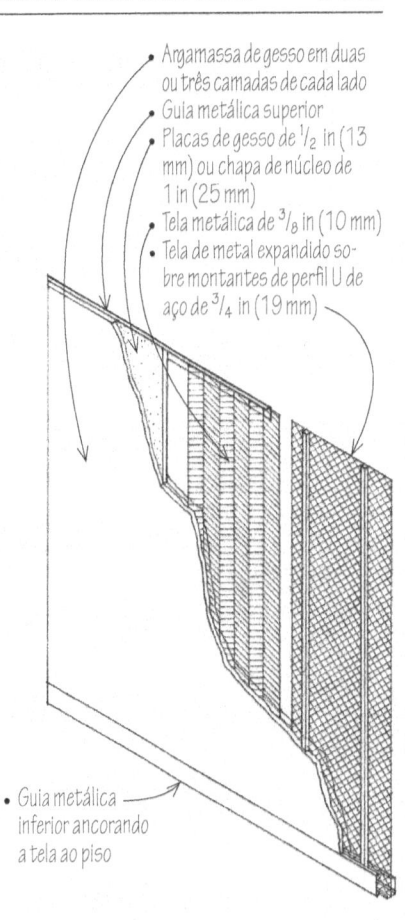

PAREDES DE MONTANTES LEVES REBOCADAS   10.5

- Argamassa de gesso em três camadas, de 1,5 a 2 cm de espessura
- Tela metálica
- Estrutura de montantes leves de madeira ou aço

- Perfil de acabamento

- Argamassa de gesso em duas camadas, 1,5 cm de espessura
- Placas de gesso
- Guias flexíveis podem ser utilizadas para amortecimento do som
- Estrutura de montantes leves de madeira ou aço

- Perfil de acabamento

- Argamassa de gesso em duas ou três camadas de cada lado
- Guia metálica superior
- Placas de gesso de 1/2 in (13 mm) ou chapa de núcleo de 1 in (25 mm)
- Tela metálica de 3/8 in (10 mm)
- Tela de metal expandido sobre montantes de perfil U de aço de 3/4 in (19 mm)

- Guia metálica inferior ancorando a tela ao piso

Reboco sobre tela de metal
- O reboco em três camadas é aplicado sobre a tela de metal.
- Os montantes de madeira ou metal são espaçados em 40,0 ou 60,0 cm entre eixos, dependendo do peso da tela de metal usada. Veja a tabela na p. 10.4. A estrutura de travessas e montantes deve ser resistente, rígida, plana e nivelada. A deflexão máxima admissível é 1/360 do espaçamento dos apoios.
- A dimensão mais longa do reforço da tela é disposta perpendicularmente aos apoios.

Reboco sobre placas de gesso
- Reboco de duas camadas é normalmente empregado sobre painéis de gesso. Estuque de folhado também pode ser aplicado como um acabamento muito fino (2 a 3 mm) de 1 ou 2 camadas sobre uma base de gesso especial.
- Os apoios são espaçados em 40,0 cm entre eixos, para uma tela de reforço de 3/8 in (10 mm), ou 60 cm entre eixos, para telas de 1/2 in (13 mm).
- A dimensão maior da tela reforço é disposta transversalmente aos seus apoios; as extremidades da tela devem ter um apoio ou serem suportadas por conectores de chapas de metal.

Parede maciça rebocada
- A espessura total de 5,0 cm da divisória economiza espaço de piso.
- Três camadas de reboco são aplicadas nos dois lados da tela de metal ou painel de gesso.
- Guias superiores e inferiores patenteadas são necessárias para a estabilização das paredes e são usadas para reforçar a parede em torno das aberturas na parede.

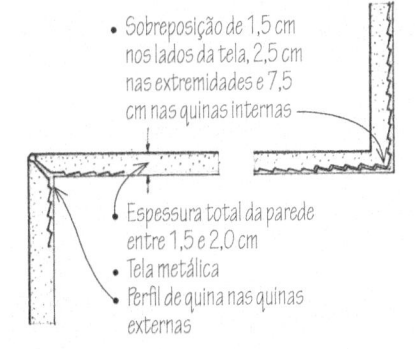

- Sobreposição de 1,5 cm nos lados da tela, 2,5 cm nas extremidades e 7,5 cm nas quinas internas
- Espessura total da parede entre 1,5 e 2,0 cm
- Tela metálica
- Perfil de quina nas quinas externas

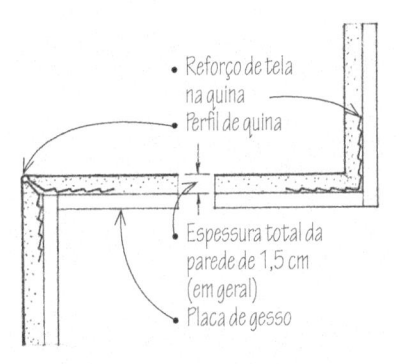

- Reforço de tela na quina
- Perfil de quina
- Espessura total da parede de 1,5 cm (em geral)
- Placa de gesso

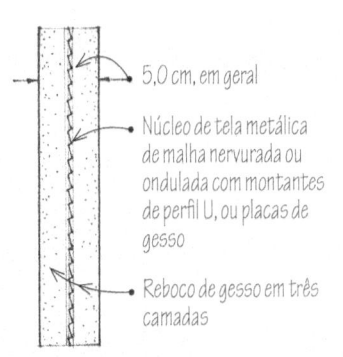

- 5,0 cm, em geral
- Núcleo de tela metálica de malha nervurada ou ondulada com montantes de perfil U, ou placas de gesso
- Reboco de gesso em três camadas

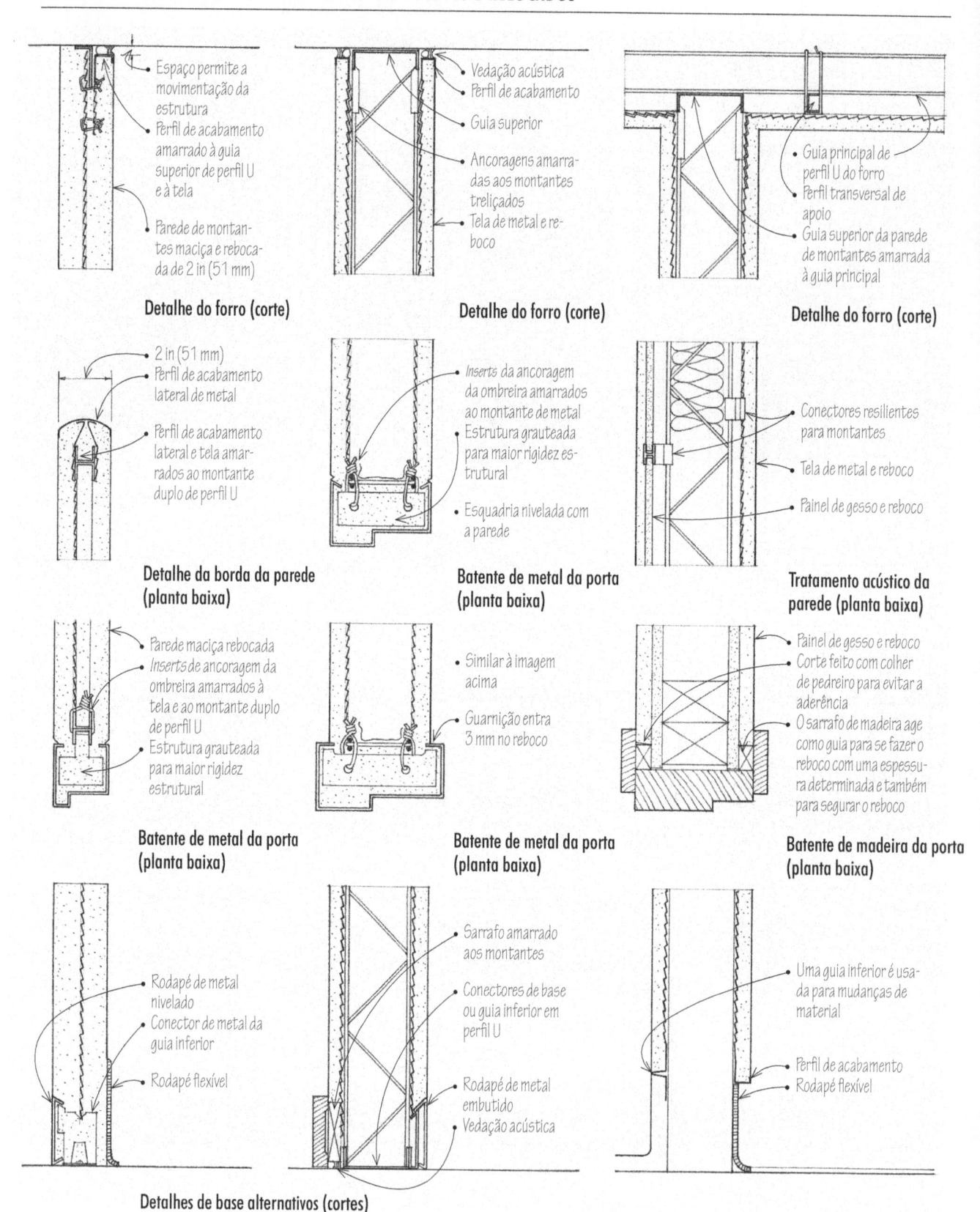

10.6 DETALHES DE PAREDES DE MONTANTES LEVES E RELOCADOS

Detalhe do forro (corte)
- Espaço permite a movimentação da estrutura
- Perfil de acabamento amarrado à guia superior de perfil U e à tela
- Parede de montantes maciça e rebocada de 2 in (51 mm)

Detalhe do forro (corte)
- Vedação acústica
- Perfil de acabamento
- Guia superior
- Ancoragens amarradas aos montantes treliçados
- Tela de metal e reboco

Detalhe do forro (corte)
- Guia principal de perfil U do forro
- Perfil transversal de apoio
- Guia superior da parede de montantes amarrada à guia principal

Detalhe da borda da parede (planta baixa)
- 2 in (51 mm)
- Perfil de acabamento lateral de metal
- Perfil de acabamento lateral e tela amarrados ao montante duplo de perfil U

Batente de metal da porta (planta baixa)
- Inserts da ancoragem da ombreira amarrados ao montante de metal
- Estrutura grauteada para maior rigidez estrutural
- Esquadria nivelada com a parede

Tratamento acústico da parede (planta baixa)
- Conectores resilientes para montantes
- Tela de metal e reboco
- Painel de gesso e reboco

Batente de metal da porta (planta baixa)
- Parede maciça rebocada
- Inserts de ancoragem da ombreira amarrados à tela e ao montante duplo de perfil U
- Estrutura grauteada para maior rigidez estrutural

Batente de metal da porta (planta baixa)
- Similar à imagem acima
- Guarnição entra 3 mm no reboco

Batente de madeira da porta (planta baixa)
- Painel de gesso e reboco
- Corte feito com colher de pedreiro para evitar a aderência
- O sarrafo de madeira age como guia para se fazer o reboco com uma espessura determinada e também para segurar o reboco

Detalhes de base alternativos (cortes)
- Rodapé de metal nivelado
- Conector de metal da guia inferior
- Rodapé flexível

- Sarrafo amarrado aos montantes
- Conectores de base ou guia inferior em perfil U
- Rodapé de metal embutido
- Vedação acústica

- Uma guia inferior é usada para mudanças de material
- Perfil de acabamento
- Rodapé flexível

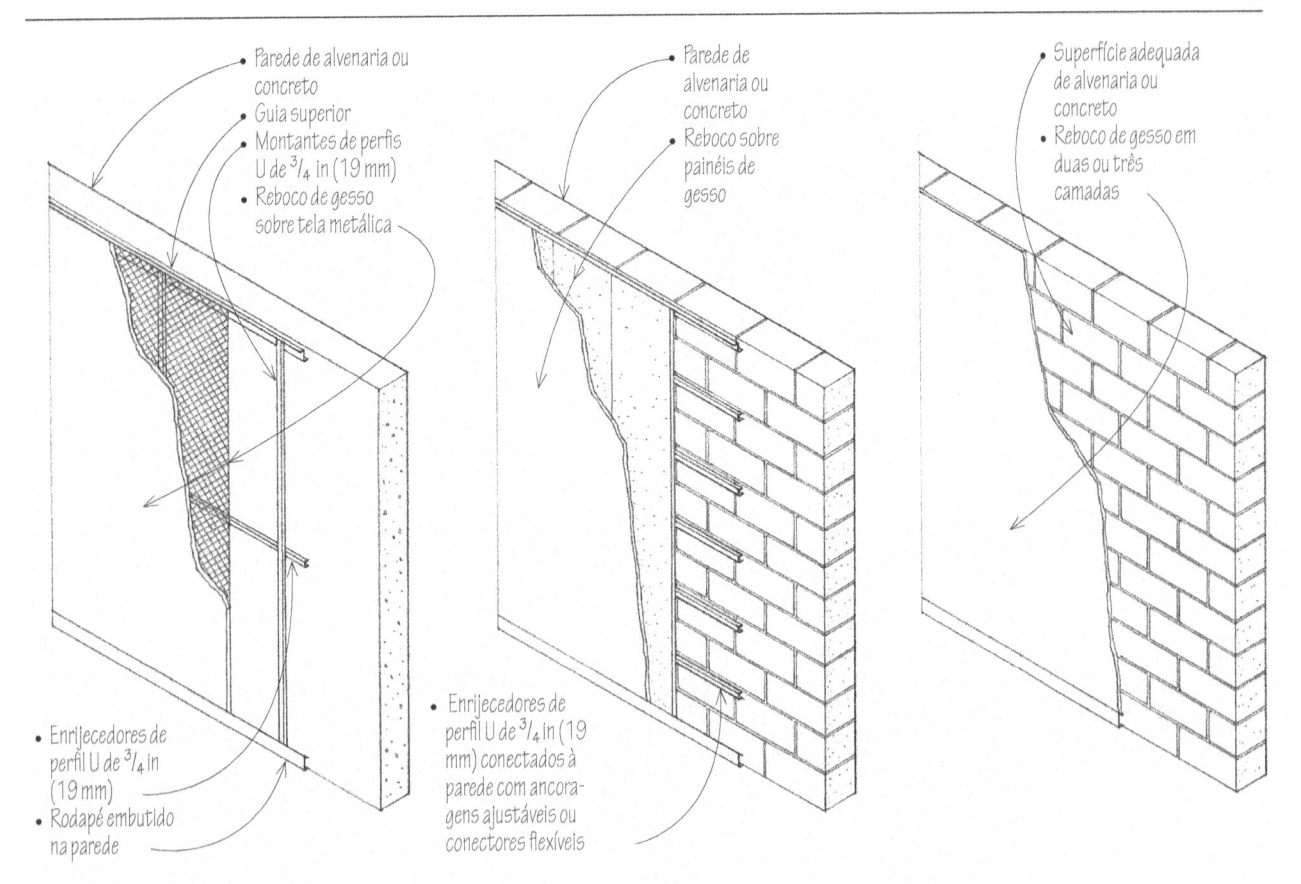

O REBOCO SOBRE PAREDES DE ALVENARIA   10.7

- Parede de alvenaria ou concreto
- Guia superior
- Montantes de perfis U de ³/₄ in (19 mm)
- Reboco de gesso sobre tela metálica

- Parede de alvenaria ou concreto
- Reboco sobre painéis de gesso

- Superfície adequada de alvenaria ou concreto
- Reboco de gesso em duas ou três camadas

- Enrijecedores de perfil U de ³/₄ in (19 mm)
- Rodapé embutido na parede

- Enrijecedores de perfil U de ³/₄ in (19 mm) conectados à parede com ancoragens ajustáveis ou conectores flexíveis

Reboco sobre estruturas de montantes leves
O reboco deve ser aplicado sobre uma estrutura de montantes com tela quando:

- A superfície de alvenaria não for adequada para a aplicação direta.
- Existir a possibilidade de entrada de umidade ou condensação na parede.
- For necessária uma câmara adicional de ar ou um espaço para material de isolamento.
- For desejada uma superfície macia na parede, para tratamento acústico do espaço.

- Os apoios de madeira ou metal podem ser aplicados vertical ou horizontalmente.
- O reboco exige reforço de metal ou gesso sobre a estrutura de montantes; a aplicação e o espaçamento dos apoios são semelhantes aos exemplos mostrados na página 10.6.
- Existem ancoragens de paredes que se ajustam a vários tamanhos de perfis.

Aplicação direta
- Reboco de duas camadas, com 1,5 cm de espessura, é normalmente empregado quando aplicado diretamente sobre a alvenaria.
- O reboco pode ser aplicado diretamente a plaquetas cerâmicas ou alvenaria de tijolos ou blocos de concreto, se a superfície for suficientemente áspera e porosa para permitir uma boa aderência.
- Um adesivo é necessário quando o reboco é aplicado diretamente a superfícies densas e não porosas, como concreto.

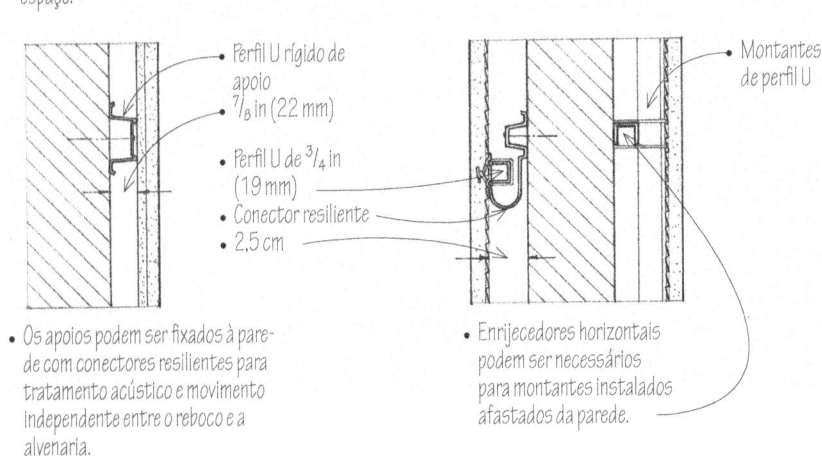

- Perfil U rígido de apoio ⁷/₈ in (22 mm)
- Perfil U de ³/₄ in (19 mm)
- Conector resiliente
- 2,5 cm

- Montantes de perfil U

- Perfil de quina
- Tela de reforço na quina
- 1,5 cm, em geral

- Os apoios podem ser fixados à parede com conectores resilientes para tratamento acústico e movimento independente entre o reboco e a alvenaria.

- Enrijecedores horizontais podem ser necessários para montantes instalados afastados da parede.

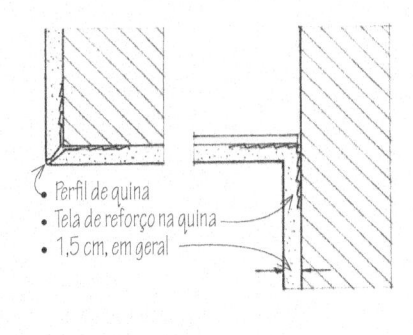

10.8 FORROS DE GESSO

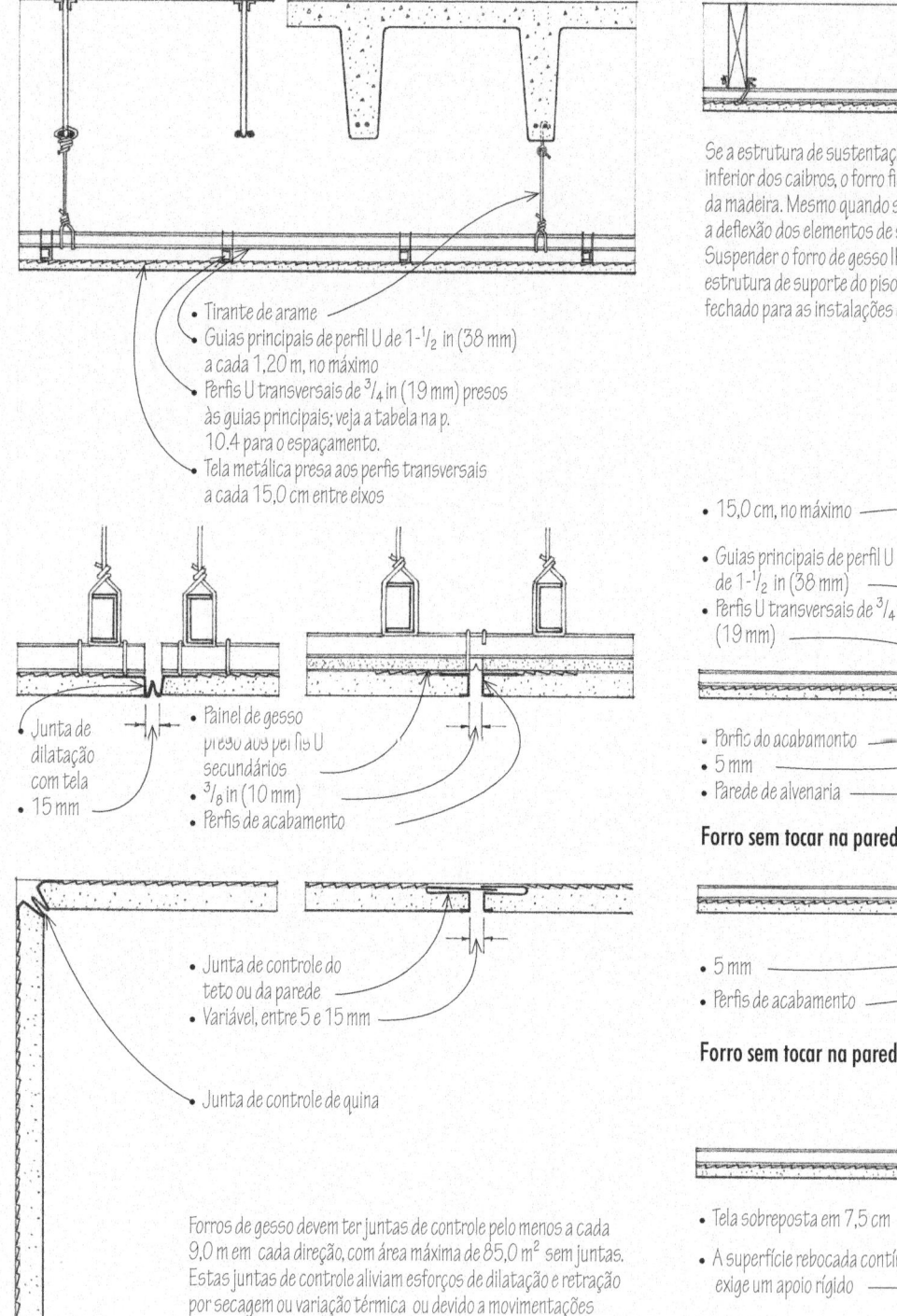

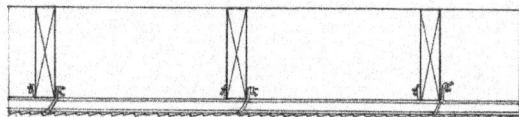

Se a estrutura de sustentação do forro for pregada diretamente à face inferior dos caibros, o forro ficará sujeito a fissuramento pela retração da madeira. Mesmo quando são empregados elementos de apoio, a deflexão dos elementos de suporte deve ser limitada a $1/360$ do seu vão. Suspender o forro de gesso lhe permite se mover independentemente da estrutura de suporte do piso ou do telhado, e também fornece um espaço fechado para as instalações e a iluminação.

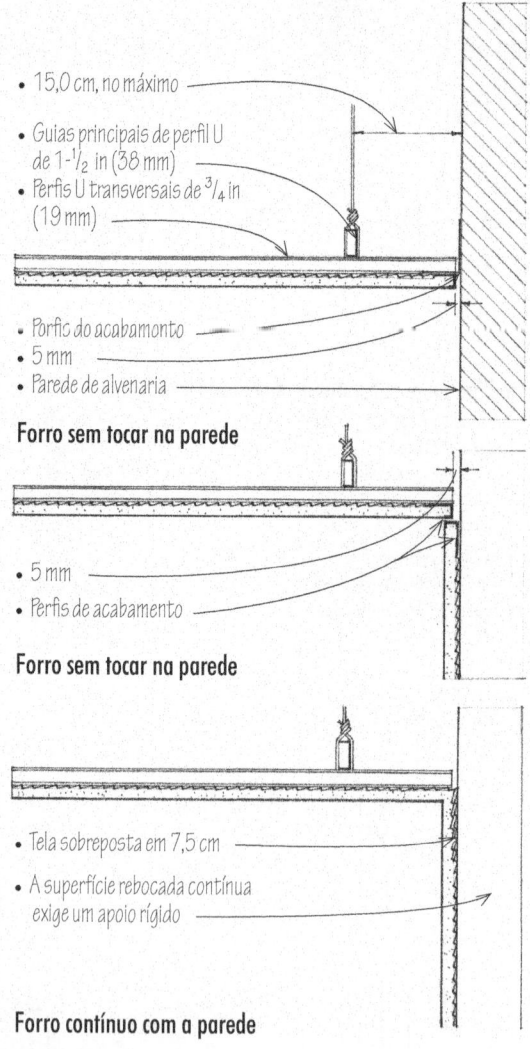

- Tirante de arame
- Guias principais de perfil U de 1-$1/2$ in (38 mm) a cada 1,20 m, no máximo
- Perfis U transversais de $3/4$ in (19 mm) presos às guias principais; veja a tabela na p. 10.4 para o espaçamento.
- Tela metálica presa aos perfis transversais a cada 15,0 cm entre eixos

- Junta de dilatação com tela
- 15 mm
- Painel de gesso preso aos perfis U secundários
- $3/8$ in (10 mm)
- Perfis de acabamento

- Junta de controle do teto ou da parede
- Variável, entre 5 e 15 mm
- Junta de controle de quina

Forros de gesso devem ter juntas de controle pelo menos a cada 9,0 m em cada direção, com área máxima de 85,0 m² sem juntas. Estas juntas de controle aliviam esforços de dilatação e retração por secagem ou variação térmica ou devido a movimentações estruturais.

Juntas de controle

- 15,0 cm, no máximo
- Guias principais de perfil U de 1-$1/2$ in (38 mm)
- Perfis U transversais de $3/4$ in (19 mm)

- Perfis do acabamento
- 5 mm
- Parede de alvenaria

Forro sem tocar na parede

- 5 mm
- Perfis de acabamento

Forro sem tocar na parede

- Tela sobreposta em 7,5 cm
- A superfície rebocada contínua exige um apoio rígido

Forro contínuo com a parede

Juntas entre parede e forro

CHAPAS DE GESSO   10.9

Os painéis de gesso são materiais de construção em lâmina empregados como revestimento ou base de paredes. Eles consistem em um núcleo de gesso com superfície e bordas fabricadas para atender a exigências específicas de desempenho, localização, aplicação e aparência. Apresentam boa resistência ao fogo e estabilidade dimensional. Além disso, o tamanho das chapas, relativamente grandes, torna o material econômico para instalação. A construção com chapas de gesso é frequentemente chamada de *drywall* (parede seca) por causa do baixo conteúdo de umidade e porque pouca ou nenhuma água é usada na sua aplicação a paredes internas ou tetos. Uma marca registrada de chapas de gesso conhecida nos Estados Unidos é Sheetrock.

A chapa de gesso pode ter diferentes tipos de borda. Chapas de base ou intermediárias em uma parede com várias camadas podem ter bordas quadradas ou macho e fêmea. Chapas pré-acabadas podem ter bordas quadradas ou chanfradas. Contudo, a chapa de gesso mais frequentemente usada tem borda afinada. A borda afinada permite às juntas serem cobertas com fita e preenchidas para produzir emendas fortes e invisíveis. Assim, a chapa de gesso pode formar superfícies lisas, sem juntas aparentes, e que podem ser acabadas com pintura ou aplicação de revestimento de papel, vinil ou tecido para paredes.

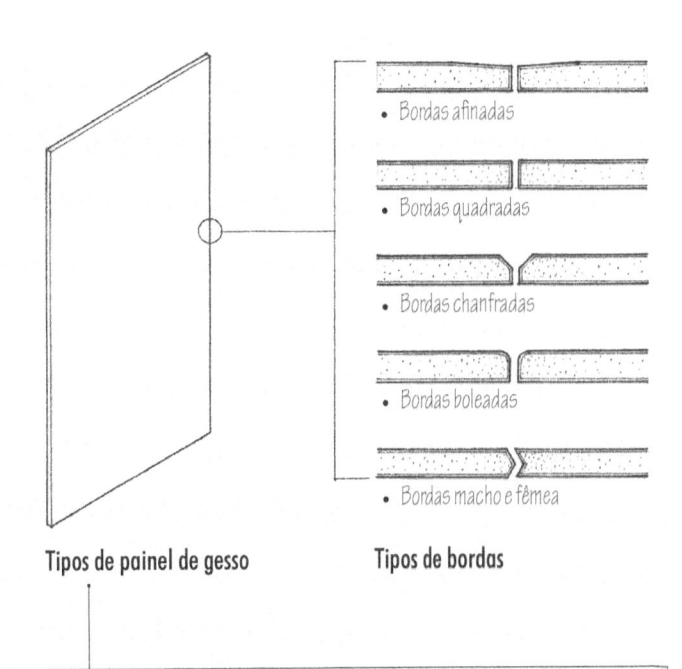

- Bordas afinadas
- Bordas quadradas
- Bordas chanfradas
- Bordas boleadas
- Bordas macho e fêmea

Tipos de painel de gesso   Tipos de bordas

Chapa comum de revestimento
- Bordas afinadas
- 1,22 m de largura, 2,44 a 4,87 m de extensão
- A chapa de 1/4 in (6 mm) é usada como camada base em paredes com controle acústico; a chapa de 3/8 in (10 mm) é usada em paredes com várias camadas, e em projetos de reforma; as chapas de 1/2 e 5/8 in (13 e 16 mm) são usadas em paredes com apenas uma camada.

Chapa de núcleo
- Bordas quadradas ou com encaixes macho e fêmea
- 1 in (25 mm) de espessura
- 6,0 cm de largura, 1,22 a 4,87 m de extensão
- Usada para revestir poços de elevador, caixas de escada e shafts, e como base em paredes de gesso maciças.

Chapa de gesso com verso laminado
- Bordas quadradas ou afinadas
- 3/8, 1/2 ou 5/8 in (10, 13 ou 16 mm) de espessura
- 1,22 m de largura, 2,24 a 4,87 m de extensão
- A base de lâmina de alumínio age como uma barreira de vapor e, quando voltada para uma câmara de ar fechada de pelo menos 3/4 in (19 mm), como isolamento térmico refletivo.

Chapa resistente à água
- Bordas afinadas
- 1/2, 5/8 in (13, 16 mm) de espessura
- 1,22 m de largura, 2,44 a 3,66 m de extensão
- Usada como base para azulejos de cerâmica ou outros materiais não absorventes em áreas de grande umidade.

Chapa tipo X
- Bordas afinadas ou boleadas
- 1/2, 5/8 in (13, 16 mm) de espessura
- 1,22 m de largura, 2,44 a 4,87 m de extensão
- O núcleo tem fibras de vidro e outros aditivos que aumentam sua resistência ao fogo; disponível com verso laminado de alumínio.

Chapa pré-acabada
- Bordas quadradas
- 5/16 in (8 mm) de espessura
- 1,22 m de largura, 2,44 m de extensão
- Superfície em vinil ou papel impresso em várias cores, padrões e texturas

Chapa de fundo
- Bordas quadradas ou com encaixes macho e fêmea
- 3/8, 1/2, 5/8 in (10, 13, 16 mm) de espessura
- 1,22 m de largura, 2,44 m de extensão
- Usada como camada de base em paredes de várias camadas para uma maior rigidez, isolamento acústico e resistência ao fogo; disponível com painéis regulares, tipo X ou com verso laminado de alumínio.

Chapa de revestimento
- Bordas quadradas ou com encaixes macho e fêmea
- 1/2 in, 5/8 in (13, 16 mm) de espessura
- 61,0 cm ou 1,22 m de largura, 2,43 a 3,05 m de extensão
- Tem núcleo resistente ao fogo e é revestida com papel resistente à água para ser usada como revestimento externo; disponível com painéis regulares ou do tipo X.

CSI MasterFormat 09 29 00 Gypsum Board

10.10 INSTALAÇÃO DE CHAPAS DE GESSO

- Paredes de concreto ou alvenaria externa e abaixo do solo requerem espaçadores antes da aplicação da chapa de gesso para eliminar a absorção capilar de água e minimizar a condensação nas superfícies internas da parede.

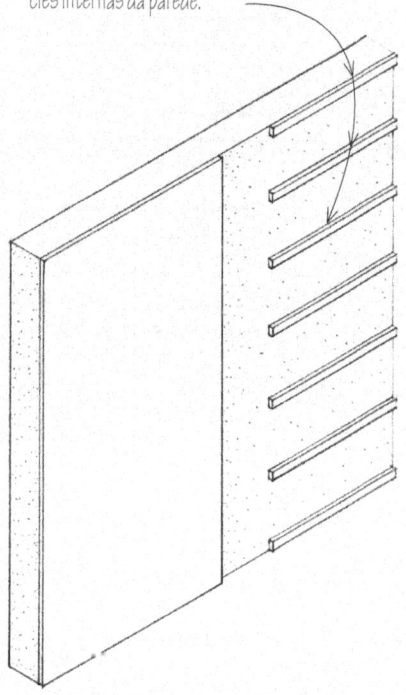

- Instalação vertical: comprimento da chapa paralelo aos montantes da estrutura da parede leve.
- Instalação horizontal: comprimento da chapa perpendicular aos montantes da estrutura da parede leve.

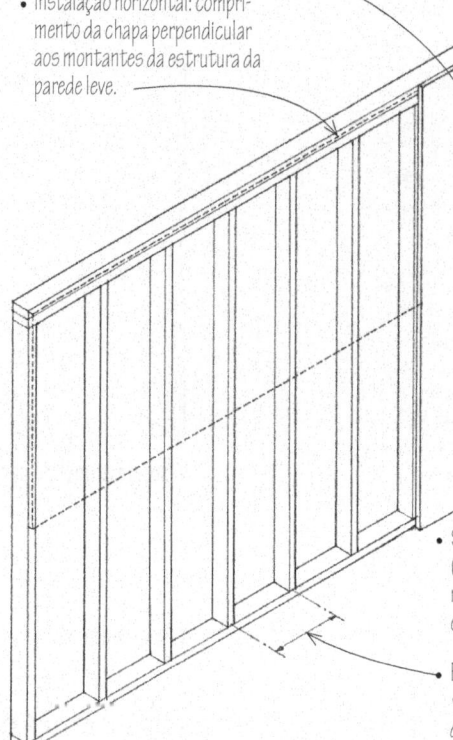

- Sarrafos de apoio de 2,5 x 5,0 cm (1 x 2 in), no mínimo; para maior rigidez, use sarrafos de 5,0 x 5,0 cm (2 x 2 in) ou perfis U de metal.
- Espaçamento dos apoios: 10 cm, no máximo, para chapas de gesso de 10 mm (3/8 in); 60 cm, no máximo, para chapas de gesso de 13 mm (1/2 in)

Base de alvenaria ou concreto
A chapa de gesso pode ser aplicada a paredes de alvenaria ou concreto acima do solo cujas superfícies sejam secas, lisas, planas e livres de óleo e outros materiais particulados.

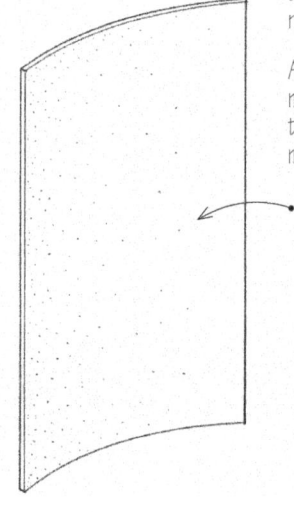

Base de parede de montantes leves
Chapas de gesso podem ser fixadas diretamente a uma estrutura de montantes de madeira ou metal que seja segura e rígida o bastante para evitar a flambagem ou fissuração das chapas de gesso. A face da estrutura deve formar um painel plano e nivelado.

A instalação horizontal é preferível para maior rigidez, se ela resultar em menos juntas. Juntas de topo, que devem ser usadas o mínimo possível, devem incidir sobre um apoio.

- A chapa de gesso pode ser curvada. O raio máximo de curvatura é apresentado a seguir.

Sarrafos de apoio ou perfis U de metal são necessários quando:
- A base de alvenaria ou estrutura de montantes não é suficientemente plana e nivelada.
- Os montantes estão muito afastados entre si.
- Se deseja espaço adicional para isolamento térmico ou acústico.
- O uso de perfis U resilientes é necessário para melhorar o desempenho acústico da construção.

Espessura da chapa	Na direção do comprimento	Pela largura
6 mm (1/4 in)	1,525 m	4,570 m
10 mm (3/8 in)	2,285 m	7,620 m
13 mm (1/2 in)	6,095 m	

CSI MasterFormat 09 21 16 Gypsum Board Assemblies

DETALHES DE INSTALAÇÃO DE CHAPAS DE GESSO   10.11

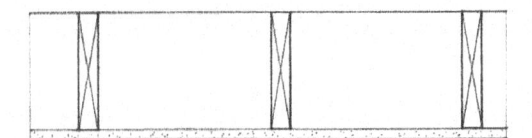

As chapas de gesso podem ser fixadas diretamente nas faces inferiores dos caibros de madeira a cada 40 cm entre eixos. A deflexão da estrutura do piso ou cobertura deve ser limitada a $1/240$ do seu vão. Para melhor isolamento acústico e para a fixação das chapas de gesso a vigotas de concreto ou aço, são usadas perfis U de apoio resilientes a cada 40 ou 60 cm entre eixos. Para resistência ao fogo, pode ser usada a chapa tipo X; veja as p. A.12–A.13 para a classificação de resistência ao fogo de vários sistemas de parede e forro.

Forros

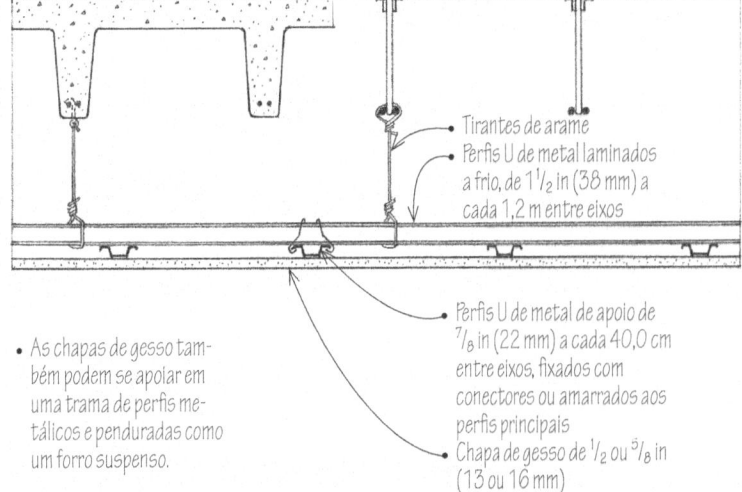

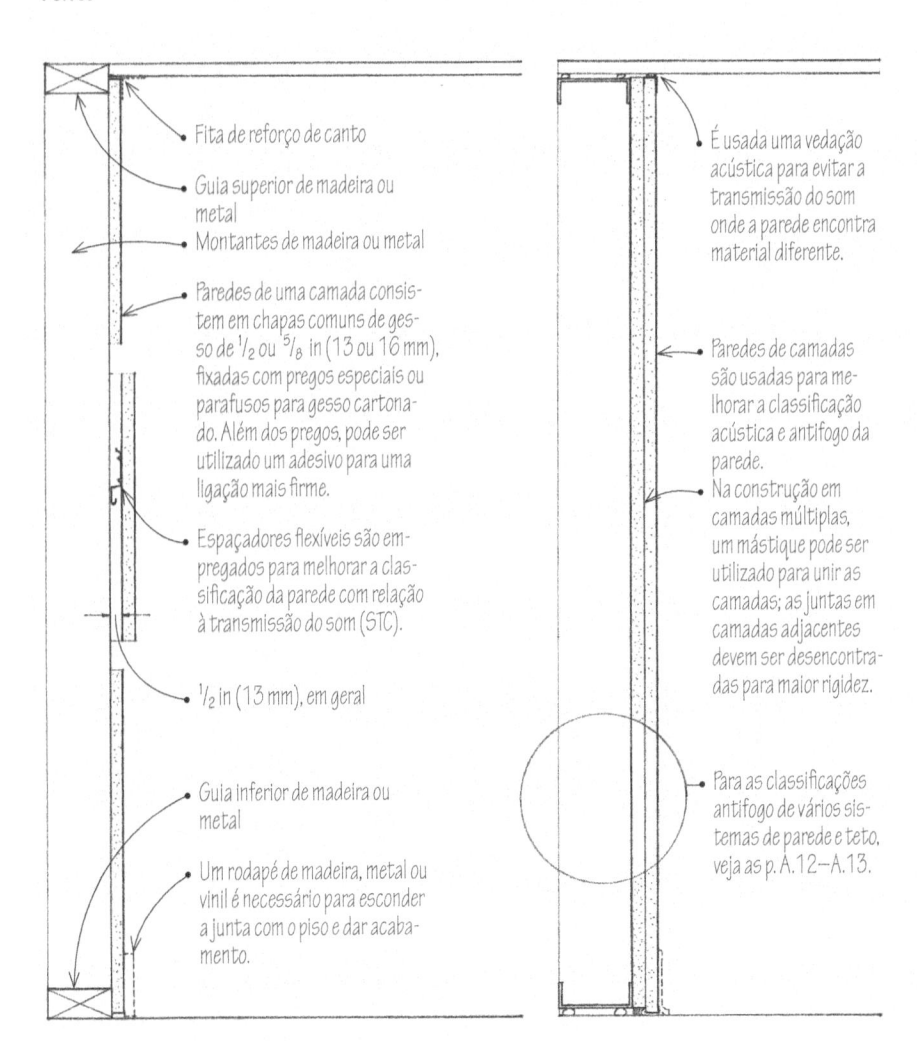

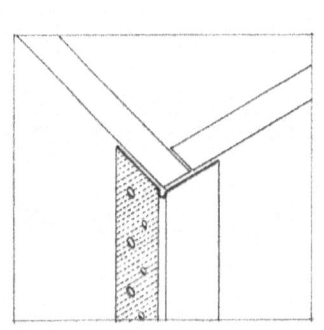

- As chapas de gesso também podem se apoiar em uma trama de perfis metálicos e penduradas como um forro suspenso.

- Tirantes de arame
- Perfis U de metal laminados a frio, de $1\frac{1}{2}$ in (38 mm) a cada 1,2 m entre eixos
- Perfis U de metal de apoio de $7/8$ in (22 mm) a cada 40,0 cm entre eixos, fixados com conectores ou amarrados aos perfis principais
- Chapa de gesso de $1/2$ ou $5/8$ in (13 ou 16 mm)

- Fita de reforço de canto
- Guia superior de madeira ou metal
- Montantes de madeira ou metal
- Paredes de uma camada consistem em chapas comuns de gesso de $1/2$ ou $5/8$ in (13 ou 16 mm), fixadas com pregos especiais ou parafusos para gesso cartonado. Além dos pregos, pode ser utilizado um adesivo para uma ligação mais firme.
- Espaçadores flexíveis são empregados para melhorar a classificação da parede com relação à transmissão do som (STC).
- $1/2$ in (13 mm), em geral
- Guia inferior de madeira ou metal
- Um rodapé de madeira, metal ou vinil é necessário para esconder a junta com o piso e dar acabamento.

- É usada uma vedação acústica para evitar a transmissão do som onde a parede encontra material diferente.
- Paredes de camadas são usadas para melhorar a classificação acústica e antifogo da parede.
- Na construção em camadas múltiplas, um mástique pode ser utilizado para unir as camadas; as juntas em camadas adjacentes devem ser desencontradas para maior rigidez.
- Para as classificações antifogo de vários sistemas de parede e teto, veja as p. A.12–A.13.

Paredes

- Perfil de quina

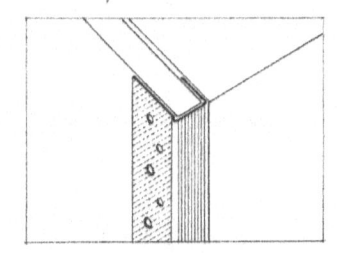

- Arremate de borda de metal
- Há vários perfis disponíveis
- Quinas externas e bordas expostas devem ser protegidas contra choques mecânicos por elementos de metal, como perfis de quina e arremates de borda. Os acessórios de arremate de metal exigem acabamento com um composto para juntas.

Quinas

10.12 AZULEJOS CERÂMICOS

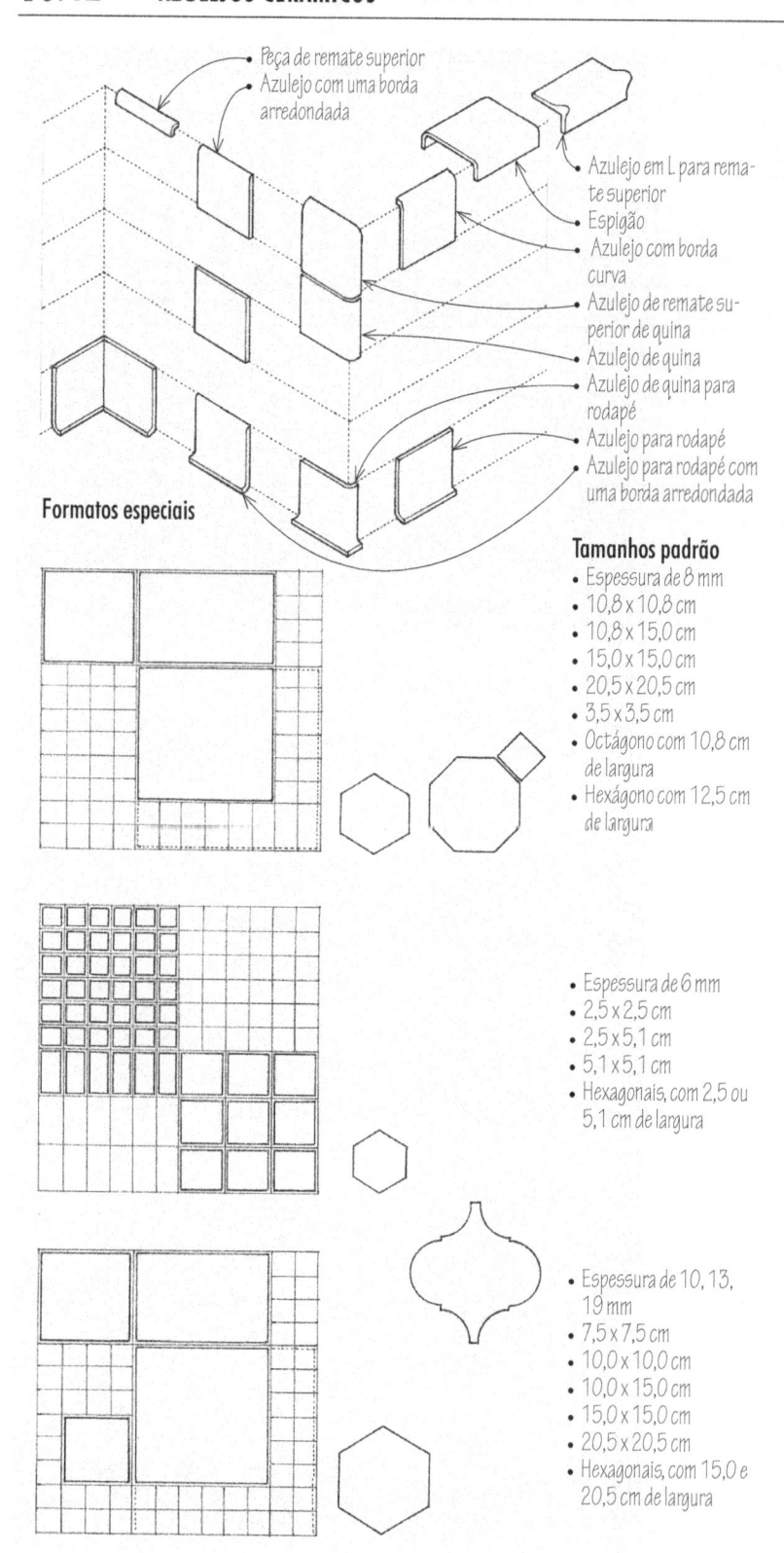

- Peça de remate superior
- Azulejo com uma borda arredondada
- Azulejo em L para remate superior
- Espigão
- Azulejo com borda curva
- Azulejo de remate superior de quina
- Azulejo de quina
- Azulejo de quina para rodapé
- Azulejo para rodapé
- Azulejo para rodapé com uma borda arredondada

Formatos especiais

Tamanhos padrão
- Espessura de 8 mm
- 10,8 x 10,8 cm
- 10,8 x 15,0 cm
- 15,0 x 15,0 cm
- 20,5 x 20,5 cm
- 3,5 x 3,5 cm
- Octágono com 10,8 cm de largura
- Hexágono com 12,5 cm de largura

- Espessura de 6 mm
- 2,5 x 2,5 cm
- 2,5 x 5,1 cm
- 5,1 x 5,1 cm
- Hexagonais, com 2,5 ou 5,1 cm de largura

- Espessura de 10, 13, 19 mm
- 7,5 x 7,5 cm
- 10,0 x 10,0 cm
- 10,0 x 15,0 cm
- 15,0 x 15,0 cm
- 20,5 x 20,5 cm
- Hexagonais, com 15,0 e 20,5 cm de largura

Os azulejos cerâmicos são relativamente pequenos, modulares, feitos de argila ou outro material cerâmico. Os azulejos são queimados em um forno a temperaturas muito altas. O resultado é um material durável, duro, denso, que é resistente à água, difícil de manchar e fácil de limpar; suas cores geralmente não esmaecem.

O azulejo cerâmico é disponível vitrificado ou não vitrificado. O azulejo vitrificado tem uma face de material cerâmico fundida no corpo do azulejo, e pode ter acabamento brilhante, fosco ou cristalino, em uma grande variedade de cores. Os azulejos não vitrificados são duros e densos e sua cor é a mesma do corpo do material. Estas cores tendem a ser mais sóbrias do que aquelas dos azulejos vitrificados.

Tipos de azulejo cerâmico

Azulejos cerâmicos

Azulejos cerâmicos têm corpo não vítreo e uma face vitrificada, fosca ou cristalina, e são utilizados para revestir paredes internas e pisos submetidos a cargas leves. Os azulejos para exterior resistem a intempéries e ao congelamento, mas também podem ser utilizados em interiores.

Pastilhas cerâmicas

Pastilhas cerâmicas tem corpo de porcelana ou argila natural, corpo vítreo para aplicação em revestimentos de paredes ou corpo não vítreo para uso em pisos e paredes. As pastilhas de porcelana apresentam cores brilhantes, enquanto as pastilhas de argila têm cores mais sóbrias. Para facilitar o manuseio e tornar a instalação mais rápida, pastilhas pequenas costuma ser vendidas coladas a uma base de papel ou tela plástica, formando folhas de 30,5 x 30,5 cm ou 30,5 x 61,0 cm, com as unidades já corretamente espaçadas.

Azulejos foscos e lajotas

O azulejo fosco é um azulejo não vitrificado para piso, de argila natural ou porcelana. Esses pisos são resistentes a sujeira, umidade e manchas, assim como ao congelamento e à abrasão. As lajotas são semelhantes aos azulejos de mosaico cerâmico, porém mais espessas, maiores. Elas são impermeáveis e podem ser usadas em pisos submetidos a tráfego intenso.

- Consulte o fabricante de azulejos e pisos cerâmicos para informações exatas sobre tamanhos, formatos, cores e acabamentos.

CSI MasterFormat 09 30 13 Ceramic Tiling

INSTALAÇÃO DE AZULEJOS CERÂMICOS 10.13

Processo fino
No processo fino, os azulejos de cerâmica são aplicados sobre um revestimento contínuo e estável utilizando-se uma camada fina de argamassa seca, argamassa de cimento Portland e látex, argamassa de epóxi ou um adesivo orgânico.

Processo espesso
No processo espesso, os azulejos de cerâmica são instalados sobre um leito de argamassa de cimento Portland. Esse leito relativamente espesso resulta em caimentos exatos e planos nivelados no acabamento. Além disso, o leito de argamassa não é afetado pelo contato prolongado com a água.

- Instalações finas exigem bases maciças e dimensionalmente estáveis de argamassa de gesso ou chapas de gesso cartonado ou compensando.
- Em áreas molhadas ao redor de banheiras e chuveiros, use um painel de concreto reforçado com fibras de vidro e assente os azulejos utilizando argamassa de cimento Portland e látex ou argamassa seca.
- As superfícies de alvenaria devem estar limpas, firmes e sem eflorescência. Para assentar o azulejo usando argamassa seca ou argamassa de cimento Portland e látex, a superfície deve ser deixada áspera de modo a garantir uma boa aderência.

- As bases mais adequadas para assentamento com leito de argamassa de cimento incluem alvenaria de tijolos ou blocos de concreto, concreto monolítico, compensado, argamassa de gesso e chapas de gesso cartonado. Também é possível usar bases de montantes leves e travessas com telas de metal.
- A base de assentamento feita na obra, que consiste numa mistura de cimento Portland, areia, água e, por vezes, cal hidratada, possui uma espessura de $3/4$ in a 1 in (19 a 25 mm) nas paredes.
- É possível assentar os azulejos usando-se uma camada de $1/16$ in (2 mm) de cimento Portland puro ou argamassa seca, enquanto o leito de argamassa ainda está em estado plástico, ou uma camada de $1/8$ in a $1/4$ in (3 a 6 mm) de cimento Portland e látex após a cura do mesmo.

- O leito de assentamento tem 32 a 51 mm de espessura nos pisos.

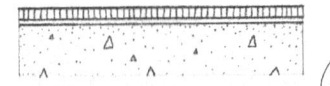

- Os pisos mais adequados para a instalação fina incluem lajes de concreto e pisos duplos de madeira.
- As lajes de concreto precisam ser lisas e niveladas, além de armadas e curadas de modo adequado; se necessário, use uma camada de regularização.

- Os pisos duplos de madeira são compostos por um contrapiso de compensado de $5/8$ in (16 mm), no mínimo, e um compensado externo com base de $1/2$ in ou $5/8$ in (13 ou 16 mm). Deve haver um espaço de $1/4$ in (6 mm) entre a base e as superfícies verticais. Ao usar argamassa de epóxi, deixe aberturas de $1/4$ in (6 mm) entre os painéis de base e encha-as com epóxi.
- A deflexão máxima do piso sob carregamento total não pode ultrapassar $1/360$ do vão.

- Os pisos mais adequados para assentamento com leito de argamassa de cimento incluem lajes de concreto armadas e curadas de modo adequado, e contrapisos de compensado que sejam bastante resistentes.
- A deflexão máxima do piso sob carregamento total não deve ultrapassar $1/360$ do vão.

- Uma membrana de isolamento separa o leito de argamassa das bases com irregularidades ou instáveis, permitindo que a estrutura de apoio se movimente de modo independente.
- É necessário armar o leito de argamassa com uma tela de metal sempre que ele se apoiar sobre uma membrana de isolamento.

CSI MasterFormat 09 31 00 Thinset Tiling
CSI MasterFormat 09 32 00 Mortar-Bed Tiling

10.14 DETALHES DE AZULEJOS CERÂMICOS

Instalação em paredes internas

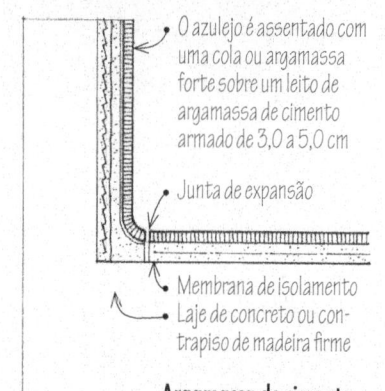

Argamassa de cimento
- Base maciça de argamassa de alvenaria, chapa de gesso ou estrutura de montantes de metal ou madeira seca
- Revestimento estriado de argamassa ou reboco sobre tela de metal ou membrana
- Leito de assentamento de argamassa de cimento com 2,0 a 2,5 cm de espessura
- O azulejo é assentado com uma camada fina de cimento Portland, argamassa de cimento Portland e látex ou argamassa seca.

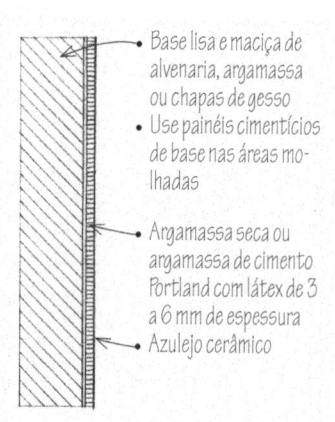

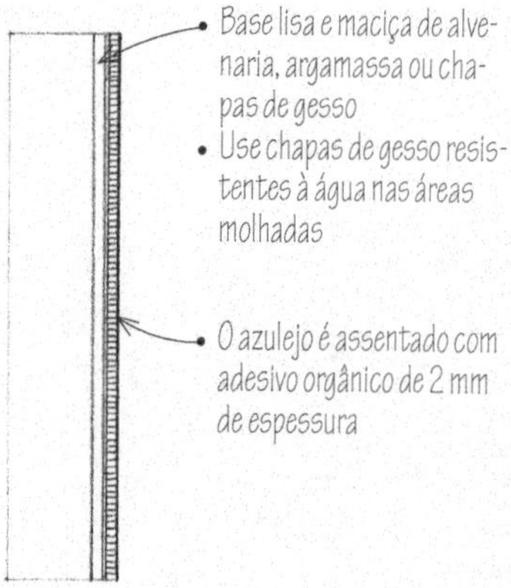

Argamassa fina
- Base lisa e maciça de alvenaria, argamassa ou chapas de gesso
- Use painéis cimentícios de base nas áreas molhadas
- Argamassa seca ou argamassa de cimento Portland com látex de 3 a 6 mm de espessura
- Azulejo cerâmico

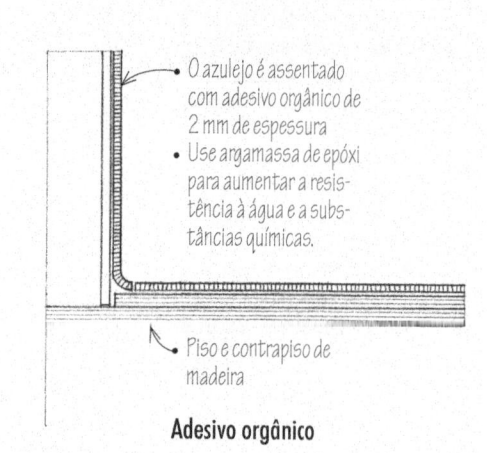

Adesivo orgânico
- Base lisa e maciça de alvenaria, argamassa ou chapas de gesso
- Use chapas de gesso resistentes à água nas áreas molhadas
- O azulejo é assentado com adesivo orgânico de 2 mm de espessura

Instalação em pisos internos

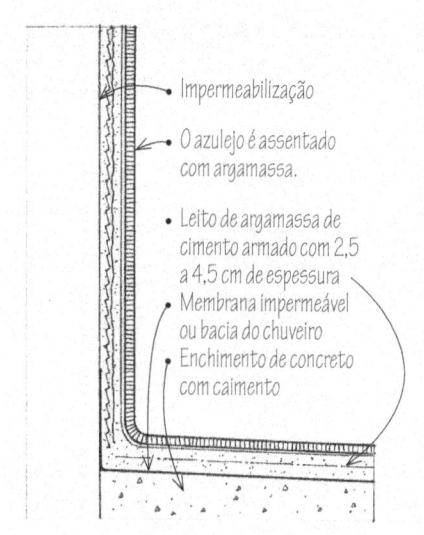

Argamassa de cimento
- O azulejo é assentado com uma cola ou argamassa forte sobre um leito de argamassa de cimento armado de 3,0 a 5,0 cm
- Junta de expansão
- Membrana de isolamento
- Laje de concreto ou contrapiso de madeira firme

Argamassa fina
- O azulejo é aplicado com argamassa seca ou argamassa de cimento Portland com látex, com 3 a 6 mm de espessura
- Junta de expansão
- Laje de concreto

Adesivo orgânico
- O azulejo é assentado com adesivo orgânico de 2 mm de espessura
- Use argamassa de epóxi para aumentar a resistência à água e a substâncias químicas.
- Piso e contrapiso de madeira

Box com azulejos cerâmicos
- Impermeabilização
- O azulejo é assentado com argamassa.
- Leito de argamassa de cimento armado com 2,5 a 4,5 cm de espessura
- Membrana impermeável ou bacia do chuveiro
- Enchimento de concreto com caimento

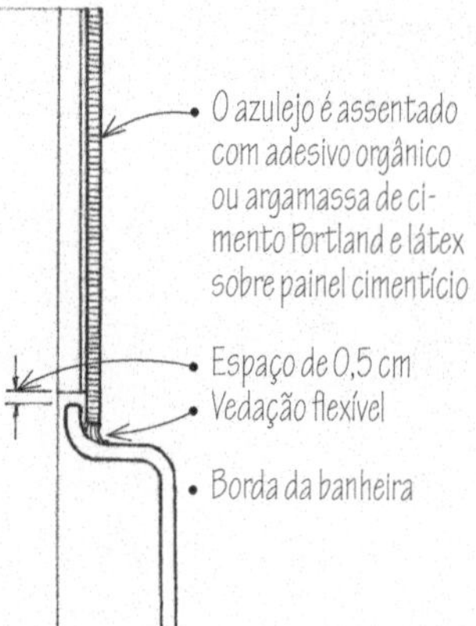

Conexão de banheiro com azulejos
- O azulejo é assentado com adesivo orgânico ou argamassa de cimento Portland e látex sobre painel cimentício
- Espaço de 0,5 cm
- Vedação flexível
- Borda da banheira

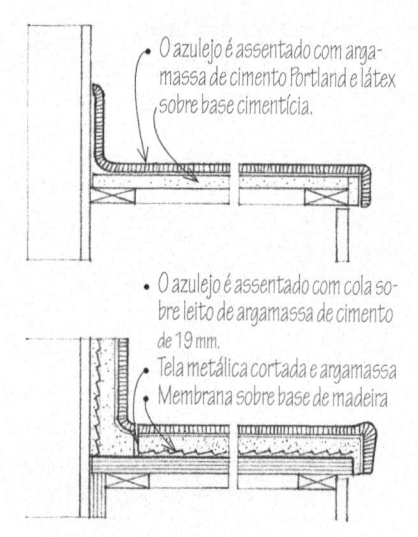

Balcões com azulejos
- O azulejo é assentado com argamassa de cimento Portland e látex sobre base cimentícia.
- O azulejo é assentado com cola sobre leito de argamassa de cimento de 19 mm.
- Tela metálica cortada e argamassa
- Membrana sobre base de madeira

PISOS DE GRANITINA

A granitina ou marmorite é um recobrimento lixado e polido de concreto que consiste de fragmentos de mármore ou outro agregado graúdo imersos em uma matriz de cimento ou um aglomerante resinoso. Ela fornece uma superfície de piso densa, extremamente durável e lisa, cujo colorido salpicado é determinado pelo tamanho e cores do agregado e a cor do aglomerante.

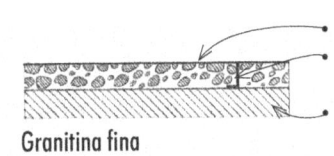

Acabamentos de granitina
- A granitina comum é um tipo desbastado e polido formado por lascas de pedras relativamente pequenas.
- A granitina veneziana é um tipo desbastado e polido formado principalmente por lascas grandes entremeadas por lascas menores.

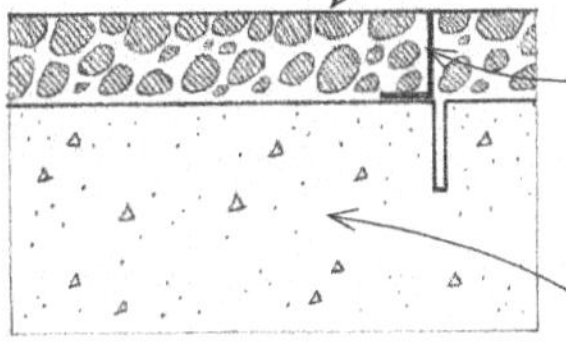

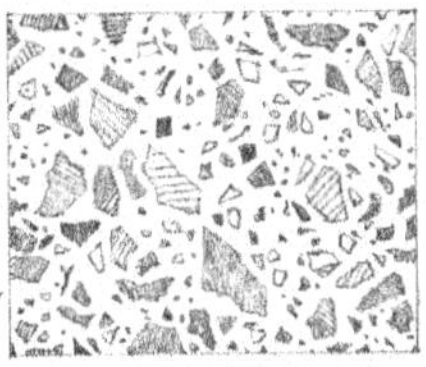

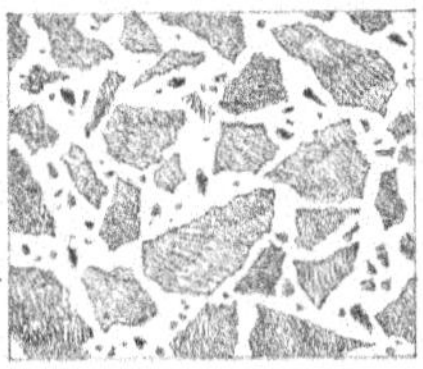

Juntas de metal ou plástico são usadas para:
- Localizar fissuras decorridas de retração
- Agir como juntas estruturais
- Separar as diferentes cores de um padrão de piso
- Agir como elementos de decoração
- Juntas de expansão devem ser colocadas sobre as juntas de isolamento ou expansão do contrapiso. Elas consistem em um par de juntas separadas por um material resiliente, como o neoprene.

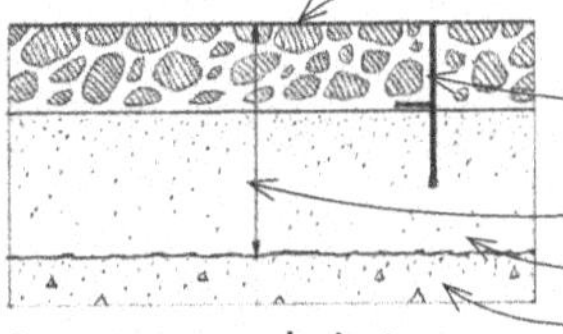

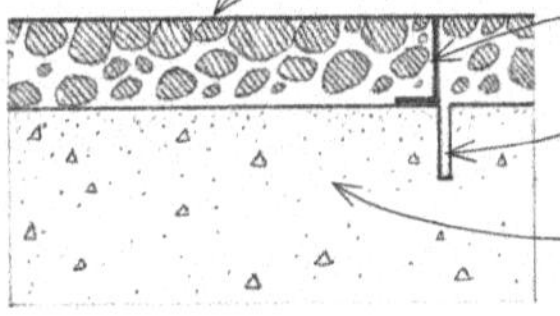

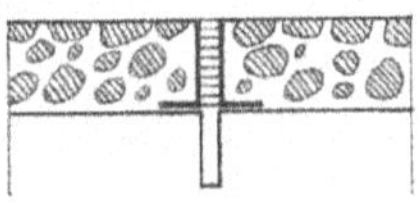

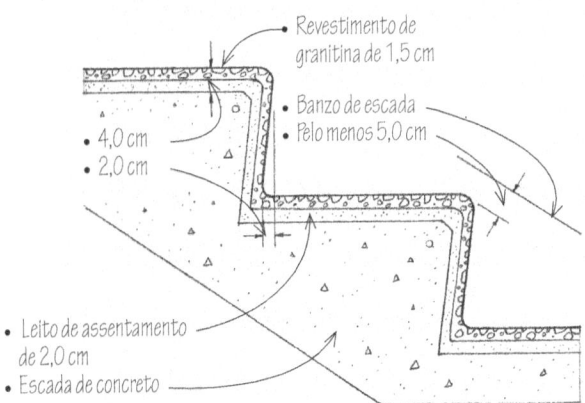

Granitina fina
- Capa resinosa de 0,5 a 1,5 cm
- Tiras de plástico ou metal em todas as juntas de controle
- Contrapiso de madeira, metal ou concreto

Granitina monolítica
- Capa de cimento Portland de 1,5 cm ou mais
- Juntas de plástico ou metal a cada 4,57 a 6,10 m entre eixos nas linhas dos pilares e sobre as vigas de piso; evite o uso de faixas estreitas.
- Laje de concreto sem polimento; pelo menos 9,0 cm

Granitina com aderência
- Capa de cimento Portland de 1,5 cm ou mais
- Juntas de plástico ou metal a cada 1,83 m entre eixos, no máximo
- Pelo menos 4,5 cm no total
- Leito de argamassa
- Laje de concreto sem polimento

Granitina com aderência química
- Capa de cimento Portland de 1,5 cm ou mais
- Juntas iguais às da granitina monolítica
- Juntas de controle cortadas com serra
- Laje com acabamento liso e agente aderente químico caso a superfície do concreto seja demasiadamente lisa para fins de aderência mecânica

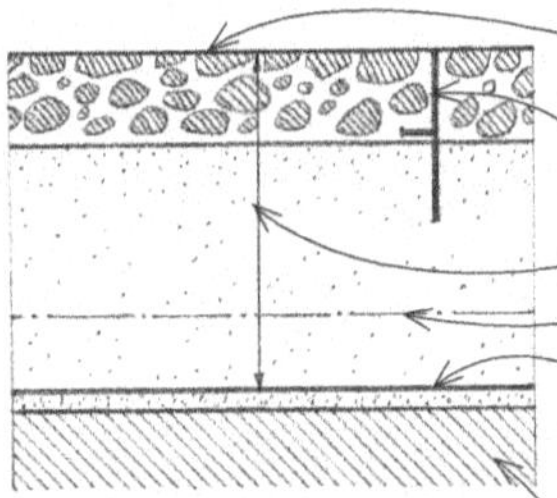

Granitina com colchão de areia
- Capa de cimento Portland de 1,5 cm ou mais
- Juntas de plástico ou metal a cada 1,83 m entre eixos, no máximo
- Pelo menos 6,5 cm no total
- Leito de argamassa armada
- Membrana de isolamento sobre colchão de areia de 0,5 cm para controlar a fissuração quando se prevê o movimento da estrutura
- Contrapiso

Escada revestida de granitina
- Revestimento de granitina de 1,5 cm
- 4,0 cm
- 2,0 cm
- Banzo de escada
- Pelo menos 5,0 cm
- Leito de assentamento de 2,0 cm
- Escada de concreto

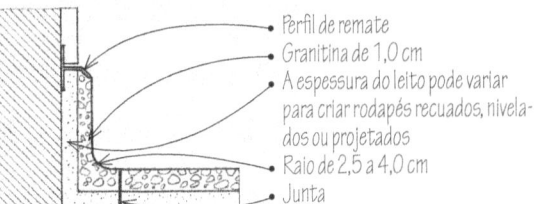

Rodapé de granitina
- Perfil de remate
- Granitina de 1,0 cm
- A espessura do leito pode variar para criar rodapés recuados, nivelados ou projetados
- Raio de 2,5 a 4,0 cm
- Junta

CSI MasterFormat 09 66 00 Terrazzo Flooring

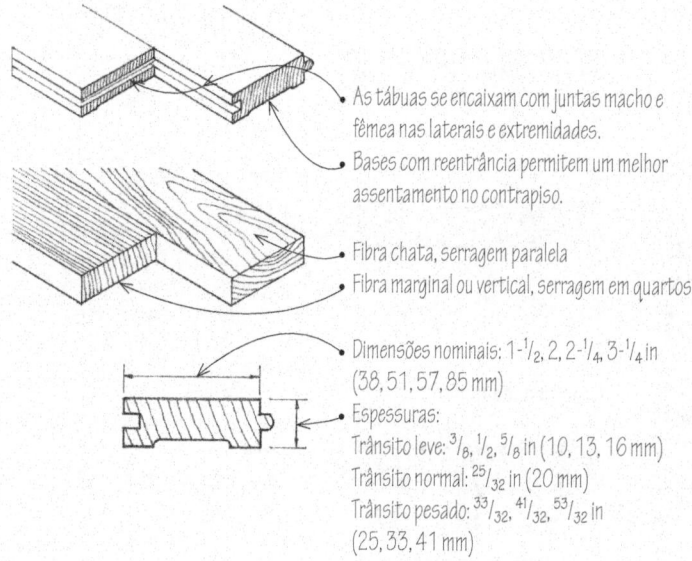

10.16 PISOS DE MADEIRA

- As tábuas se encaixam com juntas macho e fêmea nas laterais e extremidades.
- Bases com reentrância permitem um melhor assentamento no contrapiso.

- Fibra chata, serragem paralela
- Fibra marginal ou vertical, serragem em quartos

- Dimensões nominais: 1-1/2, 2, 2-1/4, 3-1/4 in (38, 51, 57, 85 mm)
- Espessuras:
Trânsito leve: 3/8, 1/2, 5/8 in (10, 13, 16 mm)
Trânsito normal: 25/32 in (20 mm)
Trânsito pesado: 33/32, 41/32, 53/32 in (25, 33, 41 mm)

Soalho
Soalho é um piso de tábuas corridas de 85 mm (3 1/4 in) ou menos de largura nominal.

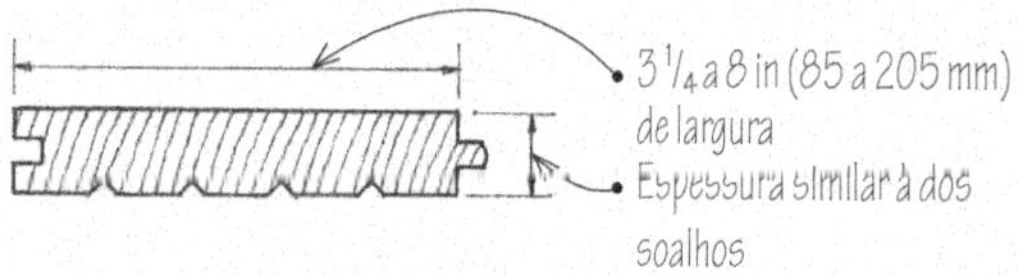

- 3 1/4 a 8 in (85 a 205 mm) de largura
- Espessura similar à dos soalhos

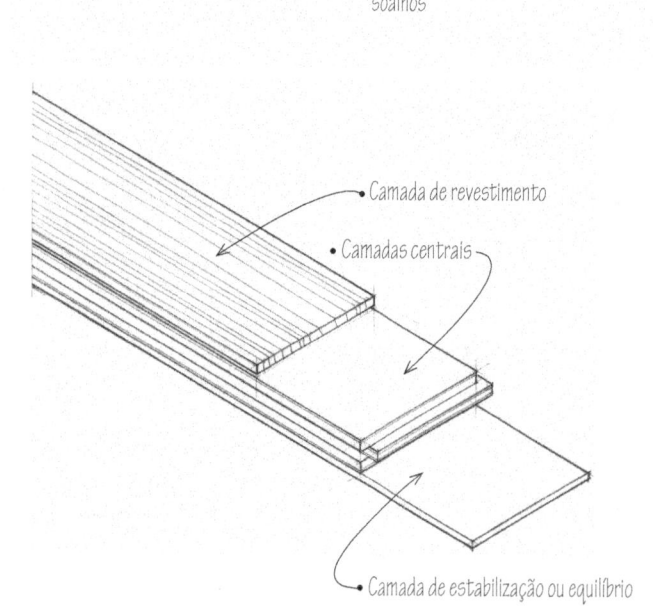

- Camada de revestimento
- Camadas centrais
- Camada de estabilização ou equilíbrio

Os pisos de madeira combinam durabilidade e resistência ao desgaste com conforto e calor. Espécies duráveis, rígidas, de fibras densas, tanto de madeira macia quanto de madeira dura, são usadas para pisos. Nos Estados Unidos, espécies comuns de madeira dura para pisos incluem carvalho, bordo, bétula e nogueira-pecã. Já as espécies de madeira dura para pisos incluem pinheiro do sul, abeto Douglas, secuta e outros pinheiros do leste e oeste. Sempre que possível, a madeira utilizada em um piso deve ser de fontes sustentáveis e certificadas. Embora não seja uma madeira propriamente dita, o bambu é uma gramínea que cresce relativamente rápido e que é classificada como um recurso renovável (LEED MR Credit 6: Rapidly Renewable Materials).

As várias espécies de madeira para pisos são classificadas quanto à aparência, mas não de acordo com as mesmas normas. As melhores classificações ou graus – claras ou selecionadas – geralmente minimizam ou excluem defeitos como nós de madeira, estrias, fendas e fibras rompidas. Consulte o fabricante do piso para normas e especificações precisas.

Pisos de madeira estão disponíveis como soalho, tabuão ou blocos e painéis industrializados.

Tabuão
O tabuão é um piso de tábuas de madeira com mais de 85 mm (3 1/4 in) de largura. As tábuas com encaixe nas extremidades e nos lados recebem pregos sem cabeça. As chapas também podem ser pregadas de face ou parafusadas e, então, conectadas. Alguns novos sistemas de tabuão podem ser assentados com mástiques ou adesivos. Para minimizar o efeito das variações da umidade sobre as tábuas, há pranchas laminadas de três camadas disponíveis.

Na maior parte das vezes, os pisos de madeira recebem, como acabamento, uma camada de poliuretano incolor, verniz ou selador penetrante, que pode ter alto brilho ou ser acetinada. O ideal é que esse tratamento aumente a durabilidade da madeira e sua resistência à água, sujeira e manchas, sem retirar a beleza natural da madeira. Os stains são empregados para ressaltar a coloração típica do material e preservar sua fibra (textura). Os pisos de madeira também podem ser encerados, pintados ou marcados com um padrão, mas as superfícies pintadas exigem mais manutenção.

Pisos de "engenheirado" de madeira
Esses pisos de madeira de lei industrializada são impregnados com acrílico ou selados com uretano ou vinil. Os pisos laminados são feitos com lâminas submetidas a alta pressão, incluindo tiras de madeira natural, criando painéis resistentes e selados com uretano acrílico. O bambu também pode ser laminado sob alta pressão, e transformado em tábuas, submerso em poliuretano e revestido com poliuretano acrílico.

CSI MasterFormat 09 62 23 Bamboo Flooring
CSI MasterFormat 09 64 00 Wood Flooring

INSTALAÇÃO DE PISOS DE MADEIRA   10.17

Os pisos de soalho ou tabuão exigem um contrapiso de madeira ou uma base de dormentes de madeira espaçados. Contrapisos de compensado ou outro tipo de painel que faça parte de um sistema de piso de barrotes de madeira podem ser assentados sobre outros sistemas de pisos, bem como receber um piso de madeira. Dormentes de madeira tratada são geralmente necessários sobre lajes de concreto para receber um contrapiso de madeira ou um piso acabado de madeira. Isso é especialmente importante para proteger o piso da umidade quando ele é instalado diretamente sobre o solo ou em um pavimento de subsolo.

Pisos de blocos de madeira exigem uma superfície limpa, seca, lisa e plana, tal como um contrapiso de compensado ou um leito de regularização. Embora os blocos possam ser aplicados sobre a superfície de uma laje de concreto seca, é melhor, especialmente em pavimentos de subsolo, assentar o piso sobre um contrapiso de compensado e uma barreira de vapor aplicada sobre dormentes de madeira tratada.

À medida que o conteúdo de umidade muda com as variações da umidade atmosférica, o piso de madeira contrai e dilata. Ele não deve ser instalado até que o sistema de vedação de paredes, a cobertura, a iluminação permanente e a central de aquecimento estejam instalados e todos os materiais de construção estejam secos. O piso de madeira deve ser armazenado por alguns dias no espaço onde ele será instalado, permitindo sua aclimatação às condições do interior. Quando o piso é instalado, deve ser providenciado um espaço ao longo do seu perímetro para ventilação e dilatação.

- Rodapé
- Soalho assentado perpendicular aos barrotes de madeira
- Feltro de construção de 15 lb
- Contrapiso de madeira compensada ou outro tipo de painel
- Barrotes de madeira do piso
- Deixe um espaço para ventilação e dilatação do soalho em todo o perímetro.

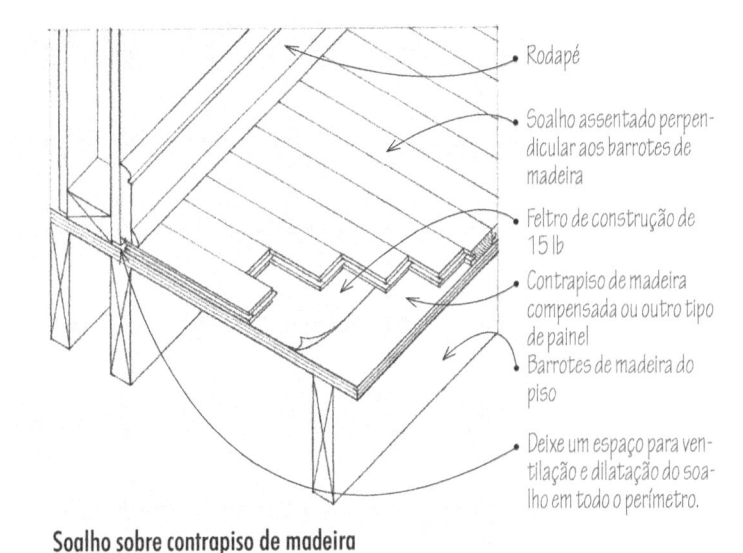

Soalho sobre contrapiso de madeira

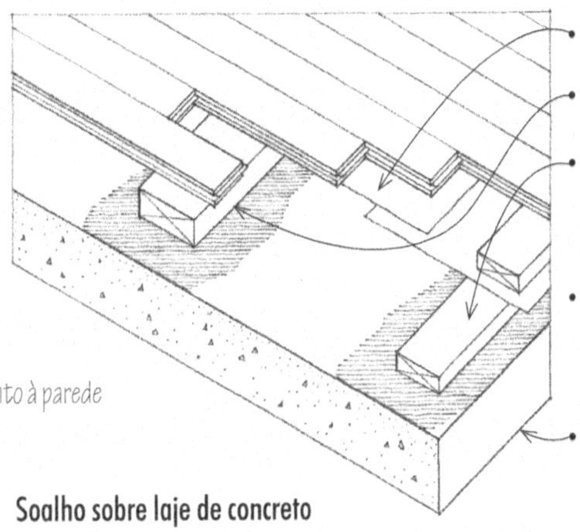

- Película de polietileno
- Sarrafos de 2 x 4 in (5,0 x 10,0 cm)
- Dormentes de madeira tratada assentados sobre mástique a cada 40,0 cm entre eixos
- Também se pode assentar dormentes de madeira sobre molas de aço ou outro colchão resiliente
- Barreira de vapor para a laje de concreto diretamente sobre o solo

Soalho sobre laje de concreto

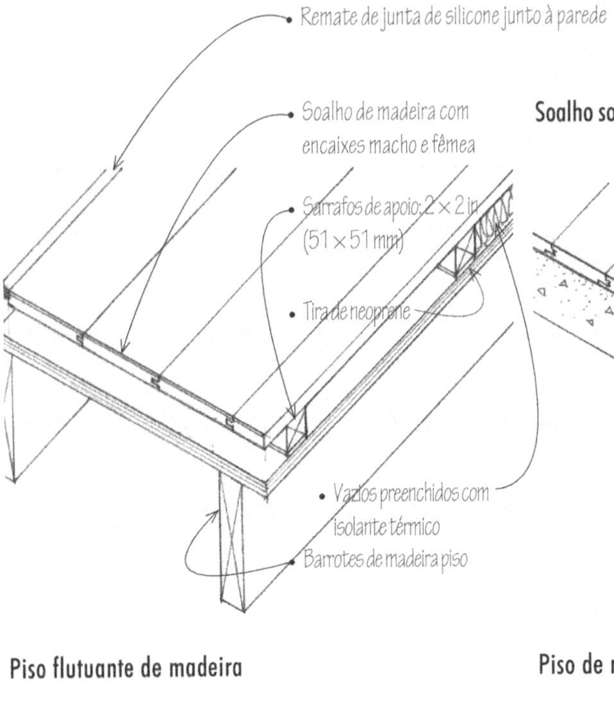

- Remate de junta de silicone junto à parede
- Soalho de madeira com encaixes macho e fêmea
- Sarrafos de apoio: 2 × 2 in (51 × 51 mm)
- Tira de neoprane
- Vazios preenchidos com isolante térmico
- Barrotes de madeira piso

Piso flutuante de madeira

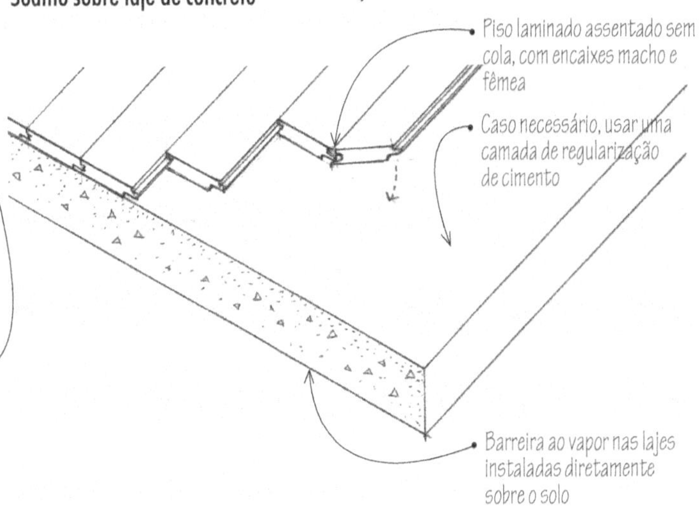

- Piso laminado assentado sem cola, com encaixes macho e fêmea
- Caso necessário, usar uma camada de regularização de cimento
- Barreira ao vapor nas lajes instaladas diretamente sobre o solo

Piso de madeira laminada instalado sem cola

10.18 PISOS DE PEDRA

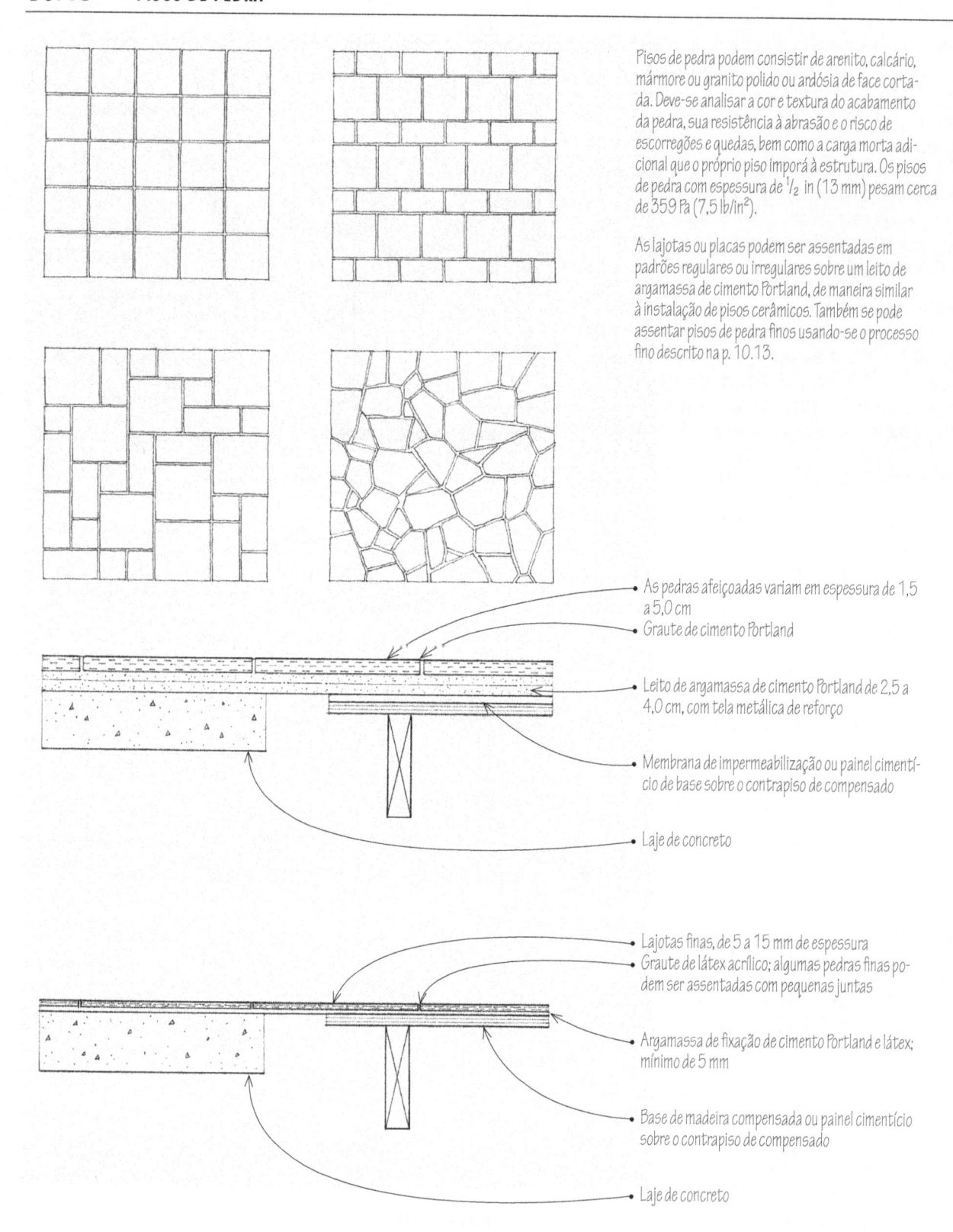

Pisos de pedra podem consistir de arenito, calcário, mármore ou granito polido ou ardósia de face cortada. Deve-se analisar a cor e textura do acabamento da pedra, sua resistência à abrasão e o risco de escorregões e quedas, bem como a carga morta adicional que o próprio piso imporá à estrutura. Os pisos de pedra com espessura de $1/2$ in (13 mm) pesam cerca de 359 Pa (7,5 lb/in^2).

As lajotas ou placas podem ser assentadas em padrões regulares ou irregulares sobre um leito de argamassa de cimento Portland, de maneira similar à instalação de pisos cerâmicos. Também se pode assentar pisos de pedra finos usando-se o processo fino descrito na p. 10.13.

- As pedras afeiçoadas variam em espessura de 1,5 a 5,0 cm
- Graute de cimento Portland
- Leito de argamassa de cimento Portland de 2,5 a 4,0 cm, com tela metálica de reforço
- Membrana de impermeabilização ou painel cimentício de base sobre o contrapiso de compensado
- Laje de concreto

- Lajotas finas, de 5 a 15 mm de espessura
- Graute de látex acrílico; algumas pedras finas podem ser assentadas com pequenas juntas
- Argamassa de fixação de cimento Portland e látex; mínimo de 5 mm
- Base de madeira compensada ou painel cimentício sobre o contrapiso de compensado
- Laje de concreto

CSI MasterFormat 09 63 40 Stone Flooring

PISOS FLEXÍVEIS 10.19

Os materiais flexíveis para piso resultam numa superfície econômica, relativamente densa, não absorvente, durável e fácil de manter. Seu grau de resiliência permite resistir a riscos e amassões permanentes e contribui para o silêncio e conforto sob os pés. Porém, o conforto de um revestimento de piso flexível depende não apenas da sua flexibilidade, mas também de sua base e da dureza do contrapiso.

Nenhum tipo de piso flexível é ideal em todos os aspectos. Abaixo estão listados os tipos com bom desempenho em determinados quesitos.
- Flexibilidade e silêncio: placas de cortiça, placas de borracha e placas maciças de vinil
- Resistência a riscos: placas de vinil maciças, folhas de vinil e placas de cortiça revestidas de vinil
- Resistência a manchas: placas de borracha, placas maciças de vinil, placas compostas de vinil, linóleo
- Resistência a álcalis: placas de cortiça revestidas de vinil, placas de vinil, placas maciças de vinil, placas de borracha
- Resistência à gordura: folhas de vinil, placas de vinil maciças, placas de vinil revestidas de cortiça, linóleo
- Durabilidade: placas maciças de vinil, folhas de vinil, placas compostas de vinil, placas de borracha
- Facilidade de manutenção: folhas de vinil, placas maciças de vinil, placas compostas de vinil, placas de cortiça revestidas de vinil

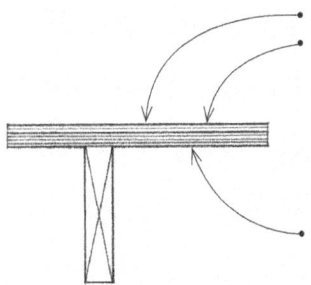

Contrapisos de madeira

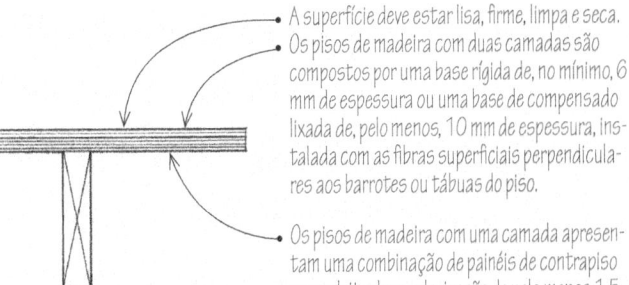

- A superfície deve estar lisa, firme, limpa e seca.
- Os pisos de madeira com duas camadas são compostos por uma base rígida de, no mínimo, 6 mm de espessura ou uma base de compensado lixada de, pelo menos, 10 mm de espessura, instalada com as fibras superficiais perpendiculares aos barrotes ou tábuas do piso.
- Os pisos de madeira com uma camada apresentam uma combinação de painéis de contrapiso ou um leito de regularização de pelo menos 1,5 cm de espessura, instalados com as fibras superficiais perpendiculares aos barrotes ou tábuas do piso; veja a p. 4.32.

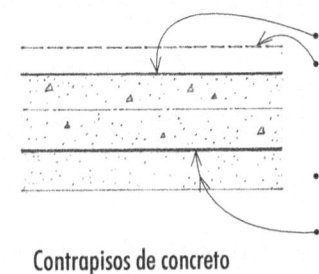

Contrapisos de concreto

- A superfície deve estar lisa, densa, limpa e seca.
- Coloque uma capa de concreto armado de 5,0 a 7,5 cm sobre as lajes pré-moldadas; no caso de lajes de concreto leve, deixe uma capa de concreto de 2,5 cm.
- Coloque uma barreira contra a umidade e uma base de cascalho sob as lajes de concreto planas.
- No caso de lajes de concreto abaixo do nível do solo, utilize uma membrana impermeável e uma segunda base de 5,0 cm.

LEED EQ Credit 4.1: Low-Emitting Materials, Adhesives & Sealants

Tipo de piso	Componentes	Espessura	Tamanhos	Localização admissível
Folha de vinil	Resinas de vinil com forro de fibras	2 a 4 mm	1,83 a 4,57 m de largura	ETA
Placa de vinil maciça	Resinas de vinil	2 a 3 mm	23,0 x 23,0 cm 30,5 x 30,5 cm	ETA
Placa de vinil composta	Resinas de vinil com enchimento	1 a 2 mm	23,0 x 23,0 cm 30,5 x 30,5 cm	ETA
Placa de cortiça	Cortiça bruta e resinas	3 a 6 mm	15,0 x 15,0 cm 23,0 x 23,0 cm	E
Placa de cortiça revestida de vinil	Cortiça bruta, resinas de vinil	3 mm, 5 mm	23,0 x 23,0 cm 30,5 x 30,5 cm	E
Placa de borracha	Composto de borracha	2 a 5 mm	23,0 x 23,0 cm 30,5 x 30,5 cm	ETA
Folha de linóleo	Óleo de linhaça, cortiça, resina	3 mm	1,83 m de largura	E
Placa de linóleo	Óleo de linhaça, cortiça, resina	3 mm	23,0 x 23,0 cm 30,5 x 30,5 cm	E

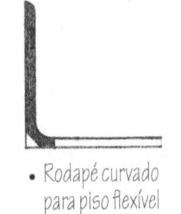

E: Elevado
T: No nível do solo (Térreo)
A: Abaixo do solo

- Rodapé curvado para piso flexível
- Rodapé reto para pisos acarpetados
- Rodapé curvado sobre qualquer tipo de piso
- Rodapé curvado com guia superior

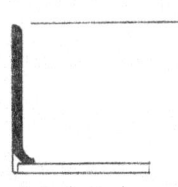

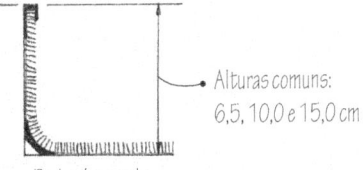

Alturas comuns: 6,5, 10,0 e 15,0 cm

- Muitos acessórios para pisos flexíveis podem ser utilizados, como rodapés, espelhos e focinhos de escada e soleiras de porta.

CSI MasterFormat 09 65 00 Resilient Flooring

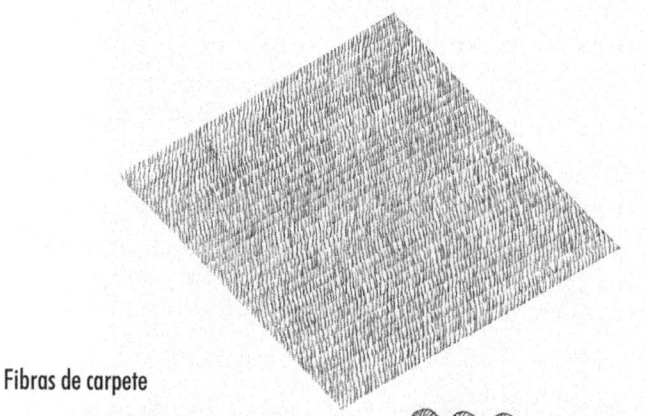

10.20 CARPETES

O uso de carpete oferece uma maciez tátil e visual, resistência e calor em uma ampla variedade de cores e padrões. Essas características, por sua vez, permitem aos carpetes absorver sons, reduzir impactos e criar superfícies confortáveis e seguras para se caminhar. Em geral, os carpetes também requerem relativamente pouca manutenção.

Carpetes costumam ser instalados de parede a parede, cobrindo todo o piso de um pavimento ou compartimento. Eles podem ser aplicados diretamente sobre contrapisos, usando-se uma base de borracha (o acolchoado), o que elimina o emprego de outros materiais no piso. Eles também podem ser aplicados sobre um piso preexistente.

Fibras de carpete

- Náilon = predomina a fibra de face; excelente durabilidade e resistência à abrasão; resistente ao atrito e a mofo; pode se tornar antiestática através do uso de filamentos condutores de eletricidade
- Polipropileno (olefina): boa resistência à abrasão, atrito e mofo; muito usada em exteriores
- Poliéster de PET: uma forma resistente de poliéster feita com garrafas plásticas recicladas; boa resistência a amassamento, abrasão, manchas e desbotamento
- Lã: excelente resiliência e isolamento térmico; boa resistência à abrasão, a chamas e a solventes; pode ser limpa
- Acrílico: aparência similar à da lã; boa resistência ao esmagamento; resistente à umidade e a mofo
- Poliéster: combina a aparência da lã com a durabilidade do náilon; boa resistência ao atrito e à abrasão; baixo custo
- Algodão: não é tão durável quanto as outras fibras de face, mas sua maciez e facilidade de tingimento é aproveitada em tapetes de tecido baixo

- As fibras plásticas são uma fonte de gases prejudiciais ao sistema respiratório humano; algumas também emitem gases tóxicos quando queimadas. Selecione carpetes, colas e bases que tenham sido aprovados pelos testes de qualidade do ar de interiores do Carpet and Rug Institute. Esse instituto também recomenda que se utilizem ventiladores de teto na velocidade máxima e, se possível, se deixem portas e janelas abertas para ventilação máxima durante as primeiras 48 ou 72 horas após a instalação.

Tipos de carpete (ou tapete)

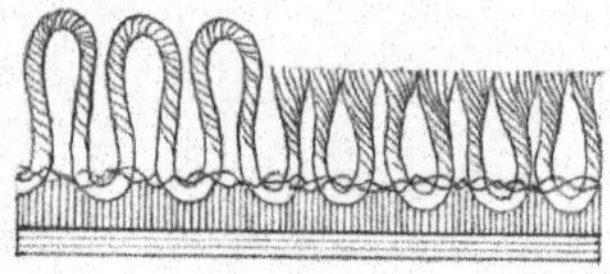

- Carpete tufado é aquele fabricado mediante a trançagem mecânica dos fios de lanugem em um fundo de tecido principal, o qual é preso com látex a um segundo fundo. A maioria dos carpetes e tapetes produzida hoje em dia é tufada.

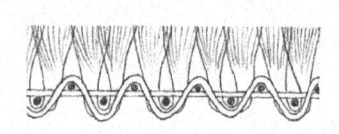

- Carpete de tecido é aquele fabricado mediante o entrelaçamento simultâneo do avesso e dos fios de lanugem de um tear. Carpetes de tecido são mais resistentes ao desgaste e mais estáveis que carpetes tufados, mas são de fabricação mais cara.

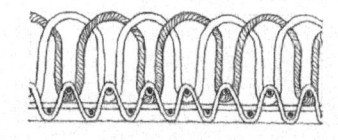

- Carpete de agulha é aquele fabricado através de laçadas, pontos e fios de lanugem com três conjuntos de agulhas.

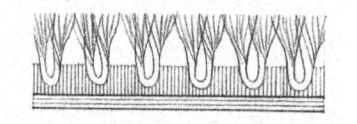

- Carpete armado por fusão é aquele fabricado através da fusão a quente de fios a uma base de vinil sustentada por outros materiais.

- Carpete felpado é aquele fabricado mediante a propulsão eletrostática de pequenos fios de fibra de lanugem contra uma base revestida com uma substância adesiva.

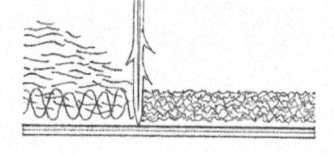

- Carpete puncionado a agulha é aquele fabricado mediante a punção de fibras de tapete para frente e para trás em uma tela de polipropileno, com o uso de agulhas farpadas, para formar uma esteira feltrada de fibras.

LEED EQ Credit 4.3: Low-Emitting Materials, Carpet Systems

CSI MasterFormat 09 68 00 Carpeting

CARPETES 10.21

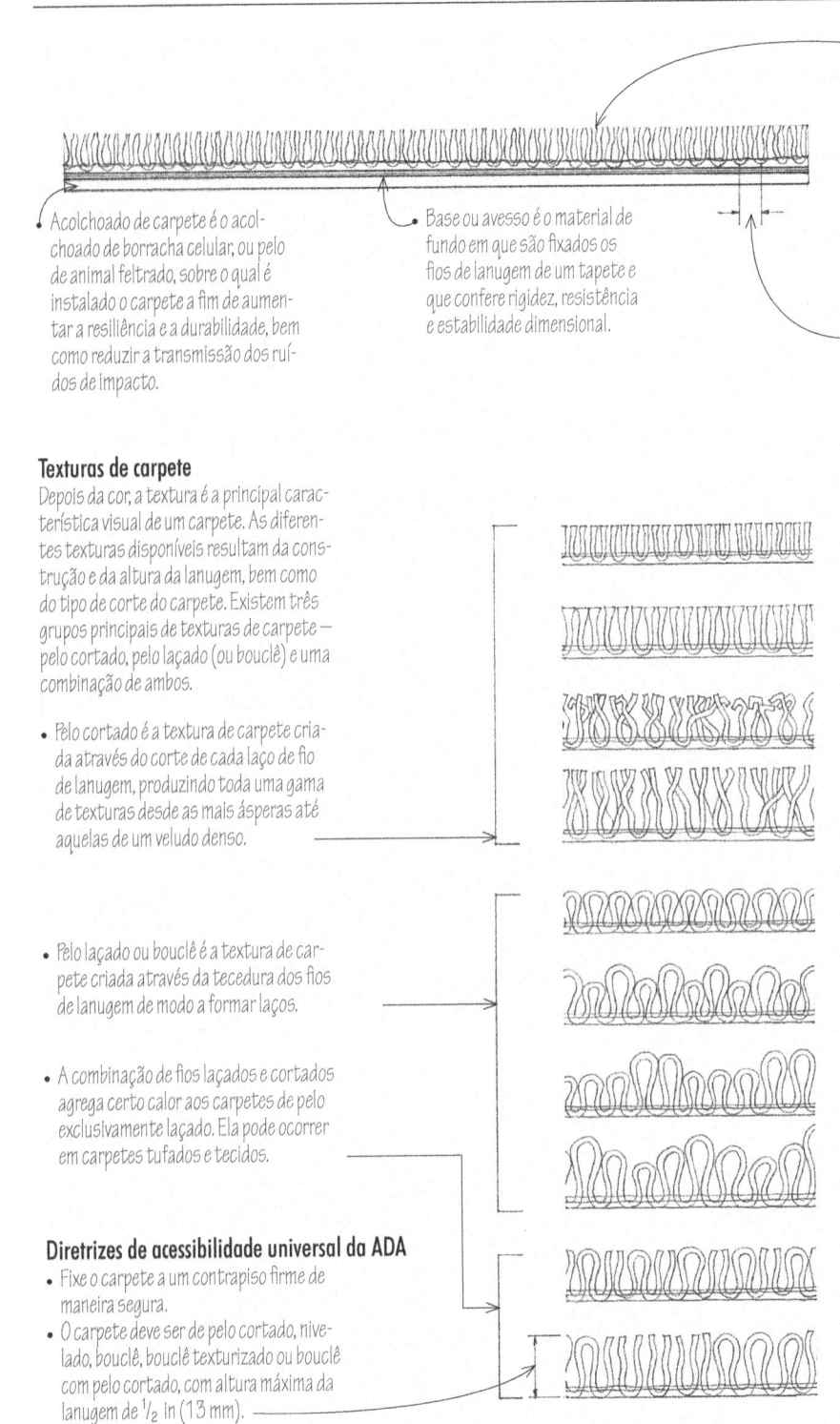

- Lanugem ou pelos são tufos verticais de fios que formam a superfície de um carpete.
- Peso de lanugem é o peso médio dos fios que compõem a lanugem de um carpete, expresso em gramas por milímetro quadrado.
- Densidade de lanugem é o peso dos fios de lanugem por unidade de volume do carpete, expresso em gramas por milímetro cúbico.
- Passo é o número de fios de lanugem que formam tufos, contados transversalmente em uma extensão de 685 mm de carpete tecido.
- Gauge é o espaçamento dos tufos pela extensão de um carpete tufado de malha, expresso em frações de polegada.

- Acolchoado de carpete é o acolchoado de borracha celular, ou pelo de animal feltrado, sobre o qual é instalado o carpete a fim de aumentar a resiliência e a durabilidade, bem como reduzir a transmissão dos ruídos de impacto.

- Base ou avesso é o material de fundo em que são fixados os fios de lanugem de um tapete e que confere rigidez, resistência e estabilidade dimensional.

Texturas de carpete

Depois da cor, a textura é a principal característica visual de um carpete. As diferentes texturas disponíveis resultam da construção e da altura da lanugem, bem como do tipo de corte do carpete. Existem três grupos principais de texturas de carpete — pelo cortado, pelo laçado (ou bouclê) e uma combinação de ambos.

- Pelo cortado é a textura de carpete criada através do corte de cada laço de fio de lanugem, produzindo toda uma gama de texturas desde as mais ásperas até aquelas de um veludo denso.

- Pelo laçado ou bouclê é a textura de carpete criada através da tecedura dos fios de lanugem de modo a formar laços.

- A combinação de fios laçados e cortados agrega certo calor aos carpetes de pelo exclusivamente laçado. Ela pode ocorrer em carpetes tufados e tecidos.

Carpetes

- *Plush*: carpete de pelo cortado macio; é chamado velvet plush quando apresenta pelo denso cortado baixo

- *Saxony*: carpete com textura entre o plush e o shag; tem fios mais grossos

- *Twist* ou *frieze*: textura mais pesada e mais rústica que a do plush; tem alguns fios torcidos

- *Shag*: superfície extremamente texturizada criada por fios longos e torcidos

- *Bouclê, loop* ou *berber*: tufos laçados com altura homogênea; muito resistente; poucas opções de textura

- *Bouclê nervurado*: apresenta textura direcionada, nervurada ou corrugada

- *Bouclê com duas alturas*: carpete com duas alturas na textura da laçada

- *Bouclê com diferentes alturas*: permite padrões especiais

- *Bouclê com pelo cortado*: laçadas cortadas e não cortadas alternadas de modo controlado; é mais macio e quente do que o bouclê simples; desenhos geométricos simétricos podem ser criados pelas fileiras cortadas

Diretrizes de acessibilidade universal da ADA

- Fixe o carpete a um contrapiso firme de maneira segura.
- O carpete deve ser de pelo cortado, nivelado, bouclê, bouclê texturizado ou bouclê com pelo cortado, com altura máxima da lanugem de $1/2$ in (13 mm).
- Fixe bem e dê acabamento a todas as bordas visíveis em relação à superfície do piso.
- Faça bordas chanfradas em inclinações de 1:20 quando a altura do carpete ultrapassar $1/4$ in (6 mm).

10.22 PLACAS ACÚSTICAS PARA FORROS

As placas acústicas para forros estão disponíveis em vários tamanhos e texturas e são de materiais macios e absorventes de som, como cortiça, fibra mineral ou fibra de vidro. Estas unidades moduladas têm faces perfuradas, padronizadas, texturizadas ou fissuradas que permitem ao som penetrar nos vazios entre as fibras. Em função de seu peso leve e baixa densidade, as placas podem ser facilmente danificadas. Para melhorar sua resistência à umidade, ao impacto e à abrasão, as placas podem ser pintadas na fábrica ou ser revestidas de cerâmica, plástico ou alumínio.

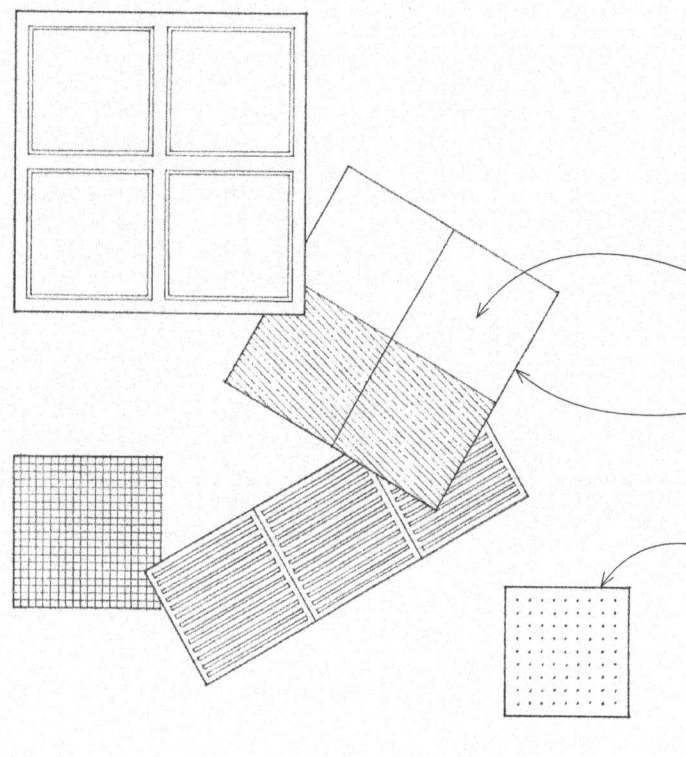

- Placas acústicas para forros são fabricadas em módulos de 30,5 x 30,5 cm, 61,0 x 61,0 cm ou 61,0 x 122,0 cm. Também há placas baseadas em dimensões com 51,0, 76,0, 122,0 e 152,5 cm.
- Espessuras típicas das placas: $1/2$ in (13 mm), $5/8$ in (16 mm) e $3/4$ in (19 mm)
- As placas podem ter bordas quadradas, chanfradas, com encaixes simples ou encaixes macho e fêmea.
- Placas de forro de metal perfurado são painéis de metal com face perfurada e uma camada separada de material isolante acústico.

Consulte o fabricante das placas de forro sobre:
- Tamanhos, padrões e acabamentos
- Coeficiente de redução de ruído (NRC)
- Classificação quanto à resistência ao fogo
- Coeficiente de reflexão da luz
- Detalhes sobre o sistema de suspensão

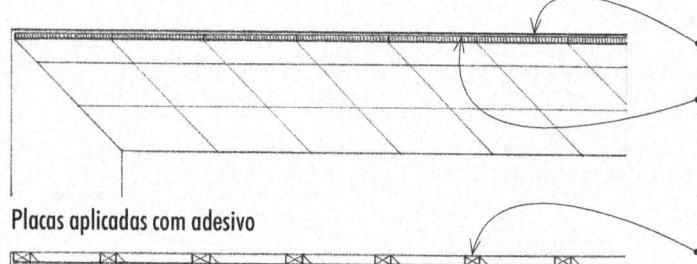

- É necessária uma base sólida, como concreto, reboco ou chapas de gesso.
- As placas são aplicadas com adesivo especial que permite obter uma superfície uniforme e plana mesmo se houver ligeiras irregularidades na superfície da base.

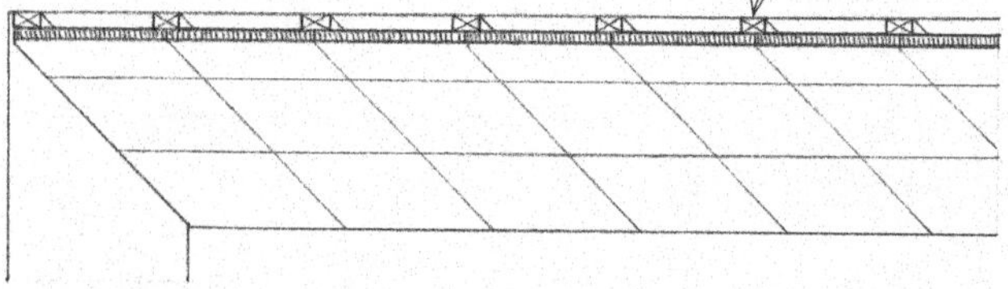

Placas aplicadas com adesivo

- Sarrafos de madeira de 1 x 3 in (2,5 x 7,5 cm) a cada 30,5 cm entre eixos são utilizados quando a superfície de base não é plana o suficiente ou é inadequada para aplicação das placas do teto com adesivos. Sarrafos transversais e calços também podem ser necessários para criar uma base plana e nivelada.
- As placas devem ser instaladas com um fundo de papel de construção para se obter uma superfície de teto vedada contra correntes de ar.

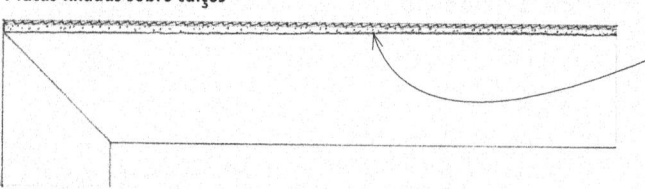

Placas fixadas sobre calços

- Um material acústico de fibras minerais ou de celulose misturadas com um aglomerante especial pode ser instalado diretamente por pulverização sobre superfícies duras, como concreto ou chapas de gesso. O material também pode ser pulverizado sobre uma tela de metal, o que proporciona uma melhor absorção do som e permite formas curvas ou irregulares para o forro.

Forro acústico pulverizado

Instalação direta de forros acústicos

CSI MasterFormat 09 51 00: Acoustical Ceilings

FORROS ACÚSTICOS SUSPENSOS   10.23

As placas acústicas de forro podem ser suspensas em uma laje ou estrutura de piso do pavimento de cima, a fim de obter-se um espaço fechado para dutos mecânicos, conduítes elétricos e tubulações. Luminárias, chuveiros automáticos (sprinklers), detectores de incêndio e sistemas de som podem ser embutidos no forro. O forro pode ser resistente contra fogo e fornecer proteção para o piso acima, que o sustenta, ou para a estrutura da cobertura. Dessa forma, o sistema de forro é capaz de integrar as funções de iluminação, distribuição de ar, tratamento acústico e proteção contra incêndio.

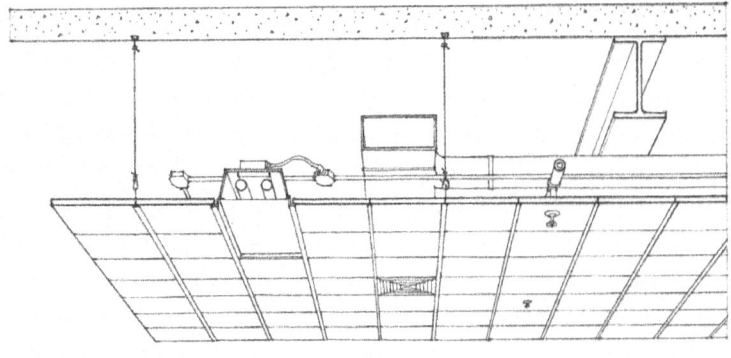

Embora o sistema de suspensão de cada fabricante possa variar nos detalhes, todos eles consistem de uma grelha de perfis metálicos principais ou guias, guias transversais em T e tiras de encaixe. Essa grelha, que é suspensa no piso acima ou na estrutura da cobertura, pode estar aparente, embutida ou oculta. Na maioria dos sistemas suspensos, as placas acústicas são removíveis para substituição ou acesso ao forro.

Os painéis de forro suspensos são fabricados em tecido, placas acústicas, metal, plástico translúcido ou outro material. Suspensos por barras ou arames, eles permitem o rebaixo de forros em pequenas áreas, ficando abaixo de outros materiais de acabamento do teto e, em geral, permitem o acesso a equipamentos e instalações acima.

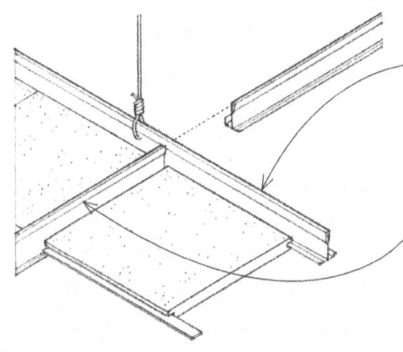

Sistemas de forros integrados incorporam isolamentos acústicos, luminárias e componentes de distribuição do ar, os quais são coordenados. Os sistemas suspensos geralmente formam uma grelha de aproximadamente 1,5 x 1,5 m e podem sustentar painéis acústicos lisos ou chanfrados. Os componentes de distribuição do ar condicionado podem estar integrados a luminárias modulares e insuflar o ar em suas laterais, ou estar integrados a um sistema suspenso à parte que distribui o ar através de fendas longas e estreitas entre os painéis de forro.

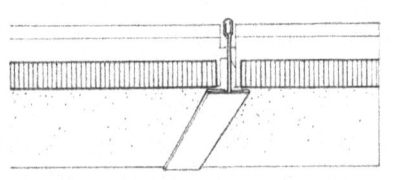

Os forros lineares consistem de réguas estreitas de alumínio anodizado, aço pintado ou aço inoxidável. As fendas entre as réguas podem ficar abertas ou fechadas. Fendas abertas permitem a absorção do som por uma base acústica ou manta de isolamento existente dentro do forro. Os sistemas de forro lineares geralmente incluem componentes modulados de distribuição do ar e luminárias.

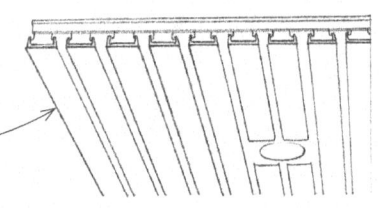

- Guia principal é o elemento predominante da grelha que sustenta um sistema de forro suspenso, normalmente de perfis T ou U de metal laminado e suspenso por arames na estrutura da cobertura.
- Guia transversal é o elemento secundário da grelha que sustenta um sistema de forro suspenso, normalmente um perfil T de metal laminado apoiado nas guias principais.
- Sistemas com grelha aparente apresentam grelhas metálicas de perfis T invertidos que sustentam as placas ou lâminas acústicas de um forro suspenso. 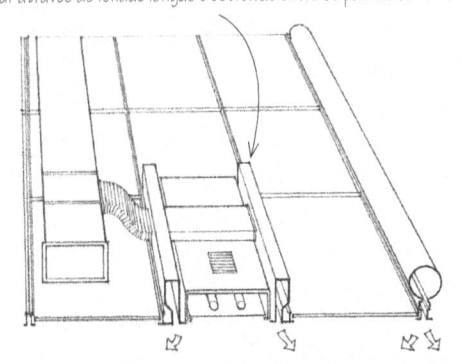 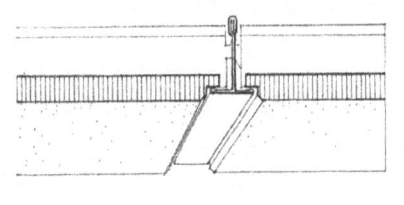
- Sistemas de grelha embutida têm uma grelha metálica destinada a sustentar um forro suspenso de placas ou lâminas acústicas de juntas recortadas. 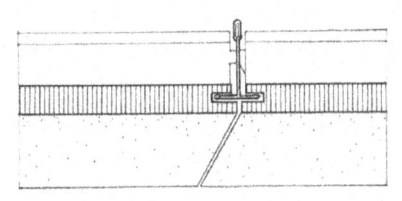
- Sistemas de grelha oculta têm uma grelha metálica que sustenta as placas ou lâminas acústicas de um forro suspenso e que fica oculta nos encaixes entalhados nas extremidades das placas.

CSI MasterFormat 09 53 00 Acoustical Ceiling Suspension Assemblies
CSI MasterFormat 09 54 00 Specialty Ceilings

10.24 SAMBLAGEM

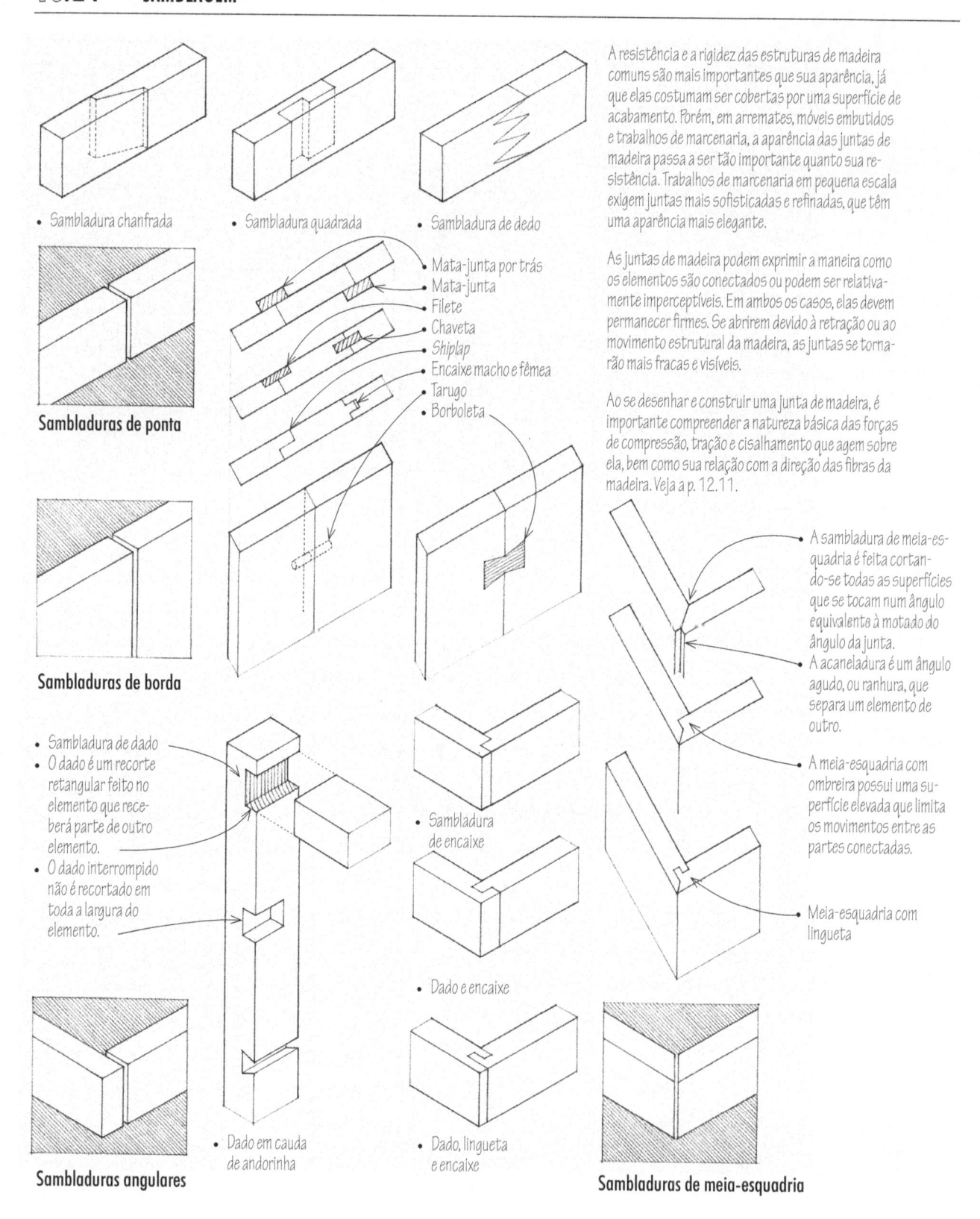

- Sambladura chanfrada
- Sambladura quadrada
- Sambladura de dedo

Sambladuras de ponta

- Mata-junta por trás
- Mata-junta
- Filete
- Chaveta
- *Shiplap*
- Encaixe macho e fêmea
- Tarugo
- Borboleta

Sambladuras de borda

- Sambladura de dado
- O dado é um recorte retangular feito no elemento que receberá parte de outro elemento.
- O dado interrompido não é recortado em toda a largura do elemento.

- Sambladura de encaixe

- Dado e encaixe

- Dado em cauda de andorinha
- Dado, lingueta e encaixe

Sambladuras angulares

A resistência e a rigidez das estruturas de madeira comuns são mais importantes que sua aparência, já que elas costumam ser cobertas por uma superfície de acabamento. Porém, em arremates, móveis embutidos e trabalhos de marcenaria, a aparência das juntas de madeira passa a ser tão importante quanto sua resistência. Trabalhos de marcenaria em pequena escala exigem juntas mais sofisticadas e refinadas, que têm uma aparência mais elegante.

As juntas de madeira podem exprimir a maneira como os elementos são conectados ou podem ser relativamente imperceptíveis. Em ambos os casos, elas devem permanecer firmes. Se abrirem devido à retração ou ao movimento estrutural da madeira, as juntas se tornarão mais fracas e visíveis.

Ao se desenhar e construir uma junta de madeira, é importante compreender a natureza básica das forças de compressão, tração e cisalhamento que agem sobre ela, bem como sua relação com a direção das fibras da madeira. Veja a p. 12.11.

- A sambladura de meia-esquadria é feita cortando-se todas as superfícies que se tocam num ângulo equivalente à metade do ângulo da junta.
- A acaneladura é um ângulo agudo, ou ranhura, que separa um elemento de outro.
- A meia-esquadria com ombreira possui uma superfície elevada que limita os movimentos entre as partes conectadas.

- Meia-esquadria com lingueta

Sambladuras de meia-esquadria

CSI MasterFormat 06 20 00 Finish Carpentry

SAMBLAGEM 10.25

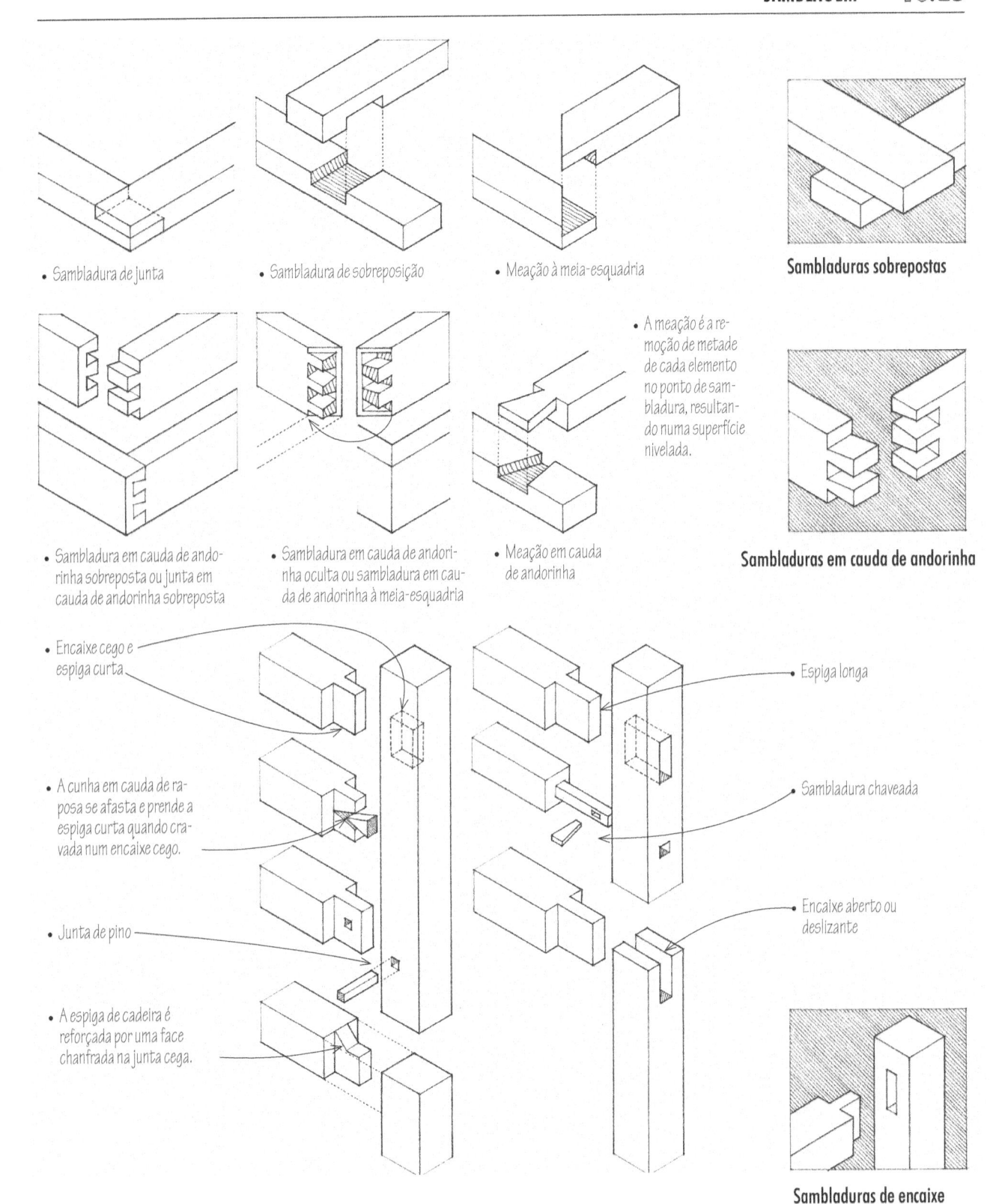

- Sambladura de junta
- Sambladura de sobreposição
- Meação à meia-esquadria

Sambladuras sobrepostas

- Sambladura em cauda de andorinha sobreposta ou junta em cauda de andorinha sobreposta
- Sambladura em cauda de andorinha oculta ou sambladura em cauda de andorinha à meia-esquadria
- Meação em cauda de andorinha

- A meação é a remoção de metade de cada elemento no ponto de sambladura, resultando numa superfície nivelada.

Sambladuras em cauda de andorinha

- Encaixe cego e espiga curta
- A cunha em cauda de raposa se afasta e prende a espiga curta quando cravada num encaixe cego.
- Junta de pino
- A espiga de cadeira é reforçada por uma face chanfrada na junta cega.

- Espiga longa
- Sambladura chaveada
- Encaixe aberto ou deslizante

Sambladuras de encaixe

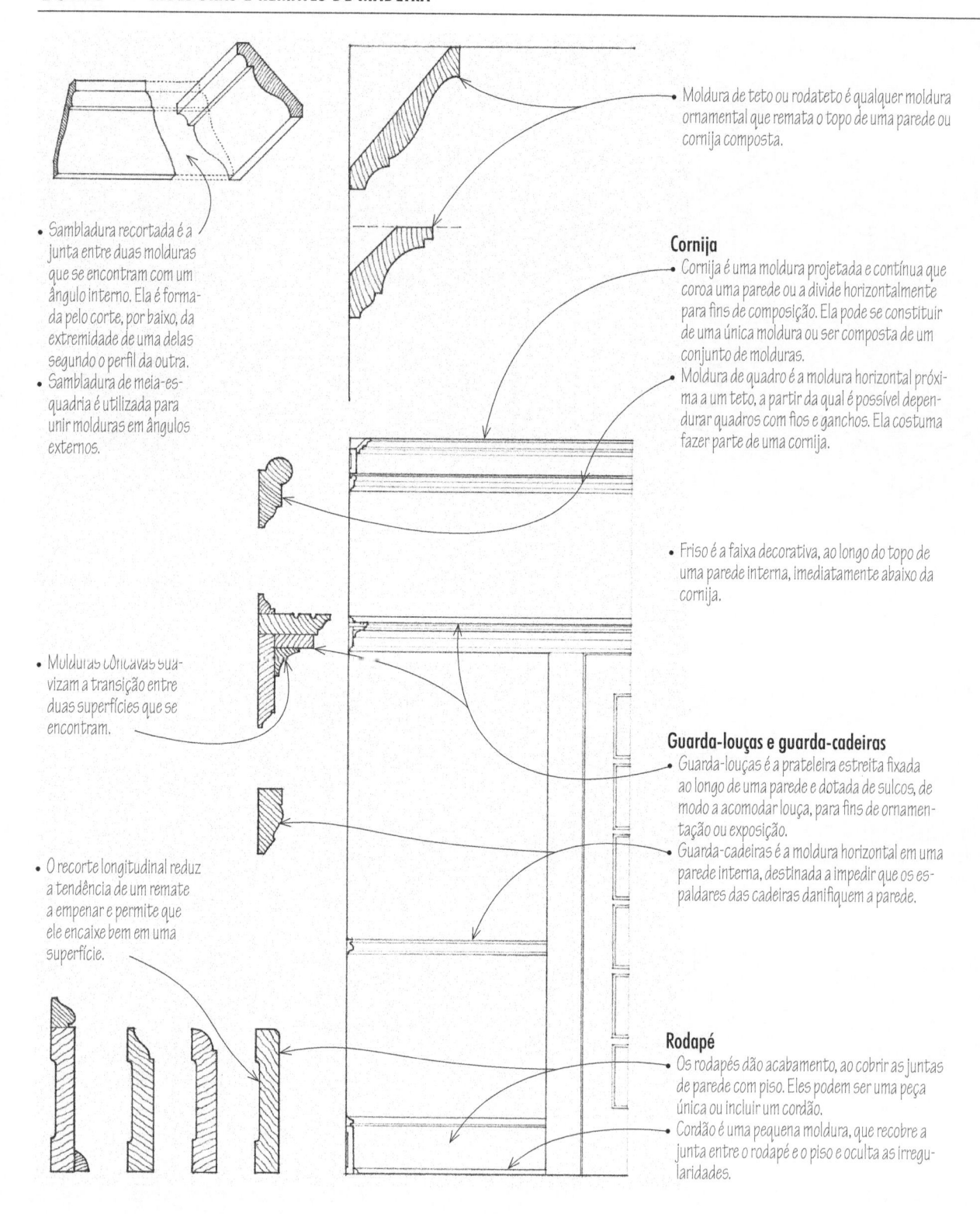

10.26 MOLDURAS E REMATES DE MADEIRA

- Sambladura recortada é a junta entre duas molduras que se encontram com um ângulo interno. Ela é formada pelo corte, por baixo, da extremidade de uma delas segundo o perfil da outra.
- Sambladura de meia-esquadria é utilizada para unir molduras em ângulos externos.

- Molduras côncavas suavizam a transição entre duas superfícies que se encontram.

- O recorte longitudinal reduz a tendência de um remate a empenar e permite que ele encaixe bem em uma superfície.

- Moldura de teto ou rodateto é qualquer moldura ornamental que remata o topo de uma parede ou cornija composta.

Cornija
- Cornija é uma moldura projetada e contínua que coroa uma parede ou a divide horizontalmente para fins de composição. Ela pode se constituir de uma única moldura ou ser composta de um conjunto de molduras.
- Moldura de quadro é a moldura horizontal próxima a um teto, a partir da qual é possível dependurar quadros com fios e ganchos. Ela costuma fazer parte de uma cornija.

- Friso é a faixa decorativa, ao longo do topo de uma parede interna, imediatamente abaixo da cornija.

Guarda-louças e guarda-cadeiras
- Guarda-louças é a prateleira estreita fixada ao longo de uma parede e dotada de sulcos, de modo a acomodar louça, para fins de ornamentação ou exposição.
- Guarda-cadeiras é a moldura horizontal em uma parede interna, destinada a impedir que os espaldares das cadeiras danifiquem a parede.

Rodapé
- Os rodapés dão acabamento, ao cobrir as juntas de parede com piso. Eles podem ser uma peça única ou incluir um cordão.
- Cordão é uma pequena moldura, que recobre a junta entre o rodapé e o piso e oculta as irregularidades.

CSI MasterFormat 06 22 00 Millwork

GUARNIÇÕES E REMATES DE MADEIRA   10.27

Estão disponíveis diversas molduras padronizadas de madeira nas marcenarias para uso como guarnições. Elas variam em seção, comprimento e espécies de madeira. Podem ser usadas sozinhas ou combinadas, formando elementos mais complexos. Além dessas peças padronizadas, molduras de madeira podem ser feitas sob encomenda, de acordo com a especificação do consumidor.

O tipo de madeira usado para guarnições depende do tipo de acabamento a ser aplicado às peças. Para acabamentos com pintura, a madeira deve ser densa (fibras fechadas), lisa e isenta de bolsas de resina ou outras imperfeições. Se as peças de madeira dura receberão um acabamento transparente ou natural, a madeira deve ter cor uniforme, desenho atraente formado pelas fibras e certo grau de dureza.

As guarnições normalmente são aplicadas depois dos acabamentos de parede, teto e piso. Embora sejam de natureza decorativa, elas também servem para tapar, dar acabamento e melhorar as juntas entre os materiais utilizados nos interiores.

- As guarnições de portas e janelas de um mesmo recinto costumam ter o mesmo acabamento.

Guarnições

- As guarnições das ombreiras e de topo tapam a junta ou fresta entre o batente da porta ou janela e a superfície de parede que a envolve.
- Peitoril é a peça horizontal colocada na base do vão de uma janela. O peitoril pode ser recortado para se encaixar nas ombreiras de uma janela ou porta ou se projetar em relação a elas.
- Avental é a peça plana de remate colocada imediatamente abaixo do peitoril interno de uma janela.

- Guarnições compostas devem ter sambladuras de meia-esquadria.
- Uma moldura superior de remate pode coroar um vão de janela ou porta.
- A guarnição lateral ou da ombreira fica mais baixo que a travessa ou guarnição superior, especialmente se esta for mais espessa.
- Espessura anterior entre $1/4$ e $3/8$ in (6 a 10 mm), em geral. A espessura anterior é a parte da ombreira que não é coberta por uma guarnição de janela ou porta.
- A guarnição da ombreira deve ter, no mínimo, a mesma espessura que o rodapé.

- Um bloco de canto pode ser utilizado para conectar peças de guarnição mais complexas.
- O termo arquitrave se refere a toda uma guarnição que envolve um vão de porta ou janela, especialmente quando é contínua e apresenta o mesmo perfil.

- Um bloco de plinto pode ser empregado para dar acabamento a uma guarnição junto ao piso.

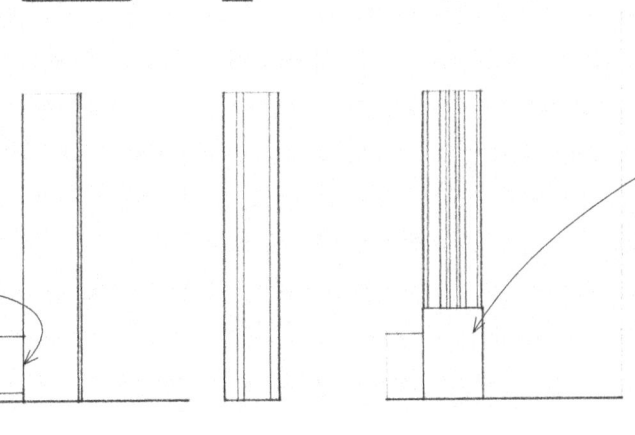

10.28 PAINÉIS DE MADEIRA PARA REVESTIMENTO

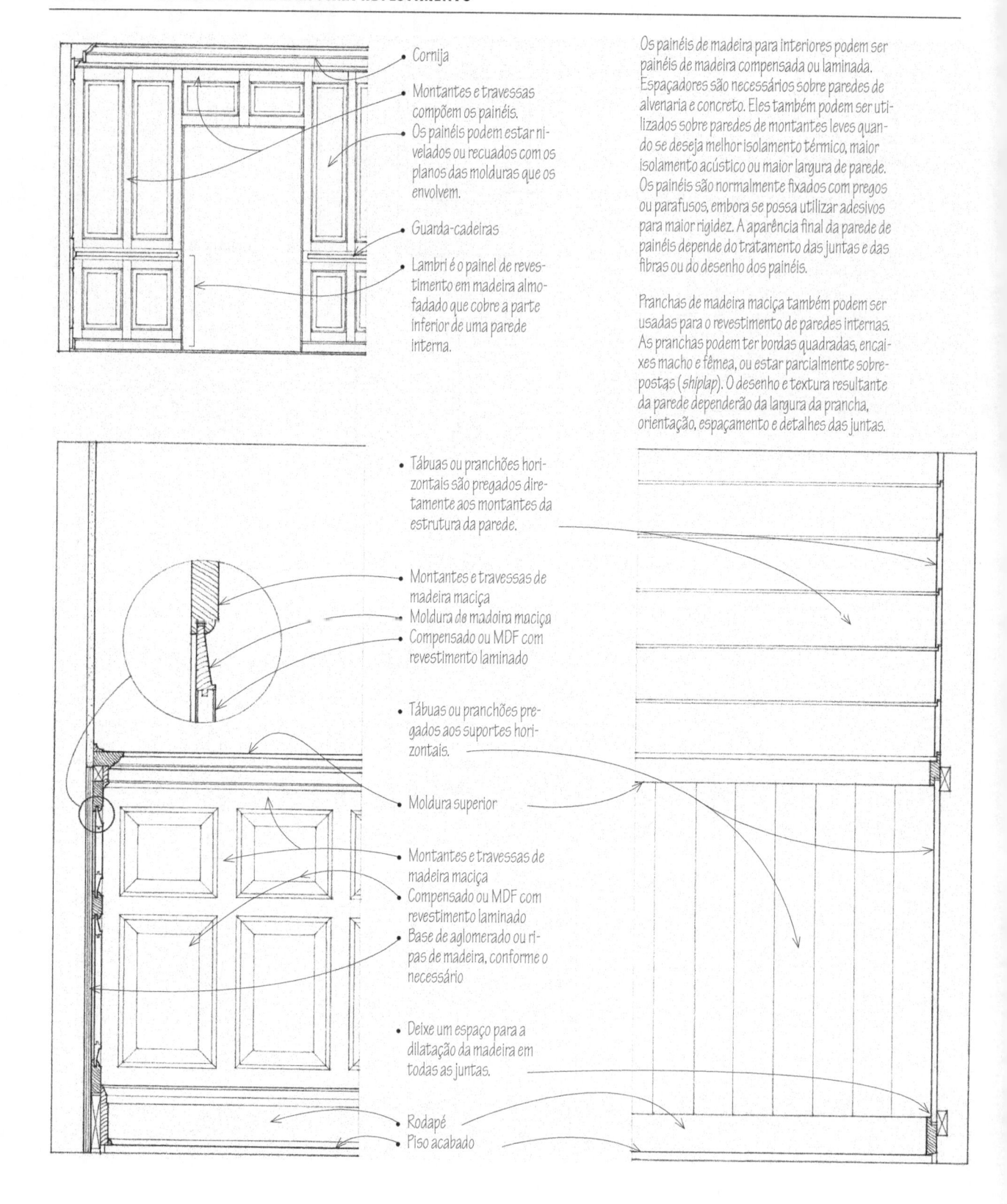

Os painéis de madeira para interiores podem ser painéis de madeira compensada ou laminada. Espaçadores são necessários sobre paredes de alvenaria e concreto. Eles também podem ser utilizados sobre paredes de montantes leves quando se deseja melhor isolamento térmico, maior isolamento acústico ou maior largura de parede. Os painéis são normalmente fixados com pregos ou parafusos, embora se possa utilizar adesivos para maior rigidez. A aparência final da parede de painéis depende do tratamento das juntas e das fibras ou do desenho dos painéis.

Pranchas de madeira maciça também podem ser usadas para o revestimento de paredes internas. As pranchas podem ter bordas quadradas, encaixes macho e fêmea, ou estar parcialmente sobrepostas (shiplap). O desenho e textura resultante da parede dependerão da largura da prancha, orientação, espaçamento e detalhes das juntas.

- Cornija
- Montantes e travessas compõem os painéis.
- Os painéis podem estar nivelados ou recuados com os planos das molduras que os envolvem.
- Guarda-cadeiras
- Lambri é o painel de revestimento em madeira almofadado que cobre a parte inferior de uma parede interna.

- Tábuas ou pranchões horizontais são pregados diretamente aos montantes da estrutura da parede.
- Montantes e travessas de madeira maciça
- Moldura de madeira maciça
- Compensado ou MDF com revestimento laminado
- Tábuas ou pranchões pregados aos suportes horizontais.
- Moldura superior
- Montantes e travessas de madeira maciça
- Compensado ou MDF com revestimento laminado
- Base de aglomerado ou ripas de madeira, conforme o necessário
- Deixe um espaço para a dilatação da madeira em todas as juntas.
- Rodapé
- Piso acabado

CSI MasterFormat 06 42 00 Wood Paneling

LAMINADOS DE MADEIRA COMPENSADA   10.29

Existem painéis decorativos de madeira compensada disponíveis com revestimentos laminados de madeira macia ou dura que podem ser utilizados como painéis de parede e em móveis, sejam fixos ou não. Os painéis geralmente têm 1,22 x 2,44 m e espessura de $1/4$, $3/8$, $1/2$ e $3/4$ in (6, 10, 13 e 19 mm).

Tipos de emparelhamento
A aparência do painel de compensado com acabamento natural depende da espécie de madeira empregada para os laminados de revestimento e da maneira como estas lâminas são dispostas, enfatizando ou não a cor e fazendo desenhos com as fibras da madeira.

- Emparelhamento tipo livro é a disposição das folhas da mesma costaneira, alternadamente invertidas de modo a se produzirem imagens espelhadas, que se desdobram simetricamente em torno das juntas entre as folhas adjacentes.
- Emparelhamento tipo espinha de peixe é o emparelhamento tipo livro em que as figuras das folhas adjacentes ficam inclinadas em direções opostas.
- Emparelhamento corrido é a disposição de folhas adjacentes da mesma costaneira lado a lado sem invertê-las, de modo a se repetir a figura.
- Emparelhamento tipo diamante é a disposição de quatro folhas de madeira cortadas diagonalmente de modo a se formar uma figura de diamante em torno de um centro.
- Emparelhamento aleatório é a disposição de lâminas de madeiras de modo a se criar, intencionalmente, um aspecto casual, de desparelhamento.

Graus de laminados de madeira macia (Estados Unidos)
N – superfície lisa e selecionada, para acabamentos naturais
A – face lisa, adequada para pintura
B – face áspera, sem acabamento (*utility grade*)

Graus de laminados de madeira de lei (Estados Unidos)
- Primeira qualidade aceita apenas alguns arremessos, nós e imperfeições mínimas.
- Boa qualidade é similar à primeira qualidade, porém não é necessário o emparelhamento das faces do laminado. Não se permitem contrastes fortes entre as cores.
- Boa condição é um laminado liso sem imperfeições abertas, mas com estrias, descolorações, imperfeições e pequenos nós firmes e fechados.
- *Utility grade* (grau utilitário) permite descolorações, estrias, imperfeições, nós firmes, pequenos nós vazados e fendas.
- *Backing grade* (grau de base) aceita defeitos maiores, mas que não afetem a resistência ou durabilidade do painel.

Figuras das fibras
Figura é o desenho natural que aparece em uma superfície de madeira serrada, produzido pela interseção de anéis de crescimento anual, nós, arremessos, veios e outras características de crescimento. Diferentes figuras são formadas pela variação da maneira na qual uma lâmina de madeira é cortada de uma tora.

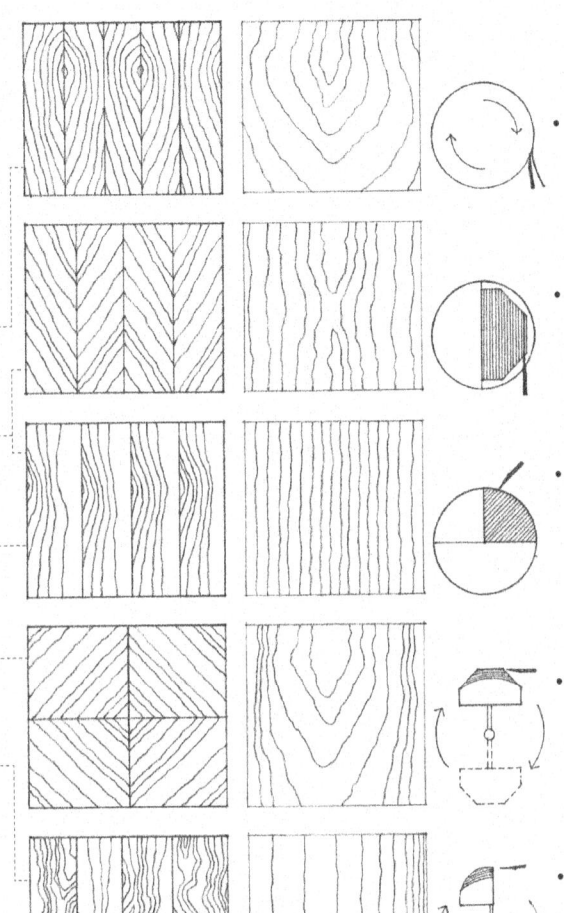

- Corte torneado é obtido mediante a rotação de uma tora junto ao fio de uma faca em um torno mecânico, de modo a se produzir uma lâmina contínua com uma figura com pequenas ondas e variegadas.
- Corte tangencial plano é o corte longitudinal de uma meia-tora paralelamente a uma linha que passa por seu centro, produzindo uma lâmina com uma figura com pequenas ondas variegadas.
- Corte radial é o corte longitudinal de um quarto de tora, perpendicularmente aos anéis de crescimento anual, produzindo uma série de listras retas ou variadas na lâmina.
- Corte semicircular é o corte de uma costaneira deslocada do centro do torno mecânico, ligeiramente através dos anéis de crescimento anual, produzindo, ao mesmo tempo, características do corte rotativo e do corte plano.
- Corte tipo fenda é o corte de um carvalho e espécies similares perpendicularmente às raias nitidamente definidas, de modo a minimizar sua aparência.

LEED EQ Credit 4.4 Low-Emitting Materials: Composite Wood & Agrifiber Products

CSI MasterFormat 06 42 16 Wood-Veneer Paneling

10.30 LAMINADOS PLÁSTICOS

Laminado plástico é um material de revestimento duro que consiste em camadas sobrepostas de papel Kraft, folha de alumínio, papel com impressão, laminado de madeira ou tecido impregnado de resinas melamínicas e fenólicas, fundidas mediante calor e pressão. Os laminados plásticos fornecem uma superfície durável, resistente ao calor e à água, usada para cobrir balcões, móveis, portas e painéis de parede. Podem ser aplicados a compensado liso, pranchas duras, aglomerado e outros tipos de chapa de madeira. Eles também podem ser colados com adesivo de contato no local, ou com adesivos termocurados aplicados (com calor e pressão) em fábrica.

- Laminado plástico pós-formado
- Folha traseira
- Bloco com formato especial
- Laminado plástico de $1/16$ in (2 mm) aplicado sob alta pressão
- Uma folha traseira de laminado plástico deve ser aplicada no lado oposto de painéis sem base, para evitar que empenem.
- Tira de borda

- Os laminados de alta pressão são moldados e curados sob uma pressão entre 1.200 e 2.000 psi (84,0 a 140,0 kg/m^2) e utilizados para revestir balcões e tampos de mesa.
- Laminados de baixa pressão são moldados e curados sob uma pressão de até 400 psi (28,0 kg/m^2) e utilizados em aplicações verticais e sujeitas a baixo desgaste.
- Fórmica é uma marca registrada de laminado plástico.
- Superfícies de laminados plásticos com ondulações e curvas pronunciadas e pequenas devem ser pós-formadas e coladas com adesivo termocurado. O laminado plástico pós-formado, com 1,2 mm ($1/20$ in) de espessura, pode ser curvado até um raio de 19 mm ($3/4$ in). As tiras de borda de laminado plástico podem ser curvadas até um raio de 75 mm (3 in) ou menor, se aquecidas.
- Há muitas cores e padrões disponíveis com acabamento brilhante, acetinado, fosco ou texturizado.

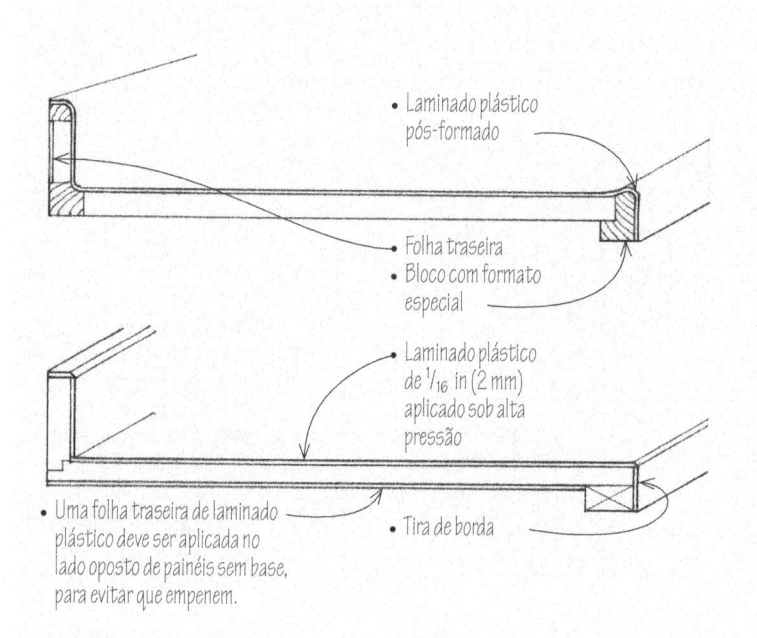

Balcões e tampos de mesa com laminado plástico

- Laminado plástico de $1/16$ in (2 mm) aplicado sob alta pressão, para pranchas de uso horizontal em balcões e tampos de mesa
- Laminado plástico de $1/32$ in (1 mm) aplicado sob alta pressão, para pranchas de uso vertical em paredes e painéis de parede

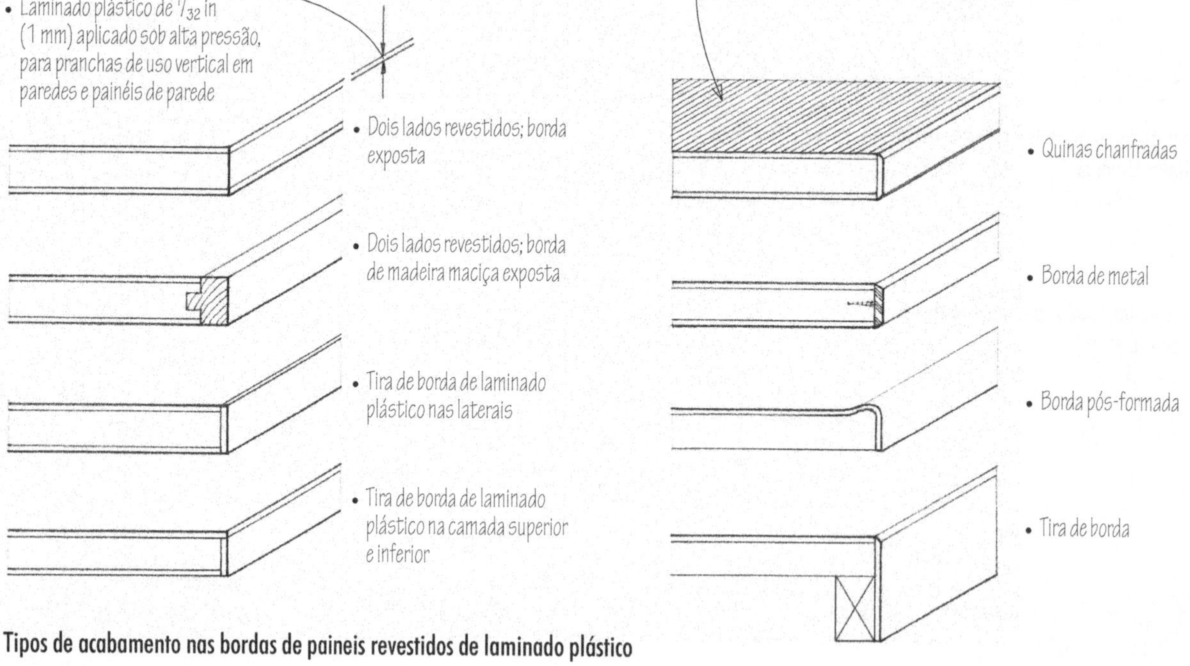

- Dois lados revestidos; borda exposta
- Dois lados revestidos; borda de madeira maciça exposta
- Tira de borda de laminado plástico nas laterais
- Tira de borda de laminado plástico na camada superior e inferior

- Quinas chanfradas
- Borda de metal
- Borda pós-formada
- Tira de borda

Tipos de acabamento nas bordas de painéis revestidos de laminado plástico

CSI MasterFormat 06 41 16 Plastic-Laminate-Clad Architectural Cabinets
CSI MasterFormat 09 62 19 Laminate Flooring
CSI MasterFormat 12 36 23.13 Plastic-Laminate-Clad Countertops

EQ Credit 4.1: Low-Emitting Materials, Adhesives & Sealants

11
INSTALAÇÕES PREDIAIS

11.2 Instalações prediais
11.3 O conforto térmico
11.4 A zona de conforto térmico
11.5 Diagramas psicrométricos
11.6 Sistemas de calefação e refrigeração
11.7 Fontes alternativas de energia
11.9 Cargas de aquecimento e resfriamento
11.10 Calefação por ar quente insuflado
11.11 Calefação por água quente
11.12 Calefação elétrica
11.13 Calefação por radiação
11.15 Sistemas ativos de calefação solar
11.16 Sistemas de refrigeração
11.17 Sistemas de climatização
11.21 Saídas de distribuição de ar
11.22 Abastecimento de água
11.23 Sistemas de abastecimento de água
11.25 Sistemas de prevenção e combate a incêndio
11.26 Aparelhos hidrossanitários
11.27 Sistemas de esgoto hidrossanitário
11.29 Sistemas de tratamento de esgoto *in loco*
11.30 A energia elétrica
11.31 A instalação elétrica
11.33 Circuitos elétricos
11.34 A fiação elétrica
11.35 Pisos elevados
11.36 Tomadas de eletricidade
11.37 A luz
11.38 A luz e a visão
11.39 Fontes de luz
11.43 Luminárias
11.44 A iluminação

11.2 INSTALAÇÕES PREDIAIS

Este capítulo discute as instalações elétricas e mecânicas necessárias para manter as condições de conforto ambiental, saúde e segurança dos usuários de uma edificação. O objetivo não é oferecer um manual completo de projeto, mas descrever em linhas gerais os fatores que devem ser considerados para uma operação bem-sucedida desses sistemas e sua integração com as outras instalações de uma edificação.

Os sistemas de calefação, ventilação e condicionamento de ar adequam os espaços internos de uma edificação ao conforto ambiental de seus usuários. O suprimento de água potável é essencial para o consumo humano e para fins de saneamento. A eficiente disposição dos efluentes líquidos e matéria orgânica é necessária para manter as condições de saúde dentro de uma edificação e na área circundante. As instalações elétricas fornecem luz e calor para os ocupantes de um prédio e força para alimentar suas máquinas.

Essas instalações exigem uma quantidade significativa de espaço. Como a maior parte dos equipamentos fica normalmente oculta aos nossos olhos — dentro de espaços fechados da construção ou em compartimentos especiais — o leiaute de cada um desses sistemas deve ser cuidadosamente integrado com o dos outros, bem como com os sistemas estruturais e de vedação externa da edificação.

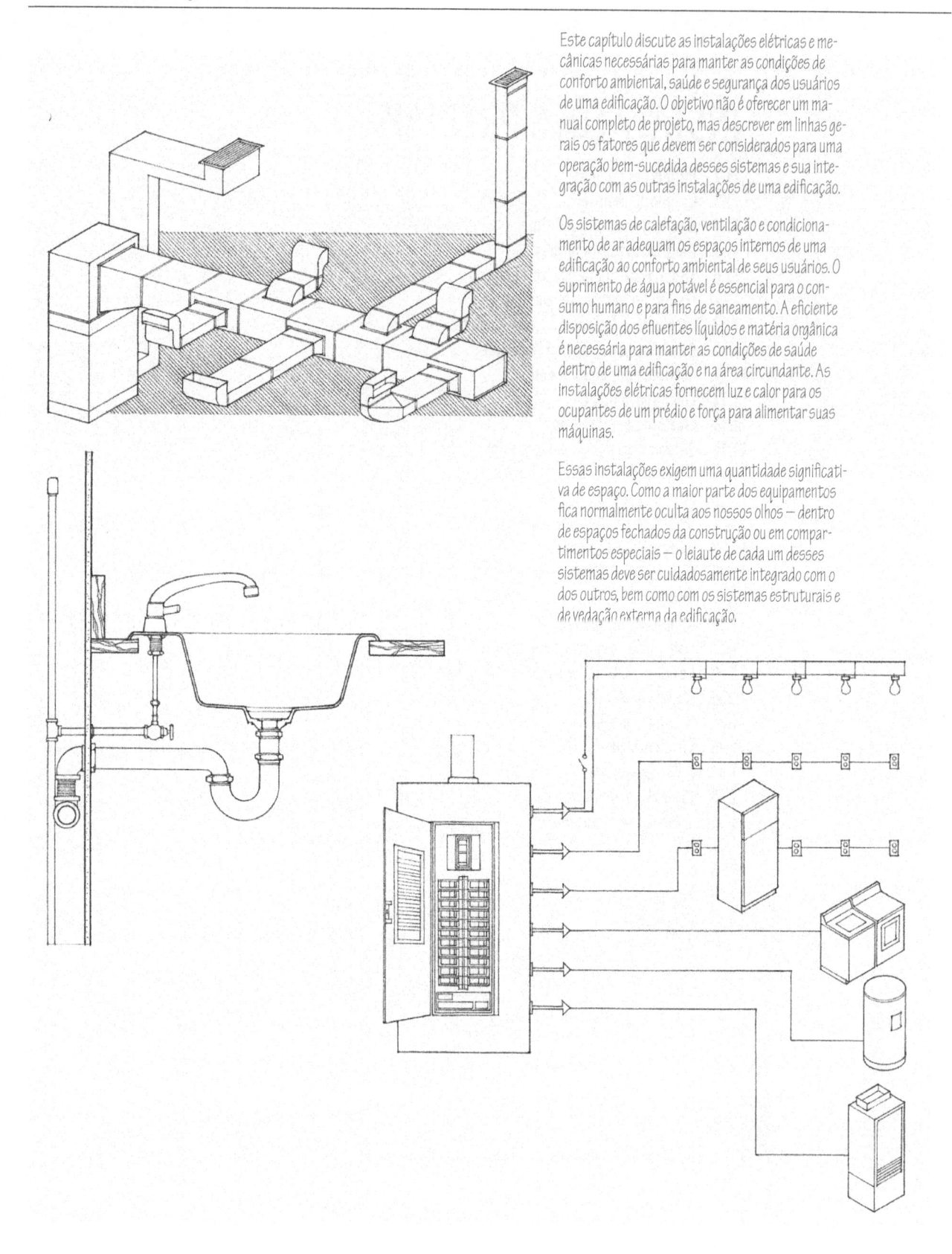

O CONFORTO TÉRMICO   11.3

Em repouso, o corpo humano produz cerca de 117 w/h (440 Btu/h). Atividades moderadas como caminhar podem elevar este valor para 220 W (750 Btu/h), enquanto que atividades fatigantes podem fazer com que o corpo gere até 351 W (1.200 Btu/h). O conforto térmico é alcançado quando o corpo humano consegue dissipar o calor e a umidade que ele produz com o metabolismo, mantendo uma temperatura corporal normal e estável. Em outras palavras, deve haver equilíbrio térmico entre o corpo e o ambiente no qual ele se encontra.

O corpo humano perde ou libera calor para o ar e as superfícies circundantes das seguintes maneiras:

Condução
- Condução é a transferência de calor das partículas mais quentes para as partículas mais frias de um meio ou dois corpos em contato direto, e que ocorre sem um deslocamento perceptível das próprias partículas.
- A condução corresponde a uma parcela mínima das perdas térmicas do corpo humano.

Convecção
- Convecção é a transferência de calor através do movimento circular das partículas aquecidas de um líquido ou gás devido a uma variação de densidade e da ação da gravidade. Em outras palavras, o corpo libera calor para o ar mais frio que o envolve.
- Um grande diferencial entre a temperatura do ar e da pele e o aumento do movimento do ar induzem a uma maior transmissão térmica devido à convecção.

Irradiação
- Irradiação é o processo pelo qual a energia em forma de ondas ou partículas eletromagnéticas é emitida por um determinado corpo, atravessa um meio ou espaço intermediário e é absorvida por outro corpo. Não é necessário qualquer movimento do ar para a transferência de calor.
- Cores claras refletem o calor, enquanto cores escuras o absorvem; maus refletores de calor são bons radiadores.
- O calor por irradiação não consegue virar quinas e não é afetado pelo movimento do ar.

Evaporação
- É necessário calor para que se dê o processo de evaporação que converte a umidade do corpo em vapor.
- As perdas térmicas por evaporação aumentam com o movimento do ar.
- O resfriamento por evaporação é especialmente benéfico nos casos de altos níveis de atividade, umidade relativa do ar e temperatura do ar.

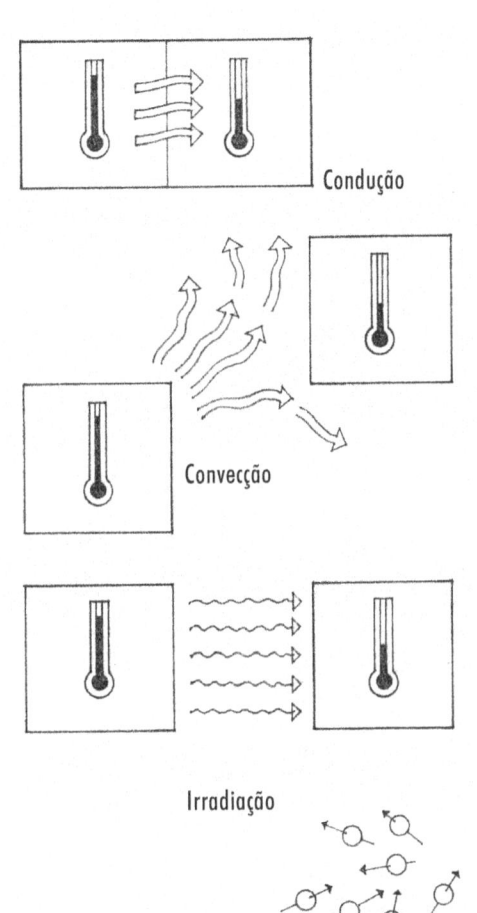

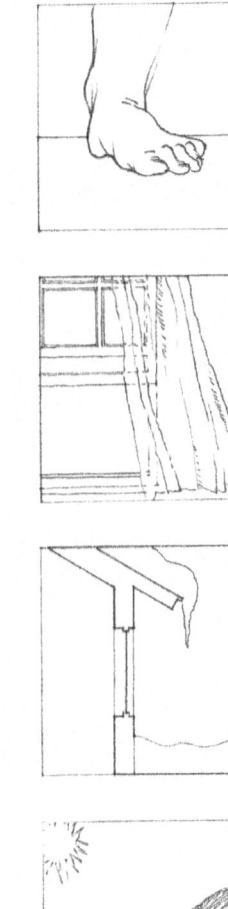

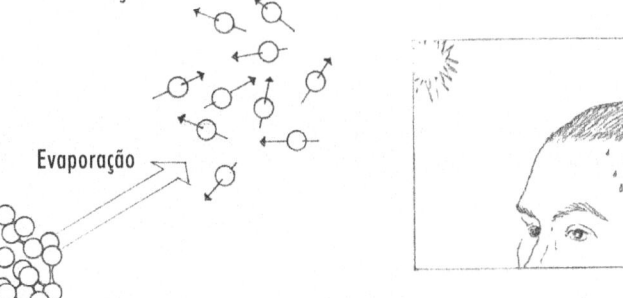

11.4 A ZONA DE CONFORTO TÉRMICO

LEED EQ Credit 7: Thermal Comfort

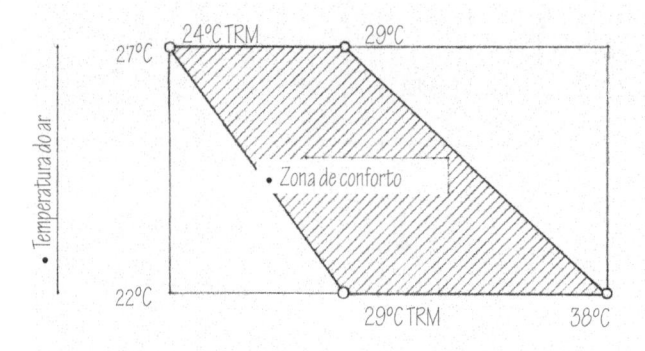

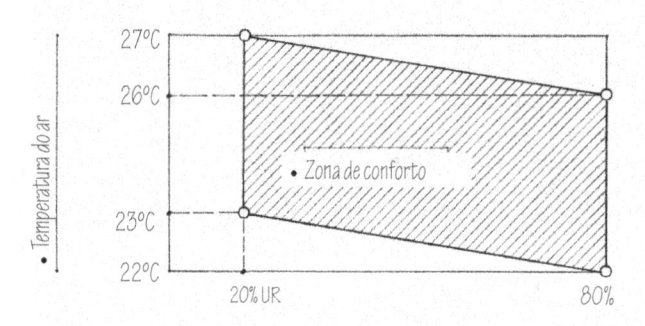

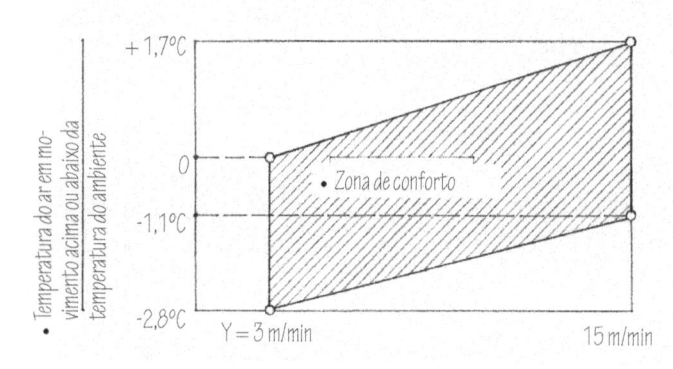

Entre os fatores que afetam o conforto humano se encontram a temperatura e a umidade relativa do ar, a temperatura radiante média, o movimento do ar, a pureza do ar, os sons, as vibrações e a luz. Dentre estes, os quatro primeiros são de grande importância na determinação do conforto térmico. Certas faixas ou combinações de temperatura do ar, umidade relativa do ar, temperatura radiante média e movimento do ar foram consideradas confortáveis pela maioria dos cidadãos dos Estados Unidos e do Canadá testados. Essas zonas de conforto são descritas pelos gráficos a seguir sobre a interação entre os quatro principais fatores de conforto térmico. Observe que um nível específico de conforto para um determinado indivíduo é uma avaliação subjetiva destes fatores de conforto térmico e costuma variar com as oscilações climáticas sazonais e para cada clima predominante em determinada região, bem como com a idade, saúde, vestimenta e atividade do indivíduo.

Temperatura do ar e temperatura radiante média
- A temperatura radiante média (TRM) é importante para o conforto térmico, uma vez que o corpo humano recebe calor radiante das superfícies circundantes, ou perde calor para estas, quando a temperatura média radiante das mesmas é significativamente superior ou inferior à temperatura do ar. Veja o diagrama na página seguinte.
- Quanto mais alta a temperatura radiante média das superfícies circundantes, mais baixa deve ser a temperatura do ar.
- A TRM tem cerca de 40% a mais de influência sobre o conforto que a temperatura do ar.
- Em climas frios, a TRM das superfícies internas das paredes externas não deve ser mais do que 2,8°C inferior à temperatura do ar no interior.

Temperatura e umidade relativa do ar
- Umidade relativa do ar (UR) é a razão entre a massa de vapor d'água efetivamente presente no ar e a quantidade máxima de vapor que o ar poderia conter à mesma temperatura, expresso em termos de porcentagem.
- Quanto mais alta a umidade relativa do ar de um espaço, mais baixa deve ser a temperatura do ar.
- A umidade relativa é um problema mais sério em temperaturas elevadas do que dentro da faixa de variação normal de temperatura.
- A baixa umidade (<20%) pode ter efeitos indesejáveis, tais como o acúmulo de eletricidade estática e o ressecamento da madeira; a alta umidade pode causar problemas de condensação.

Temperatura e movimento do ar
- O movimento do ar (V) eleva as perdas térmicas por convecção e evaporação.
- Quanto mais fria a corrente de ar em movimento relativamente à temperatura do ar de um compartimento, menor deve ser sua velocidade.
- A velocidade do ar deve variar entre 3 e 15 metros por minuto (m/min); velocidades superiores podem ser desagradáveis para os usuários.
- O movimento do ar é especialmente útil para o resfriamento por evaporação em climas quentes e úmidos.

DIAGRAMAS PSICROMÉTRICOS 11.5

Psicrômetro é um instrumento para se medir a umidade atmosférica que consiste em dois termômetros, um dos quais com bulbo seco e o outro com bulbo úmido e ventilado, de modo que o resfriamento resultante da evaporação o faça registrar uma temperatura inferior à do termômetro seco, com a diferença entre as leituras de temperatura sendo uma medida da umidade atmosférica.

Diagramas psicrométricos ou tabelas de vapor relacionam leituras de temperatura de bulbo seco e de bulbo úmido obtidas em um psicrômetro à umidade relativa do ar, umidade absoluta do ar e ao ponto de orvalho. Os engenheiros mecânicos utilizam diagramas psicrométricos para determinar a quantidade de calor que deve ser adicionado ou retirado por um equipamento de climatização para que se alcance um nível de conforto térmico aceitável em um recinto.

- Temperatura efetiva é a temperatura que representa o efeito conjunto da temperatura ambiente, da umidade relativa e do movimento do ar na sensação de frio ou calor sentida pelo corpo humano, equivalente à temperatura de bulbo seco do ar parado e com 50% de umidade relativa que induz uma sensação idêntica.

- Temperatura de bulbo úmido

- Ponto de orvalho é a temperatura na qual o ar torna-se saturado de água e vapor.

- Zona de conforto
  LEED EQ Credit 7: Thermal Comfort

- Temperatura de bulbo seco

- Umidade relativa do ar

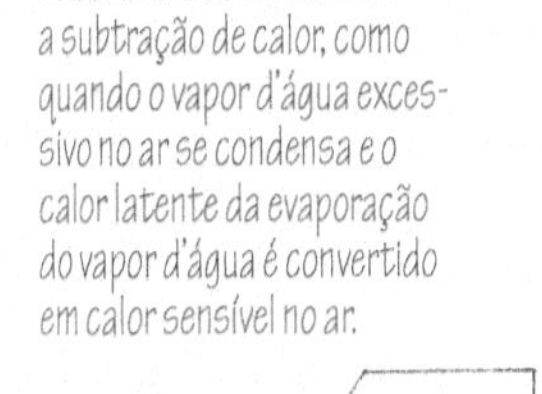

- Grau de umidade em grãos de vapor de água por libra de ar seco (1 lb = 7.000 grãos).

- Entalpia é a medida do calor total contido em uma substância, equivalente à energia interna desta somada ao produto de seu volume por sua pressão. A entalpia do ar é igual ao calor sensível do ar e o vapor d'água mais o calor latente do vapor d'água, e é expressa em quilojoules por quilograma ou em BTU por libra (1 kJ/kg = 2,326 Btu/lb) de ar seco.

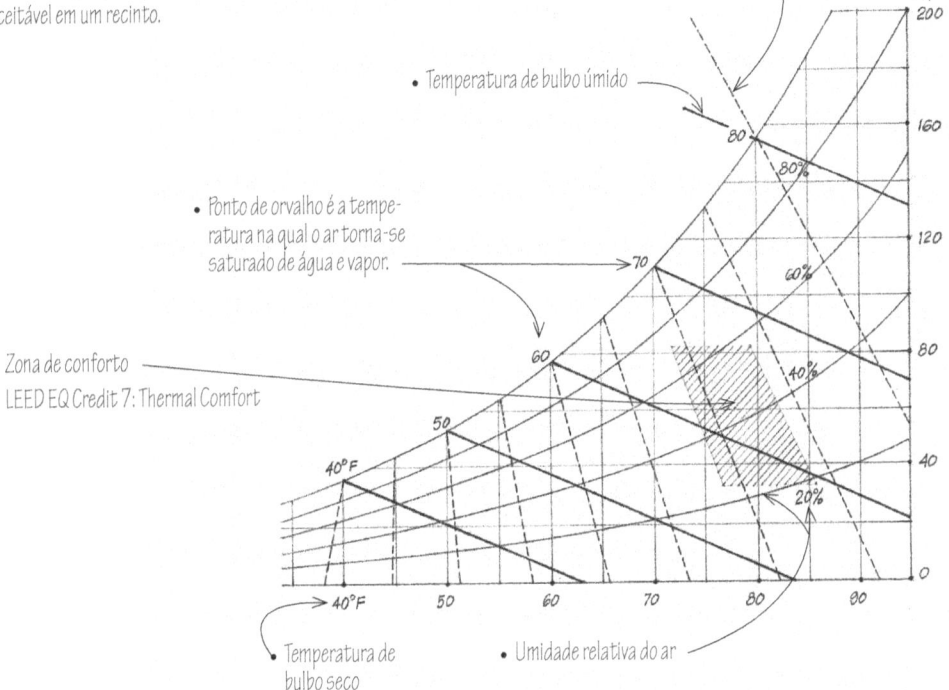

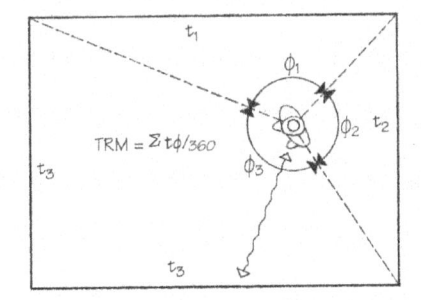

- Aquecimento adiabático é a elevação de temperatura que se dá sem o acréscimo ou a subtração de calor, como quando o vapor d'água excessivo no ar se condensa e o calor latente da evaporação do vapor d'água é convertido em calor sensível no ar.

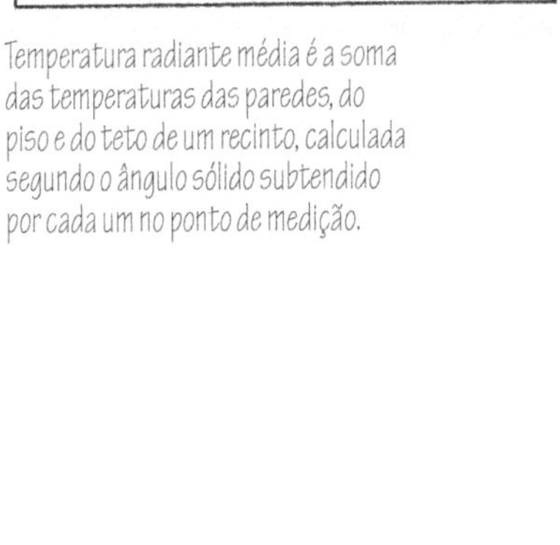

$$TRM = \Sigma\, t\phi/360$$

- Temperatura radiante média é a soma das temperaturas das paredes, do piso e do teto de um recinto, calculada segundo o ângulo sólido subtendido por cada um no ponto de medição.

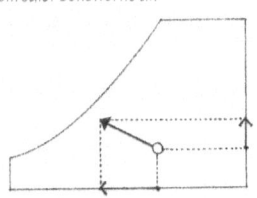

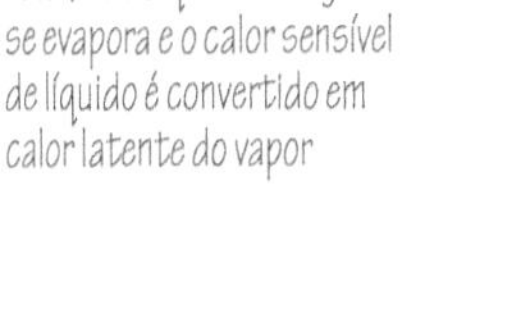

- Resfriamento por evaporação é a queda da temperatura que se dá sem o acréscimo ou a subtração de calor, como quando a água se evapora e o calor sensível de líquido é convertido em calor latente do vapor

11.6 SISTEMAS DE CALEFAÇÃO E REFRIGERAÇÃO

A implantação, a orientação e os sistemas da edificação devem minimizar as perdas térmicas para o exterior quando está frio e minimizar os ganhos térmicos quando faz calor. Todas as perdas ou ganhos térmicos excessivos precisam ser compensados por sistemas passivos de energia ou sistemas ativos (mecânicos) de calefação e refrigeração, o que proporciona condições de conforto térmico para os usuários da edificação. Ainda que aquecer e resfriar para controlar a temperatura do ar de um espaço seja, possivelmente, a função mais básica e necessária dos sistemas mecânicos, é preciso prestar atenção a outros três fatores que afetam o conforto humano — a umidade relativa do ar, a temperatura radiante média e o movimento do ar.

- É possível controlar a umidade relativa introduzindo vapor d'água através de umidificadores de ar, ou removendo-o com a ventilação.
- Para elevar a temperatura radiante média das superfícies dos cômodos, use painéis de aquecimento por radiação; para reduzi-la, utilize o resfriamento por radiação.
- O movimento do ar pode ser controlado por ventilação natural ou mecânica.

Calefação e refrigeração

- A temperatura do ar é controlada pelo insuflamento de um fluido frigorífico — como ar quente ou frio, água quente ou resfriada — em um espaço.
- As fornalhas aquecem o ar; as caldeiras aquecem a água ou produzem vapor; os aquecedores elétricos empregam uma resistência para converter a energia elétrica em térmica. Veja a p. 11.16 para saber mais sobre os sistemas de refrigeração.
- O tamanho dos equipamentos de calefação e refrigeração necessários para uma edificação é determinado pelas cargas previstas de calefação e refrigeração; veja a p. 11.9.

Os combustíveis fósseis tradicionais — gás, petróleo e carvão — continuam sendo os mais utilizados na produção de energia para a calefação e a refrigeração de edificações. O gás natural queima sem produzir resíduos e não requer armazenagem nem fornecimento, com exceção do uso de tubulações especiais. O gás propano também queima sem produzir resíduos, mas é um pouco mais caro que o gás natural. O petróleo também é uma escolha eficiente em termos de combustível, mas precisa ser levado por caminhões para reservatórios localizados no ponto de utilização ou perto dele. O carvão, por sua vez, raramente é empregado para aquecer novas habitações; em edificações comerciais e industriais, seu uso é variável.

A eletricidade é uma fonte de energia limpa que não envolve combustão nem armazenagem de combustível no sítio. O sistema é compacto, sendo distribuído por fios de bitola pequena e utilizando equipamentos relativamente pequenos e silenciosos. Contudo, os custos associados à calefação ou refrigeração elétrica da edificação podem ser proibitivos; ademais, a maior parte da energia elétrica é gerada através da utilização de outras fontes de energia — fissão nuclear ou queima de combustíveis fósseis — que acionam as turbinas. Apesar das muitas preocupações referentes à segurança das instalações e ao descarte dos resíduos nucleares, a energia nuclear ainda pode se tornar uma importante fonte de energia. Em termos mundiais, uma pequena porcentagem de turbinas é movida por água corrente (energia hidrelétrica), vento e gases produzidos pela queima de gás natural, petróleo e carvão.

A incerteza que cerca o preço e a disponibilidade das fontes convencionais de energia é cada vez mais preocupante, assim como o impacto da extração e da produção desta energia sobre os recursos naturais e a queima de combustíveis fósseis que emitem gases com efeito estufa (veja a p. 1.6). Nos Estados Unidos, onde mais de 40% de toda a energia e mais de 65% de toda a eletricidade são consumidos em edificações, os arquitetos e engenheiros, a indústria da construção e as agências do governo estão estudando estratégias para reduzir o consumo de energia nas edificações, e analisando fontes de energia alternativas e renováveis: energia solar, energia eólica, biomassa, hidrogênio, energia hidrelétrica, energia das marés e ondas marítimas e energia geotérmica.

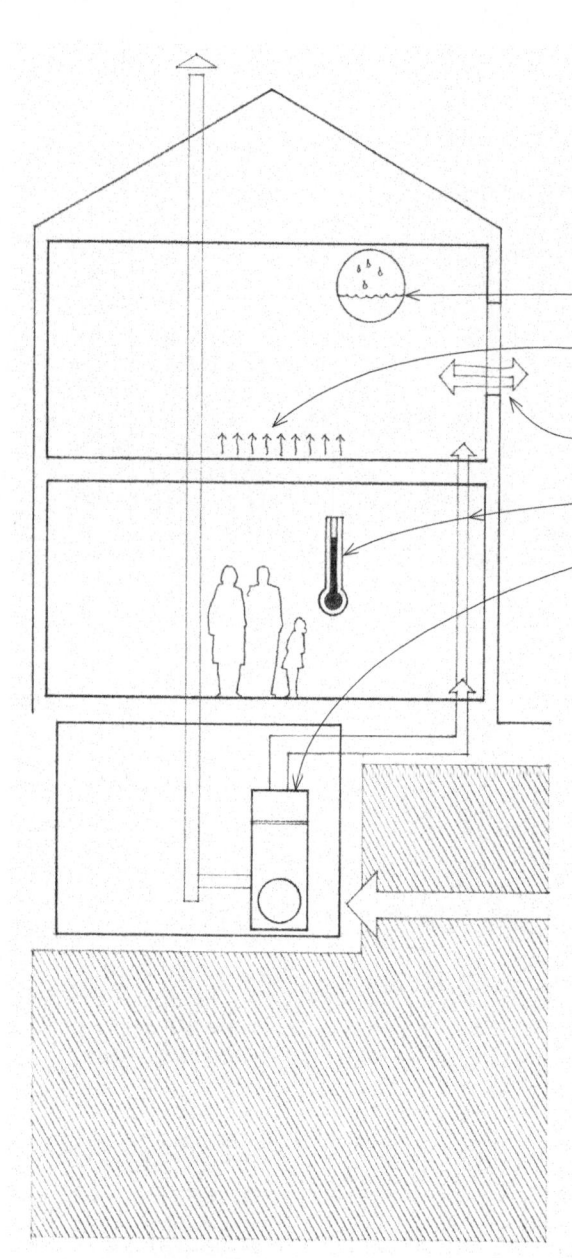

LEED EA Credit 1: Optimize Energy Performance

FONTES ALTERNATIVAS DE ENERGIA

Energia solar
A energia solar pode ser usada diretamente na calefação passiva, iluminação natural, aquecimento de água e geração de eletricidade através de sistemas fotovoltaicos (células solares). A tecnologia atual faz com que a eficiência da conversão seja baixa, mas alguns sistemas são capazes de produzir eletricidade suficiente para serem independentes ou vender os excedentes para a rede pública. Estabelecimentos comerciais e industriais podem utilizar dispositivos de energia solar em grande escala para pré-aquecer o ar que é ventilado e aquecer ou resfriar o ambiente. As empresas de geração e distribuição de energia elétrica também aproveitam a energia do sol ao concentrar sistemas de energia solar para produzir eletricidade em escala maior. Esses sistemas em grande escala exigem instalações de tamanho considerável e também um meio de armazenar a eletricidade quando o sol não está disponível para produzi-la.

Energia eólica
A energia eólica é o processo pelo qual uma turbina converte a energia cinética do vento na energia mecânica que é usada por um gerador para produzir eletricidade. A tecnologia consiste em pás, velas ou tambores ocos que capturam o vento e começam a girar, acionando o eixo de transmissão conectado ao gerador. Microturbinas eólicas podem ser usadas para bombear água e fornecer energia elétrica para habitações e antenas parabólicas; é possível conectar algumas turbinas às redes de energia ou combiná-las com um sistema fotovoltaico. Para explorar fontes de energia eólica em grande escala, um grande número de turbinas geralmente é construído num mesmo local, de modo a criar um parque eólico. Como a energia solar, a energia eólica depende da localização e do clima, e pode ser intermitente; sem o uso de baterias, não é possível armazenar a eletricidade gerada quando o vento está soprando. Os sítios mais adequados para a construção de parques eólicos costumam ficar longe dos locais em que a eletricidade é necessária. As demais preocupações incluem a aparência das turbinas, os ruídos e o risco de matança de aves.

Biomassa
A biomassa, isto é, a matéria orgânica que compõe as plantas, pode ser usada para produzir eletricidade, combustíveis para meios de transporte e produtos químicos que geralmente são feitos a partir de combustíveis fósseis. A madeira extraída de maneira adequada é um exemplo de biomassa natural e sustentável, embora sua queima possa poluir o ar e prejudicar a qualidade do ar de interiores. Os equipamentos que queimam madeira devem observar as normas referentes à emissão estabelecidas pela Environmental Protection Agency (EPA). Os péletes feitos a partir de derivados da madeira são uma alternativa, pois sua queima não produz resíduos. Outras fontes viáveis de biomassa incluem grãos cultivados, como o milho para o etanol e a soja para o biodiesel, plantas lenhosas e gramíneas, resíduos de florestas cultivadas ou agricultura, e o componente orgânico dos lixos municipal e industrial.

Há quem acredite que a biomassa é um combustível neutro em carbono, já que sua queima libera uma quantidade de dióxido de carbono inferior à que é capturada em seu crescimento e liberada pela degradação natural. No entanto, o processo que converte a biomassa em combustível se torna negativo quando a energia que ele consome é maior que a oferecida pelo produto propriamente dito. O uso de grãos como o milho também impede seu aproveitamento como alimento para humanos ou gado.

Hidrogênio
Por ser o elemento mais abundante na terra, o hidrogênio pode ser encontrado em muitos compostos orgânicos e também na água. Embora não se encontre no estado gasoso na natureza, o hidrogênio — separado de outros elementos — pode ser queimado como combustível ou utilizado em células de combustível para se combinar eletroquimicamente ao oxigênio de modo a produzir eletricidade e calor, emitindo apenas vapor d'água no processo. Como a energia do hidrogênio é bastante alta em relação ao seu peso, mas bastante baixa em relação ao volume, novas tecnologias serão necessárias para armazená-lo e transportá-lo com mais eficiência.

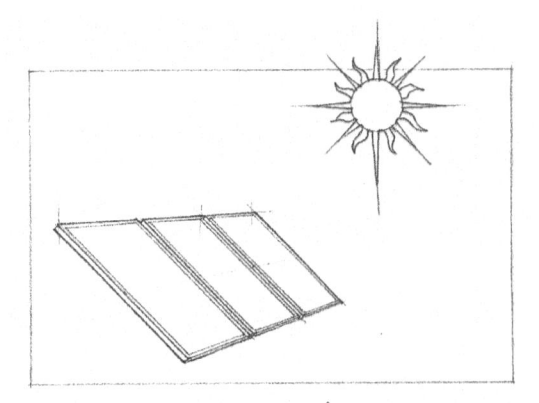

H_2

LEED EA Credit 2: On-Site Renewable Energy
LEED EA Credit 6: Green Power

11.8 FONTES ALTERNATIVAS DE ENERGIA

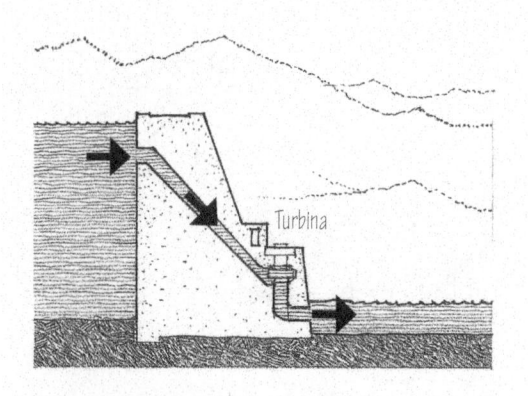

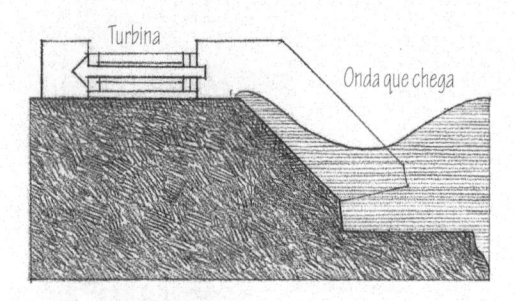

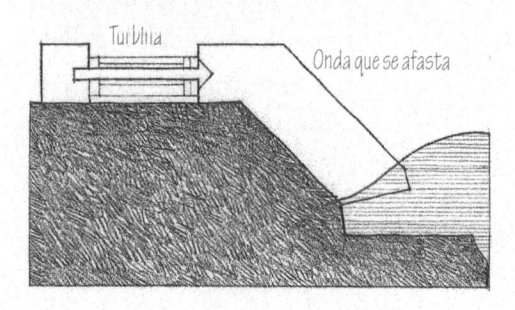

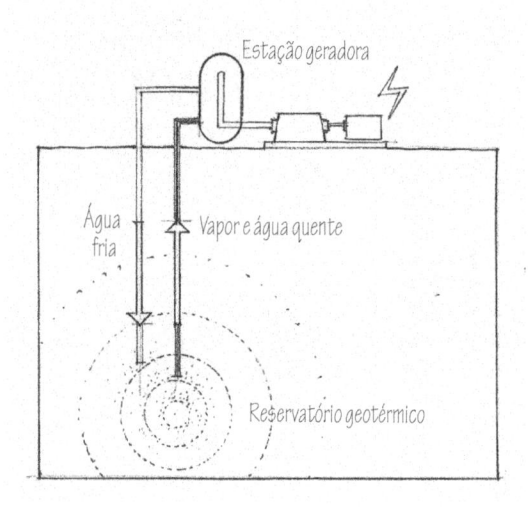

Energia hidrelétrica

A energia hidrelétrica ou hidráulica é convertida e controlada com a barragem de rios. Quando a água armazenada atrás de uma barragem é liberada sob alta pressão, sua energia cinética é transformada em energia mecânica e usada por pás de turbinas para gerar eletricidade. O ciclo da água é um sistema infinito com recarga constante, fazendo com que a energia hidrelétrica seja considerada uma fonte limpa e renovável; apesar disso, as estações hidrelétricas podem ser afetadas por secas. As vantagens da energia hidrelétrica incluem o controle de enchentes e as oportunidades de lazer associadas às reservas criadas pelas barragens. As desvantagens incluem os preços exorbitantes da instalação, a perda de terras agrícolas, prejuízos à migração de peixes, e os efeitos imprevisíveis sobre as matas ripárias e sítios históricos.

Energia das marés e ondas marítimas

O oceano, que cobre mais de 70% da superfície terrestre, é capaz de produzir energia térmica através do calor do sol e energia mecânica por intermédio de suas ondas e marés. A Conversão de Energia Térmica Oceânica (CETO) é um processo que gera eletricidade a partir da energia térmica armazenada nos oceanos. Ela funciona melhor em áreas costeiras tropicais, onde a superfície do oceano é quente e suas profundezas são frias o bastante para criar um modesto diferencial de temperatura. A CETO usa esse diferencial para acionar uma máquina térmica — bombeando a água quente da superfície dos mares por um trocador de calor, onde um fluido com ponto de ebulição baixo, como a amônia, é vaporizado; a seguir, o vapor se expande e aciona uma turbina conectada a um gerador. A água fria das profundezas — bombeada por um segundo trocador de calor — condensa o vapor e o transforma novamente num líquido, que, em seguida, é reciclado pelo sistema. Já que a conversão é pouco eficiente, a estação da CETO precisaria ser muito grande para deslocar uma quantidade gigantesca de água — tudo isso, estando ancorada em águas profundas, sujeita a tempestades e à corrosão.

Semelhante às barragens hidrelétricas convencionais, o processo de conversão da energia das marés utiliza o movimento natural das marés para encher reservatórios, que, a seguir, são transferidos para turbinas que produzem eletricidade. Como a água do mar possui uma densidade bastante superior à do ar, as correntes oceânicas contêm uma energia muito mais significativa que a das correntes eólicas. O uso da energia das marés exige maré alta e condições costeiras específicas, encontradas nas orlas marítimas no nordeste e noroeste dos Estados Unidos. O represamento de estuários teria um impacto ambiental considerável, afetando tanto a migração das formas de vida marinha como a indústria da pesca.

A energia das ondas pode ser convertida em eletricidade através de sistemas localizados no litoral ou afastados. Os sistemas afastados do litoral ficam em águas profundas e utilizam o movimento de vaivém das ondas para acionar uma bomba, ou a passagem delas por turbinas internas localizadas em plataformas flutuantes para gerar eletricidade. Os sistemas de geração de energia no litoral são construídos ao longo da linha d'água e extraem a energia das ondas que se chocam contra o litoral; para isso, utilizam a compressão e a despressurização alternadas de uma coluna de ar fechada para acionar as turbinas. A energia potencial das ondas só é aproveitada de maneira efetiva em certas partes do mundo, como os litorais nordeste e noroeste dos Estados Unidos. A escolha cuidadosa do local é fundamental para minimizar os impactos ambientais desses sistemas de geração de energia, preservando os litorais com beleza natural e evitando alterar os padrões de fluxo de sedimentos no fundo do oceano.

Energia geotérmica

A energia geotérmica — o calor do interior da terra — pode gerar calor e eletricidade para diferentes usos, dispensando a queima de combustíveis, o represamento de rios e a derrubada de florestas. A pequena camada de solo próxima à superfície da Terra possui uma temperatura relativamente constante de 10–15°C, um calor que pode ser utilizado para aquecer e resfriar habitações e outras edificações de modo direto. O vapor, o calor e a água quente oriundos das reservas geotérmicas mais profundas fornecem a força que faz girar as turbinas que produzem eletricidade. Depois de utilizada, a água geotérmica é levada para um poço de injeção no fundo da reserva, onde é aquecida novamente; isso mantém a pressão e abastece a reserva.

CARGAS DE AQUECIMENTO E RESFRIAMENTO 11.9

O cálculo das perdas térmicas em um clima frio ou dos ganhos térmicos em um clima quente é necessário para o dimensionamento do equipamento de calefação ou refrigeração necessário para uma edificação. Esse cálculo leva em conta o diferencial entre a temperatura do ar nos interiores e a temperatura no exterior considerada para o projeto, as variações diárias de temperatura, a orientação solar e a resistência térmica de paredes, janelas e coberturas, bem como o uso e nível de ocupação dos espaços habitados. Quanto maior for a redução das perdas e ganhos térmicos com uma boa implantação, orientação e leiaute dos cômodos de uma edificação, menos energia será consumida pelos equipamentos de calefação e refrigeração, os quais também serão menores. Outras estratégias de projeto que contribuem para a redução dos gastos com energia incluem a utilização de isolamento térmico e de massas termoacumuladoras que possam controlar de maneira efetiva a transmissão do calor através dos elementos de um prédio; a escolha sensata de sistemas eficientes em energia para equipamentos de climatização, aquecimento de água, iluminação e eletrodomésticos; bem como o emprego de sistemas "inteligentes" para o controle das condições térmicas e lumínicas.

Carga de aquecimento

- Carga de aquecimento é o índice horário de perda de calor líquido de um espaço fechado, expresso em Btu por hora e utilizado como base para a escolha de um equipamento ou sistema de calefação.
- Btu (*British thermal unit* — unidade térmica britânica) é a quantidade de calor necessária para elevar a temperatura de uma libra de água (0,45 kg) em 1°F.
- Grau-dia é a unidade que representa 1 grau de desvio da temperatura externa média diária com relação a uma determinada temperatura padrão. Ela é utilizada para o cômputo das cargas de calefação e refrigeração, o dimensionamento dos equipamentos de climatização e o cálculo do consumo de combustível ou energia elétrica por ano.
- Grau-dia de aquecimento é um grau-dia abaixo da temperatura padrão de 19°C, empregado para a estimativa do consumo de combustível ou energia elétrica por um sistema de calefação.

Carga de resfriamento

- Carga de resfriamento é o índice horário de ganho de calor de um ambiente expresso em Btu por hora, utilizado como base para a escolha de um equipamento de refrigeração ou sistema de condicionamento de ar.
- Grau-dia de resfriamento é o grau-dia acima da temperatura padrão de 24°C, utilizado para se calcular as exigências de condicionamento e refrigeração do ar.
- Tonelada de refrigeração é o efeito refrigerante obtido quando 1 tonelada de gelo a 0°C derrete, sob uma temperatura constante ao longo de 24 horas. Uma tonelada de refrigeração equivale a 12.000 Btu/h (3,5kW).
- Razão de rendimento de energia é um índice da eficiência de um aparelho de refrigeração, que expressa as Btu removidas por watt de energia elétrica consumido.

- Para informações mais detalhadas sobre o cálculo das cargas de refrigeração e calefação, consulte o manual publicado pela American Society of Heating, Refrigeration and Air Conditioning Engineers (ASHRAE).

LEED EQ Credit 1: Optimize Energy Performance

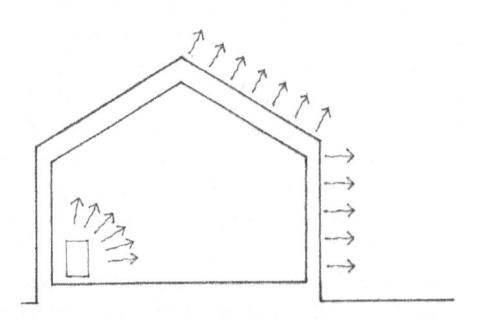

Perdas térmicas

As principais fontes de perdas térmicas em climas frios são:

- Convecção, radiação e condução do calor por paredes externas, janelas e coberturas para o exterior, e por meio de pisos sobre compartimentos sem calefação.
- A infiltração de ar pelas frestas em sistemas de vedação externa, especialmente em torno de janelas e portas.

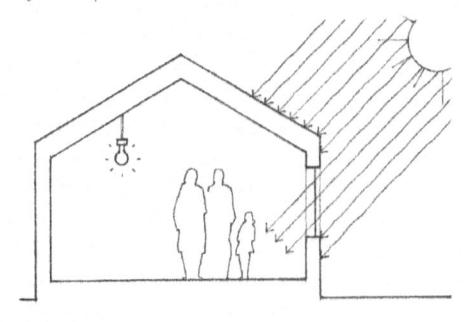

Ganhos térmicos

As fontes de ganhos térmicos em climas quentes ou muito quentes incluem:

- Convecção, radiação e condução por paredes externas, janelas e coberturas quando as temperaturas externas estão elevadas; esses ganhos térmicos variam conforme o horário do dia, a orientação solar das vedações externas e o efeito da defasagem térmica.
- A radiação solar devido às vidraças, que depende da orientação solar e da efetividade dos elementos de sombreamento utilizados ou não
- Os próprios usuários e suas atividades.
- Os equipamentos de iluminação, bem como outros aparelhos emissores de calor
- A ventilação dos espaços, que pode ser necessária para a remoção de odores e poluentes
- O calor latente, que demanda energia para a condensação do vapor de água existente no ar quente para que a umidade relativa do ar em um espaço não seja excessiva.

11.10 CALEFAÇÃO POR AR QUENTE INSUFLADO

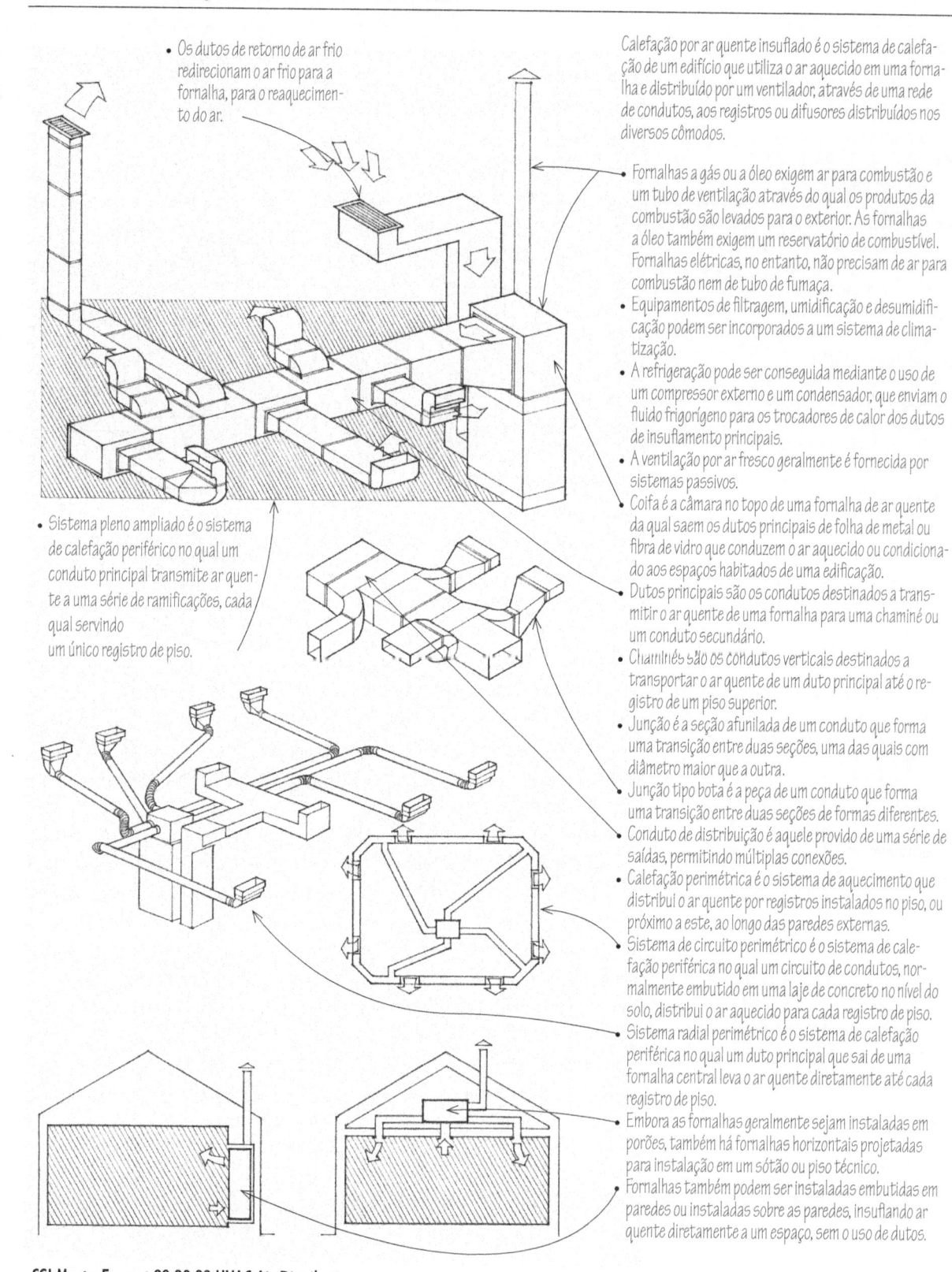

- Os dutos de retorno de ar frio redirecionam o ar frio para a fornalha, para o reaquecimento do ar.

- Sistema pleno ampliado é o sistema de calefação periférico no qual um conduto principal transmite ar quente a uma série de ramificações, cada qual servindo um único registro de piso.

Calefação por ar quente insuflado é o sistema de calefação de um edifício que utiliza o ar aquecido em uma fornalha e distribuído por um ventilador, através de uma rede de condutos, aos registros ou difusores distribuídos nos diversos cômodos.

- Fornalhas a gás ou a óleo exigem ar para combustão e um tubo de ventilação através do qual os produtos da combustão são levados para o exterior. As fornalhas a óleo também exigem um reservatório de combustível. Fornalhas elétricas, no entanto, não precisam de ar para combustão nem de tubo de fumaça.
- Equipamentos de filtragem, umidificação e desumidificação podem ser incorporados a um sistema de climatização.
- A refrigeração pode ser conseguida mediante o uso de um compressor externo e um condensador, que enviam o fluido frigorígeno para os trocadores de calor dos dutos de insuflamento principais.
- A ventilação por ar fresco geralmente é fornecida por sistemas passivos.
- Coifa é a câmara no topo de uma fornalha de ar quente da qual saem os dutos principais de folha de metal ou fibra de vidro que conduzem o ar aquecido ou condicionado aos espaços habitados de uma edificação.
- Dutos principais são os condutos destinados a transmitir o ar quente de uma fornalha para uma chaminé ou um conduto secundário.
- Chaminés são os condutos verticais destinados a transportar o ar quente de um duto principal até o registro de um piso superior.
- Junção é a seção afunilada de um conduto que forma uma transição entre duas seções, uma das quais com diâmetro maior que a outra.
- Junção tipo bota é a peça de um conduto que forma uma transição entre duas seções de formas diferentes.
- Conduto de distribuição é aquele provido de uma série de saídas, permitindo múltiplas conexões.
- Calefação perimétrica é o sistema de aquecimento que distribui o ar quente por registros instalados no piso, ou próximo a este, ao longo das paredes externas.
- Sistema de circuito perimétrico é o sistema de calefação periférica no qual um circuito de condutos, normalmente embutido em uma laje de concreto no nível do solo, distribui o ar aquecido para cada registro de piso.
- Sistema radial perimétrico é o sistema de calefação periférica no qual um duto principal que sai de uma fornalha central leva o ar quente diretamente até cada registro de piso.
- Embora as fornalhas geralmente sejam instaladas em porões, também há fornalhas horizontais projetadas para instalação em um sótão ou piso técnico.
- Fornalhas também podem ser instaladas embutidas em paredes ou instaladas sobre as paredes, insuflando ar quente diretamente a um espaço, sem o uso de dutos.

CSI MasterFormat 23 30 00 HVAC Air Distribution
CSI MasterFormat 23 50 00 Central Heating Equipment
CSI MasterFormat 23 55 00 Fuel-Fired Heaters

CALEFAÇÃO POR ÁGUA QUENTE   11.11

Calefação por água quente é o sistema de aquecimento de edifícios que se serve da água aquecida em uma caldeira, a qual circula, pela ação de uma bomba, por tubos até seus radiadores ou convectores. Calefação a vapor é um sistema de aquecimento com princípio similar que utiliza o vapor gerado em uma caldeira, o qual circula por tubos até seus radiadores. Em cidades grandes e condomínios de edifícios, a água quente ou o vapor de água gerado por uma central de caldeiras pode ser distribuído através de uma rede de tubos subterrâneos, sistema que elimina a necessidade de caldeiras ou aquecedores *in loco*.

- Caldeira é o recipiente ou conjunto de recipientes fechados dotado de tubos em que se dá o aquecimento de água ou a geração de vapor. O calor pode ser gerado pela combustão de um gás ou óleo ou pela radiação de trocadores de calor (serpentinas) com resistências elétricas embutidas. Válvulas de descompressão nas caldeiras abrem quando a pressão do vapor supera determinado nível, permitindo que o vapor seja liberado até que a pressão seja reduzida a um nível seguro ou aceitável.

- Sistema unitubular é o sistema de calefação por água quente no qual uma única tubulação leva a água aquecida proveniente de uma caldeira aos radiadores ou convectores, seguindo uma sequência.

- Sistema bitubular é o sistema de calefação por água quente no qual um primeiro tubo fornece a água aquecida proveniente de uma caldeira aos radiadores ou convectores e um segundo tubo leva a água de volta à caldeira.

- Retorno direto é o sistema de dois tubos de água quente no qual o tubo de retorno de cada radiador ou convector faz o percurso mais curto de volta à caldeira.

- Retorno invertido é o sistema de dois tubos de água quente no qual os comprimentos dos tubos de fornecimento e retorno de cada radiador ou convector são quase iguais.

- Retorno seco é o tubo de retorno de um sistema de calefação a vapor que transporta ar e água de condensação.

- Radiadores são aparelhos que consistem em uma série ou uma serpentina de tubos por onde passam água quente ou vapor. Já os convectores são unidades de calefação nas quais o ar aquecido pelo contato com um radiador ou radiador de palheta circula por convecção.

- Radiador de palheta é um tipo de convector de rodapé que possui tubos horizontais com muitas palhetas verticais bastante próximas entre si, a fim de maximizar a transmissão de calor para o ar circundante. O ar resfriado é sucionado por baixo, por convecção, aquecido pelo contato com as palhetas e descarregado por cima.

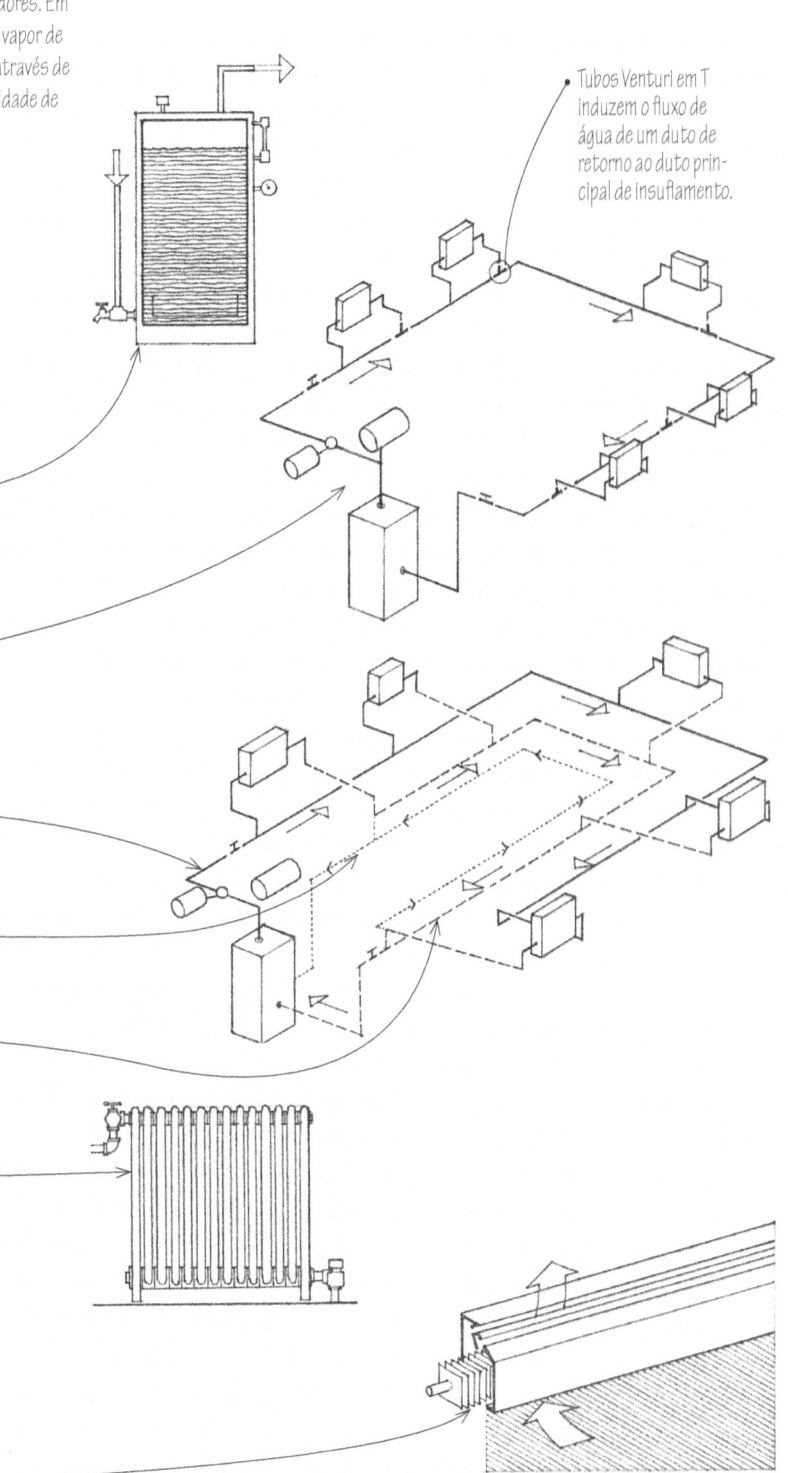

Tubos Venturi em T induzem o fluxo de água de um duto de retorno ao duto principal de insuflamento.

11.12 CALEFAÇÃO ELÉTRICA

Comparação dos poderes caloríficos das fontes de energia

Combustível	Poder calorífico
Carvão antracito	14.600 Btu/lb
Petróleo	139.000 Btu/gal
Gás natural	1.052 Btu/ft^2
Eletricidade	1 watt = 3,41 Btu/h

Na verdade, o processo de calefação elétrica é um processo de calefação por resistência elétrica. Resistência é a propriedade de um condutor que se opõe à passagem de corrente, fazendo com que a energia elétrica seja convertida em calor. Os elementos de calefação por resistência elétrica podem ser expostos a uma corrente de ar numa fornalha ou nos dutos de um sistema de calefação; além disso, fornecem calor para caldeiras em sistemas de calefação hidrônica. Os meios mais diretos de calefação com energia elétrica envolvem a inserção de fios ou bobinas de resistência nos dispositivos de aquecimento. Embora sejam compactos e versáteis, os aquecedores por resistência elétrica não ajudam a controlar a umidade e a qualidade do ar.

- É possível inserir os elementos de calefação por resistência elétrica em equipamentos de convecção localizados nos rodapés distribuídos em toda a volta do cômodo. O ar ambiente é aquecido pelas bobinas de resistência enquanto circula pelos equipamentos por causa da convecção.

- Os aquecedores elétricos individuais utilizam um ventilador para puxar o ar ambiente e passá-lo pelas bobinas de calefação por resistência antes de insuflá-lo de volta para o cômodo.

- Os aquecedores individuais de embutir são projetados para serem instalados sob armários de cozinha ou banheiro.

- Os aquecedores individuais de parede podem ser embutidos ou instalados nas paredes de banheiros, cozinhas e outros cômodos pequenos.

- Os aquecedores individuais de piso totalmente embutidos geralmente são utilizados quando uma janela ou porta de vidro chegam ao piso.

- Os aquecedores individuais industriais são inseridos em caixas de metal com grelhas reguláveis; foram projetados para serem suspensos de forros ou estruturas de cobertura.

- Os aquecedores de quartzo possuem elementos de calefação por resistência fechados por tubos de vidro de quartzo, produzindo radiação infravermelha em frente a um tubo refletor.

CSI MasterFormat 23 83 00 Radiant Heating Units
CSI MasterFormat 23 83 33 Electric Radiant Heaters

CALEFAÇÃO POR RADIAÇÃO 11.13

Sistemas de calefação por radiação utilizam forros, pisos e algumas vezes paredes, aquecidos como superfícies radiantes. A fonte de calor pode ser tubos de água quente ou cabos de aquecimento de resistência elétrica embutidos nos tetos, pisos ou paredes. O calor radiante é absorvido pelas superfícies e objetos do cômodo, reirradiado das superfícies aquecidas e eleva a temperatura radiante média (TRM) do espaço, bem como a temperatura do ar.

Os sistemas de piso radiante funcionam bem no aquecimento de lajes de concreto. Contudo, em geral, as instalações de forro são preferidas porque os forros possuem menor inércia térmica do que as lajes de piso, assim, uma resposta mais rápida de aquecimento. Os painéis de tetos também podem ser aquecidos a uma temperatura de superfície mais alta que as lajes de piso. Tanto em sistemas de pisos radiantes elétricos quanto com água quente, a instalação é totalmente embutida, exceto pelos termostatos ou válvulas de controle.

Considerando que os sistemas de aquecimento por painéis radiantes não responderem rapidamente a mudanças na demanda de temperatura, eles podem ser suplementados com unidades de convecção perimetrais. Para o completo condicionamento do ar são necessários sistemas separados de ventilação, controle da umidade e resfriamento.

O calor radiante:
- se propaga por um caminho direto;
- não pode contornar curvas e, portanto, às vezes é obstruído por elementos físicos dentro dos cômodos, tais como o mobiliário;
- não pode compensar correntes descendentes de ar frio ao longo das áreas de vidros para o exterior;
- não é afetado pelo movimento do ar.

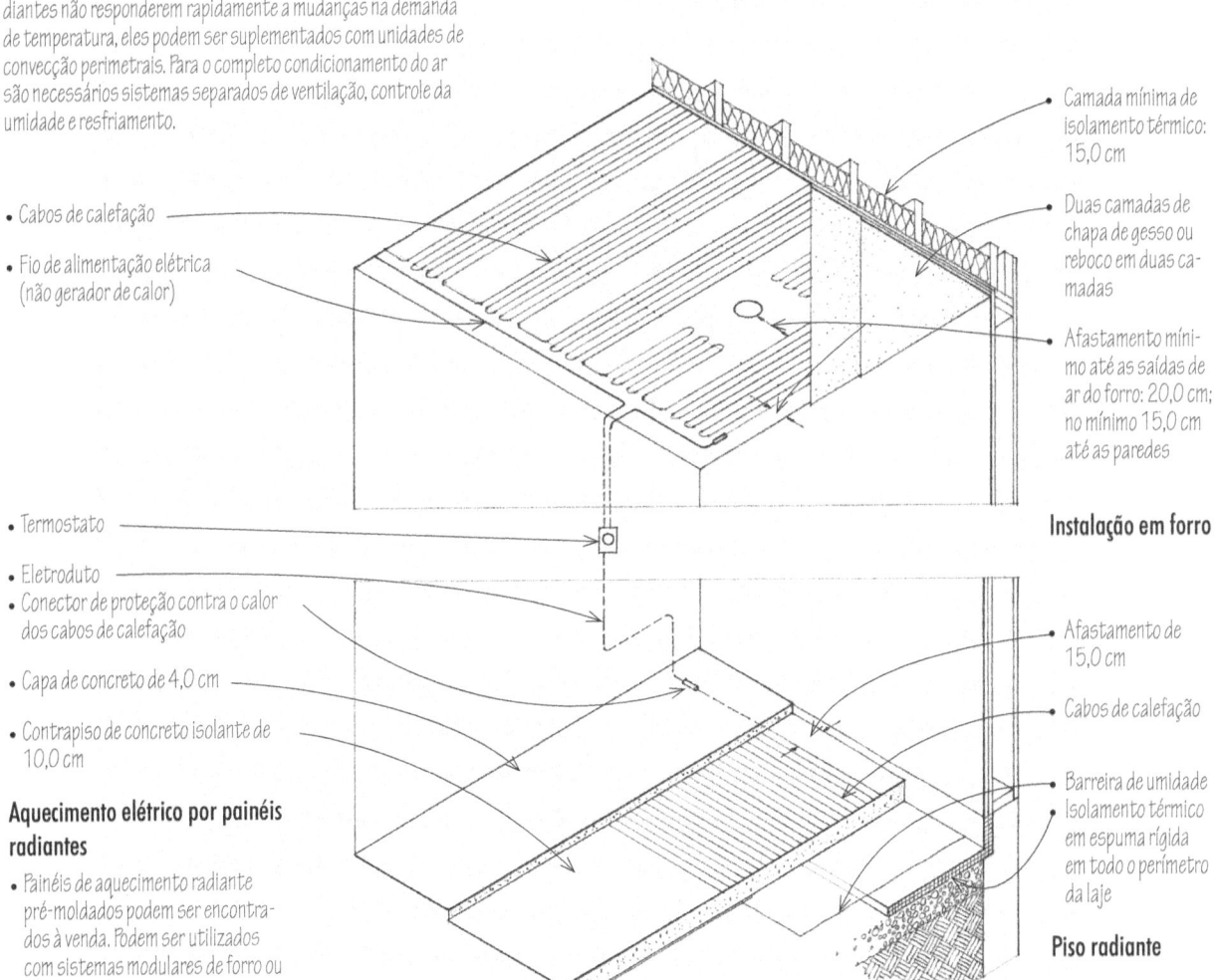

- Cabos de calefação
- Fio de alimentação elétrica (não gerador de calor)

- Camada mínima de isolamento térmico: 15,0 cm
- Duas camadas de chapa de gesso ou reboco em duas camadas
- Afastamento mínimo até as saídas de ar do forro: 20,0 cm; no mínimo 15,0 cm até as paredes

Instalação em forro

- Termostato
- Eletroduto
- Conector de proteção contra o calor dos cabos de calefação
- Capa de concreto de 4,0 cm
- Contrapiso de concreto isolante de 10,0 cm

- Afastamento de 15,0 cm
- Cabos de calefação
- Barreira de umidade
- Isolamento térmico em espuma rígida em todo o perímetro da laje

Piso radiante

Aquecimento elétrico por painéis radiantes

- Painéis de aquecimento radiante pré-moldados podem ser encontrados à venda. Podem ser utilizados com sistemas modulares de forro ou para aquecer áreas específicas.

CSI MasterFormat 23 83 13 Radiant-Heating Electric Cables
CSI MasterFormat 23 83 23 Radiant-Heating Electric Panels

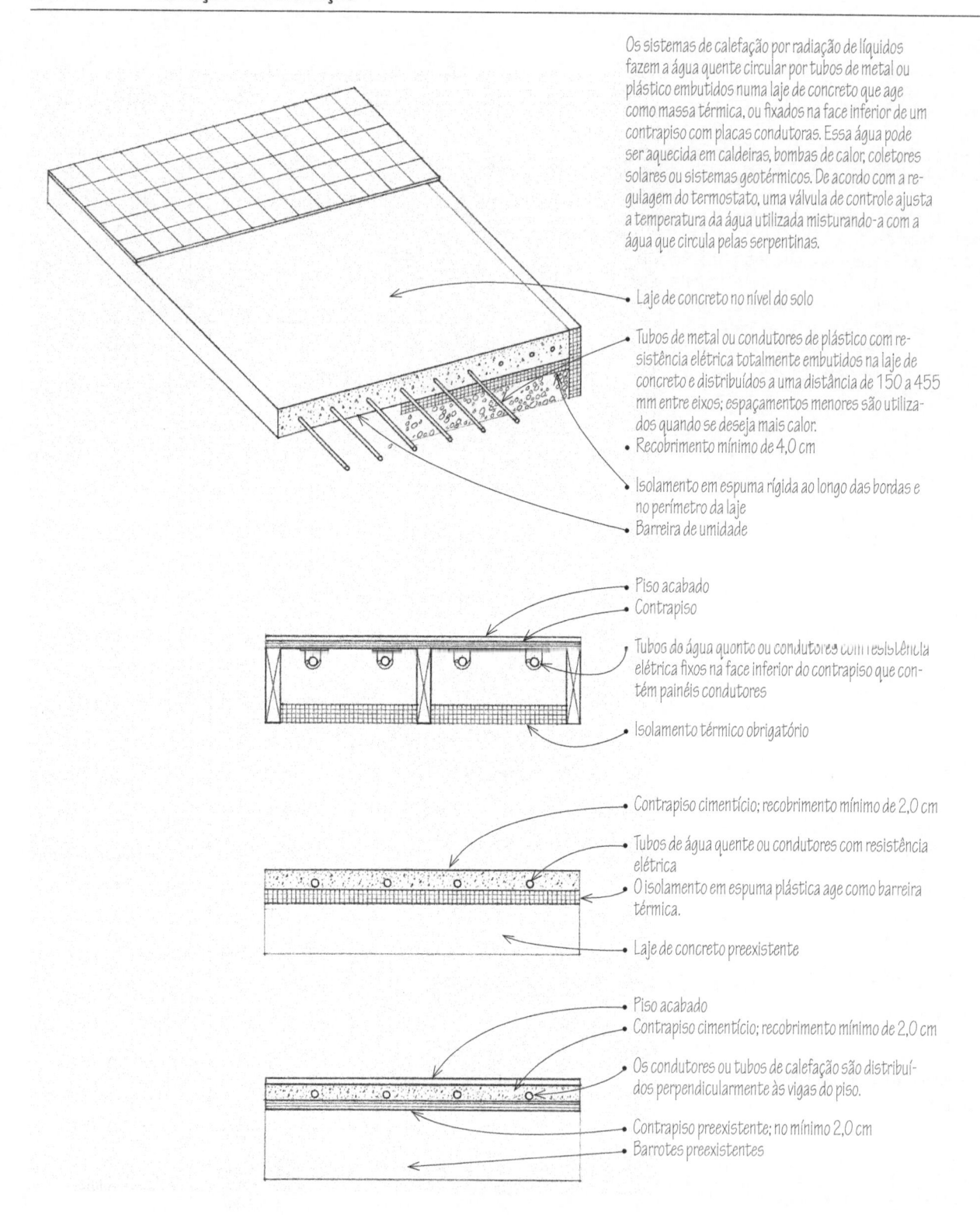

11.14 CALEFAÇÃO POR RADIAÇÃO

Os sistemas de calefação por radiação de líquidos fazem a água quente circular por tubos de metal ou plástico embutidos numa laje de concreto que age como massa térmica, ou fixados na face inferior de um contrapiso com placas condutoras. Essa água pode ser aquecida em caldeiras, bombas de calor, coletores solares ou sistemas geotérmicos. De acordo com a regulagem do termostato, uma válvula de controle ajusta a temperatura da água utilizada misturando-a com a água que circula pelas serpentinas.

- Laje de concreto no nível do solo
- Tubos de metal ou condutores de plástico com resistência elétrica totalmente embutidos na laje de concreto e distribuídos a uma distância de 150 a 455 mm entre eixos; espaçamentos menores são utilizados quando se deseja mais calor.
- Recobrimento mínimo de 4,0 cm
- Isolamento em espuma rígida ao longo das bordas e no perímetro da laje
- Barreira de umidade

- Piso acabado
- Contrapiso
- Tubos de água quente ou condutores com resistência elétrica fixos na face inferior do contrapiso que contém painéis condutores
- Isolamento térmico obrigatório

- Contrapiso cimentício; recobrimento mínimo de 2,0 cm
- Tubos de água quente ou condutores com resistência elétrica
- O isolamento em espuma plástica age como barreira térmica.
- Laje de concreto preexistente

- Piso acabado
- Contrapiso cimentício; recobrimento mínimo de 2,0 cm
- Os condutores ou tubos de calefação são distribuídos perpendicularmente às vigas do piso.
- Contrapiso preexistente; no mínimo 2,0 cm
- Barrotes preexistentes

CSI MasterFormat 23 83 16 Radiant-Heating Hydronic Piping

SISTEMAS ATIVOS DE CALEFAÇÃO SOLAR   11.15

Os sistemas ativos de calefação solar absorvem, transferem e armazenam energia da radiação solar para aquecimento de uma edificação. Eles normalmente consistem dos seguintes componentes:
- Painéis coletores solares
- Sistema de distribuição e circulação para o meio de transferência do calor
- Trocador de calor e unidade de armazenamento

Os painéis coletores solares

- Os painéis coletores solares devem ser orientados dentro de 20° do norte verdadeiro (no hemisfério sul) e não ser sombreados por estruturas adjacentes, acidentes topográficos ou árvores. A área de superfície de coletor necessária depende da eficiência da troca de calor do coletor e do meio de transferência térmica e da carga de aquecimento e de resfriamento da edificação. As recomendações atuais variam de $1/3$ a $1/2$ da área líquida do piso da edificação.

O meio de transferência de calor

- O meio de transferência de calor pode ser o ar, a água ou outro líquido. Ele transporta a energia térmica coletada dos painéis solares para o equipamento de troca de calor, ou para uma unidade de armazenamento, para uso posterior.
- Os sistemas com líquidos usam tubulações para circulação e distribuição do calor. Uma solução anticongelante fornece proteção contra o congelamento, e, para tubos de alumínio, é necessário um aditivo que retarde a corrosão.
- Já nos sistemas com ar, a malha de dutos para coletores de ar exige maior espaço de instalação. Também são necessárias maiores superfícies coletoras, pois o coeficiente de transferência de calor do ar é menor que o de líquidos. A construção dos painéis é mais simples e não está sujeita a problemas de congelamento, vazamento e corrosão.

Sistema termoacumulador

- Um sistema de termoacumulação com isolamento retém o calor para uso noturno ou em dias nublados. Ele pode ser na forma de um reservatório cheio de água ou outro fluido frigorígeno ou uma caixa com pedras ou sais de mudança de fase (em sistemas com o uso de ar).

- Os componentes de distribuição de calor do sistema de energia solar são similares àqueles dos sistemas de calefação convencionais.
- O calor pode ser liberado por um sistema ar-ar ou ar-água.
- Para a refrigeração, é necessário o uso de uma bomba de calor ou unidade de refrigeração por absorção.
- Recomenda-se o uso de um sistema de calefação de apoio.

- Para que um sistema ativo de energia solar seja eficiente, a edificação deve ser termicamente eficiente e bem isolada. Sua implantação, orientação e aberturas de janelas devem aproveitar a radiação solar sazonal.

- Veja as p. 1.16–1.17 para o projeto de sistemas solares passivos.

- Veja a p. 11.32 para células fotovoltaicas.

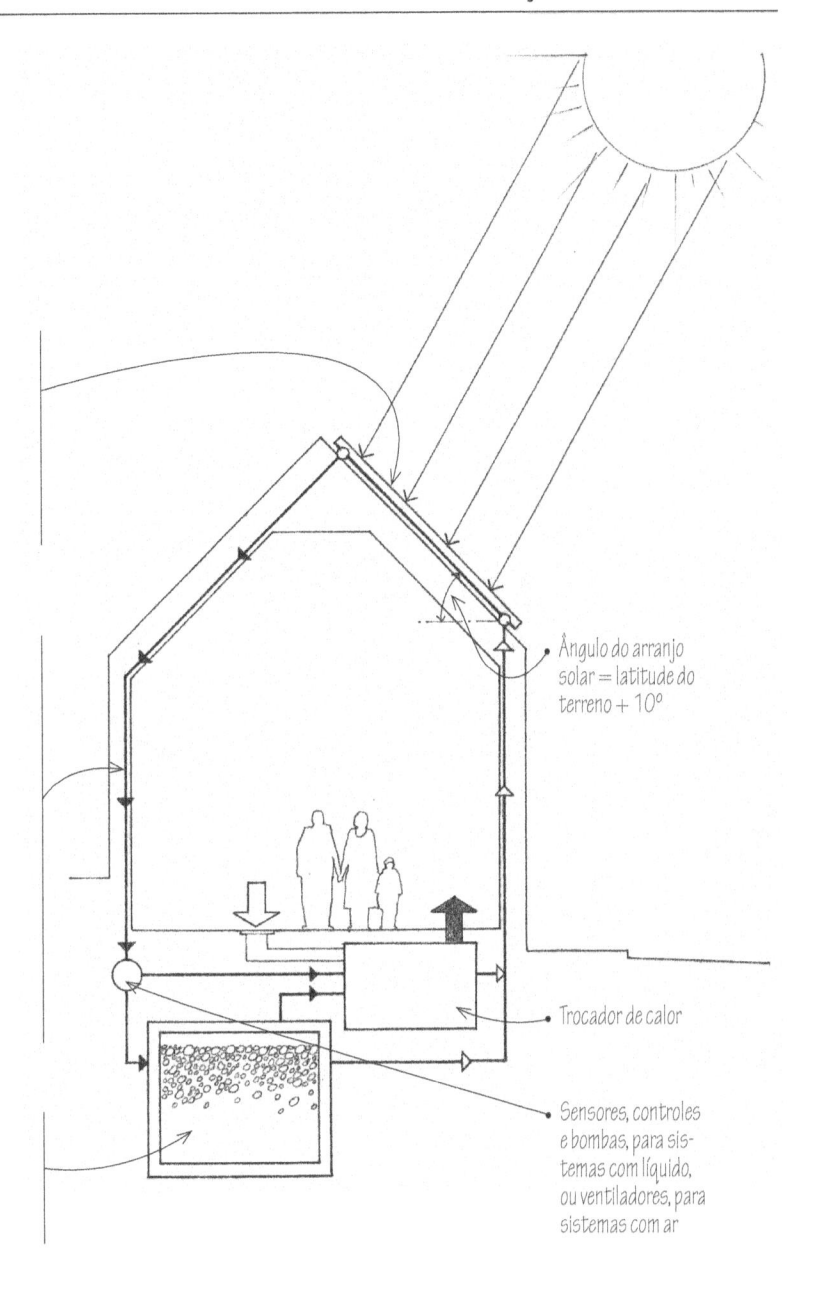

• Ângulo do arranjo solar = latitude do terreno + 10°

• Trocador de calor

• Sensores, controles e bombas, para sistemas com líquido, ou ventiladores, para sistemas com ar

CSI MasterFormat 23 56 00 Solar Energy Heating Equipment

11.16 SISTEMAS DE REFRIGERAÇÃO

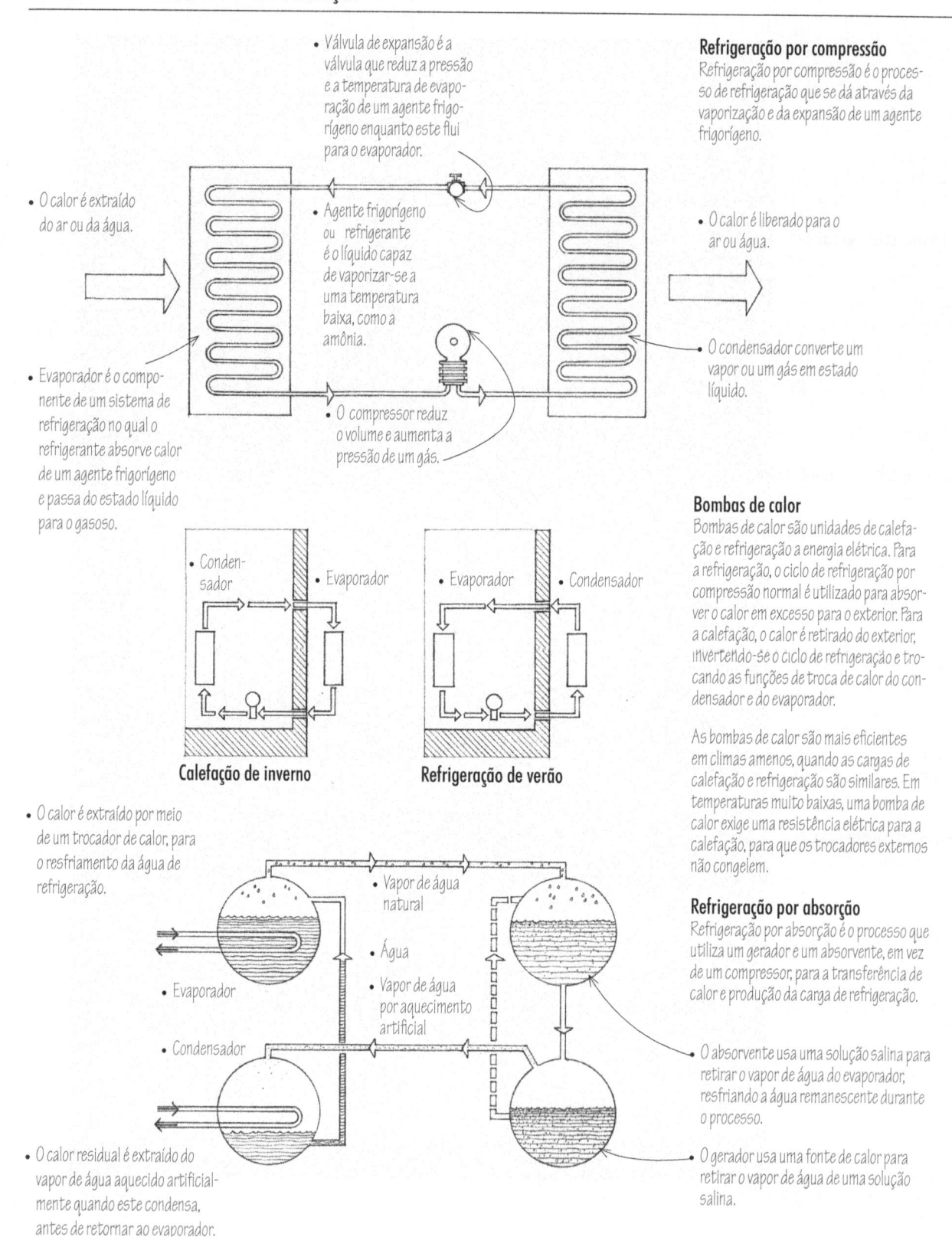

- Válvula de expansão é a válvula que reduz a pressão e a temperatura de evaporação de um agente frigorígeno enquanto este flui para o evaporador.

- O calor é extraído do ar ou da água.

- Agente frigorígeno ou refrigerante é o líquido capaz de vaporizar-se a uma temperatura baixa, como a amônia.

- Evaporador é o componente de um sistema de refrigeração no qual o refrigerante absorve calor de um agente frigorígeno e passa do estado líquido para o gasoso.

- O compressor reduz o volume e aumenta a pressão de um gás.

- O calor é liberado para o ar ou água.

- O condensador converte um vapor ou um gás em estado líquido.

Refrigeração por compressão
Refrigeração por compressão é o processo de refrigeração que se dá através da vaporização e da expansão de um agente frigorígeno.

Calefação de inverno | Refrigeração de verão

- O calor é extraído por meio de um trocador de calor, para o resfriamento da água de refrigeração.

- Evaporador
- Condensador

- Vapor de água natural
- Água
- Vapor de água por aquecimento artificial

- O calor residual é extraído do vapor de água aquecido artificialmente quando este condensa, antes de retornar ao evaporador.

Bombas de calor
Bombas de calor são unidades de calefação e refrigeração a energia elétrica. Para a refrigeração, o ciclo de refrigeração por compressão normal é utilizado para absorver o calor em excesso para o exterior. Para a calefação, o calor é retirado do exterior, invertendo-se o ciclo de refrigeração e trocando as funções de troca de calor do condensador e do evaporador.

As bombas de calor são mais eficientes em climas amenos, quando as cargas de calefação e refrigeração são similares. Em temperaturas muito baixas, uma bomba de calor exige uma resistência elétrica para a calefação, para que os trocadores externos não congelem.

Refrigeração por absorção
Refrigeração por absorção é o processo que utiliza um gerador e um absorvente, em vez de um compressor, para a transferência de calor e produção da carga de refrigeração.

- O absorvente usa uma solução salina para retirar o vapor de água do evaporador, resfriando a água remanescente durante o processo.

- O gerador usa uma fonte de calor para retirar o vapor de água de uma solução salina.

CSI MasterFormat 23 60 00 Central Cooling Equipment

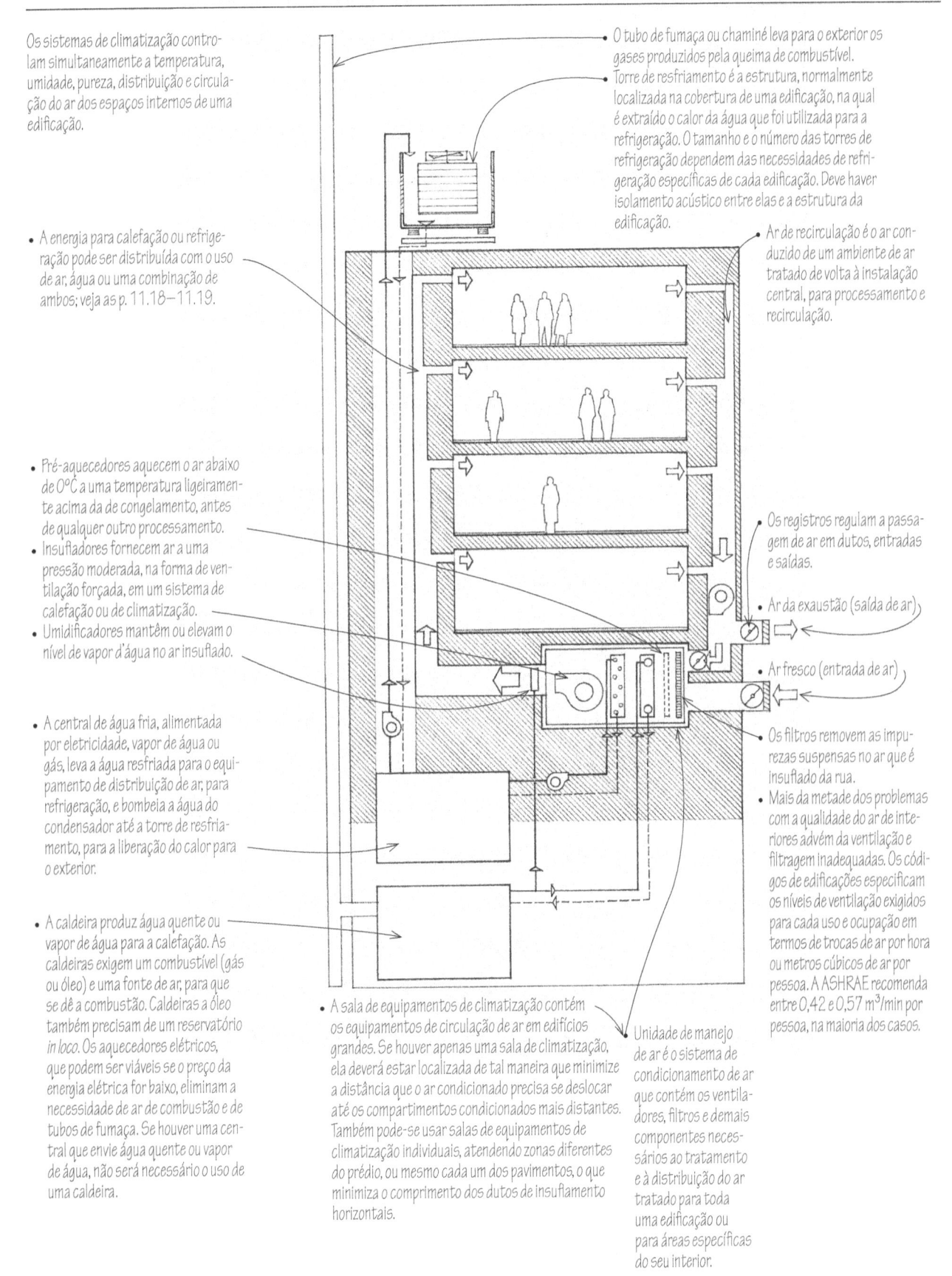

SISTEMAS DE CLIMATIZAÇÃO 11.17

Os sistemas de climatização controlam simultaneamente a temperatura, umidade, pureza, distribuição e circulação do ar dos espaços internos de uma edificação.

- A energia para calefação ou refrigeração pode ser distribuída com o uso de ar, água ou uma combinação de ambos; veja as p. 11.18–11.19.

- Pré-aquecedores aquecem o ar abaixo de 0°C a uma temperatura ligeiramente acima da de congelamento, antes de qualquer outro processamento.
- Insufladores fornecem ar a uma pressão moderada, na forma de ventilação forçada, em um sistema de calefação ou de climatização.
- Umidificadores mantêm ou elevam o nível de vapor d'água no ar insuflado.

- A central de água fria, alimentada por eletricidade, vapor de água ou gás, leva a água resfriada para o equipamento de distribuição de ar, para refrigeração, e bombeia a água do condensador até a torre de resfriamento, para a liberação do calor para o exterior.

- A caldeira produz água quente ou vapor de água para a calefação. As caldeiras exigem um combustível (gás ou óleo) e uma fonte de ar, para que se dê a combustão. Caldeiras a óleo também precisam de um reservatório in loco. Os aquecedores elétricos, que podem ser viáveis se o preço da energia elétrica for baixo, eliminam a necessidade de ar de combustão e de tubos de fumaça. Se houver uma central que envie água quente ou vapor de água, não será necessário o uso de uma caldeira.

- O tubo de fumaça ou chaminé leva para o exterior os gases produzidos pela queima de combustível.
- Torre de resfriamento é a estrutura, normalmente localizada na cobertura de uma edificação, na qual é extraído o calor da água que foi utilizada para a refrigeração. O tamanho e o número das torres de refrigeração dependem das necessidades de refrigeração específicas de cada edificação. Deve haver isolamento acústico entre elas e a estrutura da edificação.

- Ar de recirculação é o ar conduzido de um ambiente de ar tratado de volta à instalação central, para processamento e recirculação.

- Os registros regulam a passagem de ar em dutos, entradas e saídas.
- Ar da exaustão (saída de ar)
- Ar fresco (entrada de ar)
- Os filtros removem as impurezas suspensas no ar que é insuflado da rua.
- Mais da metade dos problemas com a qualidade do ar de interiores advém da ventilação e filtragem inadequadas. Os códigos de edificações especificam os níveis de ventilação exigidos para cada uso e ocupação em termos de trocas de ar por hora ou metros cúbicos de ar por pessoa. A ASHRAE recomenda entre 0,42 e 0,57 m³/min por pessoa, na maioria dos casos.

- A sala de equipamentos de climatização contém os equipamentos de circulação de ar em edifícios grandes. Se houver apenas uma sala de climatização, ela deverá estar localizada de tal maneira que minimize a distância que o ar condicionado precisa se deslocar até os compartimentos condicionados mais distantes. Também pode-se usar salas de equipamentos de climatização individuais, atendendo zonas diferentes do prédio, ou mesmo cada um dos pavimentos, o que minimiza o comprimento dos dutos de insuflamento horizontais.

- Unidade de manejo de ar é o sistema de condicionamento de ar que contém os ventiladores, filtros e demais componentes necessários ao tratamento e à distribuição do ar tratado para toda uma edificação ou para áreas específicas do seu interior.

CSI MasterFormat 23 70 00 Central HVAC Equipment

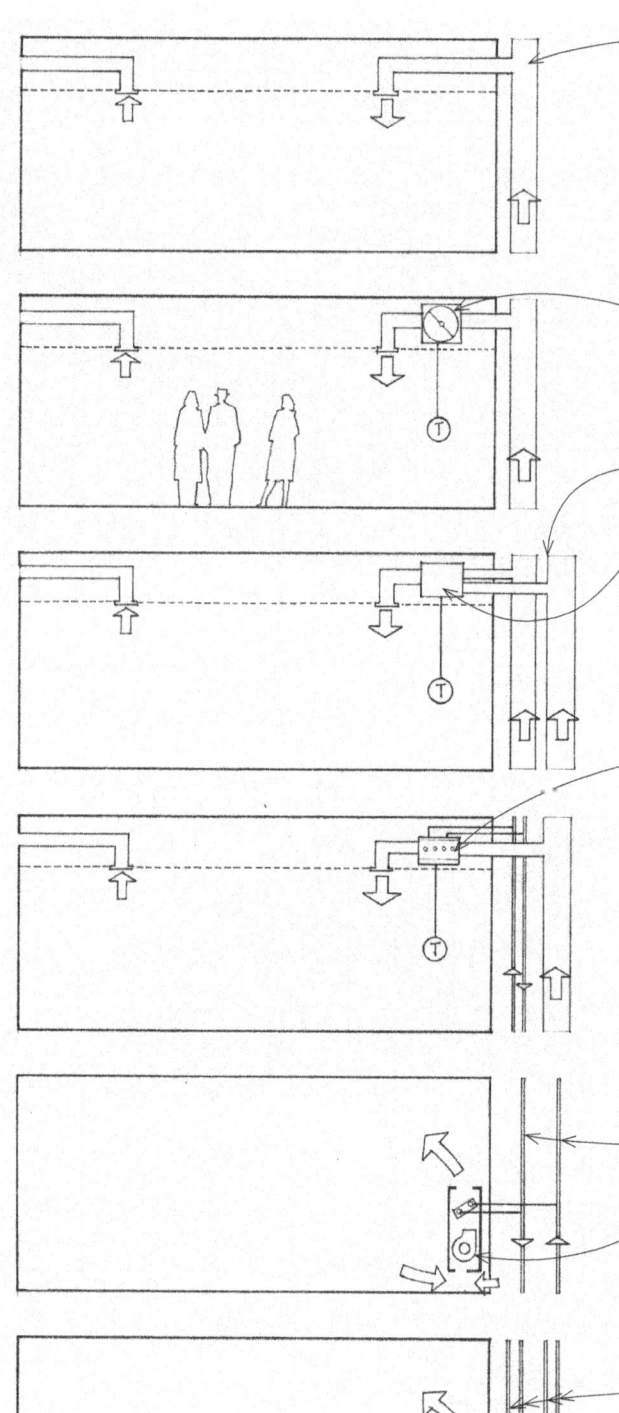

Sistemas à base de ar

- Nos sistemas de duto único com volume de ar constante (CAV), o ar condicionado é liberado para os cômodos a uma temperatura constante, através de um sistema de dutos de baixa velocidade.
- Em sistemas com zona única, um termostato regula a temperatura de toda a edificação.
- Em sistemas com zonas múltiplas, dutos separados vindos de um equipamento central atendem espaços diferentes.

- Os sistemas de duto único com volume de ar variável (VAV) usam registros nas saídas para controlar o fluxo de ar condicionado de acordo com as exigências de temperatura de cada zona ou espaço.

- Nos sistemas de dutos duplos, dutos separados insuflam ar quente e ar frio em recipientes misturadores, que contêm registros com controles termostáticos.
- Os recipientes misturadores medem e misturam o ar quente e o ar frio para obter a temperatura desejada antes de distribuir o ar misturado para cada zona ou espaço.
- Em geral, os sistemas são de alta velocidade (730 m/min), o que reduz o tamanho dos dutos e o espaço necessário para a instalação.

- Os sistemas de reaquecimento terminal oferecem mais flexibilidade na hora de atender às exigências variáveis do espaço. Eles fornecem ar a aproximadamente 12°C para terminais equipados com bobinas de calefação elétrica ou por água quente, que regulam a temperatura do ar insuflado em cada zona ou espaço com controle individual.

Sistemas totalmente hidrálicos

- Tubos, que exigem menos espaço para instalação que os dutos de ar, fornecem água quente e/ou resfriada para fan-coils (trocadores de calor) no interior dos espaços atendidos.

- Os sistemas de tubulação dupla usam um tubo para fornecer água quente ou resfriada para cada fan-coil, e outro para devolvê-la para a caldeira ou central de água fria.
- Os fan-coils contêm um filtro de ar e um ventilador que trazem uma mistura de ar ambiente e ar externo para as bobinas de água quente ou fria, e a seguir insuflam o ar resultante de volta para o espaço.

- Os sistemas com quatro tubos utilizam dois circuitos de tubulação distintos — um para água quente e um para água fria — para fornecer calefação e refrigeração simultaneamente, se necessário, para as diferentes zonas da edificação.

- A ventilação é fornecida através de aberturas na parede, por infiltração ou por um sistema de dutos separado.

SISTEMAS DE CLIMATIZAÇÃO

Sistemas a ar e água

- Sistemas a ar e água são sistemas de condicionamento do ar no qual condutos principais fornecem o ar tratado num equipamento central para cada área, onde este se mistura com o ar do ambiente e é aquecido ou resfriado adicionalmente em unidades de indução.
- O ar dos dutos principais puxa o ar do ambiente através de um filtro, fazendo a mistura passar por trocadores de calor (serpentinas) que são aquecidos ou resfriados pela água secundária que vem de uma caldeira ou central de água fria.
- Termostatos locais controlam o fluxo de água nas serpentinas para regular a temperatura do ar.

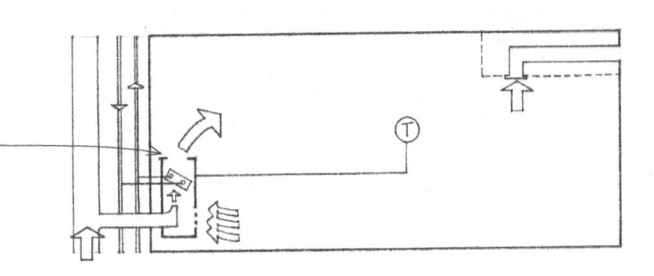

Sistemas independentes

- Os sistemas independentes são equipamentos autônomos com vedação que incluem ventilador, filtros, compressor, condensador e trocadores de calor para refrigeração. Para aquecer, os equipamentos podem agir como bombas de calor ou conter elementos auxiliares de calefação. Os sistemas independentes são alimentados por eletricidade ou uma mistura de eletricidade e gás.
- É possível instalar os sistemas independentes como um equipamento único na cobertura ou sobre uma base de concreto ao longo da parede externa da edificação.
- Os sistemas instalados em coberturas podem ser distribuídos a intervalos, no caso de edificações mais longas.
- Os sistemas independentes com dutos verticais que se conectam aos dutos secundários horizontais são indicados para edificações com até quatro ou cinco pavimentos.
- Os sistemas do tipo *split* são compostos por um equipamento externo que incorpora o compressor e o condensador, e um interno, que contém os trocadores de calor para calefação e refrigeração, além de um ventilador para circulação; uma tubulação isolada e a fiação do sistema de controle conectam as duas partes.
- Aparelhos de parede pequenos podem ser instalados diretamente abaixo de uma janela ou aberturas feitas na parede externa da área atendida. Esses aparelhos geralmente são utilizados na climatização de edificações preexistentes.

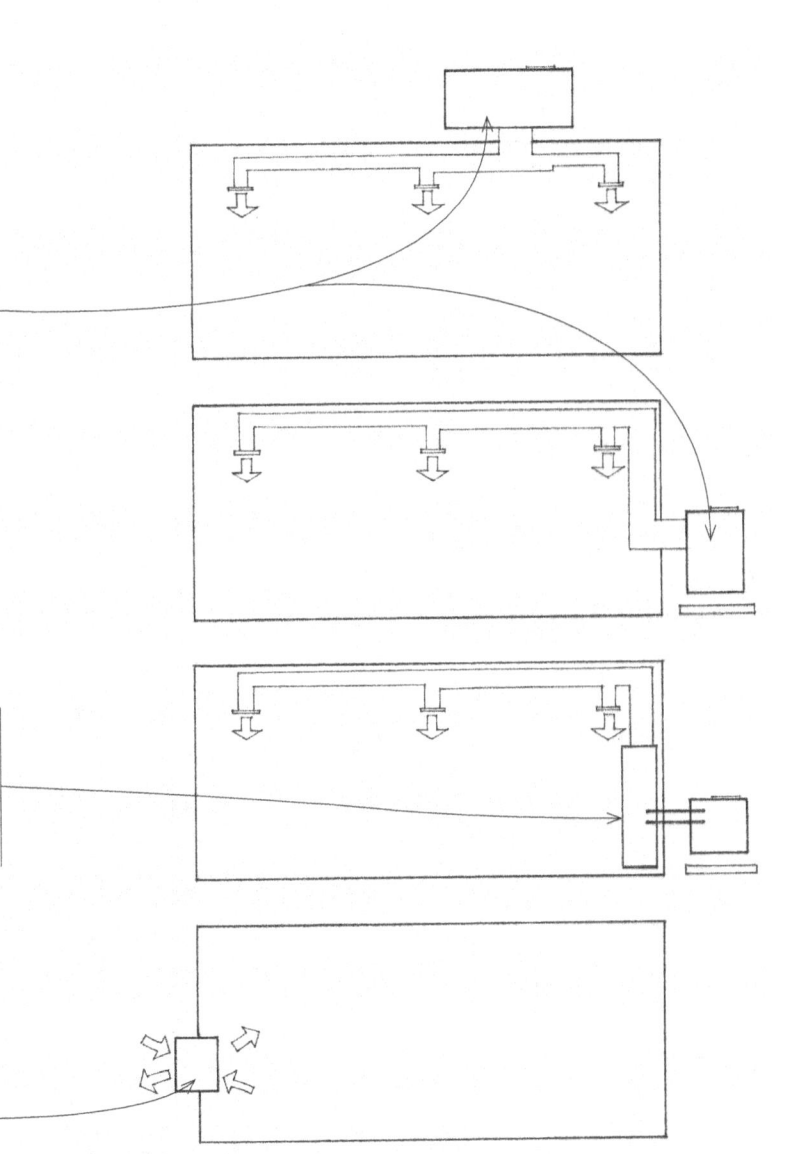

11.20 SISTEMAS DE CLIMATIZAÇÃO

Os fatores que influem na escolha, projeto e instalação de sistemas de calefação, refrigeração, ventilação e condicionamento de ar incluem:

- Desempenho, eficiência e custos iniciais e de ciclo de vida do sistema.
- Combustível, potência, ar e água necessários, bem como os meios para sua distribuição e armazenagem; alguns equipamentos exigem acesso direto ao exterior.
- A flexibilidade do sistema na hora de atender a diferentes áreas da edificação, que podem ter demandas distintas devido ao uso ou à orientação do sítio. Os sistemas descentralizados ou locais são econômicos quanto à instalação, empregam dutos de distribuição curtos, e permitem que cada área ou zona tenha controles de temperatura individuais; os sistemas centrais, por sua vez, costumam ser mais eficientes em energia, têm manutenção mais fácil e são superiores no controle da qualidade do ar.
- O tipo e o leiaute do sistema de distribuição utilizado com os fluidos de calefação e refrigeração. Para minimizar a perda por fricção, os dutos e a tubulação devem ter condutos curtos e diretos com o mínimo de curvas e desvios.
- As exigências espaciais associadas ao equipamento mecânico e ao sistema de distribuição. Com frequência, os equipamentos de climatização ocupam de 10 a 15% da área da edificação; algumas peças também precisam de espaço para acesso, instalação e manutenção. Os sistemas com dutos de ar ocupam mais espaço do que aqueles com tubos que transportam água quente ou fria ou do que a fiação da calefação por resistência elétrica. Portanto, os dutos devem ser distribuídos com cuidado, para serem integrados à estrutura e aos espaços da edificação, bem como aos sistemas elétricos e de tubulação.
- Acesso necessário para a instalação e a manutenção.
- As exigências referentes à vedação da casa de máquinas, resistência ao fogo e controle de ruídos e vibração.
- As exigências estruturais impostas pelo peso do equipamento.
- O grau de visibilidade, sejam escondidos no interior da construção ou deixados aparentes. Quando os dutos ficam aparentes, o leiaute deve ter uma ordem visualmente coerente e ser coordenado com os elementos físicos do espaço (por exemplo, elementos estruturais, luminárias, padrões de superfície).

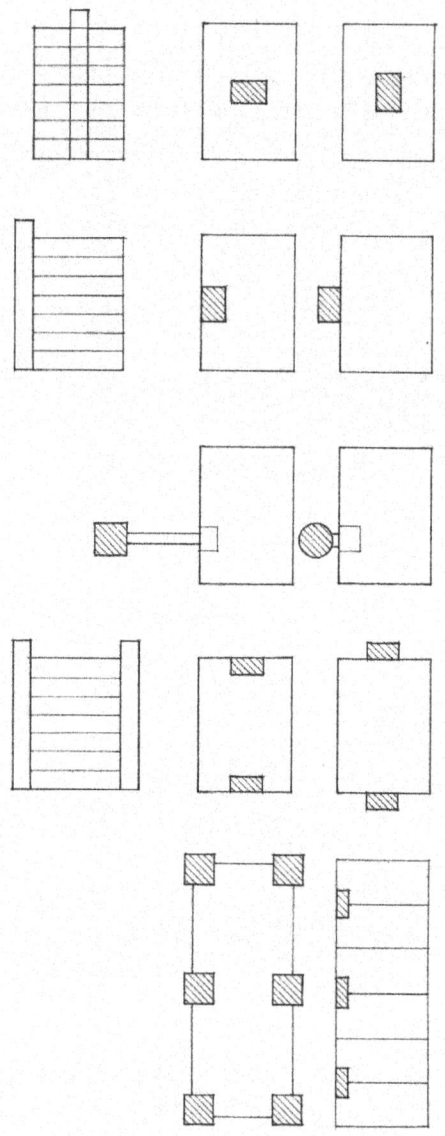

- O núcleo ou os núcleos de serviço da edificação abrigam a distribuição vertical das instalações mecânicas e elétricas, os poços de elevadores e as escadas de emergência. Esses núcleos precisam estar coordenados com o leiaute estrutural dos pilares, paredes portantes e paredes de cisalhamento ou contraventamento lateral, assim como com os padrões desejados de espaço, uso e atividade. Acima, mostramos algumas maneiras básicas de distribuir os núcleos de serviço de uma edificação.

- Com frequência, edifícios altos usam apenas um núcleo para deixar o máximo de área útil de piso livre.
- A centralização é ideal para dutos horizontais curtos e padrões eficientes de distribuição.
- Núcleos junto à fachada deixam uma grande área de piso desobstruída, mas ocupam parte da área que recebe iluminação natural.
- Os núcleos de circulação e serviço anexos deixam o máximo de área útil de piso livre, mas exigem dutos longos e não conseguem agir como contraventamento lateral.
- É possível implantar dois núcleos simetricamente, para reduzir os dutos e proporcionar um contraventamento lateral efetivo; porém, a área útil de piso restante perde parte da flexibilidade quanto ao leiaute e ao uso.
- Edificações baixas e amplas costumam usar núcleos múltiplos, para evitar longos dutos horizontais.
- Os núcleos podem ser espalhados para atender melhor às áreas ou zonas com exigências diferentes em termos de demanda e carga.
- Em edifícios de apartamentos e outras estruturas compostas de unidades repetitivas, os núcleos podem ser distribuídos entre as unidades ou ao longo dos corredores internos.

SAÍDAS DE DISTRIBUIÇÃO DE AR   11.21

O ar da calefação, refrigeração e ventilação é insuflado por registros e difusores. Eles devem ser avaliados em termos de sua capacidade de fluxo e velocidade, perda de pressão, nível de ruídos e aparência.

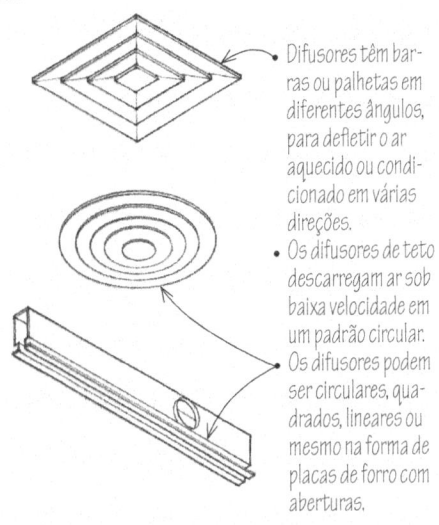

- Difusores têm barras ou palhetas em diferentes ângulos, para defletir o ar aquecido ou condicionado em várias direções.
- Os difusores de teto descarregam ar sob baixa velocidade em um padrão circular.
- Os difusores podem ser circulares, quadrados, lineares ou mesmo na forma de placas de forro com aberturas.

- As grades são perfuradas ou quadriculadas e usadas para cobrir e proteger uma abertura.
- Os registros controlam o fluxo de ar quente ou condicionado lançado por uma saída, composta por uma grade com certo número de lâminas paralelas que podem ser ajustadas de modo a se sobreporem, fechando a abertura.
- Os registros de piso são empregados para controlar perdas térmicas e a condensação junto a paredes externas e janelas.

As saídas de ar devem estar localizadas de maneira a distribuir o ar quente ou aquecido às áreas ocupadas de um espaço de modo confortável, ou seja, sem criar correntes de ar perceptíveis e sem a estratificação do ar. A distância de percurso ou o padrão de difusão das saídas de ar deve ser cuidadosamente avaliado, bem como a existência de qualquer obstrução que possa interferir na distribuição do ar.

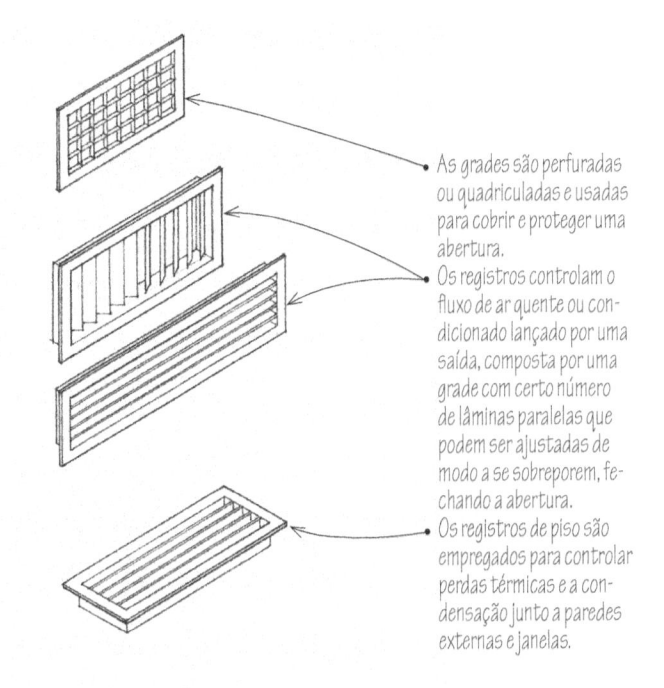

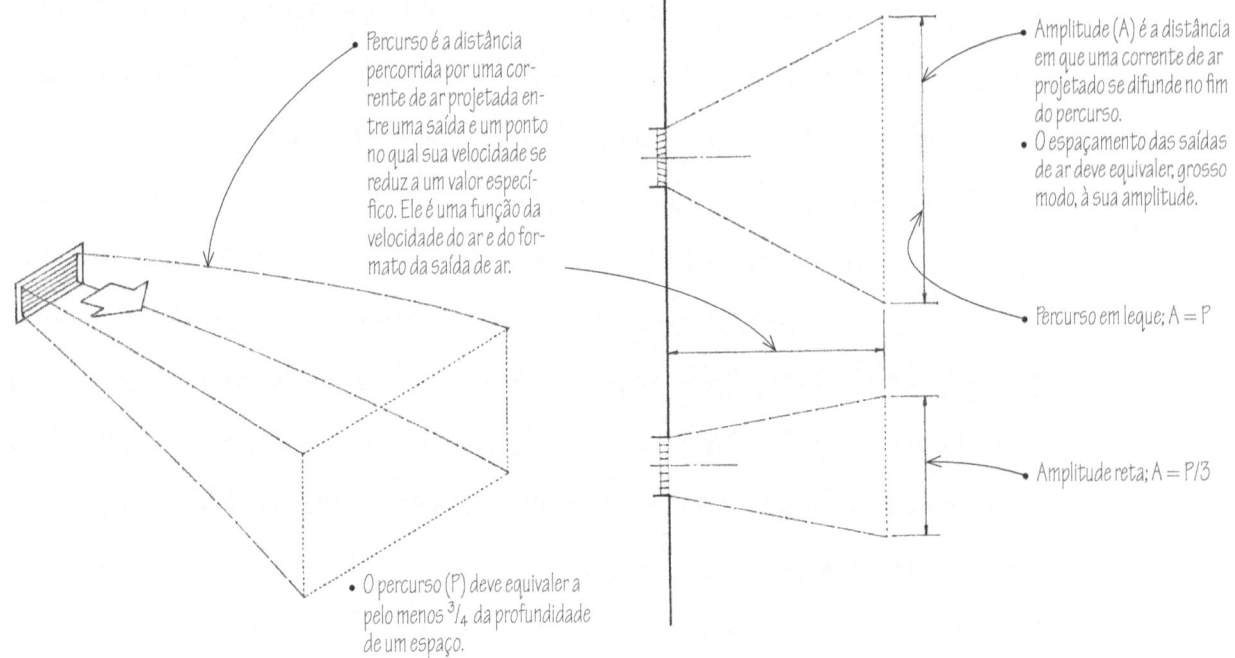

- Percurso é a distância percorrida por uma corrente de ar projetada entre uma saída e um ponto no qual sua velocidade se reduz a um valor específico. Ele é uma função da velocidade do ar e do formato da saída de ar.

- Amplitude (A) é a distância em que uma corrente de ar projetado se difunde no fim do percurso.
- O espaçamento das saídas de ar deve equivaler, grosso modo, à sua amplitude.

- Percurso em leque; A = P

- Amplitude reta; A = P/3

- O percurso (P) deve equivaler a pelo menos ¾ da profundidade de um espaço.

CSI MasterFormat 23 37 13 Diffusers, Registers, and Grilles

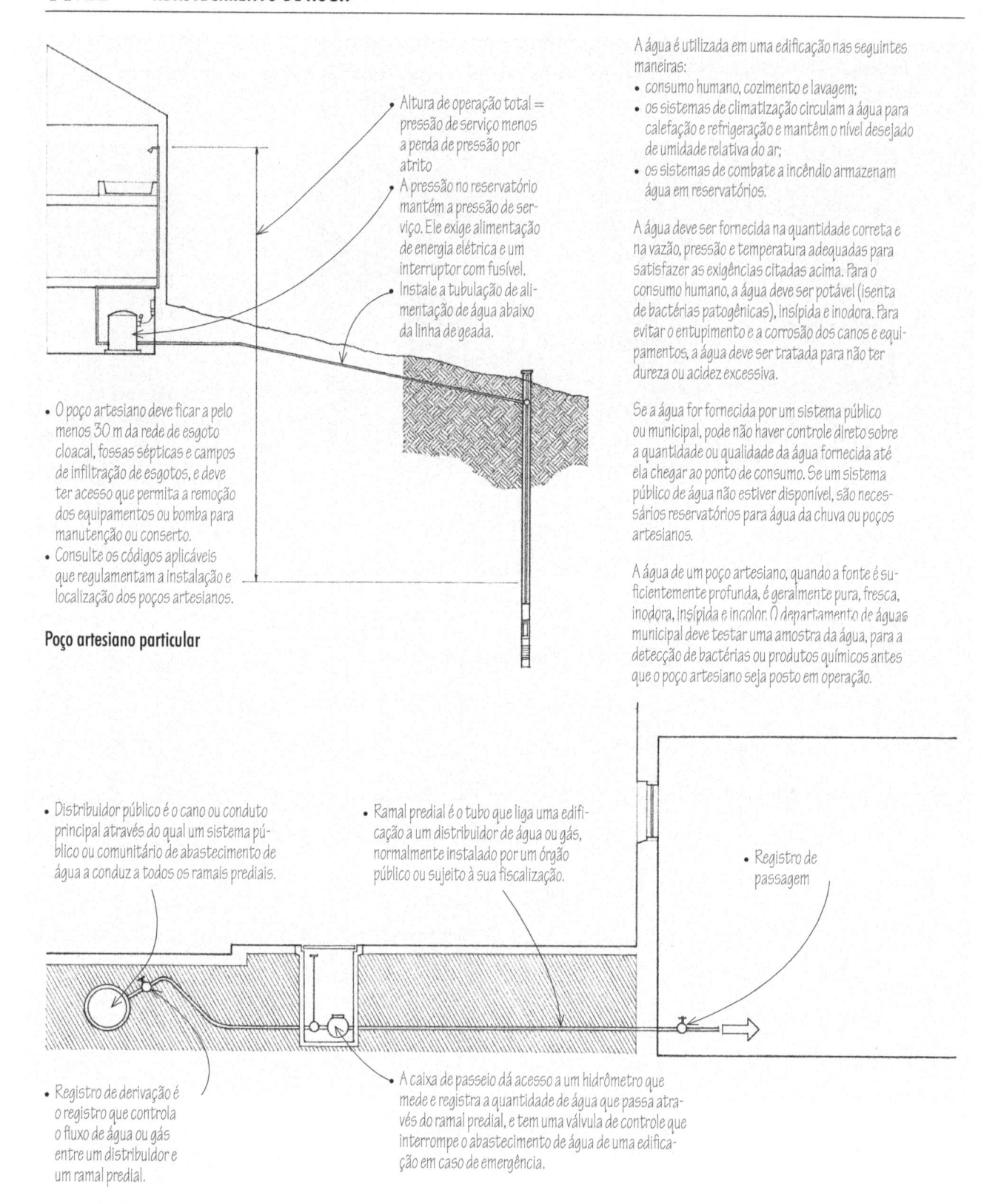

11.22 ABASTECIMENTO DE ÁGUA

- Altura de operação total = pressão de serviço menos a perda de pressão por atrito
- A pressão no reservatório mantém a pressão de serviço. Ele exige alimentação de energia elétrica e um interruptor com fusível.
- Instale a tubulação de alimentação de água abaixo da linha de geada.

- O poço artesiano deve ficar a pelo menos 30 m da rede de esgoto cloacal, fossas sépticas e campos de infiltração de esgotos, e deve ter acesso que permita a remoção dos equipamentos ou bomba para manutenção ou conserto.
- Consulte os códigos aplicáveis que regulamentam a instalação e localização dos poços artesianos.

Poço artesiano particular

A água é utilizada em uma edificação nas seguintes maneiras:
- consumo humano, cozimento e lavagem;
- os sistemas de climatização circulam a água para calefação e refrigeração e mantêm o nível desejado de umidade relativa do ar;
- os sistemas de combate a incêndio armazenam água em reservatórios.

A água deve ser fornecida na quantidade correta e na vazão, pressão e temperatura adequadas para satisfazer as exigências citadas acima. Para o consumo humano, a água deve ser potável (isenta de bactérias patogênicas), insípida e inodora. Para evitar o entupimento e a corrosão dos canos e equipamentos, a água deve ser tratada para não ter dureza ou acidez excessiva.

Se a água for fornecida por um sistema público ou municipal, pode não haver controle direto sobre a quantidade ou qualidade da água fornecida até ela chegar ao ponto de consumo. Se um sistema público de água não estiver disponível, são necessários reservatórios para água da chuva ou poços artesianos.

A água de um poço artesiano, quando a fonte é suficientemente profunda, é geralmente pura, fresca, inodora, insípida e incolor. O departamento de águas municipal deve testar uma amostra da água, para a detecção de bactérias ou produtos químicos antes que o poço artesiano seja posto em operação.

- Distribuidor público é o cano ou conduto principal através do qual um sistema público ou comunitário de abastecimento de água a conduz a todos os ramais prediais.
- Ramal predial é o tubo que liga uma edificação a um distribuidor de água ou gás, normalmente instalado por um órgão público ou sujeito à sua fiscalização.
- Registro de passagem
- Registro de derivação é o registro que controla o fluxo de água ou gás entre um distribuidor e um ramal predial.
- A caixa de passeio dá acesso a um hidrômetro que mede e registra a quantidade de água que passa através do ramal predial, e tem uma válvula de controle que interrompe o abastecimento de água de uma edificação em caso de emergência.

Sistema público de abastecimento de água

CSI MasterFormat 33 10 00 Water Utilities
CSI MasterFormat 33 21 00 Water Supply Wells

SISTEMAS DE ABASTECIMENTO DE ÁGUA   11.23

Os sistemas de abastecimento de água operam sob pressão. A pressão de serviço de um sistema de abastecimento de água deve ser suficiente para absorver as perdas de pressão devido ao deslocamento vertical da água e ao atrito que se dá contra as tubulações e conexões, além de satisfazer as necessidades de pressão de cada aparelho hidrossanitário. Os sistemas públicos de abastecimento de água geralmente fornecem água à pressão de 345 kPa (50 lb/in^2). Esta pressão é similar ao limite máximo que se obtém na maior parte dos poços artesianos particulares.

Se a água é fornecida a 345 kPa (50 lb/in^2), a distribuição ascendente é viável para edificações baixas, de até seis pavimentos de altura. Para edifícios mais altos ou onde a pressão de serviço da água é insuficiente para manter o nível de uso adequado, a água é bombeada para cima até um reservatório elevado ou sobre o telhado, para depois ser alimentada por gravidade. Parte desta água é frequentemente usada como um sistema de reserva para sistemas de combate a incêndio.

Deve haver pressão suficiente em cada aparelho hidrossanitário para garantir sua operação satisfatória. As necessidades de pressão dos pontos de utilização variam de 35 a 207 kPa (5 a 30 psi). O excesso de pressão é tão indesejável quanto a pressão insuficiente. Os tubos de fornecimento de água, portanto, são dimensionados para aproveitar todo o diferencial entre a pressão de serviço (descontada a perda de carga devido ao desnível) e a necessidade de pressão de cada aparelho hidrossanitário. Se a pressão de abastecimento for alta demais, podem-se instalar redutores ou reguladores de pressão nos aparelhos hidrossanitários.

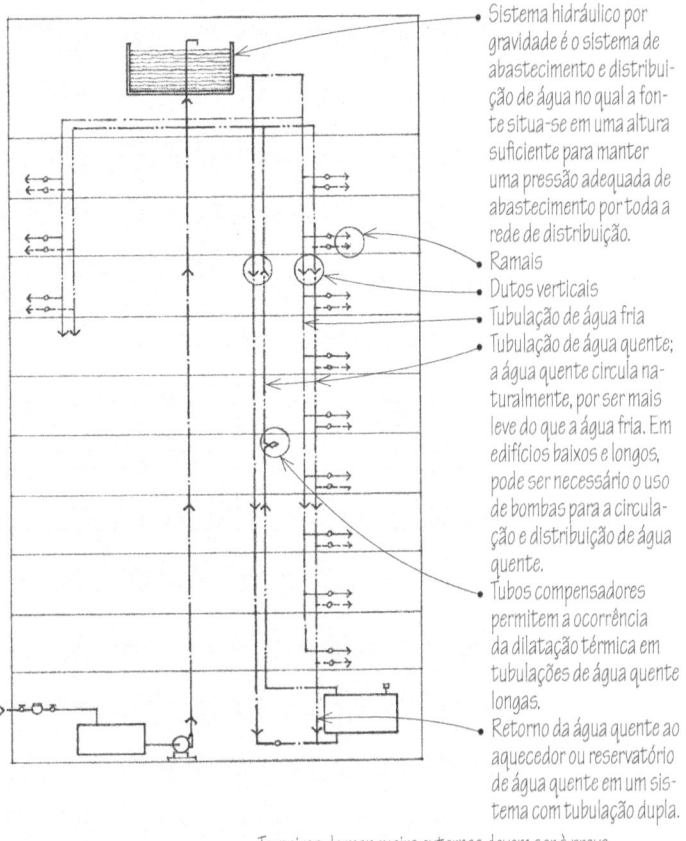

- Sistema hidráulico por gravidade é o sistema de abastecimento e distribuição de água no qual a fonte situa-se em uma altura suficiente para manter uma pressão adequada de abastecimento por toda a rede de distribuição.
- Ramais
- Dutos verticais
- Tubulação de água fria
- Tubulação de água quente; a água quente circula naturalmente, por ser mais leve do que a água fria. Em edifícios baixos e longos, pode ser necessário o uso de bombas para a circulação e distribuição de água quente.
- Tubos compensadores permitem a ocorrência da dilatação térmica em tubulações de água quente longas.
- Retorno da água quente ao aquecedor ou reservatório de água quente em um sistema com tubulação dupla.

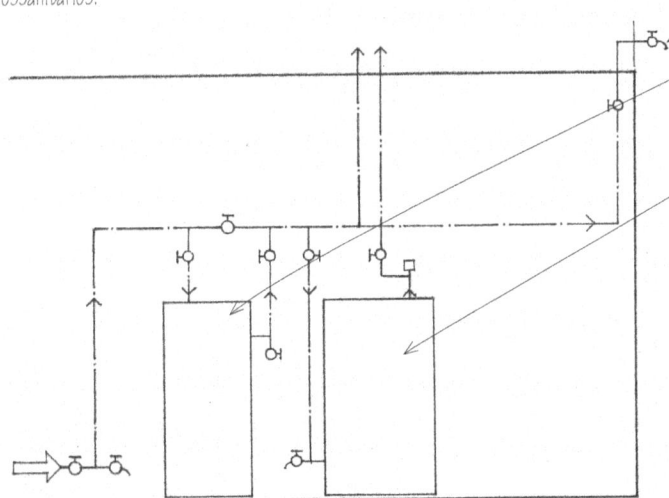

- Sistemas de distribuição ascendente distribuem água de uma adutora pública ou de um reservatório interno sob a pressão do ar comprimido.

- Torneiras de mangueira externas devem ser à prova de congelamento, em climas muito frios.
- Um abrandador de água remove os sais de cálcio e magnésio da água dura através da troca de íons; a água dura pode entupir os canos, corroer caldeiras e dificultar a formação da espuma de sabão.
- Aquecedores de água são aparelhos elétricos ou a gás cuja finalidade é aquecer a água a uma temperatura entre 50°C e 60°C, e armazená-la para uso posterior.
- Reservatórios de água quente podem ser necessários para grandes instalações e grupos de aparelhos hidrossanitários muito dispersos.
- Uma alternativa ao uso de aquecedores de água são os sistemas de aquecimento de água por passagem que aquecem a água no ponto de consumo, quando necessário. Esses sistemas são eficientes no consumo de energia e não exigem espaço para reservatórios, mas precisam de tubos de ventilação para a queima do gás natural.
- Uma terceira alternativa são os sistemas solares de aquecimento de água, os quais permitem atender às necessidades de água quente de uma moradia em localidades com climas ensolarados. Em regiões de clima temperado, os sistemas solares de aquecimento de água para consumo doméstico podem funcionar bem como sistemas de pré-aquecimento apoiados por um sistema de aquecimento de água convencional.

CSI MasterFormat 22 00 00 Plumbing
CSI MasterFormat 22 11 00 Facility Water Distribution

11.24 SISTEMAS DE ABASTECIMENTO DE ÁGUA

- A perda de pressão provocada pela fricção hidráulica depende do diâmetro da tubulação, da distância percorrida pela água, e do número de válvulas, tês e joelhos pelos quais ela passa. Os dutos devem ser os mais curtos, retos e diretos possíveis.

A pressão máxima exigida por qualquer aparelho hidrossanitário fica entre 35 e 200 kPa (5 e 30 lb/in²)

+ Perda de pressão através do hidrômetro
+ Perda de pressão devido à altura de carga ou elevação vertical
+ Perda de pressão devido à fricção hidráulica nas tubulações e conexões
= Pressão de serviço da água

Demanda individual

Tipo de aparelho hidrossanitário	Carga nos aparelhos hidrossanitários (lb/in²)	Tubo de água mínimo (mm)
Banheira	2 a 4	½ in (13 mm)
Ducha	2 a 4	½ in (13 mm)
Lavatório	1 a 2	⅜ ou ½ in (10 ou 13 mm)
Bacia sanitária com caixa acoplada	3 a 5	⅜ in (10 mm)
Bacia sanitária, com válvula de descarga	6 a 10	1 in (25 mm)
Mictório	5 a 10	½ ou ¾ in (13 ou 19 mm)
Pia de cozinha	2 a 4	½ ou ¾ in (13 ou 19 mm)
Lavadora de roupa	2 a 4	½ in (13 mm)
Tanque	3	½ in (13 mm)
Torneira de jardim	2 a 4	½ in (13 mm)

Demanda total prevista

Carga total por aparelho hidrossanitário	Demanda total (m³/m)
10	0,03
20	0,06
40	0,10
60	0,13
80	0,15
100	0,18
120	0,19
140	0,21
160	0,22
200	0,26

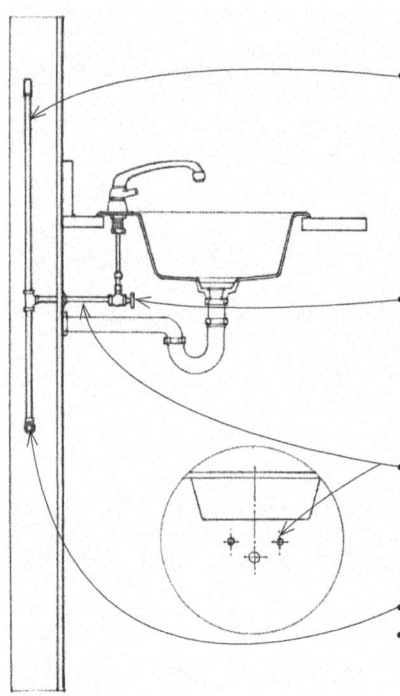

- Golpe de aríete é o choque e o ruído que ocorrem quando um volume de água que corre por um tubo é interrompido repentinamente. Câmaras de ar são instaladas nos ramais dos aparelhos hidrossanitários para impedir a ocorrência desse fenômeno. O ar que fica preso se comprime e expande elasticamente para equilibrar a pressão e o fluxo de água no sistema.
- Os registros de passagem controlam o fluxo de água em cada aparelho hidrossanitário; válvulas adicionais podem ser instaladas para isolar um aparelho ou mais em relação ao sistema de abastecimento de água para fins de consertos e manutenção.
- Ponto de água do aparelho; as dimensões aproximadas de cada aparelho hidrossanitário devem ser verificadas junto ao fabricante para que seus pontos de água e esgoto sejam instalados com precisão na etapa adequada da construção.
- Ramal de abastecimento de água
- Para instalar um tubo de abastecimento de água numa parede externa, escolha o lado quente do isolamento térmico.

As tubulações de abastecimento de água podem ser de cobre, aço galvanizado ou plástico. As tubulações de cobre são mais usadas para o abastecimento de água devido a fatores como resistência à corrosão, resistência geral, perdas por atrito baixas e espessura reduzida. As tubulações de plástico são leves, fáceis de conectar, produzem baixa fricção e não corroem, mas nem todos os tipos são indicados para a distribuição de água potável. Tubos de polibutileno (PB), polietileno (PE), cloreto de polivinil (PVC) e cloreto de polivinil clorado (CPVC) também podem ser empregados em tubulações de abastecimento de água fria; apenas os tubos de PB e CPVC são adequados para a distribuição de água quente.

Os tubos de polietileno reticulado fabricados pelo método peróxido (PEX-A) são apropriados tanto para redes de água fria como quente. Eles são flexíveis, imunes à corrosão e ao acúmulo de minerais, preservam melhor o calor nas instalações de água quente, evitam a condensação nas de água fria e amortecem os ruídos provocados pela vazão.

Os tubos de água são dimensionados de acordo com o número e os tipos de aparelhos hidrossanitários empregados, além das perdas de pressão causadas pelo atrito e pelas diferenças de altura hidráulica. Para cada tipo de aparelho há um número previsto de unidades. Com base no número total de aparelhos hidrossanitários por edificação, estima-se uma demanda equivalente em litros por minuto. Uma vez que se considera que nem todos os aparelhos hidrossanitários serão utilizados ao mesmo tempo, a demanda total não é diretamente proporcional à carga total em número de aparelhos.

Em geral, os sistemas de abastecimento de água são inseridos no interior dos pisos e paredes sem maiores dificuldades. É necessário coordená-los com a estrutura da edificação e as demais instalações, como os sistemas de esgoto paralelos, que são maiores.

Os tubos de abastecimento de água precisam de apoio vertical em cada pavimento, e horizontal a cada 1,8 a 3,0 m. É possível usar suspensores ajustáveis para garantir a inclinação adequada dos tubos de drenagem horizontais.

Os tubos de água fria exigem isolamento térmico para impedir que o calor do entorno chegue à água. Os tubos de água quente exigem isolamento térmico para evitar as perdas térmicas e não devem ficar a menos de 150 mm de tubos de água fria paralelos.

Em climas muito frios, os tubos que ficam em paredes externas ou edificações sem calefação podem congelar e se romper. O ideal é drená-los para um ponto mais baixo no sistema, onde houver uma torneira de drenagem.

SISTEMAS DE PREVENÇÃO E COMBATE A INCÊNDIO   11.25

Sistemas de alarmes de incêndio são instalados em edifícios com a finalidade de fazer soar um alarme quando acionados por um sistema de detecção de incêndio. O sistema de detecção de incêndio às vezes consiste de sensores de calor, como termostatos, ou detectores de fumaça acionados pelos produtos da combustão. A maior parte dos municípios exige a instalação e fiação independente para detectores de fumaça em habitações e hotéis ou motéis. Consulte o *Life Safety Code* da National Fire Protection Association (NFPA) para recomendações quanto ao tipo e à distribuição de sistemas detectores de calor e fumaça.

Em edificações comerciais e institucionais grandes, nas quais a segurança do público é vital, os códigos de edificações costumam exigir o emprego de um sistema de *sprinklers* ou chuveiros automáticos. Alguns códigos permitem o aumento da área de piso se houver um sistema de *sprinklers* instalado. Alguns municípios também exigem a instalação de sistemas de *sprinklers* em habitações multifamiliares.

Sistemas de *sprinklers* ou chuveiros automáticos consistem em um sistema de tubos embutidos no teto ou no forro ligado a um sistema adutor adequado e provido de *sprinklers*, projetados para se abrirem a uma determinada temperatura. Os principais tipos de sistemas de *sprinklers* são os sistemas de tubos úmidos e os sistemas de tubos secos.

- Sistemas de tubos úmidos contêm água a uma pressão suficiente para fornecer uma descarga imediata e contínua através de *sprinklers* que se abrem automaticamente em caso de incêndio.
- Sistemas de tubos secos contêm ar pressurizado, o qual é liberado mediante a abertura de uma cabeça de *sprinkler* em caso de incêndio, permitindo o fluxo de água pela tubulação e para fora do bocal injetor aberto. Os sistemas de tubo seco são utilizados nos casos em que a tubulação está sujeita a congelamento.
- Sistemas de pré-ação são os sistemas de *sprinklers* de tubo seco através dos quais o fluxo de água é controlado por uma válvula operada por detectores de incêndio mais sensíveis que aqueles das cabeças de *sprinklers*. Esses sistemas são utilizados quando uma descarga acidental de água pode danificar materiais valiosos.
- Sistemas de inundação são dotados de cabeças de *sprinklers* que permanecem abertas o tempo todo e as quais têm seu fluxo de água controlado por uma válvula operada por um dispositivo sensível ao calor, à fumaça ou a chamas.

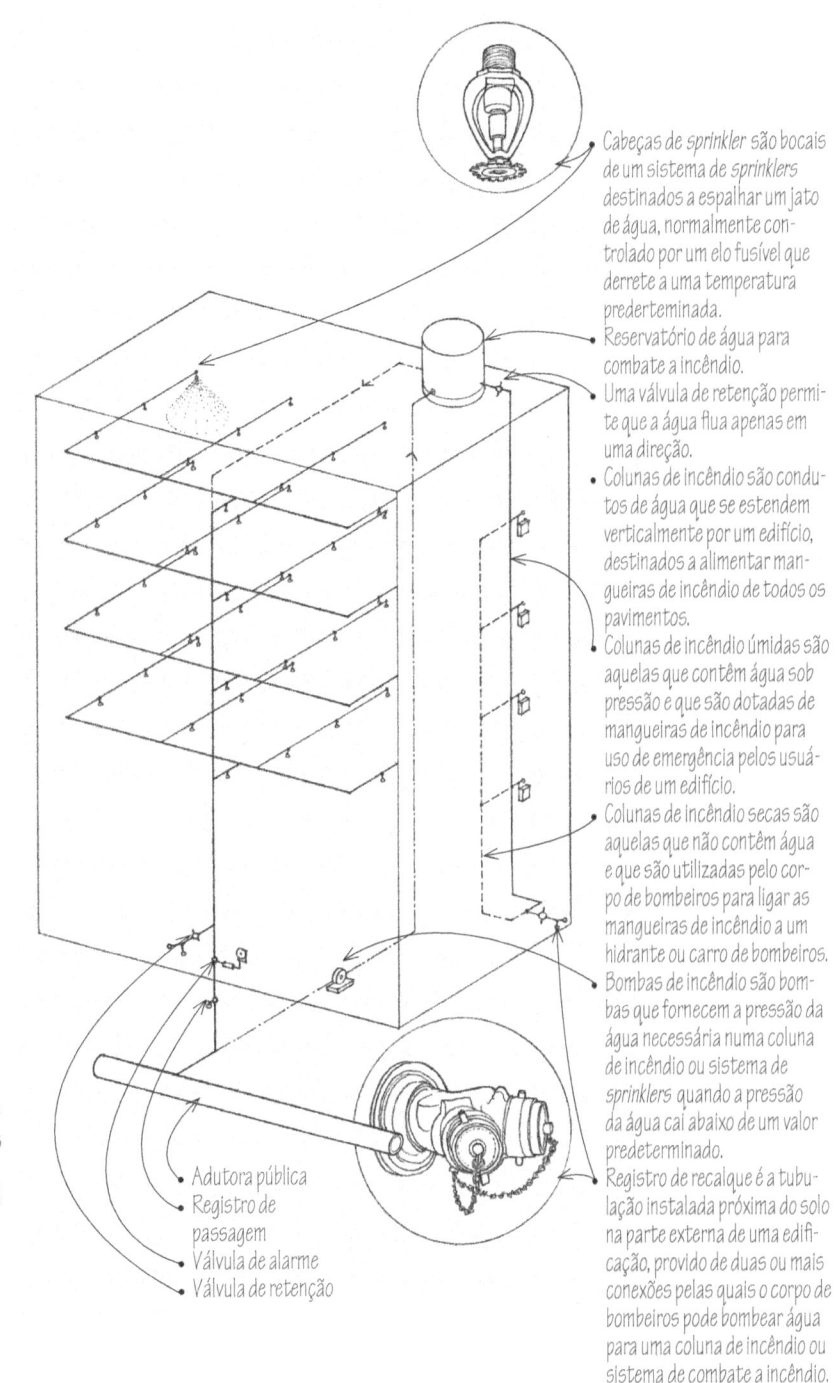

- Cabeças de *sprinkler* são bocais de um sistema de *sprinklers* destinados a espalhar um jato de água, normalmente controlado por um elo fusível que derrete a uma temperatura predeterminada.
- Reservatório de água para combate a incêndio.
- Uma válvula de retenção permite que a água flua apenas em uma direção.
- Colunas de incêndio são condutos de água que se estendem verticalmente por um edifício, destinados a alimentar mangueiras de incêndio de todos os pavimentos.
- Colunas de incêndio úmidas são aquelas que contêm água sob pressão e que são dotadas de mangueiras de incêndio para uso de emergência pelos usuários de um edifício.
- Colunas de incêndio secas são aquelas que não contêm água e que são utilizadas pelo corpo de bombeiros para ligar as mangueiras de incêndio a um hidrante ou carro de bombeiros.
- Bombas de incêndio são bombas que fornecem a pressão da água necessária numa coluna de incêndio ou sistema de *sprinklers* quando a pressão da água cai abaixo de um valor predeterminado.
- Registro de recalque é a tubulação instalada próxima do solo na parte externa de uma edificação, provido de duas ou mais conexões pelas quais o corpo de bombeiros pode bombear água para uma coluna de incêndio ou sistema de combate a incêndio.

- Adutora pública
- Registro de passagem
- Válvula de alarme
- Válvula de retenção

CSI MasterFormat 21 00 00 Fire Suppression

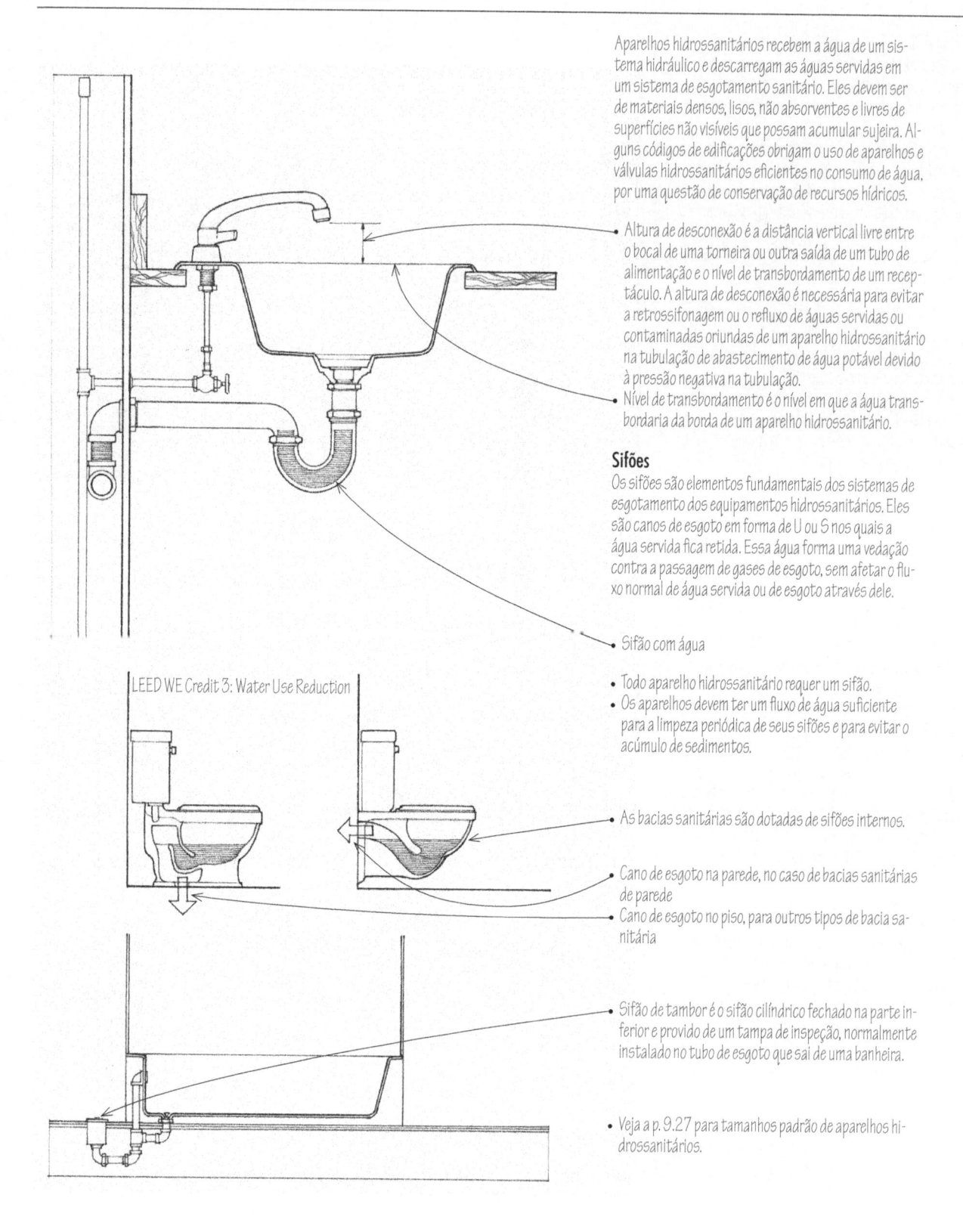

11.26 APARELHOS HIDROSSANITÁRIOS

Aparelhos hidrossanitários recebem a água de um sistema hidráulico e descarregam as águas servidas em um sistema de esgotamento sanitário. Eles devem ser de materiais densos, lisos, não absorventes e livres de superfícies não visíveis que possam acumular sujeira. Alguns códigos de edificações obrigam o uso de aparelhos e válvulas hidrossanitários eficientes no consumo de água, por uma questão de conservação de recursos hídricos.

- Altura de desconexão é a distância vertical livre entre o bocal de uma torneira ou outra saída de um tubo de alimentação e o nível de transbordamento de um receptáculo. A altura de desconexão é necessária para evitar a retrossifonagem ou o refluxo de águas servidas ou contaminadas oriundas de um aparelho hidrossanitário na tubulação de abastecimento de água potável devido à pressão negativa na tubulação.
- Nível de transbordamento é o nível em que a água transbordaria da borda de um aparelho hidrossanitário.

Sifões

Os sifões são elementos fundamentais dos sistemas de esgotamento dos equipamentos hidrossanitários. Eles são canos de esgoto em forma de U ou S nos quais a água servida fica retida. Essa água forma uma vedação contra a passagem de gases de esgoto, sem afetar o fluxo normal de água servida ou de esgoto através dele.

- Sifão com água

LEED WE Credit 3: Water Use Reduction

- Todo aparelho hidrossanitário requer um sifão.
- Os aparelhos devem ter um fluxo de água suficiente para a limpeza periódica de seus sifões e para evitar o acúmulo de sedimentos.

- As bacias sanitárias são dotadas de sifões internos.

- Cano de esgoto na parede, no caso de bacias sanitárias de parede
- Cano de esgoto no piso, para outros tipos de bacia sanitária

- Sifão de tambor é o sifão cilíndrico fechado na parte inferior e provido de um tampa de inspeção, normalmente instalado no tubo de esgoto que sai de uma banheira.

- Veja a p. 9.27 para tamanhos padrão de aparelhos hidrossanitários.

CSI MasterFormat 22 40 00 Plumbing Fixtures

SISTEMAS DE ESGOTO HIDROSSANITÁRIO   11.27

O sistema de abastecimento de água termina em cada aparelho hidrossanitário. Após a água ter sido usada, ela entra no sistema de esgoto hidrossanitário. O objetivo principal desse sistema de drenagem é a remoção da água servida e da matéria orgânica o mais rapidamente possível.

Uma vez que o sistema de esgoto hidrossanitário depende da gravidade para sua descarga, suas tubulações são muito mais largas que aquelas do sistema de abastecimento de água, que são dutos pressurizados. Os tubos de esgoto são dimensionados de acordo com sua localização no sistema e o número total e tipo de aparelhos servidos. Sempre consulte as normas hidrossanitárias municipais sobre materiais admissíveis, dimensionamento das tubulações, restrições sobre comprimento e inclinação dos tubos horizontais e tipos e número de desvios permitidos na instalação.

Os tubos de esgoto podem ser de ferro fundido ou plástico. O ferro fundido, o material tradicionalmente empregado em tubulações de esgoto, pode ter juntas e conexões do tipo soldável ou bolsa e rosca. Os dois tipos de tubos de plásticos adequados para esgotos são o cloreto de polivinil (PVC) e o acrilonitrila butadieno estireno (ABS). Alguns códigos de edificações também permitem o emprego de tubos de ferro forjado galvanizado ou aço.

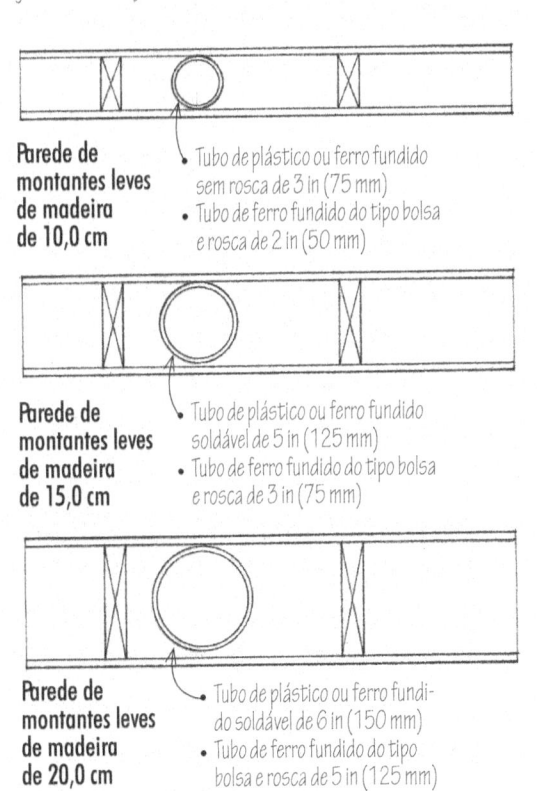

Parede de montantes leves de madeira de 10,0 cm
- Tubo de plástico ou ferro fundido sem rosca de 3 in (75 mm)
- Tubo de ferro fundido do tipo bolsa e rosca de 2 in (50 mm)

Parede de montantes leves de madeira de 15,0 cm
- Tubo de plástico ou ferro fundido soldável de 5 in (125 mm)
- Tubo de ferro fundido do tipo bolsa e rosca de 3 in (75 mm)

Parede de montantes leves de madeira de 20,0 cm
- Tubo de plástico ou ferro fundido soldável de 6 in (150 mm)
- Tubo de ferro fundido do tipo bolsa e rosca de 5 in (125 mm)

Tamanhos máximos para tubulações
- A parede oca por trás dos aparelhos hidrossanitários deve ter profundidade suficiente para acomodar os ramais de água, tubos de esgoto e tubos de ventilação.

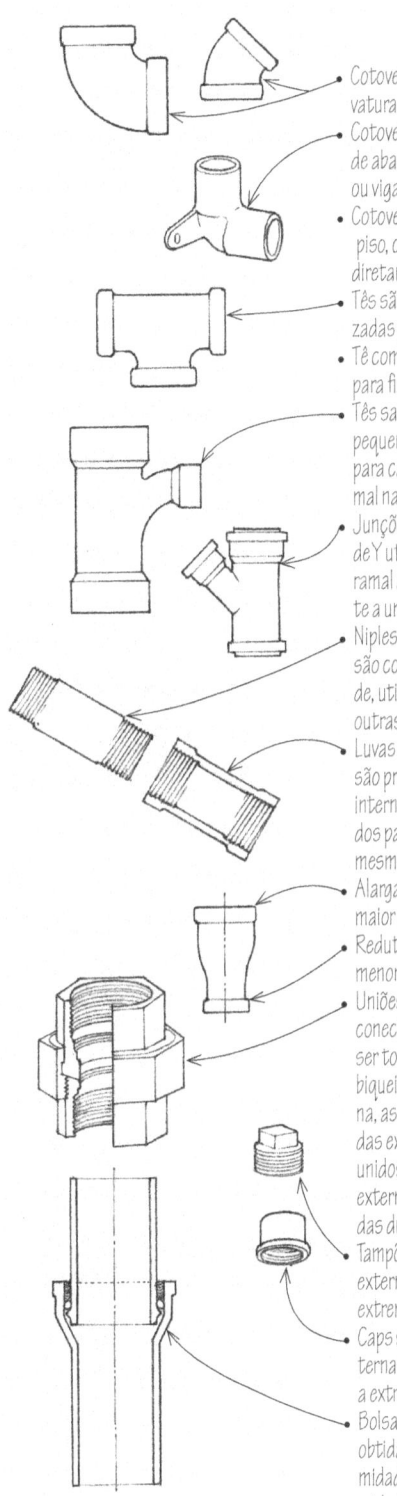

- Cotovelos são conexões com uma curvatura, normalmente de 45 ou 90°.
- Cotovelo com fixação é aquele provido de abas, para fixação a uma parede ou viga.
- Cotovelo de sanitário é a conexão de piso, com inclinação de 90°, instalada diretamente sob um vaso sanitário.
- Tês são conexões em forma de T, utilizadas para se obter uma junta tripla.
- Tê com fixação é o tê provido de abas, para fixação a uma parede ou viga.
- Tês sanitários são tês com uma pequena curva na transição de 90°, para canalizar o fluxo de um tubo ramal na direção de um tubo mestre.
- Junções 45° são conexões em forma de Y utilizadas para se unir um tubo ramal a um tubo mestre, normalmente a um ângulo de 45°.
- Niples são tubos de pequena extensão com roscas em cada extremidade, utilizados para se fixar uniões ou outras conexões.
- Luvas são tubos de pequena extensão providos de roscas na parte interna de cada extremidade, utilizados para se conectar dois tubos do mesmo diâmetro.
- Alargador é uma luva cujo diâmetro é maior em uma das extremidades.
- Redutor é uma luva cujo diâmetro é menor em uma das extremidades.
- Uniões são luvas utilizadas para se conectar dois tubos que não podem ser torcidos, compostas por duas biqueiras com roscas na parte interna, as quais são apertadas em torno das extremidades dos tubos a serem unidos, e uma peça central, rosqueada externamente, que promove a conexão das duas peças a serem giradas.
- Tampões são acessórios rosqueados externamente, utilizados para vedar a extremidade de um tubo.
- Caps são acessórios rosqueados internamente, utilizados para envolver a extremidade de um tubo.
- Bolsa e rosca é a junção de tubos obtida através do encaixe da extremidade (rosca) de um cano na extremidade mais larga (bolsa) de outro, seguido da vedação com uma calafetagem ou um anel compressível.

Conexões para tubos de esgoto

CSI MasterFormat 33 30 00 Sanitary Sewerage Utilities

11.28 SISTEMAS DE ESGOTO HIDROSSANITÁRIO

O leiaute do sistema de esgoto sanitário deve ser o mais reto e curto possível, para evitar a deposição de sólidos ou o entupimento. Caixas de inspeção devem ser instaladas, permitindo a limpeza fácil das tubulações se porventura elas entupirem.

- Ramal de esgoto é a tubulação que conecta um ou mais aparelhos hidrossanitários a uma coluna de despejo ou tubo de queda.

- Os tubos horizontais devem ter caimento de 1%, para bitolas de até 3 in (75 mm), e de 2% para bitolas maiores.

- Ramal de descarga é a tubulação que se estende do sifão de um aparelho hidrossanitário até uma junção com uma coluna de despejo ou tubo de queda.

- Coluna de queda é o tubo de queda vertical que descarrega uma bacia sanitária ou mictório no subcoletor ou coletor predial.

- Coluna de despejo é o tubo de queda vertical que descarrega os efluentes de todos os aparelhos hidrossanitários, exceto bacias sanitárias ou mictórios.

- Evite curvas (o uso de cotovelos) em todas as colunas de despejo.

- Intervalo de ramal é a extensão de uma coluna de queda ou de despejo correspondente à altura de um pavimento, porém nunca inferior a 2,4 m, dentro da qual os ramais de esgoto horizontais de um pavimento são conectados.

- Entrada de ar fresco é o tubo de ventilação através do qual o ar fresco é introduzido no sistema de esgoto de um edifício, conectado ao tronco no subcoletor ou antes do sifão predial.

- Coletor predial é o tubo que liga o subcoletor de uma edificação ao coletor público ou a um sistema de tratamento de esgoto particular.

- Coletores públicos sanitários são tubulações que transportam exclusivamente as águas servidas de aparelhos sanitários e descarregam as águas pluviais. Condutores pluviais carregam as águas pluviais drenadas das coberturas e superfícies com pisos secos. Sistemas de esgoto misto escoam junto às águas pluviais e aos esgotos cloacais.

- Sifão predial é instalado no subcoletor a fim de impedir a passagem de gases de esgoto do coletor para o sistema de esgoto de uma edificação. Não são todos os códigos sanitários que exigem um sifão predial.

- Tubo ventilador primário é o prolongamento de um tubo ou coluna de queda ou de despejo acima do ramal mais alto conectado à coluna; ele deve ultrapassar 30,0 cm em relação ao piso da cobertura e ficar bem afastado de superfícies verticais, claraboias de abrir e águas furtadas.

- Subcoletor é a parte mais baixa de um sistema de esgoto, que recebe os despejos das colunas de queda e de despejo embutidas nas paredes de uma edificação e os transporta, através da gravidade, ao coletor predial.

- O subcoletor pluvial carrega somente a água da chuva ou de descargas similares a um sistema predial pluvial, o qual, por sua vez, leva a água a um esgoto pluvial público, esgoto misto ou outro ponto de descarga.

Ventiladores

O sistema de ventiladores de uma edificação permite que os gases sépticos escapem para o exterior e fornece ar fresco para o sistema de drenagem, protegendo os sifões da retrossifonagem e do refluxo.

- Ventilador de alívio é o ventilador que propicia a circulação de ar entre um sistema de esgoto e de ventilação através da ligação de uma coluna de ventilação a um ramal horizontal entre o primeiro aparelho hidrossanitário e a coluna de queda ou de despejo.

- Circuito ventilador é o circuito de ventilação que se conecta a um tubo ventilador primário e a uma coluna de ventilação.

- Ventilador comum é o ventilador único em circuito fechado que serve a dois ramais conectados no mesmo nível.

- Coluna de ventilação é o ventilador vertical instalado basicamente para propiciar a circulação que chega ou sai de qualquer parte de um sistema de esgotamento.

- Ramal de ventilação é o ventilador que interliga um ou mais ventiladores individuais a uma coluna de ventilação ou tubo ventilador primário.

- Ventilador contínuo é o ventilador vertical formado por um prolongamento da linha de esgotamento com a qual ele se conecta.

- Ventilador posterior é o ventilador instalado no lado da tubulação de um sifão.

- Ventilador de circuito é o ventilador que serve a dois ou mais sifões e que se estende da parte dianteira da última conexão de um ramal horizontal até a coluna de ventilação.

- Ventilação úmida é a tubulação de dimensões maiores, que funciona ao mesmo tempo como tubo de queda ou de despejo e respiradouro.

- Caixas de inspeção

- Bomba de limpeza é a bomba utilizada na remoção do acúmulo de líquido de uma caixa coletora. Ela é necessária para aparelhos hidrossanitários localizados abaixo do nível do coletor público.

CSI MasterFormat 33 31 00 Sanitary Utility Sewerage Piping

SISTEMAS DE TRATAMENTO DE ESGOTO *IN LOCO* 11.29

Os sistemas de esgoto geralmente levam o esgoto dos aparelhos hidrossanitários a uma estação pública, onde ocorre o tratamento e o descarte. Quando isso não é possível, um sistema de tratamento particular se torna necessário. O tipo e o tamanho dependem do número de aparelhos hidrossanitários atendidos e da permeabilidade do solo, que é determinada por um teste de percolação. Esses sistemas são concebidos por engenheiros sanitários, e precisam ser inspecionados e aprovados pelo departamento de saúde pública antes de começarem a ser utilizados. Para saber mais sobre regulamentos e exigências específicos, consulte os códigos de edificações e saúde relevantes.

Uma fossa séptica é um tanque coberto, impermeável à água, destinado a receber a descarga de um coletor predial, que separa a matéria orgânica sólida que é decomposta e purificada por bactérias anaeróbicas e permite que o líquido pré-tratado de cor mais clara seja despejado para seu descarte final.

O efluente líquido, do qual aproximadamente 70% são purificados, pode ser descarregado em um dos sistemas abaixo:
- Campo de infiltração é a área aberta que contém um arranjo de valas de infiltração através dos quais os efluentes de uma fossa séptica podem infiltrar ou percolar no subsolo circundante.
- Poço de absorção é o poço revestido com uma parede perfurada de concreto ou alvenaria às vezes utilizado em substituição a um campo de infiltração, quando o solo é absorvente e o nível mais alto de lençol freático fica no mínimo 60 cm abaixo do fundo do poço.
- Filtro de areia subsuperficial consiste em certo número de tubos de distribuição cercados por cascalho de tamanho controlado, uma camada intermediária de areia grossa limpa e um sistema de escoadouros subterrâneos destinados a transportar para fora os efluentes tratados. Os filtros de areia são empregados apenas quando a utilização dos demais sistemas de tratamento de esgoto não é viável.
- As águas servidas se referem ao esgoto das pias, lavatórios, banheiras, chuveiros e lavadoras de roupas; podem ser tratadas e reaproveitadas em usos como descarga de bacias sanitárias e irrigação. Até hoje, são poucas as comunidades que adotaram medidas para permitir o reuso das águas servidas. Os sistemas de águas servidas devem ser utilizados junto com outras estratégias de conservação de água, como a escolha de aparelhos hidrossanitários eficientes e o armazenamento de águas pluviais e do escoamento de superfície em cisternas e reservatórios para a rega de jardins.

- Caixa de gordura em concreto pré-moldado opcional
- Fossa séptica
- Coloque a fossa séptica e a bacia de drenagem a, no mínimo, 30 m dos poços artesianos, 15 m dos córregos e 3 m das edificações e divisas do terreno.
- A câmara de dosagem de uma fossa séptica grande utiliza sifões para descarregar automaticamente um grande volume de efluentes assim que uma quantidade predeterminada é acumulada.
- A caixa de distribuição contém aletas que direcionam os efluentes para diferentes áreas do campo de infiltração.
- Campo de drenagem com 18 m, no máximo
- Os tubos de distribuição devem ter caimento perpendicular ao do terreno.
- Os campos de drenagem têm entre 45 e 76 cm de diâmetro e 76 cm de profundidade; eles contêm um agregado grosso e um tubo de distribuição perfurado através do qual o efluente proveniente da fossa séptica pode se infiltrar no solo.
- No mínimo 60,0 cm em relação ao lençol freático

LEED WE Credit 2: Innovative Wastewater Technologies

CSI MasterFormat 33 36 00 Utility Septic Tanks

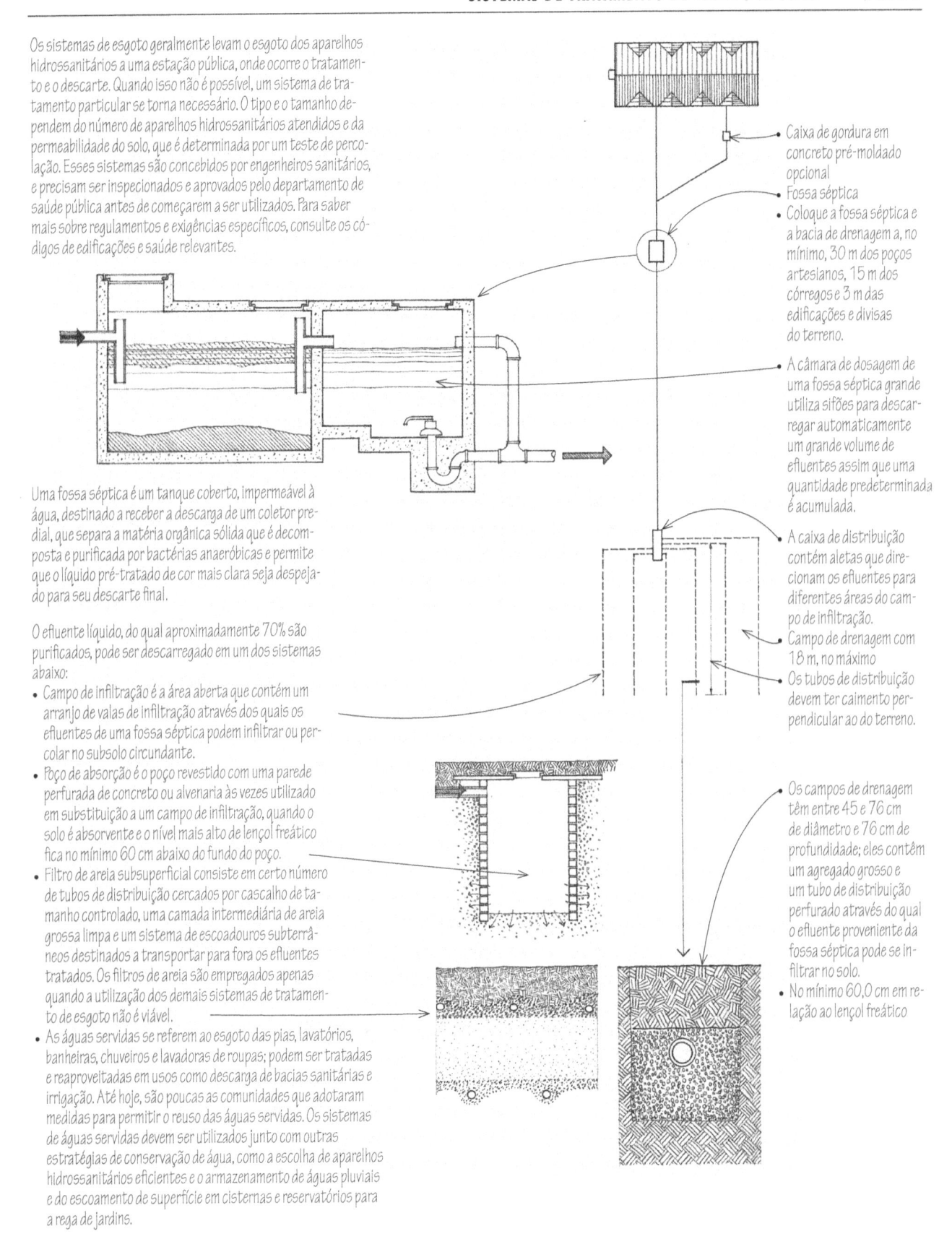

11.30 A ENERGIA ELÉTRICA

O sistema elétrico de uma edificação fornece energia para iluminação, aquecimento e operação de equipamentos elétricos e eletrodomésticos. Esse sistema deve ser instalado de acordo com as normas dos códigos de edificações e de instalações elétricas, para operar de modo seguro, confiável e efetivo. Nos Estados Unidos, todos os equipamentos elétricos devem atender às normas do Underwriters' Laboratories (UL). Consulte o National Electric Code sobre as exigências específicas para o projeto e a instalação de qualquer sistema elétrico.

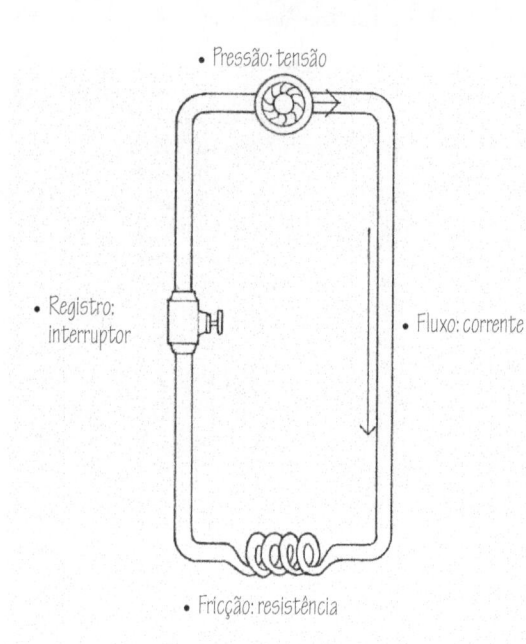

A energia elétrica flui através de um condutor pela diferença de carga elétrica entre dois pontos de um circuito.

- Volt (V) é a unidade do Sistema Internacional para força eletromotiva, definida como a diferença de potencial elétrico entre dois pontos de um condutor carregado com corrente constante de um ampère, quando a potência dissipada entre os dois pontos equivale a um watt.
- Ampère (A) é a unidade básica de corrente elétrica do Sistema Internacional, equivalente ao fluxo de 1 coulomb por segundo ou à corrente constante produzida por um volt aplicada a uma resistência de 1 ohm.
- Watt (W) é a unidade do Sistema Internacional para potência, igual a um joule por segundo ou à potência representada pela corrente de 1 ampère que flui por uma diferença de potencial de 1 volt.
- Ohm é a unidade de resistência elétrica do Sistema Internacional, igual à resistência de um condutor no qual a diferença de potencial de um volt produz uma corrente de um ampère. Seu símbolo é Ω.

- Pressão: tensão
- Registro: interruptor
- Fluxo: corrente
- Fricção: resistência

Analogia entre um circuito elétrico e um circuito hidráulico

A energia elétrica geralmente é fornecida a uma edificação por uma companhia distribuidora. O diagrama esquemático abaixo ilustra vários sistemas de voltagem que podem ser fornecidos pela companhia de energia elétrica de acordo com as necessidades de carga de uma edificação. Uma instalação grande pode usar seu próprio transformador para baixar de uma voltagem de fornecimento mais alta e mais econômica para a voltagem de serviço. Pode ser necessário o uso de conjuntos de geradores para fornecer energia elétrica de emergência a luzes de emergência, sistemas de alarme, elevadores, telefones, bombas de combate a incêndio e equipamentos médicos, no caso de hospitais.

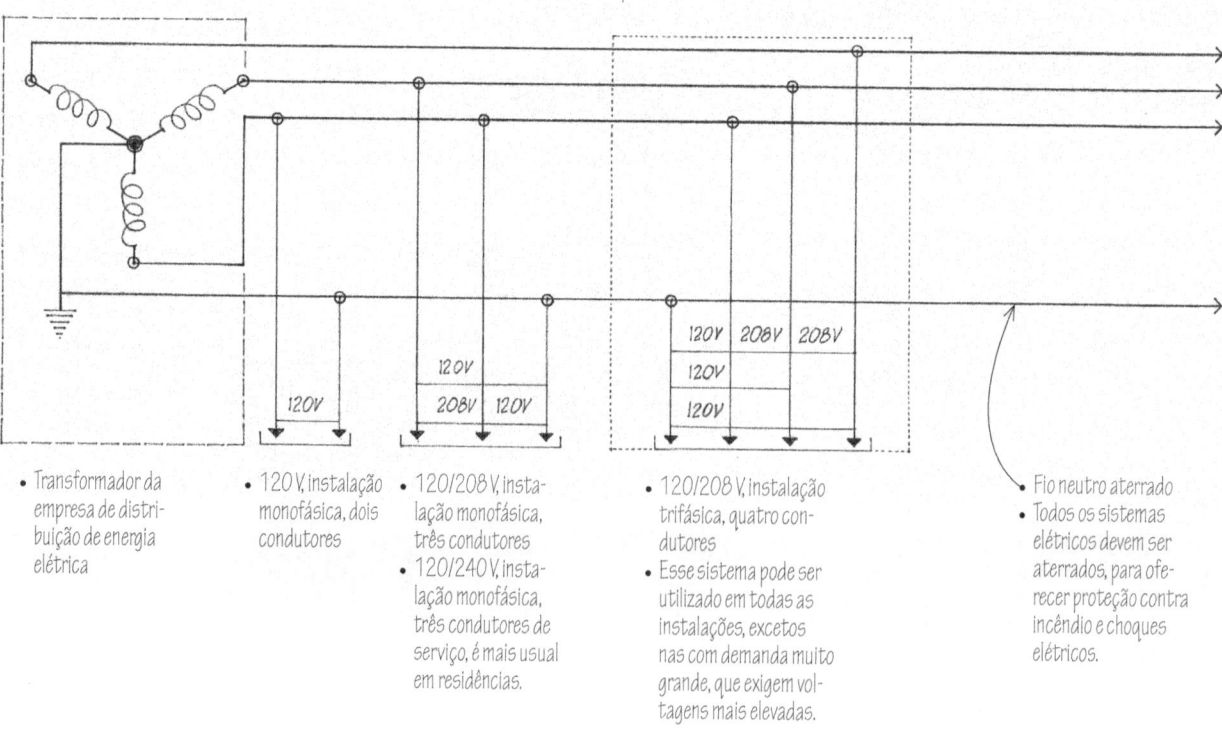

- Transformador da empresa de distribuição de energia elétrica
- 120 V, instalação monofásica, dois condutores
- 120/208 V, instalação monofásica, três condutores
- 120/240 V, instalação monofásica, três condutores de serviço, é mais usual em residências.
- 120/208 V, instalação trifásica, quatro condutores
- Esse sistema pode ser utilizado em todas as instalações, excetos nas com demanda muito grande, que exigem voltagens mais elevadas.
- Fio neutro aterrado
- Todos os sistemas elétricos devem ser aterrados, para oferecer proteção contra incêndio e choques elétricos.

CSI MasterFormat 33 70 00 Electrical Utilities

A INSTALAÇÃO ELÉTRICA   11.31

A companhia distribuidora de energia elétrica deve ser notificada da carga total estimada de carga elétrica para uma edificação durante a fase de projeto, para confirmar a disponibilidade do serviço e indicar a localização da conexão da instalação e do medidor.

A conexão à rede pública pode ser aérea ou enterrada. O serviço aéreo é menos caro, facilmente acessível para manutenção e pode transportar altas voltagens por longas distâncias. O serviço subterrâneo é mais caro, porém é utilizado em situações de alta densidade de carga como em áreas urbanas. Os cabos de serviço podem correr em tubos de conduítes ou eletrodutos para sua proteção e para permitir futuras substituições. Cabos diretamente enterrados no solo podem ser empregados para conexões de serviço residenciais.

- Um transformador abaixador de tensão pode ser utilizado em edificações médias e grandes para abaixar uma alta voltagem de fornecimento até a voltagem de serviço. Para reduzir os problemas de custos, manutenção, ruído e calor, os transformadores podem ser instalados externamente. Se localizados dentro de uma edificação, transformadores com óleo exigem um ambiente fechado, ventilado, à prova de incêndio, adjacente à sala de distribuição. Transformadores do tipo seco em edificações pequenas ou médias podem ser instalados juntos com o disjuntor geral e o painel de distribuição em uma subestação.

- O disjuntor geral é o principal interruptor de todo o sistema elétrico de uma edificação, exceto para sistemas de força de emergência.

- A instalação de serviço consiste de um disjuntor principal e comutadores, fusíveis e interruptores de circuito secundários, para controlar e proteger o fornecimento de energia elétrica de um edifício. Ela fica localizada em uma sala de distribuição próxima à entrada dos condutores de alimentação.

- O painel de distribuição principal é um quadro no qual são instalados disjuntores, proteções contra excesso de corrente, medidores e barramentos para controle, distribuição e proteção dos diversos circuitos de eletricidade. Ele deve estar localizado o mais próximo possível da conexão da rede pública, para minimizar a queda de voltagem e economizar em metragem de fiação.

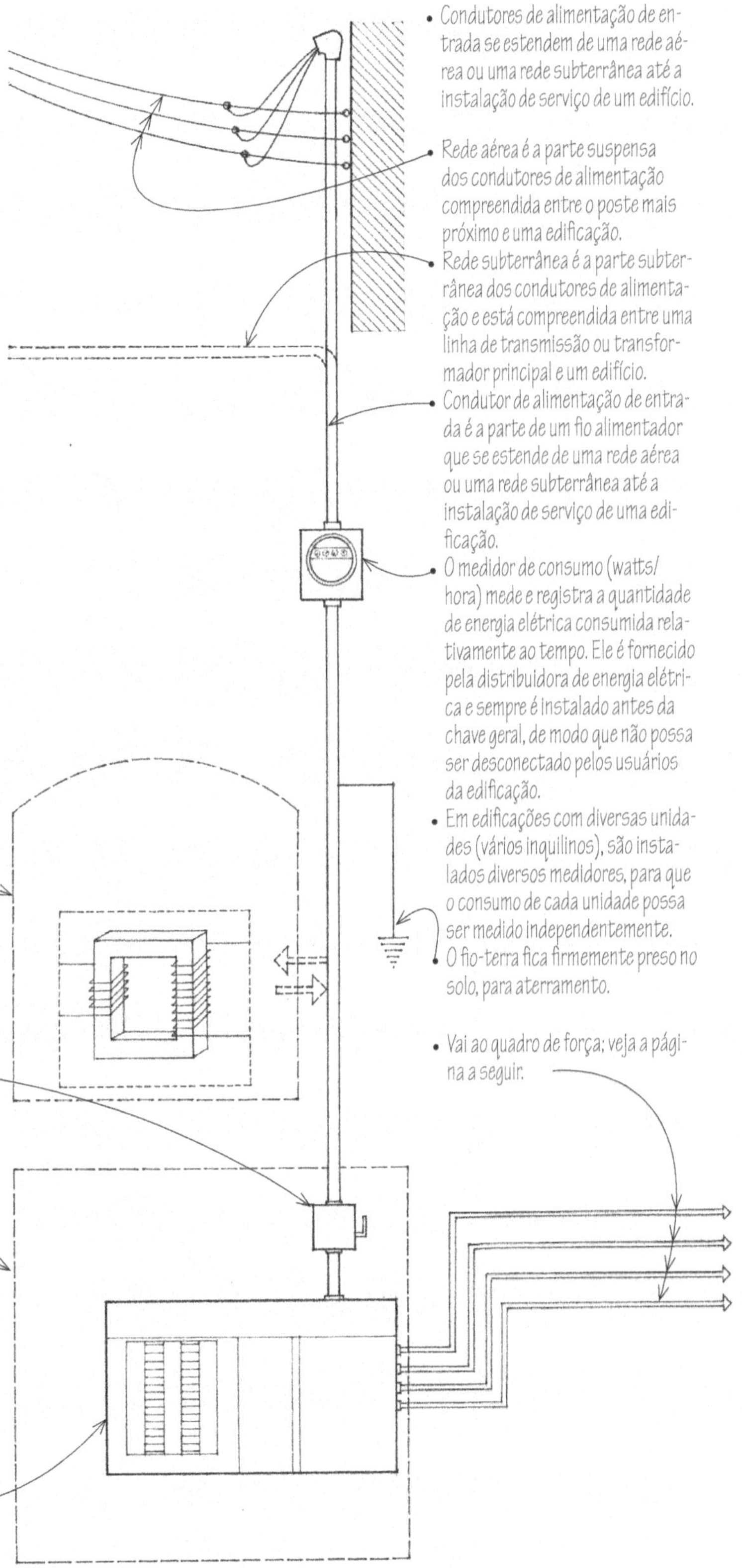

- Condutores de alimentação de entrada se estendem de uma rede aérea ou uma rede subterrânea até a instalação de serviço de um edifício.

- Rede aérea é a parte suspensa dos condutores de alimentação compreendida entre o poste mais próximo e uma edificação.

- Rede subterrânea é a parte subterrânea dos condutores de alimentação e está compreendida entre uma linha de transmissão ou transformador principal e um edifício.

- Condutor de alimentação de entrada é a parte de um fio alimentador que se estende de uma rede aérea ou uma rede subterrânea até a instalação de serviço de uma edificação.

- O medidor de consumo (watts/hora) mede e registra a quantidade de energia elétrica consumida relativamente ao tempo. Ele é fornecido pela distribuidora de energia elétrica e sempre é instalado antes da chave geral, de modo que não possa ser desconectado pelos usuários da edificação.

- Em edificações com diversas unidades (vários inquilinos), são instalados diversos medidores, para que o consumo de cada unidade possa ser medido independentemente.

- O fio-terra fica firmemente preso no solo, para aterramento.

- Vai ao quadro de força; veja a página a seguir.

CSI MasterFormat 26 05 26 Grounding and Bonding for Electrical Systems

11.32 A INSTALAÇÃO ELÉTRICA

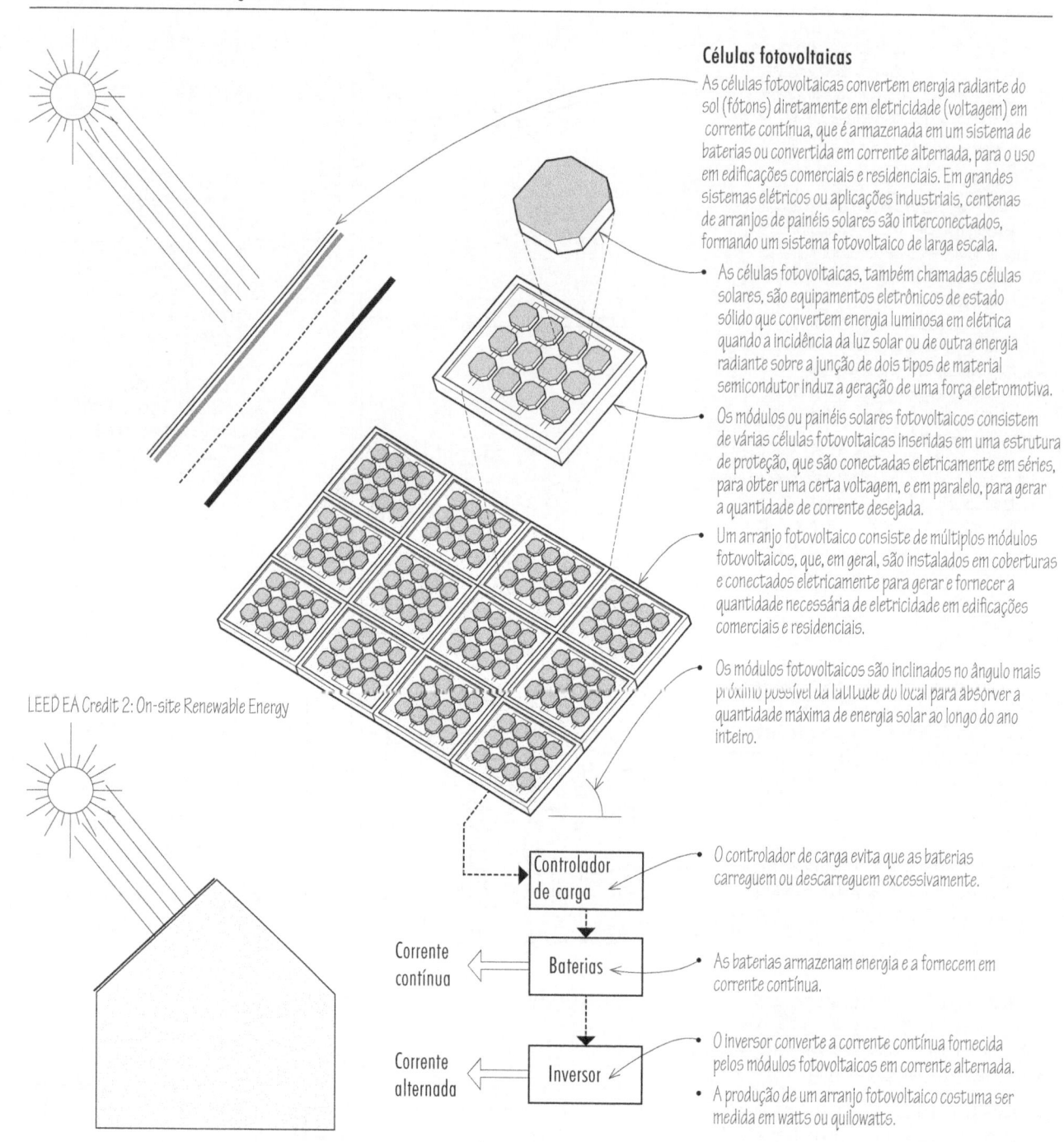

Células fotovoltaicas

As células fotovoltaicas convertem energia radiante do sol (fótons) diretamente em eletricidade (voltagem) em corrente contínua, que é armazenada em um sistema de baterias ou convertida em corrente alternada, para o uso em edificações comerciais e residenciais. Em grandes sistemas elétricos ou aplicações industriais, centenas de arranjos de painéis solares são interconectados, formando um sistema fotovoltaico de larga escala.

- As células fotovoltaicas, também chamadas células solares, são equipamentos eletrônicos de estado sólido que convertem energia luminosa em elétrica quando a incidência da luz solar ou de outra energia radiante sobre a junção de dois tipos de material semicondutor induz a geração de uma força eletromotiva.

- Os módulos ou painéis solares fotovoltaicos consistem de várias células fotovoltaicas inseridas em uma estrutura de proteção, que são conectadas eletricamente em séries, para obter uma certa voltagem, e em paralelo, para gerar a quantidade de corrente desejada.

- Um arranjo fotovoltaico consiste de múltiplos módulos fotovoltaicos, que, em geral, são instalados em coberturas e conectados eletricamente para gerar e fornecer a quantidade necessária de eletricidade em edificações comerciais e residenciais.

- Os módulos fotovoltaicos são inclinados no ângulo mais próximo possível da latitude do local para absorver a quantidade máxima de energia solar ao longo do ano inteiro.

LEED EA Credit 2: On-site Renewable Energy

- O controlador de carga evita que as baterias carreguem ou descarreguem excessivamente.

- As baterias armazenam energia e a fornecem em corrente contínua.

- O inversor converte a corrente contínua fornecida pelos módulos fotovoltaicos em corrente alternada.

- A produção de um arranjo fotovoltaico costuma ser medida em watts ou quilowatts.

Células fotovoltaicas integradas à edificação

As células solares de segunda geração são películas feitas de silício amorfo ou outro material, como o telurídio de cádmio. Em virtude de sua flexibilidade, as células fotovoltaicas em película podem ser incorporadas nas coberturas, paredes ou janelas de uma edificação tanto para responderem pela principal fonte de energia elétrica como para oferecerem apoio, e muitas vezes substituem os materiais de construção convencionais. Elas também podem ser incluídas em membranas de cobertura flexíveis, ser moldadas e empregadas na forma de telhas chatas ou curvas, servir de componentes para sistemas de parede-cortina ou utilizadas no envidraçamento de claraboias.

A medição líquida é utilizada por algumas concessionárias públicas que investem em tecnologias de geração de energia renovável. Essas empresas adotam a política de promover tecnologias de geração que permitam aos clientes vender a energia elétrica gerada em excesso em seus sistemas ou trocá-la por watts consumidos na rede em um período posterior de geração fotoelétrica insuficiente.

CSI MasterFormat 48 14 13: Solar Energy Collectors

CIRCUITOS ELÉTRICOS 11.33

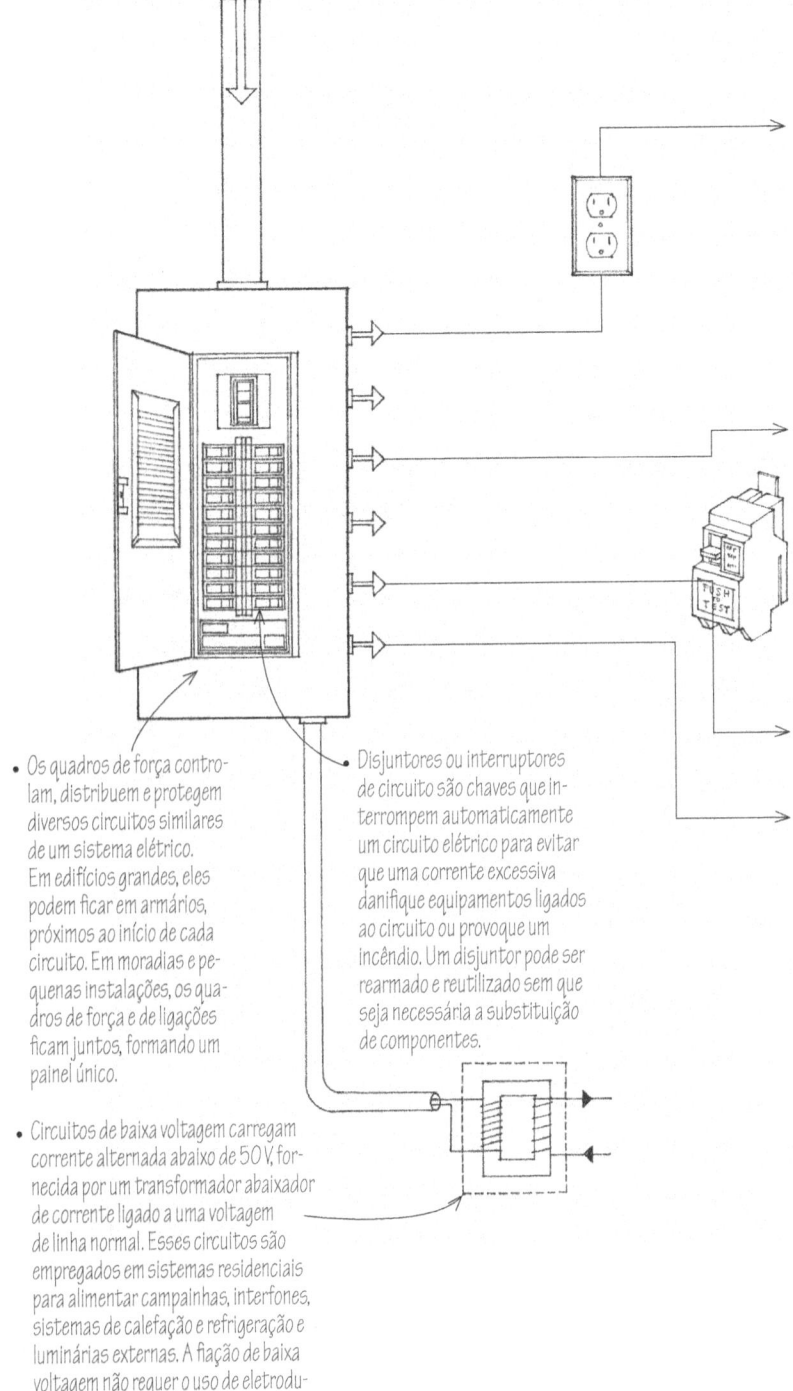

Uma vez que a demanda de energia elétrica de uma edificação tenha sido estimada, deve-se cuidar do leiaute dos circuitos de fios para distribuir a força para os pontos de utilização.

- Circuitos secundários são as divisões de um sistema elétrico que se estendem de um disjuntor que protege um circuito às tomadas atendidas por ele. Cada circuito secundário é dimensionado de acordo com a quantidade de carga que ele deve transportar. Cerca de 20% da sua capacidade é reservada para flexibilidade, expansão e segurança. Para evitar uma queda excessiva na tensão, os circuitos secundários não devem exceder 30 metros de comprimento.

- Circuitos de uso geral fornecem corrente a várias tomadas e pontos de luz.
- Os receptáculos em locais molhados, como banheiros, devem ser protegidos por um interruptor de vazamento para a terra, que é um disjuntor que sente a passagem de corrente que vaza para a terra e instantaneamente corta a energia, antes que possa ocorrer algum dano ou ferimento às pessoas. Essa proteção pode estar integrada a um receptáculo ou fazer parte do quadro de força.

- Os circuitos de aparelhos fornecem corrente a uma ou mais tomadas especialmente projetas para cada aparelho eletrodoméstico.
- Os circuitos individuais fornecem corrente a apenas um equipamento elétrico, como um aparelho de ar condicionado.

- A potência necessária para luminárias e eletrodomésticos é especificada pelos próprios fabricantes desses aparelhos. A carga de projeto de um circuito de uso geral, no entanto, depende do número de receptáculos atendidos e da maneira como são empregados. Consulte o código de instalações elétricas para informações sobre as exigências.

- Circuitos de fiações separadas são necessários para o equipamento de sinal e áudio de telefones, TV a cabo, interfones e sistemas de segurança ou alarmes contra incêndio.
- Sistemas de telefonia devem ter suas tomadas e fiações localizadas e instaladas durante a construção. Grandes instalações também exigem uma conexão pública direta, fechamentos de terminais, espaços para colunas, etc., semelhantes aos sistemas elétricos. Grandes sistemas são geralmente projetados, fabricados e instalados por uma companhia de telecomunicações.
- Sistemas de televisão a cabo podem receber seus sinais de uma antena externa ou antena parabólica para satélite, uma companhia de TV a cabo ou um sistema de circuito fechado de televisão. Se forem necessárias várias tomadas, é fornecido uma tomada de 120 V para alimentar um amplificador. Cabos coaxiais em um eletroduto não metálico ou tubulação transmitem o sinal amplificado para as várias tomadas.

- Os quadros de força controlam, distribuem e protegem diversos circuitos similares de um sistema elétrico. Em edifícios grandes, eles podem ficar em armários, próximos ao início de cada circuito. Em moradias e pequenas instalações, os quadros de força e de ligações ficam juntos, formando um painel único.

- Disjuntores ou interruptores de circuito são chaves que interrompem automaticamente um circuito elétrico para evitar que uma corrente excessiva danifique equipamentos ligados ao circuito ou provoque um incêndio. Um disjuntor pode ser rearmado e reutilizado sem que seja necessária a substituição de componentes.

- Circuitos de baixa voltagem carregam corrente alternada abaixo de 50 V, fornecida por um transformador abaixador de corrente ligado a uma voltagem de linha normal. Esses circuitos são empregados em sistemas residenciais para alimentar campainhas, interfones, sistemas de calefação e refrigeração e luminárias externas. A fiação de baixa voltagem não requer o uso de eletrodutos de proteção.
- Chaves de baixa voltagem são utilizadas quando se deseja um ponto de controle central do qual se possa ligar e desligar todos os pontos de força e luz. As chaves de baixa voltagem controlam relés que, na verdade, são as peças que realmente interrompem os circuitos.

CSI MasterFormat 26 10 00 Medium-Voltage Electrical Distribution
CSI MasterFormat 26 18 00 Medium-Voltage Circuit Protection Devices

11.34 A FIAÇÃO ELÉTRICA

Os metais, por oferecerem baixa resistência ao fluxo da corrente elétrica, são bons condutores. O cobre é o mais utilizado. As várias formas de condutores — fio, cabo e barramentos — são dimensionadas de acordo com a sua capacidade de condução segura e a temperatura operacional máxima do seu isolamento. Eles são identificados de acordo com:

- Classe de voltagem
- Número e tamanho dos condutores
- Tipo de isolamento

Um condutor é coberto com isolamento para evitar o seu contato com outros condutores ou metais e para protegê-lo do calor, umidade e corrosão. Materiais com grande resistência ao fluxo da corrente elétrica, tais como borracha, plásticos, porcelana e vidro, costumam ser utilizados para isolar a fiação elétrica e as conexões.

Eletrodutos fornecem suporte para fios e cabos e protegem os mesmos contra danos físicos e corrosão. O eletroduto de metal também fornece um encapsulamento contínuo aterrado para a fiação. Para construções à prova de incêndio, podem ser utilizados eletrodutos de metal rígido, tubulação metálica de parede fina ou conduítes metálicos flexíveis. Em edificações com estrutura independente convencional, é utilizado cabo blindado ou cabo não metálico protegido. Tubulações e eletrodutos de plástico são mais comuns na fiação subterrânea.

Por serem relativamente pequenos, os eletrodutos podem ser facilmente acomodados em muitos sistemas de construção. O eletroduto deve ser adequadamente apoiado, e seu leiaute deve ser o mais simples e curto possível. Os códigos de edificações geralmente restringem o raio e o número de curvas que um eletroduto pode ter entre duas caixas de junção ou tomadas. É necessária a coordenação com as instalações mecânicas e hidráulicas da edificação para evitar o conflito de trajetos.

Os condutores elétricos muitas vezes são instalados dentro de canaletas nas lajes de concreto com fôrmas celulares de aço incorporadas (sistema *steel deck*), permitindo a distribuição flexível de tomadas de eletricidade, cabos de fibra óptica e telefonia em edifícios de escritórios. Sistemas de fiação chata também estão disponíveis para instalação diretamente sob carpetes.

Para instalações aparentes, há disponíveis eletrodutos, tubulações e encaixes especiais. Da mesma forma que com as instalações mecânicas à vista, o leiaute deve ser visualmente coordenado com os elementos físicos do espaço.

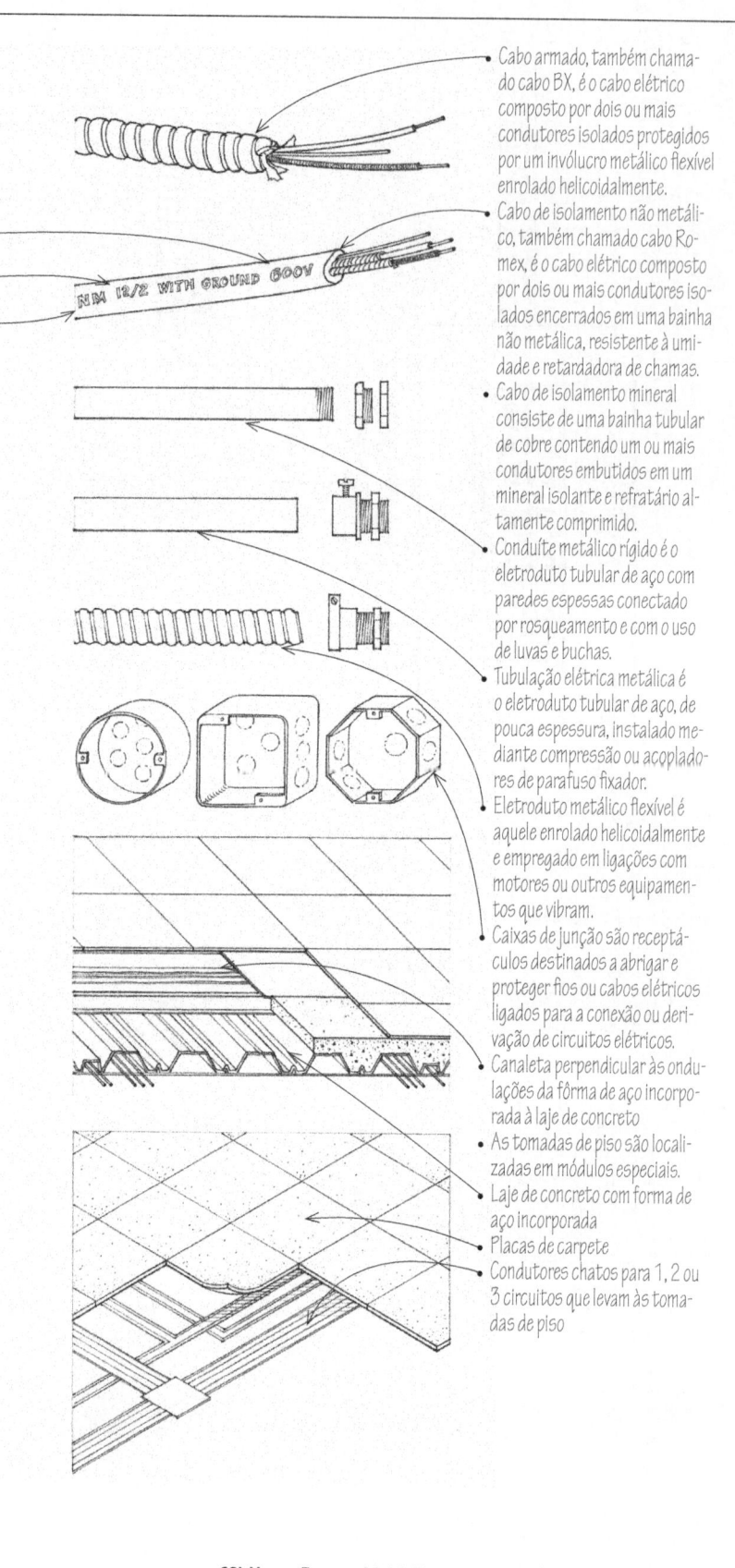

- Cabo armado, também chamado cabo BX, é o cabo elétrico composto por dois ou mais condutores isolados protegidos por um invólucro metálico flexível enrolado helicoidalmente.
- Cabo de isolamento não metálico, também chamado cabo Romex, é o cabo elétrico composto por dois ou mais condutores isolados encerrados em uma bainha não metálica, resistente à umidade e retardadora de chamas.
- Cabo de isolamento mineral consiste de uma bainha tubular de cobre contendo um ou mais condutores embutidos em um mineral isolante e refratário altamente comprimido.
- Conduíte metálico rígido é o eletroduto tubular de aço com paredes espessas conectado por rosqueamento e com o uso de luvas e buchas.
- Tubulação elétrica metálica é o eletroduto tubular de aço, de pouca espessura, instalado mediante compressão ou acopladores de parafuso fixador.
- Eletroduto metálico flexível é aquele enrolado helicoidalmente e empregado em ligações com motores ou outros equipamentos que vibram.
- Caixas de junção são receptáculos destinados a abrigar e proteger fios ou cabos elétricos ligados para a conexão ou derivação de circuitos elétricos.
- Canaleta perpendicular às ondulações da fôrma de aço incorporada à laje de concreto
- As tomadas de piso são localizadas em módulos especiais.
- Laje de concreto com forma de aço incorporada
- Placas de carpete
- Condutores chatos para 1, 2 ou 3 circuitos que levam às tomadas de piso

CSI MasterFormat 26 05 00 Common Work Results for Electrical

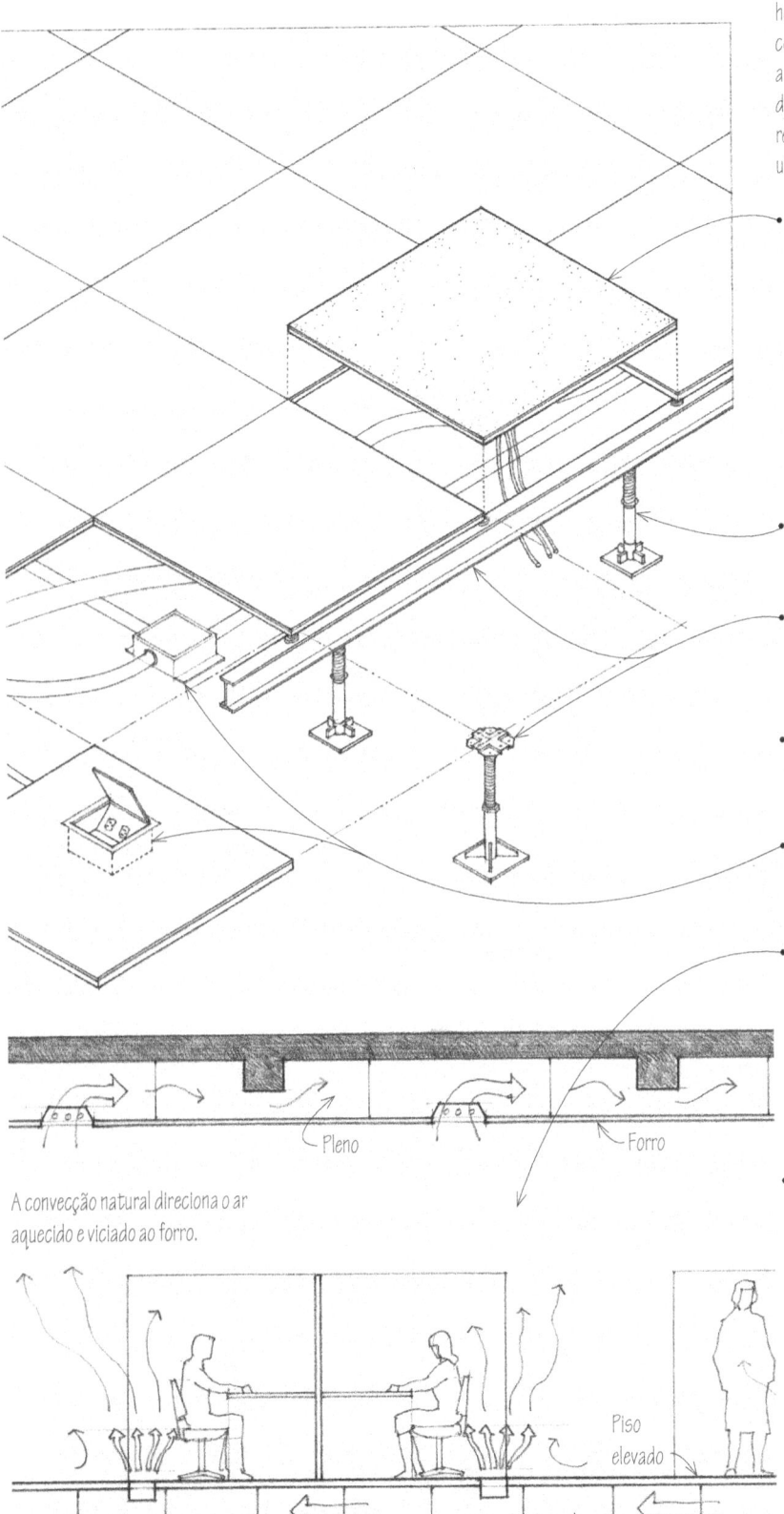

PISOS ELEVADOS 11.35

Em geral, os pisos elevados são utilizados em escritórios, hospitais, laboratórios, salas de tecnologia da informação e comunicação e centros de televisão e comunicação, de modo a oferecer acessibilidade e flexibilidade na distribuição das escrivaninhas, postos de trabalho e equipamentos. É relativamente fácil deslocar e reconectar os equipamentos utilizando sistemas modulares de fiação.

- Pisos suspensos são sistemas de placas de revestimento de piso removíveis e intercambiáveis apoiados em pedestais ou barrotes de suporte ajustáveis de modo a permitir o livre acesso ao espaço inferior. As placas de revestimento de piso geralmente têm 60,0 x 60,0 cm e são feitas de aço, alumínio, painéis revestidos em aço ou alumínio com núcleo de madeira, ou concreto armado leve. Essas placas podem receber acabamento de carpete, vinil ou laminado de alta pressão; também estão disponíveis revestimentos com resistência ao fogo e controle de descargas eletrostáticas.

- É possível ajustar os pedestais para obter espessuras de piso acabado de 30,0 a 45,0 cm; também está disponível um piso acabado com espessura de apenas 20,0 cm.

- Os sistemas que usam barrotes de suporte possuem estabilidade lateral superior aos demais; também existem pedestais sísmicos que cumprem com as exigências dos códigos de obras no tocante à estabilidade lateral.

- As cargas de projeto variam de 1.200 a 3.000 kg/m², mas existem sistemas que aceitam até 5.500 kg/m² para acomodar cargas maiores.

- O espaço que fica sob o piso elevado é utilizado para a instalação de condutos elétricos, caixas de junção, e cabos de computadores, segurança e sistemas de comunicação.

- Este espaço também pode ser utilizado como pleno para distribuir o ar insuflado pelo sistema de climatização, permitindo que o pleno do forro seja usado apenas para o ar de retorno. Ao se separar o ar insuflado frio do ar de retorno quente, reduz-se o consumo de energia. A redução da altura dos plenos também diminui a altura total dos pavimentos de prédios novos.

- Consulte o fabricante para saber mais sobre os detalhes da instalação e os acessórios disponíveis, como rampas e degraus.

A convecção natural direciona o ar aquecido e viciado ao forro.

Pleno

Forro

Piso elevado

Pleno pressurizado sob o piso

CSI MasterFormat 09 69 00: Access Flooring

11.36 TOMADAS DE ELETRICIDADE

Os pontos de luz e interruptores e tomadas de parede são as partes mais visíveis de um sistema elétrico. Os interruptores e as tomadas de parede devem ser distribuídos para acesso conveniente e coordenados com os padrões das superfícies visíveis. Espelhos de parede para estes dispositivos podem ser de metal, plástico ou vidro, e estão disponíveis em várias cores e acabamentos.

A carga de projeto para circuitos de uso geral depende do número de tomadas atendidas pelo circuito e da maneira na qual elas são utilizadas. Nos Estados Unidos, consulte o National Electrical Code para calcular o número e o espaçamento necessário para as tomadas de parede.

Interruptores
- Chave articulada é o interruptor no qual uma alavanca ou um botão que se move em um pequeno arco provoca a abertura ou o fechamento dos contatos de um circuito elétrico.
- Chave tripolar ou chave hotel é um comutador monopolar de dupla ação empregado conjuntamente com outro para controlar a iluminação a partir de duas posições.
- Chave de duplo contato bipolar é o comutador utilizado conjuntamente com duas chaves bipolares para controlar a iluminação a partir de três posições.
- Dimmer ou redutor de luz é o reostato ou dispositivo semelhante destinado a regular a intensidade de uma luz elétrica sem afetar significativamente sua distribuição espacial.

Receptáculos
- Tomadas de parede duplas são as tomadas instaladas em uma parede e que comportam dois ou mais receptáculos para luminárias portáteis ou aparelhos elétricos.
- Receptáculos com divisor de circuito contêm uma tomada que fica sempre energizada e outra que é controlada por um interruptor.
- Receptáculos especiais projetados para um tipo de eletrodoméstico especial são polarizados e têm uma configuração específica que aceita apenas os conectores do eletrodoméstico previsto para aquela tomada.
- Receptáculos ou tomadas externas devem ser dotados de tampa resistente à água.
- Em todos os locais sujeitos a umidade, os receptáculos devem ser protegidos por um interruptor de vazamento para a terra.

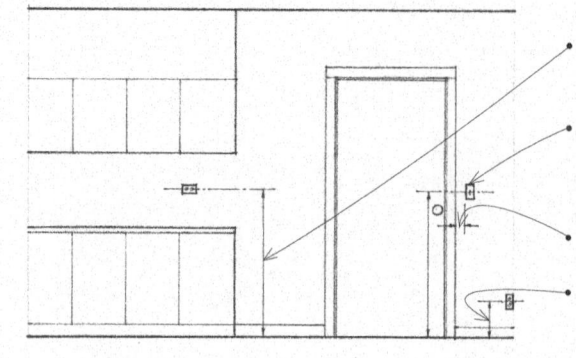

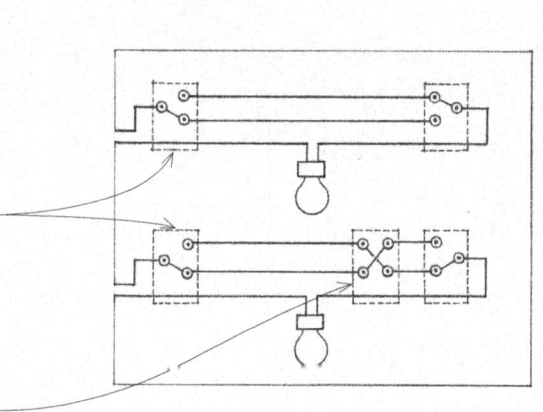

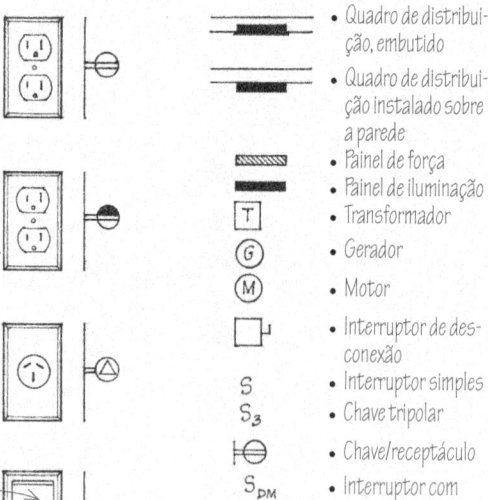

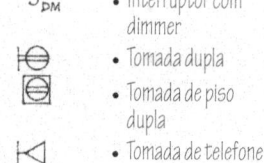

- Tomada sobre balcão: h = 1,20 m; ou 1,05 m, para acessibilidade universal
- Interruptor no lado da maçaneta da porta: altura máxima para acessibilidade universal = 1,20 m
- Afastamento mínimo = 6,5 cm
- Tomada junto ao piso: 30,0 cm de altura; 45,0 m, para acessibilidade universal

Altura de interruptores e tomadas

Habitações
- Uma tomada a cada 3,6 m ao longo das paredes em espaços de permanência prolongada
- Uma tomada a cada 1,20 m sobre balcões de cozinha
- Uma tomada com interruptor de vazamento para terra, no mínimo, em banheiros

Escritórios
- Uma tomada a cada 3,0 m ao longo das paredes ou
- Uma tomada a cada 3,7 m² de área de piso para os primeiros 35 m² e uma tomada para cada 9,0 m² adicionais.

Número de tomadas de parede

- Quadro de distribuição, embutido
- Quadro de distribuição instalado sobre a parede
- Painel de força
- Painel de iluminação
- Transformador
- Gerador
- Motor
- Interruptor de desconexão
- Interruptor simples
- Chave tripolar
- Chave/receptáculo
- Interruptor com dimmer
- Tomada dupla
- Tomada de piso dupla
- Tomada de telefone
- Luminária com lâmpada fluorescente
- Luminária incandescente de teto
- Luminária incandescente de parede
- Trilho para luminárias
- Luminária embutida
- Tomada para luminária de saídas
- Tomada para fins especiais
- Tomada de televisão
- Campainha
- Botoeira
- Receptáculo de ventilador
- Caixa de junção no piso
- Caixa de passagem
- Termostato
- Tomada de computador

Símbolos comuns em plantas de eletricidade

A LUZ   11.37

Luz é a radiação eletromagnética capaz de ser percebida pelo olho humano nu, cujo comprimento de onda varia de aproximadamente 370 a 800 nm, e que se propaga a uma velocidade de 299.972 km/seg. A luz irradia igualmente em todas as direções e se espalha em uma área maior à medida que emana de sua fonte. Ao se distribuir, ela também perde intensidade.

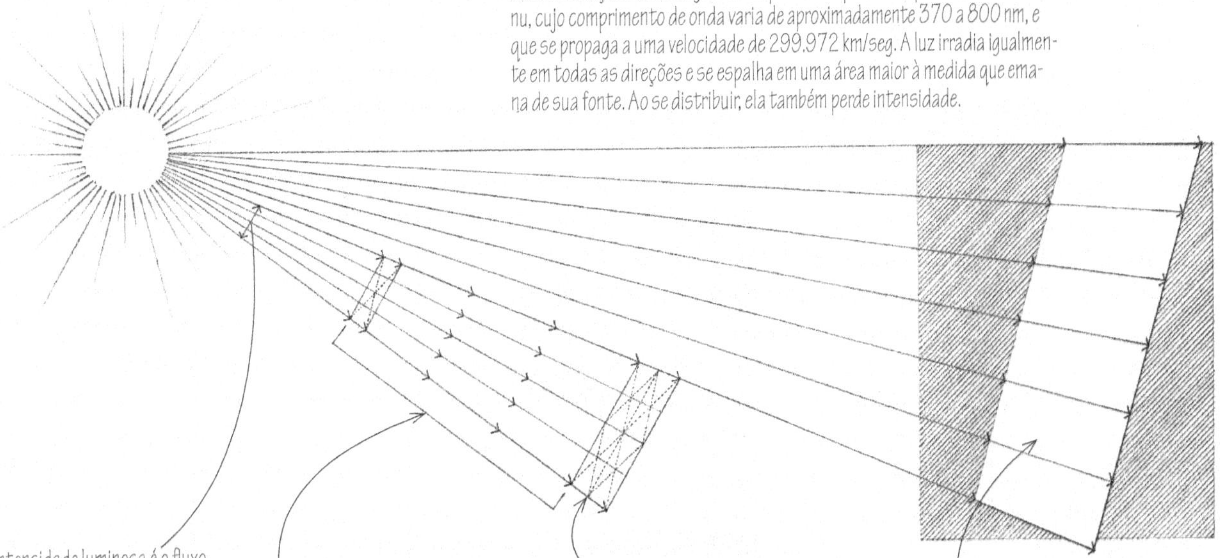

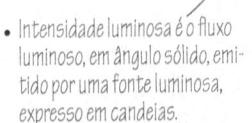

- Intensidade luminosa é o fluxo luminoso, em ângulo sólido, emitido por uma fonte luminosa, expresso em candeias.
- Candeia é a unidade básica de intensidade luminosa no Sistema Internacional de Medidas, equivalente à luz produzida por uma fonte que emite uma radiação monocromática com frequência de 540 x 1012 hertz e cuja intensidade radiante é de $1/_{683}$ watts por estereorradiano.
- Estereorradiano é o ângulo sólido no centro de uma esfera que subtende, na superfície, uma área equivalente ao quadrado do raio da esfera

- Fluxo luminoso é a intensidade do fluxo de luz visível por unidade de tempo, expressa em lúmens.
- Lúmen é a unidade do fluxo luminoso no Sistema Internacional de Medidas, equivalente à luz emitida em um ângulo sólido de 1 estereorradiano por uma fonte pontual tendo intensidade de uma candeia.

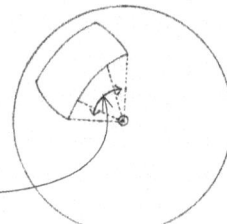

- Lei do quadrado inverso afirma que a iluminação produzida em uma superfície por uma fonte pontual varia inversamente ao quadrado da distância entre a superfície e a fonte.
- Lei do cosseno, também chamada de lei de Lambert, afirma que a iluminação produzida por uma fonte pontual sobre uma superfície é proporcional ao cosseno do ângulo de incidência.

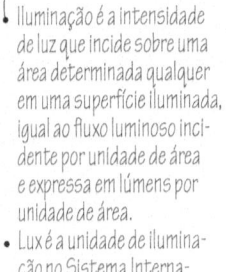

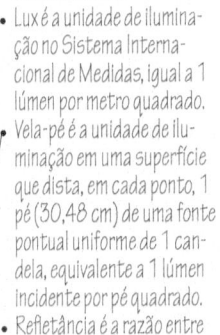

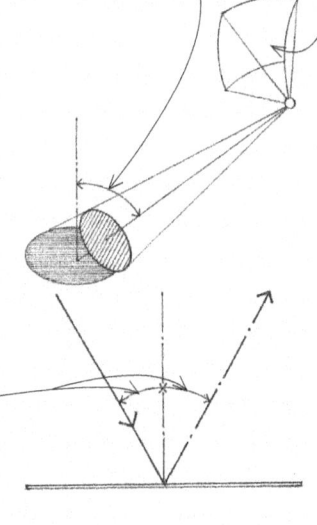

- Iluminação é a intensidade de luz que incide sobre uma área determinada qualquer em uma superfície iluminada, igual ao fluxo luminoso incidente por unidade de área e expressa em lúmens por unidade de área.
- Lux é a unidade de iluminação no Sistema Internacional de Medidas, igual a 1 lúmen por metro quadrado.
- Vela-pé é a unidade de iluminação em uma superfície que dista, em cada ponto, 1 pé (30,48 cm) de uma fonte pontual uniforme de 1 candeia, equivalente a 1 lúmen incidente por pé quadrado.
- Refletância é a razão entre a radiação refletida por uma superfície e a radiação total incidente sobre ela.
- Absortância é a razão entre a radiação absorvida por uma superfície e a radiação total incidente sobre ela.
- Transmitância é a razão entre a radiação transmitida que atravessa e sai de um corpo e o total incidente sobre este, equivalente a 1 menos a absortância.

- Lei da reflexão é o princípio de que quando a luz ou o som são refletidos por uma superfície lisa, o ângulo de reflexão é igual ao ângulo de incidência, e o raio incidente, o raio refletido e a normal à superfície ficam no mesmo plano. 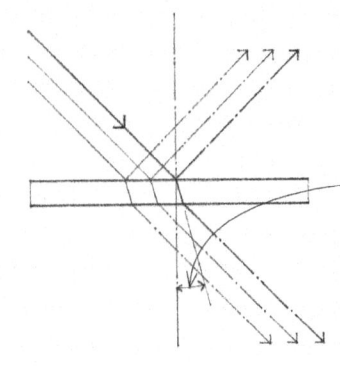
- Ângulo de refração é o ângulo formado por um raio refletido e a normal a uma interface entre dois meios no ponto de incidência.

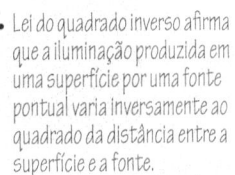

11.38 A LUZ E A VISÃO

A luz revela aos nossos olhos as formas, texturas e cores dos objetos no espaço. Um objeto em sua trajetória refletirá, absorverá ou permitirá que a luz incidente sobre ele o atravesse. Luminância é a quantidade de luminosidade de uma fonte de luz ou de uma superfície iluminada igual à intensidade luminosa por unidade de área projetada da fonte ou superfície observada a partir de uma determinada direção.

Luminosidade é a sensação pela qual um observador é capaz de distinguir diferentes luminâncias. A acuidade visual aumenta com a luminosidade dos objetos. Também é muito importante a relação entre a luminância de um objeto sendo observado e a luminância de seu fundo. Para que possamos discernir formas e proporções, é necessário que haja certo grau de contraste ou razão de luminância. O contraste é especialmente importante em tarefas visuais que exigem a discriminação de formas e contornos. Em tarefas visuais que exigem a discriminação de texturas e detalhes, é preferível contrastes inferiores, uma vez que nossos olhos se ajustam automaticamente à luminosidade de uma cena. Quando a razão de luminosidade é elevada demais, pode haver ofuscamento.

Ofuscamento é a sensação produzida por qualquer luminosidade no campo visual maior o suficiente que a luminância à qual os olhos estão adaptados, causando incômodo, desconforto ou perda da visibilidade. Há dois tipos de ofuscamento: direto ou indireto.

- Ofuscamento direto é aquele resultante de um grau de luminosidade elevado ou de uma fonte de luz insuficientemente coberta presente no campo visual.
- As estratégias para se controlar ou minimizar o ofuscamento incluem o uso de luminárias com refletores que impedem a visualização direta das lâmpadas e o uso de luminárias com difusores ou lentes que reduzem os níveis de luminosidade produzidos.

- Ofuscamento refletido ou indireto resulta da reflexão especular de uma fonte de luz dentro do campo visual.
- Um tipo específico de ofuscamento refletido é a refletância de encobrimento, a qual ocorre em uma superfície de trabalho e que reduz o contraste necessário para se enxergar os detalhes.
- Para evitar a refletância de encobrimento, posicione a fonte de luz de tal forma que os raios de luz incidentes sobre o plano de trabalho sejam refletidos para longe do observador.

- Lambert é uma unidade de luminância ou luminosidade igual a 0,32 candela por centímetro quadrado.
- O lambert-pé é uma unidade de luminância ou luminosidade igual a 0,32 candela por pé quadrado (0,09 m²).
- A luminosidade é afetada tanto pela cor como pela textura. Superfícies brilhantes e de cores claras refletem mais luz do que superfícies foscas ou texturizadas, mesmo que ambas recebam o mesmo nível de iluminação.

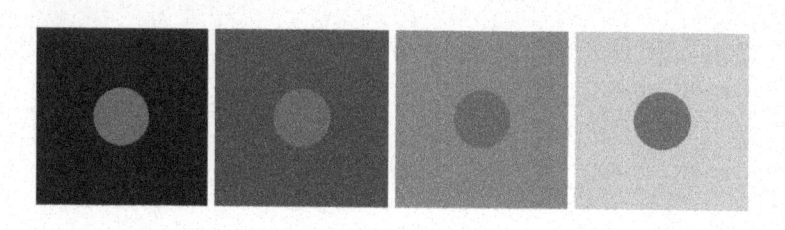

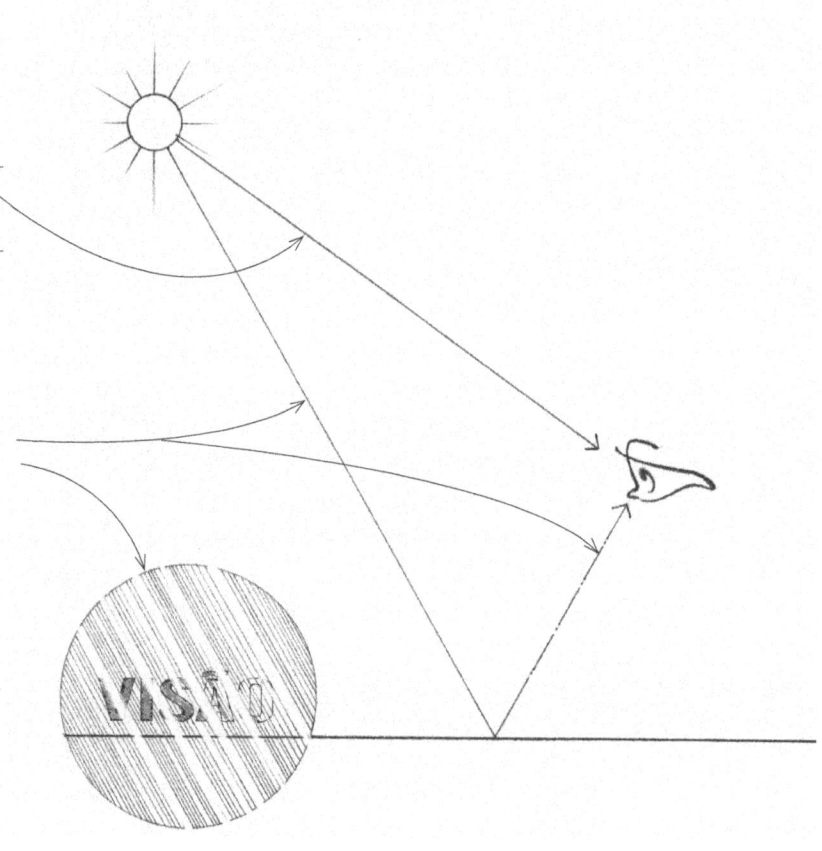

FONTES DE LUZ 11.39

- Bulbo é o invólucro de vidro que envolve o filamento de uma lâmpada de incandescência, preenchido com uma mistura de gases inertes, normalmente argônio e nitrogênio, para retardar a evaporação do filamento. Seu formato é designado por uma letra, seguida de um número que indica seu diâmetro em oitavos de polegada.

- Filamento
- Comprimento total máximo
- Comprimento do centro da lâmpada
- Soquete

- Eficiência luminosa é a medida da eficiência com a qual uma lâmpada converte energia elétrica em fluxo luminoso, equivalente à razão entre o fluxo emitido e a energia consumida e expressa em lúmens por watt.
- Vida útil é a durabilidade média, em horas, de um determinado tipo de lâmpada, determinada por ensaios laboratoriais de uma amostra representativa de lâmpadas sob condições controladas.
- Lâmpadas de uso prolongado são destinada a um consumo de energia reduzido e a uma vida mais longa do que o valor convencionalmente estabelecido para sua categoria geral.
- Lâmpada de três vias é uma lâmpada de incandescência com dois filamentos, de modo a permitir a comutação entre três níveis sucessivos de iluminação.

- Bulbo T é um bulbo tubular de quartzo para lâmpada de tungstênio e halogênio (lâmpadas halógenas).
- Bulbo TB é um bulbo de quartzo para lâmpadas de tungstênio e halogênio de formato semelhante ao de um bulbo A, porém com perfil angular.
- Bulbo MR ou lâmpada dicroica é um bulbo refletor multifacetado para lâmpadas de tungstênio e halogênio provido de refletores altamente polidos, distribuídos em pequenos segmentos, a fim de proporcionarem a difusão desejável do feixe luminoso.

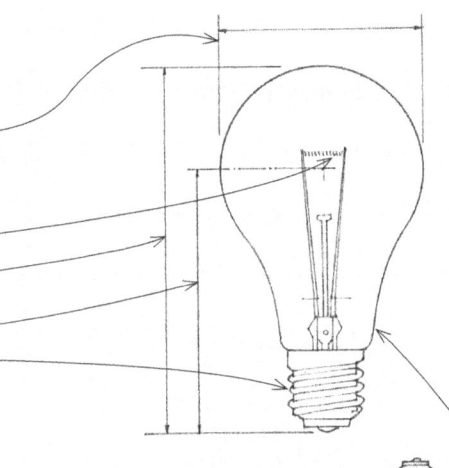

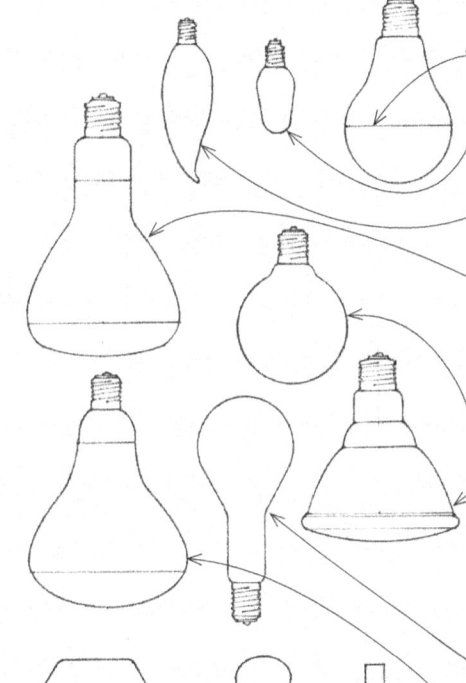

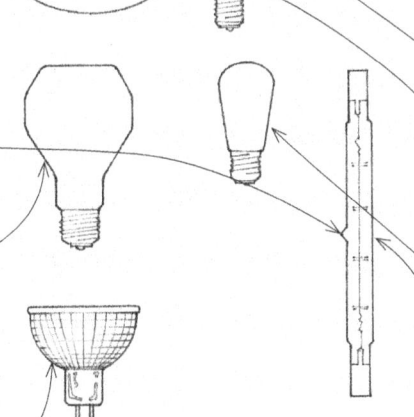

A luz artificial é luz natural produzida por elementos fabricados. A quantidade e a qualidade de luz produzida diferem com o tipo de lâmpada usada. A luz também é afetada pelo receptáculo que suporta e alimenta a lâmpada. Existem três tipos principais de fontes de luz artificiais: lâmpadas incandescentes, fluorescentes e lâmpadas de descarga de alta intensidade (HID). Para dados precisos e atualizados sobre tamanhos de lâmpadas, potências, intensidade em lúmens e vida média, consulte os fabricantes de lâmpadas.

Lâmpadas incandescentes

Lâmpadas incandescentes contêm um filamento que emite luz quando aquecido até a incandescência por uma corrente elétrica. Elas criam fontes pontuais de luz, apresentam baixa eficácia, bom índice de reprodução de cor, e são facilmente dimerizáveis com reostatos.

- Bulbo A: formato padrão arredondado, para lâmpadas incandescentes de uso geral.
- Bulbo A/SB: é um bulbo A com uma calota refletiva semiesférica prateada na parte oposta à rosca da lâmpada, para reduzir o ofuscamento.
- Bulbo C: bulbo em forma de cone utilizado em lâmpadas incandescentes decorativas de baixa potência.
- Bulbo CA: bulbo em forma de vela, utilizado em lâmpadas de incandescência decorativas de baixa potência.
- Bulbo ER: bulbo refletor elipsoidal para lâmpadas incandescentes, provido de um refletor interno de formato preciso que recebe a luz e a redireciona segundo um padrão de dispersão a certa distância à frente do filamento.
- Bulbo G: bulbo em forma de globo para lâmpadas incandescentes, com baixa luminosidade, para uso em áreas externas.
- Bulbo PAR: bulbo refletor parabólico revestido de alumínio para lâmpadas incandescentes e de descarga elétrica de alta densidade, provido de um refletor interno de formato preciso e, na dianteira, uma lente, a fim de se obter a difusão desejada do feixe luminoso.
- Bulbo OS: bulbo em forma de pera, próprio para lâmpadas incandescentes grandes.
- Bulbo R: bulbo reflexivo para lâmpadas incandescentes e de descarga elétrica de alta intensidade que apresenta revestimento reflexivo interno e vidro transparente ou translúcido nas laterais para produzir a dispersão desejável do facho luminoso.
- Bulbo S: bulbo de lados retos, próprio para lâmpadas incandescentes decorativas de baixa potência.
- Lâmpadas de tungstênio e halogênio têm um filamento de tungstênio com um bulbo de quartzo que contém uma pequena quantidade de halogênio que evapora ao ser aquecido e redeposita no filamento todas as partículas de tungstênio evaporadas.
- Lâmpada halógena IR é uma lâmpada de tungstênio e halogênio com um revestimento dicroico infravermelho para refletir a energia infravermelha de volta ao filamento, elevando o rendimento da lâmpada e reduzindo o calor radiante no feixe luminoso emitido.

CSI MasterFormat 26 51 13 Interior Lighting Fixtures, Lamps, and Ballasts

11.40 FONTES DE LUZ

Lâmpadas de descarga produzem luz pela descarga de eletricidade entre eletrodos em um invólucro cheio de gás. Os dois tipos mais importantes de lâmpadas de descarga são as lâmpadas fluorescentes e as diversas lâmpadas de descarga de alta intensidade.

Lâmpadas fluorescentes

Lâmpadas fluorescentes são lâmpadas de descarga tubulares nas quais a luz é produzida pela fluorescência do revestimento de fósforo no interior do tubo. As lâmpadas fluorescentes contêm mercúrio, assim exigem manuseio especial durante a reciclagem. A quantidade de mercúrio utilizada vem sendo reduzida e hoje os bulbos T5 apresentam baixo conteúdo desse material.

As lâmpadas fluorescentes são mais eficientes e têm vida útil mais longa do que as incandescentes, durando entre cerca de 6 mil e 24 mil horas. Elas emitem pouco calor e estão disponíveis em vários tipos e potências. Os comprimentos mais comuns variam entre 15 cm (lâmpada T5 de 4 watts) e 244 cm (T12 de 125 W). Esses bulbos exigem um reator, que regula a corrente elétrica que passa. Algumas lâmpadas têm base de pino, outras têm rosca.

- Lastros mantêm constante a corrente desejada ao longo de uma lâmpada fluorescente ou de descarga elétrica de alta intensidade.
- Lâmpadas de pré-aquecimento exigem um starter à parte para pré-aquecer os cátodos antes de abrir o circuito para a voltagem de acendimento.
- Lâmpadas de acendimento rápido são feitas para funcionar com um lastro dotado de um enrolamento de baixa voltagem para um aquecimento contínuo dos cátodos, o que lhes permite um acendimento mais rápido do que uma lâmpada de pré-aquecimento.
- Lâmpadas de acendimento automático são destinadas a funcionar com um lastro dotado de um transformador de alta voltagem para iniciar o arco diretamente sem nenhum pré-aquecimento dos cátodos.
- Lâmpadas de alta potência são lâmpadas fluorescentes de acendimento rápido destinadas a funcionar em uma corrente de 800 miliampères, resultando em um aumento correspondente do fluxo luminoso por unidade de comprimento da lâmpada.
- Lâmpadas de potência muito alta são destinadas a funcionar em uma corrente de 1.500 miliampères, proporcionando um aumento correspondente do fluxo luminoso por unidade de comprimento da lâmpada.
- Lâmpadas fluorescentes compactas são qualquer uma dentre várias lâmpadas fluorescentes pequenas de alto rendimento, com tubo simples, duplo ou em U, e normalmente um adaptador para sua instalação em um soquete de lâmpada incandescente.

Lâmpadas de descarga de alta intensidade (HID) são lâmpadas de descarga nas quais uma quantidade significativa de luz é produzida pela descarga de eletricidade através de um vapor metálico em um invólucro lacrado de vidro. As lâmpadas de descarga de alta intensidade combinam a forma de uma lâmpada incandescente com a eficácia de uma fluorescente.

- Disponíveis entre 5 e 80 watts
- Alta eficácia luminosa (em geral, entre 60 e 72 lumens por watt)
- Bom índice de reprodução de cores
- Vidas úteis muito longas (6 mil a 15 mil horas)
- Tubulares ou espirais
- Muitas têm o reator incorporado e bases com rosca, para a substituição direta em pontos com lâmpadas incandescentes

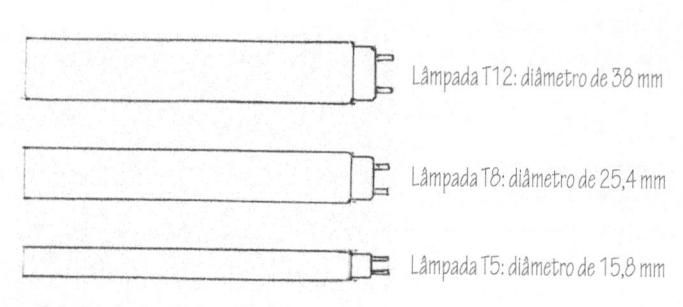

Lâmpada T12: diâmetro de 38 mm

Lâmpada T8: diâmetro de 25,4 mm

Lâmpada T5: diâmetro de 15,8 mm

- Bulbo E: bulbo elipsoidal para lâmpadas de descarga de alta intensidade
- As lâmpadas T12 padrão hoje estão sendo substituídas por bulbos T8 e T5, menores e mais eficientes.

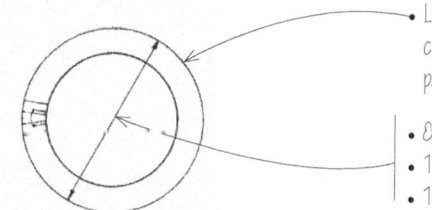

- Lâmpada circular: lâmpada fluorescente em forma de rosca, adequada para luminárias circulares.
- 8-1/4" (210) 22W
- 12" (305) 32W
- 16" (405) 40W

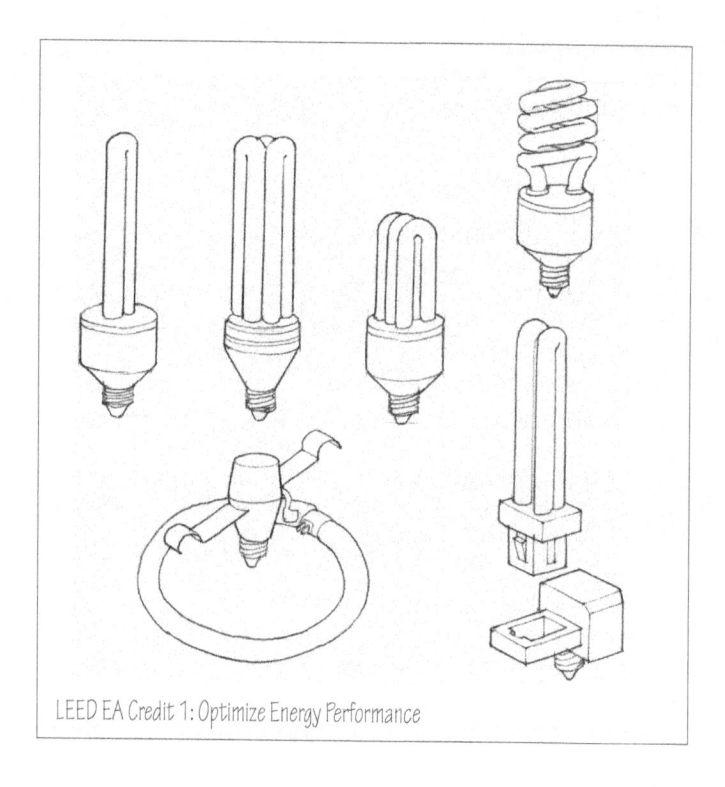

LEED EA Credit 1: Optimize Energy Performance

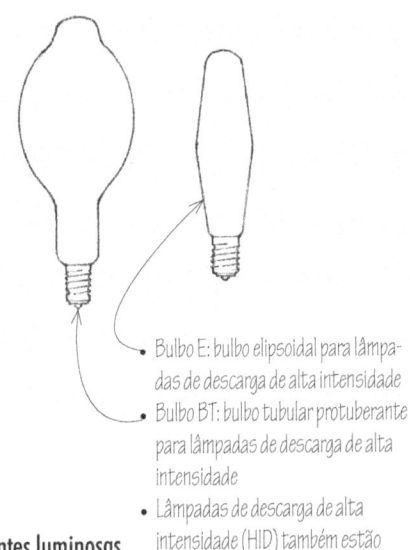

FONTES DE LUZ 11.41

Lâmpadas de descarga de alta intensidade

Lâmpadas de descarga de alta intensidade (HID) são lâmpadas de descarga nas quais uma quantidade significativa de luz é produzida pela descarga de eletricidade através de um vapor metálico em um invólucro lacrado de vidro. As lâmpadas de descarga de alta intensidade combinam a forma de uma lâmpada incandescente com a eficácia de uma fluorescente.

- Lâmpadas de mercúrio produzem luz através de uma descarga elétrica no vapor de mercúrio.
- Lâmpadas de halogeneto metálico são similares a lâmpadas de mercúrio, mas têm um tubo arqueado no qual vários halogenetos metálicos são acrescentados, produzindo mais luz e melhorando o índice de reprodução de cores.
- Lâmpadas de sódio de alta pressão (HPS) produzem um amplo espectro de luz branca dourada por meio de uma descarga elétrica em um vapor de sódio.

- Bulbo E: bulbo elipsoidal para lâmpadas de descarga de alta intensidade
- Bulbo BT: bulbo tubular protuberante para lâmpadas de descarga de alta intensidade
- Lâmpadas de descarga de alta intensidade (HID) também estão disponíveis com bulbos B e T.

Luz e cor

A distribuição espectral da luz artificial varia conforme o tipo de lâmpada. Por exemplo, um bulbo ou uma lâmpada incandescente produz uma luz branco-amarelada, enquanto uma lâmpada fluorescente gera uma luz branca azulada. A distribuição espectral de uma fonte de luz é importante, uma vez que se há certos comprimentos de luz faltando, tais cores não serão refletidas e se terá a impressão de que elas estão faltando em uma superfície iluminada por aquela fonte de luz.

- Índice de reprodução de cores é uma medida da capacidade de uma lâmpada elétrica de revelar as cores com precisão quando comparada a uma fonte luminosa de temperatura de cor semelhante. Uma lâmpada de tungstênio operando a uma temperatura de cor de 3.200 °K, luz solar do meio-dia com uma temperatura de cor de 4.800 °K e uma luz solar média com uma temperatura de cor de 7.000 °K têm, todas, um índice igual a 100 e são consideradas fontes capazes de revelar as cores com perfeição.

- A curva de distribuição espectral registra a energia radiante em cada comprimento de onda de uma fonte luminosa em particular.

Índice de reprodução de cores (IRC) de várias fontes luminosas

IRC	Fonte luminosa
100	Luz solar ao meio-dia; iluminação diurna média
93	Lâmpada incandescente de 500 W
89	Lâmpada fluorescente de luxo com luz branca fria
78	Lâmpada fluorescente de luxo com luz branca quente
62	Lâmpada fluorescente com luz branca fria
52	Lâmpada fluorescente com luz branca quente

Temperatura de cor correlacionada (TCC)

TCC em °Kelvin	Fonte luminosa
2.700	Incandescente
3.000	Halógena
2.700–6.500	Fluorescente
3.000–4.000	Halogeneto metálico
2.800–6.000	LED
5.500–7.500	Luz natural

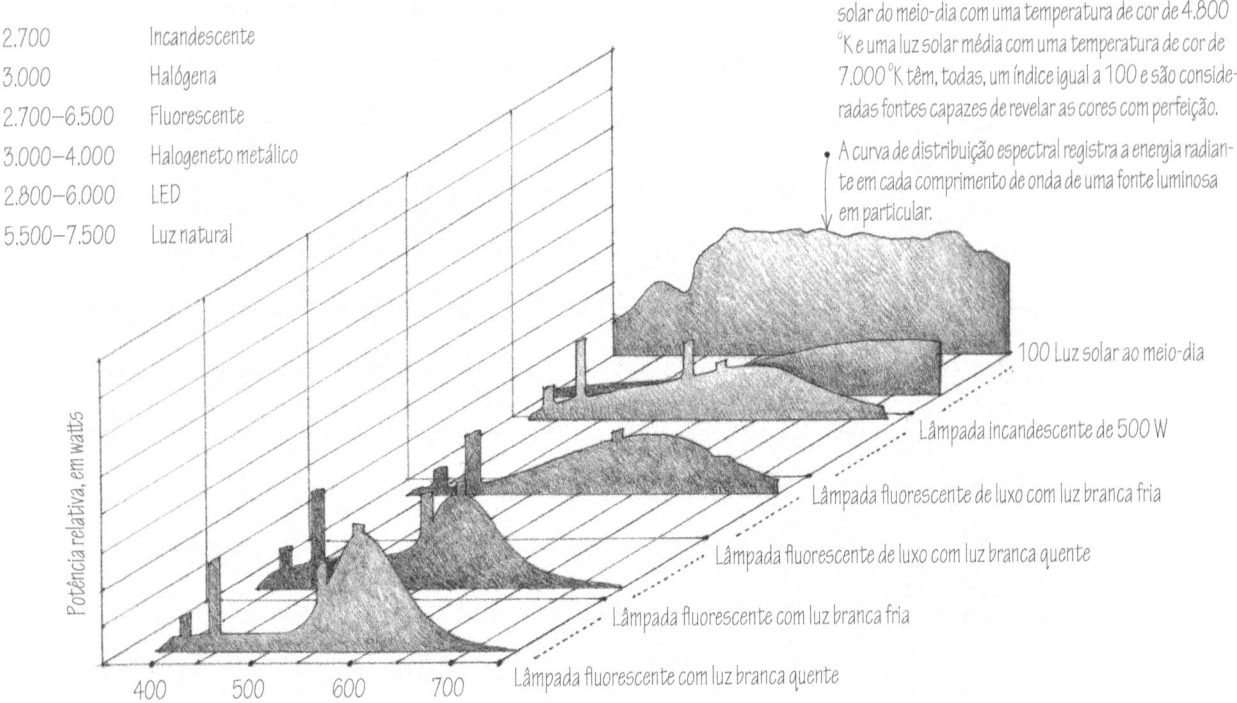

11.42 FONTES DE LUZ

Fibras óticas
A iluminação por meio de fibras óticas de vidro ou plástico extrudado transmite a luz de uma extremidade das fibras à outra por meio da reflexão dos raios luminosos para frente e para trás de seus núcleos, em zigue-zague. Cada uma das fibras de pequeno diâmetro é protegida por uma camada de revestimento transparente (a casca) e, reunidas, elas formam cabos flexíveis.

Um típico sistema de iluminação com fibras óticas inclui:
- Um projetor de luz (o componente fotoemissor), que às vezes tem uma roda de cores
- Uma fonte de luz: a lâmpada de tungstênio e halogênio ou de halogeneto metálico
- Um chicote de fiação
- Feixes de fibras óticas e suas conexões

LEDs
Os LEDs (diodos emissores de luz) irradiam pouquíssimo calor e são extremamente eficientes em termos energéticos. Eles têm uma vida útil muito longa, em geral de cerca de 10 anos. LEDs de luz branca de alta potência são utilizados para iluminação. Eles não sofrem com vibrações e a variação de temperatura, resistem a impactos e não contêm mercúrio. Suas lâmpadas minúsculas, de 3,2 mm, podem ser combinadas em grupos, para misturar as cores e aumentar a potência de iluminação. Os LEDs funcionam com corrente contínua, que é transformada em alternada dentro do próprio bulbo.

Os LEDs hoje são empregados na iluminação residencial e comercial. Podem ser produzidos a fim de focar o feixe luminoso, o que os torna muito adequados para a iluminação sobre o plano de trabalho. Também são empregados em *downlights* (luminárias descendentes), na iluminação de degraus e em letreiros de saída.

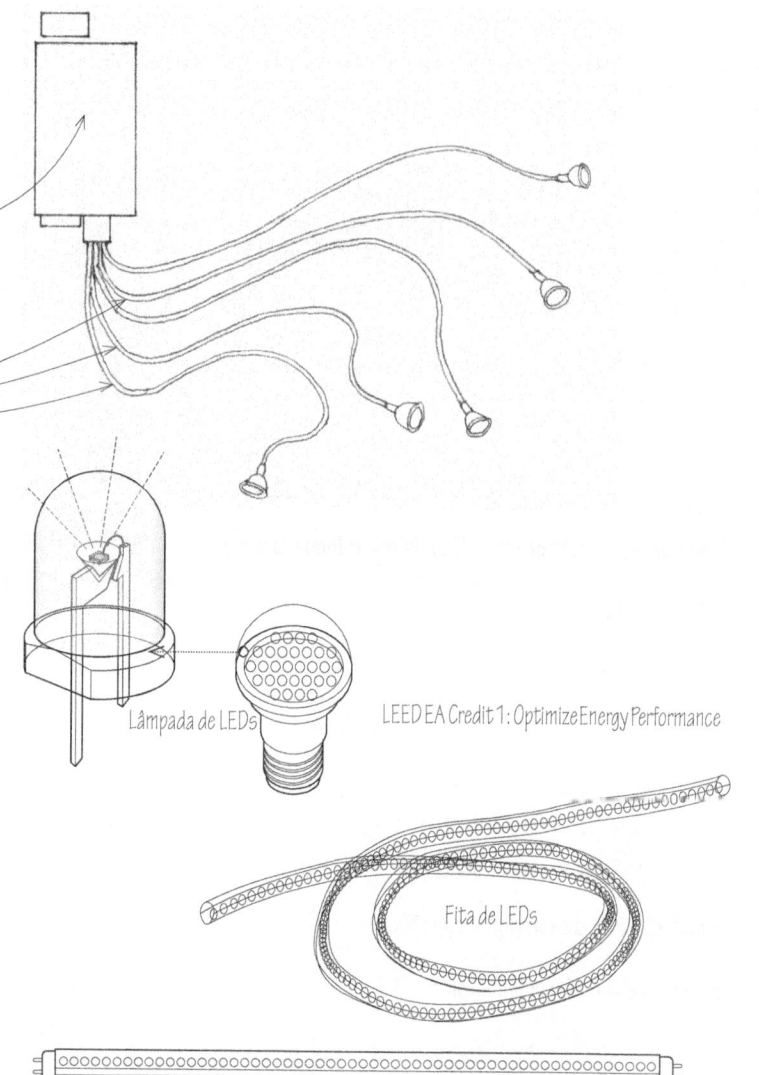

Lâmpada de LEDs

LEED EA Credit 1: Optimize Energy Performance

Fita de LEDs

Lâmpada tubular de LEDs

Luminárias de LEDs

LEDs iluminando degraus

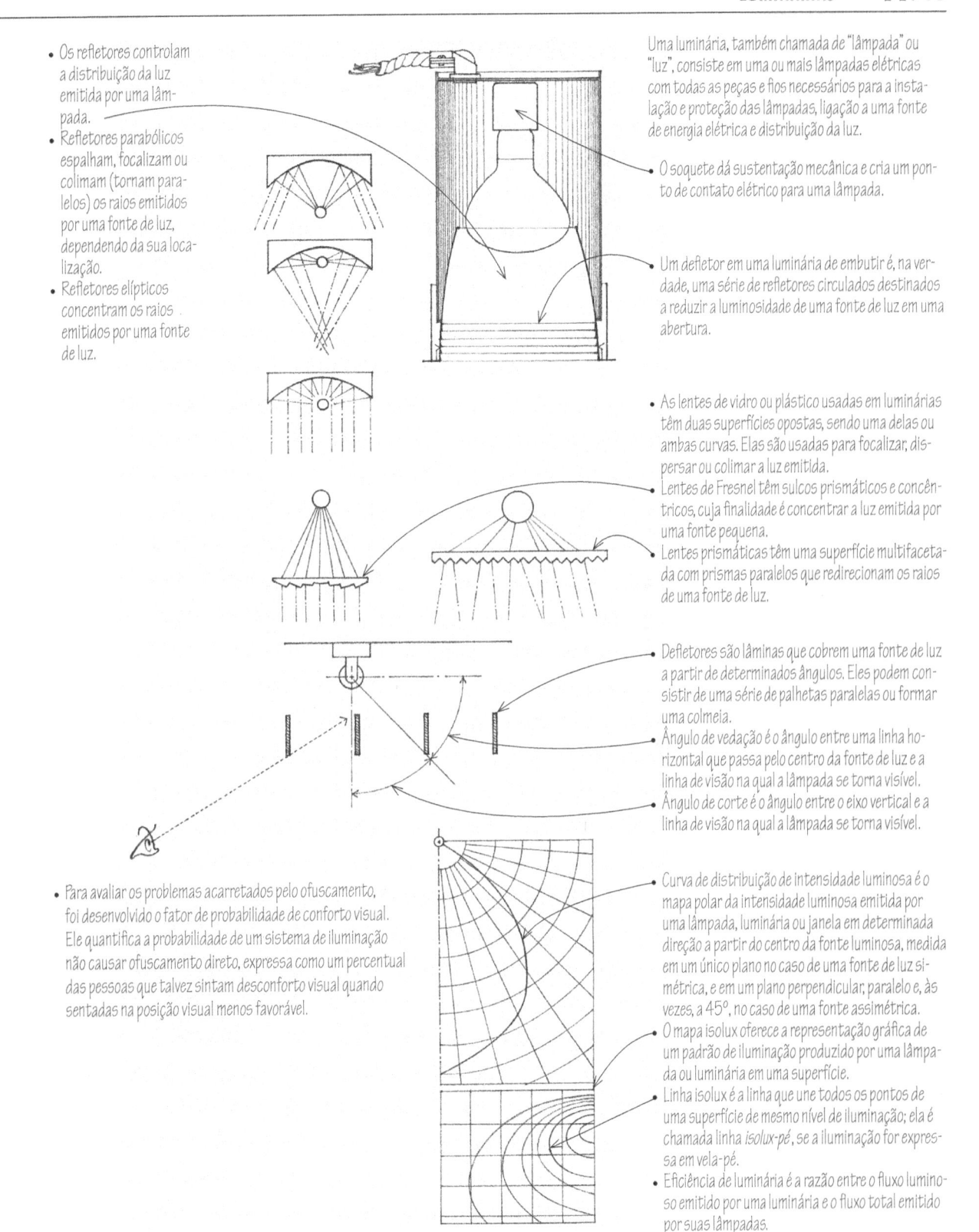

LUMINÁRIAS 11.43

- Os refletores controlam a distribuição da luz emitida por uma lâmpada.
- Refletores parabólicos espalham, focalizam ou colimam (tornam paralelos) os raios emitidos por uma fonte de luz, dependendo da sua localização.
- Refletores elípticos concentram os raios emitidos por uma fonte de luz.

Uma luminária, também chamada de "lâmpada" ou "luz", consiste em uma ou mais lâmpadas elétricas com todas as peças e fios necessários para a instalação e proteção das lâmpadas, ligação a uma fonte de energia elétrica e distribuição da luz.

- O soquete dá sustentação mecânica e cria um ponto de contato elétrico para uma lâmpada.
- Um defletor em uma luminária de embutir é, na verdade, uma série de refletores circulados destinados a reduzir a luminosidade de uma fonte de luz em uma abertura.
- As lentes de vidro ou plástico usadas em luminárias têm duas superfícies opostas, sendo uma delas ou ambas curvas. Elas são usadas para focalizar, dispersar ou colimar a luz emitida.
- Lentes de Fresnel têm sulcos prismáticos e concêntricos, cuja finalidade é concentrar a luz emitida por uma fonte pequena.
- Lentes prismáticas têm uma superfície multifacetada com prismas paralelos que redirecionam os raios de uma fonte de luz.
- Defletores são lâminas que cobrem uma fonte de luz a partir de determinados ângulos. Eles podem consistir de uma série de palhetas paralelas ou formar uma colmeia.
- Ângulo de vedação é o ângulo entre uma linha horizontal que passa pelo centro da fonte de luz e a linha de visão na qual a lâmpada se torna visível.
- Ângulo de corte é o ângulo entre o eixo vertical e a linha de visão na qual a lâmpada se torna visível.

- Para avaliar os problemas acarretados pelo ofuscamento, foi desenvolvido o fator de probabilidade de conforto visual. Ele quantifica a probabilidade de um sistema de iluminação não causar ofuscamento direto, expressa como um percentual das pessoas que talvez sintam desconforto visual quando sentadas na posição visual menos favorável.

- Curva de distribuição de intensidade luminosa é o mapa polar da intensidade luminosa emitida por uma lâmpada, luminária ou janela em determinada direção a partir do centro da fonte luminosa, medida em um único plano no caso de uma fonte de luz simétrica, e em um plano perpendicular, paralelo e, às vezes, a 45°, no caso de uma fonte assimétrica.
- O mapa isolux oferece a representação gráfica de um padrão de iluminação produzido por uma lâmpada ou luminária em uma superfície.
- Linha isolux é a linha que une todos os pontos de uma superfície de mesmo nível de iluminação; ela é chamada linha *isolux-pé*, se a iluminação for expressa em vela-pé.
- Eficiência de luminária é a razão entre o fluxo luminoso emitido por uma luminária e o fluxo total emitido por suas lâmpadas.

CSI MasterFormat 26 51 13 Interior Lighting Fixtures, Lamps, and Ballasts

11.44 A ILUMINAÇÃO

O principal objetivo de um sistema de iluminação é fornecer luz suficiente para se desempenharem tarefas visuais. Os níveis de iluminação recomendados para determinadas tarefas especificam apenas a quantidade de luz a ser fornecida. O modo como essa luz é fornecida afeta a maneira em que um espaço é revelado ou um objeto é visualizado.

Iluminação difusa emana de fontes de luz e superfícies refletoras amplas ou múltiplas. A iluminação constante e relativamente uniforme minimiza os contrastes e sombras, podendo dificultar a percepção de texturas.

Já a luz direta melhora a nossa percepção de contornos, formas e texturas, produzindo sombras e variações de luminosidade nas superfícies dos objetos iluminados.

Embora seja útil para a visão geral, a iluminação difusa pode ser monótona. A iluminação direta ajuda a torná-la mais interessante ao proporcionar ênfase visual, introduzir variações na luminância e dar mais brilho às superfícies de tarefa visual. Misturar as iluminações difusa e direta geralmente é indicado e proveitoso, especialmente quando tarefas diversas são desempenhadas.

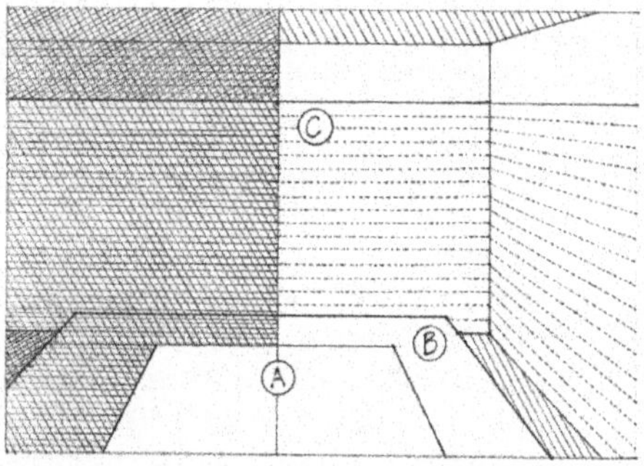

Níveis de iluminação recomendados

Nível de dificuldade da tarefa visual	Velas-pé	Lux
Muito baixo (refeição)	20	215
Baixo (leitura)	50	538
Moderado (desenho)	100	1.076
Alto (costura)	200	2.152
Extremo (cirurgia)	>400	>4.034

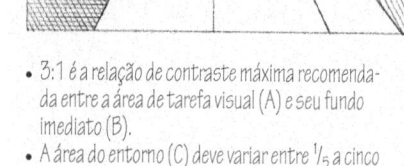

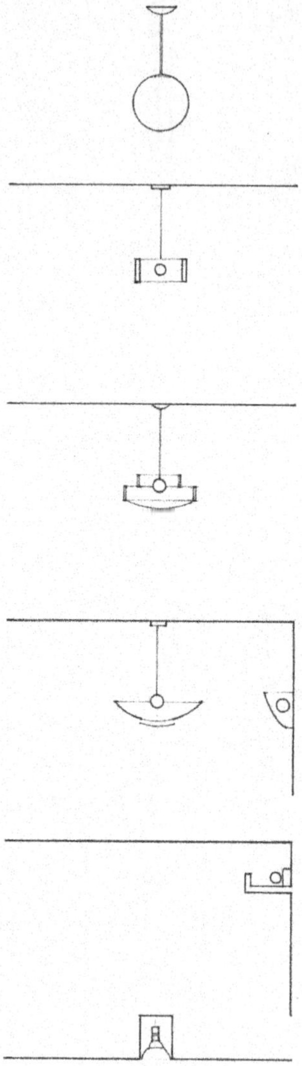

As luminárias podem ser categorizadas de acordo com a porcentagem de luz emitida para cima e para baixo de um plano horizontal. A distribuição real de luz de uma luminária específica é determinada pelo tipo de lâmpada, lente e refletor utilizado. Consulte o fabricante para saber mais sobre as curvas de distribuição de velas.

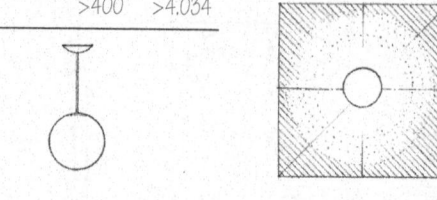

Iluminação geral difusa
- 40% a 60%
- 40% a 60%

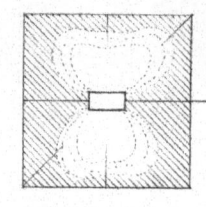

Iluminação direta e indireta
- 40% a 60%
- 40% a 60%

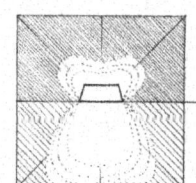

Iluminação semidireta
- 10% a 40%
- 60% a 90%

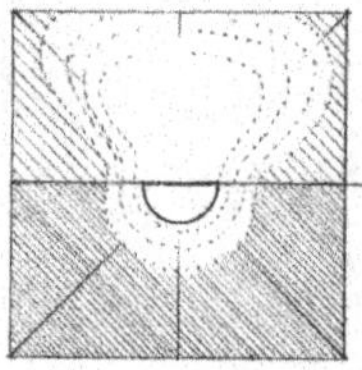

Iluminação semi-indireta
- 60% a 90%
- 10% a 40%

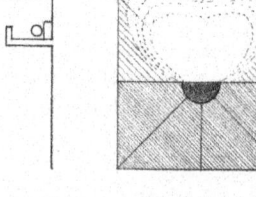

Iluminação indireta
- 90% a 100%
- 0% a 10%

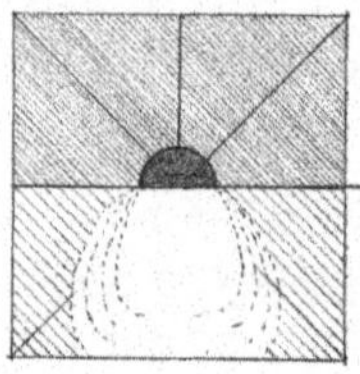

Iluminação direta
- 0% a 10%
- 90% a 100%

- 3:1 é a relação de contraste máxima recomendada entre a área de tarefa visual (A) e seu fundo imediato (B).
- A área do entorno (C) deve variar entre $1/5$ a cinco vezes o brilho da área de tarefa visual (A).

Relações de contraste

CSI MasterFormat 26 51 00 Interior Lighting

A ILUMINAÇÃO   11.45

Aproveitamento da luz natural
O aproveitamento da luz natural (diurna, solar) é um método de controle da iluminação que reduz o consumo de energia elétrica com o uso de fotossensores para detectar os níveis de iluminação natural e automaticamente ajustar a iluminação elétrica recomendada para um espaço. Se a iluminação natural através das janelas for suficiente para atender às necessidades dos usuários, o sistema de controle poderá de modo automático desligar a iluminação elétrica total ou parcialmente ou dimerizar as lâmpadas, e, assim que a luz natural ficar abaixo do nível pré-determinado, reativá-la imediatamente. Os fotossensores podem ser integrados a sensores de presença, para o acionamento e desligamento automático, aumentando ainda mais a economia, ou a controles manuais, que permitem o ajuste dos níveis de iluminação pelos usuários. Alguns sistemas de controle também conseguem ajustar o equilíbrio de cores da luz ao variar a intensidade de lâmpadas de LED individuais com diferentes cores, que são instaladas em luminárias no teto.

Acionamento em dois níveis
O acionamento em dois níveis é um sistema de controle que oferece dois patamares de potência de iluminação em um espaço, além do desligamento total das lâmpadas. O sistema pode controlar reatores ou lâmpadas alternadas de uma luminária, luminárias alternadas ou circuitos alternados de modo independente por vários meios: fotossensores que detectam o nível de luz na iluminação natural disponível; sensores de presença de usuários; painéis de controle com temporizadores; ou controles manuais reguláveis pelos ocupantes ou pelo zelador. Muitos códigos de energia dos Estados Unidos exigem controles de redução do nível de luz, como os sistemas de acionamento em dois níveis, em espaços fechados de certos tipos de ocupação.

100% da iluminação

Acionamento multinível
Uma forma de acionamento em dois níveis no qual lâmpadas múltiplas de uma mesma luminária podem ser acionadas ou desligadas de modo independente, permitindo um ou mais graus de iluminação entre o máximo e o zero e, ao mesmo tempo, mantendo a distribuição uniforme da luz que é necessária para se trabalhar. Por exemplo, uma série de luminárias com três lâmpadas com reatores divididos pode oferecer quatro níveis de iluminação: 100% (todas as lâmpadas), 66% (duas lâmpadas acesas em cada luminária); 33% (uma lâmpada acesa em cada luminária) e 0% (todas as lâmpadas apagadas). O acionamento multinível oferece maior flexibilidade e reduz as mudanças abruptas no nível de luz típicas do sistema de acionamento em dois níveis.

66% da iluminação

Dimerização contínua
Este é um método de controle da iluminação que preserva o nível desejado ou recomendado de luz em um espaço ao modular a emissão das luminárias e lâmpadas elétricas de modo proporcional à quantidade de luz diurna disponível que é detectada por sensores de nível de iluminação. Os sistemas de dimerização contínua minimizam as mudanças abruptas no nível de luz criado pelos sistemas de acionamento em dois níveis ou multiníveis.

33% da iluminação

Controles de presença
Os controles de presença são sistemas automáticos de controle da iluminação que utilizam sensores de presença ou de movimento para ligar as lâmpadas quando se detecta a presença humana e desligá-las quando o espaço fica vazio. Os sensores de presença podem substituir interruptores instalados nas paredes ou estarem em outro recinto, preservando os interruptores convencionais para serem utilizados como chaves de desligamento mesmo quando o espaço estiver sendo ocupado.

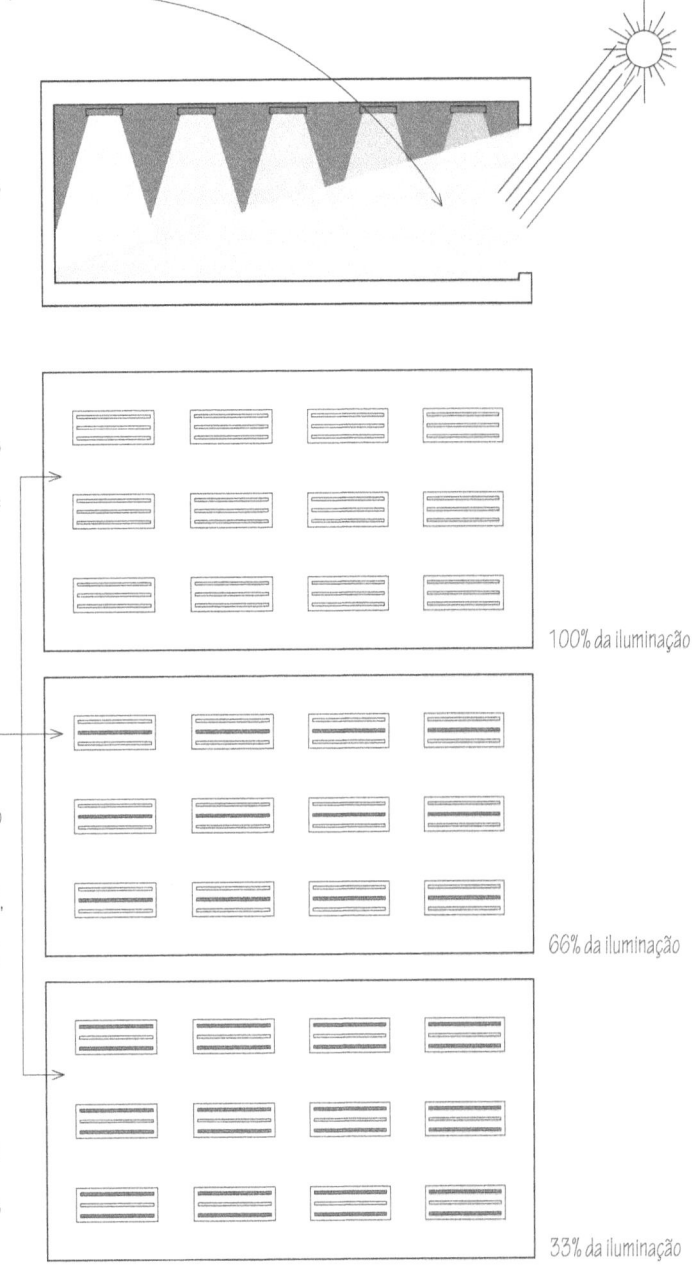

LEED IEQ Credit 6.1: Controllability of Systems, Lighting

11.46 A ILUMINAÇÃO

- Divisão de feixe luminoso é o ângulo de um feixe luminoso que intercepta a curva de distribuição de intensidade luminosa em pontos nos quais tal intensidade equivale a uma percentagem estabelecida de uma intensidade máxima de referência.

Critério de espaçamento é uma fórmula para se determinar a distância a que devem ser instaladas as luminárias para se obter uma iluminação uniforme de uma superfície ou área, baseada na altura de instalação.

O método do ponto de luz é um procedimento para se calcular a iluminação produzida em uma superfície por uma fonte pontual a partir de qualquer ângulo, baseado nas leis do quadrado inverso e do cosseno.

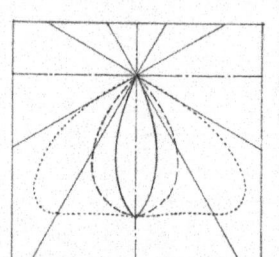

CE = 0,5
CE = 1,0
CE = 1,5

- Critério de espaçamento (CE) = Espaçamento (E) / Altura de instalação (AI)

- Os critérios de espaçamento são calculados e fornecidos pelos fabricantes de luminárias.

- Cavidade do teto é o espaço formado pelo teto, um plano de luminárias suspensas e as superfícies das paredes situadas entre esses dois planos.
- Cavidade ambiente é o espaço formado por um plano de luminárias, o plano de trabalho e as superfícies das paredes situadas entre esses dois planos.
- Cavidade de piso é o espaço formado pelo plano de trabalho, o piso e as superfícies das paredes situadas entre esses dois planos.

- Razão de cavidade ambiente é um número simples derivado das dimensões de uma cavidade ambiente para ser utilizado na determinação do coeficiente de utilização.
- Coeficiente de utilização (CU) é a razão entre o fluxo luminoso que atinge um plano de trabalho específico e o total de lúmens emitidos por uma luminária, levando-se em consideração as proporções de um ambiente e as refletâncias de suas superfícies.

- Coeficiente de perda de luz é qualquer um dos diversos coeficientes utilizados no cálculo da iluminação efetiva fornecida por um sistema de iluminação após um determinado período de tempo e sob determinadas condições.
- Coeficiente de perda de luz recuperável (CPLR) é a parcela da perda de luz que pode ser recuperada com a substituição das lâmpadas ou manutenção.

O método dos lúmens é um procedimento para se determinar o número e o tipo de lâmpadas, luminárias ou janelas necessárias para se obter um nível de iluminação uniforme sobre uma superfície de trabalho, computando-se o fluxo luminoso direto e o refletido.

- Plano de trabalho é o plano horizontal em que é realizado um trabalho e sobre o qual é especificada e calculada a iluminação, normalmente situado a 76,2 cm do chão (30 polegadas).

- Deterioração de lúmen de lâmpada representa a perda de fluxo luminoso de uma lâmpada durante sua vida útil, e é expressa como um percentual dos lúmens iniciais da mesma.
- Deterioração de luminária por sujeira representa a perda de fluxo luminoso de uma lâmpada em função do acúmulo de sujeira em suas superfícies, expressa como um percentual da iluminação que a luminária produziria quando nova ou limpa.
- Deterioração de superfície de recinto por sujeira representa a perda de luz refletida em função do acúmulo de sujeira nas superfícies de um recinto, expressa como um percentual da luz refletida pelas superfícies quando limpas.
- Coeficiente de perda de luz não recuperável (CPLNR) é qualquer um dos diversos coeficientes de perda de luz permanente que levam em consideração os efeitos da temperatura, quedas de voltagem ou sobretensões, variações de lastro e alturas de divisórias.

- Iluminância constante média = $\dfrac{\text{lúmens iniciais da lâmpada} \times CU \times CPLR \times CPLNR}{\text{área de trabalho}}$

*lúmens iniciais por lâmpada = lúmens por lâmpada × lâmpadas por luminária

LEED EQ Credit 6.1: Controllability of Lighting Systems

12
NOTAS SOBRE MATERIAIS

12.2 Materiais de construção
12.4 O concreto
12.6 A alvenaria
12.8 O aço
12.9 Metais não ferrosos
12.10 A pedra
12.11 A madeira
12.14 Painéis de madeira
12.15 Plásticos
12.16 O vidro
12.17 Produtos de vidro
12.18 Pregos
12.19 Parafusos comuns e parafusos de porca
12.20 Fixações diversas e adesivos
12.21 Tintas
12.22 A preparação de superfícies para pintura

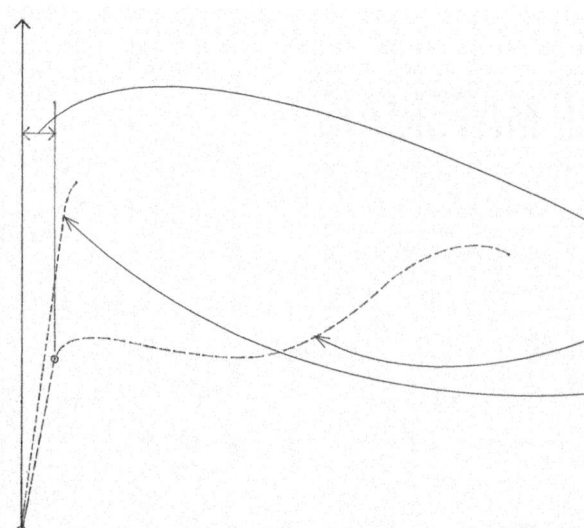

12.2 MATERIAIS DE CONSTRUÇÃO

Este capítulo descreve os principais tipos de materiais de construção, suas propriedades físicas e seus usos na construção de edificações. Os critérios para seleção e uso de um material de construção são listados a seguir.

- Cada material possui propriedades distintas de resistência, elasticidade e rigidez. Os materiais estruturais mais eficientes são aqueles que combinam elasticidade e rigidez.
- Elasticidade é a capacidade de um material se deformar sob tensão — flexão, tração ou compressão — e retornar à sua forma original quando a tensão aplicada é removida. Todo material tem seu limite elástico, além do qual ele se deformará permanentemente ou se romperá.
- Os materiais que sofrem deformação plástica antes da sua ruptura são chamados dúcteis.
- Materiais frágeis, por outro lado, têm baixos limites de elasticidade e rompem quando carregados, com pequena deformação visível. Devido aos materiais frágeis terem menor resistência que os materiais dúcteis, eles não são tão adequados para finalidades estruturais.
- A rigidez é a medida do nível de resistência de um corpo elástico à deformação. A rigidez de um corpo sólido depende tanto de seu formato estrutural como da elasticidade de seu material e é um fator importante a ser considerado na relação entre o vão vencido e a deflexão sob carregamento.

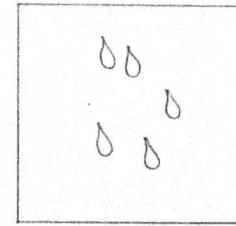

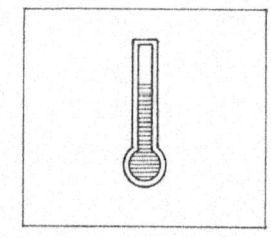

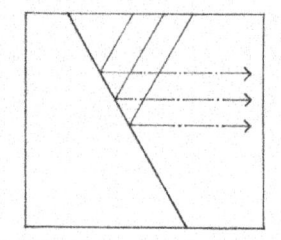

- Tensão é a resistência ou reação internas de um corpo elástico às forças externas a ele aplicadas, igual à razão entre a força e a área, expressa em unidades de força por unidade de área da seção transversal.

- Deformação é a alteração de um corpo sob a ação de uma força aplicada, equivalente à razão entre a mudança de forma ou tamanho e a forma ou tamanho originais de um corpo tensionado.

- A estabilidade dimensional de um material, à medida que ele responde a variações de temperatura e conteúdo de umidade, afeta a maneira na qual ele é detalhado e se conecta com outros materiais.
- A resistência de um material à água e ao vapor de água é uma importante consideração quando ele fica exposto ao intemperismo ou quando é usado em ambientes úmidos.
- A condutividade ou resistência térmica de um material deve ser avaliada quando ele é empregado na vedação externa de uma edificação.
- A transmissão, reflexão ou absorção da luz visível de um material e seu calor radiante deve ser avaliada sempre que ele for utilizado para o acabamento das superfícies de um cômodo.
- A densidade ou dureza de um material determina sua resistência ao desgaste e abrasão, sua durabilidade de uso e os custos necessários para mantê-lo.
- A capacidade de um material de resistir à combustão, suportar o calor do fogo e não produzir fumaça e gases tóxicos deve ser avaliada antes que ele seja empregado como elemento estrutural ou de acabamento interno. 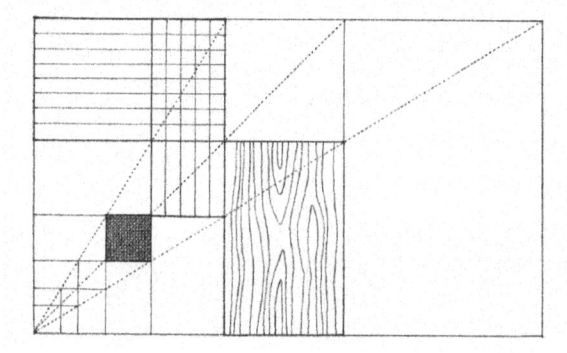
- A cor, textura e escala de um material também são considerações óbvias na avaliação de sua adequação a um projeto específico.
- Muitos materiais de construção são fabricados em formas e tamanhos padronizados. Entretanto, essas dimensões podem variar ligeiramente entre fabricantes. Elas devem ser verificadas nas fases de planejamento e projeto de uma edificação de maneira a minimizar cortes ou perdas desnecessários de material durante a execução.

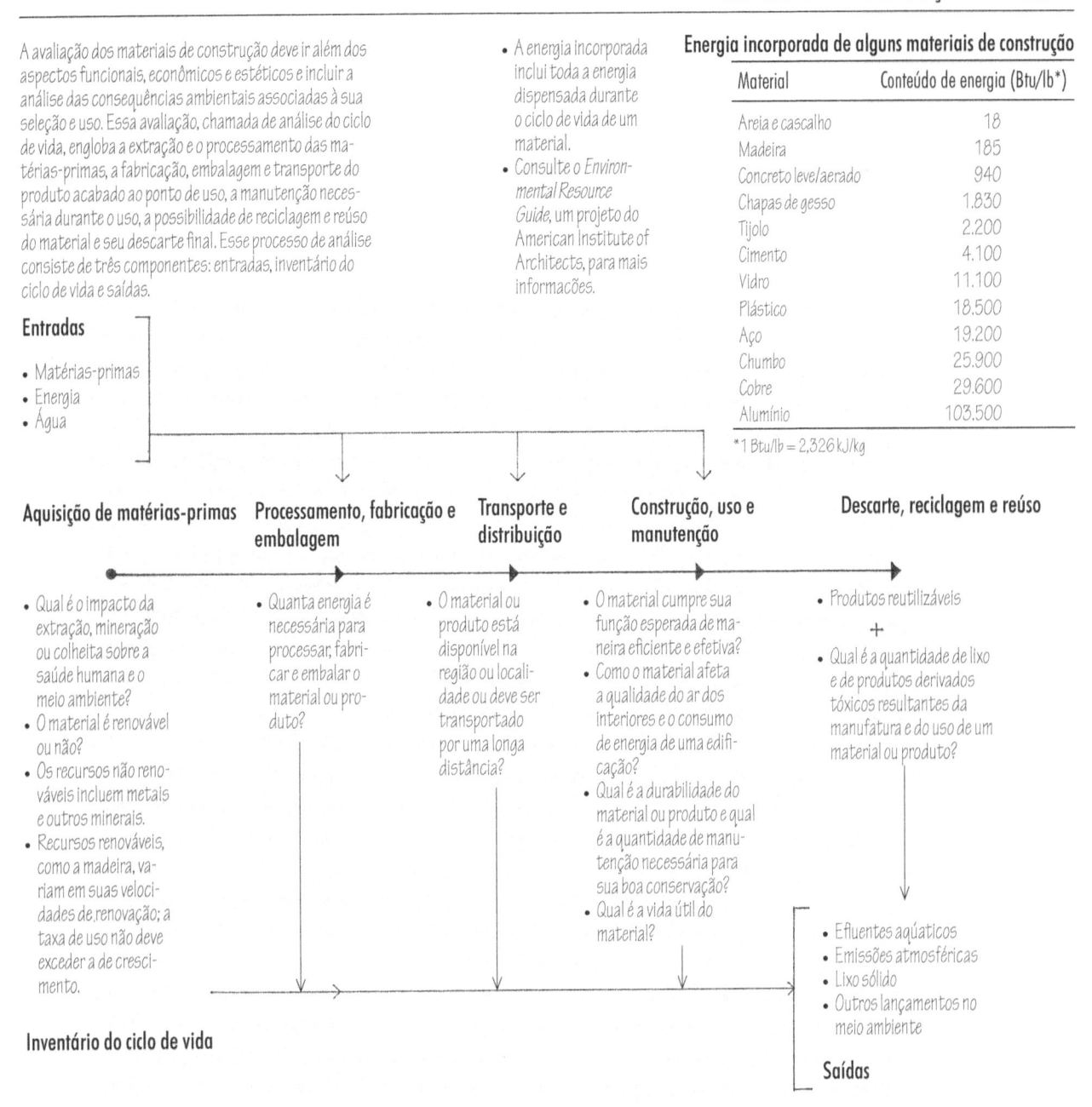

MATERIAIS DE CONSTRUÇÃO 12.3

A avaliação dos materiais de construção deve ir além dos aspectos funcionais, econômicos e estéticos e incluir a análise das consequências ambientais associadas à sua seleção e uso. Essa avaliação, chamada de análise do ciclo de vida, engloba a extração e o processamento das matérias-primas, a fabricação, embalagem e transporte do produto acabado ao ponto de uso, a manutenção necessária durante o uso, a possibilidade de reciclagem e reúso do material e seu descarte final. Esse processo de análise consiste de três componentes: entradas, inventário do ciclo de vida e saídas.

- A energia incorporada inclui toda a energia dispensada durante o ciclo de vida de um material.
- Consulte o *Environmental Resource Guide*, um projeto do American Institute of Architects, para mais informações.

Energia incorporada de alguns materiais de construção

Material	Conteúdo de energia (Btu/lb*)
Areia e cascalho	18
Madeira	185
Concreto leve/aerado	940
Chapas de gesso	1.830
Tijolo	2.200
Cimento	4.100
Vidro	11.100
Plástico	18.500
Aço	19.200
Chumbo	25.900
Cobre	29.600
Alumínio	103.500

*1 Btu/lb = 2,326 kJ/kg

Entradas

- Matérias-primas
- Energia
- Água

Inventário do ciclo de vida

Aquisição de matérias-primas
- Qual é o impacto da extração, mineração ou colheita sobre a saúde humana e o meio ambiente?
- O material é renovável ou não?
- Os recursos não renováveis incluem metais e outros minerais.
- Recursos renováveis, como a madeira, variam em suas velocidades de renovação; a taxa de uso não deve exceder a de crescimento.

Processamento, fabricação e embalagem
- Quanta energia é necessária para processar, fabricar e embalar o material ou produto?

Transporte e distribuição
- O material ou produto está disponível na região ou localidade ou deve ser transportado por uma longa distância?

Construção, uso e manutenção
- O material cumpre sua função esperada de maneira eficiente e efetiva?
- Como o material afeta a qualidade do ar dos interiores e o consumo de energia de uma edificação?
- Qual é a durabilidade do material ou produto e qual é a quantidade de manutenção necessária para sua boa conservação?
- Qual é a vida útil do material?

Descarte, reciclagem e reúso
- Produtos reutilizáveis
  +
- Qual é a quantidade de lixo e de produtos derivados tóxicos resultantes da manufatura e do uso de um material ou produto?

Saídas

- Efluentes aquáticos
- Emissões atmosféricas
- Lixo sólido
- Outros lançamentos no meio ambiente

A avaliação dos impactos provocados pela escolha de um material é uma questão complexa que não pode ser reduzida a uma simples fórmula que forneça uma resposta precisa e válida com segurança. Por exemplo, utilizar menos um material com alto conteúdo de energia pode ser mais efetivo na conservação dos recursos materiais e energéticos do que utilizar mais de um material com baixa energia incorporada. O uso de um material com bastante energia incorporada, mas que apresenta maior durabilidade e exige menos manutenção, ou o uso de um material que pode ser reciclado e reutilizado, pode ser mais interessante do que o uso de um material com baixa energia incorporada, mas sem as demais características.

Reduzir, reutilizar e reciclar são as palavras que mais bem resumem os tipos de estratégia efetivas para que se consiga a sustentabilidade ecológica.

- Reduza o tamanho da edificação, por meio de leiautes e usos de espaços mais eficientes.
- Reduza o lixo da construção. LEED MR Credit 2: Construction Waste Management
- Especifique produtos que utilizam matérias-primas de maneira mais eficiente. LEED MR Credit 5: Regional Materials
- Substitua recursos naturais escassos por recursos abundantes. LEED MR Credit 6: Renewable Materials
- Reuse materiais de demolição. LEED MR Credit 3: Materials Reuse
- Recicle edificações existentes, dando-lhes novos usos. LEED MR Credit 1: Building Reuse
- Recicle produtos velhos, renovando-os. LEED MR Credit 3: Materials Reuse

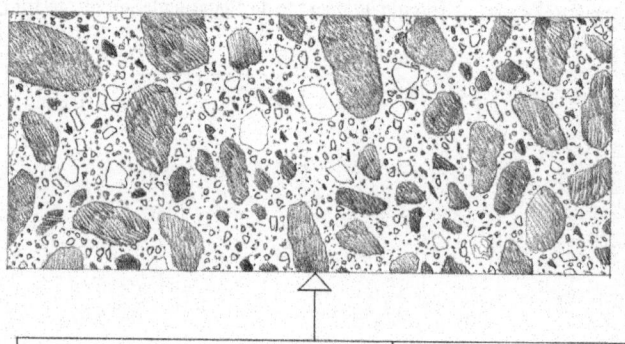

12.4 O CONCRETO

O concreto é feito misturando-se cimento com vários agregados minerais, com água suficiente para que o cimento dê pega e aglutine toda a massa. Embora o concreto seja por natureza resistente à compressão, é necessária a utilização de uma armadura de aço para suportar os esforços de tração e cisalhamento. Ele pode ser moldado em praticamente qualquer formato e ter diversos tipos de acabamentos e texturas. Além disso, as estruturas de concreto são relativamente baratas e naturalmente resistentes a incêndio. Uma das desvantagens do concreto, porém, é seu grande peso – 2.400 kg/m^3 para o concreto armado comum – e a montagem de fôrmas necessária antes que ele possa ser vertido e que devem permanecer até sua pega e cura.

Cimento

- Cimento Portland é um cimento hidráulico feito com a queima de uma mistura de argila e calcário em um forno rotatório, seguido de uma pulverização da escória resultante, a qual se transforma em um pó muito fino.
- Cimento Portland Tipo I é um cimento comum usado para construção geral, sem qualquer uma das características especiais dos demais tipos de cimento.
- Cimento Portland Tipo II é um cimento de resistência moderada, usado na construção geral, quando a resistência à ação moderada de sulfatos é necessária ou quando o acúmulo de calor resultante da sua cura possa ser prejudicial, como ocorre na moldagem de grandes estacas cravadas e muros de arrimo muito pesados.
- Cimento Portland Tipo III, de alta resistência inicial, cura mais rápido e adquire resistência total antes do cimento Portland comum; ele é empregado quando se deseja remover mais cedo as fôrmas ou em construções em climas muito frios, para reduzir o tempo necessário para a proteção contra as baixas temperaturas.
- Cimento Portland Tipo IV, de baixo calor de hidratação, gera menos calor durante a hidratação do que o cimento Portland comum; é empregado na construção de grandes estruturas de concreto, barragens de gravidade, onde grandes acúmulos de calor podem ser prejudiciais.
- Cimento Portland Tipo V, resistente a sulfatos, é utilizado sempre que a resistência à ação de sulfatos é necessária.
- Cimento Portland com ar incorporado é um cimento Portland do Tipo I, II ou II ao qual se agregou uma pequena quantidade de agente incorporador de ar durante a fabricação; é designado pelo sufixo A.

CSI MasterFormat Division 03 – Concrete

Água

- A água utilizada em uma mistura de concreto ou argamassa não pode conter matéria orgânica, argila e sais; um critério genérico é que, se a água é potável, ela serve.
- Pasta de cimento é a mistura de cimento e água para revestimentos e capeamentos e para promover a pega e coesão de partículas do agregado em uma mistura de concreto ou argamassa.

^{1}/$_3$ da espessura da laje, ^{1}/$_5$ da espessura da parede ou ^{3}/$_4$ do espaço livre entre as barras da armadura ou entre as barras e a fôrma (o recobrimento).

Concreto leve

- Concreto estrutural leve é fabricado com agregado forte e leve, como piçarra expandida ou ardósia expandida, cujo peso varia entre 1.362 e 1.840 kg/m^3 e cuja resistência à compressão é comparável à do concreto normal.
- Concreto isolante é um concreto de peso inferior a 960 kg/m^3, com um agregado leve, como perlita ou um agente espumante, e com baixa condutividade térmica.

Agregado

- Agregado refere-se a qualquer um dos vários materiais minerais inertes, como areia e cascalho, misturados a uma pasta de cimento na fabricação do concreto ou argamassa. Uma vez que o agregado representa de 60 a 80% do volume do concreto, suas propriedades são importantes para a rigidez, o peso e a resistência ao fogo do concreto após a cura. O agregado deve ser duro, dimensionalmente estável e isento de argila, silte e matéria orgânica que possam impedir a pasta de cimento de manter coesas suas partículas.
- Agregado fino consiste em areia cujas partículas têm tamanho inferior a 6 mm.
- Agregado grosso consiste em pedra e pedregulho triturado ou escória de alto-forno, cujas partículas são maiores que 6 mm.
- O tamanho máximo do agregado grosso no concreto armado é limitado pelo tamanho da seção e o espaçamento das barras da armadura.

Aditivos

Uma mistura de concreto pode receber aditivos a fim de alterar suas propriedades ou aquelas do produto endurecido.

- Agentes incorporadores de ar são aditivos que espalham bolhas microscópicas de ar em uma mistura de concreto ou argamassa para aumentar sua trabalhabilidade, melhorar a resistência do produto curado à fissuração induzida por ciclos de degelo e à descamação provocada por agentes químicos descongelantes e, em grandes quantidades, para produzir um concreto isolante leve.
- Aceleradores de pega são aditivos que aceleram a pega e aumentam a resistência de uma mistura de concreto, enquanto retardantes prolongam o período de pega, dando mais tempo para se assentar e trabalhar a massa.
- Agentes de ação superficial são aditivos destinados a reduzir a tensão superficial da água de amassamento em uma mistura de concreto, facilitando dessa forma o umedecimento e a penetração da água ou ajudando na emulsificação ou dispersão de outros aditivos da mistura.
- Agentes redutores de água ou superplasticizantes são aditivos destinados a reduzir a quantidade de água de amassamento necessária para a trabalhabilidade desejada de uma mistura de concreto ou argamassa. A redução da proporção água/cimento por esse método geralmente resulta num aumento de resistência.
- Agentes colorantes são pigmentos ou tinturas adicionados a uma mistura de concreto para alterar ou controlar sua cor.

Relação água/cimento

Relação água/cimento é a relação entre as quantidades de água de amassamento e cimento em um volume de mistura de concreto ou argamassa, expressa preferencialmente em termos de peso como uma fração decimal em litros de água por sacos de cimento de 50 Kg. A relação água/cimento afeta a resistência, a durabilidade e a impermeabilidade à água do concreto endurecido. A Lei de Abrams, desenvolvida por D. A. Abrams in 1919 a partir de experiências efetuadas no Lewis Institute de Chicago, postula que, para determinados componentes, cura e condições de ensaios, a resistência do concreto à compressão é inversamente proporcional à relação entre as quantidades de água e cimento. Se for empregada água demais, a mistura de concreto ficará fraca e porosa após a cura. Se faltar água, a mistura ficará densa, mas difícil de assentar e trabalhar. Na maior parte dos casos, a relação água/cimento deve ficar entre 0,45 e 0,60.

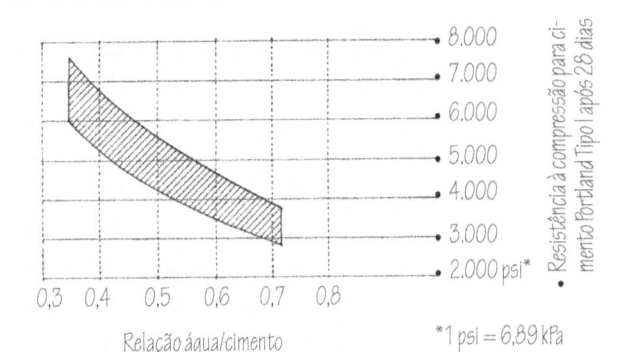

O concreto é normalmente especificado de acordo com a resistência à compressão que ele desenvolverá 28 dias após o lançamento (ou sete dias, no caso de concreto de alta resistência inicial).

- Ensaio de abatimento é o método para se determinar a consistência e a trabalhabilidade do concreto recém-misturado mediante a medição do abatimento sofrido por uma massa de concreto fresco em polegadas ou centímetros, ou corpo de prova, colocada em um cone de Abrams que é batido de maneira prescrita antes do levantamento do cone.
- Ensaio de compressão é o teste que visa determinar a resistência à compressão de um lote de concreto mediante a utilização de uma prensa hidráulica para se medir a carga máxima que um cilindro de ensaio de 15 cm (6 in) de largura e 30,5 cm (12 in) de altura é capaz de suportar sob compressão axial até se romper.

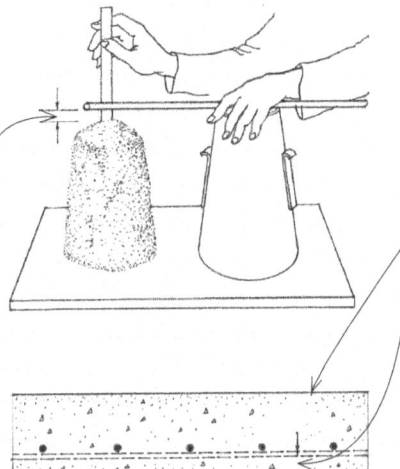

Armadura de aço

Uma vez que o concreto apresenta resistência relativamente baixa à tração, é necessário o emprego de barras, cordões ou arames de aço cuja finalidade é absorver os esforços de tração, cisalhamento e, às vezes, também compressão em um elemento ou estrutura de concreto. A armadura de aço também é necessária para amarrar elementos verticais em horizontais, reforçar as bordas junto a aberturas de janelas e portas, minimizar as fissuras por retração e controlar a dilatação e retração térmicas do concreto. Todas as armaduras devem ser projetadas por um profissional qualificado, como um engenheiro de estruturas.

- Barras de reforço são vergalhões de aço laminados a quente com estrias ou outro tipo de deformação, para uma melhor aderência ao concreto. O número da barra se refere ao seu diâmetro em oitavos de polegada — por exemplo, um vergalhão n°5 tem $^5/_8$ de polegada de diâmetro (16 mm).
- Esteiras de aço são tramas formadas por arames ou barras de aço soldadas em todos os pontos de interseção. Tramas geralmente são empregadas para formar armaduras contra esforços térmicos em lajes, mas, quando feitas com barras mais grossas, também podem ser utilizadas para armar paredes de concreto. A trama é designada pela dimensão da malha em polegadas, seguida de um número que indica a espessura do arame ou sua área de seção transversal; veja a p. 3.18 para tamanhos típicos.

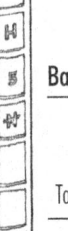

Resistência à compressão para cimento Portland Tipo I após 28 dias

*1 psi = 6,89 kPa

- A armadura de aço deve ser protegida da corrosão e do fogo pelo concreto que a recobre. Nos Estados Unidos, as especificações para recobrimento e espaçamento das armaduras são ditadas pela publicação *Building Code Requirements for Reinforced Concrete*, do American Concrete Institute (ACI), conforme o nível de exposição do concreto e o tamanho do agregado grosso e das barras de aço empregados.

- Laje de concreto armado
- 2,0 cm, no mínimo, para barras n°5 e menores; 4,0 cm, quando expostas ao intemperismo; 5,0 cm, no mínimo, para barras n°6 e maiores
- Para recobrimentos mínimos de armaduras de aço em outros tipos de elementos estruturais de concreto, veja a p. 3.8 para sapatas de alicerce, a p. 4.4 para vigas de concreto, 5.4 para pilares de concreto e 5.6 para paredes de concreto.

Barras de reforço tamanho padrão da ASTM

	Dimensões nominais		
Tamanho da barra	Diâmetro in (mm)	Área de seção transversal mm² (in²)	Peso N/m (plf)
N° 3	0,375 (10)	71 (0,11)	5,5 (0,38)
N° 4	0,500 (13)	129 (0,20)	9,7 (0,67)
N° 5	0,625 (16)	200 (0,31)	15,2 (1,04)
N° 6	0,750 (19)	284 (0,44)	21,9 (1,50)
N° 7	0,875 (22)	387 (0,60)	29,8 (2,04)
N° 8	1,000 (25)	510 (0,79)	39,0 (2,67)
N° 9	1,125 (29)	645 (1,00)	49,6 (3,40)
N° 10	1,250 (32)	819 (1,27)	62,8 (4,30)

12.6 A ALVENARIA

- Tijolo comum, também chamado de tijolo de construção ou bloco cerâmico é o tijolo feito para fins construtivos gerais e sem nenhum tratamento especial de cor e textura.
- Tijolo aparente é o tijolo feito de argilas especiais para ficar à vista em paredes, geralmente tratado de modo a produzir a cor e a textura superficial desejadas.

Tipologia dos tijolos

- Tipologia dos tijolos é a classificação norte-americana que indica as variações admissíveis em termos de tamanho, cor, trincagem e distorção em um tijolo aparente.
- TFX é o tijolo aparente próprio para ser usado onde são necessários uma variação mínima de tamanho, uma variação de cor limitada e um elevado grau de perfeição mecânica.
- TFS é um tijolo aparente próprio para ser usado onde é permitida uma variação de cor e de tamanhos maior do que no tipo TFX.
- TFA é um tijolo aparente próprio para ser usado onde se desejam efeitos particulares resultantes de uma heterogeneidade, em termos de tamanho, cor e textura, dos blocos individuais.
- Eflorescência é um acúmulo de pó branco que se forma em uma alvenaria de tijolo aparente ou à vista, causada pela lixiviação e cristalização de sais solúveis oriundos de dentro do tijolo. A redução da absorção de umidade é a melhor garantia contra eflorescências.

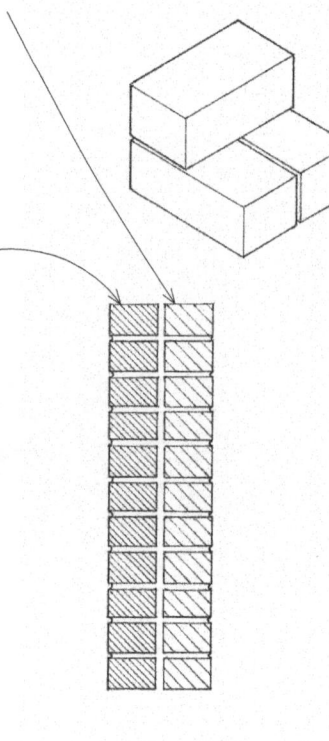

Tipo de tijolo	Dimensões nominais (cm) espessura x altura x comprimento	Altura da fiada
Modular	10,0 x 6,8 x 20,5	20,5
Normando	10,0 x 6,8 x 30,5	20,5
De engenheiro	10,0 x 8,1 x 20,5	40,5
Norueguês	10,0 x 8,1 x 30,5	40,5
Romano	10,0 x 5,1 x 30,5	10,0
Grau utilitário	10,0 x 10,0 x 30,5	10,0

- Veja a p. 5.26 para tipos de fiadas de tijolo modular e a p. 5.27 para tipos de aparelho.

CSI MasterFormat 04 21 00 Clay Unit Masonry

Alvenaria é a construção feita com vários blocos naturais ou industrializados, como tijolo, pedra ou bloco de concreto, normalmente com o uso de argamassa como aglomerante. O aspecto modular, ou seja os tamanhos uniformes e as proporções dos blocos empregados, distingue a alvenaria da maior parte dos materiais de construção discutidos neste capítulo. Uma vez que a alvenaria é mais eficiente em uma estrutura quando submetida à compressão, seus blocos devem ser assentados de tal maneira que todo o conjunto trabalhe de maneira unitária.

Tijolo

Tijolo é um bloco de alvenaria feito de barro (argila), moldado na forma de um prisma retangular durante o estado plástico e endurecido mediante o cozimento em uma fornalha ou secagem ao sol.

- Processo de lama é o processo de formar tijolos através da moldagem de barro relativamente úmido, isto é, cujo conteúdo de umidade varia entre 20 e 30%.
- Tijolo Sandstruck é o tijolo formado no processo de lama com um molde revestido de areia a fim de evitar a aderência, resultando em uma superfície de textura granulada.
- Tijolo Waterstruck é o tijolo formado no processo de lama com um molde lubrificado com água a fim de evitar a aderência, resultando em uma superfície lisa e densa.
- Processo de barro denso é o processo de formar tijolos e telhas estruturais por meio da extrusão de barro endurecido, mas ainda plástico — de conteúdo de umidade entre 12 e 15% — com o uso de um molde e cortando-se essa extrusão no tamanho desejado com o uso de arames, antes do cozimento.
- Processo de prensagem a seco é o processo de fazer tijolos através da moldagem de barro relativamente seco, isto é, com conteúdo de umidade entre 5 e 7%, mediante alta pressão, resultando em peças de arestas vivas e superfícies lisas.
- As dimensões reais dos tijolos variam devido à retração que ocorre durante o processo de fabricação. As dimensões nominais apresentadas na tabela incluem a espessura das juntas de argamassa, que variam entre 0,5 e 1,5 cm.

Gradação dos tijolos

- Gradação dos tijolos é a classificação norte-americana que indica a durabilidade de um tijolo quando exposto à intempérie. Os Estados Unidos dividem-se em três regiões meteorológicas — as de clima rigoroso, moderado e ameno — de acordo com a precipitação anual no inverno e o número anual de dias no ciclo de congelamento. O tijolo é classificado para uso em cada região segundo sua resistência à compressão, a absorção máxima de água e o coeficiente de saturação máximo.
- CR é a gradação dos tijolos próprios para exposição a condições climáticas rigorosas, como quando em contato com o solo ou sobre superfícies propensas a serem permeadas por água em temperaturas abaixo do ponto de congelamento; sua resistência mínima à compressão é de 17.235 kPa (2.500 psi)
- CM é a gradação de tijolo adequada para a exposição a condições climáticas moderadas, em superfícies pouco propensas a serem permeadas por água em temperaturas abaixo do ponto de congelamento; sua resistência à compressão mínima é de 15.167 kPa (2.200 psi)
- CI é a gradação dos tijolos próprios para a exposição a condições climáticas amenas, como quando usados em parede de segurança ou na alvenaria de interiores; sua resistência mínima à compressão é de 8.618 kPa (1.250 psi)
- Os esforços de compressão admissíveis para paredes de alvenaria são muito inferiores aos valores aqui apresentados, devido à grande variação na qualidade dos tijolos, preparo da argamassa e mão de obra. Veja a tabela na p. 5.15 para os valores admissíveis.

A ALVENARIA   12.7

Alvenaria de concreto

Bloco de concreto é o bloco de alvenaria de cimento Portland, agregado fino e água, pré-moldado em diferentes formatos para atender a diferentes condições de construção. A disponibilidade dos blocos de concreto varia com a localidade e o fabricante.

- Bloco de concreto, muitas vezes chamado incorretamente de bloco de cimento, é o bloco de concreto furado ou oco cuja resistência à compressão é de 4.137 a 10.342 kPa (600 a 1.500 psi), nos Estados Unidos.
- Bloco de concreto de peso normal é o bloco de concreto cujo peso é superior a 2.000 kg/m³.
- Bloco de concreto de peso médio é feito com concreto que pesa entre 1.680 e 2.000 kg/m³.
- Bloco leve é o bloco de concreto cujo peso é inferior a 1.680 kg/m³.

Graus dos blocos de concreto

- Grau N é uma especificação de bloco de concreto estrutural para alvenaria próprio para uso geral, em paredes externas acima e abaixo do solo, expostas à umidade e aos eventos climáticos; os blocos de grau N têm resistência à compressão entre 5.515 e 10.342 kPa (800 e 1.500 psi).
- Grau S é uma especificação de bloco de alvenaria de concreto estrutural cujo uso se restringe a áreas acima do solo — em paredes externas com tintas protetoras contra intempéries ou em paredes não expostas a umidade ou intempéries; os blocos de grau S têm resistência à compressão entre 4.137 e 6.895 kPa (600 e 1.000 psi).

Tipos de blocos de concreto

- Tipo I é um bloco de alvenaria de concreto fabricado para um limite específico de conteúdo de umidade a fim de minimizar a retração de secagem que pode ocasionar fissuras.
- Tipo II é um bloco de alvenaria de concreto não fabricado para um limite específico de conteúdo de umidade.
- Tijolo de concreto é o bloco maciço cujas dimensões geralmente são as mesmas de um tijolo padrão, mas também disponível em comprimentos de 30,5 cm; os tijolos de concreto têm resistência à compressão entre 13.790 e 20.685 kPa (2.000 e 3.000 psi).

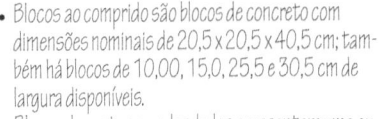

- Blocos ao comprido são blocos de concreto com dimensões nominais de 20,5 x 20,5 x 40,5 cm; também há blocos de 10,00, 15,0, 25,5 e 30,5 cm de largura disponíveis.
- Blocos de cantos arredondados apresentam uma ou mais quinas arredondadas.
- Blocos de canto têm uma face transversal plana, utilizados para se construir a extremidade ou a quina de uma parede.
- Meios-blocos de canto são utilizados nas quinas das paredes de 15, 25 ou 30 cm para manter as fiadas bem horizontais, com o aspecto de componentes do mesmo comprimento ou com metade do comprimento.
- Blocos de canto de dois furos têm ambas as faces transversais planas e são utilizados na construção de pilares de alvenaria.
- Blocos de pilastra são utilizados na construção de uma pilastra de alvenaria simples ou armada.
- Bloco de cimalha são utilizados na construção da fiada superior ou de remate de um muro de alvenaria.
- Blocos de caixilho ou blocos de ombreira têm um entalhe ou orifício em uma das faces, onde se encaixa a ombreira de uma porta ou o caixilho de uma janela.
- Blocos de soleira ou peitoril apresentam uma face com caimento, para o escoamento das águas pluviais.
- Blocos de remate têm o sobreleito (topo) maciço, para utilização como superfície de apoio na fiada de remate de um muro de arrimo.
- Blocos de junta de controle são empregados na construção de uma junta de controle vertical.
- Blocos absorventes de som têm o sobreleito maciço, uma face provida de fendas que às vezes são preenchidas com fibras, para melhor isolamento acústico.
- Blocos de cinta apresentam um perfil em U, no qual é possível colocar a armadura de aço que ficará dentro do graute.
- Blocos de extremidade vazada têm uma face transversal vazada, na qual é possível colocar uma armadura vertical de aço que ficará dentro do graute.
- Blocos canaleta têm uma seção em forma de U na qual é possível colocar uma armadura de aço a ser coberta com argamassa.
- Blocos peripianos têm parte de uma das faces removida a fim de receber tijolos peripianos em uma parede de alvenaria contígua.
- Blocos de face cortada são secionados no sentido longitudinal por uma máquina após a cura, de modo a produzir uma face de textura rústica quebrada.
- Blocos de paramento apresentam uma face especial de cerâmica, vitrificada ou polida.
- Blocos estriados têm um ou mais sulcos verticais que simulam juntas escavadas.
- Blocos sombreados têm uma face com desenho de rebaixos chanfrados.
- Blocos vazados são usados especialmente na arquitetura dos países tropicais e têm um desenho decorativo de aberturas transversais para ventilação e proteção solar.

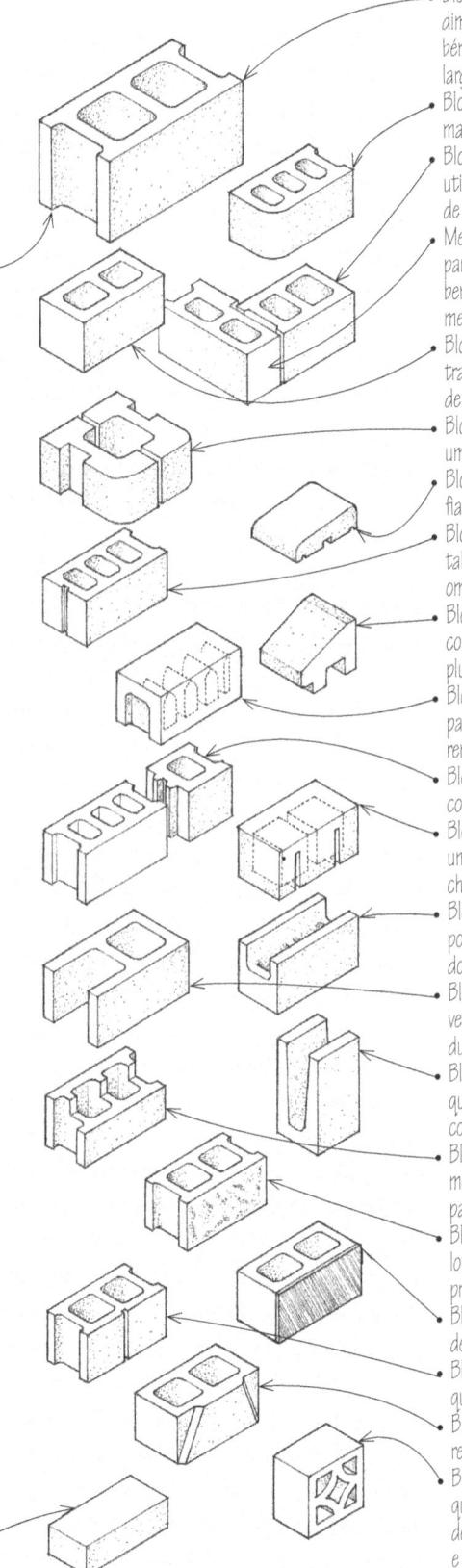

CSI MasterFormat 04 22 00 Concrete Unit Masonry

12.8 O AÇO

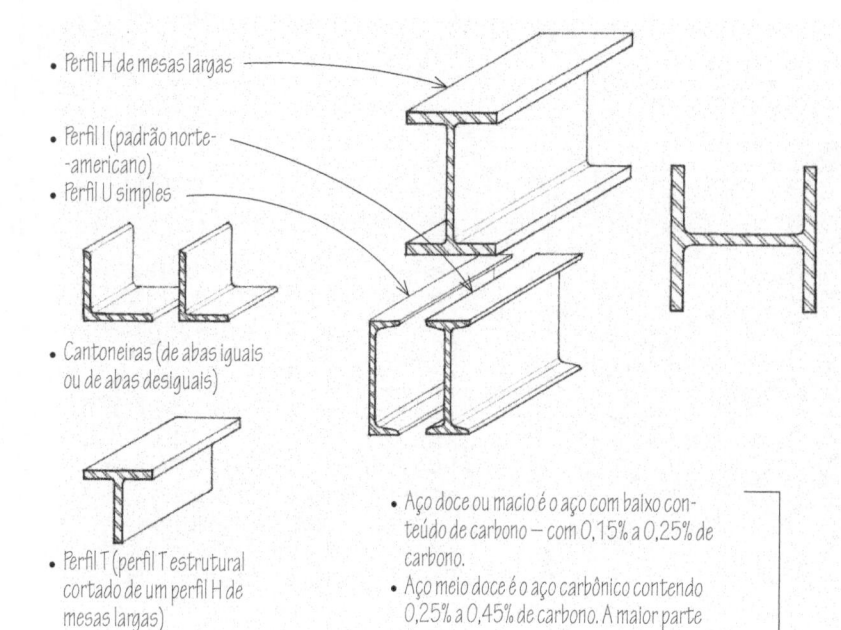

- Perfil H de mesas largas
- Perfil I (padrão norte-americano)
- Perfil U simples
- Cantoneiras (de abas iguais ou de abas desiguais)
- Perfil T (perfil T estrutural cortado de um perfil H de mesas largas) 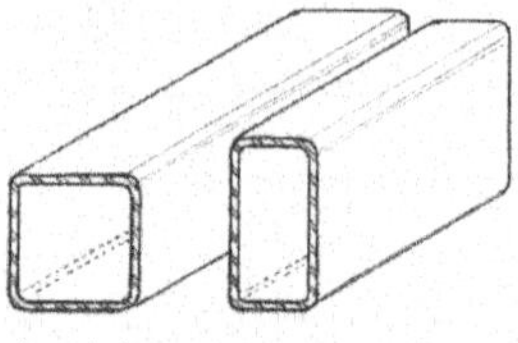
- Perfis tubulares estruturais (de seção quadrada ou retangular) 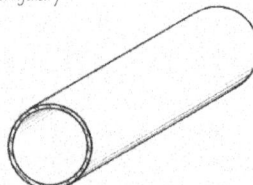
- Perfil tubular (tubo redondo) 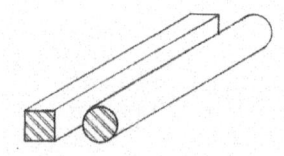
- Barras (quadradas ou chatas e vergalhões)

Perfis de aço
- Consulte o *Manual of Steel Construction* do American Institute of Steel Construction (AISC) para uma lista completa de tamanhos e pesos de perfil.

- Aço doce ou macio é o aço com baixo conteúdo de carbono — com 0,15% a 0,25% de carbono.
- Aço meio doce é o aço carbônico contendo 0,25% a 0,45% de carbono. A maior parte dos aços estruturais é aço meio doce; sendo o grau de resistência mais comum o ASTM A36, com ponto de escoamento de 248.220 kPa (36.000 psi).
- Aço duro é o aço com alto conteúdo de carbono e que contém de 0,45% a 0,85% de carbono.

- Aço para molas é o aço altamente carbônico que contém de 0,85% a 1,80% de carbono.
- Aço inoxidável contém um mínimo de 12% de cromo, e, às vezes, níquel, manganês ou molibdênio como elementos de liga adicional, de modo a apresentar alta resistência à corrosão.
- Aço de baixa liga e alta resistência é qualquer aço de baixo teor carbônico contendo menos de 2% de ligas, em uma composição química especialmente desenvolvida para aumentar a rigidez, a ductilidade e a resistência à corrosão. ASTM A572 é o grau mais comum, com ponto de escoamento de 344.750 kPa (50.000 psi).
- Aço Cor-Ten ou patinável é o aço de alta rigidez e baixa liga, que forma um revestimento de óxido quando exposto à chuva ou umidade atmosférica; esta oxidação adere firmemente ao metal básico e impede sua corrosão posterior. As estruturas que utilizam tal aço resistente à oxidação devem ser detalhadas de modo a evitar-se que as pequenas porções de óxido removidas pelas águas pluviais manchem os materiais adjacentes.
- Aço tungstênio é uma liga de aço que contém de 10 a 20% de tungstênio, para maior dureza e retenção térmica quando submetido a altas temperaturas.

Aço é qualquer uma das várias ligas à base de ferro mais forte com conteúdo de carbono inferior àquele do ferro fundido e superior ao do ferro forjado, cuja rigidez, dureza e elasticidade variam conforme a composição e o tratamento térmico. O aço é empregado em estruturas independentes leves ou pesadas, bem com em uma grande variedade de produtos de edificação, como janelas, portas, ferragens e conectores. Como material estrutural, o aço combina grande resistência e rigidez com elasticidade. Em termos de peso por volume, o aço é provavelmente o material de custo relativamente baixo mais forte dentre os disponíveis. Embora seja classificado como material incombustível, o aço se torna dúctil e perde sua resistência quando sujeito a temperaturas superiores a 520°C. Quando utilizado em edificações que exigem proteção contra incêndio, o aço estrutural deve ser pintado, revestido ou fechado por outros materiais resistentes ao fogo; veja a p. A.12. Uma vez que ele normalmente é sujeito à corrosão, o aço deve ser pintado, galvanizado ou quimicamente tratado para que não oxide.

- Aço carbono é um aço sem liga no qual os elementos residuais, como carbono, manganês, fósforo, enxofre e silício, são controlados. Qualquer aumento no conteúdo de carbono eleva a resistência e a dureza do aço, porém reduz sua ductilidade e soldabilidade.

- Aço de liga é o aço-carbono ao qual vários elementos, como crômio, cobalto, cobre, manganês, molibdênio, níquel, tungstênio ou vanádio foram adicionados em quantidade suficiente para a obtenção de determinadas propriedades físicas ou químicas.

Outros metais ferrosos empregados na construção de edificações incluem:
- Ferro fundido, uma liga dura, quebradiça e não maleável à base de ferro contendo de 2,0 a 4,5% de carbono e de 0,5 a 3,0% de silício, fundida em um molde de areia e de modo a converter-se em uma série de produtos de construção, como tubos, grades e peças ornamentais.
- Ferro fundido maleável, que foi anelado com a transformação de seu conteúdo de carbono em grafite ou sua remoção completa.
- Ferro forjado ou batido, um ferro duro, relativamente maleável, facilmente forjado e soldado, com uma estrutura fibrosa que contém aproximadamente 0,2% de carbono e uma pequena quantidade de escória uniformemente distribuída.
- Ferro galvanizado, revestido de zinco para proteção contra oxidação.

CSI MasterFormat 05 12 00 Structural Steel Framing

METAIS NÃO FERROSOS

Metais não ferrosos não contêm ferro. Alumínio, cobre e chumbo são metais não ferrosos bastante usados na construção civil.

Alumínio é um elemento metálico dúctil e maleável, de cor prata esbranquiçada, utilizado na fabricação de diversas ligas leves e duras. Sua resistência natural à corrosão deve-se à película de óxido transparente que se forma sobre sua superfície; esse revestimento de óxido pode ser engrossado para aumentar a resistência à corrosão mediante um processo eletroquímico conhecido como anodização. Durante o processo de anodização, a superfície do alumínio, que é naturalmente clara e refletiva, pode ser colorida com diversas cores quentes e brilhantes. Deve-se tomar cuidado para isolar o alumínio do contato com outros metais e evitar a ação galvânica. Ele também deve ser isolado de materiais alcalinos, como concreto, argamassa e reboco úmidos.

O alumínio é muito utilizado em perfis extrudados e chapas para elementos secundários de uma edificação, como janelas, portas, coberturas, rufos, calhas, arremates e ferragens. Para uso em estruturas, há ligas de alumínio de alta resistência, em perfis semelhantes aos do aço estrutural. Os perfis de alumínio podem ser soldados, unidos com adesivos ou mecanicamente fixados.

Cobre é um elemento metálico dúctil e maleável, largamente utilizado em fios elétricos, tubos de água e na fabricação de ligas, como bronze e o latão. Sua cor e resistência à corrosão o tornam um excelente material para coberturas, rufos e calhas. No entanto, o cobre corrói o alumínio, o aço, o aço inoxidável e o zinco. Ele deve ser fixado, preso ou apoiado somente com cobre ou peças de latão cuidadosamente selecionadas. O contato com o cedro-vermelho na presença de umidade causa a deterioração prematura do cobre.

Latão é qualquer uma dentre uma série de ligas compostas essencialmente de cobre e zinco, utilizadas em janelas, balaustradas, remates e ferragens de acabamento. As ligas que são latão por definição podem trazer nomes que incluem a palavra bronze, como o bronze arquitetônico.

O chumbo é um material macio, maleável, de cor cinza azulada, resistente à corrosão e usado em rufos e calhas, isolamentos acústicos e proteções contra radiação. Embora o chumbo seja o mais pesado dos metais comuns, sua maleabilidade o torna interessante para aplicação sobre superfícies irregulares. O pó e os vapores de chumbo são tóxicos.

A ação galvânica

A ação galvânica pode ocorrer entre dois metais diferentes quando existe umidade suficiente para o fluxo da corrente elétrica. Essa corrente elétrica tenderá a corroer um metal, ao mesmo tempo que recobre o outro. A gravidade da ação galvânica depende da distância entre os dois metais na tabela da série galvânica.

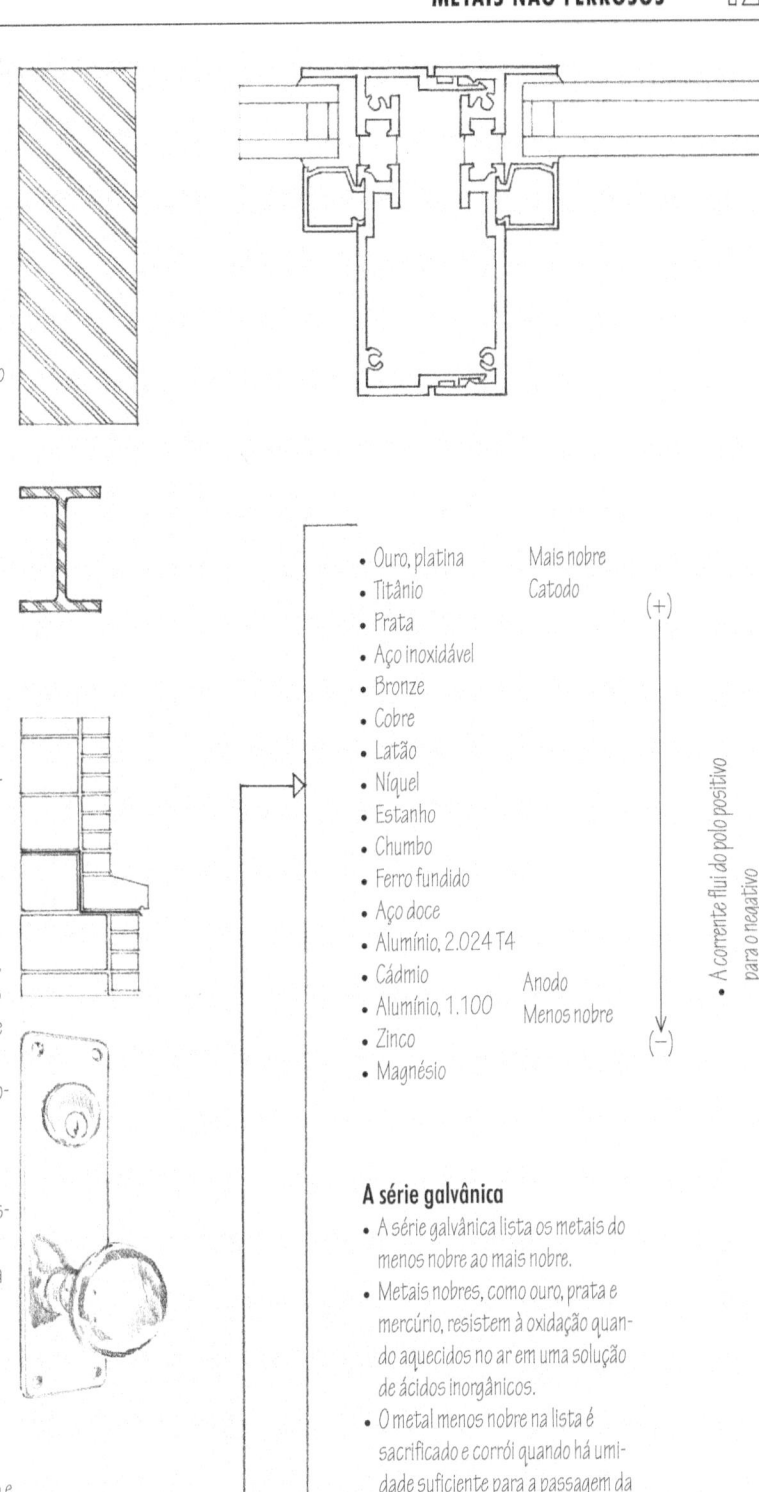

- Ouro, platina — Mais nobre / Catodo (+)
- Titânio
- Prata
- Aço inoxidável
- Bronze
- Cobre
- Latão
- Níquel
- Estanho
- Chumbo
- Ferro fundido
- Aço doce
- Alumínio, 2.024 T4
- Cádmio — Anodo
- Alumínio, 1.100 — Menos nobre
- Zinco
- Magnésio (−)

- A corrente flui do polo positivo para o negativo

A série galvânica

- A série galvânica lista os metais do menos nobre ao mais nobre.
- Metais nobres, como ouro, prata e mercúrio, resistem à oxidação quando aquecidos no ar em uma solução de ácidos inorgânicos.
- O metal menos nobre na lista é sacrificado e corrói quando há umidade suficiente para a passagem da corrente elétrica.
- Quanto mais distantes dois metais estão na lista, mais suscetível à corrosão fica o metal menos nobre.

12.10 A PEDRA

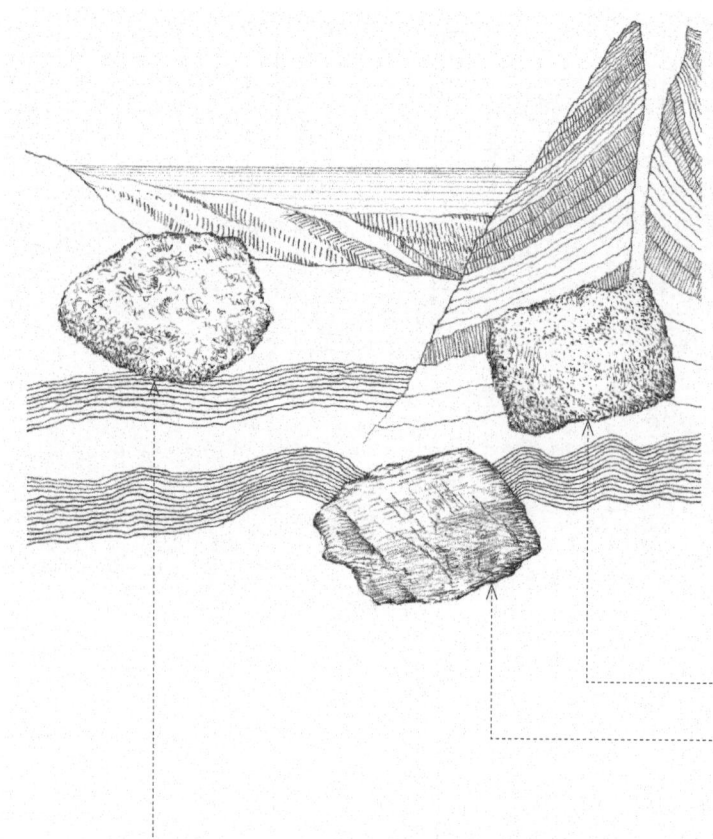

A pedra é um agregado ou combinação de minerais, cada um dos quais é composto de substâncias químicas inorgânicas. Para se qualificar como material de construção, a pedra deve ter as seguintes características:

- Resistência: A maioria dos tipos de pedra tem uma resistência mais do que suficiente à compressão. No entanto, a resistência ao cisalhamento de uma pedra é geralmente cerca de $1/10$ da sua resistência à compressão.
- Dureza: A dureza é importante quando a pedra é usada para pisos, calçamentos ou pisos de escadas.
- Durabilidade: É necessário resistência ao desgaste causado por chuva, vento, calor e congelamento para o uso de pedra em exteriores.
- Trabalhabilidade: A dureza de uma pedra e a textura da sua estrutura deve permitir que ela seja extraída de pedreiras, cortada e talhada.
- Densidade: A porosidade de uma pedra afeta sua capacidade de resistir à ação do congelamento e a manchas.
- Aparência: Fatores ligados a aparência incluem cor, granulação e textura.

As pedras podem ser classificadas de acordo com sua origem geológica nos seguintes tipos:
- Rochas ígneas, como granito, obsidiana e malaquita, são formadas pela cristalização do magma vulcânico.
- Rochas metamórficas, como o mármore e a ardósia, são aquelas que sofreram uma mudança em sua estrutura, textura ou composição devido a agentes naturais, como o calor e a pressão, especialmente quando as rochas se tornam mais duras e mais cristalinas.
- Rochas sedimentares, como calcário, arenito e xisto, são formadas pela deposição de sedimentos devido à ação glacial.

Como material para paredes portantes, a pedra é similar aos tijolos ou blocos usados para alvenarias. Embora a alvenaria de pedra não precise ser uniforme em termos de tamanho dos componentes, ela costuma ser assentada com argamassa e submetida apenas à compressão. Quase todas as pedras têm baixa resistência a mudanças bruscas de temperatura e não devem ser usadas em situações em que é necessária uma alta resistência ao calor do fogo.

A pedra é usada na construção nas seguintes formas:
- Pedregulho consiste de fragmentos irregulares de pedra quebrada que têm ao menos uma face boa para exposição em uma parede.
- Pedra de cantaria é a pedra com 60 cm de ou mais comprimento extraída e talhada de uma pedreira e com espessura especificada, geralmente usada para revestimento de paredes, cornijas, cimalhas, vergas e pisos.
- Lajotas são placas usadas para pisos e superfícies horizontais
- Brita ou pedra britada é usada como agregado em elementos de concreto.

- Veja a p. 5.33 para os tipos de alvenaria de pedra.

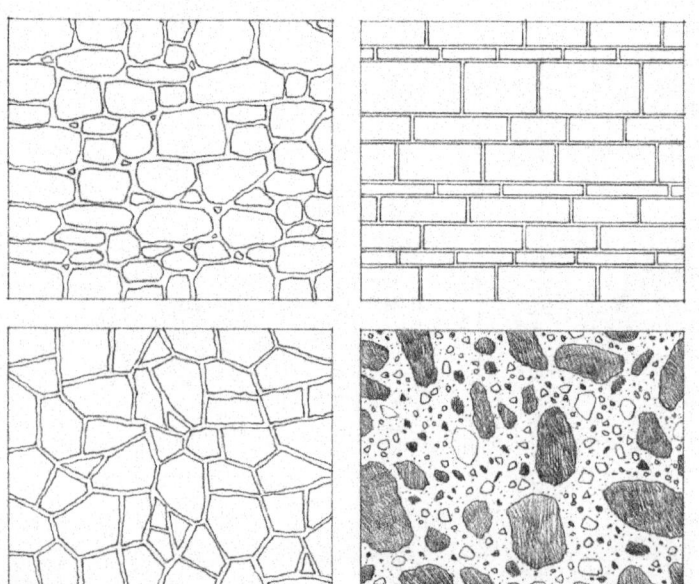

CSI MasterFormat 04 40 00 Stone Assemblies

A MADEIRA   12.11

Como material de construção, a madeira é resistente, durável, leve e fácil de trabalhar. Além disso, ela oferece uma beleza natural e é quente à vista e ao toque. Embora tenha se tornado necessário o emprego de medidas de conservação para garantir uma oferta contínua, a madeira ainda é usada na construção de muitas e variadas formas.

Existem duas classes principais de madeira: madeira macia e madeira dura ou de lei. Esses termos não indicam a relativa dureza, maciez ou resistência de uma madeira. As madeiras macias são as de árvores perenes (que não perdem as folhas) que produzem pinhas, como pinheiro, abeto, cicuta e espruce, usadas para construção geral. As madeiras duras provêm de árvores decíduas ou de folhas largas que produzem flores, como cerejeira, bordo ou carvalho, geralmente usadas para pisos, painéis de paredes, móveis, esquadrias e arremates de interiores.

A maneira como uma árvore cresce afeta sua resistência, sua suscetibilidade à dilatação e contração e sua efetividade como isolamento. O crescimento da árvore também afeta a forma pela qual as peças de madeira serrada podem ser unidas para formar estruturas e vedações externas de edificações.

A direção da fibra é o fator determinante no uso da madeira como material estrutural. Solicitações ou forças de tração e de compressão são mais bem absorvidas pela madeira na direção paralela à sua fibra. Geralmente, uma peça de madeira resistirá a uma força $1/3$ maior de compressão do que de tração, paralelamente à sua fibra. A força de compressão admissível perpendicular à sua fibra é somente cerca de $1/5$ a $1/2$ da força de compressão admissível paralela à fibra. Forças de tração perpendiculares à fibra farão com que a madeira rache. A resistência ao cisalhamento da madeira é maior transversalmente a suas fibras do que paralelamente às mesmas. Ela é, portanto, mais suscetível ao cisalhamento horizontal do que ao cisalhamento vertical.

A maneira pela qual a madeira para construção é serrada de uma tora afeta sua resistência bem como sua aparência. O corte tangencial de uma tora em tábuas com cortes paralelos homogêneos resulta em madeira de construção de fibra chata que:
- pode apresentar uma variedade de padrões de grão perceptíveis, devido às fibras;
- tende a torcer e empenar, e desgasta desigualmente;
- tende a ter fibras soltas;
- se retrai e dilata menos na espessura e mais na largura.

A serragem das toras em quartos com ângulos de aproximadamente 90° aos anéis de crescimento anual resulta em madeira de construção de fibra vertical ou marginal que:
- tem padrões de fibras mais regulares;
- se desgasta mais uniformemente, com menos fibras soltas e menor empenamento;
- se retrai e dilata menos na largura e mais na espessura;
- é menos afetada por rachaduras na superfície;
- acarreta maior desperdício no corte e é mais cara.

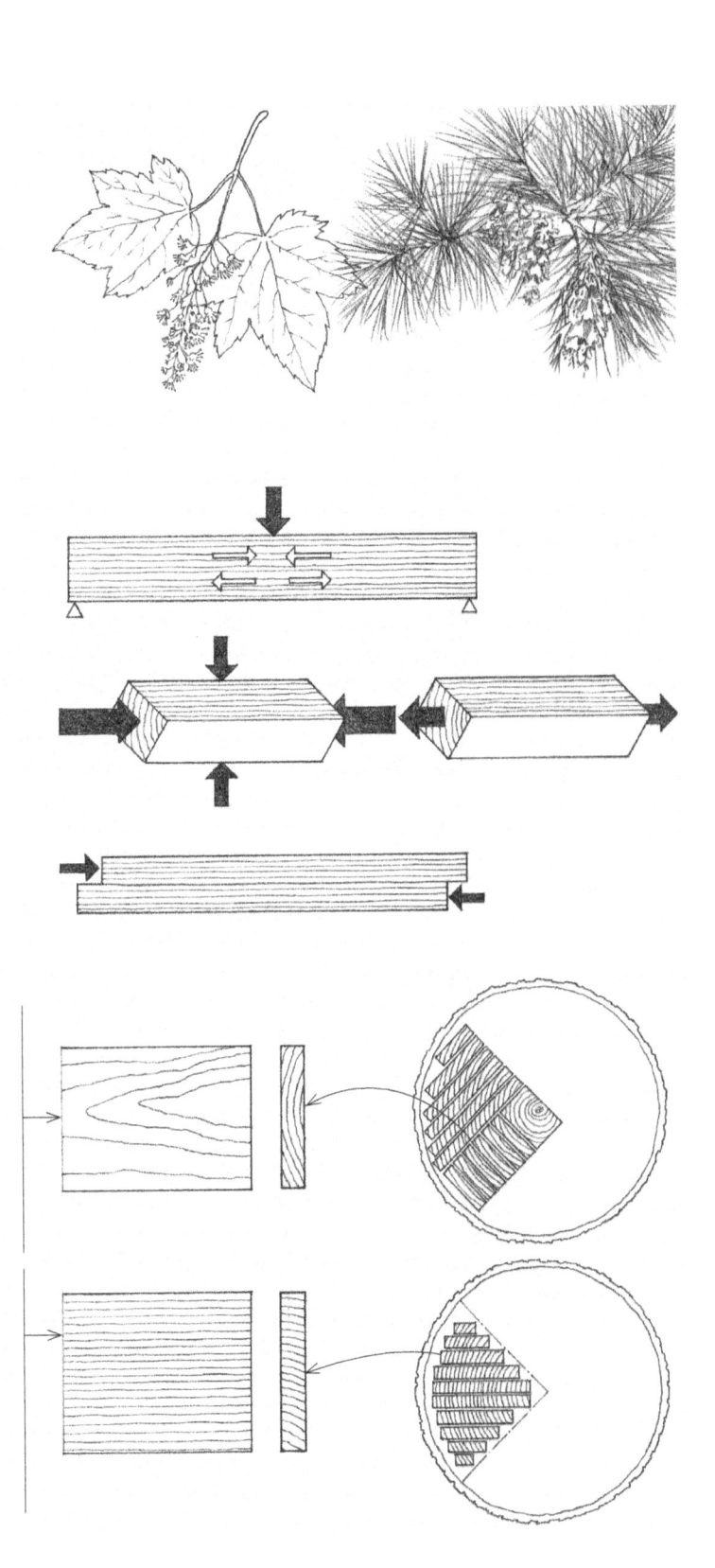

CSI MasterFormat Division 06 — Wood, Plastics, and Composites

12.12 A MADEIRA

Para aumentar sua durabilidade, estabilidade e resistência a fungos, apodrecimento e insetos, a madeira é curada — seca ao ar para reduzir seu conteúdo de umidade — seja pela secagem ao ar livre ou por meio de estufas de secagem sob condições controladas de calor, circulação de ar e umidade. É impossível vedar completamente uma peça de madeira para evitar mudanças no seu conteúdo de umidade. Cerca de 30% abaixo de um conteúdo de umidade, a madeira dilata à medida que absorve umidade, e retrai à medida que perde umidade. Essa possibilidade de retração e dilatação deve ser sempre considerada durante o detalhamento e construção de conexões de madeira, tanto em trabalhos de pequena como de grande escala.

A retração tangencial à fibra da madeira é geralmente o dobro da retração radial. A tábua de fibras verticais se retrai uniformemente, enquanto os cortes normais feitos próximos do perímetro de uma tora tendem a formar conchas no sentido oposto ao centro. Uma vez que a dilatação térmica da madeira geralmente é muito menor que as mudanças de volume devido às mudanças do conteúdo de umidade, o conteúdo de umidade é o fator de controle.

A madeira é resistente à decomposição quando o seu conteúdo de umidade é inferior a 20%. Se usada e mantida abaixo deste nível de conteúdo de umidade, a madeira não apodrecerá. Nos Estados Unidos, espécies que são naturalmente resistentes à decomposição causada por fungos incluem a sequóia, o cedro, o cipreste de folha caduca, a locusta negra e a nogueira-negra. As espécies resistentes aos insetos incluem a sequóia, o cedro-vermelho do leste e o cipreste de folha caduca.

Existem tratamentos com preservativos para proteger ainda mais a madeira da decomposição e do ataque de insetos. Desses, o tratamento à pressão (autoclavagem) é o mais eficiente, especialmente quando a madeira está em contato com o solo. Existem três tipos de preservativos:
- Os preservativos à base de água deixam a madeira limpa, sem odor e pronta para pintura; os defensivos não lixiviam quando expostos às intempéries.
  - AWPB (American Wood Preservers Bureau)
  - LP-2 (LP-22 para peças em contato com o solo)
- Os preservativos à base de óleo às vezes tingem a madeira, mas a madeira tratada pode ser posteriormente pintada; o pentaclorofenol é altamente tóxico.
  - AWPB LP-3 (LP-33 para peças em contato com o solo)
- O tratamento com creosoto deixa a madeira com superfícies coloridas e oleosas; o odor permanece por muito tempo; usado especialmente em aplicações marítimas e com água salobra.
  - AWPB LP-5 (LP-55 para peças em contato com o solo)

Os defeitos da madeira afetam sua classificação, aparência e uso de suas peças. Eles também podem afetar a resistência da madeira, dependendo do seu número, tamanho e localização. Os defeitos incluem as características naturais da madeira, como nós, rachas e bolsas de resina, bem como problemas resultantes da cura, como fendas e empenamento.

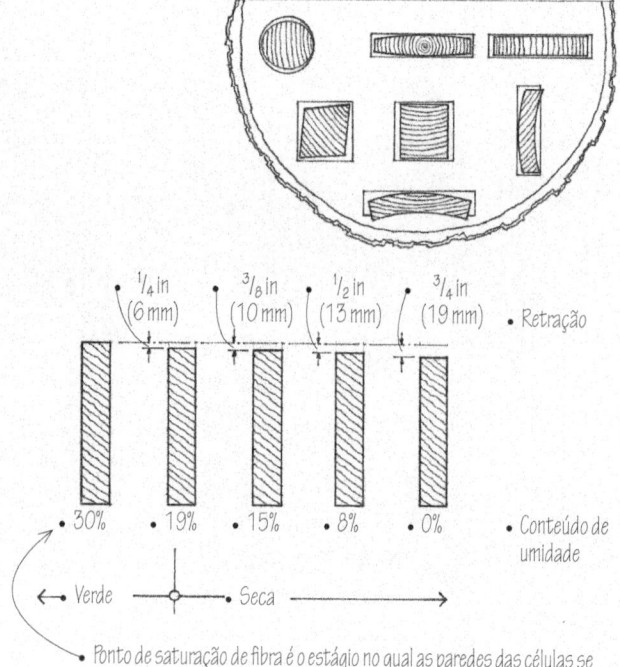

Retração — 1/4 in (6 mm), 3/8 in (10 mm), 1/2 in (13 mm), 3/4 in (19 mm)
Conteúdo de umidade — 30%, 19%, 15%, 8%, 0%
Verde ← → Seca

Ponto de saturação de fibra é o estágio no qual as paredes das células se encontram totalmente saturadas, mas as suas cavidades estão sem água, que varia entre um conteúdo de umidade de 25% a 32% para as espécies de uso comum. A secagem adicional resulta em contração e geralmente em aumento de resistência, rigidez e densidade da madeira.

Nós são os nódulos duros de madeira que ocorrem nos pontos de uma árvore onde os galhos se conectam ao tronco, e têm a aparência típica das fibras cortadas transversalmente de uma peça de madeira serrada. Na classificação estrutural de uma peça de madeira, os nós são controlados no tamanho e na localização.

Rachas são fendas ao longo de uma peça de madeira, normalmente entre os anéis anuais de crescimento, causadas por tensões atuantes sobre uma árvore quando ainda está em pé ou durante sua derrubada.

Bolsas de resina são aberturas bem definida entre os anéis anuais de uma peça de madeira macia, que contêm ou já contiveram resina sólida ou líquida.

Fendas são aberturas longitudinais da madeira, transversalmente aos anéis anuais, causadas pela contração rápida ou irregular durante o processo da cura da madeira.

Falha é a presença de casca ou ausência de madeira na quina ou ao longo da borda de uma peça.

Empenamento geralmente é provocado pela secagem não uniforme durante o processo da cura ou por uma alteração no conteúdo de umidade.

Concha é a curvatura no sentido transversal ou na face de uma peça de madeira.

Arco é a curvatura no sentido longitudinal de uma peça de madeira.

Arqueamento é a curvatura ao longo da borda de uma peça de madeira.

Torção resulta da rotação das extremidades de uma peça de madeira em direções opostas.

A MADEIRA 12.13

Devido à diversidade de suas aplicações e seu uso na remanufatura, a madeira de lei ou madeira dura é classificada conforme a quantidade de cerne claro e aproveitável em uma tora que pode ser cortada em peças menores de grau e tamanho determinados. Já a madeira macia é classificada da seguinte maneira:

- **Madeira de construção**: madeira macia que se presta para vários fins construtivos, incluindo tábuas, pranchões e barrotes.
  - **Tábuas**: madeira de construção com menos de 51 mm (2 in) de espessura e com 51 mm (2 in) ou mais de largura, classificada de acordo com sua aparência, e não pela resistência; é usada em revestimento de paredes, contrapisos e acabamentos internos.
  - **Pranchões**: madeira de construção com espessura entre 51 mm e 102 mm (2 e 4 in) e 51 mm (2 in) ou mais de largura, classificada de acordo com sua resistência, e não pela aparência; é usada para construção em geral.
  - **Caibros e pranchas**: peças com espessura entre 51 e 100 mm (2 e 4 in) de largura, classificadas principalmente de acordo com sua resistência à flexão quando carregadas, quer em sua face mais estreita, como um barrote, quer em sua face mais larga, como uma prancha.
  - **Montantes leves**: peças com espessura e largura entre 51 mm e 102 mm (2 e 4 in), cuja utilização se destina a estruturas em que não é necessária uma alta resistência.
  - **Tabuado**: conjunto de pranchas com espessura entre 51 mm e 102 mm (2 e 4 in) e largura de 51 mm (2 in) ou mais, classificada principalmente de acordo com sua resistência à flexão quando carregada na face mais larga.

- **Madeira para manufatura**: madeira serrada ou selecionada especialmente para manufatura posterior de portas, janelas e peças de carpintaria, classificada segundo a quantidade de madeira aproveitável que irá produzir cortes de um determinado tamanho e qualidade.

- **Madeira estrutural**: pranchões e barrotes classificados por inspeção visual, ou processo mecânico, com base na resistência e no uso pretendido.
  - **Vigas e longarinas**: peças de madeira estrutural, com espessura mínima de 125 mm (5 in) e largura 51 mm (2 in) maior que a espessura, classificada principalmente de acordo com sua resistência à flexão quando carregada na face mais estreita.
  - **Pontaletes e montantes**: madeira estrutural de 125 mm x 125 mm (5x5 in) ou mais, e largura não mais que 51 mm (2 in) superior à espessura, classificada principalmente para seu uso como pilares submetidos a carregamento axial.

- **Barrotes**: madeira de construção com 125 mm ou mais em sua dimensão menor, classificada de acordo com sua resistência e utilidade, frequentemente estocada verde e não desbastada.

A madeira é classificada conforme a espécie da árvore e o grau. Cada peça de madeira é categorizada de acordo com sua resistência estrutural e aspecto. A madeira estrutural pode ser classificada a olho por inspetores treinados e de acordo com uma série de pequenas imperfeições que afetam sua resistência, aparência ou utilidade, ou por uma máquina que flexiona um corpo de prova, mede a resistência à flexão, calcula o módulo de elasticidade e registra eletronicamente o grau de resistência, levando em consideração fatores como a presença de nós, o ângulo da fibra, a densidade e o conteúdo de umidade.

- Cada peça de madeira tem uma graduação ou classificação que identifica o grau de tensão atribuído a ela, a serraria de origem, o conteúdo de umidade no momento em que foi manufaturada, a espécie ou o grupo de espécies, e a autoridade classificadora.
- Grau de solicitação é uma classificação de madeira estrutural de uma espécie ou grupo de espécies para o qual é estabelecido um conjunto de valores básicos e o módulo de elasticidade correspondente por uma agência de classificação.

MACHINE RATED
(W/WP)® 12 S-DRY HEM FIR
1650 Fb 1.5E

- **Valor de projeto**: qualquer uma das tensões unitárias admissíveis para uma espécie e grau de madeira estrutural obtidos mediante a modificação do valor-base por fatores relacionados ao tamanho e às condições de uso.

= **Valor-base**: qualquer uma das tensões unitárias admissíveis para flexão, compressão perpendicular e paralela às fibras, tração paralela às fibras, cisalhamento horizontal e módulo de elasticidade correspondente, estabelecidas por uma agência de classificação para diferentes espécies e graus de madeira estrutural.

× **Os valores-base devem ser ajustados** primeiramente de acordo com o tamanho, e depois com as condições de uso. Os valores ajustados pelo tamanho são aumentados para elementos estruturais de uso repetitivo e elementos sujeitos a carregamento eventual, e diminuídos para elementos cujo conteúdo de umidade no uso excede 19%.

- A madeira de construção é medida em "pé de madeira": 1 pé de madeira equivale ao volume de uma peça cujas dimensões nominais são 30,5 cm (1 pé ou 12 polegadas) por 30,5 cm por 2,5 cm (1 polegada).
- Dimensões nominais são as dimensões de uma peça de madeira antes de seca e aplainada; uma convenção utilizada por uma questão de comodidade na definição de tamanhos e cálculo de quantidades. As dimensões nominais são sempre expressas sem o sinal da unidade de medida (in — polegadas, ou cm — centímetros, por exemplo).
- Dimensões desbastadas são as dimensões de uma peça já curada e aplainada — entre 10 e 19 mm ($^3/_8$ e $^4/_8$ in) inferiores às dimensões nominais.
- Para dimensões desbastadas:
  - Subtraia $^1/_4$ in (6 mm) das dimensões nominais de até 2 in (50 mm)
  - Subtraia $^1/_2$ in (13 mm) das dimensões nominais entre 2 e 6 in (50 e 150 mm)
  - Subtraia $^3/_4$ in (19 mm) das dimensões nominais superiores a 6 in (150 mm)
- A madeira geralmente está disponível em peças com entre 1,80 m e 7,30 m, em múltiplos de 60 cm

12.14 PAINÉIS DE MADEIRA

- Especificação de vão é o número que especifica o espaçamento máximo entre eixos, em polegadas, dos pontos de apoio de um painel estrutural de madeira que vence, em sua dimensão maior, dois ou mais vãos.
- Durabilidade de exposição é a classificação de um painel de madeira segundo sua capacidade de resistir à exposição às intempéries ou à umidade sem perder sua resistência ou empenar.
- Exterior: painéis estruturais de madeira fabricados com uma cola à prova d'água, para uso como revestimento externo ou outras aplicações que exijam uma exposição contínua às intempéries.
- Exposição 1: painéis estruturais de madeira fabricados com uma cola exterior para uso em construções protegidas submetidas a contato frequente com a água.
- Exposição 2: painéis estruturais de madeira produzidos com uma cola intermediária para uso em construções totalmente protegidas submetidas a um contato mínimo com a água.

- Os graus da folha definem o aspecto de uma folha de madeira em termos de características de crescimento e o número e a dimensão dos reparos que talvez sejam feitos durante a fabricação.
- Grau-N: uma chapa lisa de madeira macia composta totalmente de cerne e alburno, livre de defeitos visíveis, com apenas alguns reparos bem emparelhados.
- Grau-A: uma chapa lisa de madeira, que admite pintura, com um número limitado de reparos bem executados, paralelamente às fibras.
- Grau-B: uma chapa de madeira macia com uma superfície sólida que apresenta tampões circulares de reparos, nós pequenos e fendas mínimas admissíveis.
- Grau-C: uma chapa de madeira macia com nós pequenos e orifícios de tamanho limitado, reparos sintéticos ou em madeira, e defeitos de descoloração e lixamento que não comprometem a resistência do painel.
- Grau C tamponado: uma chapa de madeira macia grau C melhorada, que apresenta nós e orifícios deixados por nós vazados, algumas fibras quebradas e reparos sintéticos.
- Grau-D: uma chapa de madeira macia com grandes nós, nós vazados, bolsas de resina e fendas afuniladas.

APA
RATED SHEATHING
32/16   15/32 INCH
SIZED FOR SPACING
EXPOSURE 1
000
NRB-108

- O grau do painel identifica o uso adequado ou o grau da folha de um painel de madeira.

- As chapas de madeira "engenheirada" (*engineered grade*) têm resistência ao cisalhamento relativamente alta para cargas aplicadas perpendiculares às faces dos painéis e são utilizadas em revestimentos externos, contrapisos, ou na fabricação de vigas-caixão e painéis estruturais.

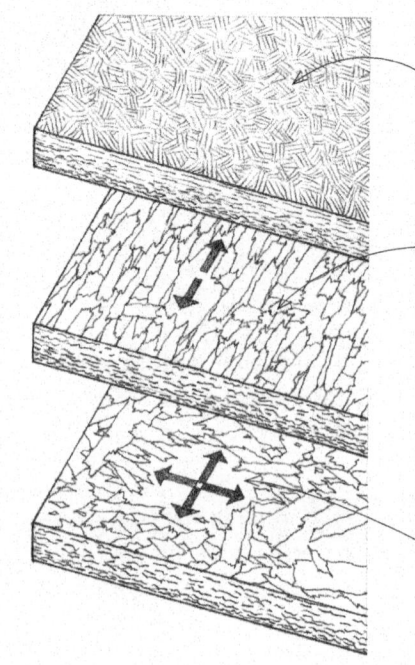

Os painéis de madeira pré-fabricados são menos suscetíveis a retração e dilatação, exigem menos mão de obra durante a instalação e fazem uso mais eficiente dos recursos vegetais do que os produtos de madeira maciça. Os seguintes são os principais tipos de painéis de madeira:

- Compensado é o painel de madeira produzido através da solidarização de lâminas de madeira mediante calor e pressão, geralmente com as fibras de cada lâmina em ângulo reto com as fibras das lâminas adjacentes e simetricamente com relação à lâmina central.
- Gradestamp é uma marca registrada da American Plywood Association (APA), carimbada no verso de um painel de madeira estrutural para identificar o grau do painel, sua espessura, especificação de vão admissível, classificação de durabilidade de exposição, número da serraria e número da licença do National Research Board (NRB).
- Revestimento de alta densidade é o painel de madeira para exteriores com um revestimento de fibra e resina em ambos os lados, produzindo uma superfície lisa, dura e resistente à abrasão, utilizado para fôrmas de concreto, armários e tampos de balcão.
- Revestimento de média densidade é o painel de madeira para exteriores revestido com uma resina fenólica ou de melamina em um ou ambos os lados, produzindo uma base lisa para pintura.
- Painel especial é cada um entre uma série de painéis de madeira, como compensado com sulcos ou serrado em bruto, destinados a utilização em revestimentos de paredes internas ou externas.
- Aglomerado é o painel de madeira não folhado, produzido através de solidarização de pequenas partículas de madeira mediante calor e pressão, normalmente utilizado como núcleo de painéis decorativos e mobiliário de escritório ou como contrapiso.
- Painel de partículas orientadas ou OSB é o painel de madeira não folhado, normalmente utilizado para bases de revestimento e contrapisos, produzido pela solidarização de três ou cinco camadas de lascas de madeira longas e delgadas, por meio de calor e pressão, com o emprego de um adesivo à prova d'água. As partículas da superfície são alinhadas paralelamente ao eixo maior do painel, reforçando-o no sentido da maior dimensão.
- Chapa de tiras é o painel não folhado composto por tiras de madeira grandes e delgadas, solidarizada sob calor e pressão com um adesivo à prova d'água. Os planos das tiras geralmente são orientados paralelamente ao plano do painel, mas as direções de suas fibras são aleatórias, resultando em um painel de rigidez e resistência aproximadamente igual em todas as direções no plano do painel.

PLÁSTICOS   12.15

Plásticos são alguns dos numerosos materiais orgânicos sintéticos ou naturais que, em sua maioria, são polímeros termoplásticos ou termocurados de peso molecular elevado e que podem ser moldados, extrudados ou estirados para gerar objetos, películas ou filamentos. Genericamente, pode-se dizer que os plásticos são duros, flexíveis, leves e resistentes à corrosão e umidade. Muitos plásticos também emitem gases nocivos ao sistema respiratório humano e lançam gases tóxicos quando queimados.

Embora haja muitos tipos de plásticos com ampla variedade de características, eles podem ser divididos em duas categorias básicas:

- Plásticos termocurados passam por uma fase em que são flexíveis, mas, uma vez curados ou estabilizados, se tornam permanentemente rígidos e não se consegue amolecê-los novamente com o calor.
- Termoplásticos são plásticos capazes de amolecer ou derreter quando aquecidos sem a ocorrência de alteração alguma em nenhuma de suas propriedades intrínsecas, e de tornar a solidificarem-se quando resfriados.

Na tabela abaixo, estão listados os plásticos que são comumente usados em construção e seus principais usos.

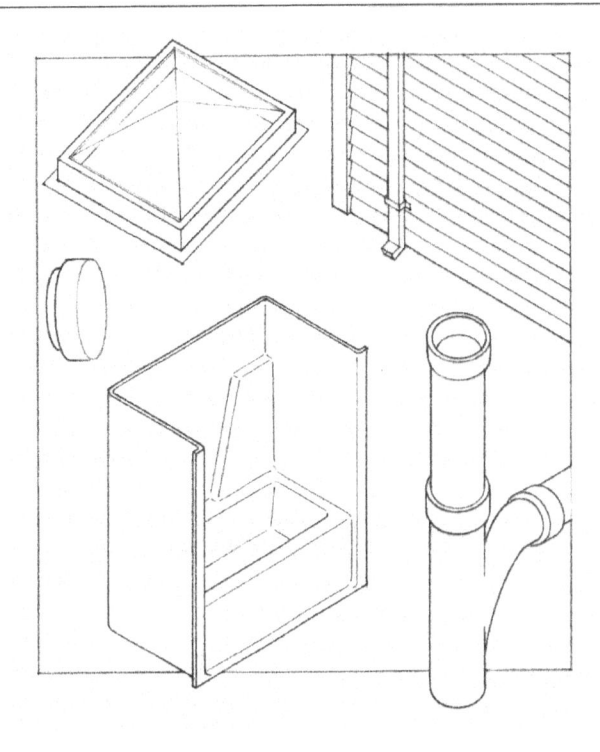

Plásticos termocurados	Usos
Epóxis (EP)	Adesivos e tintas
Melaminas (MF)	Laminados de alta pressão, moldados, adesivos, tintas
Fenólicos (PF)	Peças elétricas; laminados, isolamento em espuma rígida, adesivos, tintas
Poliésteres	Plásticos reforçados com fibra de vidro, claraboias, tubulações hidrossanitárias, películas
Poliuretanos (UP)	Isolamento em espuma rígida, vedações, adesivos, tintas
Silicones (SI)	Impermeabilizantes, lubrificantes, adesivos, borrachas sintéticas

Termoplásticos	Usos
Acrilonitrilo-butadieno-estireno (ABS)	Tubulações e conexões, peças para portas e janelas
Acrílicos (polimetilmetacrilato – PMMA)	Envidraçamento, adesivos, calafetos, tintas látex
Celulóticos (acetato-butirato de celulose – CAB)	Tubulações e conexões, adesivos
Náilons (poliamidas – PA)	Fibras e filamentos sintéticos, peças para portas e janelas
Policarbonatos (PC)	Envidraçamento de segurança, luminárias, peças para portas e janelas
Polietileno (PE)	Impermeabilização, barreiras de vapor, isolamento elétrico
Polipropileno (PP)	Conexões para tubulações, isolamento elétrico, fibras de carpete
Poliestireno (PS)	Luminárias, isolamento em espuma rígida
Vinis (cloreto de polivinil – PVC)	Pisos, réguas de revestimento de paredes, calhas, esquadrias de portas e janelas, isolamento térmico, tubulações

CSI MasterFormat 06 50 00 Structural Plastics
CSI MasterFormat 06 60 00 Plastic Fabrications

12.16   O VIDRO

O vidro é uma substância quebradiça e quimicamente inerte produzida pela fusão da sílica com um dissolvente e um estabilizante, o que resulta em uma massa que, resfriada, se torna rígida sem cristalizar. Ele é empregado na construção de edificações de várias formas. Espuma de vidro ou vidro celular é usado como um isolamento térmico à prova de vapor. As fibras de vidro são empregadas em têxteis e para o reforço de outros materiais. Na forma estirada, as fibras de vidro resultam em lã de vidro, a qual é empregada para isolamento acústico e térmico. Blocos de vidro são usados para controlar a transmissão da luz, ofuscamento e radiação solar. O vidro, no entanto, é mais usado para envidraçar janelas de abrir ou com caixilhos fixos, bem como claraboias.

Os três principais tipos de vidro em chapa são os seguintes:

- Vidro em lâminas é fabricado pela retirada do vidro derretido de um forno (vidro estirado), ou pela formação de um cilindro, sua divisão no sentido longitudinal e seu achatamento (vidro cilindrado). As superfícies polidas a fogo não são paralelas, resultando em alguma distorção visual. Para minimizar esta distorção, o vidro deve ser utilizado com as distorções de ondas na posição horizontal.
- Chapa de vidraça plana é formada pela laminação do vidro derretido até convertê-lo em uma chapa (vidro laminado), a qual é desbastada e polida após seu resfriamento. As chapas de vidraça plana oferecem visibilidade bastante homogênea e praticamente sem distorções.
- Vidro flutuante é produzido despejando-se pasta de vidro sobre uma superfície de estanho derretido, que se resfria lentamente. O resultado é uma chapa de faces lisas e paralelas com distorções mínimas e que não precisa ser desbastada e polida. O vidro flutuante é o sucessor da chapa de vidraça plana e hoje responde pela maior parte da produção de vidros planos.

Outros tipos de vidro:

- Vidro recozido é aquele que é esfriado lentamente, para atenuar as tensões internas.
- Vidro recozido reforçado é um vidro recozido que é parcialmente temperado por um processo de reaquecimento e resfriamento súbito. O vidro recozido reforçado tem aproximadamente o dobro da resistência do vidro recozido de mesma espessura.
- Vidro temperado é o vidro recozido que é reaquecido à temperatura imediatamente abaixo do ponto de amolecimento e em seguida rapidamente esfriado, para se induzir a formação de tensões de compressão na superfície e nas bordas do vidro, e tensões de tração no interior. O vidro temperado tem de três a cinco vezes a resistência do vidro recozido a impactos e tensões térmicas, mas não pode ser alterado após sua fabricação. Quando se quebra, resulta em partículas relativamente inofensivas, que parecem pedrinhas.
- Vidro laminado ou de segurança são duas ou mais chapas de vidros planos unidas, mediante calor e pressão, através de camadas intermediárias de resina de butiral de polivinil, as quais retêm os fragmentos caso o vidro venha a se quebrar. O vidro de segurança é um vidro laminado que tem resistência extraordinária a tração e a impactos.
- Vidro aramado é um vidro plano liso ou estampado que tem uma tela de arame quadrada ou em forma de diamante embutida em seu interior para evitar o seu estilhaçamento no caso de quebrar-se por choque ou calor excessivo. O vidro aramado é considerado um material de envidraçamento de segurança e pode ser usado em portas e janelas.
- Vidro estampado é um vidro de superfície irregular, formada no processo de laminação, com a finalidade de turvar a visão ou difundir a luz.
- Vidro fosco é aquele que tem ambos os lados tratados com água-forte ou jato de areia para obscurecer a visão. Ambos os processos enfraquecem o vidro e tornam sua limpeza difícil.
- Vidro de tímpano é um vidro opaco utilizado para ocultar elementos estruturais em paredes-cortina, produzido pela fusão de uma frita cerâmica na superfície interna de um vidro temperado ou recozido reforçado.

- Vidro isolante é uma vidraça composta por duas ou mais chapas de vidro laminado separadas por uma câmara de ar hermeticamente fechada, para dar isolamento térmico e reduzir a condensação. Vidraças isolantes com bordas de vidro têm câmara de ar de $3/16$ in (5 mm); vidraças com bordas do metal têm bordas com câmaras de ar de $1/4$ ou $1/2$ in (6 ou 13 mm).
- Vidro corado é aquele que possui um aditivo para absorver uma parte do calor irradiante e da luz visível que incidem em sua superfície. O óxido de ferro confere ao vidro uma leve coloração verde-azulada; o óxido de cobalto e o níquel lhe conferem uma tonalidade acinzentada; o selênio lhe confere uma coloração bronze.
- Vidro refletivo apresenta uma película metálica translúcida que reflete parte da luz e do calor irradiante que incidem nele. A película pode ser aplicada a uma das faces de um vidro simples, entre as chapas de um vidro laminado ou na face externa ou interna de um vidro isolante.
- Vidro de baixa emissividade ou baixo valor-E é aquele que transmite a luz visível ao mesmo tempo que reflete seletivamente os comprimentos de onda maiores do calor irradiante, em função de um revestimento de baixa emissividade incorporado ao próprio vidro ou de uma película plástica transparente suspensa na câmara hermética de um vidro isolante.

CSI MasterFormat 08 81 00 Glass Glazing

PRODUTOS DE VIDRO   12.17

Vidro	Tipo	Espessura nominal mm (in)	Tamanho máximo (m)	Peso (psf)*
Vidro em lâminas	AA, A, B	SS 2,4 ($^3/_{32}$)	1,525 x 1,525	1,22
		DS 3,4 ($^1/_8$)	1,525 x 2,030	1,63
Vidro flutuante ou em chapas	Espelho	6,4 ($^1/_4$)	7 m²	3,28
	Vidraças	3,2 ($^1/_8$)	1,880 x 3,050	1,64
		6,4 ($^1/_4$)	3,250 x 5,180	3,28
Vidro flutuante ou em chapas pesado	Vidraças	7,9 ($^5/_{16}$)	3,150 x 5,080	4,10
		9,5 ($^3/_8$)	3,150 x 5,080	4,92
		12,7 ($^1/_2$)	3,050 x 5,080	6,54
		15,9 ($^5/_8$)	3,050 x 5,080	8,17
		19,1 ($^3/_4$)	2,920 x 5,080	9,18
		22,2 ($^7/_8$)	2,920 x 5,080	11,45
Vidro estampado	Vários padrões	3,2 ($^1/_8$)	1,525 x 3,355	1,60
		5,6 ($^7/_{32}$)	1,525 x 3,355	2,40
Vidro aramado	Tela polida	6,4 ($^1/_4$)	1,525 x 3,355	3,50
	Tela com padronagem	6,4 ($^1/_4$)	1,525 x 3,660	3,50
	Arames paralelos	5,6 ($^7/_{32}$)	1,370 x 3,050	2,82
		6,4 ($^1/_4$)	1,525 x 3,660	3,50
		9,5 ($^3/_8$)	1,525 x 3,660	4,45
Vidro laminado	2 x flutuante de 3,2	($^1/_8$) 6,4 ($^1/_4$)	1,830 x 3,050	3,30
	Flutuante pesado	9,5 ($^3/_8$)	1,830 x 3,050	4,80
		12,7 ($^1/_2$)	1,830 x 3,050	6,35
		15,9 ($^5/_8$)	1,830 x 3,050	8,00
Vidro corado	Bronze	3,2 ($^1/_8$)	3 m²	1,64
		4,8 ($^3/_{16}$)	3,050 x 3,660	2,45
		6,4 ($^1/_4$)	3,250 x 5,180	3,27
		9,5 ($^3/_8$)	3,150 x 5,080	4,90
		12,7 ($^1/_2$)	3,050 x 5,080	6,54
	Cinza	3,2 ($^1/_8$)	3 m²	1,64
		4,8 ($^3/_{16}$)	3,050 x 3,660	2,45
		6,4 ($^1/_4$)	3,250 x 5,180	3,27
		9,5 ($^3/_8$)	3,150 x 5,080	4,90
		12,7 ($^1/_2$)	3,050 x 5,080	6,54
Vidro isolante	Vidraças com bordas de vidro			
2 chapas de 2,4 mm	Câmara de ar de 4,8 mm	9,5 ($^3/_8$)	0,9 m²	2,40
2 chapas de 3,2 mm	Câmara de ar de 4,8 mm	11,1 ($^7/_{16}$)	2,2 m²	3,20
	Vidraças com bordas de metal			
2 chapas de 3,2 mm	Câmara de ar de 6,4 mm	12,7 ($^1/_2$)	2,0 m²	3,27
Vidro em lâminas, chapas ou flutuante	Câmara de ar de 12,7 mm	19,1 ($^3/_4$)	2,0 m²	3,27
2 chapas de 4,8 mm	Câmara de ar de 6,4 mm	15,9 ($^5/_8$)	3,2 m²	4,90
Vidro em chapas ou flutuante	Câmara de ar de 12,7 mm	22,2 ($^7/_8$)	3,8 m²	4,90
2 chapas de 6,4 mm	Câmara de ar de 6,4 mm	19,1 ($^3/_4$)	4,6 m²	6,54
Vidro em chapas ou flutuante	Câmara de ar de 12,7 mm	25,4 (1)	6,5 m²	6,54

*1 psf = 47,88 Pa

- Verifique os tamanhos máximos com o fabricante do vidro.
- Qualquer vidro de $^1/_8$ in (3 mm) de espessura ou mais pode ser temperado, exceto os vidros estampados ou aramados; o vidro temperado também pode ser incorporado a lâminas de vidro isolante ou laminado.
- Películas refletivas podem ser aplicadas ao vidro em chapas planas, flutuante, temperado, laminado, ou isolante.

- Transmissão de energia solar reduzida em 35% a 75%.
- Transmissão da luz visível reduzida em 32% a 72%.

- Valor-R = 1,61
- Valor-R = 1,61

- Valor-R = 1,72
- Valor-R = 2,04

- Valores-R para lâminas com câmara de 12,7 mm ($^1/_2$ in) e película de baixa emissividade (baixo valor-E):
  e = 0,20, R = 3,13
  e = 0,40, R = 2,63
  e = 0,60, R = 2,33

12.18 PREGOS

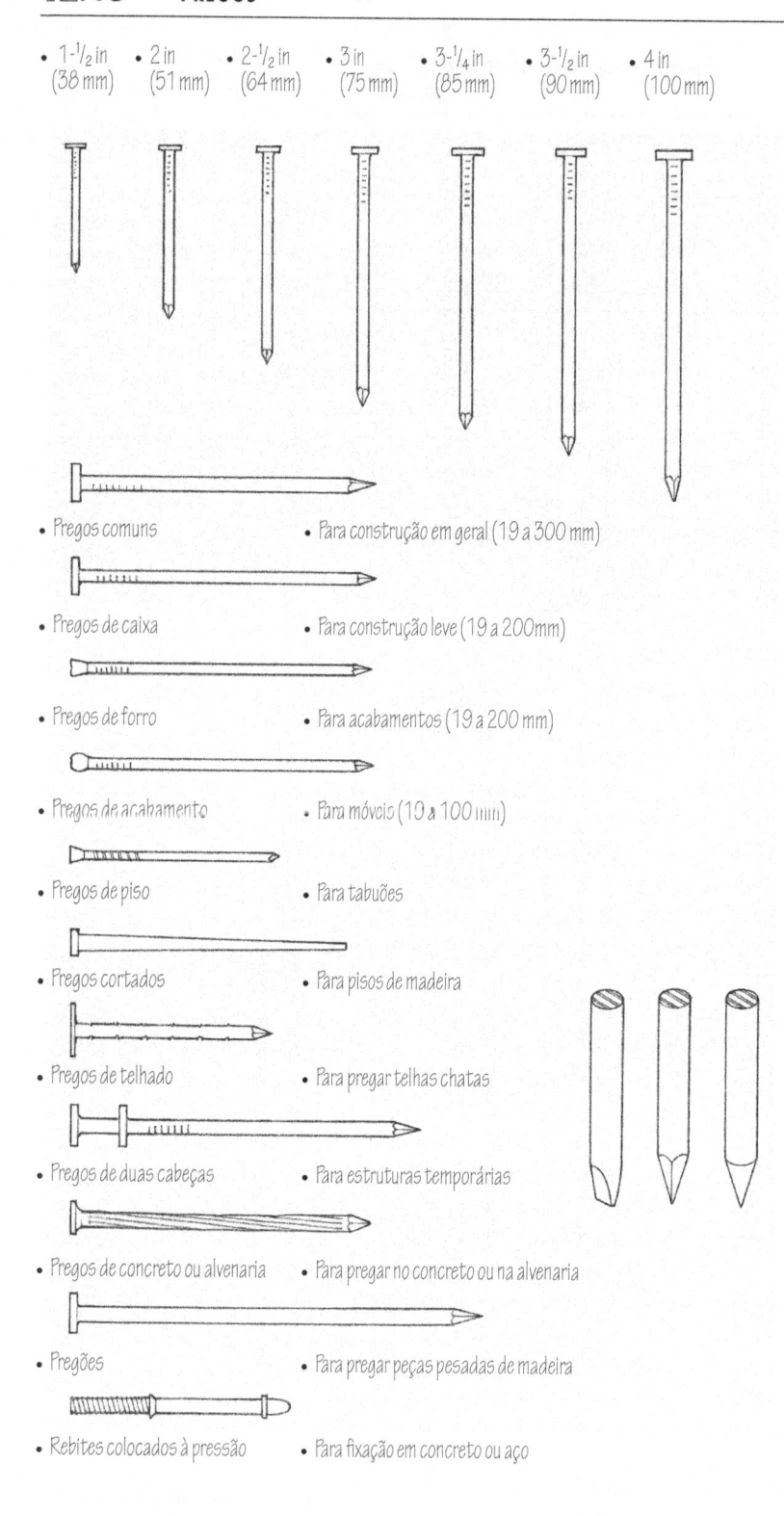

- 1-½ in (38 mm)
- 2 in (51 mm)
- 2-½ in (64 mm)
- 3 in (75 mm)
- 3-¼ in (85 mm)
- 3-½ in (90 mm)
- 4 in (100 mm)

- Pregos comuns — Para construção em geral (19 a 300 mm)
- Pregos de caixa — Para construção leve (19 a 200 mm)
- Pregos de forro — Para acabamentos (19 a 200 mm)
- Pregos de acabamento — Para móveis (19 a 100 mm)
- Pregos de piso — Para tabuões
- Pregos cortados — Para pisos de madeira
- Pregos de telhado — Para pregar telhas chatas
- Pregos de duas cabeças — Para estruturas temporárias
- Pregos de concreto ou alvenaria — Para pregar no concreto ou na alvenaria
- Pregões — Para pregar peças pesadas de madeira
- Rebites colocados à pressão — Para fixação em concreto ou aço

Pregos são peças de metal retas e delgadas, com uma das extremidades pontiaguda e a outra mais larga e achatada, para ser martelada na madeira ou em outros materiais de construção como elemento de fixação.

Material
- Os pregos são geralmente feitos de aço doce, mas também podem ser de alumínio, cobre, latão, zinco ou aço inoxidável.
- Pregos de aço carbono temperado são usados em alvenarias, para maior resistência.
- O tipo de metal usado deve ser compatível com os materiais que estão sendo fixados, para evitar perda da aderência e manchas superficiais nesses materiais.

Comprimento e diâmetro da haste
- Os pregos variam em comprimento de 1 in – 2,54 cm a cerca de 6 in – 15,0 cm.
- O comprimento do prego deve equivaler a aproximadamente 3 vezes espessura do material que está sendo fixado.
- Pregos de diâmetros maiores são usados para trabalhos pesados, enquanto pregos mais leves são usados para acabamentos. Pregos mais finos são usados mais para madeira dura do que para madeira macia.

Forma da haste
- Para melhor fixação, as hastes de pregos podem ser serrilhadas, farpadas, rosqueadas, acaneladas ou torcidas.
- As hastes de pregos podem ser cobertas com cola de contato, para maior resistência à remoção, ou serem zincadas, para maior resistência à corrosão.

Cabeças de prego
- Cabeças planas fornecem maior área de contato e são usadas quando é aceitável a exposição das mesmas.
- As cabeças dos pregos para acabamento são ligeiramente maiores que as hastes e podem ser afiladas em cone ou ter formato de concha.
- Pregos de duas cabeças são usados para fácil remoção em construções temporárias (por exemplo, fôrmas para concreto).

Pontas de prego
- A maioria dos pregos tem as pontas em forma aguda.
- Pregos com pontas agudas têm maior poder de fixação, mas tendem a rachar algumas madeiras. Já as pontas rombudas devem ser usadas para madeiras que racham com facilidade.

Rebites aplicados por dispositivos com motores
- Pregadores e grampeadores pneumáticos, acionados por um compressor, são capazes de fixar materiais a madeira, aço ou concreto.
- Fixadores de disparo usam cargas de pólvora para cravar diversos tipos de pino no concreto ou aço.

CSI MasterFormat 06 06 00 Schedules for Wood, Plastics, and Composites

PARAFUSOS COMUNS E PARAFUSOS DE PORCA   12.19

Parafusos

Parafusos são peças metálicas para fixação com corpo filetado helicoidalmente e uma cabeça fendida, feitas para serem cravadas em uma peça de madeira ou de outro material mediante rosqueamento — por exemplo, com uma chave de fenda. Uma vez que têm hastes rosqueadas, os parafusos tem maior poder de fixação do que pregos e são mais fáceis de remover. Quanto mais fina a rosca, maior o poder de fixação. Os parafusos são classificados conforme seu uso, tipo de cabeça, material, comprimento e diâmetro.
- Materiais: aço, latão, alumínio, bronze, aço inoxidável
- Comprimentos: $1/2$ in a 6 in (13 a 150 mm)
- Diâmetros: até 0,95 mm

O comprimento de um parafuso para madeira deve ser cerca de $1/8$ in (3 mm) menor que a espessura das tábuas que estão sendo parafusadas, com $1/2$ a $2/3$ do comprimento do parafuso penetrando no material base. Parafusos com rosca fina são geralmente usados para madeiras duras, enquanto que parafusos com rosca mais grossa são usados para madeiras macias.

Os furos para parafusos devem ser pré-perfurados e ser iguais ao diâmetro da base do parafuso. Alguns parafusos, tais como os parafusos para gesso cartonado ou os parafusos autoatarraxantes, são feitos para se encaixar em roscas fêmeas corrrespondentes à medida que são inseridos.

- Cabeça plana
- Cabeça oval
- Cabeça redonda
- Cabeça de armação
- Cabeça cilíndrica
- Cabeça oval cilíndrica
- Cabeça de corneta
- Cabeça de segurança

- Parafuso para madeira
- Parafuso para gesso cartonado
- Parafuso de máquina
- Parafuso autoatarraxante
- Parafuso para chapa de metal
- Parafuso de cabeça
- Parafuso de trava

- Cabeça fendida
- Cabeça Phillips
- Cabeça Allen
- Cabeça quadrada

Parafusos de porca

Parafusos de porca são pinos ou hastes metálicas com rosca, normalmente com uma cabeça em uma das extremidades, feitos para serem inseridos, através de orifício, em peças a serem unidas, e fixados por uma porca. Parafusos de carroceria são utilizados nos locais em que a cabeça pode ser de difícil acesso durante a fixação. Tira-fundos ou saca-fundos são empregados em áreas inacessíveis para a colocação de uma porca ou em locais em que seria necessário um parafuso de porca excepcionalmente longo para penetrar as peças de conexão por inteiro.
- Comprimentos: $3/4$ a 30 in (75 a 760 mm)
- Diâmetros: $1/4$ a 1-$1/4$ in (6 a 32 mm)

- Porca de segurança
- Porca entalhada
- Porca esférica

- Parafuso de porca para máquinas
- Cabeça hexagonal
- Cabeça quadrada
- Parafuso de carroceria
- Pescoço quadrado

- Arruelas são discos perfurados de metal, borracha ou plástico usados sob uma porca ou cabeça de parafuso ou em uma junta, para distribuir a pressão, evitar vazamento, reduzir atrito ou afastar materiais incompatíveis.
- Arruelas de segurança são feitas para evitar que uma porca afrouxe.
- Arruelas indicadoras de carga são arruelas providas de pequenas protuberâncias que, à medida que o parafuso é apertado e se diminui o espaço entre a cabeça ou a porca e a arruela, sofrem um progressivo achatamento que indica o esforço aplicado.

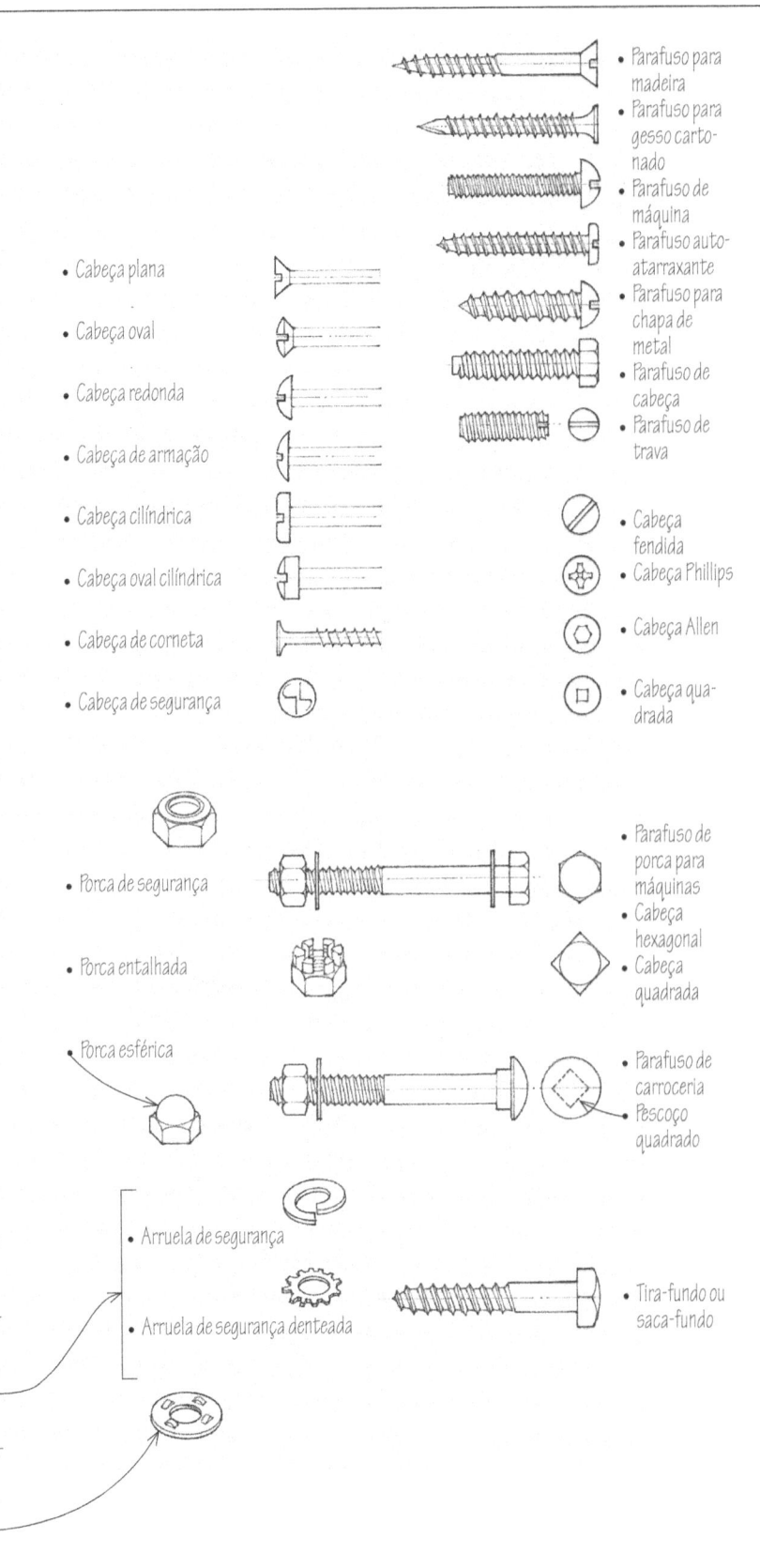

- Arruela de segurança
- Arruela de segurança denteada

- Tira-fundo ou saca-fundo

12.20 FIXAÇÕES DIVERSAS E ADESIVOS

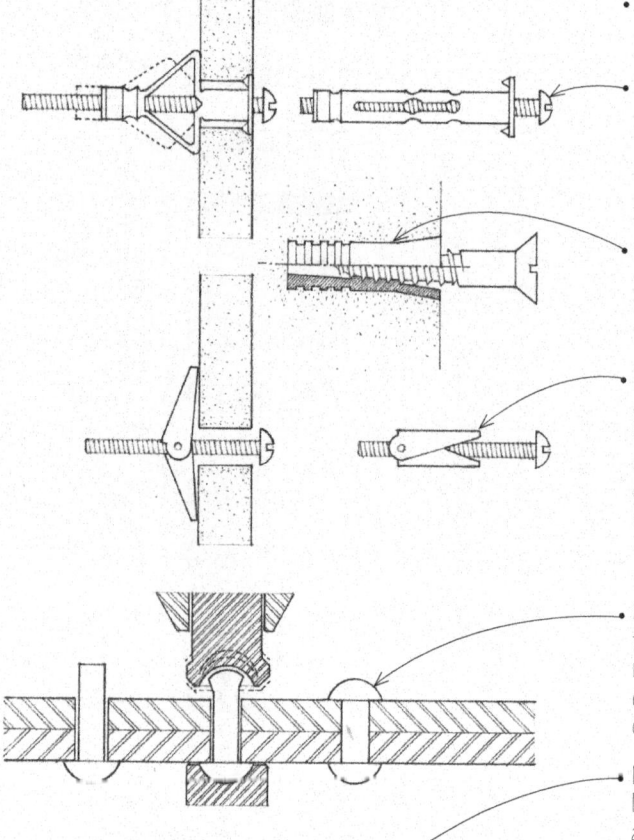

- Parafusos de expansão são peças de fixação com uma bainha bipartida que se expande mecanicamente para prender-se às laterais de um orifício aberto na alvenaria ou no concreto.
- Molly é o nome comercial de um parafuso de expansão com uma bainha bipartida similar a uma luva, e rosqueada de tal modo que, ao ser girado o parafuso, as extremidades da bainha se aproximam e as laterais se abrem a fim de se fixarem a um orifício aberto na alvenaria ou à superfície interna de uma parede com cavidade.
- Luvas de expansão são luvas de chumbo ou plástico inseridas em um orifício preexistente expandidas mediante a introdução de um parafuso comum ou de porca em sua parte interna.
- Parafusos com ação de cotovelo são usados para fixar materiais ao gesso, gesso cartonado e outros tipos de painel para paredes leves. Eles têm dois braços articulados que, pela ação de uma mola, se fecham ao atravessarem um orifício preexistente e se abrem ao saírem do mesmo, para se prenderem à superfície interna de uma parede com cavidade.
- Rebites são pinos metálicos utilizados para unir dois ou mais elementos de aço trespassando-se seu corpo por um orifício em cada peça e martelando-se a outra extremidade, de modo a formar uma segunda cabeça. Eles são cada vez menos usados, em favor de outras técnicas de parafusagem e soldagem que exigem menos mão de obra.
- Rebites explosivos são empregados em juntas acessíveis por um único lado, e seu corpo abriga em seu interior um explosivo que é detonado ao se martelar a sua cabeça, levando-os a expandirem-se no lado inacessível do orifício.

Os tipos comuns de adesivos incluem:
- Colas de animal ou peixe, usadas principalmente para uso interno, onde a temperatura e a umidade não variam muito; elas podem enfraquecer se expostas ao calor ou à umidade.
- Colas brancas ou colas de polivinil, que se endurecem rapidamente e não mancham; levemente flexíveis.
- Resinas de epóxi, extremamente fortes, as quais podem ser usadas para unir tanto materiais porosos como não porosos, mas podem dissolver alguns plásticos. Ao contrário de outros adesivos, as colas de epóxi se estabilizam em situações com baixas temperaturas e muita umidade.
- Resinas de resorcinas são fortes, à prova d'água e duráveis para uso externo, mas são inflamáveis e sua cor escura pode aparecer através da pintura.
- Colas de contato formam uma ligação por contato, assim não exigem outros elementos de fixação. Geralmente são usadas para colar materiais em grandes folhas ou chapas, tais como laminados de plástico.

Adesivos

Adesivos são usados para juntar as superfícies de dois materiais. Numerosos tipos de adesivos estão disponíveis no mercado, muitos deles tendo sido desenvolvidos para materiais e condições específicas. Eles podem ser encontrados na forma sólida, líquida, em pó ou película; alguns exigem um catalisador para ativar suas propriedades de adesão. Sempre siga as recomendações do fabricante. Considerações importantes na seleção de um adesivo incluem:

- Resistência: Os adesivos são geralmente mais fortes na resistência às tensões de tração e cisalhamento, e mais fracos na resistência às tensões de cisalhamento ou punção.
- Tempo de cura ou estabilização: Varia de adesão imediata a períodos de cura de até vários dias.
- Variação da temperatura de estabilização: Alguns adesivos se estabilizam à temperatura ambiente, enquanto outros exigem a aplicação de temperaturas elevadas.
- Método de aderência: Alguns adesivos aderem ao contato, enquanto que outros requerem grampos ou pressões mais elevadas.
- Características: Os adesivos variam na sua resistência a água, calor, luz solar e produtos químicos, bem como nas suas propriedades de envelhecimento.

A finalidade da pintura é proteger, preservar ou melhorar visualmente a superfície à qual ela é aplicada. Os principais tipos de materiais usados para pintura são as tintas, os *stains* e os vernizes.

Tintas

Tinta é a mistura de pigmentos sólidos suspensos em um veículo líquido, aplicada como um revestimento fino, normalmente opaco, sobre uma superfície, para fins de proteção e decoração.

- *Primers*, bases ou fundos são revestimentos iniciais aplicados a uma superfície a fim de melhorar a adesão das camadas subsequentes de tinta ou verniz.
- Seladores são bases aplicadas a uma superfície com a finalidade de reduzir a absorção das camadas subsequentes de tinta ou verniz, ou de evitar manchas na última demão.
- Tintas a óleo são tintas cujo veículo é um óleo que oxida e seca, formando uma película elástica resistente, quando expostas a uma camada fina de ar.
- Tintas alquidas são tintas cujo aglutinante é uma resina alquida, como um óleo de soja quimicamente modificado ou óleo de linhaça.
- Tintas látex são tintas com um aglutinante de látex que se funde quando quando evapora a água da emulsão.
- Tintas epóxi são tintas que têm como aglutinante uma resina de epóxi, para aumentar sua resistência à abrasão, corrosão e a produtos químicos.
- Tinta anticorrosiva é a tinta ou base especialmente formulada com pigmentos inibidores de ferrugem, para impedir ou reduzir a corrosão de superfícies metálicas.
- Tinta retardantes de fogo são tintas especialmente formuladas com silicone, cloreto de polivinil ou outra substância para reduzir a propagação das chamas de um material combustível.
- Tintas intumescentes, quando expostas ao calor de um incêndio, incham e formam uma camada de espuma inerte que protege termicamente e retarda a dispersão das chamas e a combustão.
- Tintas resistentes ao calor são tintas especialmente formuladas com resinas de silicone para resistir a temperaturas elevadas.

Stains

Stain é a solução de tintura ou suspensão de pigmento em um veículo aplicada para penetrar e colorir uma superfície de madeira sem obscurecer suas fibras.

- *Stains* penetrantes entram em uma superfície de madeira, deixando nela uma fina película.
- *Stains* aquosos são tintas penetrantes obtidas através da dissolução de uma tintura em um veículo aquoso.
- Tinturas alcoólicas são tintas penetrantes obtidas através da dissolução de uma tintura em um veículo alcoólico.
- *Stain* pigmentado é um *stain* a óleo que contém pigmentos capazes de obscurecer as fibras e a textura de uma superfície de madeira.
- *Stain* a óleo é a tinta obtida mediante a dissolução de tintura ou a suspensão de pigmento em um óleo secante ou um veículo de óleo e verniz.

- Pigmento: pó fino insolúvel suspenso em um veículo líquido a fim de conferir cor e opacidade a uma tinta;

+

- Veículo: líquido no qual um pigmento é disperso antes de ser aplicado a uma superfície, a fim de se controlar sua consistência, adesão, lustro e durabilidade.

- Aglutinante é a parte não volátil do veículo de uma tinta, que aglutina as partículas de um pigmento em uma película coesa durante o processo de secagem.
- Solvente ou thinner é a parte volátil do veículo de uma tinta que garante a viscosidade desejada para a aplicação de uma tinta com pincel, rolo ou pulverizador.

Vernizes

Vernizes são preparados líquidos que consistem em uma resina dissolvida em um óleo (verniz de óleo) ou álcool (verniz de álcool), que, ao secar após ser espalhado, forma um revestimento duro, lustroso e, em geral, transparente.

- Verniz de espato ou verniz marinho é o verniz durável e resistente à água produzido com resinas duráveis e óleo de linhaça ou tungue.
- Verniz de poliuretano é o verniz excepcionalmente duro, resistente à abrasão e à ação química, produzido com uma resina plástica de mesmo nome.
- Laca ou verniz também é o nome dado a qualquer um dentre uma série de revestimentos sintéticos transparentes ou coloridos, que consistem em nitrocelulose ou outro derivado da celulose dissolvidos em um solvente que seca por evaporação convertendo-se em uma película de alto brilho.
- Goma-laca é o verniz de álcool fabricado mediante a dissolução de flocos de laca refinada em álcool desnaturado.

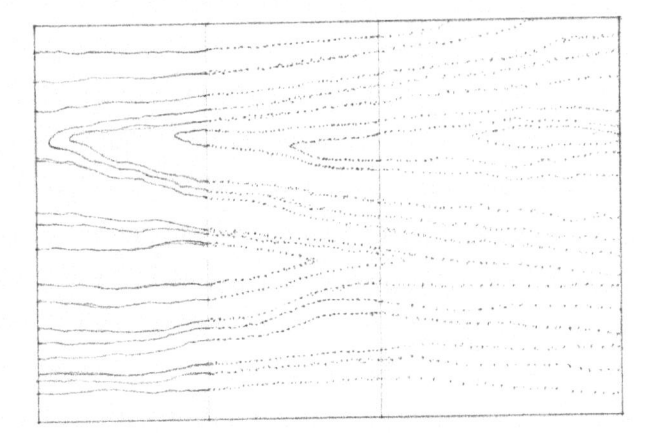

CSI MasterFormat 09 90 00 Painting and Coating

12.22 A PREPARAÇÃO DE SUPERFÍCIES PARA PINTURA

Todos os materiais que receberão tinta ou outro recobrimento devem ser adequadamente preparados e receber um fundo, para garantir a adesão da tinta às suas superfícies e para maximizar a durabilidade do acabamento. Em geral, as superfícies devem estar secas e isentas de contaminantes, como pó, gordura, umidade e mofo. A seguir, apresentamos recomendações para vários materiais.

- Tijolo deve ter toda sujeira, argamassa solta, eflorescência ou outro material estranho removidos com escova metálica, pressão de ar ou limpeza a vapor. Ele pode ser selado com um fundo de látex ou um repelente de água de silicone transparente.
- Alvenaria de blocos de concreto deve estar seca e isenta de sujeira, argamassa solta ou em excesso. As superfícies porosas podem exigir um enchimento de bloco ou um fundo para graute de cimento se o valor acústico de uma superfície áspera não for importante.
- Superfícies de concreto devem estar bem-curadas e isentas de sujeira, desmoldantes e aditivos para cura. As superfícies porosas podem exigir o uso prévio de um enchimento de bloco ou fundo para graute de cimento. As superfícies grauteadas requerem a aplicação de uma tinta látex, uma tinta alquida ou um selador ou fundo a óleo. As superfícies de concreto também podem ser impermeabilizadas com repelentes de água transparentes, à base de silicone.
- Pisos de concreto devem estar isentos de sujeira, cera, gordura e óleos, e devem ser preparados com uma solução de ácido muriático para melhorar a adesão do recobrimento. Aplique uma base resistente a álcalis.
- As superfícies de placas de gesso devem estar limpas e secas. Use um fundo de látex para evitar o levantamento das fibras das superfícies de papel.
- O reboco e o estuque devem estar completamente secos e curados. Use uma base de selador de látex, alquida ou fundo a óleo. O reboco fresco deve receber um fundo resistente a álcalis.
- A madeira deve ser madeira de construção limpa e seca. Os nós e bolsas de resina precisam ser lixados e selados antes da aplicação da base. As superfícies a serem pintadas devem receber fundo ou selador para estabilizar o conteúdo de umidade da madeira e evitar absorção das camadas subsequentes; os *stains* e algumas tintas não requerem base. Todos os furos de pregos, rachaduras e outras pequenas imperfeições devem ser preenchidos após a primeira demão da base.
- Superfícies pintadas e velhas devem estar limpas, secas e ser tornadas ásperas por lixamento ou lavagem com uma solução detergente.
- Superfícies de metal ferroso devem estar livres de ferrugem, rebarbas de metal e materiais estranhos. Limpe com escova de aço, jato de areia, maçarico ou ácido. Aplique uma base de tinta antioxidante.
- Ferro galvanizado deve ter todas suas superfícies limpas de gordura, resíduos e corrosão com solventes ou lavagens químicas. A superfície pode ser primada com uma pintura de óxido de zinco ou cimento Portland. Se for exposto ao intemperismo, o ferro galvanizado deve ser tratado como um metal ferroso.

Além da preparação da superfície e da aplicação de uma base quando necessário, outras considerações na seleção de uma pintura incluem:
- Compatibilidade da tinta com a superfície à qual ela é aplicada
- O método de aplicação e o tempo para secagem necessários
- As condições de uso e a resistência exigida a água, calor, luz solar, variações de temperatura, bolor, produtos químicos e abrasão física
- A possível emissão de compostos orgânicos voláteis

A
APÊNDICE

- A.2   Dimensões humanas
- A.3   Diretrizes de acessibilidade universal da ADA
- A.4   Dimensões de mobiliário
- A.6   Cargas acidentais de edificações
- A.7   Pesos de materiais
- A.8   Conversão de medidas
- A.10 Saídas de emergência
- A.12 Construção com classificação de resistência ao fogo
- A.14 Acústica
- A.16 O controle acústico
- A.18 A representação gráfica de materiais
- A.19 O CSI MasterFormat
- A.23 O UNIFORMAT II
- A.26 O sistema LEED de certificação de edificações sustentáveis
- A.27 Associações profissionais e comerciais internacionais

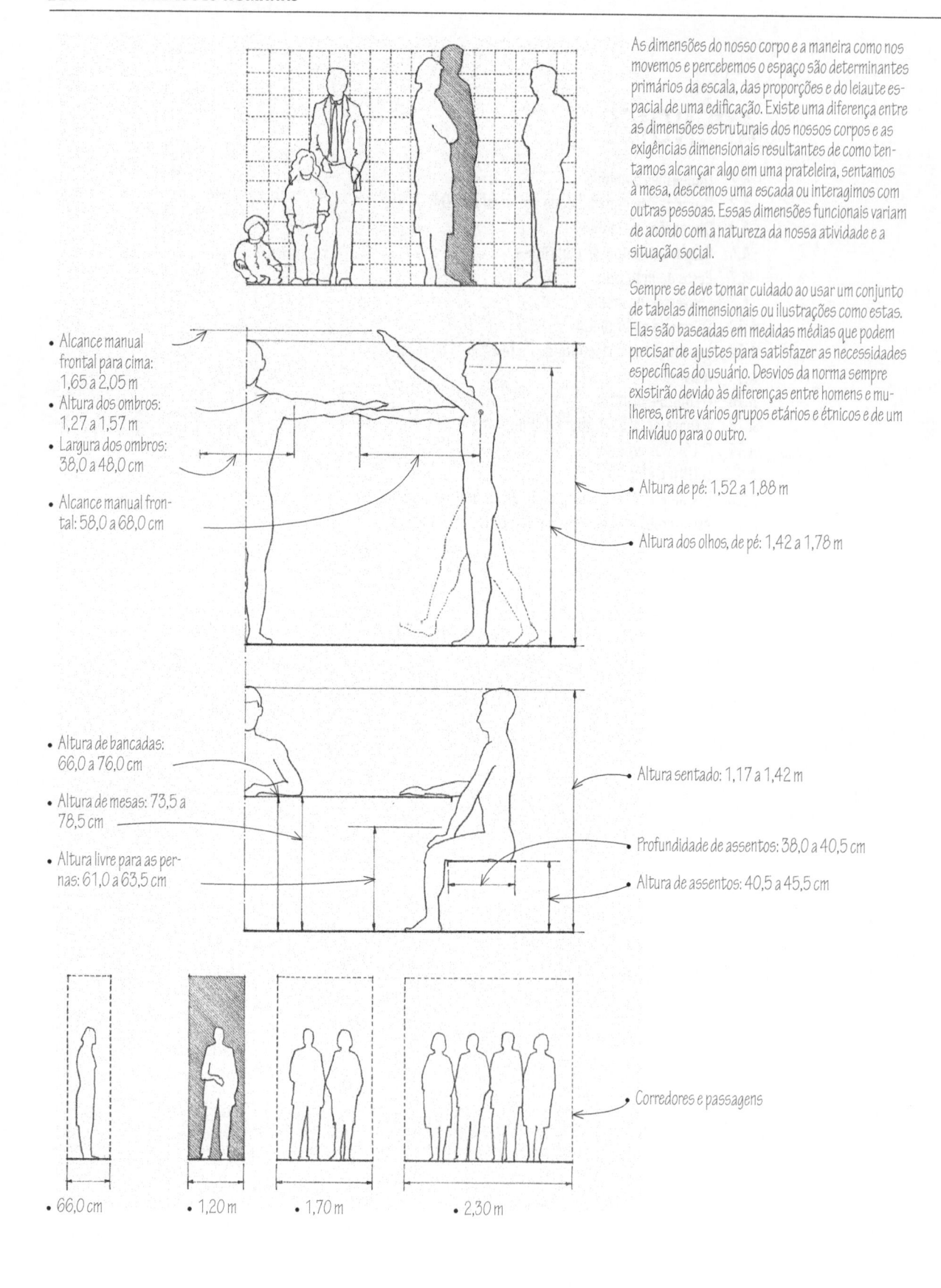

A.2 DIMENSÕES HUMANAS

As dimensões do nosso corpo e a maneira como nos movemos e percebemos o espaço são determinantes primários da escala, das proporções e do leiaute espacial de uma edificação. Existe uma diferença entre as dimensões estruturais dos nossos corpos e as exigências dimensionais resultantes de como tentamos alcançar algo em uma prateleira, sentamos à mesa, descemos uma escada ou interagimos com outras pessoas. Essas dimensões funcionais variam de acordo com a natureza da nossa atividade e a situação social.

Sempre se deve tomar cuidado ao usar um conjunto de tabelas dimensionais ou ilustrações como estas. Elas são baseadas em medidas médias que podem precisar de ajustes para satisfazer as necessidades específicas do usuário. Desvios da norma sempre existirão devido às diferenças entre homens e mulheres, entre vários grupos etários e étnicos e de um indivíduo para o outro.

- Alcance manual frontal para cima: 1,65 a 2,05 m
- Altura dos ombros: 1,27 a 1,57 m
- Largura dos ombros: 38,0 a 48,0 cm
- Alcance manual frontal: 58,0 a 68,0 cm

- Altura de pé: 1,52 a 1,88 m
- Altura dos olhos, de pé: 1,42 a 1,78 m

- Altura de bancadas: 66,0 a 76,0 cm
- Altura de mesas: 73,5 a 78,5 cm
- Altura livre para as pernas: 61,0 a 63,5 cm

- Altura sentado: 1,17 a 1,42 m
- Profundidade de assentos: 38,0 a 40,5 cm
- Altura de assentos: 40,5 a 45,5 cm

- Corredores e passagens

- 66,0 cm
- 1,20 m
- 1,70 m
- 2,30 m

DIRETRIZES DE ACESSIBILIDADE UNIVERSAL DA ADA A.3

O American with Disabilities Act (ADA) é uma lei federal de direitos civis dos Estados Unidos de 1990 determinando que as edificações sejam acessíveis a pessoas com deficiência física e certas deficiências mentais. As diretrizes ADA Accessibility Guidelines (2010 ADA Standards for Accessible Design) são publicadas pelo U.S. Access Board, uma agência federal independente, e suas normas são administradas pelo Ministério da Justiça norte-americano. Os prédios federais devem seguir as normas estabelecidas pela lei Architectural Barrier Act (ABA). Em sua última atualização, o Access Board harmonizou as diretrizes ADA com as diretrizes para as edificações cobertas pela ABA e as publicou juntas nas ADA-ABA Accessibility Guidelines. Na legislação relacionada também se inclui o Federal Fair Housing Act (FFHA) de 1988, que contém as normas do Ministério da Moradia e do Desenvolvimento Urbano, que exigem que os conjuntos residenciais com quatro ou mais unidades de habitação sejam adaptáveis para o uso por parte das pessoas com deficiência.

As edificações e demais equipamentos urbanos devem ser acessíveis a cadeirantes e pessoas com dificuldades de locomoção.
- As rotas de acesso universal consistem de superfícies pavimentadas com caimento máximo de 5%, marcações táteis em cruzamentos de vias com veículos, espaços de piso livres junto a acessos, corredores de acesso, rampas, rebaixos de meio-fio e elevadores.
- As superfícies de piso devem ser firmes, estáveis e não escorregadias.
- Evite desníveis e o uso de escadas.
- Use rampas apenas quando necessário.

Os equipamentos urbanos devem ser identificáveis pelos deficientes visuais.
- Use letreiros táteis, sinais sonoros claros e superfícies texturizadas (pisos táteis) para indicar escadas ou aberturas perigosas.

Todos os equipamentos devem ter acessibilidade universal.
- Os espaços de circulação devem ser adequados para o movimento com conforto.
- Todos os equipamentos de uso público devem ser dotados de aparelhos hidrossanitários projetados para o uso de pessoas com deficiências físicas.

Para Diretrizes de Acessibilidade Universal da ADA relativas a outros elementos ou componentes de edificações, consulte as seguintes páginas:
- Estacionamento de veículos: 1.29
- Portas: 8.3
- Ferragens de porta: 8.17, 8.19, 8.20
- Soleiras de portas: 8.21
- Janelas: 8.22
- Escadas e rampas: 9.5, 9.9
- Elevadores: 9.16
- Cozinhas: 9.22–9.23
- Lavatórios e banheiros: 9.26
- Carpetes: 10.21

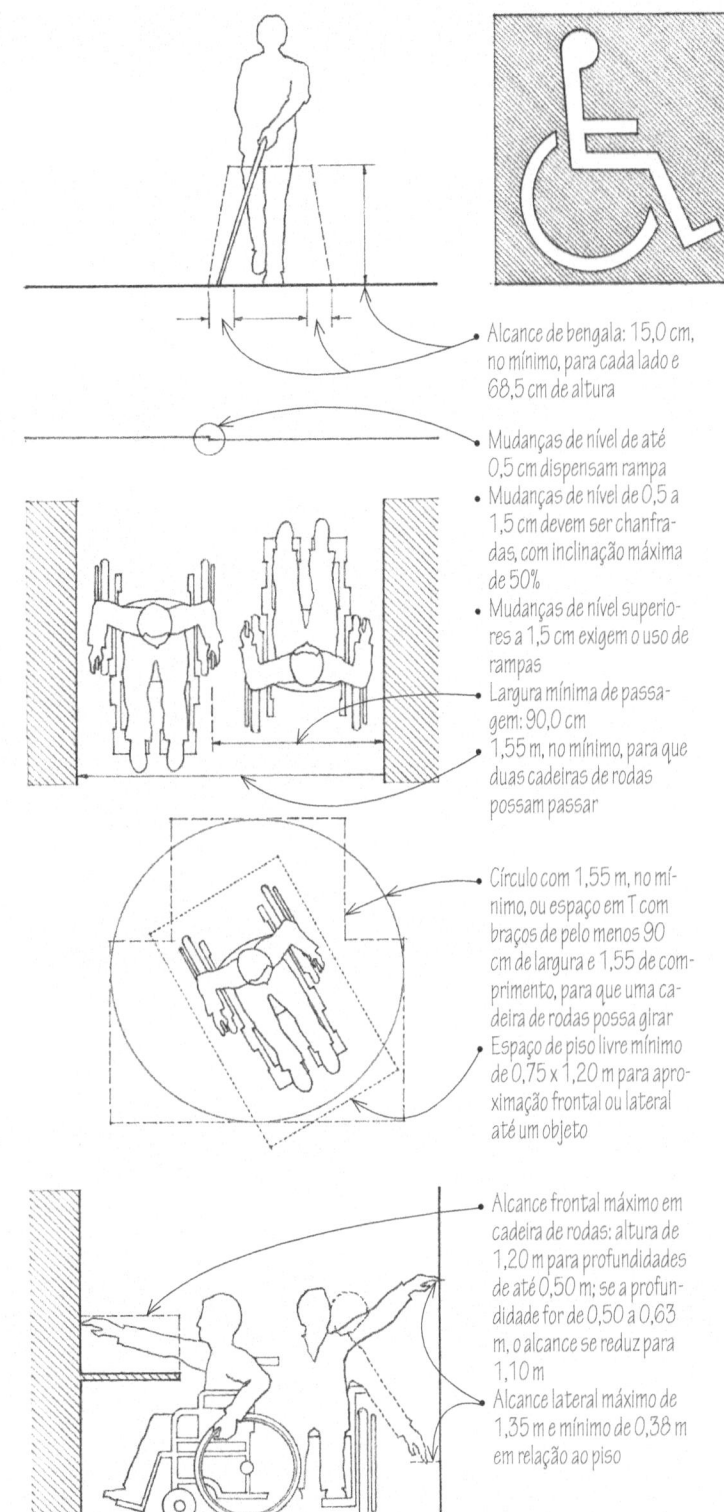

- Alcance de bengala: 15,0 cm, no mínimo, para cada lado e 68,5 cm de altura
- Mudanças de nível de até 0,5 cm dispensam rampa
- Mudanças de nível de 0,5 a 1,5 cm devem ser chanfradas, com inclinação máxima de 50%
- Mudanças de nível superiores a 1,5 cm exigem o uso de rampas
- Largura mínima de passagem: 90,0 cm
- 1,55 m, no mínimo, para que duas cadeiras de rodas possam passar
- Círculo com 1,55 m, no mínimo, ou espaço em T com braços de pelo menos 90 cm de largura e 1,55 de comprimento, para que uma cadeira de rodas possa girar
- Espaço de piso livre mínimo de 0,75 x 1,20 m para aproximação frontal ou lateral até um objeto
- Alcance frontal máximo em cadeira de rodas: altura de 1,20 m para profundidades de até 0,50 m; se a profundidade for de 0,50 a 0,63 m, o alcance se reduz para 1,10 m
- Alcance lateral máximo de 1,35 m e mínimo de 0,38 m em relação ao piso

A.4 DIMENSÕES DE MOBILIÁRIO

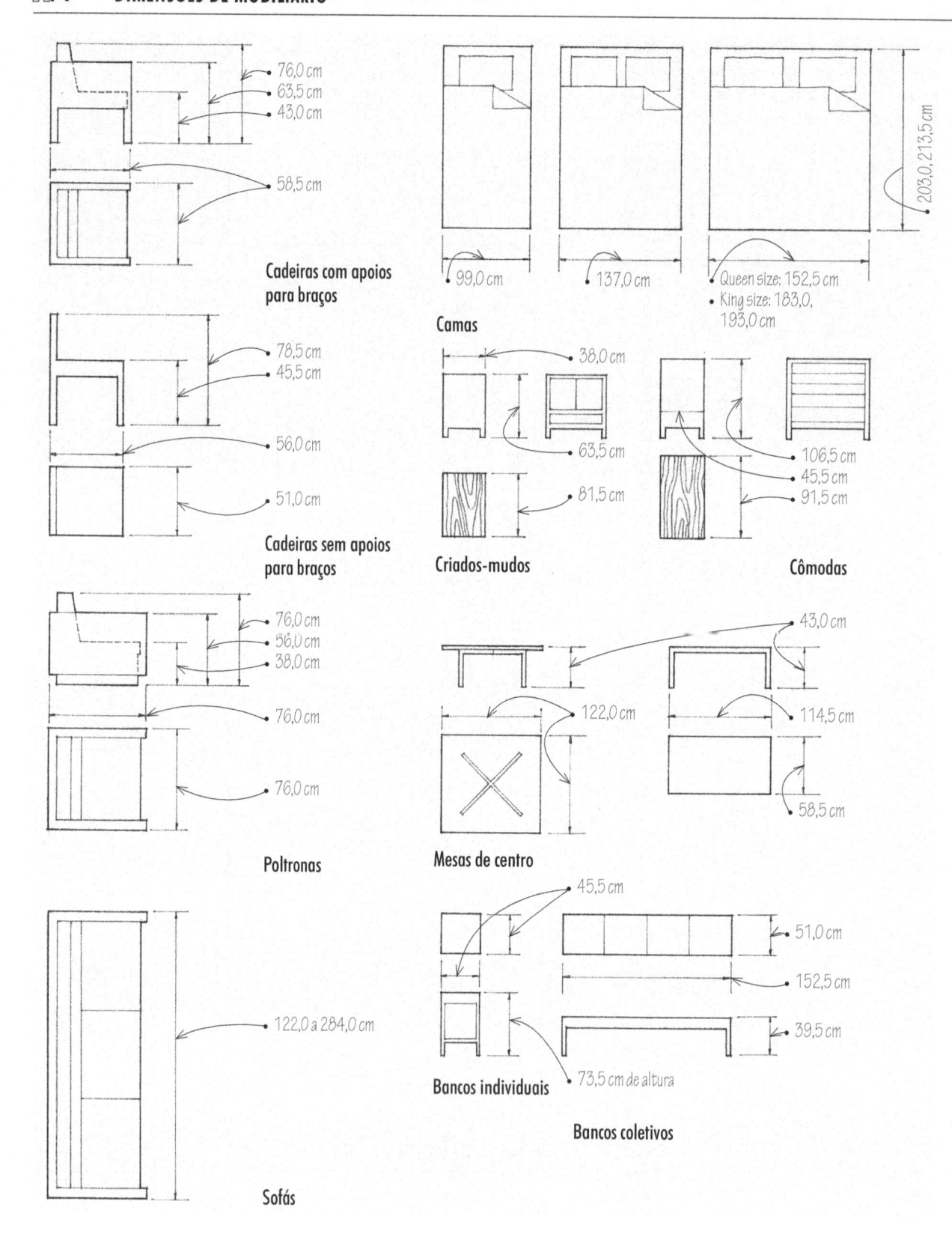

Cadeiras com apoios para braços
- 76,0 cm
- 63,5 cm
- 43,0 cm
- 58,5 cm

Cadeiras sem apoios para braços
- 78,5 cm
- 45,5 cm
- 56,0 cm
- 51,0 cm

Poltronas
- 76,0 cm
- 56,0 cm
- 38,0 cm
- 76,0 cm
- 76,0 cm

Sofás
- 122,0 a 284,0 cm

Camas
- 99,0 cm
- 137,0 cm
- Queen size: 152,5 cm
- King size: 183,0, 193,0 cm
- 203,0, 213,5 cm

Criados-mudos
- 38,0 cm
- 63,5 cm
- 81,5 cm

Cômodas
- 106,5 cm
- 45,5 cm
- 91,5 cm

Mesas de centro
- 43,0 cm
- 122,0 cm
- 114,5 cm
- 58,5 cm

Bancos individuais
- 45,5 cm
- 73,5 cm de altura

Bancos coletivos
- 51,0 cm
- 152,5 cm
- 39,5 cm

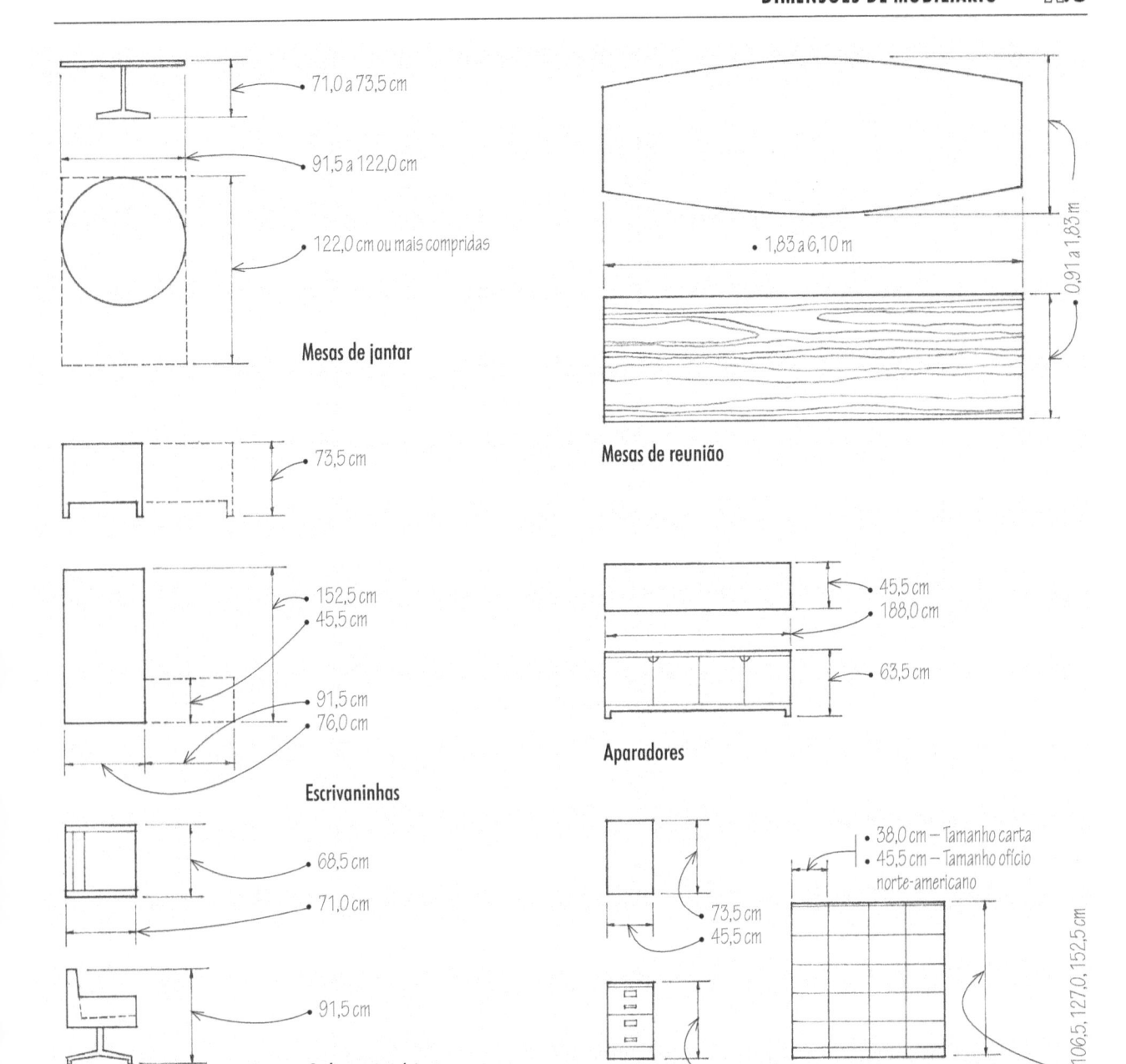

DIMENSÕES DE MOBILIÁRIO   A.5

Mesas de jantar
- 71,0 a 73,5 cm
- 91,5 a 122,0 cm
- 122,0 cm ou mais compridas

Mesas de reunião
- 1,83 a 6,10 m
- 0,91 a 1,83 m

Escrivaninhas
- 73,5 cm
- 152,5 cm
- 45,5 cm
- 91,5 cm
- 76,0 cm

Aparadores
- 45,5 cm
- 188,0 cm
- 63,5 cm

Cadeira giratória
- 68,5 cm
- 71,0 cm
- 91,5 cm

Arquivos
- 73,5 cm
- 45,5 cm
- 76,0 cm
- 38,0 cm – Tamanho carta
- 45,5 cm – Tamanho ofício norte-americano
- 106,5, 127,0, 152,5 cm

- Todas as dimensões são apenas para referência. Confira com os fabricantes de móveis.
- O mobiliário pode ser utilizado para demarcar os espaços e definir circulações, ser embutido ou estar solto nos espaços.
- Os fatores que afetam a seleção de móveis incluem função, conforto, escala, cor e estilo.

A.6 CARGAS ACIDENTAIS DE EDIFICAÇÕES

Cargas acidentais uniformemente distribuídas mínimas (lb/in^2*)
*1 lb/in^2 = 47,88 Pa

Recintos de reuniões
- Teatros com assentos fixos 60
- Auditórios e ginásios com assentos móveis 100
- Corredores e antessalas 100
- Palcos 150

Bibliotecas
- Salas de leitura 60
- Salas de estantes de livros 150

Escritórios
- Salas de escritório 80
- Saguões 100

Equipamentos residenciais
- Habitações privadas 40
- Apartamentos e quartos de hotel 40
- Dependências públicas 100
- Corredores 60

Escolas
- Salas de aulas 40
- Corredores 100

Passeios e acessos de veículos 250

Escadas, saídas de emergência, saídas em geral ... 100

Galpões
- Leves 125
- Pesados 250

Instalações industriais 125

Lojas
- Varejo: pavimento térreo 100
- Pavimentos superiores 75

Cargas de cobertura
Mínimo, não incluindo cargas de vento ou sísmicas 20
Terraços-jardim 100

- No projeto de uma edificação, as cargas acidentais previstas devem ser as cargas máximas que se prevê para o uso ou a atividade prevista. Em alguns casos, como em edifícios-garagem, as cargas concentradas predominarão.
- Sempre verifique as cargas acidentais estabelecidas pelo código de obras.

Pesos médios de materiais (lb/in^3*)
*1 lb/in^3 = 16 kg/m^3

Solo, areia e pedregulho
- Cinza vulcânica 45
- Argila, úmida 110
- Argila, seca 63
- Terra, seca e solta 76
- Terra, molhada e socada 96
- Areia e pedregulho, seco e solto 105
- Areia e pedregulho, molhado 120

Madeira
- Cedro 22
- Pinheiro Douglas 32
- Plátano 29
- Bordo 42
- Carvalho vermelho 41
- Carvalho branco 46
- Pinheiro do sul 29
- Sequoia 26
- Espruce 27

Metais
- Alumínio 165
- Latão, vermelho 546
- Bronze, de escultura 509
- Cobre 556
- Ferro, fundido 450
- Ferro, forjado 485
- Chumbo 710
- Níquel 565
- Aço inoxidável 510
- Aço laminado 490
- Estanho 459
- Zinco 440

Concreto
- Concreto-massa 144
- Concreto armado 150
- Concreto com escória 100
- Concreto leve, com argila expandida 105
- Concreto leve, com perlita 35–50

Pedra
- Granito 175
- Calcário 165
- Mármore 165
- Arenito 147
- Ardósia 175

Água
- Densidade máxima a 4°C 62
- Gelo 56
- Neve 8

PESOS DE MATERIAIS A.7

Pesos médios de materiais (lb/in²*)
*1 lb/in² = 47,88 Pa

Paredes externas e internas
- Tijolo, a cada 10 cm de espessura 35
- Blocos de concreto com
  agregado de pedra ou pedregulho
  10 cm 34
  15 cm 50
  20 cm 58
  30 cm 90
  Blocos de concreto com agregado leve
  10 cm 22
  15 cm 31
  20 cm 38
  30 cm 55
- Bloco de vidro, 10 cm 18
- Chapa de gesso, 13 mm 2
- Tela metálica 0,5
- Estrutura de montantes de
  metal com placas de gesso 6
- Reboco, 2,5 cm
  Argamassa de cimento 10
  Argamassa de gesso 5
- Compensado, ½ in (13 mm) 1,5
- Pedra
  Granito, 10 cm 59
  Calcário, 15 cm 55
  Mármore, 25 mm 13
  Arenito, 10 cm 49
  Ardósia, 25 mm 14
- Lajota cerâmica 2,5
  Azulejo vitrificado 3
- Bloco cerâmico, argila estrutural
  10 cm 18
  15 cm 28
  20 cm 34
- Montantes leves de madeira, 5 x 10 cm,
  com chapas de gesso dos dois lados 8

Isolamento térmico
- Manta, por polegada 0,3
- Chapa de fibra 2
- Chapa de espuma rígida,
  por polegada 0,2
- Solto 0,5
- Injetado ou pulverizado *in loco* 2
- Rígido 0,8

Vidro
- Veja a p. 12.17

Pesos médios de materiais (lb/in²*)
*1 lb/in² = 47,88 Pa

Pisos e coberturas
- Concreto armado, por polegada (2,5 cm)
  Agregado de brita 12,5
  Agregado de perlita 6–10
  Concreto-massa, por polegada
  Agregado de brita 12
  Leve 3–9
- Concreto pré-moldado
  Painel tubado de 15 cm,
  agregado de brita 40
  Painel tubado de 15 cm,
  concreto leve 30
  Painel maciço de concreto
  com escória, de 5 cm 15
  Capa de concreto sobre
  painéis de gesso 12
- Laje de concreto com formas de
  aço incorporadas (*steel deck*) 2–4

Coberturas
- Composta por cinco camadas,
  com feltro e pedregulho 6
- Telhas de cobre ou estanho 2
- Telhas de ferro corrugado 2
- Telhas de fibra de vidro corrugadas 0,5
- Telhas de metal (monel) 1,5
- Telhas chatas
  Compostas 3
  Ardósia 10
  Madeira 2
- Telhas
  Concreto 16
  Barro 14

Forros
- Placas acústicas, 2 cm 1
- Reboco acústico sobre
  painel de gesso 10
- Sistema modulado suspenso
  com perfis de metal 1

Acabamentos de piso
- Cimento polido, 2,5 cm 12
- Mármore 30
- Granitina, 2,5 cm 13
- Madeira
  Madeira de lei, 2 cm 4
  Madeira macia, 1,9 cm 2,5
  Blocos de madeira, 7,5 cm 15
- Placas de vinil 1,33

A.8 CONVERSÃO DE MEDIDAS

Fator	Múltiplos	Prefixos	Símbolos
Um bilhão	10^9	Giga	G
Um milhão	10^6	Mega	M
Um milhar	10^3	Quilo	k
Uma centena	10^2	Hecto	h
Dez	10	Deca	da
Um décimo	10^{-1}	Deci	d
Um centésimo	10^{-2}	Centi	c
Um milésimo	10^{-3}	Mili	m
Um milionésimo	10^{-6}	Micro	u

O Sistema Internacional de Unidades (SI), mas conhecido como o Sistema Métrico, é um sistema internacionalmente adotado de unidades físicas coerentes que utiliza metros, gramas, segundos, ampère, kelvin e candela como suas unidades fundamentais de comprimento, massa, tempo, corrente elétrica, temperatura e intensidade luminosa. O sistema métrico é empregado universalmente e de uso obrigatório em muitos países.

- O metro é a unidade básica de comprimento do sistema métrico e equivale a 39,37 polegadas (1 in = 2,54 cm). Ele foi originariamente definido como um décimo milionésimo da distância da linha do Equador ao polo medido no meridiano, posteriormente como a distância entre duas linhas de uma barra de platina-irídio preservada no Escritório Internacional de Pesos e Medidas, perto de Paris, e hoje é definido como $1/299.972.458$ da distância que a luz percorre no vácuo em um segundo.
- Um centímetro é igual a $1/100$ de metro ou a 0,3937 polegada (in). O centímetro não é uma unidade de medida recomendável para o uso em construções pré-fabricadas (aço, madeira, etc.); nesse caso milímetros ou polegadas são mais comuns.
- Um milímetro é igual a $1/1000$ de metro ou a 0,03937 polegada (in).
- Um pé (ft) corresponde a 12 in (polegadas), ou seja, 30,48 cm.

Medida	Unidade imperial ou norte-americana	Unidade métrica	Símbolo	Fator de conversão
Comprimento	milha	quilômetro	km	1 milha = 1,609 Km
	jarda	metro	m	1 jarda = 0,9144 m = 914,4 mm
	pé (ft)	metro	m	1 pé = 0,3048 m = 304,8 mm
		milímetro	mm	1 pé = 304,8 mm
	polegada (in)	milímetro	mm	1 in = 25,4 mm
Área	milha quadrada	quilômetro quadrado	km^2	1 mi^2 = 2,590 km^2
		hectare	ha	1 mi^2 = 259,0 ha (1 ha = 10.000 m^2)
	acre	hectare	ha	1 acre = 0,4047 ha
		metro quadrado	m^2	1 acre = 4046,9 m^2
	jarda quadrada (yd^2)	metro quadrado	m^2	1 yd^2 = 0,8361 m^2
	pé quadrado (ft^2)	metro quadrado	m^2	1 ft^2 = 0,0929 m^2
		centímetro quadrado	cm^2	1 ft^2 = 929,03 cm^2
	polegada quadrada (in^2)	centímetro quadrado	cm^2	1 in^2 = 6,452 cm^2
Volume	jarda cúbica (yd^3)	metro cúbico	m^3	1 yd^3 = 0,7646 m^3
	pé cúbico	metro cúbico	m^3	1 ft^3 = 0,02832 m^3
		litro	l	1 ft^3 = 28,32 litros (1.000 litros = 1 m^3)
		decímetro cúbico	dm^3	1 ft^3 = 28,32 dm^3 (1 litro = 1 dm^3)
	polegada cúbica	milímetro cúbico	mm^3	1 in^3 = 16.390 mm^3
		centímetro cúbico	cm^3	1 in^3 = 16,39 cm^3
		mililitro	ml	1 in^3 = 16,39 ml
		litro	l	1 in^3 = 0,01639 litro

CONVERSÃO DE MEDIDAS

Medida	Unidade imperial	Unidade métrica	Símbolo	Fator de conversão
Massa	tonelada longa	quilograma	kg	1 ton = 1016,05 kg
	quilolibra	tonelada métrica (1.000 kg)	kg	1 quilolibra = 453,59 kg
	libra	quilograma	kg	1 lb = 0,4536 kg
	onça	grama	g	1 oz = 28,35 g
por comprimento	libra por pé	quilograma por metro	kg/m	1 lb/ft = 1,4882 kg/m^2
por área	libra por pé quadrado	quadrado quilograma por m^2	kg/m^2	1 lb/ft^2 = 4,882 kg/m^2
Densidade de massa	libra por pé cúbico	quilograma por m^3	kg/m^3	1 lb/ft^3 = 16.018 kg/m^3
Capacidade	quarto	litro	l	1 qt = 1,137 l
	quartilho	litro	l	1 pt = 0,568 l
	onça líquida	centímetro cúbico	cm^3	1 Fl oz = 28,413 cm^3
Força	libra	Newton	N	1 lb = 4,488 N
				1 N = kg m/s^2
por comprimento	libra por pé	Newton por metro	N/m	1 lb/ft = 14,594 N/m
Pressão	libra por pé quadrado	Pascal	Pa	1 p/ft^3 = 47,88 Pa
				1 Pa = N/m^2
	libra por pé quadrado	quilopascal	kPa	1 lb/in^2 = 6,894 N/m
Momento	pé-libra	Newton-metro	Nm	1 ft/lb = 1,356 N/m
Massa	libra-pé	quilograma-metro	kg m	1 lb-ft = 0,138 kg m
Inércia	libra-pé quadrado	quilograma-metro^2	kg m^2	1 lb-ft^2 = 0,042 kg/m^3
Velocidade	milhas por hora	quilômetros por hora	km/h	1 mph = 1,609 km/h
	pés por minuto	metros por minuto	m/min	1 ft/min = 0,3408 m/min
	pés por segundo	metros por segundo	m/s	1 ft/s = 0,3408 m/s
Vazão	pés cúbicos por minuto	litros por segundo	l/s	1 ft^3/min = 0,4791 l/s
	pés cúbicos por segundo	m^3 por segundo	m^3/s	1 ft^3/s = 0,02832 m^3/s
	polegadas cúbicas por segundo	ml por segundo	ml/s	1 in^3/s = 16,39 ml/s
Temperatura	grau Fahrenheit	grau Celsius	°C	t°C = 5/9 (t°F − 32)
	grau Fahrenheit	grau Celsius	°C	1 °F = 0,5556 °C
Calor	unidade térmica britânica (Btu)	joule	J	1 Btu = 1.055 J
		quilojoule	kJ	1 Btu = 1,055 kJ
fluxo de calor	Btu/hora	watt	W	1 Btu = 0,2931 w
condutância térmica	Btu·in/ft^2·h·°F	watt/m^2·°C	w/m^2·°C	1 Btu/ft^2·h·°F = 5,678 w/m^2·°C
resistência	ft^2·h·°F/Btu	m^2·K/W	m^2·°C/W	1 ft^2·h·°F/Btu = 0,176 m^2·°C/W
refrigeração	tonelada de refrigeração	watt	W	1 ton = 3.519 W
Potência	cavalo-vapor	watt	W	1 hp = 745,7 W
		kilowatt	kW	1 hp = 0,7457 kW
Luz	candela	candela	cd	unidade básica do SI de intensidade luminosa
fluxo luminoso	lúmen	lúmen	lm	1 lm = cd esterorradiano
iluminância	vela-pé	lux	lx	1 FC = 10,76 lx
	lúmen/ft^2	lux	lx	1 lm/ft^2 = 10,76 lx
luminância	lambert-pé	candela/m^2	cd/m^2	1 fL = 3,426 cd/m^2

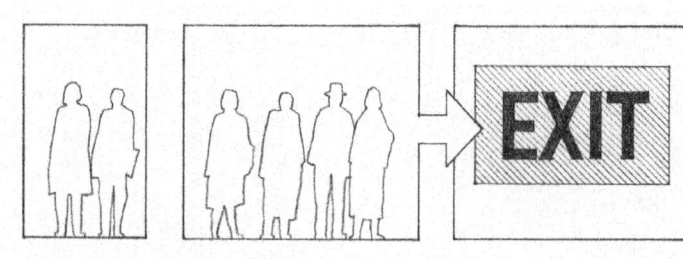

A.10 SAÍDAS DE EMERGÊNCIA

Os códigos de edificações especificam:
- As classificações dos materiais quanto à resistência ao fogo e as especificações necessárias para uma edificação dependendo de sua localização, uso e ocupação e tamanho (pé-direito e área por pavimento); veja as p. 2.6–2.7.
- Alarmes contra incêndio, *sprinklers* e outros sistemas de proteção exigidos para certos usos e ocupações; veja a p. 11.25.
- As saídas de emergência necessárias para os ocupantes de uma edificação em caso de incêndio. Uma saída de emergência deve oferecer acesso seguro e adequado de todos os pontos de uma edificação até as saídas protegidas que levam a uma área de refúgio. Há três componentes em um sistema de evacuação de emergência: rotas de fuga, saídas de emergência e pontos de descarga.

Essas exigências têm como objetivo controlar a propagação de um incêndio e garantir tempo suficiente para os usuários de um edifício em chamas saírem com segurança antes que a estrutura perca resistência até o ponto de se tornar perigosa. O texto a seguir delineia os princípios envolvidos na proteção contra incêndio. Consulte o código de obras local em vigor sobre exigências específicas.

- A carga de ocupação é o número total de pessoas que talvez ocupe uma edificação ou parte dela, calculado pela divisão da área de piso atribuída para determinado uso (em metros quadrados) pela área por usuário admissível para tal uso. Os códigos de edificações usam a carga de ocupação para determinar o número e a largura obrigatórios das saídas de emergência de uma edificação.

Rotas de fuga
O caminho ou passagem que conduz a uma saída de emergência deve ser tão direto quanto possível, não estar obstruído por projeções, tais como portas abertas, e ser bem iluminado.

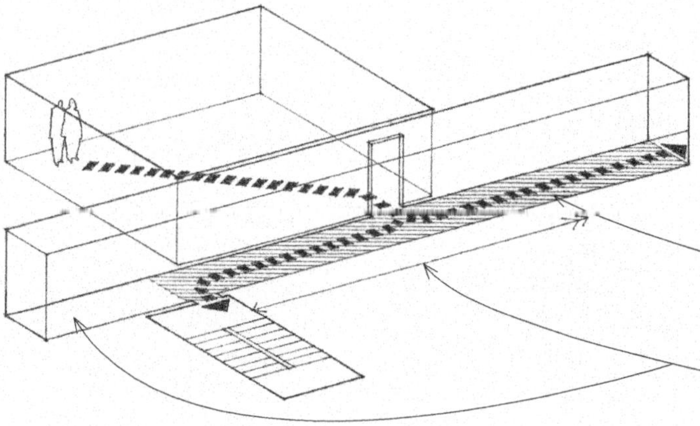

- Os códigos de edificações especificam a distância máxima permitida até uma saída de emergência, de acordo com o uso, a ocupação e o grau de risco de incêndio de uma edificação.
- Os códigos de edificações também especificam a distância mínima quando duas saídas ou mais são obrigatórias, e limitam o comprimento de corredores sem saída. Para a maior parte das cargas de ocupação, é exigido um mínimo de duas saídas de emergência, para que haja uma margem de segurança caso uma fique bloqueada.
- As rotas de fuga para saídas de emergência de uma edificação devem ser iluminadas por luzes de emergência, caso haja interrupção no fornecimento de energia elétrica.
- As saídas devem estar claramente identificadas por sinalização visual com luz.

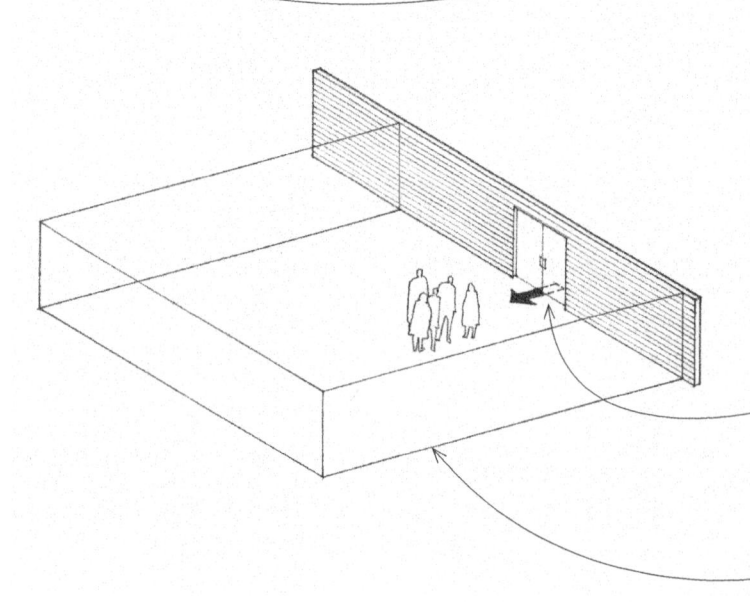

- Saída horizontal é uma passagem através ou em volta de uma parede construída para a separação de duas áreas de ocupação, protegida por uma porta corta-fogo de fechamento automático e que leva a uma área de refúgio na mesma edificação ou em uma edificação adjacente que esteja aproximadamente no mesmo nível.
- Uma área de refúgio oferece segurança contra o fogo e a fumaça que vêm da área que se busca escapar.

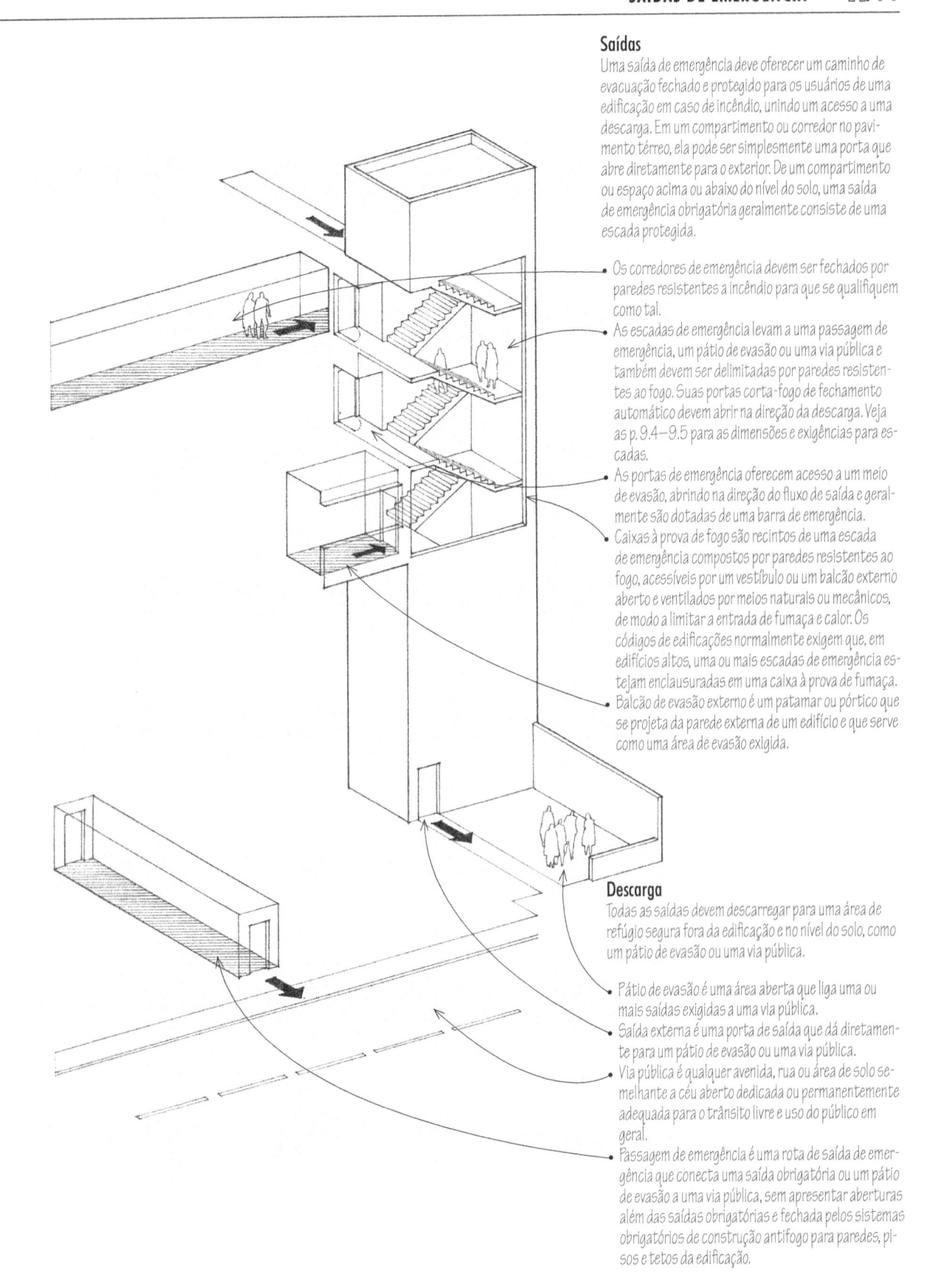

SAÍDAS DE EMERGÊNCIA   A.11

Saídas
Uma saída de emergência deve oferecer um caminho de evacuação fechado e protegido para os usuários de uma edificação em caso de incêndio, unindo um acesso a uma descarga. Em um compartimento ou corredor no pavimento térreo, ela pode ser simplesmente uma porta que abre diretamente para o exterior. De um compartimento ou espaço acima ou abaixo do nível do solo, uma saída de emergência obrigatória geralmente consiste de uma escada protegida.

- Os corredores de emergência devem ser fechados por paredes resistentes a incêndio para que se qualifiquem como tal.
- As escadas de emergência levam a uma passagem de emergência, um pátio de evasão ou uma via pública e também devem ser delimitadas por paredes resistentes ao fogo. Suas portas corta-fogo de fechamento automático devem abrir na direção da descarga. Veja as p. 9.4–9.5 para as dimensões e exigências para escadas.
- As portas de emergência oferecem acesso a um meio de evasão, abrindo na direção do fluxo de saída e geralmente são dotadas de uma barra de emergência.
- Caixas à prova de fogo são recintos de uma escada de emergência compostos por paredes resistentes ao fogo, acessíveis por um vestíbulo ou um balcão externo aberto e ventilados por meios naturais ou mecânicos, de modo a limitar a entrada de fumaça e calor. Os códigos de edificações normalmente exigem que, em edifícios altos, uma ou mais escadas de emergência estejam enclausuradas em uma caixa à prova de fumaça.
- Balcão de evasão externo é um patamar ou pórtico que se projeta da parede externa de um edifício e que serve como uma área de evasão exigida.

Descarga
Todas as saídas devem descarregar para uma área de refúgio segura fora da edificação e no nível do solo, como um pátio de evasão ou uma via pública.

- Pátio de evasão é uma área aberta que liga uma ou mais saídas exigidas a uma via pública.
- Saída externa é uma porta de saída que dá diretamente para um pátio de evasão ou uma via pública.
- Via pública é qualquer avenida, rua ou área de solo semelhante a céu aberto dedicada ou permanentemente adequada para o trânsito livre e uso do público em geral.
- Passagem de emergência é uma rota de saída de emergência que conecta uma saída obrigatória ou um pátio de evasão a uma via pública, sem apresentar aberturas além das saídas obrigatórias e fechada pelos sistemas obrigatórios de construção antifogo para paredes, pisos e tetos da edificação.

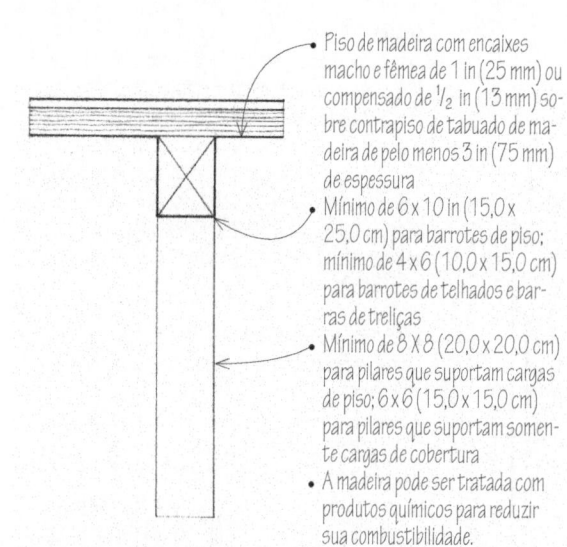

A.12 CONSTRUÇÃO COM CLASSIFICAÇÃO DE RESISTÊNCIA AO FOGO

- Piso de madeira com encaixes macho e fêmea de 1 in (25 mm) ou compensado de ½ in (13 mm) sobre contrapiso de tabuado de madeira de pelo menos 3 in (75 mm) de espessura
- Mínimo de 6 x 10 in (15,0 x 25,0 cm) para barrotes de piso; mínimo de 4 x 6 (10,0 x 15,0 cm) para barrotes de telhados e barras de treliças
- Mínimo de 8 X 8 (20,0 x 20,0 cm) para pilares que suportam cargas de piso; 6 x 6 (15,0 x 15,0 cm) para pilares que suportam somente cargas de cobertura
- A madeira pode ser tratada com produtos químicos para reduzir sua combustibilidade.

Construção de madeira pesada (tipo IV) • Veja a p. 2.6

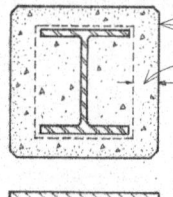

- Concreto armado
- O recobrimento e o tamanho da armadura determinam a classificação de resistência ao fogo.
- Tijolo de barro ou argila expandida com enchimento de tijolo e argamassa. 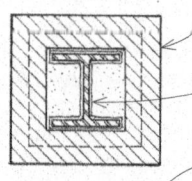
- Papel de construção, para que não haja solidarização
- Camadas múltiplas de placa de gesso, reboco de gesso de perlita, vermiculita sobre tela de metal ou placa de gesso 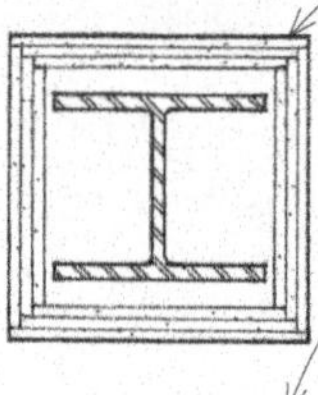 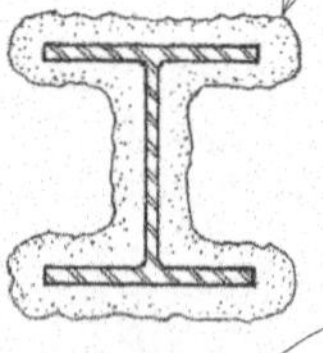
- A proteção contra incêndio pulverizada é uma mistura de reboco de gesso, fibras minerais ou cimento de oxicloreto de magnésio aplicada sob pressão do ar com uma pistola, para criar uma barreira térmica contra o calor do fogo. 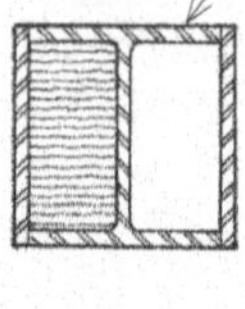
- Colunas cheias de água são pilares de aço estrutural ocos e cheios de água, para o aumento de sua resistência ao fogo. Se exposta a chamas, a água absorve o calor, criando um ciclo de convecção que remove o calor, pois a água aquecida sobe e é substituída pela água mais fria de um reservatório ou da adutora pública.

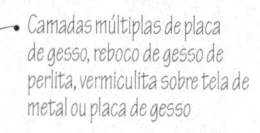

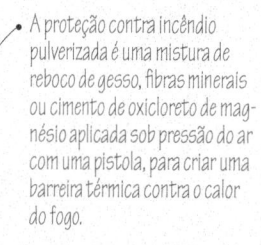

Aço estrutural
- Uma vez que o aço estrutural pode perder sua resistência se exposto às altas temperaturas de um incêndio, ele exige proteção em certos tipos de construção com classificação de proteção contra o fogo.

A classificação de resistência ao fogo de materiais, componentes e sistemas de construção se relaciona com o uso. Essa classificação é determinada sujeitando-se um corpo de prova a determinadas temperaturas conforme uma curva padrão de temperaturas que variam ao longo de períodos de tempo padronizados, estabelecendo o período de tempo (em horas) que o material ou sistema provavelmente resistirá antes de entrar em colapso, desenvolver quaisquer aberturas que possam permitir a passagem de chamas ou gases tóxicos ou levar a temperatura no espaço oposto a um nível inadmissível. Assim, construções com resistência ao fogo pré-determinada envolvem a redução da combustibilidade de um material e o controle da dispersão das chamas.

Os materiais utilizados no fornecimento de proteção contra incêndio para os elementos de uma edificação devem ser não inflamáveis e capazes de resistir a temperaturas elevadas sem se desintegrar. Eles também devem ser maus condutores de calor para isolar os materiais protegidos do calor gerado por um incêndio. Materiais bastante utilizados para proteção contra o fogo incluem o concreto (frequentemente com agregado leve), reboco de gesso ou vermiculita, painéis de parede de gesso e produtos de fibras minerais.

Nesta página e na seguinte é apresentada uma amostra de classificações de resistência ao fogo para vários componentes de construção. Para especificações mais detalhadas, consulte a Lista de Materiais do Underwriter's Laboratories, Inc., ou o código de edificações aplicável. Veja também a p. 2.6 para uma tabela da classificação de resistência ao fogo dos principais materiais de construção.

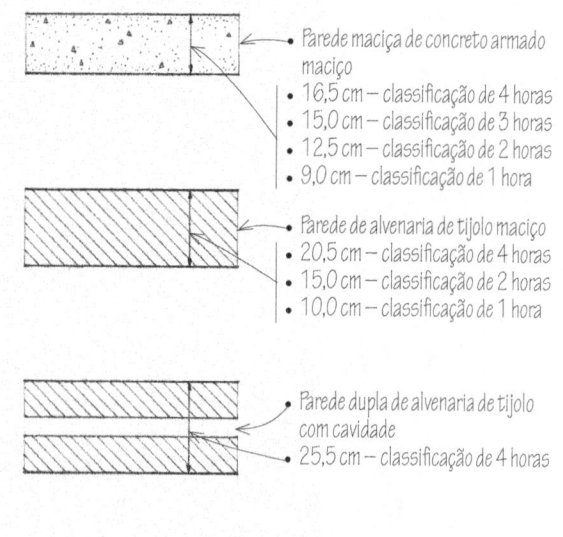

- Parede maciça de concreto armado maciço
- 16,5 cm – classificação de 4 horas
- 15,0 cm – classificação de 3 horas
- 12,5 cm – classificação de 2 horas
- 9,0 cm – classificação de 1 hora

- Parede de alvenaria de tijolo maciço
- 20,5 cm – classificação de 4 horas
- 15,0 cm – classificação de 2 horas
- 10,0 cm – classificação de 1 hora

- Parede dupla de alvenaria de tijolo com cavidade
- 25,5 cm – classificação de 4 horas

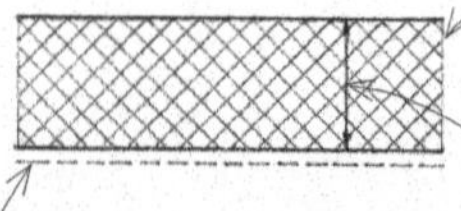

- Parede de alvenaria de blocos de concreto
- 20,5 cm – classificação de 2 a 4 horas
- 15,0 cm – classificação de 1 hora e 30 minutos
- 10,0 cm – classificação de 1 hora

Paredes de alvenaria de tijolo ou blocos de concreto
- A classificação de resistência ao fogo de todas as paredes de alvenaria pode ser aumentada com o uso de reboco de argamassa de cimento Portland ou argamassa de gesso.

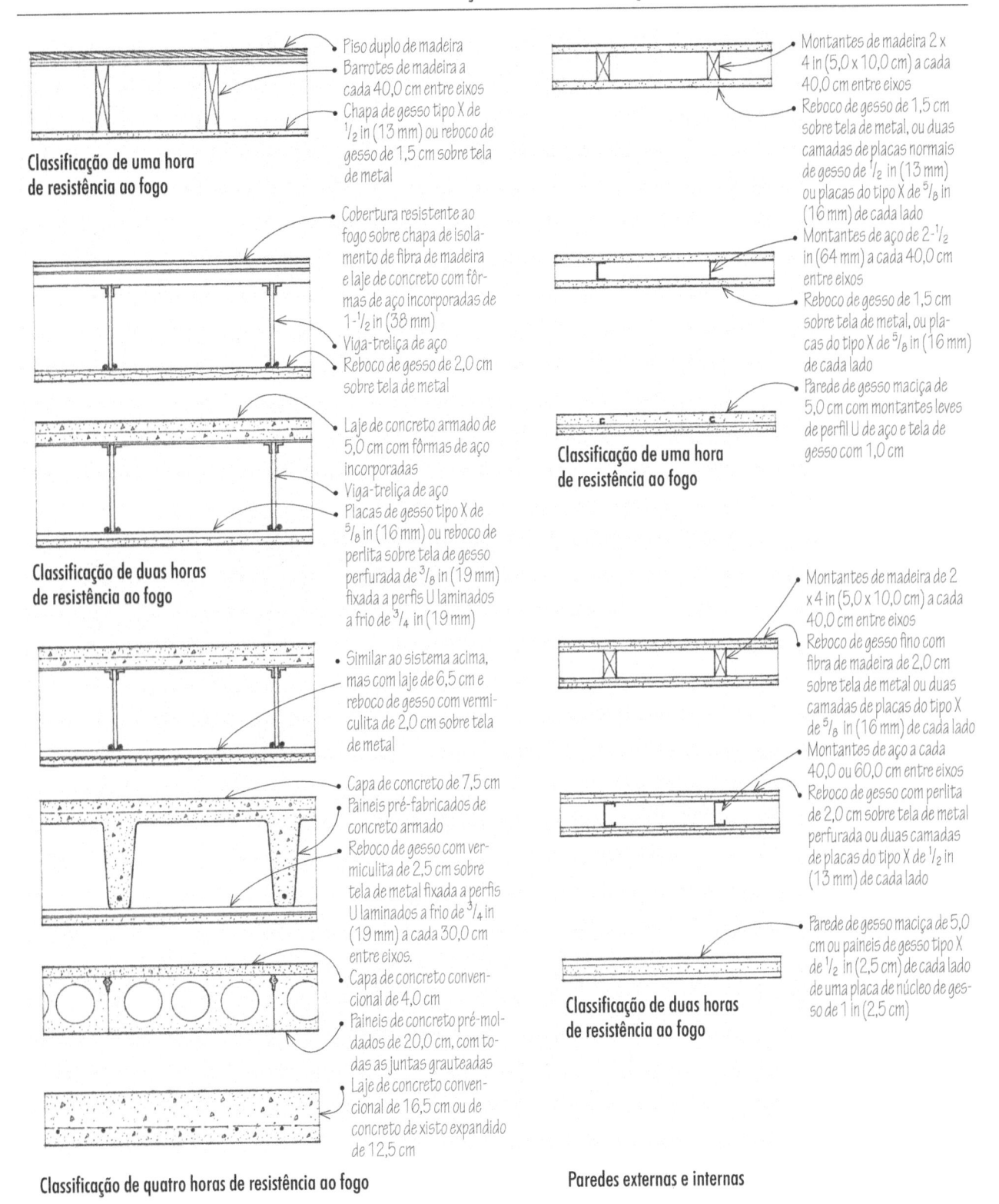

CONSTRUÇÃO COM CLASSIFICAÇÃO DE RESISTÊNCIA AO FOGO A.13

Classificação de uma hora de resistência ao fogo

- Piso duplo de madeira
- Barrotes de madeira a cada 40,0 cm entre eixos
- Chapa de gesso tipo X de ½ in (13 mm) ou reboco de gesso de 1,5 cm sobre tela de metal

- Cobertura resistente ao fogo sobre chapa de isolamento de fibra de madeira e laje de concreto com fôrmas de aço incorporadas de 1-½ in (38 mm)
- Viga-treliça de aço
- Reboco de gesso de 2,0 cm sobre tela de metal

Classificação de duas horas de resistência ao fogo

- Laje de concreto armado de 5,0 cm com fôrmas de aço incorporadas
- Viga-treliça de aço
- Placas de gesso tipo X de ⅝ in (16 mm) ou reboco de perlita sobre tela de gesso perfurada de ⅜ in (19 mm) fixada a perfis U laminados a frio de ¾ in (19 mm)

- Similar ao sistema acima, mas com laje de 6,5 cm e reboco de gesso com vermiculita de 2,0 cm sobre tela de metal

- Capa de concreto de 7,5 cm
- Painéis pré-fabricados de concreto armado
- Reboco de gesso com vermiculita de 2,5 cm sobre tela de metal fixada a perfis U laminados a frio de ¾ in (19 mm) a cada 30,0 cm entre eixos.

- Capa de concreto convencional de 4,0 cm
- Painéis de concreto pré-moldados de 20,0 cm, com todas as juntas grauteadas

- Laje de concreto convencional de 16,5 cm ou de concreto de xisto expandido de 12,5 cm

Classificação de quatro horas de resistência ao fogo

Lajes de piso e cobertura

- Montantes de madeira 2 x 4 in (5,0 x 10,0 cm) a cada 40,0 cm entre eixos
- Reboco de gesso de 1,5 cm sobre tela de metal, ou duas camadas de placas normais de gesso de ½ in (13 mm) ou placas do tipo X de ⅝ in (16 mm) de cada lado

- Montantes de aço de 2-½ in (64 mm) a cada 40,0 cm entre eixos
- Reboco de gesso de 1,5 cm sobre tela de metal, ou placas do tipo X de ⅝ in (16 mm) de cada lado

- Parede de gesso maciça de 5,0 cm com montantes leves de perfil U de aço e tela de gesso com 1,0 cm

Classificação de uma hora de resistência ao fogo

- Montantes de madeira de 2 x 4 in (5,0 x 10,0 cm) a cada 40,0 cm entre eixos
- Reboco de gesso fino com fibra de madeira de 2,0 cm sobre tela de metal ou duas camadas de placas do tipo X de ⅝ in (16 mm) de cada lado

- Montantes de aço a cada 40,0 ou 60,0 cm entre eixos
- Reboco de gesso com perlita de 2,0 cm sobre tela de metal perfurada ou duas camadas de placas do tipo X de ½ in (13 mm) de cada lado

- Parede de gesso maciça de 5,0 cm ou painéis de gesso tipo X de ½ in (2,5 cm) de cada lado de uma placa de núcleo de gesso de 1 in (2,5 cm)

Classificação de duas horas de resistência ao fogo

Paredes externas e internas

CSI MasterFormat 07 80 00 Fire and Smoke Protection

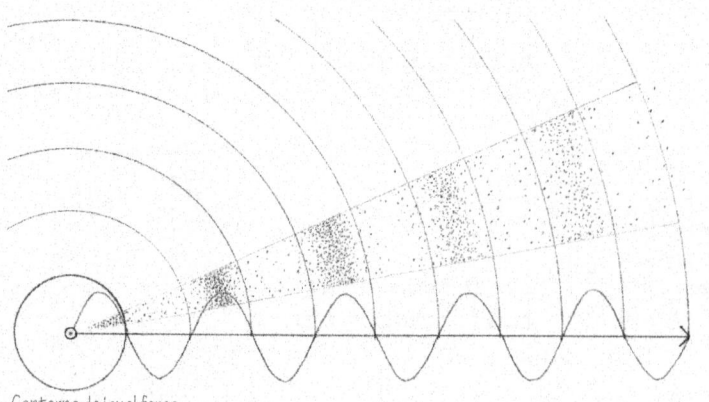

A.14 ACÚSTICA

Acústica é o ramo da física que lida com a geração, controle, transmissão, recepção e efeitos do som. O som pode ser definido como a sensação estimulada nos órgãos da audição pela energia radiante mecânica transmitida como ondas de pressão longitudinal através do ar ou de outro meio.

- Onda sonora é uma onda de pressão longitudinal que se propaga no ar ou em um meio elástico, produzindo uma sensação auditiva.
- O som se desloca pelo ar a uma velocidade de aproximadamente 300 m por segundo no nível do mar, a 1,4 km por segundo pela da água, a 3,6 km por segundo pela madeira e a cerca de 5,5 km por segundo pelo aço.

- Contorno de igual força sonora é uma curva que representa o nível de pressão sonora no qual os sons de frequências distintas são julgados por um grupo de ouvintes como de mesmo volume.

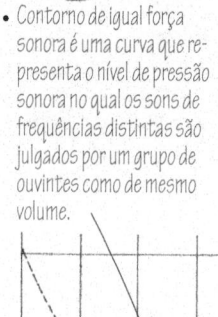

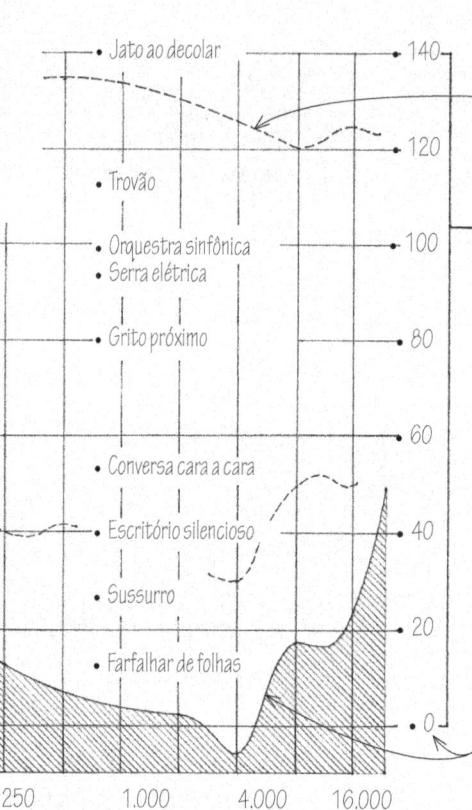

- Jato ao decolar — 140
- Limiar da dor é o nível de intensidade sonora alto o bastante para produzir uma sensação de dor no ouvido humano, normalmente em torno de 130 dB.
- 120
- Trovão
- Orquestra sinfônica — 100
- Serra elétrica
- Decibel (dB) é a unidade que representa a pressão ou intensidade relativa dos sons em uma escala uniforme que varia de 0, para o som menos perceptível para as pessoas, a aproximadamente 130, para o limiar médio da dor. A medição de decibéis é feita em uma escala logarítmica, uma vez que os incrementos de pressão ou intensidade do som são percebidos como idênticos quando a razão entre as mudanças sucessivas de intensidade permanecem constantes. Os níveis de decibéis de duas fontes de som, portanto, não podem ser somados matematicamente: por exemplo, 60 dB + 60 dB = 63 dB, e não 120 dB.
- Grito próximo — 80
- 60
- Conversa cara a cara
- Escritório silencioso — 40
- Sussurro
- 20
- Farfalhar de folhas
- 0
- Limiar da audibilidade é a pressão do som mínima capaz de estimular uma sensação auditiva em seres humanos, normalmente de 20 micropascais ou zero dB.

15,7 62,5 250 1.000 4.000 16.000

- Audiofrequência é o espectro de frequências, de 15 Hz a 20.000 Hz, audíveis ao ouvido humano normal. Hertz (Hz) é unidade de frequência sonora do Sistema Internacional de Unidades, sendo igual a um ciclo por segundo.

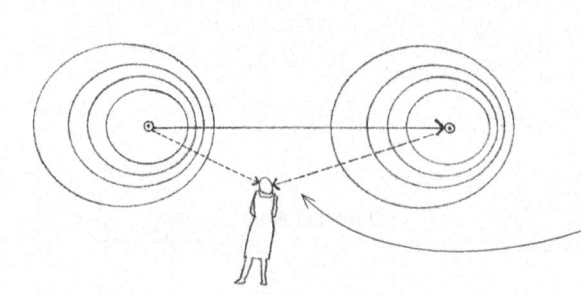

- Efeito Doppler é uma mudança aparente de frequência, que se dá quando uma fonte sonora e um ouvinte estão em movimento relativo entre si, com o aumento da frequência quando a fonte e o ouvinte se aproximam e a diminuição quando estes se afastam.

ACÚSTICA A.15

Projeto acústico é o planejamento, projeto, execução e fornecimento de um espaço fechado com a finalidade de se criar o ambiente acústico necessário para uma qualidade sonora especial para que se ouça a fala ou a música.

- Superfície refletora é a superfície não absorvente a partir da qual o som incidente é refletido, utilizada sobretudo para redirecionar o som em um espaço. Para ser eficaz, uma superfície refletora deve ter uma dimensão mínima equivalente ou superior ao comprimento de onda da frequência mais baixa do som a ser refletido.

- Imagem da fonte
- Fonte

- Som difratado são ondas sonoras aerotransportadas que sofrem uma difração em torno de um obstáculo existente em sua trajetória.
- Som refletido é a volta do som aerotransportado não absorvido após atingir uma superfície, em um ângulo igual ao ângulo de incidência.
- Reverberação é a persistência de um som em um espaço fechado causada pela reflexão múltipla do som depois do emudecimento da fonte. O tempo de reverberação é o tempo em segundos necessário para que um som produzido em um espaço fechado diminua em 60 dB.
- Ressonância é a intensificação e prolongamento de um som produzidos por vibração simpática, a vibração produzida em um corpo devido às vibrações de um corpo adjacente que têm exatamente o mesmo período.

- Som aerotransportado é o som que se desloca diretamente de uma fonte ao ouvinte. Em um compartimento de edificação, o ouvido humano sempre capta o som direto antes do som refletido. À medida que o som direto perde intensidade, a importância do som refletido aumenta.

- Atenuação é a diminuição de energia ou pressão por unidade de área de uma onda sonora, que ocorre à medida que aumenta a distância com relação à fonte como resultado de absorção, dispersão ou difusão em três dimensões.

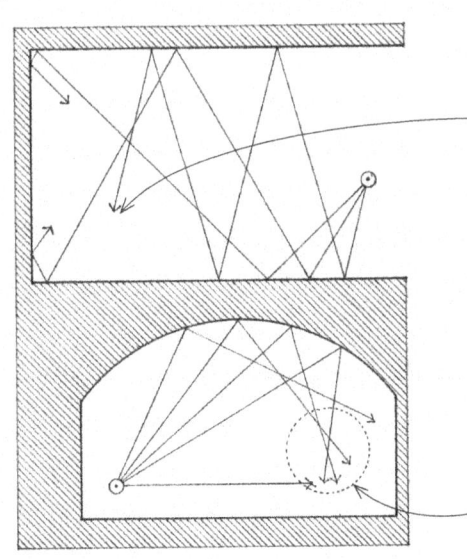

- Eco é a repetição de um som produzida pela reflexão das ondas sonoras por uma superfície obstrutora, cujo volume é alto o bastante e que é percebido com uma defasagem de tempo suficiente para que seja percebido como distinto daquela fonte. Os ecos podem ocorrer quando superfícies paralelas estão afastadas em mais de 18 m.
- Oscilação aerostática é a rápida sucessão de ecos causada pela reflexão de ondas sonoras de um lado a outro entre duas superfícies paralelas, com um intervalo suficiente entre cada reflexão para levar o ouvinte a perceber sinais distintos.
- Focalização é a convergência de ondas sonoras refletidas por uma superfície côncava.

A.16 O CONTROLE ACÚSTICO

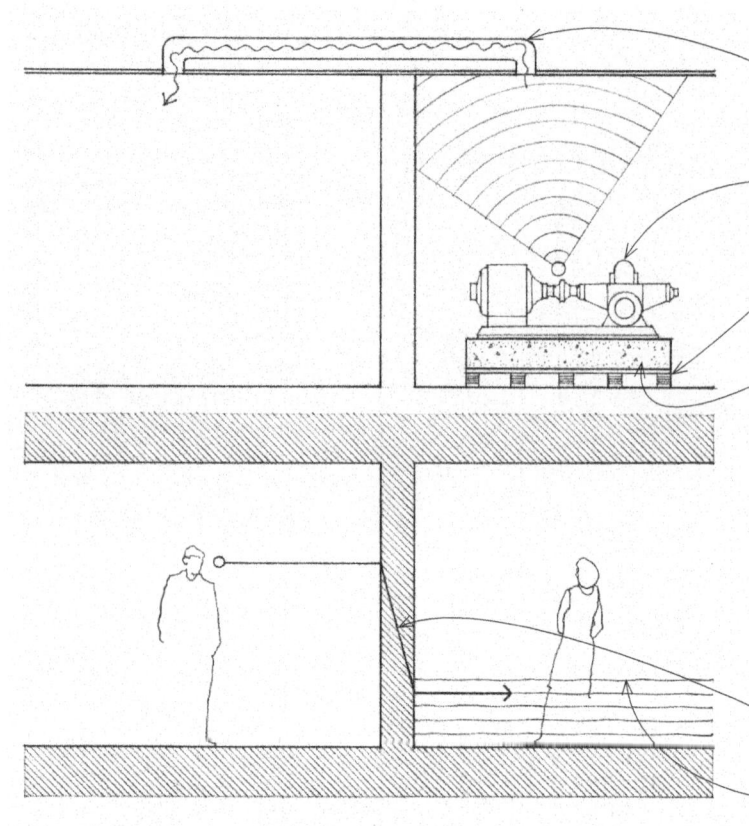

Ruído é qualquer som indesejado, desagradável, discordante ou que interfira na audição de outro som. Sempre que possível, os ruídos devem ser controlados em suas fontes.

- Bloqueie caminhos contíguos que possam transmitir ruídos através de espaços vazios, como forros, e ao longo de estruturas interconectadas, como dutos ou tubulações.
- Selecione equipamentos mecânicos com baixa classificação de produção de sone. Sone é uma unidade subjetiva de altura sonora igual a um som de referência de 1.000 Hz com intensidade de 40 dB.
- Use apoios flexíveis ou molas para isolar as vibrações de equipamentos da estrutura da edificação e os ruídos da estrutura de apoio dos equipamentos.
- Bloco de inércia é uma base de concreto pesada para equipamentos vibratórios, utilizada conjuntamente com isoladores de vibração para aumentar a massa do equipamento e diminuir o potencial de movimento vibratório.

Redução de ruído

A redução necessária no nível de ruído de um espaço para outro depende do nível da fonte sonora e do nível da intrusão do som que possa ser aceitável para o ouvinte. O nível de som percebido ou aparente em um espaço depende dos seguintes fatores:

- A perda de transmissão através da parede, piso ou forro.
- O nível de absorção do espaço que recebe o som.
- O nível de mascaramento ou o ruído de fundo, que eleva o limiar de audição dos demais sons presentes.
- Ruído de fundo é o som geralmente presente em um ambiente, via de regra uma mistura de sons provenientes de fontes externas e internas, nenhum dos quais claramente identificáveis pelo ouvinte.

- Ruído ou som branco é o som invariável e discreto, de mesma intensidade para todas as frequências de uma determinada banda, utilizado para mascarar ou anular um som indesejado.

Muito ruidoso
Ruidoso
Moderadamente ruidoso
Silencioso
Muito silencioso

- Nível de intensidade sonora em dB
- Frequências centrais de oitavos de banda em Hz

- Curvas de ruído são cada uma dentre uma série de curvas que representam o nível de pressão sonora ao longo do espectro de ruído de fundo que não deveria ser excedido em diversos ambientes. Níveis de ruído mais elevados são permitidos nas frequências mais baixas, uma vez que o ouvido humano é menos sensível aos sons dessa região de frequência.

O CONTROLE ACÚSTICO   A.17

Perda na transmissão

- Perda na transmissão (PT) é uma medida do desempenho de material de construção ou estrutura para impedir a transmissão do som pelo ar, igual à redução de intensidade sonora pela passagem do som pelo material ou elemento quando testado em todas as frequências centrais da banda de um terço de oitavas entre 125 e 4.000 Hz, expressas em decibéis.
- Perda Média na Transmissão (PMT) é um índice com dígito único do desempenho de um material de construção ou estrutura que evite a transmissão do som pelo ar, igual à média de suas perdas na transmissão em nove frequências de teste.

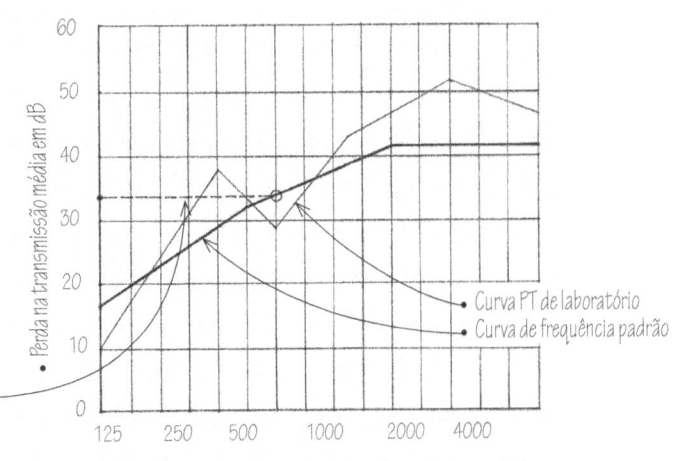

- Categoria de transmissão sonora (CTS) é o índice de dígito único do desempenho de um material de construção ou estrutura que evite a transmissão do som pelo ar, obtido pela comparação da curva de perda na transmissão do material ou elemento, definida em ensaios de laboratório, com a curva de uma frequência padrão. Quanto maior o índice da classe de transmissão sonora, maior o valor do material ou estrutura em termos de isolamento acústico. Uma porta aberta tem um índice de CTS igual a 10; um sistema de construção comum tem índices que variam de 30 a 60; os índices acima de 60 exigem elementos de construção especiais.

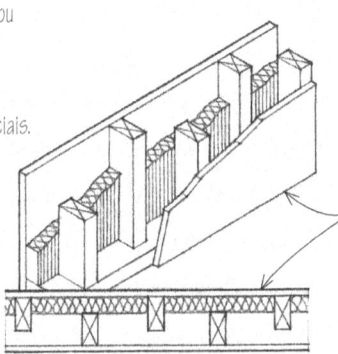

- Perda na transmissão média em dB
- Curva PT de laboratório
- Curva de frequência padrão
- Frequências centrais da banda de um terço de oitava (Hz)

Ruído de impacto

Ruído de impacto é um som transmitido pela estrutura e gerado por impacto físico — como passos ou a movimentação de mobília.

- Categoria de isolamento de impacto (CII) é o índice de dígito único do desempenho de uma estrutura de piso/teto no sentido de impedir a transmissão de ruídos de impacto. Quanto mais elevado o índice de CII, mais eficaz a estrutura no sentido de isolar os ruídos de impacto. O índice da CII substitui o índice de Ruído de Impacto (IRI) utilizado no passado e equivale a aproximadamente o IRI + 51 dB para uma determinada estrutura.

Três fatores melhoram a perda na transmissão de um sistema de construção: a separação em camadas, a massa e a capacidade de absorção.

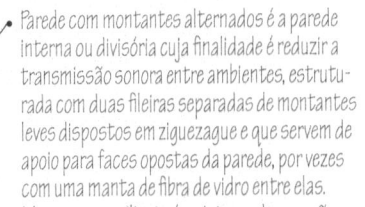

- Parede com montantes alternados é a parede interna ou divisória cuja finalidade é reduzir a transmissão sonora entre ambientes, estruturada com duas fileiras separadas de montantes leves dispostos em ziguezague e que servem de apoio para faces opostas da parede, por vezes com uma manta de fibra de vidro entre elas.
- Montagem resiliente é o sistema de conexões ou suportes flexíveis que permite que as superfícies de um ambiente vibrem normalmente sem transmitir os movimentos vibratórios e os ruídos a eles associados à estrutura de apoio.
- Espaços com ar aumentam a perda na transmissão.
- Vede as penetrações de tubulações e outras aberturas ou frestas em paredes e pisos, para manter a continuidade do isolamento acústico. 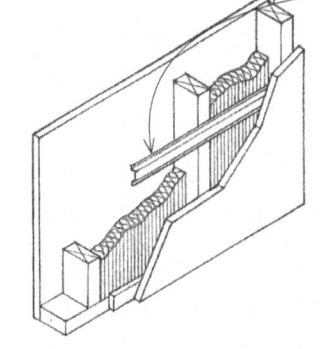 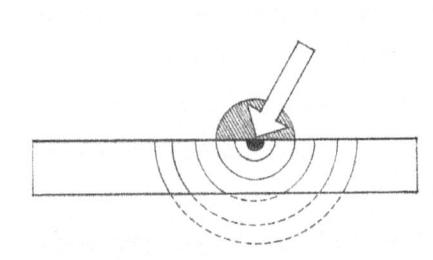
- Massa acústica é a resistência à transmissão do som provocada pela inércia e elasticidade do meio transmissor. Em geral, quanto mais pesado e denso for um corpo, maior será sua resistência à transmissão sonora.
- Coeficiente de absorção é a medida de eficácia de um material para absorver o som em uma frequência específica, igual à parte fracionária da energia do som incidente naquela frequência absorvida pelo material.

CSI MasterFormat 09 80 00 Acoustic Treatment

A.18 A REPRESENTAÇÃO GRÁFICA DE MATERIAIS

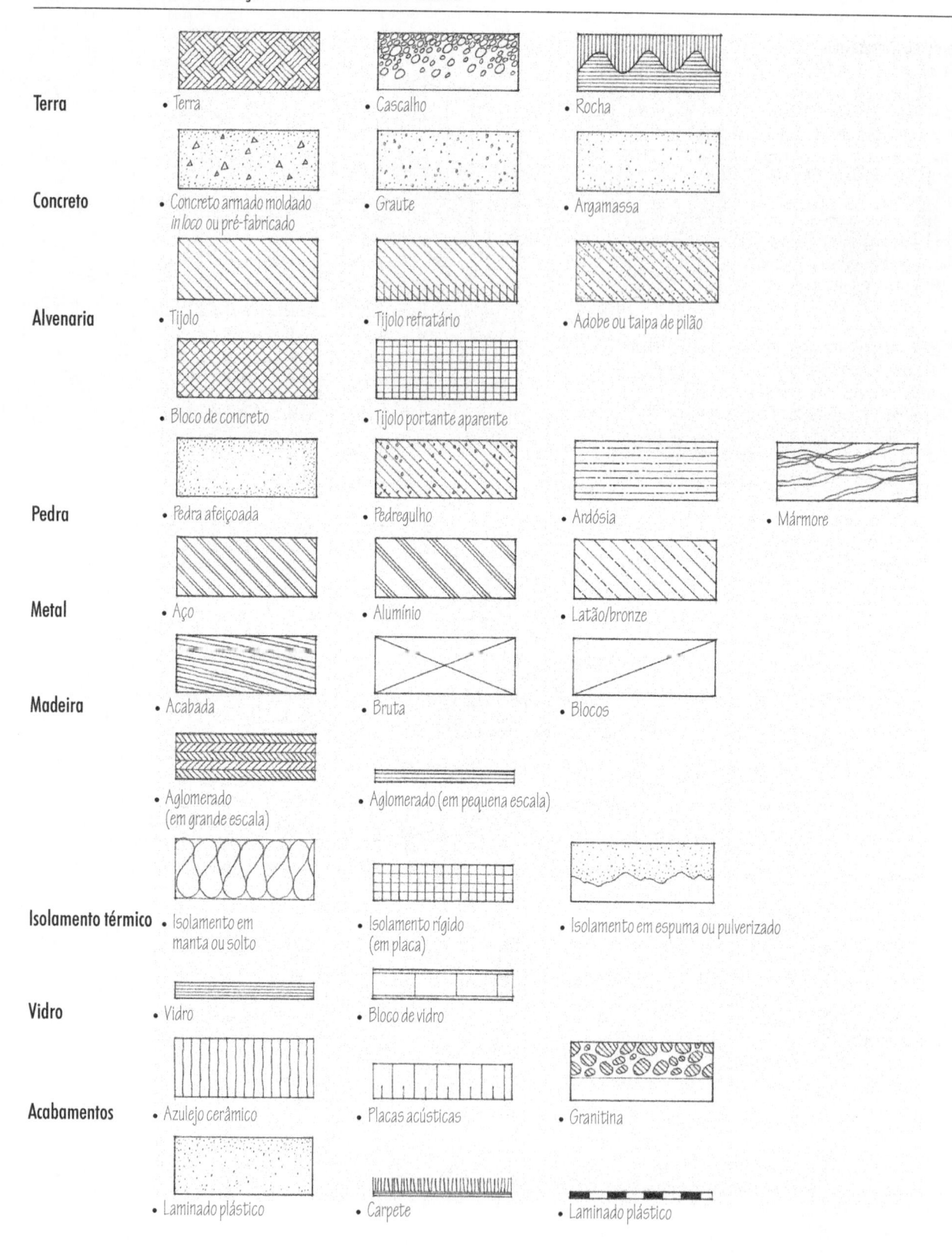

Terra	• Terra	• Cascalho	• Rocha
Concreto	• Concreto armado moldado in loco ou pré-fabricado	• Graute	• Argamassa
Alvenaria	• Tijolo	• Tijolo refratário	• Adobe ou taipa de pilão
	• Bloco de concreto	• Tijolo portante aparente	
Pedra	• Pedra afeiçoada	• Pedregulho	• Ardósia • Mármore
Metal	• Aço	• Alumínio	• Latão/bronze
Madeira	• Acabada	• Bruta	• Blocos
	• Aglomerado (em grande escala)	• Aglomerado (em pequena escala)	
Isolamento térmico	• Isolamento em manta ou solto	• Isolamento rígido (em placa)	• Isolamento em espuma ou pulverizado
Vidro	• Vidro	• Bloco de vidro	
Acabamentos	• Azulejo cerâmico	• Placas acústicas	• Granitina
	• Laminado plástico	• Carpete	• Laminado plástico

O Construction Specifications Institute (CSI) criou o MasterFormat™ para padronizar informações sobre exigências, produtos e atividades da construção civil e facilitar a comunicação entre arquitetos, empreiteiros, orçamentistas e fornecedores. O MasterFormat™ é o padrão de especificações mais adotado para projetos comerciais e de construção civil na América do Norte.

Junto com sua organização gêmea, Construction Specifications Canada (CSC), o CSI lançou uma nova edição do MasterFormat™ em 2004 que adotou um sistema de numeração de seis dígitos para oferecer mais flexibilidade e espaço para ampliações futuras do que o sistema com cinco números da edição de 1995 permitia. A edição de 2004 também aumentou o número de divisões, que passaram de 16 para 50, refletindo as inovações e o aumento da complexidade da indústria da construção, incluindo, por exemplo, o Building Information Modeling (BIM), a avaliação do custo do ciclo de vida e questões relacionadas com poluição, patologia das edificações e manutenção.

O MasterFormat™ 2004 Edition organiza uma lista principal de números de seção e títulos de tema em dois grupos: o Procurement and Contracting Requirements Group (Division 00) e o Specifications Group, o qual se subdivide nos seguintes cinco grupos:
- General Requirements Subgroup: Division 01
- Facility Construction Subgroup: Divisions 02–19
- Facility Services Subgroup: Divisions 20–29
- Site and Infrastructure Subgroup: Divisions 30–39
- Process Equipment Subgroup: Divisions 40–49
- Há, no total, 50 títulos ou divisões no nível um, alguns reservados para uso futuro. Cada divisão consiste em seções definidas por um número e título e é organizada em níveis, conforme seu alcance e nível de detalhamento.

SPECIFICATIONS GROUP
Facility Construction Subgroup
DIVISION 04 – MASONRY

- O primeiro par de dígitos representa a divisão ou o nível um.
- O segundo par de dígitos representa o nível dois.
- O terceiro par de dígitos representa o nível três.

04 21 13.13 Brick Veneer Masonry

- Quando o nível de detalhamento pede um nível adicional de classificação, há mais um par de dígitos no final, precedido de um ponto.

PROCUREMENT AND CONTRACTING REQUIREMENTS GROUP

DIVISION 00 – PROCUREMENT AND CONTRACTING REQUIREMENTS
00 10 00 Solicitation
00 20 00 Instructions for Procurement
00 30 00 Available Information
00 40 00 Procurement Forms and Supplements
00 50 00 Contracting Forms and Supplements
00 60 00 Project Forms
00 70 00 Conditions of the Contract
00 80 00 Unassigned
00 90 00 Revisions, Clarifications, and Modifications

SPECIFICATIONS GROUP
General Requirements Subgroup
DIVISION 01 – GENERAL REQUIREMENTS
01 00 00 General Requirements
01 10 00 Summary
01 20 00 Price and Payment Procedures
01 30 00 Administrative Requirements
01 40 00 Quality Requirements
01 50 00 Temporary Facilities and Controls
01 60 00 Product Requirements
01 70 00 Execution and Closeout Requirements
01 80 00 Performance Requirements
01 90 00 Life Cycle Activities

Facility Construction Subgroup
DIVISION 02 – EXISTING CONDITIONS
02 00 00 Existing Conditions
02 10 00 Unassigned
02 20 00 Assessment
02 30 00 Subsurface Investigation
02 40 00 Demolition and Structure Moving
02 50 00 Site Remediation
02 60 00 Contaminated Site Material Removal
02 70 00 Water Remediation
02 80 00 Facility Remediation
02 90 00 Unassigned

DIVISION 03 – CONCRETE
03 00 00 Concrete
03 10 00 Concrete Forming and Accessories
03 20 00 Concrete Reinforcing
03 30 00 Cast-in-Place Concrete
03 40 00 Precast Concrete
03 50 00 Cast Decks and Underlayment
03 60 00 Grouting
03 70 00 Mass Concrete

03 80 00 Concrete Cutting and Boring
03 90 00 Unassigned

DIVISION 04 – MASONRY
04 00 00 Masonry
04 10 00 Unassigned
04 20 00 Unit Masonry
04 30 00 Unassigned
04 40 00 Stone Assemblies
04 50 00 Refractory Masonry
04 60 00 Corrosion-Resistant Masonry
04 70 00 Manufactured Masonry
04 80 00 Unassigned
04 90 00 Unassigned

DIVISION 05 – METALS
05 00 00 Metals
05 10 00 Structural Metal Framing
05 20 00 Metal Joists
05 30 00 Metal Decking
05 40 00 Cold-Formed Metal Framing
05 50 00 Metal Fabrications
05 60 00 Unassigned
05 70 00 Decorative Metal
05 80 00 Unassigned
05 90 00 Unassigned

DIVISION 06 – WOOD, PLASTICS, AND COMPOSITES
06 00 00 Wood, Plastics, and Composites
06 10 00 Rough Carpentry
06 20 00 Finish Carpentry
06 30 00 Unassigned
06 40 00 Architectural Woodwork
06 50 00 Structural Plastics
06 60 00 Plastic Fabrications
06 70 00 Structural Composites
06 80 00 Composite Fabrications
06 90 00 Unassigned

DIVISION 07 – THERMAL AND MOISTURE PROTECTION
07 00 00 Thermal and Moisture Protection
07 10 00 Dampproofing and Waterproofing
07 20 00 Thermal Protection
07 25 00 Weather Barriers
07 30 00 Steep Slope Roofing
07 40 00 Roofing and Siding Panels
07 50 00 Membrane Roofing
07 60 00 Flashing and Sheet Metal
07 70 00 Roof and Wall Specialties and Accessories
07 80 00 Fire and Smoke Protection
07 90 00 Joint Protection

DIVISION 08 – OPENINGS
08 00 00 Openings
08 10 00 Doors and Frames
08 20 00 Unassigned
08 30 00 Specialty Doors and Frames
08 40 00 Entrances, Storefronts, and Curtain Walls
08 50 00 Windows
08 60 00 Roof Windows and Skylights
08 70 00 Hardware
08 80 00 Glazing
08 90 00 Louvers and Vents

DIVISION 09 – FINISHES
09 00 00 Finishes
09 10 00 Unassigned
09 20 00 Plaster and Gypsum Board
09 30 00 Tiling
09 40 00 Unassigned
09 50 00 Ceilings
09 60 00 Flooring
09 70 00 Wall Finishes
09 80 00 Acoustic Treatment
09 90 00 Painting and Coating

DIVISION 10 – SPECIALTIES
10 00 00 Specialties
10 10 00 Information Specialties
10 20 00 Interior Specialties
10 30 00 Fireplaces and Stoves
10 40 00 Safety Specialties
10 50 00 Storage Specialties
10 60 00 Unassigned
10 70 00 Exterior Specialties
10 80 00 Other Specialties
10 90 00 Unassigned

DIVISION 11 – EQUIPMENT
11 00 00 Equipment
11 10 00 Vehicle and Pedestrian Equipment
11 15 00 Security, Detention and Banking Equipment
11 20 00 Commercial Equipment
11 30 00 Residential Equipment
11 40 00 Foodservice Equipment
11 50 00 Educational and Scientific Equipment
11 60 00 Entertainment Equipment
11 65 00 Athletic and Recreational Equipment
11 70 00 Healthcare Equipment
11 80 00 Collection and Disposal Equipment
11 90 00 Other Equipment

DIVISION 12 – FURNISHINGS
12 00 00 Furnishings
12 10 00 Art
12 20 00 Window Treatments
12 30 00 Casework
12 40 00 Furnishings and Accessories
12 50 00 Furniture
12 60 00 Multiple Seating
12 70 00 Unassigned
12 80 00 Unassigned
12 90 00 Other Furnishings

DIVISION 13 – SPECIAL CONSTRUCTION
13 00 00 Special Construction
13 10 00 Special Facility Components
13 20 00 Special Purpose Rooms
13 30 00 Special Structures
13 40 00 Integrated Construction
13 50 00 Special Instrumentation
13 60 00 Unassigned
13 70 00 Unassigned
13 80 00 Unassigned
13 90 00 Unassigned

DIVISION 14 – CONVEYING EQUIPMENT
14 00 00 Conveying Equipment
14 10 00 Dumbwaiters
14 20 00 Elevators
14 30 00 Escalators and Moving Walks
14 40 00 Lifts
14 50 00 Unassigned
14 60 00 Unassigned
14 70 00 Turntables
14 80 00 Scaffolding
14 90 00 Other Conveying Equipment

DIVISIONS 15–19 RESERVED
Facility Services Subgroup

DIVISION 20 – RESERVED

DIVISION 21 – FIRE SUPPRESSION
21 00 00 Fire Suppression
21 10 00 Water-Based Fire-Suppression Systems
21 20 00 Fire-Extinguishing Systems
21 30 00 Fire Pumps
21 40 00 Fire-Suppression Water Storage
21 50 00 Unassigned07 80 00 Fire and Smoke Protection

21 60 00 Unassigned
21 70 00 Unassigned
21 80 00 Unassigned
21 90 00 Unassigned

DIVISION 22 – PLUMBING
22 00 00 Plumbing
22 10 00 Plumbing Piping and Pumps
22 20 00 Unassigned
22 30 00 Plumbing Equipment
22 40 00 Plumbing Fixtures
22 50 00 Pool and Fountain Plumbing Systems
22 60 00 Gas and Vacuum Systems for Laboratory and Healthcare Facilities
22 70 00 Unassigned
22 80 00 Unassigned
22 90 00 Unassigned

DIVISION 23 – HEATING, VENTILATING, AND AIR-CONDITIONING (HVAC)
23 00 00 Heating, Ventilating, and Air-Conditioning (HVAC)
23 10 00 Facility Fuel Systems
23 20 00 HVAC Piping and Pumps
23 30 00 HVAC Air Distribution
23 40 00 HVAC Air Cleaning Devices
23 50 00 Central Heating Equipment
23 60 00 Central Cooling Equipment
23 70 00 Central HVAC Equipment
23 80 00 Decentralized HVAC Equipment
23 90 00 Unassigned

DIVISION 24 – RESERVED
DIVISION 25 – INTEGRATED AUTOMATION
25 00 00 Integrated Automation
25 10 00 Integrated Automation Network Equipment
25 20 00 Unassigned
25 30 00 Integrated Automation Instrumentation and Terminal Devices
25 40 00 Unassigned
25 50 00 Integrated Automation Facility Controls
25 60 00 Unassigned
25 70 00 Unassigned
25 80 00 Unassigned
25 90 00 Integrated Automation Control Sequences

DIVISION 26 – ELECTRICAL
26 00 00 Electrical
26 10 00 Medium-Voltage Electrical Distribution
26 20 00 Low-Voltage Electrical Distribution
26 30 00 Facility Electrical Power Generating and Storing Equipment
26 40 00 Electrical and Cathodic Protection
26 50 00 Lighting
26 60 00 Unassigned
26 70 00 Unassigned
26 80 00 Unassigned
26 90 00 Unassigned

DIVISION 27 – COMMUNICATIONS
27 00 00 Communications
27 10 00 Structured Cabling
27 20 00 Data Communications
27 30 00 Voice Communications
27 40 00 Audio-Video Communications
27 50 00 Distributed Communications and Monitoring Systems
27 60 00 Unassigned
27 70 00 Unassigned
27 80 00 Unassigned
27 90 00 Unassigned

DIVISION 28 – ELECTRONIC SAFETY AND SECURITY
28 00 00 Electronic Safety and Security
28 10 00 Electronic Access Control and Intrusion Detection
28 20 00 Electronic Surveillance
28 30 00 Electronic Detection and Alarm
28 40 00 Electronic Monitoring and Control
28 50 00 Unassigned
28 60 00 Unassigned
28 70 00 Unassigned
28 80 00 Unassigned
28 90 00 Unassigned

DIVISION 29 – RESERVED
Site and Infrastructure Subgroup
DIVISION 30 – RESERVED
DIVISION 31 – EARTHWORK
31 00 00 Earthwork
31 10 00 Site Clearing
31 20 00 Earth Moving
31 30 00 Earthwork Methods
31 40 00 Shoring and Underpinning
31 50 00 Excavation Support and Protection
31 60 00 Special Foundations and Load-Bearing Elements
31 70 00 Tunneling and Mining
31 80 00 Unassigned
31 90 00 Unassigned

DIVISION 32 – EXTERIOR IMPROVEMENTS
32 00 00 Exterior Improvements
32 10 00 Bases, Ballasts, and Paving
32 20 00 Unassigned
32 30 00 Site Improvements
32 40 00 Unassigned
32 50 00 Unassigned
32 60 00 Unassigned
32 70 00 Wetlands
32 80 00 Irrigation
32 90 00 Planting

DIVISION 33 – UTILITIES
33 00 00 Utilities
33 10 00 Water Utilities
33 20 00 Wells
33 30 00 Sanitary Sewerage Utilities
33 40 00 Storm Drainage Utilities
33 50 00 Fuel Distribution Utilities
33 60 00 Hydronic and Steam Energy Utilities
33 70 00 Electrical Utilities
33 80 00 Communications Utilities
33 90 00 Unassigned

DIVISION 34 – TRANSPORTATION
34 00 00 Transportation
34 10 00 Guideways/Railways
34 20 00 Traction Power
34 30 00 Unassigned
34 40 00 Transportation Signaling and Control Equipment
34 50 00 Transportation Fare Collection Equipment
34 60 00 Unassigned
34 70 00 Transportation Construction and Equipment
34 80 00 Bridges
34 90 00 Unassigned

DIVISION 35 – WATERWAY AND MARINE CONSTRUCTION
35 00 00 Waterway and Marine Construction
35 10 00 Waterway and Marine Signaling and Control Equipment
35 20 00 Waterway and Marine Construction and Equipment
35 30 00 Coastal Construction
35 40 00 Waterway Construction and Equipment
35 50 00 Marine Construction and Equipment

35 60 00 Unassigned
35 70 00 Dam Construction and Equipment
35 80 00 Unassigned
35 90 00 Unassigned

DIVISIONS 36–39 RESERVED

Process Equipment Subgroup

DIVISION 40 – PROCESS INTEGRATION

40 00 00 Process Integration
40 10 00 Gas and Vapor Process Piping
40 20 00 Liquids Process Piping
40 30 00 Solid and Mixed Materials Piping and Chutes
40 40 00 Process Piping and Equipment Protection
40 50 00 Unassigned
40 60 00 Unassigned
40 70 00 Unassigned
40 80 00 Commissioning of Process Systems
40 90 00 Instrumentation and Control for Process Systems

DIVISION 41 – MATERIAL PROCESSING AND HANDLING EQUIPMENT

41 00 00 Material Processing and Handling Equipment
41 10 00 Bulk Material Processing Equipment
41 20 00 Piece Material Handling Equipment
41 30 00 Manufacturing Equipment
41 40 00 Container Processing and Packaging
41 50 00 Material Storage
41 60 00 Mobile Plant Equipment
41 70 00 Unassigned
41 80 00 Unassigned
41 90 00 Unassigned

DIVISION 42 – PROCESS HEATING, COOLING, AND DRYING EQUIPMENT

42 00 00 Process Heating, Cooling, and Drying Equipment
42 10 00 Process Heating Equipment
42 20 00 Process Cooling Equipment
42 30 00 Process Drying Equipment
42 40 00 Unassigned
42 50 00 Unassigned
42 60 00 Unassigned
42 70 00 Unassigned
42 80 00 Unassigned
42 90 00 Unassigned

DIVISION 43 – PROCESS GAS AND LIQUID HANDLING, PURIFICATION, AND STORAGE EQUIPMENT

43 00 00 Process Gas and Liquid Handling, Purification, and Storage Equipment
43 10 00 Gas Handling Equipment
43 20 00 Liquid Handling Equipment
43 30 00 Gas and Liquid Purification Equipment
43 40 00 Gas and Liquid Storage
43 50 00 Unassigned
43 60 00 Unassigned
43 70 00 Unassigned
43 80 00 Unassigned
43 90 00 Unassigned

DIVISION 44 – POLLUTION CONTROL EQUIPMENT

44 00 00 Pollution Control Equipment
44 10 00 Air Pollution Control
44 20 00 Noise Pollution Control
44 40 00 Water Treatment Equipment
44 50 00 Solid Waste Control
44 60 00 Unassigned
44 70 00 Unassigned
44 80 00 Unassigned
44 90 00 Unassigned

DIVISION 45 – INDUSTRY-SPECIFIC MANUFACTURING EQUIPMENT

45 00 00 Industry-Specific Manufacturing Equipment
45 60 00 Unassigned
45 70 00 Unassigned
45 80 00 Unassigned
45 90 00 Unassigned

DIVISIONS 46–47 RESERVED

DIVISION 48 – ELECTRICAL POWER GENERATION

48 00 00 Electrical Power Generation
48 10 00 Electrical Power Generation Equipment
48 20 00 Unassigned
48 30 00 Unassigned
48 40 00 Unassigned
48 50 00 Unassigned
48 60 00 Unassigned
48 70 00 Electrical Power Generation Testing
48 80 00 Unassigned
48 90 00 Unassigned

DIVISION 49 – RESERVED

O UNIFORMAT II (ASTM STANDARD E1557-09) oferece uma lista de referência consistente para a descrição, análise econômica e gestão de edificações em todas as fases de seus ciclos de vida, incluindo o planejamento, a programação, o projeto, a construção, a operação, a demolição e o descarte. O formato se baseia na classificação dos elementos, que são definidos como "os principais componentes, comuns à maioria das edificações, que cumprem determinada função, independente da especificação de projeto, do método de construção ou dos materiais empregados". Exemplos de elementos de edificação funcionais são as fundações, a superestrutura, as escadas e as instalações hidrossanitárias. Assim, o UNIFORMAT II difere e complementa o sistema de classificação *MasterFormat*™, o qual se baseia nos produtos e materiais de construção para especificações detalhadas de materiais e obras associadas à construção, operação e manutenção de edificações.

A estrutura organizacional do UNIFORMAT II pressupõe que as informações na fase do anteprojeto possam ser comunicadas de maneira mais efetiva por meio de elementos de construção funcionais, e não por produtos ou materiais de construção, e que um sistema de classificação de elementos seria mais fácil de compreender por parte dos clientes e outros envolvidos que não tenham conhecimentos técnicos. Uma classificação completa e consistente dos elementos funcionais também permite a avaliação das informações necessárias sobre os custos já nas etapas preliminares de projeto, garantindo uma análise econômica mais rápida e mais precisa das decisões de projeto alternativas que possam ser adotadas nessas etapas.

O UNIFORMAT II classifica os elementos de uma edificação em três níveis hierárquicos, usando uma designação alfanumérica. Há sete grupos no Nível 1:
- Group A: Substructure, incluindo Foundations & Basement Construction
- Group B: Shell, incluindo Superstructure, Exterior Enclosure & Roofing
- Group C: Interiors, incluindo Interior Construction, Stairs & Interior Finishes
- Group D: Conveying, Plumbing, HVAC, Fire Protection & Electrical Systems
- Group E: Equipment & Furnishings
- Group F: Special Construction & Demolition
- Group G: Building Sitework

Cada Major Group Element se divide em Level 2 Group Elements (B10, B20...) e Level 3 Individual Elements (B1010, B1020, B2010, B2020...). Um Level 4 é proposto para dividir os elementos individuais em subelementos ainda menores (B1011, B1012, B1013...).

ASTM UNIFORMAT II Classification for Building Elements (E1557-09)

Level 1 Major group elements	Level 2 Group elements	Level 3 Individual elements
A. SUBSTRUCTURE	A10 Foundations	A1010 Standard Foundations
		A1020 Special Foundations
		A1030 Slab on Grade
	A20 Basement Construction	A2010 Basement Excavation
		A2020 Basement Walls
B. SHELL	B10 Superstructure	B1010 Floor Construction
		B1020 Roof Construction
	B20 Exterior Enclosure	B2010 Exterior Walls
		B2020 Exterior Windows
		B2030 Exterior Doors
	B30 Roofing	B3010 Roof Coverings
		B3020 Roof Openings
C. INTERIORS	C10 Interior Construction	C1010 Partitions
		C1020 Interior Doors
		C1030 Specialties
	C20 Stairs	C2010 Stair Construction
		C2020 Stair Finishes
	C30 Interior Finishes	C3010 Wall Finishes
		C3020 Floor Finishes
		C3030 Ceiling Finishes
		C3040 Interior Coatings and Special Finishes

ASTM UNIFORMAT II Classification for Building Elements (E1557-09)

Level 1 Major Group Elements	Level 2 Group Elements	Level 3 Individual Elements
D. SERVICES	D10 Conveying	D1010 Elevators & Lifts
		D1020 Escalators & Moving Walks
		D1090 Other Conveying Systems
	D20 Plumbing	D2010 Plumbing Fixtures
		D2020 Domestic Water Distribution
		D2030 Sanitary Waste
		D2040 Rain Water Drainage
		D2090 Other Plumbing Systems
	D30 HVAC	D3010 Energy Supply
		D3020 Heat Generating Systems
		D3030 Cooling Generating Systems
		D3040 Distribution Systems
		D3050 Terminal & Package Units
		D3060 Controls & Instrumentation
		D3070 Systems Testing & Balancing
		D3090 Other HVAC Systems & Equipment
	D40 Fire Protection	D4010 Fire Alarm and Detection Systems
		D4020 Fire Suppression Water Supply & Equipment
		D4030 Standpipe Systems
		D4040 Sprinklers
		D4050 Fire Protection Specialties
		D4090 Other Fire Protection Systems
	D50 Electrical	D5010 Electrical Service & Distribution
		D5020 Lighting and Branch Wiring
		D5030 Communications & Security
		D5090 Other Electrical Systems
E. EQUIPMENT & FURNISHINGS	E10 Equipment	E1010 Commercial Equipment
		E1020 Institutional Equipment
		E1030 Vehicular Equipment
		E1040 Government Furnished Equipment
		E1090 Other Equipment
	E20 Furnishings	E2010 Fixed Furnishings
		E2020 Movable Furnishings
F. SPECIAL CONSTRUCTION & DEMOLITION	F10 Special Construction	F1010 Special Structures
		F1020 Integrated Construction
		F1030 Special Construction Systems
		F1040 Special Facilities
		F1050 Special Controls & Instrumentation
	F20 Selective Building Demolition	F2010 Building Elements Demolition
		F2020 Hazardous Components Abatement

ASTM UNIFORMAT II Classification for Building-Related Sitework (E1557-09)

Level 1 Major Group Elements	Level 2 Group Elements	Level 3 Individual Elements
G. BUILDING SITEWORK	G10 Site Preparation	G1010 Site Clearing
		G1020 Site Demolition and Relocations
		G1030 Site Earthwork
		G1040 Hazardous Waste Remediation
	G20 Site Improvements	G2010 Roadways
		G2020 Parking Lots
		G2030 Pedestrian Paving
		G2040 Site Development
		G2050 Landscaping
	G30 Site Mechanical Utilities	G3010 Water Supply
		G3020 Sanitary Sewer
		G3030 Storm Sewer
		G3040 Heating Distribution
		G3050 Cooling Distribution
		G3060 Fuel Distribution
		G3090 Other Site Mechanical Utilities
	G40 Site Electrical Utilities	G4010 Electrical Distribution
		G4020 Site Lighting
		G4030 Site Communications & Security
		G4090 Other Site Electrical Utilities
	G90 Other Site Construction	G9010 Service and Pedestrian Tunnels
		G9090 Other Site Systems & Equipment
Z. GENERAL CONDITIONS	Z10 General Requirements	
	Z20 Bidding Requirements	
	Z90 Project Cost Estimate	

LEED® 2009
For New Construction & Major Renovations
Version 2.2

Sustainable Sites (26 Possible Points)
SS Prerequisite 1 Construction Activity Pollution Prevention Required
SS Credit 1 Site Selection 1
SS Credit 2 Development Density & Community Connectivity 5
SS Credit 3 Brownfield Redevelopment 1
SS Credit 4.1 Alternative Transportation – Public Transportation Access 6
SS Credit 4.2 Alternative Transportation – Bicycle Storage & Changing Rooms 1
SS Credit 4.3 Alternative Transportation – Low Emitting & Fuel Efficient Vehicles 3
SS Credit 4.4 Alternative Transportation – Parking Capacity 2
SS Credit 5.1 Site Development – Protect or Restore Habitat 1
SS Credit 5.2 Site Development – Maximize Open Space 1
SS Credit 6.1 Stormwater Design – Quantity Control 1
SS Credit 6.2 Stormwater Design – Quality Control 1
SS Credit 7.1 Heat Island Effect – Non-Roof 1
SS Credit 7.2 Heat Island Effect – Roof 1
SS Credit 8 Light Pollution Reduction 1

Water Efficiency (10 Possible Points)
WE Prerequisite 1 Water Use Reduction – 20% Reduction
WE Credit 1.2 Water Efficient Landscaping 2–4
WE Credit 2 Innovative Wastewater Technologies 2
WE Credit 3.1 Water Use Reduction 2–4

Energy & Atmosphere (35 Possible Points)
EA Prerequisite 1 Fundamental Commissioning of the Building Energy Systems Required
EA Prerequisite 2 Minimum Energy Performance Required
EA Prerequisite 3 Fundamental Refrigerant Management Required
EA Credit 1 Optimize Energy Performance 1–19
EA Credit 2 On-Site Renewable Energy 1–7
EA Credit 3 Enhanced Commissioning 2
EA Credit 4 Enhanced Refrigerant Management 2
EA Credit 5 Measurement & Verification 3
EA Credit 6 Green Power 2

Materials & Resources (14 Possible Points)
MR Prerequisite 1 Storage & Collection of Recyclables Required
MR Credit 1.1 Building Reuse – Maintain Existing Walls, Floors and Roof 1–3
MR Credit 1.2 Building Reuse – Maintain Existing Interior Nonstructural Elements 1
MR Credit 2 Construction Waste Management 1–2
MR Credit 3 Materials Reuse 1–2
MR Credit 4 Recycled Content 1–2
MR Credit 5 Regional Materials 1–2
MR Credit 6 Rapidly Renewable Materials 1
MR Credit 7 Certified Wood 1

Indoor Environmental Quality (15 Possible Points)
EQ Prerequisite 1 Minimum Indoor Air Quality (IAQ) Performance Required
EQ Prerequisite 2 Environmental Tobacco Smoke (ETS) Control Required
EQ Credit 1 Outdoor Air Delivery Monitoring 1
EQ Credit 2 Increased Ventilation 1
EQ Credit 3.1 Construction IAQ Management Plan, During Construction 1
EQ Credit 3.2 Construction IAQ Management Plan, Before Occupancy 1
EQ Credit 4.1 Low-Emitting Materials – Adhesives & Sealants 1
EQ Credit 4.2 Low-Emitting Materials – Paints & Coatings 1
EQ Credit 4.3 Low-Emitting Materials – Flooring Systems 1
EQ Credit 4.4 Low-Emitting Materials – Composite Wood & Agrifiber Products 1
EQ Credit 5 Indoor Chemical & Pollutant Source Control 1
EQ Credit 6.1 Controllability of Systems – Lighting 1
EQ Credit 6.2 Controllability of Systems – Thermal Comfort 1
EQ Credit 7.1 Thermal Comfort – Design 1
EQ Credit 7.2 Thermal Comfort – Verification 1
EQ Credit 8.1 Daylight & Views – Daylight 1
EQ Credit 8.2 Daylight & Views – Views 1

Innovation & Design Process (6 Possible Points)
ID Credit 1 Innovation in Design 1–5
ID Credit 2 LEED Accredited Professional 1

Regional Priority (4 Possible Points)
RP Credit 1 Regional Priority 1–4

100 base points +
6 possible Innovation in Design and 4 Regional Priority points

Para receber uma certificação LEED, um projeto de edificação deve atender a certos pré-requisitos e alcançar níveis de desempenho ou obter créditos em cada categoria. Os projetos recebem certificação Certified, Silver, Gold ou Platinum conforme o número de créditos alcançados.
- Certified 40–49 pontos
- Silver 50–59 pontos
- Gold 60–79 pontos
- Platinum 80 pontos ou acima

Professional & Trade Associations

American Institute of Architects
www.aia.org

American Institute of Building Design
www.aibd.org

American Society of Civil Engineers
www.asce.org

American Society of Interior Designers
www.asid.org

American Society of Landscape Architects
www.asla.org

Architecture 2030
www.architecture2030.org

Associated General Contractors of America
www.agc.org

Building Research Establishment
www.bre.co.uk

Canadian Construction Association
www.cca-acc.com

Construction Management Association of America
www.cmaanet.org

Construction Specifications Canada
www.csc-dcc.ca

Construction Specifications Institute
www.csinet.org

Environmental Protection Agency
www.epa.gov

Green Building Institute
http://greenbuildingnetwork.groupsite.com/

Home Innovation Research Labs
www.homeinnovation.com

Insurance Services Office
www.iso.com

McGraw-Hill Construction
www.construction.com

National Council of Architectural Registration Boards
www.ncarb.org

National Institute of Building Sciences
www.nibs.org

National Society of Professional Engineers
www.nspe.org

Partnership for Advancing Technology in Housing
www.pathnet.org

Royal Architectural Institute of Canada
www.raic.org

Society of American Registered Architects
www.sara-national.org

Structural Engineers Association of California
www.seaoc.org

Superintendent of Documents
U.S. Government Printing Office
www.gpoaccess.gov

Urban Land Institute
www.uli.org

U.S. Department of Energy
Energy Efficiency and Renewable Energy
www.eere.energy.gov

U.S. Department of Housing and Urban Development
www.portal.hud.gov

U.S. Department of Justice
2010 ADA Standards for Accessible Design
http://www.ada.gov

U.S. Department of Labor
Occupational Safety and Health Administration
www.osha.gov

U.S. Green Building Council
new.usgbc.org

CSI Division 03 • Concrete

American Concrete Institute
www.concrete.org

American Society for Concrete Contractors
www.ascconline.org

Architectural Precast Association
www.archprecast.org

Concrete Reinforcing Steel Institute
www.crsi.org

National Precast Concrete Association
http://precast.org

Portland Cement Association
www.cement.org

Post-Tensioning Institute
www.post-tensioning.org

Precast/Prestressed Concrete Institute
www.pci.org

Wire Reinforcement Institute
www.wirereinforcementinstitute.org

CSI Division 04 • Masonry

Brick Industry Association
www.brickinfo.org

Expanded Shale, Clay and Slate Institute
www.escsi.org

Indiana Limestone Institute of America
www.iliai.com

International Masonry Institute
www.imiweb.org

Marble Institute of America
www.marble-institute.com

Masonry Institute of America
www.masonryinstitute.org

National Concrete Masonry Association
www.ncma.org

CSI Division 05 • Metals

Aluminum Association
www.aluminum.org

American Institute of Steel Construction
www.aisc.org

American Iron and Steel Institute
www.steel.org

American Welding Society
www.aws.org

American Zinc Association
www.zinc.org

Cold-Formed Steel Engineers Institute
www.cfsei.org

Copper Development Association
www.copper.org

National Association of Architectural Metals Manufacturers
www.naamm.org

Specialty Steel Institute of North America
www.ssina.com

Steel Deck Institute
www.sdi.org

Steel Joist Institute
http://steeljoist.org

CSI Division 06 • Wood, Plastics and Composites

American Forest & Paper Association
www.afandpa.org

American Institute of Timber Construction
www.aitc-glulam.org

American Plywood Association
www.apawood.org

American Wood Council
www.awc.org

American Wood-Preservers Association
www.awpa.com

Architectural Woodwork Institute
www.awinet.org

Canadian Wood Council
www.cwc.ca

Ceiba Foundation for Tropical Conservation
www.ceiba.org

Composite Panel Association
http://compositepanel.org

Forest Products Laboratory
USDA Forest Service
www.fpl.fs.fed.us

Forest Stewardship Council
www.us.fsc.org

National Hardwood Lumber Association
www.nhla.org

Northeastern Lumber Manufacturers Association
www.nelma.org

Society of the Plastics Industry
www.plasticsindustry.org

Southern Forest Products Association
www.sfpa.org

Structural Building Components Association
www.sbcindustry.com

Western Red Cedar Lumber Association
www.wrcla.org

Western Wood Products Association
www2.wwpa.org

CSI Division 07 • Thermal and Moisture Protection

Adhesive and Sealant Council
www.ascouncil.org

Asphalt Roofing Manufacturers Association
www.asphaltroofing.org

Cellulose Insulation Manufacturers Association
www.cellulose.org

EIFS Industry Members Association
www.eima.com

National Roofing Contractors Association
www.nrca.net

North American Insulation Manufacturers Association
www.naima.org

Perlite Institute
www.perlite.org

Polyisocyanurate Insulation Manufacturers Association
www.polyiso.org

Roof Consultants Institute
www.rci-online.org

Structural Insulated Panel Association
www.sips.org

Stucco Manufacturers Association
www.stuccomfgassoc.com

Vermiculite Association
www.vermiculite.org

CSI Division 08 • Openings

American Architectural Manufacturers Association
www.aamanet.org

American Hardware Manufacturers Association
www.ahma.org

Builders Hardware Manufacturers Association
www.buildershardware.com

Door and Hardware Institute
www.dhi.org

Glass Association of North America
www.glasswebsite.com

National Fenestration Rating Council
www.nfrc.org

ASSOCIAÇÕES PROFISSIONAIS E COMERCIAIS INTERNACIONAIS

National Glass Association
www.glass.org

Steel Door Institute
www.steeldoor.org

Steel Window Institute
www.steelwindows.com

Window and Door Manufacturers Association
www.wdma.com

CSI Division 09 • Finishes

American Coatings Association
www.paint.org

Association of the Wall and Ceiling Industries International
www.awci.org

Carpet and Rug Institute
www.carpet-rug.com

Ceilings and Interior Systems Construction Association
www.cisca.org

Ceramic Tile Distributors Association
www.ctdahome.org

Gypsum Association
www.gypsum.org

Hardwood Manufacturers Association
www.hardwood.org

Hardwood Plywood and Veneer Association
www.hpva.org

Maple Flooring Manufacturers Association
www.maplefloor.org

National Council of Acoustical Consultants
www.ncac.com

National Terrazzo and Mosaic Association
www.ntma.com

National Wood Flooring Association
www.woodfloors.org

Painting and Decorating Contractors of America
www.pdca.org

Porcelain Enamel Institute
www.porcelainenamel.com

Resilient Floor Covering Institute
www.rfci.com

Terrazzo Tile and Marble Association of Canada
www.ttmac.com

Tile Council of North America
www.tcnatile.com

Vinyl Institute
www.vinylinfo.org

Wallcoverings Association
www.wallcoverings.org

CSI Division 10 • Specialties

Kitchen Cabinet Manufacturers Association
www.kcma.org

National Kitchen and Bath Association
www.nkba.org

CSI Division 11 • Equipment

American Society of Safety Engineers
www.asse.org

Association of Home Appliance Manufacturers
www.aham.org

Commercial Food Equipment Service Association
www.cfesa.com

National Solid Wastes Management Association
www.nswma.org

Solid Waste Association of North America
www.swana.org

CSI Division 12 • Furnishings

American Society of Furniture Designers
www.asfd.com

Business and Institutional Furniture Manufacturers Association
www.bifma.org

Home Furnishings International Association
www.hfia.com

Industrial Fabrics Association International
www.ifai.com

International Furnishings and Design Association
www.ifda.com

International Interior Design Association
www.iida.org

Specialty Steel Industry of North America
www.ssina.com

CSI Division 13 • Special Construction

American Fire Sprinkler Association
www.firesprinkler.org

Fire Suppression Systems Association
www.fssa.net

Metal Building Manufacturers Association
www.mbma.com

Modular Building Institute
www.modular.org

National Fire Protection Association
www.nfpa.org

Steel Construction Institute
www.steel-sci.org

A.30 ASSOCIAÇÕES PROFISSIONAIS E COMERCIAIS INTERNACIONAIS

CSI Division 14 • Conveying Systems

Conveyor Equipment Manufacturers Association
www.cemanet.org

Material Handling Institute
www.mhia.org

National Elevator Industry
www.neii.org

National Association of Elevator Safety Authorities
www.naesai.org

National Association of Elevator Contractors
www.naec.org

CSI Division 23 • Heating, Ventilating, and Air-Conditioning (HVAC)

American Gas Association
www.aga.org

American Society of Heating, Refrigeration, and Air-Conditioning Engineers
www.ashrae.org

American Society of Mechanical Engineers
www.asme.org

Home Ventilating Institute
www.hvi.org

CSI Division 26 • Electrical

Illuminating Engineering Society of North America
www.iesna.org

International Association of Lighting Designers
www.iald.org

National Electrical Manufacturers Association
www.nema.org

CSI Division 32 • Exterior Improvements

American Concrete Pavement Association
www.pavement.com

American Concrete Pipe Association
www.concrete-pipe.org

American Nursery and Landscape Association
www.anla.org

American Society of Sanitary Engineering
www.asse-plumbing.org

Asphalt Institute
www.asphaltinstitute.org

Asphalt Recycling & Reclaiming Association
www.arra.org

Construction Materials Recycling Association
www.cdrecycling.org

Deep Foundations Institute
www.dfi.org

International Association of Foundation Drilling
www.adsc-iafd.com

Plumbing and Drainage Institute
www.pdionline.org

Sponsoring Organizations for Model Codes and Standards

American National Standards Institute
www.ansi.org

American Society for Testing and Materials
www.astm.org

American Society of Safety Engineers
www.asse.org

International Association of Plumbing and Mechanical Officials
www.iapmo.org

International Code Council
www.iccsafe.org

International Organization for Standardization
www.iso.org

National Institute of Standards and Technology
www.nist.gov

National Research Council of Canada
www.nrc-cnrc.gc.ca

Underwriters' Laboratories
www.ul.com

BIBLIOGRAFIA

Allen, Edward, Joseph Iano, and Patrick Rand. *Architectural Detailing*, 2nd Edition. John Wiley & Sons, 2006.
Allen, Edward. *Fundamentals of Building Construction*, 5th Edition. John Wiley & Sons, 2008.
Allen, Edward, and Joseph Iano. *The Architect's Studio Companion*, 5th Edition. John Wiley & Sons, 2011.
Ambrose, James, and Dmitri Vergun. *Simplified Building Design for Wind and Earthquake Forces*, 3rd Edition. John Wiley & Sons, 1997.
Ambrose, James, and Jeffrey E. Ollswang. *Simplified Design for Building Sound Control*. John Wiley & Sons, 1995.
Ambrose, James, and Patrick Tripeny. *Simplified Design of Concrete Structures*, 8th Edition. John Wiley & Sons, 2007.
Ambrose, James. *Simplified Design of Masonry Structures*. John Wiley & Sons, 1997.
Ambrose, James, and Patrick Tripeny. *Simplified Design of Steel Structures*, 8th Edition. John Wiley & Sons, 2007.
Ambrose, James, and Harry Parker. *Simplified Design of Wood Structures*, 6th Edition. John Wiley & Sons, 2009.
Ambrose, James, and Patrick Tripeny. *Simplified Engineering for Architects and Builders*, 11th Edition. John Wiley & Sons, 2010.
American Concrete Institute. *Building Code Requirements for Structural Concrete*. ACI, 2008.
American Concrete Institute. *Manual of Concrete Practice*. ACI, 2012.
American Institute of Architects. *The Environmental Resource Guide*. John Wiley & Sons, 1996. With supplements (1997, 1998). Also on CD-Rom, 1999.
American Institute of Timber Construction. *Timber Construction Manual*, 6th Edition. John Wiley & Sons, 2012.
American Society of Heating, Refrigeration, and Air-conditioning Engineers. *ASHRAE GreenGuide*, 3rd Edition. ASHRAE, 2010.
American Society of Heating, Refrigeration, and Air-conditioning Engineers. *ASHRAE Handbook — HVAC Applications*. ASHRAE, 2011.
Ballast, David Kent. *Handbook of Construction Tolerances*, 2nd Edition. John Wiley & Sons, 2007.
Barrie, Donald S., and Boyd C. Paulson. *Professional Construction Management*, 3rd Edition. McGraw-Hill, 2001.
Bockrath, Joseph T. *Contracts and the Legal Environment for Engineers and Architects*, 7th Edition. McGraw-Hill, 2010.
Butler, Robert Brown. *Standard Handbook of Architectural Engineering*. McGraw-Hill, 1999.
Joseph A. Wilkes, and William J. Cavanaugh, editor. *Architectural Acoustics: Principles and Practice*, 2nd Edition. John Wiley & Sons, 2009.
Ching, Francis D.K. *Architectural Graphics*, 5th Edition. John Wiley & Sons, 2009.
Ching, Francis D.K. *Architecture: Form, Space and Order*, 3rd Edition. John Wiley & Sons, 2007.
Ching, Francis D.K. *A Visual Dictionary of Architecture*, 2nd Edition. John Wiley & Sons, 2011.
Ching, Francis D.K., and Steven R. Winkel. *Building Codes Illustrated: A Guide to Understanding the 2012 International Building Code*, 4th Edition. John Wiley & Sons, 2012.
Ching, Francis D.K., Barry Onouye, and Doug Zuberbuhler. *Building Structures Illustrated: Patterns, Systems, and Design*. John Wiley & Sons, 2009.
Cote, Ron. NFPA 101: *Life Safety Code Handbook 2009*. National Fire Protection Association, 2009.
Crosbie, Michael J., and Donald Watson. *Timer-Saver Standards for Architectural Design*, 8th Edition. McGraw-Hill, 2004.
DeChiara, Joseph, Julius Panero, and Martin Zelnik. *Time-Saver Standards for Interiors and Space-Planning*, 2nd Edition. McGraw-Hill, 2001.
DiLaura, David, Kevin Houser, Richard Mistrick, and Gary Steffy, Eds. *IESNA Lighting Handbook*, 9th Edition. Illuminating Engineering Society of North America, 2011.
Dykstra, Alison. *Construction Project Management: A Complete Introduction*. Kirshner Publishing, 2011.
Evan Terry Associates. *Pocket Guide to the ADA: Americans with Disabilities Act Accessibility Guidelines for Buildings and Facilities*, 3rd Edition. John Wiley & Sons, 2006.
Hacker, John, and Julie A. Gorges. *Residential Steel Design and Construction: Energy Efficiency, Cost Savings, Code Compliance*. McGraw-Hill, 1997.
Hewlett, Peter C., editor. *Lea's Chemistry of Cement and Concrete*, 4th Edition. John Wiley & Sons, 2004.
Hornbostel, Caleb. *Building Design/Materials and Methods*. Kaplan Publishing, 2007.
Hurd, M.K. *Formwork for Concrete*, 7th Edition. American Concrete Institute, 2005.
International Code Council. *2012 IBC Structural/Seismic Design Manual, Volume 1*. International Code Council, 2006.
International Code Council. *2012 International Building Code*. International Code Council, 2011.
International Code Council. *2012 International Energy Conservation Code*. International Code Council, 2011.
International Code Council. *2012 International Fire Code*. International Code Council, 2011.
International Code Council. *2012 International Mechanical Code*. International Code Council, 2011.
International Code Council. *2012 International Plumbing Code*. International Code Council, 2011.
International Code Council. *2012 International Residential Code for One- and Two-Family Dwellings*. International Code Council, 2011.

BIBLIOGRAFIA

International Code Council. *Recommended Lateral Force Requirements and Commentary*, 7th Edition. International Code Council, 2002.
Liebing, Ralph W. *Architectural Working Drawings*, 4th Edition. John Wiley & Sons, 1999.
Martin, Leslie D., and Christopher J. Perry. PCI Design Handbook, 6th Edition. Prestressed Concrete Institute, 2004.
Masonry Society. *Masonry Designers Guide*, 6th edition. Masonry Society, 2010.
Masonry Institute of America. Masonry Design Manual, 4th Edition. Masonry Institute of America, 2006.
Masonry Institute of America. Reinforced Masonry Engineering Handbook, 6th Edition. Masonry Institute of America, 2009.
Meisel, Art. *LEED Materials: A Resource Guide to Green Building*. Princeton Architectural Press, 2010.
Miller, Rex. *Electrician's Pocket Manual*. McGraw-Hill, 2005.
Moore, Fuller. *Environmental Control Systems: Heating, Cooling, Lighting*. McGraw-Hill, 1992.
National Roofing Contractors Association. *NRCA Roofing and Waterproofing Manual*, 5th Edition. NRCA, 2006.
O'Brien, James, and Fredric L. Plotnick. *CPM in Construction Management*, 7th Edition. McGraw-Hill, 2009.
Onouye, Barry, and Kevin Kane. *Statics and Strength of Materials for Architecture and Building Construction*, 4th Edition. Prentice Hall, 2011.
Onouye, Barry. *Statics and Strength of Materials: Foundations for Structural Design*. Prentice Hall, 2004.
Patterson, James. *Simplified Design for Building Fire Safety*. John Wiley & Sons, 1993.
Puerifoy, Robert L., Clifford J. Shexnayder, and Aviad Shapira. *Construction Planning, Equipment, and Methods*, 8th Edition. McGraw-Hill, 2010.
Ramsey, Charles George, Harold Sleeper, and AIA Staff. *Architectural Graphic Standards*, 11th Edition. John Wiley & Sons, 2007. Also on CD-Rom, 2007.
Reynolds, Donald E., and R.S. Means Staff. *Residential & Light Commercial Construction Standards*, 3rd Edition. R.S. Means, 2008.
Richter, H.P., and F. P. Hartwell. *Wiring Simplified: Based on the 2011 National Electrical Code*, 43rd Edition. Park Publishing, 2011.
Salter, Charles. *Acoustics: Architecture, Engineering, the Environment*. William Stout Publishers, 1998.
Schodek, Daniel L., and Martin Bechtold. *Structures*, 6th Edition. Prentice Hall, 2007.
Scott, James G. *Architectural Building Codes: A Graphic Reference*. John Wiley & Sons, 1997.
Simmons, H. Leslie. *Olin's Construction: Principles, Materials, and Methods*, 9th Edition. John Wiley & Sons, 2011.
Stein, Benjamin. *Building Technology: Mechanical and Electrical Systems*, 2nd Edition. John Wiley & Sons, 1997.
Stein, Benjamin, Walter T. Grondzik, Alison G. Kwok, and John Reynolds. *Mechanical and Electrical Equipment for Buildings*, 10th Edition. John Wiley & Sons, 2005.
Underwriters' Laboratory. *UL Fire Resistance Directory*, 3 vols. UL, 2007.
Wakita, Osamu A., and Richard M. Linde. *Professional Practice of Architectural Working Drawings*, 4th Edition. John Wiley & Sons, 2011.
Western Woods Products Association. *Western Woods Use Book*, 4th Edition. WWPA, 2005.

ÍNDICE

A

Aalto, Alvar 1.26
Aba, 6.21
Abóbadas, 2.25
Abóbadas de arestas, 2.25
Abóbadas de berço, 2.25, 2.27
Abrandador de água, 11.23
Absortância, 11.37
Acabamento agregado aparente de concreto, 5.09
Acabamento com argamassa alisado, 7.36
Acabamento de argamassa penteado, 7.36
Acabamento de colher de pedreiro desenhado, 7.36
Acabamento duro, 10.03
Acabamentos, 10.02-10.30
    banheiros, 9.30
    forros acústicos, 10.22-10.23
    laminado plástico, 10.30
    madeira, 10.24-10.29
    painéis de gesso, 10.09-10.11
    pisos, 10.15-10.21
    reboco, 10.03-10.08
Acabamentos de concreto apicoados, 5.09
Ação galvânica, 12.09
Acesso, sítio, 1.26-1.29
    análise do terreno e entorno, 1.07
Acesso e circulação para pedestres, 1.26-1.27
Acesso veicular e circulação de veículos, 1.26, 1.28, 1.34
Acessos residenciais, 1.28
Acionamento em dois níveis, 11.45
Acionamento multinível, 11.45
Aço, 12.08
    classificações de resistência ao fogo, A.12
    coeficientes de dilatação linear, 7.48
    concreto armado, 12.04-12.05
    energia incorporada, 12.03
    pesos, A.06-A.07
    resistência térmica, 7.40
Aço carbono, 12.08
Aço de liga, 12.08
Acolchoado de carpete, 10.21
Acordos restritivos, 1.25
Acústica, A.14-A.15
Adesivos, 12.20
Aditivos, 12.04
Adobe, construção 5.31
Aduelas, 5.20
Adutora pública, 11.22
Agente frigorígeno, 11.16
Aglomerado, 12.14
Agregado, 12.04
Água. Ver também Impermeabilização e isolamento térmico
    análise do terreno e do entorno, 1.07
    cargas de chuva, 2.08
    cargas de neve, 2.08
    coberturas, 6.02
    drenagem de coberturas, 7.17
    drenagem do sítio, 1.21
    edificações em contexto, 1.02
    eficiente, 1.04
    lençol freático, 1.09
    microclima, 1.11
    muros de arrimo, 3.10, 3.14
    paredes-cortina, 7.25
    pesos de, A.06
    precipitações, 1.20
    pressão da água, 2.08
    rebaixamento de lençol freático, 3.07
Águas servidas, 11.29
Alargador, 11.27
Altura de desconexão, 11.26
Alumínio, 12.09
Alvenaria, 12.06-12.07
    coeficientes de dilatação linear, 7.48
    permeabilidade da, 7.45
    preparação de superfícies para pintura, 12.22
    reboco sobre, 10.07
    representação gráfica da, A.18
    resistência térmica da, 7.40
Alvenaria de pedra (stone masonry wall systems), 5.33-5.34, 7.30
American Architectural Manufacturers Association (AAMA), 7.35, 8.24, 8.32
American Concrete Institute (ACI), 12.05
American Institute of Architects, 12.03
American Institute of Steel Construction (AISC), 4.17, 12.08
American National Standards Institute (ANSI), 2.05, 8.26
American Plywood Association (APA), 4.32, 12.14
American Society for Testing and Materials (ASTM), 2.05
    classificação dos solos, 1.08
    concreto armado, 12.05
    UNIFORMAT II, A.23-A.25
American Society of Heating, Refrigeration and Air Conditioning Engineers (ASHRAE), 11.09
Amortecedor, 9.14
Amortecimento histerético, 2.24
Amortecimento interno, 2.24
Amortecimento por fricção, 2.24
Amortecimento viscoso, 2.24
Ampères, 11.30
Análise do ciclo de vida, 12.03
Análise do terreno e do entorno, 1.07
Ancoragem com cabos, 2.30
Anel tracionado, 2.26
Ângulo de corte, 11.43
Ângulo de refração, 11.37
Ângulo de vedação, 11.43
Anteparo, 1.22
Aparelho ao comprido, 5.27
Aparelho com juntas a prumo, 5.27
Aparelho comum, 5.27
Aparelho de pedregulho, 5.33
Aparelho flamengo, 5.27
Aparelho inglês, 5.27
Aparelho irregular de cantaria, 5.33
Aparelho muro de jardim, 5.27
Aparelhos hidrossanitários, 11.26
Apoio em viga mestra, 4.36
Aquecedores de água, 11.23
Aquecedores de quartzo, 11.12
Aquecimento adiabático, 11.05
Aquecimento global, 1.06
Architectural and Transportation Barriers Compliance Board (ATBCB), 2.05
Architectural Barriers Act (ABA), 2.05
Architecture 2030, 1.06
Arco abaulado, 5.20
Arco de meio ponto (ou arco pleno), 5.20
Arco em alça de cesto, 5.20
Arco em gota, 5.20
Arco falso, 5.20
Arco gótico, 5.20
Arco lanceolado, 5.20
Arco Tudor, 5.20
Arcos, 2.17, 2.25, 5.20
Arcos de alvenaria, 2.25
Arcos indeformáveis, 2.25
Área do núcleo, 2.13
Argamassa, 5.15
Argamassa acústica, 10.03
Argamassa com fibras de madeira, 10.03
Argamassa de gesso puro, 10.03
Argamassa pronta ou industrializada, 10.03
Armadura espiral, 5.04
Armadura positiva, 4.04
Armaduras negativas, 4.04
Armários, 9.24
Aros fendidos, 5.49
Arquitetura, 2.02
Arquitrave, 10.27
Arruelas, 12.19
Árvores, 1.07, 1.12-1.13, 1.18
Aspectos estéticos, 2.04
Associação Americana de Oficiais da Estrada e do Transporte do Estado (AASHTO), 4.12
Associações profissionais e comerciais internacionais, A.27-A.30
Atenuação, A.15
Atenuador dinâmico de massa sintonizado, 2.24
Audiofrequência, A.14
Aventais, 10.27
Azulejo fosco, 10.12
Azulejos cerâmicos, 10.12-10.14

B

Bacias sanitárias, 9.27, 9.29, 11.24, 11.26
Balanço, 2.15
Balaústres, 9.09
Bancadas, 9.25, 10.14, 10.30
Banheiras, 9.27-9.28, 11.24, 11.26
Banheiros, 9.02, 9.26-9.30
    aparelhos hidrossanitários, 9.27
    aparelhos hidrossanitários para acessibilidade universal, 9.28-9.29
    azulejos cerâmicos, 10.12-10.14
    espaço, 9.30
    leiautes de, 9.26
Banzos, 2.16
Barras, 2.16
Barras antipânico, 8.20
Barras de apoio, 9.28-9.29
Barras de envidraçamento, 8.22

ÍNDICE

Barras dobradas, 4.04
Barreiras de vapor, 7.12, 7.45-7.46
Barrotes de madeira, 3.13, 4.26-4.31, 4.33-4.34
Batente, 8.03
Beira, 6.16, 6.21
Beiral, 6.16, 6.20, 6.30, 7.20
Bico de pássaro, 6.20
Bidês, 9.27
Binário de forças, 2.11
Biomassa, 11.07
Bloco cerâmico, 5.28
Bloco de ancoragem, 9.12
Bloco de canto, 10.27
Bloco de concreto, 12.07
Bloco de plinto, 10.27
Blocos cerâmicos vazados, 5.28
Blocos de vidros, 5.29-5.30
Bomba de limpeza, 11.28
Bombas de calor, 11.16
Bombas de incêndio, 11.25
Bota, junção, 11.10
Bouclê (*loop* ou *berber*), 10.21
Brises, 1.18
Brita (ou pedra britada), 12.10
British thermal units (BTU, unidade térmica britânica), 11.09
Brundtland, Gro Harlem, 1.03
Building Officials and Code Administrators International, Inc. (BOCA), 2.05
Bulbos, 11.39

C

Cabo armado (BX), 11.34
Cabo de isolamento mineral, 11.34
Cabo de isolamento não metálico (cabo Romex), 11.34
Cabos atirantados, 2.28
Cabos de protensão colgados, 4.09
Cabos de protensão rebaixados, 4.09
Caibro de borda duplo, 6.17-6.18
Caibro secundário, 6.17
Caibros curtos do espigão, 6.17
Caibros de rincão, 6.17
Caibros em balanço, 6.17
Caixa de passeio, 11.22
Caixas de junção, 11.34
Caixas de viga, 4.28
Caixilhos, 8.22
Caldeira, 11.11, 11.17
Calefação elétrica, 11.12
Calefação por água quente, 11.11
Calefação por ar quente insuflado, 11.10
Calefação por radiação, 11.13-11.14
Calhas, 1.20, 7.17
Câmara de combustão, 9.18-9.19
Câmara de fumaça, 9.18-9.19
Caminhos de bicicletas, 1.27
Caminhos de pedestre, 1.27
Campo de infiltração, 11.29
Canal (telha), 7.08
Candela, 11.37
Cantoneiras de enrijecimento, 4.16
Capa, 7.08

Caps, 11.27
Carga concentrada, 2.12
Carga distribuída uniformemente, 2.12
Cargas, 2.08-2.10
   acidentais, 2.08, 4.02, 4.08, A.06
   coberturas, 6.02
   de aquecimento e resfriamento, 11.09
   de terremoto, 2.10, 4.14, 5.35
   estáticas, 2.08
   estruturas de pilar e viga, 5.49
   fundação de estacas, 3.24
   fundações, 3.02
   mortas, 2.08, 4.02, 4.08
   paredes, 2.17
   paredes de alvenaria, 5.15
   paredes-cortina, 7.24
   pilares, 2.13, 5.47
   placas, 2.18
   sistemas de piso, 4.02
   sistemas de pisos de aço, 4.14-4.15
   treliças, 2.16
   vento, 2.09, 4.14, 5.35, 7.24
   vigas, 2.14
Cargas de chuva, 2.08
Cargas de impacto, 2.08
Cargas de neve, 2.08
Cargas de ocupação, 2.08, A.10
Cargas de recalque, 2.08
Cargas de terremoto, 2.10, 4.14, 5.35
Cargas dinâmicas, 2.08-2.10
Carpete, base (ou avesso), 10.21
Carpete armado por fusão, 10.20
Carpete de agulha, 10.20
Carpete de bouclê nervurado, 10.21
Carpete de Saxony, 10.21
Carpete de Shag, 10.21
Carpete de tecido, 10.20
Carpete de twist ou frieze, 10.21
Carpete felpado, 10.20
Carpete plush, 10.21
Carpete puncionado a agulha, 10.20
Carpete tufado, 10.20
Carpetes, 10.20-10.21, A.18
Carpetes *frieze* (ou *twist*), 10.21
Carvão, 11.06, 11.12
Casa Carré, 1.26
Cascalho arremessado, 7.36
Cascas, 2.27
Categoria de transmissão sonora (STC), A.17
Catenária, 2.28
Cavaletes, 2.22
Cavaletes, 4.04
Cavidade ambiente, 11.46
Cavidade de piso, 11.46
Cavidade do teto, 11.46
Células fotovoltaicas, 11.32
Central de água fria, 11.17
Centro de resistência, 2.23
Chaminés, 11.10
   de alvenaria, 9.20
   lareiras pré-fabricadas, salamandras e fogões e lenha, 9.21
   rufos em, 7.21
   sistemas de climatização, 11.17

Chapa de cumeeira, 6.16-6.17, 6.20
Chapa de fundo, 10.09
Chapa de gesso com verso laminado, 10.09
Chapa de metal corrugada, 4.20, 4.22, 6.14-7.14
Chapa de núcleo, 10.09
Chapa de tiras, 12.14
Chapas de apoio de aço, 4.14
Chapas de cisalhamento, 5.49
Chapa de gesso, 10.09
Chapa de gesso resistentes à água, 10.09
Chapas de rigidez, 4.17
Chave (ou fecho), 5.20
Chave articulada, 11.36
Chave de duplo contato bipolar, 11.36
Chaves tripolares, 11.36
Chumbo, 12.09
Chuveiro (ou ducha), 9.27-9.28, 11.24
Chuveiros automáticos, 2.05, 2.07, 11.25
Cimento Keene, 10.03
Cimento Portland, 12.04
Circuito ventilador, 11.28
Circuitos de aparelhos, 11.33
Circuitos de baixa voltagem, 11.33
Circuitos de uso geral, 11.33
Circuitos individuais, 11.33
Circuitos secundários, 11.33
Circulação
   análise do terreno e do entorno, 1.07
   de pedestres, 1.27
   de veículos, 1.28
   estacionamento de veículos, 1.29
Clarabóias, 1.19, 7.10, 7.21, 8.36-8.37
Cobertura verde, 7.09
Coberturas, 6.02-6.30
   aço, 6.06-6.13
   caimentos de cobertura, 6.03
   classificações de resistência ao fogo, A.13
   concreto, 6.04-6.05
   estruturas de telhados de madeira, 6.16-6.17
   isolamento, 7.39, 7.43
   madeira, 6.19-6.30
   painéis cimentícios de cobertura, 6.15
   pesos de materiais, A.07
   precipitações, 1.20
   pressão do vento, 1.22
   resistência térmica dos materiais, 7.40
   telhas de metal, 6.14
   terminologia, 6.16
   ventilação de, 1.22, 7.47
Coberturas, 6.19-6.30
   caibros, 6.19-6.22
   conexões entre pilar e viga, 6.26-6.27
   estrutura de barrotes e painéis ou tábuas, 4.38-4.39, 6.24-6.25
   isolamento, 7.43
   painéis, 6.23
   treliças, 6.28-6.29
   treliças planas, 6.30
Coberturas, 7.02
   com telhas chatas compostas, 7.06
   com telhas chatas de ardósia, 7.07
   com telhas chatas de madeira, 7.04

ÍNDICE

com telhas de metal, 7.10
com telhas de metal corrugadas, 7.11
com telhas tradicionais, 7.08
compostas, 7.14, 7.45
drenagem, 7.17
elastoméricas, 7.15-7.16
impermeabilização com telhas chatas, 7.03
impermeabilização e o isolamento térmico, 7.03-7.17
planas, 7.12-7.13
rachas de madeira, 7.05
verdes (ecotelhados), 7.09
Coberturas com água, 1.17
Coberturas com painéis de concreto pré-moldados, 6.05
Coberturas com perfis de aço:
estruturas, 6.06
isolamento, 7.43
pórticos indeformáveis, 6.07
treliças espaciais, 6.10-6.11
treliças planas, 6.08-6.09
vigas-treliças de aço, 6.12-6.13
Coberturas planas, 6.17
caimentos, 6.03
cargas, 6.02
cobertura, 7.12-7.13
coberturas com barrotes de madeira, 6.22
drenagem, 7.17
impermeabilização e isolamento térmico, 7.02
juntas de movimento, 7.49
precipitações, 1.20
rufos, 7.20
Cobre, 12.09
Códigos de edificações, 1.25, 2.05
janelas, 8.22
saídas de emergência, a.10
Códigos de edificações complementares, 2.05
Códigos modelo, 2.05
Coeficiente de perda de luz, 11.46
Coeficiente de perda de luz não recuperável (CPLNR), 11.46
Coeficiente de utilização (CU), 11.46
Coifa, 11.10
Coluna de ventilação, 11.28
Colunas de incêndio, 11.25
Colunas de queda, 11.28
Comissão para o Meio Ambiente e Desenvolvimento das Nações Unidas, 1.03
Compartilhamentos para bacias sanitárias e mictórios, 9.29
Compensado, 12.14
laminados de madeira, 10.29
paredes leves de, 7.32
Compostos orgânicos voláteis (VOCs), 1.05
Compressor, 11.16
Concreto, 12.04-12.05
armadura de aço, 12.04-12.05
coeficientes de dilatação linear, 7.48
energia incorporada do, 12.03
leve, 12.04
permeabilidade do, 7.45

pesos do, A.06-A.07
preparação de superfícies para pintura, 12.22
relação água/cimento, 12.05
representação gráfica para, A.18
resistência térmica do, 7.40
Concreto aparente, 5.09
Condensadores, 11.16
Condução, 11.03
Conduto de distribuição, 11.10
Condutores, 1.20
Condutores de alimentação, 11.31
Conector de aço para emenda, 4.36
Conector de grelha de metal dentada, 3.23
Conector de superfície, 2.30
Conector linear, 2.30
Conector pontual, 2.30
Conexão de apoio, 4.18
Conexão entre pilar e viga de madeira
coberturas, 6.26-6.27
paredes-cortina, 5.48-5.50
pisos, 4.37
Conexões, 2.30
aço, 4.14, 4.17-4.18, 4.24, 5.38, 6.10
adesivos, 12.20
estruturas de concreto, 4.13, 5.05, 5.12-5.13
fixações, 12-18-12.20
madeira, 4.36-4.37, 5.49-5.50, 6.26-6.27
parafusos, 12.19
parafusos de porca, 12.19
pregos, 12.18
Conexões bolsa e rosca, tubulações 11.27
Conexões de aço soldadas, 2.30
Conexões em peças de concreto, 2.30
Conexões em peças de concreto pré-moldado, 2.30
Conexões nos consolos, 6.29
Conexões parafusadas, 2.30, 12.19
Conexões resistentes ao cisalhamento, 4.18
Conexões rígidas, 4.17
Conexões semirrígidas, 4.18
Conforto térmico, 11.03
Conselho Internacional para Pesquisa e Inovação em Edificação e Construção, 1.03
Considerações econômicas, 2.04
Consolidação, 3.03
Consolo, 2.16
Construção, 2.02-2.30
cargas, 2.08-2.10
códigos de edificações, 2.05
equilíbrio estrutural, 2.12
forças estruturais, 2.11
módulos estruturais, 2.19
padrões estruturais, 2.21
sistema estrutural, 2.13-2.30
sistemas de edificações, 2.02-2.04
tipos de, 2.06-2.07
vãos estruturais, 2.20
Construção arquitravada:
coberturas, 6.26-6.27
paredes, 5.48-5.50
sistemas de piso, 4.37

Construção com taipa de pilão (pisé de terre), 5.32
Construções especiais, 9.02
banheiros, 9.26-9.30
cozinhas, 9.22-9.25
elevadores, 9.14-9.16
escadas, 9.03-9.12
escadas de marinheiro, 9.13
escadas e esteiras rolantes, 9.17
lareiras, 9.18-9.21
Contexto, edificações em, 1.02, 1.07
Contrafortes, 1.32
Contrapiso, 4.26, 4.32
Contrapiso de painéis, 4.32
Contraventamento, 6.28
Convecção, 11.03
Conversão de Energia Térmica Oceânica (CETO), 11.08
Conversão de medidas, A.08-A.09
Cornija, 5.34, 10.26, 10.28
Cornija de retorno, 6.21
Corrimãos, 9.04-9.05
Cortinas, 1.18
Cotovelos, 11.27
Cozinhas, 9.02, 9.22-9.24
Cricket, 7.21, 9.20
Cripple, 6.18
Cubas, 4.05
Cumeeiras, 6.16, 6.20, 7.20
Cúpulas, 2.26
Curva de distribuição de intensidade luminosa, 11.43
Curvas de nível e intervalos, 1.10

D

Decibel, A.14
Defletores, 11.43
Deflexão, 2.14
Deformação, 12.02
Desafio 2030, 1.06
Descrição do terreno, 1.38
Desmoldante, 5.07
Deterioração de lúmen de lâmpada, 11.46
Deterioração de luminária por sujeira, 11.46
Deterioração de superfície de recinto por sujeira, 11.46
Diafragma descontínuo, 2.23
Diafragma horizontal, 2.22
Diagrama de corpo livre, 2.12
Diagramas psicrométricos, 11.05
Difusores, 11.21
Dimensões de mobiliário, A.04-A.05
Dimensões humanas, A.02
Dimerização contínua, 11.45
Dimmer (ou redutor de luz), 11.36
Diretrizes de acessibilidade universal da Americans with Disabilities Act (ADA), 1.27, 2.05, A.03
acesso e circulação de pedestres, 1.27
banheiros, 9.26, 9.29, A.03
carpete, 10.21, A.03
cozinhas, 9.22-9.23, A.03
elevadores, 9.16, A.03
escadas, 9.05, A.03

ÍNDICE

estacionamento, 1.29
janelas, 8.22, A.03
portas, 8.03, 8.11, 8.17, 8.19-8.21, A.03
Distritos, 1.38
Divisão de feixe luminoso, 11.46
Dobradiças, 8.18
Drenagem, 1.21
  análise do terreno e do entorno, 1.07
  coberturas, 6.03
  impermeabilização, 7.17
  muros de arrimo, 1.32-1.33
  muros de arrimo, 3.10, 3.14
  pavimentação, 1.34
  sistemas de esgoto hidrossanitário, 11.27-11.28
Drenagem de superfície, 1.21
Drenagem do sítio, 1.21
Drenagem subsuperficial, 1.21
Dreno francês, 1.21
Dreno-cortina, 1.21
Dutos principais, 11.10

E

Eco, A.15
Ecotelhados (coberturas verdes), 7.09
Edificações altas, 2.10, 2.24
Edificações com estrutura em tubo, 2.24
Edificações sustentáveis, 1.04-1.06
  definição, 1.04
  Desafio 2030, 1.06
  LEED, Green Building Rating System, 1.04-1.05
Efeito Doppler, A.14
Eflorescência, 12.06
Eixo neutro, 2.14
Elasticidade, 12.02
Elemento de apoio, 1.33
Elementos de força zero, 2.16
Elementos de proteção solar, 1.18
Eletrodutos, 11.34
Elevadores, 9.14-9.16
Elevadores elétricos, 9.14
Elevadores hidráulicos, 9.15
Elevadores para acessibilidade ou de uso restrito, 9.15
Emboço, 10.03
Emenda com encaixe, 4.36
Emissões atmosféricas, 1.05
Empena (ou oitão), 6.16
Encaixe moldado (simples) para forros de madeira, 4.40
Energia, consumo e conservação
  Desafio 2030, 1.06
  edificações em contexto, 1.02
  por setor, 1.06
  projeto solar passivo, 1.16-1.17
  sistema LEED de certificação de edificações sustentáveis, 1.05
  sistemas de calefação e refrigeração, 11.06
Energia das marés, 11.08
Energia das ondas, 11.08
Energia eólica, 11.06-11.07
Energia geotérmica, 11.08
Energia hidrelétrica, 11.06, 11.08
Energia incorporada, 12.03
Energia nuclear, 11.06
Energia solar, 11.07
  células fotovoltaicas, 11.32
  projeto solar passivo, 1.16-1.17
  sistema de aquecimento de água, 11.23
  sistemas ativos de calefação solar, 11.15
Enrocamento, 1.30
Ensaio de abatimento, 12.05
Ensaio de compressão, 12.05
Entalpia, 11.05
Envidraçamento, 8.28
Envidraçamento, filete, 8.28
Envidraçamento, fita, 8.28
Envidraçamento, sistemas, 8.28
Envidraçamento e junta de topo, 8.15
Envidraçamento em nível, 8.33
Envidraçamento seco, 8.28-8.29
Envidraçamento úmido, 8.28-8.29
Equilíbrio de carga, 4.09
Equilíbrio estrutural, 2.12
Escada circular, 9.07
Escada com espelhos, 9.08-9.09, 9.11
Escada de navio, 9.13
Escada em caixa, 9.09
Escada em meia-volta, 9.06
Escada em quarto de volta, 9.06
Escada reta, 9.06
Escadas, 9.02-9.12
  de aço, 9.11
  de caracol, 9.07, 9.12
  de concreto, 9.10
  dimensões reais de espelho e piso, 9.03
  exigências, 9.04-9.05
  externas, 1.27
  granitina, 10.15
  laje de concreto com escada integrada, 3.21
  madeira, 9.08-9.09
  plantas baixas, 9.06-9.07
  projeto de, 9.03
Escadas com espelhos vazados, 9.09, 9.11
Escadas de lanço curvo, 9.07
Escadas de madeira, 9.08-9.09
Escadas de mão, 9.03, 9.13
Escadas de pintor, 9.03
Escadas rolantes, 9.17
Escadas verticais, 9.13
Escoamento por crib walls, 1.30
Escoramento, 4.10
Esforço cortante na base, 2.10
Esforço de cisalhamento horizontal (ou longitudinal), 2.14
Esforço de cisalhamento transversal, 2.14
Esforço de cisalhamento vertical, 2.14
Esforço de flexão, 2.14
Esforços térmicos, 2.08
Espaçadores de quina, 8.29
Espaçadores inferiores, 8.29
Espelho (fechadura de portas), 8.19
Espelhos (projeto de escadas), 9.03, 9.05, 9.08
Espigão, 6.16
Espigões (ou cimalhas), 5.34
Esquadrias de alumínio, 8.24
Estabilidade lateral, 2.22-2.23
  edificações altas, 2.24
  fundações, 3.02
  paredes de alvenaria, 5.15
  paredes de concreto pré-moldados, 5.11
  pilares de concreto, 5.04
  sistemas de pisos de aço, 4.15
Estacionamento, 1.26, 1.29
Esteiras rolantes, 9.17
Estereorradiano, 11.37
Estribos, 4.04
Estrutura de tubo contraventado, 2.24
Estrutura em balão, 4.28, 5.41
Estrutura em plataforma, 4.28, 5.42
Estrutura tubular externa perfurada, 2.24
Estruturas com cabos duplos, 2.28
Estruturas com curvatura simples, 2.28
Estruturas de barrotes e tábuas, 4.38-4.39, 6.24-6.25
Estruturas de cabos estaiados, 2.28
Estruturas de montantes leves, 10.07
Estruturas do tipo tenda, 2.29
Estruturas pneumáticas, 2.29
Estruturas pneumáticas infladas por ar, 2.29
Estruturas pneumáticas sustentadas pelo ar, 2.29
Estruturas suspensas, 2.28
Estufa, 1.17
Estufa anexa (ou jardins de inverno), 1.17, 8.38
Estufas, 8.38
Estuque de folhado, 10.03
Evaporação, 11.03
Evaporadores, 11.16
Excentricidade de estaca, 3.24
Exigências de desempenho, 2.04
Exterior Insulation Manufacturers Association (EIMA), 7.38
Extradorso, 5.20

F

Fachadas de chuva, 7.23
Fachadas duplas, 8.35
Faixas de vedação, 8.21
Fator de comprimento efetivo, 2.13
Fatores reguladores, 1.02, 1.24-1.25, 2.04-2.05
Fechadores automáticos, 8.20
Fechadura para perfil, 8.19
Fechadura tubular, 8.19
Fechaduras completas, 8.19
Fechaduras unitárias e integrais, 8.19
Federal Fair Housing Act (FFHA) de 1998, 2.05
Ferragens para portas, 8.03, 8.17-8.20
  barras antipânico e portas de fechamento automático, 8.20
  dobradiças, 8.18
  fechaduras, 8.19
Ferro forjado ou batido, 12.08
Ferro fundido, 12.08

ÍNDICE

Ferro galvanizado, 12.08, 12.22
Fiada, 5.26
Fiber Optics, 11.42
Filtro de areia, 11.29
Fio-terra, 11.31
Fixações, 12.18-12.20
Flambagem, 2.13
Flat Glass Marketing Association (FGMA), 8.32
Flecha ou cúpula, 5.20
Fluxo luminoso, 11.37
Focalização, A.15
Focinhos ou bocéis, 9.05, 9.10
Fogões, cozinha, 9.23
Fogões a lenha e salamandras, 9.02, 9.21
Folga horizontal, 8.29
Folga vertical, 8.29
Fontes alternativas de energia, 11.07-11.08
Forças colineares, 2.11
Forças concorrentes, 2.11
Forças estruturais, 2.11
Forças não concorrentes, 2.11
Forças nos meridianos, 2.26
Fôrmas:
    paredes de concreto, 5.07-5.08
    pisos de concreto, 4.10
Fôrmas de fibra, 5.07
Fôrmas volantes, 4.10
Fórmica, 10.30
Forqueta, 5.26, 7.28
Forro de madeira com sulcos em canal, 4.40
Forro do beiral, 6.16, 6.21
Forros
    chapas de gesso, 10.11
    pesos de materiais, A.07
    placas acústicas para, 10.22-10.23
    reboco, 10.06, 10.08
Forros de madeira com encaixe simples (moldado), 4.40
Fossas sépticas, 11.28
Friso recortado, 7.34, 10.26
Fundação flutuante, 3.09
Fundações, 3.02-3.26
    cargas, 3.02
    recalque, 3.03
    reforço, 3.06
    sistemas de contenção de taludes, 3.07
    tipos de, 3.04-3.05
Fundações profundas, 3.05, 3.24-3.26
Fundações rasas, 3.05, 3.08-3.23
    fundações de colunas de madeira, 3.22-3.23
    lajes de concreto sobre o solo, 3.18-3.21
    muros de arrimo, 3.10-3.15
    sapatas de alicerce, 3.09
    sapatas de pilares, 3.16
    terrenos íngremes, 3.17
Funicular, 2.28

G

Gabiões, 1.30
Ganchos, 4.04
Ganhos térmicos, 11.09
Garagens, 1.28, 8.13
Garganta, 9.18-9.19

Gás
    eletrodomésticos de cozinha, 9.25
    sistemas de calefação e refrigeração, 11.06, 11.12
Gás natural, 11.06, 11.12
Gás propano, 11.06
Gauge, carpetes, 10.21
Gaxetas de compressão, 8.28
Gaxetas estruturais, 8.28
Gesso, chapa pré-acabada, 10.09
Gesso, chapas, 10.09-10.11
Gesso, folha, 10.04-10.05
Gesso, painéis, 5.46, 10.09
Gesso:
    energia incorporada do, 12.03
    permeabilidade do, 7.45
    peso do, A.07
    preparação da superfície para pintura, 12.22
    resistência térmica do, 7.40
Gesso de moldar, 10.03
Gesso preparado, 10.03
Golpe de aríete, 11.24
Grades, 11.21
Grau-dia, 11.09
Grau-dia de aquecimento, 11.09
Grau-dia de resfriamento, 11.09
Grelhas, 2.21
Grelhas com brises (máscaras ou colmeias), 1.18
Guarda-cadeiras, 10.26, 10.28
Guarda-corpos, 9.04
Guarda-louças, 10.26
Guarnição, 8.03, 8.22, 10.27
Guias inferiores, 10.04

H

Hidrogênio, 11.07
Hip jacks, 6.17
Hiperboloide de folha única, 2.27

I

Iluminação, 11.37-11.46
    banheiro, 9.30
    cores e, 11.41
    cozinha, 9.25
    fontes de, 11.39-11.42
    luminárias, 11.43
    visão e, 11.38
Iluminação difusa, 11.44
Iluminação natural, 1.19
Impermeabilização e isolamento térmico, 7.02-7.50
    calhas e rufos, 7.18-7.23
    controle da umidade, 7.45-7.47
    de coberturas, 7.03-7.17
    isolamento térmico, 7.38-7.44
    juntas de dilatação, 7.48-7.50
    paredes, 7.23-7.37
Imposta oblíqua, 5.20
Inclinação, 1.32
Inclinações:
    claraboias, 8.36
    coberturas, 6.03, 6.17

drenagem, 1.21
exceções de recuos obrigatórios, 1.25
fundações, 3.17
fundações de colunas de madeira, 3.22
mecânica dos solos e, 1.09
muros de arrimo, 1.31-1.33
proteger, 1.30
topografia, 1.10
Índice de esbeltez de pilar, 2.13, 5.37, 5.47
Índice de reprodução de cores (CRI), 11.41
Inovação e processo de projeto sustentável, 1.05
Insolação, 1.14-1.15. Ver também Impermeabilização e isolamento térmico
    análise do terreno e do entorno, 1.07
    ângulos solares representativos, 1.14
    constante solar, 1.16
    diagrama do movimento aparente do Sol, 1.14
    dispositivos de proteção, 1.18
    edificações em contexto, 1.02
    iluminação natural, 1.19
    microclima, 1.11
    paredes-cortina, 7.25
    produtos de vidro, 12.17
    reflexão e radiação da luz solar, 1.06
    sombra de árvore, 1.13
    vidro isolante, 8.30
Instalação de chapa de fibra, 5.46
Instalação de painéis de grau controlado, 5.46
Instalação de placas de plástico esponjoso (isolamento térmico), 5.46
Instalações e sistemas elétricos, 2.03, 11.02-11.46
    água e despejo, 11.22-11.29
    calefação e refrigeração, 11.03-11.21
    elétrica, 11.30-11.36
    iluminação, 11.37-11.46
Intensidade luminosa, 11.37
International Building Code (IBC), 2.05-2.07
International Code Council (ICC), 2.05
International Conference of Building Officials (ICBO), 2.05
International Energy Conservation Code, 2.05
International Existing Building Code (IEBC), 2.05
International Fire Code, 2.05
International Mechanical Code, 2.05
International Plumbing Code, 2.05
International Residential Code (IRC), 2.05
Interruptor de vazamento para a terra, 11.33, 11.36
Interruptores, 11.36
Intervalo, descrição do terreno, 1.38
Intradorso, 5.20
Irradiação, 11.03
Irregularidade na resistência à torção, 2.23
Isolamento, 7.38-7.47
    coberturas, 7.13, 7.39, 7.43
    controle da umidade, 7.47-7.47
    materiais para, 7.41-7.42
    paredes, 7.39, 7.44
    pesos do, A.07
    pisos, 7.39, 7.43

ÍNDICE

representação gráfica de, A.18
sistemas de isolamento térmico externo e acabamento, 7.38
térmico, 7.40
Isolamento com manta, 7.41
Isolamento da base, 2.24
Isolamento esponjoso injetado, 7.41
Isolamento para enchimento, 7.41
Isolamento refletor, 7.41

J

Janelas corrediças, 8.23
Janelas de persiana, 8.23
Janelas, 8.02, 8.22-8.38
   claraboias, 8.36-8.37
   elementos, 8.22
   fachadas duplas, 8.35
   jardins de inverno, 8.38
   operação de, 8.23
   peles de vidro, 8.31-8.34
   resistência térmica dos materiais, 7.40
   sistemas de envidraçamento, 8.28
   vidro isolante, 8.30
   vistas, 1.23
Janelas de batente, 8.23
Janelas de hospital, 8.23
Janelas de madeira, 8.22, 8.26-8.27
Janelas de metal, 8.22, 8.24-8.25
Janelas de sacada, 8.26
Janelas de toldo, 8.23
Janelas guilhotina, 8.23
Janelas pivotantes, 8.23
Junção, 11.10
Junções, 11.27
Juntas, 2.30
   acabamento em madeira, 10.24-10.25
   gesso, 10.08
   lajes de concreto sobre o solo, 3.19
   muros de arrimo, 3.10, 3.14
   muros de arrimo de concreto, 1.32-1.33
   pórticos, 2.17
   reboco, 7.37
   sísmicas, 2.23
   treliças, 2.16
   vedações, 7.50
Juntas alisadas, 5.26
Juntas articuladas, 2.30
Juntas cilíndricas, 7.11
Juntas côncavas, 5.26
Juntas cortadas, 5.26
Juntas de alívio, 7.37
Juntas de alvenaria, 5.26
Juntas de construção, 3.19
Juntas de controle, 7.48
   forros de gesso, 10.08
   lajes de concreto sobre o solo, 3.19
   muros de arrimo de concreto, 1.32
   paredes de alvenaria, 5.22
   reboco, 7.37
Juntas de dilatação, 3.19, 7.48-7.49
   blocos de vidro, 5.29
   calhas e rufos, 7.18
   lajes de concreto sobre o solo, 3.19
   muros de arrimo, 3.10, 3.14

muros de arrimo de concreto, 1.32
paredes de alvenaria, 5.22, 7.29
sistemas de isolamento térmico externo e acabamento, 7.38
vedações, 7.50
Juntas de encaixe ou intertravadas, 2.30
Juntas de movimento, 7.48-7.49
Juntas de pino, 2.30
Juntas de ripa, 7.11
Juntas de topo, 2.30
Juntas em V, 5.26
Juntas escavadas, 5.26
Juntas horizontais, 5.26
Juntas moldadas, 2.30
Juntas oblíquas, 5.26
Juntas rasas, 5.26
Juntas rígidas ou indeformáveis, 2.30
Juntas sísmicas, 2.23
Juntas talhadas, 5.26
Juntas verticais, 5.26, 7.11
Juntas verticais, 5.26

K

Knee walls, 6.16

L

Lagoa de estabilização, 1.21
Laje de concreto com bordas grossas, 3.20
Laje de concreto unidirecional, 4.05
Lajes bidirecionais e vigas, 4.06
Lajes cogumelo, 4.07
Lajes de cobertura de concreto, 6.04, 7.14
Lajes de concreto
   paredes, 5.05
   sistemas de piso, 4.05-4.07
Lajes de concreto sobre o solo, 3.04, 3.18-3.21
Lajes planas ou lisas, 4.07
Lajes pré-moldadas elevadas, 4.10
Lajes waffle, 4.06
Lajotas, 10.12
Lajotas, 12.10
Lambert, 11.38
Lambert-pé, 11.38
Lambri, 10.28
Lambri com encaixe macho e fêmea, 7.35
Lâmpadas de descarga, 11.40-11.41
Lâmpadas de descarga de alta intensidade (HID), 11.41
Lâmpadas de tungstênio e halogênio, 11.39, 11.41
Lâmpadas fluorescentes, 11.40, 11.41
Lâmpadas incandescentes, 11.36, 11.41
Lanugem (ou pelos), 10.21
Lareiras, 9.02, 9.18-9.21
Latão, 12.09
Lavadora de roupas, 11.24
Lavatório, 9.27-9.28, 11.24
LEDs (diodos emissores de luz), 11.42
LEED (Leadership in Energy and Environmental Design) Green Building Rating System, 1.04-1.05, A.26
Lei da reflexão, 11.37
Lei de Saúde Ocupacional e Segurança Norte-Americana (OSHA), 2.04

Lei do cosseno (lei de Lambert), 11.37
Lei do paralelogramo, 2.11
Lei do quadrado inverso, 11.37
Leis do movimento de Newton, 2.10, 2.12
Lentes de Fresnel, 11.43
Lentes prismáticas, 11.43
Levantamento de divisas, 1.38
Life Safety Code (NFPA – 101), 2.05
Limiar da audibilidade, A.14
Limiar da dor, A.14
Limites das construções, 1.25
Linha de geada, 1.32-133, 3.08
Linha isolux, 11.43
Linhas de correção, 1.38
Linhas de referência, 1.38
Longarinas de chapa, 4.16
Lucarnas, 6.16, 6.18
Lúmen, 11.37
Luminância, 11.38
Luminárias, 11.43
Luminosidade, 11.38
Luvas, 11.27
Lux, 11.37
Luz direta, 11.44
Luz natural, aproveitamento, 11.45
Luzes fixas, 8.23

M

Maçaneta de alavanca, 8.19
Maçanetas de bola, 8.19
Madeira, 12.11-12.12
   coeficientes de dilatação linear, 7.48
   defeitos, 12.12
   energia incorporada, 12.03
   madeira, 12.13
   painéis, 12.14
   permeabilidade, 7.45
   pesos de, A.06-A.07
   preparação de superfícies para pintura, 12.22
   representação gráfica, A.18
   resistência térmica, 7.40
   tratamentos com preservativos, 12.12
   vãos estruturais, 2.20
Madeira compensada de 1 in (2,5 cm), 4.38-4.39
Madeira de fios paralelos (PSL), 4.35
Madeira laminada (LVL), 4.35
Madeira laminada e colada, 4.35, 6.24
Madeira serrada maciça, 4.35, 6.24
Manual de Construção em Aço (AISC), 4.17
Mão francesa, 6.28
Mapa isolux, 11.43
Massa de vidraceiro, 8.28
MasterFormat™, do Construction Specifications Institute (CSI), A.19-A.22
Mástique, 8.28
Mastros, 2.28-2.29
Mata-junta, 7.49
Materiais, 12.02-12.22
   aço, 12.08
   alvenaria, 12.06-12.07
   análise do ciclo de vida, 12.03
   coeficientes de dilatação linear, 7.48

concreto, 12.04-12.05
conservação dos, 1.02
fixações, 12.18-12.20
madeira, 12.11-12.14
metais não ferrosos, 12.09
pavimentação, 1.34
pedra, 12.10
permeabilidade de, 7.45
pesos de, A.06-A.07
plásticos, 12.15
propriedades, 12.02
representação gráfica de, A.18
resistência térmica dos, 7.40
Sistema de Certificação LEED-NC Green Building, 1.05
tintas, 12.21-12.22
vidro, 12.16-12.17
Mazria, Edward, 1.06
Mecanismos atenuadores, 2.24
Medidor de consumo, 11.31
Membrana de impermeabilização protegida, 7.13
Membrana de vedação, 6.03-6.04, 6.14, 7.12-7.13, 7.15-7.16
Membranas, 2.29
Membranas termoplásticas, 7.15
Meridianos, 1.38
Meridianos de referência, 1.38
Meridianos principais, 1.38
Metais. *Veja também* Aço
    não ferrosos, 12.09
    pesos de, A.06-A.07
    representação gráfica de, A.18
Método do polígono, 2.11
Método dos lúmens, 11.46
Métodos dos lúmens, 11.46
Microclima, 1.02, 1.11
Microestacas, 3.25
Mictórios, 9.27, 9.29, 11.24
Módulo de seção, 2.14
Módulos estruturais, 2.19, 2.21
Moldura de quadro, 10.26
Moldura superior de remate, 10.27-10.28
Molduras côncavas, 10.26
Momento, 2.11
Momento contrário, 2.10
Momento de inércia, 2.14
Momento de resistência, 2.14
Momento de tombamento, 2.10
Momento fletor, 2.14
Montantes, 8.03, 8.22, 8.27, 8.31-8.33
Mordente, 8.29
Movimento do ar, 11.04, 11.06
Mudanças climáticas, 1.06
Muro celular, 1.30
Muro de arrimo de alvenaria de pedra seca, 1.33
Muro de gravidade, 1.32
Muro de intervalo irregular, 5.33
Muro em balanço tipo L, 1.32
Muro em balanço tipo T, 1.32
Muros ancorados (tirantes), 3.07
Muros de arrimo, 1.31-1.33

Muros de arrimo:
    barrotes de piso de madeira, 3.13
    de alvenaria de blocos de concreto, 3.12
    de madeira tratada, 3.15
    de concreto, 3.12
    drenagem e impermeabilização, 3.10, 3.14
    piso técnico, 3.11
    porão, 3.10
    reparos e ampliação, 3.06
    vigas de madeira, 3.13, 4.36
Muros de cantaria regular, 5.33
Muros de pedregulho poligonal, 5.33

N

Nascença, 5.20
National Electric Code (NFPA – 70), 2.05, 11.30, 11.33
National Fire Protection Association (NFPA), 2.05, 11.25
National Kitchen Cabinet Association (NKCA), 9.24
National Research Board (NRB), 12.14
National Wood Window and Door Association (NWWDA), 8.26
Niples, 11.27
Nível de transbordamento, 11.26
Nó, 2.16
Nosso Futuro em Comum, 1.03

O

Ofuscamento, 11.38
Ohm, 11.30
Oscilação, 2.09, 2.28, A.15

P

Padrões
    de acabamento para forros de madeira, 4.40
    de aparelhos de alvenaria de tijolo, 5.27
    de laminados de madeira compensada, 10.29
    de pavimentação, 1.35
    estruturais, 2.21
Padrões estruturais, 2.21
Painéis celulares, 4.22, 6.14
Painéis cimentícios de cobertura, 6.15
Painéis compostos, 4.22
Painéis estruturais de madeira, 4.38-4.39
Painéis simples, 4.22
Painel, treliças, 2.16
Painel cego (vidro de tímpano), 8.32, 12.16
Painel cego ou vidro de tímpano, 8.32, 12.16
Painel de gesso tipo X, 10.09
Painel de partículas orientadas (OSB), 12.14
Panos de alvenaria, 5.14, 5.16, 5.26
Paraboloide hiperbólico, 2.27
Parafusos, 12.19
Parafusos com ação de cotovelo, 12.20
Parafusos de expansão, 12.20
Para-vento, 1.22
Paredes, 5.02-5.50, 7.23-7.37
    aço, 5.03, 5.35-5.40
    classificação de resistência ao fogo, A.12-A.13

    concreto, 5.03-5.13
    estruturas em balão, 5.41
    estruturas em plataforma, 5.42
    estruturas independentes, 5.03
    fachadas de chuva, 7.23
    isolamento, 7.39, 7.44
    madeira, 5.03, 5.43-5.50
    painéis de concreto pré-moldados, 7.27
    paredes portantes, 2.17
    paredes-cortina, 7.24-7.26
    pesos de materiais, A.07
    reboco de argamassa, 7.36-7.37
    resistência térmica dos materiais, 7.40
    revestimento, 7.32-7.35
    revestimento externo de metal, 7.31
    revestimento externo de pedra, 7.30
    revestimentos de alvenaria, 7.28-7.29
    rufos, 7.22
Paredes de alvenaria:
    arcos, 5.20
    armada, 5.18
    assentamento, 5.26-5.27
    batentes de metal, 8.07
    blocos cerâmicos vazados, 5.28
    blocos de vidro, 5.29-5.30
    chapas de gesso, 10.10
    classificação de resistência ao fogo, A.12
    construção com adobe, 5.31
    construção com taipa de pilão, 5.32
    cortes em paredes de, 5.23-5.25
    de pedra, 5.33-5.34
    grauteada, 5.17-5.18
    isolamento térmico, 7.44
    janelas, 8.27
    juntas de controle e juntas de dilatação, 5.22
    juntas de movimento, 7.49
    lajes de concreto sobre o solo, 3.20
    muros de arrimo, 1.33
    muros de arrimo, 3.12
    não armada, 5.16-5.17
    pilares e pilastras, 5.19
    reboco, 7.36
    revestimento externo, 7.28-7.29
    rufos, 7.22
    suportes para vigas de madeira, 4.36
    vergas, 5.21
Paredes de barreira, 7.23
Paredes de cisalhamento, 2.22-2.23
Paredes de concreto:
    aberturas de portas e janelas, 5.06
    acabamento, 5.09
    chapas de gesso, 10.10
    classificação de resistência ao fogo, A.12
    fôrmas, 5.07-5.08
    isolamento, 7.44
    juntas de movimento, 7.49
    paredes, 5.03, 5.06
    paredes-cortina, 7.26
    pilares, 5.04-5.05, 5.11
    pré-moldado, 5.10-5.12, 7.27
    reboco de argamassa, 7.36
    sistema *tilt-up* de construção, 5.13
    suportes para vigas de madeira, 4.36

ÍNDICE

Paredes de montantes leves de aço, 5.39-5.40
Paredes de montantes leves de madeira, 5.43-5.50
    batentes de metal, 8.07
    chapas de gesso, 10.10
    conexões entre pilar e viga, 5.49-5.50
    estruturas de montantes leves, 5.43-5.45
    instalação de painéis de vedação em paredes de montantes leves de madeira, 5.46
    isolamento, 7.44
    janelas, 8.27
    muros de arrimo, 1.33
    pilares, 5.47
Paredes duplas, 5.17, 5.24, 5.28
Paredes-cortina (steel walls systems), 5.35-5.40
    batentes de metal, 8.07
    chapas de gesso, 10.10
    estruturas, 5.35-.36
    isolamento térmico, 7.44
    janelas, 8.27
    montantes leves, 5.39-5.40
    paredes-cortina, 7.26
    pilares, 5.37-5.38
Paredes-cortina, 7.24-7.26, 8.31-8.34
Passo, 10.21
Pastilhas cerâmicas, 10.12
Patamares, 9.04, 9.14
Pavimentação, 1.21, 1.34-1.35
Pavimento frágil, 2.23
Pavimentos flexíveis, 1.34-1.35
Pavimentos rígidos, 1.34-1.35
Pedra, 12.10
    pesos de, A.06-A.07
    representação gráfica, A.18
Pedra angular, 5.34
Pedra de cantaria, 12.10
Pedra de cantaria, 5.33
Pedregulho, 12.10
Peitoril, 8.22, 10.27
Peitoril inferior, 8.22
Peles de vidro, 8.31-8.34
Pelo cortado, carpete, 10.21
Pelo laçado ou bouclê, 10.21
Perda na transmissão (PT), A.17
Perdas térmicas, 11.09
Perfil H de mesas largas, 4.16, 5.37
Perfil tubular, 4.16
Perfis de acabamento, 10.04
Perfis de quina, 10.04-10.05, 10.11
Perfis I de madeira pré-fabricada, 4.33-4.34
Perm, 7.45
Petróleo, 11.06, 11.12
Pias, 9.23, 9.27-9.28, 11.24, 11.26
Pilar de concreto (pilares de aço), 3.16, 5.37-5.38
Pilares:
    cargas e esforços, 2.13
    de aço, 5.37-5.38
    de madeira, 5.47, 5.50
    estruturas arquitravadas, 5.48-5.50
    painéis de pedra, 7.30
    paredes de concreto, 5.04-5.05

Pilares de concreto, 3.16, 5.04-5.05, 5.07, 5.11
Pingadouro, 5.34
Pisé de terre (taipa de pilão), construção 5.32
Piso, 9.03, 9.05, 9.08
Piso de borracha, 10.19
Piso de cortiça, 10.19
Piso de linóleo, 10.19
Piso de vinil, 10.19
Piso flutuante de madeira, 10.17
Piso laminado assentado sem cola, 10.17
Pisos:
    azulejos cerâmicos, 10.12-10.14
    carpetes, 10.20-10.21
    cozinha, 9.25
    de granitina, 10.15
    de pedra, 10.18
    flexíveis, 10.19
    pesos de materiais, A.07
    pisos elevados, 11.35
Pisos de "engenheirado" de madeira, 10.16
Pisos de concreto protendido, 4.08-4.09
Pisos de madeira, 10.16-10.17
Pisos de madeira, 4.26-4.40
    barrotes, 4.26-4.31
    conexões entre vigas e pilares, 4.37
    contrapisos, 4.32
    estruturas de barrotes e tábuas, 4.38-4.39
    isolamento, 7.43
    perfis e treliças de madeira pré-fabricados, 4.33-4.34
    tabuados, 4.40
    vigas, 4.35-4.36
Pisos de madeira, 4.39-4.40, 7.14
Placa isolante rígida, 7.41, 7.46
Placas, 2.18
Placas de abertura de porta, 8.19
Placas de emenda, 4.16
Placas dobradas (ou lajes plissadas), 2.18
Plano de trabalho, 11.46
Planta de localização, 1.36-1.37
Planta de situação, 1.38
Plásticos, 10.30, 12.15, A.18
Plataforma (ou câmara) de fumaça, 9.18-9.19
Platibandas, 6.22, 7.19, 7.22
Plinto, 5.34
Poço artesiano particular, 11.22
Poço de absorção, 11.29
Poços artesianos, 11.22
Poços secos, 1.21
Ponto de água do aparelho, 11.24
Ponto de orvalho, 11.05
Ponto de saturação de fibra, 12.12
Porões, 3.04, 3.10, 3.15
Porões baixos (ou pisos técnicos), 3.04, 3.11
    barreira de vapor, 7.46
    madeira autoclavada, 3.15
    ventilação de, 1.22, 7.47
Porta corrediça, 8.04
Porta corrediça embutida, 8.04, 8.12
Porta lisa, 8.05, 8.08
Porta sanfonada, 8.04, 8.12
Porta vaivém, 8.04

Portas almofadadas e similares, 8.05, 8.09
Portas automáticas, 8.14, 8.21
Portas basculantes, 8.13
Portas biarticuladas, 8.04
Portas corrediças, 8.04, 8.11
Portas de contrapeso, 8.14
Portas de enrolar, 8.13
Portas de travessas, 8.09
Portas de vidro, 8.11, 8.14, 8.15, 8.16
Portas de vidro sem quadro, 8.14
Portas e batentes, 8.02-8.21
    de metal ocas, 8.05-8.07
    faixas de vedação, 8.21
    maçanetas para, 8.03
    madeira, 8.08-8.10
    modo de operação, 8.04
    portas de entrada de vidro, 8.14
    portas de vidro corrediças, 8.11
    portas giratórias, 8.16
    portas sanfonadas, 8.12
    resistência térmica das, 7.40
    sistemas de vitrine, 8.15
    soleiras, 8.21
    tipos, 8.03
Portas e batentes de metal, 8.05-8.07, 8.11, 10.06
Portas e esquadrias de madeira, 8.08-8.11, 10.06
Portas giratórias, 8.16
Portas pivotantes, 8.14
Pórtico articulado, 2.17
Pórtico contraventado, 2.22
Pórtico indeformável, 2.17
Pórtico triarticulado, 2.17
Pórticos, 2.17
Pórticos indeformáveis, 2.22, 6.07
Pós-tensão, 4.08-4.09
Posturas municipais, 1.24-1.25, 1.25
Pranchões horizontais, 3.07
Prateleiras de luz, 1.19
Práticas de construção, 2.04
Pré-aquecedores, 11.17
Precipitações, 1.20. *Veja também* Impermeabilização e isolamento térmico
    cargas de chuva, 2.08
    cargas de neve, 2.08
    coberturas, 6.02, 7.17
    drenagem do sítio, 1.21
Pregos, 12.18
Pregos de vidraceiro, 8.28
Pressão ativa da terra, 3.02
Pressão da água, 2.08
Pressão do solo, 2.08
Pressão passiva da terra, 3.02
Pré-tração, 4.08
Processo espesso, 10.13
Processo fino, 10.13-10.15
Projeto barometricamente equalizado, 7.23, 7.25
Projeto solar passivo, 1.16-1.17
Proteção a incêndios
    barrotes de madeira, 4.26
    classe de resistência ao fogo, 1.25, 2.06, A.12-A.13

ÍNDICE

cobertura de madeira, 6.19
códigos de edificações, 2.05-2.07
paredes-cortina, 7.24
pisos compostos de aço, 4.14
portas, 8.05, 8.08
saídas, A.10-A.11
sistemas de parede de aço, 5.35
sprinklers, 2.05, 2.07, 11.25
telhas chatas de madeira e rachas, 7.05
tipos de construção, 2.06
Proteção das empenas, 7.03
Proteção térmica. *Ver* Impermeabilização e isolamento térmico
Puxadores de porta, 8.19

Q
Quadros de força, 11.33
Qualidade do ambiente interno, 1.05, 1.22
Quina interna, 2.23

R
Rachas de madeira, 7.03-7.05
Radiador de palheta, 11.11
Radiadores, 11.11
Radier ou fundação flutuante, 3.09
Raio de giração, 2.13
Ramal predial, 11.22
Rampas, 1.27, 1.29, 9.03, 9.05
Rampas. *Ver* Inclinações
Rampas de garagem, 1.29
Rampas junto ao meio-fio, 1.27
Razão de cavidade ambiente, 11.46
Razão de rendimento de energia, 11.09
Rebaixamento de lençol freático, 3.07
Rebaixos, 4.07
Rebites, 12.20
Rebites explosivos, 12.20
Reboco, 10.03-10.08
 coeficientes de dilatação linear, 7.48
 detalhes, 10.06
 forros de gesso, 10.08
 paredes de montantes leves, 10.05
 permeabilidade do, 7.45
 pesos, A.07
 preparação de superfícies para pintura, 12.22
 representação gráfica, A.18
 resistência térmica, 7.40
 sobre paredes de alvenaria, 10.07
 telas e acessórios para aplicação de, 10.04
Reboco de argamassa, 7.36-7.37, 7.40, 12.22
Recalque, 3.03
Recalque diferencial, 3.03
Receptáculos (ou tomadas) externas, 11.36
Receptáculos, 11.36
Receptáculos com divisor de circuito, 11.36
Recortes, 3.23
Rede aérea, 11.31
Redução de ruído, A.16
Redutores, 11.27
Refletância, 11.37
Refletores, 11.43
Refletores elípticos, 11.43

Refletores parabólicos, 11.43
Reforço de fundações, 3.06
Refrigeração por absorção, 11.16
Refrigeração por compressão, 11.16
Refrigerador, 9.23
Registro de derivação, 11.22
Registro de recalque, 11.25
Registros, 11.17
Registros, 11.21
Registros de passagem, 11.24
Reservatórios, 1.20
Resfriamento por evaporação, 11.05
Ressonância, A.15
Retorno seco, sistema de calefação, 11.11
Reverberação, A.15
Revestimento básico, 10.03
Revestimento branco, 10.03
Revestimento de chapas de madeira:
 cobertura de madeira, 6.23
 contrapisos de madeira, 4.26-4.28, 4.32
 paredes de montantes leves de madeira, 5.03, 5.46
Revestimento de madeira, 7.32-7.35
Revestimento de tábuas com sulcos, 7.35
Revestimento de tábuas horizontais, 7.34
Revestimento de tábuas sobrepostas, 7.34
Revestimento em duas camadas, 10.03, 10.05
Revestimento em três camadas, 10.03, 10.05
Revestimento estriado, 10.03
Revestimento externo de metal, 7.31
Revestimento externo Dolly Varden, 7.34
Revestimento externo rústico, 7.34
Revestimento final, 10.03
Revestimento *shiplap*, 7.34
Revestimentos de parede:
 alternativos, 7.35
 aplicação, 7.34
 compensado, 7.32
 resistência térmica dos, 7.40
 tábuas horizontais, 7.34
 tábuas verticais, 7.35
 telhas chatas de madeira, 7.33
Rigidez, 12.02
Rincão, 6.16
Rochas ígneas, 12.10
Rochas metamórficas, 12.10
Rochas sedimentares, 12.10
Rodapé, 10.26, 10.28
Roseta, 8.19
Ruas privadas, 1.28
Rufo com saída de ar em cuumeira, 6.20-7.20, 7.47
Rufo em tubo de fumaça, 7.21
Rufos, 7.02, 7.03, 7.18-7.23
Ruído de impacto, A.17
Ruído ou som branco, A.16
Rusticação, 5.33

S
Saídas, A.10-A.11
Saídas de distribuição de ar, 11.21
Saídas de emergência, A.10-A.11

Salto, 8.28
Sambladura de dado, 10.24
Sambladuras angulares, 10.24
Sambladuras de borda, 10.24
Sambladuras de encaixe, 10.25
Sambladuras de meia-esquadria, 10.24, 10.26
Sambladuras de ponta, 10.24
Sambladuras em cauda de andorinha, 10.25
Sambladuras sobrepostas, 10.25
Sapata contínua, 3.09
Sapata em balanço (ou cantilever), 3.09
Sapata mista, 3.09
Sapatas de alicerce, 3.08-3.09
Sapatas de pilares, 3.16,
Sapatas de pilares de madeira, 3.16
Sapatas escalonadas, 3.09, 3.17
Sapatas isoladas, 3.09
Seções, 1.38
Sensores de iluminação de presença, 11.45
Separações de ocupação, 2.07
Série galvânica, 12.09
Servidões, 1.24
Servidões de passagem, 1.24
Sifões, 11.26, 11.28
Sistema bitubular (ou sistema de dois tubos), 11.11
Sistema de associação de tubos, 2.24
Sistema de calefação perimétrica, 11.10
Sistema de calefação pleno ampliado, 11.10
Sistema de calefação retorno direto, 11.11
Sistema de climatização de duto único, 11.18
Sistema de grelha externa diagonal, 2.24
Sistema de montantes de vidro, 8.15
Sistema de piso de aço, 4.14-4.25
 conexões, 4.17-4.18
 estruturas, 4.14-4.15
 isolamento, 7.43
 painéis de metal, 4.23-4.25
 perfis leves de aço, 4.23-4.25
 piso com vigas treliça, 4.19-4.21
 vigas, 4.16
Sistema de tubos dentro de tubos, 2.24
Sistema de tubulação dupla (sistema de climatização), 11.18
Sistema de vedação externa, 2.03
Sistema estrutural, 2.03, 2.13-2.30
 arcos e abóbodas, 2.25
 cascas, 2.27
 cúpulas, 2.26
 edificações altas, 2.24
 estabilidade lateral, 2.22-2.23
 estruturas de cabos estaiados, 2.28
 juntas e conexões, 2.30
 membranas, 2.29
 pilares 2.13
 placas, 2.18
 pórticos e paredes, 2.17
 treliças, 2.16
 vigas, 2.14-2.15
Sistema hidráulico por gravidade, 11.23
Sistema público de abastecimento de água, 11.22
Sistema *tilt-up* de construção, 5.13

ÍNDICE

Sistema triplo de vigas, 4.15
Sistema unidirecional de vigas de aço, 4.15
Sistema unitubular de calefação, 11.11
Sistemas ativos de calefação solar, 11.15
Sistemas bidirecionais de vigas de piso, 4.15
Sistemas com volume de ar constante (CAV), 11.18
Sistemas com volume de ar variável (VAV), 11.18
Sistemas de água, 11.22-11.29
   aparelhos hidrossanitários, 11.26
   sistema de prevenção e combate a incêndio, 11.25
   sistemas de abastecimento de água, 11.23-11.24
   sistemas de esgoto hidrossanitários, 11.27-11.28
   sistemas de tratamento de esgoto in loco, 11.29
Sistemas de blocos modulados para coberturas, 7.09
Sistemas de calefação com retorno invertido, 11.11
Sistemas de calefação e refrigeração, 11.03-11.21
   banheiro, 9.30
   calefação elétrica, 11.12
   calefação por água quente, 11.11
   calefação por ar quente insuflado, 11.10
   calefação por radiação, 11.13-11.14
   cargas de aquecimento e resfriamento, 11.09
   conforto térmico, 11.03
   cozinha, 9.25
   diagramas psicrométricos, 11.05
   fontes alternativas de energia, 11.07-11.08
   lajes de concreto sobre o solo, 3.21
   pisos elevados, 11.35
   saídas de distribuição de ar, 11.21
   sistemas ativos de calefação solar, 11.15
   sistemas de climatização, 11.17-11.20
   sistemas de refrigeração, 11.16
   zona de conforto térmico, 11.04
Sistemas de climatização a ar e água, 11.19
Sistemas de climatização à base de ar, 11.18
Sistemas de climatização com quatro tubos, 11.18
Sistemas de climatização de dutos duplos, 11.18
Sistemas de climatização do tipo Split, 11.19
Sistemas de climatização independentes, 11.19
Sistemas de climatização totalmente hidráulicos, 11.18
Sistemas de cobertura com painéis de concreto, 6.04-.05, 7.43
Sistemas de cobertura de pilar e tímpano, 8.31
Sistemas de contenção de taludes, 3.07
Sistemas de distribuição de água ascendentes, 11.23

Sistemas de edificações, 2.02-2.04. Veja também Sistemas elétricos; Sistemas de calefação e refrigeração; Sistemas de água
   fatores, 2.04
   instalações, 2.03
   sistema de vedação externa, 2.03
   sistema estrutural, 2.03
Sistemas de esgoto hidrossanitário, 11.27-11.28
Sistemas de ganho direto, projeto solar passivo, 1.17
Sistemas de ganho indireto, projeto solar passivo, 1.17
Sistemas de ganhos isolados, projeto solar passivo, 1.17
Sistemas de inundação com sprinklers, 11.25
Sistemas de isolamento térmico externo e acabamento, 7.23, 7.38
Sistemas de paredes de concreto pré-moldados:
   conexões de, 5.12
   painéis, 5.11, 7.27
   paredes, 5.10
   pilares, 5.11
Sistemas de piso, 4.02
   aço, 4.03, 4.14-4.25
   cargas, 4.02
   classe de resistência ao fogo, A.13
   concreto, 4.03-4.13
   isolamento, 7.39, 7.43
   madeira, 4.03, 4.26-4.40
   pesos de materiais, A.07
   resistência térmica dos materiais, 7.40
Sistemas de piso de vigotas de perfil leve de aço, 4.23-4.25
Sistemas de pisos de concreto, 4.04-4.13
   fôrmas e escoramento, 4.10
   isolamento, 7.43
   lajes, 4.05-4.07
   pré-fabricados, 4.11-4.13
   protendido, 4.08-4.09
   vigas, 4.04
Sistemas de pré-ação de sprinklers, 11.25
Sistemas de reaquecimento terminal, 11.18
Sistemas de refrigeração, 11.16. Veja também Sistemas de calefação e refrigeração
Sistemas de sprinkler de tubos secos, 11.25
Sistemas de telefonia, 11.33
Sistemas de televisão a cabo, 11.33
Sistemas de transporte vertical, 2.03, 9.02, 9.14-9.17
Sistemas de tratamento de esgoto in Loco, 11.29
Sistemas de tubos úmidos (sistemas de sprinkler), 11.25
Sistemas de vigas-treliças, 6.30
Sistemas de vitrine, 8.15
Sistemas elétricos, 11.30-11.36
   banheiro, 9.30
   calefação e refrigeração, 11.06
   circuitos, 11.33
   cozinha, 9.25
   energia, 11.30
   fiação, 11.34

   instalação, 11.31-11.32
   pisos elevados, 11.35
   tomadas, 11.36
Sistemas horizontais unidirecionais, 2.19-2.20
Sistemas unidirecionais de componentes horizontais, 2.19-2.20
Soalho, 10.16-10.17
Sobrecarga, 1.31
Solários, 1.17, 8.38
Soldado, 5.26
Soleira, 8.03, 8.21
Solos:
   análise do terreno e do entorno, 1.07
   árvores para estabilizar o solo, 1.13
   mecânica, 1.09
   muros de arrimo, 1.31-1.33
   perfis geológicos, 1.08
   pesos, A.06
   pressão do solo, 2.08
   proteção de taludes, 1.30
   representação gráfica, A.18
   sistemas de contenção de taludes, 3.07
   tipos básicos de, 1.08
Som:
   acústica, A.14-A.15
   análise do terreno e do entorno, 1.07
   árvores, 1.13
   controle, A.16-A.17
   edificação, 1.23
   telhados acústicos, 6.14
Sonotube, 5.07
Sótãos, 7.47
Southern Building Code Conference (SBCC), 2.05
Stains, 12.21
Steel Window Institute (SWI), 8.25
Superfícies de translação, 2.27
Superfícies em forma de sela, 2.27
Superfícies regradas, 2.27
Sustentabilidade, 1.03-1.06
   definiu, 1.03
   edificações em contexto, 1.02
   edificações sustentáveis, 1.04
   estrutura para o desenvolvimento sustentável, 1.03
   LEED Green Building Rating System, 1.04-1.05
   o desafio 2030, 1.06
   sistemas de edificações, 2.04

T

Tábua e mata-junta, 7.35
Tabuados de madeira com sulcos em V, 4.40
Tabuão, 10.16-10.17
Tábuas estriadas de madeira para forros, 4.40
Tábuas sobre sarrafos, 7.35
Tampões, 11.27
Técnicas de construção vernaculares
   adobe e taipa de pilão, 5.31-5.32
   insolação e, 1.15
Tela metálica, 10.04-10.05
Telas, 10.04-10.05, 10.08
Telha canal, 7.08

Telha chata, 7.08
Telha curva, 7.08
Telhados acústicos, 6.14
Telhados cerâmicos tradicionais, 7.08
Telhados de duas águas, 6.16
Telhados de várias águas, 6.17
Telhados gambrel, 6.17
Telhados inclinados, 6.03
Telhas chatas asfálticas, 7.03, 7.06
Telhas chatas compostas, 7.03, 7.06
Telhas chatas de ardósia, 7.07
Telhas chatas de fibra de vidro, 7.03, 7.06
Telhas chatas de madeira, 7.03-7.04, 7.33
Telhas chatas ornamentais, 7.33
Temperatura de cor correlacionada (TCC), 11.41
Temperatura do ar, 11.04
Temperatura efetiva, 11.05
Temperatura radiante média (TRM), 11.04-11.05, 11.06
Tensão, 12.02
Tensões paralelas, 2.26
Terça, 6.17, 6.25
Terreno, 1.02-1.38
  acesso e circulação, 1.26-1.29
  contexto, 1.02
  descrição do, 1.38
  edificações sustentáveis, 1.03-1.06
  fatores reguladores, 1.24-1.25
  insolação, 1.14-1.18
  luz natural, 1.19
  pavimento, 1.34-1.35
  planta de localização, 1.36-1.37
  precipitações, 1.20-1.21
  proteção de taludes, 1.30-1.33
  solos, 1.08-1.09
  som, 1.23
  topografia, 1.10-1.11
  vegetação, 1.12-1.13
  vento, 1.22
  vistas, 1.23
Tês, 11.27
Tês sanitários, 11.27
Tesouras belgas, 6.09, 6.29
Tesouras com banzo inferior inclinado, 6.09
Tesouras de madeira, 6.28-6.29
Tesouras Fink, 6.09
Tijolo furado de revestimento, 5.28
Tijolos:
  energia incorporada dos, 12.03
  peso dos, A.07
  preparação de superfícies para pintura, 12.22
  tipologia e gradação dos, 12.06
Tijolos ao comprido, 5.26
Tímpano, 5.20, 7.22, 8.31
Tintas, 12.21-12.22
Tipos de construção, 2.07
Tirante de treliça, 6.28
Tirantes, 5.08
Tirantes de estalo, 5.08
Tirantes-fêmea, 5.08
Tiras de aço de contraventamento, 4.23-4.24

Tomadas de parede duplas, 11.36
Tonelada de refrigeração, 11.09
Topografia, 1.02, 1.10-1.11
Torneiras de mangueira, 11.23-11.24
Torre de resfriamento, 11.17
Transformadores, 11.31
Transmitância, 11.37
Trapeira, 6.16
Trapeira de duas águas, 6.18
Trapeira de uma água, 6.18
Tratamento acústico da parede, 10.06
Travamento, 4.20-4.21, 4.23-4.24, 4.27
Travamento com cabos estaiados, 2.22
Travessa, 8.03, 8.22
Travessas (guarda-louças e guarda-cadeiras), 8.22, 10.26
Travessas, 4.26-5.26, 5.45
Travessas, 6.16
Travessas de base, 5.42-5.43
Treliças, 2.16
  cobertura com perfis de aço, 6.08-6.09
  madeira pré-fabricada, 4.33-4.34
  tesouras de madeira, 6.28-6.29
Treliças de banzo suspenso, 6.09
Treliças de berço, 6.08-6.09
Treliças em crescente, 6.09
Treliças espaciais, 2.18, 6.10-6.11
Treliças horizontais, 6.09, 6.28
Treliças Howe, 6.09
Treliças Pratt, 6.09
Treliças Warren, 6.09
Tubo (coluna) de queda, 11.28
Tubo de fumaça, 9.18-9.20
Tubo único contraventado, 2.24
Tubos Venturi em T, 11.11
Tubulações
  banheiro, 9.30
  cozinha, 9.25
Tubulões (ou estacas), 3.06, 3.26
Tubulões cravados, 3.26

U

U.S Energy Information Administration, 1.06
U.S Green Building Council (USGBC), 1.04
Umidade relativa do ar, 11.04, 11.06.
Underwriters' Laboratories (UL), 11.30
Unidade Planejada de Desenvolvimento, 1.24
Uniformat II, A.23- A.25
Uniões, 11.27

V

Valetas, 1.21
Valores-R, 7.40-7.42
Vão, 8.03, 8.22
Vão suspenso, 2.15
Vãos estruturais, 2.20, 2.21
Vedação de remate, 8.28
Vedações aplicadas com pistola, 7.50
Vegetação, 1.12
  análise do terreno e do entorno, 1.07
  árvores, 1.13
  drenagem da superfície, 1.21
  microclima, 1.11
  proteção de taludes, 1.30

Vela-pé, 11.37
Venezianas, 1.18
Venners:
  alvenaria, 7.28-7.29
  graus de, 12,14
  madeira compensada, 10.29
  pedra, 7.30
  tijolo, 1.33
Ventilação, 7.47
  banheiro, 9.30
  cozinha, 9.25
  sistemas de esgoto hidrossanitário, 11.28
Ventilação central, 7.47
Ventilação com recuperação de energia, 7.47
Ventilação úmida, 11.28
Ventilador comum, 11.28
Ventilador contínuo, 11.28
Ventilador de alívio, 11.28
Ventilador posterior, 11.28
Vento:
  análise do terreno e do entorno, 1.07
  árvores como para-ventos, 1.13
  coberturas, 6.02
  edificações, 1.22
  edificações em contexto, 1.02
  estruturas de cabos estaiados, 2.28
  microclima, 1.11
  pressão do vento para projeto, 2.09
  trepidação, 2.09
Verga, 2.17, 5.21, 5.45
Vergas de alvenaria armada, 5.21
Vergas de alvenaria de tijolo, 5.21
Vergas de blocos de concreto pré-moldadas, 5.21
Vergas de cantoneiras de aço, 5.21
Vernizes, 12.21
Vidraça, 8.22
Vidraças com bordas de vidro contínuas, 8.30
Vidraças com espaçadores nas bordas, 8.30
Vidro, 12.16-12.17. Veja também Portas e batentes; Janelas
  absorventes de calor, 1.18
  energia incorporada, 12.03
  permeabilidade, 7.45
  peso, A.07
  produtos, 12.17
  representação gráfica do, A.18
  resistência térmica, 7.40
Vidro, perfis U, 8.34
Vidro em chapa plana, 8.29, 12.16-12.17
Vidro flutuante, 12.16-12.17
Vidro flutuante ou vidro em lâminas, 8.29, 12.16-12.17
Vidros isolantes, 8.28-8.30, 8.30, 12.16-12.17
Viga baldrame, 3.09
Viga com balanços duplos, 2.15
Viga composta maciça, 4.35
Viga composta vazada, 4.35
Viga contínua, 2.15
Viga de cumeeira, 6.16
Viga em balanço, 2.15
Viga engastada, 2.15
Viga flitch, 4.35

ÍNDICE

Viga ou longarina de borda, 4.26
Viga-caixão, 4.16, 4.35
Vigas (ou dormentes), 9.08
Vigas:
    cargas e esforços, 2.14
    vãos, 2.15
Vigas de aço de perfil U, 4.16
Vigas de alma entalhada, 4.16
Vigas de concreto, 4.04, 5.05
Vigas de madeira, 3.13, 4.29, 4.35, 4.36, 5.48-5.50
Vigas de perfil de aço, 4.16-4.18, 4.29

Vigas e vigotas de perfil leve de aço:
    perfis leves de aço, 4.23-4.25
    vãos vencidos, 4.19, 4.23
    vigas-treliça, 4.19-4.21, 6.12-6.13
Vigas entre os pilares, 4.05
Vigas vierendeel, 2.16
Vigas-treliça
    de aço, 4.19-4.21, 6.12-6.13
    de aço da série K, 4.19, 4.21, 6.12
    de aço da série LH, 4.19, 4.21, 6.12
    de aço série DLH, 4.19, 4.21, 6.12
    de madeira, 6.30

Viga-vagão, 6.28
Vigotas de perfil leve de aço para pregar, 4.23
Vigotas leves de aço de perfil U, 4.23
Vinyl Siding Institute (VSI), 7.35
Vistas, sítio, 1.07, 1.13, 1.23
Volt, 11.30

W
Watts, 11.30

Z
Zona de conforto, 11.04-11.05